Advanced Manufacturing Technology of Steel Pipe

钢管先进制造技术

温朝福　苗立贤　编著

化学工业出版社

·北京·

内 容 简 介

《钢管先进制造技术》着重介绍了钢管制造工艺过程，涵盖无缝钢管的轧制、有缝钢管的直缝焊接和螺旋缝埋弧焊焊接工艺、各类钢管的缺陷分析和质量控制、钢管制造企业的“三废”防治以及钢管产品的仓储与保养等内容；结合多个经典工艺实例，介绍了常用工艺参数的选取和相关设备的选择，并对比了不同工艺参数的产品性能以及适用性；对国内钢管制造的新技术、新工艺做了介绍；同时，对于国内外钢管制造的进展做了简要介绍。

本书适宜从事钢管制造领域的技术人员和相关企业的管理人士参考，也可供机械类大专院校的相关专业师生参考。

图书在版编目（CIP）数据

钢管先进制造技术/温朝福，苗立贤编著．—北京：化学工业出版社，2022.7

ISBN 978-7-122-41267-6

Ⅰ.①钢…　Ⅱ.①温…②苗…　Ⅲ.①钢管-铸造　Ⅳ.①TG262

中国版本图书馆 CIP 数据核字（2022）第 067903 号

责任编辑：邢　涛　　　　文字编辑：温潇潇

责任校对：李雨晴　　　　装帧设计：韩　飞

出版发行：化学工业出版社（北京市东城区青年湖南街 13 号　邮政编码 100011）

印　　装：北京捷迅佳彩印刷有限公司

787mm×1092mm　1/16　印张 46½　字数 1202 千字　2022 年 11 月北京第 1 版第 1 次印刷

购书咨询：010-64518888　　　　售后服务：010-64518899

网　　址：http：//www.cip.com.cn

凡购买本书，如有缺损质量问题，本社销售中心负责调换。

定　　价：298.00 元

序

钢管的使用至今已有200多年的历史，人们先后发明了无缝钢管、直缝焊管及螺旋焊管等多种钢管生产工艺和方法，同时开发了用于钢管制造的各种生产及配套设备。随着时代的发展和工业生产总量的增长，特别是改革开放以来，我国钢管的产量有了突飞猛进的发展。通过引进和消化吸收国外先进装备与技术，钢管品种不断发展丰富，钢管质量也有了质的突破和提高。进入20世纪后，钢管产业经过飞速发展，钢管产量连续数年位居世界首位，我国已成为全球最大的钢管生产国和消费国。钢管行业的繁荣与发展凝结着钢管行业广大职工的智慧和心血，包含着千千万万产业工人的汗水与辛劳。实践证明，人才是兴国之本、富民之基和发展之源。钢管行业中的高技能人才是推动技术创新，实现科技成果转化的主体和重要力量。

为促进钢管行业职工的技能培训和业务学习，作者在专业理论基础上结合长期在钢管生产中的实践和所积累的丰富经验，详细介绍了钢管特别是焊管的制造工艺、生产装备和质量控制等技术。同时对近年来钢管制造新的发展趋势、先进的技术和新的工艺做了较为详尽的介绍，并参考了大量的文献，去粗取精地编写出《钢管先进制造技术》一书。此书对钢管成型、焊接及预防与解决后续工艺中易出现的一些缺陷，具有指导作用，对提高钢管的产品质量和装备水平具有一定的积极作用。相信此书对钢管行业培养出一批具有“工匠精神”的新型员工，培养出一批推动技术创新、实现科技成果转化的带头人，培养出一批提高生产效率、提升产品质量的带头人，促进钢管制造技术不断创新、不断发展，具有一定的积极意义。

中国钢研科技集团有限公司新冶集团总经理

先进金属材料涂镀国家工程实验室主任

钢铁研究总院表面技术与腐蚀工程研究室主任

中国金属与非金属覆盖层标准化技术委员会副主任委员

博士、博士生导师、教授级高工

张启富

前言

18世纪初期人们就知道使用管子制作煤气灯，到后来想方设法制造钢管。此后，随着自行车的发明和汽车的普及，钢管需求量越来越大。而后随着石油需要量激增，致使油井中所用钢管量增加，以及两次世界大战需要大量的舰艇用锅炉和飞机用钢管，尤其是第二次世界大战以后，锅炉、化工厂用的钢管，以及输油用钢管需求量增大。随着时代的前进，钢管的用途也在不断扩大。为了满足需要，在制管领域先是发明、发展了无缝钢管和焊接钢管等，伴随着钢管在多个领域的使用和扩展，相应地产生了多种钢管生产工艺和方法，使钢管制造产业得到了质的飞跃。

我国钢管制造业起步较晚，中华人民共和国成立之后，鞍钢从苏联先后引进了全自动热轧无缝钢管、冷轧无缝钢管、电阻焊管、炉焊管和螺旋焊管五条生产线的设备，其中自动轧管机组于1953年12月26日建成投产，随后焊管、螺旋管生产线像雨后春笋般先后在北京、天津、四川、云南、山西等地建立。钢管制造业开启了从无到有、从小到大的历史进程，钢管的品种亦由少到多，逐步地满足社会经济发展和民生的需求。与此同时，在钢管生产技术各个方面也培养了一大批科技人才和熟练技工，为钢管工业发展在技术上和管理上奠定了坚实的基础。

中华人民共和国成立七十多年来，钢管制造企业基本上遍布祖国大地。特别是改革开放四十多年来，国家从政策层面加大基础设施建设力度，中国钢管行业实现了跨越式发展，取得了令人瞩目的成就。在人类命运共同体的提出和“一带一路”倡议的推动下，中国钢管逐渐走出国门。

由于钢管生产技术的不断发展进步，国内一些企业制定出引进高科技专业人才优惠政策，同时为员工的技术培训、知识更新给予大量的投资，为钢管制造技术的发展奠定基础。同时，员工也由过去的“要我学习”转变为“我要学习”，国家崇尚的“工匠精神”已深入职工心中，他们体会到读书、学习知识是获得有质量生活的一条捷径。基于以上的认知，编著者根据在企业数十年的工作实践中所积累的经验，并参考国内外有关钢管制造的新技术、新工艺，编写出《钢管先进制造技术》一书。

本书理论结合实践，力求简明、通俗易懂，注重先进性、严谨性、实用性的理念，突出“新知识、新工艺、新方法”的应用，重点介绍典型的生产工艺、操作要领和新产品开发的新工艺，其中有些是已获得国家授权的发明、实用新型专利技术；书中所介绍的生产工艺参数亦具有科学性和可操作性，是生产管理人员进行员工岗位技能培训的参考工具。

本书主要分为五个部分：第一部分较为系统地介绍了钢管制造发展的历史过程和愿景展望；第二部分对钢管制造工艺流程做了较为详尽的介绍，并用较多的篇幅介绍了制造过程中钢管产生缺陷的原因，并进行了科学的分析，同时给予了解决办法；第三、四部分较为突出地介绍了近年来国内外焊管和螺旋埋弧焊缝钢管的先进制造技术和典型制造工艺；第五部分围绕“绿色环保”创建新型钢管制造业展开，重点介绍了焊接过程中产生的废气的独特处理方法以及使之达到循环使用的处理措施，同时以较大的篇幅介绍了车间内噪声的防治方法，这些措施和方法为企业提供了治理“三废”和噪声污染新思路。

本书由苗立贤教授级高级工程师执笔。 在编写过程中，承蒙北京钢研新冶工程技术中心总经理李殿杰教授级高级工程师对全书的悉心指导，承蒙南京师范大学苗瀛老师在编写过程中提供的宝贵文献资料及对编写提出的诚恳建议，承蒙青岛市技师学院王长喜副教授对部分章节进行修改，在此深表谢意；对郑州京华制管有限公司马银鹏副总经理，段志超、闫靖宇处长，楚克南、韦俊峰、郭桂坡和侯梦远工程师给予的大力支持，表示感谢；对日钢京华管业王忠斌、马艳青、马万山、庞建智处长，赫明、孟德宾工程师对本书出版提出的宝贵建议，表示感谢；对河北信德电力配件有限公司王正寅总工程师对本书出版提供的技术支持表示衷心感谢。

本书在编写过程中，参阅了大量的国内外文献及技术资料，在此谨表谢忱。

由于编著者的水平有限，书中不妥之处，欢迎同仁和广大读者批评指正！

编著者

2021 年 12 月 1 日于衡水

目录

第一章 绪论 1

第一节 钢管制造发展历史 1
第二节 钢管制造行业现状 4

第二章 钢管生产 8

第一节 钢管的特性和类别 8
第二节 钢管制造的原料 11
第三节 钢管制造原料存放 17
第四节 钢管分类生产方法 20
第五节 钢管生产的技术要求 23
第六节 钢管相关技术指标说明 29
第七节 钢管产品主要标准要求 34

第三章 带钢的纵剪 41

第一节 纵剪线设备组成 41
第二节 工艺操作流程 42
第三节 圆盘纵剪机快速配刀工艺 46
第四节 直缝焊钢管用带钢纵剪宽度的计算方法 49
第五节 薄钢带精密纵剪工艺 52
第六节 精密分条圆盘剪配刀工艺 58
第七节 圆盘剪纵剪带钢对质量的影响分析 63
第八节 完善设备提高纵剪质量工艺 66
第九节 带钢废边卷取与自卸装置 68
第十节 带钢纵剪出现缺陷的分析 70
第十一节 纵剪线常见问题及解决方法 72
第十二节 带钢纵剪线操作规程 74
第十三节 纵剪安全工作规章制度 75

第四章 焊管制造基础 78

第一节 焊管的生产方法 78
第二节 焊管成型的基本原理 82
第三节 焊管机组成型过程的调整 83
第四节 焊管的焊接方法 89
第五节 工艺参数对焊接质量的影响 92
第六节 影响开口角的因素及调整原则 95

第五章 高频焊管生产工艺 99

第一节 焊管原料的准备 99
第二节 焊管成型前钢带的矫直 101
第三节 焊管的成型工艺 104
第四节 薄壁管成型工艺 107
第五节 厚壁管成型工艺 110
第六节 高频焊接设备 113
第七节 焊管的高频焊接 117
第八节 高频直缝感应焊管成型及焊接质量分析 123
第九节 大直径焊管纵缝焊接自动跟踪工艺 129
第十节 焊管 CO_2 气体保护焊单面焊双面成型焊接工艺 131
第十一节 JCOE 直缝埋弧焊管生产线的研制 135
第十二节 直缝埋弧焊管生产线预弯工艺 139
第十三节 HFW508 直缝焊管机组的应用技术 142
第十四节 宝钢 UOE 机组的装备水平与工艺

技术 …………………………………… 146
第十五节 UOE 钢管扩径工艺的改进 …… 152
第十六节 X100 管线钢管的技术要求及研发 …………………………………… 154
第十七节 高频焊管常见的焊接缺陷及预防措施 …………………………………… 159
第十八节 新型高频直缝焊管内毛刺清除装置 …………………………………… 163

第六章 焊管成型过程中的问题 —— 172

第一节 焊管成型过程常见的问题 ………… 172
第二节 HFW 焊管生产常见问题的预防 …………………………………… 177
第三节 焊管在成坯过程中对鼓包的预防 …………………………………… 179
第四节 焊管用焊接机所造成的故障 ……… 182
第五节 ERW 焊管常见错边故障的控制 …………………………………… 190
第六节 焊管表面划伤的消除方法 ………… 192

第七章 焊管的定径工艺 —— 195

第一节 焊管定径的基本功能与特点 ……… 195
第二节 定径机的结构 …………………… 197
第三节 焊管定径机常见的故障 ………… 203
第四节 定径段焊管质量缺陷纠正措施…… 207
第五节 新型焊管定径机…………………… 209
第六节 一种焊管整圆工艺 ……………… 211
第七节 高精度焊管定径孔型设计方法 …… 214
第八节 定径机安全技术操作规程 ……… 216

第八章 钢管的热处理工艺 —— 218

第一节 钢管的感应加热处理工艺 ………… 218
第二节 35CrMo 钢管中频感应加热调质工艺 …………………………………… 225
第三节 X70 钢级 HFW 钢管感应热处理工艺 …………………………………… 228
第四节 感应加热技术在油井管中的应用 …………………………………… 233
第五节 小口径钢管感应加热调质工艺…… 238
第六节 高频冷轧钢管连续退火处理工艺 …………………………………… 244
第七节 焊缝在线热处理工艺与空冷长度参数 …………………………………… 247
第八节 焊管生产管体温度不均引起弯管的预防措施 …………………………………… 248

第九章 焊管的在线探伤 —— 251

第一节 钢管探伤的意义及方法 ………… 251
第二节 焊管在线涡流探伤工艺………… 259
第三节 涡流探伤在高频焊管上的应用 …… 261
第四节 焊管质量缺陷涡流检测的方法…… 264
第五节 钢管涡流探伤装置性能评定方法 …………………………………… 267
第六节 焊管涡流探伤要求与操作方法…… 270
第七节 钢管涡流超声波联合探伤技术…… 272
第八节 涡流探头的选用及探伤参数的选择 …………………………………… 278
第九节 钢管超声波探伤的方法 ………… 288
第十节 漏磁探伤在无缝钢管生产上的应用 …………………………………… 290
第十一节 漏磁探伤设备的调整和故障处理 …………………………………… 295

第十章 钢管的锯切 —— 299

第一节 钢管的锯切程序………………… 299
第二节 冷锯机在焊管生产上的应用……… 307
第三节 锯片失效的形式和维护 ………… 311
第四节 锯切机的安装与使用 …………… 315
第五节 钢管生产线优化锯切计算方法 …… 316
第六节 钢管锯切机润滑系统的改进……… 320
第七节 焊管生产锯切无毛刺锯切工艺…… 322
第八节 焊管定尺飞锯直流驱动控制技术 …………………………………… 325
第九节 高频焊管飞锯智能控制技术……… 327
第十节 锯切机实际操作步骤说明………… 329

第十一章 钢管的矫直 —— 330

第一节 钢管矫直的方法与原理………… 330
第二节 钢管常用矫直工艺……………… 334
第三节 矫直机调整工艺………………… 335
第四节 一种钢管矫直操作工艺………… 338
第五节 斜辊矫直机矫直辊身中心调整

技术………………………… 339
第六节 中频正火焊管的在线矫直………… 343
第七节 矫直对焊管尺寸精度的影响……… 345
第八节 大型直缝焊管多次三点弯曲压力矫直控制工艺……………………… 346

第十二章 钢管铣平头和倒棱 354

第一节 钢管平头、倒棱机的发展现状…… 354
第二节 新型钢管铣平头倒棱机的性能…… 358
第三节 钢管平头倒棱加工工艺…………… 366
第四节 平头倒棱机组液压润滑工艺……… 374
第五节 平头倒棱机电控制工艺…………… 376
第六节 新型大直径厚壁钢管铣头倒棱工艺……………………………… 381
第七节 焊接钢管铣平头方式的改进……… 385
第八节 钢管平头倒棱后质量的控制……… 386
第九节 平头倒棱机岗位作业指导书……… 391

第十三章 钢管静水压检验 393

第一节 钢管水压试验机设备组成………… 393
第二节 钢管静水压试验机功能…………… 396
第三节 钢管耐压测试的程序与维护……… 401
第四节 水压机的维护与安全操作………… 403
第五节 自动化螺旋焊管静水压试验机的应用……………………………… 406
第六节 计算机在钢管静水压试验中的应用……………………………… 410
第七节 焊管水压试验增压补进水的计算……………………………… 413
第八节 水压试验机故障诊断与故障预测方法……………………………… 417
第九节 静水压试验对钢管质量的影响…… 422
第十节 UOE 焊管静水压试验端面密封圈爆裂原因分析……………………… 434
第十一节 X80 螺旋焊管静水压爆破试验工艺…………………………… 436
第十二节 钢管水压试验机充水阀密封失效的解决方法…………………………… 441

第十四章 螺旋缝埋弧焊钢管生产 444

第一节 螺旋缝埋弧焊钢管简介…………… 444
第二节 螺旋缝埋弧焊钢管采用的标准…… 448
第三节 螺旋缝埋弧焊钢管生产用材料…… 449
第四节 螺旋缝埋弧焊钢管的生产原理…… 454
第五节 螺旋缝埋弧焊钢管生产方式……… 460

第十五章 螺旋缝埋弧焊钢管的制造工艺 464

第一节 螺旋缝埋弧焊钢管制造工艺流程……………………………… 464
第二节 螺旋缝埋弧焊钢管成型前的准备工作……………………………… 465
第三节 螺旋缝埋弧焊钢管生产递送机打滑原因及解决措施……………………… 468
第四节 螺旋缝埋弧焊钢管成型综合设计……………………………… 469
第五节 螺旋缝埋弧焊钢管成型工艺参数的优化……………………………… 483
第六节 螺旋缝埋弧焊钢管的成型操作…… 487
第七节 螺旋缝埋弧焊钢管管坯的焊接…… 496
第八节 螺旋缝埋弧焊预精焊生产工艺…… 510
第九节 螺旋缝埋弧焊钢管两步法生产工艺……………………………… 513
第十节 螺旋缝埋弧焊预精焊机控制技术……………………………… 516
第十一节 螺旋缝埋弧焊钢管预精焊质量控制方法………………………… 519
第十二节 螺旋缝埋弧焊钢管的切断工艺…………………………… 523
第十三节 螺旋缝埋弧焊预精焊机组钢管切断装置的改进……………………… 524

第十六章 螺旋缝埋弧焊钢管消磁技术 528

第一节 螺旋缝埋弧焊钢管消磁技术概述……………………………… 528
第二节 直流消磁装置在螺旋焊管生产中的应用……………………………… 530
第三节 螺旋焊管焊接中整管消磁工艺…… 533
第四节 克服钢管剩磁对焊接电弧的影响……………………………… 536

第十七章 螺旋焊管生产质量控制 538
第一节 螺旋焊管焊缝外观质量的控制…… 538
第二节 对螺旋焊管生产中咬边缺陷的控制…… 543
第三节 焊管圆度质量的控制…… 545
第四节 螺旋焊管椭圆度的控制…… 548
第五节 螺旋焊管直径的控制…… 552
第六节 螺旋焊管弹复量的质量控制…… 556
第七节 螺旋焊管焊接缺陷的控制措施…… 559
第八节 螺旋焊管导向弯曲不合格的控制…… 561
第九节 螺旋焊管焊缝缺陷返修质量控制…… 565
第十节 直缝埋弧焊管焊缝单侧咬边缺陷的控制…… 568
第十一节 螺旋焊管焊接偏量测定方法…… 570
第十二节 螺旋焊管焊接裂纹产生的原因及防控措施…… 572
第十三节 提高螺旋焊管焊道外观质量的工艺措施…… 575
第十四节 螺旋焊管的残余应力的测量与计算…… 579
第十五节 螺旋焊管残余应力的试验与控制…… 582
第十六节 螺旋焊管夏比冲击试验误差分析…… 586

第十八章 螺旋焊管生产设备 590
第一节 开卷机…… 590
第二节 矫平机…… 592
第三节 剪焊机…… 596
第四节 铣边机…… 597
第五节 递送机和预弯机…… 600
第六节 成型器…… 602
第七节 螺旋焊管的焊接装置…… 607
第八节 新型螺旋焊管内焊装置…… 607
第九节 切管装置…… 610
第十节 带钢储料和水压机试验装置…… 612
第十一节 螺旋焊管的扩径和倒棱机…… 614

第十九章 钢管制造新技术、新工艺 618
第一节 一种新型带钢纵剪机组圆盘剪…… 618
第二节 二辊带钢液压自动输送机…… 619
第三节 带钢纵剪自动化控制技术…… 621
第四节 厚壁直缝钢管五丝埋弧焊工艺…… 624
第五节 一种 HFW 焊管定径工艺及装置…… 628
第六节 一种钢管的定径冷却装置…… 631
第七节 精密焊管的制造工艺流程…… 633
第八节 钢塑复合管生产工艺…… 638
第九节 焊管的焊接电流控制装置及其方法…… 642
第十节 螺旋焊管的定径方法…… 645
第十一节 双工位新型钢管平头倒棱机…… 647
第十二节 外仿形钢管平头倒棱新装置…… 649
第十三节 新型螺旋焊管全自动切断装置…… 652
第十四节 新型钢管端部全自动铣削装置…… 654
第十五节 消除薄壁焊管焊缝残余应力的方法…… 656
第十六节 新型螺旋焊机组钢带自动对中装置…… 658
第十七节 新型螺旋焊管预焊焊接设备与工艺…… 660
第十八节 色玛图尔固态高频电源在钢管生产中的应用…… 663
第十九节 一种钢管自动码垛机…… 667

第二十章 钢管生产的环保治理新技术 678
第一节 钢管生产中噪声产生原因及防治技术…… 678
第二节 焊管生产用钢带上料拆卷除尘降噪系统…… 680
第三节 钢管移运撞击噪声的控制技术…… 682
第四节 焊管生产中废水的控制与处理…… 687
第五节 焊管成型中乳化液废水处理工艺…… 689
第六节 焊管端头防腐层处理装置…… 694

第七节 螺旋焊管等离子切割烟尘净化设计 …… 695
第八节 螺旋焊管等离子切割自动除尘净化装置 …… 697
第九节 防止钢管端头铣削机夹持体下落安全装置 …… 700

第二十一章 钢管生产现场管理 —— 703

第一节 钢管生产质量管理体系介绍 …… 703
第二节 HSE 管理体系 …… 704
第三节 TPM 及 6S 现场管理 …… 708
第四节 螺旋焊管生产线各岗位操作规程 …… 710

附录 —— 722

附录一 输油管道及配套工程螺旋焊管用卷板 …… 722
附录二 GB/T 14164—2013 标准牌号与相关标准牌号对照表 …… 724
附录三 石油用钢管的钢带和钢板的力学和工艺性能（摘录） …… 725
附录四 直缝焊管车间主要设备清单 …… 727
附录五 直缝钢管主要原辅助材料及能源消耗用量表 …… 729
附录六 焊管用焊条、焊丝主要化学成分表 …… 729
附录七 部分国外无缝钢管成品化学成分分析抽样方法 …… 730

参考文献 —— 732

第一章 绪论

第一节 钢管制造发展历史

自古以来人们就知道使用管子，但钢管是在19世纪初期才开始使用的。那时由于煤气灯需要使用管子，就将枪管用螺栓连接制成钢管。此后，随着自行车的发明和汽车的普及使钢管的需求量逐渐增大。同时，石油需求量激增致使油井中及油气输送所用钢管增加，两次世界大战需要大量的舰艇用锅炉和飞机用钢管，尤其是第二次世界大战以后，锅炉、化工厂用的钢管，以及石油的输油用钢管等需求量增大。随着时代的前进，钢管用途也在不断扩大。为了满足需要，发展了无缝钢管、焊接钢管等多种钢管生产方法。

1815年，苏格兰的一位发明家为输送灯火用煤气而将枪管连接起来，钢管的使用从此开始。1824年，出现了将加热至白热状态的钢板两边弯曲起来焊接成钢管的对焊专利技术。随后在1825年研究成功将宽度相当于制品外径的带钢弯曲成接近于圆形并加热，然后通过装在炉子内的圆环模子而焊接起来的方法。这种方法成为现代采用的炉焊法生产钢管的基础。

无缝钢管的发展稍迟一些，1885年，曼内斯曼兄弟发明了由棒钢直接生产出中空坯料的方法，并命名为曼内斯曼式制管法，这是钢管生产的一次大革命。1890年此方法就已在工业上应用，即使在今天这种方法仍然是非常好的方法之一，作为最典型的无缝钢管法而得到应用。

无缝钢管的生产方法很多。无缝钢管根据交货要求，可用热轧（约占80%～90%）或冷轧、冷拔（约占10%～20%）方法生产。热轧钢管用的坯料有圆形、方形或多边形的锭、轧坯或连铸管坯，管环质量对管材质量有着直接的影响。无缝钢管生产有百年历史，曼内斯曼兄弟于1888年率先发明二辊斜轧穿孔机，1891年又发明了周期式轧管机。1903年，瑞士人斯蒂弗尔发明自动轧管机，之后又出现了连续式轧管机和顶管机等各种延伸机，形成近代无缝钢管工业。20世纪30年代，由于采用了三辊轧管机、挤压机、周期式冷轧管机，改善了钢管的质量。20世纪60年代，由于连轧管机的改进，三辊穿孔机的出现，特别是应用张力减径机和连铸坯的成功，提高了生产效率，增强了无缝钢管对焊管的竞争能力。20世纪70年代，无缝钢管与焊管并驾齐驱。

钢管不仅用于输送流体和粉状固体、交换热能、制造机器零件和容器，它还是一种经济钢材。用钢管制造建筑结构网架、支柱和机械支架，可以减轻重量，节省金属20%～40%，而且可以实现机械化加工。用钢管来制造公路桥梁不但可以节省钢材、简化施工，而且可大大减少涂料保护面积，节约投资和维护费用。所以，任何其他类型的钢材都不能完全代替钢管，但是钢管可以代替部分型材和棒材。

钢管作为钢铁产品的重要组成部分，因其制造工艺及所用的管坯形状不同而分为焊接钢管（板、带坯）和无缝钢管（圆坯）两大类。无缝钢管是钢坯或钢锭采用穿孔工艺，或穿孔＋轧制工艺（拔制、挤压、扩制、顶压、锻造），或锻造＋机加工工艺等方法生产的钢管。焊接钢管是指用钢板或钢带经过弯曲成型后焊接制成的钢管，简称焊管。

一、我国钢管工业发展历程

1. 钢管工业发展初期

中华人民共和国建立之初，在幅员辽阔的祖国大地上，仅有一套简陋的拉拔式炉焊钢管机和十多套分散在几个城市的拉管成型机、人工手焊或简易机械排焊的焊管机。其中，有史可查的我国最早的焊管厂是在1921年建设的上海荣泰管子厂。随后在上海陆续建立了生产床架管、方棚管、电线管和水管等的焊管厂。1953年，中国人民建起了我国第一套无缝钢管轧机。

2. 钢管工业建设的三个重要历程

（1）20世纪50年代奠基期

鞍钢是我国钢管工业的摇篮，国家在鞍钢恢复建设设计中拟订：由苏联供应全套设备来建设鞍钢的ϕ114mm全自动热轧无缝钢管机组、冷轧无缝钢管、电阻焊管、炉焊管和螺旋焊管五个钢管生产车间。后来由于国家计划的调整，取消了炉焊管车间，迁建ϕ60mm和ϕ102mm电阻焊管机组以及ϕ650mm螺旋焊管机组。但是这三套机组建设施工前的一切先期工作都是在鞍钢完成的。鞍钢聘请了苏联设计专家和生产专家，国家还派人去苏联学习，因此在钢管生产技术各个方面培养了一大批的人才，为我国钢管工业发展在技术上和管理上奠定了基础。鞍钢ϕ114mm自动轧管机组于1953年12月26日建成投产，1956年就达到了设计产量（6.19×10^4t/a）。1954年就能够生产出石油油管，并开始向地质、化工、军工等部门提供管材。鞍钢第二冷拔车间是应国家急需，由我国自己设计、建设的，于1957年2月建成投产。鞍钢第一冷拔无缝钢管车间于1958年7月1日建成投产。搬迁到外地的电阻焊管机组于1958年在北京、天津建成投产，螺旋焊机组于1959年在陕西宝鸡建成投产。1958年，为了解决国家需要大量的无缝钢管的问题，鞍钢无缝钢管厂先后参照苏家屯钢管厂的设备图纸，利用废旧材料和设备，设计制造了4套ϕ76mm穿孔机。1959年，这些设备又分别调到四川、云南、山西等地。这样除了鞍钢建成ϕ140mm自动轧管机组以外，在北京、天津、陕西等地都播下了钢管生产的种子。鞍钢为钢管生产提供了人力和技术支援，为此鞍钢堪称中国钢管工业的摇篮。

（2）20世纪60～70年代普及期

我国的钢管工业在这期间得到了一定的普及和发展。首先1960年5月1日，上海第一钢铁厂建成了由我国技术人员参照鞍钢ϕ140mm自动轧管机组设计制造出ϕ100mm自动轧管机组。

1963年北京石景山钢铁厂（现首钢）在ϕ102mm电阻焊管机组上为长春汽车厂试制出了ϕ89mm×2.5mm的汽车传动轴管，有力地支援了我国汽车工业的发展。从那时起，上海钢管厂等单位利用自己研制的高频发生器，开始将低频焊管机组改为高频焊管机组，使焊速从30m/min提高到80m/min。至1970年，我国原来的手工气焊和交流电焊管机已经全部被淘汰。

随后，由国家组织编制了 ϕ76mm 无缝钢管车间和 ϕ76mm 电焊管车间的通用设计，在全国推广。设计所采用的设备结构比较简单，一般机电设备制造厂都可以制造，投资少，适合我国当时的实际情况。于是安阳、无锡、常州、北京、天津、锦西、广州、青岛、张家口等地先后都有了电阻焊管和无缝钢管生产能力。原从苏联引进的钢管生产技术在我国得到普遍推广。尽管这些设备在技术上不是那么先进，还落后于当时的国际水平，但这些钢管制造技术和设备在国内各地的普及，为我国的国民经济发展和生产建设提供了急需的管材的同时，还提高了我国广大钢管制造员工的技术素质，这为此后的技术进步和生产发展奠定了牢固的基础。

（3）其他钢管的品种厂的建立

在这个时期，较大型轧管车间亦陆续建成投产，开始生产出石油、航天、舰船、锅炉等工业所需的专用管材。为了满足建设石油、天然气管线的需要，我国先后在锦州钢管厂、资阳钢管厂和胜利油田钢管厂等建设和投产了大直径螺旋焊管机组。

3. 钢管工业提高与发展期

十一届三中全会以后，我国广泛参与国际交流，引进了先进技术。从宝钢的 ϕ140mm 芯棒全浮式连轧机组的引进开始，先后建设了天津 ϕ250mm 芯棒限动式连轧管机组、大冶 ϕ177mm 阿塞尔轧管机组、成都 ϕ180mm 精密轧管机组和衡阳 ϕ89mm 芯棒半限动式连轧管机组。运转了近 30 年的包钢 ϕ140mm 自动轧管机组也进行了国际水平的技术改造，同时还引进了 ϕ250mm 机架（5 架）芯棒限动式连轧管机组。这些轧管机组的投产，使我国无缝钢管热轧装备水平提高到了当时的国际水平。

2003 年以来，日钢集团先后建立了衡水京华管业、唐山京华管业、吉林京华管业、郑州京华管业、日照京华管业、莱芜京华管业和彭州京华管业等 12 个大中型钢管制造公司和钢管热镀锌工厂。截止到 2020 年，年产能达到 2100 万吨，其中衡水京华管业、郑州京华管业和唐山京华管业致力于技术创新，获得国家发明和实用新型专利 52 项，衡水京华管业和唐山京华管业被认定为国家高新技术企业。

中国钢管产业进入 21 世纪以来，经过二十几年的飞速发展，业已成为全球最大的钢管生产国和消费国。自 2008 年金融危机以来，我国钢管产业发展一枝独秀，年产量占全球的比重一直稳定在 70%左右。2013 年，钢管产量达到 7979 万吨，同比增长 7.67%，其中无缝钢管产量 2962.8 万吨，同比增长 508%，焊管产量 5016.2 万吨，同比增长 7.7%。出口方面，2013 年钢管出口 900 万吨，同比增长 161%，其中无缝钢管出口 512 万吨，同比下降 161%。2014 年中国钢管消费 8200 万吨，同比增长 3%，其中无缝钢管 3200 万吨、焊管 5000 万吨；钢管出口约 950 万吨，同比增长 5%，其中无缝钢管 520 万吨、焊管 430 万吨。根据中商情报网等几家权威机构统计，全国钢管产量 2017 年为 5317.1 万吨，2018 年为 4837.24 万吨，2019 年为 5619.2 万吨。最近几年，房地产、机械、石油天然气、外贸领域是钢管最主要的消费市场，占总消费量的 50%以上。

二、钢管成型技术的发展过程

1. 小口径焊管生产机组发展

小口径焊管机组（8in[1] 以下机组）的成型方法众多，最早是导板成型法和对辊成型法

[1] 1in=25.4mm。下同。

(含边缘弯曲法、中心弯曲法和圆周弯曲法)，20世纪70年代末引入了排辊成型法。进入80年代，为了提高产品质量、扩大产品规格范围，先后开发出众多新的成型法，主要有：可生产薄壁管的立辊成型法（VRF法）和直线式排辊成型法；生产厚壁管的带有边部成型机架的组装式成型法；生产极厚壁管的复合成型法；既可生产薄壁管又可生产厚壁管的W弯曲辊成型法和柔性成型法（FF法）；生产极薄壁管的无辊自然成型法以及无鼓肚变形辊成型法（CBR法）等。近年来除导板成型法外，其他的成型法都在采用，生产的最薄焊管 t/D 为0.3%，最厚焊管 t/D 为26%，生产钢种为碳素钢、合金钢及不锈钢。

另外，为提高焊管机组的轧辊共用性，提高带钢边部成型性能及质量稳定性，最近新日铁公司设计和开发出把上下轧辊以垂直轴为中心进行旋转和交叉，以适应各种不同弯曲率和壁厚间隙形状的轧辊交叉边部成型法（CRE法）。

新成型法开发的主要目的就是使成型过程中的带钢变形自然流畅、合理均匀，边缘受力条件良好。薄壁管成型主要解决边缘延伸问题，厚壁管成型则主要要求带钢边缘达到平齐，并充满孔型。

2. 中径焊管生产机组

中径焊管机组（8～26in）最早是采用对辊成型法，但自20世纪70年代出现了排辊成型法后，排辊成型法就成为中径焊管机组的主流。90年代后除中国台湾耕安公司新建的5套12in机组采用对辊成型法和日本为美国和欧洲提供的2套8in机组采用FF成型法外，其余几乎无例外地都采用排辊成型法。

中径焊管机组的排辊成型法主要有三种工艺：全排辊成型法、半排辊成型法和直缘式排辊成型法。其制造厂家主要有法国DMS、奥地利VAI、德国SMS-Demag公司，最近5年内世界新建的5套ERW机组分别由这三家公司制造。这些机组生产的主要品种为管线管、结构管及套管等。

3. 大口径焊管生产机组

生产油气输送管道用大口径直缝埋弧焊管（20～64in）生产机组的生产方式主要有UOE法、RBE法、C成型法、JCOE法、HU-METAL法以及全排辊成型法等。各种成型法中以UOE法生产的钢管质量最好、可靠性最高，但由于UOE机组建设投资巨大，进入20世纪80年代以后已不再新建。而原来主要用于生产大口径结构管（外径最大到4000mm）的辊弯成型工艺，经过一系列改造，生产的直缝埋弧焊管在使用性能和可靠性方面有较大的提高，因而被用来生产油气输送用管。由于辊弯成型工艺生产灵活性大，设备投资比UOE机组低许多，在一些发展中国家得到推广应用，这就是目前已被广泛认可的RBE法。据统计，20世纪90年代以来国外建设的13套大口径直缝埋弧焊管生产机组，其中有6套为RBE机组。另外近年来德国SMS-Demng公司开发了PFP成型法用于生产大口径直缝埋弧焊管，并成功地应用于3家工厂之中（其中之一可以生产大口径厚壁不锈钢管）。

大口径螺旋埋弧焊管生产机组近年来仍在一些国家建设，不但用于生产结构用管，而且用于生产油气输送用管线管。生产的油气输送管最大钢级已达到X80。

第二节　钢管制造行业现状

改革开放以来，中国钢管行业实现了跨越式发展，取得了令人瞩目的成就。我国从政策层面加大基础设施建设力度，“一带一路”倡议的推动作用进一步显现，美丽中国、美丽乡村、消费升级、工业强基、装备升级、智能制造等为钢管制造行业的发展提供了机遇。

一、钢管行业现状

根据国家统计局的相关数据，据不完全统计，截止到2019年，我国现有各类焊管机组约3000套，总产能约9000万吨。其中，直缝埋弧焊管生产线约36套（包括UOE、JCOE、JCO），产能约750万吨；ϕ426mm、□400mm（方矩管）及以上规格的高频直缝焊接钢管（ERW/HFW）生产线32套，产能约691万吨；ϕ219～ϕ406mm高频直缝焊接钢管生产线约80多套，产能约1000万吨；ϕ114～ϕ180mm高频直缝焊接钢管生产线约420套，产能约2000万吨；ϕ89mm及以下的高频直缝焊管生产线约2000套，产能约1600万吨；螺旋缝埋弧焊钢管生产线约400套（采用预精焊的机组9套），产能约1000万吨。

2020年，我国钢管产量为8954万吨，其中焊管产量为6167万吨，无缝管产量为2787万吨。在钢管产量增长的过程中，钢管规格、品种、质量和服务也都取得了显著进步，在2004年我国钢管产量已经位居世界第一，在2012年以后，我国的钢管产量一直占世界钢管总产量的50%以上，特别是一批高端钢管产品打破了国外垄断和技术封锁，钢管产品自给率达到99%以上，有力地支撑了国民经济的快速发展和钢管下游行业的转型发展。50多年来我国钢管累计产量达11亿吨以上，其中焊管产量达7亿吨以上，无缝钢管产量达4亿吨以上。图1-1为我国1991～2021年我国焊管产量示意图。

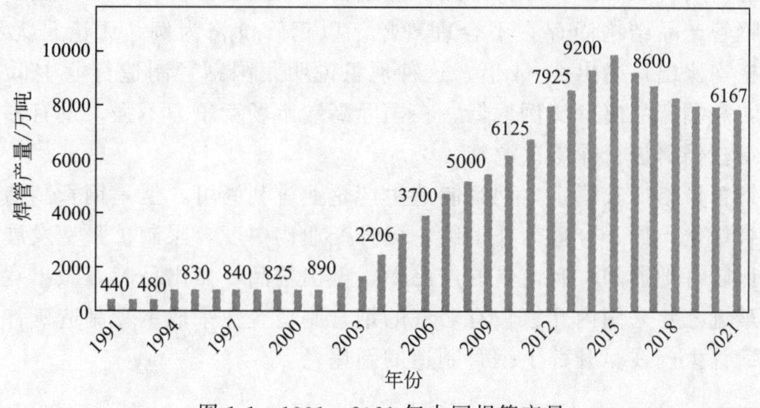

图1-1　1991～2021年中国焊管产量

经过十年（2010～2020年）的发展，我国钢管行业在产品结构、质量水平、技术装备等方面不断得到优化提升，为国民经济的快速发展提供了重要的原材料保障。

钢管生产线无人化即智能化是方向。我们顺应这个基本的发展大势，要走向有效率、惠民生、讲质量的增长，实现高质量发展才能真正成为高收入国家。钢管企业发展的关键在于品质，而不在高端产品，品质的关键在于质量的一致性。批量生产的钢管性能和产品外观等各项指标的一致性，是今后钢管生产企业生命力的体现。

图1-2为中国钢管产量预测分析。

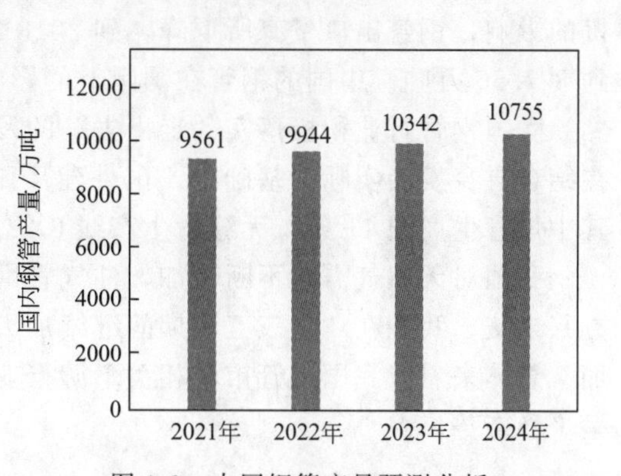

图1-2　中国钢管产量预测分析

从图1-1中可以看出，我国焊管制造行业

在1978～2001年处于平稳发展期，2002～2015年处于高速发展期，2016年后稳步进入结构调整期，这也是我国钢管制造行业落实淘汰落后产能、结构调整、补短板、提质增效等政策之后取得的成绩，表明我国钢管制造行业推进供给侧结构性改革，转型升级稳步提升。

目前我国钢管制造行业的工艺、技术、装备已经达到世界一流水平，为行业的健康发展夯实了基础。我国钢管制造机型齐全（见表1-1）、工艺先进，规格、品种、质量、服务能满足市场需求；国际市场竞争力明显提升，钢管生产能力处于全球领先地位。

表1-1 中国钢管主要机组类型

机组类型	种类
无缝管	自动轧管机组、精密斜轧管机组、连轧管机组、三辊轧管机组、周期轧管机组、挤压管机组、顶管机组、扩管机组、穿冷＋冷轧(冷拔)管机组
焊管	ERW机组、HFW机组、SSAW机组、LASW机组、UOE机组、JCOE机组等

二、行业焦点

我国钢管行业面临的形势有机遇也有挑战，并且机遇大于挑战。做好钢管行业的事，关键要靠钢管企业不断解放思想、开拓思路、坚定信心、同心协力、自律自强。

目前我国钢管产品结构尚存在不合理现象。以钢管价格为例，无论是无缝钢管还是焊管，其进口价格均比出口高出2～4倍。这种现象说明我国钢管制造行业中低端产品依然过剩、短板突出，高端产品出口比例偏低，在国际高端市场竞争力不强，没有形成足够的品牌支撑力，产业结构仍需进行深层次调整。

虽然目前钢管价格比较稳定，钢管制造生产企业盈利尚可，但是钢管制造企业前景仍然不容乐观。整合优化布局，合理兼并重组，提升产业集中度，限制扩张型发展，把精力和资源集中投入在比较有把握的、有前景的产品中，做出精品，做出品牌，做出竞争力，才能从容面对市场。最近几年来国内几家较有名气的钢管制造企业采取钢管制造延伸的思路，扩大或建设钢管热镀锌生产线，开辟了钢管制造的新途径。

三、国际化进程

我国1982年首次出口钢管，当年出口量仅为0.8万吨，到1991年钢管出口量超过了10万吨，到2008年出口量基本上是逐年增长，平均年增长率为54.14%。受2008年金融危机的影响，钢管出口量有所下降，到2018年随着油价的回升，钢管出口量有小幅度的增长，到827.55万吨。中国的钢管在国际上的影响力也在不断扩大。

我国钢管行业积极落实“走出去”的发展战略，在国际化的进程中取得了一定的业绩，在结合自身发展实际的基础上，国外建厂不断增加。图1-3是我国在国外建设钢管厂情况，其中焊管生产线11条，无缝管生产线6条。

我国对天然气需求不断增加，油气管网、管线建设仍然处在高速发展阶段，对钢管需求方兴未艾。我国在“十三五”期间继续加大了国内油气勘探开发力度，油井管需求也不断增加。总体来看，我国钢管市场相关下游行业需求稳定，预计“十四五”期间我国钢管产销仍呈平稳态势。

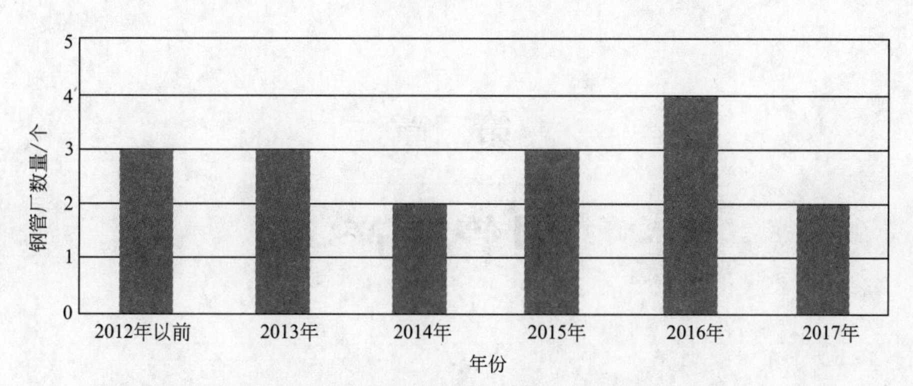

图 1-3　中国在国外建设钢管厂情况统计表

第二章
钢管生产

第一节　钢管的特性和类别

一、钢管的特征

凡是两端开口并且具有中空断截面，而且其长度与断截面的周长之比较大的钢材，都可以称为钢管。当其长度与断截面之比较小时，可称为管段或管形配件，它们都属于管材产品的范畴。

钢管是钢铁工业中的一项重要产品，是钢材三大品种（板材、型材和管材）之一，它在国民经济中的应用极为广泛。各主要工业国家的钢管产量一般约占钢材总产量的10%～15%，我国约占7%～10%。由于钢管具有空心断面，因而最适合作液体、气体和固体的输送管道；同时与相同重量的圆钢比较，钢管的断面系数大，抗弯曲、抗扭转强度大，所以也成为各种机械和建筑结构上的重要材料。用钢管制成的零部件，在重量相等的情况下，比实心零部件具有更大的截面模数。所以，钢管本身就是一种节约金属的经济断面钢材，它是高效钢材的一个重要组成部分，在石油钻采、冶炼和输送等行业需求较大，地质钻探、化工、建筑工业、机械工业等方面也都需要各种钢管。

二、钢管的种类划分

钢管的种类繁多，因用途不同，其技术条件要求各异，生产的方法亦有所差别。目前可生产的常用普通钢管外径范围0.1～4500mm，壁厚范围为0.1～200mm。为了区分其特点，通常按如下方法对钢管进行分类。

1. 按生产方式分类

按生产方式分类，钢管可分为无缝钢管和焊接钢管（简称“焊管”）。无缝钢管根据生产工艺又可分为热轧管、冷轧管、挤压管和顶管等；焊接钢管一般按照焊缝形状分为直缝焊管和螺旋焊管。

2. 按钢管的断面形状分类

钢管按断面形状可分为圆管和异型管。异型管有矩形管、菱形管、椭圆管、六方管、八方管以及各种断面不对称管等。异型管广泛用于各种结构件、工具和机械零部件中。与圆管相比，异型管一般都有较大的惯性矩和截面模数，有较大的抗弯曲、抗扭转强度，可大大地减轻钢结构重量，节约大量的钢材。

钢管按纵断面形状可分为等断面管和变断面管。变断面管有锥形管、阶梯形管和周期断面管等。

3. 按钢管的材质分类

钢管按材质可分为普通碳素结构钢管、优质碳素结构钢管、合金结构钢管、合金钢管、不锈钢管以及为节约贵重金属和满足特殊技术要求的双金属复合管、镀层和涂层管等。

用普通碳钢作焊管钢坯，需要做以下两点说明：

① 由于普通碳素结构钢只对钢中化学成分有严格规定，对力学性能不做要求，所以，用普通碳素结构钢生产的高频直缝焊管在交货时，理论上讲并不能保证其力学性能。

② 标准只是一个最低要求，出于市场竞争的需要，以及随着炼钢水平、轧制技术尤其是冷轧技术及相关退火工艺、精整工艺、拉矫工艺的不断改进与提高，Q 系列焊管坯的力学性能现已改观不少，有的可与优质碳素结构钢相媲美。用 Q 系列冷轧光亮退火钢带生产的冷轧光亮管，其力学性能与优质碳素结构钢已经没有太大的差别了。

4. 按接管端形状分类

钢管根据管端状形态可分为光管和车丝管（带螺纹钢管）。车丝管又可分为普通车丝管（输送水、燃气、煤气等低压用管，采用普通圆柱或圆锥管螺纹连接）和特殊螺纹管（石油、地质钻探用管，采用特殊螺纹连接）。对于一些特殊用管，为弥补螺纹对管端强度的影响，通常在车丝前先进行管端加厚处理（内加厚、外加厚或内外同时加厚）。

5. 按外径（*D*）和壁厚（*S*）之比（*D/S*）分类

按外径 D 和壁厚 S 之比将钢管分为特厚管（$D/S \leqslant 10$）、厚壁管（$D/S = 10 \sim 20$），薄壁管（$D/S = 20 \sim 40$）和极薄壁管（$D/S \geqslant 40$）。

6. 按焊接方法分类

按焊接方法不同钢管可分为电弧焊管、高频或低频电阻焊管、气焊管、炉焊管、邦迪管等。

电焊钢管用于石油钻采和机械制造等；炉焊管可用作水煤气管等。

7. 按焊缝形状分类

按焊缝形状钢管可分为直缝焊管和螺旋焊管。直缝焊管生产工艺简单，生产效率高，成本低，发展较快。大口径直缝焊管用于高压油气输送等。螺旋焊管用于油气输送、管桩、桥墩等。螺旋焊管强度一般比直缝焊管高，能用较窄的坯料生产管径较大的焊管，可以用同样宽度的坯料生产管径不同的焊管。但是与相同长度的直缝焊管相比，焊缝长度增加 30%～100%，而且生产速度较低。因此，较小口径的焊管大都采用直缝焊，大口径焊管则大多采用螺旋焊。

螺旋缝焊接钢管分为自动埋弧焊接钢管和高频焊接钢管两种。

① 螺旋缝自动埋弧焊接钢管按输送介质的压力可分为甲类管和乙类管两类。甲类管一般用普通碳素钢 Q235、Q235F 及普通低合金结构钢 16Mn 焊制，乙类管采用 Q235、Q235F、Q195 等钢材焊制，用作低压力的流体输送管材。

② 螺旋缝高频焊接钢管，尚没统一的产品标准，一般采用普通碳素结构钢 Q235、Q235F 等钢材制造。

8. 按用途分类

按用途可分为油井管（套管、油管及钻杆等）、管线管、锅炉管、机械结构管、液压支柱管、气瓶管、地质管、化工用管（高压化肥管、石油裂化管）和船舶用管等。

按用途又可分为一般焊管、镀锌焊管、吹氧焊管、电线套管、公制焊管、托辊管、深井泵管、汽车用管、变压器管、电焊薄壁管、异型管和螺旋焊管。

① 一般焊管。一般焊管用来输送低压流体。用 Q195A、Q215A、Q235A 钢制造。也可采用易于焊接的其他软钢制造。钢管要进行水压、弯曲、压扁等试验，对表面质量有一定要求，通常交货长度为 4～10m，常要求定尺（或倍尺）交货。焊管的规格用公称直径表示（毫米或英寸）。焊管按规定壁厚有普通钢管和加厚钢管两种，钢管按管端形式又分带螺纹和不带螺纹两种。

② 镀锌钢管。为提高钢管的耐腐蚀性能，对一般钢管（黑管）进行镀锌。镀锌工艺分热镀锌和电镀锌两种，热镀锌镀锌层厚，电镀锌成本低。

③ 吹氧焊管。炼钢吹氧用管，一般用小口径的焊接钢管，规格由 3/8～2in 八种。用 08、10、15、20 或 Q195～Q235 钢带制成。为防腐蚀有的进行渗铝处理。

④ 电线套管。是普通碳素结构钢电焊钢管，用在混凝土及各种结构配电工程上，常用的公称直径范围为 ϕ13～ϕ76mm。电线套管管壁较薄，大多进行涂层或镀锌后使用，要求进行冷弯试验。

⑤ 公制焊管。规格用无缝钢管形式，用外径×壁厚（mm）表示的焊接钢管，用普通碳素钢结构、优质碳素结构钢或普通低合金钢的热带、冷带焊接，或用热带焊接后再经冷拔方法制成。公制焊管分普通和薄壁两种，普通用作结构件，如传动轴或输送流体，薄壁用来生产家具、灯具等，要保证钢管强度并进行弯曲试验。

⑥ 托辊管。用于带式输送机托辊电焊钢管，一般用 Q215、Q235A、Q235B 钢及 20 钢制造，直径 ϕ63.5～ϕ219.0mm。管的端面要与中心线垂直，对管的弯曲度、椭圆度有一定要求，一般进行水压和压扁试验。

⑦ 变压器管。用于制造变压器散热管和其他热交换器，采用普通碳素结构钢制造，要求进行压扁、扩口、弯曲、液压试验。钢管以定尺或倍尺交货，对钢管弯曲度有一定要求。

⑧ 异型管。由普通碳素结构钢及 16Mn 等钢带焊制的方形管、矩形管、帽形管、空胶钢门窗用钢管，主要用作农机构件、钢窗门等。

⑨ 电焊薄壁管。主要用来制作家具、玩具、灯具等。当前不锈钢带制作的薄壁管应用很广，如高级家具、装饰、栏栅等。

⑩ 螺旋焊管。是将低碳碳素结构钢或低合金结构钢钢带按一定的螺旋线的角度（叫成型角）卷成管坯，然后将管缝焊接起来制成，它可以用较窄的带钢生产大直径的钢管。螺旋焊管主要用作石油、天然气的输送管线，其规格用外径×壁厚表示。螺旋焊管有单面焊和双面焊两种，焊管应保证水压试验、焊缝的抗拉强度和冷弯性能符合规定。

9. 按轧制焊管坯料的温度分类

所有焊管用料都需要经过一定的轧制才能成为管坯。按轧制管坯前的坯料是否需要加热再实施轧薄，可将焊管坯分为冷轧焊管坯和热轧焊管坯两类。

① 冷轧焊管坯。冷轧焊管坯是指以热轧带钢作原料，在室温下对经过酸洗的热轧带钢进行轧薄，得到预定厚度的冷轧带钢，再经过分条切边或不切边等加工，获得符合焊管用料

宽度要求的焊管坯。冷轧焊管坯又有退火与不退火（俗称硬冷）、光亮退火（带保护气体，使之不被氧化）与黑退火（不带保护气体，退火钢带表面被氧化而呈黑色）、精整拉矫与未精整拉矫、切边与不切边之分。用它们生产的焊管，无论是表面还是性能都有较大差异，如冷轧退火与冷轧不退火焊管，正常情况下，前者弯管、扩口、胀管等都没有问题，后者弯管会断、扩口会爆、胀管会裂，只适宜直用。

② 热轧焊管坯。需要将钢坯加热至再结晶温度以上（800～1250℃）进行轧制，所得到的带状产品称之为热轧钢带，直接用作焊管原料的即是热轧管坯。

第二节 钢管制造的原料

金属是广泛存在于自然界的化学元素，通常具有高强度和优良的导电性、导热性、延展性。金属的种类很多，通常分为黑色金属和有色金属两大类。铁、锰、铬属于黑色金属，金、银、铜、锌、镍、铝等属于有色金属。不同金属具有不同的物理和化学性质，两种或两种以上的金属元素或金属与非金属元素按照一定的配比熔炼在一起就成为合金。合金除具有金属的一些通性外，还改变了原来单一金属的物理和化学性质，提高了使用价值和使用性能。

一、钢管制造原料的化学成分

1. 铸造生铁

生铁的物理性质硬而脆、韧性很差。生铁按照用途可分为炼钢生铁（含硅较低），亦称白口铸铁，铸造生铁（含硅量较高也叫灰铸铁），球墨铸铁和可锻铸铁等。

2. 普通钢、优质钢和高级优质钢

钢是含碳量在0.04%～2.30%之间的铁碳合金，碳元素含量比生铁少，通常还有微量的硅、锰、硫、磷等元素。为了保证钢有一定的韧性和塑性，一般的钢中含碳量不超过1.70%。钢既有较高的强度又有较好的韧性，故可以用压力加工的方法制成各种产品。用向钢中加入某些合金元素的方法，可以得到某些具有特殊性能的合金钢。

普通钢的含硫（S）、磷（P）量分别不大于0.050%和0.055%，不要求检查低倍组织。优质钢的含硫（S）、磷（P）量都不大于0.035%，需要检查低倍组织。

高级优质钢比优质钢含碳量范围要窄得多，含硫（S）、磷（P）量都不大于0.030%，有较高的纯净度，力学性能及工艺性能比优质钢还好。高级优质钢的钢号后面标有“A”或“高”字以示区别。

3. 沸腾钢、镇静钢和半镇静钢

钢锭按钢水脱氧程度不同可分为沸腾钢、镇静钢和半镇静钢三类。沸腾钢是没有脱氧或没有充分脱氧的钢。这种钢液铸入钢锭模后，随着温度的下降钢液中的碳和氧发生反应，排出大量一氧化碳气体，产生沸腾现象，所以叫作沸腾钢。沸腾钢不产生集中的缩孔，所以钢锭的切头率比镇静钢约低5%～8%，但是沸腾钢的偏析大，成分不均匀。

浇注前脱氧充分、浇注时钢液平静没有沸腾的钢叫镇静钢。它的组织致密，强度高，偏析少，而且成分均匀。由于形成中心缩孔而增加了切头率，所以镇静钢的成本比沸腾钢高。对力学性能等各项指标要求较高的和有特殊要求的钢，都要铸成镇静钢锭。

脱氧程度介于镇静钢和沸腾钢之间，由于脱氧不完全在浇注过程中仍有轻微沸腾的钢，称为半镇静钢。它比镇静钢的中心缩孔小，切头率低；比沸腾钢的偏析少，力学性能好。

4. 碳素钢

钢中除了铁（Fe）、碳（C）、硅（Si）、锰（Mn）、硫（S）、磷（P）六种元素外没有其他合金元素，而且硅含量不超过0.4%、锰含量不超过0.8%（较高含锰量可达1.2%）的钢，叫作碳素钢。

碳是碳素钢中影响性能的主要元素，硅（Si）、锰（Mn）、硫（S）、磷（P）等是钢中必然存在的元素，硅、锰是炼钢脱氧时带入的元素。当硅、锰以残余含量（硅在0.17%以下，锰在0.25%以下）在钢中存在时，对钢的性能无显著影响。硫、磷是钢中的有害杂质。

碳素钢按碳含量可分为低碳钢（碳含量＜0.25%）、中碳钢（碳含量＝0.25%～0.60%）、高碳钢（碳含量＞0.60%）。碳素钢包括碳素结构钢（旧称普通碳素钢即普碳钢）和优质碳素钢（简称优质钢）。优质碳素钢中包含优质碳素结构钢、碳素工具钢、碳素弹簧钢等。

碳素钢中的低碳钢和优质钢中的低碳结构钢是焊接钢管原料的主要钢种。

① 普通碳素钢的钢号表示方法。普碳钢分甲类钢、乙类钢和特类钢三种。钢号的首字母A、B和C分别表示甲类钢、乙类钢和特类钢；中间是表示平均含碳量的数字；末尾以符号F表示沸腾钢，以符号b表示半镇静钢，以符号Z表示镇静钢，镇静钢可不加符号。为了区别冶炼方法，转炉钢在首字母之后加Y表示，平炉钢则不另加符号。

② 优质碳素结构钢的钢号表示方法。优质碳素结构钢简称碳结钢，是一种优质碳素钢，或称优质钢。它的牌号以数字表示。该数字表示钢的平均含碳量的万分之一。如果是沸腾钢或半镇静钢，在末尾以符号F或b注明。如果含锰量较高，应在末尾标注Mn。

5. 低合金结构钢

低合金结构钢是一类大量生产的低磷低合金结构用钢，其含碳量除个别钢种外，一般不大于0.20%。它含合金元素较低，但强度特别是屈服强度比含碳量相同的碳素钢高得多，并有良好的焊接性和耐蚀性。它主要用于汽车制造业、建筑业和造船业。在焊管生产中可以用来制造汽车传动轴管、自行车架用管、建筑结构用管、石油油井用管以及输送管线用管等。

低合金结构钢的特点：良好的综合力学性能，良好的耐腐蚀性，生产工艺简便，成本低廉。由于有以上特点，所以低合金结构钢是国家重点推广应用的高效钢材。

低合金结构钢的钢号表示方法为：低合金结构钢钢号的头两位数字代表平均含碳量的万分之一；数字后面跟化学元素符号，表示该钢种含有的合金元素。

二、钢管制造对原料的要求

1. 适应钢管制造的钢材

用于热镀锌钢管的钢材通常为低碳钢（含碳量为0.10%～0.20%），用于一些特殊用途的，则采用中碳或高碳钢，低碳钢即通常讲的Q195、Q215、Q235、Q295和Q345钢。它们的化学成分如表2-1所示。

表 2-1 适宜钢管制造的低碳钢的化学成分表

钢号	级别	化学成分(质量分数)/%				
		C	Mn	Si≤	P≤	S≤
Q195	A	0.06～0.12	0.25～0.50	0.30	0.045	0.050
	B				0.040	0.040
Q215	A	0.09～0.15	0.25～0.55	0.30	0.045	0.05
	B					0.045
Q235	A	0.14～0.22	0.30～0.65	0.30	0.045	0.050
	B	0.12～0.20	0.30～0.67			0.045
Q295	A	0.16	0.8～0.15	0.55	0.045	0.045
	B				0.040	0.040
Q345	A	0.20	1.00～1.60	0.55	0.045	0.045
	B				0.040	0.040

2. 钢管材质成分与性能

(1) 钢管的牌号和化学成分

适应热镀锌的钢管牌号和化学成分（熔炼分析）应符合 GB/T 700—2006《碳素结构钢》中的牌号 Q195、Q215A、Q215B、Q235A、Q235B、Q275 和 GB/T 1591—2018《低合金高强度结构钢》中牌号 Q295A、Q295B、Q345A、Q345B 的规定。根据需方的要求，经供需双方协商，并在合同中注明，也可采用其他易焊接的钢种。

(2) 钢管的力学性能要求

钢管的力学性能要求见表 2-2。

表 2-2 力学性能要求（GB/T 3091—2008）

牌号	下屈服强度 R_{el}/MPa 不小于		抗拉强度 R_m/MPa 不小于	断后伸长率 A/% 不小于	
	t≤16mm	T>16mm		D≤168.3mm	D>168.3mm
Q195	195	185	315	15	20
Q215A、Q215B	215	205	335		
Q235A、Q235B	235	225	370		
Q295A、Q295B	295	275	390	13	18
Q345A、Q345B	345	325	470		

3. 带钢种类及一般要求

国内外中小直径高频焊管的原料基本上分为两种：连续式冷、热宽带钢轧机生产的长度在 150m 以上的宽带钢卷；中型带钢轧机生产的长度在 20m 以上的窄带钢卷。少数机组也采用钢板作原料，生产直径在 508mm 左右的中直径高频焊管。

钢管制造前用的宽带钢卷一般都需经纵剪机组剪切成焊管所要求的宽度，窄带钢卷一般不经纵剪机组，可直接进入焊管机组，但是也需要对带钢边缘进行修整，方可进入制管机组。

生产不同用途的高频焊管，对其原料有不同的要求。各种不同的要求在相应的技术标准中，一般都有明确的技术规定。原料的质量不仅影响成品钢管母材金属的性能，而且对钢管坯成型和焊接以及焊缝和焊缝附近区域的金属性能也有重要影响。此外，原料质量也会影响整个焊管机组的设备利用率、产品合格率、金属消耗以及机组的使用寿命。因此，原料与成品质量和机组的技术经济指标是密切相关的。

高频焊管大多采用热轧带钢卷作为原料。热轧带钢表面一般都有一层氧化铁皮，在高频焊接时，氧化铁皮并不影响焊接，但氧化铁皮进入带钢边缘之间的焊缝区将会导致焊接缺陷。因此，带钢表面不允许存在粗糙的氧化铁皮。此外，带钢表面的氧化铁皮进入成型机会使成型辊的磨损加快。所以，氧化铁皮严重的热轧带钢应当经过除鳞处理。

焊管原料应具有良好的冷弯性能。因此，冷轧带钢应根据产品要求以软状态（冷轧后退火）或半软状态（退火后平整）交货，以降低冷轧带钢的硬度，消除内应力，提高塑性和韧性。

原料的力学性能应当均匀，波动小，没有内应力和轧制缺陷。例如，带钢应当严格控制夹层，甚至不允许夹层存在。因为夹层对成型、焊接以及焊管质量都有不利影响。高频焊接时，焊缝在挤压力的作用下，使熔化金属向管壁内外流动形成内外毛刺。如果带钢中有夹层，当清除内外毛刺而使夹层暴露在外时，就会形成裂纹缺陷。当管壁受应力作用时，该处产生应力集中而首先破坏。同时，暴露在外的夹层会大大降低管子的抗腐蚀性能。研究表明，夹层在钢管进一步冷拔时，特别是使用这种管子作机器零件，如汽车的万向节轴时，是很不适宜的。夹层的不利影响在带钢进行切边或纵剪时，将加重。夹层缺陷可以在带钢生产过程中用在线超声波探伤仪器进行检验。

带钢应严格限制条状氧化物、脆性和塑性硅酸盐、硫化物等非金属杂质的含量，提高金属的纯度。提高金属纯度有利于提高焊缝和成品管的质量。

带钢的金相组织对成品管质量具有特殊意义。研究表明，金相组织会严重影响焊接和焊缝质量。如在粗晶铁素体情况下，焊缝不能保证承受标准所规定的气密性和扩口试验。游离渗碳体和屈氏-马氏体组织对焊缝质量和焊管质量的进一步提高也是不利的，这是因为这种组织在钢管焊接时会形成马氏体组织，从而使焊缝变脆，并影响钢管的矫直和工艺试验。还应当指出的是，带钢中氮、氢、氧等气体含量对电焊管质量也有很大影响。苏联的研究工作表明，气体含量中 $w_{N_2}>0.006\%$、$w_{H_2}>0.006\%$、$w_{O_2}>0.01\%$时，将会导致焊缝中心变脆，降低钢管的工艺性能。

为了保证带钢成型和焊接的工艺性能以及成品钢管的几何尺寸精度，对于带钢的宽度和厚度公差以及带钢的形状误差，如月牙弯、钢卷塔形高度、翘曲度和瓢形等都有相应的规定。实际值不应超过有关规定的最大允许值。

对带钢的某些质量要求中，应当规定上限、下限，而不能只规定上限或下限。如对强度的要求，规定其下限以保证焊管的一定强度要求，同时必须规定适当的上限，以保证电焊管生产时所必需的工艺性能，如成型时的极限稳定性，成品管中的残余应力不致过大等。铁素体不允许过大，也不允许过小。否则，由于晶间距离加长，增加了焊缝中心区域边界析出（碳化物、金属互化物、气体）的可能性，从而使焊缝变脆，在随后的热处理中导致焊缝区铁素体晶粒长大和钢管横截面的组织不均，降低钢管的疲劳强度。现在国内在提高高频直缝焊管质量、扩大其使用范围等方面，都首先关注原料质量的提高。

4. 带钢宽度的选择要求

正确地选择带钢宽度对成品钢管的尺寸精度和焊缝质量有极其重要的意义和作用。高频焊接的原料宽度受各种因素的影响，如材质、焊接电流频率、带钢边部状态、焊接余量、定径余量等。一般可根据下面的经验公式进行计算。

直缝焊管：

$$B=\pi(D-t)+\Delta_1+\Delta_2+\Delta_3 \quad (2\text{-}1)$$

式中 B——原料宽度，mm；

D——成品管外径，mm；

t——成品管壁厚，mm；

Δ_1——成型余量，mm；

Δ_2——焊接余量，mm；

Δ_3——定径余量，mm。

Δ_1、Δ_2、Δ_3 的值按表 2-3～表 2-5 选取。

$$B=\pi(D_1+D_2-t)+Kt \quad (2\text{-}2)$$

式中 D_1——定径机最后一架孔型直径，mm，可取 $D_2=D_1-(0.2\sim0.3)$；

D_2——定径余量，mm；

K——考虑焊接余量的系数。

表 2-3 成型余量 $\boldsymbol{\Delta_1}$ mm

D/t	5～15	16～25	26～40	40～60
Δ_1	$\frac{1}{2}t$	$\frac{2}{3}t$	$\frac{3}{4}t$	t

表 2-4 成型余量 $\boldsymbol{\Delta_2}$ mm

t	≤1.0	1.1～4.0	4.0～6.0
Δ_2	t	$\frac{2}{3}t$	$\frac{1}{2}t$

表 2-5 成型余量 $\boldsymbol{\Delta_3}$ mm

D	6～22	23～35	36～48	49～70	71～95	96～120	121～146	147～170	171～200
Δ_3	0.7	1.0	1.3	1.5	2.0	2.6	2.9	3.2	3.5

系数 K 取决于钢管壁厚，但与材料及钢管直径也有一定关系。壁厚愈小，直径愈大，钢中含碳量愈小，则 K 值愈大。根据国内某些厂的生产经验数据，K 值一般取 0.5～2.75，具体数值可参考表 2-6。

表 2-6 系数 $\boldsymbol{K}$ 值

钢管直径/mm	壁厚/mm	K
6.35～25	0.6～1.6	1～1.5
38	1.0～1.5	0.9～1.0
16～50	0.5～2.0	2.0～2.75
60	3.5	0.8
12～76	0.8～3.2	0.67～2.5
89	4	0.75
168	5	0.7
219	5～10	0.35～0.7
508	8～12	0.2～0.4

由式(2-3) 计算的结果是带钢切边宽度的最小值上限可再增大 1mm 左右。当使用热轧

带钢直接生产时，考虑圆边、氧化铁皮等因素，其最小尺寸应再增大 0.5mm。

$$B=(D-0.5t) \tag{2-3}$$

$$B=\pi(D-t)\times(1.04\sim1.05) \tag{2-4a}$$

当 $D>40$mm 时，取 1.040～1.045；当 $D\leqslant40$mm 时，取 1.046～1.050。

$$\text{或}:B=\pi(D-t)+4\sim5 \tag{2-4b}$$

$$B=\pi D-2t+1+Z \tag{2-5}$$

式中，Z 为系数，可按表 2-7 选取。

表 2-7　系数 Z 值

钢管直径/mm	≤18	18.1～25	25.1～40	41～50	>51
Z	0.4π (1.26)	0.48π (1.51)	0.56π (1.76)	0.6π (1.89)	0.72π (2.26)

以上带钢宽度计算公式都是国外焊管厂的生产经验公式，各有一定的适用范围。式(2-1)用于直径 ϕ219mm 以下的钢管；式(2-2) 使用范围较广，可到直径 ϕ508mm；式(2-3) 用于一般的水煤气管；式(2-4) 适用于薄壁管；式(2-5) 适用于双半径孔型设计的原料宽度计算。由于各机组情况不同，按上述公式计算的结果还需要在生产实践中加以检验和修正。如果所选取的原料还要在焊管机组上切边，则其宽度还必须考虑切边余量 10～15mm。

各种规格的高频直缝焊管机组所采用的带钢尺寸范围如下表 2-8。

表 2-8　带钢尺寸范围表

钢管直径/mm	带钢宽度/mm	带钢厚度/mm
6～32	20～110	1～3
10～76	34～250	1～3.5
20～102	60～330	1～5
73～219	300～670	2.5～8
152～426	470～1400	3～8.5
159～529	480～1700	2.5～10.0

三、焊接钢管采用的带钢材质牌号和标准

焊接钢管采用的坯料是钢板或带钢，因其焊接的工艺不同而分为炉焊管、电焊（电阻焊）管和自动电弧焊管。因其焊接的形式不同又分为直缝焊管和螺旋焊管两种。焊管因其材质和用途不同而分为若干品种。下面将各种焊管的名称和对应所采用的钢材的牌号以及所依据的国家标准摘录如表 2-9。

表 2-9　焊接钢管采用的带钢材质牌号和标准

序号	钢管名称	选用的材质	国家标准
1	低压流体输送用镀锌焊接钢管	Q195、Q235A	GB/T 3091—2015
2	低压流体输送用焊接钢管	Q195、Q215A、Q215B Q235A、Q235B、Q295A、 Q295B、Q345A、Q345B	

续表

序号	钢管名称	选用的材质	国家标准
3	直缝电焊钢管	Q195、Q215A、Q215B Q235A、Q235B、Q235C、 Q295B、Q295B、Q345A、 Q345B、Q345C	GB/T 13793—2016
4	普通流体输送管道用埋弧焊钢管	Q195、Q215、Q235 等	SY/T 5037—2012
5	石油天然气工业管线输送系统用钢管	L245、L290、L320、L360、L390、L415 等	GB/T 9711—2017
6	螺旋缝埋弧焊钢管	Q195、Q215、Q235、Q345	

第三节 钢管制造原料存放

一、带钢的存放要求

1. 带钢存放的形式

在焊管生产中，原料、材料、备品备件、工具以及半成品和成品的存放十分重要。存放过程包括一系列装卸、检验、称量、计算、堆垛等工序。仓库设备的型式、数量容量、组成和布置取决于车间的生产能力、生产方法和成品管的用途。坯料和成品在一定气候条件下，可以采用露天仓库，用起重设备装卸。有条件的情况下，也可以存放在大的车间内，便于运输和防止带钢在存放期间出现锈蚀。存放形式如图 2-1、图 2-2 所示。

图 2-1 带钢立放示意图

图 2-2 带钢卧放示意图

宽带钢卷采用立放，堆成 2～4 列，高度不超过 4m，见图 2-1。这种摆放的方式可以减少摆放的面积，占用空间小，但是需要专用电磁吸盘吊运带钢卷。当采用图 2-2 所示的卧式存放方式的时候，占用空间较大些，同时用专用 L 形吊钩就能方便地吊起和装卸带钢，卧放在地面上时不要超过 4 层，防止带钢变形，高度亦不要超过 3m。为了安全，必要时可以在带钢周围用栅栏圈围起来，并用安全牌做出标示。

2. 带钢的吊装运送方式

当带钢采取图 2-1 的方式存放时，应用电磁吸盘进行吊运。电磁吸盘应牢固地安装在行车下端的钢丝绳上，行车操作工要注意力集中，应站在距离带钢 2m 以外的地方，注意操作安全，同时要注意带钢盘卷的起吊情况。码放带钢盘卷离开地面 0.5m 时，要十分注意吊钩的稳定和牢靠性，并观察带钢盘卷的平稳。若是采用地面人员装卸和码放带钢盘卷，操作工可以站在距离带钢盘卷 0.8m 的地方调运、装卸带钢盘卷。

在单向运输情况下取设备比运输设备的轮廓大0.6m，总宽不小于1.8m；在双向运输时取设备比运输设备的轮廓大0.9m，总宽不小于3.5m，辅助通道相应增加0.4m和0.6m，但实际宽度不小于1m和1.6m。

3. 带钢经济库存量的确定

为了减少库存，减少占压资金，加快资金流动性，仓库或制管车间带钢储存量可由带钢存放量的经验计算公式确定。

带钢原料库存：
$$A=\frac{Qna}{T} \tag{2-6}$$

成品库存：
$$A'=\frac{Qn}{T} \tag{2-7}$$

式中 Q——车间产量，t/a；

n——储存量定额，当采用厂外铁路运输时，可按日历天数计算，采用厂内运输时按工作日计算；

T——采用厂外铁路运输时的年日历天数，或采用厂内运输时的年工作日；

a——总的金属消耗系数，由原料总重与成品管总重的比值确定。

储存规定数量所必需的仓库面积由式(2-8) 计算。

$$F_C=\frac{Q}{CK} \tag{2-8}$$

式中 F_C——仓库面积，m^2；

Q——规定储存量，t；

C——包括通道在内，每平方米面积上平均的允许负荷，t/m^2；

K——仓库面积利用系数。

系数 K 一般取0.5～0.7，车间跨度大时取大值。单位面积的允许负荷 C，当以短带钢为原料时，对原料仓库取 $3t/m^2$，中间仓库可取 $0.8t/m^2$，成品库可取 $1.5t/m^2$；以长带钢卷为原料时，对原料仓库取 $3.5\sim7t/m^2$，中间仓库可取 $0.4\sim0.6t/m^2$，成品库可取 $0.85\sim1.5t/m^2$。

一般情况下，也可根据日生产量及存放天数考虑仓库面积。此时，短带钢的原料库存放天数按7～10天考虑，若供料不便，可适当增加。成品库存放天数按7天考虑。长带钢原料库存放天数按7～15天考虑。

二、带钢在车间内的运输方式

带钢原料或半成品、成品，车间的辅助材料、废料、工具，在车间内部的运输采用吊车，平车、电动小车、铲车以及连续运输装置，如辊道、链式运输机等。为了实现仓库装卸、运输、堆放过程的机械化，广泛采用各种吊车、电动小车以地上运输辊道等。选择起重运输设备取决于许多因素，首先是货物的形状、尺寸、重量及存放形式。现代化钢管车间最常用的钢管运输设备是双滚筒吊车，吊车带有横梁挠性挂钩。带钢卷设备和工具的运输和堆放广泛采用桥式起重机。图2-3是吊车式堆垛机示意图。

各种形式的吊具如图2-4所示。吊运钢管的横梁如图2-5所示，其中轴承座2沿横梁等距离布置，链轮4装在吊钩3的尾柄上，吊钩3可直接在车间地坪上由下部装入横梁。吊钩3可由吊车司机在操纵室，通过按钮启动电机，再通过传动机构并同手柄6一起，在无负载的情况下回转180°。

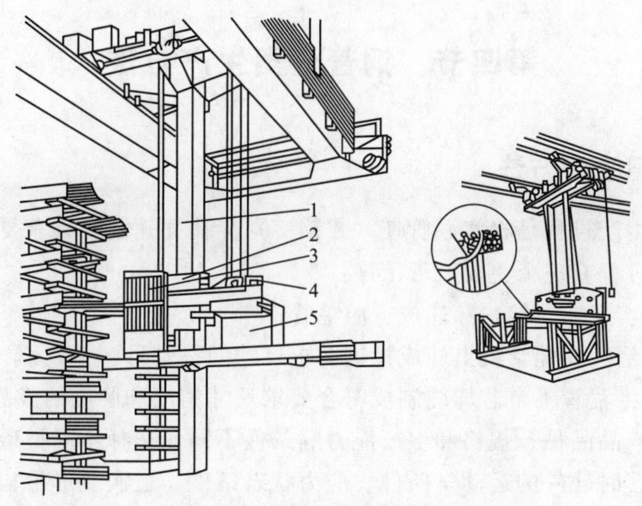

图 2-3　吊车式堆垛机示意图

1—不摆动的刚性立柱；2—起重滑架；3—操纵室；4—钢绳滑车组；5—抓料机构

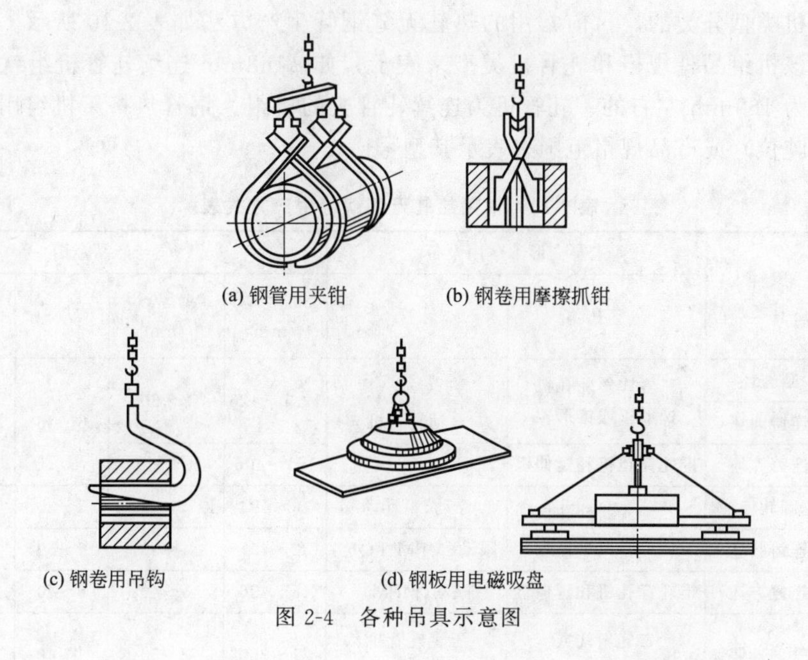

图 2-4　各种吊具示意图

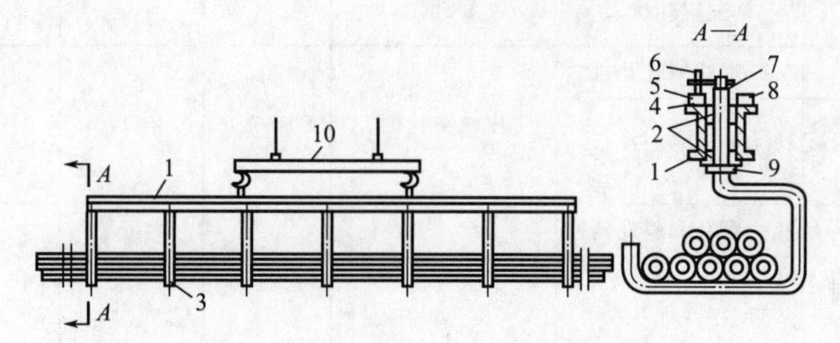

图 2-5　吊运钢管的横梁结构示意图

1—支承横梁；2—轴承座；3—吊钩；4—链轮；5—链；6—手柄；
7—定位器；8—外罩；9—支承环；10—吊车吊具

第四节　钢管分类生产方法

一、热轧无缝钢管生产方法

热轧无缝钢管生产过程是将实心管坯（或钢锭）穿孔并轧制成具有要求的形状、尺寸和性能的钢管。整个过程有三个主要变形工序：

① 穿孔——将实心坯（锭）穿轧成空心毛管；

② 轧管——将毛管在轧管机上轧成接近要求尺寸的荒管；

③ 定减径——将荒管不带芯棒轧制成符合要求尺寸精度和圆度的成品管。

在生产中，按产品品种、规格和生产能力等条件不同而选择不同类型的轧管机。由于不同类型的轧管机轧管时轧件的运动学条件、应力状态条件、道次变形量、总变形量和生产率等有所不同，因此必须为它配备在变形量和生产率方面都匹配的穿孔机和其他前后工序的设备。这样一来，不同的轧管机相应构成了不同的轧管机组。热轧无缝钢管的生产方法就是以机组中轧管机类型分类的，目前常用的热轧无缝钢管生产方法如表 2-10 所示。一个机组的具体名称以该机组品种规格和轧管机类型来表示，如 ϕ168mm 连续轧管机组就是指其产品的最大外径为 168mm 左右的、轧管机为连续轧管机的机组。钢管热挤压机组用挤压机的最大挤压力（吨位）或产品规格范围来表示其型号。

表 2-10　常用热轧无缝钢管生产方式表

<table>
<tr><th rowspan="2">生产方法</th><th rowspan="2">原料（管坯）</th><th colspan="2">主要变形工序用设备</th><th colspan="4">产品范围</th></tr>
<tr><th>穿孔</th><th>轧管</th><th>外径 D /mm</th><th>壁厚 S /mm</th><th>D/S</th><th>荒管最大长度 /mm</th></tr>
<tr><td rowspan="3">自动轧管机组</td><td>圆轧坯</td><td rowspan="2">二辊式斜轧孔机
桶形辊或锥形辊</td><td rowspan="3">自动轧管机</td><td rowspan="2">12.7～426</td><td rowspan="2">2～60</td><td rowspan="3">6～48</td><td rowspan="3">10～16</td></tr>
<tr><td>连铸圆坯</td></tr>
<tr><td>连铸方坯</td><td>推轧穿孔机和延伸机</td><td>165～406</td><td>5.5～40</td></tr>
<tr><td rowspan="3">连轧管机组</td><td>圆轧坯</td><td rowspan="2">二辊式斜轧孔机
桶形辊或锥形辊</td><td>浮动、半浮动</td><td>16～194</td><td>1.75～25.4</td><td>6～30</td><td rowspan="3">20～33</td></tr>
<tr><td>连铸圆坯</td><td>限动(MPM、PQF)</td><td>32～457</td><td>4～50</td><td>6～50</td></tr>
<tr><td>连铸方坯</td><td>推轧穿孔机和延伸机</td><td>限动(MPM)</td><td>48～426</td><td>3～40</td><td>6～40</td></tr>
<tr><td>三辊轧管机组</td><td>圆轧坯连铸坯</td><td>二轧斜轧或
三辊轧机</td><td>三辊轧管机
(ASSEL)</td><td>21～250</td><td>2～50</td><td>4～40</td><td>8～13.5</td></tr>
<tr><td rowspan="3">皮尔格轧机组</td><td>圆锭</td><td>二辊式斜轧孔机</td><td rowspan="3">皮尔格轧机</td><td rowspan="3">50～720</td><td rowspan="3">3～170</td><td rowspan="3">4～40</td><td rowspan="3">16～28</td></tr>
<tr><td>方锭或多棱锭</td><td rowspan="2">压力穿孔和斜轧延伸</td></tr>
<tr><td>连铸管坯</td></tr>
<tr><td rowspan="2">顶管机组</td><td>方坯</td><td>压力穿孔和斜轧延伸</td><td rowspan="2">顶管机</td><td rowspan="2">17～1400</td><td rowspan="2">3～250</td><td rowspan="2">4～30</td><td rowspan="2">14～16</td></tr>
<tr><td>圆坯、方锭
或多棱锭</td><td>斜轧穿孔</td></tr>
<tr><td>热挤压机组</td><td>圆锭、方锭
或多棱锭</td><td>压力穿孔或钻孔
后压力穿孔</td><td>挤压机</td><td>25～1425</td><td>≥2</td><td>4～25</td><td>～25</td></tr>
</table>

二、焊接钢管生产方法

焊接钢管也称焊管，其生产是将管坯（钢板或钢带）用各种成型方法弯卷成要求的横断面形状，然后用不同的焊接方法将缝焊合的过程。成型和焊接是其基本工序，焊管生产方法就是按这两个工序的特点来分类的。焊接钢管生产工艺简单，生产效率高，品种规格多，设备投资少，但强度一般低于无缝钢管。20 世纪 30 年代以来，随着优质带钢连轧生产的迅速发展以及焊接和检验技术的进步，焊缝质量不断提高，焊接钢管的品种规格日益增多，并在越来越多的领域替代了无缝钢管。焊接钢管按焊缝的形式分为直缝焊管和螺旋焊管。焊接钢管的制造方法如下：

① 一般低压流体输送用螺旋缝埋弧焊厚壁焊管是以热轧钢带卷作管坯，经过常温螺旋成型，采用双面自动埋弧焊或单面焊法制成。

② 一般低压流体输送用高频厚壁焊管是以热轧钢带卷作管坯，经常温螺旋成型，采用高频搭接焊法焊接。

③ 桩用厚壁焊管是以热轧钢带卷作管坯，经常温螺旋成型，采用双面埋弧焊接或高频焊接制成。

④ 承压流体输送用埋弧焊厚壁焊管是以热轧钢带卷作管坯，经常温螺旋成型，用双面埋弧焊法焊接。

⑤ 承压流体输送用高频厚壁焊管是以热轧钢带卷作管坯，经常温螺旋成型，采用高频搭接焊法焊接。

焊管按壁厚可分为普通钢管和加厚钢管，按管端形式可分为不带厚壁焊管（光管）和带厚壁焊管。钢管的规格用公称直径（mm）来表示，公称直径是内径的近似值。习惯上常用英寸表示，如 1′、1/2′等。

三、冷加工钢管生产方法

钢管冷加工方法有冷轧、冷拔和冷旋压三种，产品范围如表 2-11 所示。冷旋压本质上也是塑性成型。冷加工可生产比热轧规格更小的各种精密、薄壁、高强度及其他特殊性能的无缝管。如喷气发动机用 ϕ2.032mm×0.38mm 高强度耐热管和（ϕ4.763～ϕ31.75mm）×（0.559～1.626mm）的不锈钢管。这些规格的钢管是热轧法无法生产的，因此冷加工更能适应工业及科学技术飞速发展的某些特殊需要。冷轧机和冷旋压机的规格用其产品规格和轧机形式表示；冷拔机规格用其允许的额定拔制力来表示。如 1G150 表示的是成品外径最大为 150mm 的二辊周期式冷轧管机；LD-30 表示的是成品外径最大为 30mm 的多辊式冷轧管机；LB100 表示的是拔制力额定值为 100t 的冷拔管机。

表 2-11　钢管冷加工的产品规格范围

冷加工方法	产品范围				
	外径 D/mm		壁厚 S/mm		D/S
	最大	最小	最大	最小	
冷轧	500.0	4.0	60.0	0.04	60～250
冷拔	762.0	0.1	20.0	0.01	2～2000
冷旋压	4500.0	40	38.1	0.04	可达 12000 以上

钢管冷加工与热轧相比优点有：几何尺寸精度高；表面光洁；有助于晶粒细化并配以相

应的热处理制度，可获得较高综合力学性能；可生产各种异型和变断面管及一些热加工温度范围窄，高温韧性低而室温性能好的材料。冷轧的突出优点是减壁能力好，可显著改善原料的性能，尺寸精度和表面质量高，冷拔的道次比热轧低，但设备较简单，工具费用少，生产灵活，产品的形状规格范围也较大。所以冷加工可生产大直径薄壁管材。因此现场要合理联用冷轧、冷拔方式。近年来运用焊管冷加工、超长管冷拔工艺等，可提高机组的产量，扩大品种规格范围，改善焊缝质量，为冷轧、冷拔提供合适的管料。此外，温加工近年备受青睐，通过感应加热至200～400℃，使管坯塑性提高，温轧的最大延伸率约为冷轧的2～3倍；温拔的断面收缩率提高，使一些塑性低、强度高的金属也有可能得到精加工。

尽管冷加工钢管的规格范围、尺寸精度、表面质量和组织性能均比热轧优异，但其生产中存在四个方面的问题：循环次数多、生产周期长、金属消耗大、中间处理过程复杂，使得其实际应用受到了一定的限制。

四、螺旋焊管生产方法

螺旋缝埋弧焊钢管（简称螺旋焊管）指采用埋弧焊工艺，焊制而成的带有螺旋缝的金属管，通常叫作螺旋焊缝钢管。螺旋缝埋弧焊钢管用一定宽度的带钢卷板为原材料，常温下在相应的螺旋角度控制下辊轧成型。电弧和熔融金属被工件上面的易熔小颗粒材料保护起来，不需加压，填充金属部分或全部来自电极。螺旋缝埋弧焊钢管有一条螺旋缝，其内外焊缝各不得少于一道。如图2-6所示为制造中的螺旋焊管。

图2-6 螺旋焊管示意图

螺旋焊管是由专用的螺旋焊管机组根据需要生产的钢管，选用适当的管径与钢板宽度比的卷板，按照相应的成型角，通过成型器螺旋成型，螺旋缝内外由保护气体中埋弧焊工艺焊接成型。螺旋焊管的制造首先是钢板的预整理，钢卷板从上卷、开卷、矫平圆盘剪裁板边，到预弯板边每个工序都有严格的操作规程和控制指标，每个工作过程的质量都会直接影响产品质量。螺旋焊管的成型和焊接更是螺旋焊管生产的关键工序，它起着决定螺旋焊管质量的重要作用。掌握好螺旋焊管的成型和焊接工艺规程与控制规范至关重要。螺旋焊管机组按成型方式分为以下几类。

① 半套成型式。这是螺旋焊管机组最早的一种成型方式，成型器没有成型辊而是用铸钢铸成或用钢板焊成一个与管径相同的半圆胎具，内壁衬一层耐磨钢板。生产时递送机送来的钢带进入半套后在半套和一组外压辊的作用下弯曲成型。这种成型器结构简单换型方便，但外套阻力大、磨损严重，产品质量不容易控制，而且由于这种成型没有内轧辊，单纯依靠半套的外力成型，造成钢管内应力大，降低了钢管的承压能力。

② 辊套成型式。辊套式成型器是按照钢管的外形做一个钢架和内衬可调的轴承辊，钢带在三辊的作用下弯曲成型，滚套控制钢管的外形质量。这种成型器结构复杂，换型时间长，而产品质量一般。

③ 三辊弯板成型式。只用三组成型辊没有其他辅助辊就可做出质量很好的钢管。这种成型设备是上海一家公司引进的美国产品。

④ 三辊弯板外抱成型式。依靠可以调整高度和角度的三辊和外抱辊进行成型，产品质量可以得到保证。这种成型方式易于调整，换型方便，目前应用广泛。其典型机组有

太原矿机设计的大型机组、太原华冶设计的中小机组、大连起重钢管设备公司设计的系列产品。

⑤ 三辊弯板内胀成型式。该成型器利用三组可以调整高度和距离，可以调整角度和倾斜角的成型辊成型，利用在2号成型辊端部安装的一个按钢管内径调整轴承辊高度的扇形内胀盘定径。该成型器生产稳定、钢管椭圆度小、管径误差小、管体直、外观漂亮。由于这种成型器的三辊成型过量弯板，内胀盘内胀弹复定径，所以钢管内应力几乎为零。因此同样的材料，这种成型器制造的钢管承受力较大，现在在国内得到广泛应用。

第五节 钢管生产的技术要求

一、钢管生产的技术依据

钢管的产品标准是现场组织钢管生产的技术依据，是钢管产品的考核标准，也是供需双方在现有生产水平下所能达到的一种技术协议。

一般国家和行业标准规定的内容如下。

① 品种。即钢管产品的规格标准，规定了各种钢管产品应具有的断面形状、单重、几何尺寸及其允许偏差等。

② 技术条件。即钢管产品的质量标准（或性能标准），规定了钢管产品的化学成分、力学性能、工艺性能、表面质量以及其他特殊要求。

③ 验收规则和试验方法。即钢管产品的检验标准，规定了检查验收的规则和做试验时的取样部位，同时还规定了试样的形状尺寸、试验条件及试验方法。

④ 包装、标志和质量证明书。即钢管产品的交货标准，规定了成品管交货验收时的包装要求、标志方法及填写质量证明书等。

有些专用钢管需要按照国际或国外先进标准组织生产，如石油专用管（套管、油管、钻杆和管线管等）按照API标准、锅炉管按照ASME标准等。

二、对钢管尺寸偏差的要求

1. 对钢管外径的要求

例如国标GB/T 9711—2011《石油天然气工业管线输送系统用钢管》对尺寸偏差的要求，如表2-12和表2-13所示。

表2-12 直径和圆度偏差要求

<table>
<tr><th rowspan="3">规定外径 D/mm(in)</th><th colspan="4">直径偏差/mm(in)</th><th colspan="2">圆度偏差/mm(in)</th></tr>
<tr><th colspan="2">除管端外[a]</th><th colspan="2">管端[a,b,c]</th><th rowspan="2">除管端外[a]</th><th rowspan="2">管端[a,b,c]</th></tr>
<tr><th>SMLS钢管</th><th>焊接钢管</th><th>SMLS钢管</th><th>焊接钢管</th></tr>
<tr><td><60.3(2.375)</td><td colspan="2">−0.8(0.031)至+0.4(0.016)</td><td colspan="2" rowspan="2">−0.4(0.016)
至+1.6(0.063)</td><td colspan="2">d</td></tr>
<tr><td>≥60.3(2.375)～≤168.3(6.625)</td><td colspan="2">±0.0075D</td><td rowspan="2">0.020D</td><td rowspan="2">0.015D</td></tr>
<tr><td>>168.3(6.625)～≤610(24.000)</td><td>±0.0075D</td><td>±0.0075D，
但最大为
±3.2(0.125)</td><td colspan="2">±0.005D，
但最大为±1.6(0.063)</td></tr>
</table>

续表

规定外径 D/mm(in)	直径偏差/mm(in)				圆度偏差/mm(in)	
	除管端外[a]		管端[a,b,c]			
	SMLS 钢管	焊接钢管	SMLS 钢管	焊接钢管	除管端外[a]	管端[a,b,c]
>610(24.000)～≤1422(56.000)	±0.01D	±0.005D，但最大为±4.0(0.160)	±2.0(0.079)	±1.6(0.063)	D/t≤75 时 0.015D，但最大15(0.6) D/t>75 时协议	D/t≤75 时 0.01D，但最大13(0.5) D/t>75 时协议
>1422(56.000)	依照协议					

a. 管端包括钢管每个端头 100mm(4.0in)长度范围内的钢管。

b. 对于 SMLS 钢管，这些偏差适用于 t≤25.0mm(0.984in)的钢管，对较大壁厚的偏差应依照协议。

c. 对非扩径钢管和 D≥219.1mm(8.625in)的扩径钢管，可采用计算内径(规定外径减去两倍的规定壁厚)或测量内径确定直径偏差和圆度偏差，而不通过测量外径值来确定(见 10.2.8.3)。

d. 包括在直径偏差中。

表 2-13 壁厚允许偏差要求

壁厚 t/mm(in)	偏差[a]/mm(in)
SMLS 焊管[b]	
≤4.0(0.157)	+0.6(0.024) −0.5(0.020)
>4.0(0.157)至<25.0(0.984)	+0.150t −0.125t
≥25.0(0.984)	+3.7(0.146)或+0.1t，取较大者 −3.0(0.120)或−0.1t，取较大者
焊管[c,d]	
≤5.0(0.197)	±0.5(0.020)
>5.0(0.197)至<15.0(0.591)	±0.1t
≥15.0(0.591)	±1.5(0.060)

a. 如果订货合同规定的壁厚负偏差比本表给出的对应数值小，则壁厚正偏差应增加一些数值，以保证相应的偏差范围。

b. 只要未超过钢管质量正偏差(见 9.14)，对 D≥355.6mm(14.000in)且 t≥25.0mm(0.984in)的钢管局部壁厚偏差可超过壁厚正偏差 0.05t。

c. 壁厚正偏差不适用于焊缝。

d. 附加要求见 9.13.2。

2. 对钢管的长度要求

按照国家标准 GB/T 21835—2008《焊接钢管尺寸及单位长度重量》对钢管长度进行分类，可分为通常长度、定尺长度和倍尺长度三种规格。

① 钢管一般以通常长度生产和交付客户。通常长度应符合以下规定：

热轧管：3000～12000mm；

冷轧管：2000～10500mm。

热轧短尺管的长度不小于 2m，冷轧短尺管的长度不小于 1m。

② 定尺长度和倍尺长度。定尺长度和倍尺长度应在通常长度范围内，全长允许偏差分为三级，如表 2-14 所示。

每个倍尺长度按以下规定留出切口余量：

外径≤159mm 时，余量为 5～10mm；

外径＞159mm 时，余量为 10～15mm。

表 2-14 全长允许偏差

全长允许偏差等级	全长允许偏差/mm	全长允许偏差等级	全长允许偏差/mm
1.1	0～20	1.3	0～5
1.2	0～10	—	—

3. 对钢管外形的要求

根据国标 GB/T 9711—2011《石油天然气工业管线输送系统用钢管》对钢管外形尺寸进行了规定，包括弯曲度、圆度。

（1）弯曲度

钢管的弯曲度分为全长弯曲度和每米弯曲度两种。

① 对钢管全长测得的弯曲度称为全长弯曲度，全长弯曲度≤0.2%L；

② 对钢管每米长度测得的弯曲度称为每米弯曲度，每米弯曲度≤4.0mm；

（2）圆度

钢管的圆度如表 2-15 所示。

表 2-15 钢管的圆度

规定外径 D/mm(in)	圆度偏差/mm(in)	
	除管端外[a]	管端[a,b,c]
＜60.3(2.375)	d	
≥60.3(2.375～≤168.3(6.625)	0.020D	0.015D
＞168.3(6.625)～≤610(24.000)		
＞610(24.000)～≤1422(56.000)	D/t≤75 时 0.015D，但最大 15(0.6)D/t＞75 时协议	D/t≤75 时 0.01D，但最大 13(0.5)D/t＞75 时协议
＞1422(56.000)	依照协议	

a. 管端包括钢管每个端头 100mm(4.0in)长度范围内的钢管。

b. 对于 SMS 钢管，这些偏差适用于 t≤25.0mm(0.984in)的钢管，对较大厚壁的偏差应依照协议。

c. 对非扩径钢管和 D≥219.1mm(8.625in)的扩径钢管，可采用计算内径(规定外径减去两倍的规定壁厚)或测量内径确定直径偏差和圆度偏差，而不通过测量外径值来确定(见 10.2.8.3)。

d. 包括在直径偏差中。

4. 对钢管重量的要求

根据国标 GB/T 9711—2011《石油天然气工业管线输送系统用钢管》对钢管重量的要求，钢管可按实际重量交货，也可按照理论重量交货。实际重量交货可分为单根重量或每批重量两种。钢管每米的理论重量（kg）按式(2-9）计算：

$$W=t(D-t)C \tag{2-9}$$

式中 W——钢管的理论重量，kg/m；

C——按 SI 国际单位制计算时为 0.02466，按 USC 单位制计算时为 10.69；

D——钢管的公称外径，mm；

t——钢管的公称壁厚，mm。

5. 不同用途的钢管具体的技术条件

通常，按照钢管的用途及工作条件的不同，应对钢管尺寸的允许偏差、表面质量、化学成分、力学性能、工艺性能及其他特殊性能等提出不同的要求。

一般无缝钢管用作输送水、气、油等各种流体管道和制造各种结构零件时，应对其力学性能如抗拉强度、屈服强度和伸长率做抽样试验。输送管一般在承压的条件下工作，还要求做水压试验和扩口、压扁、卷边等工艺性能试验。大型长输原油、成品油、天然气管线用钢管更是增加了碳当量、焊接性能、低温冲击韧性、苛刻腐蚀条件下应力腐蚀疲劳及腐蚀环境下强度等要求。

普通锅炉管用于制造各种结构锅炉的过热蒸汽管和沸水管：高压锅炉管用于高压或超高压锅炉的过热蒸汽管、热交换器和高压设备的管道。上述热工设备用钢管都在不同的高温高压的条件下工作，应保证良好的表面状态、力学性能和工艺性能。一般均要检验其力学性能，做压扁和水压试验，高压锅炉管还要求做有关晶粒度的检验以及更严格的无损检测。

机械用无缝钢管根据用途要求须有较高的尺寸精度、良好的力学性能和表面状态。如轴承管要求较高的耐磨性、组织均匀和严格的内外径公差。除做一般的力学性能检验项目外，还要做低倍、断口、退火组织（球化组织、网状光、带状）、非金属夹杂物（氧化物、硫化物、点状等）脱碳层及硬度指标等试验。

化肥工业用高压无缝钢管常在压力为2200～3200MPa、温度为－40～400℃和腐蚀性的环境下输送化工介质（如合成氨、甲醇、尿素等），故除耐高压外，还应具有较强的抗腐蚀性能，良好的表面状态和力学性能。除做力学性能、压扁和水压试验外，应根据不同的钢种做相应的晶间腐蚀试验，晶粒度和更严格的无损检测。

石油、地质钻探用钢管在高压、交变应力、腐蚀性的恶劣环境下工作，故应有高的强度级别，并具有抗磨、抗扭和耐腐蚀等性能。按照钢级的不同应做抗拉强度、屈服强度、伸长率、冲击韧性及硬度等试验。对于石油油井用的套管、油管和钻杆，更是详细划分了钢级、类别，以及适用于不同环境、地质情况的由用户自己选择的较高要求的附加技术条件，满足不同的特殊需求。

化工、石油裂化、航空和其他机械行业用的各种不锈耐热耐酸管除做力学性能与水压试验外，还要专门做晶间腐蚀试验，压扁、扩口及无损检测等试验。

6. 管线管、油管和套管的主要技术要求

（1）国内外广泛使用的油气输送钢管采用的标准

① 美国石油协会的 API SPEC 5L《管线管规范》；

② 国际标准 ISO 3183；GB/T 9711《石油天然气输送钢管交货技术条件》；

③ 对于一些重要的长输管线，根据具体的使用环境都有自己的补充采购技术条件。

（2）在 API 油气输送钢管标准中钢管的分类及其主要区别

按照 API SPEC 5L 的规定，输送钢管分为 PLS1 和 PLS2 两个产品级别，对这两类产品规定了不同的技术条件，其主要区别是：相对于 PLS1，PLS2 级别对碳当量、断裂韧性、最大屈服强度和最大抗拉强度提出要求，对硫、磷等有害元素的控制也更加严格。无缝管的无损检验成为强制要求。质保书必须填写的内容及试验完成后可追溯性成为强制要求。

(3) ISO 油气输送钢管标准中钢管的分级及主要区别

在 ISO 3183 油气输送钢管标准中，钢管按照质量要求之间的差异，共分为 A、B、C 三部分，也被称为 A、B、C 三级要求。其主要区别是：在 ISO 3183-1A 级标准要求中制定了与 API SPEC 5L 的规定相当的基本质量要求，这些主要的质量要求是通用的；在 ISO 3183-2B 级标准要求中除基本要求之外附加了有关韧性和无损检验方面的要求；还有某些特殊用途，例如酸性环境、海洋条件及低温条件等对钢管的质量和试验有着非常严格的要求，这些主要反映在 ISO 3183-3C 级标准要求中。

(4) 油气输送管道对钢的主要性能要求

油气输送管道对钢的主要性能要求如下。

① 强度。一般的油气输送管道都是根据钢材的屈服强度设计的。采用屈服强度较高的钢制管，可以提高管道工作压力，获得较好的经济效益。因此，管道用钢的屈服强度已经从最初的碳素钢逐步发展起来，20 世纪 40 年代为 X42～X52 钢级，60 年代末达到 X60～X70 钢级。现正式生产和正式使用的屈服强度已经更高的 X80～X100 钢级。

② 韧性。20 世纪 50 年代到 60 年代，世界许多地区都发生过油气管道破裂事故，通过对这些事故的分析，大大促进了人们对管道韧性指标的认识。API SL 规定，除常规的力学性能检验外，生产厂还应按 SR5 和 SR6 补充要求进行 V 形缺口夏比冲击试验和落锤撕裂试验（即 DWTT），钢管出厂前应进行严格的无损检验。尽管如此，对于长输管道来说，要完全避免破裂是困难的，还必须着眼于裂纹失稳扩展的阻止。研究表明，可以用控制 DWTT 值的办法达到止裂目的。为此，世界许多国家规定了管道钢 DW 试验的断口剪切面积百分比的最低值。

③ 可焊性。由于野外铺设管道的现场条件恶劣，钢管对接焊接时要求有良好的可焊性，可焊性差的钢管在焊接时易在焊缝处产生裂纹，并造成焊缝及热影响区（HAZ）硬度增高、韧性下降，增加管道破裂的可能性。钢材可焊性设计原则是对马氏体转变点及淬硬性的控制。

根据合金元素对马氏体转变点的影响和实际经验确定的碳当量（C_{wt}）计算公式，可用来评定钢的可焊性。普遍采用的碳当量计算公式为：

$$C_{wt}=w(C)+\frac{w(Mn)}{6}+\frac{w(Cr)+w(Mo)+w(V)}{5}+\frac{w(Ni)+w(Cu)}{15} \tag{2-10}$$

C_{wt} 一般应控制在 0.40%以下。实际上，大多数钢厂均控制在 0.35%以下。

④ 延展性。如果延展性不足，会导致冷弯成型过程钢板劈裂或在焊接过程产生层状撕裂。因此，API 标准对管道焊管除规定进行压扁试验外，还要求进行导向弯曲试验。提高延展性的关键是减少钢中非金属夹杂物并控制夹杂物的形态和分布。

⑤ 耐蚀性。在输送含硫油气时，管道内壁接触硫化氢和二氧化碳，从而导致氢脆和应力腐蚀破裂，一般采用降低钢的含硫量、控制硫化物形态、改善沿壁厚方向的韧性等措施解决。其主要特点是通过微合金化和控制轧制，在热轧状态下获得高强度、高塑性、高韧性和良好的可焊性。为了全面满足石油天然气输送管道对钢的性能要求，除了严格的合金设计外，对硫、磷等有害元素的控制也要非常严格。一般含硫量要控制在 0.010%以下，以提高钢的塑性、韧性，特别是剪切韧性。

(5) 石油专用管中的油管和套管在 API 标准中的分类

石油专用管中的油管和套管在 API 标准中的分类如表 2-16 所示。

表 2-16 石油专用管中的油管和套管在 API 5CT 标准中的分类

组别	钢级	类型	制造方法	热处理	最低回火温度/℃
1	2	3	4	5	6
1	H40	—	S或EW	None	—
	J55	—	S或EW	None	—
	K55	—	S或EW	N、N&T	—
	N80	1	S或EW	N、N&T	—
	N80	Q	S或EW	Q&T	—
2	M65	—	S或EW	N、N&T、Q&T	—
	L80	1	S或EW	Q&T	566
	L80	9Cr	S	Q&T	593
	L80	13Rr	S	Q&T	593
	C90	1	S	Q&T	621
	C90	2	S	Q&T	621
	C95	—	S或EW	Q&T	538
	T95	1	S	Q&T	649
	T95	2	S	Q&T	649
3	P110	—	S或EW	Q&T	—
4	Q125	1	S或EW	Q&T	—
	Q125	2	S或EW	Q&T	—
	Q125	3	S或EW	Q&T	—
	Q125	4	S或EW	Q&T	—

注：S—无缝管；EW—焊管；N—正火；N&T—正火＋回火；Q&T—吸淬火＋回火；None—无需热处理。

在 API 5CT 标准中套管和油管分为 4 组、19 个钢级。按照制造方法，又分为无缝钢管和焊管两大类。除 L80-9Cr、180-13Cr、C90-1、C90-2、T95-1、T95-2 等 6 个钢级限定使用无缝钢管外，其他钢级不仅可以使用无缝钢管还可以使用电阻焊或电感应焊接方法生产的直缝焊管。其热处理工艺，除第 1 组 3 个钢级外，第 1 组 N80Q 类，第 2、3、4 组共 14 个钢级都必须进行全长淬火＋回火处理，并对第 2 组的 8 个钢级规定了最低回火温度。对第 1 组、第 2 组 M65 钢级和第 3 组共 7 个钢级只规定了 S、P 含量最大值，而未规定其他主要化学成分。对第 2 组和第 4 组共 12 个钢级规定了化学成分要求。

（6）油管和套管的钢级表达的具体含义

在 API 5CT 标准中，套管和油管的钢级标明其屈服强度和一些特征。钢级标注通常用 1 个字母和 2 或 3 个数字表示，如 N80。在大多数情况下，按照字母在字母表中的顺序，越往后的字母，代表管子的屈服强度越大。例如，N80 一级钢材的屈服强度要比 J55 的大。数字符号是以千磅每平方英寸表示的管材最小屈服强度来确定的。例如：N80 钢级的最低屈服强度为 $80\mathrm{klb/in}^2$❶。

API 5CT 标准列出的套管钢级有：H40、J55、K55、N80、M65、L80、C90、C95、T59、P110、Q125。

（7）国内外常使用的非 API 油管、套管种类

除了 API 标准的套管外，国内外还研究和发展了在油田特殊地质工况使用的非 API 套管，包括：用于深井的超高强度油管、套管；高抗挤毁套管；含硫化氢油气井中使用的抗硫

❶ 1lb＝0.45kg。下同。

化氢应力腐蚀油管、套管；在低温油气井的高强度油管、套管；在只有二氧化碳和氯离子，几乎不含硫化氢腐蚀性环境下使用的油管、套管；在硫化氢、二氧化碳和氯离子三者共存的强烈腐蚀性环境下使用的油管、套管。

（8）石油专用管中的油管和套管 API 标准的螺纹连接

石油专用管中的油管和套管 API 标准的螺纹连接由两部分组成：管子或公端以及接箍或母端。有外螺纹的叫管子或公端，有内螺纹的叫接箍或母端。两个公端用一个接箍连接起来，接箍是一段外径比管子稍大的短管，两端均有内螺纹。所有带 API 螺纹和接箍的套管以及管线管都是不加厚或外加厚的油管，管端的内径大约等于管体的内径，但加厚端的外径比管体大，整体连接油管的两端是加厚的。

API 规范中包括 4 种螺纹，即管线管螺纹、圆螺纹，偏梯形螺纹以及直连型螺纹。管线管、圆螺纹、偏梯形的螺纹在拧接装配时要求配合在一起，使用密封填充脂以防止从螺纹泄漏。直连型套管螺纹束设计成密封的。直连型连接的密封是采用金属对金属的密封来实现的。

（9）API 标准螺纹的主要参数

API 标准螺纹的主要参数包括：

① 螺纹长度（除偏梯形螺纹）：从螺纹起点（管端）到消失点的长度；

② 螺纹高度：螺纹齿顶到齿底间的距离；

③ 螺距：螺纹任一点沿轴向到相邻齿的对应点的距离；

④ 螺纹锥度：以英寸表示的每英寸螺纹长度的螺纹直径变化；

⑤ 紧密距：管子或接箍端面到环规或塞规拧紧位置间沿轴向测得的距离；

⑥ 螺纹尾扣锥度（仅偏梯形螺纹）：切削工具的快速退刀造成螺纹末端有一个很大的斜度。

第六节 钢管相关技术指标说明

一、钢管外形技术指标

1. 公称尺寸和实际尺寸

① 公称尺寸。公称尺寸是标准中规定的名义尺寸，是用户和生产企业希望得到的理想尺寸，也是合同中注明的订货尺寸。

② 实际尺寸。实际尺寸是在生产过程中所得到的实际尺寸，该尺寸往往大于或小于公称尺寸，这种大于或小于公称尺寸的现象称为偏差。

2. 偏差和公差

① 偏差。偏差是在生产过程当中，由于实际尺寸难以达到公称尺寸要求，即往往大于或小于公称尺寸，所以国家标准中规定了实际尺寸与公称尺寸之间允许有一差值。当差值为正值时叫正偏差，当差值为负值时叫负偏差。

② 公差。在国家标准中规定的正、负偏差值的绝对值之和叫作公差。偏差是有方向性的，即以“正”或“负”表示，而公差则是没有方向性的，因此，把偏差值称为“正公差”或“负公差”的说法是错误的。

3. 交货长度

交货长度又称用户要求长度或合同注明长度。在国家标准中对交货长度有以下几种规定：

① 通常长度（又称非定尺长度）。凡长度在国家标准规定的长度范围内而且无固定长度要求的，均称为通常长度。

② 定尺长度。定尺长度应在通常长度范围内，是在合同中要求的某一固定长度尺寸，但在实际操作中锯切出绝对定尺长度是不大可能的，也是不现实的问题，因此在国家标准中对定尺长度规定了允许的正偏差值。因此生产定尺长度钢管的成材率较通常长度钢管的成材率下降较多。

③ 倍尺长度。倍尺长度应在通常长度范围内，在合同中应注明单倍尺长度及构成总长度的倍数（例如3000mm×3，即3000mm的3倍数，总长为9000mm）。在实际操作中，应在总长度的基础上加上允许正偏差20mm，再加上每个单倍尺长度应留的切口余量。以结构钢管为例，规定留切口余量：外径不大于159mm时为5～10mm；外径大于159mm时为10～15mm。

④ 范围长度。范围长度在通常长度范围内，当用户要求其中某一固定范围长度时，需在合同中注明。例如：通常长度为3000～12000mm，而范围长度为6000～8000mm或8000～10000mm。可见，范围长度比定尺和倍尺长度要求宽松，但比通常长度要求严很多。

4. 壁厚不均

钢管的壁厚不可能各处相同，在其横截面及纵向管体上客观存在壁厚不等的现象，即壁厚不均。为了控制这种不均匀性，在有的钢管国家标准中规定了壁厚不均的允许指标，一般规定不超过壁厚公差的80%。

5. 不圆度

在圆形钢管的横截面上存在着外径不等的现象，即存在着不一定互相垂直的最大外径和最小外径。则最大外径与最小外径之差即为不圆度（或椭圆度）。为了控制不圆度，有的钢管标准中规定了不圆度的允许指标，一般规定为不超过外径公差的80%。

6. 弯曲度

弯曲度是指钢管在长度方向上呈曲线状，用数字表示出其曲线度即弯曲度。国家标准中规定的弯曲度一般分为如下两种情况：

① 局部弯曲。用1m长直尺靠量在钢管的最大弯曲处，测其弦高，即为局部弯曲度，其单位为mm/m，表示方法如2.5mm/m，此种方法也适用于管端部弯曲度。

② 全长总弯曲度。用一根细绳，从钢管的两端拉紧，测量钢管弯曲处最大弦高，然后换算成长度（以米计）的百分数，即为钢管长度方向的全长弯曲度。例如：钢管长度为8m，测得最大弦高30mm，则该管全长弯曲度应为0.03m÷8m×100%=0.375%。

7. 尺寸超差

尺寸超差或叫尺寸超出标准的允许偏差，此处的“尺寸”主要指钢管的外径和壁厚。此处的偏差可能是正的，也可能是负的，很少在一批次钢管中出现正、负偏差同时超范围的现象。

二、化学分析术语

钢的化学成分是关系钢材质量和最终使用性能的重要因素之一，也是制定钢材，乃至最终产品热处理工艺的主要依据。因此，在国家钢材标准的技术要求部分，往往第一项就规定了钢材适用的牌号（钢级）及其化学成分，并以表格形式列入标准中，是生产企业和客户验收带钢及钢材化学成分的重要依据。

1. 钢的熔炼成分

一般标准中规定的化学成分即指熔炼成分，它是指钢冶炼完毕浇注中期的化学成分。为使其具有一定代表性，即代表该炉或罐的平均成分，在取样标准方法中规定，将钢水在样模内铸成小锭，在其上铣削或钻取样屑，按标准（GB/T 223）的规定方法进行分析，其结果必须符合标准化学成分范围。

2. 成品成分

成品成分又称为验证分析成分，是从成品钢材上按规定 GB/T 222—2006《钢的成品化学成分允许偏差》方法钻取或铣取样屑，并按标准（GB/T 223）的规定化学成分检验范围及有效状态方法进行分析得来的化学成分。钢铁在结晶和后续塑性变形中，会使钢中合金元素分布不均匀（偏析），因此允许成品成分与标准成分范围（熔炼成分）之间存在有一定的偏差，其偏差值应符合 CB/T 222—2006《钢的成分化学成分允许偏差》的规定。

3. 仲裁分析

由于两个实验室分析同一样品的结果有显著差别，并超出两个实验室的允许分析误差，或者生产企业与使用部门、需方与供方对同一样品或同一批钢材的成品分析有意见分歧时，可由具有丰富分析经验的第三方权威单位进行再分析，即仲裁分析。仲裁分析结果即为最终判定依据。

三、力学性能术语

钢材（带钢）力学性能是保证钢材最终使用性能的重要指标，它取决于钢的化学成分和热处理制度。在钢管标准中，根据不同的使用要求，规定了拉伸性能（抗拉强度、屈服强度或屈服点、伸长率）以及硬度、韧性指标，还有用户要求的高、低温性能等。

1. 抗拉强度

试样在拉伸过程中，在拉断时所承受的最大力，除以试样原横截面积所得的应力，称为抗拉强度，以 R_m 表示，单位为 MPa（N/mm^2）。它表示金属材料在拉力作用下抵抗破坏的最大能力。计算公式为：

$$R_m = \frac{F_m}{S_0} \tag{2-11}$$

式中　F_m——试样拉断时所承受的最大力，N；

S_0——试样原始横截面积，mm^2。

2. 屈服点

具有屈服现象的金属材料试样在拉伸过程中，应力不继续增加（保持恒定）仍能继续伸长时的应力，称屈服点。若应力发生下降时，则应区分上、下屈服点。屈服点的单位为 MPa（N/mm^2）。

上屈服点（R_{eL}）：试样发生屈服而应力首次下降前的最大应力；

下屈服点（R_{ell}）：当不计初始瞬时效应时，屈服阶段中的最小应力。

屈服点的计算公式为：

$$R_{eL} \text{ 或 } R_{ell} = \frac{F_n}{S_0} \tag{2-12}$$

式中 F_n——试样拉伸过程中的屈服力，N；

S_0——试样原始横截面积，mm。

3. 断后伸长率

在拉伸试验中，试样拉断后其标距所增加的长度与原标距长度的百分比，称为伸长率以 A 表示。计算公式为：

$$A=\frac{L_i-L_0}{L_0}\times 100\% \tag{2-13}$$

式中 L_i——试样拉断后的标距长度，mm；

L_0——试样原始标距长度，mm。

4. 断面收缩率

在拉伸试验中，试样拉断后其缩径处横截面积的最大缩减量与原始横截面积的百分比称为断面收缩率，以 Z 表示。计算公式如下：

$$Z=\frac{S_0-S_i}{S_0}\times 100\% \tag{2-14}$$

式中 S_0——试样原始横截面积，mm^2；

S_i——试样拉断后缩径处的最小横截面积，mm^2。

5. 硬度指标

金属材料抵抗硬的物体压陷表面的能力，称为硬度。根据试验方法和适用范围不同又可分为布氏硬度、洛氏硬度、维氏硬度、肖氏硬度、显微硬度和高温硬度等。对于钢管一般常用的有布氏硬度、洛氏硬度、维氏硬度三种。

（1）布氏硬度（HB）

布氏硬度用一定直径的硬质合金球，以规定的试验力（F）压入试样表面，按规定保持时间后卸除试验力，测量试样表面的压痕直径（d）。布氏硬度值是以试验力除以球形压痕表面积所得的商。以 HBW 表示，单位为 MPa（N/mm^2）。

其计算公式为：

$$\text{HBW}=\frac{2F}{\pi D(D-\sqrt{D^2-d^2})} \tag{2-15}$$

式中 F——压入金属试样表面的试验力，N；

D——试样用硬质合金球直径，mm；

d——压痕平均直径，mm。

测定布氏硬度较准确可靠，但一般 HBW 只适用于 450MPa（N/mm^2）以下的金属材料，对于较硬的钢或较薄的板材不适用。在钢管标准中，布氏硬度用途最广，往往以压痕直径 d 来表示该材料的硬度，既直观，又方便。

举例：120HBW10/1000/30 表示用直径 10mm 的硬质合金球在 1000kgf（9807kN）试验力作用下保持 30s 测得的布氏硬度值为 120MPa（N/mm^2）。

（2）洛氏硬度（HR）

洛氏硬度试验同布氏硬度试验一样，都是压痕试验方法。不同的是洛氏硬度是测量压痕的深度，即在初始试验力（F_0）及总试验力（F）的先后作用下，将压头压入试样表面，经规定保持时间后，卸除主试验力，用测量的残余压痕深度增量（e）计算硬度值。其值是无量纲数，以符号表示，所用标尺有 A、B、C、D、E、F、G、H、K 等 9 个标尺。其中常用于钢材硬度试验的标尺一般为A、B、C，即HRA、HRB、HRC。

硬度值用下式计算：

当用A和C标尺试验时：HR=100−e；

当用B标尺试验时：HR=130−e。

式中，e为残余压痕深度增量，以规定单位0.002mm表示，即当压头轴向位移一个单位（0.002mm）时，相当于洛氏硬度变化一个数。e值愈大，金属的硬度愈低，反之则硬度愈高。

上述三个标尺适用范围为：20～88HRA（金刚石圆锥压头）；20～70HRC（金刚石圆锥压头）；20～100HRB（直径1.588mm球压头）。

洛氏硬度试验是目前应用很广的方法，其中HRC在钢管标准中的使用仅次于布氏硬度，HRB硬度可适用于测定由极软到极硬的金属材料，它弥补了布氏法的不足，较布氏法简便，可直接从硬度机的表盘读出硬度值。但是，由于其压痕小，故硬度值不如布氏法准确。

（3）维氏硬度（HV）

维氏硬度试验也是一种压痕试验方法，是将一个相对面夹角为136°的正四棱锥体金刚石压头以选定的试验力压入试验表面，经规定保持时间后卸除试验力，测量压痕两对角线长度。

维氏硬度值是试验力除以压痕表面积所得之商，其计算公式为：

$$HV=1.8544\times\frac{F}{d^2} \tag{2-16}$$

式中 HV——维氏硬度符号，MPa（N/mm^2）；

F——试验力，N；

d——压痕两对角线的算术平均值，mm。

维氏硬度采用的试验力F为5（49.03）、10（98.07）、20（196.1）、30（294.2）、50（490.3）、100（980.7）kgf（N）等六级，可测硬度值范围为5～1000HV。

表示方法举例：640HV 30/20表示用30kgf（294.2N）试验力保持20s测定的维氏硬度值为640MPa（N/mm^2）。

维氏硬度法可用于测定很薄的金属材料和表面层硬度。它具有布氏、洛氏法的主要优点，而克服了它们的基本缺点，但不如洛氏法简便。维氏法在钢管标准中很少用。

6. 冲击韧性指标

冲击韧性是反映金属对外来冲击负荷的抵抗能力，一般由冲击功（A）表示，其单位为J。冲击功试验（简称“冲击试验”）因试验温度不同而分为常温、低温和高温冲击试验三种，若按试样缺口形状又可分为“V”形缺口和“U”形缺口冲击试验两种。

冲击试验是用一定尺寸和形状（10mm×10mm×55mm）的试样（长度方向的中间处有“U”形或“V”形缺口，缺口深度2mm），在规定试验机上受冲击负荷打击自缺口处折断的试验。

冲击吸收功$A_{KV(U)}$是具有一定尺寸和形状的金属试样，在冲击负荷作用下折断时所吸收的功，单位为J。常温冲击试验温度为（23±5）℃，低温冲击试验温度范围为−18～−192℃；高温冲击试验温度范围为28～1000℃。低温冲击试验所用冷却介质一般为无毒、安全、不腐蚀金属和在试验温度下不凝固的液体或气体。如无水乙醇（酒精）、固态二氧化碳（干冰）或液氮雾化气等。

第七节　钢管产品主要标准要求

一、产品标准简介

各种钢管的使用范围、生产方法、化学成分、外观、力学性能、尺寸公差、试验方法、验收条件、打印标记等，各国都有详细的标准规定。标准一般都是按用途分类，这里介绍几个与高频直缝焊管有关的、具有代表性的钢管标准仅供查阅参考使用。

美国石油协会（API）标准是石油输送和钻采用管的、具有代表性的钢管标准。该标准不仅美国采用，其他许多国家，如欧洲和日本等，也都广泛采用。该协会每年定期召开有用户和钢管生产厂参加的标准修订会议，使用户对钢管的要求和钢管质量的提高密切结合起来。表 2-17 是该标准的使用范围。

表 2-17　API 标准概况

代号	适用范围	级别
5A 5AX AC	套管和钻管 高强度套管和钻管 限制屈服强度的套管	H40,J55,K55,N80,Gr,D,EP105 P110,X95,G105,S135,C75 L80,C95
5L 5LX 5LU	输送管 高强度输送管 超高强度输送管	A25,Gr A Gr B X42,X46,X52,X56,X60,X65,X70,X80, X100

美国材料试验协会（ASTM）标准，关于钢管的标准有 A53，适用于外径为 3.2(1/8″)～660.4(26″)mm 的非镀锌和镀锌焊管及无缝管；Al20，适用于外径 3.2(1/8″)～406(16″)mm 的一般水、煤气和蒸汽配管用镀锌和非镀锌管；A135，适用于输送、锅炉等电焊钢管。一般来说，ASTM 主要适用于工厂内部的配管，而输送管线用管通常都采用 API 标准。ASTM 关于钢管的所有标准如表 2-18 所示。

表 2-18　ASTM 钢管标准概况

类别	碳素钢	合金钢	不锈钢	特殊钢
输送管	A53,A120,A134, A135,A139,A211 A539,A155,A381, A672,A106,A587	A369,A335, A405,A691, A714	A312,A731,A358 A376,A430,A409 A270,A651	A333,A524,A671 A523,A589
锅炉、热交换器	A178,A192,A210, A226,A556,A357, A179,A214,A161	A209,A213,A250 A423,A692,A199 A200	A268,A269,A532 4249,A588,A669 A493,A271	A334
机械制造用管	A512,A513,A519 A252,A500,A501 A595	A618	A511,A554	

日本工业标准 JIS 所规定的钢管标准及允许的制造方法如表 2-19 所示。

表 2-19　JIS 钢管标准概况

类别	标准代号	名称	代号	制造方法	适用范围
输送管	JIS	配管用碳素钢钢管	SGP	S,E,B	
	JIS	压力配管用碳素钢钢管	STPG	S,E	水煤气等低压配管
	JIS	高温配管用碳素钢钢管	STPT,	S,E	温度低于 350℃的压力配管
	JIS	低温配管用钢管	STPL	S,E	温度超过 350℃的压力配管
	JIS	镀锌水管	SGPW	S,E,B	0℃以下配管
	JIS	非金属涂层水管	STPW	S,E,B,A	
锅炉、热交换器	JIS	锅炉、热交换器用碳素钢管	STB	S,E	锅炉管，烟管、过热管、石化工业用热交换器管、催化管等
	JIS	锅炉、热交换器用不锈钢钢管	SUS-B	S,A,E	锅炉过热管、石化工业用冷凝管、热交换器等
	JIS	低温热交换器用钢管	STBL	A,E	0℃以下热交换器用管、冷凝管等
结构管	JIS	一般碳素钢结构钢管	STK	S,E,A,B	土木、建筑、铁塔、管桩等
	JIS	机械制造用钢管	STKM	S,E,B	机械、飞机、汽车、家具等
	JIS	合金钢结构钢管	STKS	S,E,A	飞机、汽车等
	JIS	不锈钢结构钢管	SUS-TK	S,E,A,	

注：S—无缝钢管；E—电阻焊管；B—炉焊管；A—电弧焊管。

国际标准化组织标准建议 ISO 也有关于车丝管、黑管和镀锌管以及锅炉管、管线输送管、结构管等的标准建议。

二、品种规格

高频直缝焊管目前主要作为输送管、结构管和机械制造用管，此外，还包括一部分热器和锅炉管以及石油钻采管。

从断面形状看，除生产圆形管子外，只要把定径机的孔型加以更换，还可以生产方形，三角形等异型断面的管材。

目前，高频直缝焊管生产的最小规格为中 ϕ4.0mm×0.5mm，最大规格为中ϕ660mm×16mm。采用厚板作原料，经排辊成型和高频预焊可以生产 ϕ1400mm 的大直径焊管。这种管子需要在预焊后用埋弧焊补焊，这种生产方法不属于本书的介绍范围。

高频直缝焊管的壁厚与直径之比大约在 1%～13%，可能达到的比值取决于管子直径，如图 2-7 所示。图示范围应当看作是暂时的技术水平，随着技术的发展，其范围无疑会进一步扩大。

三、质量要求

各种不同用途的钢管对其质量有不同的要求。例如，水煤气钢管的质量要求就比较低，石油输送钢管则要求比较高的耐压能力，结构钢管则要求具有较高的力学性能，港湾、海底用钢管则要求具有特殊的耐腐蚀性能，寒冷地带用钢管还要求具有一定的耐低温性能，等等。这些不同要求在相应的标准中都有明确规定，这里不再逐个进行说明，只能就涉及焊管质量的化学成分、物理和力学性能、焊缝质量、几何尺寸精度、耐压能力、外观和表面质量以及镀（涂）层等几个方面加以说明。这些方面是评定中小型高频焊管质量的主要方面，但不是全部，更不是所有高频焊管都要从这些方面进行质量检验，可根据焊管的用途而加以取舍，也可根据某些特殊用途提出某些特殊的质量要求。

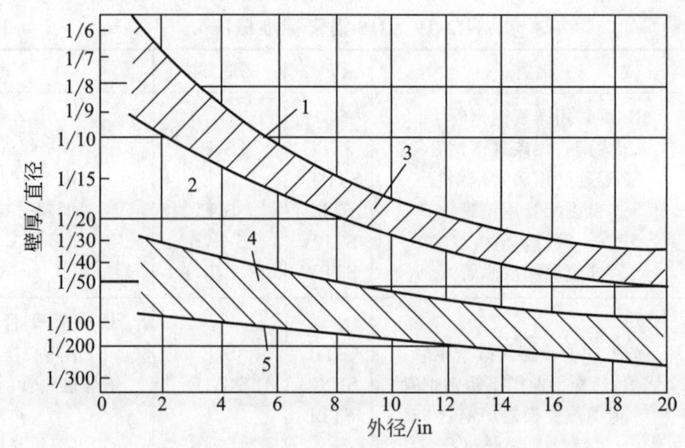

图 2-7 壁厚/直径与钢管外径及成型的关系图

1—壁厚上限；2—通常范围；3—厚壁管范围；4—薄壁管范围；5—壁厚下限

1. 钢的化学成分

钢的牌号和化学成分（熔炼分析）应符合 GB/T 700 中牌号 Q195、Q215A、Q215B、Q235A，Q235B 和 GB/T 1591 中牌号 Q295A、Q295B、Q345A、Q345B 的规定。根据需方要求，经供需双方协商，并在合同中注明，也可采用其他易焊接的钢。

成品钢管的化学成分应由冶炼钢厂出书面材质保证。必要时，焊管生产厂也应对成品管的化学成分进行核对检验，检验结果应符合相应的规定。核对检验的取样方法可依据有关技术标准的规定。

化学成分按熔炼成分验收。当需方要求进行成品分析时，应在合同中注明，成品分析化学成分的允许偏差应符合 GB/T 222 的有关规定。

2. 力学性能

(1) 力学性能要求

钢管的力学性能要求应符合表 2-20 的规定，其他钢牌号的力学性能要求由供需双方协商确定。

表 2-20 力学性能

<table>
<tr><th rowspan="2">牌号</th><th colspan="2">下屈服强度 R_a/(N/mm²)
不小于</th><th rowspan="2">抗拉强度 R_m
/(N/mm²)
不小于</th><th colspan="2">断后伸长率 A/%
不小于</th></tr>
<tr><th>t≤16mm</th><th>t≥16mm</th><th>D≤168.3m</th><th>D>168.3m</th></tr>
<tr><td>Q195</td><td>195</td><td>185</td><td>315</td><td rowspan="3">15</td><td rowspan="3">20</td></tr>
<tr><td>Q215A、Q215B</td><td>215</td><td>205</td><td>335</td></tr>
<tr><td>Q235A、Q235B</td><td>235</td><td>225</td><td>370</td></tr>
<tr><td>Q295A、Q295B</td><td>295</td><td>275</td><td>390</td><td rowspan="2">13</td><td rowspan="2">18</td></tr>
<tr><td>Q345A、Q345B</td><td>345</td><td>325</td><td>470</td></tr>
</table>

(2) 拉伸试验

外径小于 ϕ219.1mm 的钢管拉伸试验应截取母材纵向试样。直缝钢管拉伸试样应在钢管上平行于轴线方向距焊缝约 90°的位置截取，也可在制管用钢板或钢带上平行于轧制方向于钢板或钢带边缘与钢板或钢带中心线之间的中间位置截取。螺旋缝钢管拉伸试样应在钢管上平行于轴线距焊缝约 1/4 螺距的位置截取，其中，外径不大于 ϕ60.3mm 的钢管可截取全截面拉伸试样。

外径不小于 ϕ219.1mm 的钢管拉伸试验应截取母材横向试样和焊缝试样，直缝钢管母材拉伸试样应在钢管上垂直于轴线距焊缝约 180°的位置截取。螺旋缝钢管母材拉伸试样应在钢管上垂直于轴线距焊缝约 1/2 螺距的位置截取。焊缝（包括直缝钢管的焊缝、螺旋缝钢管的螺旋焊缝和钢带对接焊缝）拉伸试样应在钢管上垂直于焊缝截取，且焊缝位于试样的中间，焊缝试样只测定抗拉强度。

拉伸试验结果应符合表 2-21 的规定。但外径不大于 ϕ60.3mm 钢管全截面拉伸时，断后伸长率仅供参考不做交货条件。

表 2-21　特殊要求的钢管力学性能

牌号	下屈服强度 R_a/(N/mm^2)	抗拉强度 R_m/(N/mm^2)	断后伸长率 A/%
	不小于		
08、10	205	375	13
15	225	400	11
20	245	440	9
Q195	205	335	14
Q215A、Q215B	225	355	13
Q345A、Q345B、Q345C	245	390	9
Q295A、Q295B	—	—	—
Q345A、Q345B、Q345C	—	—	—

3. 工艺性能

（1）弯曲试验

外径不大于 60.3mm 的电阻焊钢管应进行弯曲试验。试验时，试样应不带填充物，弯曲半径为钢管外径的 6 倍，弯曲角度为 90°，焊缝位于弯曲方向的外侧面，试验后，试样上不允许出现裂纹。

（2）压扁试验

外径大于 60.3mm 的电阻焊钢管应进行压扁试验。压扁试样的长度应不小于 64mm，两个试样的焊缝应分别位于与施力方向成 90°的位置。试验时，当两平板间距离为钢管外径的 2/3 时，焊缝处不允许出现裂缝或裂口；当两平板间距离为钢管外径的 1/3 时，焊缝以外的其他部位不允许出现裂缝或裂口；继续压扁直至相对管壁贴合为止，在整个压扁过程中，不允许出现分层或金属过烧现象。

（3）导向弯曲试验

埋弧焊钢管应进行正面导向弯曲试验。导向弯曲试样应从钢管上垂直焊缝（包括直缝钢管的焊缝、螺旋缝钢管的螺旋焊缝和钢带对接焊缝）截取，焊缝位于试样的中间，试样上不应有补焊焊缝，焊缝余高应去除。试样在弯模内弯曲约 180°，弯芯直径为钢管壁厚的 8 倍。试验后，应符合如下规定：

① 试样不允许完全断裂；

② 试样上焊缝金属中不允许出现长度超过 3.2mm 的裂纹或破裂，不考虑深度；

③ 母材、热影响区或熔合线上不允许出现长度超过 3.2mm 的裂纹或深度超过壁厚

10%的裂纹或破裂。

试验过程中，出现在试样边缘且长度小于6.4mm的裂纹，不应作为拒收的依据。

4. 力学性能具体要求

力学性能包括抗拉强度σ_b、屈服强度σ_s、延伸率δ_s、冲击韧性以及其他工艺性能等。输送管一般是根据屈服强度来设计的，所以API5LX中规定的质量级别以“X”开头，后面的数字为材料的最小屈服强度。如65，则表示屈服强度为65lb/in的高强度输送。API5LX-1970只规定到X65，而API5LX-1973则规定到X70，目前已发展到X80和X100。

为了防止输送管线在小于屈服强度的应力状态下发生脆性破坏，除了考虑钢管的屈服强度之外，还必须考虑韧性。特别是在寒冷地带低温情况下工作的输送管，韧性是不可缺少的。在低温下工作的低温热交换器管（如冷凝管等）也要具有相应的韧性。韧性好的钢管，当其工作压力发生变化时，即使有裂纹产生，也能防止裂纹继续扩大。中小直径直缝焊管，一般没有明确地规定韧性要求，但高级输送管（如API5LX）就有关于冲击韧性的补充规定。韧性一般是通过冲击试验，以冲击时所能吸收的能量大小来判定。表2-22为API5LX-73高强度输送管的力学性能示例。

表2-22　API5LX-73高强度输送管的力学性能

级别	屈服强度 σ_s/(kg/mm^2)≥	抗拉强度 σ_b/(kg/mm^2)≥	伸长率δ_s/% (ϕ50.8mm)长度上的最小值	屈强比/%
X42	29.9	42.2	e①	≤85
X46	32.3	44.3	e	≤85
X52	36.6	46.4	e	≤85
X56	39.2	49.9	e	≤85
X60	42.2	52.7	e	≤85
X65	45.7	54.1	e	≤85
X70	49.2	57.6	e	≤85

①
$$e=625000\frac{A^{0.2}}{U^{0.9}}$$

式中　e——50.8mm长度上的最小伸长率，以0.5%修正进位；

A——抗拉试验试样的横截面积，由规定的外径或者名义宽度和规定壁厚计算而得，计算数值以0.01in^{2}修正进位，或者取为0.75in^2，视哪个数值小而定。

U——规定的抗拉强度，lb/in^2。

伸长率和屈服比是弯管加工时，考虑应力的一个重要指标，因而相应的标准也有明确规定。某些特殊用途的电焊钢管对其力学性能有特殊要求。如汽车传动轴管要求具有良好的静和动扭转特性、高的扭转疲劳强度等。为了按照传动轴的实用情况评价产品的质量，曾对传动轴用钢管的静和动扭转特性和疲劳强度进行了大量的研究。

电焊钢管的工艺性能要求与无缝钢管相同，按照无缝钢管的标准规定，只需根据用户的订货要求进行一项或几项工艺性能试验。但电焊钢管在用户没有提出工艺性能试验要求的情况下，也必须进行扩口和压扁试验。

直径小于ϕ108mm，没有经过冷拔的电焊钢管必须全部进行扩口试验，但直径小于ϕ20mm以及直径为ϕ20～ϕ60mm、壁厚大于0.06倍直径的未经热处理的电焊钢管可不进行扩口试验。

5. 焊缝质量

焊缝质量是焊管质量的重要标志。焊缝的力学性能应达到或超过母材的相应性能，因此，焊管的力学性能试验的取样应包括焊缝部位。例如，日本的JISG3454—1973规定的压扁试验，从管端截取大于50mm的焊管作为试样，在常温下将试样放在两个压头之间加压，此时焊缝必须处于与压缩方向成90°的位置，当压到两压头之间的距离 $H=\frac{2}{3}D$ 时，检查焊缝是否开裂或产生裂纹，当 $H=\frac{1}{3}D$ 时，再检查焊缝以外的母材是否产生伤痕或裂缝。焊缝抗拉强度如表2-23所示。钢管力学性能试验的试样可以从钢管上制取，也可以从钢管的同一带钢上取样。

表 2-23 焊缝抗拉强度

牌号	抗拉强度 R_m/(N/mm^2)
08、10	315
15	355
20	390
Q195	315
Q215A,Q215B	335
Q345A、Q345B,Q345C	375
Q295A、Q295B	390
Q345A、Q345B,Q345C	470

由于焊缝质量是影响焊管使用可靠性的重要因素，因此，除力学性能试验外，尚需采用目检、超声波探伤、水压试验等多种方法，检查焊缝有无气泡、夹渣、裂纹、凹陷、对接不齐等各种有害缺陷。各种焊缝缺陷的判别亦可查阅有关规定。

6. 耐压能力

一般电焊管都要进行水压试验。特别是输送管和锅炉管等，其耐压能力是很重要的质量指标，每一根钢管都要在生产过程中经受一定压力的水压试验而不漏水。试验压力在相应的标准中都有规定，经供需双方协议也可采用其他压力，但最高不得超过式(2-17)计算所得的数值：

$$P=\frac{200t\sigma}{d} \tag{2-17}$$

式中 P——试验压力，kgf/cm^2；

t——最小允许壁厚，mm；

d——钢管公称内径，mm；

σ——允许应力，kgf/mm^2，取该钢种所规定抗拉强度的35%。

应当指出的是，水压试验的压力并不是钢管在实际使用中的工作压力。水压试验应有一定的稳压时间。中小规格电焊管的稳压时间一般不少于5s。

7. 表面质量

在GB/T 3091—2008中，关于焊管的表面质量共有以下6项要求。

(1) 焊缝

① 电阻焊钢管的焊缝毛刺高度。钢管焊缝的外毛刺应清除，剩余高度应不大于0.5mm。根据需方要求，经供需双方协商，并在合同中注明，钢管焊缝内毛刺可清除。焊

缝的内毛刺清除后，剩余高度应不大于1.5mm。当壁厚不大于4mm时，清除内毛刺后刮槽深度应不大于0.2mm；当壁厚大于4mm时，刮槽深度应不大于0.4mm。

② 埋弧焊钢管的焊缝余高。当壁厚不大于12.5mm时，超过钢管原始表面轮廓的内外焊缝余高应不大于3.2mm；当壁厚大12.5mm时，超过钢管原始表面轮廓的内外焊缝余高应不大于3.5mm。焊缝余高超高部分允许修磨。

(2) 错边

对电阻焊钢管，焊缝处钢带边缘的径向错边不允许使两侧的剩余厚度小于钢管壁厚的90%。对埋弧焊钢管，当壁厚不大于12.5mm时，焊缝处钢带边缘的径向错边应不大于1.6mm；当壁厚大于12.5mm时，焊缝处钢带边缘的径向错边应不大于钢管壁厚的0.125倍。

(3) 钢带对接焊缝

螺旋缝埋弧焊钢管允许有钢带对接焊缝，但钢带对接焊缝与螺旋焊缝的连接点距管端的距离应大于150mm，当钢带对接焊缝位于管端时，与相应管端的螺旋焊缝之间至少应有150mm的环向间隔。

(4) 表面缺陷

钢管的内外表面应光滑，不允许有折叠、裂纹、分层、搭焊、断弧烧穿及其他深度超过壁厚下偏差的缺陷存在。允许有深度不超过壁厚下偏差的其他局部缺陷存在。

(5) 缺陷的修补

外径小于ϕ114.3mm的钢管不允许补焊修补。外径不小于ϕ114.3mm的钢管，可对母材和焊缝处的缺陷进行修补。补焊前应将补焊处进行处理，使其符合焊接要求。补焊焊缝最短长度不小于50mm，电阻焊钢管补焊焊缝最大长度应不大于150mm，每根钢管的修补应不超过3处，在距离管端200mm内不允许补焊。补焊焊缝应修磨，修磨后应与原始轮廓圆滑过渡并应按GB/T 3091—2008中5.6的规定进行液压试验。

(6) 钢管对接

根据需方要求，经供需双方协商，并在合同中注明，钢管可对接交货。对接所用短管长度不应小于1.5m，并只允许两根短管对接。对接前，应对管端进行处理，使其符合焊接要求。对接时，钢管焊缝（包括直缝管的焊缝、螺旋管的螺旋焊缝和钢带对头焊缝）在对接处应环向间隔50～200mm，对接后，对接焊缝应沿圆周方向均匀整齐，并符合焊缝的规定，对接后钢管的弯曲度应符合弯曲度的规定，并应按液压试验的要求进行液压试验。

第三章

带钢的纵剪

第一节 纵剪线设备组成

一、设备组成

带钢宽1700mm×厚10mm纵剪的生产线，主要由上卷小车、双锥头开卷机、直头机、夹送矫平机、1＃侧立导辊、2＃侧立导辊、水平导辊、圆盘纵剪机、边丝卷取机、活套装置、张力机、卷取机、分隔器、卸卷小车等设备组成。

夹送矫平机、圆盘纵剪机及卷取机的三台直流主电机一般采取全数字式直流调速器进行拖动控制，两台边丝卷取机采取电磁调速异步电动机（滑差电机）进行拖动控制。全生产线包括液压系统、气动系统等均能进行自动控制，可接工控机或FC机等上位机进行过程控制和管理操作。

二、工艺流程

上卷→开卷→直头→矫直→切头（尾）纵剪分条（边丝卷取）→带钢卷取（打捆）→卸卷。

三、工艺参数

① 钢卷材质：低碳钢或低合金钢带钢，厚度2.0～10mm；
② 钢卷宽度：700～1550mm，最宽可达2100mm；
③ 钢卷内径：ϕ500～ϕ760mm；
④ 最大卷重：3t；
⑤ 成品钢卷内径：ϕ760mm。

四、典型分条条数

典型分条条数见表3-1。

表3-1 带钢纵剪条数

带厚/mm	3.6	4.5	6.0	8.6
分条条数	11	8	5	3

第二节 工艺操作流程

一、工艺操作程序

1. 点动穿带作业

① 各岗位检查设备没有异常（同时各操作台按钮、电位器归零复位），依次送电（受电柜总开关→PLC控制柜→CT-MENTOR控制柜直流主电机风机→液压站油泵→空压机等）。

② 中央主控操作台将生产线选为“点动”状态。

③ 开卷作业（1＃操作台）。点动上料小车到待料位置，配合天车工将钢卷吊放至小车鞍形托架上，注意钢卷板头要处于上部稍偏右顺时针方向（面对生产线），横移上料小车至开卷机双锥头中心位置，上升小车；双锥头对中直至夹紧钢卷，上料小车下降脱离钢卷，直头机压辊下降压住钢卷，铲刀伸出铲断钢卷捆带（或人工剪断），捆带回收。根据带钢宽度调整1＃侧立导辊开口度，点动双锥头，在直头机压辊配合下将钢卷板头沿铲刀牵引至夹送处理机的夹送辊里，按下夹送处理机架上的下降按钮，夹送辊下降压住钢卷板头（压力要适中，以板头不产生塑性变形为原则），横移上料小车至待料位置。

④ 矫直、切头、分条作业（2＃操作台）。点动夹送辊（此时开卷机处于微制动状态），压下三辊矫直辊（视带钢表面弯曲程度调整下压量），牵引带钢至斜刃横剪机。根据带钢头部缺陷情况决定横剪多少，压下斜刃剪，剪去板头（落入料筐）。根据带钢宽度和厚度调整2＃侧立导辊和水平导辊的开口度，继续点动夹送辊，牵引带钢至圆盘纵剪机。压下水平上导辊，点动圆盘纵剪机进行分条作业。注意，生产线电气控制系统设定，点动时，后面设备自动联合点动。比如，圆盘纵剪机点动，夹送处理机自动跟随点动而不需要操作，同样，前面的张力辊和卷取机点动时，圆盘纵剪机和夹送处理机也都自动跟随点动。

2. 穿带分条作业注意事项

① 穿带分条作业时，注意板头行进情况，防止出现撞到设备使带钢折叠变形。带钢出圆盘纵剪机后，要及时对剪切质量进行检测，如分条宽度、厚度是否达到要求，有无翘痕等表面质量问题。

② 带钢边丝从圆盘纵剪机过来后，将丝头绕至边丝卷取机上，缓慢转动边丝卷取机，绕至2～3圈后，操作两个电磁调速器的调速电位器使边丝卷取机与圆盘纵剪机同步。边丝工精神要高度集中注意观察边丝宽度，以防边丝过小断裂伤人，有异常需及时停车。边丝工要注意控制边丝走向，最大限度地绕更多边丝，减卸次数。注意不要触摸运动中的边丝，防止划伤。抬升大活套时，要点动圆盘纵剪机牵引多条窄带钢过活套，人工介入使窄带钢顺利经分隔辊进入张力机。

3. 卷取作业（3＃操作台）

压下张力辊，咬住窄带钢，抬升张力机导板，启动卷取机卷筒缩径，同时点动卷取机使卷筒钳口位置与导板吻合；压下卷取机分隔辊，点动张力辊牵引窄带钢带头分别通过分隔辊上的分隔环插入卷筒钳口；启动卷取机卷筒胀径，降下张力机导板，点动卷取机，使窄带钢顺利经分隔辊隔环缠绕在卷筒上，两三圈后穿带过程完毕。

4. 纵剪自动分条作业（中央主控制台）

① 确认穿带过程完毕，将控制旋钮由“点动”挡换成“自动”挡，全生产线进入自动

联锁操作状态（三台直流主电机在CT-MENTOR调速器控制下自动联锁加速或减速），缓缓旋转调速电位器，控制生产线速度（视带钢材质、厚度以及分条条数决定生产线最大速度，一般为50m/min）。

② 作业时，要密切注意边丝卷取机运行情况，大活套中的钢带情况，有异常时要及时减速，特殊情况可以按下急停按钮。

5. 甩尾作业（中央主控制台）

① 开卷机双锥头对钢卷“失张”（钢卷最后几圈松散）后，中央主控制台要及时减速到停车，生产线进入甩尾作业。

② 将“自动”挡换回“点动”挡，同时点动生产线，使钢卷尾部在斜刃横剪机前停车（视钢卷尾部缺陷情况决定切尾长度），2#操作台启动，压下斜刃剪刀，剪去板尾。换回“自动”挡，控制生产线低速运行，直至卷取机卷完全部带钢后停车并换回“点动”挡。

6. 钢卷打包作业（4#操作台）

① 点动卸卷小车至卷筒中心位置，上升鞍形托架到钢卷外圈30～50mm处停止。

② 点动卷筒使带钢尾部处于分隔辊下合适位置，便于穿包装带和锁扣。两人密切配合穿好打包带并锁紧扣。注意，打包带应穿在钢带中间，防止打包带脱落。打包要收紧、牢固，防止散卷伤人。

7. 卸卷作业（4#操作台）

① 确认各分条带钢已圆周捆包扎紧后，抬起分隔辊，然后启动卷筒缩径→点动卷筒正转→启动卷筒胀径。目的是使带钢头部离开卷筒钳口并使弯头压直。

② 启动卷筒缩径，上升卸卷小车的鞍型托架托住钢卷，使钢卷内径与卷筒间形成一定间隙。

③ 点动卸卷小车缓慢横移，将钢卷从卷筒上退出，穿好钢丝绳挂钩，指挥天车工将其起吊至指定存放位置，按规定在钢卷上做好标记。卸卷小车的鞍形托架下降复位。

④ 边丝卷取机卸卷时，需先用剪好的短边丝将边丝卷取机上的边条扎紧，确认无安全隐患后，再两人配合把边丝卷取机外盘卸下，注意观察边丝是否会弹起伤人，天车配合将边丝卷卸下卷轴吊至指定位置放好。

二、圆盘纵剪机配刀程序及方法

1. 配刀原则及方法

图3-1为圆盘纵剪机配刀示意图，左边为传动侧（电机-减速机侧），固定机架牌坊；右边为操作侧即移动机架牌坊。剪切带钢宽度700～1559mm，厚度1.5～8.0mm，低碳低合金结构钢等。

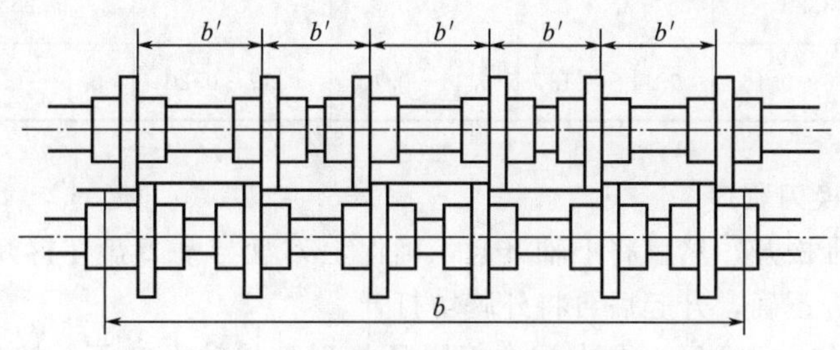

图3-1　圆盘纵剪机配刀示意图

b—带钢宽度；b'—分条带宽

配刀前，必须先根据生产计划单，计算并画出配刀草图。具体计算过程见下述方法，结合实际生产经验确定。

① 对中装刀，即上刀轴的第一刀盘和最后的刀盘都在外侧，且对称于刀轴三中心线。

② 以传动侧（电机-减速机侧）为基准定出上下刀轴的第一刀盘位置。考虑刀轴装配条件及原料宽度、分条数等因素。

③ 上刀轴装刀。用定距套环等固定好上刀轴的第一刀盘；第二刀盘距第一刀盘轴向距离为分条带钢宽＋两个间隙（即 B_1+2S），间隙根据带钢厚度计算；第三刀盘距第二刀盘轴向距离为分条带钢宽－两个刀盘厚度－两个间隙（即 $B_2-2C-2S$）；第四刀盘距第三刀盘轴向距离为分条带钢宽＋两个间隙（即 B_3+2S）。

……

以此类推，装完上刀轴。

④ 下刀轴装刀。以上刀轴第一刀盘为基准。第一刀盘以上刀轴第一刀盘内侧为起点＋1个间隙（即 S）；第二刀盘距第一刀盘轴向距离为分条带钢宽－两个刀盘厚度－两个间隙（即 $B_1-2C-2S$）；第三刀盘距第二刀盘轴向距离为分条带钢宽＋两个间隙（即 B_2+2S）；第四刀盘距第三刀盘轴向距离为分条带钢宽－两个刀盘厚度－两个间隙（即 $B_3-2C-2S$）。

……

以此类推，装完下刀轴。

⑤ 上下刀轴装完后，用卡尺等量器核对，间隙用塞尺核对。

⑥ 上下刀盘的间隙一般为带钢厚度的3%～5%，即间隙 S＝带钢厚度 $t\times(0.003\sim0.005)$mm，分条多时，中间的刀盘间隙可以适当小些。

⑦ 上下刀盘的重合量 K 一般为带钢厚度的一半左右，即 $K=\frac{1}{2}t$。也可根据经验确定，比如也有人取 $K=t\times10\%$。

张力机前的分隔辊和卷取机卷筒上的分隔压辊的分隔环，也应以圆盘纵剪机上刀轴第一刀盘的位置为基准，分别画出两个分隔辊的辊配置图，然后再依图装配隔环和隔套。

有关纵剪机常用的纵剪参数见表3-2，仅供参考。

表3-2 纵剪机所用参数表

钢带厚度/mm	1.2	2.0	2.3	2.5	2.75	3.0
刀片间隙/mm	0.04～0.06	0.08～0.12	0.08～0.12	0.08～0.13	0.08～0.14	0.09～0.16
钢带厚度/mm	3.25	3.5	3.75	4.0	4.25	4.5
刀片间隙/mm	0.10～0.16	0.11～0.18	0.11～0.19	0.12～0.20	0.13～0.21	0.13～0.22

2. 圆盘纵剪机换刀程序

首先将刀轴螺母松开，然后将上轴升起，确保上刀盘与下刀盘在拆卸过程中不会相撞，上升时注意方向是否正确，升起后再将外牌坊打开。

关闭电源，确认无危险后，两人配合将隔环与刀盘从轴上卸下，按配刀草图及顺序排刀，调整好刀盘侧间隙 S。排刀时注意刀口是否光滑，是否有裂纹、缺口，不合格则做上标记，单独存放，并及时向上反映。排刀完成后再次复查尺寸，确认无误后将轴线帽装上，再将外牌坊合上，确认到位后，将刀轴螺母拧紧，再将上轴慢慢放下，下刀时调整刀盘重合量 K，注意刀口之间的咬合情况，防止刀口之间无间隙相撞，造成裂纹。

三、带钢纵剪操作技巧

1. 圆盘纵剪机刀片的排列方式

如图 3-2 所示，圆盘纵剪机刀片的排列方式有交错式和间隔式两种。图 3-2（a）的排列方式在使用中钢带会发生扭转现象，薄带不太明显，厚带会造成卷取困难，甚至会损坏设备，图 3-2（b）的排列方式为推荐方式。

2. 新旧圆盘纵剪机刀片的处理

圆盘纵剪机刀片的放置应有条理，新旧分开，不同修磨批次的刀片也应分开放置，严禁混放、混用。每一根刀轴上的刀片新旧程度应一样，也就是说磨损程度一样，而且刀片外径应一致，否则会加剧刀片的磨损，缩短刀具使用寿命。

3. 尽量减少剪切条数

剪切过多条数要安装数量较多的刀片及定距套，安装的累计误差大，刀片及定距套需仔细选配、调整，很费时。如能综合安排进行套裁，可减少剪切条数，操作更容易些。

4. 套裁时要注意带宽的排列

一次裁出不同宽度的钢带，排列顺序要多加注意，宽带要分布在两边，而且尽量保证对称分布。如分布过度不均，被动拉剪时会引起跑偏；窄带分布在两边，会由于拉力过大引起拉伸。这些都是影响钢带松紧不一，带边镰刀弯或卷取成塔形的主要因素。

5. 带头装卡要整齐

带头经矫平、齐头后通过圆盘纵剪机到达卷取机。在装卡带头时，一定要保证各个带头的整齐性，如图 3-3 所示，钢带未到位或偏扭同样会导致拉剪过程钢带松紧不一，产生带边镰刀弯或卷取成塔形等现象。

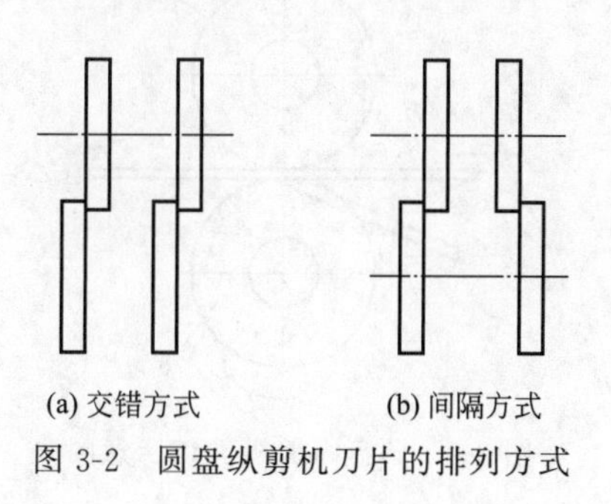

图 3-2　圆盘纵剪机刀片的排列方式

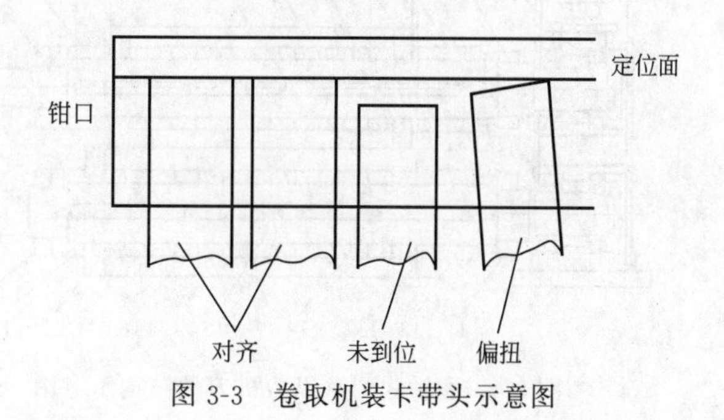

图 3-3　卷取机装卡带头示意图

以上是现场调试积累的点滴经验和技巧，但各个企业所使用的纵剪设备结构上都有一定差异，对纵剪钢带质量影响也是不一样的，需要结合实际情况仔细分析和研究。同时，各个厂家提供的设备制造精度、结构刚性和安装精度都是非常重要的因素，使用圆盘纵剪机的公司用户在使用过程中应全面考虑。

第三节 圆盘纵剪机快速配刀工艺

圆盘纵剪机的主要功能是将较大规格的热轧卷板分切成宽窄不一和用途不同的纵剪带钢。在生产过程中，一个重要环节就是在剪切不同规格的带钢时，需要进行在线配刀。配刀的操作过程，实际上是通过组合不同厚度尺寸的刀垫，使相邻两刀片之间的距离达到某一给定尺寸，从而使上下刀片的侧间隙满足工艺要求的过程。刀片装配的精度，直接影响产品的边缘质量，因此，一般在线配刀需要花费很长时间，直接影响圆盘纵剪机的有效工作时间。

本节所述的圆盘纵剪机快速配刀装置，是在实践的基础上，对刀垫结构进行改进，利用螺纹升降原理通过螺母的轴向移动，实现两刀片间距离的连续可调，从而达到快速、精确配刀的目的。

一、圆盘纵剪机的剪切机理

圆盘纵剪机生产线的核心部分是圆盘纵剪机。圆盘纵剪机按结构形式可分为悬轴式和通轴式，按用途可分为原料圆盘纵剪机（板厚 $\delta \geqslant 1.5$mm）和成品圆盘纵剪机（板厚 δ 为 0.1～1.5mm）。本节讨论的是通轴式原料圆盘纵剪机的使用情况。

如图 3-4 所示为通轴式原料圆盘纵剪机的刀轴结构，它是由安装在固定机架 1 中的一对刀轴 7、15 组成，刀片（4、8、13、17）为圆盘形，按要求的尺寸分别固定在上下刀轴上。

工作时，在动力驱动下，刀片以轴心为圆心连续旋转，当带钢通过两刀片时（如图 3-5 所示），刀片给带钢施加一定的剪切力，使带钢与刀片接触区域产生变形，随着咬入深度的增加，带钢的变形量也随之增加，当变形量达到一定程度时（一般为板厚 δ 的 1/3～1/2）受压的部分就会从原板上断裂，即完成钢板的剪切。

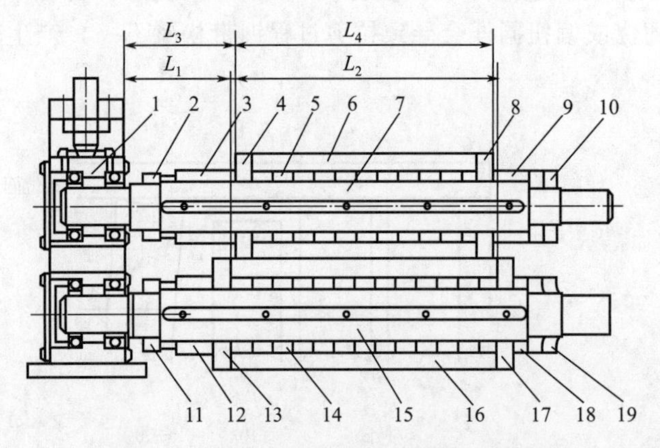

图 3-4 通轴式圆盘纵剪机刀轴结构示意图

1—固定机架；2,10,11,19—锁紧螺母；3,9,12,18—定位套；4,8—上刀片；5,14—调整垫；6—橡胶垫；7—上刀轴；13,17—下刀片；15—下刀轴；16—胶垫

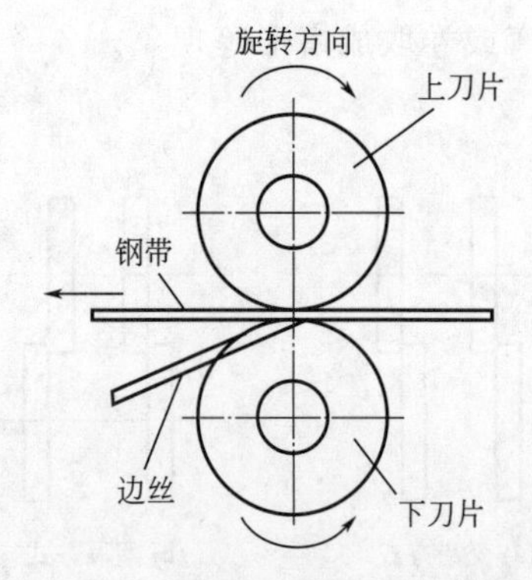

图 3-5 圆盘纵剪机剪切示意图

二、圆盘纵剪机刀轴的装配

圆盘纵剪机是由机架和刀轴组合而成的。其中，一侧是固定机架，另一侧是可以移动的

机架，刀轴的固定端装配在固定机架上，另一端装配在活动机架上。下刀轴在机架中处于相对固定状态，上刀轴可以通过机械机构上下滑动。当进行配刀作业时，提起上刀轴，使上下刀片间离开一定的距离，以便于拆装刀片；然后，移开活动机架，使刀轴另一端悬空，松开锁紧螺母，即可进行刀片和刀垫的拆装。

通常情况下，进行刀片装配时，应先配好下刀轴，然后以下刀轴为基准配装上刀轴。具体操作如下：

在下刀轴上选定1个基准点，2个下刀片（13、17，也称母刀）之间的距离 L_2 为钢带的尺寸。一般情况下，钢带的尺寸公差较宽，为 $(L_2 \pm 0.5)$mm，所以，下刀轴的装配比较容易，只要选择一组叠加尺寸等于 $(L_2 \pm 0.5)$mm 的刀垫即可。当母刀尺寸确认无误后，拧紧轴两端的锁紧螺母（11、19），即可完成下刀的装配。

2个上刀片（4、8，也称公刀）的装配比较关键。实际操作中，上下刀轴上定位套（3、12）的尺寸是固定不变的，当更换了厚度不同的刀片后，只要微调上轴左端的调整螺母，使上下刀片的侧间隙为被剪钢板厚度 δ 的 8%～10%，即 $L_3 - L_1 = (8\% \sim 10\%)\delta$，就可以确定上刀第1个刀片的位置，2个刀片之间刀垫的多少以及尺寸搭配，也要满足右侧公、母刀片的侧间隙为 $(8\% \sim 10\%)\delta$。当2个公刀的位置固定后，拧紧两端的锁紧螺母（2、10），检查公、母刀片的相对位置，慢慢落下上刀轴，使上下刀的重合量符合一定的工艺要求，用塞尺重新测量公母刀片的侧间隙，若不符合要求，需重新拆除上刀，并更换合适尺寸的刀垫，直至符合要求。

需要说明的是，上刀轴的装配远非想象的那么容易，而是有很多不确定因素。

① 从刀片的使用寿命和经济价值方面考虑，需进行外圆和平面的磨削，一方面有利于消除疲劳应力，另一方面可以充分利用刀片的硬度层，延长刀片的使用寿命。因此，刀片的厚度尺寸可随时发生变化。

② 产品尺寸根据用途的不同而各异，有时一个班要进行几种规格的切换，不可能为每种规格的产品都配备一组合适的刀垫，只能现场进行组装。有时配成一副合适的刀轴，中间装拆要更换几次刀垫，直接影响配刀的效率与精度。

③ 整个装配过程必须反复使用游标卡尺测量间隙是否合适，以作为更换刀垫的依据。

需要特别注意的是，装配好的刀片有时会有偏摆现象，原因之一是刀垫和刀片磨削的平行度超差或异物的嵌入，直接的后果是造成带钢边缘出现周期性毛刺，甚者会使上下刀片局部"啃刀"，造成刀片损坏。因此，在上下刀轴装配完毕后，首先应用专用量具检测刀片的偏摆，使偏摆量 <0.05mm，否则，就应该进行纠偏处理，即在相应位置局部加减刀垫。这一过程的操作必须结合侧间隙的调整，这也是影响配刀效率的关键点。

综上所述，传统的在线配刀工艺在小批量和多规格的生产模式中，由于其配刀过程复杂，配刀时间长，影响配刀精度的因素多，严重影响圆盘剪的生产效率。

三、快速配刀装置及调整原理

1. 快速配刀装置的结构及其特点

快速配刀装置是基于解决配刀过程烦琐和刀垫精度要求高等影响配刀效率和精度的问题而设计的一种装置，结构形式如图3-6所示，其是由螺套、锁紧螺母和螺母构成的组件，用以替代部分刀垫。螺套一端的法兰盘和螺母上，分别有6个M12的螺纹孔，用来调节刀片的偏摆。

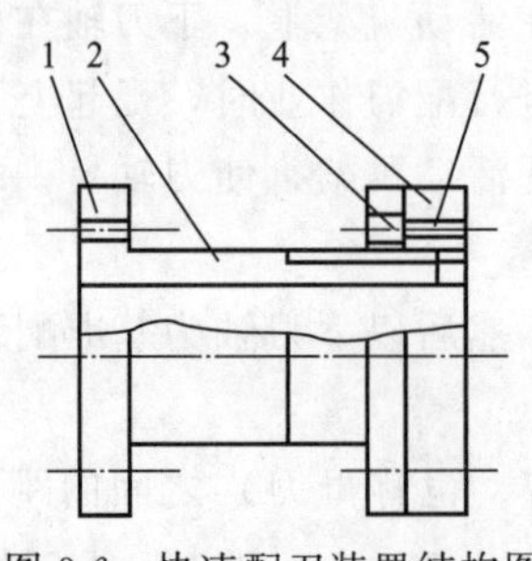

图 3-6 快速配刀装置结构图

1,5—6-M12；2—螺套；3—锁紧螺母；4—螺母

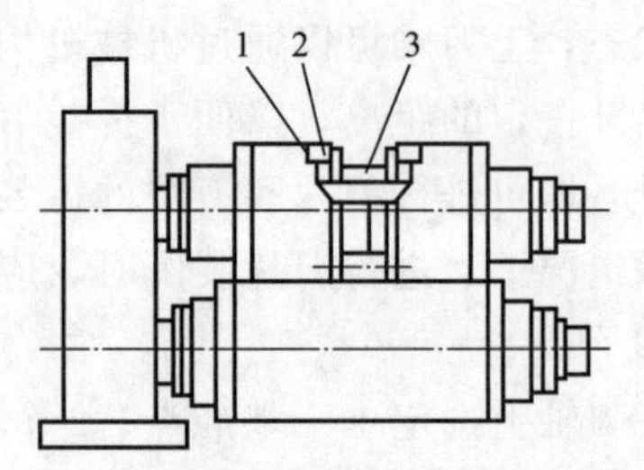

图 3-7 快速配刀装置安装示意图

1—橡胶垫；2—调整垫；3—快速配刀装置

快速配刀装置的结构特点：

① 结构简单，容易操作，无需反复拆装刀片和刀垫，即可完成配刀过程；

② 通用性强，不受刀片和钢带等尺寸变化的影响，在一定范围内连续可调；

③ 功能多样，既可以调整公、母刀片的侧间隙，又可以纠正刀片的偏摆。

实践表明，快速配刀装置可以大幅度提高配刀效率，以配 1 副 2.5mm×780mm×2mm 的刀轴为例，未改进前需耗时 120min 左右，使用快速配刀装置后用时 90min 左右即可，提高效率 25%左右。

2. 快速配刀装置的调整原理

将快速配刀装置安装在上刀轴的 2 个公刀之间，如图 3-7 所示。与传统的配刀方式相同，以下刀为基准，装配上刀时，先旋转左侧螺母，使左上刀避开母刀（间隙 0.5～1mm），旋转快速配刀装置螺母，使 2 刀片距离 L_4，小于母刀间距离 L_2，L_2 与 L_4 的差值以 5～10mm 为宜，迅速落下上刀轴，使上下刀的重合量符合一定的要求，如图 3-8 所示，这时就完成了上刀的粗调整。

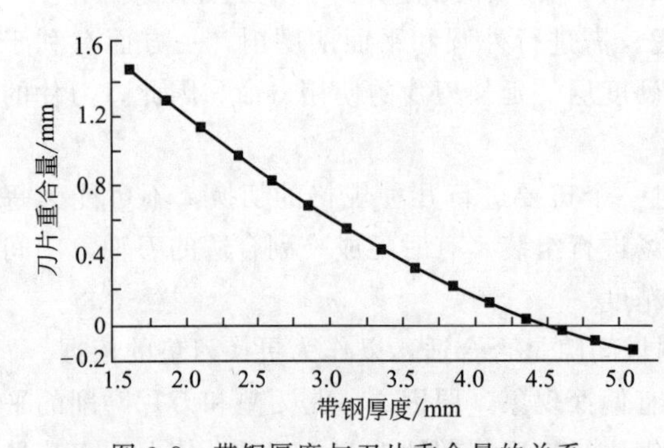

图 3-8 带钢厚度与刀片重合量的关系

精调间隙步骤：

① 紧固上轴右端螺母，同时旋转左端螺母，使左端上下刀片侧面贴紧，微调左端螺母，用塞尺调整间隙至合适尺寸，紧固好左侧螺母并锁紧；

② 松开上轴右端螺母，调整快速配刀装置螺母至右端上下刀侧面接触，用塞尺调整间隙至合适尺寸，锁紧右端螺母，即完成整个配刀过程。

3. 刀片偏摆的调整

一般磨削精度较高（2 平面平行度≤2%）的刀片和刀垫的组合，装配完成后，刀片不会产生偏摆，只有在表面磕碰或嵌入异物的情况下，才可能发生偏摆，因此，在配刀过程中，必须擦拭干净、轻拿轻放。

上下刀片偏摆的调整是分别进行的。下刀轴在刀片装配好后，需立即进行偏摆的检测，一旦摆动量>0.05mm，即在相应部位的局部添加垫片，直至合适为止，上刀片的偏摆则可利用靠近偏摆位置的顶丝予以纠正。

需要注意的是，当刀片纠偏完毕后，公、母刀片的侧间隙会发生变化，此时，应对快速配刀装置的螺母进行微调，将锁紧螺母锁紧，以防止在剪切过程中刀片松动而影响产品质量。

本节从通轴式原料圆盘纵剪机的剪切机理入手，介绍了刀轴的装配工艺以及影响配刀效率的因素，介绍了一种快速配刀装置及其调整原理。生产实践证明该装置具有以下优点：

① 结构简单，容易操作，无需反复拆装刀片和刀垫，即可完成配刀过程。

② 通用性强，不受刀片和钢带等尺寸变化的影响，在一定范围内连续可调。

③ 功能多样，既可以调整公母刀片的侧间隙，又可以纠正刀片的偏摆。在生产线的使用情况表明，以配1副25m×780m×2mm 的刀轴为例，可以提高配刀效率25%左右，节省了配刀时间，提高了圆盘剪设备的工作效率。

第四节 直缝焊钢管用带钢纵剪宽度的计算方法

国内某集团公司曾经在 ϕ114mm 机组上用宽 (144.5±0.5)mm，厚 3.5mm 的纵剪带钢，生产 ϕ40mm 直缝电焊钢管。在生产过程中即使挤压辊上下沿靠合到一起，也明显看出挤压力不足，以致成型后的管坯边缘不能很好地焊接。但同样的原料，在 ϕ60mm 机组上生产 ϕ40mm 焊管时，焊管的焊接质量和外观质量都达到了国家标准对产品的要求。而且，两机组的成型孔型和挤压辊孔型的设计方法是完全相同的。我们对此两套机组的孔型设计及生产参数进行了测量分析。经过反复地计算和研究，初步认定其主要原因是所选用的管坯宽度计算公式不能反映客观实际情况。而管坯宽度又是轧辊孔型设计的主要依据，若管坯宽度选择不当，将直接影响焊管的质量。因此，接下来对管坯宽度计算公式以及孔型设计中的一些问题进行探讨。

一、管坯宽度计算公式选用及对成型过程的影响

1. 管坯宽度计算

管坯宽度的计算公式很多，拟选用的如下：

$$B=\pi(D-t)+\Delta_1 B+\Delta_2 B+\Delta_3 B \tag{3-1}$$

式中 B——管坯宽度，mm；

D——焊管直径，mm；

t——管坯厚度，mm；

$\Delta_1 B$——成型余量，$D/t=8\sim15$ 时，$\Delta_1 B=t/2$，$D/t=16\sim25$ 时，$\Delta_1 B=(2/3)t$；

$\Delta_2 B$——焊接余量，$t=1.10\sim4.0$mm 时，$\Delta_2 B=(2/3)t$；

$\Delta_3 B$——定径余量，$D=36\sim48$mm 时，$\Delta_3 B=1.3$mm，$D=96\sim120$mm 时，$\Delta_3 B=2.6$mm。

为说明方便，现将 ϕ40mm 和 ϕ100mm 焊管的相关参数代入式(3-1)，计算出各项值列于表 3-3。

表 3-3 管坯宽度及相关参数 单位：mm

规格	直径	$\Delta_1 B$	$\Delta_2 B$	$\Delta_3 B$	B
ϕ40	ϕ48	1.75	2.33	2.3	145.2
ϕ10	ϕ114	3.0	2.67	2.6	353.8

因此，ϕ40mm 和 ϕ100mm 焊管用带钢的宽度即确定为（145.2±0.5）mm 和（353.8±1.0）mm。但由于纵剪机组的原因，ϕ40mm 焊管用带钢的宽度实际剪切为（144.5±0.5）mm。

2. 带钢变形情况

横断面为矩形状的带钢，在经过成型区一系列成对成型轧辊的作用后，带钢到达焊接挤压辊处，横断面变形为大致圆筒状，如图 3-9 所示。

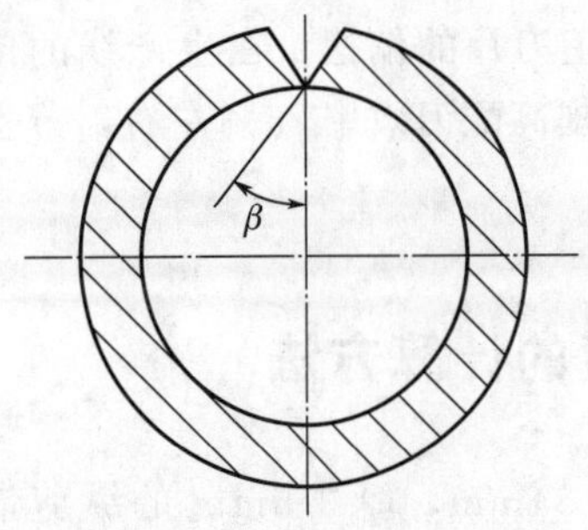

图 3-9　带钢在焊接挤压辊处横断面变形图

如把管坯边缘处待接合的面称为焊边，如图 3-9 所示，焊边在相遇时不平行。由文献介绍管子外径为 $\phi28\sim\phi48$mm 时，焊边斜度 $U\leqslant12°$；管子外径为 $\phi114\sim\phi127$mm 时，焊边斜度 $U\leqslant10°$。当然，随成型方式、成型辊的使用及调整状况，带钢材质的不同，焊边斜度也有一定的差别。我们实测了管坯在挤压辊处的几何尺寸，通过计算后得知，ϕ40mm 焊管的焊边斜度为 $10°\sim14°$，ϕ100mm 焊管的焊边斜度为 $6°\sim10°$，并且，焊边斜度在上述范围的下限部分居多。

ϕ40mm 焊管的轧辊孔型是按文献介绍的边缘与圆周综合弯曲变形法设计的；ϕ100mm 焊管是按“W”弯曲变形法进行设计的。由此也可以看出，“W”弯曲变形法优于传统的圆周与边缘综合变形法。

在生产过程中实测得到的 ϕ40mm 焊管的和 ϕ100mm 焊管的部分参数见表 3-4。

表 3-4　ϕ40mm 焊管的和 ϕ100mm 焊管的实测的部分参数　　单位：mm

规格	变形方法	带钢宽度	带钢厚度	焊边角度	外周长度
ϕ40	—	144.5	3.5	12°	155
ϕ100	W	353.8	4.0	8°	365

带钢在冷弯为圆筒形的变形过程中，带钢外侧产生拉应力，内侧产生压应力，中性层无内应力即带钢在冷弯成型过程中，中性层的长度不发生变化。设带钢中性层半径为 $R_{中}$，则有：

$$R_{中}=r+kt \tag{3-2}$$

式中　r——内圆半径；

k——马洛夫数据，或称中性层系数。

ϕ40mm 焊管，$k=0.455$；ϕ100mm 焊管，$k=0.495$。

带钢经成型区的轧辊变形，出导向辊后的形状如图 3-10 所示。

假设带钢在成型过程中成型余量为 0，即带钢的中性层长度不发生变化。由图 3-10 知，带钢的外圆周长 L 为：

$$\begin{aligned}L&=(2\pi-T)[B/(2\pi-T)+(1-k)t]-tU \\ &=B+t[(1-k)(2\pi-T)-U]\end{aligned} \tag{3-3}$$

式中　T——角度，ϕ40mm 焊管，$T=27°$，ϕ100mm 焊管，$T=16°$；

U——焊边斜度。

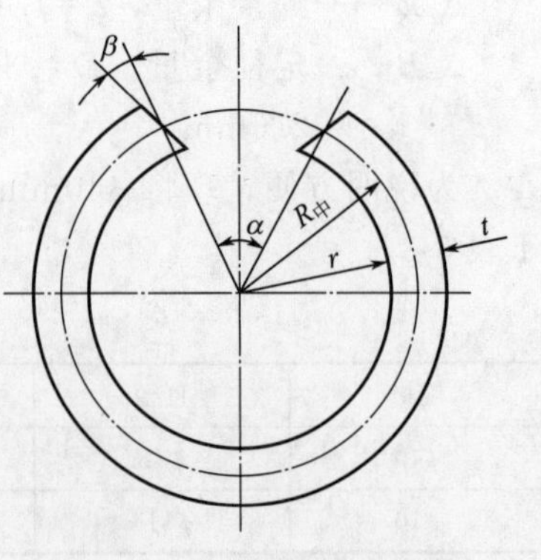

图 3-10　带钢横断面变形图

其余符号同前述。

将有关数据代入式(3-3)，则有：

$L_{40}=154.8\text{mm}$；

$L_{100}=365.4\text{mm}$。

将上述计算结果同表3-4中实际生产时测得的管坯外圆周长相比较，可以看出，相差甚微，如考虑测量中的误差，可以认为其基本相等即成型余量为0，并非式(3-1)中所表述的$\Delta_1 B$，由文献介绍的ϕ144mm×4.5mm焊管在挤压辊后外圆周长大于ϕ365.0mm也可得到旁证。因此，可以认为带钢在成型过程中，沿圆周方向上没有成型余量，或者说其值很微小，以至于可以认定其值为零。

二、焊接余量确定

由文献知道，焊接余量$\Delta_2 B$为（2/3）t（当带钢厚度$t=1.1\sim4.0$mm时）。而据文献介绍，在使用4.5mm厚的带钢生产ϕ100mm焊管时，焊接余量$\Delta_2 B$为1.4～1.8mm时为最佳。综合其他各规格的试验结果，当焊接余量为0.3～0.45倍的壁厚时焊缝质量最好，此时相应的挤压力为40～50kN。

针对上述各文献的不同观点，我们就焊接余量等工艺参数与焊缝质量之间的关系，进行了大量试验，其结果为：当带钢厚度为2.75～4.5mm，焊接余量在1.0～1.8mm时焊接质量为最佳，以0.35倍壁厚为焊接余量控制目标值时，焊管的冷弯和压扁试验合格率得到了稳定的提高。试验结果与文献介绍的基本相同，只是管径大时焊接余量值小些，管径小时取值略大些。

三、存在问题及解决办法

在两套机组配辊时，按照文献的配辊原则，水平下辊底径分别以逐架递增0.5mm/0.6mm的方法进行。由上述的分析与计算可知，在实际生产过程中，不管是采用边缘与圆周综合弯曲变形法，还是使用“W”弯曲变形法设计的轧辊，其实际的焊接余量与成型余量，与式(3-1)中的成型余量与焊接余量有很大的差异。那么按照式(3-1)计算的管坯宽度，在实际生产中，定径余量大大不同于式(3-3)所述。那么以此管坯宽度计算公式为依据设计的孔型，也必存在不同程度的问题。对此，做出如下简要分析。

(1) 焊接挤压辊孔型

由文献可知，挤压辊的孔型半径为：

$$R_T=R_J-\Delta D/2 \tag{3-4}$$

式中，R_J为成品管半径。由此计算出ϕ40mm和ϕ100mm焊管的挤压辊半径分别为24.2mm和57.4mm，管坯在经过挤压辊时，如假定有足够大的高频电流，则焊接余量为$L-2\pi R_J$，即分别为2.95mm和4.34mm，其值远远大于生产中所需的挤压量，按此生产的话，焊缝质量根本得不到保证。为了保证焊缝质量，只有加大辊沿间隙，如此一来，原设计的思想却又不能实现。

(2) 轧辊调整

上面的计算公式，很容易对实际生产中的轧辊调整产生误导，认为带钢在成型过程中宽度要减小。而在成型轧辊中，能有效减小带钢宽度的只有部分立辊和闭口孔型，那么要实现带钢宽度的减小，则往往对闭口孔的轧辊施以过大的压下量，这就很容易造成焊边缺肉、压坑，在焊接时，使焊接温度极不稳定，并很容易造成翻车，损坏设备。所以如果轧辊的孔型是完全按照式(3-1)的思想进行设计的，则生产就很难顺利进行。这就是在ϕ114mm机组

上无法生产 ϕ40mm 焊管的原因。

(3) 定径量的分配

以 ϕ100mm 焊管为例，式(3-1) 中的定径余量 $\Delta_3 B$ 为 2.6mm，减径量为 $\Delta D=0.83$mm。按平均分配定径余量的办法，则各道次的减径量为 0.207mm。但实际生产没有成型余量，且焊接余量也与式(3-1) 不同。如保证成型和焊接质量，则此二余量多余的余量为 $(B+2B-0.35t)=4.27$mm。因此，定径的第一道轧辊的定径量将达到 $0.207+4.27/\pi=1.57$mm，远大于全部预设的定径量。如此一来，将造成定径负荷分配严重不均，容易造成设备损坏。

四、带宽计算的准确性

① 通过对焊管生产过程的综合分析，我们按下式计算钢带宽度：

$$B=\pi(D-2t+2kt)+\Delta_1 B+\Delta_2 B \tag{3-5}$$

式中 D——焊管直径；

t——带钢厚度；

$\Delta_1 B$——焊接余量，建议为 $0.35t$；

$\Delta_2 B$——定径余量按机组能力确定；

k——马洛夫数据，或称中性层系数，见表 3-5。

表 3-5 马洛夫数据 k 单位：mm

D/t	8	10	12	14	16	20	24	28	≥32
k	0.41	0.43	0.44	0.45	0.46	0.47	0.48	0.49	0.50

在计算焊管带钢宽度时，$\Delta_1 B$、$\Delta_2 B$、k 为确定值，将焊管直径及厚度所允许的最大值和最小值代入式(3-5)，则得到一个带钢宽度的允许变化范围，再依据带钢生产方式，就得到了一个准确的带钢宽度值。

② 挤压辊孔型半径的确定：

$$R_J=(B-\Delta_1 B)/2+(1-k)t \tag{3-6}$$

式中 B——管坯宽度允许的最小值；

t——带钢厚度允许的最小值。

按式(3-6) 计算所得的挤压辊半径，是在管坯为最小实体尺寸获得最佳焊接质量为目标的值。在生产过程中，可根据原料的实际情况来适当调整焊接挤压辊之间的距离，使焊管坯以平椭圆状进行焊接，还可适当减少焊边斜度，对焊缝质量的提高有益。

③ 在进行孔型设计时，可以按如下原则进行：在挤压辊以前的成型轧辊的孔型以原料的最大实体尺寸进行设计；定径辊的孔型则以原料为最大实体时焊接后的管坯尺寸为初始值、产品的负公差的一半为目标值进行定径负荷的平均分配。

第五节 薄钢带精密纵剪工艺

随着我国国民经济的飞速发展，各行各业对薄钢带裁切的精密度要求越来越高，并且愿意为此承担较高的加工费用。以冷板为例，厚度 1.0mm 以上的冷板每吨纵剪分条加工费为 80～120 元，厚度为 0.15mm 的冷板每吨纵剪分条加工费为 800～1000 元。

带钢纵剪工序所纵剪出来的钢带质量对后道工序产品和焊管车间来说十分重要。同时，加工出精密带卷不仅能满足用户对质量的要求，也会给企业自身带来可观的经济效益。根据多年的实践，有必要对带钢的纵剪生产经验和数据做一总结，供带钢纵剪生产时参考。

一、纵剪切加工概要

纵剪切加工按照材料在加工过程的变化可划为 4 个阶段，分别是：上下刀具咬入被加工面形成塌边；由于上下刀具咬入被加工面形成剪断面；在靠近上下刀具剪刃处产生裂纹；由靠近上下刀具剪刃的裂缝的延伸面形成破断。剪断加工中被加工材料的变化见图 3-11，被加工材料的断面如图 3-12 所示，由 4 个部分构成。

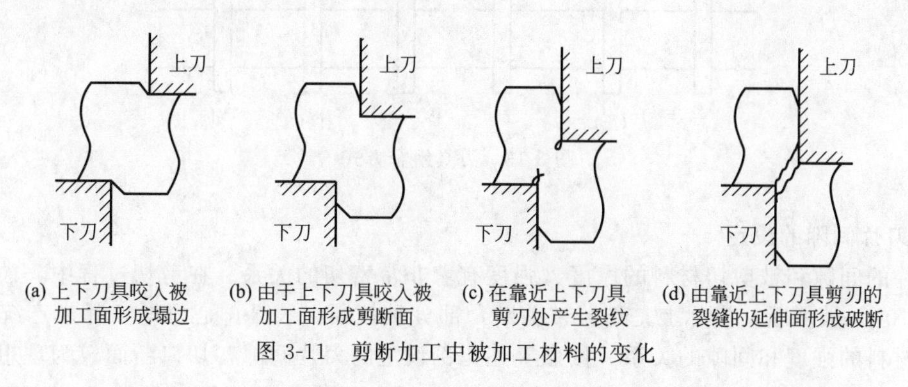

(a) 上下刀具咬入被加工面形成塌边　(b) 由于上下刀具咬入被加工面形成剪断面　(c) 在靠近上下刀具剪刃处产生裂纹　(d) 由靠近上下刀具剪刃的裂缝的延伸面形成破断

图 3-11　剪断加工中被加工材料的变化

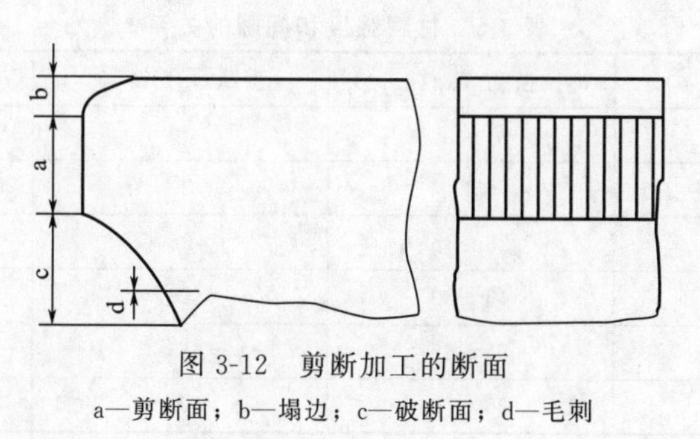

图 3-12　剪断加工的断面

a—剪断面；b—塌边；c—破断面；d—毛刺

二、圆盘剪配刀的规则与装配形式

1. 圆盘剪配刀的规则

配刀时要注意选用合适的刀具，刀具的表面一定要光滑，而且配刀时有以下的规则：刀盘和隔离套上的镗孔要精确，达到与刀轴的正确配合，隔离套用来规定刀盘之间的距离，此距离即为带条的要求宽度。

配刀前，首先要计算怎样剪切最经济，废料最少，为了方便废料运输及操作，要明确设备的最小废边宽度。

窄隔离套布置在上刀轴上，宽隔离套布置在下刀轴套上。材料厚度和带材条数不得超过纵切机的额定范围，如果超过额定范围，刀轴会产生偏斜，从而影响带材质量，超过负荷还可能损伤轴承和刀轴。

剪切的主要工艺参数是剪刃问题，采用圆盘剪时还应调整重叠量，间隙太小会使剪刃碰撞，增大剪力及磨损剪刃；间隙太大时切口断面不齐，易有毛边、卷边等缺陷。

2. 圆盘刀具装配形式

刀具的正确装配是有效发挥刀片性能的重要因素。纵剪分条圆盘刀具组合有多种方式，主要有下面两种，见图 3-13。薄钢带的剪切要采用第一种方式。采用这种方式的好处是内刃、外刃刀片受力互相抵消，使剪切在平衡、稳定的状态下进行。另外钢带左右两边剪断方向一致，可避免剪切后薄钢带扭曲。

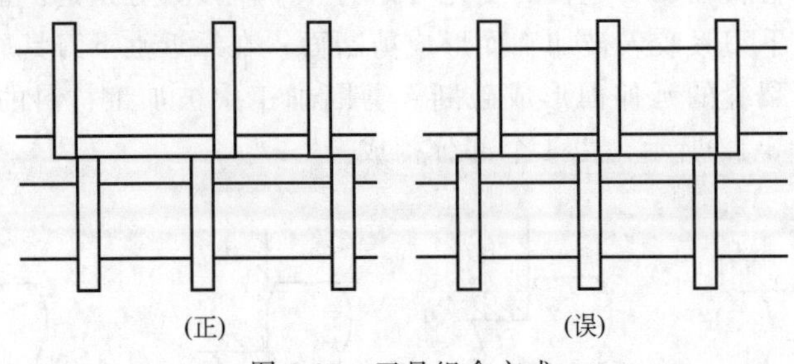

图 3-13　刀具组合方式

3. 刀片间隙的设定

刀片的间隙和被剪切材料的厚度、强度有着非常密切的关系。在剪切过程中，被剪材料并不是100%被剪断，实际上是部分被剪断，部分被拉断。表 3-6 是根据实际生产统计得出的各种材料的强度和间隙的关系。按照上述比例设定的刀片间隙，切口断面较为理想。

表 3-6　材料强度和间隙的关系

材料品种	抗拉强度/(kg/mm²)	剪断百分比/%	间隙占厚度百分比/%
铝	7～11	50	5～8
铜合金、硬铝 2430	<24	30	6～10
w_C=0.1%的钢板	28～35	25	7～10
w_C=0.3%的钢板	45～60	20	8～10
硅钢片	55～65	15	8～12
不锈钢	65～70	5	7～12

塌边：剪切时，上下圆刀产生下凹压痕。水平间隙越大或延伸性越大的材料，其塌边越大。水平间隙越小其塌边越小，且剪切尺寸精度越佳。

剪断面由上下圆刀剪断的部分，呈竖立状，因与刀片发生摩擦而平滑富有光泽，其剪断面比率（剪断面比率=剪断面长度÷板厚×100%）越大则切口越美观。

破断面：剪断加工并非板厚全部由刀片剪断，板厚的一部分被剪断后产生破裂现象，呈现梨皮模样，越脆的材料其破断面越大。

毛刺：毛刺为剪断加工特有的现象，在塌边反面产生的凸起形状。水平间隙越大，其毛刺也越大，且刀具若已磨损，则剪断局部的应力集中效果变小，水平间隙相应加大，因此毛刺越大。

三、圆盘剪配刀间隙

1. 刀片重叠量（即刀片纵向调节量）

刀片的纵向调节量是通过实践经验获得的，然而，要确保带钢优质的剪切质量，在降低刀片磨损的情况下，侧向间隙越小越好。根据不同的钢带厚度推荐不同的刀片纵向调节量，然而，这依然受到侧向间隙的影响，因此从有关数据图表中所查的数据在实际应用中会有所变化。

刀片的纵向调节量小容易产生刀印，增加设备负荷，加剧刀片的磨损，刀片的纵向调节量过大还会导致圆盘剪不能正确剪切。

2. 刀片侧向间隙（即刀片水平调整量）

某一特定材料的最佳侧向间隙一般靠经验来获得，理想的侧向间隙由多方面因素来确定，例如剪切材料的特性（伸长率、力学强度）、剪切成品毛刺的大小、剪切机本身的精度（剪刀轴承及磨损极限）。侧向间隙为剪切带材厚度的5%～20%，在通常情况下取值约在7.5%～10%之间，对于个别情况的推荐值如表3-7所示。

表3-7　侧向间隙与带材厚度比例关系

材质	侧向间隙
铜、紫铜	带厚×5%
黄铜	带厚×(5%～10%)
铝	带厚×(5%～10%)
钢(软态)	带厚×(5%～10%)
钢(硬态)	带厚×(10%～20%)
(高合金)钛	带厚×(10%～20%)

一般情况下取值时，若是很薄的薄板，选较小的侧向间隙值及较小的强度；较大的数值适应于较厚的钢带，较高的强度，较大的侧向间隙。

由于以上因素，在通常情况下圆盘剪可选用更小的功率，使电机性能充分发挥并得到有效利用。

3. 上下刀片重叠量的确定

薄板剪切中上下刀片的重叠量见图3-14。重叠量过大会引起刀具的过度磨损，并且容易在带钢边部产生刀片压痕；过小则切不出好的边来。

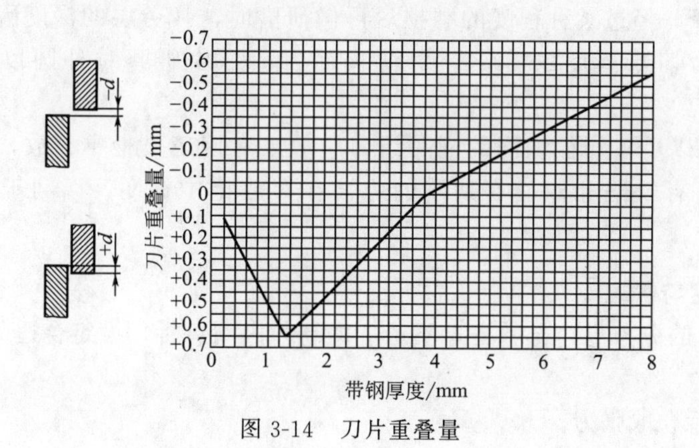

图3-14　刀片重叠量

在工作现场，重叠量很难准确进行测量，因此，要找出一种以测量上下刀片公共弦长来推算出重叠量的方法。为方便起见，设上下刀片直径分别为R_1与R_2，公共弦长为C，各自的弦高为A_1与A_2，由此得$A_1=C^2/8R_1$，$A_2=C^2/8R_2$，重叠量$A=A_1+A_2=C^2(R_1$

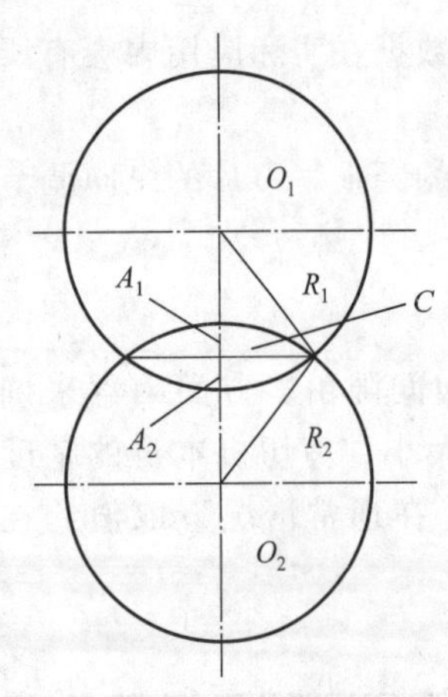

图 3-15 刀片重叠量的测量

$+R_2)/8R_1R_2$，如上下刀片直径相等，则 $A=C^2/4R$，或 $C=(4RA)^{1/2}$。

一般情况下上下刀片直径变化很小，因此在所需重叠量基础上，计算出公共弦长，并做成卡板。装刀时通过测量公共弦长来调整上下刀片重叠量，给操作带来很大方便，见图 3-15。

四、纵剪刀片的选择研磨与管理

薄板纵剪用圆盘刀片为追求韧性与耐磨性及减少换刀次数，更为了保证切口断面质量，一般选用硬度较高的合金钢刀片。刀片裁剪一定数量的钢带后，刀口因磨损逐渐变钝。且刀片钢质不断承受被剪物体的抵抗及受钢板摩擦温度上升的影响，会产生一层疲劳层，硬度大幅上升。因此刀口变得非常脆弱，很容易发生破裂现象。故必须研磨以消除疲劳层使刀口锋利和坚固。

1. 刀片的研磨方法

好的刀片管理不仅会提高产品质量，而且会降低生产成本。因此每组刀片的使用都要建立档案。包括刀片的原始检测数据、每次研磨前的外径、每次研磨量等都要有记录，便于发现问题，磨削时应该注意以下 5 个方面。

① 磨削机床一定要是高精度的外圆磨床。

② 每次研磨时，一组刀片相叠后的总长度不大于 300mm。一次磨削刀片数量过多，会影响机床刚性。

③ 砂轮在每次磨削横向返程前，不能出头。因为刀具研磨时，砂轮、刀具、机床共同形成一个稳定的刚性系统。如果砂轮在每次返程时出头时，研磨系统的刚性每次都要重建，从而造成两端刀片研磨不好以及砂轮精度丧失。

④ 进刀量要小，一次切入量应控制在 0.001～0.002mm，进刀量太大会烧伤刀具。刀具一旦烧伤，即会退火，将会失去其硬度。一些缺少磨刀经验的员工通常不会发现此类问题。

⑤ 刀片的刀锋，经过某种程度的磨损后再做研磨时，疲劳层的深度因切断钢板厚度而有所不同，通常为切断厚度的 10%。对薄板而言，刀片研磨时外圆以直径减小 0.3～0.4mm 为宜。

刀片研磨完成以后，外径相同的同一组刀应放入专用工具柜中存放，各组刀片不能混放，而且刀片单面有缺陷和双面有缺陷的应该在存放柜中标明，以利于下次装刀时区别使用。

2. 张力的设定与管理

为保证剪切后的分条卷边部整齐，不产生塌卷与内圈弯折，设定合适的张力对薄板加工极为重要。

① 计算剪切后卷取张力。

可根据式(3-7) 来计算总张力：

$$F=\frac{YEIT}{VN} \tag{3-7}$$

式中 F——总张力，kg；

Y——电机效率，0.8～0.9；

E——电机的最大电压，220V；

I——张力卷取机电机的电流，A；

T——时间，60s；

V——作业线最大速度，m/min；

N——牛顿换算系数，取9.8。

② 根据已有的成熟经验，卷取机组张力的合理范围为2.0～2.4kgf/mm^2，当单位张力在2.4kgf/mm^{2}以上，薄钢带卷取缺陷发生率高，而且容易产生内圆弯，当单位张力在1.5kgf/mm^{2}以下时，极易产生松卷和塌卷的现象。

③ 实际工作中张力的管理是通过调整张力卷取机电机的电流值来实现的。例如机组以150m/min速度、加工宽度为950mm的无取向硅钢卷时，目标单位张力为2.0kgf/mm^{2}时需要的电流值I的计算方法如下：

首先求出目标总张力：F＝板厚(0.5mm)×板宽(950mm)×2.0kgf/mm^2＝950kgf。

需要的电流值：

$$I=\frac{FVN}{YET}=\frac{950\times 150\times 9.8}{0.8\times 220\times 60}=132\text{A} \tag{3-8}$$

即调整张力压板压力使作业线运行时卷取电流值大致为132A。

五、薄板剪切加工常见异常现象及对策

薄板剪切中因各种因素影响会产生多种加工异常情况，具体分类描述如下。

1. 钢卷形状

(1) 塌卷

剪切分条后钢卷自卷筒取出时钢卷崩塌呈圆形，其原因是卷取时张力不足或钢带表面有防锈油，层与层之间无法形成足够的摩擦力。

(2) 钢卷边缘不齐

钢卷边缘不齐的原因有以下四个方面：

① 因张力不良而产生收料不齐。开始卷取时张力较弱，而卷取终了前张力较强最易出现此现象。提高开始卷取时的张力，并降低终了时的张力可防止此现象的发生。

② 卷取张力不均产生收料不齐。钢带头端切断时，直角度不良或钳口咬入钢带头部时直角度不佳，因而产生张力不均匀。在卷取卷筒上，钢卷卷一圈后，先确认分条带是否紧密贴于卷筒表面，然后再开始操作。

③ 活套坑内钢带左右晃动产生收料不齐。活套坑内钢带左右晃动而活套坑上方小立辊固定不紧，则钢带进入张力压板角度发生变化而产生收料不齐。减少活套量，在活套后使用地毯或毛毡与钢带表面接触并固定小立辊防止带钢晃动。

④ 因毛刺导致收料不齐。窄钢带由于剪切毛刺较大或两边毛刺不一致而产生此现象。将双面毛刺向上的钢带在活套坑内翻面，使毛刺向下，可以有效防止这种情况的出现。

2. 钢带变形

分条后钢带产生横向弯曲变形，其原因有以下几种。

① 母材弯曲。母材在被轧制时发生的内部应力，成为潜在的残余应力，在纵剪分条后，失去应力平衡而呈现弯曲现象。

② 毛边或两边毛刺不一，侧面产生弯曲。卷取时有毛边一侧和毛刺较大一侧，板厚较

大卷径大而产生喇叭筒形沿边部延伸的弯曲现象。此种情况应于另一侧插入合适厚度的纸张或做分割处理。

③ 带边缘呈波浪状。在卷取中因毛刺而使钢带的边缘厚度增加，而引起切边延伸，或因刀片侧面烧结，刀片与刀片间不当接触，使刀片侧面粗糙，而使带钢边缘呈波浪状。解决的措施为：加大水平间隙以降低侧压，选定适合被剪物材质的刀片。

3. 钢带横向折印

① 因被刀片卷入产生折印。剪切宽度很窄的钢带时，因平压板没有充满两外刃之间的空隙，使带钢被两外刃卷入而产生折印。用平压板填满外刃间隙并在刀片上不断地涂抹煤油的方法，可有效防止钢带卷入。

② 卷取筒钳处产生折印。钢带在卷取机上卷取第一圈时没有密贴，而在这种膨胀状态下继续卷取产生折印。

4. 钢带上出现刀痕

① 因压板产生刀痕。由于压板与通板高度不一致使其对钢带的推压力过大而产生刀痕。

② 因刀具压板的上下跳动而产生的刀痕。这种刀痕一般是断续的，其原因可归于主轴弯曲、刀片内径与主轴间隙过大、刀片另一侧与金属碎屑烧结结瘤。

第六节　精密分条圆盘剪配刀工艺

目前，在钢铁企业和有色板带生产企业中因产品规格和品种的变化，需经常更换分条圆盘剪上的圆盘剪刀片、复合橡胶隔离圈和定距环。为了使用户能根据自身条件，合理选用圆盘剪刀具，在研究介绍圆盘剪刀片对条带精密剪切的重要性的基础上，本节进一步介绍刀具的配置问题。

一、圆盘剪精密剪切的基本单元

金属薄板由上下圆盘剪刀片滚剪而成条状。如图 3-16 所示，我们一般称宽的那部分为雌刀单元，而插在其中窄的那部分为雄刀单元。雌刀和雄刀两个基本剪切单元交替地分布在上下轴之间。

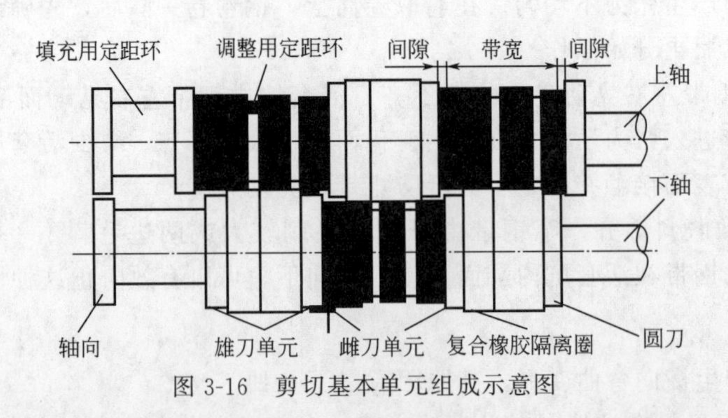

图 3-16　剪切基本单元组成示意图

每个基本单元的宽度常由四部分组成：两片圆盘剪刀片、上下刀侧的间隙、复合橡胶隔离圈、定距环。上下两轴刀片之间的剪切间隙是保证精密剪切质量的关键。为了在配置时获得正确的间隙和宽度精度，精密圆盘剪刀片的精度应达到以下要求：平行度，0.002mm；平面度，0.002mm；宽度，±0.001～±0.005mm。由于刀具精度不同，配置的思路就各不相同。

二、组成剪切基本单元各部分的作用

1. 圆盘剪刀片

圆盘剪刀片的主要作用是剪切金属板材，另一个作用是刀片厚度在刀轴上构成剪切宽度的一部分，也是保证带宽公差的重要部分。圆盘剪刀片的厚度取决于最窄的条宽，刀片太厚不能剪出窄带来，而太薄又会影响刀片的刚性。因窄料往往也是薄料，所以有的用户常会备上两组不同厚度的刀片，用薄刀剪切较薄的窄料，用厚刀剪切较厚的宽料。

2. 圆盘剪刀片之间的间隙

间隙取决于材料的厚度和拉伸强度，一般在材料厚度的8%～12%之间。愈薄愈软的材料在剪切时愈容易产生毛刺，因此对间隙要求愈精确。所以间隙的增量要很小，有的甚至要精确到0.0005mm，以便于调整。

3. 复合橡胶隔离圈

复合橡胶隔离圈有很多作用：在圆盘剪刀片剪切板料时紧紧压住被切材料，避免材料的边部产生波浪；用来向前夹送金属板料，帮助剪切；复合橡胶隔离圈的合金钢基体同样用来在刀轴上构成剪切宽度，并保证带宽公差。对较薄的板料，无论是雄刀单元还是雌刀单元，都要将两刀内侧的空当垫满。

复合橡胶隔离圈的制造工艺比较复杂，价格也较贵一些。在刀片用钝重磨时，它也要随着重磨。因此复合橡胶隔离圈的厚度规格不多，常为5～10、20、40、80mm等。因太薄而容易脱胶，所以厚度在4mm以下很少见。5～10mm的规格主要用来配置宽度。雄刀单元的复合橡胶隔离圈只要一组，但雌刀单元的复合橡胶隔离圈常要多组，以适应不同材料厚度的需要。

复合橡胶隔离圈外圆在重磨时以其合金钢基体为基准，因此其外圆的母线始终和中心轴线保持平行，在运行中不会使带料左右偏摆，保证了带卷错层误差，这对下游用户提高产品质量非常重要。如是松套复合橡胶隔离圈，其外圆的母线就无法保证始终和中心轴线保持平行，卷出的带卷就会出现错层超差。

一般而言，雄刀单元的复合橡胶隔离圈的外径比圆盘剪刀片外径要大0.25mm或0.5mm，甚至1mm。在圆盘剪刀片开始重磨后，雄刀单元的复合橡胶隔离圈的外径也要跟着重磨，使两者外径始终保持这一差值。但雌刀单元的复合橡胶隔离圈的外径不一样，不同的组配有不同的外径，表3-8即为一个实例。剪切厚度在0.3～3mm时，它们的配置情况各不相同。如能按表（3-8）递进式地磨削外圆，复合橡胶隔离圈就可以重复使用，减少刃磨的次数，能大大节约人力、物力和生产成本。

表3-8 刀片与复合橡胶隔离圈的外径配制表

项目	原始外径/mm	适应厚度/mm	下次刃磨/mm
刀片外径	300	—	299
雄刀单元的复合橡胶隔离圈	300.5	任何厚度	299.5原第一组
第一组雌刀单元的复合橡胶隔离圈	299.5	0.3～0.7	298.5原第二组

续表

项目	原始外径/mm	适应厚度/mm	下次刃磨/mm
第二组雌刀单元的复合橡胶隔离圈	298.5	0.7～1.5	297.5 原第三组
第三组雌刀单元的复合橡胶隔离圈	297.5	1.5～3.0	296.5 原雄刀侧复合橡胶圈磨成

4. 定距环

定距环是保证整个剪切系统间隙精度的最为重要的环节。它的名义厚度尺寸都在0.01mm等级，也可以到0.005mm等级。所有宽度都可由许多具有不同尾数的定距环配出来。由于精度高，即使5片叠在一起，其累积误差比其他精度差的一片定距装置的误差还要小。定距环按尺寸可分为三种：

① 小数点后保留两位的定距环，如1.01mm、1.02mm、1.03mm、1.06mm、1.10mm等，主要用来满足配置间隙的要求。

② 小数点后保留1位的定距环，如1.1mm、1.2mm、1.3mm、1.6mm、2.0mm等，主要用来满足配置带宽的要求。

③ 无小数的定距环，如2mm、3mm、5mm、6mm、10mm、20mm、40mm、80mm等，主要用来满足配置带宽，填充最外侧两把刀和轴肩及液压锁紧螺母之间的空隙。它的需要量按刀轴有效长度减去最窄原料带卷宽来考虑。

定距环的搭配主要是利用已有的尺寸组合出其他许多没有的尺寸。如：1.01＋1.03＝2.04；1.02＋1.03＝2.05；1.3＋1.5＝2.8；1.3＋1.6＝2.9等。

最多利用4片高精度定距环，就可搭配出尾数在0.01～0.99mm之间的任何数字来。由于定距环的价格较低，而且可重复使用，因此也有些用户在剪切高精度薄板时将定距环的宽度系列设计成1.01mm、1.02mm、1.03mm、1.04mm、1.05mm、1.06mm、1.07mm、1.08mm、1.09mm、1.1mm、1.2mm、1.3mm、1.4mm、1.5mm、1.6mm、1.7mm、1.8mm、1.9mm等。这样，尽管费用高一点，但最多只要2片定距环，就可以组合出尾数从0.01～0.99mm的任何数字来。

三、圆盘剪配刀模式工艺

1. 一般刀具的配量模式

本节不考虑由刀具的不良的平行度和平面度引起的刀片端跳，使间隙变动而形成的毛刺，只研究因宽度公差过大，达不到精确间隙要求而形成的毛刺。以剪切厚度为0.2mm的金属薄板为例，它所需的间隙应为0.02mm，国内一般的刀具的宽度误差常在0.01mm左右，那么本身就有0.01mm宽度误差的刀具怎样能满足0.02mm间隙的要求呢？一些厂商就用许多塑料垫片来调整间隙，这样就带来两个问题，一方面降低了刀轴的装配刚性，另一方面加塑料垫片势必会影响其他单元的间隙，而且反复的调整不仅会影响操作者的工作热情与耐心，还会浪费许多高价的材料和时间。

2. 精度较好刀具的配置模式

精度稍好是指刀具的宽度误差常在0.005mm左右。用这种刀具时一般可不用塑料垫片，但操作者常会害怕过多的刀片叠在一起，会使累积误差增加，因而一般会准备很多的刀片、复合橡胶隔离圈、定距环，然后从中挑选尺寸合适的刀具配在基本单元中。这种配置方法需要大量的时间和工具库存，且效果未必理想。

3. 高精度刀具的配量模式

高精度刀具的精度都在微米（μm）级，它就像计量块规那样，能方便地配置出金属条带精密剪切所需的间隙和宽度。再加上软件的支持，它还能有效地消除上下两轴间所有剪切单元的累积误差。由于精度高，整个剪切系统的刚性就特别好，而且取消了塑料垫片，所以这种圆盘剪刀片也叫无垫片圆盘剪刀片（shines cirular slitting knfe）。德国爱凯思·克林贝格公司在20多年前，就制造出这样高精度的圆盘剪刀片了。

4. 高精度圆盘剪刀片的配置模式和思路

（1）客户需提供的情况

由于分条圆盘剪的配置和投资有很大的关系，因此用户需在充分的市场调查后明确自己的需求。如果要求过高会增加投资，而要求过低，则会在满足多种剪切规格时带来困难。客户在购置精密刀具时所需提供的数据有：

① 剪切材料的厚度范围：最厚和最薄厚度；

② 来料的宽度范围：最宽和最窄带宽；

③ 材料的抗拉强度 σ，N/mm^2；

④ 分条带宽增量的要求，如0.01mm、0.1mm、0.5mm、1.0mm、5.0mm等；

⑤ 间隙增量要求，如0.005mm、0.01mm等；

⑥ 刀轴的有效长度（从轴肩到锁紧螺母）；

⑦ 最窄条宽和最多的剪切条数；

⑧ 刀具间隙设置单元：雄刀单元或雌刀单元。

（2）刀具、复合橡胶隔离圈和定距环数量的确定原则和方法

在确定新机配套刀片、复合橡胶隔离圈和定距环的数量时，必须先弄清楚组、套和条数的概念及关系。组是指为适应不同的材料厚度，一组雄刀要配几组雌刀。套（头）指的是上下刀轴的对数，1对上下刀轴就是1套（头）。为生产安排方便，一台分条圆盘剪有几套刀轴，而一套刀轴又有一组雄刀和几组雌刀，并且每条金属条带都需一个雄刀单元和一个雌刀单元才能完成剪切。因此，除刀以外，每套中的每组雄、雌刀单元的复合橡胶隔离圈和定距环都要配齐，不能重复使用。条数是指在分条圆盘剪上最多能切的条数。但实际上，每套中每组刀可切最多条数不可能同样多。按国际通用惯例，如第一套最多可切60条，第二套就按75%计，即45条。有的公司还有第三套、第四套，第三套就按50%计，即30条，第四套就按25%计，即15条，总共为150条，此时，所配工具数就是全配时的150÷(60×4)=62.5%，当然，最后的数量还是由用户根据市场需求而定。

四、配刀实施例

设刀片厚度为5mm，剪切材料为普碳钢，厚度0.2mm，间隙为0.02mm，放在雌刀单元。刀轴有效长度1600mm，来料最窄为800mm，最多条数为60条，最窄条宽为25mm(一次剪切时，带宽可不相同)。

为了更好地帮助读者理解高精度刀具的配置原理，以单个雌刀单元和单个雄刀单元举例如下。雄刀单元：因间隙放在雌刀单元一侧，故雄刀单元的宽度仍为25mm，其配置为5mm刀片2片，5mm、10mm复合橡胶隔离圈各1片。雌刀单元：加间隙后，雌刀单元的宽度为25.04mm，其配置为1.01mm和1.03mm定距环各1片，相加为2.04mm，余下的23mm则由6mm、7mm和10mm复合橡胶隔离圈各1片组成。

设该分条机需要2套刀轴，每套1组雄刀，2组雌刀，最多条数为60条。

① 理论刀片数。第1套：60×2+2=122片。第2套：(60×2+2)×75%=92片，综述为214片。

② 复合橡胶隔离圈。第1套刀轴的复合橡胶圈如表3-9所示。

表3-9 第1套刀轴的复合橡胶隔离圈

宽度/mm	5	6	7	8	9	10	20	40	80
雄刀单元/片	60	60	60	60	60	60	20	10	10
雌刀Ⅰ单元/片	60	60	60	60	60	60	20	10	10
雌刀Ⅱ单元/片	60	60	60	60	60	60	20	10	10

第2套刀轴的复合橡胶隔离圈，按搭配宽度用的5～10mm厚复合橡胶隔离圈数量的75%计算，即45片；对填充用的20mm、40mm、80mm的数量可保持不变。为了能剪切最宽来料，此时刀轴上只有两片刀，其间的空当最长，都要填满。这时就需要20mm、40mm、80mm等宽幅的复合橡胶隔离圈。数量是只要能凑成两片刀间的最大空当即可。

③ 定距环。因雄刀单元基本不用调整间隙的定距环，它只在雌刀单元内使用，且能反复使用。因此除一些用来填充刀外空当的厚定距环外，其他用来满足间隙要求的薄定距环（1.01～1.60mm）的数量都和最多条数相同。实例中第1套刀轴的定距环如表3-10所示。

表3-10 第1套刀轴的定距环

厚度/mm	1.01	1.02	1.03	1.06	1.1	1.2	1.3	1.6	1	2	3	5	10	20	40	80
数量/个	60	60	60	60	60	60	60	60	120	120	120	120	120	8	8	8

因1mm、2mm、3mm、5mm、10mm的定距环用于雌、雄刀两个单元调整宽度尺寸，所以其数量是最高条数的2倍。20、40、80mm等定距环的作用主要是填充刀轴上最外两把刀片的空当。刀轴长1600mm，最窄来料为800mm，因此上下两轴两边的空当各为400mm。用几个10mm、20mm、40mm与80mm的定距环就可以了。

第2套定距环和第2套复合橡胶隔离圈的配置原理相同。

五、提高高精度圆盘剪刀片剪切精度的措施

1. 计算机配刀软件

在出厂时，刀片、复合橡胶隔离圈和定距环的厚度公差值按“+”“0”“—”（正、零、负）标记，并输入到计算机。在配刀时，由计算机去挑选哪些能在一个基本单元内“+”“—”抵消，总误差尽可能为零的刀片，复合橡胶隔离圈和定距环放在一起，并把它们的“0”“+”“—”和数量告诉配刀者，由配刀者根据软件提示直接配刀，效率和精度大大提高。或在雌、雄刀单元间，将“0”“+”和“—”的刀、复合橡胶隔离圈和定距环对应放置，以消除误差，提高精度。

2. 确定定距环

一般来说，只要用户需要，精密刀具制造商可生产厚度以微米（μm）为单位的刀片，但在实际生产中会带来许多麻烦，因此，定距环都以0.01mm为单位。这样，当间隙尾数

需要 0.004mm、0.005mm、0.006mm 时，定距环就不能满足。为了进一步提高剪切精度，刀具制造商提供一种厚度为 1.005mm 的定距环。只要将这种定距环放在毗邻轴肩的雄刀的最外端的刀片外面，那在基本单元中就可获得 0.005mm 的间隙。这种刀片只需要 4 片，但解决了大问题。

3. 采用刀片组剪切时需注意事项

对 1.5mm 以上厚板，实际上不需全部用复合橡胶隔离圈将板料压住。只要在雄刀单元两刀的内侧和雌刀单元两刀的内侧配有复合橡胶隔离圈，另在雌、雄刀单元中间，每隔 10mm 或 200mm 均匀地放置复合橡胶隔离圈互相压住即可，这样可省掉许多的复合橡胶隔离圈。为了剪切很窄的带条，用户有时将两把或三把刀叠在一起使用，此时，外圆的微小误差就会在带材表面产生压印，尤其是软的材料。所以对这种剪切方式，外圆的误差必须小于 0.005mm。

上面以实例介绍了圆盘剪剪切带材时刀具的配置，刀具配置包括雌雄刀片、定距环、复合橡胶隔离圈之间的数量与间隙匹配、材料规格和力学性能参数、剪切精度、刀具性能，是选配刀具的依据。有条件的单位利用配刀软件，就可以很方便地提高配置刀具的效率和精度。

第七节 圆盘剪纵剪带钢对质量的影响分析

现在钢管制造公司在焊管制造之前，先将带钢利用圆盘剪纵剪，由于纵剪时对钢带边缘不可避免地造成一些损伤，最终会影响高频焊管焊缝质量。本节对圆盘剪纵剪钢带边缘常见缺陷的特征和产生原因进行分析，力争为带钢纵剪生产提高质量，提供一些参考依据。

一、圆盘剪纵剪的正常剪切断口

圆盘剪纵剪钢带是通过上下两个圆盘状刀盘连续旋转来完成钢带的剪切的，剪切过程如图 3-17 所示。

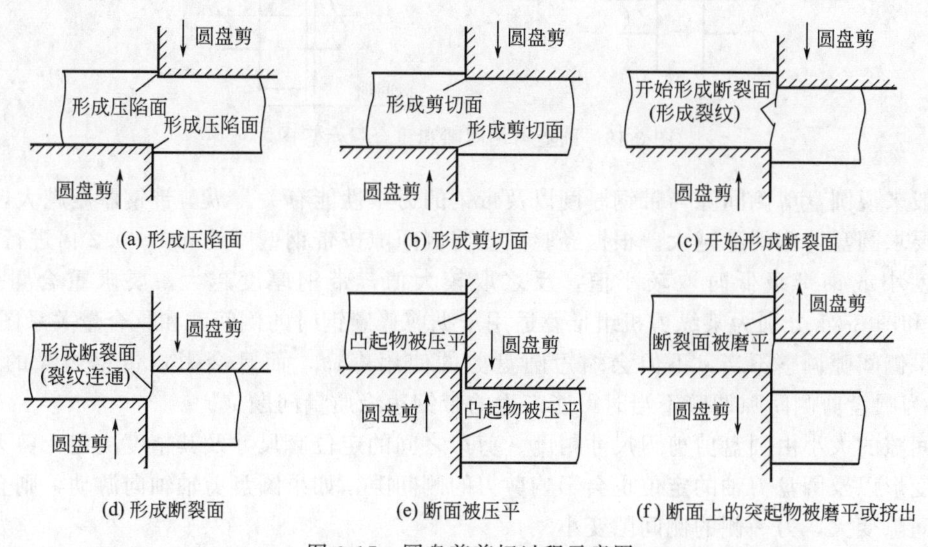

图 3-17 圆盘剪剪切过程示意图

一般情况下，正常剪切断口由压陷面、剪切面、脆性断裂面组成，并且在断裂面根部形成毛刺，如图 3-18 所示。压陷面是剪切开始前钢带产生塑性变形形成的；剪切面是金属材料从剪刃压入剪切阶段直至裂缝开始产生时形成的，即剪刃压入材料的内部，材料与剪刃侧面相接触同时被挤光的平面，因此剪切面比较光滑，正常条件下，剪切面宽度是钢带壁厚的 1/3～1/2；断裂面是在剪切变形过程中，由于裂缝不断扩展直至上下裂缝重合而形成的，断裂面比较粗糙；毛刺是剪切过程中剪切面和断裂面凸出部分和钢带角部被挤出形成的。

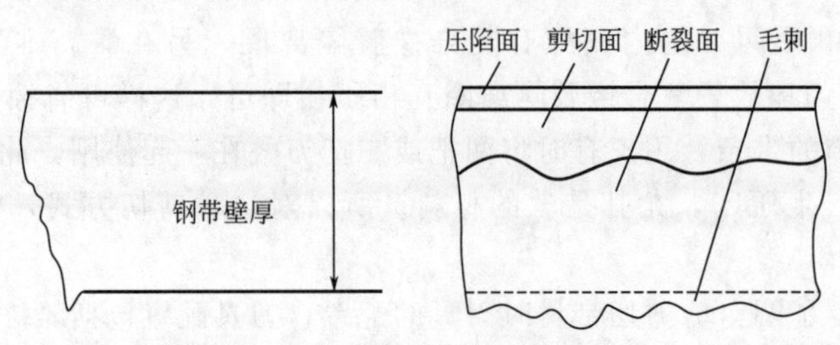

图 3-18 带钢正常剪切断裂面形状

纵剪钢带边缘的质量是由被纵剪钢带的材质壁厚及力学性能，圆盘剪剪刃力学性能和外形尺寸，圆盘剪工作时的侧间隙、重合量以及剪刃是主动还是被动等因素决定的。如果剪切条件设定不当，剪切断口即钢带边缘的质量会受到影响。

二、钢带边缘常见问题原因分析

1. 侧间隙对钢带边缘质量的影响

圆盘剪侧间隙和重合量的定义如图 3-19 所示。

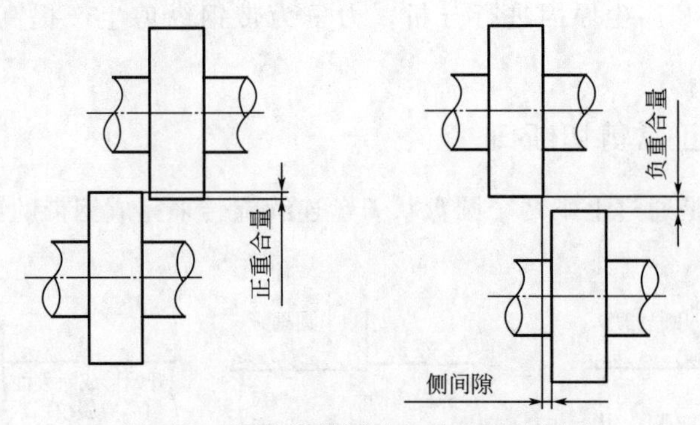

图 3-19 圆盘剪侧间隙和重合量示意图

一般来说圆盘剪侧间隙与带钢厚度以及带钢的力学性能有关。纵剪带钢厚度越大，强度越高，要求圆盘剪侧间隙越大。根据经验圆盘剪侧间隙按带钢壁厚的 0.1～0.2 倍进行设定，带钢厚度小或钢带级低时取较小值，反之取较大值，带钢厚度越大，要求重合量越小。图 3-20 和图 3-21 分别为某纵剪机组推荐适用于纵剪普碳钢时的侧间隙和重合量关系图。

如果侧间隙调整不当，不但会缩短圆盘剪的使用寿命，而且会影响带钢边缘的质量。表 3-11 为圆盘剪侧间隙调整不当时可能产生的带钢边缘质量问题。

侧间隙的大小由圆盘剪剪刃尺寸精度、剪刃之间的定位套尺寸及其精度决定，剪刃和圆盘剪轴变形以及圆盘剪轴的定位也会影响剪刃的侧间隙，如果圆盘剪轴轴向游动，则会使某侧的侧间隙变大，另一侧的侧间隙变小。

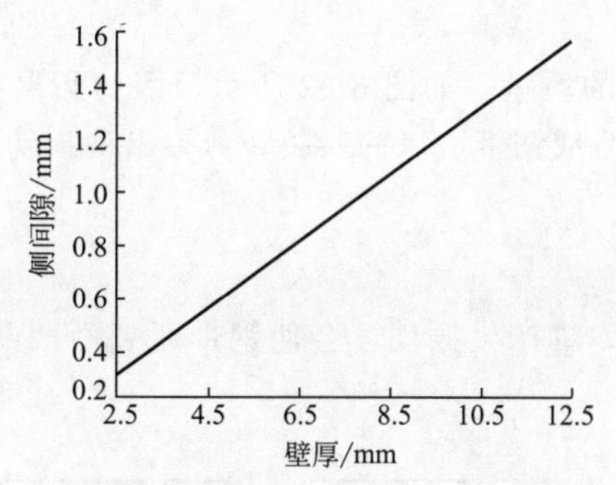

图 3-20　圆盘剪侧间隙与带钢壁厚的关系

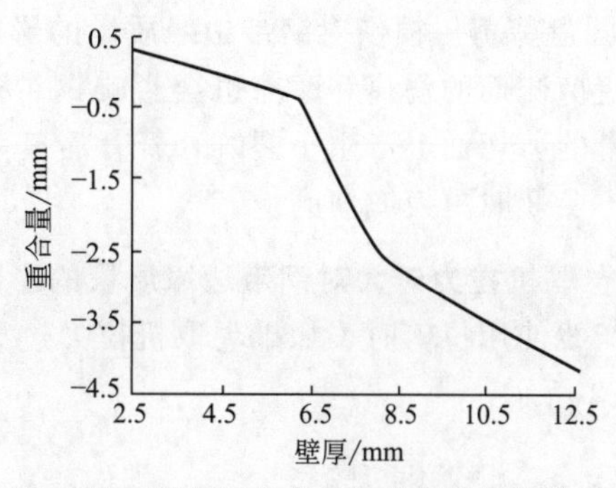

图 3-21　圆盘剪重合量与带钢壁厚的关系

表 3-11　带钢边缘质量问题

序号	典型的钢带边缘形状	边缘特征	原因
1	全部为剪切面；壁厚	剪切切口全部为剪切面	侧间隙过小
2	凸起物形成二次剪切面；壁厚	断裂面有局部凸起，形成二次剪切面	侧间隙过小
3	裂纹；壁厚	断裂面出现纵向裂纹	侧间隙过小
4	褶皱状裂纹；壁厚	断裂面形成皱褶状裂纹	侧间隙过小
5	一次和二次剪切面中间形成凹槽；壁厚	形成二次断裂面，并且在一次断裂面和二次断裂面中间形成凹槽	侧间隙非常小
6	台阶；壁厚	剪切面和断裂面形成台阶	侧间隙过大
7	细小毛刺；凸起或凹陷；壁厚	压陷面有小毛刺，断裂面根部出现小的局部凸起或凹陷	侧间隙过大
8	弯曲过大；壁厚	钢带角部钢弯曲变形过大，严重时部分表面的金属挤到压陷面侧并与断裂面形成台阶	侧间隙过大

2. 重合量对钢带边缘质量的影响

重合量过大，容易使带钢边缘和圆盘剪剪刃摩擦，影响带钢边缘质量；重合量过小，可能使带钢剪不断。

剪切中重合量发生变化的原因有：圆盘剪轴调整不到位；用于调整重合量的齿轮齿条磨损；圆盘剪受力过大，使圆盘剪轴挠度过大；纵剪多条钢带时，个别圆盘剪剪刃外径较小。

3. 圆盘剪剪刃损伤对钢带边缘质量的影响

圆盘剪侧面的伤痕和摩擦也会影响钢带边缘的质量。如图 3-22 所示，因剪刃磨损使得纵剪钢带的剪切面上产生小裂纹，若有豁口，会造成钢带边缘的撕裂。剪刃出现损伤或粘有异物时，要及时更换或修磨。

4. 卷取机拉力过大对钢带边缘质量的影响

生产线使用拉剪时，如果卷取机拉力过大，刀轴产生振动，会使钢带断裂面凹凸不平，如图 3-23 所示。

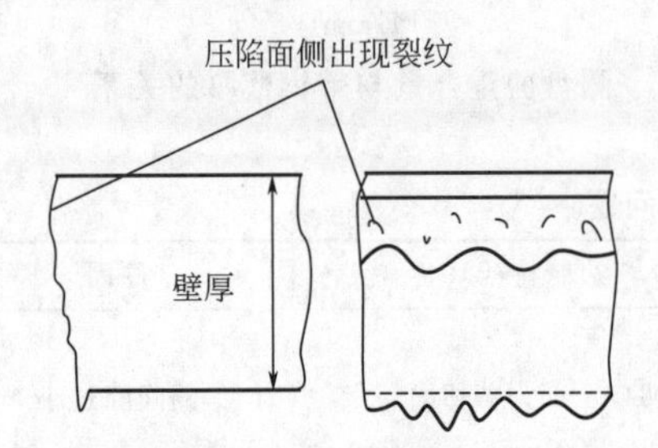

图 3-22 圆盘剪剪刃损伤对带钢边缘质量的影响

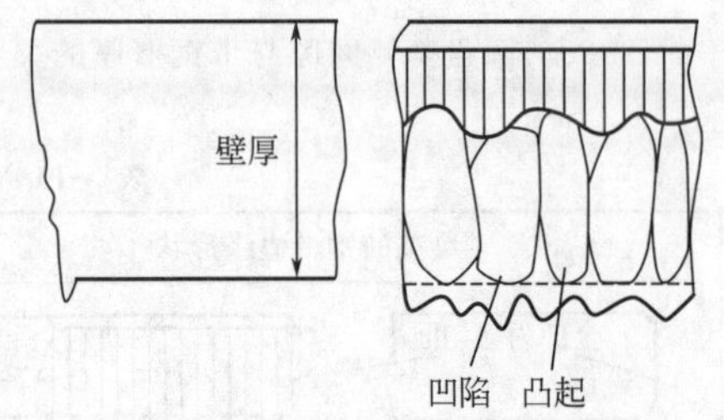

图 3-23 卷取机拉力过大对带钢边缘质量的影响

使用拉剪时，应保持合适的张力。另外，拉剪情况下应注意保证同一轴上安装的圆盘剪直径必须相同，使用主动剪时，所有圆盘剪直径必须相同。

三、纵剪质量的控制要点

圆盘剪纵剪钢带时，如果剪切参数调整不合适或发生变化，会对钢带边缘质量产生影响。如果出现钢带边缘质量问题，应该根据钢带边缘形状的特征和现场剪切参数及剪刃状况进行综合分析，查找问题产生的原因，合理处置，保证纵剪钢带边缘的质量。

第八节 完善设备提高纵剪质量工艺

随着国内轻工、汽车、建筑、机械等工业的发展，用于制造焊管的纵剪带钢用量很大。但是目前纵剪带钢质量稳定性普遍较低，不仅影响了产品的成材率和合格率，而且最终降低了企业的经济效益。国内一些公司通过对纵剪机组设备的不断改进和完善，消除了纵剪带钢出现的各种缺陷，较好地提高了纵剪产品质量。以下把完善纵剪设备提高带钢纵剪质量的技术要点做一总结。

一、纵剪出现的缺陷及原因分析

在带钢纵剪过程中，因设备上的因素，时常出现以下多种质量缺陷。

1. 毛刺缺陷

① 圆盘剪刃重合间隙小或侧间隙大。

② 剪刃磨损严重。

③ 运行带钢偏离中心线，两边拉力不等。

2. 浪边缺陷

① 拆卷机、圆盘剪、卷取机三点偏离中心。

② 垂直轴线的剪引面平均间隙大小不均，瓢曲严重。

③ 立辊挤压力过大。

④ 原料带钢浪形严重。

3. 塔形连卷缺陷

① 纵剪时产生毛边，在卷取时边缘有毛刺一侧板厚变大，从而使有毛刺的一侧卷取半径增大，造成同卷中带卷外径尺寸不一致。

② 拆卷机、张紧装置和卷取机不在一条中心线上。

③ 张紧装置张力辊磨损严重，在运行中各条带钢张力不等。

4. 镰刀弯缺陷

① 因原材料在轧制过程中产生内部应力，成为潜在的残余应力，纵剪后失去应力的平衡呈现镰刀弯。

② 水平间隙不均，水平间隙较大一侧剪断时的水平分力较大，而水平间隙较小的一则相反，从而形成镰刀弯。

③ 侧导围装置调整不当，对带钢的一侧压力过大，而另一侧压力过小引起镰刀弯。

5. 切口质量差缺陷

① 水平间隙和垂直间隙设定不当。水平间隙和垂直间隙是保证切口质量的直接条件，要依据材料的抗拉强度、延展性、硬度以及热处理状态选定合适的水平间隙和垂直间隙。

② 隔板的设置。由于隔板位置设置不当，与边缘强烈摩擦而损伤带钢的边缘。

③ 剪刃的磨损。

④ 卷取张力过大使纵剪和卷取机主轴振动，使切口不好。

二、设备改进措施

1. 做好拆卷机的中心定位

拆卷机一般出现的问题是轴向定位差，卷板在轴向上易发生窜动，特别是在拆塔形卷时，窜动更加严重。因而在生产过程中直接影响剪切质量，最终不仅使带钢卷不紧而散卷，而且还会导致卷取拉力增大，圆盘剪受力不平衡等问题。针对这些问题，在此基础上研制出一台液压锥头式拆卷机，这样从根本上解决了轴向窜动的问题，而且实现了操作自动化。

2. 增加一组导向立辊装置

在原机组导向立辊基础上，设计两组电动立辊，一组设在矫直机出口，一组设在圆盘剪前端。通过生产实践，发现两组导向立辊相距 8m，路线偏长，加上操作人员对导向立辊的导向作用认识不清楚，调整不到位，使板两边沿受力不均，造成纵剪带钢出现镰刀弯、浪边、切口质量差等缺陷。又在两组导向立辊中间增加了一组导向立辊，做到正确操作和调整，保证了卷板中心与剪切中心处在同一直线，从而提高了纵剪带钢质量。

3. 统一剪刃直径

生产中，圆盘剪机上的剪刃更换是比较频繁的，同组剪刃的直径大小是否一致，直接影响着剪切后带钢的质量。

(1) 剪刃线速度计算

$$v=\frac{\pi Dn}{60i} \tag{3-9}$$

式中　v——剪刃线速度；

D——剪刃的直径，mm；

n——主电机的转速，r/min；

i——传动速比。

式中，n、i 均为定数，可见当 D 增大，v 也增大。在同轴上，当剪刃的直径不同，就会导致速度的差异，使得剪切的带钢产生镰刀弯。

（2）受力分析

$$P=\sigma_b\delta^2\frac{0.4\varepsilon_{otp}}{\tan\alpha} \tag{3-10}$$

式中　P——剪刃的剪切力，kg；

σ_b——被剪带钢的强度极限，kgf/mm^2；

δ——被剪带钢的厚度，mm；

ε_{otp}——相对切入深度，mm。

α——剪切角。

式中，P 随 ε_{otp} 的增大成 0.4 倍的增加，而又与角的正切成反比。由此可见，剪刃的直径越大，切入深度越大，切入角也变大，剪刃的剪切力也变大。所以，在同一轴上的剪刃，若直径不一样，大剪刃就会集中受力，造成大剪刃易损。另一方面，小剪刃由于线速度小于大剪刃，又使其表面与带钢产生相对滑动，导致摩擦而受损。从以上线速度计算和受力分析看出，由于同轴上的剪刃直径不一，不仅影响剪刃的使用寿命，而且也是导致带钢缺陷的重要原因。所以，在修磨剪刃和装配时，一定要严格控制剪刃的直径偏差，一般控制在 0.6mm 以内。同时要用较精密的仪器测量，以保证两剪刃轴的平行度。

4. 卷取机构的改进效果

纵剪生产对卷取机的要求是带钢卷紧、边部整齐、无塔形、抽卷容易。某厂使用的是机械胀缩式卷取机，在生产中存在着支臂连杆有时不到位的问题，这样就产生抱死现象，使抽卷困难，直接造成带钢塔形或散卷。将原机构中的支臂连杆加长，增加活塞行程，同时改变夹板形状和材质，从而提高了抽卷机构的灵活性，减少了机构抱死现象，杜绝了由此而产生的塔形和散卷。通过对纵剪设备的改进和完善，使带钢的成材率由原来的 94.87%提高到了 96.5%以上。

第九节　带钢废边卷取与自卸装置

在纵剪机组中，处理钢带废边主要采用碎边或卷取的方法。碎边产生的噪声大，且剪刃易损坏，更换剪刃麻烦。废边进入剪刃前也易产生卡死现象，生产效率低。废边卷取通常采用同轴式双边卷取机构或单边卷取机构来实现。但无论哪种卷取方式，都需在卷筒一端安装挡板，防止废边在卷取过程中出现脱边现象。当废边卷完从卷取机上卸下来时，先要取下挡板，然后再将废边卷从卷筒上卸下来，这样不但影响生产效率，而且在取下挡板时，废边也易脱套、散落，这种现象只要发生，就会损伤设备，甚至还会危及操作者的人身安全。因此，使废边卷取装置实现自动卸料是非常必要的。

一、钢带废边卷取自卸装置的组成

如图 3-24 所示，该机构主要由直流电动机、小带轮、三角带、接料小车、卷取机构、移动转盘、空心轴、大带轮、液压缸、机架等组成。其中，卷取机构由 2 组连杆机构一和 8 组连杆机构二构成，其安装位置如图 3-25 所示。

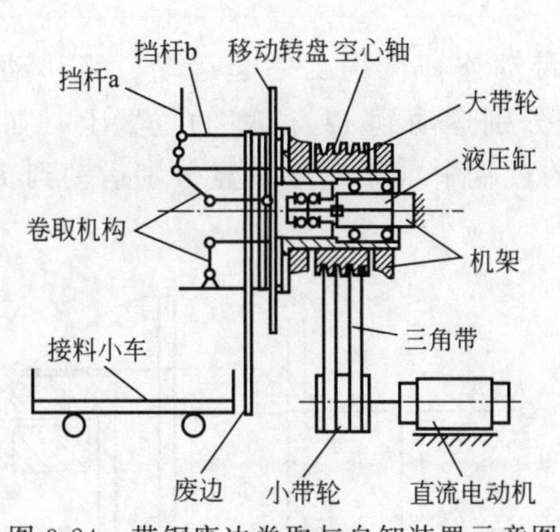

图 3-24 带钢废边卷取与自卸装置示意图

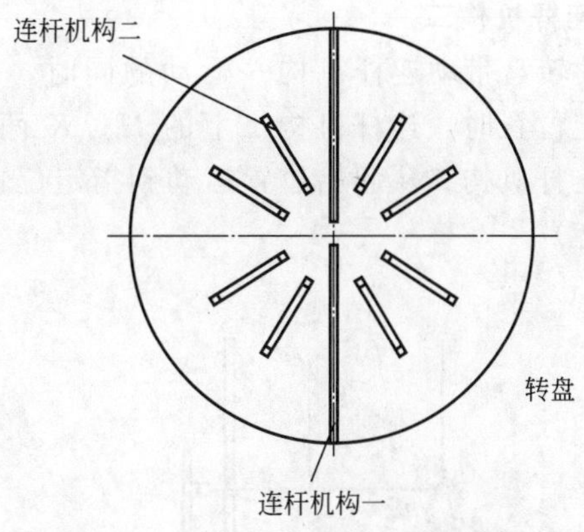

图 3-25 连杆机构安装位置示意图

空心轴与液压缸固定在机架上，大带轮安装在空心轴上，并能带动空心轴转动，移动转盘通过花键与空心轴连接能相对空心轴左右移动。卷取机构安装在空心轴和移动转盘上，可随它们一同旋转。液压缸安装在空心轴内，液压缸的活塞杆通过压力轴承与移动转盘连接，可带动移动转盘移动。

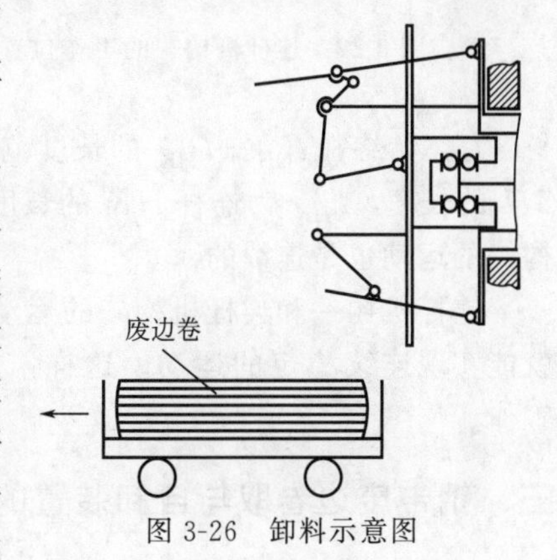

图 3-26 卸料示意图

当直流电动机通过小带轮、三角带带动大带轮转动时，空心轴也随之转动，移动转盘与卷取机构转动，将废边缠绕在卷取机构上。在卷取过程中，挡杆可挡住废边，使被卷取的废边不脱离卷取机构。直流电动机通过调速来保证废边与带钢运动同步。当废边被全部缠绕在卷取机构上时，直流电动机停止工作，各旋转部分也停止运转，此时气缸工作，右腔进油，活塞杆推动移动转盘和卷取机构中的各组连杆机构运动到卸料的位置，如图 3-26 所示，即挡杆 a 与挡杆 b 形成一条直线，各组连杆机构形成一个锥形体。在移动转盘的推动下弯边卷推离卷取机构，落在接料小车内，接料小车将废料卷运走，实现自动卸料之后，液压缸左腔进油，活塞杆带动移动转盘和卷取机构回原位，准备进行下一次卷取废边。

二、卷取机构的运动连续性分析

卷取机构由 2 组连杆机构一和 8 组连杆机构二组成。

1. 连杆机构一

连杆机构如图 3-27 所示，$l_{BC}<l_{AB}<l_{CD}<l_{AD}$，$l_{AB}$ 为连杆 AB 的长度，l_{BC} 为连杆 BC 的长度，l_{CD} 为摇杆 CD 的长度，l_{AD} 为 A、D 两点之间的距离。

其中 l_{BC} 是最短杆，因此，由 l_{BC}、l_{AB}、l_{CD}、l_{AD} 组成的连杆机构为双摇杆机构，转动副 B、C 是周转副。当移动转盘推动杆件 EF 使摇杆 AB 绕 A 点转动时，连杆 BC 带动摇杆 CD 也随之转动，在摇杆 CD 从起始位置转动到 CD 位置的过程中，A、C 两点之间的距离l_{AC}始终在$l_{AB}-l_{BC}$和$l_{AB}+l_{BC}$的长度范围内变化，也就是说，摇杆CD在可行区域内摆动，连杆机构一的运动是连续的。

2. 连杆机构二

移动转盘带动连杆机构一运动的同时，也带动连杆机构二一起运动，当移动转盘移动到预定位置时，连杆机构二上的H、K两点分别运动到H'、K'的位置上，如图3-28所示。连杆机构二从起始位置运动到指定位置的过程中（H、K两点分别运动到H'、K'的位置上）

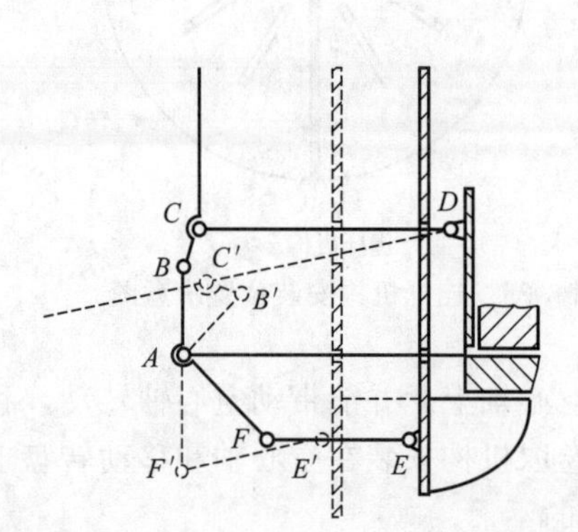

图3-27 连杆机构一的工作位置图

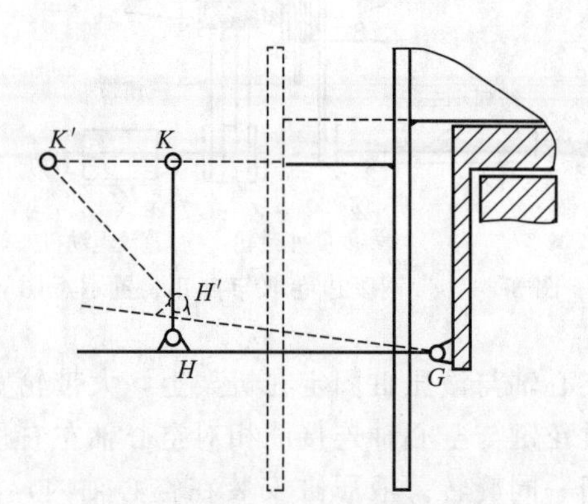

图3-28 连杆机构二的工作位置图

l_{GK}始终在$l_{GH}+l_{HK}$的长度范围内变化（l_{GK}为G、K两点之间的距离，l_{GH}为连杆GH的长度，l_{HK}为连杆HK的长度），因此杆件GH的摆动是在可行区域内的，故连杆机构二的运动也是连续的。

连杆机构一和连杆机构二的运动都具有连续性，当移动转盘带动它们运动时，卷取机构就能实现连续稳定的运动。这样，就会使卷取机构能顺利地完成钢带废边卷的自动卸料工作。

三、钢带废边卷取与自卸装置的应用

目前，带钢废边卷取与自卸装置已在国内某钢厂纵剪机组中使用，未出现因废边处理不当而被迫停车现象，提高了带钢材的质量和产量，大幅度提高了机组的作业率。该装置既适用于大型的纵剪机组，也适用于一些中小型的纵剪机组，是高效的带钢废边处理装置。

四、带钢废边卷取自卸装置应用效果

带钢废边卷取与自卸装置工作运行平稳可靠，既克服了其他废边卷取机构效率低、不能实现自动卸料等缺点，也克服了对废边进行碎边处理所带来的噪声大、剪刃易损坏、废边进入剪刃前易出现卡死现象等缺点，大大提高了纵剪机组的工作效率，为纵剪机组连续生产提供了必要条件。

第十节 带钢纵剪出现缺陷的分析

随着焊管等行业的不断发展，对带钢纵剪生产工艺的要求逐渐提高，特别对纵剪薄窄带钢的板型边缘毛刺以及宽度精度提出了更高的要求。在纵剪生产中经常出现的主要缺陷有：卷带形状变形，切口质量以及宽度的尺寸误差。下面对这两个问题做一技术上的分析。

一、卷带的形状

1. 内孔变形

纵剪后钢卷从卷取机上取出时，钢卷内孔呈椭圆形造成下一步上料开卷困难，其原因是卷取张力不足，只要在生产中加大纵剪与卷取机的张力即可避免。

2. 钢卷边缘不齐

导致钢卷边缘不齐的主要原因有：

① 张力变化，开始卷取时，卷取半径小，张力小，随着卷取半径的增大，张力随之增大，引起张力变化。

② 各条带钢插入卷取机时的位置、角度不当，使带钢沿宽度方向上张力不均。

③ 在活套内钢带晃动，使带钢进入卷取机的角度不一致。

④ 隔板宽度设定不当。

二、带钢纵剪后变形

1. 呈镰刀弯现象

① 因原材料在轧制过程中产生内部应力，成为潜在的残余应力，纵剪后失去应力的平衡后，呈现镰刀弯现象。

② 纵剪时产生毛边，在卷取时边缘有毛边一侧板厚变大，从而使有毛边一侧卷取半径增大，引起张力增大，而另一侧张力小，因此产生镰刀弯的问题。此时插入纸张等，使卷带与卷取机沿宽度方向完全接触，就可解决镰刀弯的问题。

③ 水平间隙不均，水平间隙较大一侧剪断的水平分力较大，而水平间隙较小一侧则相反，从而引起镰刀弯。

④ 侧导围装置调整不当，对带钢的一侧压力过大，而另一侧压力过小亦将引起镰刀弯的问题。

2. 切出的钢带边缘呈浪形

① 带钢因边缘毛刺不均，引起张力变化。

② 刀片侧面烧结，不断摩擦带钢。

③ 侧导围存在高低差。

④ 刀片外径相差大。

三、切口质量不符合标准

① 水平间隙、垂直间隙设定不当。水平间隙与垂直间隙是保证切口形状的直接条件，要依据材料抗拉强度、延展性、硬度以及热处理状态选定合适的水平间隙与垂直间隙。

② 隔板位置的设置不正确。隔板位置设置不正确时，钢带边缘会出现强烈摩擦而损伤带钢边缘的整齐形状。

③ 刀片严重磨损。

④ 卷取张力过大。卷取张力过大将会使纵剪和卷取机主轴振动，使带钢切口不符合标准要求。

四、宽度精度低的原因分析

① 因刀具左右晃动而产生尺寸误差。

② 钢带宽度方向的弯曲引起宽度尺寸变化。

③ 刀片和隔套排列组成引起的累积误差。

④ 因张力变化引起精度的变化。

第十一节　纵剪线常见问题及解决方法

纵剪线是将金属卷材开卷、分条、收卷，加工成需要宽度的卷料的生产线。纵剪线加工出的产品品质主要取决于纵剪线张紧机和收卷机。纵剪线电气控制的关键是速度的匹配：纵剪机与牵引矫平机的速度匹配和纵剪机与收卷机的速度匹配。随着相关行业的快速发展，对纵剪线生产的产品的品质要求也越来越高。如何使纵剪线加工出高质量的成品，是每个拥有该设备的制管厂家都非常关心的问题。

根据多年实际的调试经验，总结出纵剪生产线常见的问题及相关的解决方法如下。

一、纵剪线的机械故障和消除措施

1. 卷料形状片

(1) 塌卷

问题现象描述：分条后从收卷机上取下后，卷料呈椭圆形。主要原因是：收卷时张力不足。解决的措施是：增大带钢的张力。

(2) 钢卷边缘不齐有以下几个方面

① 张力不足而引起收料不齐。其原因是：开始收卷时张力太小，而收卷结束前张力太大。解决的措施是：增大开始时的张力，适当降低结束前的张力。

② 收卷张力不均引起收料不齐。其原因是：板头不齐或在插入收卷机钳口时不齐。解决的措施是：用齐头剪将料头剪掉，使之成直角，进入收卷机钳口时保证料的两端平整。

③ 钢板料头插入收卷机钳口的位置不对而引起收料不齐。其原因是：张紧机前分料隔盘的位置、分料压头上隔盘的位置、钢板料头插入收卷机钳口的位置不一致，则钢板左右张力产生变化造成收料不齐。解决的主要措施是：保证三者位置基本一致。

④ 缓冲池内钢板左右晃动而引起收料不齐。其原因为：缓冲池内钢板若左右晃动，则钢板进入张紧机的角度就不同，从而引起收料不齐。解决的主要措施是：在张紧机前的两套分料隔盘前增加压辊，防止晃动，使钢板水平地进入张紧机。

⑤ 经常停车引起收料不齐。其原因是：停车或在启动时，张紧机与收卷机之间无张力，与内层钢板的接触压力小，板料容易与内层产生偏移。解决的主要措施是：尽量少停车，另外将分料压头始终压在卷料上，也可起到一定的改善作用。

⑥ 张紧机前分料隔盘之间的距离和分料压头上的分料隔盘之间的距离设定不合适，引起收料不齐。其原因为：张紧机前分料隔盘之间的距离和分料压头上的分料隔盘之间的距离太大，钢板会产生左右移动，容易产生收卷不齐。对于这个问题的解决措施为：张紧机前分料隔盘之间的距离和分料压头上的分料隔盘之间的距离一般设计为分条宽度＋加工板厚度。

2. 变形问题

(1) 镰刀弯

分条后钢板产生横向弯曲——镰刀弯，一般以 2m 长弯曲多少毫米来标定，其产生原因有很多方面：

① 原材料弯曲。钢板在轧制过程中的内部应力没有完全消除，纵剪后应力释放而呈现出镰刀弯。

② 因毛刺而产生弯曲。纵剪时由于间隙调整不当，使毛刺较大，收卷时因边缘有毛刺，相当于板厚较大，从而产生边缘伸展而弯曲。

③ 上下刀左右间隙不均衡引起弯曲。左右间隙较大时，剪断局部的压痕也较大，则比左右间隙小的一方伸展度大，因此，呈现镰刀弯，特别是在剪切窄料时更容易产生该现象，所以排刀时必须注意上下刀的左右间隙尽量保证一致。

④ 张力不均引起弯曲。收卷时，在钢板的整个幅面应施加相同的张力。如果张力集中在单边，则会因张力不均而产生镰刀弯。

⑤ 由于纠偏装置的快速移动而引起弯曲。加工过程中，如果移动纠偏的速度过快，则与纠偏接触的一边将产生部分延伸而发生弯曲。

(2) 带钢料边缘呈波浪状

① 因毛边产生波浪状。收卷时，由于毛边使边缘厚度增加而引起边缘延伸，往往会使板料边缘呈波浪状。

② 刀具侧面烧结产生波浪状。其主要原因是：刀具侧面因材料烧结或刀与刀之间间隙不匀而使侧面粗糙时，也会使切边呈波浪状。解决的措施是：加大上下刀的左右间隙，从而降低侧压，同时应选择合适材质的刀具，还可以使用高挥发性的溶剂擦抹刀具的侧面，增加摩擦系数。

二、电气运行故障与排除

1. 牵引机与纵剪机速度不匹配

这个问题出现可能的原因有以下几个方面：牵引机与纵剪机之间的缓冲池内上下光电开关不正常，应检查开关状态；加工板料太薄或板料表面油脂太多，牵引机与板料之间打滑，应增加牵引辊的压力，减小牵引辊的加速度；纵剪机速度检测元件与纵剪机连接异常，检查手动时整线速度表显示是否与纵剪机实际速度相符；牵引机速度检测元件与牵引机连接异常，检查手动时牵引机的速度是否与实际速度相符（用 PLC 监控）；牵引机速度指令信号接线异常，应检查接线状况；纵剪机速度指令信号接线异常，应检查接线状况。

2. 收卷机与纵剪机速度不匹配

对于这个问题的出现可能的原因有：收卷机与纵剪机之间缓冲池内上下光电开关不正常，应检查开关状态；在收卷时，测速滚筒不与板料同步，不能真实反映收卷机的线速度，可以仔细观察收卷时卷筒是否与板料之间打滑；纵剪机速度检测元件与纵剪机连接异常，检查手动时整线速度表显示是否与纵剪机实际速度相符；收卷机速度检测元件与测速滚筒连接异常，应检查接线；收卷机速度指令信号接线异常，应检查接线；纵剪机速度指令信号接线异常，应检查接线状况。

第十二节　带钢纵剪线操作规程

一、纵剪操作人员基本要求

① 操作人员应经过纵剪线安全操作培训，熟悉设备性能和安全操作方法，经考试合格取得纵剪线操作证后方可上岗操作。

② 学员应在有经验的师父指导下操作，在没有取得纵剪线操作证前严禁独自操作。

③ 操作人员必须参加起重工安全培训（内容包括行车、吊具等的使用），并经考试合格取得起重工安全操作证。

二、纵剪前的准备工作

① 检查设备外观有无异常，各控制按钮、开关是否在正常位置，对设备进行润滑。

② 接通电源，启动设备，空车运行，检查设备各部分工作是否正常。

三、纵剪工作过程要求

① 认真、仔细阅读图纸和工作通知单，按要求裁剪材料，并做好首检。如需调整刀具，请按以下要求操作。

a. 松开导向机构活动导轨锁紧螺栓，并推至主机外侧。

b. 调整刀具时要注意保护刀口，避免刀口碰伤。上下刀间隙应保证在 0.015mm 左右。上下刀口咬合度为 0.2mm。

c. 刀具调整好后一定要把刀具锁紧，同时将活动导向机构推回并锁紧。

② 检查硅钢片是否符合图纸要求。

③ 将上料小车推到开卷机外侧，并升到最高点。把料卷吊到上料小车上，吊装时要注意安全，一定要按照《电动梁式起重机安全操作规程》吊装。

④ 调整上料小车高度，上料至合适位置，降低车架，张紧开卷机。上料完毕后落下小车并拉出。调整压料板，使每对剪刀口都有合适的压料板压料。

⑤ 打开料卷，引出料头，开卷机正转，手工引料穿过导向机构、压料板直刀口处，压料板压下。调整导向机构间隙，大约在 0.5mm。

⑥ 移开缓冲池盖板，开卷机正转放料至传感探头处，抬起压料辊。

⑦ 点动滚剪及开卷机，剪切 1000mm 左右停止。测量片宽、毛刺等并做好记录。如有不合格重新调整刀具直至检验合格。

⑧ 拉平带钢料，压下压料辊。点动送料至收料辊，并卡紧料头，点动收料两圈以上。

⑨ 将收料小车拉出，放下检测杆，根据实际情况点动或联动。

⑩ 在工作过程中要时刻检测硅钢片的质量：

a. 如遇硅钢片大面积涂层脱落或其他质量问题应立即停车并上报质检部门，等待处理。

b. 如遇焊缝拼接应将焊缝剪除，并重新上料，严禁采用滚剪刀口剪切焊缝。

c. 如遇油污，应擦拭干净后再开车，压料辊张紧装置严禁沾染油污。

⑪ 剪切即将完毕时联动应改为点动，同时将压板压下。继续点动至剪片结束，最后将末料整齐地粘贴在料卷上。

⑫ 推入收料小车，升高，松开收料辊，小心地将料卷移出。将料卷吊出放好并做好标

示。工作过程中设备如果有异常应立即停机并处理，并做好记录。

⑬ 设备运转时任何人不得转动片料，非操作人员严禁靠近运行中的设备。

四、工作结束

① 做好各种记录。

② 关闭电源，清理边料，清理工具，把设备擦拭干净。

③ 清理作业现场，设备周围卫生打扫干净。

第十三节 纵剪安全工作规章制度

一、员工上班前的准备工作

① 上岗前必须按要求穿戴劳保用品，穿好衣服和劳保鞋，安全帽、劳保眼镜必须正确穿戴和使用。

② 纵剪工必须佩戴防护镜，以免在作业时氧化皮、毛边磞进眼内，伤害眼睛，必须穿高腰劳保靴子，否则不允许上岗作业。

③ 作业前上料工对吊钩、链子、小吊钩、钢丝绳、安全销等进行全面检查，确认无隐患后方可使用。避免检查不到位对身体造成损坏。避免出现吊索具开裂现象或重物突然下滑现象，危及地面人员安全。

④ 进料工要正确使用运料平车，并且人员在 2m 以外进行指挥，并根据带钢卷的特点来确定码放方式。严禁超宽、超载使用平车，以免出现原料滚落事件，危及人员安全。

⑤ 进料工在向电动车上码放原料时，要站在电动车左右两侧，使用 2m 左右长的直径为 21mm 钢管稳定原料后方能在电动车上码放。要排放规范、垂直码放以免原料脱钩、滚落、坠落，或吊料不稳人员躲闪不及受到人身伤害。

二、运料安全操作事项

① 电动车运行到上料区以后，进料工要站在电动车一边，确认原料吊好后，要立即从电动车上吊到地面。要远离 2m 以外，示意天车工起吊，不允许站在电动车上指挥天车工起吊，以免原料坠落或天车工控钩不稳发生危险。

② 天车吊起重物，进料工要远离重物 2m 以外，方能指挥天车码放原料，当原料距离地面 30cm 左右，且吊料平稳时，方可站原料侧面控制原料。储料架上原料码放必须规范以免天车工操作不当，碰到人或原料码放不稳发生危险。

③ 开车前组长必须对开卷机、纵剪机、须子机等设备和工作场地进行全面检查，确认设备无安全隐患后方可开车作业。

④ 上料工在开包带、撬料、串子以及清理包带时，应站在原料侧面作业，严禁站原料正面作业，以免原料倾斜伤害员工脚或身体其他部位。

⑤ 上料工在开包带时必须站在原料侧面，使用开包带专用工具铲子两个，反方向插入包带拧断包带。禁止用电焊切割，以免破坏原料表面。更不允许天车吊钩钩包带硬性拉断，以免发生弹伤事件或影响天车钢丝绳和吊索具使用寿命。

⑥ 上料工在撬料时，应站原料的一边使用撬棍撬开原料，开缝隙后用管头别在缝隙中，放下撬棍提起链子，顺料缝间隙穿链子、挂链子。严禁用手向料缝内穿链子，以免发生挤

压伤。

⑦ 上料工挂好链子，立即远离（2m 以外）重物，站在安全位置，示意天车工起吊，向开卷箱内上料。严禁使用吊钩直接向开卷箱内上料，以免原料脱钩坠地伤及人员。

⑧ 在靠近开卷箱后，上料工站在开卷箱侧面使用或 2m 左右的钢管远距离控制原料正反向，严禁靠近重物或近距离用手拢动原料，以免原料坠落或脱钩发生危险。

三、开料安全注意事项

① 引料工应站在开卷箱插杠正后方拽出插杠，并一步到位把插杠从开卷箱内全部拽出，然后示意操作台主机工启动气缸使开卷箱原料滚落，严禁站在开卷箱插杠侧面，以免弹伤引料工腰部或砸伤引料工脚部。

② 原料翻下后，引料工插上插杠，使用撬棍撬开卷侧面料，撬完后站侧面确认原料运转方向正确后，双手紧握原料向前引料。严禁站在开卷箱引料正前方作业，以免操作工正反运转原料时，原料料头碰伤引料工面部。

③ 引料到液压剪设备处，注意液压剪下部小轮，以免轧伤作业人员脚趾。液压剪剪切料头时，手距离刀面 30cm 以外，避免液压剪刀面压伤手指。

④ 引料工在向圆盘剪矫平辊入料时，手距离矫平辊 50cm 以外，避免手距离矫平辊过近将手带入矫平辊内，造成挤压伤。如入料困难，应向外调节圆盘剪夹紧辊，严禁超过手距离矫平辊的安全距离硬性入料，危及人身安全。

四、控制室安全操作事项

① 操作台主机工在启动开卷箱、圆盘剪、须子机、毛边机、卷取机各部位按钮时，必须和各工序操作人员联系确认。确认各工序人员无违规操作情况下，方可启动按钮。严禁未经确认安全而盲目操作，危及员工安全。

② 操作台主机工必须坚守岗位，不允许擅自将自己的岗位交给他人，避免操作不熟练，造成人员伤害或设备损坏。

五、剪切工操作事项

① 经圆盘剪剪切带钢向前引料头时，引料工应注意手握带钢的方式，双手拇指与其余四指握紧抓牢带钢，并与手心保持间距。严禁双手攥住带钢向前引料。避免圆盘剪卡料，划伤手心。

② 在向卷取插料头时，手距离卷取分料盘 50cm 以外，并注意料带间不要夹、刮住手套，一旦出现此类情况，必须及时通知主机工停止设备，避免手距离分料盘过近，出现分料盘压伤手指或料带夹、刮住手套将手带入分料盘内造成挤压伤。

③ 插完料头后，主机工必须确认引料工操作是否规范，确认安全后，方可启动卷取。应采取点动运行方式，且不可急于将料盘落下。在各部位正常和人员远离设备 2m 以外后，方可快速运转卷取。避免缺乏有效联系确认，伤及人身安全。

六、须子机操作工操作要领

① 须子机、毛边机在正常运行中，人员距运行设备 2m 以外，严禁距离运行设备过近，若发生异常将危及人身安全。

② 高速运行带钢，严禁人员靠近和从运行料带下钻过，或跨越运行中带钢，避免跌、

划、绞等事件的发生，危及人身安全。

③ 在工序或设备出现异常时，必须停车处理，严禁员工不注意自身安全开车处理，避免划、绞、跌、碰伤事件的发生。

④ 须子机、毛边机在运行过程中或出现异常情况时，严禁须子工靠近运行设备用手处理毛边，以免发生绞、划伤事件。

⑤ 检修设备及检查半成品带钢的裁剪质量时，必须停车进行，严禁带钢运行时用手触摸，以免划伤手指。

⑥ 须子工在工作时必须注意保持自己的脚下无乱须子缠绕。须子机在吐须子团时，如果出现吐不出须子团现象，禁止用手拽或脚踩。

⑦ 打卡子时一定要打牢，避免因卡子松动造成抽头出现乱料或伤人现象。如工序中异常出现原料多余接头，必须在半成品原料醒目部位注明，避免因多余接头标识不明，管机在上料过程中出现异常危及人身安全。

七、卸料工安全操作事项

① 卸料时应注意安全，应先用天车吊挂料盘后，再松开膨胀锁母升起分料盘，然后站吊钩侧面示意天车工升降天车卸半成品，严禁不松膨胀锁母，硬性卸料，以防发生意外。

② 天车吊钩伸入料心，确认链子、小钩子无卡或勾住卷取情况，站在天车吊钩侧面，示意天车工升降天车卸半成品料。

③ 待天车吊重物远离卷取后，必须紧固卷取锁母。严禁不紧固锁母插头作业，造成卸料困难影响设备使用寿命。

④ 裁剪掉的边料，应及时清理出现场，以免造成不必要的人身伤害。半成品料码放要平稳，和地面夹角 30°为宜。

⑤ 出现乱料、粘连原料或其他异常情况，人员应示意天车工将所吊原料放低，接近地面，然后站侧面处理，且现场必须有专人进行指挥。不允许站原料正面，以免原料脱钩碰到人或现场乱指挥、天车工误操作发生危险。

⑥ 半成品原料料头尽可能朝上，避免划、扎伤事件的发生。

第四章 焊管制造基础

第一节 焊管的生产方法

一、焊管生产概述

1. 焊管制造工艺特点

焊管就是将钢板或钢带采用各种成型方法卷弯成圆筒状，然后用各种焊接方法焊合的过程。焊管生产在钢管生产中占有重要地位，国外工业发达国家的焊管产量一般占钢管产量的60%～70%，我国的焊管产量一般在55%左右。焊管制造工艺特点如下：

① 产品精度高，尤其是壁厚精度；

② 主体设备简单，占地少，投资少，见效快；

③ 生产上可以实现连续化作业，甚至“无头轧制”；

④ 生产灵活，机组的产品范围宽。

2. 焊管的生产种类

焊管的生产方法种类繁多，按焊缝形态有螺旋焊管和直缝焊管；按生产方法特点可分为炉焊管、电焊管、埋弧焊管和其他焊管等。炉焊管又可分为断续炉焊管和连续炉焊管，断续炉焊管已经淘汰，现在大多采用连续炉焊管。电焊管又有交流焊管和直流焊管之分，交流焊管根据电流波形的不同又有正弦波焊管和方波焊管，根据频率的不同有低频焊管、中频焊管、超中频焊管和高频焊管，低频焊管已经淘汰，高频焊管按电输入方法又有接触焊管和感应焊管。埋弧焊大多用于生产中直径管及大直径管。特殊焊接方法有钨电极惰性气体保护焊(TG)、金属电极惰性气体保护焊（MIG)、高频焊接惰性气体保护焊、等离子体焊、电子束焊、钎焊等，用来生产有色金属管、高合金管、不锈钢管、锅炉管、石油管以及双层卷焊管等。从成型手段来看主要有辊式连续成型机、履带式成型机、螺旋成型机、UOE成型机、排辊成型机等数种。各种焊管制造方法如表4-1所示。

连续成型的直缝焊管通常称为ERW（electric resistance welding pipe)。中小型直缝电焊钢管基本上都采用辊式连续成型机生产。最初用低频焊，20世纪60年代以后发展了高频焊，加热方法有接触焊和感应焊两种。钢种主要有低碳钢、低合金高强度钢，主要用作水煤气管道、锅炉管、油井管和机械工业用焊管等。

表 4-1　焊管的主要制造方法

类别	生产方法	基本工序	
		成型	焊接
直缝焊管	连续炉焊机组	在连续加热炉中加热管坯，出炉后用辊式连续成型机成型、焊接	
	连续成型电焊机组	辊式连续成型机	高频电阻与感应焊、惰性气体保护电弧焊
		连续排辊成型机	高频电阻与感应焊、埋弧焊、惰性气体保护焊、电弧焊
		履带式连续成型机	高频电阻与感应焊、埋弧焊、惰性气体保护焊、电弧焊
	UOE 电焊机组	UOE 压力成型机	埋弧焊、惰性气体保护焊、电弧焊
	辊式弯板电焊机组	辊式弯板成型机	埋弧焊、惰性气体保护焊、电弧焊
螺旋焊管	螺旋成型电焊机组	螺旋成型机	埋弧焊、高频电阻焊、惰性气体保护焊、电弧焊

3. 焊管典型工艺流程

在连续式焊管机组上生产的几种典型产品的工艺流程如图 4-1 所示。

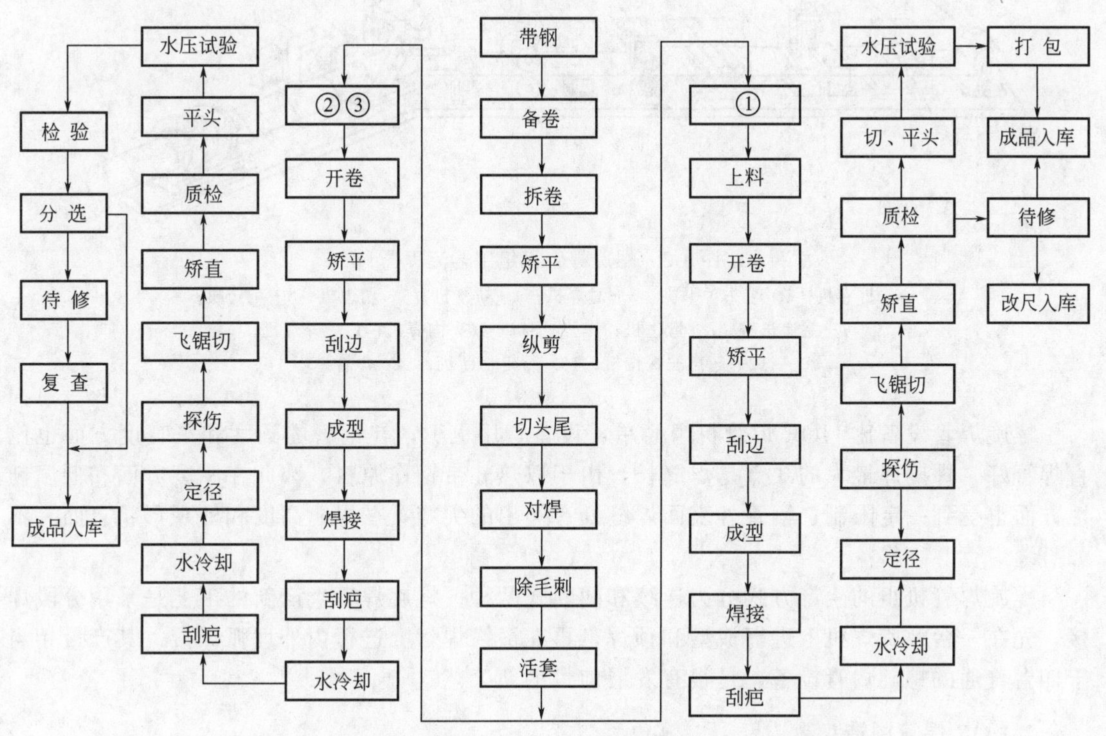

图 4-1　连续式焊管机组上生产的几种典型产品的工艺流程

①—水、燃气管，消防管；②——一般结构管和输油管；③—螺旋管

对不同钢种应根据不同工艺特性在成型、焊接、冷却等工序上采用不同的工艺规范，以保证焊接管质量。电焊管生产无论有色金属还是黑色金属都得到了较大的发展，技术上也提高很快。如发展了螺旋式水平活套装置，机组上采用了双半径组合孔型；高频频率多在(350～450)kHz，近年来又采用了 50kHz 超中频生产厚壁钢管；焊接速度最高达到了 130～150mm/min；内毛刺清除工艺可用于内径为 ϕ15～ϕ20mm 的钢管生产中；冷张力减径机组也日益引起重视，在作业线上和线外实行了多种无损探伤检验；如有需要（像厚壁管）在作业线上还设置了焊缝热处理设备；为提高焊缝质量和适应一些合金材料的焊接要求，还采用

了直流焊、方波焊、钨电极惰性气体保护焊、等离子体焊以及电子束焊等。在后续工序中不少机组还设有气体还原炉、连续镀锌和表面涂层等工艺，并相应设置有环保措施，控制对环境的污染。

二、各种焊管制造的方法

1. 螺旋焊管制造

螺旋焊接是目前生产大直径焊管的有效方法之一，它的优点是设备费用少，用一种宽度的带钢可直接生产的钢管直径范围相当大。目前国内已生产出直径 ϕ3.5m 以上、厚度 25.4mm 的螺旋焊管。图 4-2 为螺旋焊管机组流程图，其螺旋焊管生产工艺流程为：拆卷→矫直→切头、尾→对焊→切边→刮边→递送→成型→内焊→外焊→焊缝无损探伤→切定尺→X 射线检查→肉眼检查→补焊→水压→管端倒棱→连续超声波探伤→X 射线检查→成品检查→涂层→包装入库→出厂。

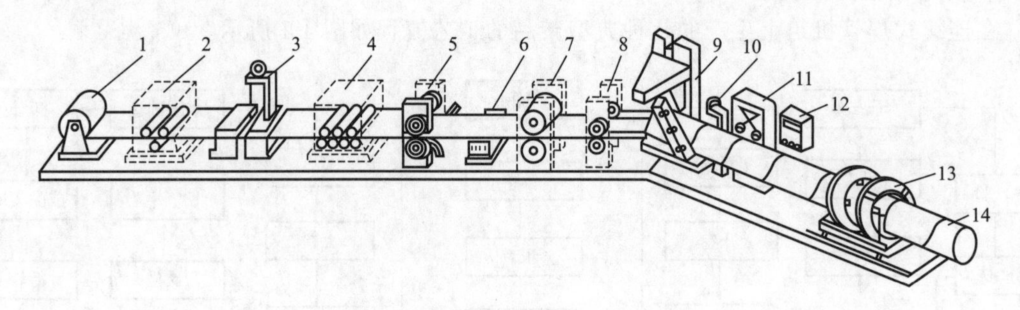

图 4-2 螺旋焊管机组工艺流程图

1—拆卷机；2—端头矫平机；3—对焊机；4—矫平机；5—切边机；6—刮边机；
7—主递送辊；8—弯边机；9—成型机；10—内焊机；11—外焊机；
12—超声波探伤机；13—行走切断机；14—焊管

螺旋焊管设备比 UOE 焊管机组简单，设备费用也少，在钢管的圆度和平直度方面也比直焊管好。螺旋焊最大的缺点是焊缝长，由于以热轧带钢作原料，因此在厚度方面和低温韧性方面也受到一定限制；钢管外表面焊缝处有突出的尖峰，在焊缝高度和外观形状方面，不如直缝焊管。

螺旋焊管机组的生产方式分为连续和间断式两种。螺旋焊管生产新的工艺是采用分段焊接，先在一台螺旋焊机上进行成型和预焊，再在最终焊管上进行内外埋弧焊接。其产量相当于四台普通的螺旋焊管设备，是很有发展前景的新工艺。

2. UOE 焊管制造

UOE 法电焊管生产是以厚钢板作原料，经刨边、开坡口和预弯边，先在 U 形压力机上压成 U 形，后在 O 形压力机上压成圆形管，然后预焊、内外埋弧焊，最后扩径以矫正焊接造成的管体变形，达到要求的圆度和平直度，消除焊接热影响区的残余应力。UOE 焊管可生产直径为 ϕ406～ϕ1620mm，壁厚 6.0～40mm、长达 18m 的钢管。这种方法可能生产的最大直径受到板材能够生产的最大宽度的限制，设备投资也较大。但生产率高，适于大批量少品种专用管生产，是高压输送管的主要制造方法。

UOE 焊管的制造工艺流程如下：送进钢板→刨边→预弯板→U 成形→O 成形→高压水清洗→干燥→预焊→管端平头→焊引弧板→内焊→外焊→超声波检查→除掉引弧板→修磨管端焊缝→中间检查→X 射线检查→清除焊渣→扩径→水压→干燥→超声波检查焊缝→超声波

检查管端→X 射线检查→管端倒棱→质检→磁力检查管端→X 射线检查→客户检查→称重和测长→打印→涂层→包装入库。

3. 排辊成型电焊管制造

排辊成型生产电焊管方法实质是由辊式连续成型机演变而来，图 4-3 是排辊的“下山”式成型过程和工作过程示意图。在焊管连续辊式成型中，利用三点弯曲原理，在导向片辊前采用一组或多组位置可调、成排的被动小辊机架，代替若干主动水平机架和被动立辊机架，管坯按照所设计的孔型系统变形。即带钢粗成型后，进入排辊成型，通过大量小直径被动排辊使带钢逐渐成圆状。

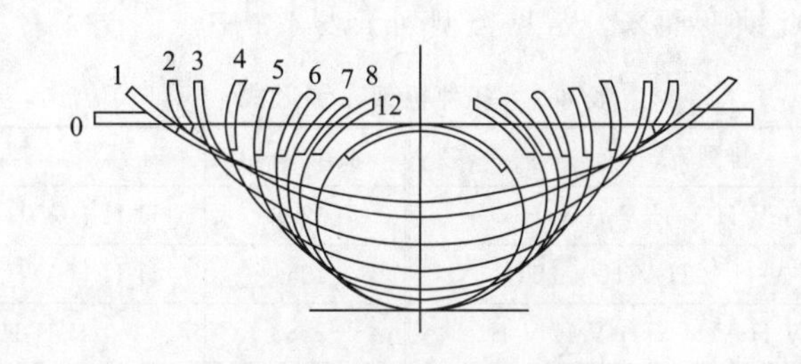

(a)“下山”式成型过程示意图

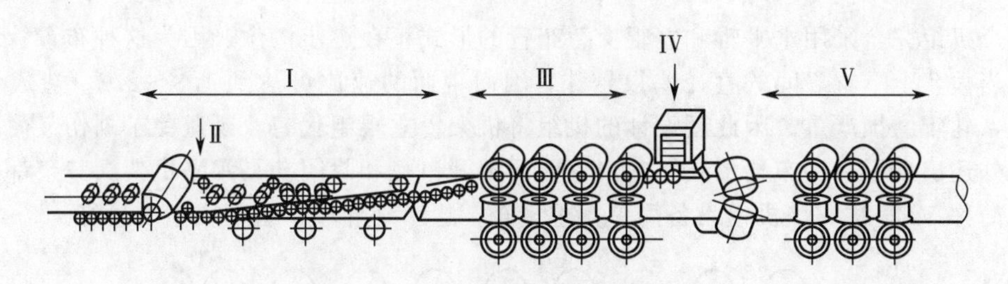

(b) 排辊成型机的工作过程示意图

图 4-3　排辊成型过程示意图

Ⅰ—预成型机架；Ⅱ—边缘弯曲辊；Ⅲ—带导向辊的机架；Ⅳ—高频电焊装置；Ⅴ—拉料辊

这种生产方法可生产直径 ϕ457～ϕ1270mm、最大壁厚 22.2mm 的钢管。它的生产工艺流程如下：上料→矫平→剪切对焊→活套储料→板带超探→刨边或铣边→排辊成型→高频焊接→焊缝热处理→空冷→水冷→定径→切管→管端平头→成品检查→打印→出厂。

4. 排辊成型工艺的特点

① 在成型过程中管坯边缘成直线状态，减少了边缘的拉伸变形，能够消除管坯边缘褶皱，同时，减少变形区长度，减少机架数，节省了投资。

② 轧辊与管坯成点状接触，同步运行，消除了轧辊与管坯间的相对运动所消耗的无用摩擦功，不仅解决了管坯的划伤问题，也减少了功率消耗及轧辊磨损。

③ 成型辊公用性大，通过排辊空间位置的调整，可用一套轧辊适应所有规格的孔型，这样不仅节约了轧辊的储备和投资，同时节省了换辊时间。

全排辊成型最大的缺点是生产厚壁管时机组刚性不足。为了解决这个问题，有些机组采用立辊和排辊结构，以适应厚壁管和薄壁管成型的不同要求。

第二节　焊管成型的基本原理

一、焊管成型的基本原理

1. 机架的排列与布置

辊式连续成型机的电焊管机组在我国分布较广。辊式连续成型机架的排列与布置形式基本有两种，一种是水平辊和立辊交替布置，另一种是在封闭孔前成组布置立辊，如图 4-4 所示。其他组合形式均由此演变而来，常见类型列于表 4-2 中。

表 4-2　各种机架布置形式

轴径/mm	排列方式	轴径/mm	排列方式
51	H-V-H-V-H-V-H-V-H-V-H	127	H-H-H-V-H-V-H-V-V-V-H-H-H-H
75	H-V-H-V-H-V-H-V-H-V-H-H	155	H-H-H-V-H-V-H-V-V-V-H-H-H-H
90	H-V-H-V-H-V-H-V-H-V-H-V-H	228	H-H-H-V-H-T-T-Q-Q-Q
89	H-H-H-V-H-V-V-V-V-H-V-H	254	H-T-T-V-H-T-T-Q-Q-Q

注：H—水平机架；V—立辊机架；T—三辊式机架；Q—四辊式机架。

整个机组完全采用水平辊和立辊交替布置的形式正在逐步淘汰，因为这种布置管坯的变形角相当大，上下辊之间的直径差很悬殊，因而辊面的速比可达到 1.8～2.2，造成管坯表面划伤，轧辊磨损严重。因此新设计的机组将机架以立辊组代替，既避免了划伤又简化了结构。国外还出现了一种布置形式，它仅仅前两架开口孔和封闭孔是水平机架，其余都是立辊机架，简称 VRF 法。该机组设备简单，重量轻，边缘延伸小，管坯成型质量好。

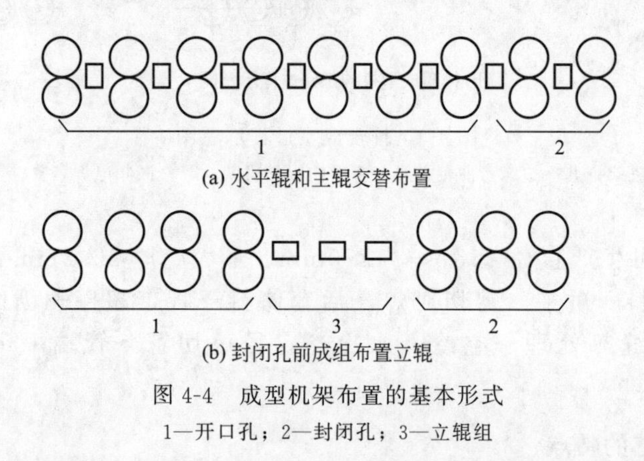

图 4-4　成型机架布置的基本形式

1—开口孔；2—封闭孔；3—立辊组

2. 辊式连续成型方法

成型机轧辊孔型设计的基本问题是正确选择变形区长度，合理分配各机架的变形量，设法消除带钢边缘可能产生的残余变形。孔型设计应满足以下要求：

① 成型时带钢边缘产生的相对伸长率最小，不致产生鼓包和褶皱；

② 带钢在孔型中成型稳定，能保证焊管表面质量和规格符合标准要求；

③ 变形均匀，成型轧辊磨损小，并且均匀；

④ 能量消耗小；

⑤ 轧辊加工方便，制造容易。

带钢在连续成型过程中，依其横断面弯曲的轨迹不同而可以分为带钢边部开始弯曲的边缘弯曲法、由带钢的中部开始弯曲的中心弯曲法、在带钢全宽上进行弯曲的圆周弯曲法以及双半径弯曲法和 W 弯曲法五种形式，本书主要介绍最广泛使用的圆周弯曲法，对于双半径弯曲法和 W 弯曲法制造焊管简单介绍。

3. 带钢圆周弯曲法

圆周弯曲法或称周长变形法（也称单半径孔型设计方法），其成型过程是沿管坯全宽进行弯曲变形，弯曲半径由一组逐架减小的可变半径 R 组成。当中心变形角 $2\theta_j$ 小于 180°时，管坯与上下辊沿整个宽度相接触。当中心变形角 $2\theta_j$ 大于 180°且小于 270°时，管坯与下辊接触，而上辊仅与管中间部分接触。当 $2\theta_j$ 大于 270°以后，管坯在上辊带有导向环的封闭孔型中成型，如图 4-5 所示。

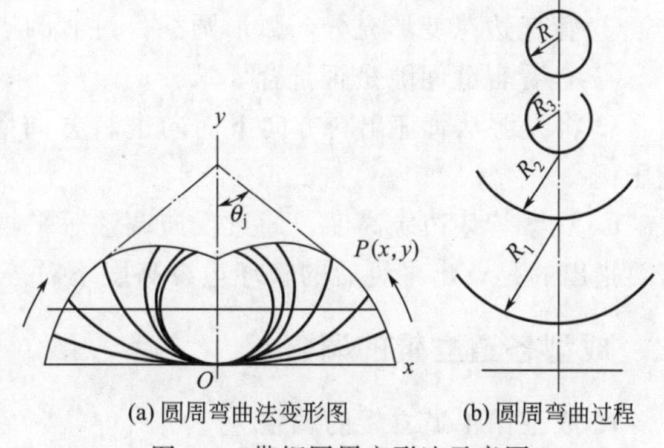

(a) 圆周弯曲法变形图 (b) 圆周弯曲过程

图 4-5 带钢圆周变形法示意图

圆周弯曲法的特点是孔型弯曲半径在封闭孔前按正比例逐架减小，均匀分配在各开口孔机架上，半径和架次成线性关系。带钢边缘上一点 P 在成型过程中的运动轨迹是一条螺旋线，长度计算公式为：

$$L=\pi R\int_0^{\pi}\left[\frac{1}{\theta}\sqrt{1+\frac{2}{\theta^2}-\frac{2\sin\theta}{\theta}-\frac{2\cos\theta}{\theta^2}}\right]\mathrm{d}\theta=4.44R \tag{4-1}$$

这种成型方法的优点是：变形比较均匀；轧辊加工制造简单，生产不同规格和壁厚的钢管时，轧辊有一定的公用性；可以减少轧辊的储备量，以及加工和管理的工作量；降低辊耗。

缺点是：钢边缘缺乏充分的变形，生产薄壁管时容易引起边缘鼓包；生产厚壁管时焊缝易呈现尖桃形；成型不稳带钢容易扭转、跑偏；边缘相对延伸稍大。由于管坯在成型过程中采用了立辊作导向辊，克服了稳定性差的缺点，使这种变形方法得到较为广泛的应用，尤其适用于断续生产的短带焊管机组，也适用于外径在 ϕ114mm 以下，壁厚 2.5～5.5mm 的小直径焊管的生产。

第三节 焊管机组成型过程的调整

一、管坯的各道成型调整

1. 带钢咬入调整

首先，将焊管机组速度设定在 5～8m/min 的安全速度内，空载点动试运行。然后提升起矫平辊，将管坯从中穿过；同时，通过对中装置使平直管坯对中；对厚度小于 3mm 的管坯，可直接将管坯头顶在 1 平辊之间，点动后咬入；对厚壁管咬入，应均等地提升起第一道 1 上平辊并记住提升圈数，使管坯头部略超过 1 平辊孔型中心线，然后再均等下压相应圈数，完成咬入。

2. 成型1平管坯的调整

第一道成型管坯的变形，对整个管坯成型具有举足轻重的作用，对随后的焊接、去外毛刺、尺寸精整等都有不同程度的影响，必须给予足够重视。当点动机组使变形后的管坯头前进至1平与1立之间后，在动手调整前先仔细观察变形管坯形态，做出初步判断，然后形成调整方案。在观察变形管坯形态方面，包括形状、外貌和变形程度等。

① 形状要规整对称。

② 管坯外貌无局部过轧痕迹与表面压伤缺陷。

③ 管坯边缘变形充分，弧形圆润，过渡圆滑。

④ 查看辊缝间隙是否符合要求：

a. 将光源从管坯出料方向下面向进料方向照射，查看有无光线漏过来，并进行针对性轧压；

b. 观察管坯边缘高度，通过反向调整矫平辊前的对中立辊，调节管坯在孔型中的对中，需要指出的是，出平辊后的管坯边缘高度不对等，并非全是不对中所致。

二、成型各道立辊的调整

1. 成型第1道立辊的调整

此道立辊的调整作用不在于成型，应侧重于管坯方向的控制。轧辊孔型施力不宜大，仅需维持轧辊能够转动即可，且管越薄，施加的力要越小。当成型管坯头部已经出了1立尚未进入2平时，要停下观察成型管坯与第2道平辊孔型的对中，并进行相应调整。

2. 第2～3道立辊的调整

第2～3道立辊与第1道立辊相同，也是孔型对管坯全宽进行实轧，是管坯横向变形最明显的阶段。调整方法和注意事项大致与第1道相同。

3. 第4～5道平辊的调整

第4～5道平辊孔型对管虽然也是实轧，但却仅仅对管坯中底部进行局部实轧，孔型与管坯的接触面只剩下20%～30%，接触部位极易被轧薄。因此，除成型工艺特殊需要的情况外，多数时候要注意防止成型管坯局部被不自觉地轧薄。同时要特别注意成型管坯与上轧辊孔型对称，防止管坯边缘与上辊发生干涉。

三、成型立辊组的调整

有些成型机组，在粗成型段与精成型段之间设置有立辊组，立辊组有2道、3道和4道辊形式。立辊组在成型效果方面不仅完全可以替代第4或第5道成型平辊的功能，而且在变形薄壁管时其控制、稳定管坯边缘的作用更为显著。在对立辊组的调整方面，有三个需要注意的重点：

① 管坯变形程度要明显。可以按照变形管坯边缘的梯形法则调整立辊组，将立辊组布置在“等腰梯形”管坯两腰上，实现管坯在立辊组中均匀变形。

② 控制成型“鼓包”。为了抑制“鼓包”缺陷的发生，可充分利用立辊孔型上部直接管控管坯边缘，通过管坯边缘横向受力带动管坯其他部位的变形。

③ 变形管坯宽度控制。关键是调整好出立辊组管坯的宽度，要注意适当收窄一点，甚至成为“□”形都没什么关系，从而确保管坯顺利进入闭口孔型平辊。

四、焊管闭口孔型段的调整

焊管闭口孔型段轧辊和管坯的调整要围绕控制管坯边缘、控制管坯回弹、控制管坯余量和控制管坯形状这四个“控制”要点进行调整工作。

1. 控制管坯形状

成型管坯在未进入闭口孔型前，因采用的成型方式不同致使形状差异很大，只有经闭口孔型辊轧制后，成型管坯形状才能统一为基本圆筒形，而一个基本圆筒形的管坯，正是我们努力的方向和阶段性目标。应按以下步骤逐道校调闭口孔型辊。

第一步，确认进入闭口孔型前的管坯没有压痕、划伤，管型基本规整。

第二步，以理论辊缝为依据，用较大的压下量压住闭口孔型内的管坯，然后点动机组，约转辊的1/3周。

第三步，徒手沿管坯外表面任意一侧，先从上往下滑过辊缝，然后顺着原路从下往上滑过辊缝，如此重复1～2次，并对手感进行判断：若从上往下滑过辊缝时无硌手感觉，且从下往上滑到接近辊缝附近时有硌手感觉，同时在成型管坯的另一侧重复上述动作，若从上往下滑到辊缝时有硌手感觉，从下往上滑过辊缝时无硌手感觉，则说明上辊缝偏左侧。

第四步，提升上辊约两倍辊缝，松开上辊右侧紧定螺母，至于松开多少，主要凭经验判断，并紧定上辊左侧螺母。

第五步，重新压下闭口孔型上辊至原位，并重复第二、第三和第四步，直至无论从哪个方向滑过成型管坯表面均圆滑无硌手感为止，说明孔型已经校正，管坯也校正为基本圆筒形，从而全面完成了成型轧辊校调与管坯成型。

2. 控制管坯回弹

控制管坯回弹，对一些刚性较高的厚壁管，以及高强度、高硬度管，控制其变形后的回弹，以利于随后的焊接，就成为变形这类管需要着重解决的问题。控制回弹的途径有三条：

① 适当增大第1、第2两道平辊的轧制力；

② 适当加大闭口孔型平辊的压下量；

③ 适当收紧闭口孔型立辊。

3. 控制管坯余量

就圆变方矩管来说，在开料宽度已定的情况下，如果要求生产 R 角较大的方矩管，那么，可以加大闭口孔型上辊的压下量，通过闭口孔型辊多消耗一些余量，即除了将本分的成型余量消耗掉之外，还可以多消耗一些整形余量（假定焊接余量不变）。圆变方矩时圆周长便相对短了，变方矩时往管角部位跑的料就少，R 角就比较圆（R 较大），反之，压下轻一点，相应的 R 角就比较小。

4. 控制管坯边缘

控制管坯边缘主要是指预防成型管坯边缘产生“鼓包”和管坯边缘在随后的焊接中能够实现平行对接，而且，这也是焊管成型的终极目标。显然，如果出现了成型“鼓包”、焊缝错位、V形对接、Λ形对接、搭焊等缺陷，都与管坯边缘在开口孔型和闭口孔型中的受力变形、对称性调整等存在直接和间接关系。

调试当中的“四控”操作方法，在试生产时应各有侧重，要根据焊管生产现场的实际情况，抓住主要问题和主要矛盾实施调整。如高强度厚壁管成型，首要解决的应该是对管坯实施有效的变形，维持变形的成果，防止回弹，实现焊缝平行对接；薄壁管成型，首要解决的问题变成如何有效管控管坯边缘，防止边缘失稳，防止出现成型“鼓包”；对外表面有极高要求的管，保持其表面绝对不被划伤、不产生压伤压痕，就是在成型中需要特别注意的问题。如果这些问题同时存在，也要有针对性，优先解决什么问题，延缓调整什么方面，一定要分清轻重缓急。

五、换辊后的成型调整

1. 成型底线调整

在成型底线确定之后，轧辊的底线调整分为三步进行。

第一步，使用校线样板先校下辊对轧制中线的对称，然后校立辊对轧制中线的对称。关于校对立辊孔型的对称，首先要校对好两只立辊孔型之间的对称，然后才谈得上对轧制中线的对称。

第二步，分别校对下辊、立辊的轧制底线高度，使下辊喉径与轧制底线处于触碰与非触碰的临界，成型立辊孔型的轧制底线点在其理论弧线的最低点。

第三步，由一人负责全面检查复核所有下辊和立辊的轧制中线和轧制底线。

2. 成型上辊的调整

成型上辊调整的主要内容是，尽可能使上辊孔型与下辊孔型对称以及控制辊缝。不同的轧辊，调校步骤是不同的。

① 确认平辊上轴轴向装配精度和水平度，这是调整成型上辊并保证上辊孔型与下辊孔型对称的先决条件，否则，所做的调整都是无用功。

② 调整粗成型上辊。首先将上辊调整到目测认为对称的位置，并将两边均等地压下至略小于管坯厚度（凭经验估计）；然后用直径大于管坯厚度的保险（铅）丝从孔型全宽上轧过，观察被轧保险（铅）丝的形状并测量厚度；用平辊并把上辊向保险丝厚的一侧移动，同时调整升降丝杠，反复几次，使被轧保险丝的厚度小于管坯厚度0.1mm左右。

③ 精成型上辊的调整。第一步，将闭口孔型上辊移至目测外宽与下辊外宽基本一致，紧定两侧螺母；第二步，调整上辊与下辊辊缝至0.5mm，用手指顺着孔型从辊缝附近反复滑过，仔细感觉触碰，若右侧从上往下滑过辊缝时有硌手感觉，而左侧从上往下滑过辊缝时无硌手感觉，说明上辊偏右侧；第三步，松开左侧螺母，收紧右侧螺母，重复第二步，直至手感比较均等为止。反之，说明上辊偏左，并作相应调整。

如果对轧辊精度有足够自信，那么在紧定上辊之后，也可以用直尺或断锯条靠住一侧上辊平面从上往下移过辊缝，同时在另一侧从下往上移过辊缝，若有触碰感，则表示上辊偏左侧，反之，表示上辊偏右侧，将上辊朝相反方向移动，直至没有明显触碰感为止。最后将辊缝调到约等于理论辊缝，留待进料后再精调。

六、成型段调整的基本方法

成型调整基本操作方法包括平辊调整、立辊调整、换辊调整和生产过程中的前瞻性调整等四个方面。

1. 成型平辊调整

成型平辊调整可以归纳为调标高、上提下压和左移右挪三个方面。

（1）调标高

调标高指的是根据轧制底线对下平辊高度进行调整。下平辊轧制底线的控制方法有三种：

① 螺纹调解法。根据蜗轮蜗杆对下辊高度进行两边同步联动调整，使下辊孔型喉径点慢慢地接近预设的轧制底线。

② 垫块法。在方滑块与牌坊支架底座之间增减相应厚度的垫块，实现下平辊高度的调节。它的最大优点在于稳定，一旦调定后便不会变化。

③ 平辊底径法。有些焊管机组的下轴高度不可调，控制轧制底线高度的措施只能借助下平辊底径，对于这类焊管机组，必须严格控制下平辊底径尺寸，尤其是返修下平辊时更应注意底径减小幅度的控制。

（2）上提下压

上提下压主要调节上平辊。

① 蜗轮蜗杆间接调节。通过转动牌坊上的手轮带动蜗轮蜗杆和调节螺母，使与升降螺杆连为一体的方滑块、平辊上轴及上平辊做升降调节，该方法的优点是同步升降性能好，省力。

② 螺母螺杆直接调节。通过直接扳转机架牌坊上的调节螺母-螺套联动升降螺杆进行直接调节。缺点是容易造成上平辊两端不同步升降，优点是调节量比较直观，易于掌控。

③ 上辊上提下压的注意点。必须重视螺纹间隙对上平辊平行轧制的隐形影响。

（3）左移右挪

通过拧动平辊轴上两端约束平辊移动的螺母，按先松后紧的顺序移动平辊轴上的平辊。

该螺母有三个功能：一是左右移动平辊，实现平辊关于轧制中线的对称；二是紧定平辊，确保平辊关于轧制中线不发生位移，紧定对于“三合一”成型闭口孔型上辊具有特别重要的意义，如果紧定不紧，“三合一”孔型就会被成型管坯撑开，这样一来，既影响成型质量，又会导致轧辊孔型“掉肉”，进而报废；三是根据螺距计量平辊移动量。

2. 成型立辊的调整

成型立辊的调整主要包括高低调整和横向调整，其调整的步骤如下。

（1）立辊高低的调整

根据立辊架结构不同，调整立辊升降的方法有加减垫片法和螺母调节法两种。

① 螺母调节法。立辊借助轴承直接装配在立辊轴上，如图 4-6 所示。立辊的高低依靠立辊轴上的上下螺母进行调节。优点是高低调整比较方便、灵活、精度高；缺点是稳定性差，尤其是轴承与轴配合较松时，螺母会跟随轴承内圈转动，导致跑模、立辊窜位。

② 加减垫片法。立辊安装在一个下端固定、上端靠螺母锁紧的套子上，套子与轴承配合安装在立辊轴上。调整时，首先松开立辊套上的并帽，取出立辊，然后加减相应的垫片。该方法的优点是一旦调定后比较稳定，不易变化；缺点是不方便，尤其是大中型管，若要中途调整，需要断开管坯，比较麻烦。

（2）立辊横向调整

立辊横向调整有整体收紧与放松、整体左右移动两种类型。

① 立辊同收同放。由于双向调节丝杠 1 与立轴滑块 12 之间是采用左、右旋向螺纹配套的，所以只需要顺时针转动双向调节丝杠 1，就能减小或增大两滑块之间的间距，并且通过立辊轴带动立辊对管坯施力，达到两只立辊同时收紧或同时放松的效果。如果能同时收紧或放松拉板调节螺杆 11，则效果会更好。

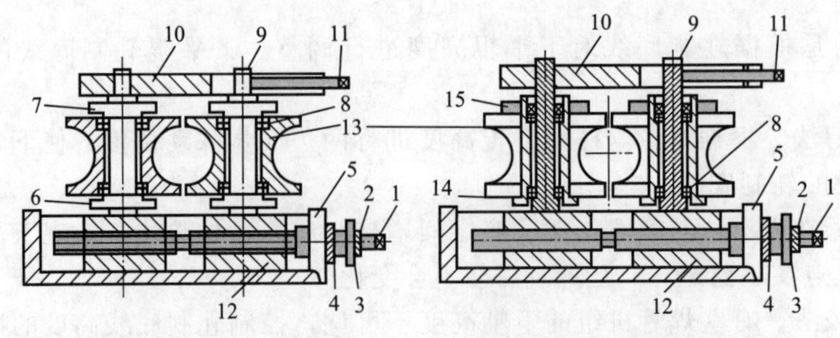

图 4-6　成型立辊调整示意图

1—双向调节丝杠；2—丝杠定位及防左窜动螺母；3—整体移动螺母；4—横向移动锁定螺母；5—立辊架滑盖；6,7—立辊上下调节螺母；8—立辊轴承；9—立辊轴；10—拉板；11—拉板调节螺杆；12—立辊轴滑块；13—立辊；14—立辊轴承套；15—立辊锁定螺母

② 立辊整体单向移动。整体移动螺母 3 的内孔与双向调节丝杠 1 为滑动配合，而外螺纹与立辊架滑盖 5 上的内螺纹配合，当顺时针转动整体移动螺母 3 时，螺母 3 向左移动，与此同时，螺母 3 的左端顶住丝杠 1 并推动丝杠 1 向左移动，进而带动滑块、立辊轴和两只立辊同时向左运动，反之，则带动滑块、立辊轴和两只立辊同时向右移动。

七、焊管成型段的调整

成型调整是焊管调整的基础，行业公认焊管调整是一门艺术，其中，成型调整就是艺术殿堂中的明珠。有的人穷其一生终不得其中要领，用充满玄机和水无常形来形容焊管调整一点都不为过。这门艺术集中体现在调整过程与结果因人而异、因机组而异、因材料而异，甚至因环境而异。尽管如此，其中还是有一些带有共性的成型调整基本原则、基本操作方法和基本要求的。

1. 横平竖直的原则

这是成型调整的首要原则。在横平上有三个最基本的要求：

① 上下平辊轴要与水平面水平，不能一头高一头低；

② 要确保两轴之间平行，不能有倾斜；

③ 不仅空载时要平行，有负载时更要能平行。

竖直主要要求立辊与焊管机组工作台面垂直，包括横向与纵向两个方向。横向事关管坯受力，纵向事关管坯稳定运行。

2. 按轧制线校正轧辊的原则

按轧制线校正轧辊有两个方面的内涵意义：

① 必须按轧制底线校正成型下辊和立辊高度，这样才能够确保下辊孔型和立辊孔型与轧制底线的标高一致；

② 必须按轧制中线校对成型下辊和立辊孔型对称性，焊管生产中发生的许多问题、缺陷都与下辊不对中、立辊偏离轧制中线有很大关系。

3. 平立辊分工明确的原则

① 平立辊分工明确的原则即：成型平辊承担动力传输与主要的横向变形任务；立辊则主要负责控制管坯出平辊孔型后的回弹，同时负责引导成型管坯顺利地进入下一道平辊孔

型。从成型理论发展趋势看，应逐步淡化成型立辊的成型功能，通过改进成型立辊孔型的设计，进一步强化成型立辊对成型管坯边缘的控制功能与导入功能。另外，过度依赖立辊成型，必然会增大轧制阻力，进而可能导致成型管坯运行不稳，产生顿挫，并由此引发后续一系列不良后果。

② 设备精度的保障。这是确保成型调整顺利进行、成型调整成果持久的基本前提。可以肯定地说，一条呈现“摇头摆尾”的焊管机组，绝不可能生产出高品质、高精度的焊管。

4. 调整成果及时固化原则

调整成果及时固化原则，是指成型调整动作完成并经过试运转正常后，要对所调整部位做相应紧定处理，防止螺纹松动、位置再次变动，导致前功尽弃。

5. 无效复位的原则

无效复位的原则是指焊管生产中的成型调整，牵涉到孔型设计、管坯性能、几何尺寸、设备精度以及调试工的操作习惯、经验状态，人机互认等方方面面，千变万化，牵一发而动全身。尚有许多方面属于缄默技术范畴，至今仍无法定量操控和“规范化处理”，是一种典型的经验多于理论的作业。因此，在成型调整过程中，试错法是最常用的调试方法。当一个调整措施实施后，如果没有得到预想的结果，或者得到相反的结果，那就说明措施不正确，必须将成型状态及时恢复到原样。否则，会将小问题调成大问题，越调越乱，使正常的位置发生相应错乱。

6. 两害相权取其轻的原则

两害相权取其轻原则是指焊管在调整中，应尽可能做到精益求精，但是存在左右为难的时候，要权衡利弊，坏中求好。

7. 系统性的原则

系统性原则是指在调整成型时，要考虑可能对焊接部位、定径部位的影响，或者反过来，考量焊接段和定径段对成型的影响。例如成型余量消耗过度，在焊接余量不变的前提下，势必导致定径余量偏小，继而增大定径调整难度。

综上所述，成型调整是一个复杂的系统工程，只有遵循这些最基本的调整原则，才会少走弯路，调试出合格的管子产品。这些基本原则，不仅适用于成型调整，更对焊接调整，定径调整有指导作用。

第四节　焊管的焊接方法

成型后的管坯送入焊接机组，焊接成钢管。焊管都有一条焊缝（直缝或螺旋焊缝），可以搭接，也可以对接。目前大多数采用对接，搭接的焊管越来越少。对接焊管的焊接方法有很多，其中主要有：压力焊，将金属加热至焊接温度，并在压力下焊合，如炉焊、电焊等；熔化焊，将金属熔化而焊合在一起，如电弧焊、等离子焊、电子束焊等。此外，还有钎焊等专门用于小直径管焊接。目前直径小于 ϕ610mm 的中小直径焊管主要采用高频电焊，大直径管则采用埋弧电焊。

一、焊管焊接的种类及特点

1. 感应焊与电阻焊

高频焊接主要是利用高频电流的趋肤效应（集肤效应）和临近效应，使电流高频集中在待焊边上，从而能在 0.01s 内将其加热到焊接温度（1250～1430℃），然后在挤压辊的作用下进行压力焊接。根据向被焊件馈电的方式，高频焊可分为感应焊和电阻焊（接触焊）。

感应焊通常是在距会合点 30～300mm 处绕管坯套上一感应器。根据被焊件形状，感应器用平面的或曲面的空心水冷导体材料制成。当感应器通过高频电流时，管坯上感应出电流，由于邻近效应，极大部分电流沿待焊边流过，并在会合点形成回路。为了减少这部分无效电流，采用内外磁导体，其长度应等于感应器的长度。感应焊主要用于 ϕ150mm 以下的焊管机组。

电阻焊是借助两个触头（电极或焊脚）把高频电流传到管坯上。焊接电流沿管坯坡口两侧流过，并通过挤压辊附近的坡口两侧会合点形成回路。管两侧坡口上的电流方向是相反的，因此，邻近效应使电流集中于坡口的表面，电流频率越高，电流就越集中于管坯表面。管内的阻抗器提高了坡口加热的集中程度，因为它增大了电流环绕管坯流过的感抗。电阻焊一般用于较大直径焊管机组的生产。两种方法的原理如图 4-7 所示。

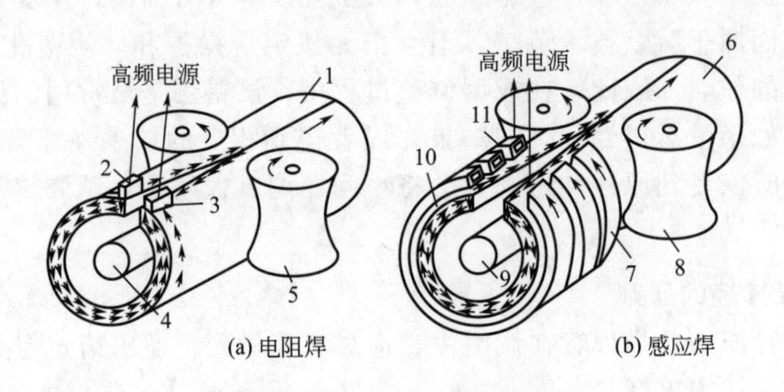

图 4-7　感应焊和电阻焊原理图

1,6—管坯；2,3—电极；4,9—阻抗器；5,8—挤压辊；7—感应器；10—循环电流；11—感应电流

上述两种焊接方法具有一系列优点：焊缝热影响区小，加热速度快，焊接速度高，焊缝质量好。

2. 电阻焊和感应焊的特点

（1）感应焊的特点

感应焊由于线圈包在被焊钢管的外部，从根本上消除了电阻焊由于电极的开路所引起的设备故障，从而提高了设备利用率和降低了成本；焊接过程稳定，焊接质量好，焊缝表面光洁；因为没有电极压力，最适用于焊接薄壁管；由于不用触点材料，不仅节约了贵重的有色金属，而且也消除了因更换电极而造成的停机；焊接调整比较容易和方便。但感应焊最大的缺点是功耗比电阻焊大，而且焊速也比电阻焊低。

（2）电阻焊的特点

由于电阻焊的热能高度集中于焊缝上，焊速较高；焊接质量好，主要体现在没有“跳焊”现象；热影响区小，自冷作用强，焊缝不易氧化；耗电少，效率高；焊接区平滑、美观；焊接用电极结构简单，消耗低，容易调整。但由于部分回路采用的是高压电，因此要求高的绝缘度；屏蔽不好时，高频信号对电讯器材有干扰，对人体也有一定危害性。

二、其他焊接方法

电弧焊接是利用电极间电弧放电原理产生的高温，使焊丝和待焊金属熔化而焊合。其中埋弧焊接在生产大直径钢管中应用极为广泛。埋弧电焊管生产中分直缝和螺旋焊缝两种，直缝焊根据管子壁厚和耐压要求采用单面焊或双面焊，螺旋焊一般采用双面焊。

（1）埋弧焊接

钢管埋弧焊接在带有自动焊头的专用电焊机上进行，如图4-8所示。待焊钢板或焊缝有坡口，在焊接过程中有送丝机构将焊丝盘上的焊丝连续不断地送入此坡口之内，在焊丝和被焊钢板坡口之间形成电弧，借助电弧将焊丝和被焊管壁熔化。而粒状焊药由储槽内经过金属送入焊丝之前，覆盖着焊接口，当焊头或被焊钢板移动速度与焊接速度一致时，焊接过程继续进行。缝上覆盖的焊药70%～80%未熔化，由吸收嘴吸收并回送到焊药储槽内，以便再次使用。熔化金属最初呈液体状态，然后冷却成致密的焊缝，而紧贴在熔化金属表面上熔化的焊药冷却后形成极易清除的硬壳。

（2）保护弧焊

保护气体电弧焊接按电极的性质分为钨极电弧焊（TIG）和熔化极电弧焊（MIG）。

① TIG电弧焊。TIG电弧焊管装置如图4-9所示，其钨极不熔化，只利用钨极与焊件之间的电弧所产生的高温，使带钢边部熔化形成熔池，在一定压力作用下将带钢边部焊合。为防止氧化，电弧和熔池均处于惰性气体保护之下，电极在焊接处上方1.5～3mm，距离太大造成热量散失，金属加热不良。电弧的温度约为5000～8000℃。

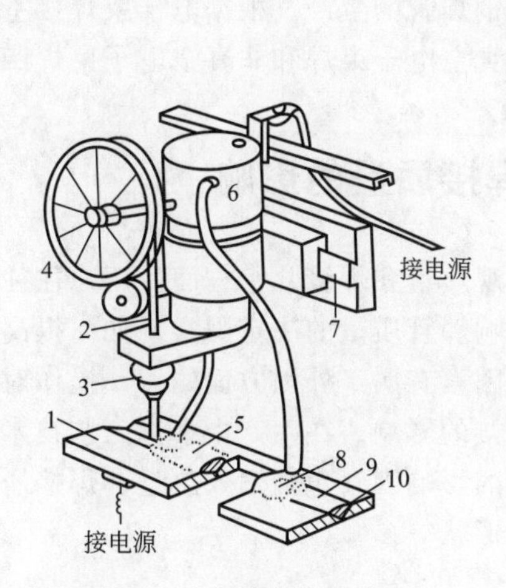

图4-8　埋弧焊机示意图

1—钢管边缘；2—焊丝；3—送进机构；4—焊丝盘；5—焊药储槽；6—焊药桶；7—导轨；8—焊药吸嘴；9—焊药硬壳；10—焊缝

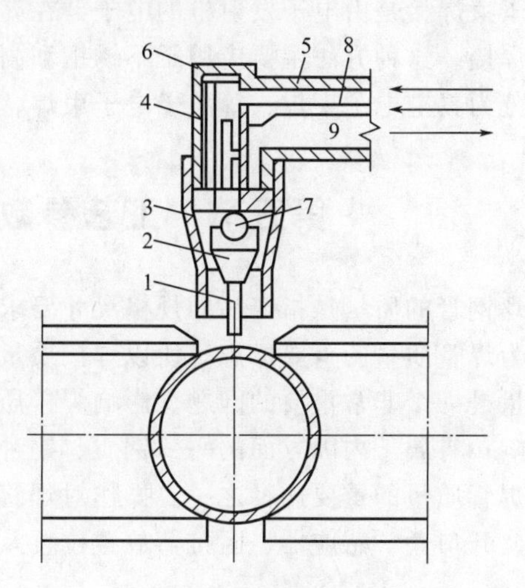

图4-9　钨极氩弧焊枪

1—钨板；2—夹持器；3—陶瓷喷嘴；4—焊件；5—保护气体导管；6—小室；7—孔；8—进水管；9—出水管

② MIG电弧焊。MIG电弧焊所用电极是与金属相同或相近的金属焊丝。在焊接过程中，电极同时熔化，在惰性气体保护下，熔化的焊丝滴入熔池中，由电极金属和带钢金属形成焊缝。

（3）等离子焊接

等离子焊接原理如图4-10所示，其是利用于等离子电弧进行焊接的方法。当在钨极与被焊金属之间加上高压时，通过高频振动器使气体产生电离而形成等离子体，在机械压缩效应的作用下，电弧被压缩在很小的范围内，使其高度集中，温度16000～33000℃。在电弧柱中的气体被电离成等离子体，其导电性和导热性好，能集中很大的电流。等离子焊适用于不锈钢和其他难熔金属的焊接。

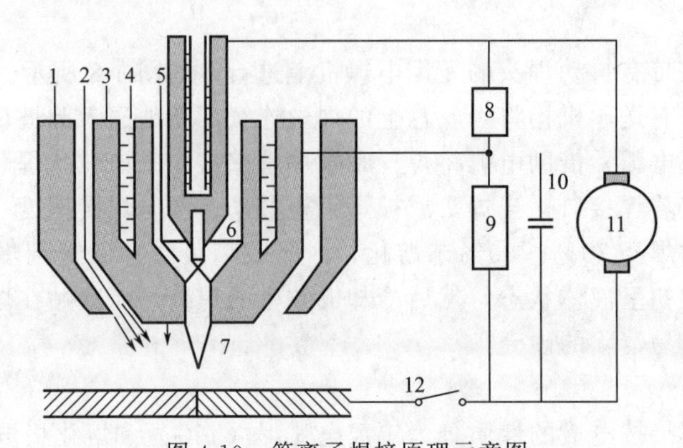

图 4-10 等离子焊接原理示意图

1—喷嘴；2—保护气体；3—衬套；4—冷却水；5—等离子气体；6—钨极；7—导向弧；8—高频引弧装置；9—电阻器；10—电容；11—直流电源；12—遥控开关

（4）电子束焊接

电子束焊接是由电子发射枪的电子群在高压下成为高速电子束轰击金属，使其熔化加压而进行焊接。这种方法主要应用于不锈钢和高合金钢焊管的生产。根据电子束焊接室的真空度，可分为真空电子束焊、等离子电子束焊、局部真空电子束焊和非真空电子束焊四种。

第五节 工艺参数对焊接质量的影响

电焊钢管的质量是指产品的规格尺寸要求、外观质量和焊缝几个方面。用户往往把焊缝质量作为焊管质量的重要标志，所以焊接质量是影响焊管质量的决定因素，如何提高焊管的焊接质量是一个非常重要的问题。影响焊接质量的因素有属于外因方面的——操作对焊接质量的影响；有属于内因方面的——钢质、钢种对焊接的影响。在生产中掌握工艺技术及操作是提高焊管质量的重要途径之一。操作对焊管质量的影响因素包括输入热量、焊接压力、焊接速度、开口角、感应器、阻抗器放置位置及管坯形状等。

一、输入热量的影响

因为焊接工艺的主要参数之一，即焊接电流（或焊接温度）难以测量，所以用输入热量来代替，而输入热量又可用振荡器输出功率来表示：

$$N=E_{\mathrm{P}}I_{\mathrm{P}} \tag{4-2}$$

式中 N——输出功率，kW；

E_{P}——电压，kV；

I_{P}——电流，A。

当振荡器、感应器和阻抗器确定后，振荡管槽路输出变压器、感应器的效率也就确定了，输入功率的变化同输入热量的变化大致是成比例的。

当输入热量不足时，被加热边缘达不到焊接温度，仍保持固态组织而焊不上，形成焊合裂缝；当输入热量大时，被加热边缘超过焊接温度易产生过热，甚至过烧，受力后产生开裂；当输入热量过大时，焊接温度过高，使焊缝击穿，造成熔化金属飞溅，形成孔洞。熔化焊接温度一般在1350～1400℃为宜。

二、焊接压力的影响

焊接压力是焊接工艺的主要参数之一，管坯两边缘加热到焊接温度后，在挤压力作用下形成共同的金属晶粒即相互结晶而产生焊接。焊接压力的大小影响着焊缝的强度和韧性。若所施加的焊接压力小，使金属焊接边缘不能充分压合，焊缝中残留的非金属夹杂物因压力小不易排出，焊缝强度降低，受力后易开裂；压力过大时，达到焊接温度的金属大部分被挤出，不但降低焊缝强度，而且产生内外毛刺过大或搭焊等缺陷。因此应根据不同的品种规格在实际中求得与之相适应的最佳焊接压力。根据实践经验单位焊接压力一般为20～40MPa。

由于管坯宽度及厚度可能存在的公差，以及焊接温度和焊接速度的波动，都有可能导致焊接压力的变化。焊接挤压量一般通过调整挤压辊之间的距离进行控制，也可以用挤压辊前后管筒周差来控制。

三、焊接速度的影响

焊接速度也是焊接工艺主要参数之一，它与加热制度、焊缝变形速度以及相互结晶速度有关。在高频焊接时，焊接质量随焊接速度的加快而提高。这是因为加热时间的缩短使边缘加热区宽度变窄，缩短了形成金属氧化物的时间，如果焊接速度降低，不仅加热区变宽，而且熔化区宽度随输入热量的变化而变化，内毛刺较大。在低速焊时，输入热量少使焊接困难，若不符合规定值易产生缺陷。

因此在高频焊接时，应在机组的机械设备和焊接装置所允许的最大速度下，根据不同规格品种选择合适的焊速。

四、开口角的影响

开口角是指挤压辊前管坯两边缘的夹角，开口角的大小与烧化过程的稳定性有关，对焊接质量的影响很大。

减小开口角时，边缘之间的距离也减小，从而使邻近效应加强，在其他条件相同的情况下便可增大边缘的加热温度，从而提高焊接速度。开口角如果过小，将使会合点到挤压辊中心线的距离加长，从而导致边缘并非在最高温度下受到挤压，这样便使焊接质量下降，功耗增加。

实际生产经验表明，可移动导向辊的纵向位置来调整开口角大小，通常在2°～6°变化。在导向辊不能纵向调整的情况下，可通过导向环厚度或压下封闭孔型来调整开口角的大小。

五、感应器及阻抗器位置的影响

1. 感应器的放置位置

感应器的放置位置（距挤压辊中心线的距离）对焊接质量影响很大，距挤压辊中心线较远时，有效加热时间长，热影响区宽，使焊缝强度降低，反之边缘加热不足，也使焊缝强度降低。感应器应与管同心放置，其前端与挤压辊中心线距离大约等于或小于管径（小管是1.5倍的管径）为最佳状态。感应器放置位置参数如表4-3所示，图4-11为感应器的放置位置示意图。

表 4-3 感应器放置位置参数

焊管内径		l	W
英寸/in	公称尺寸/mm	mm	mm
0.50	15	22	
0.75	20	30	2
1.00	25	40	
1.25	32	48	
1.50	40	50	2.5
2.00	50	55	
2.50	65	60	3.0
3.00	80	65	

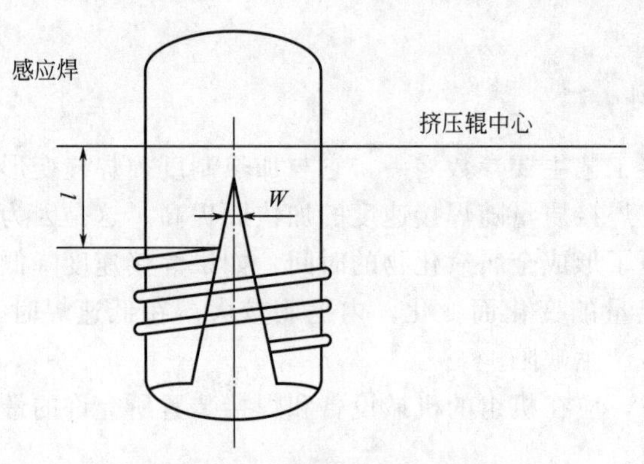

图 4-11 感应器放置位置示意图

l—感应器到挤压辊中心的距离；W—开口宽度

2. 阻抗器的放置位置

阻抗器（磁棒）的放置位置不但对焊接速度有很大的影响，而且对焊接质量也有影响。如图 4-12 所示。

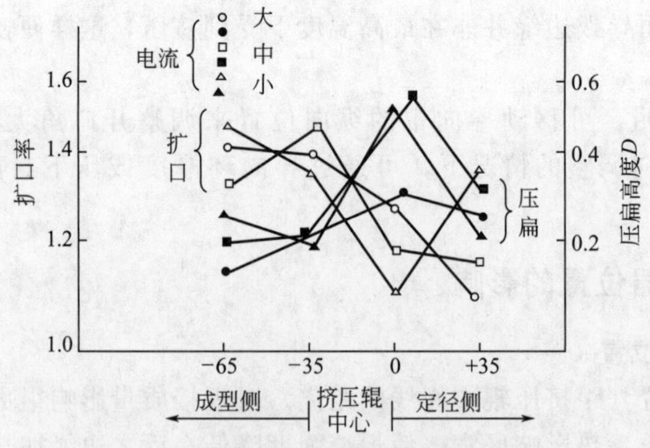

图 4-12 阻抗器的放置对焊接质量的影响

实践证明，阻抗器前端位置正好在挤压辊中心线处时，扩口强度和压扁强度最好。当超过挤压辊中心线伸向定径机一侧时，扩口强度和压偏强度明显下降。不到中心线而在成型机一侧时，也使焊接强度降低。最佳位置即阻抗器放在感应器下面的管坯内，其头部与挤压辊中心线重合或向成型方向调节 20～40mm，能增加管内背阻抗，减少循环电流损失，提高焊接电压。在用单匝感应器时，在感应器左右两边各挂一个小阻抗器，这样既增加了焊缝磁场，还使管坯边缘邻近效应加强，焊速可提高 4～5m/min。

六、管坯的几何尺寸及形状要求

1. 焊管坯的几何尺寸

焊管坯的宽度和厚度偏差大，会改变边缘的加热温度和挤压量，合格的产品必须要求焊管坯的宽度和厚度在公差范围之内。

2. 管坯形状及相接形式

如果焊管坯边缘存在镰刀弯及波皱等现象，通过成型机时就会偏离孔型中心，造成带钢两边弯曲。轧辊调整不良也会造成带钢跑偏或管坯扭曲等缺陷，造成影响焊管焊接质量或根本无法焊接的后果。

焊管坯两端焊接时要求两端全部厚度相接，管坯两边缘不但要平直而且要平行。纵剪带钢时圆盘剪刃间隙过大或刀刃磨损严重造成带钢边缘毛刺过大，也易产生焊接后裂纹。

焊管坯上有缩孔、干裂、夹层、非金属夹杂物和偏析、气泡等内部缺陷，将对焊管的质量和使用带来严重后果。如果发现焊管坯有划伤、节疤压痕、表面裂纹、破边等外部缺陷，应及时处理，以免影响产品质量及成材率。

在生产中要保持焊管表面光洁度，轧辊表面粗糙度 Ra 必须达到 0.32mm，并检查成对辊是否受到均匀磨损，否则产品的规格和表面质量均会受到影响。

焊管坯质量、操作水平等对焊管的焊接质量影响较大。关于产品的规格尺寸（直径壁厚公差）和形状，根据不同品种都分别制定了规范标准，制造企业必须遵循国家标准组织生产。

第六节 影响开口角的因素及调整原则

一、开口角的内涵

开口角是指管坯两边缘在挤压辊挤压力和与导向环厚度相关的弹复力作用下，以挤压辊连心线的中点为极点、以待焊管坯两边缘为射线的一段有效长度所形成的角，如图 4-13 所示。

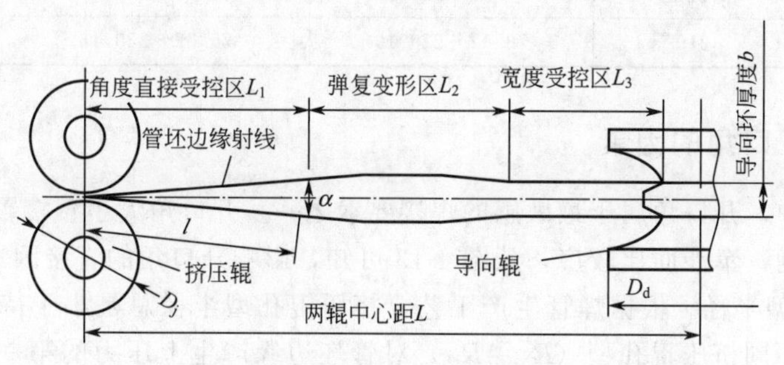

图 4-13 开口角 α 形成图

开口角具有三点内涵：

① 开口角的形成过程比较复杂。开口角与挤压辊、管坯边缘、导向环厚度、挤压辊和导向辊间的距离及管坯材质等密切相关，其中任何一个方面发生变化，都会影响开口角。

② 开口角是一个动态变化的量。若单纯以导向环厚度为参数，随着导向环厚度磨损，开口角逐渐变小，当更换新导向环后，开口角又陡然增大，因此开口角的变化具有暂变与突变的特点。

③ 开口角的有效控制长度。从开口角的定义和图 4-13 可以看出，开口角形成区间只在由管坯边缘射线所决定的范围内，即以开口角直接受控长度为计算开口角的有效长度 L_1，而不应该以两辊中心距 L 为计算依据，或者说，只有当 $L_2 \to 0$ 时，才会有 $L_1 = L_3$。只有这个时候，开口角和管坯边缘才受导向辊（导向环厚度）直接控制，L_1 与导向环厚度 b、开口角 α 的函数关系见式(4-3)：

$$L_1 = \frac{b}{2\tan\frac{\alpha}{2}} \quad (2° \leqslant \alpha \leqslant 6°) \tag{4-3}$$

如果 $b=6$mm，则 57.24mm$\leqslant L_1 \leqslant$171.87mm，它表示开口角的直接受控区间只在 57.24～171.87mm 之间变化。由此通过式(4-4)：

$$l = \sqrt{\left(\frac{b}{2}\right)^2 + L_1^2} \tag{4-4}$$

可得受控管坯边缘射线的最大长度 L 为 171.90mm，且 $L \approx L_1$ 的最大值。但是，这一数值通常都小于式(4-5) 所确定的挤压辊与导向辊两辊中心距以及感应线圈、工装等工艺要求的距离。

$$L = \frac{D_j}{2} + D_d + L_g \tag{4-5}$$

式(4-5) 中，L_g 为感应线圈的宽度，其余参见图 4-13，比较而言，式(4-5) 更为实用，取值参见表 4-4。

表 4-4　开口角 $2° \leqslant \alpha \leqslant 6°$ 的 l、L_1 和常规机组的 L 值

导向环厚度 b	对应机组	$l_{min} \leqslant l \leqslant l_{max}$	$L_{min} \leqslant L_1 \leqslant L_{max}$	L
3	25	28.66～85.95	28.66～85.94	250
4	32	38.21～114.60	38.16～114.58	280
5	50	47.77～143.25	47.70～143.23	350
6	76	57.32～171.84	57.24～171.81	380
7	114	66.87～200.55	66.78～200.52	420
8	219	76.42～229.19	76.32～229.16	530

二、影响焊接开口角的因素

在焊管生产中，开口角属于最敏感的焊接要素之一。开口角大小直接影响焊接热量、焊接速度和焊缝强度，牵涉面比较广，从图 4-13 可知，影响开口角的直接因素至少有七个。

① 挤压辊孔型半径。根据焊管生产工艺，挤压辊孔型半径总是小于待焊开口圆管筒的半径 R，这样，不同挤压辊孔型（$R_1 \neq R_2$）对管坯边缘产生上压力的第一施力点不同，如图 4-14 所示，从而影响管坯边缘汇合点的位置与开口角。在图 4-14 中，挤压辊孔型半径越

小，孔型施力点 B 就越提前对管坯施力，单边提前量 S 由 R、R_1 和 R_2 来决定：

$$S=\sqrt{R^2-R_2^2}-\sqrt{R^2-R_1^2} \tag{4-6}$$

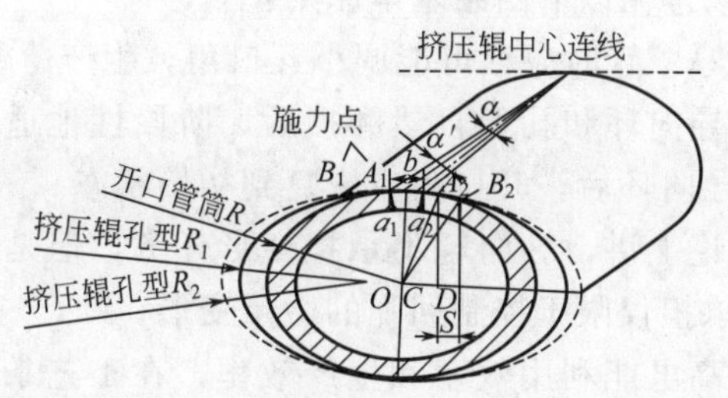

图 4-14 孔型半径对管坯施力点及开口角的影响

同时，由于挤压辊孔型 R_2 的施力点提前了 Scm，使得开口角从 α 变减小为 α'，那么根据公式：

$$L_1=\frac{b}{2\tan\dfrac{\alpha}{2}} \quad (2°\leqslant\alpha\leqslant 6°) \tag{4-7}$$

受 R_2 影响的开口角 α' 为：

$$\alpha'=2\arctan\frac{\dfrac{b}{2}-S}{L_1} \tag{4-8}$$

当开口角变小后，必然导致加热管坯边缘的实际顶点提前，易产生过烧、焊缝穿孔等缺陷。同一种焊管，开口角会随着挤压辊孔型半径变小而骤减，导致管坯边缘实际会合点前移，即远离挤压辊中心连线，并对一系列焊接工艺参数如挤压力、输入热量、阻抗器位置、焊接速度等产生重要影响。

例如：在 50 机组上生产 ϕ50mm 管，令 $R=26.11$mm，$R_1=25.5$mm，$R_2=25.3$mm，$\alpha=2°\sim6°$，$b=6$mm，计算得 $S=0.84$mm。开口角因之减小为 $\alpha'=1.73°\sim5.19°$，减小了 13.5%。

② 挤压辊外径。同种规格焊管、不同挤压辊外径，孔型对管坯的第一施力点不同。在图 4-14 中，外径大的挤压辊比外径小的挤压辊提前 A_1-A_2（边缘）和 a_1-a_2（底径）触碰到管坯，进而影响开口角和实际会合点的位置。

③ 导向环厚度 b。导向环厚度与开口角的正切成正比，环越厚，开口角越大；反之，环越薄，开口角越小。

④ 管坯回弹。根据图 4-14，管坯强度高、硬度高，在弹复变形区内管坯边缘回弹大，管坯开口会超过辊环厚度，事实上的开口角比理论开口角大。

⑤ 管坯进入挤压辊的高度。由于开口管筒尺寸大于挤压辊孔型尺寸，当按水平轧制底线校调导向辊和挤压辊时，管坯边缘高于挤压辊孔型上边缘，这导致挤压辊孔型上压力点提前压到管坯边缘，并因此减小开口角，高得越多，减小越明显。

⑥ 管坯壁厚。厚壁管加上变形盲区，极易形成大小相等但顶点（会合点）位置不同的内外开口角，根据高频电流的临界效应原理，管筒内开口角附近的温度必然高于外开口角处的温度，使焊管无法正常焊接。

⑦ 辊缝。导向辊和挤压辊辊缝都不同程度地影响开口角。

三、开口角的调整原则

在调整开口角时，应该遵循以下四条基本原则：

① 壁厚原则。指生产厚壁管时应尽可能调小开口角，生产薄壁管时应适当增大开口角。

② 自然原则。就是随导向环和孔型自然磨损后，阶段性地适量压下导向辊，这样开口角便随之减小，待更换新导向环后，开口角应恢复到初始状态。

③ 微量变形原则。理论上讲，导向辊不承担变形任务，但是，从稳定开口角的实际需要出发，有必要让导向辊承担仅限于控制回弹的微量变形。

④ 效率原则。为了提高电能利用效率和生产效率，在工艺条件允许的情况下，必须尽可能将开口角调得比较小。

第五章

高频焊管生产工艺

在中小直径高频焊管生产中，从原料到成品需要经过一系列工序，完成一个完整的工艺过程。完成全部工艺过程需要相应的各种机械设备和焊接、电气、检测等各种装置。这些设备和装置按照不同的工艺流程合理布置，才能够保证焊管的质量。目前，国内外高频直缝焊管生产的工艺流程是多种多样的，图 4-1 综合介绍了在连续式焊管机组上生产的几种典型产品的工艺流程，在图 4-2 较为具体地介绍了螺旋焊管机组工艺流程图。

焊管制造工艺流程主要取决于产品的品种，除了产品品种之外，工艺流程的选择与原料和生产方式也有重要关系。长度在 20m 左右的窄带钢卷一般都采用拼卷工艺，将几个小卷拼焊成大卷，再用大卷供应成型机组。长度在 150m 左右的长带钢卷一般都采用带对焊机和活套装置的连续式生产工艺。

连续式生产目前有带张力减径机和不带张力减径机两种。采用张力减径机可以大大提高焊管机组的生产能力，扩大机组产品品种，减少原料规格，能用同一宽度的带钢生产不同直径的成品管，从而减少了成型机组的调整和换辊时间，提高了作业率。此外，采用张力减径机还可以改善焊管质量，如：张力减径前钢管的加热可以改变焊缝的金相组织，消除内应力，从而提高成品管的焊缝质量和力学性能；通过张力减径机中的张力控制还可以改善壁厚不均情况，提高成品管的尺寸精度。采用张力减径工艺还有利于焊缝内毛刺的清除。张力减径机在高频直缝焊管机组中的布置形式有在线和不在线两种。

第一节　焊管原料的准备

采用宽带钢卷生产小直径焊管时，带钢卷在进入焊管机组的原料仓库之前，需经纵剪机组切成所要求的宽度。带钢卷纵剪机组可以装在专业带钢厂，也可装在焊管厂或焊管车间，当装在焊管车间时，纵剪机组可布置在原料仓库或生产线的前面。焊管厂的纵剪机组布置在共用原料仓库，为所有焊管车间准备原料。纵剪时，必须保证带钢边缘有平直的几何形状，不得有板边死弯和过大的纵剪毛刺。关于带钢纵剪的技术工艺内容已经在本书第三章中做了详细介绍，在此不再赘述。

一、带钢开卷

采用小型带钢轧机生产的冷、热短带钢卷作原料时，可用简易设备并由人工辅助开头、喂料。但这种方法有许多缺点，一般不再采用。短带钢卷一般都要采用拼卷工艺，将小卷拼成直径达 2m 的大卷。拼卷采用人工对焊。为满足焊管机组生产率的要求，拼卷作业线通常设有两条，可以交替使用。当前后两大卷进行对焊时，成型机组停车。采用热轧或冷轧大带钢卷或经纵剪机组切成的长带钢卷作原料时，一般均采用连续式生产。此时，带材的准备包括割卷、开卷、带钢矫直、压紧带钢切头、自动对焊、去毛刺。运送到活套仓进行储存，如有必要还应增加剪边和刨边以及去油等工序。

备卷装置用于储备一定数量的带钢卷，并把钢卷送至开卷机的锥头或卷筒上，以减少开卷的辅助工作时间，从而减少活套的储存量。此外，某些备卷装置还能完成其他辅助工序，如从邻跨运来钢卷，并将其翻转等。开卷是将钢卷的端头打开，扳直并将其送入随后的设备之中。

二、带钢的对焊连接

开卷后的带钢都需进行矫直以消除卷取曲率和头尾翘曲。有时可根据工艺要求只矫直带钢头尾。为了进行两卷带钢之间的对焊以及去除带钢头尾的夹层缺陷，带钢需要压紧切头。有时通过无损检测发现带钢中部存在缺陷，也应在对焊前予以切除。经过切头切尾的带钢在对焊机上进行对焊，以保证成型机组的连续生产。对焊时，成型机组由活套装置供料。带钢在活套装置中的储存量取决于管子的焊接速度和带钢从开卷到向活套送料等所需的作业时间，图 5-1 为双头带钢开料机，图 5-2 为带钢卧式活套储存。

图 5-1　双头带钢开料机

图 5-2　带钢卧式活套储存

一般水煤气管、电缆管、结构管等，如有必要，可采用刨边机对带钢进行刨边或刮边，然后再送入成型机。对于技术要求严格的产品，如汽车传动轴管、锅炉管、石油钻采管等，必须严格控制带钢宽度及其板边质量，因此，必须在带钢进入成型机前再次用圆盘剪切边。

为了保证厚壁管成型合缝良好，一般都需用铣或刨的方法对板边进行机械加工，涂有防锈油的冷轧带钢，为防止在成型辊中打滑，在成型前应进行脱脂。比较简单的脱脂（去油）法是使带钢连续地通过装有煤油的去油槽，槽中装有一对刷洗带钢表面的刷子，刷洗后带钢再通过随后的挤干装置（辊或绒布）去掉带钢表面的油脂。

在带钢准备机组中，从开卷到活套前的机械设备联动时，即向活套装置送料时，各设备必须速度同步。活套后的传动设备，如拉料辊、圆盘剪等，其速度应与成型机同步。

为了减少带钢在活套中的储存量，应当尽量缩短活套前各工序的作业时间，因此，应尽力提高上述各工序的速度。送料辊的最高速度一般为最高焊接速度的 2～2.5 倍，最低速度应满足生产操作的要求。

三、做好开卷前的准备工作

① 岗位人员必须持证上岗，按要求穿戴劳保用品。开卷前，必须检查设备运转是否正常，确定没有问题时再使用设备。

② 检查钢卷的捆扎情况和钢丝绳质量，不合格时不得上卷。起吊时严格按照规范指挥作业，严防设备和人身事故。

③ 检查钢卷外观及纵剪质量，不符合要求时严禁上料。

四、开卷操作步骤

① 将钢卷存放在备卷台上，通过调整上卷小车高度将钢卷运送至开卷机，放置钢卷于压辊正下方，降低小车高度，胀开开卷机。

② 压下压辊，防止散卷，剪断打包带，小车下辊反转，铲头下降将带头送入夹送辊（下开卷和上开卷相反），通过夹送辊将带头送入七辊矫平机，进行带头矫平，矫平带头后抬起矫平机通过夹送辊将钢带送入剪切对焊机。

③ 根据带调整前后对中装置位置，调整对焊小车终始位置的接近开关，按照工艺要求调整好焊机电流、电压及小车的速度，确定操作状态（自动、半自动），启动电源，启动油泵，加压，行车后退。

④ 启动带尾对中后夹送辊夹紧，剪切落下，行车自动前移，垫片抬起，小车后退，带头到位，启动右电机夹紧带头，进行对中，剪切落下，行车前进前后夹好引弧板，根据工艺要求调整。启动焊机，焊车前进，进行对焊，焊机停止后，去掉引弧板，抬起左右压板，松开对中电机，抬起夹送辊，焊车后退，卸荷、停泵。

⑤ 测量焊缝余高，超标时及时进行修磨处理，测量板头板尾宽度，填写岗位生产记录。

⑥ 启动活套送料辊，夹紧钢带向活套充料，充满料后，将按钮打到联动状态。

五、开卷注意事项

① 工作中随时注意机组运行情况，操作台上的按钮要有明显标志或代号，做到准确操作，严防误操作，发现异常情况立即停机并通知班长。

② 钢卷摆放储料座上时，必须放稳。上卷车托起钢卷时必须准确到位，拆卷时，后平台上严禁站人，不得将捆扎带卷入机器中。

③ 开卷机必须对准钢卷孔才能夹紧。在确认夹紧、夹正后才能开卷，在生产中严禁松卷。认真检查钢板拆卷后的外观质量，经常检查电机运行是否正常，检查液压站和密封是否正常。剪切前，检查剪刃的刃口，刃口良好时才能操作。

④ 剪切时剪刃周围不得站人，整理板头时，必须戴好手套。在对头操作过程中，注意不要踏空跌落。在进行裁下带钢边丝的加工时，收尾时防止钢丝弹出伤人。

⑤ 每天检查液压站油标情况及各滑动面润滑情况，做好维护保养工作，并严格按照工艺规定调节焊接参数，确保对头质量，认真填写岗位记录。

第二节 焊管成型前钢带的矫直

在带钢进入成型之前的精整工序中，辊式矫直机是一个极其重要的设备。其性能不仅决定成品的板形质量，而且直接反映在成品的表面质量上。

一、工作原理及调整方法

目前在弯曲矫正设备中，比较典型和完善的矫直辊布置方式为六重辊系，见图 5-3。其中，直接作用于带钢的是上下工作辊（直径很小，能使带钢产生较大的曲率），为了增加工作辊的刚度并控制其辊形，还配备了与工作辊辊面长度相等或相近并与之直接接触的中间辊，刚度很大且带有调整机构的断续支承辊。工作辊是整个辊系的执行部分，其表面质量和辊形决定了成品的合格与否。中间辊的作用在于提高辊系的刚度，而断续支承辊的作用则在于控制工作辊的辊形，不但可以防止工作辊变形，也可以强制工作辊变形，以适应不同来料。即当来料存在边部波浪或中间波浪时，通过调整机构，使工作辊预先产生变形，令带钢沿宽度方向出现不同的变形曲率，从而矫平带钢。

图 5-3 典型和完善的矫直辊布置图

在弯曲矫直机中，矫直辊都是平行布置的，弄清平行辊矫直带材的基本原理，对于提高维护检修水平，合理地使用和调整设备，充分发挥设备能力具有重要意义。带钢的矫直过程就是使其承受某种方式和一定大小的外力作用，产生弹塑性变形。当上述外力去除后，在内力作用下又产生弹性恢复变形，直到内力达到新的平衡，得到要求的形状。矫正过程，就是塑性变形过程，平行辊式矫直机采用的是弯曲矫正的方式，如果带钢具有单方向的单一原始曲率，则采用三点弯曲矫正方法就可以得到理想的矫直效果。但实际情况要复杂得多，带材在轧制和冷却过程中，往往产生板形缺陷，其原始曲率无论横向还是纵向都是变化的，不但多值，而且方向也不同。因此，辊式矫直机的矫正过程应是在消除原始曲率不均匀性的同时将带材矫正，这就决定了带钢需经过多辊反复弯曲才能逐渐矫直。

多弯曲矫直利用的仍然是三点矫直原理，即把上下工作辊交错排列，形成多个三点矫直单元，而且矫直曲率方向是连续变化的。这样，如果矫直辊的位置调节合适，当具有不同曲率的带材经过第一单元时，曲率方向将变为相同，而经过后面的矫直单元时，曲率会逐渐一致并变小，最终趋于平直。

通过分析不难看出，辊式矫直机影响带材板形的关键环节，在于矫直过程中能否使带材形成合适的曲率。对于一台设计制造合格的矫直机来说，矫正带材的先决条件是矫直辊的调整精度。

图 5-4 所示是比较典型的支承辊调整机构，从中可以看清矫直辊的布置情况和滑座的布置方式。支承辊安装在升降滑座上通过调整对中螺栓，使断续支承辊准确定位；通过横移滑座的水平运动，实现支承辊的垂直运动，从而改变支承辊对带钢对中间辐的作用力。可调下横移滑座均配备独立的电机驱动蜗杆丝杠机构，需要改变工作辊挠度时，通

过操纵电机，使下横移滑座分别移动不同的距离，升降滑座在对中螺栓的控制下只能上升或下降，从而改变工作辊的弯曲形状。滑座的斜角为β，则工作辊变形H和横移滑座的水平移动量L的关系为（忽略支承轴及其附件的变形）$H=L\tan\beta$。可调横移滑座和位置传感器相连，滑座移动后，电气系统会将位置传感器测得的位移量按上式换算后以工作辊的变形量显示在控制屏上。

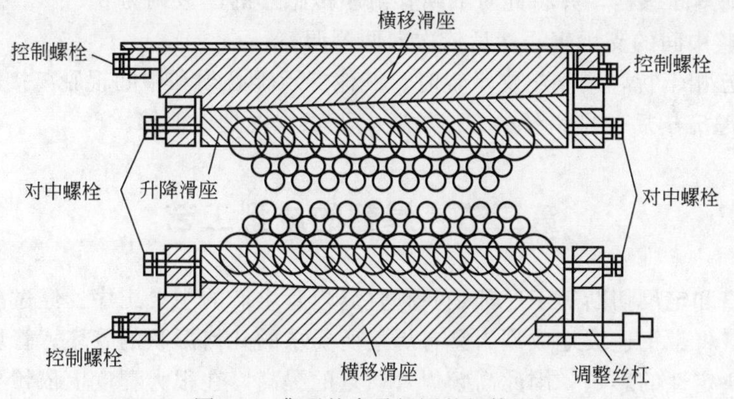

图 5-4 典型的支承辊调整机构图

安装调整的理想结果，是工作辊的轴线基本处于同一水平面（误差在许用公差内），工作辊、中间辊、支承辊相互间接触应力很小而且均匀，这一状态即为矫直机工作的“零点”，横移滑座所处的位置即为初始位置。

二、六重矫直机调整经常出现的问题

① 上下工作辊轴线不平行，这将使被矫带材的板形变得更坏。

② 上下工作辊之间发生偏移（见图 5-5），当上辊压下时A和B不相等。这将出现带材翘头或下弯等问题。

③ 未调出“零点”，即当滑楔处于原始位置时，工作辊不在同一水平面内。此时矫直机处于不可控状态，板形好的带材通过矫直机后可能变坏，相同的曲率也可能变为不同。

④ 在“零点”时辊间作用力不均匀，局部接触应力加大，这将导致辊面损坏，直接影响带材表面质量。

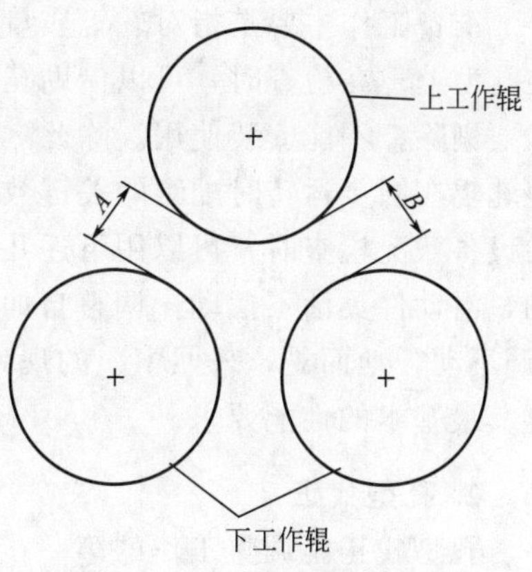

图 5-5 工作辊之间偏移量

三、解决上述问题的通用方法

① 首先检查工作辊、中间辊轴承座是否合格，特别要保证轴承座孔中心线处于同一平面内。

② 检查工作辊、中间辊装入牌坊后是否在同一平面内。

③ 上辊系的调整：在矫直机的入口两侧和出口两侧分别检查上工作辊与下工作辊的间隙；各点间隙一致后，把入口侧和出口侧两端的压下机构分别连在一起，保证在线调整时，入口辊在长度方向的压下量一致，出口辊在长度方向的压下量也一致，但出口辊和入口辊的压下量可以不一样。

④ 下辊的调整

a. 调节对中螺栓，注意螺栓与升降滑座之间要留有间隙，否则在线调节辊形时，滑座升降受到限制；

b. 在入口侧和出口侧测量支承辊与中间辊之间的间隙，如果不一致则调节对中螺栓，使其达到一致；

c. 转动蜗杆丝杠机构，移动下横移滑座，使支承辊与中间辊接触，检查上下辊是否平行，如合格，则紧固螺栓，并将此时下横移滑座传感器的读数调为 0；

d. 首先调整中间的支承辊，然后依次向两侧调整；

e. 为防止互相干扰，调整组支承辊时，其他支承辊必须和中间辊脱离接触。

⑤ 全部调整完毕后，用铅丝的方法检查上下工作辊是否偏移。

第三节 焊管的成型工艺

定径、矫直和定尺切断等工序都是高频直缝焊管生产的主要工序。经过准备的带钢进入连续式成型机，将带钢连续地成型为具有焊接所要求的几何形状的管坯，管坯的成型质量对焊缝质量有着决定性的影响。因此高频焊管质量的提高，在很大程度上依赖于成型机的不断改进。此外，成型工序对整个焊管机组的产量和寿命也有决定性的影响。

一、对成型机组的调整

我们在这里所说的调整是指孔型安装时的调试工作，只要管坯能够在机组里正常平稳的运行，生产出合格的产品来，就可以说完成了调整任务。就焊管机组而言调整应分为以下几个步骤。

1. 准备工作

准备工作主要是指对轧辊质量的检查和设备状况的检查。对轧辊质量检查应该把重点放在孔型上。在检查时，可以借助孔型样板来查看各道轧辊的孔型是否符合设计要求，不符合的要剔除，不能安装使用。除此之外，还要特别注意轧辊的底径尺寸要求，因为这是保证各道轧辊在同步运转时配辊的关键数据。成双配对的轧辊，要保证尺寸大小相等，形状一样。在设备状况检查时，可以用下述几句话概括总结，即：平轴要平，立轴要直，轧辊定位不窜动，滑动件灵活不摆动，调整自如不别劲，该固定的必须牢固，该活动的必须灵活，不能有“调不动，动而晃，来回窜”的现象。凡是达不到上述要求的，一定要进行设备检修，以恢复其最基本的性能要求。

2. 孔型找正

孔型找正是调整工作的第一步，找正时可选用 $\phi 0.5\mathrm{mm}$ 的钢丝线一根，以成型机的喂入辊到定径机的矫直辊为基本长度，确定好轧制线的中心位置后，将钢丝线拉紧固定，钢丝线的高度要略高于平辊底径部位 2mm 以上，如图 5-6 所示，这样可以防止钢丝线与孔型弧面接触而影响孔型的找正效果。这条钢丝线就是孔型找正时的中心基准线。

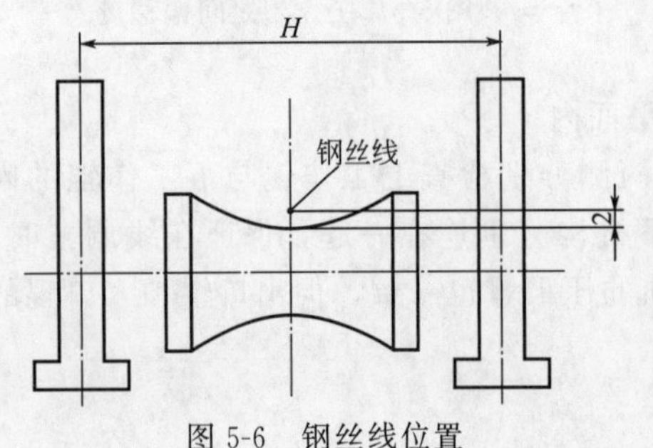

图 5-6 钢丝线位置

（1）平辊找正

平辊的找正方法有两种：一种是根据各道孔型轧

辊的厚度不同，配置不同厚度的定垫套（图 5-7），但是这种找正方法，在零部件加工精度达不到要求时，组装后很容易产生累积误差，直接影响孔型找正的效果；二是用锁母配合调整轧辊在轴上的位置（图 5-8），使每道轧辊的孔型中心都能够与中心线重合。孔型中心的定位用专用样板（图 5-9）检查。检查时将样板放入被找正的孔型内，然后缓慢抬起上端，当钢丝线能够顺利地落入样板的中心槽内时，便说明孔型的中心位置正确，否则就需要做轴向移动调整。这是一种比较简单的找正方法。

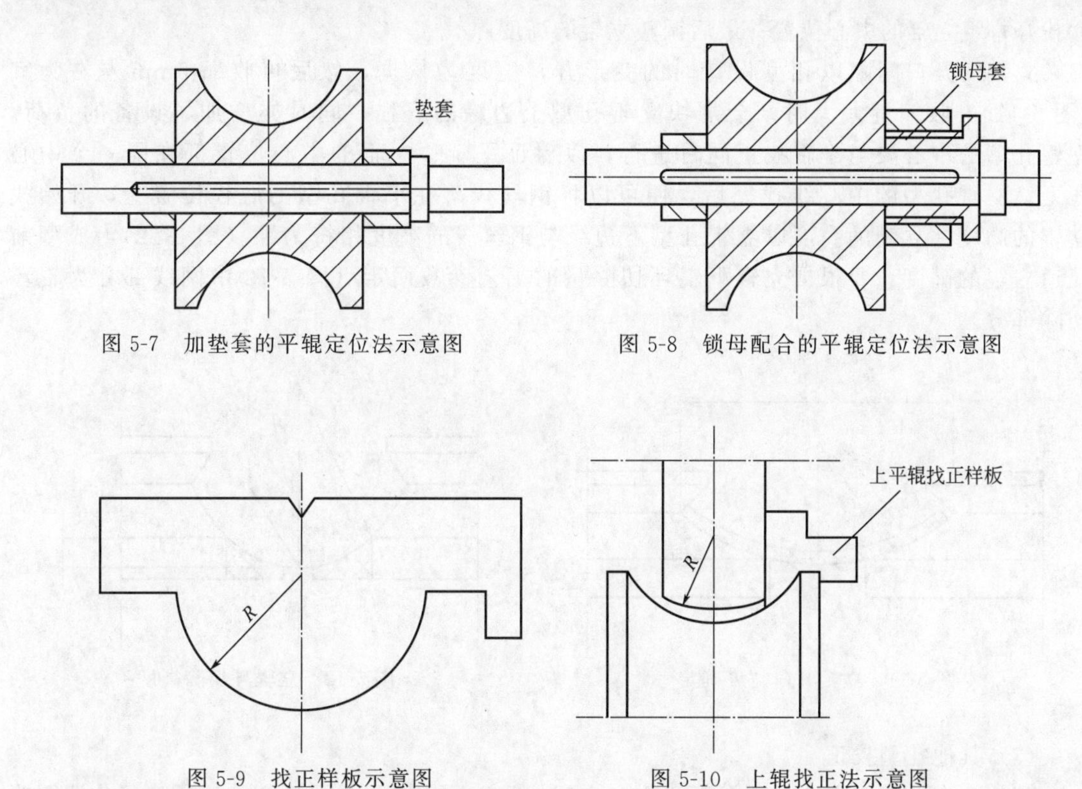

图 5-7 加垫套的平辊定位法示意图

图 5-8 锁母配合的平辊定位法示意图

图 5-9 找正样板示意图

图 5-10 上辊找正法示意图

上平辊的找正以下平辊为基准。先计算出上下平辊的轴间距，然后将上平辊调至水平位置。轴间距计算方法按下式进行。

开口孔型轴间距计算：

$$H=\frac{D_{下}+D_{上}}{2}+t-\alpha \tag{5-1}$$

封闭孔型轴间距计算：

$$H=D_{下}+2R-\alpha \tag{5-2}$$

式中 $D_{下}$——下辊底径，mm；

$D_{上}$——上辊外径，mm；

t——管坯厚度，mm；

R——定径孔型半径，mm；

α——压下系数（0.1～0.5）。

式中压下系数 α 的压下量，主要根据管坯的厚度、管子的外径减径量和规格以及轴径和轴的弹性变形等实际情况来选择。但是在成型机上不能出现冷轧现象。压下量选得是否合理，可以通过铅丝的压下痕迹来测量检查。取样时，先将机组启动，开至最慢速度，然后将直径略大于管坯厚度的铅丝，弯成与孔型相似，慢慢送入轧机内，便可获得铅丝的压痕。

上辊调平后，开口孔型的上辊轴向中心位置也可以用样板式塞规来找中，以检查下辊孔型与上辊孔型的两个侧面间隙是否相同（图 5-10）。如果一样，便可以将上辊轴向位置锁定。封孔型可用触摸法，检查上下两个孔型是否吻合。

（2）立辊找正

立辊找正可分为三步进行：首先确定各组立辊的开口间隙，也就是两立辊的轴间距；然后找好每组立辊的中心位置；最后调整立辊的高度。

立辊的开口间隙以孔型设计时的变形开口宽度为依据，然后再收缩 5mm 左右为宜（图 5-11），收缩量太大时，会加快立辊孔型上边缘的磨损，同时亦增加了设备的负荷。立辊孔型的中心要与平辊找正同时进行，以保证平辊、立辊的中心位置都在同一个中心线上。立辊孔型的中心线找完后，便可以将钢丝线落在平辊孔型的底径位置上，开始找立辊的高度。立辊的高度以立辊孔型下边缘与钢丝线的高度相符为准（图 5-12），成型前几道立辊的高度，要根据立辊下辊环切除量的工艺参数而定（图 5-12 中网线部分为辊环切除部分）。

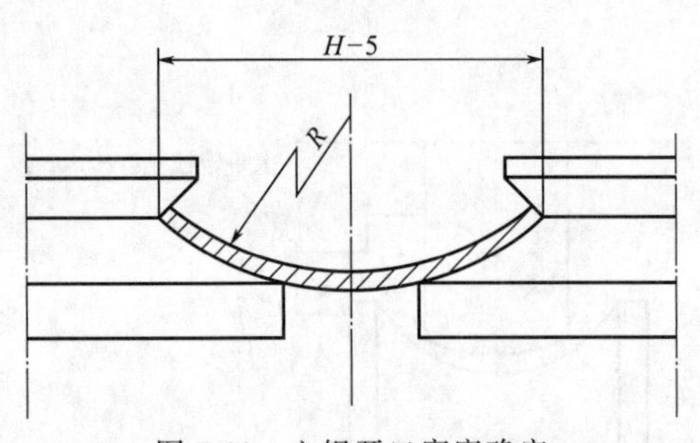

图 5-11　立辊开口宽度确定

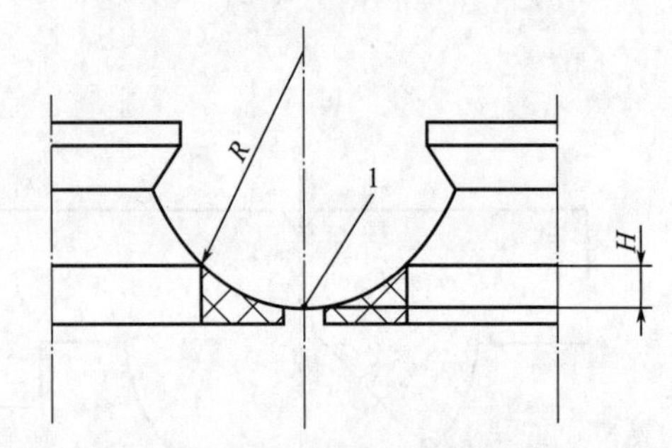

图 5-12　立辊环切除高度

（3）其他孔型找正

其他孔型的找正方法，可参照平辊和立辊的找正原理，只是导向辊的下辊底径位置要略高于基准线 0.5～2.0mm（根据所生产的管径大小和壁厚状况而定）。毛刺托辊要高于基线 0.5mm，使刨削外毛刺时受力更稳定，防止出现刨削跳动。

二、焊管的挤压成型

保证良好的成型质量，不仅需要有合理的成型辊孔型设计，而且需要有适当数量的成型机架，各成型机架间保持合适的间距，以及良好的辊型调节等。此外其他工作条件，如空转立辊及导向装置、成型机架刚度、传动与润滑等，都对成型过程产生影响。这里最重要的是要使成型条件能够保证带钢的纵横断面变形均匀，带钢边缘不产生过大的拉应力。

带钢在进入成型机成型辊之前，应先通过一对刻有矩形槽的立辊，以便使带钢正确地沿着轧制线进入成型机，矩形槽也可以去除带钢两边在纵剪时遗留下来的小毛刺。在挤压成型过程中，带钢的变形取决于成型辊的孔型设计。目前，普遍采用的孔型设计方法基本上有四种：圆周弯曲法、边缘弯曲法、中心弯曲法和组合半径弯曲法。但是，带钢在成型区的变形方案的选择，实际上有无穷多个。图 5-13 是一种比较典型的带钢变形方案，图 5-14 为焊管挤压成型机。为了有利于成型，各个成型机架之间应保持一定的张力。该张力一般是通过各水平机架下成型辊底径的递增量予以保证。

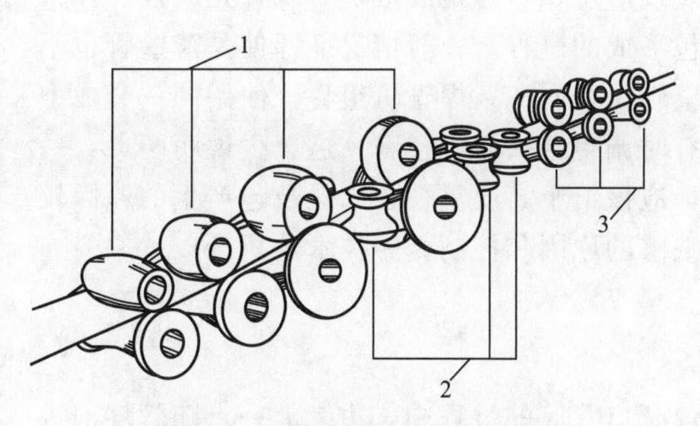

图 5-13　带钢成型过程示意图

1—粗成型水平辊；2—立辊；3—精成型水平辊

图 5-14　焊管挤压成型机

第四节　薄壁管成型工艺

一、成型操作调整工艺

薄壁管成型难点与厚壁管成型难点形成鲜明区别的是，薄壁管成型的难点在于管坯成型过程中边缘产生过多的纵向延伸，易在成型时出现鼓包问题。

薄壁焊管（薄壁管）在理论上是指壁径比小于 2%的一类焊管。在生产实践中，也将壁厚小于 0.6mm 的焊管叫作绝对薄壁焊管。薄壁焊管成型的难点在于管坯刚性低，边部易失稳，导致成型失败。

薄壁管成型及孔型调整，受现有孔型、机组和材料等制约，使得调整方法与调整手段限制很多。

① 储料过程调整。必须确保送料辊上下辊要平行，防止管坯边部被递送辊单边压延成两边不等长；储料笼内的料要适中，防止管坯边部被拉伸变形，形成不良板型。

② 矫平辊调整。薄壁管坯极易形成横向褶皱，且较难通过矫平辊彻底消除。这种褶皱管坯进入成型机后，就相当于边缘存在或明或暗的小鼓包，到成型后期，这些小鼓包，隐性鼓包就容易发展成为显性大鼓包。因此应适当加大矫平辊压下量，确保进入成型机的薄管坯基本无褶皱。

③ 强化成型辊对轧制底线和轧制中线位置的控制，避免出现上下和左右的偏离。

④ 纵向张力控制。薄壁成型管坯的纵向张力控制体现在两个方面：一是由轧辊底径递增量形成的纵向张力，要确保的第 $i+1$ 道的张力略大于第 i 道；二是整机调整要实现“定径拉着成型跑”，确保薄壁管坯在成型段有足够的纵向张力。

⑤ 加大闭口孔型上辊压下量。至少起三个作用：增大成型管坯纵向张应力；增强管坯边部圆度，从而增强管坯边部刚性，抑制鼓包形成；加大孔型对管坯边缘的径向控制力，预防鼓包。同时，可适当降低闭口孔型立辊，以提高立辊孔型上部对管坯边缘的控制能力。

⑥ 选择恰当的成型底线。比较适合薄壁管成型的轧制底线有上山成型底线、下山-上凸圆弧复合成型底线以及双半径成型底线。

二、成型失稳形态的控制

如前面所述，薄壁管成型失稳主要有两种表现形态，一种是波浪，另一种是鼓包。在某种意义上讲，薄壁管成型的过程，就是抑制鼓包形成的过程。一般情况下即使是薄壁管也不一定会出现鼓包。以调整操作为例，同样的薄壁管，在同一条焊管机组上，使用同一套成型轧辊和相同的管坯原材料，不同的操作人员，有时调整结果大相径庭。这至少说明两点：一是焊管调试操作在抑制鼓包方面具有一定作用，应该给予高度重视；二是鼓包产生的原因较多，但是形成机理并不复杂。下面对出现鼓包缺陷的原因和控制做一技术分析。

1. 鼓包形成的原因

（1）边缘塑性延伸过多

根据焊管成型理论，平直管坯在成型为待焊开口管筒的过程中，边缘上一点随管坯前进而逐渐升高，同时向轧制中心面靠拢。该点的运动轨迹在理论上存在一个最小值 $L_{\min}$，$L_{\min}$ 在成型的某一区域内只能比管坯底部暂时长 ΔL，ΔL 随着成型的结束而回复到与管坯底部相匹配的长度（传统说法是零）。可是，由轧辊孔型构成的成型底线和轧制中线事实上不可能是绝对直线，其还受管坯回弹、轧辊孔型、操作调整等因素的影响。事实上，焊管成型过程中管坯边缘的塑性延伸不可避免，属于客观存在，从第一道的变形及其边缘伸长率便可得到充分证明。

（2）成型后期管坯边缘张力骤减

管坯纵向边缘的状态由拉力和回复力的性质决定：当之前的拉力在弹性极限内时，则回复力是之前拉力的转发形式，并与拉力构成一对成型所必需的平衡力，管坯边缘被这一对平衡力作用，使得边缘不会轻易晃动和跳动，即不会出现波浪或鼓包；当之前的拉力超过管坯纵向延伸所需要的拉力或因其他工艺原因、操作原因、原材料原因等导致拉力超过弹性极限时，边缘就会发生塑性变形。而且如果没有新的纵向拉力加入作用，回复力的性质实质上已经转变为纵向压应力，管坯边缘就会在纵向压应力作用下失稳，边缘发生波浪，甚至形成鼓包。

由此可见，鼓包形成的原因是：管坯在成型过程中，边缘受多种因素影响而发生弹塑性延伸，并且边缘在没有足够纵向拉力时就会产生鼓包；纵向塑性延伸与失去纵向拉应力是鼓包生成的内因和外因，二者缺一不可。如果发生了塑性延伸，但是，边缘存在足够大的纵向拉应力，是不会产生鼓包的；同理，如果边缘没有产生纵向塑性延伸，即使没有足够大的拉应力，也不会形成鼓包。这种认识，是焊管成型理论发展的重要成果，也是各种先进成型设备、先进成型工艺和先进成型调整方法的理论依据。

2. 成型鼓包的特征

（1）成型波浪与成型鼓包的关系

波浪属于鼓包的一种，它们既有区别，又有联系。首先，波浪的波长比鼓包长很多，小直径焊管的成型鼓包波长一般不超过 20mm，而波浪的波长通常是鼓包波长的若干倍；其次，波浪通常比较柔和，没有明显凸起，而鼓包要么是没有，要有就是边缘突变，突然隆起，波浪的峰值比鼓包的小，鼓包的峰值少则几毫米，多则十几毫米，甚至更高；最后，从危害性看，波浪通常表现为边缘小幅度晃动，有时不明显，属于解决了更好，暂时没解决亦无大碍的软缺陷，而每一个鼓包，哪怕是小鼓包都会造成焊缝搭焊、漏焊，不容忽视，必须解决。

当然，波浪与鼓包关系密切，存在着前后逻辑关系。总是先有波浪，后有鼓包，波浪是发生鼓包的前兆，孕育着鼓包。可是波浪不一定都会形成鼓包，鼓包是波浪发展到一定程度的必然产物。反过来，只要出现鼓包，则一定存在波浪。波浪与鼓包的这种“血缘”关系告诉我们：预防和消除鼓包，应该从预防、消除波浪入手。同时，一旦发现成型管坯边缘有波浪，就要及早采取措施，不要等到鼓包出现后再调整。

(2) 鼓包的表面特征与消除方法

鼓包的表面特征有以下两个方面：

① 形貌特征。成型鼓包的一个共同特征是，鼓包总是向外凸。鼓包之所以只向外凸不向内凹是由成型管坯横向变形弯曲拱的方向与横向弯曲变形后的回弹趋势共同决定的。

② 发生段特征。绝大多数鼓包都发生在精成型段，这与成型管坯进入精成型段后，其边缘纵向延伸大幅度减少，甚至转为压缩有关。或者说，管坯在粗成型段产生并积累的大量边缘纵向延伸，导致精成型段无法全部吸收，进而在精成型段的强制等长过程中“多余”出来。由此可见，虽然鼓包表现在精成型段，但根本原因却在粗成型段。

鼓包的这些特征，为在焊管成型中抑制鼓包、消除鼓包指明了方向。首先要着眼于粗成型段，从孔型、材料和调整入手，尽可能让管坯边缘少延伸。其次，应想方设法加强精成型段（建议从变形角大于180°起）管坯边缘外侧的控制力。这也是每每谈到薄壁管成型与鼓包预防，总是强调要加大闭口孔型上辊压下量的原因之一。因为闭口孔型上辊导向环附近的孔型，是从管坯边缘外侧对管坯边缘施加的最直接的轧制力，正是这个力，起到部分消除和抑制鼓包的作用。

三、薄壁管成型的调整要点

薄壁管成型调整，不能仅仅局限于成型机，要有整体观和全局观，这里提出一个广义成型调整的概念。就是成型调整不仅是对成型机部分的调整，它还牵涉到焊接机、定径机、储料（活套）、原材料等，这些都与薄壁管成型质量息息相关。

1. 薄壁管坯料的调整

① 板型。由于冷轧、纵剪、捆扎、吊装、运输等原因，管坯易形成镰刀弯、S弯、塔型卷、荷叶边等缺陷，这类管坯展开后自身两边就不等长，这些局部长出的部分一般很难通过成型予以消除与吸收。生产实践中因材料引发的调整乌龙事件不少，例如调整工一番操作，但是终不见成效，回过头来看，发现原来是材料作怪，更换材料后，一切问题迎刃而解。

② 性能。针对薄壁管用料，在焊管质量允许范围内，适当增加管坯的强度、硬度，能提高薄壁管坯边缘抵抗纵向塑性延伸变形与纵向失稳的抗力，从而起到预防鼓包的作用。

③ 厚度公差。管坯厚度越厚，纵向延伸变形的难度就越大，抵抗横向失稳的能力就越强，越有利于薄壁管成型，如壁厚在0.6mm以下的薄壁管与壁厚为0.3mm的调整难度是截然不同的。

2. 薄壁管管面折线的处理

管面折线指的是在成型管坯表面、圆周方向存在的细浅凹痕，粗深一点的则称为“竹节”，它们多发生于薄壁管和超薄壁管上。折线有的能够看见但摸不出来，有的能看见也能摸得到，有轻微手感。共同的特征为环绕管坯出现。其根本的原因是管坯较软，存在褶皱。可以采取以下措施进行调整：

① 放弃储料，让机组拽着管坯走，然后停机接带，这样虽然效率低一点，但是能保证质量。

② 强化平辊分段轧制，消除折线。即首先用W孔型辊和第二道粗成型辊以较大的轧制力轧制成型管坯边部，达到边部没有折线手感；然后适当加大第三至第五道粗成型平辊轧制力，以消除管坯中底部的折线。

③ 要特别注意上平辊两边用力均衡，适当加大轧制力。

④ 用薄布包住成品管，用手握住做螺旋式移动，确认折线消除效果，然后有针对性地添加一定轧制力。

第五节　厚壁管成型工艺

在焊管行业内，我们一般将壁厚与焊管外径之比在12%～18%的焊管称为厚壁管，针对厚壁管的成型难点，提出边缘双半径成型孔型等解决方案。

一、厚壁管变形的工艺难点

高频直缝厚壁焊管（厚壁管）成型的工艺难点有三个：一是弯曲回弹大；二是实际变形盲区宽；三是内外周长差大。下面对于这三个技术难点做一具体的分析。

1. 弯曲回弹大

在管坯从平直状态经轧辊轧弯成圆筒形过程中，管坯要发生弹性变形和塑性变形，同时不可避免地要发生回弹，关键在于回弹量的多寡。管的壁厚则变形抗力大，回弹量多，导致管坯变形不充分。

受管坯力学性能、壁径比（t/D）的影响，以及受孔型参数、设备性能、操作误差等因素的影响，回弹规律大不相同，由此较难对回弹量进行准确预测与给定准确的回弹补偿。目前，通行的回弹量表述方法大致有两种：

① 实际测量表述。通过实测变形管坯边缘同一点回弹前后的弦长差 Δb 以及弯曲部位回弹前后的半径差 ΔR 这两个指标来表述，参见式(5-3)。实际测量表征值比较直观，应用最广。

$$\Delta b=b_{前}-b_{后}\quad \Delta R=R_{前}-R_{后} \tag{5-3}$$

② 函数表述。根据弯曲中性层理论和金属弹塑性变形理论，可以推导出变形管坯回弹前后变形半径之间的关系，参见式(5-4)。

$$\begin{cases} R_{前}=\dfrac{\sqrt[3]{A}}{m}\sin\dfrac{\theta}{3} \\ A=\sqrt{1+\dfrac{1}{mR_{前}}+\dfrac{1}{3m^2R_{后}^2}+\dfrac{1}{27m^3R_{前}^3}} \\ \theta=\arccos\sqrt{1+\dfrac{1}{mR_{前}}+\dfrac{1}{3m^2R_{后}^2}+\dfrac{1}{27m^3R_{前}^3}} \\ m=\dfrac{\sigma_s}{Et} \end{cases} \tag{5-4}$$

式中　σ_s——管坯屈服强度；

E——金属材料弹性模量；

t——管坯厚度；

θ——回弹角度，$\theta=\theta_{前}-\theta_{后}$；

$R_{前}$——管坯边缘一点回弹前的半径；

$R_{后}$——管坯边缘一点回弹后的半径。

式(5-4) 的理论意义是，通过回弹后的管坯变形半径、管坯屈服强度、管坯厚度、回弹角和金属材料弹性模量，能够直接计算出所需要的孔型弯曲变形半径 $R_{前}$，从而消除回弹对成型管坯的负面影响。

2. 变形盲区的宽度

所谓变形盲区，俗称变形死区，是指在管坯变形过程中，无论怎样变形，在管坯边缘、宽度相当于管坯厚度的区域都无法变形。实际上，与理论变形盲区相邻的部分区段也属于变形盲区范畴，对于变形盲区的存在，有一定的必然性，理由如下所述。

(1) 存在变形盲区的必然性

管坯边缘抗弯与变形，可借鉴弯曲刚度理论进行分析研究。当厚度为 t 的管坯，在成型轧制力 P 的作用下需要弯曲变形为长度为 L 的管坯时，管坯截面中心点必然会产生垂直位移 y，即管坯发生弯曲变形，并由此推导出管坯弯曲变形半径。当成型 ϕ60mm×6mm 的厚壁管时，计算结果表明，欲在宽度为厚度的区域（0.6cm）上，仅发生 0.001cm 的弯曲变形，就需要 48kN 的成型力，这对焊管成型设备来说是无法提供的，况且，根据焊管成型工艺，越接近管坯边缘，作用到管坯上的实际成型力越小，从而导致实际变形盲区更宽。另外，从实际形变效果看，要在 0.6cm 长度上，实现 0.001cm 的弯曲变形，其弯曲半径 R 约等于 30cm，0.6cm 的弧长在半径为 30cm 的弧线上与直线无异。

(2) 变形盲区的比较

不管是厚壁管还是薄壁管，都存在变形盲区，只是厚壁管变形盲区所占管坯宽度的比率更大。以 ϕ60mm×3mm 和 ϕ60mm×6mm 为例，它们的盲区宽比 $2t/B$（%）分别为 3.24%和 6.89%，后者是前者的 2 倍。由此根据变形盲区开口宽度公式计算可得管壁外侧沟槽宽度分别为 0.64mm（管筒内径 $r_2=27.87$mm）和 2.79mm（管筒内径 $r_2=25.08$mm），后者为前者的 4.36 倍，厚壁管上如此宽的沟槽对焊缝强度的影响显而易见。

3. 内外周长差值大

仍以 ϕ60mm×6mm 厚壁管为例，其内外周长差是 37.68mm，而 ϕ60mm×3mm 标准壁厚管的内外周长差仅为 18.84mm。周长差大的管子，意味着成型管坯中积累的周向内应力大，在内层压缩、外层拉伸的过程中需要消耗大量变形功，以及因之增大的变形抗力对机组拖动功率和机组刚性都有特殊要求。当焊接后，管子中性层内侧积累的大量压应力每时每刻都试图撑开焊缝。与此同时，中性层外侧积累的大量拉应力则时刻都在拉拽焊缝，试图挣脱焊缝的束缚。而且，这两种应力对焊缝的破坏作用效果又是一致的，且具有叠加效应。厚壁焊管中积累的这些应力，对焊缝形成的应力腐蚀破坏严重，潜在隐患巨大，需要调整焊管成型工艺加以解决。

二、厚壁管成型调整要领

① 要特别重视第一道平辊的变形，包括压下量与对称两个方面。尤其是压下量要偏大，力求压死，因为从孔型设计的角度看，像 W 变形、边缘变形、双半径变形等对管坯边缘进行实轧，仅此一道施力效果是最好的。

② 必须使用立辊拉板。这是由立辊轴结构特点和厚壁管变形特点共同决定的，需要借

助立辊轴拉板来强化管坯变形。

③ 闭口孔型平辊压下量应偏大，以不妨碍焊接和定径为原则。

④ 严格控制闭口孔型导向环的角度，使之略大于由管坯两边缘厚度方向形成的角度，这样不会破坏管坯边缘形状。

⑤ 注意表面质量控制。厚壁管回弹大，进入孔型较困难，易产生压伤、压痕与辊印，要注意这些缺陷的处理与调整。

三、厚壁管成型难的解决方案

厚壁管成型难的解决措施包括：专用成型机组解决方案；粗成型孔型解决方案；精成型孔型解决方案；综合解决方案等。

1. 专用成型机组解决方案

大中型焊管机组或专用厚壁管机组，大多配置刨边机或者铣边机，在平直管坯进入第一道成型平辊之前，预先将原材料边缘刨铣，实现焊缝平行对接。该方案在焊管行业应用已经较为成熟，缺点是投入大，尤其对于小型焊管机组而言，相对投入更大。

2. 粗成型孔型解决方案

应用边缘双半径 W 孔型解决厚壁管成型难的基本思路是，尊重厚壁管变形盲区宽、回弹大和内外周长差大的变形特点，对数倍于变形盲区范围内的管坯实施过量变形。也就是说，假如不存在变形盲区和回弹，成型后的管筒将呈现 V 形对接状态，当变形管坯边部存在变形盲区和回弹后，恰好达到平行对接状态。如此一来，虽然无法消除变形盲区，但可以消除边缘 V 形对接，实现焊缝平行对接的工艺目标。边缘双半径 W 孔型能够在变形盲区依然存在的情况下，消除厚壁管变形盲区 V 形开口及其回弹对焊接的影响，实现焊缝平行对接，从变形工艺方面保证了厚壁管成型质量。

3. 精成型孔型解决方案

在圆的精成型闭口孔型条件下，既要加大管坯边缘的变形量，又要兼顾不过度地减径很难。但是采用平椭圆精成型闭口孔型，却能达成这一工艺目标。平椭圆闭口孔型的成型思想是平椭圆＋回弹量＝圆，让厚壁管坯在平椭圆闭口孔型中得到充分变形。同时有利于管坯顺利进入孔型，降低操作难度，如图 5-15 所示。

（1）平椭圆闭口孔型的内涵

平椭圆闭口孔型是指，闭口孔型辊的孔型曲线是一个长轴在水平方向上、短轴在竖直方向上且长短轴相差不太大的椭圆。它的内涵有两点：

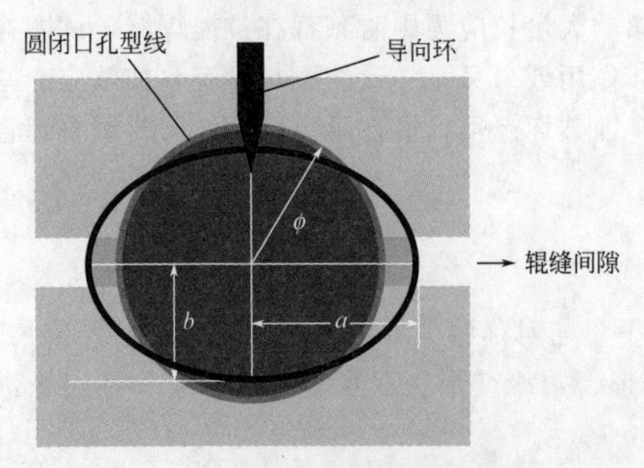

图 5-15　精成型孔型解决方案示意图

① 微观椭圆宏观圆。由于该椭圆的椭圆度不大，故可以粗略地把这个椭圆看成一个直径为 ϕ 的圆，如图 5-15 中白线所示，而这个白线圆便是圆形闭口孔型辊的孔型轮廓，它们统一于式(5-5) 中。

$$\begin{cases} a-b=\Delta \\ a+b=\phi \\ (B+b_{\mathrm{f}})/\pi=\phi \end{cases} \tag{5-5}$$

在式(5-5) 中，Δ 为椭圆孔型长短半轴之差，$\Delta=2\sim4\mathrm{mm}$，壁径比越大取值越大；b_{f}

是导向环壁厚与弧长的修正值；B 为管坯宽度。公式既道出了平椭圆孔型与圆形闭口孔型之间的内在联系，同时也对平椭圆闭口孔型的关键尺寸做出了规定，是设计平椭圆闭口孔型的重要依据。

② 孔型弧长相等。从焊管生产实际出发，平椭圆闭口孔型辊的孔型弧长必须等于圆形闭口孔型弧长，这也是设计平椭圆闭口孔型辊应遵守的一条基本原则。

（2）平椭圆闭口孔型的作用

平椭圆闭口孔型除了具备闭口孔型的一切功能外，其突出作用表现在能强制高强度厚壁管边部变形。

① 强制管坯边部充分变形。比较图 5-15 中两种孔型容易看出，当厚壁管坯运行至平椭圆孔型中时，最先受力变形的是管坯边缘及底部，管坯边缘外侧到其底部的距离必然比圆形闭口孔型时的距离短 S，横向则长 S：

$$S=\phi-2b \tag{5-6}$$

$$S=2a-\phi \tag{5-7}$$

将式(5-6) 和式(5-7) 联合解可以得 $S=\Delta>0$。

结果证明两点：第一，管坯在平椭圆孔型中首先受力变形的是管坯边缘，边缘受到的变形力最直接，效果最显著；第二，由于平椭圆孔型宽度在水平方向上比圆孔型大，之间存在“Δmm 的空隙”，因而无须担忧管坯被大量减径。

② 变形管坯离开轧辊孔型约束后都会发生回弹，厚壁管的回弹更大。回弹使管坯变形程度达不到人们的预期，因而控制并“消除”回弹一直是制管工程技术人员追求的目标。分析式(5-6) 可知，平椭圆管坯上下方向的尺寸比圆形闭口孔型直径小，于是可以凭借二者差值来抵消管坯离开平椭圆孔型后的回弹。这样，与圆孔型回弹后的管坯相比，就可以视平椭圆管坯的回弹为零。

③ 提高轧辊共用性。通过减小图 5-15 中辊缝间隙，不仅可以使平椭圆孔型进一步扁平，同时也可以通过增大辊缝使平椭圆孔型变成一个近似圆孔型，即闭口孔型轮廓能在一个长轴为 2α，短轴为 a（2α 为辊缝间隙）的椭圆和“直径”为 2α 的圆之间变化。那么，平椭圆闭口孔型辊能够成型的管坯宽度范围是：（$2b$ 为辊缝间隙）$\pi-b_f\leqslant B\leqslant 2\pi-b_f$。由此可见，这种随辊缝间隙变化多端的平椭圆孔型实现了轧辊在一定范围内的共用。

（3）平椭圆闭口孔型的设计原则

① 周长相等原则。要求二者误差不超过 1mm。

② 长短轴相差不大的原则。这是为了确保管坯离开平椭圆闭口孔型加上回弹后能成为基本圆筒形，式(5-5) 是该原则的具体体现。

③ 长短半轴之和等于对应圆闭口孔型直径的原则。

4. 综合解决方案

将粗成型段的边缘双半径 W 孔与精成型段的平椭圆闭口孔型综合应用在一套厚壁管孔型中，充分发挥各自在各个成型阶段的优点，共同解决厚壁管成型盲区与回弹的成型难点，效果会更好。同时，厚壁管内外周长差大的危害也随之减轻。

第六节　高频焊接设备

高频焊接起源于 20 世纪 50 年代，它是利用高频电流产生的集肤效应和临界效应将钢材或其他金属材料对接起来的新型焊接工艺。高频焊接技术的出现和成熟，直接推动了直缝焊管产业的巨大发展。

适用于焊管焊接的高频焊接设备一般为GGP系列固态高频焊机，它是一种将三相工频50Hz的交流电转变为单相高频交流电［(100～600)kHz］的高频逆变电源，电路采用交—直—交拓扑结构。GGP系列固态高频焊机采用现代高压大功率MOSFET模块作为逆变器的开关器件，以单片机系统和智能CPLD可编程芯片为核心构成整流、逆变的数字化控制系统。GGP系列固态高频焊机具有焊接质量高、电路简单可靠、调试操作方便等优点，而且具有显著的节能效果，是生产企业改进生产工艺、提高产品质量的最佳选择。

GGP系列固态高频焊机设备包括开关整流柜、逆变输出柜、中央操作台、调整支架、水冷系统等部分。

一、设备的主要性能特点

1. 完善的固态高频焊机结构

完善的固态高频焊机结构有以下几个方面：

① 整流开关柜和逆变输出柜独立设计，软电缆连接，便于用户现场布局。整流器采用三相6脉波晶闸管整流。对于大功率焊机，可选用12脉波晶闸管整流，用于消除电网侧的5、7次谐波，网侧谐波电流最小。逆变桥采用功率单元叠加方式完成功率合成，每个MOSFET功率单元设计为50kW/100kW/l50kW。功率单元均设计为滑道式抽屉结构，方便安装与维修。

② 高标准电磁兼容设计，电磁辐射满足国家标准；密闭机箱设计，满足用户现场苛刻环境要求。

③ 谐振逆变器采用CPLD构成全数字控制系统，自动定角，锁相精度高、锁相范围广。焊机具有电子式自动负载匹配功能，负载适应能力强、电效率高、网侧功率因数高。

④ 人机界面和故障诊断系统。采用PLC＋触摸屏构成完善的人机界面系统，实现焊机系统的综合自动控制，同时具有故障显示与故障诊断系统。

2. 高频焊机主要技术指标

(1) 固态高频焊机技术指标（表5-1）

表5-1 固态高频焊机技术指标

焊机型号	交流输入	额定直流/V	额定直流/A	频率范围/kHz	电效率/%
GGP60-0.8-H	3AC380V 50/60Hz	450	130	650～800	≥85%
GGP100-0.45-H	3AC380V 50/60Hz	450	220	400～450	≥85%
GGP150-0.4-H	3AC380V 50/60Hz	450	330	350～400	≥85%
GGP200-0.35-H	3AC380V 50/60Hz	450	440	300～350	≥85%
GGP250-0.3-H	3AC380V 50/60Hz	450	550	250～300	≥85%

续表

焊机型号	交流输入	额定直流/V	额定直流/A	频率范围/kHz	电效率/%
GGP300-0.3-H	3AC380V 50/60Hz	450	660	250～300	≥85%
GGP400-0.3-H	3AC380V 50/60Hz	450	880	250～300	≥85%
GGP500-0.2-H	3AC380V 50/60Hz	450	1100	150～200	≥85%
GGP600-0.2-H	3AC380V 50/60Hz	450	130	150～200	≥85%
GGP700-0.2-H	3AC380V 50/60Hz	450	1500	150～200	≥85%
GGP800-0.2-H	3AC380V 50/60Hz	450	1800	150～200	≥85%
GGP1000-0.2-H	3AC380V 50/60Hz	450	2200	150～200	≥85%
GGP1200-0.2-H	3AC380V 50/60Hz	450	2700	150～200	≥85%
GGP1400-0.2-H	3AC380V 50/60Hz	450	3100	100～150	≥85%
GGP1600-0.15-H	3AC380V 50/60Hz	450	3600	100～150	≥85%

(2) 固态高频焊机设备组成

固态高频焊机由开关整流柜、逆变输出柜、中央控制台、机械调整装置、循环软水冷却系统等五部分组成。

① 开关整流柜。将开关柜与整流部分一体化设计，除完成开关柜功能外，还具有固态高频焊机的整流控制功能。装有安装进线刀开关、进线电流表、电压表（可切换）和进线电压指示灯。安装三相全控晶闸管整流桥，实现高频焊机功率调节。安装平波电抗、平波电容及滤波器，以提高平波系数。

② 逆变输出柜。逆变部分由 MOSFET 单相逆变桥并联组成，单桥功率设计为 50kW/100kW/150kW。逆变桥采用积木式方式完成功率叠加，每块桥板均设计为由滑道组成的抽屉式结构，方便安装与维修。

③ 采用匹配变压器完成功率合成，次级谐振、无焊接变压器输出方式。由槽路谐振电容器（低压）与感应器构成串联谐振，通过输出极板实现钢管焊接所需功率的传递。

④ 中央控制台。实现固态高频焊机的操作和功率调节，安装有液晶显示屏。具有直流调速柜的电枢电压、励磁电压指示和高频焊机的直流电压、直流电流指示功能。可选择加装速度—功率闭环控制功能。

⑤ 机械调整装置。设计二维机械调整装置，适合感应焊方式，用于逆变输出柜的安装与调整，可手动调整感应器位置。当设计为三维机械调整装置，适合感应焊接触焊方式，用

于逆变输出柜的安装与调整，可电动及手动调整感应器位置。

⑥ 水-水热交换器。用于焊机整流开关柜和逆变输出柜的水冷冷却，热交换器选用优质板式换热器、水泵、不锈钢管道，具有水压、水温显示和保护功能。

二、对高频焊机设备的安装要求

1. 对使用环境的要求

① 室内安装，设备接地良好，接地线颜色必须与控制线有明显区别，其截面积大于 $6mm^2$，接地电阻小于 4Ω。

② 海拔高度不超过 2000m，否则应降低额定值使用。

③ 周围环境温度不超过＋40℃，不低于－10℃，否则应降低额定值使用。

④ 空气相对湿度不大于 85％。

⑤ 无剧烈振动，无导电尘埃，无各种腐蚀性气体及爆炸性气体；安装倾斜度不大于 5°；安装在通风良好的场合。

2. 对水路、冷却水的要求

电源装置、负载感应器及汇流排等部件采用水冷却，冷却水状况直接影响设备运行的可靠性。建议对冷却水进行分析检测，其结果应满足以下条件，如有差异，则应通过有关净化手段加以解决。

① 对水质要求：透明、不混浊、无沉淀物（筛网尺寸 0.38mm），总固体含量不超过 250mg/L。

② 水中化学成分：pH 值范围为 6～7；氯化物不大于 100mg/L；亚硝酸根（NO^{2-}）不大于 0.04mg/L；铁离子不大于 0.3mg/L；硫不大于 250mg/L。

③ 水的电导率：不大于 600μs/cm。

④ 循环水温度：不低于 5℃，不高于 35℃，在环境温度高时，必须避免水冷元件表面结露（霜）。进水压力 0.18～25MPa。

3. 对电网的技术要求

① 电网电压应为正弦波，谐波失真不大于 5％，电网输入为电压 380V 交流电，电网电压持续波动范围不超过±10％，电网频率变化不超过±2％（即应在 49～51Hz），三相电压间不平衡度应小于±5％。

② 设备电源进线采用铜芯电缆进行连接，连接处接触应保证良好可靠，尽量加大接触面积减小接触电阻。电源进线无相序区分要求，但最好能按正序连接（正序时 1＃板显示数字右下无小数点，反序时有小数点），以便于维护时检查触发脉冲与电源进线之间的同步对应关系，电源进线 A、B、C 应接黄、绿、红颜色，绕上明显标志。

③ 电源进线接线头应压接牢固，用螺钉紧固，接线头标称电流值不小于表 5-1 所示对应功率下的最大直流电流值。

三、高频焊机的保护功能

高频焊机的保护功能是针对电源的各种异常情况和故障而设计的，除控制电源故障和欠水压保护等常规保护外，主要有交流过流保护、直流过流保护、失锁保护、散热板温度保护。

① 交流过流保护。当电源整流侧短路或控制电路工作不正常时，均可能引起电源的交

流过流保护。过电流保护电路监视三相进线电流，当电流超过整定值时，三相晶闸管整流器控制电路保护关断，同时综合故障指示灯亮，数码管显示故障原因。如果是整流可控硅损坏，交流主进断路器也会同时跳闸切断和电网的连接。

② 直流过流保护。当焊机输出负载短路或逆变控制电路、驱动电路工作不正常时，均会引起直流过流故障。由于电压型逆变器的直流侧为大电容，因此直流过流的危害非常大，极易造成逆变 MOSFET 损坏。

焊机的直流侧装有霍尔电流检测电路，当检测到直流电流大于设定阈值时封锁逆变器 MOSFET 的驱动脉冲，对焊机进行保护。

③ 失锁保护。焊机所带负载的工况比较恶劣，感应器经常出现匝间短路、打火、接地故障，有时还会出现感应器的开路和短路。当负载出现上述问题后，都会引起槽路固有谐振频率的剧烈波动，进而引起逆变器工作状态的突变，威胁器件的安全可靠运行。

失锁保护电路同时采集负载电压和电流的相位值，实时和给定阈值信号进行比较，当相位值超过设定阈值时，保护电路认为是槽路故障，进而实施失锁保护功能。保护电路应准确、快速地检测到这种故障，避免保护不及时或误保护。

④ 温度保护。焊机的逆变开关器件发热比较严重，所以普遍采用水冷。在每块逆变桥板上都安装有温度检测开关，当逆变桥板温度超过 55℃时，温度开关动作进行保护。温度保护动作后，请检查是水路堵塞还是水压过低的问题。

第七节　焊管的高频焊接

一、高频焊管的基本原理

高频焊管是电阻焊管的一种。高频电流的频率大多在 200～450kHz。高频焊管是利用接触焊或感应焊的方法，使管筒边缘产生高频电流，利用高频电流特有的集肤效应和邻近效应，使电流高度集中在钢管筒边缘的焊合面上，依靠金属自身的电阻，将边缘迅速加热到焊接温度，在挤压辊的挤压下完成压力焊接。

输入管筒边缘的热量由式(5-8) 计算：

$$Q=I^2Rt \tag{5-8}$$

式中　Q——管筒边缘的输入热量，J；

I——在电流渗透深度范围内的平均电流强度，A；

R——管材金属的电阻，Ω；

t——通过高频电流的时间，s；

$$t=\frac{l}{V}$$

l——电极腿或感应线圈前端至挤压辊中心的距离，mm；

V——焊接速度，mm/s。

二、高频焊管的方式

成型好的管坯，用高频加热装置加热带钢的两条边缘，使其达到焊接温度，然后用挤压辊进行压力焊接，如图 5-16 所示。根据向管坯传递能量的方式不同，焊接可分为接触焊和感应焊。

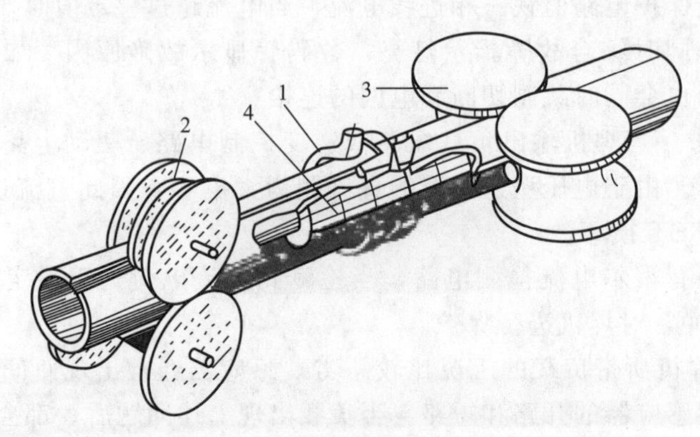

图 5-16 焊接过程示意图

1—高频感应器；2—导向辊；3—挤压辊；4—铁磁体

① 管坯加热之前，其带钢边缘需经导向辊导向。导向辊要给定焊接工艺所要求的管坯开缝会合角 α，并保证开缝不发生任何偏斜。导向辊机座装在成型机的出口，并可在纵向和圆周方向进行调节。

② 挤压辊应对管坯边缘施加足够的焊接压力。焊接压力是影响焊缝质量的重要因素之一，压力过小，则焊缝得不到充分的焊合；压力过大，则焊缝内外毛刺过大。现代的挤压辊都装有焊接压力检测和指示装置，以控制焊接压力的大小，并在生产过程中进行自动调节。

③ 高频焊接特点。焊管焊缝的焊接是采用感应焊接，是在距会合点 30～300mm 处绕管坯套上一感应器，感应器的材料为铜管或紫铜板，在不放电的情况下，引线之间的距离越近越好，靠得近的引线电感量会有所提高，使焊缝处电流密集并在焊缝表面流动，提高焊缝质量。所用的磁棒是高频焊接磁棒（铁氧体），它具有电阻率较高、涡流损耗小的特性，在高频焊接管中广泛采用它作为增感元件，使电磁能更多地集中在管缝的焊合面上提高焊速。但磁棒的磁导率随温度的升高而下降，在 250℃时就开始急剧下降，所以在生产过程中，要用水充分冷却，如果冷却不好，就会造成磁棒断裂，影响焊接质量。开口角调整合适后，磁棒位置根据焊接温度进行调整，一般情况下，磁棒一端应放在两挤压辊中心。

感应线圈式高频焊接器如图 5-17 所示。该设备主要由变压器、整流柜、逆变柜组成，主要用于高频直缝焊管生产线。其工作原理是：普通三相交流电（线电压 380V，频率

图 5-17 感应线圈式高频焊接器

50Hz）经变压器降压（线电压190V，频率50Hz），进入整流柜经整流、调压、滤波环节后变为0～250V连续可调的直流电；再进入逆变桥（采用大功率晶体管MOSFET）变为高频电流，此高频电流供给负载槽路即可用于感应加热。逆变槽路功率单元采用模块化结构，每对功率单元可输出功率50kW以上，设备功率不同，所用功率单元数量就不同，而设备无论大小，基本结构相同。槽路为串并混联谐振形式，没有高电压，没有输出变压器。本设备所使用的功率单元数量是六对。

三、高频焊接的参数要求和制定

（1）高频焊接参数要求

高频焊接具体参数要求有以下几点：

① 无高压，安全可靠高效。

② 采用脉宽调制或微机控制调压电路，调节稳定，精度高，谐波干扰小。

③ 功率范围0～100%无级可调，具有过压、过流等故障保护系统。

④ 工作状态显示数字化，操作简单，维修保养方便。

⑤ 焊接技术参数应满足以下要求：

a. 额定直流电流：1000A；

b. 供电容量大于250kVA；

c. 额定频率400kHz；

d. 功率因数≥0.85；

e. 焊接速度：60～100m/min；

f. 整机效率≥85%。

（2）高频焊接技术参数的制定

影响直缝焊机高频焊接的因素有焊管的直径、焊接电压、电流与钢管走管的速度等，焊管的材质在焊接的时候要优先考虑。根据生产实际经验，不断地摸索和总结才能找到适合焊接的技术条件和参数。有关焊接技术参数见表5-2、表5-3。

表5-2 ϕ76mm机组焊接技术参数（仅供参考）

机组	规格/mm	壁厚/mm	焊接速度/mm	电压/V	电流/kA	焊口开口角
ϕ76	ϕ32～ϕ34 DN25	2.3～2.75	55～65	170～200	0.85～0.90	2°～6°
		3.0～3.2	55～65	170～200	0.65～1.0	
	ϕ40～ϕ42.7 DN32	2.3～2.75	50～65	180～210	0.7～1.1	
		3.0～3.5	50～65	180～210	0.75～1.2	
	ϕ46～ϕ48.6 DN40	2.5～3.25	55～65	190～220	0.8～1.0	
		3.26～3.5	50～60	200～230	1.0～1.2	
		2.5～3.5	50～60	195～210	0.85～0.94	
	ϕ59.5～ϕ60.3 DN50	2.5～2.75	50～70	160～200	0.7～0.95	
		3.0～3.25	40～60	170～190	1.0～1.1	
		3.5～3.8	40～60	180～220	1.0～1.2	
	ϕ70.6～ϕ76.3 DN65	2.5～3.25	40～55	180～230	0.9～1.25	
		3.5～4.0	40～55	180～230	0.95～1.3	

表 5-3 ϕ112～ϕ219mm 焊接技术参数（仅供参考）

机组	规格/mm	壁厚/mm	焊接速度/(m/min)	电压/V	电流/kA	正火温度/℃	焊口开口角
ϕ219	ϕ112.0～ϕ114.3 DN100	1.8～2.5	15～25	380～400	0.5～0.6	—	2°～6°
		2.75～3.25		390～410	0.5～0.6	800～950	
		3.5～4.25		400～420	0.65～0.606	800～950	
		4.55～5.25		420～430	0.66～0.715	800～950	
		5.5～6.25		420～440	0.66～0.715	800～950	
	ϕ133.0～ϕ141.3 DN125	1.8～2.5	15～23	355～380	0.5～0.6	—	
		2.75～3.25		360～390	0.55～0.606	800～950	
		3.5～4.0		365～400	0.6～0.66	800～950	
		4.25～4.75		370～410	0.7～0.77	800～950	
		5.0～5.5		380～420	0.8～0.88	800～950	
		5.75～6.25		385～430	0.9～0.99	800～950	
		6.5～7.0		390～440	1.0～1.1	800～950	
	ϕ159.0～ϕ168.3 DN150	1.8～2.5	15～23	355～380	0.5～0.6	—	
		2.75～3.5		360～390	0.55～0.606	800～950	
		3.75～4.25		365～400	0.6～0.68	800～950	
		4.5～5.0		370～410	0.7～0.77	800～950	
		5.25～6.0		380～420	0.8～0.88	800～950	
		6.25～6.75		385～430	0.9～0.99	800～950	
		7.0～7.5		390～440	1.0～1.1	800～950	
	ϕ179.0～ϕ196.0	1.8～2.5	15～23	355～380	0.5～0.6	—	
		2.75～3.5		360～390	0.55～0.605	800～950	
		3.75～4.25		365～400	0.6～0.68	800～950	
		4.5～5.0		370～410	0.7～0.77	800～950	
		5.25～6.0		380～420	0.8～0.88	800～950	
		6.25～6.75		385～430	0.9～0.99	800～950	
		7.0～7.5		390～430	1.0～1.1	800～950	
		7.75～8.25		395～435	1.1～1.2	800～950	
		8.5～9.0		400～440	1.2～1.3	800～950	
	ϕ216.0～ϕ219.1 DN200	1.8～2.5	15～20	360～380	0.6～0.66	—	
		2.75～3.5		370～390	0.8～0.88	800～950	
		3.75～4.25		380～400	0.85～0.936	800～950	
		5.25～6.0		390～420	0.9～0.99	800～950	
		6.25～6.75		400～430	1.0～1.1	800～950	
		7.0～7.5		420～440	1.1～1.21	800～950	
		7.75～8.25		430～450	1.2～1.3	800～950	
		8.5～9.0		435～460	1.3～1.4	800～950	

注：1. 在开车和生产运行中，随时对焊接情况和正火温度进行监控，并做好记录。

2. 机组开车和更改规格、壁厚时记录焊接参数和外观质量，连续生产时每 2h 记录一次。

四、焊缝的高精密控制重点

（1）焊接温度控制

焊接温度主要受高频涡流热功率的影响，根据相关公式可知，高频涡流热功率主要受电流频率的影响，涡流热功率与电流激励频率的平方成正比，而电流激励频率又受激励电压、电流和电容、电感的影响。激励频率公式为：

$$f=1/[2\pi(CL)^{1/2}] \tag{5-9}$$

式中 f——激励频率，Hz；

C——激励回路中的电容，电容＝电量/电压，F；

L——激励回路中的电感，电感＝磁通量/电流。

由式(5-9)可知，激励频率与激励回路中的电容、电感平方根成反比或者与电压、电流的平方根成正比，只要改变回路中的电容、电感或电压、电流即可改变激励频率的大小，从而达到控制焊接温度的目的。对于低碳钢，焊接温度控制在1250～1460℃，可满足管壁厚3～5mm焊透要求，另外，焊接温度亦可通过调节焊接速度来实现。

当输入热量不足时，被加热的焊缝边缘达不到焊接温度，金属组织仍然保持固态，形成未熔合或未焊透缺陷，当输入热量过多时，被加热的焊缝边缘超过焊接温度，产生过烧或液滴，使焊缝形成洞。

（2）挤压力的控制

管坯的两个边缘加热到焊接温度后，在挤压辊的挤压下，形成共同的金属晶粒互相渗透、结晶，最终形成牢固的焊缝。若挤压力过小，形成共同晶体的数量就小，焊缝金属强度下降，受力后会产生开裂；如果挤压力过大，将会使焰融状态的金属被挤出焊缝，不但降低了焊缝强度，而且会产生大量的内外毛刺，甚至造成焊接错缝等缺陷。

（3）高频感应线圈位置的调控

感应线圈应尽量接近挤压辊位置，若感应线圈距挤压辊较远时，有效加热时间较长，热影响区较宽，焊缝强度下降，反之，焊缝边缘加热不足，挤压后成型不良。

（4）阻抗器的合理使用

阻抗器是一个或一组焊管专用磁棒，阻抗器的截面积通常应不小于钢管内径截面积的70%，其作用是使感应线圈、管坯焊缝边缘与磁棒形成一个电磁感应回路，产生邻近效应，涡流热量集中在管坯焊缝边缘附近，使管坯边加热到焊接温度。阻抗器用一根钢丝固定在管坯内，其中心位置应相对固定在接近挤压辊中心位置。开机时，由于管坯快速运动，阻抗器受管坯内壁的摩擦而损耗较大，需要经常更换。

（5）焊缝的清理

焊缝经焊接和挤压后会产生焊疤，需要清除。清除方法是在机架上固定刀具，靠焊管的快速运动，将焊疤刮平。焊管内部的毛刺一般不清除。

工艺举例：现以焊制直径ϕ32mm、厚度为2mm直缝焊管为例，简述其工艺参数。

带钢规格：宽度为98mm、厚度为2mm，带宽按中径展开加少量成型余量；钢材材质：Q235A；输入励磁电压：150V；输入励磁电流：1.5A；输入频率：50Hz；输出直流电压：11.5kV；输出直流电流：4A；输出频率：120000Hz；焊接速度：50m/min。

五、高频焊接技术掌握的要点

（1）高频焊接操作时，首先要注意感应线圈放置位置

① 与钢管同心；

② 感应线圈前端与挤压辊中心线距为1～1.5倍的管径。

（2）焊接岗位操作要领

① 开机前，首先打开乳化液循环水泵，打开内毛刺以及阻抗器高压水泵，检查高频焊机内外循环水，检查供气系统是否正常，并检查设备运转部位是否有障碍物。

② 合上高频电控柜1-DSC1门开关，准备好后，按RESET按钮进行复位，调整三维台使感应线圈到管体表面适当位置。

③ 将转换开关打到开始位置，使主机生产线前后均打到联动状态，显示屏显示正常后，经检查无问题时，进行信号联系，确认无误，确认轧机机架上没有人员后，方可操作主机开动设备，同时要注意焊接功率及焊接挤压力，保证焊接质量。

六、焊接岗位操作程序

1. 生产操作时注意事项

① 开车前检查设备电气、水路是否畅通。

② 焊接时根据原料厚度控制电压、电流，焊接温度和车速要搭配，以及注意焊筋的大小。

③ 勤观察冷却水及时补充，保证冷却水充足，以免过热跳闸。

④ 在电流、电压正常情况下，方可进行焊接，运行过程中随时注意钢带质量及设备运行状况，防止设备损坏。

⑤ 换料时需调试成型辊及挤压辊，挤压辊过紧会造成兔口，过松会造成暗缝和砂眼。

⑥ 勤检查立辊群及导向片，如发现轴承损坏，或导向片有损坏或磨损严重，及时进行更换。

2. 作业方法及条件

① 检查模具设备是否正常，检查冷却水水位、水路是否畅通。

② 安放好焊接磁棒，焊接磁棒位于挤压辊与感应线圈中间，检查操作台及配电柜的电气按钮、指示灯有无异常。

③ 根据钢管规格及原料厚度，调整焊接电压、电流及速度。

④ 鸣笛发送开车信号，开车。开车和停车按顺序操作，先启动成型、定径机，然后再启动高频电流开关。停车时顺序相反。如有哪个岗位发出停车信号时，应立即按急停开关。

⑤ 在生产中密切注意电流表上的电流值是否匹配，如不匹配时应通知成型工合理调整轧辊压下量及焊头有关部位。

3. 安全操作事项

① 岗位人员必须持证上岗。按要求穿戴劳保用品。严禁将操作台交给非此岗位人员操作。带钢对头进入主机后应注意观察，发现异常及时停车。在倒车时，应与飞锯岗位和开卷岗位联络好，之后再遵照调整工要求开机倒车。

② 机组在正常运行中，严禁用手直接触摸轧辊，严禁用手摸通电的感应线圈，严禁用手摸毛刺及运转部位。在更换感应线圈、绝缘板、阻抗器时应关掉高频电源。

③ 换辊时，应轻拿轻放，不要损伤轧辊，且注意安全，防止磕伤碰伤。换辊时要防止轴承座转动伤人。用吊装板装卸轧辊时，小心轧辊滑动，掉下伤人。机器出现故障时，通知

岗位人员立即停机并根据具体情况协调处理。停车后在钢管明显处作标识，标明停车。

④ 运行中应经常检查成型、定径质量，必要时并进行相应的调整，保证钢管质量。严格按照工艺规定调节成型焊接参数，及时填写岗位生产记录、交接班记录。

第八节　高频直缝感应焊管成型及焊接质量分析

高频直缝感应焊管系统生产速度高，焊接过程稳定，质量好，已广泛应用于焊管生产。实际生产中影响焊缝质量的因素很多，要获得理想的成型焊接效果，必须对带钢宽度、成型工艺、焊缝导向、挤压辊、感应线图、阻抗器等因素进行控制。本节主要对国外高频焊管技术及其成型、焊接质量控制方法做相应介绍，以期指导焊管生产。

一、对带钢原料的要求

为了获得满意的成型、焊接效果，带钢尺寸要尽可能精确，以符合标准要求，一般可允许10%的壁厚公差。即使有0.25%的带钢宽度变化也会导致成型焊接不良。有人主张在理想焊接条件下，仅用足够的载荷力将带钢边缘拼压在一起进行连续焊接，让带钢的整个横截面只产生很小的表面凹陷。这种观点是不正确的。

虽然精确的纵剪带钢能满足焊接过程中带钢宽度的要求，但是在机组粗成型和成型段因机组自身所引起的动力变化可能会改变焊接点处的带钢宽度，例如，随着每个轧辊孔径在驱动半径上的逐渐减小，焊接点处带钢宽度有可能减小。由于轧辊对钢管施加的应力来源于成型机组的传动装置，因此带钢宽度的减少量应根据轧辊施加的应力、带钢的强度和厚度而定。若带钢较厚，则允许轧辊充分夹紧并施加应力。再如，当机组轧辊间隙已调整到带钢壁厚范围的最小值，而带钢却以允许厚度的最大值进入粗成型段，这就可能引起带钢厚度减小、宽度增大。带钢宽度的增大值与带钢的强度、厚度、轧辊直径以及两个支承轴承之间的距离有关。因此，高频焊管机组的安装精度非常重要。

虽然进入成型段的纵剪带钢的棱角向上会减少轧辊的磨损，但是却又会导致焊管内毛刺增大，不符合产品质量要求，见图5-18。相反，纵剪带钢的棱角向下虽可减少内毛刺，但却会引起不良的焊接状况，即增加辊耗。这种进料方法还有可能使焊接区带钢横断面缩小，见图5-19。

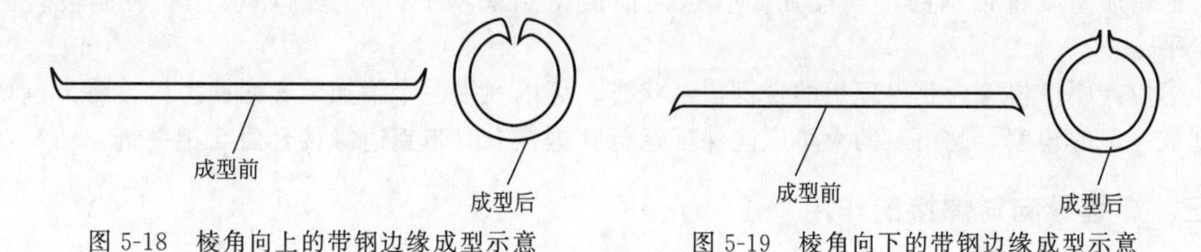

图5-18　棱角向上的带钢边缘成型示意　　图5-19　棱角向下的带钢边缘成型示意

因此，在焊管生产中若焊接质量有波动或难以获得理想的焊接状态，需首先检测带钢的宽度和边缘棱角翘曲情况。即使采用优质且尺寸变化不大的带钢生产高质量焊管，也不能过分挤压带钢。

二、成型技术对焊接的影响因素

成型技术和轧辊辊型设计是高频感应焊接技术的关键。曾经使用很久的接触焊技术通常

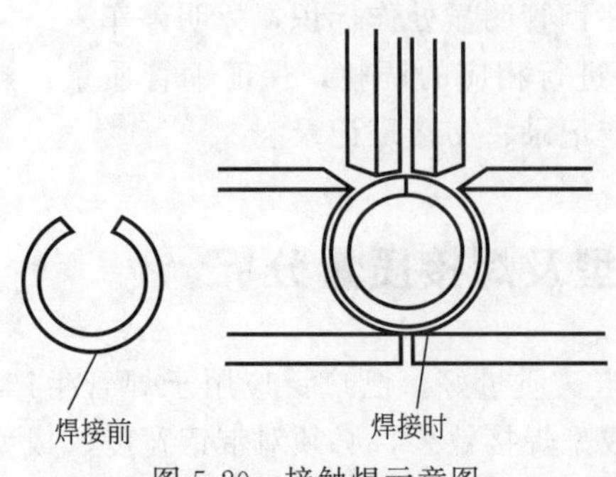

图 5-20 接触焊示意图

将带钢弯曲成椭圆形，电极安装位置接近带钢的闭合点，带钢进入挤压辊时对电极与带钢施加接触压力，在电流流经带钢结合面的瞬间，挤压辊将焊管完全包围，形成圆环状面进行焊接，如图 5-20 所示。

高频感应焊接技术是在挤压辊之前的一段距离内用感应线圈环绕管坯，当感应器通过高频电流时，在成型带钢外表面感应出涡流，此涡流可沿 V 形开口在成型带钢边缘到焊接点建立起闭合回路，又可沿成型带钢内表面分流。感应器与成型带钢也可看成是变压器的一次线圈和二次线圈，即将成型带钢当作铁芯、二次线圈（指成型带钢外表面）和负载（指成型带钢内表面）。这样，有用的电流（焊接电流）沿 V 形回路对边缘加热，无用的电流（循环电流）沿成型带钢内表面分流，加热周边而造成热量损失。为此，在感应焊时，应设法增加内表面阻抗减少分流损失，因而在管坯内放置阻抗器。

感应焊时，焊接点的位置很重要。带钢缘边在进入挤压前被熔化，高频电流很快通过这一 V 形低阻抗区域，形成闭合的三角区顶点。高频感应焊中，焊接点的接合十分重要，如果带钢内缘首先接触，那么，高频电流便主要流经这一点，致使带钢边缘产生过热并出现熔化结构、氧化物夹杂、多孔趋势和较大的不规则的内毛刺。这种情况下焊管的内毛刺较为明显。

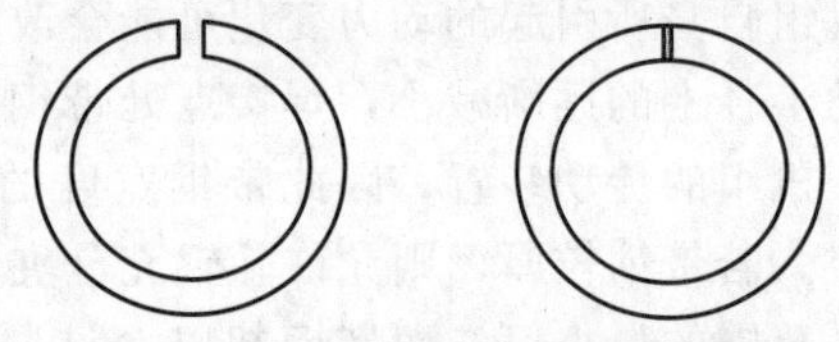
图 5-21 带钢边缘接合面的理想形状

V 形开口的带钢外表面如果在焊接时接合不好，就会产生反作用力，增大焊接功耗，同时，焊管内表面还会产生更大的内毛刺，且焊接强度随之降低。只要带钢边缘的接合面互相平行，如图 5-21 所示，在焊接时高频感应电流流经带钢接合面，只需“挤压焊接”就可获得最大强度、最小内毛刺的焊缝且焊接质量良好。但是，平行的带钢边缘接合面是不容易得到的。当带钢未进入轧辊孔型时，在外表面残余应力的作用下，带钢边缘呈自然的张开状态。

目前，很多焊管机组仍使用落后的中心成型轧辊和辊型。而先进的焊管成型技术是在机组的精成型段将带钢的接合面在闭合点之前成型到基本平行，呈圆环状且上表面被轻微压平。

生产厚壁焊管为获得理想的带钢边缘状态，可以利用一个附加装置如铣边机，将带钢切削成一定的角度，此角度的大小应能保证运行到焊接点时带钢边缘接合面互相平行。

三、焊缝导向对焊接的作用

大多数焊管机组具有焊缝导向装置，用以校正带钢的偏离。该装置安装在精成型与焊接点之间，以使焊缝处于焊管的顶部，便于去掉外毛刺。但焊缝导向装置不能用来消除成型段所产生的带钢缺陷，否则将导致焊接效率和焊接质量下降。

实际使用中，为阻止或限制电流流向导向片，应选用相应的导向原材料。高强度钢做导向片时，导向片应安装在远离焊接点的位置以消除火花的影响，因为带钢边缘与导向片之间一旦产生火花，就会在焊接区域产生氧化物夹杂。另外，如果电流流向导向片，则焊接功率和焊接效率都会受到影响。选用陶瓷材料做导向片能完全阻止电流在带钢与导向片之间的流动。但单一的陶瓷材料强度不够，故用高强度钢与陶瓷的复合型材料制作导向片，既可增加导向片的强度，又可保证导向片的电气绝缘。

焊缝导向片除了用来校正焊接点的径向位置外，还可控制焊接点的开口角。理论上，钢导向片的开口角应在4°～7°，不含铁的导向片应在6°～9°。若开口角变化，则V形开口阻抗会变化，焊接温度也会随之改变。因此，要保持焊接温度恒定，开口角须不变。

四、挤压辊的调节对焊接的影响

挤压辊有两个作用：对带钢施加一定的力使其边缘挤压在一起；由挤压辊辊型及此前的成型工序共同确定焊管的形状。

在高频焊接过程中，挤压辊位于焊接闭合点之后，在带钢边缘接触以后，要改变其边缘的轮廓或准线是不可能的，因此，它同样不能消除成型所带来的带钢偏差。

挤压辊具有多种调节功能，可获得轧辊的基准位置，补偿轧辊和轴承的损耗，调节挤压辊压力。其结构形式以二辊式最简单，四辊式最复杂。每种形式都各有其优缺点。二辊式由可以调节的两个立辊组成，控料系统能同时调节两辊达到所需的挤压力或锻压载荷，如图5-22。每一轧辊下面安放有薄垫片，轧辊直径通常很大，心轴和轴承尺寸也很大，以经受剪切力和弯曲应力。

在两辊基础上，可进一步改进。在焊缝上面水平安放两个上轧辊，每个轧辊可以单独在垂直平面内上下调节（图5-23)，在初调整阶段具有很大的灵活性。但应禁止用来校正带钢边缘在成型段出现的不良状态。

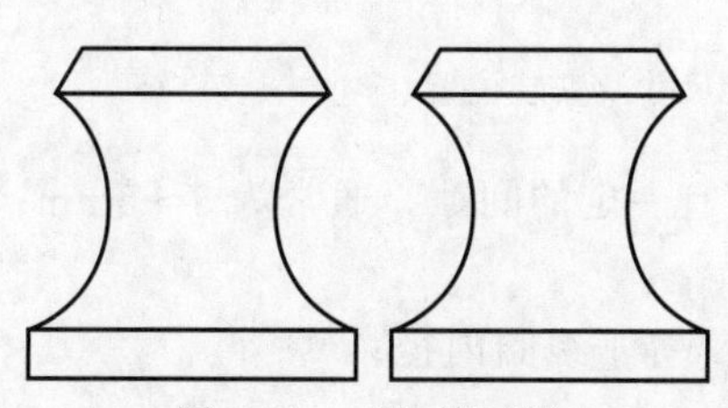

图5-22 二辊挤压辊

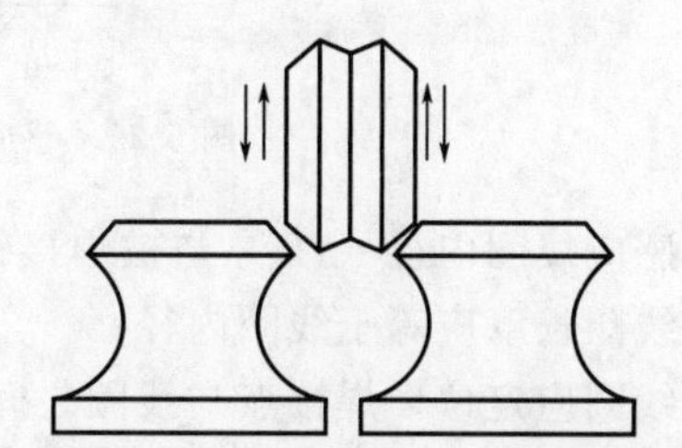

图5-23 改进后的二辊挤压辊

三辊挤压系统包括3个可单独调整、彼此间安装成120°的轧辊，其中一个是水平辊，位于焊管中心线下方，见图5-24(a)。另一种形式是将一个底径带槽的轧辊水平放置于焊管中心线上方，这种挤压方式不能对带钢边缘和挤压力进行单独调节，见图5-24(b)。

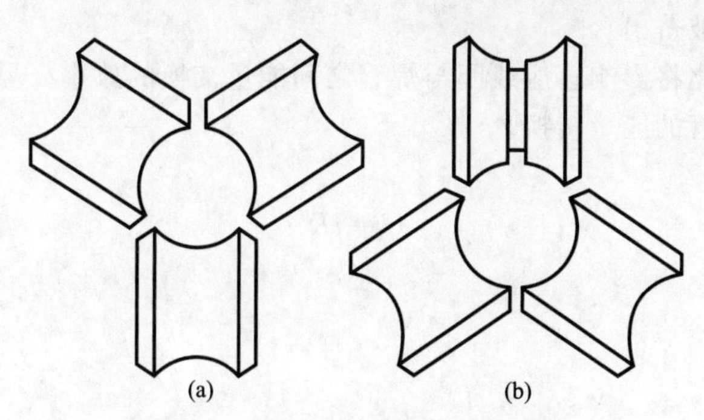

图5-24 三辊式挤压辊的两种型式

一般三辊式挤压辊的辊径小于两辊式。在焊接小直径焊管时，三辊挤压可将感应线圈放置在与带钢闭合点接近的理想位置，但因操作者很容易在焊接点进行调整，故不能校正带钢在成型段出现的偏差。因为带钢边缘移动时互相牵连，在挤压和冷却过程中任何多余的调节都会导致不良的焊接效果，故焊接时只能调节挤压辊压力。

在焊管设备安装中，有的习惯将轧辊与轴隔离以尽可能减小来自感应线圈电流的热影响。然而，频率较高的电流在流过起电容介电作用的隔离物时会产生热量，如果没有隔离物，就会发生热交换。要解决挤压辊发热问题，可用不导电的陶瓷材料或低铜合金制作轧辊，在保证轧辊有足够的支承强度的前提下，尽可能减小辊径，以便将感应线圈放在最适合的位置。

五、感应线圈的参数对焊接的影响

在高频感应焊接中为获得最高的焊接效率，同时在给定的输入功率内获得最窄的热影响区和最高的焊速，在设计感应线圈和确定安装位置时，要注意以下方面，如图 5-25 所示。

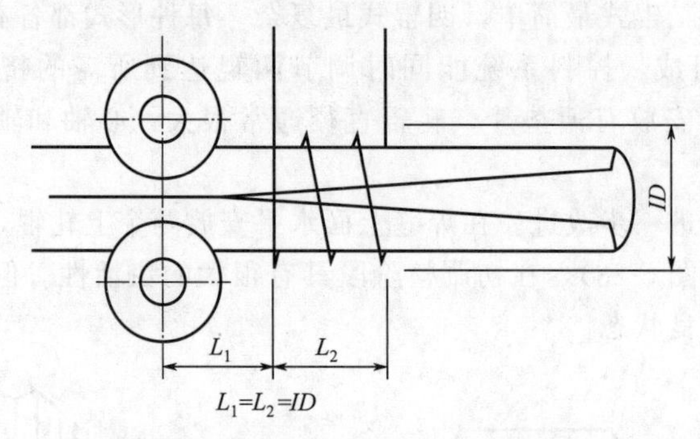

图 5-25　感应线圈的设计尺寸及安装位置

① 感应线圈内径（ID）与被焊接钢管之间应有一定的间隙，通常为 3～5mm；

② 线圈长度应等于线圈内径；

③ 线圈应定位，焊接点与线圈之间的最小距离等于线圈内径；

④ 感应线圈的匝数应能使阳极获得最大电流；

⑤ 应将感应线圈隔离，最大程度地减少电火花的影响，延长线圈的使用寿命。

感应线圈位置和尺寸的改变会引起带钢热影响区的宽度及整个管壁纵剖面的轮廓改变。例如，要增加带钢热影响区的宽度，只需将感应线圈移开焊接点（即 $L>L_1$），增加带钢边缘预热和受热材料的宽度，但这种情况下，以同样的焊速生产所需的功率却比较大，同时沿带钢边缘有大量金属被挤出。

感应线圈的纵横比将影响感应线圈与焊管之间能量交换的效率。另外，线圈匝数也影响其阻抗及焊管机与焊管的能量转换。

（1）直流电路

$$U=IR \tag{5-10}$$

式中　U——电压，V；

I——电流，A；

R——电阻，Ω。

（2）交流电路

$$U=IZ \tag{5-11}$$

式中　Z——阻抗，$Z=(X^2+R^2)^{1/2}$，X 为电抗，Ω；

由电学理论知，电容和电感产生阻抗，电容器和电感器都存在电阻和电抗。

电容电抗：

$$X_c = \frac{1}{2}\pi fC \tag{5-12}$$

式中　f——频率，Hz；

C——电容，F。

电感电抗：

$$X_L = 2\pi fL \tag{5-13}$$

式中　L——电感，$L = r^2 n^2/(9r + 10l)$，H；

r——感应线圈半径，mm；

n——线圈匝数；

l——线圈长度，mm。

$$N = UI \tag{5-14}$$

式中　N——能量或热量，W。

只考虑电阻影响的感应线圈电路，将式(5-10) 代入式(5-14)，电流产生的热量为：

$$N = I^2 R \tag{5-15}$$

如 1000A 的电流流经感应线圈，在工作中产生相等的电流，假设感应线圈的电阻为 0.1Ω（图 5-26），根据式(5-15) 有：

$$N = 1000^2 \times 0.1 = 100(\text{kW}) \tag{5-16}$$

由式(5-10) 得：

$$U_R = 1000 \times 0.1 = 100(\text{V})$$

另外，还必须考虑线圈的电抗（图 5-27），为简化计算，假设焊管对电抗不产生影响。通常电抗是电阻的 6～10 倍，假定为 8 倍，有：

$$Z = \sqrt{X^2 + R^2} = \sqrt{0.8^2 + 0.1^2} = 0.806(\Omega)$$

这时，

$$U_t = IZ = 1000 \times 0.806 = 806(\text{V}) \tag{5-17}$$

$$U_L = (U_t^2 - U_R^2)^{1/2} = (806^2 - 100^2)^{1/2} \approx 800(\text{V})$$

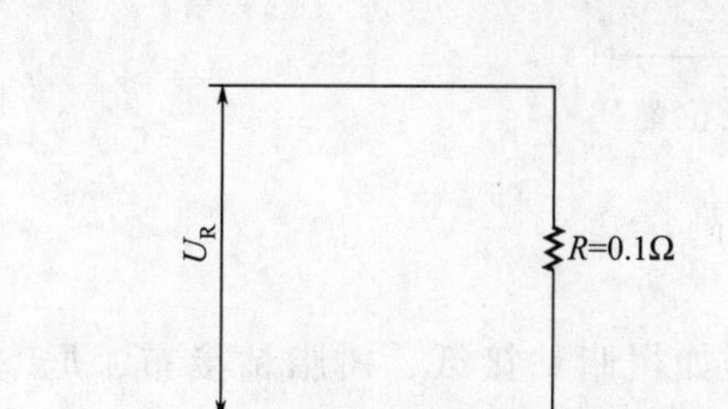

图 5-26　只考虑电阻影响的感应线圈电路

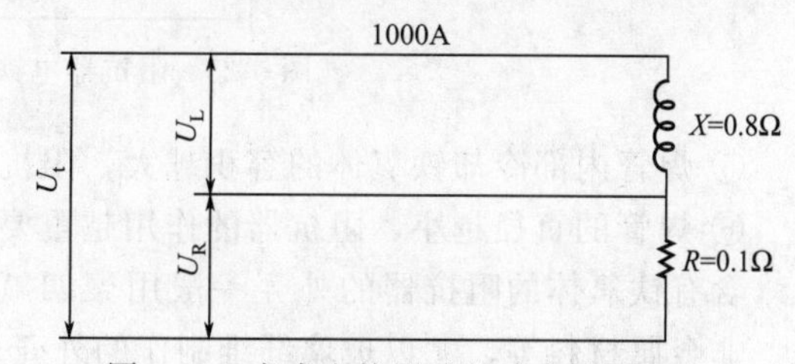

图 5-27　考虑电抗影响的感应线圈电路

由此可知，感应线圈产生 100kW 的热所需的电压是 806V 而不是 100V，代入式(5-14) 后得：

$$N = 806 \times 1000 = 806(\text{kW}) \tag{5-18}$$

即产生 100kW 的热需要 806kW 的视在功率，此能量计算包括了电抗。设视在功率与输出功率的比率为 Q，如果焊管机 Q 值不适当，那么就不能产生足够的热（kW）。

例：焊管机输出功率为 100kW，$Q = 5$，所以产生的热量为 500kW。

在交流电路中 $N_{AC} = UI$，由式(5-11) 得：

$$N_{AC} = U^2/Z \tag{5-19}$$

$$U=(N_{AC}Z)^{1/2}=(500\times10^3\times0.806)^{1/2}=635(V)$$

$$I=U/Z=788(A)$$

根据式(5-15)，0.1Ω 电阻所产生的热量为：$N=I^2R=788^2\times0.1=62.1(kW)$ (5-20)

显然，1 台 100kW 的焊管机只有 62.1kW 的功率转换到工作中。若感应线圈的电抗能减小，则更多的能量就可转化成热能。而减小线圈的直径就可减小其电抗，但线圈与焊管之的距离有一定的限制，故可减少感应线圈的匝数，这就需要焊管机输出更大的电流，而实际只有较小的电流能被利用。但有专家认为只有使焊管机的 Q 值适当，并且焊管与线圈之间的间隙适当，才能将全部输出功率转化到工作中。

另外，在焊接过程中感应线圈的强磁场所吸引的带钢金属粒子可能被加热，导致感应线圈隔离物过早断裂，因此，感应线圈应保持清洁，以防止因线圈故障而停车。

六、阻抗器参数对焊接的作用

阻抗器与感应线圈都是高频感应焊中的加热装置，阻抗器要求具有如下理想特性：

① 阻抗器的芯子由铁氧体制成，其磁性饱和为 0.55T，居里点为 769℃；

② 用非金属将芯子套上，用水或机组冷却剂冷却；

③ 为防止金属粒子过热而引起阻抗器隔离物过早断裂，不能让它经过冷却剂进入阻抗器；

④ 铁氧体应为感应线圈长度的 3.5～4 倍，铁氧体下游端部应该超过挤压点中心线长度约 3.2mm，如图 5-28 所示。

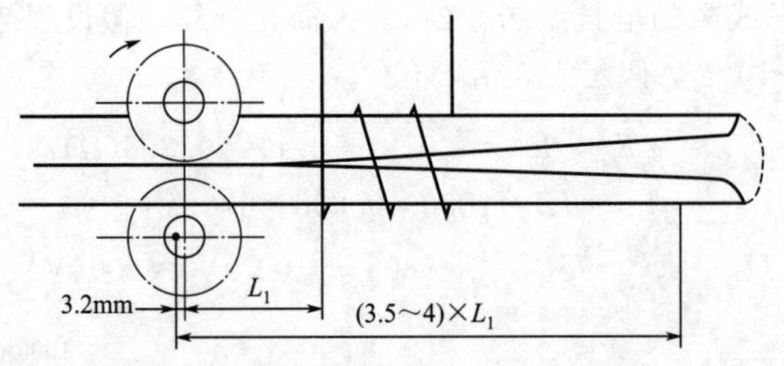

图 5-28　阻抗器电铁氧体的长度及位置

⑤ 焊管内部冷却铁氧体的容积越大，阻抗器的效率越高；

⑥ 焊管的直径越小，阻抗器的作用越重要。

含有铁氧体的阻抗器的外壳一般用聚四氟乙烯制作，如树脂粘接纸、树脂粘接布、尼龙、非金属材料等，尤以玻璃纤维制作的外壳寿命最长。阻抗器两端的塞子用有色金属或非金属材料制成，具有一定强度，利用阻抗器端部的螺纹与输送冷却水的钢管相连接。

阻抗器也适用于具有去内毛刺功能的焊管机组，其最小内径为 32mm，根据去内毛刺的需要，内径可制成 19mm。

与感应线圈一样，阻抗器位置和尺寸的改变也会引起焊接带钢横断面的热影响区轮廓的改变。例如，把阻抗器从焊接点移出一点，焊管内部热影响区将变宽。

也就是说，焊管外表面的热影响区宽度由感应线圈的位置和尺寸控制；内表面的热影响区宽度由阻抗器的位置和尺寸控制。如果感应线圈和阻抗器都移开焊接点，那么热影响区会变宽，焊接后有大的表面凹陷且容易变形，同时，大量的金属被挤出，致使功率消耗增大。这种情况下，实际焊速并未达到焊接速度表上所显示的焊速。

总之，国内外高频直缝感应焊管生产实践经验表明，对带钢宽度、成型工艺、焊缝导向、挤压辊、感应线圈、阻抗器等因素进行有效控制，可获得理想的焊接效果。

第九节 大直径焊管纵缝焊接自动跟踪工艺

一、纵缝焊接存在的问题

焊缝跟踪装置是焊接自动控制系统中的重要装置，目前较先进的焊缝跟踪装置是视觉传感式跟踪装置，它主要由视觉传感器、焊枪滑块调节装置和微机控制器组成。其工作原理是，传感器将接收到的焊缝位置信息通过接口电路传送给微机控制器，微机控制器对焊缝偏差及偏差变化趋势信息进行计算处理后，通过接口电路向焊枪十字滑块调节机构的伺服电机发出指令信号，带动焊枪进行左右、上下二维运动，从而实现焊枪对焊管焊缝的自动跟踪。然而对于大直径长焊管，例如 ϕ219mm×6000mm 的焊管，其焊缝错边有时可达 30mm，偏角度达 15.7°，若采用滑块调节装置带动焊枪左右运动跟踪焊缝，就无法满足焊枪始终对准焊缝的要求，从而会造成漏焊等缺陷，为此只能采用弧形滑架使焊枪绕焊管中心轴偏转的跟踪方式来保证焊枪与焊缝垂直。但是不同直径的焊管需要配置不同的弧形滑架，工作中更换滑架既费时费力，又增加了生产成本。

二、纵缝自动跟踪焊接工艺

根据现有大直径焊管纵缝焊接存在的问题，设计制造出了一种特别适于大直径焊管纵缝焊接的焊缝自动跟踪装置，国家专利公开号是 CN101011773A。

1. 自动跟踪焊接技术方案

大直径焊管上述问题的自动跟踪焊接技术解决方案包括与焊枪连接成一体的、位于焊枪前方的视觉传感器，接口电路，微机控制器和焊缝跟踪执行机构，见图 5-29。

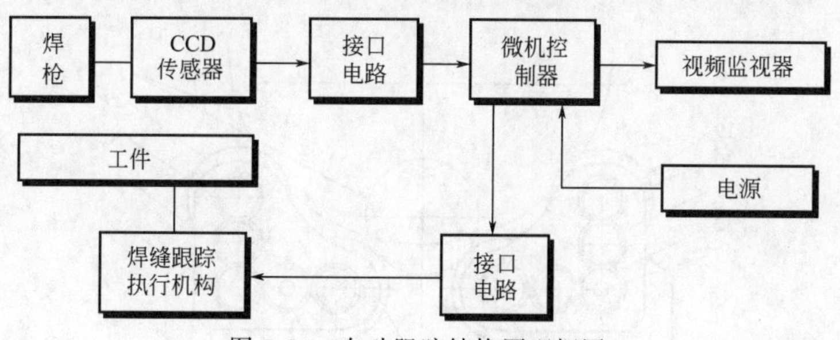

图 5-29 自动跟踪结构原理框图

方案中的视觉传感器通过接口电路与微机控制器相连接，微机控制器同时又通过接口电路与焊缝跟踪执行机构相连接，而所述的焊枪与视觉传感器是安装于沿焊管纵缝方向直线运动的行车小车上的，焊管放于滚轮架的数对滚轮上，焊缝跟踪执行机构由滚轮架上设置的由与微机控制器相连接的伺服电机及减速器构成的滚轮传动机构和位于滚轮架底部的由与微机控制器相连接的变频调速电机及蜗轮丝杠升降机构成的滚轮架升降机构组成。

2. 技术方案实施方式

下面结合图 5-30～图 5-33，对专利技术做进一步说明。

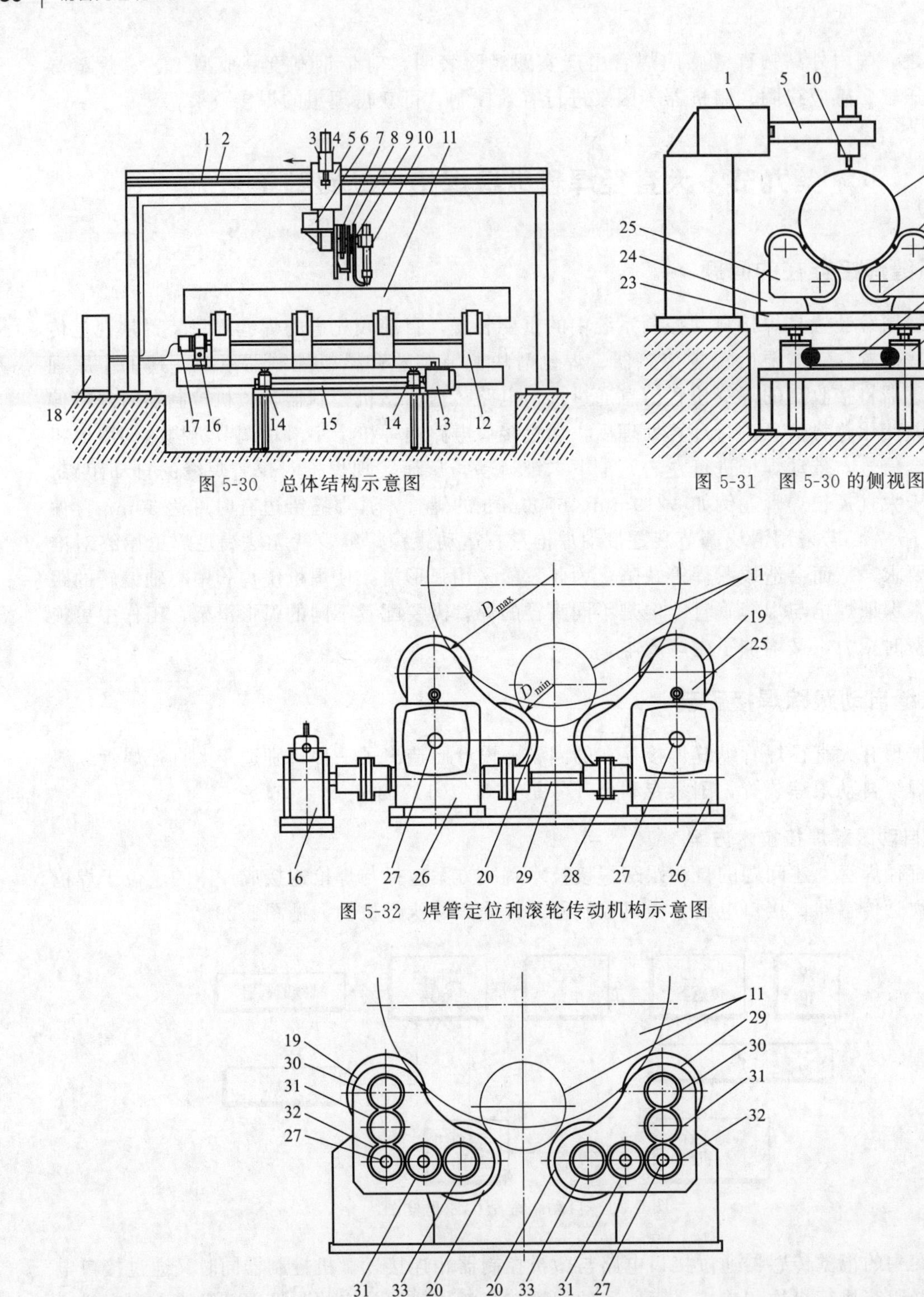

图 5-30　总体结构示意图

图 5-31　图 5-30 的侧视图

图 5-32　焊管定位和滚轮传动机构示意图

图 5-33　滚轮传动齿轮箱结构示意图

行车小车 5 上安装有焊枪 10 及焊丝传送机构 9，并对焊枪 10 的焊矩高度的自动跟踪采用 AVC 控制，即电弧电压恒值控制。在位于焊枪 10 的前方安装有视觉传感器 8 及视频监视器 6，视觉传感器 8 通过接口电路与微机控制器 18 相连接。行车小车 5 上还特地设置了安装视觉传感器 8 的微型十字滑块 7，以便于通过视频监视器 6 中的激光条纹和焊缝位置及时调整视觉传感器与焊枪的相对位置。

行车小车5的驱动机构3由伺服电机与减速器组成，并通过减速器输出轴上的齿轮4与工件上方龙门架横梁1上的齿条导轨2相啮合。放置工件焊管11的滚轮架12是由底座23、安装于底座23上的若干对滚轮座24及每一滚轮座上安装的上滚轮19和下滚轮20组成，每对滚轮座上的上滚轮、下滚轮分别组成上滚轮对与下滚轮对，上滚轮对的中心距大于下滚轮对之间的中心距。

下滚轮对可放置直径ϕ200～ϕ500mm的焊管，而对于ϕ500～ϕ800mm的焊管则需上下滚轮对同时支承定位。滚轮架12置放于龙门架下方且使承载的工件焊管11的轴向与龙门架横梁1相平行。为了使焊管在滚轮架上传动更平稳可靠，钢质的上滚轮19和下滚轮20外面包有橡胶套。滚轮传动机构是根据微机控制器的指令使工件焊管11偏转，保持焊缝实时跟踪对准焊枪10的执行机构，它由安装于滚轮架一侧端上的两个由伺服电机17及一级减速器16通过联轴器28和传动轴29带动的二级减速器26，以及各滚轮座侧面的齿轮箱25组成，伺服电机通过接口电路与微机控制器18相连接，两个二级减速器26的输出轴27贯穿同侧的齿轮箱25，并由输出轴27上所安装的齿轮32带动齿轮箱中的过渡齿轮31，进而带动上滚轮轴上的齿轮30和下滚轮轴上的齿轮33。滚轮架升降机构是根据微机控制器的指令使工件焊管11与焊枪10之间的距离保持稳定的调节执行机构，它由一台带编码器和制动器的变频调速电机13和由其驱动的四台设置在滚轮架底座23底部的支架22上的蜗轮丝杠升降机14组成，四台蜗轮丝杠升降机之间通过万向传动轴15和同步带21相连接，变频调速电机13通过接口电路与微机控制器18相连接。

3. 视觉传感处理功能

技术方案中的视觉传感器8采用META公司的MLP5激光传感器，该激光传感器包括一个CCD摄像机以及一个激光器，激光器作为结构光源，从传感器前部以一定角度发射激光条纹至传感器下面的工件表面上，摄像机直接摄取工件表面上的激光条纹图像。摄像机前部装有光学滤光片，只允许激光通过，而滤去其他的光，包括焊接电弧光。因为传感器以预先设定的距离安装在焊枪前部，当焊枪在焊缝上方正确定位后，焊缝应接近于激光条纹的中心，这样才能使摄像机观察到激光条纹和焊缝。工作中如果工件距离传感器近，在工件表面的激光条纹就相对靠前，反之，工件距离传感器远一些，工件表面的激光条纹就相对靠后。因此通过摄像机观察激光条纹的位置，传感器就能测量距离工件的垂直距离；从在工件上的激光条纹形状，传感器也能够测量出工件表面轮廓和在条纹内的焊缝的位置，从而可以测量传感器和焊缝间的横向距离。传感器激光条纹图像即焊枪与焊缝的偏差信号通过接口电路送微机控制器18处理，处理后发出控制指令信号，通过接口电路传送给执行机构的滚轮传动机构的伺服电机，使其运转而带动焊管偏转来调整焊缝的位置，以保证焊接过程中焊管焊缝始终垂直对准焊枪。

第十节 焊管CO_2气体保护焊单面焊双面成型焊接工艺

焊管的单面焊双面成型焊接工艺是在接缝间隙处依靠控制熔池金属的操作技术来实现单面焊接，正反双面成型。焊接时随着电弧热源的稳定，液态金属熔池沿前端线熔化，沿后端线结晶，高温液态熔池处于悬空状态。选用100% CO_2气体保护焊，熔深好，焊缝成型美观，便于单面焊双面成型。焊管的单面焊双面成型焊接工艺焊缝质量好、焊接速度快、节省了焊接材料而且焊缝内部的质量容易达到探伤质量的要求。

一、CO_2 气体保护焊工艺特点

影响熔池存在时间和熔池几何形状的主要因素是被焊金属的热物理性能、坡口角度、尺寸、焊接方法以及焊接规范等。假设基本金属的热物理性能、坡口角度及尺寸为定值，熔池存在的时间和熔池的几何形状可以用式(5-21) 表示：

$$t=M/V=UIJS/V \tag{5-21}$$

式中 t——熔池存在的时间；

S——散热系数；

V——焊接速度，mm/s；

U——电弧电压，V；

I——焊接电流，A；

J——熔池几何形状系数；

M——熔池几何形状当量外径，mm。

由式(5-21) 可以看出，CO_2 气体保护焊具有单面焊双面成型的有利条件。CO_2 气体保护焊的电弧热量集中，加热面积小，液体熔池小，熔池几何形状比手工电弧焊、埋弧焊较小，有利于熔池的控制。

CO_2 气体保护焊电流密度较大，可以达到足够的熔深，由于熔池体积较小，焊接速度快，在气流的冷却作用下，熔池停留的时间短，因此既有利于控制熔池不下坠又可以焊透。

CO_2 气体保护焊熔渣较少，熔池的可见度较好，便于直接观察熔池的形状，焊工可以依据熔孔的大小来控制焊接速度和摆动以保证焊缝成型，易操作且效率高。

二、CO_2 气体保护焊工艺准备

1. 坡口形式及组装

CO_2 气体保护焊对坡口形式和组装的要求较为严格。对接焊缝的坡口形式以及尺寸包括角度、钝边和装配间隙。

坡口角度主要影响电弧是否能深入到焊缝根部，使根部焊透，进而获得较好的成型焊缝和焊接质量。保证电弧能够深入到焊缝根部的前提下，应尽量减小坡口角度。

钝边的大小可以直接影响根部的熔透深度，钝边越大，越不容易焊透。钝边小或无钝边时容易焊透。但装配间隙大时，容易烧穿。装配间隙是背面焊缝成型的关键参数，间隙过大，容易烧穿，间隙过小很难焊透。

采用直径为 ϕ1.2mm 的 $H08Mn_2Si$ 焊丝，单面焊双面成型封底焊缝的熔滴过渡形式为短路过渡，通常可以选用较小的钝边，甚至可以不留钝边，装配间隙为 2～4mm，坡口角度依据 GB/T 985.1—2008《气焊、焊条电弧焊、气体保护焊和高能束焊的推荐坡口》的标准要求采用 V 形坡口，坡口角度在 60°±5°，对提高坡口精度以及焊接质量，起到了很好的作用。在焊接中应注意天气变化的影响，特别是防风措施一定要做到位。

2. 焊接电流的选择

焊接电流是确定熔深的主要因素，当焊接电流太大时，则焊缝背面容易烧穿，出现咬边、焊瘤，甚至产生严重的飞溅和气孔等缺陷；电流过小时容易出现未熔合、未焊透、夹渣和成型不好等缺陷。试验表明，当选用直径为 ϕ1.2mm 焊丝时，单面焊双面成型的封底焊

接电流为 85～100A 较为合适。因此，焊接电流的大小直接影响焊缝的成型以及焊接缺陷的产生。

3. 焊接电压的选择

在短路过渡的情况下电弧电压增加则弧长增加。电弧电压过低时，焊丝将插入熔池，电弧变得不稳定，所以电弧电压一定要选择合适，通常焊接电流小，则电弧电压低，电流大，则电弧电压高。焊接电流与电弧电压如表 5-4 所示。

表 5-4 焊接电流与电弧电压

电流/A	70～80	80～90	90～110	110～150	150～220
电压/V	17～18	18～19	19～20	20～22	22～24

4. 焊接速度的选择

当焊丝直径、焊接电流和电压为定值时，熔深、熔宽及余高随着焊接速度的增大而减小。如果焊接速度过快，容易使气体的保护作用受到破坏，焊缝冷却的速度太快，焊缝成型不好；焊接速度太慢，焊缝的宽度显著增大，熔池的热量过分集中，容易烧穿或产生焊瘤。

三、CO_2 气体保护焊焊接操作方法

焊管 CO_2 气体保护焊是明弧操作，熔池的可见度好，容易掌握熔池的变化，可以直接观察到电弧击穿的熔孔，能够控制熔孔的大小并且保持一致，在这方面要比手工电弧焊优越得多。另外，焊接时接头少，不易产生缺陷，但操作不当也容易产生缺陷，所以，操作时应特别注意。

1. 干伸长度的控制

干伸长度对焊接过程的稳定性影响比较大，当干伸长度越长时，焊丝的电阻值越大，焊丝过热而成段熔化，结果使焊接过程不稳定，金属飞溅严重，焊缝成型不好，气体对熔池的保护也不好；如果干伸长度过短则焊接电流增大，喷嘴与工件的距离缩短，焊接的视线不清楚，易造成焊道成型不良，并使得喷嘴过热，造成飞溅物粘住或堵塞喷嘴，从而影响气体流通。因此，一般选择焊丝直径的十倍为最佳干伸长度。

2. 焊丝与焊管角度的选择

焊丝与焊管纵向以及横向的角度是保证单面焊双面成型封底焊焊接质量的关键。应特别注意各种焊接位置封底焊时焊丝与焊管的角度。

焊管对接横焊时，焊丝与焊管的轴线成下倾斜 10°～20°与圆周切线成 70°～80°。焊管对接全位置焊时，焊丝与焊管的轴线成 90°与圆周切线成 60°～80°。

3. 打底焊焊缝接头

打底焊时，应尽量减少接头，若需要接头时，用砂轮把弧坑部位打磨成缓坡形，打磨时要注意不要破坏坡口的边缘，造成焊管的间隙局部变宽，给打底焊带来困难。接头时，干伸长的顶端对准缓缓焊接，当电弧燃烧到缓坡的最薄的位置时，正常摆动，CO_2 气体保护焊的焊接接头方式与手工电弧焊的接头完全不一样。手工焊焊接接头时，当电弧烧到熔孔处时，压低电弧，稍作停顿才能接上，而 CO_2 气体保护焊只需正常焊接，用它的熔深就可以把接头接上。

4. 打底焊接注意事项

打底焊是焊接接头质量的关键，注意熔接时接头的方法，才能避免焊接缺陷的产生。焊接电流应依据坡口角度的大小作适当的调整，坡口角度大时散热面积小电流应调小一些，否则容易造成塌陷和反面咬边等缺陷。

打底焊时选用短齿形摆动，由于短齿形的间距没有掌握好焊丝在装配间隙中间穿出，如果在整条焊缝中有少量的焊丝穿出，是允许的；如果穿出的焊丝很多，则是不允许的。为了防止焊丝向外穿出打底焊时焊枪要握平稳，可以用两手同时把握焊枪，右手握住焊枪后部，食指按住启动开关，左手握住焊把鹅颈部分就可以了。这样就能减少穿丝或不穿丝，保证打底焊的顺利进行和打底焊的内部质量。

要注意的是，在打底焊前应对焊接规范进检查，避免在施焊的过程中出现问题，注意喷嘴内部的飞溅物是否堵塞喷嘴。同时还要注意的是，停弧或打底焊结束时，焊枪不要马上离开弧坑以防止产生缩孔及气孔。

四、焊缝质量评定

① 焊缝外观。焊管的单面焊缝外观成型良好，平滑整齐，熔宽和加强高符合双面焊尺寸公差要求，焊接缺陷明显少于手工电弧焊单面焊双面成型。

② 焊缝内部。焊缝内部质量经 X 射线探伤检验表明，一级片合格率明显高于手工电弧焊单面焊双面成型。

③ 力学性能。壁厚为 6mm、直径为 325mm 的焊管对接焊时手工电弧焊与 CO_2 气体保护焊焊接接头性能对比，见表 5-5。

表 5-5 手工电弧焊与 CO_2 气体保护焊焊接接头性能对比

焊接位置	E5015 手工电弧焊							$H08Mn_2Si$ CO_2 气体保护焊						
	R_m /MPa	R_{eL} /MPa	A_{KV}/J		A /%	P /%	冷弯 $D=3mm$, $t_a=180°$	R_m /MPa	R_{eL} /MPa	A_{KV}/J		A /%	P /%	冷弯 $D=3mm$, $t_a=180°$
			焊缝	HAZ						焊缝	HAZ			
平焊	576	416	208	112	26.5	75	无裂	558	396	183	104	34	72.5	无裂
立焊	599	440	117	115	22.5	72.5	无裂	562	359	139	110	33.5	72.5	无裂
横焊	590	420	180	119	24.0	73.5	无裂	578	436	236	242	25.5	72.5	无裂
仰焊	581	440	190	114	24.5	73.5	无裂	567	429	210	222	31.5	75	无裂

试验结果表明，E5015 手工电弧焊与 $H08Mn_2SiCO_2$ 气体保护焊单面焊双面成型焊接接头的性能相近，手工电弧焊焊接接头性能略高于 CO_2 气体保护焊焊接接头的性能，其原因是 E5015 焊条的强度比国家标准规定的强度要高。

④ 接头组织对比。E5015 手工电弧焊与 $H08Mn_2SiCO_2$ 气体保护焊焊接接头组织对比见表 5-6。

表 5-6 接头组织对比

	焊缝	热影响区		
		过热区	正火区	不完全正火区
手工焊	柱状晶铁素体+珠光体	铁素体+珠光体	铁素体+珠光体	铁素体+珠光体

续表

焊缝		热影响区		
		过热区	正火区	不完全正火区
气体保护焊	柱状晶铁素体+珠光体魏氏组织A列3级	铁素体+珠光体魏氏组织B列4级	铁素体+珠光体魏氏组织B列4级	铁素体+珠光体

两种焊接方法的金相组织基本相同，主要都是铁素体+珠光体。

五、CO_2 气体保护焊单面焊双面成型焊接优点

CO_2 气体保护焊单面焊双面成型焊接质量可靠，它与手工电弧焊相比具有操作简单、熔池容易控制、背面成型优良、焊接质量好、焊接速度快、焊缝内部质量容易达到探伤的质量要求、操作方法比较容易掌握、成本低、效率高等特点，在生产中取得了良好的效果。

第十一节 JCOE直缝埋弧焊管生产线的研制

21世纪是我国输气管道建设的高峰期，石油和天然气作为一种主要能源在国家的经济建设中发挥着越来越重要的作用。随着石油天然气需求量的不断增加，管道的输送压力亦不断增加，管线钢管向着大口径、厚壁和高强度方向发展已成趋势。“西气东输”和“陕京二线”天然气输送管线工程就是我国采用大口径、厚壁、高压输送管的新起点。

为了实现“西气东输”工程用大口径直缝埋弧焊管的国产化，国内巨龙钢管有限公司建成了国内第一条JCOE大口径直缝埋弧焊管生产线。并于2002年6月向西气东输工程提供了国内第一批合格的国产JCOE、X70钢级的大口径（ϕ1016mm）直缝埋弧焊管。填补了我国生产大口径、厚壁高强度和高韧性油气长输管道用直缝埋弧焊管的空白。

一、JCOE直缝埋弧焊管生产线的研制

1. 主要性能指标

JCOE直缝埋弧焊（以下简称LSAW）钢管生产线主要性能指标：直径为ϕ406.4～ϕ1422.2mm，壁厚为6.4～32mm，钢级为A25～X80的钢管，年生产能力为20×10^4t左右。该公司在JCOE直缝埋弧焊管生产线总体方案设计方面，经过8年调研、对比分析后，在德国和日本专家技术指导下确定方案，其中关键设备的主机从德国引进，进口主机的配套设备和其他主要设备由巨龙钢管有限公司和国内专业制造厂家采用德国技术联合研制，单机采用计算机程序自动控制，电气采用西门子元件，液压采用力士乐元件。

2. JCOE直缝埋弧焊管生产线主要流程

JCOE直缝埋弧焊管生产线主要流程如图5-34所示。

生产线主要流程简单介绍如下：

① 钢板进入生产线后，首先进行全板超声波检验，对生产钢管的原料质量进行严格把关。

② 采用全自动、高速浮动式铣边机对钢板两纵向边进行双面铣削，使之达到加工要求。该铣边机具有钢板自动对中功能，铣头具有浮动仿形跟踪功能，可根据钢板的平度情况自动调整铣头位置，保证钢板两边具有同样坡口形状和尺寸。

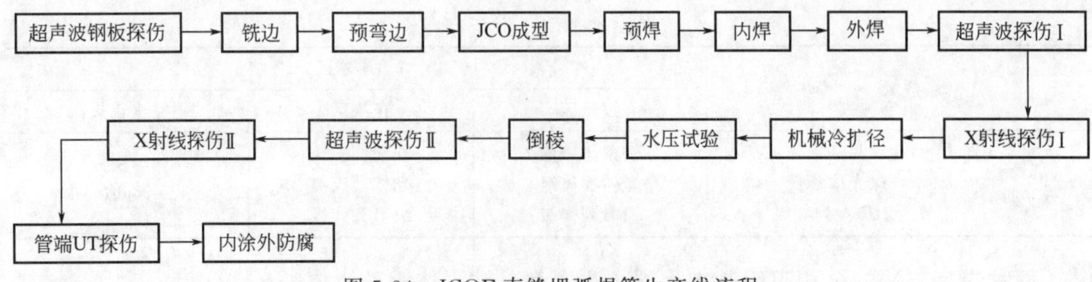

图 5-34　JCOE 直缝埋弧焊管生产线流程

③ 预弯边机将板边预先弯制到合适的曲率，保证焊缝区域的几何外形，并为下道成型工序做好准备，该预弯边机属于全自动的液压预弯机。模具圆弧及过渡段形状的科学设计，使板边在预弯过程中始终处在一个纯弯曲变形的过程中，在厚板加工时不产生压延，较辊式弯边机优越，为随后的成型、焊接和扩径等工序打下了良好的基础。

图 5-35　德国 JCO 成型机示意

④ 采用JCO成型法，所用模具少，更换规格的时间短，技术较成熟，JCO 成型机如图 5-35 所示。

⑤ 当焊机对开口钢管进行快速合缝预焊时，为保证内、外多丝埋弧焊接的质量，预焊机采用了德国技术，由国内联合研制的八排压辊合缝机和德国 U&S 公司的连续式气体保护焊及激光跟踪设备组成。

八排压辊使成型后的钢管能迅速准确地合缝对中，可有效消除错边。预焊方式为焊缝全长连续预焊工艺，同时预焊采用了大功率连续式活性气体保护电弧焊（MAG）及激光跟踪设备，保证了预焊的质量，为内焊和外焊打下了良好的基础。

⑥ 内焊采用纵列四丝埋弧焊，在钢管内侧进行焊接，其特点是：生产率高；气孔及夹渣率低，裂纹倾向小；接头力学性能好；焊缝几何形状易控制。LSAW 钢管生产线的内焊主机从德国 U&S 公司引进。采用德国技术，由国内联合研制的横移车在横向输送钢管中，消除了输送过程中的划伤及碰伤问题，横移车与焊接车配套使用缩短了焊接准备时间。

⑦ 外焊采用纵列四丝埋弧焊，外焊主机从德国 U&S 公司引进，接地极等配套设备由国内联合研制。

⑧ 超声波探伤 I 对内外焊缝及焊缝两侧母材进行百分之百的 UT 自动探伤。机型为国内联合研制的扩径、水压试验前 UT 自动探伤机。

⑨ X 射线探伤 I 对内外焊缝进行百分之百的 X 射线工业电视探伤，采用图像处理系统以保证探伤的灵敏度。该设备由国内联合研制开发，进口了关键件。

⑩ 钢管一次整体机械扩孔机，可对 LSAW 钢管全长进行扩径、整圆、矫直，以提高钢管几何尺寸精度，并可改善钢管内应力的分布状态，整体机械扩径如图 5-36 所示。

图 5-36　SMS 整体扩径机示意

⑪ 水压试验。对扩径后的钢管进行逐根水压试验，由国内联合研制的2800t水压机进行，具有自动记录和储存试验压力和时间的功能，柱式增压器在短时间内提高管内水压，保证钢管质量达到要求。

⑫ 由国内联合研制的倒棱机对钢管进行管端坡口加工以保证钢管现场对接焊接质量。

⑬ 超声波探伤Ⅱ再次逐根对焊缝及两侧母材进行UT探伤，以确保扩径、水压试验后的钢管质量。德国KD公司的水柱式UT自动探伤机，其特点是非接触式水柱耦合良好，探伤可靠，探伤盲区小。

⑭ X射线探伤Ⅱ对扩径和水压试验后的钢管进行管端焊缝拍片，确保出厂钢管质量，该设备由国内联合研制，进口了关键件。

⑮ 管端UT探伤以确保钢管质量。

3. JCOE直缝埋弧焊管生产线方案总体设计

首先是成型方法的确定，目前国际上生产LSAW钢管主要有以下几种方法：UO成型法、JCO成型法和RB成型法。其中，UO成型法生产效率高，但设备昂贵，投资规模大；RB成型法投资少、产量适中，市场适应性强，但由于设备特性限制，产品规格范围较窄，不能生产管径较小、厚壁和高钢级的钢管；JCO成型法是渐进式多步模压成型，钢板由数控系统实现理想的圆形，钢板各部位变形均匀，没有明显的应力集中，残余应力小、分布均匀，钢板在成型至扩径过程中始终受拉伸，没有UO成型时钢板所受的压缩-拉伸的反向受力过程，包辛格效应小，钢板的强度得到充分利用，模具小，在受力状态下，钢管表面不会划伤，模具与钢板的相对运动距离小，成型过程的氧化皮脱落少，容易清洁，对焊接质量影响小，成型过程中不需要UO成型的润滑和之后的清洗、烘干。综合分析比较各种LSAW钢管成型工艺方法的特点，最终决定采用JCO成型法。

巨龙钢管有限公司JCOE直缝埋弧焊管生产线与现代国际先进的UOE直缝埋弧焊管生产线的区别为成型方式分别为渐进式JCO成型和两次UO成型，内外焊生产线数量差一倍，扩径机数量差一倍，即生产效率差一倍，其他完全相同。巨龙钢管有限公司JCOE直缝埋弧焊管生产线在硬件设备和软件技术等方面具备了国际先进、国内领先水平，且充分考虑了中国的国情，即石油天然气输送管道混合使用直缝和螺旋缝埋弧焊管，其生产规模适中，较全线引进国际先进的UOE和JCOE生产线，分别节省投资14亿元和3亿元，具有良好的适应性和经济性。

二、采用多项关键制管技术

1. 板边加工技术

早期的LSAW钢管机组采用气割，后来改进为刨边工艺，但是钢板不平，且在运输过程中容易形成“死弯”，而刨边机的刨刀不能随着板边浮动，造成板边坡口的不均匀“缺肉”，焊接时容易烧穿和未焊透，影响焊缝质量。巨龙钢管有限公司采用了浮动式铣边机，铣削加工精度高，而且铣刀可随板边自由浮动，保证了坡口的均匀性，从而保证了焊接质量。

2. 预弯边技术

早期的LSAW钢管机组没有配置预弯边机，后来逐渐采用了辊式预弯机，辊式预弯工艺对高强度厚板的板边预弯效果不理想，容易造成板边的纵向延伸，而对薄板的波浪又缺乏矫平能力。图5-37是经过辊式预弯的钢管，可以看出预弯效果不良，板边有明显的波浪。

巨龙钢管有限公司采用了压力式预弯机，如图5-38所示，采用一台数千吨的压力机，通过模具对钢板边缘进行步进式预弯，可以得到十分理想的板边形状，有效地防止焊缝周围的"噘嘴"现象，防止扩径时发生开裂。

图5-37 辊式预弯的钢管示意

图5-38 压力式预弯机

3. 成型技术

采用渐进式JCO成型在国内是第一次，这种成型过程是步进式预弯和管体数控折弯的有机结合，涉及折弯过程的数控和液压伺服控制、横梁的同步测量和控制、下梁的动态补偿、进给机构的步进控制等方面，工艺参数繁多，没有先例可循，掌握其规律的难度很大。

4. 连续预焊技术

老式的LSAW钢管机组没有设置预焊机，在成型后直接进行内焊。后来改进为多头式点焊机，由于没有完全打底，内焊时容易烧穿。如果为了防止烧穿而减少电流，又容易造成未焊透，在最新的有关海洋、低温和酸性条件用管标准ISO 3183-3和GB/T 9711.3的6.3款中，已明确提出不允许采用断续点焊。巨龙钢管有限公司采用了激光跟踪的大功率粗丝混合气体保护焊，焊接电流可高达2000A，焊接速度可高达7m/min，实现了连续预焊，为后续的精焊创造了最佳的焊接条件。

5. 四丝串列埋弧焊技术

老式的LSAW钢管机组只采用单丝或双丝埋弧焊，由于现代的高压输气管线对钢管的焊接提出了十分苛刻的要求，既要有高的生产效率，又要满足焊缝和热影响区的强度、硬度和冲击韧性要求，还要求焊缝与母材的过渡良好，无咬边，焊缝余高小，等等。采用单丝或双丝焊接很难全面满足这些要求，因此，巨龙钢管有限公司采用了四丝串列埋弧焊，同时采用激光跟踪和焊接参数自动控制技术，通过多丝参数的控制，能够全面满足大壁厚、高韧性钢管的焊接要求。粗丝高速混合气体保护连续预焊，四丝串列埋弧焊进行内外精焊在国内都是空白，需要进行大量的试验研究。分别在钢板、扩径前后的钢管上进行了混合气体保护焊、四丝串列埋弧焊的焊接试验，每一步都进行严格的检验、分析和反复调整，最终通过焊接工艺评定，获得了实用的焊接技术参数，并且实现了焊材国产化，减少成本上千万元。

6. 机械扩径技术

钢管扩径分机械扩径和水压扩径两种。机械扩径比水压扩径有如下优点：

① 水压扩径后钢管的外径取决于模具内径，钢管壁厚偏差造成钢管内径的偏差，一般管线尤其是海洋管线要求以钢管内径为基准，内径一致有利于环焊对接，而采用机械扩径正

好可以满足以内径为基准的要求；

② 机械扩径的效果便于直接测量，钢管的最终尺寸可通过调节拉杆行程精确调整。而水压扩径的效果只能在扩径后测量，无法调整；

③ 水压扩径时，在模具内对钢管加压，焊缝与模具内壁接触，容易造成近焊缝区的不均匀变形，机械扩径时模具上开有凹槽，可以避免与焊缝接触；

④ 机械扩径同时对钢管焊接后的弯曲进行多步矫直，作用明显。

在最新的有关海洋、低温和酸性条件用管标准 ISO 3183-3 和 GB/T 9711.3 的 6.5 款中，已明确提出直缝埋弧（LSAW）钢管应采用机械方法冷扩径，因此，巨龙钢管有限公司采用了整管机械扩径机。首先进行了较大扩径量的扩径试验，摸索机械扩径前后钢管直径、圆度、平直度、厚度和长度的变化规律，以及钢管母材的硬度、强度和屈强比的变化趋势，初步总结出机械扩径的规律。

经过机械扩径的钢管在管端尺寸精度上显示出良好的特性，尺寸精确、圆度好、钝边均匀，达到的精度超过了西气东输钢管标准要求，为现场焊接提供了良好的条件。

7. 无损探伤和理化实验技术

巨龙钢管有限公司选用的现代最先进的超声波探伤-高压水柱耦合方式对钢管母材和焊缝进行无损检测，可以保证探头与管体通过水柱在非直接接触状态下实现良好的耦合，探头不会磨损，探伤稳定性好，灵敏度高，微电子化的软件处理系统对缺陷的识别，消除了误报和漏报现象。先进的理化实验设备仪器确保了测试数据准确可靠，保证了钢管的出厂质量。

在高强度、大厚度钢板和钢管的强度和韧性检测方面也发现了许多新问题，如拉伸试样的取样切割方法、试样的压平和制备、试验的操作方法、DWTT 试验的评价等。

8. 计算机自动控制系统对质量的控制和保证

微电子技术的进步确保了 LSAW 钢管质量的稳定可靠，巨龙钢管有限公司 JCOE 直缝埋弧焊管生产线单机采用了计算机自动控制系统，即将确定的最佳工艺参数输入计算机自动控制系统，机器就会按照计算机的指令工作，避免了人为因素对钢管质量的影响，确保了 LSAW 钢管质量稳定可靠。

第十二节　直缝埋弧焊管生产线预弯工艺

随着西部油田和海洋油气田的开发，水煤浆管线输送技术的突破，以及石油、天然气跨国经营模式的运行，我国管道工业未来将面临着高速发展的时期，在 21 世纪将建设多条具有国际先进水平的国内、国际长输管线。这些长输管线向大口径、高强度、高韧性方向发展。其中穿越工业交通密集地区、河流地段、大落差地段或经过地震区用管以及海底管线等都要求采用直缝埋弧焊管，因此，直缝埋弧焊管的需求量将会越来越大。

从 1998 年开始，我国先后从国外引进了几条先进的直缝埋弧焊管生产线，并从 2002 年 6 月开始，生产的直缝埋弧焊管已成功应用于“西气东输”和“陕京二线”、沿江管线等重要管线工程中，国产直缝埋弧焊管已接近或达到进口水平。

一、钢板预弯工序的目的和预弯质量

预弯是直缝埋弧焊管生产线的主要工序之一，其目的是完成钢板两边的预弯曲变形，使钢板两边的弯曲半径达到或接近所生产钢管规格的半径，从而保证钢管焊缝区域的几何形状

和尺寸精度。实践表明，如果没有预弯，在UOE成型中，即使在O形压力机成型时有1%左右的过压缩率，钢板的边缘部位仍然会出现平直段，导致成型后的管筒呈尖嘴“桃形”，给后续的预焊合缝带来麻烦，易引起错边或焊接烧穿，即使进行扩径，也无法将其消除，并且还会损害扩径头。在JCO成型（含PFP成型）方法中，如果没有预弯工艺，钢管“桃形”更严重。

预弯质量就是钢板的两边弯曲变形质量，主要包括：

① 预弯后板边的弯曲半径达到钢管的半径；

② 两边的弯曲宽度相等，弯曲程度一致，对称平行，平行度在耦合范围内；

③ 预弯后每点的曲率半径在规定的范围内，且沿板边方向各处一致；

④ 预弯后的板边不存在急弯，也不存在波浪形状，直线度在规定范围内。

二、辊式预弯和模压式预弯的特点

钢板的预弯分为辊式预弯和模压式预弯两种。辊式预弯机和模压式预弯机结构示意如图5-39所示。

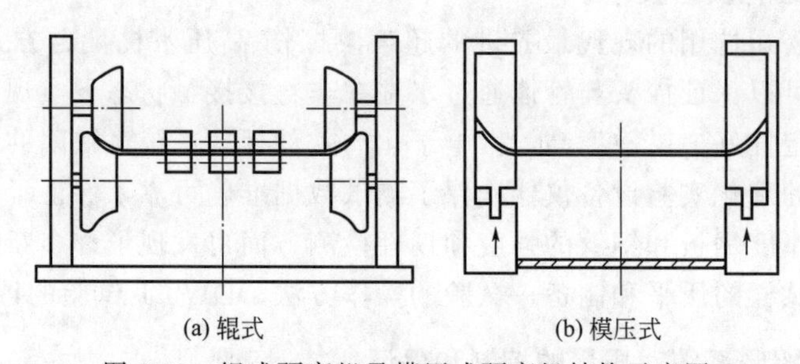

(a) 辊式　　(b) 模压式

图5-39　辊式预弯机及模压式预弯机结构示意图

在早期的直缝埋弧焊管生产中没有预弯工序，如1951年在美国的麦基波特（Mc Tees-port）厂建成的世界第一台工业性生产的UOE焊管机组中，就没有预弯，1955～1967年间建设了第二代UOE焊管机组，在这期间世界上共新建的18套和改造的1套机组中，部分机组开始采用辊式预弯机。到了UOE焊管机组发展到第三代时（1968～1979年），世界上共建设了16套UOE机组，同时改造了2套，预弯工艺得到了极大的重视和发展，将辊式预弯技术变为压力式预弯技术，也就是模压式预弯技术。20世纪90年代以来，世界各地建成了十多条大直径JCO（含PFP）成型和辊式RB成型生产线，其中JCO成型中都采用了模压式预弯，辊式RB成型中虽没有预弯工艺，但采用了后弯工艺。

从预弯技术的发展可以看出，辊式预弯属于早期的预弯技术，一般用于较薄的钢板，对高强度厚板的板边预弯效果不理想，容易造成板边纵向延伸。模压式预弯属于后来发展的较先进技术，可用于厚板的弯曲成型，它采用两台数千吨压力机，通过几米长的模具对钢板两边缘同时上顶，进行步进式预弯。该工艺可得到十分理想的板边形状，有效地防止了焊缝“噘嘴”和扩径时开裂。

三、模压式预弯工艺

在现代预弯技术中，普遍采用了Profibus总线控制技术，通过PLC对各系统进行控制。整个预弯过程是全自动进行的。为了实施此自动过程，生产前一般需根据生产钢管的直径、壁厚、钢级等确定使用模具的型号、模具的位置、最大压制力等，然后对机器做相应的调整，向控制系统中输入钢管的规格、壁厚、钢级、每步有效工作长度、每步重叠量等参数，并准备好生产中检查预弯质量用模板。

预弯工艺过程为：根据钢板宽度调整入口端对中辊→调整模具位置→根据计算的压制力调整液压系统压力→钢板输入并被自动测量长度，达到设定步长时停止→两压力机下模同时上顶，对钢板的两边同时进行折弯→两下模同时下降，钢板自动送入又一个步长→两下模第二次上顶，对钢板的两边进行第二步折弯→重复以上送入、折弯，直至一张钢板的两边同时完成预弯。

四、影响模压式预弯质量的主要因素

影响模压式预弯质量的主要因素有模具形状、预弯宽度、预弯卷角、模具长度、模具前后端过渡尺寸等。

1. 模具形状

为了保证预弯质量，现代模压式预弯技术采用优化的渐开线式模具形状结构，如图 5-40 所示。渐开线式形状是基于钢管最终是圆形的要求而设计的。所谓优化是指通过受力分析，在结合大量试验及生产数据的基础上不断完善而成。上模或下模都采用一定的基圆半径而形成渐开线且下模的基圆半径比上模大，上模的曲率变化比下模大。钢板从 C 点开始变形，到 D 点时变形结束，剩下一个钢板壁厚的直边 S，如图 5-40 所示。在这一过程中，钢板的曲率半径逐渐减小，力臂逐渐变小，机器的压制力逐渐增大，在图 5-40 所示位置时，压制力达到最大值。此时，预弯宽度为 B，预弯卷角为 α。一副好的模具既要兼顾到能生产一定规格范围的钢管，又要尽量减少压机能力（即压制力）。

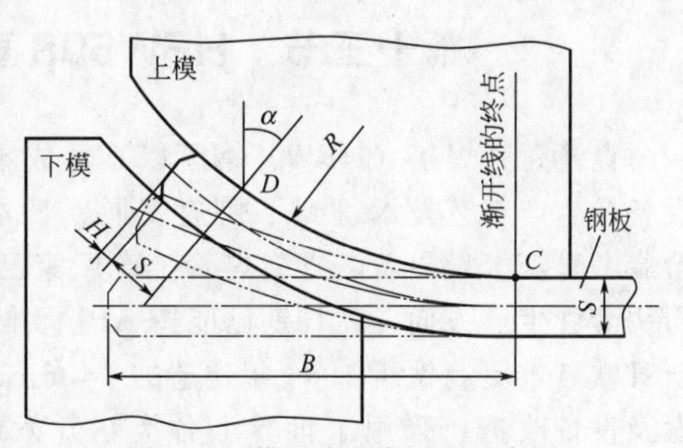

图 5-40　模压式预弯过程示意图

2. 预弯宽度

预弯宽度取决于钢管直径、壁厚和母材的钢级。根据渐开线的原理，板边处（去除一个板厚的直边）的曲率半径应接近于钢管的半径，考虑到钢板的回弹，也就是回弹后板边处的曲率半径接近于钢管半径，因此预弯宽度应与模具的形状相对应。在模具确定后（也就是渐开线确定），若预弯宽度增大，则预弯卷角增大，板边越靠近模具渐开线的基圆，预弯边的曲率半径减少，也就是弯边过量，反之就是弯边量不够。实践表明，预弯过量，对后续的压力成型带来不利影响，也影响预焊工序；预弯不够，则形成“桃形”钢管。

3. 预弯卷角

预弯卷角是对应于预弯宽度的角度值，它类似于渐开线的压力角（见图 5-40）。预弯卷角与预弯宽度一样对钢管成型产生影响，对每一副模具来说，它们是对应的。预弯卷角对压制力影响大，我们知道在 D 点时，压制力达到最大，此时若预弯卷角很大，则压制力会很大，反之则较小。因此在实际生产中，一般选取预弯卷角在 22°～40°。

4. 模具长度

模具长度受预弯机最大压制力的限制，同时兼顾到生产速度，模具的长度一般为 2.5～

4m。模具增长，生产速度加快，则压制力增大。考虑到直缝埋弧焊生产线的生产节拍，加上预弯机的生产速度较快，一般将预弯机的总压制力控制在 12～20MN，模具在 3m 左右，模具的有效长度在 2.5m 左右，一张 12m 长的钢板只需折弯 5～6 步就可以了。

5. 模具前后端过渡尺寸

模具前后端过渡尺寸关系到预弯后板边的形状。过渡尺寸不科学，就会在板边的折弯中沿纵向产生过度的边缘拉长，最后在板边上产生急弯，也就是在预弯边上产生波浪，即所谓的“竹节”现象。此现象的发生，将给后续工序带来很大的影响。模具前后端的过渡尺，一般根据钢板的弹塑性变形进行计算确定。

五、模压式预弯工艺应用效果

利用渐开线式模具对钢板的两边同时进行折弯的模压式预弯工艺，已广泛应用于 UOE 和 JCO 等压力成型直缝埋弧焊管生产线中，只有合理选择模具形状、预弯宽度、预弯卷角、模具前后端过渡尺寸等，才能保证预弯质量，从而保证直缝埋弧焊管的制造质量。

第十三节　HFW508 直缝焊管机组的应用技术

直缝高频焊接（HFW）钢管以其低成本、高效率的优势逐步得到市场认可，其生产设备及生产工艺技术得到了快速发展。日本新日铁、JFE，德国瓦卢瑞克 & 曼内斯曼，希腊考里茨等世界著名直缝焊管生产厂家已能生产陆用或海洋用 X80 钢级管线管。在油田用套管生产方面，新日铁已能按 API 标准，生产出不需全管热处理的 N80-1 钢级套管。新日铁名古屋制铁所 1986 年建造的 ϕ406mm 中直径直缝 HFW 机组，经过数年的技术开发及设备改造，采用了世界上各类新开发的设备技术及自行开发的专有技术，开发了 TUF 油井管（tough material，uniform properties，free from defects for OCTG），并形成不同于 API 标准产品的 NT 系列即新日铁 TUF 油井管系列（Nippon Steel TUF for OCTG）。NT 系列产品各项性能指标均高于 API 标准，为当今世界上油井管的高端产品，也是新日铁的招牌产品。由于此类焊接油井管具有耐酸性、高强度、高韧性及高抗压溃性能，可以在地质条件很差的气井、深井及海洋油气田中使用，且价格比无缝钢管低，因此具有广阔的市场前景。

华油钢管公司扬州分公司（简称华油扬州）引进日本 NAKATA 公司的 FFX 成型设备和技术，并配置了世界上最先进的无损探伤、高频焊接和焊缝热处理设备，组成一条 HFW508 直缝焊管生产线可生产符合 API 5CT 标准的 H40、J55、K55、N80-1 钢级的石油套管；符合美国 API SPEC 5L 和我国 GB/T 9711.1—1997 及 GB/T 9711.2—1999 标准的 X80、J55 及以下钢级的各类油气输送用管和低压流体输送用管。该条生产线投产后，通过工艺生产技术的积累和科研开发，已批量生产出管线管、套管和结构管近 15 万吨，并在 API 标准系列 N80、P110 套管上有所突破。目前正在研发生产 X80 钢级陆用、海洋用管线管和各类 TUF 套管，填补我国高频直缝焊管产品生产的空白。现以该条生产线为例，介绍 HFW508 直缝焊管机组的技术特点和先进性。

一、HFW508 机组的生产工艺流程

HFW 钢管生产，从原料到成品需要经过一系列的工序，才能完成一个完整的工艺过

程。完成全部的工艺过程需要各种机械设备和装置。根据产品品种的定位不同，需选用相应的工艺流程和设备。

华油扬州定位于生产高品质的HFW钢管，其生产工艺流程如图5-41所示，但在具体的操作运行过程中因客户要求的不同而有所调整。

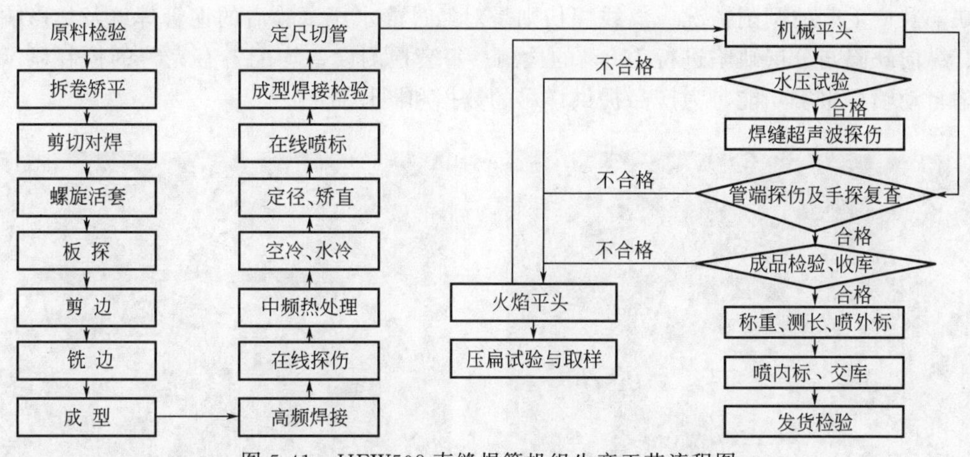

图5-41 HFW508直缝焊管机组生产工艺流程图

二、HFW508机组特点及先进性

1. 实行质量一贯管理体制

由于HFW钢管在焊接过程中没有添加任何其他金属，因此热轧卷板的质量不仅直接影响钢管管体的各项性能指标，对焊缝质量的影响也很大。华油扬州对每一批钢管合同的原材料从冶炼到轧制进行全过程质量跟踪与控制，对进厂的原材料均严格按标准及技术协议进行检验，力求从源头（热轧板卷）上控制产品质量，同时对HFW钢管生产的全过程实行质量跟踪管理。特别是在尖端产品的生产中，质量一贯管理具有决定性的作用，也是HFW508直缝焊管机组先进性与优越性的具体体现。实行质量一贯管理体制，为公司今后开发各类新产品奠定了良好的物质及技术管理基础。

2. 先进的总线控制方式

HFW钢管生产的高效性和连续性对生产线自动化水平要求较高。为此，在HFW508生产线的每台单机设备采用数字闭环控制。达到高精度控制要求的同时，全线采用了PROFIBUS总线控制方式，确保了整条生产线安全可靠运行。

3. 外进内出式螺旋活套

为保证生产的连续性，该生产线配备了外进内出式螺旋活套（图5-42）。该设备由机座、内/外水平导料辊、内/外笼、内/外笼立辊构成。外笼立辊固定在外笼转盘上，外笼转盘固定在机座上；内笼立辊固定在内笼转盘上，内笼转盘也固定在机座上；内/外水平导料辊固定在机座上；外笼转盘上固定活套辊轴，活套辊轴与活套滚动配合，外笼转盘与传动机构连接。工作时，外笼转盘在传动机构的带动下转动，外笼立辊与活套辊一起旋转；活套辊既可自转，也可随外笼回转；板带在外笼立辊和活套辊的作用下，既向活套内充料，又向内笼缠料，其充料速度是活套辊线速度的2倍，确保均衡送料，有效防止板带打折、堆料事故的发生。

4. 先进的数字超声波检测技术

为了能及时有效地对 HFW 钢管生产情况和焊缝质量进行检测，保证产品质量，华油扬州引进了加拿大 Inspec Tech 公司的超声波检测设备（图 5-43）和技术，对焊缝质量进行在线和离线探伤。在线探伤及 IBS 监控系统是为了避免出现大批量的焊接质量事故，实时监测焊缝缺陷及内毛刺的刮削情况；离线探伤则是对经过静水压试验后的钢管焊缝及热影响区的横向、纵向缺陷与分层缺陷进行 100%的检测。每套检测设备均配备有完善的控制显示系统及缺陷自动喷标报警功能，为产品提供详尽的数据和图形资料。

图 5-42　HFW508 直缝焊管机组的外进内出式螺旋活塞

图 5-43　HFW508 直缝焊管机组的在线超声波探伤装置

为了进一步判断缺陷的类型和大小，在每个自动探伤报警处均使用手探仪进行复查。为了防止自动探伤设备出现检测盲区，保证对焊缝实现 100%超声波检测，在焊缝自动探伤之后用手探仪对 HFW 钢管管端进行 100%手探检测。

5. FFX 柔性成型技术

HFW 成型机是 HFW508 直缝焊管机组的核心技术装备，华油扬州从日本引进的 FFX 柔性成型设备（图 5-44）和技术，其设计理念不同于排辊成型，它把变形重点放在粗成型阶段的边部成型质量上，使边部弯曲达到钢带宽度的 30%左右，同时在粗成型阶段均匀地完成钢带全部变形量的 80%以上；在粗成型阶段每架次轧辊孔型均采用一组连续变化的多曲率曲线，这段曲线上包含了所有能生产的焊管孔型，即用带有组合曲线的 1 套轧辊可生产各种规格的焊管产品；利用微机控制技术，实现辊位数据管理。该设备的特点是粗成型机只要 1 套轧辊不需换辊；精成型架次少（只有 2 架），定径架次也少（只有 2 架）。因此，整个成型过程所用轧辊数量少，换辊量小，从而大大缩短了换规格的时间。同时，钢管成型段的总功率也相对较小，降低了投资费用及运营费用，大大提高了 HFW 钢管产品的市场竞争能力。

6. 具有双重功能的大功率高频焊接技术

高频接触焊方式由于电极腿和管筒边缘接触点的跳动与不稳定，使焊缝质量的稳定性受到影响，焊缝表面有烧伤可能。但接触焊具有节能、生产效率高、有利于提高焊接速度、焊接热影响区小、适合生产大直径焊管等诸多优点。鉴于此，华油扬州选用“复合式”焊接方式，即采用具有感应焊与接触焊双重功能的固态高频焊机，引进了美国色玛图尔公司的 MOSFET 高频焊接技术和设备（图 5-45），运行频率 200kHz，功率 1200kW，可生产壁厚达 15.9mm 的中直径 HFW 钢管。为了节约生产成本，降低产品单位能耗，提高生产效率，

HFW 钢管生产采用接触焊是一种趋势。

图 5-44 HFW508 直缝焊管机组的 FFX 柔性成型设备

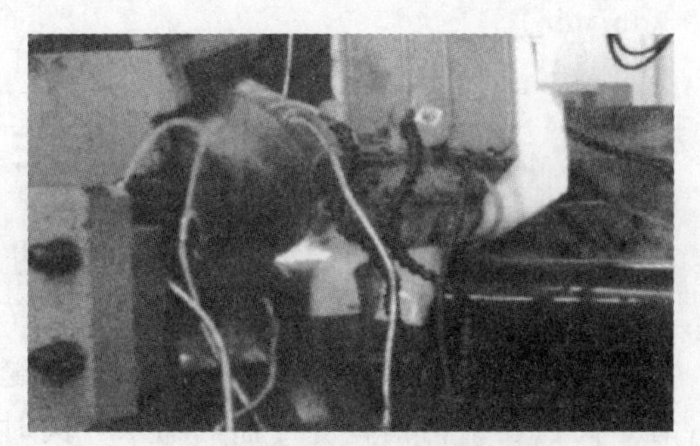

图 5-45 HFW508 直缝焊管机固态高频焊机

7. 中频感应热处理技术

HFW 钢管生产企业生产高质量焊管的关键点：一是钢管的形状及尺寸精度；二是焊缝的质量。焊缝的质量一靠焊接技术，二靠焊缝热处理技术。因此，焊缝热处理技术是影响焊管质量的核心技术之一。当今世界上几个最先进的焊管生产企业，在焊缝热处理设备及生产技术开发方面的投入很大。新日铁及 JFE 开发了生产管线管的专有焊缝热处理技术——焊缝 TMCP 热处理技术；新日铁开发了 TUF 油井管的专有热处理技术——焊缝 Q+T 热处理技术。这些先进的焊管生产企业，开发专有的焊缝热处理技术的目的是，使焊缝的金相组织及力学性能与母材一致，从而提高焊管质量。

华油扬州引进美国色玛图尔公司的 MOSFET 中频热处理技术和设备（图 5-46）对 HFW 钢管焊缝进行模拟正火（N）热处理，其每台中频感应装置功率为 600kW。第 1 台加热装置对焊缝直接加热至热处理温度；第 2、3 台加热装置继续维持这一温度，在感应透热和热传导的作用下，使焊缝内外壁温度差减小，保证焊缝及其热影响区金相组织及力学性能与母材接近一致。焊接速度和热处理效率的大大提高，为研究开发适合各种规格钢种的专有焊缝热处理技术创造了条件，以满足生产各类高端产品的需要。

8. 旋转铣切式微机控制定尺飞锯机

为适应 HFW 钢管的高速稳定生产，华油扬州给生产线配备了与国内高校联合开发的旋转铣切式微机控制定尺飞锯机（图 5-47）。该飞锯机由微机控制系统（由调速系统、机械主机、液压、气动系统组成）控制，通过触摸式人机界面设置相应规格 HFW 钢管的产品参数。

图 5-46 HFW508 直缝焊管机组中频热处理装置

图 5-47 HFW508 直缝焊管机组的旋转铣切式微机控制定尺飞锯机

可在 HFW 钢管高速运动状态下高精度锯切（定尺精度可达到 5mm，可适应生产速度 35m/min）。

第十四节 宝钢 UOE 机组的装备水平与工艺技术

宝钢钢管厂的大口径直缝埋弧焊管机组（UOE）是我国“十一五”规划期间投资建设的。在这期间，中国及世界范围内的石油、天然气的输送问题是制约能源发展的重要因素。作为我国第 1 套现代化大口径直缝埋弧焊管机组，它将满足国内对高档次管线钢管、高强度结构钢管等产品的需求，同时有利于带动我国大口径直缝埋弧焊管生产技术的发展。

UOE 机组采用“一次规划、一次建成”的方针建设。设计年产量为 50 万吨，2007 年建成投产。

一、产品品种及规格与原料

1. 产品品种及规格

① 产品品种及规格见表 5-7。

表 5-7 UOE 机组产品品种及规格

品种	产品规格/mm	代表钢级	执行标准	产量(万吨/年)
管线管	ϕ(508～1422)×(6×40)×(6000×18300)	A,B X42～X80	API 5L, DNV 2003	40
一般结构用碳钢管、低压流体输送管	ϕ(508～1422)×(6×40)×(6000×12000)	—	ASTM A134	10
		Grade A～E	ASTM A139	—
		Grade 1～3	ASTM A252	—
		STK290～540	JIS G3444	—
		Q215～345	GB/T 3091	—
合计	—	—	—	50

② 产品设计最大壁厚：X52 为 40mm，X70 为 31.8mm，X80 为 27mm，X100 为 22.2mm。

③ 交货状态：管线管冷扩径产品占总产量的 80%，结构管不扩径或部分扩径产品占 20%。

2. UOE 机组采用原料

UOE 机组原料来源于宝钢分公司 5m 宽厚板轧机，原料钢板必须经过性能检验、全板宽超声波探伤及表面检查等，保证了原料质量。

UOE 机组采用的原料为定尺单张钢板，厚度 6～40mm，宽度 1490～4500mm，最大长度 18500mm，最大重量 26t，同板厚度差≤0.8mm，同板的屈服极限值差≤40MPa，钢板年需要量 520857t。

二、UOE 机组工艺流程

宝钢 UOE 机组的工艺流程见图 5-48。

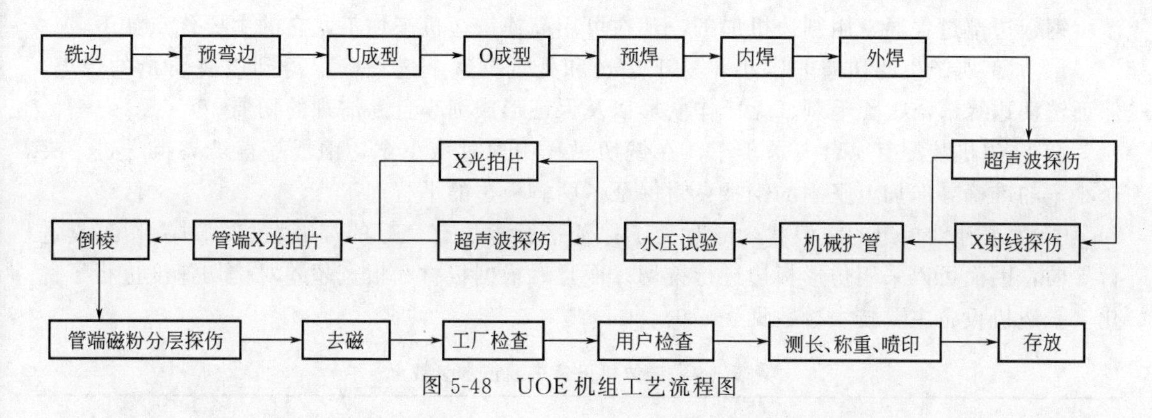

图 5-48 UOE 机组工艺流程图

在整个工厂的钢管横移输送系统中，都采用了钢管横向输送小车。原则上不采用传统的链式输送装置或横向拨料装置。这样在投资不增加的情况下既可避免钢管输送过程中相互碰撞所产生的噪声，也可以避免钢管碰撞所产生的表面缺陷。

三、工艺技术及装备

1. 板坯库及上料装置

UOE 机组使用的原料钢板全部由宝钢分公司 5m 宽厚板机组提供，要求钢板进工厂之前经过 100%超声波探伤，并符合本机组生产所需的尺寸及性能要求。

2. 引弧板焊接设备及铣边机

宝钢引进了四套当今世界先进的 CO_2/Ar 保护气体的引弧板焊接设备。引弧板用于钢管内焊、外焊及预焊的起弧和收弧。引弧板经过铣边、弯边和钢管成型等工序，可以确保引弧板与钢管的合理几何尺寸。钢板四角引弧板的焊接是自动完成的，引弧板的夹持与对准以及焊接机器人的焊接也是自动进行的。因此可保证在稳定的几何和冶金学条件下焊接起弧和收弧，进而能在钢管焊缝区获得稳定的焊接过程，使管端缺陷数最少，获得高质量的焊缝，同时可大大提高生产效率。引弧板焊接设备主要技术参数见表 5-8。

表 5-8 引弧板焊接设备主要技术参数

设备名称	项目	主要参数
焊接机器人	数量	4
	负载能力/kg	约 16
	机器人的轴数	6
	上工作高度/m	1.5
	下工作高度/m	0.7～1.4
焊接设备	数量	4
	焊接方法	MAC
	最大焊接电流/A	430(用混合保护气体 100%暂载率)
	焊丝直径/mm	0.8～1.6
	焊接速度/(m/min)	0.1～0.6

钢板由受料辊道送入铣边机进行铣边，将其加工成钢管成型所需的宽度，并按照焊接工艺要求将钢板边部加工出一定形状的坡口。

钢板边部过去通常用刨边机加工，现在可用高速铣边机来加工，它的主要优点如下：

① 加工所产生的切屑非常小、易于运送和处理。这个过程确保得到极高质量的焊缝，保证铣切边缘清洁、无毛刺、无冷作变形以及保证形成细小且易清理的切屑。

② 铣边机装配有1台夹送小车，在铣切过程中通过该小车，钢板一直被夹持送进。夹送小车的准确导向加上坚固的钢板夹钳保证了两侧板边的平行加工。

③ 为了补偿板边的波浪状，同时为了保证平行板边有良好的焊缝坡口，对铣切工具进行导向，因而可以采用仿形板边进行铣切。而且，根据板材和板宽超差对铣切速度进行了优化。铣边机设备主要技术参数见表5-9。

表5-9 铣边机设备主要技术参数

项目	主要参数
钢板进给速度/(m/min)	根据板厚和钢级无极变速，最大20
铣头直径/mm	850
铣削速度/(m/min)	150～400
板子铣边尺寸/mm	20(每边最大)
边部形状	X形
最大可调行程/mm	1720
最大可调速度/(m/min)	液压1.5
高度仿形行程/mm	－25/＋38
宽度测量行程(每边)/mm	100

3. 成型生产线

宝钢UOE机组成型线包括预弯边成型和UO成型，是整个机组的最核心部分，采用了当前最新的压机成型技术，除保证产品尺寸精度及外形质量外，还设计了目前世界最大压力的O成型，为世界一流水平。采用的技术包括大步幅的预弯边机、UO成型大压缩率控制、O成型的钢管中心恒定控制、O成型机的2段式变径液压缸、快速工具更换装置、数值分析模型等。

(1) 大步幅的预弯边机

① 增加成型步长提高节奏，满足高产能需要，使得预弯边机不成为成型区的瓶颈。

② 增加成型步长减少成型过渡带，有利于产品质量的提高。每次弯边的有效长度为4.8m。如生产13.0m长的钢管，前两步弯边长度为9.6m后一步长度为3.4m，采用钢管端部对齐方式进入成型机进行压制。在生产长度为18.0m的钢管时，最多的弯边步数只有4步，大大提高了生产效率。

③ 操作过程中，弯边工具始终和钢板接触，使得弯边时在压机梁上有一个平稳的加载，每个弯边机的最大压力40MN，同步精度可达±1m，是目前世界上成型力最大、步幅最少、精度最高的预弯边机。

(2) UO成型大压缩率控制技术

U、O是焊管成型过程中的两个重要设备，即将边部预先按要求弯曲后的钢板分别在U成型机和O成型机内压成U形和O形，然后再将O形管筒焊接后进行扩径加工。该工艺是目前世界上应用最多、最成熟、质量最被认可的大口径直缝埋弧焊管生产工艺。

UO成型法除弯曲变形外，还包括沿钢管环向的压缩变形，压缩率可达到0.2%～0.4%，这是UO成型区别于其他成型法的重要标志，也是其质量指标高于其他成型法的关键所在。宝钢O成型机压力设计能力为72MN，是目前世界上最大的压机，压缩率可达到0.4%，满足了今后开发X100、X120高钢级钢管的需求。

此外，由于在O成型时对钢管整个圆周进行了压缩，使得沿钢管壁厚及圆周方向上的残余应力均匀化，扩径后钢管内的环向拉应力很小甚至为压应力，避免了钢管承压能力的降低。因此许多用户在钢管采购书中对O成型压缩率有专项要求。

尽管UOE机组历史悠久，主要工艺技术早已定型，但近年来在UO成型机的设计上仍有不少新发展。宝钢的UOE机组及时吸收这些优秀成果，以保证其技术的先进性，主要表现在O成型采用钢管中心恒定和轴向中心定位技术。宝钢O成型机采用钢管中心线恒定的成型方式，与通常采用的钢管底部恒定成型技术相比有如下优点：

① 钢管中心线恒定，使得主变形液压缸行程减小，设备高度及其要求的检修高度降低，减少了设备及厂房投资；由于液压缸行程缩短，无需设置复杂的中间垫块，使生产规格更换更加简单。

② 钢管中心线恒定，成型工具可设计为两部分，一部分为唯一尺寸的上/下模座，另一部分为装在模座内的上/下衬模。成型时钢板与上下衬模直接接触，钢管规格变换只需更换上/下衬模，而尺寸及重量较大的模座始终不需要更换。较通常采用的整体更换上/下模座方式相比，工具消耗及备用工具量均大大降低，生产成本下降。

③ O成型机成型时钢管在成型机内采用轴向中心对中方式(国外相似机组均采用钢管端部对齐方式)，避免偏载对设备寿命产生不良影响。

(3) O成型机主液压缸采用2段式变径液压缸

将O成型机主液压缸设计为上部为小直径段，下部为大直径段的2段式变径液压缸，压下变形初期成型力较小，可仅使用小直径活塞段承压，确保了液压缸在小压力下的快速行程（可兼快速压下缸使用，无需另外设置多个长行程快速缸)。在压下变形的后期，随着模具与钢板接触面积的增加，需要施加的变形力逐渐加大，此时液压缸可以在大小两个活塞杆的共同作用下施压，实现慢速大压力成型。

这种设计使两段柱塞均可起导向作用，使得液压缸具有双导向支承性能，且成型过程中支承间距始终恒定，可有效降低成型偏载力对液压缸的不利影响，起到较好的保护作用。

(4) 快速工具更换装置

O成型机的工具更换比较复杂，占用时间也较长，一般需要4h。为提高设备利用率，开发了快速工具更换装置。更换工具时可将上压模降至下压模上，由小车将两者一同沿轴向拉出O成型机。在后台由横移机构将需换下的模具移出生产线，同时将预备好的新模具移至生产线，送入成型机。采用快速工具更换装置可在1.5h内完成模具的更换，而无快速更换装置时一般需要4h。

(5) 数值分析模型及设计

为适应管道建设各种各样的新要求，设计出适于管线管生产研究的有限元分析模型，可对各种条件下的管线管生产进行模拟计算，计算工序包括弯边成型、U成型、O成型以及扩径等，通过计算可以对各种工艺参数进行优化选择，进而指导生产，保证质量。成型线主要技术参数见表5-10。

表 5-10 成型线主要技术参数

设备名称	项目	主要参数
预弯边机	每个弯边机的最大压力/MN	40
	有效弯边长度/mm	4800
	主液压缸的最大压力/MPa	315
	主液压缸直径/mm	610
	压紧梁的平直度/mm	±1
	同步精度/mm	±1
	弯边速度(在 40MN 时)/(mm/s)	9
U 成型机	垂直压机压力/MN	23.5
	垂直压机工作行程/mm	1400
	水平压机压力/MN	2×23.5
	水平压机工作行程/mm	800
	最大工作压力/MPa	300
	垂直压下速度/(mm/s)	30
	水平前进速度/(mm/s)	15
	对中精度/mm	±2.0
O 成型机	垂直压力/MN	720
	移动梁最大行程/mm	1250
	移动梁进给速度/(mm/s)	30
	移动梁压制进给速度/(mm/s)	2.5～4.0
	主液压缸活塞直径/mm	1800
	主液压缸行程/mm	1250
	每个主液压缸压力/kN	900000
	开口缝管的最大压缩率/%	0.4

4. 焊接区域

埋弧焊接法采用多丝串联焊接，这种方法已在各大 UOE 工厂普及，当今世界上先进的 UOE 工厂内、外焊已达到 4 丝、5 丝焊接。

宝钢焊接线分别采用了气保焊预焊机、4 丝内焊机、5 丝外焊机，其中预焊为 2 条生产线，内焊为 5 条生产线，外焊为 4 条生产线，确保了各机组间生产节奏的匹配。

(1) 预焊

为了内焊及外焊工序的焊接质量，在内焊外焊前采用连续预焊工艺，并在预焊前对焊缝进行高温吹扫以保证焊缝处的清洁。焊接时，首先将 O 形管开口缝朝上，用框架紧装置把管筒固定住，然后采用 CO_2 和 Ar 气体保护焊机对管筒的开口缝进行连续预焊，有焊缝自动跟踪装置对焊缝进行跟踪。焊接速度可达 3～7m/min。预焊焊缝的连续度可达 95%以上，保证了预焊质量。

(2) 内焊

预焊结束后，管子经辊道和输送小车送至内焊机，并通过旋转装置使其焊缝朝下，通过小车将钢管开进焊机将管端对准内焊悬臂梁的焊头，然后钢管一边向外移动一边进行焊接。

为了提高焊接速度，用 4 丝埋弧焊方式焊接。

内焊结束后，钢管需要进行内焊渣清除以及焊缝检查操作，如发现缺陷需要对焊接缺陷进行记录，并将缺陷信息通过计算机传送给补焊区域，以便进行修磨补焊。内焊头及焊丝喂入机构能够自动调整对中焊缝，并有焊缝自动跟踪装置及焊剂回收、分离、烘干、输送装置。

（3）外焊

外焊采用 5 丝埋弧焊接方式，外焊机固定在一个台架上，焊接时焊头不动，管子按焊接速度运行。同内焊机一样，外焊头及焊丝喂入机构能够自动调整对中焊缝，并有焊缝自动跟踪装置及焊剂回收、分离、烘干、输送装置。

外焊结束后，钢管由等离子切割机将两端的引（熄）弧板切除，然后进行人工目测外焊缝检查，并送入自动超声波焊缝探伤装置进行探伤检查，无缺陷管直接进入机械扩径机。

对于超声波检查过程中发现有疑问和有缺陷的钢管，由运输系统送入 X 射线检查装置进一步加以判断。如判断为缺陷管时需要对其进行修磨、补焊或切除。修补后的钢管经再次 X 射线检查，合格后进入扩径机扩径。

5. 扩径机

（1）采用大扩径力和大扩径率保证钢管扩径质量

宝钢扩径机为机械式，最大扩径力为 15000kN，为目前世界上扩径力最大的扩径机，为今后生产 X100、X120 及小口径厚壁海洋用管提供了技术保证。

采用 1.6%的扩径率，保证钢管精确的内径尺寸、消除钢管内部及焊缝应力、提高屈服强度。

（2）采用 2 台扩径机交替布置方式以满足高产能需要

扩径机共有 2 台，每台扩管长度为 13.5m，采用交替布置方式，当生产 18.5m 的管子时，将不扩径钢管的一端用液压驱动的小车上的夹钳夹住管端下方的管壁，把钢管的另一端送往扩径头，每扩一段（长度约 800mm），小车就向前送一段，一直扩到钢管的中间位置，扩径头扇形块缩回，小车再把钢管全部拉出，然后使钢管移到另一台扩径机进行另一半钢管的扩径。扩径时，需由扩管头内部向扇形块与钢管内表面之间喷水溶性润滑剂，减少管壁与扩径头的磨损。

当生产长 13.5m 以下钢管时，采用 2 台扩径机同时生产，满足高产能的需要。扩径后的钢管的尺寸精度可达到 API SPEC 5L、DNA、西气东输及更高的标准。

6. 精整区域

精整区用水压测试机、平头倒棱机、管端修磨机、火焰切割机、管端超声波检查及 X 光照相等设备对管端及焊缝进行检查、测长、称重、喷标记。

按照 API SPEC 5L 要求需要对每根钢管进行水压试验，为保证水压试验时管端的密封性，需将钢管两端约 100mm 长的内外焊缝磨平。

钢管在冲洗装置中清洗，以去除钢管内表面的杂质及残留油脂，然后在水压试验机上进行水压试验。测试压力最大为 58MPa，最大推力为 40000kN。试验压力小于 25MPa 时，采用端面密封，大于或等于 25MPa 时，采用内表面密封。水压试验的保压时间一般 10～20s，保压的同时需要在焊缝的两侧用锤进行敲击。水压试验后不合格钢管判废吊出，合格钢管需再次进行超声波焊缝探伤。探伤无缺陷管直接进入下道工序操作，有疑问的钢管进行 X 射线检查加以判断，如判断为缺陷管时则进行切断或者判废。本设计可满足部分用户的超声波探伤后钢管焊缝 100% X 射线检查的要求。

钢管进入倒棱机，对钢管两端按照现场环焊要求的坡口形状进行加工，需取样的管在此进行切割取样，要求分段的结构管也在此位置用火焰切割进行分段。倒棱后的钢管首先经过坡口磁力探伤，然后由管端超声波检查及 X 光照相进行管端及焊缝检查，不合格钢管需切除管端并再次倒棱及探伤检查。

合格钢管进行测长、称重、打印，并经过工厂及用户检查后，收集吊出，运至专用成品库堆放及发货。

四、UOE 机组生产工艺结论

宝钢 UOE 机组采用了目前国际上较为先进的装备和控制技术。机组的能力大，设计合理，是近年来国际上新建大口径直缝埋弧焊管中最为先进的机组。为我国管线今后向高钢级大压力输送发展所需的高钢级直缝埋弧焊管的生产奠定了良好的设备基础。截至 2018 年底，宝钢 UOE 机组共生产焊管 230 余万吨。

第十五节　UOE 钢管扩径工艺的改进

钢管扩径是 UOE 制管工艺的最后一道主要工序，也是直缝埋弧焊管生产中产品得到最后尺寸和精度的关键工艺。在钢管生产中，对焊后的钢管扩径，可以消除变形，改善尺寸精度，提高钢管的平直度，并消除残余应力，提高屈服强度。钢管扩径工艺和扩径机的设计制造在发达国家已经过多年研究和应用，目前钢管生产中大都采用机械扩径，并已经取得比较好的效果。一套扩径头可扩径钢管 1 万根以上。扩径头的寿命对生产影响很大，扩径头的寿命与其设计制造密切相关，但扩径工艺和工艺参数的选择也是影响因素之一。我们在钢管机械扩径过程中，通过工艺分析，在工艺方面采取了一些可行的措施，对延长扩径头的使用寿命，减少修复和制造新品带来的待机时间及降低费用十分有效。

一、扩径工艺过程和工艺参数

机械扩径头是由多面棱锥体和对应的扇形楔块组成，通过挤压驱动及依靠模面的扩张作用达到扩径的作用。机械扩径的工艺过程是将钢管由液压驱动的输送装置送至扩径机端（如图 5-49 所示），使其与扩径机中心线一致并固定，然后将钢管向扩径机移动一定的扩径长度，开始分段扩径。多面棱锥体由液压驱动主轴推动做轴向移动。每段扩径前，扩径机圆周润滑油喷口对楔形摩擦块均匀喷洒润滑油。完成一根钢管扩径后退出钢管并冷却扩径头。

扩径工艺过程需要确定的参数有：

① 扩径率 A（%），是指直径扩大量和钢管直径的比值，与钢级、管径、壁厚有关，其值可以通过计算或试验得到；

② 轴向移动距离 S，单位 mm，由扩径机的楔形块角度和扩径率确定；

③ 轴向移动速度 v，单位 m/min；

④ 扩径重叠量 k，单位 mm，是指两次扩径过渡段的重叠长度；

⑤ 每次润滑油喷出量 q，单位 L。

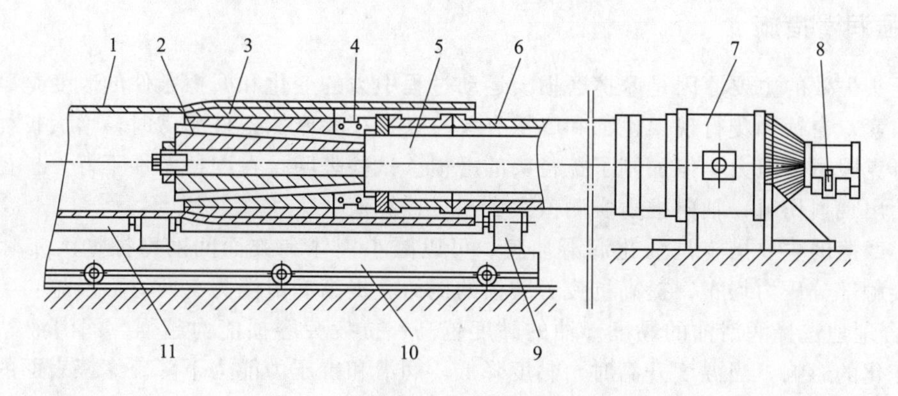

图 5-49 钢管扩径工艺过程示意图

1—钢管；2—多面棱锥体；3—扇形楔块；4—连接件；5—主轴；6—保护套；7—主油缸；8—行程控制器；9—轴承座；10—钢管输送装置；11—支承辊

二、扩径参数对扩径头寿命的影响和调整

扩径过程中需要确定的运动参数包括轴向移程扩径率 A 和轴向移动速度 v。

1. 扩径率 A 的取值

扩径率直接影响钢管的品质。数值模拟和试验研究都表明，钢管的圆度误差在扩径率 $A=1\%$左右时效果比较好。扩径率决定了钢管的塑性变形量，同时也决定了扩径力数值，由此可计算出扩径推力的大小。扩径头失效的主要形式是滑动面上材料磨损失效，扩径力是决定摩擦力大小的最主要因素。从保护扩径头的角度出发，在满足钢管制品要求的前提下，扩径率越小对扩径头的磨损越小。因此扩径率 A 的取值应在 0.8%～1.1%之间，上下限视管径大小确定，管径大，取较小值。

2. 扩径进给速度的选取

扩径进给速度的选取要考虑两方面因素，虽然速度快可提高扩径生产效率，但是摩擦会随速度增加而加剧，发热增多，温度升高，使润滑油黏度降低，致使楔形摩擦块工作条件恶化、降低扩径头的寿命。由于摩擦条件的改变，在扩径运动中，会出现低速爬行现象，因此，在避免出现低速爬行的条件下尽可能采用较低的进给速度。由于摩擦系数在扩径运动中是变化量，与扩径头的实际状态有关，事前不能计算出准确的数值，因此，应经过试验得出合适的进给速度，而且在扩径头出现磨损后还要做适当调整。

3. 扩径重叠量的选取

严格来说，重叠量 k 不包括在运动参数中。在两段扩径之间的过渡区会出现非均匀的塑性变形，为了保证钢管质量，通常在扩径过渡区设定一个重叠量（当无重叠时，$k=0$）。重叠量的大小除了影响过渡区质量外，还将影响扩径生产效率和扩径头工作寿命。有文献研究表明重叠量的大小不会对钢管精度构成明显影响。因此，重叠量的选取主要考虑如何在生产效率和扩径头工作寿命之间进行取舍。当扩径头寿命成为主要矛盾时，有必要适当加大重叠量，重叠量的增加有助于减小扩径塑性变形力，从而降低扩径头的磨损量。

三、加强润滑措施

扩径头失效的主要原因是摩擦磨损。运动过程中力的变化和摩擦条件的改变是摩擦损耗的主要因素，自锁和爬行现象也都和摩擦有关。在扩径头摩擦条件恶劣时，增大扩径头的轴向推力可克服摩擦阻力，但加剧了扩径头的磨损。试验表明，在摩擦条件不好，扩径头的滑动面开始出现损伤时，轴向推力实测值大大超过计算值。

减小摩擦的主要措施是强化润滑油膜，可以减小楔体和锥面间的摩擦增大实际接触面积，使接触部分压力均布，提高抗疲劳磨损的能力。提高润滑能力有两方面措施：

① 合理地选择润滑油的黏度。油的黏度越高，抗疲劳磨损能力越强。润滑液黏度直接受温度变化的影响，当温度升高时，黏度降低，润滑和抗压力能力下降。摩擦表面的温度和压力、滑动速度有关。在扩径过程中，选择合适的进给速度和及时冷却也是提高扩径头使用寿命的重要措施。

② 根据润滑油黏度调整喷油孔的位置和喷油压力。使润滑油均匀喷洒在楔形块和锥体的摩擦表面，有利于在滑动摩擦的摩擦表面建立润滑油膜。在每次扩径操作前应检查工作压力下润滑油喷洒情况，调整喷油压力，确认喷油情况符合要求后再开始扩径作业。待到扩径头油温上升后，需适当降低喷油压力以提高润滑油黏度。

四、维持反向压力消除回程冲击

在扩径过程中，由于润滑条件的改变和摩擦表面的磨损，摩擦系数随之改变，导致摩擦角的改变，有可能形成自锁，在回程时需要反向推力松开。施加反向推力会产生冲击，不仅引起振动还很容易拉伤摩擦件表面。回程冲击可以通过调整正向推力油压卸压和返程背压的时间来解决。如图 5-50 所示，在 t_1 时刻，正向进给达到扩径位置，卸压时调整节流阀缓慢降低压力，对返程起缓冲作用，可消除返程突然脱开产生的冲击振动。

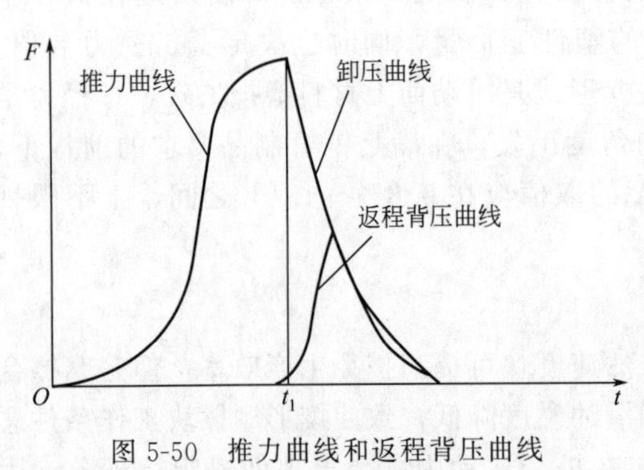

图 5-50　推力曲线和返程背压曲线

五、UOE 钢管扩径重点总结

UOE 钢管扩径机工作条件严格，不仅对设计制造提出了很高的要求，而且对扩径工艺也提出了较高的要求。通过对运动参数、液压以及润滑等环节的适当调节，可以有效地提高生产效率，减少摩擦磨损，延长扩径头的使用寿命。

第十六节　X100 管线钢管的技术要求及研发

一、X100 管线钢管研发及应用现状

从 1990 年起，国际上就开始了 X100 管线钢管开发及工程应用的研究。英国 BP 公司与钢铁、制管企业合作，开发了 X100 管线钢管，并进行了冶金、理化性能评价，可焊性评估以及钢管现场弯曲试验。为确定 X100 管材对钢管长程开裂的止裂能力，还进行了多

次全尺寸爆破试验。欧洲的钢管公司也已生产出厚度为20mm的X100管线钢，用来制造直径为ϕ914mm的钢管，目前还试制了254mm厚的钢板。日本JFE也对X100的研究应用做了大量的工作。从1995年开始，JFE就着手X100钢管的试制工作，已经生产试制了3300t X100管线钢管，并做了力学性能、焊接、涂覆、全尺寸爆破、止裂器应用等大量研究。

高压输气管线裂纹扩展止裂性能一直是国际上关注的热点问题，CSM和Advanantica等已进行了多次X100钢管全尺寸爆破试验。通过这些试验，CSM逐步建立了X100钢管全尺寸爆破试验的数据库，并取得了一定的科研技术成果。

经过十多年的研究，X100钢管开发水平得到了很大的提高，在全尺寸气体爆破试验之外，开始小规模建设试验段和试运行。这些试验段的建设旨在展示制造X100钢管技术的可靠性以及建设超高压输送管道的可行性。

国外试验段/示范段建设的目的主要是获取X100的制造、试验和建设（焊接和现场冷弯）经验，评估极地寒冷环境施工技术（焊接和冷弯），研究钢管拉伸和压缩应变行为和基于应变的设计方法，进一步增大规模，证明X100钢管的适用性，检验X100钢管抗第三方损伤、疲劳、应力腐蚀等方面的服役性能。

X100试验段大多是在现有管线上敷设，一般不超过5km，虽然已经成功建设了多条X100试验段，但是迄今为止所有的管道试验段都是在低应力系数水平下运行的，没有在真正X100的设计应力工况下运行。建设试验段的目的集中在管道的设计、X100管线钢管组织生产、施工技术的考核和改进上，对钢管强度、韧性和可靠性的考核主要依靠实验室试验和试验场试验。

二、X100管线钢管技术要求

API SPEC 5L标准规定了X100需要满足的基本理化性能（分别见表5-11和表5-12）。实际应用还需根据工程实际情况制定各种补充技术条件，确定各种技术指标，如屈强比、冲击功值、DWTT等。

表5-11　API SPEC 5L标准规定的产品化学成分要求（%）

w(C)	w(Si)	w(Mn)	w(P)	w(S)	CEpcm
≤0.1	≤0.55	≤2.1	≤0.02	≤0.01	≤0.25

表5-12　API SPEC 5L标准规定的拉伸性能要求

$R_{t0.5}$/MPa	R_m/MPa	$R_{t0.5}/R_m$
69～840	160～990	≤0.97

API SPEC5L附录G规定了适用于夏比冲击试验的PSL2钢管和订购用于输气管线管体抗延性断裂扩展PSL2钢管的补充条款，同时也为确定钢管延性断裂止裂CN冲击功值提供了指南。

表5-13是API SPEC 5L附录G中提供的几种止裂韧性预测方法和应用范围，目前只有全尺寸爆破试验方法适用于超高强度钢管（X90及其以上钢级）。该方法建立在全尺寸爆破试验的基础上，对特定设计与输送流体的管线止裂韧性进行验证。目前，这是唯一可以让业内普遍接受的确定X90或X100超高强度管线钢管止裂韧性的方法。

表 5-13　API SPEC 5L 标准推荐的五种止裂韧性预测方法和应用范围

序号	止裂韧性预测方法	适用范围			
		钢级	输送压力/MPa	管径 D/mm；壁厚 t/mm	介质
1	Battelle 简化公式	≤X80	≤7.0	$40<D/t<115$	单相气体
2	Battelle 双曲线模型	≤X80	≤12.0	$40<D/t<115$	—
3	A1S1 公式	≤X70	—	$D\leqslant1219$ $T\leqslant18.3$	单相气体
4	EPRG 指南	—	≤8.0	$D<1430$ $T<25.4$	单相气体
5	全尺寸爆破试验	—	—	—	—

三、X100 管线钢管研发的方向

1. X100 管线钢的断裂控制

延性裂纹的长程扩展是天然气管道失效后果最严重的失效模式之一，往往会造成灾难性的后果，尤其随着输送压力和管线钢强度的升高，风险也变得越来越大。因此，高压输气管道的动态延性断裂控制和止裂韧性预测成为关系管道安全的最重要的问题。现有的确定钢管延性断裂止裂冲击功值的五种方法，目前只有全尺寸实物爆破试验法适用于超高强度钢管。

X100 管线钢管现有实物爆破试验数量少、数据分散，还不能有效支持止裂韧性预测值（或修正值），按目前实物爆破试验数据（如图 5-51 所示），X100 管线钢管止裂韧性应达到 Battelle 测值的 2.4 倍甚至更高。因此 X100 管线钢管的自身止裂问题一直存在争论，一般当设计系数较低时，基本可实现自身止裂；当服役条件很苛刻时（富气、高设计系数、低温），则需要使用外部止裂器。全尺寸爆破试验成本相当昂贵，而且每次试验获得的数据较少，试验只针对特殊的管道运行和环境条件，试验结果的普适性较差。

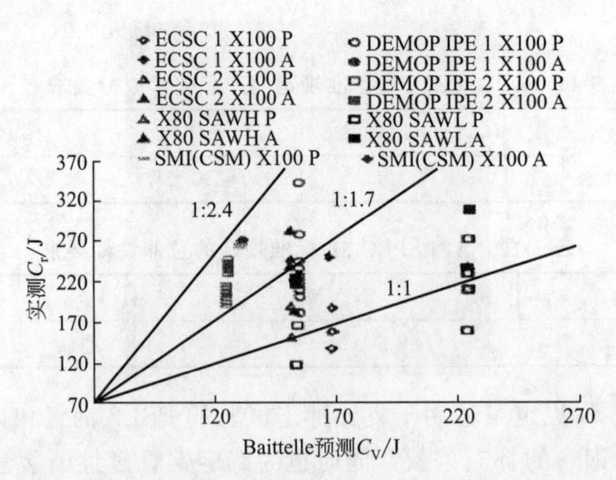

图 5-51　现有部分全尺寸实物气体爆破试验结果

为了促进 X100 管线钢管的工程应用，有必要针对 X100 管线钢展开深入的动态延性断裂研究，并开发出新的适用于 X100 管线钢的止裂韧性预测方法。同时，应进行大量全尺寸气体爆破试验，来验证新的止裂韧性预测模型的有效性和 X100 管线钢止裂韧性预测值的准确性，并形成 X100 管线钢全尺寸气体爆破试验数据库，确定合适的修正系数。当服役条件很苛刻时（富气、高设计系数、低温），比较可行的是使用外部止裂器，外部止裂器的结构设计、止裂能力验证、材料优选等也需要进行深入的研究。

近年来，欧洲、日本和国内的一些专家学者在X100管线裂纹扩展和止裂韧性预测方面做了大量的研究工作，也分别提出了X100管线裂纹扩展止裂的预测方法，这些研究工作及成果将极大地促进X100管线钢管的工程应用。

2. 高屈强比与稳定塑性变形能力

TMCP工艺适合批量生产高强度管线钢，但同时屈强比也会随着强度的增加而变大。X100管线钢管的屈强比可能超过0.97（如图5-52所示），因而稳定塑性变形的能力将比低钢级的钢管小。为兼顾经济效益和生产率，钢厂必须优化工艺，生产出低屈强比的高强度钢，增强钢管的塑性变形能力，适应现场冷弯和100%SMYS（规定最小屈服强度）水压试验的要求。现在国外通过增加钢管抗变形能力的要求，对应力应变行为做更严格的要求，通过优化X100管线钢冶炼及轧制工艺，已经生产出屈强比不超过0.95的X100管线钢管。此外，X100管线钢管应变时效会对X100管线钢的性能产生一定的影响，如何在钢管涂覆过程中对应变时效效应进行控制并制定出合理的涂覆工艺应引起足够的重视。

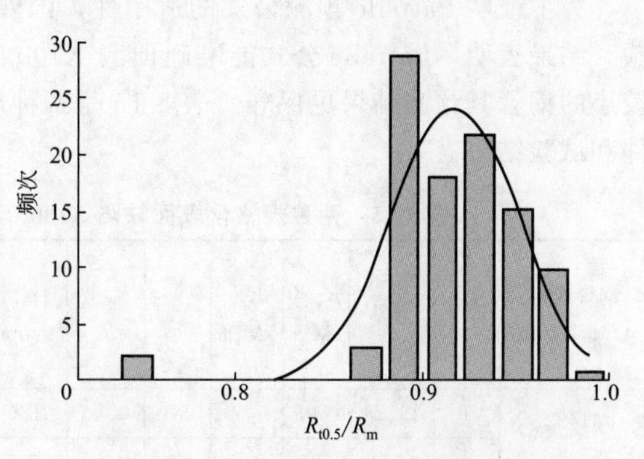

图5-52　国产X100直缝钢管屈强比分布图

3. 各向异性对钢管变形能力的影响

X100管线钢管的各向异性明显，尤其是直缝埋弧焊管，横向和纵向的屈服强度差在100MPa左右（见表5-14），环向不同位置取样的屈服强度也相差80～90MPa。根据国外的研究，当管道变形量较大时各向异性对管道的应力应变行为及变形能力有一定的影响。

表5-14　X100直缝埋弧焊管纵向和横向拉伸强度

生产厂	钢管规格/(mm×mm)	管体横向			管体纵向		
		R_m/MPa	$R_{t0.5}$/MPa	$R_{t0.5}/R_m$	R_m/MPa	$R_{t0.5}$/MPa	$R_{t0.5}/R_m$
国外某厂	ϕ1016×20.6	822	767	0.93	805	652	0.81
国内某厂	ϕ813×16.0	827	818	0.99	760	646	0.85

4. 缺陷容限的要求

Battelle建立的预测钢管轴向裂纹开裂公式［式(5-22)］已被广泛应用，此公式是在早期管线钢的各个钢级上通过多次爆破试验总结出来的，当时钢级在X70以下，屈强比低于0.87，冲击功均在30～120J。

$$\frac{\sigma_f}{\sigma_0}=\frac{1-d/t}{1-d/M} \tag{5-22}$$

可按Folias公式计算出M，即：

$$M=\sqrt{1+0.4025\left(\frac{2C}{\sqrt{R}}\right)^2} \tag{5-23}$$

式中 σ_f——失效应力，MPa；

σ_0——流变应力，$\sigma_0=(R_{t0.5}+R_m)/2$，MPa；

d——缺陷深度，mm；

t——壁厚，mm；

M——线胀系数；

$2C$——缺陷长度，mm；

R——钢管半径，mm。

为了证明 Battelle 预测公式的适用性，国外对 X100 钢管进行了含缺陷钢管水压爆破试验，结果表明，Battelle 公式能准确预测 X100 管线钢管轴向表面缺陷的失效行为，屈强比较小的钢管其预测结果更保守。表 5-15 是两种规格含表面缺陷 X100 钢管的缺陷容限试验条件和试验结果。

表 5-15 两种规格含表面缺陷 X100 钢管的缺陷容限试验条件和试验结果

钢管规格/(mm×mm)	管号	实际壁厚/mm	$R_{t0.5}$/MPa	R_m/MPa	C_v/J	$R_{t0.5}/R_m$	$2C$/mm	d/mm	缺陷深度比	计算爆破应力/MPa	试验爆破压力/MPa	试验爆破应力/MPa	爆破后最大环向应变/%
ϕ1422×19.1	1	19.25	740	774	261	0.96	180	10.4	0.54	568	153.5	567	0.30
	2	20.1	795	840	171	0.95	385	3.8	0.19	723	201.2	712	0.30
ϕ914×16	3	16.4	739	813	253	0.91	150	9	0.55	555	214	597	0.30
	4	16.4	739	813	253	0.91	450	6	0.37	551	240.2	670	0.30

4. X100 管线钢管的韧脆转变行为

在 20 世纪 70 年代曾进行了大量试验，试验表明用 DWTT 试验得出的试样剪切面积和韧脆转变温度与全尺寸管线钢管的行为之间有良好的一致性。裂纹扩展的韧脆转变温度可用 DWTT 试样 85% S_A 对应的温度来表示，这个要求可以保证管线钢管不发生脆性断裂。

图 5-53 是 ϕ1422mm×19.1mm X100 管线钢管 DWTT 试验、夏比冲击试验和 West Jefferson 爆破试验结果对比图。试验表明，用 Battelle 总结的经验方法仍然可以预测 X100 管线钢管的韧脆断裂转变行为，尽管采用 TMCP 工艺生产的管线钢存在断口分离对断裂面积的测量带来了一定的困难。图 5-54 是−20℃下 DWTT 试样断口形貌与 West Jefferson 试验钢管断口形貌照片。这些都表明用 DWTT 试验和 Battelle 总结的 85%S_A、对应温度经验方法能准确预测 X100 钢管的韧脆转变温度和断裂行为。

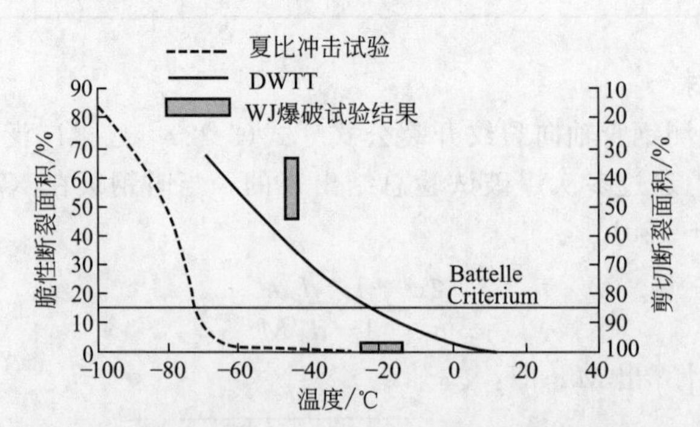

图 5-53 X100 管线钢管 DWTT 试验、夏比冲击试验和 West Jefferson（WJ）爆破试验结果对比图

(a) DWTT试样断口

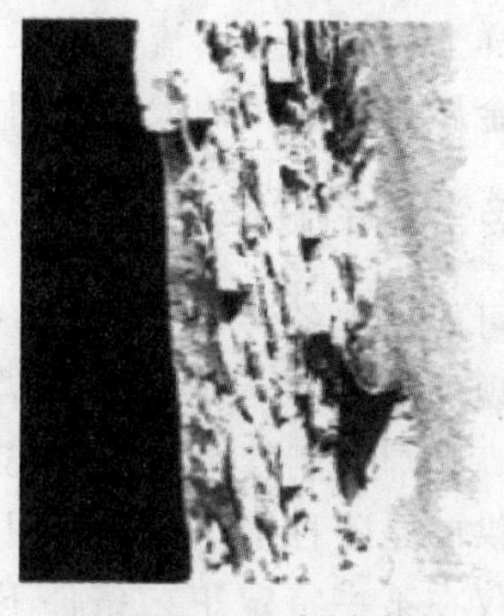
(b) West Jefferson试验钢管断口

图 5-54 DWTT 试样断口形貌与 West Jefferson 试验钢管断口形貌对比（−20℃）

第十七节 高频焊管常见的焊接缺陷及预防措施

一、高频焊接钢管工艺简介

高频焊接制管，钢带被送入成型机，形成圆筒状管坯通过感应线圈（图 5-55），感应线圈附近的磁场产生感应电流通过钢带边缘，钢带边缘由于自身电阻产生电阻热而被加热，加热的钢带边缘经挤压辊挤压形成焊缝。高频焊接没有添加物，实际上是一种锻焊。如果生产过程控制得比较好，熔合面不会有残留熔融金属或氧化物。图 5-56 为钢带边缘经过挤压辊时，液态金属或氧化物被挤出焊缝的情况。

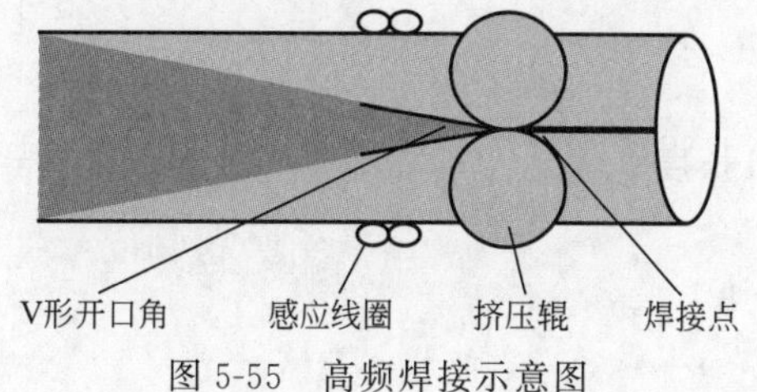

图 5-55 高频焊接示意图

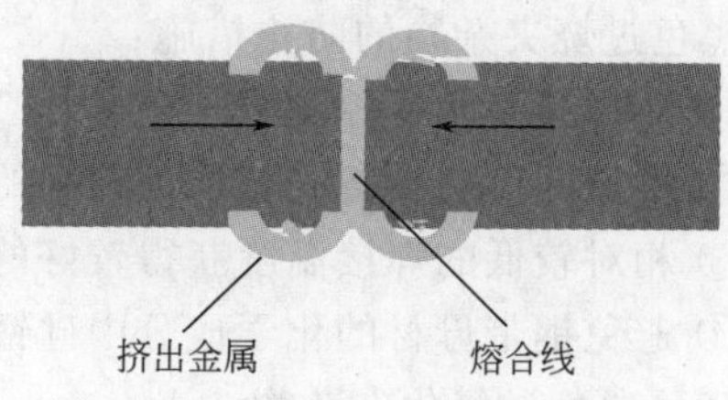

图 5-56 高频焊接金属挤出示意图

如果切割一块焊缝试样进行抛光、腐蚀并在金相低倍显微镜下观察，正常的高频焊接区域形貌如图 5-57 所示，热影响区形状像一个腰鼓。这是因为高频电流从钢带边缘的端部和边部进入产生热量。热影响区颜色比母材金属略深一些，因为焊接时碳向加热的钢带边缘扩散，而焊缝冷却时碳被吸收在钢带边缘。特别是靠近边缘的碳氧化成 CO 或 CO_2，剩下的铁没有碳，颜色变浅。

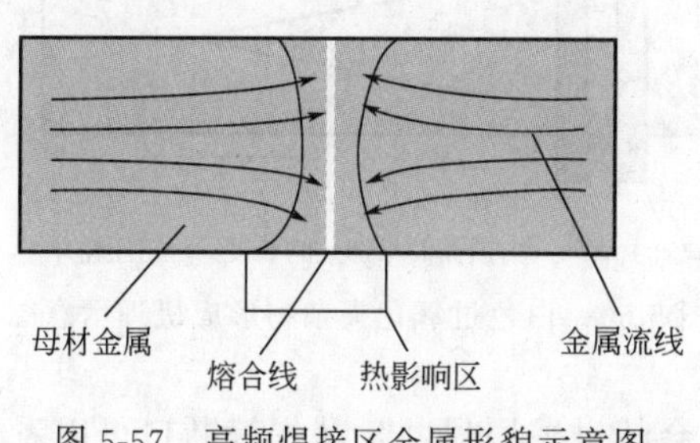

图 5-57 高频焊接区金属形貌示意图

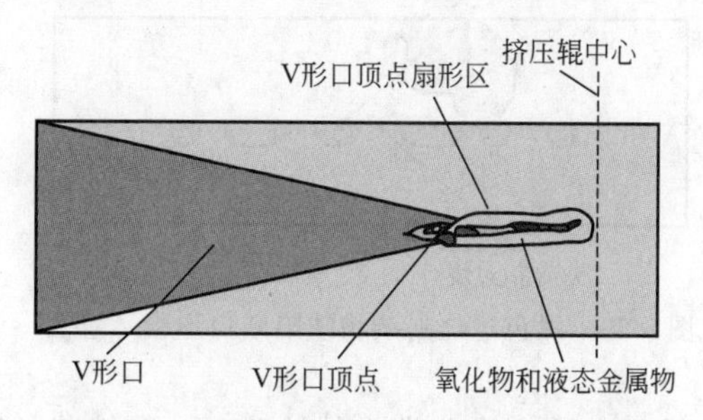

图 5-58 黑色过烧夹杂物形成机理示意图

从金相试样上看到的金属流线实际上是钢坯轧制成钢带时，高碳区被轧制成平坦的非连续性的平面。金属流线升角的大小常用于评价焊接时的顶锻程度。

二、高频焊接常见的缺陷

高频焊接可能出现各种各样的缺陷，缺陷叫法也不完全统一。结合我们焊管生产的特点，经常会出现的缺陷有：夹杂物、熔合不足、粘焊、铸焊、气孔、跳焊。这些缺陷不是全部存在，但在高频焊接制管中经常出现。

下面所提供的是各种缺陷的示意图而非实际图片，用以说明缺陷的主要特征，而不要误认为焊接缺陷仅在某一特定工艺条件下产生。文中图示缺陷是焊缝经压扁试验开裂的断口形貌

1. 夹杂物的缺陷

(1) 黑色过烧夹杂物

这类缺陷是金属氧化物没有随熔融金属挤出而被夹在熔面上，是在V形开口熔融金属表面形成的。在V形开口上，如果钢带边缘的接近速度小于熔化速度，熔化速度高于熔融金属排出速度，在V形开口顶点之后，形成一个含有熔融金属和金属氧化物的狭窄扇形区，这些熔融金属和金属氧化物经过正常的挤压不能完全排出，从而形成一个夹杂带，如图5-58所示。焊缝压扁后，在焊缝断口很容易看到黑色过烧夹杂物。

黑色过烧夹杂物与焊缝纤维状断口相比，断口平坦、无金属光泽。这类缺陷可能单个出现，也可能呈链状出现，如图5-59所示。当V形开口角度变窄，例如角度小于4°或钢中硅锰之比小于8∶1时，含夹杂物概率增加。但是，钢中硅锰之比相对于其他影响因素难控制一些，主要取决于母材的化学成分。

黑色过烧夹杂物的防止措施：

① V形开口角度控制在4°～6°；

② 可靠的工装设备安装保证稳定的V形开口长度；

③ 相对较低的焊接温度获得较好的焊缝质量；

④ 避免钢带母材的化学成分中硅锰之比小于8∶1。

(2) 白色过氧化夹杂物

这类缺陷叫白色过氧化夹杂物并不确切，实际上是预弧造成的熔合不足，且没有异物夹在熔合面上。通常情况下，毛刺或铁锈落到V形开口顶点前形成过桥造成短路而引起电流跳动产生预弧现象。短路电流瞬间改变了电流方向，降低了V形开口的热量，如图5-60所示。

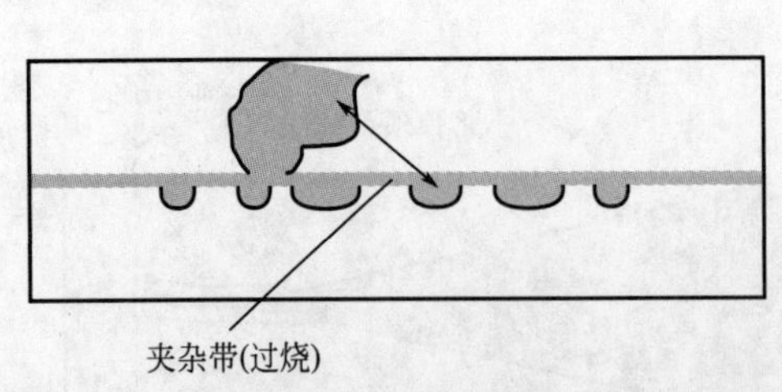

图5-59 黑色过烧夹杂物缺陷断口形貌示意图

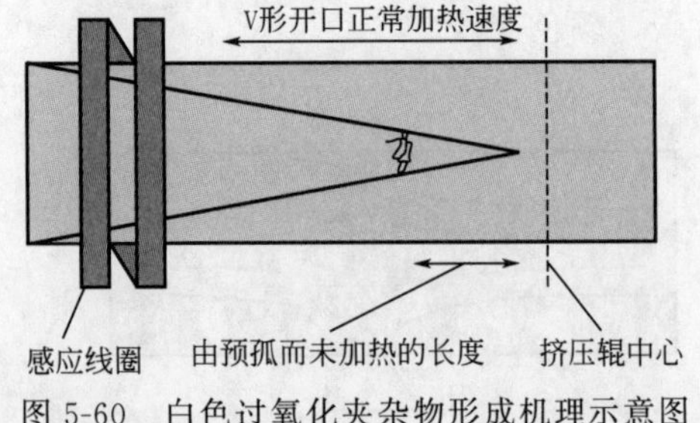

图5-60 白色过氧化夹杂物形成机理示意图

瞬间电流产生非常小的缺陷，一般缺陷长度不会超过壁厚尺寸，从焊缝断口可以看到一

个小光亮、平坦的平面被纤维状断口所包围，如图 5-61 所示。

白色过氧化夹杂物缺陷防止措施：

① V 形开口角度控制在 4°～6°；

② 减少剪边毛刺；

③ 合适的边缘处理或减少钢带边缘损伤；

④ 保持冷却水干净，不流向 V 形开口。

2. 熔合不足的缺陷

（1）边部没有完全熔合（开裂）

两钢带边缘没有完全熔合形成良好的焊缝，开裂边缘呈蓝色，表明钢带曾被加热，如图 5-62 所示。但钢带边缘平坦、光滑，表明焊缝没有完全熔合，这类缺陷最直接的原因是焊接加热不足。但考虑到其他相关因素，例如焊缝输入热量、V 形开口的角度和 V 形开口加热长度、磁棒安装和冷却条件、感应线圈尺寸等，这些因素会单独或综合作用而产生缺陷。

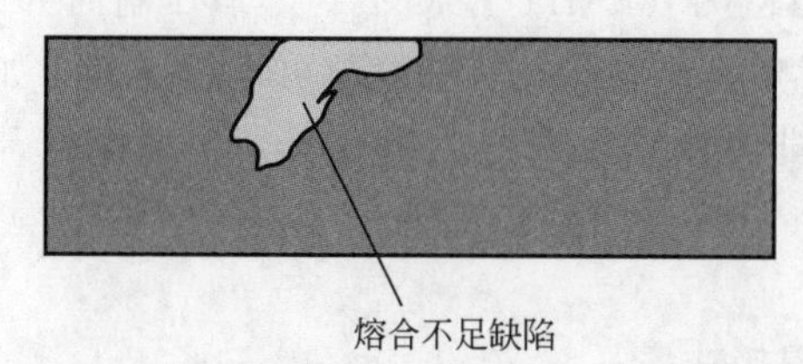

图 5-61　白色过氧化夹杂物缺陷断口形貌示意图

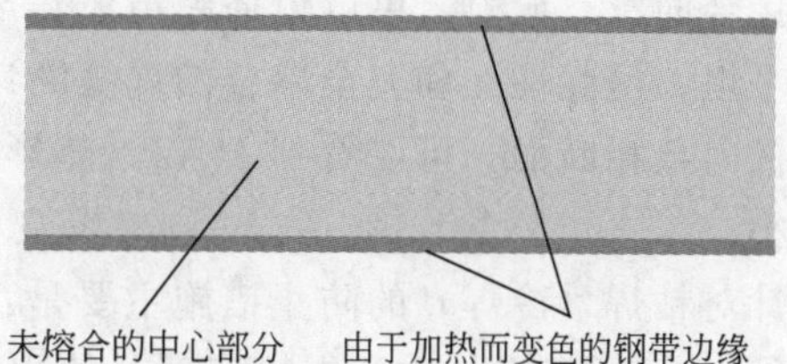

图 5-62　边部没有完全熔合断口形貌示意图

防止熔合不足的措施：

① 焊接输入量与材料的特性、焊接速度相匹配；

② 磁棒的位置超过挤压辊中心位置 3.2～3.5mm；

③ V 形开口角度不超过管径长度；

④ V 形开口角度不超过 6°；

⑤ 感应线圈内径与钢管外径之差不大于 6.5mm；

⑥ 钢带宽度适合，满足生产管径的要求。

（2）边部熔合不足（边部波浪）

焊缝边部熔合不足产生的原因是熔合面没有金属。这类缺陷经常出现在钢带边缘的外侧或内侧和白色过氧化夹杂物缺陷相似。这类缺陷是因为焊缝在指示位置压扁开裂。如图 5-63 所示，断口形貌平坦无光泽。

边部熔合不足的预防措施：

① 钢带边缘平直平行对接；

② 使用较好的挤压量；

③ 如果是鼓包造成的缺陷，断口是银灰色的，使用较大的焊接热输入。

（3）中部熔合不足（内部冷焊）

熔合不足的焊缝破坏后，壁厚中部断面呈一平坦银灰色条带，如图 5-64 所示，边缘呈纤维状。这种焊接缺陷是焊接速度要求的功率超过焊机的额定功率，钢带边缘整个端边没有充分的时间加热到焊缝所要的最佳温度和加热深度而产生的。

中部熔合不足的预防措施：

① 增加焊机功率；

② 增加焊接挤压量；

③ 增加 V 形开口长度或降低焊接速度。

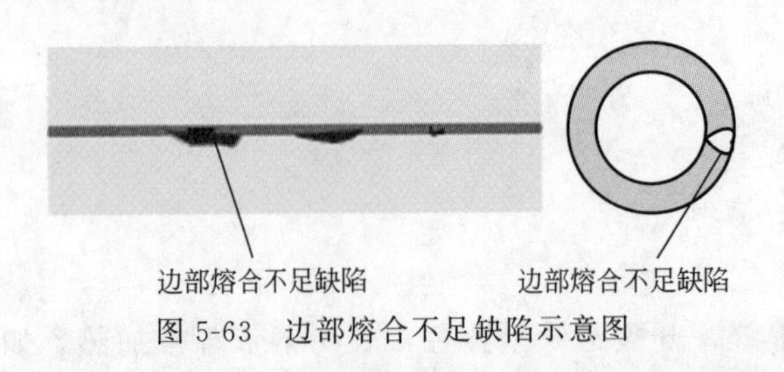

图 5-63 边部熔合不足缺陷示意图

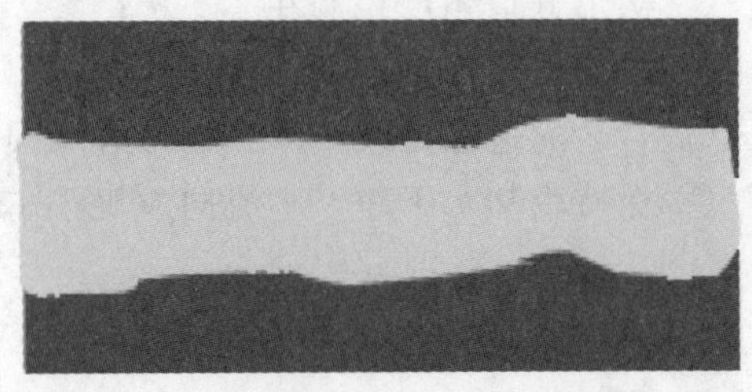
图 5-64 中部熔合不足缺陷断口形貌示意图

3. 粘焊（冷焊）的缺陷

粘焊缺陷采用目前的检测方法检测不到，因而是高频焊接中最危险的焊接缺陷。粘焊形成的接合面没有缝隙，可以传播超声波信号，电磁检测（EMI）检测不到，但压扁时开裂，断口平坦、呈脆性。和完全熔合的焊缝断口相比，略呈纤维状，有些缝隙可以检测到。如果观测横向金相断面，可以看到 HAZ（热影响区）非常窄，没有白色熔合线，金属流线升角非常小。

针对粘焊（冷焊）的防止措施主要是：

① 对不同规格材质和焊接速度，使用足够的焊接功率；

② 充分挤压和（或）增加钢带宽度。

4. 铸焊（脆性焊）的缺陷

铸焊是熔合面上的熔融金属没有全部排出，熔合面上的铸态金属和过烧氧化物一样含有金属氧化物，其断口形貌根据残留铸态金属含量不同而变化。但大部分呈现平坦、脆性形貌，金相检测可以看到在熔合面上有铸态金属，如图 5-65 所示。铸焊焊管压扁时开裂。这类缺陷有足够的热量熔化钢带边缘，但仅仅是一个简单的熔化。

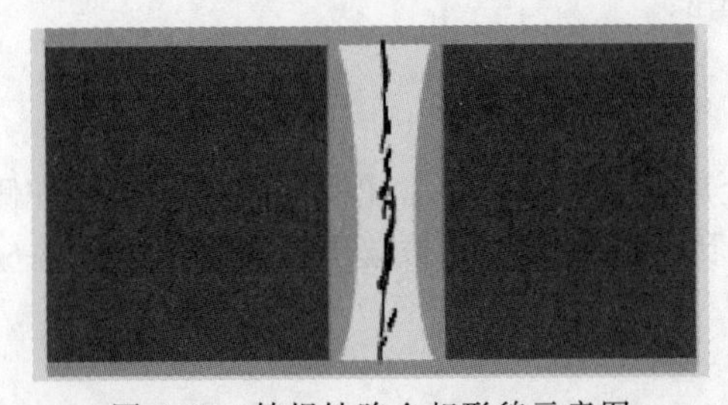
图 5-65 铸焊缺陷金相形貌示意图

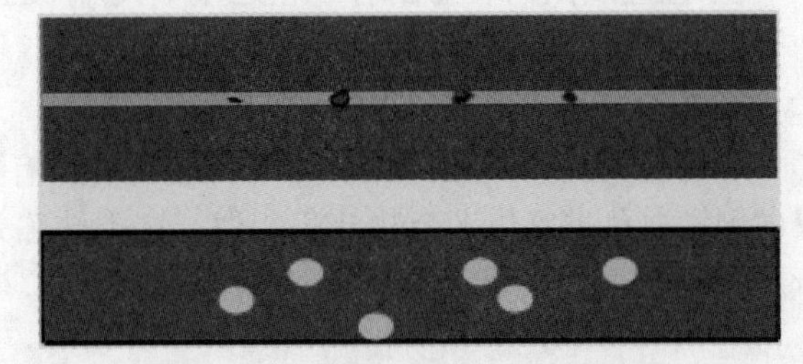
图 5-66 气孔缺陷断口形貌示意图

5. 气孔（针孔）的缺陷

焊接结合面上的气孔是高温焊接时，气体排出不充分造成的。断口形貌呈纤维状，球状的光亮白点随机分布在整个断口上，白点出现在外壁时，白点的表面由于氧化而呈黑色，如图 5-66 所示。外毛刺清除前可以看到小的气孔，外毛刺清除后在熔合线上也可以看到气孔。

针对产生气孔缺陷的预防措施是：

① 减少焊接输入量；

② 增加挤压量。

6. 跳焊的缺陷

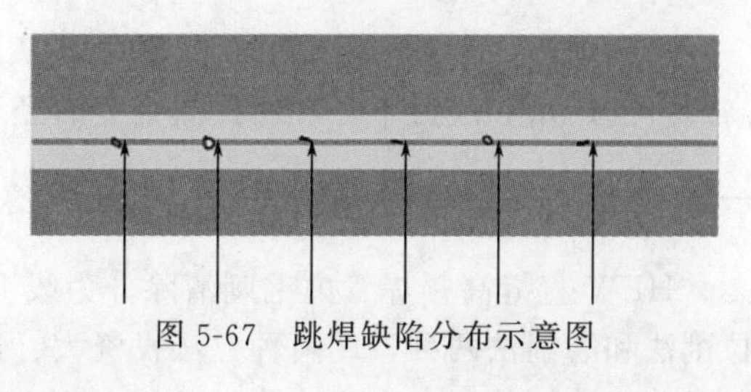

图 5-67　跳焊缺陷分布示意图

跳焊有多种形式，如图 5-67 所示，在通常情况下，这类缺陷呈有规则连续性的分布，壁厚外侧缺陷类似波浪状缺陷，一般等距离出现。一般情况下，间距为电源频率（60Hz）的整倍数。例如：机组焊接速度为 36576mm/min，缺陷间距 101.6mm，则 36576÷101.6＝360，是 60 的整倍数。

针对跳焊的缺陷防止措施是：

① 增加焊接电流的滤波设备；

② 检查输入电压；

③ 检查辊子和轴表面状况。

三、缺陷产生的因素及预防措施

① 实际生产中经常是几个因素综合作用产生缺陷，一个狭窄的 V 形开口并不一定产生过烧夹杂物，除非挤压量略小于一个正常值。而小的挤压量可能是钢带纵剪宽度略窄或工装磨损、设备安装不合适造成的。

② 焊接缺陷的产生还有焊区以外的原因，例如冷焊可能由于冷却泵出现气穴（抽空）现象，不能使磁棒充分冷却，磁棒瞬间变热，使得集中在 V 形开口的电流减弱，电流沿钢管背部传导，V 形开口热量降低，发生冷焊现象。在冷却泵完全不能正常工作，磁棒完全失效之前，增加焊接输入量可以防止冷焊缺陷的发生。

③ 防止缺陷的最好方法就是查清缺陷的根本原因，尽量搜集可能产生缺陷的各种操作参数。确定有关参数，如工作宽度、焊接速度、屏流、屏压、栅流、挤压量等。观察实际运行情况，记录要以发现异常波动，分析产生缺陷的原因为主。生产时可能设定值略超出正常值，但是几个相关变量同时略超过要求值，累积结果足以产生缺陷。

在生产过程中对常见的缺陷及其产生的原因进行分析归类总结，这对于缺乏经验的操作者来说是非常有益的，减少排除故障和维修保养时间，这样既可提高生产效率，又可以降低生产成本。

四、常见缺陷的预防总结

① 大部分焊接缺陷是由于机组安装或调试不当而产生的。

② 选择合理的制造方案，监测日常运行情况，定期培训高频焊接工有利于减少缺陷。

③ 提高剪边和边缘处理质量及线蓄能工艺，有利于减少边部损失缺陷。

④ 预维修可以预防工装磨损或损坏造成的缺陷。

第十八节　新型高频直缝焊管内毛刺清除装置

目前 HFW 直缝高频焊管在国内钢管行业中的产量占有较大的比例，但是大部分焊管由于没有清除内毛刺或内毛刺清除质量较差，只能用于一般水煤气输送和结构用钢管，只有少部分经过清除内毛刺的高品质焊接钢管应用到石油、天然气、汽车、化工等重要行业。因此，焊管内毛刺清除技术的发展对焊管应用领域的不断扩大起到了至关重要的作用。

高频焊管内毛刺清除得当不仅可以提高焊管的质量，还可以减少生产线的停车次数，提高焊管的产量和成材率，从而提高企业的经济效益。

一、内毛刺清除的主要方式

HFW 直缝高频焊管内毛刺清除分为线下清除和在线清除。线下清除内毛刺方法主要有拉削法和磨削法两种，此两种方法投资大、运行费用高、效率低，一般只在线下返修管清除内毛刺后才能使用。在线清除内毛刺方法主要有两种：

① 辊压法，即用一个或多个与钢管内壁弧度接近的小压辊对热状态下的焊缝内毛刺施以压力使其向两侧延展，从而降低焊缝高度。实际上该方法只是降低了焊缝的高度，并没有清除焊缝的内毛刺。虽然投资成本很少，但清除内毛刺的质量差，现在已很少使用。

② 刮削法，即用一个与钢管内壁弧度接近并通过定位轮定位的硬质合金刀具将内毛刺清除。该方法投资较少，消耗低，效率高，刮削质量好。缺点是需要定时更换刀具。而采用科学高效的刀具冷却方法可大大延长硬质合金刀具的使用寿命，从而减少换刀次数，降低刀具消耗。因此刀具刮削法广泛应用于 HFW 直缝高频焊管内毛刺的在线去除。目前刮削法内毛刺清除装置主要有机械式和液压式两种：机械式是用弹簧力调节刮削内毛刺刀架的上下辊（滑块）的间距，使上定位辊和刀具与焊缝处管壁紧密接触并保持一定压力，从而达到刮削内毛刺的目的；液压式是通过液压缸的压力推动刮削内毛刺刀架及刀具升降来实现刮削内毛刺。

二、原有机组内毛刺清除装置分析

天津某公司原有 ϕ325mm 机组由山西太矿集团制造，内毛刺清除装置属于机械刮削式结构，其机构如图 5-68 所示，包括固定调整架、连接杆、阻抗器、刀架、弹簧起升机构、刮刀以及水冷系统。

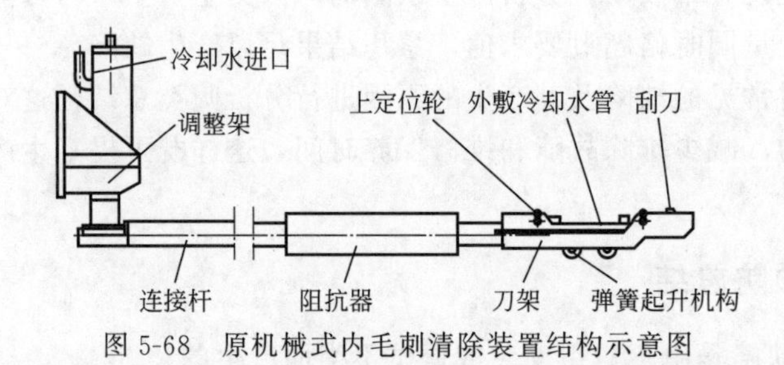

图 5-68 原机械式内毛刺清除装置结构示意图

该装置优点是结构简单，制造成本低。缺点是刀头不能周向调整，导致刮削后的内毛刺偏斜不平；刀片的外敷式冷却水管极易磨损刮断，并且刀片的外喷式冷却容易造成“炸刀”和焊缝喷水后产生不良影响；弹簧起升机构由于不能下降让刀，经常造成接口撞刀停车事故。这样不但因为刀片撞毁而产生大量内毛刺返修管，而且降低了机床的利用率和成材率，还增加了运行成本。

三、新型液压升降式内毛刺清除装置

通过对太矿集团的机械刮削式内毛刺清除装置和日本某公司液压升降式内毛刺清除装置的比较研究，天津某公司设计了液压升降式内毛刺清除装置。新型液压升降式内毛刺清除装置具有结构合理、易于加工、便于维修、操作调整方便、经济实用、工作效率高等特点。

1. 液压升降式内毛刺清除装置参数设计

钢管直径范围：ϕ114～ϕ325mm；钢管壁厚范围：3～12mm；钢管材质：Q235～X70；在线刮削速度：10～40m/min；刮削温度：400～800℃；液压缸推力：15～25kN；内毛刺刮削余高：−0.2～+1.52mm。

2. 设备结构的配制

新型液压升降式内毛刺清除装置由电气控制系统、液压系统、水冷却系统、内毛刺清除装置、内毛刺余高检测装置等组成。内毛刺清除装置又分别包括固定调整架、刮刀周向调整机构、阻抗器、连接杆、刀架、刮刀、液压升降机构、内置水冷系统，如图5-69所示。液压升降式内毛刺清除装置具有径向高度调节功能，轴向距离调节功能，周向调节功能，刮削精度调节功能，升降、进退刀功能，等等。在正常刮削时，液压缸将刀架顶起到上定位轮，与刮刀紧压在钢管内壁上，刮刀按设定的深度将内毛刺稳定刮掉。当有焊管接头时，液压缸带动刀架及刮刀下降，等焊管接头完毕，液压缸又及时把刀架及刮刀顶起到原位继续刮削，这样就有效地避免了撞刀事故的发生，从而提高了焊管内毛刺清除的合格率，降低了生产的运行成本。

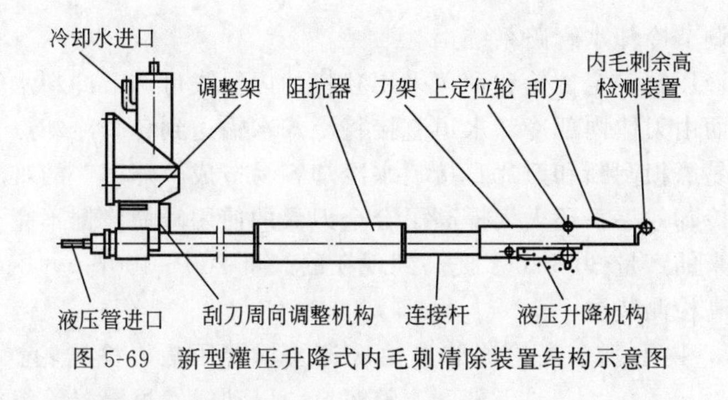

图5-69　新型灌压升降式内毛刺清除装置结构示意图

3. 液压升降式内毛刺清除装置的创新

液压升降式内毛刺清除装置是HFW机组技术要求较高的设备之一，与原有机械刮削式内毛刺清除装置和日本某公司液压升降式内毛刺清除装置相比较具有如下的创新点。

(1) 左右吊杆调整摆角机构

液压升降式内毛刺清除装置的刮刀周向调整机构为左右吊杆调整摆角机构，此机构由吊架、吊杆螺钉、左吊杆、右吊杆、销轴、连杆轴等组成，如图5-70所示。此调整机构有如下优点：

① 调整摆角时不受卷管开口度的限制，调节摆动角度大，刀具圆周方向调整摆动角最大可达±10°（其他机构调整摆动角一般可达±6°），对焊缝转缝的适应性更强。

② 可在线摆角调整，调整操作更方便，只需调整两个吊杆螺钉就能得到满意的效果。

③ 调节定位刚度大，可做到无间隙定位，刀具的位置调定后将两个吊杆螺钉拧紧即可。因此，刮削内毛刺的质量更稳定。此结构已经获得国家实用新型专利（ZL200920318429.X）。

(2) 采用无油润滑轴承套

刀架的上下定位轮轴承采用国产无油润滑轴承套，如图5-71(b)所示，无油润滑轴套比同样内径的滚针轴承的体积小（约1/3），价格低（约1/5），尤其适合在潮湿或多水的环境中运行。滚针轴承结构如图5-71(a)所示，根据实际统计，无油润滑轴承套的平均使用寿命约为1200t（生产量），滚针轴承的平均使用寿命约为3000t（生产量），综合价格产量运行费用比（轴承/轴套）为 2，因此使用无油润滑轴承套更经济。另外无油润滑轴承套的损坏是缓慢磨损，而滚针轴承的损坏是快速损坏。采用无油润滑轴承套的内毛刺清除装置，其内毛刺余高异常品基本都在合格范围以内，而采用滚针轴承的内毛刺清除装置，由于滚针轴承的损坏是快速磨损，其出现的内毛刺余高异常品中大部分是不合格品。

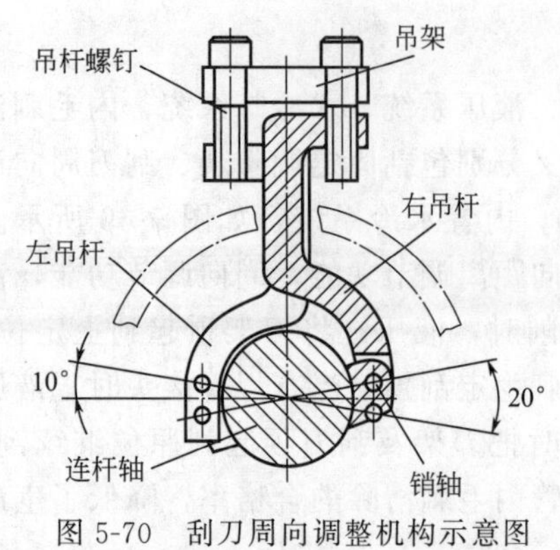

图 5-70　刮刀周向调整机构示意图

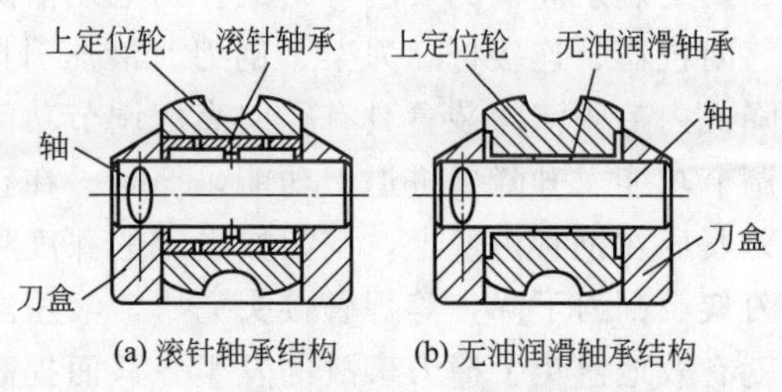

图 5-71　滚针轴承与无油润滑轴承套结构

（3）内置式可调节冷却水管路系统

刀体上半部的液压缸、定位轮和刮刀采用独特的内置式可调节冷却水管路系统，即不使用外敷冷却水管路而由刀体内部冷却水道直接将冷却水输送到各个冷却点。这样既解决了外敷式冷却水管路极易磨损刮断和刀片直接喷水冷却容易造成“炸刀”的难题，又节省了外敷管，尤其是超强的冷却效果，还大大提高了合金刀具的使用寿命。据不完全统计，每把刀片的平均刮削量由原来的产量 50～200t 提高到现在的产量 200～400t。

（4）内毛刺余高检测装置

如图 5-72 所示，内毛刺余高检测装置由底座、摇臂压板、检测轮、弹簧、定位螺钉、调整螺钉、气动触发报警器等组成。当内毛刺刮刀损坏内毛刺余高增大时内毛刺推动检测轮向下移动，同时检测轮又带动摇臂压板绕中心轴摆动，使摇臂压板立面上的调整螺钉压向气动触发报警器。

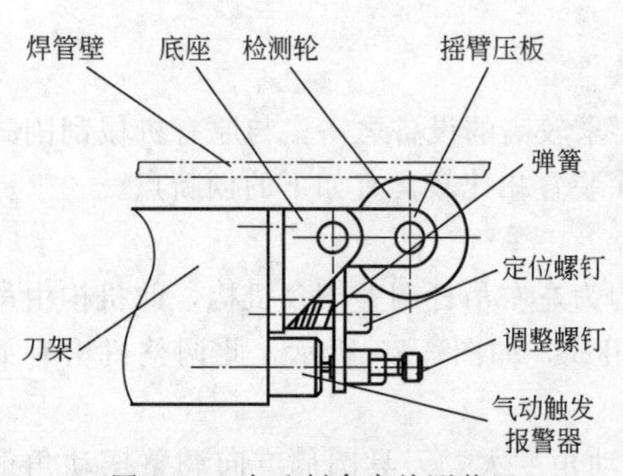

图 5-72　内毛刺余高检测装置

当内毛刺余高超过 0.6mm 时，气动触发报警器发出警报，提示操作人员调整或更换刮刀，这样就能够及时避免出现大量的内毛刺高度不合格的焊管。因此，在一定程度上节省了返修磨焊管的生产成本。

目前液压升降式内毛刺清除装置是 HFW 机组在线去除内毛刺比较理想的设备，该装置在集众家之长的基础上又进行了四项创新改进，使刮削内毛刺的质量更趋稳定，轴承套和刀具的使用成本更低，成材率更高。另外此装置具有结构合理、便于维修、操作调整方便、经济实用与工作效率高等特点，在高频直缝焊管生产行业中具有广泛的推广使用的经济价值。

四、机械清除毛刺的方法

1. 刮疤的工具

外毛刺清除装置通常由两把刀组成，一把刀生产，一把刀备用。刀固定在刀架上，刀架可升降和左右调整，如图5-73所示。为了清理刮除下来的外毛刺，有的厂在清除装置附近设置一个小卷取机，有的厂在挤压辊后设置一个小断屑轮，在外毛刺上周期性刻痕，刮削后自动断屑，以便于清理。外毛刺清除刀具一般都是在钢制刀杆上焊上硬质合金的刀头。刀头的形状应该磨成圆弧形，圆弧的半径略大于钢管的半径。

对于外毛刺（疤）的清除相对来说比较容易，就像采取机械加工用的刨床一样，使用合金钢刨刀把焊管焊缝处的凸出的铁熔体刨削掉，用于刨削焊缝处的铁熔体的刨刀刀锋呈圆弧状，圆弧的大小应稍微大于焊管的外圆弧，刨刀口应锋利，在磨削时应该磨削成有“前角”形状。刨刀体应该牢固地固定在高频电焊的机体上。

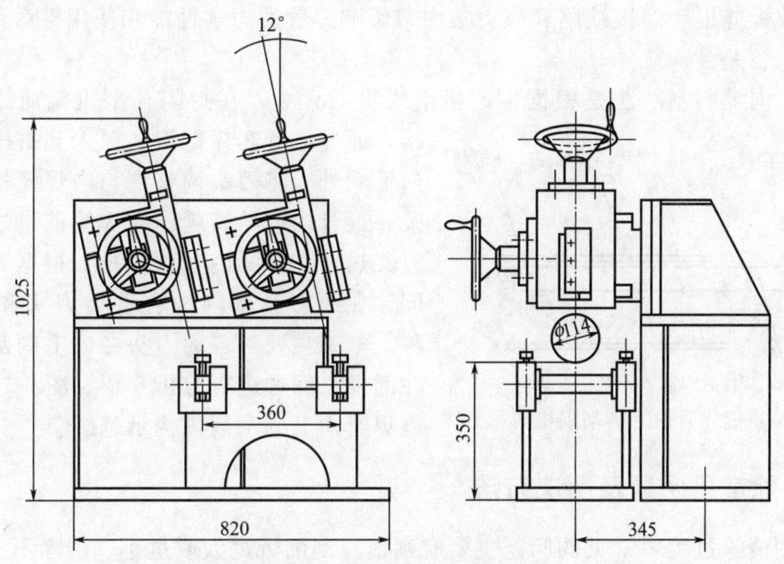

图5-73 外毛刺清除装置示意图

外毛刺清除装置刀头的升降采用气缸，并有导向辊导向。气缸动作快，操作方便。刀架可整体更换。当焊接速度不大于30m/min时，一般刀具的使用寿命为8h左右；当焊速提高到60m/min时，由于刃部的局部温度很高和应力集中，从而使刀具迅速损坏，同样的刀具，寿命会降低到几分钟。为了适应高速焊接的要求，从刀具的材质和切削刃的几何形状两方面进行了试验研究。试验表明，改变刀具的几何形状收益较小，只能使其寿命稍有提高；而采用碳化钨硬质合金刀能够在高速下保持良好的切削刃口。

英国蒙莫尔钢管公司的高频焊管机组，采用一种ESIO碳化钨刀具，可以在85m/min的速度下进行工作，其使用性能良好。

2. 刮疤的方法

焊管内毛刺（疤）的清除是一项麻烦的工作。通过控制焊接规范和成型可以相对减小内毛刺的大小，如采用边缘弯曲法较圆周弯曲法可以相对减小内毛刺的尺寸。但是，通过控制成型和焊接规范不可能完全杜绝内毛刺的形成。

目前，清除内毛刺的方法很多，但都有一定的局限性。辊压法是利用伸入管内的压辊碾压凸起的红热状态的内毛刺，其残留高度可达0.3～0.5mm。这种方法不能将多余的毛刺真正清除，只能适用于一定用途的钢管生产。实际生产中大都采用刀切或刨削的方法，利用伸进管内的切刀，将冷状态下的内毛刺切除。这种方法目前只能用于直径大于ϕ40mm的钢管生产。

用刀切削内毛刺的主要问题是，刀具寿命短而且换刀不易，此外，排屑困难。由此而使机组经常停车，不但降低了机组的生产率，而且生产也不稳定。

除辊压和切削方法外，国外还采用磨削和氧化法。磨削法是用砂轮作工具，不仅砂轮耗量大，而且不易保证钢管圆弧面的平滑。氧化法是在焊接一开始就利用喷嘴向内焊缝喷射氧气流，使内毛刺加速氧化，并在气流的冲击下脱落。氧化法的毛刺清除质量好，并可节约刀具，保证连续生产，但氧化法需要一套供氧设备。内毛刺的清除也可在生产线外的专用设备上进行。

3. 辊压法刮削的方法

辊压法是利用伸入焊管内的压辊将红热状态下的内毛刺碾平实际上内毛刺并未被清除，而是被压贴在焊管的内壁上，造成重层，并且还有可能使金属熔化物被重新压入焊缝形成焊缝夹杂，导致焊缝出现焊接缺陷和应力集中，影响焊管的力学性能和使用寿命，此外焊管内外观质量也比较差。

在线刀具内毛刺刮削法是根据生产机组规格的大小，在封闭孔型机架前或后安装固定架，通过悬臂芯棒把刀架深入到挤压辊后的焊管内毛刺处，将刀头调整到与内焊缝相对应的位置及靠近管内壁的高度，在焊管前进过程中，刀头将红热状态下的内毛刺刮掉。根据刀头形状的不同，在线刀具刮削法有普通刀头和环形刀头两种。本书主要对普通刀头在内毛刺刮削过程中存在的常见问题进行分析介绍。图 5-74 为 ERW 直缝焊管内毛刺刮削机构示意图。

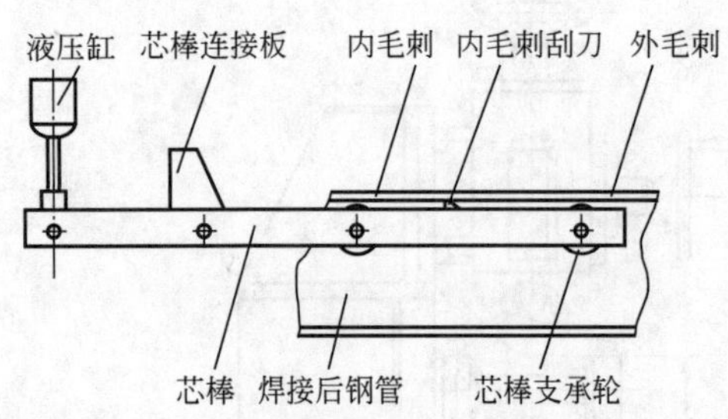

图 5-74　ERW 直缝焊管内毛刺刮削机构示意图

五、毛刺清除常见问题及解决方法

在内毛刺清除过程中常见的问题主要有刮偏、刮削量过大或过小、清除不干净等，不管是哪种问题都将影响焊缝的质量。通常情况下刮偏或刮小会导致内毛刺清除不干净，刮削量过大会导致焊缝处壁厚减薄严重时会影响焊管的承压能力。

(1) 内毛刺刮偏及常用解决方法

内毛刺刮偏主要表现为一直偏向一侧或两侧间断性偏移，如图 5-75 所示。在实际生产过程中内毛刺刮偏的现象比较普遍，内毛刺刮偏对焊管的质量有很大的影响。所以实际生产过程中应该尽量避免发生这种情况。

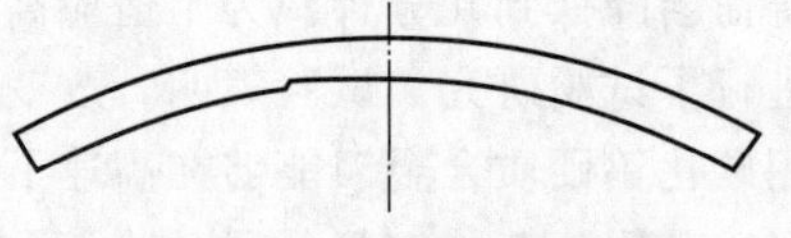

图 5-75　内毛刺刮偏示意图

内毛刺刮偏偏向一侧主要是由芯棒的中心位置偏离焊缝所致。造成这个问题的主要原因一般是图 5-75 中的芯棒连接板的位置不合适，可以通过连接板的调整螺栓对芯棒位置进行调节，直到刮偏现象消失为止。此外，由于芯棒所处工作环境温度比较高，如果芯棒不能得到很好的冷却，就容易发生变形，芯棒变形也容易造成刮偏。如果是这种情况就需要对芯棒进行校直，并对芯棒冷却系统进行处理，直到符合生产要求为止。

造成内毛刺刮偏向两侧间断性偏移现象的原因比较多，一种情况是芯棒支承轮不能很好地与管壁接触，造成芯棒连接板前只有刀头与管壁接触，致使芯棒容易带动刀头发生摆动，从而造成内毛刺刮削时两侧间断性的偏移。这种情况一般是刀头高度高出支承轮太多，可以通过调整刀头和支承轮的相对高度来解决。另一种常见情况是芯棒连接板锁紧螺母发生松动，造成内毛刺刮削时出现两侧间断性的偏移，此时需要对锁紧螺母重新锁紧，刮偏现象就会消失。

(2) 内毛刺刮削量过大或过小及常用解决方法

内毛刺刮削量过大或过小，都会影响焊管的质量所以要尽量避免这种现象的发生，如图 5-76 所示。

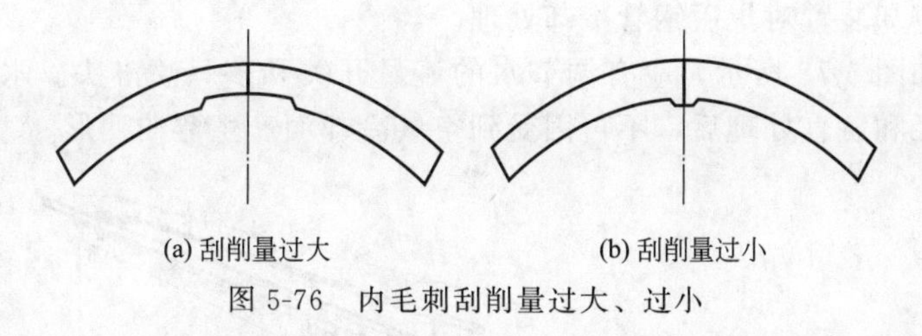

(a) 刮削量过大　　(b) 刮削量过小

图 5-76　内毛刺刮削量过大、过小

内毛刺刮削刀头与焊管内壁的相对高度是有一定范围的，当刀具与焊管内壁相对高度过小时容易造成刮削量过大，反之当内毛刺刮削量太小或刮不上时，可通过调整刀具与焊管内壁的相对高度解决。实际生产过程中主要是在刮刀的下面添加或减少垫片来实现刀头高度的调整。焊管的椭圆度也会造成内毛刺刮削量过大或者过小，此时通过调整上挤压辊的高度来消除这种现象。

(3) 内毛刺清除不干净及常用解决方法

实际生产过程中，内毛刺清除在不存在刮偏和刮削量不合适的情况下，有时在内毛刺清除后会出现一些残留金属熔化物，并且这种现象的出现往往是连续性的，表面看来和内毛刺刮削量过小比较类似，如图 5-77 所示，但是它们的形成原因却完全不同。由于残留内毛刺对焊管的质量影响比较大，所以必须高度重视。

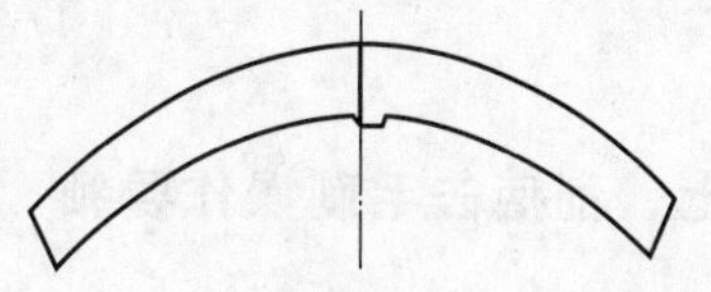

图 5-77　内毛刺清除不干净示意图

通过对实际生产过程的观察，发现内毛刺清除不干净的主要原因是内毛刺刀头被打。由于刀头被打后刀刃上出现缺口，缺口处毛刺不能被很好地刮掉而残留。残留毛刺的形状大小主要取决于刀刃缺口的大小，因此也为生产人员提供了一种判断内毛刺刀头是否完好的方法，通过更换刀头可以解决此种问题。

ERW 焊管内毛刺清除过程中，主要存在的问题有刮偏、刮削量过大或过小，内毛刺清除不干净等，每一个问题的存在都会影响焊管的质量，对正常生产造成一定的影响，不管出现这些问题的原因是一个还是多个，只要根据具体的问题进行针对性的分析，然后采取相应的解决措施，一定能得到符合要求的内毛刺清除结果。

在清除毛刺工序中，速度低于 15m/min 时，严禁落下外毛刺以及抬起内毛刺以防损坏内外毛刺刮刀。对头过来时及时抬起外毛刺刮刀、落下内毛刺刮刀，防止损坏内外毛刺刮刀。

清理毛刺时，应戴上手套，以防伤手，在正常运行中，严禁用手直接接触运行中的管件。同时要监控好操作台上各仪表的运转情况，做好设备的日常维护保养工作，保持操作台及该区域环境整洁卫生。毛刺收集箱满了以后放入指定区域，不得随意放置。

六、焊接、毛刺清除后的水冷却

清除毛刺后的钢管需要进行水冷却，一般在水冷却以前应当经过一小段短时间的空气冷却，以保证钢管经过定径、矫直后不再由于空气冷而使钢管产生弯曲变形。

制管机组采用水冷却处理，水冷却处理之前最好空冷到 400～450℃左右，再经水冷却到150℃左右，而后进入焊管定径机段。水冷却处理的设备由冷却水泵和带有喷水装置的开式或闭式水套组成。水冷装置亦应当可以根据要求调节水的流量和喷头的数量，以控制冷却速度。冷却速度对焊缝金相组织有重要影响，特别是高级优质焊管。现在国外新建的高频焊管机组都有加长冷却装置对焊后钢管冷却处理。

水冷却装置如图5-78所示，应有调节水的流量开关和多只喷淋头。水冷却处理应当保证钢管直径在定径和矫直处理后，不再因受到空气冷却而产生弯曲变形。

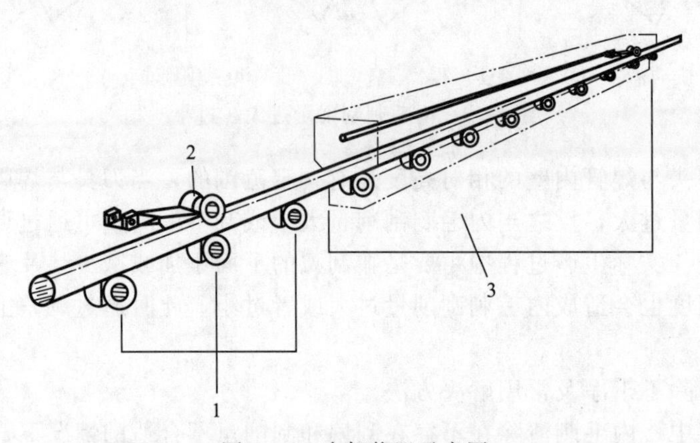

图5-78　冷却装置示意图

1—支承辊；2—夹送辊；3—带喷管的冷却水槽

七、刮疤去毛刺操作要领

刮刀对钢管外观质量起着很重要的作用，也是造成产品质量下降的关键工序之一，所以对刮刀的修磨极其重要。对在焊接时被挤到钢管表面的焊瘤、毛刺用刮刀清除时吃刀量要适中，对焊缝刮除以后，钢管表面应光滑平整，不能凹凸不平，以及有焊疤残存的痕迹。

1. 刮疤刀具的使用方法

去除焊疤的刀头必须使用专用圆弧刀或将刀具磨成圆弧状，避免刮成平面。刮疤刀必须安装牢固，防止出现锛刀、跳刀现象；经常检查检验刮疤质量，看是否存在刮疤锛刀、凹槽、刮疤不净、平台等问题，必要时要对刀具进行调整。工作中禁止接触刮疤刀及刮疤刀前后的焊缝，尤其禁止用手直接检验刀刮后的焊缝情况。清除刮疤毛刺时应使用铁钩，勿用手拉铁屑。

2. 刮疤的基本要领

① 外毛刺的清除：开车前要检查冷却水压力是否符合要求；需要调整刀架，进行垂直及横向运动，且使刀刃对准所焊管坯的焊缝。

② 调整支承辊，使之支承管坯，然后旋转手轮，可通过链传动、蜗轮箱，调整刀的高低位置；旋转手轮，调整刀相对于轧制线的垂直移动，气缸可以实现快速进刀和退刀，调整托辊下方的手轮，改变托辊的高低位置，刀具刃磨角度可自行掌握，但后角必须大于8°，刃口磨成弧形。

3. 内毛刺的清除步骤

① 内毛刺的清除通过内毛刺刀杆装置来实现，开车前落下刮刀支架，待开车钢管前进2～3m长度时抬起刮刀支架，当接头运行至刮刀前3～4m长度时落下管道支架。内刮焊缝

的深浅靠刀杆尾部调整螺杆来调整，支架油缸压力为 4～6MPa。

② 在生产中随时调整刮刀角度，保证刮疤光洁、圆滑。检查模具设备是否正常，检查冷却水水位、水路是否畅通。

4. 刮疤岗位操作程序

（1）生产注意事项

① 刮疤刀头必须使用专用圆刀或将刀具磨成圆弧状，避免造成刮疤平面。

② 刮疤刀必须安装半固，防止出现锛刀、跳刀现象。

③ 及时检查检验刮疤质量，看是否存在刮疤锛刀、凹槽、刮疤不净、平台等问题，如有要及时进行调整。

④ 刮疤工作中禁止接触刮疤刀及刮疤刀前后的焊缝，尤其禁止用手直接检验刮疤刀刮后的焊缝情况。

⑤ 清除刮疤毛刺时应使用铁钩，勿用手拉，毛刺清运时毛刺的温度应是常温。

（2）作业方法及条件

① 开车前，检查冷却水压力是否符合要求。

② 调整刀架进行垂直及横向运动，使刀刃对准焊管坯的焊缝；调整支承辊，使之支承管坯然后旋转手轮，可通过链传动调整刀的高低位置；旋转手轮，调整刀相对轧制线的垂直移动，气缸实现快速进刀和退刀，调整托辊下方的手轮，改变托辊的高低位置，刀具刃磨角度可自行掌握，但后角必须大于 8°，刃口成弧形。

③ 内毛刺的清除；内毛刺的消除通过内毛刺刀杆装置来实现，开车前落下刮刀支架，待开车 2～3m 长度时开起刮刀支架，当接头运行至 4m 长度时落下刮刀支架。内刮焊的深浅靠刀杆尾部调整螺杆来调整。支架油缸压力 4～6MPa。

④ 在生产中随时调整刮疤刀角度，保证刮得光洁、圆滑。

第六章

焊管成型过程中的问题

第一节　焊管成型过程常见的问题

在焊管成型的过程中，因不同的因素可能会出现不同的技术问题，下面对出现的技术问题逐一进行描述并对造成的原因作出分析，以便于在生产中得到预防和解决。

一、跑偏缺陷问题

跑偏俗称翻带，由于各种原因，跑偏现象随时都会在成型机的各道轧辊之间发生。具体表现为管坯从平辊或立辊出来后，两个边缘的高低不一样，严重时管坯便发生翻转，不能顺利进入下道孔型内，不得已而被迫停机进行处理，直接影响了生产作业率。

平辊发生跑偏主要有以下几种原因（不包括带钢原料的镰刀弯等缺陷）。

(1) 孔型中心不正

孔型中心位置不正时，管坯在轧制过程中就会偏离轧制中心线而发生跑偏。在孔型变形角大于90°时，上下辊孔型中心都不正时，管坯就会向孔型中心偏移方向翻起，如图 6-1(a) 所示；当下辊孔型中心不正时，管坯也同样会向孔型中心偏移方向翻起，如图 6-1(b) 所示；当上辊孔型中心不正时，管坯则会向相反方向翻起，如图 6-1(c) 所示。如果管坯变形角小于 90°，除上下孔型整体偏移时与大于 90°变形相反外（如图 6-2 所示），其余均与同类型偏移翻起方向相同。这是轧辊的几种轴向位移，而造成的孔型中心不正，致使管坯跑偏的具体表现。在处理中，可根据轧辊的装配结构，检查轧辊的定位装置和轴等有无锁定失效和松动失控的现象，并及时调整紧固后再生产。

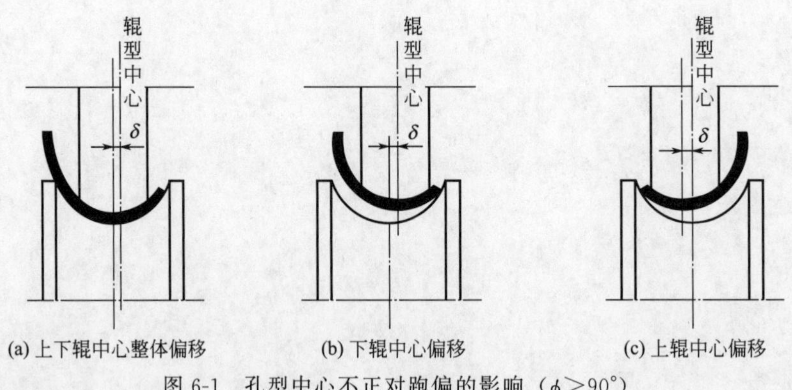

图 6-1　孔型中心不正对跑偏的影响（$\phi>90°$）

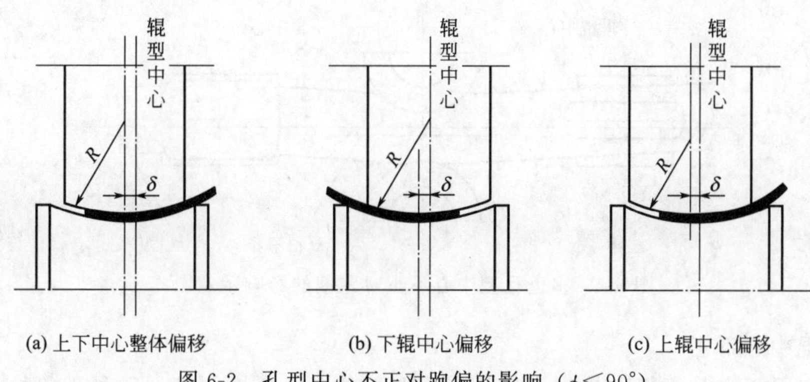

(a) 上下中心整体偏移　(b) 下辊中心偏移　(c) 上辊中心偏移

图 6-2　孔型中心不正对跑偏的影响（$\phi<90°$）

（2）上辊压力不均

上辊压力不均时，可造成上平辊倾斜压偏，使上下辊的孔型两侧间隙不一样，这时，管坯就会向孔型间隙大的一侧跑偏，即在变形角小于 90°时，管坯向压力小的一侧翻起，见图 6-3(a)；变形角大于 90°时，管坯就会向压力大的一侧翻起，见图 6-3(b)。封闭孔型中的管坯也会向压力小的方向旋转，以达到控制管缝方向的目的。遇到这种情况时，需要调整平辊的压下量，使上辊保持在水平位置上，并借助于平辊的前道立辊加以辅助性的方向调整即可。

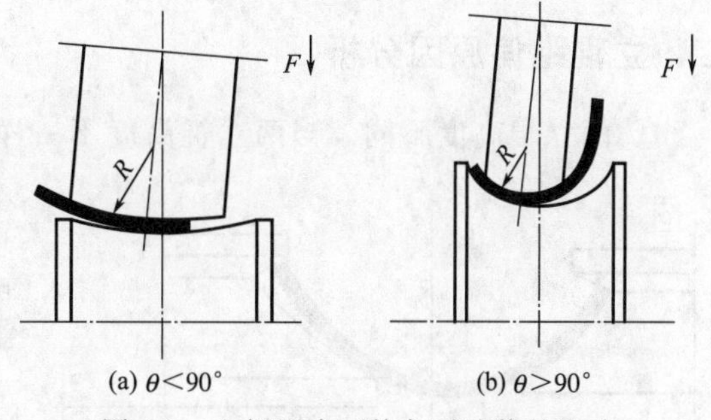

(a) $\theta<90°$　(b) $\theta>90°$

图 6-3　上辊压力不均匀对跑偏的影响

（3）轴承损坏

无论是上辊还是下辊的轴承损坏，都会使上辊的压下量发生变化，而导致管坯跑偏，其跑偏表现与压力不均所造成的跑偏情形完全一样。在生产中需要我们检测一下轴承的异常旋转声音，或触摸局部是否发热，便可判断出轴承的损坏程度，做到及时更换处理，避免盲目地调整工作。

（4）压力不足

我们所说的压力不足，是指上辊压下后，管坯与孔型之间还有很大的空隙，孔型根本不能完全或很好地控制住管坯而发生跑偏。其表现为管坯在运行中发飘，左右上下来回地摆动。如果是在引带时，管坯的头部就会发生上翘现象，只要适当加大压下量便可以解决。

（5）多道孔型不正

多道孔型不正是指两道以上的孔型中心位置不在轧制线上。当管坯跑偏时，在调整中往往会出现一种怪异现象。例如：当管坯向外侧翻起时，我们会按照调整原理，想方设法使其向里走动以克服外翻的问题。但是调整之后，管坯在继续运行中，又会突然向里翻起，有时在管坯运行的后部，也会出现与之同方向的里翻现象，用常规的调整方法无法解决这一问题，这就是多道孔型中心不正所造成的。这时的管坯在成型机里是一种麻花式的扭转运行，如图 6-4 所示。对于这种跑偏现象，我们应当从管坯运行的后部找原因，也就是从成型机的前几道孔型处找问题，逐道进行微量调整和找正，当各道孔型中心都能与轧制中心重合时，跑偏现象才能得到根本的解决。这就是我们常说的一句业内调整行话“后边翻带调前边”的由来。

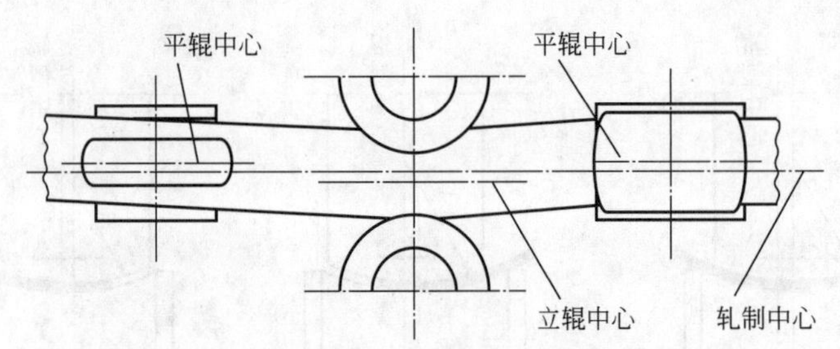

图 6-4　多道孔型中心不正对跑偏的影响示意图

（6）立辊中心不正

立辊中心不正也是管坯在平辊出来后发生跑偏的一个重要因素。这种现象往往被忽视的原因就是管坯在立辊部位运行基本属于正常状态。所以在生产中要特别注意观察管坯从立辊出来后，进入平辊前的瞬间是否正常，若立辊中心偏离，只要我们稍微调整一下立辊的位置，就可以控制管坯进入平辊的最佳方向，使跑偏问题彻底解决。

二、立辊跑偏原因分析

① 两立辊高度不同。当两立辊高度不一样时，就很容易造成管坯在孔型内翻转，高度差越大，管坯翻转越严重，在一般情况下，管坯会向立辊高的一侧翻起（图 6-5）。轻微的高度差可以用钢板尺检测立辊的上凸台来验证，严重时直接用手指触摸的方法就可以验证。

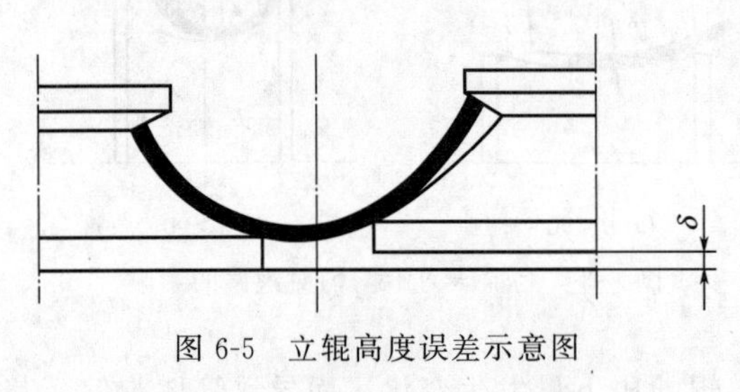

图 6-5　立辊高度误差示意图

② 轴承损坏。立辊轴承损坏也容易造成管坯跑偏。轴承损坏后，立辊孔型就不能很好地控制管坯稳定运行，同时也破坏了两个立辊的高度位置。当立辊的上端轴承损坏时，管坯向轴承损坏的孔型一侧翻起；当立辊的下端轴承损坏时，管坯会向轴承完好的孔型一侧翻起，同时还要考虑轴承损坏的严重程度。

③ 前平辊不正。在立辊之前的平辊处，管坯就已经有了跑偏的现象，这主要是平辊中心不正的原因。在中心偏离较小时，管坯还能勉强进入立辊孔型内，一旦立辊在某些方面稍有不合适，平辊中心偏离又较大时，管坯便会发生跑偏翻转的事故，所以必须将平辊孔型调整到中心位置。如果平辊中心只是轻微不正时，通过调整平辊压力也可得到良好的效果。

④ 立辊大小不同。在更换立辊时，一定要注意两个立辊外径尺寸大小要相同，相差太大时，两个立辊的孔型弧面与管坯接触的效果是不一样的，而且也破坏了孔型中心位置，管坯会向辊径小的一侧偏移，并向辊径大的一侧翻起。在生产较大管径的厚壁管时，跑偏的现象不明显，但是生产薄壁管时，就有可能发生跑偏问题，而且是管壁越薄，辊径大小误差越大，跑偏问题越严重。

⑤ 立辊中心不正。立辊中心位置偏差较小时，管坯跑偏是不容易发生的，管坯运行也比较稳，一般只能加重平辊的跑偏表现。只有中心偏差较大时才会明显地暴露出跑偏问题。

⑥ 立辊轴向窜动。立辊轻微地轴向窜动，一般不会造成管坯跑偏，特别是普通厚壁管，只有在生产小口径的薄壁管时才容易发生跑偏，这是因为管坯的刚度较差，很容易受到摆动的孔型控制而造成跑偏现象。如果立辊轴向窜动量大，跑偏发生的概率就会加大加重。

三、立辊划伤缺陷问题

划伤一般容易发生在管子的底部和两个侧面上，底部的划伤主要是由立辊孔型下边缘 R 圆角造成，两侧的划伤则多是由平辊孔型的两个边缘 R 圆角造成。

1. 立辊划伤原因分析

① 圆角磨锐随着平辊孔型底径的磨损减小，轧制线高度逐渐降低，立辊孔型也逐渐磨大，孔型的下边缘 R 圆角也随之越来越锐利，这时就非常容易造成管坯底部的划伤。特别是在两个立辊高度不一致时，这种划伤就更容易发生，随着立辊收缩量加大，划伤就会愈加严重，所以保持好圆角的完美，对避免管坯底部划伤有很好的效果，即使有轻微的两孔型高低错位，也不会造成严重的划伤后果。

② 立辊不垂直。立轴弯曲后或立轴下部收缩量较大，而上部收缩量较小时，立辊便出现了上仰角现象。如果这时的立辊孔型下边缘 R 圆角已经磨锐，就会造成管坯底部划伤，如图 6-6 所示。所以应该加大立辊的上部收缩量，以消除或减轻划伤，同时在生产中用手提砂轮修孔型锐角。

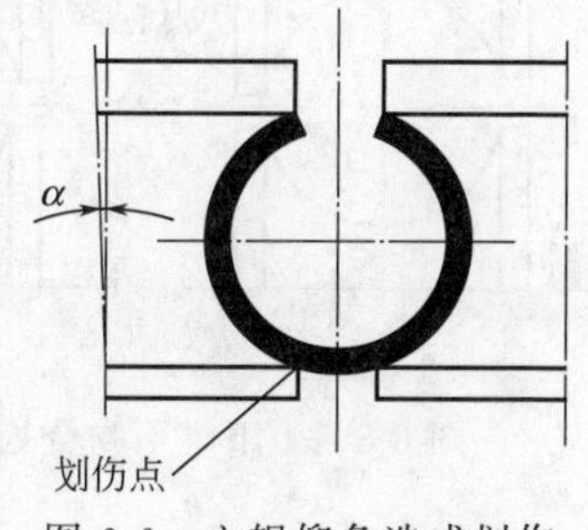

图 6-6　立辊仰角造成划伤

③ 轴承损坏。立辊轴承损坏后，不但容易使管坯跑偏，而且也是造成管坯划伤的一个主要原因。特别是立辊的上端轴承损坏时，在生产中立辊的摆动幅度加大，既容易造成管坯底部的划伤，又容易造成管坯边部的啃伤。

④ 立辊裂边。立辊孔型边部破裂掉边后，随着辊子的旋转，就会在管坯的表面出现周期性的划伤，根据伤痕形状的方向，就可以判断出破裂的辊子里外位置。如果破损程度较轻，可以用砂轮将辊子的裂口修磨后继续使用，这样也可以降低轧辊的消耗。

2. 平辊划伤原因分析

平辊孔型所造成的管坯划伤和孔型的设计有着密切的关系。

① 立辊收缩量小。立辊的主要作用是对管坯在轧制运行中进行导向和辅助变形，对立辊缩量的大小有一定的要求，如果收缩量不足，平辊孔型的边缘就会对管坯的表面造成轻微磨伤，特别是变形圆心角大于 180°的孔型，管坯表面的磨伤比较明显一些。

② 圆角磨锐。孔型边缘 R 圆角磨锐后，更容易使管坯表面发生划伤，特别是变形圆心角大于 180°的开口孔型，在产生划伤时，经常刮下细小的铁屑堵塞于机器内。所以在 R 圆角磨锐后，要加大立辊的收缩量。在孔型设计时，要加大孔型的开口角 α 和边缘圆角 R，见图 6-7。

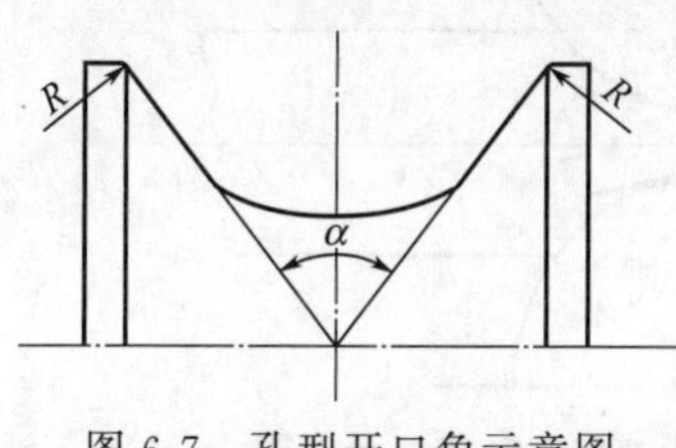

图 6-7　孔型开口角示意图

③ 平辊崩裂。由于各种原因，造成平辊孔型边缘崩裂后所形成的缺口，会使管坯在运行过程中表面留下周期性的划伤。这种划伤的轻重，是由轧辊的崩裂程度，以及上辊压力的大小所决定的。所以在出现划伤后，要根据以上实际情况来决定是否换辊，还是进行修磨和调整。

④ 上下辊不吻合。在封闭孔型中，上下平辊的孔型不吻合时，就容易使管坯的两侧边缘产生压痕性的划伤。造成不吻合的原因主要有两个方面：一是上辊严重压偏，见图 6-8

(a)；二是上下辊孔型中的一个孔型中心已经偏移，见图 6-8(b)。一般孔型中心偏移后，划伤比较严重。可以根据划伤的表现找出原因，然后进行孔型校正或调下压力。

⑤ 轴承损坏。下辊的轴承损坏后，孔型的中心位置就遭到破坏，这时孔型的 R 圆角在磨锐后，就会对管坯表面造成一定的划伤，随着轴承损坏程度的加重和上辊压力的加大，划伤就越发严重。

3. “压头”现象

“压头”实际是跑偏的一种特别的表现，一般发生在封闭孔型处，管坯大都不会像在开口孔型处那样发生较大的翻转，而是将管坯的一侧边缘压陷下去，并且多发生在引带的时候，我们称为“压头”问题，如图 6-9 所示。

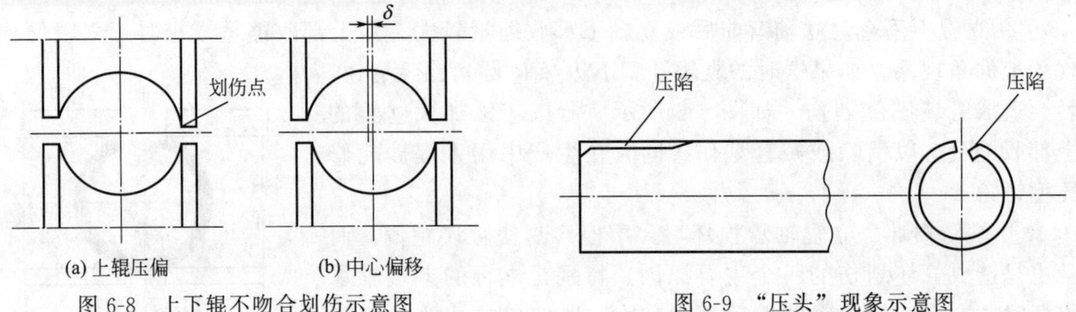

图 6-8 上下辊不吻合划伤示意图

图 6-9 “压头”现象示意图

“压头”问题主要由两种原因造成：一是封闭孔型的前道立辊收缩量太大，或立辊中心位置不正；二是封闭孔型和它的前道平辊孔型中心位置不正，或压力不足而使管坯在运行中来回飘摆。所以在引带时，一定要注意观察管坯头部运行的具体表现，找出原因，然后适时调整处理。对于管坯正常运行中所出现的边缘压陷，我们将在焊缝缺陷中给出详尽的叙述。

4. “钻带”现象

“钻带”问题是指管坯头部钻入轧辊的辊缘缝隙中，或在正常生产运行中，管坯突然钻入辊缘缝隙。在成型开口孔型处，管坯多钻入立辊的下辊缘内，如图 6-10 所示；在封闭孔型处，管坯比较多地钻入平辊的辊缘内，如图 6-11 所示。其主要原因有以下几点。

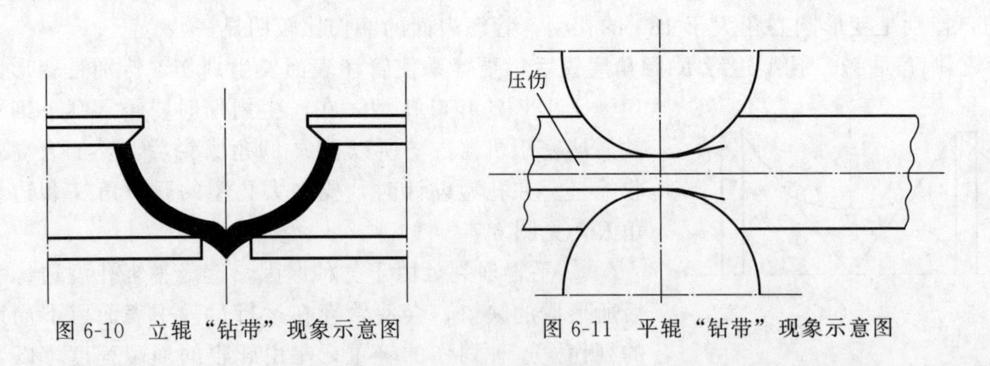

图 6-10 立辊“钻带”现象示意图

图 6-11 平辊“钻带”现象示意图

① 轴承损坏。下平辊轴承损坏后，在上平辊的压力下，破坏了轧制线的高度位置，使管坯呈向下走势，在进入立辊时就很容易钻入立辊的辊缝之中。立辊轴承损坏后，也很难控制好管坯的运行，特别是立辊收缩量较大时，更容易使管坯发生“钻带”现象。

② 立辊高度不合适。立辊孔型的高度高于轧制线后，就比较容易发生“钻带”，特别是

在引带头时，这一现象就更容易发生。在成型的前两道立辊处，由于两个立辊的缘间距较大，空间也更大，在立辊高度不合适时，就会出现划伤、卡挤和“钻带”现象，是这种事故的多发区。所以在组装这两对立辊时，可适当将高度降低 0.5mm 左右，并根据平辊底径的磨损情况，随时降低立辊的高度。

③ 收缩量小。在封闭孔型处所发生的管坯钻入平辊辊缘缝隙内现象，多因平辊前的立辊收缩量不足，使管坯的横向尺寸远远大于封闭孔型的横向尺寸。在平辊的压力加大时，封闭孔型内不能完全容纳下管坯，使管坯在进入平辊孔型瞬间向两侧扩张时被辊缘咬入，轻则发生划伤，重则挤出耳子，直至钻入辊缘缝隙内。这时需要加大立辊的收缩量，使管坯在立辊的作用下，成为立椭圆形，更加容易进入封闭孔型内。同时适当减小封闭孔型的上辊压力，使封闭孔型更好地包容管坯。当然封闭孔型的 R 取值也是至关重要的。

④ 立辊不正。封闭孔型的前道立辊中心位置不正时，会把管坯运行方向导偏，严重时就会将管坯直接导入封闭孔型的辊缘内。

第二节　HFW 焊管生产常见问题的预防

在 HFW 焊管生产过程中，成型是焊管的核心工序。如果成型工艺设计不合理，就会产生如鼓包、划伤、错边等问题。如果成型过程控制稳定，就可以适当减小 HFW 焊管管体的残余应力，保证焊管的产品质量。HFW 焊管成型质量的控制，不但与成型设备的调整有关，还与操作人员的实际工作经验有关系，下面针对上述问题总结出一些具体的预防措施。

一、板边鼓包原因及预防措施

HFW 焊管成型过程中，产生鼓包最根本的原因是带钢边缘的塑性拉伸超过了该材料的弹性极限伸长率。在实际生产中，可以通过控制原料尺寸、设计合理的轧辊孔型及工艺参数来减小带钢边缘的塑性拉伸，从而预防鼓包问题的产生。

① 原料方面。原料应满足工艺要求，带钢边缘整齐，镰刀弯严格控制在 3mm/m 以内，严格控制带钢尺寸的公差范围，就可以预防鼓包问题的产生。

② 轧辊孔型方面。保证各轧辊完好，轴承无损坏，尽量减少孔型的径向跳动，就可以保证成型稳定可靠。

③ 工艺参数方面。调整各机架的工艺参数时，一定要保证参数的准确性，轧辊的位置必须满足“下山”成型的相关工艺要求。

二、焊管表面划伤原因及预防措施

焊管表面划伤主要产生在轧辊边缘与带钢接触位置。造成划伤的主要原因是轧辊在成型时，管坯的直线运动与轧辊的圆周运动之间存在线速度差，使得轧辊与带钢之间产生滑移摩擦，压紧力越大，擦痕就越深。实际生产中，可以从以下 4 个方面来分析和预防。

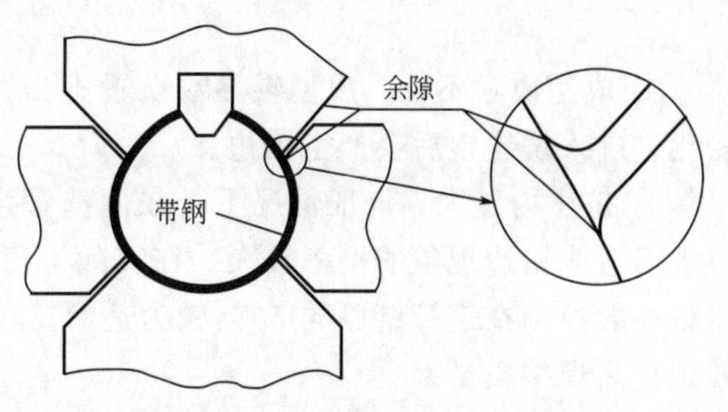

图 6-12　轧辊孔型余隙示意图

① 轧辊孔型。孔型余隙如图 6-12 所示。设计合理的轧辊孔型，可以减少带钢表面所

受的压力，从而减少表面划伤。另外，精成型部分可采用四辊成型，减小各轧辊面的线速度差，从而减少带钢与轧辊表面的相对滑动和滑动摩擦。

② 轧辊安装。轧辊安装位置应准确无误并保证轧辊中心和机组轧制中心一致。若轧辊中心偏离机组轧制中心，会使轧辊单侧受力过大从而产生管体表面划伤。轧辊中心与机组轧制中心偏离问题，如图 6-13 所示。

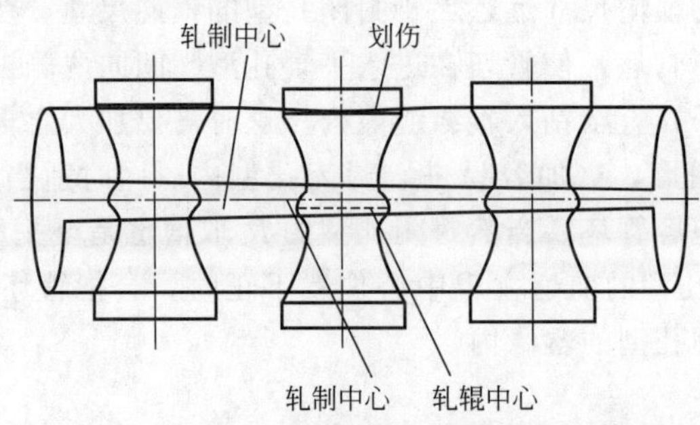

图 6-13　轧辊中心与机组轧制中心偏离示意图

③ 轧辊参数。调整各机架的轧辊参数时，一定要保证参数的准确性，各机架减径量控制在合适的范围内且尽可能实现均匀减径，局部减径量过大会造成管体表面划伤。另外，设定合理的轧辊转速，实际生产中带钢会产生一定的延伸量，在速度设定时，各轧辊的转速应呈依次递增趋势。

④ 润滑液的合理使用。成型过程中合理使用润滑液，可以降低轧辊与带钢之间的摩擦系数，从而降低焊管表面划伤的可能性。合理使用润滑液还可以延长轧辊的使用寿命。但是注意润滑液的浓度要适当，并定期维护和更换，如清理润滑液中的颗粒、铁粉、浮油等杂质，防止润滑液变质。

三、焊缝错边原因及预防措施

HFW 焊管的错边缺陷通常是指管坯的两个边缘在焊接时出现错位而造成的焊接缺陷，如图 6-14 所示。在实际生产中，可以从以下三个方面来分析和预防。

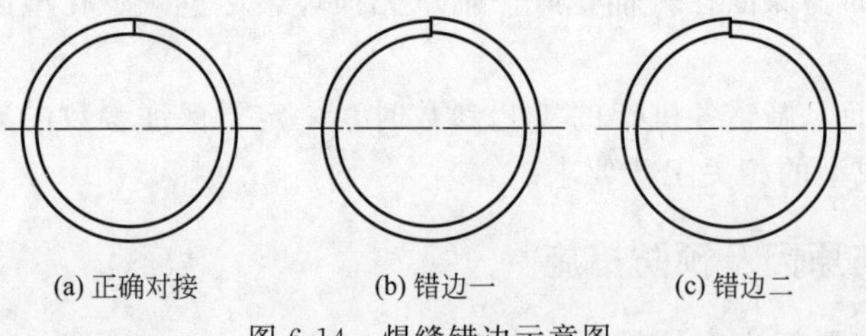

图 6-14　焊缝错边示意图

① 成型质量不佳。成型辊参数设置不当，在管坯进入挤压辊前，带钢两边缘呈波浪形变化，进入挤压辊后会产生错边。

② 挤压力过大。一般情况下，在薄壁管生产中，薄壁管坯的刚度相对较差，由挤压力过大而造成错边现象的概率较大。在实际生产中，挤压力的大小通常是由挤压量来衡量。挤压量一般控制在钢管壁厚的 50%较为适宜。采用合适的挤压量，不但能防止错边，还能有效地提高焊接质量。

③ 挤压辊窜动。挤压辊的轴承损坏、轴承间隙过大等都会造成挤压辊窜导致挤压力不

均匀，从而造成错边。

四、HFW 焊管直线度的影响因素

HFW 焊管直线度是衡量钢管质量的重要指标之一。较高的直线度有利于管端倒棱工序中管端坡口的控制，也有利于提高水压试验的工作效率，可见，直线度会对后续工序产生一定的影响。在实际生产中，可以从以下个三方面对焊管直线度进行调整和控制。

① 矫直机架调整的影响因素。正确调整矫直辊的位置是控制 HFW 焊管直线度的关键。根据 API SPCE 5L—2011 标准要求，钢管的直线度必须控制在 $0.002L$（L 为钢管的总长度）以内，矫直辊调整量主要受管径、钢级及定径的减径量等因素的影响。这就需要生产实践归纳的经验积累并掌握其变化规律，可在生产过程中不断地进行适当的微调，直至直线度达到客户要求为止。

② 钢管上下表面温差过大的影响因素。正常情况下，钢管出冷水箱后，其表面温度应均匀降至室温，以满足冷定径的要求。但有时钢管上下表面温差较大，就会出现热胀冷缩，导致钢管弯曲。另外，在更换规格时，要及时关注水冷后钢管的表面温度，避免钢管弯曲现象的产生。

③ 定径量不足的影响因素。有时水压试验前钢管的直线度满足要求，但水压试验后，钢管的直线度发生变化甚至超差，这种情况往往是由钢管的定径量不足，残余应力过大造成的。若定径量不足，焊缝附近的残余应力过大，通过水压试验时，残余应力与水压试验应力相叠加，焊缝附近的残余应力会进一步加大，甚至超过钢管的屈服极限，发生塑性变形，从而致使钢管弯曲，直线度超差。适当增加定径量就可以解决这种弯曲现象，定径量一般控制在 1%左右较为适宜。

实践证明，以上这些经验措施和方法都可以提高 HFW 焊管的产品质量。另外，HFW 焊管的生产效率高，但废品率相对也较高一些，因此，在 HFW 焊管生产过程中，一定要注意随时观察，及时处理生产过程中出现的各种问题，才能有效保证 HFW 焊管的产品质量。

第三节　焊管在成坯过程中对鼓包的预防

焊管在成型前平直带钢要经过数道孔型弯曲变形，变成待焊的开口管坯。在成型过程中带钢的变形是多方面的，带钢的边部先受拉伸后受收缩力的作用，当拉伸力超过弹性变形的极限时，便产生塑性变形形成鼓包。鼓包的形成轻则造成焊缝局部错位、搭焊，严重时则导致焊缝出现断续性的漏焊，但是一般情况下不会出现鼓包，只有在壁厚与外径之比（t/D）小于某一数值（普通成型机组、水平成型底线、圆周变形法为 2%）时，而且在诸多诱发因素共存的情况下，才会出现。在成型过程中预防鼓包的发生，是提高焊管质量的主要措施之一。

一、鼓包形成的机理

当成型薄壁管时，带钢边缘纵向变形大，最容易出现鼓包现象，下面结合实际生产情况简单地说明鼓包形成的一般性的机理。

1. 根据焊管成型理论

带钢在成型为待焊开口管坯的过程中，边缘上的 P 点［图 6-15(a)］随带钢前移而逐渐

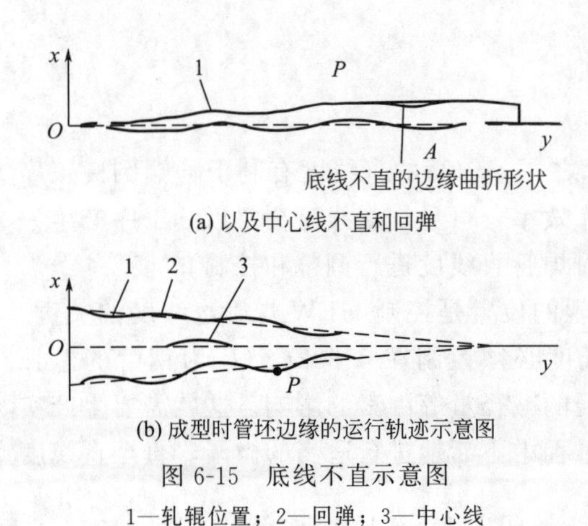

图 6-15 底线不直示意图

1—轧辊位置；2—回弹；3—中心线

升高和向中间靠拢。该点的运动轨迹在理论上存在一个最小值，即 $L_{\min}(x,y,z)=0$ 在成型的某一区域内仅比管坯底部暂时长 ΔL，ΔL 随成型的结束而回复为零。但是，由于成型底线和轧制中心线并非直线，以及管坯回弹、轧辊孔型、成型方式、操作等因素的影响，所以 P 点的运动轨迹一般由如图 6-15(a)，(b) 所示的若干段弧线组成。

在图 6-15 中，(a) 中表示底线不直的边缘曲折形状。图 6-15(b) 中表示中心线不直、轧辊孔型及回弹后的边缘曲折形状。由此可看出，图 6-15(b) 中所示的运动轨迹实际长度 L_{yz}，L_{xy} 均大于各自的理论长度，特别是 L_{yz} 和 L_{xy} 中含有较多的塑性变形成分时，就不能确保 ΔL 随成型完毕而回复为零。因此，边缘长度较底部长度多出 ΔL 部分，这部分就形成鼓包，ΔL 中塑性变形成分越多，鼓包则越严重。

2. *P* 点的运动轨迹

管坯边缘上 P 点的运动轨迹在 yz 坐标平面上的投影［图 6-15(a) 虚线部分］可以看出，P 点在运动过程中其 z 坐标值从 0 逐渐增大，并且在 A 处达到最大值。当大于 A 后，其值又逐渐减小，管坯边缘在 A 点处无支承点，A 点就成为其受力的分界点，即在 z 坐标值从 0 增大到 $z_{\max}$ 时，该段的管坯边缘受拉力，之后的下降段管坯边缘受回复力（压力）作用。回复力的存在状态及对边缘形状的影响由拉力的性质决定：

① 拉力在弹性极限内，则回复力是拉力的转化形式，并与拉力构成一对成型所必需的平衡力。

② 拉力超过弹性极限时，则边缘发生塑性变形，使 P 点超过 $z_{\max}$ 后，就立即失去继续成型所需的回复力，不受拉力和回复力控制的边缘在后续成型中将处于自由状态，进而失去稳定性，发生波动，形成波浪或皱褶。

由此可见，鼓包形成的机理是，带钢在成型过程中，其边缘受多种因素的影响而发生塑性变形，并失去成型所需的刚性，使边缘长度永久性地大于管坯底部长度，从而形成鼓包。

二、鼓包的预防措施

预防鼓包的产生，根据生产实际积累的经验数据，应该从以下几个方面去考虑。

1. 在材料方面

① 由于冷轧、纵剪、捆扎、运输等原因，使带钢形成镰刀弯、侧边弯、塔形卷、荷叶边等缺陷，这类带钢展开后自身两边缘就不等长，在成型过程中极易形成鼓包，所以在储料时应注意剔除存在上述缺陷的带钢。实践证明，优良的板形是获得优质焊管的前提。

② 在焊管质量允许范围内，适当增加带钢强度、硬度，能提高带钢边缘抵抗延伸变形的抗力，或者说提高带钢的强度、硬度，原先的拉力将难以使边缘发生延伸变形，从而起到预防鼓包的作用。另外还可利用金属的硬化原理，通过冷轧提高带钢强度来预防鼓包的产生，但是变形硬化量要以不妨碍焊管的使用性能为原则。

③ 厚度公差。带钢的厚度偏厚纵向延伸变形的难度就越大，因此生产薄壁焊管的带钢

厚度应在标准范围内尽可能取上偏差。

2. 在孔型方面

合理的孔型设计既要使焊管成型稳定、变形均匀、表面质量好，又要使边缘的升高、所受的拉力及相对延伸量最小。后者则关系到薄壁管的成型是否顺利。

目前，焊管的成型孔型工艺有中心变形法、边缘变形法、圆周变形法、双半径变形法、W变形法等多种变形法，与上述要求基本相符的只有边缘变形法。边缘变形法不仅边缘升起高度 z_{max} 最小，而且边缘上 P 点的轨迹长度边最短，$L_{中}$ 最长，$L_{圆}$ 次之，$L_{双}$ 和 L_{w} 介于 $L_{中}$ 与边缘变形法之间，所以边缘变形法的边缘延伸变形最小，是最适合薄壁管成型的一种方法。

3. 在轧制线方面

轧制线是调校所有轧辊及其他工模夹具的基准线，因其视角及作用不同而有不同的名称。从机组上面看，它是轧制中心线，要求所有下平辊孔型和所有立辊孔型与之对称；从机组侧面看，它又是轧制底线，要求所有下平辊的底径和所有立辊理论弧线的底径各点连线应一致。轧制底线按存在状态不同分为水平、上山、下山和复合成型底线四种。由于复合成型底线集多种成型底线优点于一身，所以它对保持边缘具有足够的拉力和回复力、减少管坯边缘相对延伸变形十分有利。复合成型底线指由两种或两种以上不同线段按一定规律组成的成型底线，如下山底线与上凸圆弧相结合，就构成图 6-16 所示的下山-上凸圆弧成型底线。该成型底线在第一道闭口孔型前按下山法布辊，在第一道闭口孔型后按上凸圆弧布辊至导向辊、挤压辊，这种成型底线有三个优点：

① 在边缘延伸变形量剧烈的区段，充分利用了下山成型底线具有最小边缘延伸变形的特性，有效减小了延伸变形。

② 能在预先估计边缘延伸量的基础上预定出上凸圆弧弓形高 H 及管坯底部弧长 L_{R_1}，使管坯底部也产生延伸变形，以此减小边缘的相对延伸，从而让前面积累的边缘延伸在该段得以“消化”避免了边缘的增长。$R_1>H$ 时，$L_{R_1}=A_1A_2$，如图 6-17 所示。

③ 通过上凸圆弧的变化，强制管坯在 A_1A_2 段向边缘侧外凸，从而有效地控制了边缘所受的拉力和回复力，使管坯边缘始终处于被拉直的平衡状态。

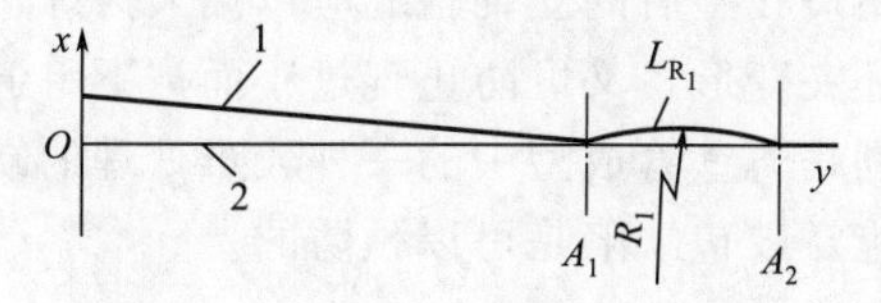

图 6-16　下山-上凸圆弧底线示意图

1—下山底线；2—水平底线；A_1—第一道闭口孔型辊；A_2—挤压辊；L_{R_1}—上凸圆弧底线

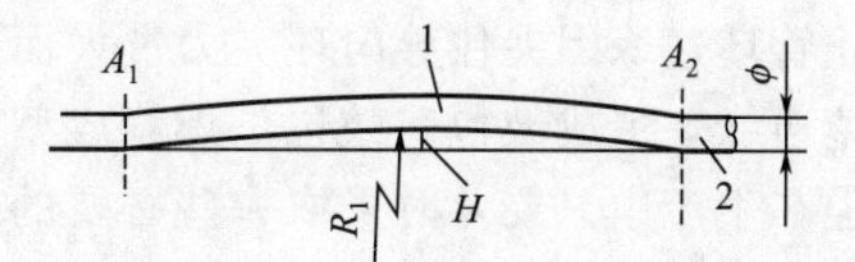

图 6-17　上凸圆弧管坯示意

1—下山底线；2—水平底线；A_1—第一道闭口孔型辊；A_2—挤压辊；L_{R_1}—上凸圆弧底线

三、下山量和弓形高的确定

① 下山量一般控制在 (0.14～1.12)D 之间。其选择原则是外径越接近本机的最大生产规格，t/D 值越小于 2%，成型区域越短，下山量的取值越大，反之下山量的取值越小。同时，还要兼顾横向变形方式和带钢的力学性能等。

② 在确定弓形高 H 时要预先估计 A_0 至 A_1 段的增量 ΔL，在此基础上设定 H 值，然

后根据图 6-17 和式(6-1) 计算圆弧 A。

圆弧 $$A_1A_2=\left(\frac{A_1A_2^2}{8H}+\frac{H}{2}\right)\times\left[\pi\times\arcsin\left(\frac{A_1A_2}{2}\times\frac{1}{\frac{A_1A_2}{8H}+\frac{H}{2}}\right)\right]/90 \tag{6-1}$$

将圆弧 A_1A_2 与（$A_1A_2+\Delta L'$）进行比较，若 A_1A_2 比（$A_1A_2+\Delta L'$）大 1～2，则设定的弓形高 H 比较恰当，否则应重新设定 H，$\Delta L'$可根据材料的弹性极限进行预定。

复合成型底线还可组成水平-上凸圆弧、下凹圆弧-上凸圆弧等成型底线，至于轧制中心线的预防作用，则主要表现在确保轧辊对称布置方面，使投影在 xy 平面上的 L_{xy} 尽可能短。

四、其他方面的综合措施

1. 恢复机组原来的精度

恢复机组原来的精度主要是指恢复机组精度、排除设备故障等（包括检查平辊轴轴承及轴壳、立辊轴及轴套变形损坏、配合精度等方面）。如平辊轴轴承损坏时，居于其上的平辊特别是前几道平辊在转动过程中施加于管坯的压力将不可避免地忽大忽小，管坯必将发生局部塑性变形，为形成鼓包创造了条件。

2. 按工艺要求精心调试设备

按工艺要求精心调试设备是指从换辊开始至整个调试生产的全过程必须按调整方法、调整原则和工艺要求精心调试，并注重以下几点。

① 储料输送机上下辊一定要平行，防止带钢边缘被递送辊单边延伸或双边不等长延伸；储料箱内的储料要适中，不能像储备厚壁带钢那样储满储足，以防止带钢在箱内无规则翻动时边缘局部被拉伸变形、形成不良板形。

② 切实保证所有轧辊的装配、调校既要符合轧制底线的调整要求，又要符合轧制中心的调校要求，减小轧辊的不规则度，注意上下辊的对称度。

③ 带钢应对称地进入轧机，避免管坯的初始不对称变形。

④ 在生产薄壁焊管时，平、立辊对管坯加的压力要适中。在不影响焊缝质量的前提下挤压力宜小不宜大；在不影响焊管尺寸前提下定径平辊压力宜大不宜小；在不影响壁厚公差的前提下，开口孔型平辊辊缝宜小于带钢厚度；闭口孔型后的立辊辊缝应以偏大为好，它既可防止管坯边缘因夹住导向环夹力过大而被导向环夹变形，又可防止辊过小而被下一道导向环压瘪边缘，造成鼓包。鼓包是焊管成型中，特别是薄壁管成型中的一种较难处理的缺陷之一，但在生产中只要及时采取一些必要的工艺措施，鼓包缺陷是可以预防的。

第四节 焊管用焊接机所造成的故障

在生产中因焊管用焊接机所造成的故障相对而言是比较多的，而且故障发生原因也比较复杂，往往是一个结果由多种原因引起，或者一个原因又可造成几个结果。因此，焊接机的故障不是很容易处理，有些故障处理起来又很棘手，需要一定的时间。下面根据实际经验将有关焊接过程中焊接机的最常见的故障做一分析与介绍。

一、焊管表面划伤故障

因焊接机出现的管坯划伤主要由两个部位造成，一是导向机构，二是挤压焊接机构。

1. 因导向机构原因造成的划伤

导向部位的划伤一般发生在管坯的两侧，如果装有导向套的导向结构调整不合理，管坯的上下两表面也会出现摩擦性的划伤，这种划伤的特点为刨面比较大，连续性较强。主要是因为导向套的高度位置不正确，或者是上下导向辊轴承损坏后，不能很好地控制管坯，使管坯与导向套产生摩擦后形成。除此之外，当导向辊偏离轧制中心线太大时，导向套和导向辊的轴线相对差太大时，也都会造成管坯两侧的划伤。

2. 因挤压焊接机构原因造成的划伤

挤压辊所造成的划伤主要发生在管坯的底部，原因大致有以下几点，比较容易发现。

① 孔型不吻合。焊缝挤压结构有两辊式、三辊式和四辊式，只要组合的孔型不吻合，就很容易造成管坯表面划伤，两辊式结构尤为突出。造成孔型不吻合的因素有很多，以两辊式结构为例，诸如轴承损坏、辊子轴向窜动、孔型大小不一样、两辊子高度位置不相同、轴弯曲以及装配不稳定等。

② 高度匹配不合适。挤压辊孔型的下边缘应与轧制线的高度一致，而导向辊的高度是由管坯壁厚决定的，如果导向辊的高度降低到一定极限时，挤压辊孔型的边缘圆角会对管坯的底部造成划伤，特别是在挤压辊孔型的 R 圆角磨锐后，划伤就更容易发生。

③ 挤压辊上挤压力不足。特别是两辊结构的挤压辊装置，当上挤压力不足时，在管坯张力作用下，辊轴就会出现上仰角，使孔型边缘 R 圆角突出，从而造成管坯下部的划伤。当挤压辊孔型 R 圆角磨锐后，就会加重划伤事故。

二、影响焊缝质量的故障

1. 通长搭焊故障

搭焊是指管坯的两个边部叠摞在一起后所形成的错位粘接，如图 6-18 所示。在长度上，搭焊有长短之分，通长搭焊一般在数米之上，甚至更长。在错位方面有零点几毫米的轻微错位，便等于壁厚的完全错位。造成通长搭焊的原因主要有以下几方面因素：

① 挤压辊轴向窜动。由于挤压辊和挤压辊轴的定位不稳固，以及在组装中，其它零部件配合不紧密所形成的旷量等因素，都会使挤压辊出现轴向窜动和径向摆动，这时挤压辊的孔型就会不吻合而造成搭焊。

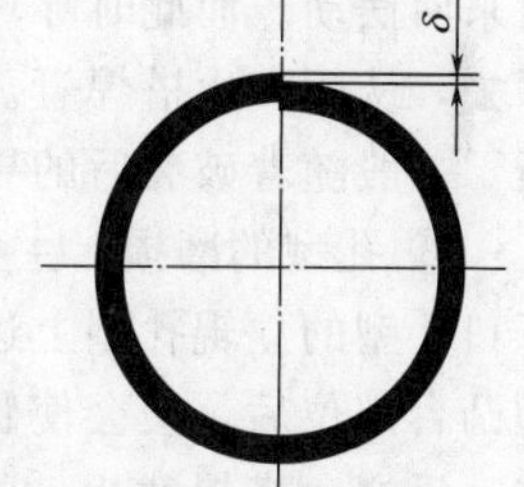

图 6-18　搭焊示意图

② 轴承损坏。轴承损坏后，就会破坏挤压辊的正常位置。以两辊式挤压辊装置为例，一般在挤压辊内装有上下两套轴承，当其中一套损坏后，挤压辊失去控制，焊缝就会高出而造成搭焊。在生产运行中，我们可以观察挤压辊的摆动。上端轴承损坏时，辊子的摆动幅度大一些，下端轴承损坏时，辊子的摆动幅度就小一些，摆动幅度和轴承损坏程度也有一定的关系。导向辊的轴承损坏后，它不但不能很好地控制管坯的焊缝方向，而且导环也可能由于轴承损坏后，对管坯边缘造成压损，使焊缝高度发生变化，稍不合适便会发生搭焊事故。

③ 挤压辊轴弯曲。仍以两辊式挤压辊装置为例进行说明，挤压辊轴弯曲有两种原因：一种是长期上顶丝压力不足的外弯曲；一种是上顶丝压力过大时的内弯曲。检查时，释放顶紧装置，可将钢板尺的立面放置在辊子的端面上，如图 6-19 所示，以检查另一个辊子的端面与钢板尺的倾斜角。当轴外弯曲时，划伤由弯轴的辊子造成；当轴内弯曲时，划伤则由不

弯轴的辊子造成。

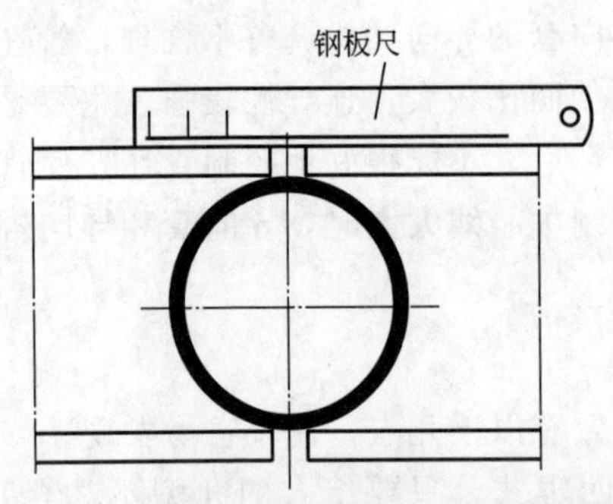

图 6-19 检查挤压辊轴弯曲方法示意图

④ 挤压力大。由于挤压力过大而造成的搭焊管，一般发生在薄壁管生产中，普通的厚壁管生产中极少发生。这是因为在薄壁管生产中，由于管坯的刚度较差，一旦挤压力过大，管坯宽度在孔型内产生了太大的余量后不能被接纳，就会向其他空间运动而形成搭焊，所以在孔型设计时，要根据不同的管子壁厚选择适当的孔型半径和焊缝余量，同时还要注意适度调整挤压量大小。

⑤ 导向辊倾斜。在正常的情况下，导向辊应该处于水平位置，为了更好地控制焊缝，导向辊做倾斜调整。如果倾斜角度太大，导向环的伸出量又大，随着导向辊的旋转，辊环就会压迫管坯边缘使其异样变形，特别是在薄壁管生产时，就更容易产生搭焊管。往往导向辊的大倾斜调整，是因为其不能很好地控制管缝方向。所以，在导向辊孔型磨大时，要及时更换新辊，中心不正时马上进行检查调整，尽量避免较大的倾斜调整。

⑥ 导向上辊底径不同。导向上辊的两个孔型底径如果不一样大，也容易出现搭焊问题，特别是在薄壁管生产时，这种现象更容易发生。在停机检查时，可以通过手指触摸法，感觉一下焊接V形区的焊缝是否平整。当然，只要我们严把辊子的质量关，这种搭焊现象是可以避免的。

2. 周期搭焊故障

搭焊间断性地出现，时有时无，有时搭焊长度稍长一些，几厘米甚至几十厘米，有时则稍短一些，1～2cm 以下不等。有时搭焊为比较有规律，等距离出现，有时为无规律的出现。对于这些搭焊现象，统称为周期性搭焊。周期性搭焊一般发生在生产的中后期阶段，主要有以下原因：

① 导环破裂。当封闭孔型磨损之后，就不能有效地控制管坯正常运行，使管坯在孔型内来回摆动。而此时导环破裂出现豁口后，管坯在运行过程中，边缘就会被导环的豁口压陷下去，从而产生搭焊管。这种搭焊管的特点是搭焊周期长度相同，规律性强，比较容易判断。一般随着破裂后的导环旋转，便可发现被压陷的痕迹。

② 孔型的磨损。主要是指封闭孔型的上辊底径部位出现台阶状，如图 6-20 所示，以及开口孔型的立辊孔型上边部出现台阶状，如图 6-21 所示。当管坯在孔型内发生摆动滑向孔型凸台部位后，便会使管坯边缘产生压陷痕迹而形成搭焊。瞬间的滑入又滑出，搭焊就小一些，反之，搭焊就长一些。消除这种搭焊的最好方法就是在正常生产中注意合理调整，使孔型磨损均匀，避免出现台阶状，一旦发现孔型弧面出现不规则的形状后，就要及时更换，以杜绝搭焊的产生。

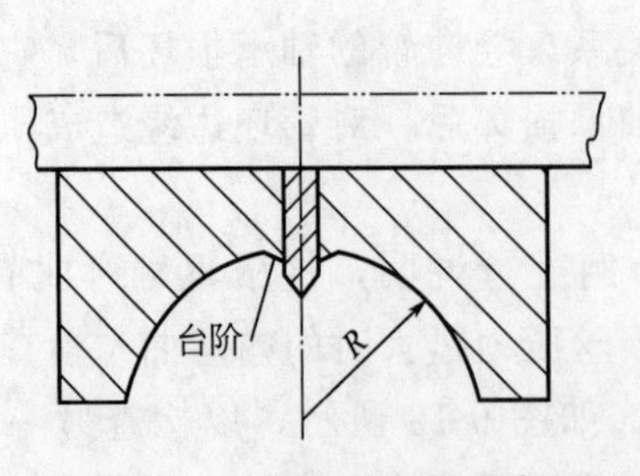

图 6-20 封闭孔型磨损示意图

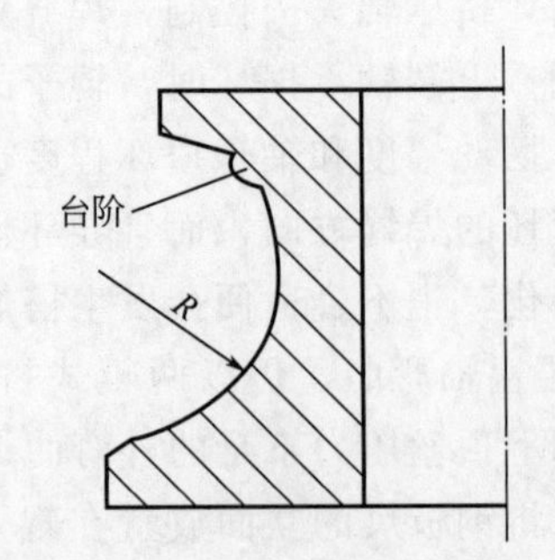

图 6-21 立辊孔型磨损示意图

③ 孔型弧面异物。有时在孔型的弧面上，因某种原因而粘连上其他金属异物时，就会使管坯表面出现压陷性的伤痕，当这种异物粘连位置正处于管坯边部运行的轨迹时，就会造成短小的等距离的周期性搭焊。一般情况下，这种现象是很少发生的。

④ 摆缝。在生产后期，孔型磨损比较严重，对管坯的控制能力逐渐降低，而且各道孔型的中心位置又遭到不同程度的破坏。所以，从成型到焊接就会出现管坯运行不稳的摆缝现象。而摆缝引起的搭焊，大多数又是由立辊造成的，平辊有时也会造成一些搭焊，但相比之下概率较小一些。在检查管坯边缘状况时，也很难发现有什么异常和明显的压下缺陷，一直到挤压辊处才能用手感觉到管坯的两个边缘高度有轻微的不同。这时应注意立辊孔型的上边部形状，如果比较理想，可加大立辊的收缩量，以获得完美的管坯边部变形效果，如果立辊孔型的上边部形状不太好，就要减小立辊收缩，以防引起不良的变形。

⑤ 轴承的损坏。封闭孔型的轴承损坏后，就不能很好地控制管坯平稳运行，摆缝的现象就容易发生，而搭焊也可能随之而来。特别是多道封闭孔型的轴承损坏后，搭焊的问题将更加严重，当然这种现象是很少出现的，即使发生了，这种搭焊是忽左忽右的无规律搭焊，单凭调整是无法解决问题的。

3. 开缝的故障

开缝是指焊缝没有粘接在一起，开缝长度一般都在几厘米以上甚至更长，其主要原因有以下几个方面。

① 孔型的磨损。随着挤压辊孔型的磨损，孔型的 R 尺寸在逐渐地变大。在使用热轧钢带为焊管原料时，当钢带宽度出现负偏差或轻微拉钢时，焊缝便会出现质量问题，轻者发生砂眼和无内焊筋，重者便是产生开缝管。所以要经常地检查焊管的内毛刺情况加大挤压辊的挤压量，或是及时更换新的孔型。

② 轴承的损坏。当挤压辊的轴承只是轻微的损坏时，便会出现砂眼管和搭焊管等焊缝质量问题，一旦轴承损坏严重时，挤压辊对管坯的焊缝就没有了挤压力，所以焊缝就变成了全开形，同时伴有其他的质量事故。这时我们还可以观察到轴承损坏的挤压辊，摆动幅度将随着轴承损坏的程度加重而变大。

③ 磁棒的失效。磁棒在管坯焊接过程中会形成磁场，高频电流能够高度集中在焊缝 V 形区域，使焊缝在极短的时间内达到高温点，如果管筒内没有了磁棒，对高频电流的邻近效应和集肤效应有着很大的影响。最明显的特点就是焊缝为黑红色，无喷溅的火花，焊缝为全开形，有时即使焊住了，也属假焊，在管子定径时也会发生噼啪的爆裂声，如果磁棒失效或安装位置不太恰当时，焊后的管子也会发生爆裂，即使不爆裂，其强度也很低。这时的焊缝由于热点温度不够，一般为黄色或是浅蓝色的开裂现象。

④ 材质的因素。由于原料的化学成分原因，尽管在焊接过程中都比较正常，但是焊缝还会出现开裂现象，有时管子在定径时便出现了开裂，并伴有焊缝脆裂的响声，这时的焊缝色比较蓝，说明温度还是正常的，有时我们可以看到焊缝的裂口偏离焊缝的中心位置，这是将母材的边缘粘连下来形成的不规则的开缝，这种现象纯属原料的化学成分引起的脆裂。

4. 砂眼的缺陷

砂眼管也属于一种焊缝泄露的质量事故，只是它的缝隙短小细微，有些人眼不能直接观察到，必须通过检测设备才能发现，所以我们把这类管子称为砂眼管。造成砂眼管的主要原因有以下几方面：

① 杂质的问题。特别是热轧钢带的边部含杂质较多，在焊接时容易形成过多的氧化物，

焊缝就有可能出现砂眼。一般情况这种现象是很少发生的，经过纵剪的原料这种现象就更少见了。

② 轴承的损坏。这也是造成砂眼管的一个重要原因之一，在前面一节中我们已经做了阐述，这里就不再进行详细介绍。

③ 电流的不稳定。电流输出太大时，焊缝就容易产生过烧。在发生过烧时，我们可以在挤压辊的挤压点位置看到一种像电弧焊时所特有的蓝色弧光，并伴有间断性的“吱吱”声。同时间歇性地喷射出较多较大的颗粒火花，大量的金属变为液态渣滓被挤出而形成砂眼。这时管子的内焊筋成为无规则的瘤状体，外毛刺刨削时有时会成为堆积状，不能成条或打卷。当出现这种情况时，就要马上加快车速，如果还不能解决，就要减少磁棒的数量或者降低电流的输出功率。

④ 挤压力的不足。挤压力不足时也会出现砂眼管，一般这种砂眼管不容易看出，有时在焊缝处可见一条黑线，在毛刺刨削时，可见毛刺出现了开岔现象，只有管子在冷弯或压扁试验时才出现裂口。

⑤ 因摆缝造成砂眼管是最常见的一种，往往管缝在运行过程中不是平稳地在两个挤压辊的中间行走，而是忽左忽右地来回摆动，有时摆动幅度大到 10mm 左右。当管缝转入孔型内而不在两辊的挤压点时，就得不到很好的挤压效果，极有可能产生砂眼管。

引起摆缝的主要原因是各道孔型中心位置不正，一般不容易找出问题的根源，调整处理时间较长，所以要从定径到成型封闭孔型处重新拉线找正，这样可以缩短事故处理的时间，同时其他一些问题也会得到根治。除此之外，挤压辊轴、导向辊轴的弯曲以及轴承磨损后所产生的晃量、孔型磨大后不能有效控制管坯都可以引起管坯的摆缝。所以摆缝是多种原因造成一个结果的典例，处理起来比较棘手。

⑥ 挤压辊裂边。在高温作业下，挤压辊孔型上边缘很容易出现淬裂掉边的现象。当挤压辊旋转时，掉边的部位就会发生挤压力不足。掉边量小时，焊缝还能勉强粘接在一起，随着掉边量增大，就会出现粘接不牢、假焊、针孔、开缝等质量问题，并伴有划伤，遇到此问题时需要及时更换新孔型。

⑦ 孔型过度磨损。挤压辊孔型磨损后，不但可造成开缝管，也可造成砂眼管，这要根据孔型的磨损程度以及原料的状况，特别是热轧钢带的质量状况而定。

⑧ 原料损伤。管坯边缘损伤也会产生砂眼管。这种砂眼管的严重程度是和窄边缘的损伤状况分不开的。一般情况下，这种事故的发生概率极小，只要我们在生产中严格把紧原料的供应检查，生产中使管坯的边缘不受任何损伤，那么就会克服这一质量事故。

5. “桃形”管的故障

所谓“桃形”管就是管子的焊缝部位像桃尖一样凸出如图 6-22 所示。这种管子的焊缝为无内毛刺的“八”字形或内毛刺较小。而外毛刺的刨削量一般都很大，外刨后的外焊缝仍然外凸比较严重，管面明显不圆。造成“桃形”的原因主要有以下几方面：

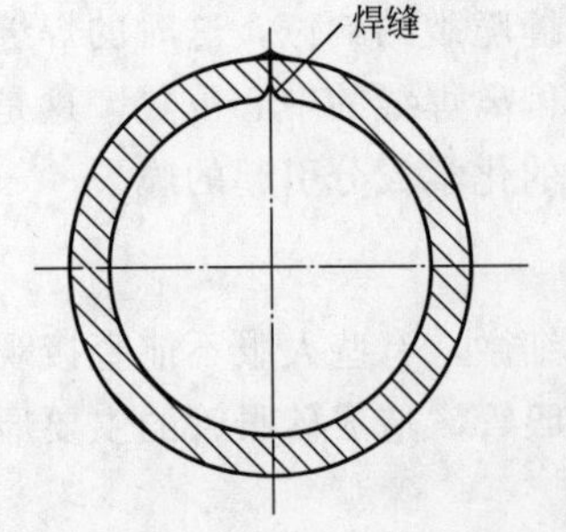

图 6-22 “桃形”管示意图

① 孔型过度的磨损。这也是封闭孔型又一种特殊磨损表现，封闭孔型的上辊底径部位（如图 6-23 所示）和挤压辊孔型的上边缘（如图 6-24 所示）在管坯变形时受到的压力比较大，磨损也就比较严重，在这个部位形成了明显的亏缺，使管坯的焊缝部位得不到充分的变形，焊接后就形成了“桃形”管。遇到这种情况时，只有及时更换新孔型才是最好的解决方法。

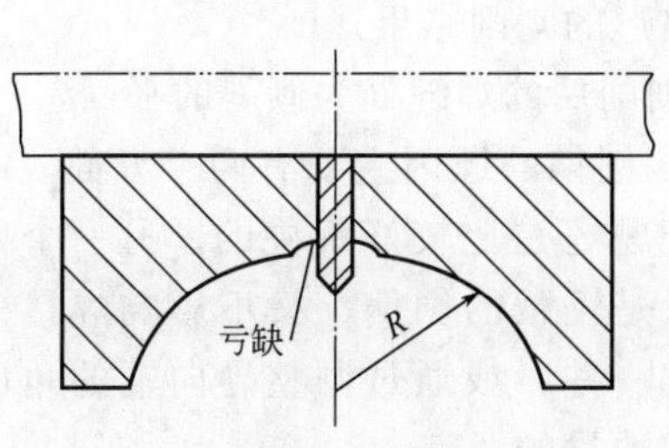

图 6-23　封闭孔型磨损示意图

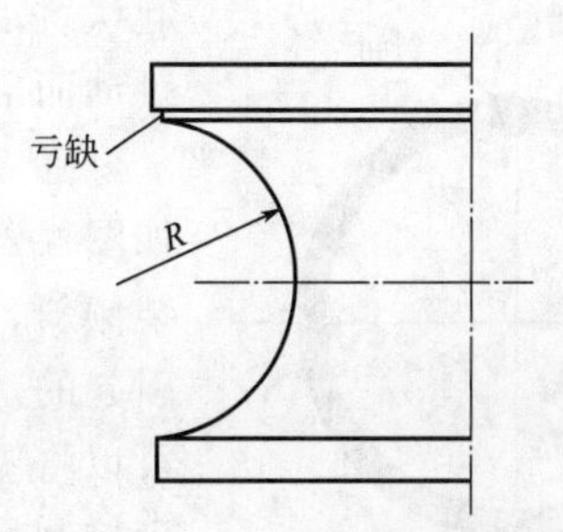

图 6-24　挤压辊磨损示意图

② 上挤压力小。在两辊式挤压辊结构中，当上挤压力小时，就会使挤压辊轴形成上仰角，特别是在挤压辊使用中期和后期，封闭孔型的压力又不足时，产生“桃形”管的概率就更大。如果“桃形”问题不是很严重时，适当加大封闭孔型的压力和挤压辊上部压力就能很好的控制。

6. 焊缝啃伤的故障

焊缝的啃伤有两种表现形式，一种是月牙形刮痕，另一种是压痕。这二种表现形式一般都比较轻微，不会影响到焊缝质量，只是管子表面不太美观而已。当压下痕迹变为压陷形状时就会形成搭焊。挤压辊孔型上边缘发生破裂掉边产生月牙形痕迹的部位就有可能出现针孔式的砂眼。所以我们要将此类事故与其他的划伤事故区别开来进行分析。

① 月牙形痕迹。月牙形的划伤痕迹，是焊缝部位的主要伤痕之一，多数是挤压辊造成的，有时成型封闭孔型的立辊也会引起划伤，这主要是因为孔型的上边缘出现了轻微的裂口掉边或其他硬的物质粘接在孔型边缘，特别是挤压辊受热后，孔型边部会产生很多细小的裂口，并粘连上各种氧化金属杂质，这就是造成划伤问题的所在。在停机时，我们可用手指沿孔型的上边缘做触摸性的检查，根据情况进行修磨或更换。

② 压痕。压痕主要是成型封闭孔型的上辊所造成的。由于孔型结构的特点，上辊的底径部位受力最大。轧辊硬度低时，孔型的磨损加快，轧辊硬度高时，孔型的底径部位又极容易发生淬裂，淬裂后的辊边就会给焊缝造成很多的轻微压痕。随着淬裂问题的加重和压下力的加大，压痕会越加严重，所以在发现孔型有淬裂时应该及时更换轧辊。

三、机械刨削方面的缺陷

凡是在外毛刺清除后形成的一些不符合产品质量要求的伤痕均称为刨伤。虽然出现刨伤的概率很小，但其直接影响了产品的外观质量。为了减少刨削事故，首先要修磨好刀具，这样既可提高刨削质量，又可节省刀具。其次要保证刨削设备的稳定灵活，在遇到事故时便可有针对性地寻找处理方法。

① 烧刀。烧刀是偶然发生的一种事故。一般在生产中，机组突然降速而加热温度极高，或者是在机组刚刚启动，还没有达到正常时速时就已经加热，这些都会使高温的毛刺、铁屑不易刨离钢管面，而堆积在刀具刃部使之烧损。这就需要我们在生产中注意操作动作和时间的协调一致，以及对操作的反应要及时。

② 焊缝不平。刨削后的焊缝纵向平面为波浪形的，统称为刨削不平。如果波浪像搓板似的比较紧密，一般是刀具的后角太小或者是刀杆的强度不够发生振动所致。波浪若是周期较长的大型波浪，一般发生在较小的管径上，由于其重量较轻，托辊上的管子在刨削时上下

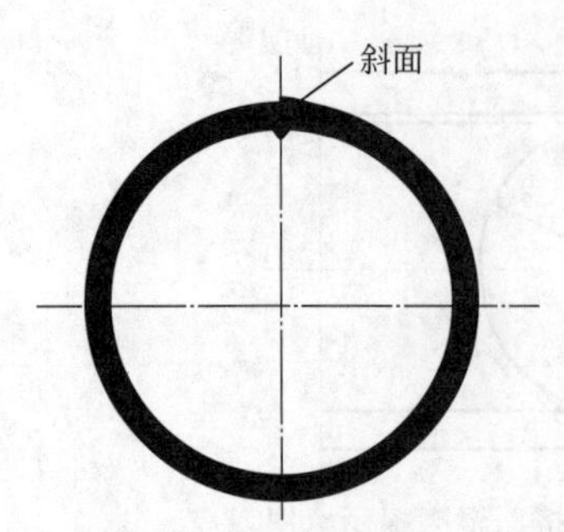

图 6-25 刨偏管截面示意图

起伏跳动，形成波浪形。另外刀架不稳也会产生较大的波浪跳动而形成波浪形的刨削结果。

③ 刨偏。刨削后的焊缝处为倾斜的平面，一般称为刨偏，如图 6-25 所示。刨偏的原因主要有两个方面。一个是刃具安装倾斜，这个问题还是比较好解决的。另一个则是管子转缝引起的。如果只是轻微的刨偏，又不影响焊接效果时，我们可以将刨刀调偏一些，或通过调整导向辊的角度和压力来达到控制焊缝方向的目的。

④ 平面。有时可以发现毛刺刨削后所留下的是一个既宽又平的刨面。其实这和刨削是没有什么直接关系的，而是因为“桃形”管的原因，使焊缝挤压后形成较大的外毛刺所造成的，所以这时要马上更换新的挤压辊，才能获得良好的焊接效果和焊缝刨削质量。

四、因焊接引起高温的故障

将高频电流输送到管壁上，主要有两种形式：一种是感应式，以单匝或多匝结构的感应线圈为主；另一种是接触式，以可活动的电极触头结构为主。在连续性生产中，感应式结构应用较为普遍。下面我们分别叙述管坯在加热中常见的一些故障。

1. 电流小

当电流小时，焊缝的加热温度和加热速度都会受到不同程度的影响，焊缝质量有时也很难得到保障。造成电流小的原因除输出功率不够外，在工艺调整中还主要有以下 5 个方面因素：

① 磁棒的位置与数量。磁棒除本身质量优劣外，其安装位置和数量也是非常重要的，一般磁棒的前端应伸出挤压辊中心线 20mm 以上，后端伸出感应线圈或电极 60mm 即可，如图 6-26 所示，数量以管径与磁棒断面之比不小于 3：1 为基础。如果满足不了上述要求，都应该及时处理。

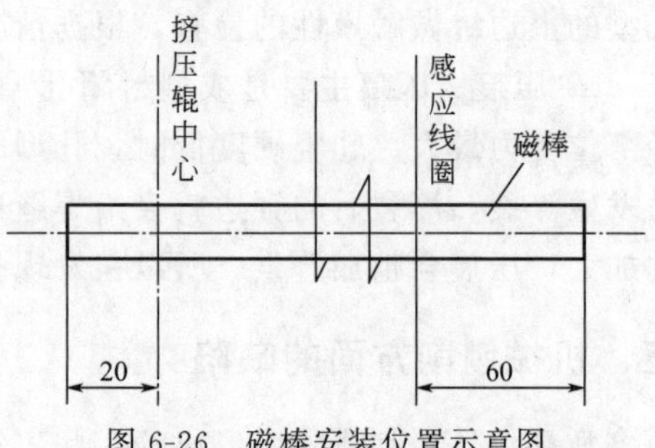

图 6-26 磁棒安装位置示意图

② 冷却的效果。磁棒在受热后会降低磁性效果，受热时间越长，受热温度越高，磁性破坏也就越严重。所以不但要求磁棒自身耐热性能要好，而且外界冷却一定要及时，冷却水既要有流速，又要有流量，这样才能使磁棒经常处于低温状态下工作，可以延长磁棒的使用寿命。

③ 感应线圈（或电极）的位置。因为高频电流具有邻近效应和集肤效应，所以无论是感应线圈还是电极，都应该尽量靠近挤压点。另外感应线圈与管壁的间隙最好控制在 5mm 以内（两个电极之间的间隙也不要太大，一般可根据管缝的宽度来决定，以 3～6mm 为宜），这样就可以保证焊缝的加热效率。

④ 焊缝的控制。焊缝的方向、开口角度以及焊缝的高度都对焊接电流的大小产生一定的影响，所以在调整时，要保证焊缝能够准确对正挤压中心，左右摆动量不要太大，以小于 1.5mm 为佳。焊缝 V 形开口角度根据所生产的管径大小而定，控制在 3°～10°，即在感应线圈处的管缝宽度不要超过 8mm，电极处的管缝宽度不要超过 6mm。以上这些尺寸参数可以通过调整导向辊的压下量获取。另外导向辊整体位置适当提高以后，可以

使管坯边缘得到充分的拉伸，特别是对薄壁管生产有一定的好处，减少了边缘皱褶，稳定了电流的流通量。

⑤ 相互匹配关系。电流的大小和焊接速度的匹配调整是一种被动的做法。在无法加大电流输出时，为了保证焊缝质量，只有降低焊接速度来延长焊缝加热时间，以达到焊缝焊接时的温度要求。

2. 感应线圈、电极的烧损

无论是感应线圈还是电极，有时会在瞬间被强大的电流烧红发热，如果不及时关闭高频电流，就会被烧熔发生开路现象，引起其它电气事故。造成这一事故的原因主要有下面两个原因：

① 水冷却。感应线圈和电极的烧红熔化现象和水冷却效果有着很大的关系。当感应线圈部某个部位出现露孔时，冷却水就会被分流，使感应线圈在工作中得不到及时有效地冷却，而被烧熔。特别是在进行接触焊时使用的电极，要求水冷却不但要有流速和流量，而且水流要紧贴电极外平面滑下，中间不能形成空间，见图 6-27。在生产中有时我们会感觉到水很大，但是仍然会发生电极烧红的现象就是这个原因。同时我们可以用手指去感觉一下水的冲击力度，当感到手指明显有一种被冲击的感觉时，说明水的流速是比较令人满意的。

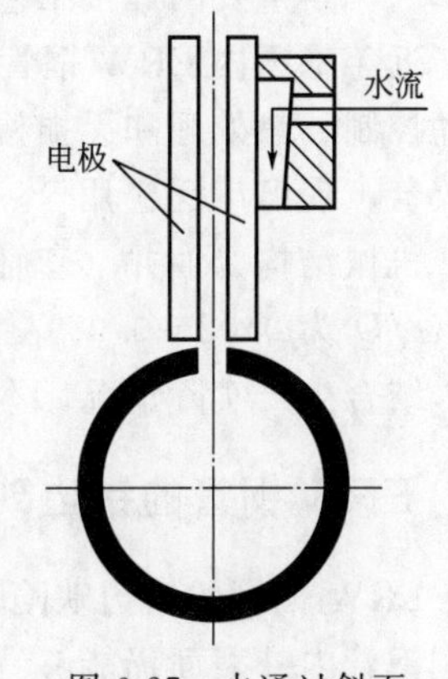

图 6-27　水通过斜面流向电极示意图

② 接触不良。接触不良时就会导致电路导电不畅，局部受到大电流的冲击后，导体就会迅速起弧升温烧损。例如夹持固定感应线圈的螺栓部位以及电极触头的压紧板松动时，都会造成局部件的打火发热烧损。

3. 打火故障

打火现象实际是一种轻微的接触不良和短路表现，一般不会造成什么太大的事故，只是偶然出现开路和短路的现象。例如电极触头与管坯接触的部位出现铁质层，就会由于接触不良发生打火，甚至使电极发热烧损。遇到这种情况，需要马上重新修磨电极。还有感应线圈与管壁的瞬间碰触，也会产生打火现象，有时可能会烧穿感应线圈。除此之外，还有一些金属物搭接在电极和感应线圈上而发生打火，这种打火是一种轻微的短路现象，一般这种金属物都会被电流瞬间熔化，尽管如此，有时也会在管壁上留下各种伤疤。

4. "无高压"故障

在生产中，有时会出现焊接时突然没有了输出电流，使生产无法继续进行下去的现象，我们把这种现象俗称为"无加热"或"无高压"故障。"无高压"主要有两种原因，一种是高频设备内部电气问题，一种是外部输电设备问题。下面我们只讲述输出变压器二次线圈以下部位常见的一些问题，因为这一部分应该属于生产工艺调整范围。

外部设备引起"无高压"的原因，主要是放电现象。而放电又多发生在输出变压器的一次线圈与二次线圈之间，一次线圈自身之间以及二次线圈以下的各处绝缘部位。有时放电现象具有明显的表现，如放电处所产生的弧光、明火等。有时则没有任何表现，如绝缘体炭化，瞬间的接触不良和短路等，这就需要我们逐一排查各个接触部位和绝缘部位，"无高压"故障一般都发生在这些细小环节之处。

第五节 ERW焊管常见错边故障的控制

ERW焊管为高频电阻焊管，具有生产效率高、低成本、节省材料、易于自动化等特点，ERW钢管与无缝钢管最大的区别在于ERW有条焊缝，这也是ERW钢管质量的关键所在。由于国际上，尤其是美国等多年的不懈努力，使得ERW钢管的无缝化已经有了比较满意的解决方法，因此高频焊技术广泛应用于航空、航天、能源、电子、汽车、轻工等各工业部门，是重要的焊接工艺之一。

近年来国内ERW钢管生产线日趋增多，产能和产量逐年增大，随着焊接、成型工艺、自动控制、热处理和无损检测等技术水平的不断提高，ERW焊管的各项性能指标得到了较大改善，现已广泛应用于一般管路（输水、输气）、特殊管线（高级输送管）、锅炉热交换器、机械结构、油井（套管用管）等管道中。然而，在中大直径ERW焊管，尤其是薄壁焊管（t/D为0.02～0.05）管坯成型时，常出现焊缝错边缺陷，严重影响了ERW焊管的质量。结合生产实际情况，本书针对该缺陷的产生原因进行分析，并提出对具体的解决措施。

一、ERW钢管的错边缺陷（搭焊）

ERW钢管的错边缺陷，也叫搭焊，指的是管坯两边缘在焊接时错位，即使清除了内外毛刺钢管内外表面仍能够看到错边痕迹，如图6-28所示。

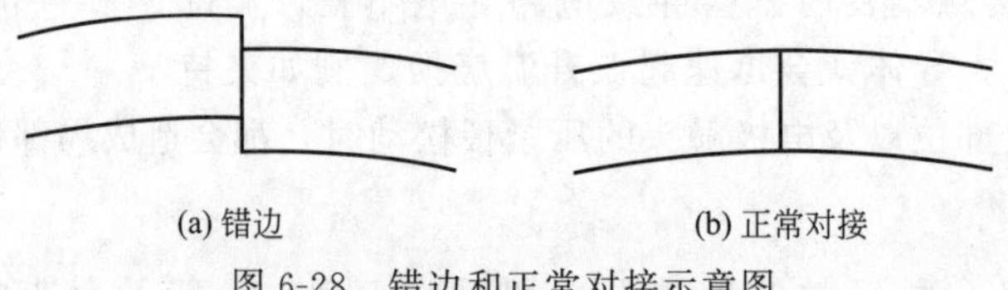

图6-28 错边和正常对接示意图

错边的主要危害是使钢管有效壁厚减小，API SPEC 5L标准规定，电焊钢管错边加残留毛刺不得大于1.5mm（0.060in）。另外，错边也会影响钢管超声波和X射线检验。在钢管的使用过程中，错边还会成为钢管化学腐蚀的起点部位。

二、ERW钢管错边缺陷产生的原因

1. 成型质量不好

ERW钢管要经过一系列轧辊（粗成型、辊串、精成型）把卷板逐渐卷成桶状，成型质量对焊接质量影响很大。成型时如果钢带出现中心偏移，将导致管坯边缘高低不平产生错边，通常这种错边朝着一个方向，比较容易判断。如果成型辊参数设定不当，进入挤压辊前，带钢两边缘高低变化呈波浪形，进入挤压辊后产生局部小错边，且错边方向不定。

2. 挤压力的影响

ERW钢管是通过加热带钢边缘同时通过挤压辊的挤压完成焊接的，挤压力是焊接工艺的主要参数之一，对ERW钢管的质量影响很大，挤压力小，形成共晶体的数量少，焊缝强度低，同时非金属夹杂和形成的氧化物残留在焊缝中也影响焊缝强度；挤压力过大，将达到焊接温度的金属全部挤出，使焊缝强度降低。另外，过大的挤压力很易形成错边，而且这种错边不减小挤压力很难调整过来。一般情况下，挤压力是用挤压辊前后管坯的周长差-挤压

量来表示和计算的，通常挤压量为钢管壁厚的二分之一。

3. 轧辊和工装的影响

① 轧辊的影响。对 ERW 钢管错边有影响的轧辊主要是精成型轧辊和挤压辊，精成型轧辊磨损量过大且导向片两侧磨损量不一样，挤压辊尤其是上挤压辊边缘损伤以及两个挤压辊磨损量不一样，都会产生错边，这种错边一般都有一定的周期性。

② 轧辊轴承的影响。挤压辊的轴承损坏导致挤压辊不转或旋转不均匀，从而导致挤压力不均匀，产生错边。另外，轴承磨损量大或轴承间隙大，也会造成挤压旋转不均匀，产生错边。

③ 轧辊工装安装质量的影响。精成型轧辊和侧挤压辊未安装水平，上挤压轴和轴承以及轴和辊座之间的间隙过大都会导致错边的产生。

三、错边的判断与确认

错边的判断与确认主要靠目测，出现明显的错边时，在挤压辊后就可以发现，但是对于小的错边还要观察内外毛刺以及内外毛刺清除后的焊缝形态。可以从以下几个方面进行判断。

① 观察外毛刺。焊接挤出的熔化物不在毛刺的中部，如图 6-29(a) 所示。

② 毛刺清除后外焊道不平直。刮削后的外焊道宽度、形状有变化。

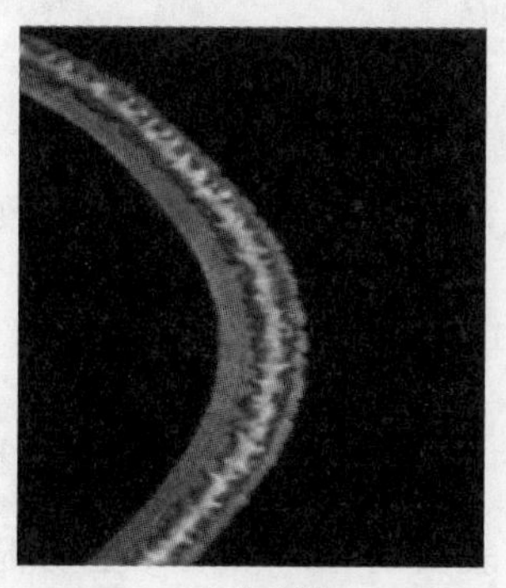
(a) 外毛刺

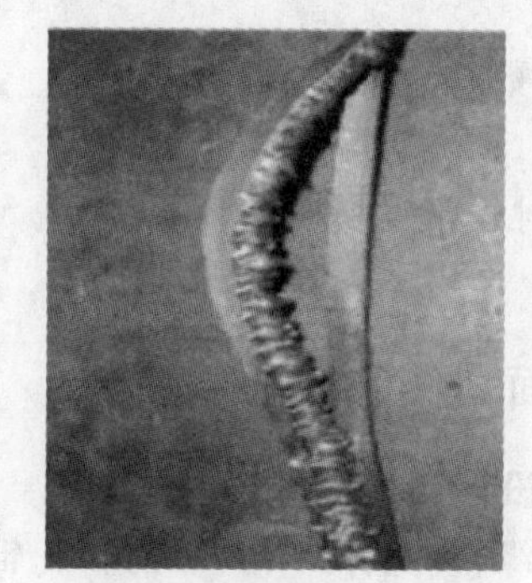
(b) 内毛刺

图 6-29　错边时的内外毛刺

③ 观察内毛刺，如果内毛刺出现断续开叉性开裂，可能存在错边缺陷，如图 6-29(b) 所示。

四、错边的调整与消除

当焊缝出现错边时，根据错边现象判断错边的原因，可采取以下措施进行调整：

① 带钢进入成型机后、要确保带钢中心不要偏离轧制中心，管坯边缘出现波浪和鼓包时，合理调整精成型减径量和小排辊压下量，减小和消除边缘波浪和鼓包。

② 选择合理的工艺参数，尤其是合适的焊接挤压力。

③ 对磨损量过大或精成型轧辊导向片两侧磨损量不一样的轧辊进行修磨，修理边缘损伤的挤压辊。

④ 检查并更换磨损量大或轴承隙大的轴承，并做好轴承的润滑工作。

⑤ 换道时确保轧辊安装水平，消除挤压辊轴和轴承以及轴和辊座之间过大的间隙。

错边现象是ERW钢管生产中的常见现象之一，尤其是在薄壁管的生产中。产生错边时首先要找出错边的原因，然后采取相应的措施消除错边。需要注意的是在正常生产中，由于原料的原因对接焊前后鼓包较大，经过挤压辊时易产生错边，可通过微调上挤压辊消除错边。

第六节　焊管表面划伤的消除方法

一、焊管表面划伤产生的原因

使用轧辊成型的焊管要求将带钢横向弯曲成圆形，这是使带钢通过一系列不同孔型的轧辊变形来实现的。每对轧辊以一定转速转动，轧辊表面的线速度因旋转半径不同而不同，线速度的差异使带材和成型辊之间产生的滑动摩擦是焊管表面划伤产生的根本原因。

大部分焊管机组使用水平成型法成型，对于这种机组，粗轧辊、导向环辊和定径辊的主动辊底径认为是驱动直径，这些轧辊底径位置的线速度基本等于带钢的递送速度。由于旋转半径不同，每个轧辊的辊缘使带钢和轧辊表面产生最大的相对滑动摩擦，从而产生表面划伤。

摩擦力的大小影响表面质量，大的摩擦力会划伤表面，摩擦力公式为：

$$F=\lambda P \tag{6-2}$$

式中　λ——摩擦系数；

　　P——正压力。

当摩擦力增加时，带钢所受正压力 P 增大，带钢变形量增加，导致轧辊拉伤带钢，最终划伤焊管表面。

二、减少焊管表面划伤的措施

1. 合理的轧辊设计和加工方法

① 使用游动翼缘辊。为了减少带钢和轧辊表面的相对滑动，主动辊使用游动翼缘辊结构，如图6-30所示，其特有的设计是游动翼由轴承支承。它的转速取决于带钢的递送速度，与轧辊的转速不同。使用这种轧辊使带钢和轧辊表面之间的相对滑动减少，从而使焊管表面划伤减少甚至消除。此设计对大管径焊管生产非常有益。

因为假定底径不变，当管径增大时，轧辊辊缘直径增加，增加了相对滑动，从而增加了滑动摩擦。游动翼缘辊多用于粗轧辊和导向环辊，因为成型和横向弯曲主要在这两部分完成。

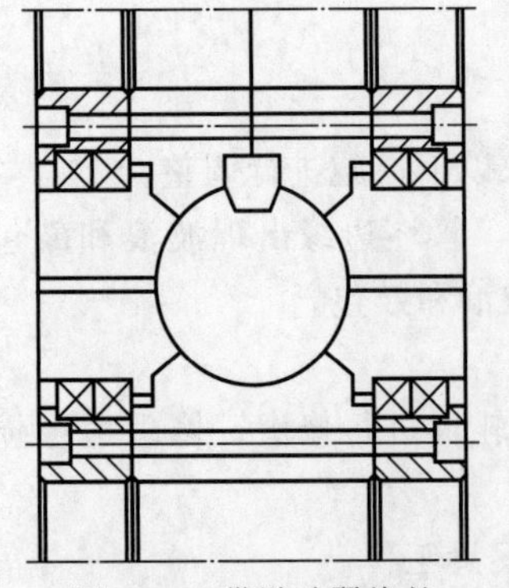

图6-30　带游动翼缘的导向环辊示意图

② 四辊成型。除了使用游动翼缘辊成型，有些焊管机组使用四辊成型，四辊成型用于导向环辊和定径辊，这时水平辊使用主动辊，立辊使用被动辊。立辊的转速取决于带钢递送速度，这有利于减少带钢与立辊表面的相对滑动和滑动摩擦。

③ 逸出角和余隙。除了改变轧辊设计，对轧辊修正也可以减少焊管表面划伤。常用方法是在轧辊辊缘加工一个适量的逸出角或余隙。这个余隙可以减少带钢在该部位的表面压力，从而减少表面划伤。加工余隙的大小不仅取决于焊管材质、管径

大小和机组特点，还取决于成型过程中每架轧辊的辊花。逸出角的角度或余隙要求以带钢能够从轧辊的表面逸出为宜。图 6-31 为连续三辊成型的成型辊花（两架驱动辊和一架侧辊）和立辊孔型，进入的带钢首先接触立辊的底部辊缘，这是滑动摩擦集中和容易产生划伤的部位。为减少带材在此部位的接触和压力，加工一个逸出角和余隙以增加带材和轧辊之间的间隙。大多数逸出角非常小，不影响焊管的成型。

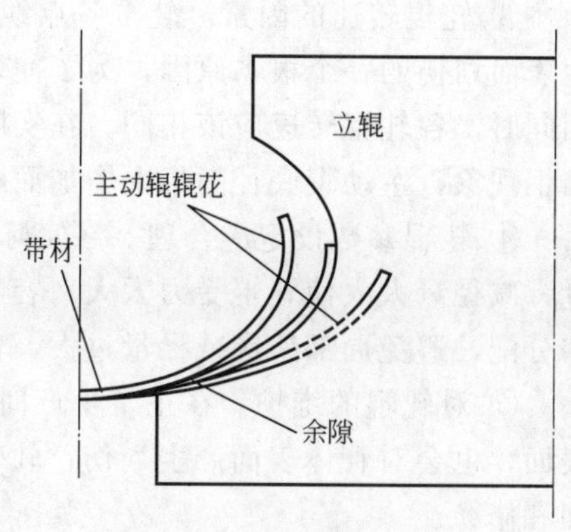

图 6-31　立辊余隙示意图

④ 轧辊表面粗糙度，轧辊表面粗糙度影响轧辊和带钢之间的摩擦系数。轧辊表面粗糙度值越小，轧辊和带钢的摩擦系数越小。为了减小轧辊和带钢之间的摩擦系数，一般要对轧辊表面进行研磨加工使轧辊表面粗糙度 Ra 小于 0.2μm。

2. 轧辊正确安装和调整

① 轧辊中心和机组轧制中心一致，辊中心偏离机组轧制中心，轧辊单侧受力太大，容易产生管体表面划伤，如图 6-32 所示。为了保证轧制中心和机组轧制中心一致，以第一架粗轧辊牌坊架和最后一架定径（矫直）水平辊牌坊架为基准测量、调整，使粗轧辊第一架水平辊下辊中心和最后一架定径（矫直）水平辊下辊中心位于机组轧制中心，然后在这两辊中心拉一条钢丝线，该钢丝线就是机组轧制中心线，使各架水平辊下辊中心调整到该中心线上，水平辊上辊以下辊为基准进行调整，对于立辊，可调整使立辊两辊缘相贴合，轧辊中心线应位于立辊贴合部位，否则调整立辊中心进行检查。

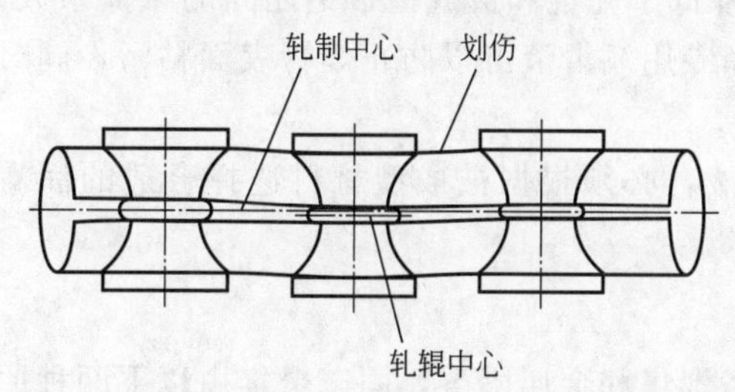

图 6-32　轧辊中心偏离轧制中心产生划伤示意图

② 轧辊安装。轧辊安装不合适，例如水平辊安装不水平或水平辊安装错位，如图 6-33 所示；立辊安装不垂直或立辊安装错位，如图 6-34 所示。两种情况都会造成轧辊辊缘受力太大，产生表面划伤。为了保证轧辊安装准确，每次换完道后，使用水平仪对水平辊进行水平性检查，对立辊端面水平性检查确定立辊的垂直性。若过程中出现划伤，也要及时对轧辊的安装情况进行检查。

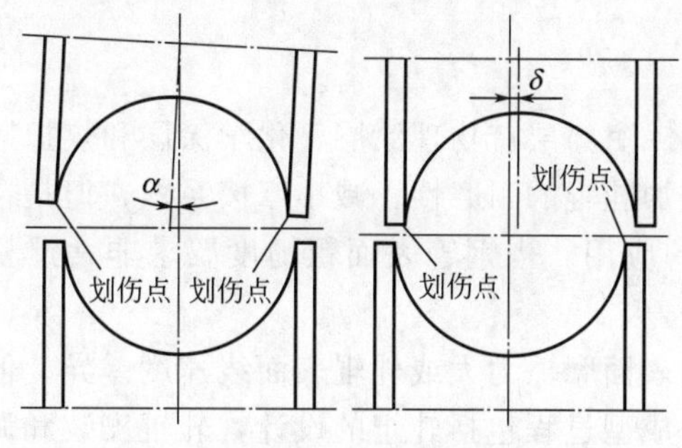

图 6-33　水平辊安装不合适示意图

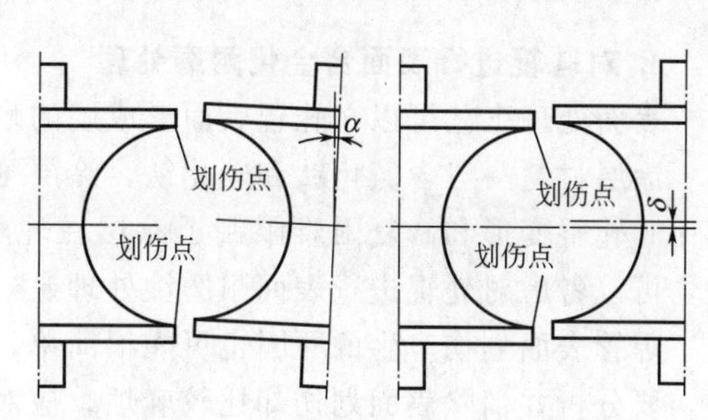

图 6-34　立辊安装不合适示意图

③ 轧辊转速的因素。轧辊各点线速度差异导致轧辊和带钢产生滑动摩擦，这是焊管产生表面划伤的一个根本原因，为了使轧辊各点线速度和带钢线速度差异最小，各主动辊底径相同时，各轧辊转速应该相同。在实际生产中带钢会产生延伸，为了保证不在轧辊之间产生堆钢现象，主动辊底径随架次增加而略有增加，这种情况下应该认为轧辊底径是相同的。

④ 轧辊参数设定应合理。在实际生产时要合理设定轧辊参数，减径量太小影响产品质量，减径量太大使轧辊受力太大，容易产生划伤。对给定的减径量，应尽量使各架减径量均匀分配，避免局部架次减径量过大，使管体表面产生划伤。

⑤ 对轧辊的维护。在正常生产时，轧辊自身会产生划伤；毛刺、铁屑等异物粘在轧辊表面，也会对管体表面产生划伤；轧辊表面有划伤或粘有异物时，要及时对轧辊表面进行清理和修磨。

三、提高轧辊耐磨性的技术性处理

1. 选用轧辊专用润滑液

如果条件允许，焊管在成型过程中应该使用润滑液，使用润滑液的优点较多：

① 可以延长轧辊使用寿命；

② 管体表面不易产生划伤、痕，因为润滑液降低了轧辊和被成型带钢之间的摩擦系数，从而使焊管表面产生划伤的可能性降到最低，选择专用润滑液可以防止焊管表面粘污，同时保证润滑油循环系统正常运转。

不同带钢材料和加工方法要匹配不同的润滑液，必须根据被成型材料选择合适的润滑液，以提高生产率，同时满足环境的绿色环保要求。

2. 定期对润滑液进行再生处理

使用润滑液也有一定的缺点，最常见的是固态聚集和金属固溶，固态聚集由以下两种原因引起：一是外来颗粒，例如在成型过程中带钢表面产生的铁屑和氧化物的沉积；二是润滑液中溶解的固态物的沉淀，这将会对焊管和轧制产生影响，引起表面划伤。

大部分带钢成型时，微小的金属颗粒会从带钢表面脱离，这些颗粒被润滑液冲走，这就是“金属固溶”。另外一些金属颗粒从纵剪时的带钢边缘被润滑油冲走，这些颗粒和润滑液混合，同时还伴有其他污染杂质，如齿轮润滑油、轧辊轴承润滑脂，夹在轧辊和焊管之间，引起细小颗粒在轧辊上的堆积，引起表面划伤。要合理维护润滑液的再生循环系统，防止这些问题发生。

总之，对不同用途的焊管，例如高强度低合金钢结构管，表面质量不需要像精加工的焊管那样要求那么高，从降低生产成本方面考虑，（如果轧辊划伤在标准要求范围以内）就没有必要在消除表面划伤方面做出太多的努力。

3. 对轧辊进行表面合金化耐磨处理

表面处理工艺可以在轧辊表面形成硬的耐磨层。耐磨层有物理涂层、化学涂层和热扩散层。涂层材料一般含氮化钛和碳化钛，涂层可以增加轧辊的耐磨性，减小摩擦系数，但是在使用时轧辊变形和修复困难限制了涂层在轧辊上的应用。当钢管表面粗糙度要求非常严格时，可以考虑对轧辊进行表面耐磨性处理。

焊管表面划伤产生的原因也可能很简单，例如表面摩擦力大或轧辊表面线速度差异。但是，要分析并消除表面划伤却比较麻烦，应对整个成型过程包括轧辊的设计，轧辊安装和调整，润滑系统的合理使用等进行细致的分析处理，这样才能生产出高质量的钢管产品。

第七章

焊管的定径工艺

第一节　焊管定径的基本功能与特点

一、焊管定径工艺的基本功能

高频直缝焊管定径是指，通过特定孔型轧辊对焊接后的焊管进行轧制，将尺寸和形状都不规整的圆管或异型管调整至形状规整、尺寸符合标准要求和表面质量优良的成品焊管。为此，定径工艺具有以下有4个基本功能。

1. 确定焊管基本尺寸与形状

（1）圆→圆

通过对定径圆孔型轧辊的调整，将出挤压辊后不规整的待定径圆管调整为横断面形状和尺寸都合格的成品圆管。衡量圆管圆度不仅要看实际公差带的分布，还要看管子的椭圆度。一般规定椭圆度为极限偏差的80%。实践中，有些焊管虽然没有超差，但超过椭圆度公差，或者公差带接近极限值，同样需要进行调整。

（2）圆→方（异）

即由圆管变为方（异）形管，通过对异形孔型轧辊进行调整，将出挤压辊后横断面为圆的焊管，调整为横断面形状各异、尺寸各异的异型管，如方管、矩形管、椭圆管、D形管等。其实，无论多么复杂的异型管，调整过程不外乎围绕面、角、形及公差进行。

① 面：包括平面和弧面，要求纵看不能有波浪、勒痕、竹节，横看弧面必须圆滑无棱角，平面无凹凸。

② 角：一是指焊管面与面交汇处的尖角形状、大小，二是指焊管面与面之间的夹角。以方矩管为例，无特别要求时一般规定外圆角 $R=1.5t$，面与面夹角 $\beta=90^{\circ}\pm1^{\circ}$。

③ 形：指圆变异形焊管的外貌，例如方矩管，看上去必须形状规整、面平角尖、棱角清晰，不允许出现菱形、梯形、凹凸、弯曲扭转等。

④ 公差：就方矩管而言，宽度、高度、角度、平直度、对角线、R 角、平行度、焊缝位置（如无特殊要求）、内毛刺高度以及管壁厚度等都属于定径工艺需要控制的范畴。

（3）方→异

在直接成异型工艺中，对出挤压辊后尺寸与形状都不符合标准要求的异型管，要通过调整方型轧辊，使形状与尺寸公差均达到要求。

2. 削减焊管中的部分残余应力

焊管经过成型、焊接和冷却后，成为待定径焊管。在此管体中，积累了大量纵向残余应力和横向残余应力，若不经过定径辊的整形轧制，削减管中部分残余应力，则仅仅因为应力导致的弯曲就会使焊管生产无法正常进行。而弯曲的焊管本身说明，管中存在具有倾向的纵向残余应力。

（1）纵向残余应力的削减机理

待定径焊管总是沿焊缝上翘，上翘的焊管被数道平直布置的平、立定径辊轧制时，焊管获得一个方向上的轧制力作用，使得上翘的焊缝部位由下凹弧变为直线，继而被拉长，这样就增加了焊缝部位的拉应力，同时减小了焊缝部位的压应力，从而缩小了焊缝部位残余应力的矢量代数和，达到基本平衡。与此同时，焊缝背面的下凹弧也被轧直、压缩变短，并因此增加了焊缝背面的压应力，使该部位的残余拉应力得到削减。焊管纵向残余应力就在这一增一减中趋于基本平衡。这样，以焊缝部位和焊缝背面为代表的纵向残余应力都很小，出定径辊后的焊管便直了。同理，左右弯曲亦然。

（2）横向残余应力的削减机理

待定径焊管中存在大量横向残余拉应力，这些横向拉应力，既有焊接、冷却过程中造成的，也有成型过程中管坯横向变形残留的，并总体表现为拉应力。充满横向拉应力的待定径管被定径孔型辊施加的径向轧制力作用后，其周长微量缩短，管壁由此获得径向压应力，压应力抵消了待定径焊管中的大部分横向拉应力。而试图通过定径工艺完全消除焊管中的横向拉应力是徒劳的，定径后的焊管横断面内，会或多或少地残余部分横向拉应力。要继续消除焊管中的横向拉应力可以通过后续的热处理工艺来完成，这里不再赘述。

3. 使焊管达到基本平直度

在焊管生产实践中，对平直度有两种理解，一是国际规定的平直度，圆管不大于2‰，异型管不大于3‰；二是使用性平直度，指标要求由供需双方商定。前者适用于“市场货”，用户不固定；后者适用于提出要求的特定用户。无论是哪种平直度，只有经过定径辊的轧制才能平衡管内应力，使焊管达到基本的平直度。

4. 提高焊管表面质量

定径辊对焊管表面质量的促进作用主要表现在以下三个方面：

① 促使焊缝圆滑。去除外毛刺后的焊缝表面与焊管外圆总是相接而不是相切，相接就存在棱角，在管面焊缝部位总能看到和用手感觉到棱角，极不美观。只有经过数道次定径辊轧制后，才能消除焊缝面与管面棱角，实现圆滑性。

② 减轻表面压痕和划伤。从管坯成型到完成焊接，其间要经过二三十只轧辊（排辊成型会更多）的轧制与高温焊接，任何一个环节都有可能在焊管表面留下伤痕与印迹。而经过定径辊轧制后，其中一些伤痕和印迹会变浅，会变得没有手感。

③ 防止定径段自身产生伤痕。要求精心调整定径孔型对称性，正确施加轧制力，确保焊管表面无压痕、划伤等表面缺陷。

二、焊管定径工艺的特点

焊管定径工艺具有空腹轧制、微张力轧制、主动轧制与被动轧制并存、最大轧制力与最大线速度相悖、小孔型接纳大焊管和微量减径轧制等六个特点。

① 微量减径轧制。无论是圆到圆的定径轧制，还是圆变异、异变异的整形轧制，一般减径率都很小。外径为$\phi15\sim\phi200$mm的焊管，通常总减径量只占成品管外径D的0.65%～1.2%，道次减径率及平均道次减径率参见表7-1。这一特点对定径轧辊孔型设计、定径余

量设置和实际操作都有指导意义，为制定定径工艺参数提供了依据。

表 7-1 常规焊管的道次

定径道次数	≤φ25 /mm	φ26～φ36 /mm	φ37～φ50 /mm	φ51～φ70 /mm	φ71～φ95 /mm	φ96～φ120 /mm	φ121～φ145 /mm	φ146～φ173 /mm	φ174～φ200 /mm	平均道次减径率
	道次减径率/%									
5(3平2立)	0.18	0.24～0.18	0.22～0.17	0.19～0.14	0.18～0.13	0.17～0.14	0.15～0.133	0.14～0.12	0.13～0.11	0.16
7(4平3立)	0.13	0.17～0.13	0.16～0.12	0.13～0.10	0.13～0.10	0.12～0.10	0.10～0.09	0.10～0.08	0.09～0.08	0.11
9(5平4立)	0.10	0.14～0.10	0.12～0.09	0.10～0.07	0.10～0.07	0.10～0.08	0.08～0.07	0.08～0.07	0.07～0.06	0.09

② 空腹轧制。焊管定径属于空腹冷轧范畴，是运用定径辊对空腹焊管进行轧制，只需要施加较小的轧制力就能实现焊管外形与尺寸变化，其间焊管周向变短、断面增厚、纵向变长。这一特点要求定径孔型施加的轧制力不可能大，否则极易导致焊管横断面尺寸骤然减小，外形发生畸变，无法实现工艺目标。

③ 微张力轧制。焊管轧制全过程离不开纵向张力，定径段的纵向张力与成型段和焊接段关系密切。在焊管规格品种确定之后，影响定径张力的主要因素是定径平辊孔型的线速度和轧制力。由焊管定径工艺微量减径特点和空腹轧制特点决定，定径辊施加到焊管上的轧制力不可能大，由此产生的摩擦力无法与实腹轧制相提并论。该特点要求，定径平辊的线速度必须比成型平辊的略快，这样才能获得定径工艺所需要的更多摩擦力。

④ 主动轧制与被动轧制并存。定径平辊在轧制中除了减径变形之外，另一个重要功能是提供焊管运行的驱动力，而定径立辊施力则阻碍焊管运行。这一特点要求在进行定径平、立辊调整时，不能仅关心尺寸调整，还必须兼顾平辊轧制力与立辊轧制力的调整，确保平辊轧制力大于立辊轧制力，这是调整定径平、立辊时必须遵循的一条基本原则。

⑤ 定径平辊孔型最大轧制力与最大线速度相悖。以定径圆孔型为例，在正常生产过程中，要注意防止圆管上下和水平两个方向的尺寸超上偏差。

⑥ 小孔型接纳大焊管。根据定径工艺与定径原理，进入下一道定径辊孔型之前的焊管几何尺寸总是大于该道孔型尺寸。实际操作中，为了避免焊管进入孔型时与孔型发生摩擦，总是将与孔型对应的焊管部位尺寸调整成略小于孔型尺寸。这种理论设计圆孔型与实际将焊管调整为椭圆的矛盾，直接导致两个不利后果：一是增大前道孔型边缘与焊管的摩擦力，加速孔型边缘磨损；二是在焊管面上对应于孔型边缘的部位易产生压伤。尽管这种磨损与压伤有时较轻微，但却是非必要的。这就启发人们必须改进现有圆（包括一些异型管）孔型的设计思路，使理论更加贴近实际，从而消除孔型对焊管的不利影响以及对孔型自身的不利影响，延长轧辊孔型使用寿命。

以上所述的焊管定径工艺的特点，是制定焊管定径工艺和确立调整原则的基础。

第二节 定径机的结构

焊管在成型、焊接、刮疤和水冷后进入定径阶段的定径机进行定径处理。这是因为焊管经过挤压辊出来后，断面均有一定的椭圆度，外径比成品管略大。为了消除这些缺陷，得到精确的钢管外径和断面形状，对冷却后的焊管必须经过定径处理，以保证最终的焊管直径。定径量过小或过大，都会影响后道工序矫直机的矫直，所以焊管水冷却之后，一定要进行定径处理。同时，焊管的定径量一定要控制在合适的程度范围之内。

焊管作为一种运送流体的工具被广泛使用，在使用的过程中，API SPEC 5L 标准对钢管椭圆度有明确规定，椭圆度：（最大直径－最小直径）管端，≤6mm；管体：≤8mm。要满足这个要求必须采用定径处理工艺进行矫圆。此外，准确地调整定径辊和矫正头，还可起到初步矫直焊管的作用。在这道工序上若变换定径辊的孔型系统，还可以生产方形、矩形、三角形等异形断面管材，见图 7-1。定径机对焊管有一定的压缩量，因而焊管有很小的延伸，使得焊管通过定径机的速度略大于焊接速度，其目的是了保证焊管经定径、矫直后不再用水冷却。

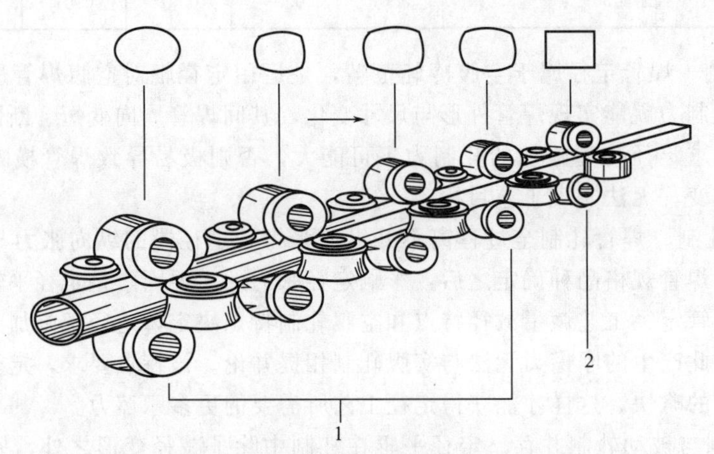

图 7-1　异型管定径的孔型系统示意图

1—定径机架；2—矫正头

一、定径机的结构组成

定径机一般由若干个传动的水平辊机架和若干个不传动的立辊机架，以及 1～2 架矫正头组成。水平辊机架和立辊机架及其传动和成型机相应部分相似，只是定径辊的孔型不同。图 7-2 是布置在第一架定径机架前面的立辊机架。立辊 2 使焊管在进入定径机前做好一定的

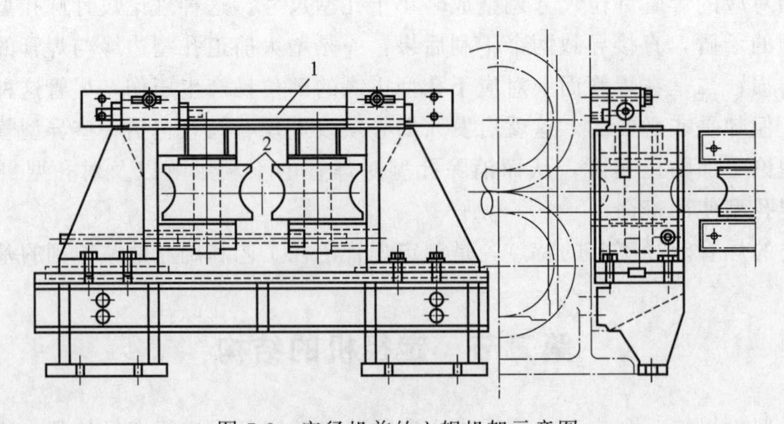

图 7-2　定径机前的立辊机架示意图

形状准备。为了使定径辊的凸缘不致划伤管子的侧表面，它必须有一定的压下量，并将其孔型做成椭圆形，其垂直方向大，水平方向小。

立辊的位置调节用带有左、右螺纹的螺栓1进行。转动螺栓1时，一对辊子彼此靠近或离开。如果在工作过程中，第一架定径机的定径辊划伤了焊管，则必须使该架之前的立辊彼此靠近。

定径辊用于在钢管直径和长度两个方向时，可采用如图7-3的八辊定径机。焊接机座1中装有2个辊盒2，每个辊盒中装有4个矫正辊。调整板3同装在它上面的辊盒2一起，可以用螺栓4在垂直方向进行调整，螺栓4同转盘5连接在一起。调整板中的孔槽用于导向，螺钉6穿过槽孔将其固定。矫正头的每个压辊的径向距离都可用螺栓7进行调整。辊盒2的4个压辊可以绕钢管旋转一定角度。为此，辊盒2中开有槽孔，螺钉8穿过槽孔将其固定。整个矫正头可以用螺栓10使其绕螺钉9旋转一定角度。

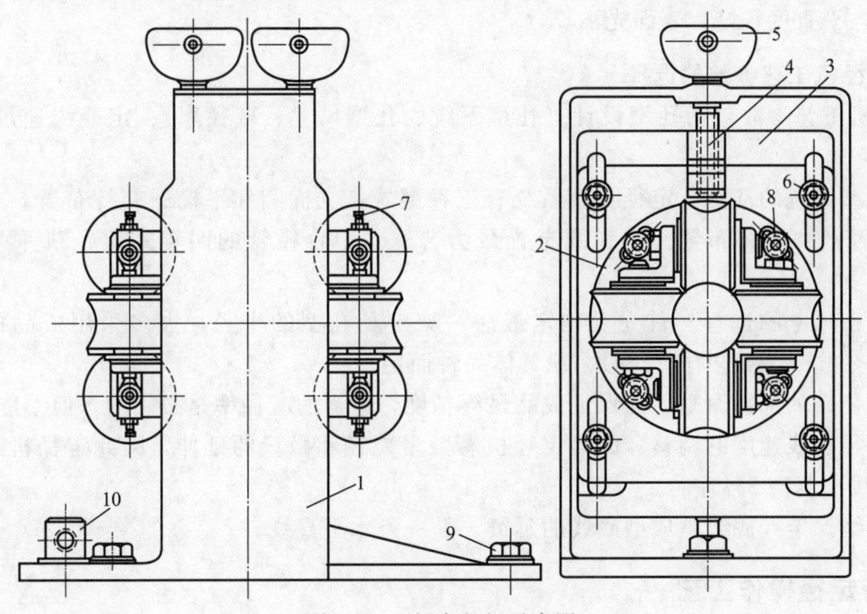

图7-3 八辊定径机示意图

二、定径机的分类与作用

1. 定径机分类

定径机又分为纵轧定径机和斜轧定径机。斜轧定径机一般多分配在三辊斜轧管机组中。定径机的后部一般装有一台或几台辊式矫正头。矫正头的作用如前所述，它与定径辊配合可以对钢管进行初矫直。此外，矫正头还可使钢管的断面形状更为精确，给定断面的最后几何公差。对随后的飞切来说，矫正头还有导向的作用，从矫正头出来的钢管需要在运动中锯切成定尺或倍尺长度，以便管子进入随后的精整工序。锯切断的定尺长度必须满足相应的公差要求。

2. 定径机工作形式

钢管的定径是钢管生产中的最后一道钢管变形工序，其主要作用是消除前道工序轧制过程中造成的钢管外径不一问题，以提高成品管的外径精度和圆度。

定径机的工作机架数较少，一般为5～14架，总减径率约3%～35%，增加定径机架数可扩大产品规格，给生产带来了方便，新设计车间定径机架数一般都偏多一些。

定径机的形式很多，按辊数可分为二辊、三辊、四辊式定径机；按轧制方式又分为纵轧定径和斜轧定径机。斜轧旋转定径机构造与二辊或三辊斜轧穿孔机相似，只是辊型不同。与纵轧定径相比较，斜轧定径的钢管外径精度高，椭圆度小，更换品种规格方便，不需要与纵轧定径相比较，斜轧定径的钢管外径精度高，椭圆度小，更换品种规格方便，不需要换辊，只要调整轧辊间距即可，缺点是生产率偏低。

3. 定径机主要作用

定径机的定径辊是定径的主要工具，通过定径机定径辊孔型调整，既可单独调整又可两辊同时调整；它是通过定径辊箱内轴承支承、转动，并保证定径辊在机架中的正确位置。

钢管定径的目的是在较小的总减径率和单机架减径率条件下，将钢管轧制成有一定要求的尺寸精度和圆度，并进一步提高钢管外表面质量。经过定径后的钢管，直径偏差较小，椭圆度较小，平直度较好，表面光洁。

4. 定径机工艺参数的选择

定径机工艺参数包括孔型设计（孔型系统、孔型尺寸、减径率）、定径线速度、底线、配辊等。

① 孔型系统的选择。定径孔型系统有三种型式：立椭圆和平椭圆交替布置，立椭圆和圆交替布置，圆和圆布置。圆和圆布置最为普遍。中直径管的四辊式定径机采用圆和圆布置。

② 孔型尺寸的选择。首先要确定最后一架定径孔型的半径，大多采用成品的负偏差（或在 0.2～0.6mm 范围内选择），视具体品种而定。

③ 减径率的选择原则。为保证成品最终精度，适当的减径率是必须的，但不能过大。

④ 定径机线速度的调整。因为定径机有微量减径和微量的延伸，因此定径机线速度应比成型机线速度高 5%左右。

⑤ 底线。定径底线是成型底线的延续，是一条水平直线。

三、钢管定径操作工艺

焊管冷定径生产工艺，由如下工序完成：原料选择工序，要求原料管的外径尺寸大于标准尺寸的上限；冷定径工序，包括轧辊的设计、轧辊的调整、利用调整好的轧辊孔型对焊接后的钢管进行定径。在对焊接钢管选择工序中，仅以热轧的石油套管和管线管为例进行如下叙述。

在对焊接钢管工序中，焊管的外径尺寸大于标准尺寸上限的 0～6mm。在冷定径工序中，轧辊的设计是根据所需定径的尺寸设计相对应的轧辊，并采用四辊成圆定径。在冷定径工序中，采用四个轧辊进行定径处理，四辊之间预留 8～16mm 的辊缝。在冷定径工序中，轧辊的调整是根据成品的标准尺寸将由四辊形成的内圆的直径调整到小于成品外径的标准尺寸。将由四辊形成的内圆的直径调整到小于成品外径标准尺寸约 4～12mm。

在冷定径操作工序中，利用液压缸的推力将焊管送进已经调整好的轧辊孔型，矫正原料管的椭圆度。在冷定径工序中，焊管定径是用电机带动轧辊转动，依靠轧辊与焊管之间的摩擦力带动焊管前进，以此来矫正原料管的椭圆度。

该焊管冷定径生产工艺，彻底解决了生产石油套管和管线管成材率比较低的难题。具有如下特点：

① 工艺简单，生产效率高。使用相应的轧辊调整孔型，依靠液压的推力将管子推过轧辊孔型，达到缩径、规圆矫直的作用，操作执行便捷。

② 生产过程中耗能少。由于采用冷变形，因此比传统的热加工节约大量的能源。

③ 设备投资少，占地面积小。由于是冷变形，不需要加热炉和冷床，减少了投资和占地面积。

④ 产品的合格率高。产品几何尺寸精确，经过冷定径的产品，管端椭圆度可以控制在1.5mm内，外径几何尺寸可以控制在±1.6mm范围内，为产品后续的螺纹加工或倒棱、倒坡口带来方便。

四、定径机的辊型调整

定径机架的安装和辊型调整比较简单，同成型机的基本相似。定径机的立辊调整应非常谨慎。成型机的立辊过分靠近时，并不会产生很大的力，因为成型带钢的弯曲断面是断开的，而定径机的立辊过分靠近时，由于钢管产生变形而出现力，有可能发生断辊的危险。因此，立辊的调整应当在钢管通过时进行，使其位置靠近到定径辊工作情况良好时为止，矫正头的调整也要在钢管穿过矫正辊之后进行。调整时必须使钢管停止不动，并确定其椭圆形管子截面的长轴和短轴位置，相应转动辊盒2，如图7-3所示。再用螺栓7调整矫正辊，使钢管的椭圆度不超过允许的公差范围。钢管椭圆度的检验应采用专用卡规进行。

矫正头对钢管进行纵向矫直，这对管子顺利地进入飞锯机的喇叭口非常重要。在垂直方向调整矫正头左右辊盒的位置，就可对钢管进行矫直。当移动任何一个辊盒时，钢管就好像放在两个支点上的梁一样产生弯曲，其中一个支点是最后一架不动的定径机架，而另个支点则是辊盒。

五、定径机更换辊轮的方法

焊管定径是焊管成型后的重要工序之一，定径机的辊子也是十分重要的部件。当辊子被磨损到一定程度时，就需要使用换辊机更换新的辊子，才能继续工作。未来的焊管生产将向着高速、重载、高强度、高刚度、高精度、连续化和自动化方向发展。辊子磨损以后需要及时、快速地更换下来，所以对于换辊机能够快速、准确、便捷地换辊提出了更高的要求。因此，使用高质量、低成本的换辊装置具有极其重要的意义。一般的制管公司在对定径机换辊时，用两台换辊架分别将定径机或张力装置的上辊系落于下辊系上，放开上轴承座与液压缸的连接，拔合换辊架，然后将辊系直接从矫直机或张力装置的机架中拉出。在更换轧辊时存在以下缺点应予以注意：

① 换辊时由人力直接拉出辊系，不仅费时费力，并且不安全。

② 在辊系从定径机或张力装置中拉出的过程中，轴承座与换辊架之间为滑动摩擦，磨损量、噪声都比较大。

③ 定径机和张力装置采用各自的换辊架，没有互换性，换辊工序烦琐，不利于员工的安全操作。

④ 需采用两台换辊架，维修不便，设备造价高。

⑤ 定径机或张力装置的机架内轨道与换辊机轨道拔合时，无法找正标高。

1. 新型换辊机的作用

新型的换辊机可以实现换辊的机械化。新型换辊机包括换辊架，换辊架的换辊轨道内设置有换辊小车，在换辊架上设置有链轮，链轮上设有链条，链轮与手摇式链条齿轮箱连接，链条连接换辊小车，换辊架底部设置有标高调整装置。标高调整装置包括顶板、底板、螺栓、螺母，顶板与底板相互平行，螺栓穿过顶板与底板，顶板与底板之间的螺栓上设有螺母，换辊架设置于顶板上。

新型换辊机可以更换的辊系包括辊子、下轴承座，滚动轴承和吊环螺栓。换辊架上设置有标高调整装置，能够根据不同需要调整换辊架的高度，通过标高调整装置调整换辊架的高度，能够很容易使定径辊系（或张力辊系）机架的换辊轨道高度与换辊架的换辊轨道高度相适应，便于轨道间的把合。新型换辊机见图 7-4。在辊系的下轴承座底上，设置有滚动轴承，在移动辊系时，将原有的下轴承座与轨道之间的滑动摩擦变为滚动摩擦，可显著减小换辊时下轴承座与轨道之间的摩擦力、磨损量、噪声，所需使用的力均可相应减小。

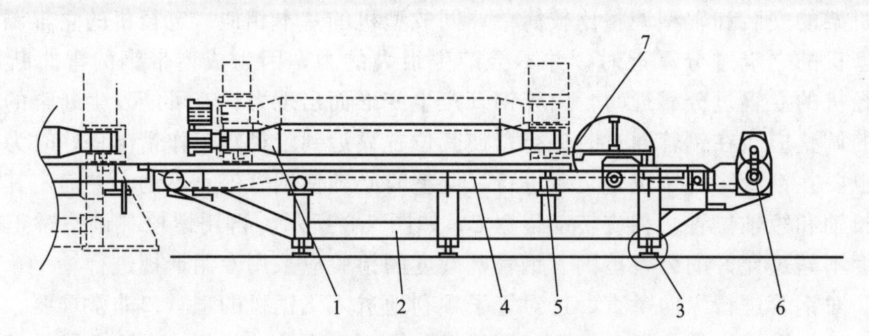

图 7-4　新型换辊机结构示意图

1—辊子；2—换辊架；3—标高调整装置；4—链条；5—链轮；
6—手摇式链条齿轮箱；7—吊环螺栓

2. 换辊机的操作说明

如图 7-4 所示，新型换辊机包括换辊架 2，换辊架 2 的换辊轨道内设置有换辊小车。换辊架 2 上设置有链轮 5，链轮 5 上设有链条 4；链轮 5 与手摇式链条齿轮箱 6 连接，链条 4 连接换辊小车。换辊架 2 底部设置有标高调整装置 3，图 7-5 是图 7-4 中标高调整装置 3 的放大示意图。

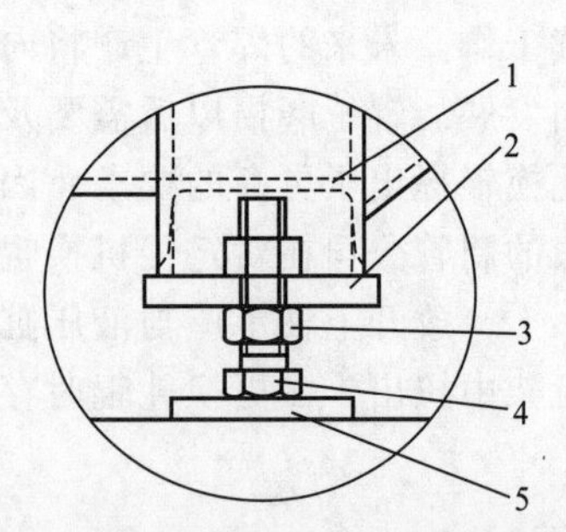

图 7-5　标高调整装置示意图

1—换辊架；2—顶板；3—螺母；
4—螺栓；5—底板

标高调整装置 3 包括顶板 2、底板 5、螺栓 4、螺母 3，顶板 2 与底板 5 相互平行，螺栓 4 穿过顶板 2 与底板 5 平行，顶板 2 与底板 5 之间的螺栓 4 上设有螺母 3。换辊架 1 设置于顶板 2 上。调节螺母 3，能够调节顶板 2 与底板 5 之间的距离，从而调整换辊架 1 的高度。

如图 7-6 所示，矫直辊系（或张力辊系）包括辊子和其下轴承座 12，辊子 1 设置于下轴承座 12 上。下轴承座 12 的底部设置的滚动轴承 1。下轴承座 2 上还设置有吊环螺栓。换辊时先通过标高调整装置调整换辊架的高度，使换辊架 2 的换辊轨道高度与矫直辊系（或张力辊系）机架的换辊轨道高度相适应。手工摇动手摇式链条齿轮箱，使链轮旋转，链轮的旋转带动链条移动，链条的移动带动换辊小车移动。使换辊小车接近矫直辊系（或张力辊系），并钩住下轴承座 2 的吊环螺栓。移动换辊小车，换辊小车通过吊环螺栓带动矫直辊系（或张力辊系）移动，使矫直辊系（或张力辊系）从机架的换辊轨道移至换辊架的换辊轨道，从而将矫直辊系（或张力辊系）移出机架。

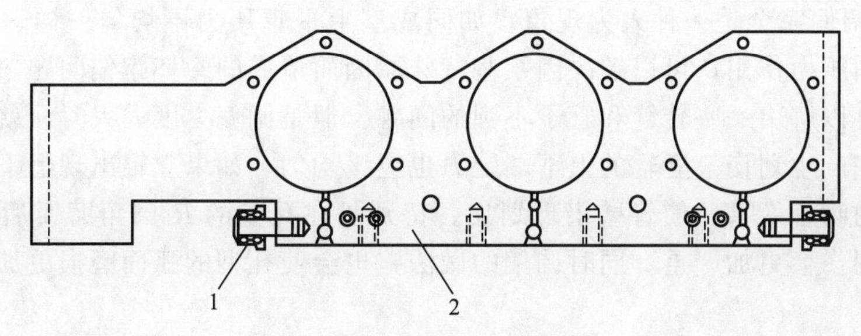

图 7-6 下轴承座示意图

1—滚动轴承；2—下轴承座

用行车吊走换辊架上的磨损的矫直辊系（或张力辊系），并将新的矫直辊系（或张力辊系）放在换辊架的换辊轨道上。移动换辊小车，将新辊系从换辊架的换辊轨道移至机架的换辊轨道，从而将新的矫直辊系（或张力辊系）移入机架，完成更换矫直辊系（或张力辊系）的过程。

换辊机也可更换分卷平整机组上的矫直辊和张力辊，也可用于各种轧制机组的矫直机和张力装置的辊子。

3. 换辊机的换辊方法

第一步，通过标高调整装置调整换辊架的高度，使换辊架的换辊轨道高度与辊系机架的换辊轨道高度相适应。

第二步，手工摇动手摇式链条齿轮箱，使换辊小车接近旧辊系，并钩住下轴承座的吊环螺栓。

第三步，手工摇动手摇式链条齿轮箱，移动换辊小车，换辊小车带动旧辊系移动，将旧辊系从机架的换辊轨道移至换辊架的换辊轨道，从而将旧辊系移出机架。

第四步，将换辊架上的旧辊系取出，换上新辊系，移动换辊小车，将新辊系从换辊架的换辊轨道移至机架的换辊轨道，从而将新的辊系移入机架。

第三节 焊管定径机常见的故障

相比钢管电焊过程中的故障，定径机的故障率是最低的，而且处理起来也较简单，定径机常见的生产故障总结有以下几种类型。

一、划伤的故障

定径的划伤主要发生在管子断面的横向和纵向轴线两侧，多由平辊和立辊孔型的边缘造成。特别是孔型边缘 R 圆角磨锐后，一旦出现下列问题都可能引起钢管的划伤。

① 轧辊位移。轧辊轴向位移后，使孔型错位不能吻合。但有时轧辊轴向位移后，没有定位锁紧，可以自由式找正，在生产中通过管子的作用自行吻合后，也不会造成钢管壁划伤。有时因某种原因，轧辊位移后并被自行锁定在一个位置上，使孔型不能吻合，就会造成钢管壁划伤，特别是立辊，这种现象尤为突出。

② 轴承损坏。轴承损坏后就容易出现两个孔型不吻合的现象，在轴承轻度损坏时钢管壁划伤比较严重，而轴承损坏严重时，一般就不会再发生划伤的问题，而是其他的事故，例

如钻管、压扁钢管等更严重的问题。

③ 调偏。调偏完全是一种人为现象，如同成型上平辊压力不均匀一样。在成型中通过上辊两侧的不同压力作用，可以解决因某些特殊原因而造成的管坯跑偏问题。在定径机上辊轻微调偏后，可以解决一些转缝和管子不圆的问题，但是调偏力度太大时，就会使两孔型不吻合，而使管壁产生划伤。立辊的上下端受力也应该均匀，如果立辊出现上下仰角时，同样也会破坏孔型的吻合效果，使管壁出现划伤。特别是在孔型的 R 圆角磨锐后，调偏程度严重时，钢管壁划伤会更加严重。同时调偏的做法，也会使孔型的弧面磨损更加不均匀，产生不良循环。

二、钻管的故障

钻管问题是不多见的，一般薄壁管生产时发生的概率比较大，这主要是因为薄壁管的刚性较差，且管壁较薄容易被轧辊咬入。所以在生产中出现下列问题都会造成钻管的事故。

① 轴承损坏。下平辊轴承损坏后，在上平辊的压力作用下，管子的轧制线高度就会下降，这时管子就很容易钻入立辊孔型的下辊缘。如果是立辊轴承损坏，上下辊缘的间隙加大，管子也同样会随时钻入缝隙中。

② 孔型中心不正。无论是平辊还是立辊，当孔型中心不正时都会导致钻管现象。立辊不正时，在其错误导向下，会使管子钻入平辊的辊缘缝隙中。平辊不正时同样也会使管子钻入平辊辊缘的缝隙中。这种钻管现象一般不会发生在厚壁管生产中，除非孔型中心偏离太大。只有生产小直径的薄壁管时才比较容易发生钻管。

三、焊管不圆的故障

焊管不圆的形态一般有椭圆形、棱圆形和葫芦形三种。下面对这三种情况做一具体的分析。

1. 椭圆的故障

椭圆管完全是由定径孔型调整不当造成的，特别是在定径孔型出现一定的磨损后，不合理的调整就更容易使管子出现椭圆。一般情况下，发生在管子断面横向和纵向轴线上的椭管（如图 7-7 所示）是因为平辊和立辊之间的压力大小匹配不合理造成的，可适当在椭圆管的长轴方向增大压力，短轴方向减小压力。如果椭圆管的轴线具有倾斜角时（如图 7-8 所示），就要根据实际情况进行调整，例如在平辊和立辊所造成的椭圆管为同一方向时，可采用转向调整法，通过压下平辊的一侧，使焊管旋转一定方位后，再进行增减力和立辊的压力调整。这种椭圆管是比较难调的一种典例，如果采用转向法也解决不

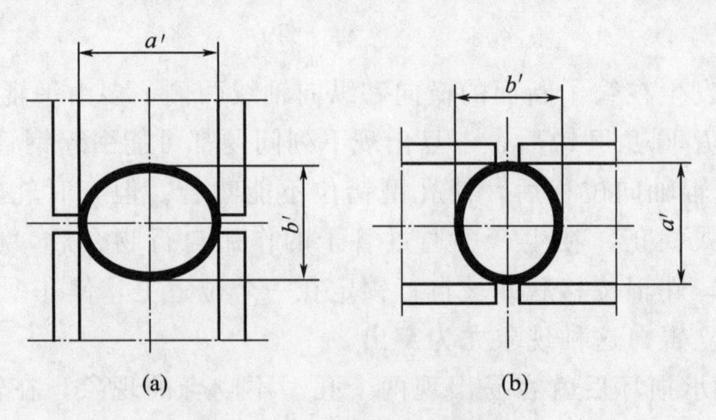

图 7-7　椭圆管示意图

了问题时，还可采用孔型换位的方法，也就是把两个立辊取下来换个位置，这样就和平辊孔型所出来的椭圆管形成了一个相反方向，然后再进行增减力的调整。或者是将上平辊孔型换个方向，使平辊磨损的孔型得到重新组合，上辊孔型的长轴方向对下辊孔型的短轴方向，上辊孔型的短轴方向对下辊孔型的长轴方向，当然，这是在其他方法都无法解决椭圆管时才使用的一种处理方法。

2. 棱圆形管的故障

棱圆形管是指在管子圆面上的某一部位，有一凸起的棱状，如图 7-9 所示。习惯上称之为棱圆管子，一般这种管子的产生主要有以下几个方面的原因。

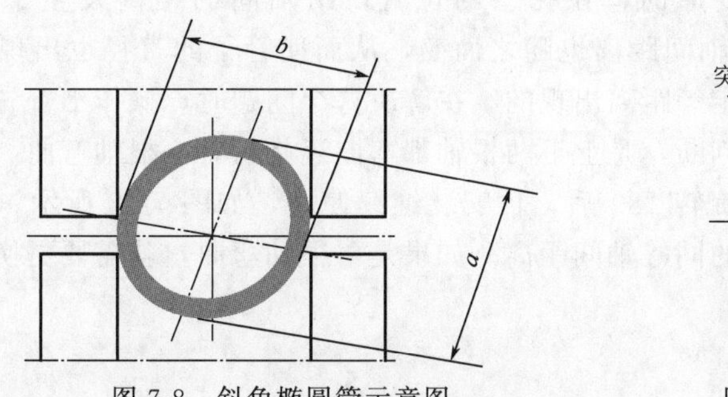

图 7-8　斜角椭圆管示意图

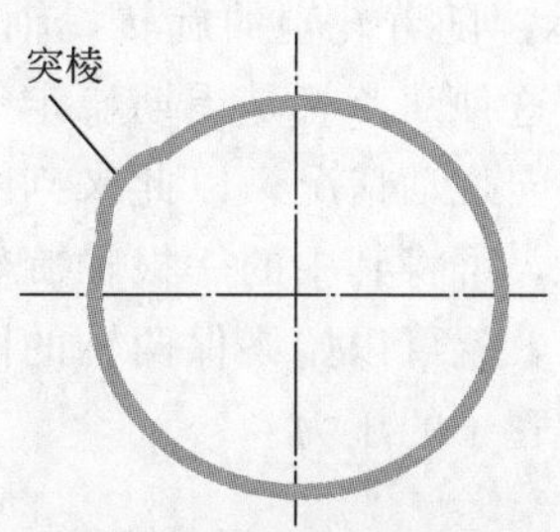

图 7-9　棱圆形管示意图

① 钢管成型变形不良。在轧制过程初期这种情况是不易发生的，到中后期之后，孔型有时在不合理的使用下，孔型弧面出现了不规则的畸形磨损，这时才会产生这种不良的变形，生产出棱圆形管。需要停机检查时，操作工可用手掌去逐道触摸变形后的管坯外弧面，就可以感觉到管坯有无异样变形，如果有异样的凸起变形时，就应及时更换这道孔型。

② 定径孔型磨损。定径孔型磨损是造成棱圆形管最主要原因之一，特别是经常出现轻微的桃形管，而又得不到及时的处理解决时，就会使定径孔型的某一部位受到特别的磨损，使这一部位形成一个凹陷的弧面，从而造成棱圆形管。这就需要操作工及早地处理，并去解决一些不良的成型变形问题以及桃形管的问题，并经常检查定径孔型的磨损情况，发现孔型弧面有不规则的磨损时，要及时更换。

③ 矫直辊受力不匀。矫直辊结构基本有两种形式，一种是四辊式结构，如图 7-10 所示，一种是八辊式结构，如图 7-11 所示。棱圆形管一般是由八辊式结构的矫直辊引起。在管子矫直时，应该按照调整工艺要求进行整体调整，使每个辊子与管面接触力很轻。如果进行单辊调整，便会破坏每四辊所组成的圆形，在单辊的压力作用下，就会使管子表面出现异样的棱角面。

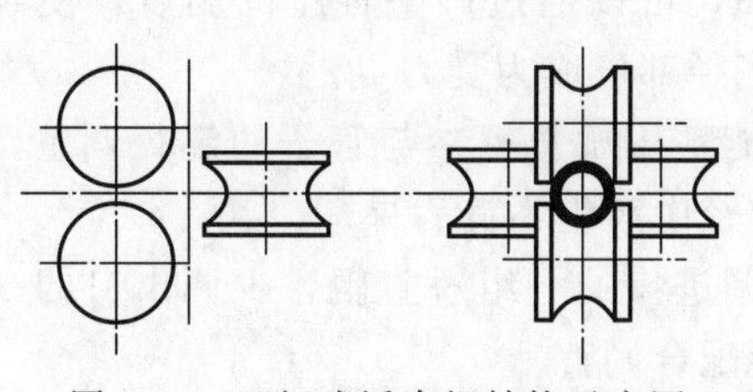

图 7-10　四辊式矫直辊结构示意图

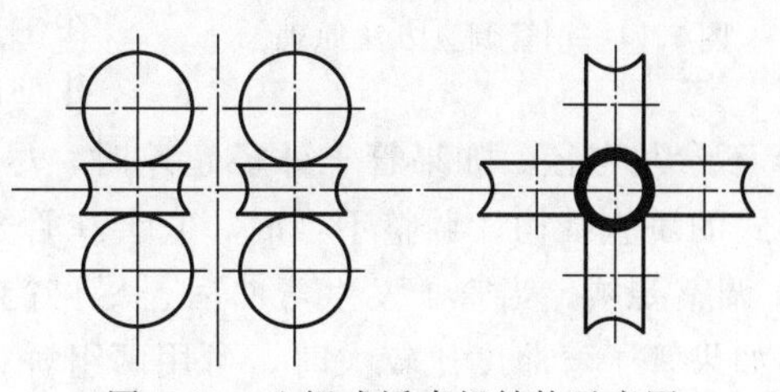

图 7-11　八辊式矫直辊结构示意图

3. 葫芦管的故障

有时我们在检查焊管的外径尺寸时，会发现焊管的直径存在一段粗一段细的问题，粗细误差最小可到0.3mm左右，俗称葫芦管。这个问题主要由以下两种情况造成。

① 轴承损坏。当平辊轴承出现轻微的损坏时，随着轧辊的旋转，有时可能会发生挤卡的残死点，当辊子的压力有所改变而不能恒定时，对管子的外径控制也会同样发生变化，管子就会出现周期不稳定的葫芦状尺寸。但只要轴承旋转稳定时，即使轴承损坏，也不会给管子外径尺寸带来太大的不良影响。

② 平辊轴弯曲。由于钻管等特殊原因，平辊轴受到了较大的外力破坏后，轴的弯曲量超过其弹性变形的极限而不能复原时，在孔型的位置，两轴间的距离发生了变化，如图7-12所示。随着轧辊的旋转，轴间距离也随之而变，从而使管子的直径也出现时大时小的现象。而这种葫芦管是周期稳定等距离出现的。在解决这个问题时，操作工首先要检查的是轧辊的径向跳动情况，以此来判断，是上下两根轴都弯曲还是只有一根轴弯曲。如果是两根轴都弯曲，可将其中的一根轴旋转180°后，再安装继续使用，如图7-13所示。这样在两根轴旋转时，就可以始终保两轴的同等轴间距离。如果是一根轴弯曲，就需要更换新轴，或减小平辊对管子的压力。

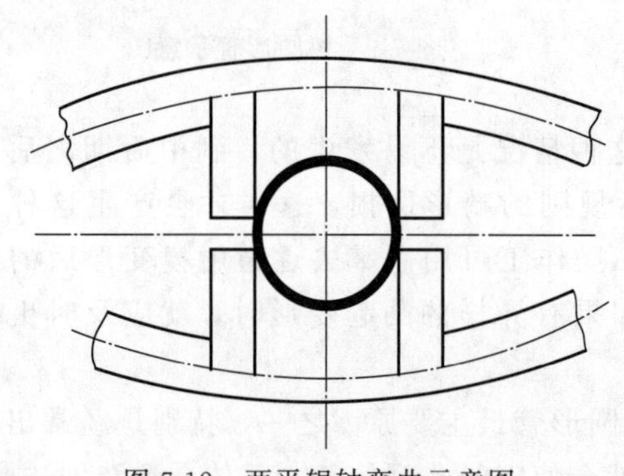

图7-12　两平辊轴弯曲示意图

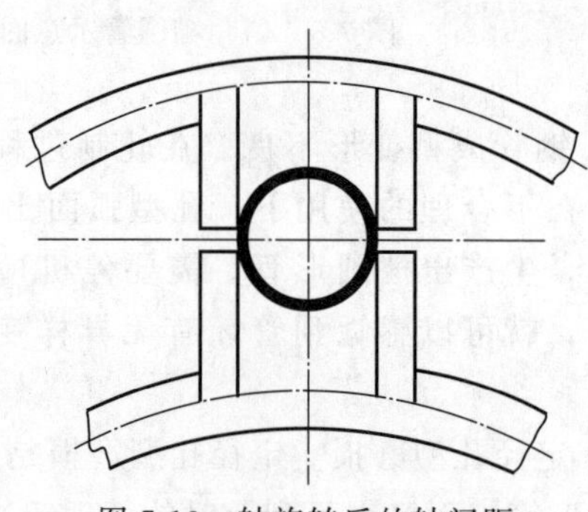

图7-13　轴旋转后的轴间距

4. 管子弯曲的调直方法

对管子调直利用了杠杆的基本方法原理，如图7-14所示，使管子轴向发生再变形，从而达到调直目的。在管子调直时要注意以下几点要求。

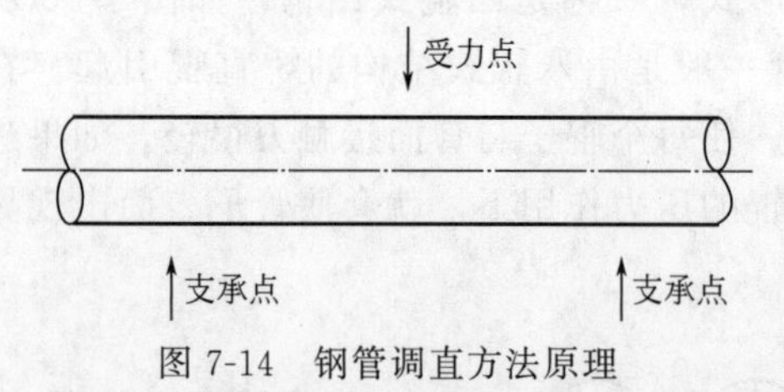

图7-14　钢管调直方法原理

① 受力方向避开辊缘缝隙。矫直辊如果是四辊结构，在调直时受力点应避开辊缘的缝隙，这样可防止管子钻入辊缝中而发生“钻管”事故。在生产中，可以通过调整辊座的高度，使矫直辊孔型的底径部位成为受力点。

② 不参与定径。如果管子外径超差时，尽可能不用矫直辊参与管子的定径调整。特别是八辊式的矫直结构，调整不当时，它会在管子定径中产生不良后果。

③ 调整要领。当管子发生弯曲后，尽可能先调进口的一组矫直辊，少调出口的一组矫直辊，如果管子弯曲度比较大时，可用两组矫直辊配合调整。

当管子向上弯曲时，可将进口辊向上调整，如图7-15所示。如果管子向下弯曲时，可将进口辊向下压，见图 7-16。当管子向左右方向弯曲时，可将进口辊也向左或右的方向调整即可。如果调整后仍然有弯曲现象，或者弯曲越来越严重时，有以下六种原因需要逐项排查。一是管子转缝；二是管子冷却不好，焊缝发热；三是矫直辊的轴承损坏；四是矫直辊机构不稳定；五是各矫直辊与管壁没有贴附；六是飞锯设备的部件与管子接触成为调整中多余的支点。解决完以上问题后再进行调整矫直就可获得较为满意的效果。

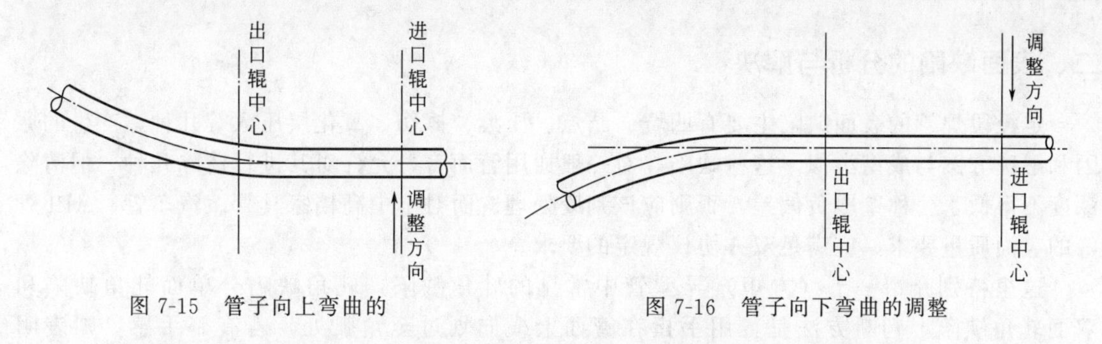

图 7-15　管子向上弯曲的　　图 7-16　管子向下弯曲的调整

第四节　定径段焊管质量缺陷纠正措施

在焊管定径段常见的焊管缺陷可分为尺寸公差缺陷、表面缺陷和平直度缺陷三大类，下面就最为常见的焊管缺陷做一具体的分析，同时给出纠正解决的具体措施。

一、尺寸公差缺陷分析与解决

焊管尺寸单纯超上差或下差的调整难度远不及尺寸波动难处理。焊管外圆尺寸波动大，是指在焊管纵向测量方向的外圆尺寸变化幅度大，接近或超出焊管允差范围，俗称“段差”，其现象有周期性和随机性两种，现以圆管为例，它们产生的原因及纠正调整措施参见表 7-2。

表 7-2　焊管尺寸波动大的原因和调整措施

测量位置	现象	原因	调整措施
焊缝上下	周期性	平辊孔型与孔不同心	以内孔和基准面作为修复轧辊孔型矫正基准
		平辊轴弯曲	更换平辊轴
		立辊镜面跳动	查找镜面跳动原因
	随机性	平辊轴与轧辊孔配合间隙大	查找原因，换轴或更换辊
		平辊轴承磨损严重	
		平辊轴位磨损大，轴失圆	更换平辊轴
		上下调节丝杠、丝杠套、牌坊间隙大	维修机组，恢复精度
		焊管运行不稳定	适当调整，平衡平、立辊的施力
水平方向	周期性	立辊孔型与孔不同心	以内孔和基准面作为修复轧辊孔型矫正基准
		平辊镜面跳动	
	随机性	立辊轴磨损大，轴承跑内圆	更换立辊轴或轴承
		轴承磨损严重，滚珠变形	
		焊管运行不稳定	重新分配平立辊的轧制力
		平辊轴与滑块、滑块与牌坊间隙大	恢复机组精度

续表

测量位置	现象	原因	调整措施
X 位方向	周期性	平辊或立辊或平立辊镜面跳动	以内孔和基准面作为修复轧辊孔型矫正基准
		悬臂机轴头弯曲	恢复机组精度
	随机性	平辊轴与滑块、滑块与牌坊配合间隙大	进行设备精心维护保养,恢复精度

二、表面缺陷的分析与解决

定径段焊管的表面缺陷主要有凹坑、凸点、压痕、擦伤、氧化层压入等几种，产生的原因和解决方案与成型类似。这些缺陷，对一般通用管而言，允许对其进行清除几种，但清除深度不得低于公称壁厚负偏差，否则应该判废处理。而对于中高档家具管、汽车管、API 管等的表面质量要求，应满足双方协议规定的要求。

这里特别介绍一下（方矩）异型管中常见的轧角缺陷，轧角缺陷分单面轧角缺陷和双面轧角缺陷。判断方法是，用手指在管面上横向划过至角弧处，若有硌手感，则表明存在轧角缺陷，多数情况下只是一两个角被轧伤。形成轧角的主要原因大致有五个：①轧辊错位，压伤管面；②辊缝过大，孔型线不够长；③整形余量偏大，管角被辊缝角压伤；④单道次轧压过大，孔型边缘将管面轧伤；⑤轧辊偏离轧制中心线，导致某角受到的轧制力过大，角被轧伤。对于轧角缺陷，首先根据映射原理逆向排查，然后采取相应的纠偏措施。

三、平直度缺陷的分析与解决

这里所讲的直度缺陷指在线矫直直度，包括弯、扭和扭曲三个方面。焊管生产过程中，直度经常发生变化。直度的本质是管体内各种应力平衡问题，影响应力平衡的突变因素主要是材料变化，包括宽度、厚度、硬度等。现以硬度变化加以说明。矫直系统应力平衡后，表明系统认可了现有硬度，由该系统产出的焊管“自然而然”就直。可是，一旦硬度发生变化以后，系统不认可新的硬度，此时应力平衡被打破，焊管就会变弯，如果不采取人工干预的措施，那么管子就会永远弯下去，直至重新调整，建立一个新的应力平衡系统。这从一个侧面提醒工程技术、操作人员，在正常生产过程中，若焊管直度突然发生变化，就要联想到生产过程中必定发生了某些状况。

同理，当设备精度、冷却系统、环境温度、操作调整等发生变动时，都将影响焊管机组与焊管之间既有的平衡，导致焊管弯曲。就环境温度变化而言，相信大多数技术调整操作工都有这种经历：头一天生产得好好的机组，停了一夜之后原班人马再来开机，发觉生产出的焊管全都弯了。这其实是温度在起作用，它涉及一个热平衡问题。焊管机组热平衡是说，机组经过一定时间运转后，设备机件、轴承、孔型、冷却液等的温度都上升到一定高度，由此各种应力与此时焊管达成默契，处于平衡状态；而停机一夜后，机组机件、轴承、轧辊和冷却液等的温度都处于冷态，这种冷态很难一下子与热焊管达成应力平衡，于是焊管出现了弯曲。

对于焊管缺陷及形成缺陷的原因，有的很明显，有的较隐蔽，有的表现在定径，可是根子却在成型，甚至在上料部分。因此，对一些焊管缺陷的处置，不能简单地就事论事，要有全局观念，要采用系统观念查找缺陷原因并指导、解决焊管缺陷。

第五节　新型焊管定径机

现有的焊管定径装置和工艺主要是以减径为主，其设备投资大，效率低且椭圆度可控性差，成本高。为了克服现有定径机设备的不足，提供焊管定径装置，从而有效解决现有技术中存在的不足。国内某科技有限公司发明设计出一种新型焊管定径机，其技术方案和实施内容如下。

一、新型定径机

1. 技术设计方案

新型定径机装置采取的技术方案是：整个钢管定径装置，包括中间带有通槽的固定板，通槽中设置有定径套，定径套的中心设置有阶梯式定径孔，在定径套的外侧设置有“井”字形加强肋。定径套的外侧设计成阶梯状，其包括左侧的大径部与右侧的小径部，小径部插接在所述通槽中，大径部的侧壁抵靠在固定板上，定径套与固定板的接触部位通过环缝焊接的方式进行连接。阶梯式定径孔包括由左至右依次设置的第一过渡坡、第一定径孔、第二过渡坡与第二定径孔，第一定径孔大于第二定径孔。

2. 具体设计步骤

① 在定径套中环绕阶梯式定径孔设置有螺旋式冷却通道，定径套的左侧与右侧分别设置有与螺旋式冷却通道相连通的冷却水进液管与冷却水出液管，冷却水进液管连接有进液软管，冷却水出液管连接有出液软管。

② 在冷却水进液软管、冷却水出液软管靠近接口的位置设置有快速拆除固定件，快速拆除固定件包括套环与杆部，这个杆部设置有卡珠，在卡珠内部连接有弹性元件，在固定板上配合杆部设置有安装孔，在安装孔中配合有卡珠，卡珠设置有环形卡槽。

③ 冷却水进液管沿径向设置在定径套的侧壁上。冷却水出液管为 L 形，其水平部沿轴向设置在定径套的端面上。

二、具体操作实施方法

下面结合图 7-17～图 7-22 和实施例对新型定径机的实施方式做详细描述，以下实施例用于说明新型定径机。在本新型定径机的描述中，在技术术语方面有许多专业术语如：“多个”的含义是两个或两个以上；“上”“下”“左”“右”“内”“外”“前端”“后端”“头部”“尾部”等指示的方位或位置关系为基于示意图所示的方位或位置关系，仅是为了便于描述本新型定径机的简化描述，而不是指示或暗示所指的装置或元件必须具有特定的方位、以特定的方位构造和操作，因此不能理解为对本新型定径机的限制。

在本新型定径机的描述中，需要说明的是，除非另有明确的规定和限定，术语“相连”“连接”应做广义理解，例如，可以是固定连接，也可以是可拆卸连接或一体连接；可以是机械连接，也可以是电连接；可以是直接相连，也可以通过中间媒介间接相连。

结合示意图 7-18～图 7-21，对新型定径机构做出说明，中间带有通槽的固定板 1，通槽中设置有定径套 3，定径套 3 的中心设置有阶梯式定径孔 4，定径套 3 的外侧设置有“井”字形加强肋 2。定径套 3 的外侧为阶梯状，其包括左侧的大径部与右侧的小径部，小径部插接在通槽中，大径部的侧壁抵靠在固定板上，定径套 3 与固定板 1 的接触部位通过环缝焊接的方式进行连接。

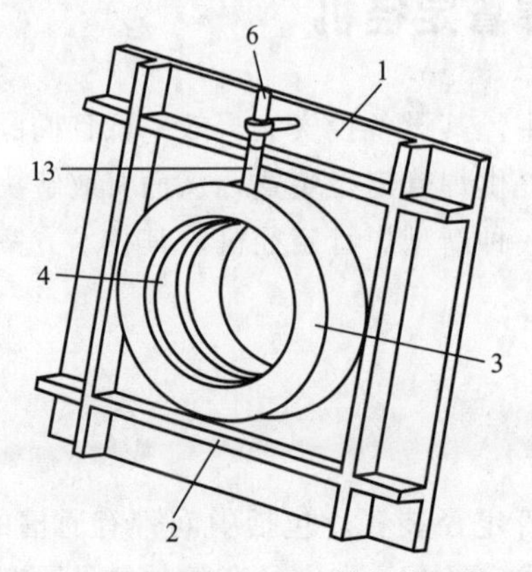

图 7-17 新型定径机立体结构示意图

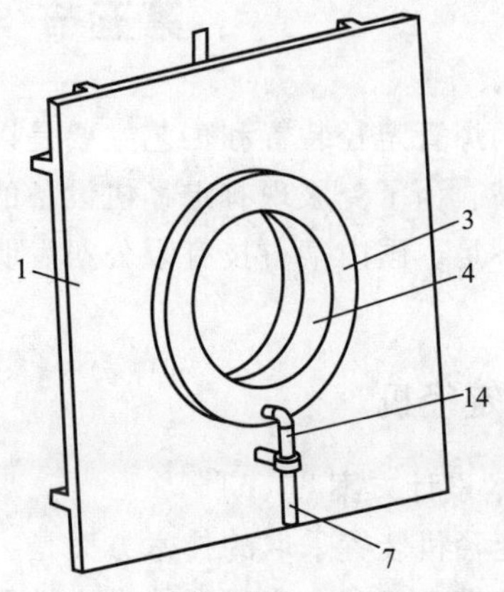

图 7-18 图 7-17 的后视结构示意图

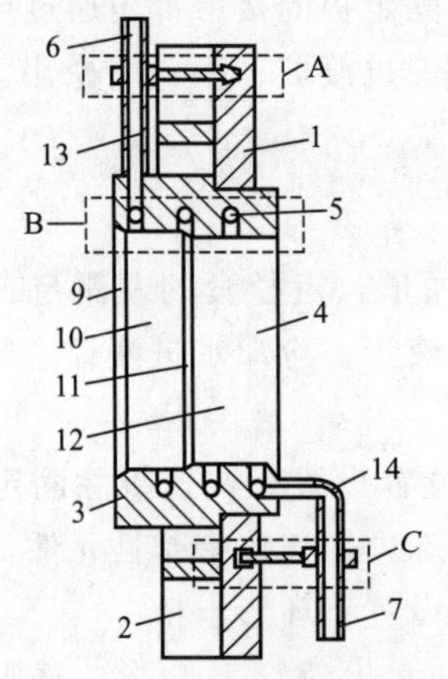

图 7-19 剖视结构示意图

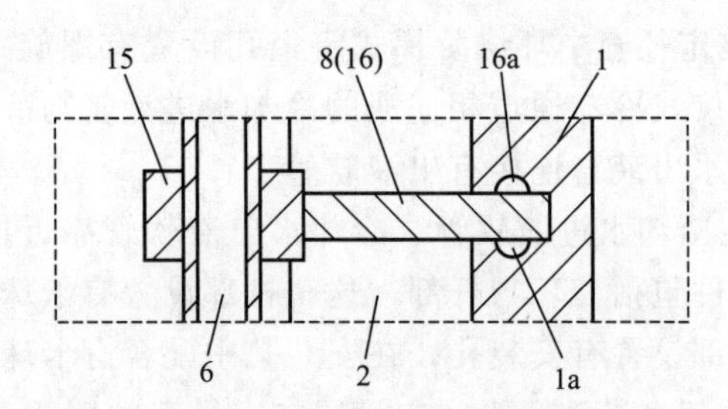

图 7-20 图 7-19 中 A 处的局部放大图

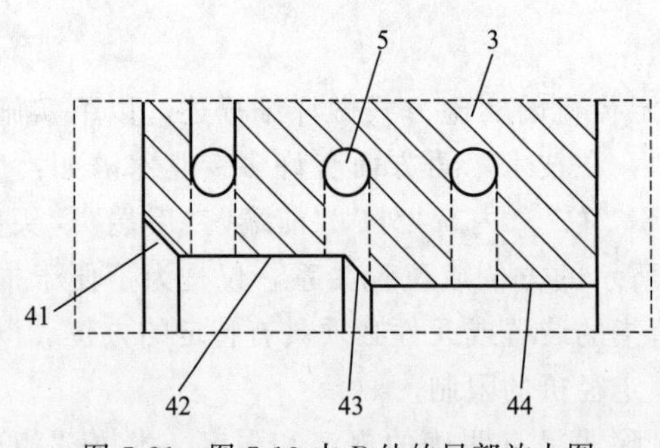

图 7-21 图 7-19 中 B 处的局部放大图

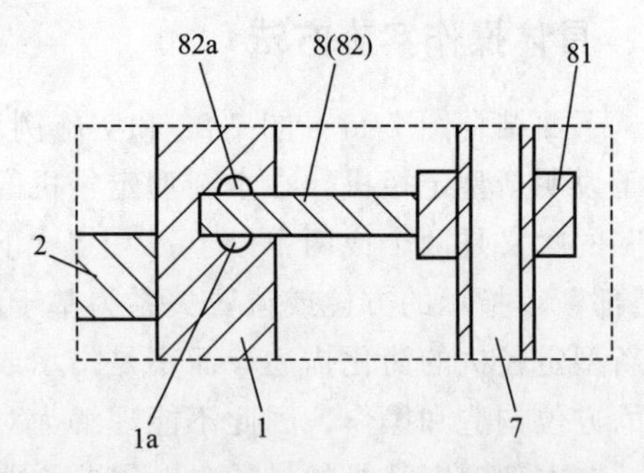

图 7-22 图 7-19 中 C 处的局部放大图

阶梯式定径孔 4 包括由左至右依次设置的第一过渡坡 9、第一定径孔 10、第二过渡坡 11 与第二定径孔 12。第一定径孔 10 大于第二定径孔 12，在定径的时候先通过直径较大的第一定径孔 10 进行初处理，然后通过直径较小的第二定径孔 12 进行最终的定径，将定径的过程分成两个过程，避免了定径套 3 局部因摩擦剧烈发生的过热现象，延长了使用寿命。

定径套 3 中环绕阶梯式定径孔 4 设置有螺旋式冷却通道 5，定径套 3 的左侧与右侧分别设置有与螺旋式冷却通道 5 相连通的冷却水进液管 13 与冷却水出液管 14；冷却水进液管 13 连接有进液软管 6，冷却水出液管 14 连接有出液软管 7，进液软管 6 和出液软管 7 通过环管路连接，冷却管路上设置有冷却装置，冷却装置为冷风机等，通过冷却水在定径套 3 中流动，来降低定径套 3 在工作中的温度。

冷却水进液软管 6、冷却水出液软管 7 在靠近接口的位置设置有快速拆卸固定件 8，快速拆卸固定件 8 包括套环 15 与杆部 16，杆部 16 设置有卡珠 16a，卡珠 16a 内部连接有弹性元件，固定板 1 上配合杆部 16 设置有安装孔，安装孔中配合卡珠 16a 设有环形槽 1a，冷却水进液软管 6，冷却水出液软管 7 的接口处通过快速拆卸固定件 8 加以限位来避免软管由于任意弯折而影响焊管的进出，并且快速拆卸固定件 8 便于拆装，非常方便。

冷却水进液管 13 沿径向设置在定径套 3 的侧壁上。冷却水出液管 14 为 L 形，其水平部沿轴向设置在定径套 3 的端面上。本新型定径装置在使用的时候，通过专用设备牵引焊管穿过定径套的阶梯式定径孔进行定径，非常方便。

三、实施效果总结

本新型定径装置的技术方案具有以下有益效果：该新型定径装置在使用的时候，通过专用设备牵引焊管穿过定径套的阶梯式定径孔进行定径，非常方便；设置有冷却通道，可以对定径套进行冷却；同时设置有阶梯式定径孔，避免了定径套局部因摩擦剧烈发生的过热现象，延长了使用寿命；冷却水进液软管、冷却水出液软管的接口处通过快速拆卸固定件加以限位避免了软管由于任意弯折而影响管的进出，并且快速拆卸固定件便于拆装，维修亦非常方便。

第六节 一种焊管整圆工艺

在油气输送工程上造成油气管道失效的原因较多，最为常见的有材料的缺陷、机械损伤、各种腐蚀（包括应力腐蚀和氢脆）、焊缝裂纹和缺陷、外力破坏等。在各种缺陷中焊缝裂纹和缺陷占有主要地位，这是因为油气管道中存在大量的焊缝。目前管道生产中，对接焊缝缺陷已经成为一个重要方面，这是因为管线的对接焊一般在野外进行，管线长，不能旋转，环境条件差，焊接施工比较困难，焊接质量难以保证。在野外现场焊接时，往往由于焊管本身的几何形状误差而使焊接操作不易进行，同时造成较大的焊接缺陷如裂纹、残余应力等，如图 7-23 所示。而残余拉应力是引起应力腐蚀开裂的主要原因之一。应力腐蚀开裂是在特定的腐蚀介质和拉应力及其他应力同时作用下发生脆性开裂而形成的。当裂纹扩展到一定程度（尺寸达到一定值）时发生失稳扩展而断裂。因此必须采取必要的措施，改善焊管断面几何形状，以保证对接的每根焊管具有相同的几何形状，减少和消除对接焊缝处的残余应力。

一、焊管整圆工艺

针对焊管生产中存在的这种问题，生产中常常采取一些整圆工艺措施，使对接的两根焊管的管端具有相同的几何形状，以保证对接焊的顺利进行。例如采用外抱式整圆模或内撑式整圆模（图 7-24）。利用外力强制管端发生变形，使对接的两根管子管口对接完好，一方面便于焊接操作，另一方面可以改善焊接质量。但由于每次焊接时都要装卸模具，生产效率低，而且由于模具的限制，管端只发生弹性变形，焊后卸除模具，母体管回弹，焊缝处仍然存在较大的残余应力，为了消除残余应力，我们提出了以下的整圆方法，使焊管管端截面几何形状趋近理想圆。

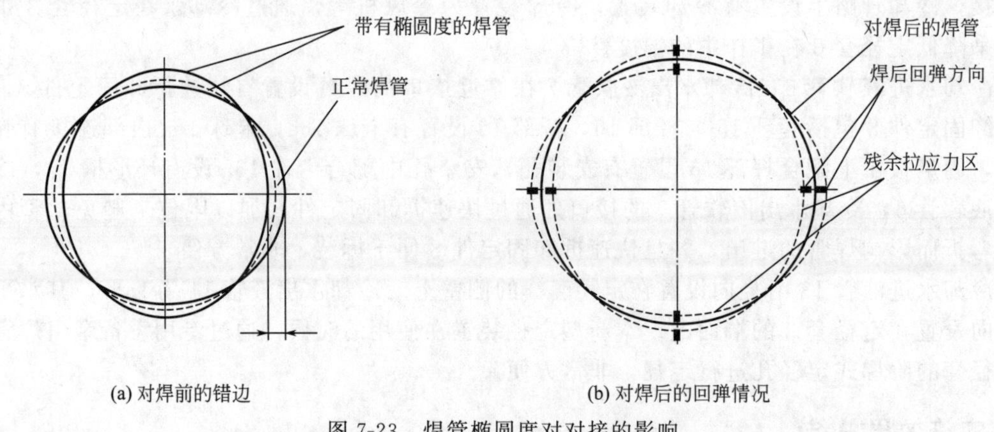

图 7-23　焊管椭圆度对对接的影响

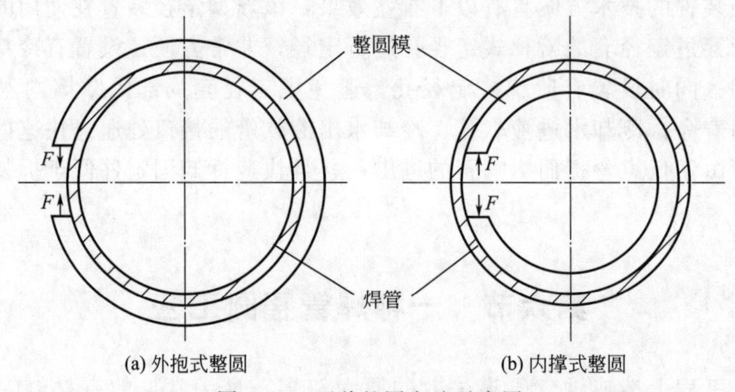

图 7-24　两种整圆方法示意图

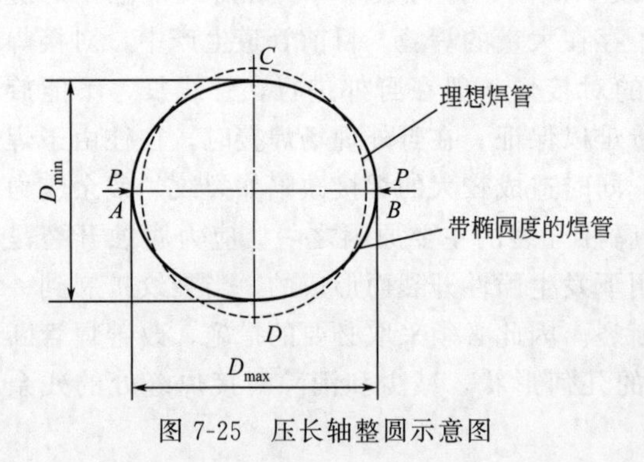

图 7-25　压长轴整圆示意图

首先由检测装置检测管端形状，确定出管子最大外径 D_{max} 和最小外径 D_{min} 的大小和方位，并判断是否超差，如果超差，则必须进行整圆，对椭圆形管子沿长轴方向对径加压，使管子发生塑性变形，长轴变短，短轴变长（图 7-25）。每加载一次，进行一次检测，测出新的最大外径大小和位置，仍然沿最大外径方向对径加载，直至管子最大外径和最小外径都满足公差要求。试验证明，一般经过 3～5 次加载，即能达到技术要求。

二、整圆力的计算方法

在所提出的整圆工艺中，一个重要的工艺参数就是整圆力的大小，它是设计整圆设备的主要力能参数。一般对焊管椭圆度的要求只控制管端，要求管端 100mm 长度范围内焊管最大直径和最小直径不超过规定值。因此，整圆一般在管端一定长度范围内进行，即在管端一定长度范围内沿最大直径对径加压，载荷可以认为是沿管子轴线均匀分布的。用两个垂直于轴线的平面截取单位长度的椭圆环，则可以通过分析对径受压的椭圆环来估算整圆力。

由于椭圆环的几何形状和受力情况对椭圆长轴和短轴都是对称的，所以内力和变形也关于这两根轴对称，取 1/4 椭圆环分析，得基本静定系，如图 7-26 所示。由于管径一般远大于椭圆度公差，为分析简便起见，可按圆的方程进行计算，并通过试验得出的经验数据对计算结果进行修正，一般可以满足工程需要。利用材料力学能量法，可求得任意截面 M 的弯矩为：

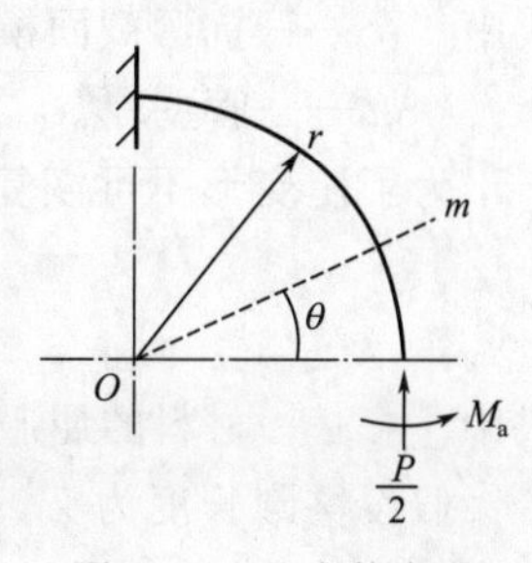

图 7-26　基本静定系

$$M=pr\left(\frac{2}{\pi}-\cos\theta\right)/2 \tag{7-1}$$

式中　M——弯矩；

p——单位长度上的整圆力；

r——椭圆的平均半径。

$$r=\frac{1}{4}(D_{\max}+D_{\min}) \tag{7-2}$$

由弯曲微分方程得：

$$\frac{d^2\bar{k}}{d\theta^2}+\bar{k}=-\frac{Mr^2}{EI} \tag{7-3}$$

式中　k——弯曲时的径向位移；

EI——抗弯强度。

将式(7-1) 代入式(7-3)，得：

$$\frac{d^2\bar{k}}{d\theta^2}+\bar{k}=-\frac{pr^3}{2EI}\left(\frac{2}{\pi}-\cos\theta\right) \tag{7-4}$$

积分式(7-4)，并代入对称条件，$\theta=0$ 和 $\theta=\pi/2$ 时 $\frac{dk}{d\theta}=0$，有：

$$k=-\frac{pr^3}{\pi EI}+\frac{pr^3}{4EI}\theta\sin\theta+\frac{pr^3}{4EI}\cos\theta \tag{7-5}$$

由此可得长轴缩短量 W_{AB} 和短轴的伸长量 W_{CD} 分别为：

$$W_{AB}=2\bar{k}_{\theta=\pi/2}=\frac{2pr^3}{EI}\left(\frac{\pi}{8}-\frac{1}{\pi}\right) \tag{7-6}$$

$$W_{CD}=2\bar{k}_{\theta=0}=\frac{2pr^3}{EI}\left(\frac{1}{c}-\frac{1}{4}\right) \tag{7-7}$$

最大弯矩发生在 $\theta=\frac{\pi}{2}$ 和 $\theta=\frac{3\pi}{2}$ 的剖面，即长轴的两个端点 A 和 B 处，

$$M_{\max}=\frac{pr}{\pi} \tag{7-8}$$

最大应力为：

$$e_{\max}=M_{\max}/W=\frac{6pr}{\pi t} \tag{7-9}$$

式中 W——抗弯截面模量；

t——管壁厚。

为了使变形不可恢复，则要求 $e_{max} \geqslant e_s$，由此得到：

$$p \geqslant \frac{\pi t^2}{6r} e_s \tag{7-10}$$

式中 e_s——材料的屈服极限。

假设整圆长度为 L，则最终整圆力的最小值为：

$$Q_{min} = pL = \frac{\pi t^2}{6r} L e_s \tag{7-11}$$

结合上述的整圆工艺并通过多次试验证明是切实可行的，该工艺可以明显减小焊管管端几何形状误差，提高焊管质量，从而大大减少管线对接焊缝的残余应力，提高管线的可靠性。本书所引用的整圆力计算公式，在实际生产中有一定的参考价值，为整圆设备的制造提供了理论依据。

第七节 高精度焊管定径孔型设计方法

随着焊管行业竞争的加剧，焊管企业不断进行产品结构调整，开发出各种高技术含量、高附加值和高质量的焊管，如汽车传动轴管、锅炉用焊管、减震器用焊管和各种机械结构用焊管等。这些产品往往对焊管尺寸精度和表面质量要求较高，而采用常规孔型设计和调整操作方式难以满足要求。在生产中通过对焊管定径过程中存在的主要问题的分析，制定出合理的定径工艺和孔型设计方法，可以较大地提高焊管定径精度和表面质量，同时也降低了调整操作的难度。

一、高精度焊管定径的主要问题

1. 焊管表面划伤缺陷

在平辊和立辊的辊缝处，焊管表面划伤较多，由于定径孔型通常按照圆→圆的变形工艺设计，造成辊缝处受力过大或孔型过度充满而形成划伤。另外，轧辊加工精度较低时，孔型圆弧边缘倒圆角的相切连接不好，也会造成焊管表面划伤。

2. 焊管椭圆度公差易超标

焊管椭圆度公差易超标。一是由于立辊辊缝较大，或者是立辊孔型边缘倒圆角过大，立辊对焊管压力过大，使焊管椭圆度超标；二是定径总变形量较小，或者由于带钢宽度的选定偏小造成焊管定径总变形量不足，局部尺寸偏小，椭圆度超标。

3. 尺寸公差不稳，操作调整困难

尺寸公差不稳，操作调整困难。当轧辊加工精度较低、定径总变形量不合适、立辊高度装配不当、操作调整方法不合适、个别架次轧辊受力过大、个别架次焊管变形偏小及焊缝扭转时，均会造成焊管尺寸公差不稳，操作调整困难。

二、合理的定径工艺和孔型设计

1. 给定合理的定径总变形量

① 高精度焊管定径总变形量应比相对应的普通焊管定径量大 0.2～0.4mm。当定径总

变形量不足时，焊管局部尺寸偏小，定径操作调整难度较大，并且公差也难以稳定。

② 高精度薄壁管定径量要比厚壁管定径量稍大。由于成型焊接时往往易形成焊缝处桃尖形。在焊缝两边缘形成两个平坦区域，造成该处尺寸偏小，而当薄壁管定径时，焊管的延伸相对较大，因此平坦区的整圆需要更大的变形量。

③ 给定的带钢宽度稍大。孔型设计的总定径量最终要通过合适的带钢宽度来实现。带钢宽度的计算方法很多，这里不再阐述。但应注意的是，双半径成型方法所需的带钢宽度要比单半径成型的带钢宽度大1～2mm。

2. 采用椭圆→圆的定径变形设计

① 定径立辊孔型设计。定径立辊孔型设计的一般方法有四种：一是定径立辊孔型半径取前一架平辊孔型半径；二是取后一架平辊孔型半径；三是取前后平辊半径中间值；四是直接按椭圆孔型设计。第一、第三种方法在生产调整后，实际上达到一种椭圆度很小的椭圆孔型效果。第四种方法对生产调整有利，但轧辊加工和修磨比较困难。第二种方法属于圆→圆的定径方法，生产调整过程比较困难，易划伤焊管表面。

对于高精度焊管，定径立辊孔型半径应按大于前一架平辊孔型半径设计，通过调整辊缝达到立椭圆孔型设计效果。但为了增加立辊的使用寿命，立辊半径也不能太大，一般取立辊半径比前架平辊半径大0.2～0.7mm，焊管壁厚越小，取值越大。如ϕ40mm×1.5mm焊管定径第二架平辊的半径为R20.2mm，第三架平辊半径为R20.1mm，则第二架平辊后的立辊半径应取R20.5mm，形成立椭圆孔型，孔型立椭圆长短轴差0.6mm。定径立辊孔型示意图如图7-27所示。

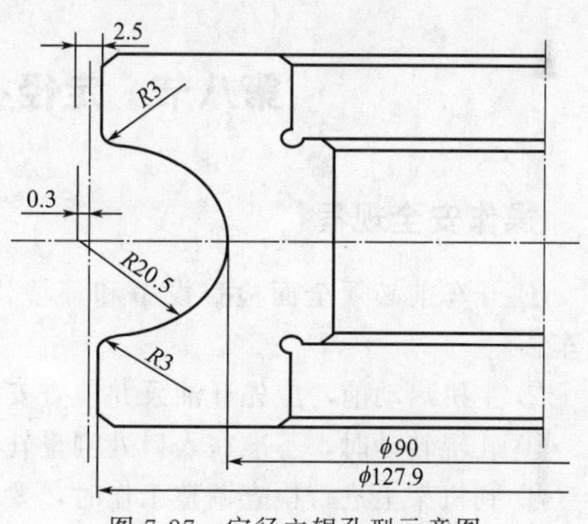

图7-27 定径立辊孔型示意图

② 定径的最末架次平辊孔型设计。普通焊管定径最末架次孔型大小通常按成品的负公差进行设计，而高精度焊管最末架次孔型半径若选取得太小会给操作调整带来较大难度，因此应按产品公差带的中下部尺寸值进行选取，如ϕ40mm×1.5mm焊管的公差要求为±0.10mm，则定径最架次孔型半径选取19.98～20.00mm比较合适，这样既降低了操作的难度，又适当降低了轧辊的消耗。

3. 设计较小的立辊辊缝和较小的孔里边缘圆角

较小的立辊辊缝有利于减小焊管的椭圆度，避免焊缝处焊管表面擦伤，高精度焊管的定径立辊辊缝相对于普通焊管的定径立辊辊缝小一点，一般取2～3mm；孔型边缘圆角要适当取小点，一般取2～3mm。对于薄壁焊管，立辊辊缝相对厚壁管应取小点，如ϕ40mm×1.5mm焊缝取2～2.5mm为宜。

三、焊管定径调整应注意的问题

1. 立辊高度装配要合适

立辊高度装配要合适。当立辊高度低于成型底线较多时，可能将焊管外径压小，上下辊缝处外径公差值不大。

2. 平辊装配中心线不正

平辊装配中心线不正，调整操作不合适，或者焊缝扭转，均会造成外径公差纵向分布不均匀，使纵向局部外径公差超出标准要求。

3. 其他应注意的事项

操作调整的时候，要充分遵循均匀变形的原则，否则很容易造成断续的尺寸公差波动。充分发挥立辊上拉板作用，避免立辊轴成倒“八”字形，可减小焊管椭圆度。同时要密切注意作用在焊管表面的调速装置压力是否过大，否则，可能造成薄壁焊管测速轮滚压处尺寸偏小。

高精度焊管定径要求高的表面质量和高的尺寸精度，应通过选定合适的定径工艺、设计合理的定径总变形量、采用圆（平）→椭圆（立）→圆（平）的定径变形工艺及孔型设计方法，选取合理的孔型配置，适当的提高轧辊的加工精度，采取适当的调整措施，均可以较大地降低高精度焊管的调整难度，还可以较大地提高焊管的尺寸精度。

综合实践经验证明，综合运用上述工艺、设计方法及调整轧辊的方法，在生产中均可以使高精度焊管质量得到一定的提高，焊管产品成材率和生产效率亦有较大的提高，同时又降低了车间生产成本，对企业取得良好的经济效益具有一定的借鉴作用。

第八节　定径机安全技术操作规程

一、操作安全规程

① 开车前必须全面检查设备和环境，确认设备正常，辊道及翻料等危险区域无人再开车。

② 主机启动前，应先开油泵并检查安全销。非本机组操作工不准动操作手柄。

③ 轧辊转动时，不准在入口处测量轧辊间隙和错位，不准在入口处用手摸轧辊。

④ 到机架上进行检查调整工作时，要防止碰到转动部分，脚要站稳防止滑倒。

⑤ 不准在定径机前后辊道处跨越，送、翻钢管时必须确认危险区域是否有人。处理辊道、翻料工序故障时要和操作工联系好，并有专人指挥联系。

⑥ 磨辊时要对砂轮机仔细检查，砂轮片及防护罩有缺陷不准使用，要两人在场工作。

⑦ 有人在辊道上撬动管子时，严禁反转辊道。必须反转时要和撬管人联系并确认安全后进行。

⑧ 换机架前，必须先停机并关闭电锁开关。作业时要有专人指挥，行车不准用单钩，不准用拉倒的办法翻动机架。

⑨ 定径后的钢管送入冷床时链条格内只准放一根管子，不得斜放。轧厚壁管和大管时，冷床布料要合理，不准超负荷。

⑩ 检查测量管体外径或管体标号时，必须与操作工联系并确认钢管停稳后方可进行，同时注意站位正确，以免滑倒。

二、工作安全职责

① 严格按操作规程操作，对机组的安全运转应负操作责任。

② 机组前后的生产事故及设备事故不排除不能进行生产。

③ 在运转中发现异常现象，原因不清不能生产。

④ 主机跳闸一定要找出原因，排除故障后方可继续开车，其他设备报警，要尽快排除故障，恢复正常生产。

⑤ 经常保持机组周围设备的清洁整齐，落实6S工作责任制。

⑥ 密切注意整个机组的运转状态，对各种数据的变化要核实并做记录，修正并确认后才能继续生产。

⑦ 交班前对本机组区域的工具进行整理，对责任区域的设备及环境进行清扫。

⑧ 换下的机架要及时进行清理，冲洗机架上的杂物和氧化铁皮，转运到机架加工区待加工，并做好原始记录。

第八章

钢管的热处理工艺

第一节　钢管的感应加热处理工艺

钢管热处理是指钢管在成型工序中，利用热处理的工艺手段提高钢管及精密钢管的材料力学性能、消除残余应力和改善钢管金属的切削加工性能的一种方法。

为使焊管具有所需要的力学性能、物理性能和化学性能，除合理选用材料和成形工艺外，热处理工艺往往是必不可少的。特别是焊管成型后的焊缝的热处理，对提高焊缝处的强度尤为重要。现今对焊管的热处理方法较为普遍的是采用感应加热方式。

一、感应加热处理工艺现状

1. 国内感应加热工艺研究情况

国内方面，北京机电研究所蒋建华等专家，利用 ANSYS 软件对厚壁筒形件连续感应加热进行了模拟研究。模拟了感应加热过程中工件温度场随加热功率的变化而变化的情况，并预测了其工件的组织的变化关系，考虑到了居里点上下加热功率的变化。对工件运动以及轴向热传导因素进行了简化，有待继续研究。

天津大学张媛媛等专家，对 45 钢轴类工件的电磁感应加热过程进行了模拟研究得到了工件的温度场分布，并通过比较，证明了 15kHz，1500A 情况下模拟值与理论值一致。另外通过 15kHz 情况下三种不同电流密度时的电磁感应强度分布模拟值与理论值一致的结论，验证了边界元法在感应加热数值模拟上的可行性。

华中科技大学的李海江等专家模拟了 A356 非支晶半固态铝合金的电磁感应加热过程，运用了物理环境顺序耦合的分析方法，得到了频率、电流强度等对加热温度的影响。

北京科技大学的高玉峰等专家对螺旋翅片管的电磁感应加热进行了数值模拟，通过 ANSYS 软件的模拟得出了在钢管内表面保留一层一定厚度的材料处于居里温度下可以保护内部芯棒拉杆，并提出了优化方案——使用双线圈加热代替传统的单线圈加热模式。

河北工业大学的胡旭东等专家对圆柱形工件的感应加热进行了有限元数值模拟，运用 OPERA 软件研究了加热频率对感应加热过程的影响，并结合感应器的设计说明了激磁频率的提升以及磁导率的增大会导致感应加热透入深度减小，集肤效应越发明显，并设计了磁通集中器，验证了其优点和价值。

2. 国外感应加热工艺研究情况

美国普渡大学的学者 WANG KF 等在其研究中，建立了两种感应加热计算模型。一种是截取单匝感应线圈在被加热的圆柱形工件上移动加热，并运用了自己的网格划分方法，使网格随线圈移动而变化。导出了其感应加热的温度场，通过格林方程对模拟结果进行计算优化。第二种方法是模拟等长的螺旋线圈及坯料，线圈及坯料之间相对静止，计算得出了加热淬火后的残余应力分布及相组成分布。

加拿大的 Karol Aniserowicz 等模拟了钢管的感应加热过程，并得到了其温度场分布，但模拟中忽略了端部效应的影响，也没有考虑坯料表面的辐射和对流。

国立首尔大学的 Chang-Doo jang 等对钢板成型的高频感应加热进行了研究，提出了电磁、热传导与 3D 瞬态耦合的分析方法，并将计算机模拟分析结果与试验结果进行了比较分析。

Chaboude. C 采用复矢量磁位势法，对不等截面圆柱体工件建立了数学计算模型，运用不均匀缠绕的线圈模型，计算出了线圈加热不等截面工件的温度场分布，并通过试验验证了模拟数据的准确性。

二、钢管热处理的作用与优点

1. 钢管热处理的作用

钢铁热处理一般是用于消除内应力，一般来说板材越厚内应力越大，所以厚度超过 30mm 的低碳钢板材或钢管都需要进行热处理，钢管焊接后进行热处理的主要作用有：

① 降低或消除由于焊接而产生的残余焊接应力。

② 降低热影响区硬度和焊缝中的扩散氢含量。

③ 提高焊接接头的塑性、冲击韧性和断裂韧性。

④ 提高抗应力腐蚀能力和组织稳定性。

2. 感应加热的优点

感应加热技术作为一种清洁快速的热处理工艺，具有以下 5 方面的优点。

① 感应加热加热速度快、自动化程度高、生产效率高。感应加热主要依靠电流透热和热传导的加热方式，所以在短时间内即可以将工件加热到需要的温度。感应加热热处理设备是一条全自动化的生产线，连续性高，在单位时间内可以处理大量的工件。此外由于感应加热炉的原理为电磁感应，与传统加热相比，不需要烧炉人员提前进行烧炉和封炉工作，可以即开即停，节省了大量的工作时间。

② 感应加热质量好、加热晶粒细化程度高、工件表面氧化与脱碳少。由于工件在感应加热过程中加热时间短，材料迅速加热至奥氏体区域内，能够得到晶粒细化程度较高的铁素体-珠光体组织与马氏体组织。并且表面氧化的时间短，工件的氧化与脱碳情况较少，工件的加热质量高，性能好。

③ 感应加热后钢管的截面性能均匀，变形量小，综合性能好。钢管经过感应加热热处理后，钢管内外壁温升较快，温差较小，这使得钢管的外部硬度高、内部韧性好，并且感应加热是 360°全方位的同时加热，受热面的均匀性较高，不容易产生变形，所以其直线度与椭圆度均能满足要求，从而矫直应力小，抗腐蚀和抗裂纹性能高。

④ 感应加热时工作环境清洁、安全。感应加热的过程是绿色环保的，由于生产中几乎不产生空气污染，热辐射量小、噪声低，所以劳动环境安全且卫生，操作人员的健康水平得以保证。

⑤ 感应加热设备占地小、投资少。感应热处理生产线中感应电源、感应电容都备有专用的电气柜，感应器、冷却系统、控制系统、传送系统都有专用的埋地线槽，从外观上看，只存在一条简洁的生产线，占地面积小，提高了车间面积的利用率。并且，设备投入也较

少，生产所需的成本有所降低，所带来的利润率便会提高。

三、连续感应热处理生产线

1. 连续式热处理炉的种类

连续式热处理炉是利用机械推料或者使用机械化炉底输料的热处理炉，主要用于工件成批量的连续热处理加热。连续式热处理生产线与传统的周期式热处理设备的区别在于：它将热处理的传统工艺与现代化的自动控制技术集于一体，在调试好参数的情况下，生产线可以连续自动生产，并保证产品热处理工艺达到要求。

连续式热处理炉有许多种类，按照传动方式分有网带式炉（图 8-1）、推杆式炉（图 8-2）、链板式炉（图 8-3）、辊底式炉（图 8-4）等；以加热方式又分为感应加热炉和燃气加热炉等。由于它的高自动化程度以及低廉的产品成本逐渐成为近几年来钢铁件的节能绿色热处理的首选。

图 8-1 网带式热处理炉

图 8-2 推杆式热处理炉

图 8-3 链板式热处理炉

图 8-4 辊底式热处理炉

2. 连续感应热处理工艺

连续感应生产线的热处理流程和传统燃气加热步进炉相似，但加热原理和工艺却大不相同，燃气式步进炉是对钢管的整体进行加热，而感应加热炉则是对钢管进行分段的依次连续加热。钢管在生产线的加热、淬火、回火部分是随着变频送料机前进的，由于变频送料机为倾斜 15°布置的辊式送料机，所以这几个部分在生产线上是螺旋前进的。具体的感应热处理工艺过程如下。

① 首先将钢管由天车吊至上料台架上，整齐排列。由上料机进行自动上料，变频辊道按设定速度向前送料，其中变频辊道为单辊传动，其速度可调。钢管由辊道传送进入中频感应加热区，加热至淬火温度（800～1000℃）。淬火加热炉由两部分组成，第一部分完成工件

居里点温度以下的加热，频率一般设定在500Hz左右；第二部分是完成工件居里点温度以上的加热，频率一般在1000Hz以上，并在加热炉出口处安装固定式红外测温仪，对钢管加热的出炉温度进行实时监测，经过中控系统反馈到电源控制系统，由控制系统实时调节电源的输出功率，形成反馈式控制系统。通过反馈式控制系统使钢管的加热温度误差范围控制在±10℃内。

② 加热完成的钢管进入淬火喷淋房，采用环形喷水装置将高压水连续喷射至钢管表面，经过10～20s的淬火喷淋，实现淬火组织转变。需要注意，在高压水的冲击下，高温的钢管容易发生弯曲变形，所以在喷淋房内承载钢管的辊道距离不能太远，以免因为钢管头、尾部悬空部分太长导致管头和管尾部分在高压水下产生较大弯曲变形。由于喷淋过程中会产生氧化皮和钢表面的杂质脱落，所以需要对喷淋用的循环水进行过滤、沉淀等处理。循环水经过处理后可继续循环利用。

③ 喷淋淬火后钢管继续由辊道送出淬火喷淋房，通过移钢机将钢管送至回火辊道，再由回火辊道传动将钢管送入回火加热炉中。回火温度一般在650～700℃，与淬火炉处一样安装红外测温仪，监控回火出炉温度，并反馈至电源控制系统，由电源控制系统调节电源输出功率，保证加热温度在允许范围。最后钢管通过辊道送出回火区域，由移钢机将钢管移至冷床上进行冷却。

四、电磁感应加热原理

1. 法拉第电磁感应定律的应用

电磁感应加热是将交变磁场施加于被加热工件，工件切割了磁力线，根据法拉第电磁感应定律，在垂直于磁力线的平面上会产生感生涡流，再根据焦耳定律，感生涡流会在导电物质呈现的交流阻抗上产生热能，从而加热工件。图8-5为电磁感应加热原理图。

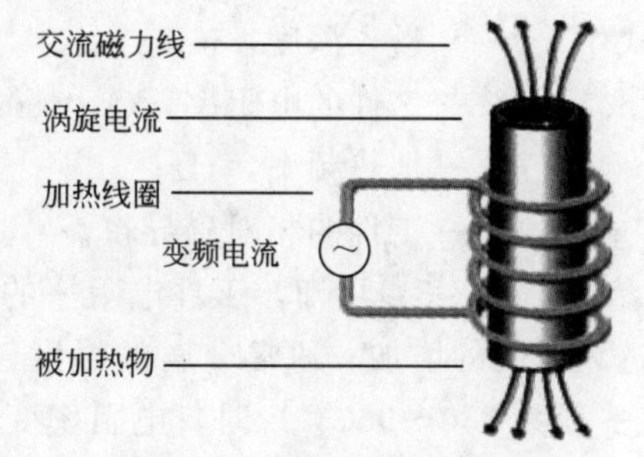

图8-5 电磁感应加热原理

法拉第电磁感应定律公式：

$$E=n\frac{\Delta\phi}{\Delta t} \tag{8-1}$$

式中，E为感生电动势；n为线圈匝数；$\Delta\phi$为磁通量变化率；Δt为时间变化量。感生电动势在工件中产生涡流i，电流通过被加热工件产生焦耳热Q，这一过程即为楞次定律，楞次定律如下：

$$Q=i^2Rt \tag{8-2}$$

式中 Q——发热量，J；

i——通过导体的电流，A；

R——导体电阻，Ω；

t——电流通过导体的时间，s。

感应加热本质上是电磁感应与热传导的耦合过程，被加热体通过电磁感应产生热量，并由热传导传递热能。此外涡流在铁磁体上还会发生磁滞效应，由于磁滞效应产生的热量远小于感生涡流产生的热量，所以在通常的感应加热分析与模拟中予以忽略。

2. 集肤效应与集肤深度

直流电通过一个导体时，导体中的直流电在同一截面是均匀分布的，而交变电流通过导体时，电流则是呈现出由导体表面向内部递减的现象，同一截面中导体表面的电流密度远远高于导体内部的电流密度，这种现象也被称为集肤效应。由此导体表面产生的热量会远高于导体内部产生的热量。假设各介质是均匀的且具有各向同性，涡流密度的分布如下：

$$J(r)=J_0\frac{I_1(\sqrt{i}Kr)}{I_1(\sqrt{i}KR)}\alpha_\theta \tag{8-3}$$

式中 $I_1[I_1(\sqrt{i}Kr)]$——Bessel 函数；

α_θ——坐标方向向量。

在实际中，通常认为电磁感生涡流只分布于工件的外表层中，而工件内部涡流太小可以忽略不计，即集肤效应的实际应用假设。

由于集肤效应导致了工件不均匀的电流密度分布，在这种前提下，圆柱形工件内任意处电流密度为：

$$I_1=I_0\mathrm{e}^{-x/\delta} \tag{8-4}$$

式中 I_0——工件表面的电流，A；

I_1——工件沿径向 x 深度处的电流，A。

当 $x=\delta$ 时，该位置的电流密度为 1/e 即 36.8%，此深度 δ 即为集肤深度。感应加热的加热部分就在外表层与此深度之间，感生涡流在这个区间中释放出来的热能为释放出总能量的 86.5%，其他部分则主要靠热传导的方式加热。电流集肤深度计算公式如下：

$$\delta=5030\sqrt{\frac{p}{f\mu}} \tag{8-5}$$

式中 δ——透入深度，mm；

p——工件的电阻率，Q · mm；

f——加热频率，Hz；

μ——工件的相对磁导率。

从式(8-5) 可知，工件电阻率的升高，磁导率的降低，以及加热频率的降低，都会导致透入深度的增加。通常金属的温度越高，其电阻率会随之增高，但当温度升高到一定数值（一般为 850～900℃）时，电阻率变化就不明显了。非铁磁性的材料的磁导率为 1，铁磁性的材料在居里点以下的时候磁导率远远大于 1，而当材料的温度高于居里点时，磁导率会无限接近于 1。所以在感应加热时，频率不变的情况下，随着工件温度的提升，透入深度会增加，加热厚度会提高。同一种工件加热频率越高，透入深度越浅，电流更趋向于表面分布，在加热钢管的时候，管壁越厚越需要选择较低的频率，薄壁件则可选择较高的频率。感应加热的这种性能已经普遍应用在实际生产中。

3. 感应加热的圆环效应、端部效应

① 圆环效应。当导体的形状为圆环状时，交流电通过导体，产生圆环内侧电流密度高于圆环外侧的现象就叫作圆环效应，亦称为线圈效应。该效应在实际生产中与集肤效应表现出的形式很相似，即被加热工件的外表面加热速度会高于心部的加热速度，在实际生产设计中需要考虑延长加热时间，或者降低频率，增加集肤深度，以保证内外表面均达到所需加热的温度。

② 端部效应。工件在感应加热时，其端部温度常常会出现高于或者低于中间部分温度的情况，这种现象称为感应加热的端部效应。在实际生产中常常会发现，经感应加热后的钢

管的端部会出现长度为30mm左右的“黑头”，即加热温度不足。其原因主要是工件的阻抗不断发生变化，导致当加热温度高于居里点时，端部可能加热不充分，而低于居里点时，端部温度可能高于中间部分温度。端部效应会使钢管电磁感应加热时产生温度分段的现象，现阶段并没有能够完全消除端部效应的解决方法，生产中通常调节辊道进给速度，保证钢管在加热过程中首尾相连的办法，最大程度减少阻抗的大幅变化，使端部的加热满足温度需求。此外，为避免第一根头部与最后一根尾部的端部效应影响整批产品的合格率，往往会在上料时前后各加一根废料，以充当预热过渡区，这个措施还是有效的。

五、感应加热技术的应用

1. 感应加热能量参数

工件单位表面积在单位时间内提供的能量称为比功率 p_0，该参数决定了一定时间内涡流透入层的温度和加热层向心部的传导速度。比功率的参数公式如下：

$$p_0=\frac{W}{F}(\mathrm{kW/cm^2}) \tag{8-6}$$

式中　W——零件被加热表面所获得的功率，kW；

F——零件同时被加热的表面积，$\mathrm{cm^2}$。

p_0 的数值由式(8-7) 确定：

$$p_0=K_0 I_i^2\sqrt{\rho\mu f} \tag{8-7}$$

式中　K_0——由感应线圈和零件几何尺寸决定的系数；

I_i——感应器中的电流。

由式(8-7) 可知，工件的材料参数 ρ 与 μ 的变化会影响比功率的变化，所以把 $\sqrt{\rho\mu}$ 称为材料的吸收因子，在其他参数不变时，p_0 与吸收因子成正比，吸收因子反映了材料在一定温度下对电磁能的吸收能力，此外由于负载的阻抗随着 μ 的变化而变化，所以在实际感应加热时，μ 的变化会影响感应器中电流的变化。除了吸收因子，加热比功率 p_0 与 I_i^2 成正比，感应线圈中电流的增加会导致电磁强度的变化，从而影响加热比功率。考虑到比功率在加热过程中不断变化的规律，通常情况下，会取整个加热周期内比功率的平均值，即平均比功率来衡量这一参数的大小。

此外，另一个感应加热能量参数——加热时间也决定了工件所能获得的总能量，同样的感应加热比功率下，加热时间的长短直接决定工件温度升高的数值。并且由于工件温度的升高，透入深度随之升高，再加上热传导的作用，加热时间越长，内部加热越充分。在钢管加热时，加热时间升高，内外表面温差越小。

在实际生产中调节加热时间 t 以及加热比功率 p_0 即可调节感应加热时的加热速度及加热温度层的深度。

2. 感应加热的能量损失

在感应加热的过程中，能量损失主要有热传导、热对流、热辐射以及感应加热系统本身的能量损耗四个方面。

① 热传导定律。金属工件感应加热的过程中，热传导是由加热表面向工件纵深处传递热量的主要方式，但同时热传导也会造成部分的能量损失。感应加热时，外表面快速升温部分的热能随时间向能量低的心部传播，热传导的傅里叶定律说明了瞬时局部热源对瞬时温度场的影响。

$$q=-\lambda\frac{\partial T}{\partial n} \tag{8-8}$$

式中　q——物体等热面的热流密度，$J/(m^2 \cdot s)$；

λ——热传导系数，$J/(ms \cdot K)$；

$\frac{\partial T}{\partial n}$——该等温面的温度梯度，K/m。

② 对流传热定律。固体表面与它周围接触的流体之间由于温度差而引起的热量的交换称为热对流。热对流有两类，自然对流和强制对流。自然对流是指由温度梯度造成的温度自然交换，强制对流则需要外力维持这种相对运动，根据牛顿定律：

$$q_c=\alpha_c(T-T_0) \tag{8-9}$$

式中　α_c——对流换热系数，$J/(ms \cdot K)$。

该公式说明了，对于某一流动的气体或液体接触的固体表面微元，其热流密度与对流换热系数和固定表面温度 T 和周围流体温度 T_0 之差成正比，其中对流换热系数 α_c 由工件表面的流动条件决定，表面流动条件包括边界层结构、表面质量、流动介质的性质和温度之差 $(T-T_0)$。

③ 辐射传热定律。加热体的辐射传热是一种电磁波传输能量的过程，被不透光的物质吸收后转变为热能。在金属材料的感应加热过程中，工件在加热过程中均处在向外辐射能量的状态。热辐射现象中在任意温度下吸收最大辐射能的物体称为“黑体”。物体某表面辐射的能量与黑体在此表面辐射的热量比为物体表面的辐射率即“黑度”。感应加热时工件的热辐射使热能从工件表面辐射出去，造成表面温度的降低。感应加热中，热辐射的热量损失根据斯特藩-玻尔兹曼定律：

$$q_r=C_s\varepsilon(T^4-T_0^4) \tag{8-10}$$

式中　q_r——热流密度，J；

$C_s\varepsilon$——热辐射系数，J/m^2sK^4；

T——被加热材料外表面温度；

T_0——周围材料的温度。

3. 感应加热系统自身能量损失

感应加热系统本身存在着四种主要的能量损失方式：①加热设备与受电端之间电力馈线回路上的电能损失；②感应加热电源系统的电能损失：③感应加热设备，包括加热线圈、铜排等设备上的损失；④被加热工件的散热损失以及附属装置的能量损失。以上这几种能量的损失主要与感应加热电源装备和感应器的设计有直接的关系，这其中的部分由于设备造成的能量损耗也是无法避免的。

通常感应加热的能量损失为5%～40%，其他几种加热方式比如煤的加热损耗大概为80%～90%，液体燃料能量损失为60%～80%，燃气加热能量损失为40%～50%，电辐射加热能量损失为30%～50%，可以看出，感应加热的热效率有了很大的提高。

4. 感应器的电效率计算

电效率的公式一般可写成：

$$\eta_d=\frac{r_2'}{r_1-r_2'}=\frac{1}{1+\frac{r_1}{r_2}} \tag{8-11}$$

式中　η_d——感应器的电效率；

r_1——感应器的电阻，Ω；

r_2——被加热金属的电阻，Ω。

当感应器铜管壁厚大于电流在铜管里的透入深度的2倍时，则有式(8-12)：

$$r_1 \approx \frac{\pi D_1}{1} W^2 \sqrt{\pi \rho_1 f u_0} \tag{8-12}$$

式中　D_1——感应加热线圈内径，mm；

W——线圈匝数，W^2 相当于不考虑端部效应时的刺激阻抗介入系统；

ρ_1——感应器的电阻率，Ω/cm。

这时，若感应器足够长，则：

$$\eta_d = \frac{1}{1+\frac{\frac{\pi D_1}{1} W^2 \sqrt{\pi \rho_1 f u_0}}{\pi W^2 \rho_2 \frac{Z_z^2 A}{1}}} \tag{8-13}$$

简化后：

$$\eta_d = \frac{1}{1+\frac{D_1}{D_2}\sqrt{\frac{\rho_1 \sqrt{Z}}{u_1 - \rho_2 Z_z A}}} \tag{8-14}$$

式中　$Z_z \frac{\sqrt{2} R}{\delta}$；

δ——电流在金属中的透入深度，mm；

D_2——被加热工件的外径，mm；

ρ_2——被加热材料的电阻率，Ω/mm。

当 $Z_z>6$ 即频率足够高时，$2^{-2}/Z_z A \approx 1$，则效率达到极限值：

$$\eta_d = \frac{1}{1+\frac{D_1}{D_z}\sqrt{\frac{\rho_1}{ur\rho_2}}} \tag{8-15}$$

式(8-15) 可知，极限电效率由感应器材料和被加热金属的物理性质决定，与频率无关。取感应器电阻率为 $P_1=10^{-6}$ Ω · cm，被加热材料电阻率为 $P_2=10^{-4}$ Ω · cm 时，感应器直径 D_1 与被加热工件外径 D_2 的不同比率下进行圆柱体加热的电效率对 Z_z（反映频率值）的关系。

第二节　35CrMo 钢管中频感应加热调质工艺

感应加热技术在钢材热处理领域发展较快的是对钢管的正火处理、调质处理和焊管的退火处理。国内某公司从2004年开始致力于钢管感应加热设备的研发、生产和现场工艺调试技术工作，到目前为止已生产多套煤矿单体支柱液压缸管中频调质生产线，汽车举升液压缸管调质生产线，油田钻杆中频调质生产线，地质钻杆调质生产线，无缝钢管定径感应加热，不锈钢管光亮固溶处理生产线及汽车排气管中频调质生产线等等。下面以某公司生产的地质钻杆中频调质热处理生产线为例进行加热调质工艺简要介绍。

一、中频调质热处理生产线概况

1. 总体技术要求

钢管规格：ϕ55.5～ϕ95mm，长 L6000～9000mm，壁厚 δ4.8～10mm。常用材质：35CrMo、45MnMoB、45CrMo。回火后力学性能指标：$\sigma_b \geqslant$950MPa，$\sigma_s \geqslant$850MPa，$\delta \geqslant$12%。处理后直线度≤0.7mm/m。

设计产量：以 35CrMo 材质中的 ϕ71mm×5mm(厚）钢管为基准，产量 2t/h 以上。

2. 加热参数的设计

35CrMo 钢管为中碳合金钢，淬火温度 850～950℃，回火温度 550～650℃。根据感应加热的特点，为保证加热效率，同时确保加热钢心、表面温差最小，同时得到合格的金相组织，感应器设计为居里点以下大功率密度低频率加热，居里点以上低功率密度高频率中频电源加热。按 2t/h 产量设计，淬火加热中频功率为 650kW，回火加热中频功率为 350kW，加上辅助设备用电，供电变压为：S11-1250kVA/10kV/0.4kV。

3. 生产线工艺组成

生产线由中频加热设备、喷淋冷却部分、淬火上料部分、机械托辊传送部分、回火卸料部分、中频设备闭式冷却系统、红外线测温系统及计算机控制系统等组成，如图 8-6 所示。

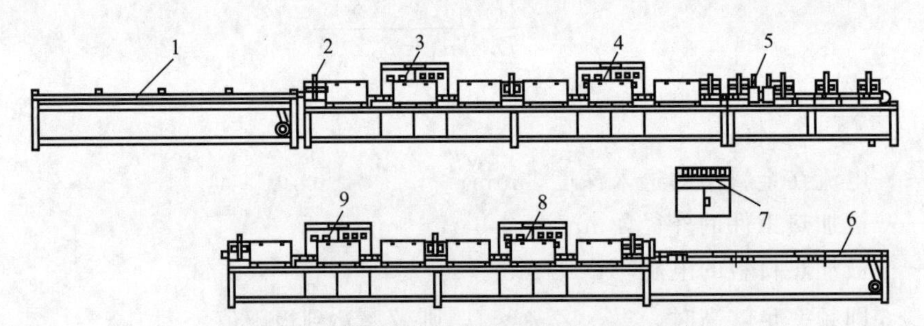

图 8-6 钢管感应加热调质热处理生产线

1—淬火上料；2—托辊输送；3—淬火加热；4—淬火保温；5—淬火喷淋冷却；
6—回火卸料；7—设备中心控制；8—回火保温；9—回火加热

二、工艺参数的控制

工艺参数的控制主要有感应加热设备主要控制参数、机械输送参数、冷却能力、加热温度及计算机自动控制等，分述如下：

① 感应加热设备参数主要控制加热设备功率、频率、直流电压、直流电流及中频电压，保证加热不同规格钢管参数的一致性、稳定性。

② 机械输送参数通过调整辊轮的安装角度和电动机转速，保证工艺要求的线速度和自转速度。

③ 冷却能力。连续多级喷淋冷却，使用水或淬火冷却介质进行冷却，具有很强的冷却能力。淬火时通过对水压、水流量、水温进行控制，完全达到工艺要求。

④ 计算机自动控制采用德国西门子 PLC 控制系统、触摸屏显示调节，配套红外线测温仪对工艺参数连续监控、记录、存储，实现参数可追溯性。温度控制精度达到±5℃，硬度

波动≤2HRC，处理后直线度≤0.5mm/m。

三、中频感应加热调质热处理工艺

感应加热与普通电阻加热或燃料加热调质热处理工艺相比，具有以下特点。

（1）高强度、高韧性、更细的金相组织。

由于采用在线感应加热和喷淋冷却淬火，钢管的加热速度更快，晶粒来不及长大就冷却了。喷淋冷却按一定速度、压力作用于钢管表面，使钢管表面具有一定压应力。钢管获得更细的回火索氏体组织，具有很高的强度，尤其是较高的屈服强度和良好的塑性。不同加热方式下35CrMo钢管的力学性能如表8-1所示。

表 8-1 不同加热方式下35CrMo钢管的力学性能

加热方法		感应加热	普通加热
调质工艺		淬火：880～900℃，水冷	淬火：880℃
		回火：680～700℃，空冷	回火：560℃
钢管室温力学性能	σ_b/MPa	1050～1250	950～1000
	σ_s/MPa	950～1180	800～850
	δ/%	12～18	11～12
	Y/%	45～55	45～50

从表8-1可以看出，感应加热调质处理的力学性能明显优于普通加热方式。抗拉强度提高5.1%～29.1%，屈服强度提高15.1%～17.9%，塑性提高11.5%～22.3%。同时采用不同加热方式加热到900℃进行淬火，电炉加热晶粒度为8级，感应加热晶粒度为10级，感应加热得到的晶粒明显更细化。

（2）力学性能均匀稳定

感应加热调质热处理时，钢管匀速旋转通过淬火热感应线圈、淬火喷淋圈、回火感应线圈，若速度稳定、加热功率参数稳定，则钢管的力学性能就必然稳定。

试验35CrMo钢管（ϕ71mm×6500mm，壁厚5.5mm），沿圆面均匀测量硬度值，感应加热调质处理表面硬度差值在2HRC以内，燃气加热炉调质处理表面硬度差值在6HRC以内。对采用不同加热方式热处理后的钢管测试抗拉强度、屈服强度，感应加热处理所得性能波动值也明显小于电阻炉加热和燃气加热钢管。

（3）钢管表面质量优良

钢管表面质量指标主要有钢管表面脱碳层深度、钢管表面氧化增重和钢管变形量大小。检验具体指标是：

① 钢管表面脱碳情况。感应加热时，由于钢管快速升温和高温下停留时间短，不会有表面脱碳现象。一般普通加热调质处理的钢管表面脱碳层深度为0.3～0.5mm，占钢管重量的5%。

② 钢管表面氧化情况。选用不同的钢管采用感应加热和电阻炉加热，900℃下保温30min，空冷，测得感应加热的氧化增重仅为电阻炉加热的5%～10%。感应加热调质处理后，钢管表面氧化很轻，不会产生可剥落的氧化膜，表面仅存在均匀分布很薄的氧化膜。

③ 钢管变形量的大小。感应调质处理钢管由于具有很高的屈服强度，若处理后钢管弯曲度过大，给下一步矫直带来很大的难度。

四、中频感应加热调质效果

生产实践证明，控制加热速度、钢管旋转速度和冷却速度等工艺条件，可以将钢管直线度控制在0.5mm/m，圆度控制在0.15mm。处理前钢管经一次预矫直后，弯曲变形量不大于0.7mm/m，经感应调质处理后肉眼看不出其变形量。

① 生产效率高、能源消耗低。感应加热是利用电磁感应原理在金属内部产生涡流发热直接加热金属，而传统的加热方式是利用发热元件的辐射、对流、传导等加热金属。感应加热综合效率高达66.7%，而普通电阻加热综合效率最高为40%。

② 能耗低、CO_2 排放量少。生产中的35CrMo钢管调质处理能源消耗是490～510kWh/t，而电阻炉加热调质处理能源消耗高达750～850kWh/t。感应加热与传统加热调质处相比，可以节能40%左右，从而减少 CO_2 排放量，是一种高效、节能、减排的绿色热处理工艺。

综合以上所述，感应加热调质处理的合金钢管具有高强度、高韧性、高的性能均匀稳定性等特点，能源消耗少、CO_2 排放低，是值得大力推广的热处理工艺。这个热处理工艺也可用于钢管正火、退火、消除应力处理，不锈钢固溶处理，以及棒材、线材、PC钢的退火和调质热处理等方面。

第三节　X70钢级HFW钢管感应热处理工艺

随着世界能源工业的高速发展，我国石油天然气输送管线建设已进入快速发展阶段。与此同时，油气输送管道不断向高压、厚壁、大直径方向发展，进而对输送钢管的强度、冲击韧性等指标提出了更高的具体要求。而HFW焊接钢管，因其具有生产效率高、廉价、精度高、强度高及综合性能好等优点，已被广泛应用到石油、天然气、矿浆输送等能源输送管线中，在服役工况复杂的海底管线中，也已经开始广泛应用。

因此，HFW焊管制造质量对整个管道的安全运输起到了非常重要的作用。HFW焊管的焊缝及热影响区是整个焊管质量的最关键部位，焊后热处理工艺使焊缝与母材组织相近，要提高HFW焊管的质量，中频热处理是一个关键环节。近年来，各个HFW制管企业为了提高钢管产品的质量，降低生产成本、减少投资和改善劳动条件，在HFW钢管制造的热处理工序中，广泛采用了中频感应加热热处理工艺。

HFW（高频焊接）与ERW（直缝电阻焊）的区别主要是原理不同。电阻焊是焊件组合后通过电极施加压力，利用电流通过接头的接触面及邻近区域产生的电阻热进行焊接的方法。而高频焊接则是高频电流通过金属导体时，会产生奇特的效应——集肤效应和邻近效应，高频焊接就是利用这两种效应来进行钢管的焊接的，这两种效应是实现金属高频焊接的基础。

高频焊接就是利用了集肤效应使高频电流的能量集中在工件的表面，利用了邻近效应来控制高频电流流动路线的位置和范围。电流的速度是很快的，它可以在很短的时间内将相邻的钢板边部加热，熔融，并通过挤压实现对接。两种焊接方法各有自己的长处，也各有自己的缺点。一般要根据具体情况具体分析具体选择。

一、HFW焊管制管工艺

HFW焊管利用高频电流的集肤效应和邻近效应，将成型管坯边缘迅速加热到焊接温度后进行挤压焊接而成圆。根据供电方式的不同，HFW焊管可分为高频接触焊和高频感应焊两种。

HFW 焊管感应热处理优势如下。

中频感应加热热处理是一种快速而经济的热处理方法，以电作为能源加热，符合人类社会对绿色环保的要求。它与一般的火焰加热热处理相比具有如下优点。

① 金属显微组织晶粒细小。HFW 焊管热处理时，快速加热至奥氏体温度，淬火可形成细小的马氏体组织，常温后可形成细晶粒铁素体-珠光体结构。由于感应加热回火时间短，有小颗粒碳化物析出，并均匀地分布在细小晶粒的马氏体基体中。该种组织结构对钢管的耐腐蚀性极为有利。

② 感应热处理后，综合力学性能较好，钢管具有高的强度、韧性及延伸性。冲击试验证明，钢管产生脆性裂纹的转变温度较低，在寒冷地区使用时具有足够高的冲击性能。苏联 36Mn2Si 石油管经不同热处理后的力学性能对比情况见表 8-2。

表 8-2　苏联 36Mn2Si 石油管经不同热处理后的力学性能对比情况

热处理方法	力学性能					
	R_m/MPa	R_{eL}/MPa	δ/%	Ψ/%	A_k(J/cm^2)	备注
热轧后冷却	715～804	475～485	16～20	—	—	钢管上取样
正火处理	706～784	490～510	20～24	—	—	钢管上取样
普通加热调质	990	931	18	57	98	在钢管上取样热处理
加速加热调质	1117～1176	1029～1078	11～13	47～58	99～98	在钢管上取样热处理
感应加热调质	1196～1245	1078～1117	10～14	47～48	—	钢管上取样
高温形变热处理	～2009	1617	9	50	88	钢管上取样

③ 感应加热热处理工艺升温速度快，工作效率高，现场环境好，节省了燃气加热钢管时炉子升温和降温所需的时间和能耗。

④ 钢管表面感应热处理后，表面金属氧化很少，基本上不脱碳，且外观质量良好。

⑤ 设备投资少，占地面积也较小，温度容易控制。

二、焊管热处理的原理、工艺及作用

1. 感应热处理原理

正火热处理是把钢件加热到临界点 A_{C3}（亚共析钢）或者 A_{ccm}（过共析钢）以上 30～50℃，使焊缝组织转变为奥氏体，并保温一定的时间，使其完全奥氏体化，然后在空气中冷却的一种热处理工艺。而感应正火热处理则是将频率为 1～10kHz 的交流电通入感应线圈，此时感应线圈周围产生交变磁场，当 HFW 焊管焊缝通过交变磁场时，焊缝金属在交变磁场的作用下，会感应出涡电流，焊缝表层在集肤效应作用下，将高密度电流的电能转变为热能，使表层的温度瞬间升高，然后对在线生产的 HFW 焊管焊缝进行加热、保温、空冷的一种感应热处理工艺。国内某 HFW 制管企业的中频感应加热热处理现场如图 8-7 所示。

图 8-7　国内某 HFW 钢管厂中频感应加热热处理现场

2. 感应热处理工艺

本节介绍的 HFW 焊管热处理工艺采用的是 HFW610 机组中的设备，采用 4 台色玛图公司总功率为 2000kW 的中频感应加热器，对高频 HFW 焊管焊后的焊缝热影响区进行模拟正火（N）热处理。通过中频感应加热，HFW 焊管焊缝被加热到正火最终热处理温度 A_{C3} +30～50℃(880～950℃)，使焊缝显微结构里的贝氏体或马氏体转变为奥氏体，之后在空气中缓慢冷却，使奥氏体逐渐转变为铁素体-珠光体显微结构，从而使焊缝热影响区的晶粒细化，消除在高频焊接过程中因焊缝区急冷而产生的应力和形变硬化，提高焊缝区的塑性，并改善或消除在焊接中成分和组织的不均匀。其正火热处理工艺原理如图 8-8 所示。

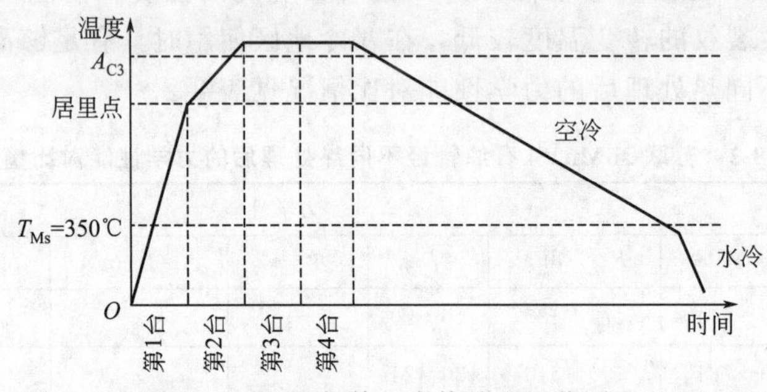

图 8-8　HFW 钢管正火热处理工艺原理

HFW 焊管焊缝热处理过程包括在线加热、空冷、水冷 3 个阶段。中频正火热处理使用的 4 台感应器中，第 1 和第 2 台主要起到加热作用，第 3 和第 4 台起到保温作用。第 1 台感应器装置对 HFW 焊管焊缝直接快速加热，使其迅速达到居里点温度（即 730℃）以上；第 2 台感应器持续加热至 A_{C3} 以上 30～50℃；第 3 和第 4 台加热器输出功率相对低一些，保持这一温度。在感生涡流的集肤效应作用下，焊管内外表面的温差逐渐增大，而随着加热的不断进行，外表面温度率先达到居里点，感生涡流的集肤效应相对减弱。同时因热传导作用，致使焊管外表面温升变缓，而焊管内表面温度继续升高，使 HFW 焊管焊缝内外壁的温差逐渐减小，从而保证热处理后焊缝热影响区的金相组织及力学性能与母材接近一致。在线中频加热后，经过长达 96m 的空冷辊道后，进入水冷喷淋工序。空冷段足够长的距离保证了焊缝热影响区的缓慢冷却，使得 HFW 焊管温度逐渐降至 M_S（350℃）以下，从而保证在中频正火后不出现硬质的微观组织。其正火热处理工艺流程如图 8-9 所示。

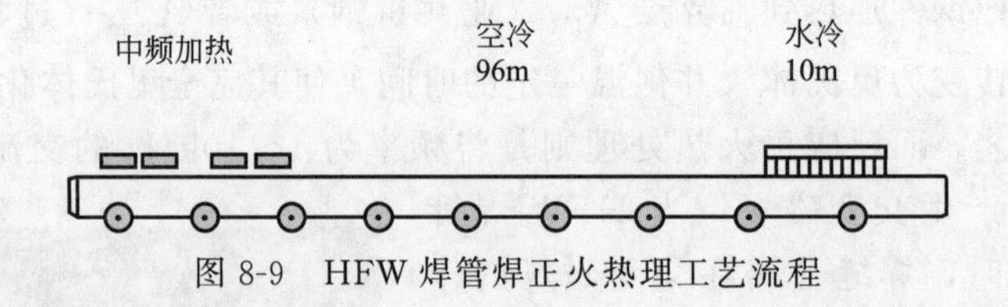

图 8-9　HFW 焊管焊正火热理工艺流程

3. 中频感应热处理作用

为了使 HFW 焊管产品能满足油气输送管的服役性能要求，通常在 HFW 焊管焊接工序之后，进行在线中频感应热处理。其主要作用为：

① 细化 HFW 焊管焊缝金属晶粒，调整焊缝组织，提高焊缝力学性能，使 HFW 焊管焊缝满足 API 相关标准对各项理化性能的指标要求。

② 可消除或降低 HFW 焊管的焊接内应力。

③ 消除偏析或组织缺陷，均匀组织，使焊缝内外各处金属的力学性能相同或相近。

④ 稳定焊缝组织，使焊管焊缝在之后的正常服役环境中不再发生组织转变，同时对焊缝硬度进行有效控制，提高焊缝的耐蚀性。

⑤ 改善焊缝金属的切削加工性能，便于内毛刺不合格焊管进行后续的机械清理。

三、感应热处理在 HFW 焊管的应用

中石油金洲管道有限公司引进了一条世界先进的 ABBEY 高频电阻焊钢管自动化生产线，一直致力于 ϕ219～ϕ610mm HFW 焊管产品的研发制造，特别是海底油气输送管道用的新产品的开发。本工艺采用该公司生产的某管道项目用 X70 钢级 ϕ323.9mm×14.3mm 规格 HFW 焊管，进行 930℃中频正火在线热处理，传送速度 12m/min，并对热处理后产品进行金相及力学性能测试，以分析验证 HFW 焊管采用在线中频感应热处理的优越性。

1. 金相组织分析

通过对 HFW 焊管进行焊缝位置取样，对其进行显微组织观察，宏观形貌如图 8-10 所示，微观组织如图 8-11 所示，其金相测试结果见表 8-3，化学成分如表 8-4 所示。

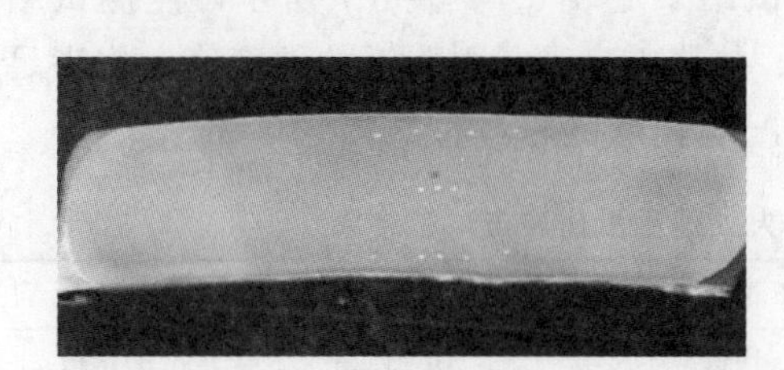

图 8-10 HFW 焊管中频正火焊缝宏观形貌

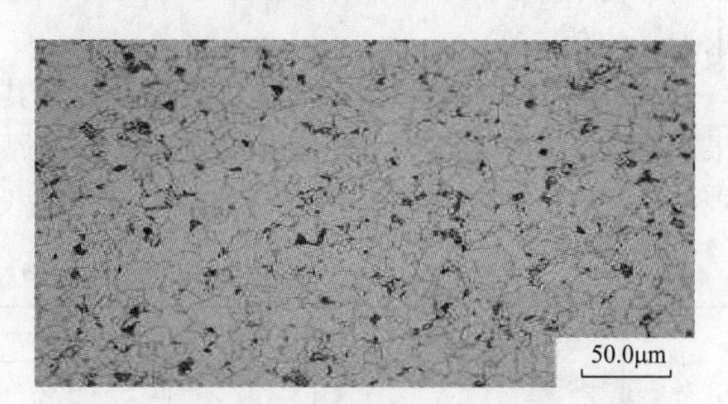

图 8-11 HFW 焊管试样中频正火焊缝微观组织

表 8-3 金相测试结果表明焊缝组织由铁素体和少量珠光体组成。

表 8-3 HFW 焊管试样中频正火焊缝金相测试结果

熔合线宽度/mm			正火宽度/mm		金相组织
外侧	中部	内侧	外表面	内表面	
0.04	0.02	0.05	22.4	15.7	F+P

表 8-4 X70 钢级 HFW 焊管试样中频正火焊缝化学成分

项目	化学成分/%									
	W(C)	*W*(Mn)	*W*(P)	*W*(S)	*W*(Si)	*W*(Nb)	*W*(V)	*W*(Ti)	*W*(Al)	*W*(N)
测量值	0.038	1.639	0.008	0.003	0.224	0.07	0.0003	0.013	0.034	0.0043
标准值(max)	0.12	1.75	0.02	0.01	0.45	0.08	0.1	0.06	0.06	0.01

项目	化学成分/%								
	W(Cu)	*W*(Cr)	*W*(Mn)	*W*(Ni)	*W*(B)	*C*eq	*P*cm	*W*(V+Nb+Ti)	*W*(Al)∶*W*(N)
测量值	0.191	0.28	0.005	0.108	0.0002	0.39	0.154	0.096	8
标准值(max)	0.5	0.5	0.5	0.5	0.0005	0.41	0.23	0.12	≥2

2. 力学性能分析

对项目试制的 HFW 首检管管体与焊缝分别进行拉伸、夏比冲击及硬度等力学性能测

试。对焊管的横向、纵向及焊缝取样，拉伸试验结果见表 8-5。正火热处理后的 X70 焊管管体与焊缝的抗拉强度，均符合 API SPEC 5L 规范要求。

表 8-5　X70 钢级 HFW 焊管中频正火热处理钢管拉伸性能测试结果

取样位置	屈服强度/MPa		抗拉强度/MPa		伸长率/%		屈强比	
	试验值	标准要求	试验值	标准要求	试验值	标准要求	试验值	标准要求
管体横向	570	485～605	665	≥570	31.5	≥18	0.86	≤0.92
管体纵向	600	485～605	665	≥570	32	≥18	0.92	≤0.94
焊缝	—	—	690	≥570	—	—	—	—

在试制的 HFW 焊管管体、焊缝处取样，按要求在－25℃下进行夏比冲击试验，其测试结果见表 8-6。表 8-6 所示夏比冲击试验结果表明，该试制 HFW 焊管管体平均冲击功达到 280J，焊缝＋2mm 平均冲击功达到 287J，焊缝＋5mm 平均冲击功达到 277J，焊缝平均冲击功达到 120J，均满足 API 标准对焊缝冲击性能的要求，远超过标准对焊管的要求（平均值 50J）。

对试制 HFW 焊管按标准进行硬度取样，其测试结果见表 8-7。表 8-7 所示硬度测试结果表明，该 HFW 焊管采用中频热处理后，其焊缝、热影响区及母材附近的硬度值，均满足规范≤270HV_{10} 的标准要求，试制焊管满足服役工况对管道抗外力的要求。

表 8-6　X70 钢级 HFW 焊管试样中频正火处理后夏比冲击试验结果

项目	缺口位置	温度/℃	夏比冲击功/J(5mm×10mm×55mm)				剪切面积/%			
			单值			均值	单值			均值
测试值	管体	－25	280	270	290	180	100	100	100	100
	焊缝＋2mm	－25	300	270	290	287	100	100	100	100
	焊缝＋5mm	－25	270	300	260	277	100	100	100	100
	焊缝	－25	100	100	140	120	40	50	60	50
标准值	平管	－15	—	≥40	—	≥50	—	—	—	—
	立管	－30	—	≥40	—	≥50	—	—	—	—

表 8-7　X70 钢级 HFW 焊管试样中频正火处理后硬度测试结果

项目	硬度(HV_{10})												
	1	2	3	4	5	6	7	8	9	10	11	12	13
实测值	174	169	178	172	165	172	186	187	191	179	182	203	188
标准值	≤270												

3. 静水压爆破试验分析

为满足项目管线服役工况要求，制造公司对该项目生产的 X70 钢级中 ϕ323.9mm×14.3mm HFW 焊管产品抽样一根，并委托中国石油集团石油管工程技术研究院进行静水压爆破试验。试验结果表明：送检的 HFW 钢管，在 40.8MPa 标准静水压下保压 10min 发生泄漏；继续加压至 66.3MPa 时，管体爆破失效。表明该焊管产品焊缝处具备良好的综合力学性能，满足管线服役工况要求。

四、焊缝中频感应加热效果

① HFW 焊管焊缝热处理对 HFW 焊管质量有重要影响，采用在线中频感应加热热处理方法，具有设备投入少、产品综合力学性能优良、外观质量好等综合效益。

② 规格为 ϕ323.9mm×14.3mm、钢级为 X70 的 HFW 焊管焊缝采用中频正火热处理工艺，热处理加热温度约 930℃，传送速度 12m/min，经 96m 长度空冷加喷淋冷却后，通过取样试验验证，焊管焊缝能够获得良好的金相组织和综合力学性能。

第四节 感应加热技术在油井管中的应用

利用中频电流的电磁感应加热原理来进行油井管的淬火、回火以及正火，在西方等发达国家已经属于一种成熟的工艺技术。感应加热以电作为能源，符合人类社会对环保的要求，所以也是各国政府鼓励发展的环保型工艺技术开发项目。同时，采用感应加热技术对钢管进行热处理，升温速度快工作效率高，金属氧化少，现场环境好，生产组织也灵活方便，节省了燃气加热钢管时炉子升温和降温所需要的时间及能耗。

国内在消化吸收国外钢管感应加热技术的基础上，经过不断摸索和改进，研发出完全国产化的油井管中频感应热处理生产线。目前国内某公司已经有两条生产线先后投入正常生产。其中第 1 条生产线经过一年多的试生产和批量生产，先后加工了 ϕ60.3mm、ϕ73.0mm、ϕ88.9mm 等规格的管壁加厚和不加厚的油管，调质出了 N80、L80、C95 和 P110 等钢级的油井管产品，并通过了中国石油天然气集团公司管材研究所的实物评价试验，被认定为是符合 API SPEC 5CT 标准的油井管产品。另外，生产线进行了 ϕ88.9mm×9.19mm 钻杆的热处理工艺试验。随后建设的第 2 条生产线也于 2007 年 10 月进入试生产阶段，目前已经批量加工 ϕ60.3mm、ϕ73.0mm、ϕ88.9mm、ϕ114.3mm、ϕ139.7mm 规格，N80、L80、P110 钢级的油管和套管。油井管感应热处理的钢种包括碳锰钢系列与合金钢系列。实践证明，采用中频感应加热技术进行钢管热处理，不仅环境污染小、生产组织便捷、加工效率高，而且成本可以达到与燃气加热相当的水平，如果在用电的低峰期使用，成本更低。同时，如果工艺参数选择合理、工艺控制得当，甚至可以省去矫直工序。

一、油井管感应热处理规模技术要求

① 生产能力：年热处理 6 万吨（12t/h）油管、套管或钻杆。

② 产品品种、规格：平式或加厚油管 ϕ60.3mm×4.83mm、ϕ73.0mm×5.51mm、ϕ88.9mm×6.45mm，套管 ϕ114.3mm×(6.35～8.56)mm、ϕ139.7mm×(6.20～10.54)mm，钻杆 ϕ73.0mm×9.19mm、ϕ88.9mm×9.35mm、ϕ127.0mm×9.19mm。

③ 热处理钢管的几何尺寸及规格：管体外径 ϕ60.3～ϕ139.7mm，壁厚 4.83～10.54mm，长度 8～12.5m，单根钢管最大质量 350kg；油管和钻杆加厚端外径 65.89～149.23mm，加厚端最大壁厚 20.30mm。

④ 热处理后钢管钢级：N80、L80、C90、P95、P110、Q125 等。

⑤ 原料钢管钢种：$37Mn_5$、$34Mn_6$、$38Mn_6$、$42MnMo_7$、$30Mn_2$、$27MnCr_{52}$、30CrMo、33CrMo、35CrMo、$26CrMo_4$、$29CrMo_{44}$、$32CrMo_4$ 等。

⑥ 淬火炉加热温度：850～1000℃。

⑦ 回火炉加热温度：600～750℃。

⑧ 淬火方式：外喷淋，要求在钢管横截面上喷水均匀且有一定角度、压力，同时具有管内吹水功能，保证钢管进回火炉时管内无水。

⑨ 其他要求：钢管回火后应进行高压水除鳞。

二、油井管感应热处理工艺

钢管感应热处理的工艺流程与一般传统的燃气加热步进式炉一样，但是工作原理和加工工艺却截然不同。在燃气式步进炉中，钢管是整体加热，而在感应炉中，钢管是分段逐次前进连续加热，淬火过程与回火过程也是如此进行。所以钢管在淬火、回火时，基本是做纵向移动、螺旋前进的动作，其余才是做横向移动。具体加工工艺过程如下。

根据 API SPEC 5CT 标准对油井管的调质要求，油井管管坯由天车吊到上料台架上，人工外观检查后使其整齐排列分布。待生产线各工作岗位进入正常工作状态时，感应器通电待料，变频送料机开始旋转，手动操作步进上料机工作，把第 1 根油井管从上料台架出口端平稳地抬起滚送到对齐装置的辊道上，变频送料机以设定的速度向前送料（变频送料机为单辊传动，速度、高度可调，为专门设计倾斜 15°布置的辊式送料机，具有水平送料纠偏对中和工件自旋转功能，其中感应加热线圈之间送料辊和进出口的送料辊材质为耐热钢，并装有旋转密封内水冷却装置，冷却送料辊并使送料辊外表面干燥，便于油井管连续加热，其余送料辊材质为耐磨钢）。油井管经辊道进入中频淬火加热区，加热至 850～1000℃（由 1 套 3000kW 中频电源和 1 套 1200kW 中频电源配多组加热感应线圈组成淬火感应加热区，以保证工件温度的均匀）。在加热线圈的出口处安装进口的双色比色红外测温仪，进行油井管加热温度的监测，并把信号反馈到中频电源的控制系统，自动调节中频电源的输出功率，组成闭环控制系统，从而调整钢管加热温度使之控制在允许的误差范围内。

加热好的钢管进入喷淋淬火区，由于工件材质为含碳量 0.3%左右的碳锰钢或中低合金化的铬钼钢及铬锰钼钢，适合采用纯水作为淬火介质。采用环状冷却装置连续将高压水流喷射到加热的钢管表面，强喷淋 5～15s，以实现淬火马氏体的组织转变。为此，选用 2 套大流量高压水泵（压力扬程为 125m/min，水循环量 1000m^3/h），总功率在 500kW 以上，从而达到完全淬透管壁所要求的快速均匀冷却的效果，保证使钢管表面产生的蒸汽膜破坏，使钢管迅速达到马氏体转变温度，全部转变为淬火马氏体，不会产生淬火屈氏体，从而保证回火索氏体组织。由于喷淋中会有氧化皮和钢管表面的灰尘脱落后进入淬火介质中，所以淬火介质必须经过沉淀池粗滤、磁性吸滤、网过滤等多级处理，使浊环水清洁干净，不堵塞喷嘴，并可循环使用。

喷淋区设置隔离挡板，防止水飞溅，以利于水的回收利用和减少浊环水的损耗，此外，还设置防护罩以防水蒸气喷出，保证车间的干燥。

喷淋淬火后的钢管由辊道传送至管内除水段，经气动翻料机把钢管抬放在倾斜台上，经 5min 以上的沥水后再经气动翻料机抬放至回火线辊道上，在辊道的传动下进入中频回火感应加热区，回火加热温度范围一般为 600～750℃。中频感应加热由 1900kW 和 900kW 两套感应线圈组成感应加热区。在最后一个感应线圈的出口处安装进口的双色比色红外测温仪监测油管的温度，并负责把信号反馈到中频电源，自动调节中频电源的输出功率，以组成闭环控制系统。经回火后的钢管在辊道上通过高压水除鳞装置，钢管在高压喷射水的冲刷下达到除鳞效果。经过除鳞的钢管通过回火区的感应器后，由气压传动步进翻料机把钢管平稳地抬起，放到冷床上缓慢旋转滚动，逐步冷却。然后钢管在冷床出口处被收集入筐，人工捆扎包装吊运至下一工段。

三、感应热处理设备构成

① 上料部分。由上料台架、翻料机构、纵向旋转送料辊道、斜辊道等设备组成。斜辊轮间距 1500mm。辊道速度可变频调节，频率调节范围 0～65Hz。

② 淬火加热部分。分 2 个区，加热区和保温区。其中加热区有 12 个感应线圈，设计功率 2500kW，频率 300Hz；保温区有 8 个感应线圈，设计功率 2500kW，频率 1000Hz。

③ 淬火装置。2 个封闭喷淋淬火装置，装有数百只喷嘴，形成各不相同的角度向钢管喷出高压水流，且保证在钢管行进过程中的每一处截面上，淬火水量相等，冷却速度相同，受热变形均匀。淬火用水泵 2 台，扬程 125m/min，流量 $520m^3/h$。

④ 回火部分。分 2 个区，加热区和保温区。其中加热区有 7 个感应线圈，设计功率 1500kW，频率 200Hz；保温区有 7 个感应线圈，设计功率 1500kW，频率 1000Hz。淬火和回火感应线圈的长度为 1254mm。

四、热处理工艺试验

1. 初次工艺试验

第 1～2 次试验，选择了油井管中最容易加热变形、规格最小的油管进行试验。钢管规格为 ϕ60.3mm×4.83mm，生产节奏为 60s/根，试验数量为 30 根，取样 6 根。初次试验测得油管的力学性能数据见表 8-8。

表 8-8　初次试验测得油管的力学性能数据

序号	淬火温度/℃		回火温度/℃	力学性能		
	加热区	保温区		σ_s/MPa	σ_b/MPa	δ/%
1	730	910	730	547	675	26
2	730	930	730	570	705	26
3	726	850	720	625	735	26
4	734	880	630	755	929	16
5	742	880	730	545	680	25
6	739	870	730	557	675	24

2. 重复性试验

第 3～5 次试验，进行重复性试验，以验证设备与工艺的稳定性。钢管规格为 ϕ60.3mm×4.83mm，生产节奏为 60s/根，试验数量为 59 根，取样 14 根。重复性试验测得的力学性能数据见表 8-9。

表 8-9　重复性试验测得油管的力学性能数据

序号	淬火温度/℃		回火温度/℃	力学性能		
	加热区	保温区		σ_s/MPa	σ_b/MPa	δ/%
1	740	850	730	505	655	27
2	737	910	730	605	740	30
3	740	902	730	590	755	30
4	737	885	720	615	745	18

续表

序号	淬火温度/℃		回火温度/℃	力学性能		
	加热区	保温区		σ_s/MPa	σ_b/MPa	δ/%
5	733	850	700	615	735	22
6	740	860	720	600	710	23
7	735	870	712	595	695	24
8	744	880	716	625	724	26
9	735	880	735	570	685	22
10	734	910	724	645	765	28
11	737	910	735	575	705	19
12	740	900	727	582	683	24
13	728	880	725	620	715	24
14	740	875	730	598	690	24

与此同时，取 6 根 ϕ73mm×5.51mm 钢管进行了调质试验，钢管的平直度、表面氧化铁皮情况较 ϕ60.3mm 规格的钢管要好一些。

3. 验证性试验

第 6 次试验，改换产品规格进行试验，以验证生产线可生产的最大规格油管的热处理效果。钢管规格为 ϕ88.9mm×6.45mm，生产节奏为 60s/根，总功率为 4600kW（3350kW 淬火+1250kW 回火），试验数量为 10 根，取样 4 根。验证性试验测得油管的力学性能数据见表 8-10。

表 8-10 验证性试验测得油管的力学性能数据

序号	淬火温度/℃		回火温度/℃	力学性能		
	加热区	保温区		σ_s/MPa	σ_b/MPa	δ/%
1	720	850	710	595	720	29
2	724	840	720	540	670	25
3	720	850	645	750	830	20
4	730	856	630	785	875	19

4. 钻杆感应热处理工艺性能试验

为检验感应热处理的加热及淬火装置的效果，第 7 次选择加厚的钻杆料进行试验。将 ϕ89mm×9.19mm 的 30CrMo 钻杆调质为 G105 钢级，试验结果见表 8-11。

表 8-11 钻杆感应热处理工艺试验力学性能数据

序号	热处理温度/℃	σ_s/MPa	σ_b/MPa	δ/%	A_{KV}/J			硬度(HRC)
					1	2	3	
1	950+650	935	1010	20	60	62	62	32～33
2	950+700	870	945	19	62	62	64	29～30

钻杆感应热处理后加厚端硬度的测试位置如图 8-12 所示，其硬度变化如图 8-13 所示。

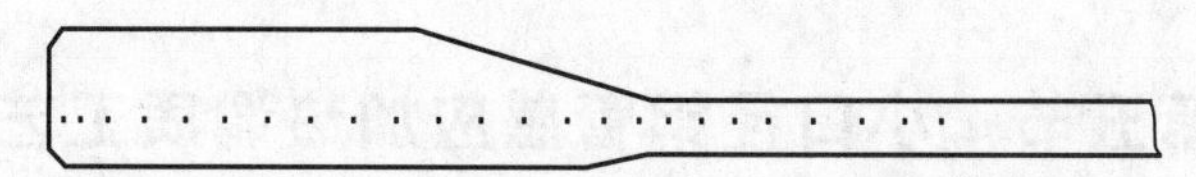

图 8-12 感应热处理后钻杆加厚端硬度测试位置示意

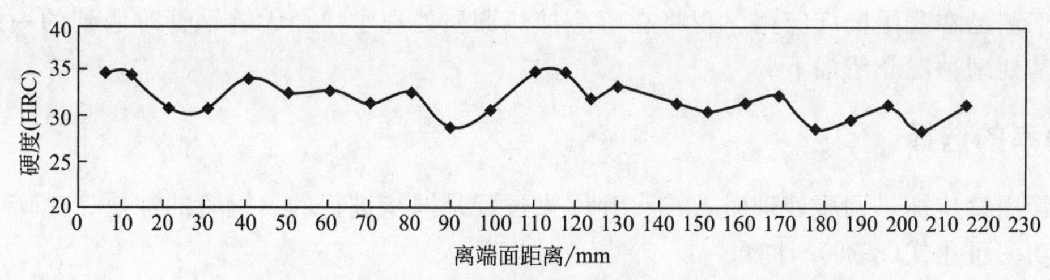

图 8-13 感应热处理后钻杆加厚端的硬度变化

由于钢管加厚端壁厚与管体壁厚相差较大，加上感应加热端部效应，在淬火和回火过程中加厚端温度与管体温度有很大差异，因此在钢管加热过程中，必须注意使钢管进入感应器时首尾相接。

五、高钢级油管的试验及批量生产

1. 高钢级油管的批量生产

在感应热处理生产线稳定地加工出 N80、L80 钢级的平式和加厚油管以后，又相继进行了 C95、P110 等高钢级、耐腐蚀油管的热处理工艺试验，均获得成功。目前该生产线运行稳定，先后批量加工出 N80、L80、C95、P110 等钢级的平式和加厚油管。

2. 存在的问题及解决措施

① 由于在手工上料状态下，不能保证钢管连续进入感应器时首尾相连，容易造成钢管感应加热时功率分配不均，导致钢管温度变化较大（≥30℃）因此，应尽可能避免手工上料，而采用自动控制上料，以保证钢管首尾相连，加热均匀。

② 辊道、感应线圈安装时须对中，否则容易造成钢管在淬火前加热时就有弯曲现象，辊道需要经常调整校准对中。

③ 淬火用的浊环水一定要彻底进行沉淀、过滤，去除氧化铁皮和水中杂物，以免堵塞淬火喷淋环上的喷嘴。

④ 喷淋环上喷嘴的设计，必须保证在任意截面上喷嘴出水均匀，压力均匀。

⑤ 钢管在进入淬火区和回火区的感应器时，必须首尾相接，以避免出现“端部效应”影响钢管热处理后的性能。

六、钢管中频感应加热效果

① 采用中频感应加热方法对钢管进行热处理的工艺技术是完全可行的。

② 碳锰钢系列的 $30Mn_2$ 钢经中频感应热处理成为 L80 或 P110 钢级是完全可以实现的。铬钼钢系列的钢管更适宜使用感应加热方式进行热处理。

③ 在对钢管进行中频感应热处理过程中，如何保证淬火过程中冷却水喷淋均匀并防止钢管发生弯曲变形、螺旋变形的情况及去除钢管表面的氧化皮，目前尚需要进一步研究，提出解决的措施。

第五节　小口径钢管感应加热调质工艺

利用感应加热的方法对钢管进行调质处理是生产高强度钢管的有效方法。这项新的钢管热处理工艺已在我国推广应用。现将在感应加热调质处理小口径无缝钢管时遇到的一些工艺问题及其处理情况介绍如下。

一、功率的选择

钢管用感应加热调质处理时，淬火和回火过程是同步进行的。钢管的加热、生产率与加热所需功率可用式(8-16) 计算。

$$P=\frac{C(t-t_0)}{0.24\eta}\times\frac{G}{T}(\mathrm{kW}) \tag{8-16}$$

式中　P——加热所需的功率，kW；

C——金属在升温区间的平均比热容，kcal/(kg·℃)[1]；

t_0——进入感应器时金属的温度，℃；

T——金属要求的热处理温度，℃；

G/T——单位时间被加热金属的质量，kg/s；

η——感应器-金属系统的总效率，%。

式(8-16) 中的比热，对于碳素钢和低合金钢来说，淬火温度在850～950℃区间时，平均比热容取0.16～0.17kcal/(kg·℃)，回火温度在700～800℃区间时，平均比热容取0.14～0.16kcal/(kg·℃)。感应加热系统的总效率，在淬火时取0.70，回火时取0.80。金属的加热温度主要由热处理工艺来确定。

在计算电源功率时应按淬火或回火温度的上限进行计算。在钢管调质处理中，当淬火与回火同步进行时，其生产率是相等的。根据以上的条件，通过式(8-16) 可以计算出不同生产率时，淬火和回火加热所需要的功率。

淬火加热所需电功率与回火加热所需电功率，两者之间的比例大致为2∶1，一般1.6∶1最为合理。比值过大会造成淬火电功率浪费，过小则造成回火电功率的浪费问题。

二、电源频率的选择

钢管调质感应加热热处理要求热透，电源频率直接影响热透和加热效率。从热透来说电源频率越低越好。电源频率低其效率也低。不同尺寸的钢管感应加热处理也要求不同的电源频率，因此，在选择电源频率时，必须考虑上述的因素。钢管感应加热调质处理的加热电源频率可按式(8-17) 计算。

$$f=\frac{44\times10^6\rho}{\left(\frac{D}{2}-b\right)b}(\mathrm{Hz}) \tag{8-17}$$

式中　ρ——钢管在热处理温度下的电阻率，Ω·cm；

D——钢管的外径，cm；

b——钢管的壁厚，cm。

---

[1] 1kcal≈4.19kJ。下同。

在确定最佳电源频率时，除按式(8-17) 计算外，还应考虑以下几点：

① 厚壁钢管在加热时，应当考虑采用比较低的频率。

② 大规格的厚壁钢管采用单一频率的电源加热时，不能取得较好的效果。应当采用双频电源加热，即利用较低频率的电源热透，再用较高频率电源升温，这样可取得最好的加热效果。

③ 感应加热时的效率是随电源频率的增加而升高的。在保证加热效果的前提下，应选用较高频率，以节约能源。

④ 对于相同直径的钢管，薄壁管选用较高频率的电源为好，厚壁管选用较低频率的电源为好。

在生产中调质处理的钢管应以外径 $\phi40\sim\phi60$mm，壁厚 4～8mm 的规格为主。因此，根据式(8-17) 计算结果，应当选用 2000～3000Hz 的电源频率，一般使用的中频机组的频率应为 2500Hz。生产实践经验表明，这种频率的电源在加热钢管时，电效率可达 80%以上。表 8-12 列举了国内一些钢管厂调质生产线的电源频率配置情况。

表 8-12　钢管调质处理线的电源功率与频率的配置情况表

序号	调质处理钢管规格		生产率/(t/h)	淬火加热		回火加热	
	直径/mm	壁厚/mm		频率/Hz	单支感应器功率/[(kW)×台数]	频率/Hz	单支感应器功率/[(kW)×台数]
1	40～76	4～8	0.5	2500	200×1	2500	50×2
2	114～340	4～20	12.1	180 1000	900×2 600×2 500×1	180	250×4 500×1 750×2
3	60～270	10.3～38	12.6	300 500	250×8 450×4	300	250×8
4	114～406	4～20	12.0	360 1000	900×2 600×2 500×1	360	750×2 400×1 200×2

三、加热时钢管的透热温度的设定

钢管在加热过程中，如何根据工艺要求来确定加热功率和加热时间，以保证钢管透热，这是关系到钢管热处理质量的关键问题。为此，使用不同规格的中碳低合金钢管进行了静态下加热试验。试验用钢管直径为 $\phi30\sim\phi70$mm，壁厚 2～8mm，长 400mm。将试验钢管置于感应器中，分别以不同功率加热到 700～1100℃，然后计算出加热能力、热透温度和表面功率密度。

图 8-14 中 500℃和 600℃线是外推出来的。利用图 8-14 可以确定在一定表面功率密度时的加热能力，例如，当 $\Delta\rho=90\text{W/cm}^2$ 时，900℃时的最大加热能力为 0.13kg/s 即 7.8kg/min，如果实际要求大于此值，就不能透热。图 8-14 中的表面功率密度是指供给被加热钢管(处于感应器内) 单位表面积上的电功率数。

利用图 8-14，结合加热电源功率计算式(8-16)，可以确定钢管调质处理时的前进速度与感应器的长度。因此，它是钢管感应加热调质处理时选择工艺参数的基础条件之一。

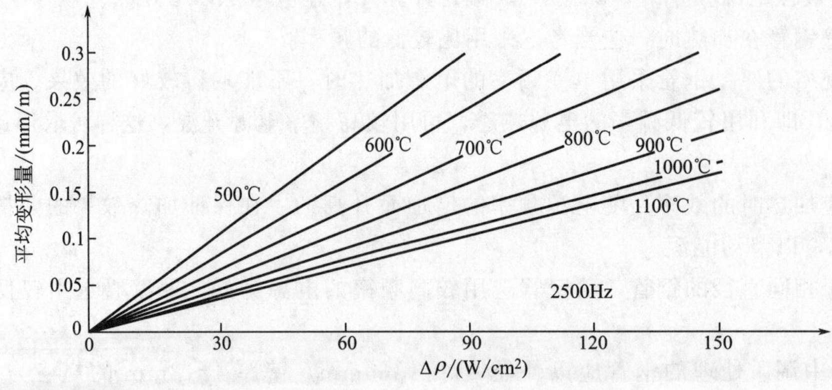

图 8-14 钢管感应加热时，表面功率密度与加热能力的关系（直接加热）

四、调质处理时钢管的变形处理

钢管在感应加热调质处理过程中，会产生弯曲变形。如果钢管的弯曲变形量比较大，由于调质后钢管的屈服强度高达 $100kg/mm^2$，这就给钢管的矫直带来了困难。通过试验查明了钢管调质过程中弯曲变形的主要原因是调质淬火时钢管加热和冷却不均匀，致使内应力分布不均匀，因而使调质钢管产生弯曲变形。影响钢管均匀加热和冷却的原因有以下几点。

（1）调质处理时钢管的前进方式

调质处理时，钢管以水平前进和旋转前进两种方式加热和冷却。相应测量了其弯曲变形量和内应力分布，结果如表 8-14 所示。

从表 8-13 中可知，当钢管以旋转前进方式加热和冷却时，其内应力小于水平前进方式，因此，钢管的弯曲变形量小。旋转速度对弯曲变形量也有一定影响。当转速为 10～30r/min 时，每米钢管的弯曲变形量为 0.87mm，比转速 60～120r/min 时大。在正常生产时采用的转速为 60～120r/min。感应加热时钢管内应力与弯曲变形关系见表 8-13。

表 8-13 感应加热时钢管内应力与弯曲变形关系

钢管状态	钢管旋转速度/(r/min)	内应力/(kgf/mm^2)			每米钢管变形量/mm
		A	B	两点应力差	
淬火	0	−28.52	−18.40	10.12	5.0
调质	0	3.86	+0.18	3.68	2.7
	60～120	−11.04	−9.66	1.33	0.3

钢管水平前进时，很难做到与感应器同心，稍有偏差就会产生温差，严重时温差达到上百摄氏度。同样，在喷淋淬火时，淬火器与钢管同心偏差，也会造成冷却效果的差异。因此，水平前进方式不易保证钢管得到均匀加热和冷却，而采取旋转前进方式上述缺点可以克服，可以得到小的钢管弯曲变形量。

为了使钢管在调质处理时旋转前进，在生产上使用了一种转动机构。钢管通过机构中的滚轮产生的摩擦力而转动。钢管前进是依靠支架上的托辊转动来实现的，同时可以实现钢管在调质处理时钢管体的旋转运动，边前进边旋转。

（2）淬火加热时升温速度

钢管在淬火加热时的升温速度，对热处理后钢管的弯曲变形量有一定的影响。根据试验和大量生产统计结果得出不同升温速度与弯曲变形量的关系，如图 8-15 所示。

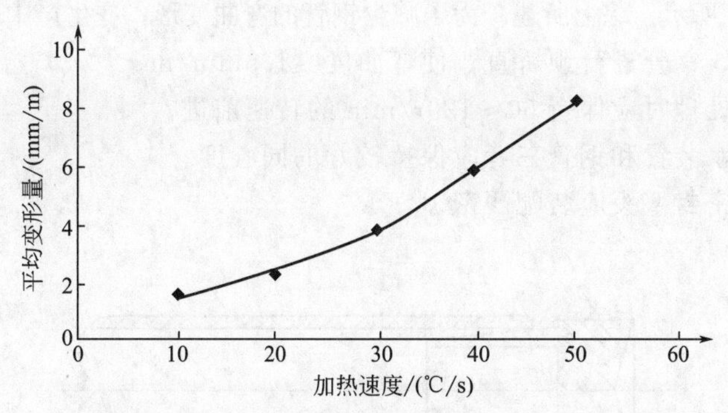

图 8-15　淬火加热速度与钢管平均变形量的关系

从图 8-15 可以看出，钢管的平均变形量随加热时的升温速度增加而增大。正常淬火工艺使用的加热速度为 15～20℃/s。对于 ϕ51mm×6mm 的钢管来说，相当于 1～1.2m/min 的前进速度。

（3）喷淋淬火时水压的影响

钢管淬火时，冷却条件对弯曲变形也有影响。不均匀的冷却造成钢管内应力的差异，导致弯曲变形。淬火时冷却的均匀性主要取决于喷水水压的均匀性。在生产中曾用不同水压进行试验，并测定沿钢管同一横截面上 12 点硬度，以判断冷却的均匀性，试验结果见表 8-14。由表 8-14 可知，保证钢管喷淋淬火时得到比较均匀的冷却条件，必须使喷淋淬火水压不低于 $2kg/cm^2$。

（4）调质处理前钢管的弯曲变形程度

调质处理前，钢管经过一次预矫直，一般弯曲变形量在 1.5mm/m 左右。但是，有时也有大于此值的。弯曲变形量过大，会给旋转带来困难，使旋转速度发生变化，影响钢管调质处理时的弯曲变形。钢管调质处理前后弯曲度如表 8-15 所示。由此可见，要保证钢管调质处理时最小的弯曲变形，钢管调质处理前的弯曲度应不大于 1.5mm/m。

表 8-14　45MnMoB 钢管淬火时水压对硬度的影响

喷淋淬火水压 /MPa	水流量 /(m^3/min)	沿钢管圆周硬度(HRC)		
		最高值	最低值	差值
0.8～1.0	0.10	59	53	6
1.2～1.4	0.13	56	51	5
2.0～3.0	0.56	58	55	3

表 8-15　35CrMnMo 钢管调质处理前后弯曲度

批号	钢管每米长的平均弯曲度/(mm/m)	
	调质处理前	调质处理后
3-805	2.03	3.51
3-808	0.94	2.15
3-816	0.92	1.86

(5) 其他因素的影响

在其他因素中，主要防止淬火时冷却水从钢管的端部进入被加热的钢管内，造成内外冷却条件的差异，使端部产生较大的变形。在调质处理时，采用特制的塞头来防止淬火水流入管内，这种塞头结构如图 8-16 所示。综上所述，为了减少钢管的弯曲变形，在生产中采取以下措施：

① 调质处理前，钢管进行预矫直，使弯曲度≤1.5mm/m。

② 钢管在调质处理时应保持 60～120r/min 的转速前进。

③ 感应器、喷水装置和钢管三者应保持较好的同心度。

④ 钢管端部的密封塞头应装配严密。

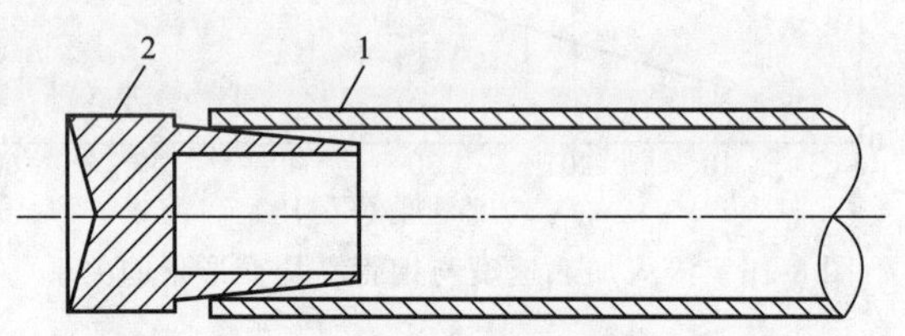

图 8-16 密封塞头与钢管的结合示意图

1—钢管；2—密封塞头

采用上述措施后，感应加热调质处理的小口径钢管的弯曲变形量全部可以控制在 2.0mm/m 以内。

五、加热温度的控制

钢管加热过程中要控制纵长方向和圆周方向的温度。在生产中采用以下方法来实现对温度的控制。

① 钢管前进速度的控制。加热过程中要求钢管匀速前进。因为钢管前进速度的变化会造成温度明显的波动，例如，当加热速度为 15℃/s 时，假若钢管通过感应器的时间延长或缩短 2s，则会使钢管局部温度升高或降低 30℃。因此，要求传送机构应保证钢管匀速前进。在实际中采用的链轮链条传送机构完全可以保证钢管匀速前进。

② 加热功率的稳定。生产中采用中频机组向感应器供电，由于电网电压的波动，直接影响机组输出功率的变化，从而影响钢管加热温度的稳定，因此，必须经常调整机组的输出功率和功率因数，使其输出功率在最小范围波动，以保持钢管沿长度方向温度的均匀性。

③ 钢管端部温度的控制。钢管感应加热是逐支连续进行的。当淬火加热时，钢管端部约 50mm 长度内的温度要比管身温度约高 50～80℃。当回火加热时，端部约 50mm 长度内的温度比管身温度约低 50～80℃。这种温度差异，使钢管端部的力学性能有别于管身，严重影响钢管质量。

钢管端部与钢管身的温度差异，可能是因为钢管端头密封塞的断面结构与钢管断面结构不同，从而使感应加热系统的阻抗产生了变化（最初采用实心的钢制塞头）引起的。可以将塞头改变成如图 8-16 所示的结构，采用该结构后基本消除了管端与管身的温差，调质后力学性能是均匀的。采用上述措施可使调质过程温度波动控制在±15℃范围。这种精度完全可以满足生产要求。

六、调质的电能消耗和加热效率

1. 电能消耗的因素

钢管调质处理时的电能消耗与很多因素有关。这些因素中除金属的物理性质、感应器的效率外，还有以下两方面。

① 加热方式。加热方式有两种，一种是中频电流经中频变压器降压后，供给感应器，称为间接加热；另一种是中频电流直接供给感应器进行加热，称为直接加热。间接加热比直接加热的电能消耗约高 15%，这是间接加热的电流通过变压器时增加了电能损失。但是，它可以使用较短的感应器。图 8-17 和图 8-18 显示出了钢管感应加热调质处理时两种加热方式的电能单耗。

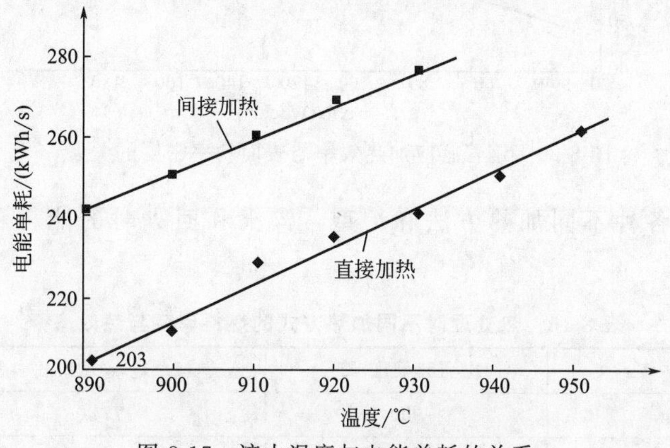

图 8-17 淬火温度与电能单耗的关系

② 加热时的升温速度。感应加热时升温速度快慢，对电能消耗有很大的影响。在对中碳合金钢调质处理时，加热速度与电能单耗的关系如图 8-19 所示。

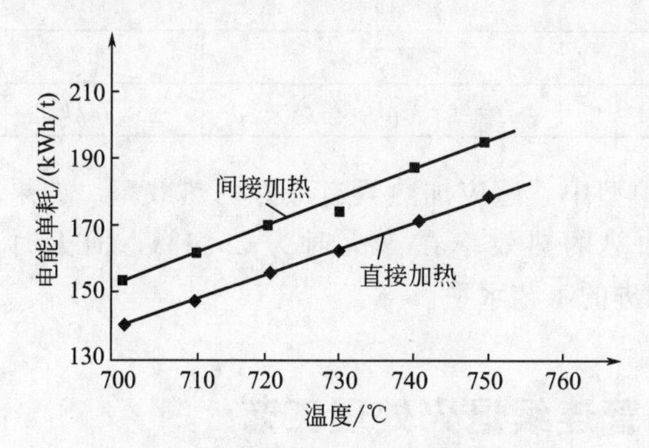

图 8-18 回火温度与电能单耗的关系

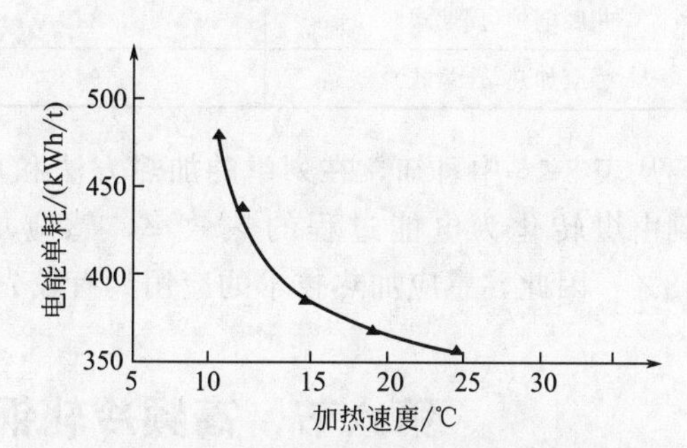

图 8-19 调质处理时加热速度与电能单耗的关系

淬火—900～930℃；回火—700～730℃

由图 8-19 可知，加热速度越快，钢管在高温下散失的热量就越少，热效率就越高。加热速度又取决于加热时使用的表面功率密度。选择合适的表面功率密度，对提高热效率和降低电能消耗有着很大的帮助。表面功率密度与钢管感应加热的效率关系如图 8-20 所示。

从图 8-20 可知，加热效率随表面功率密度的增加而提高。通常在调质处理时，因为受到电源功率的限制，所用的表面功率密度不是最佳值。在淬火加热时为 60～80W/cm^2，回火加热时为 30～50W/cm^2，相应的加热速度为 15～18℃/s。

2. 钢管感应加热调质处理时的热效率与其他加热方式的对比

感应加热比油炉和电阻炉加热具有更高的热效率。根据文献介绍，将钢管感应加热

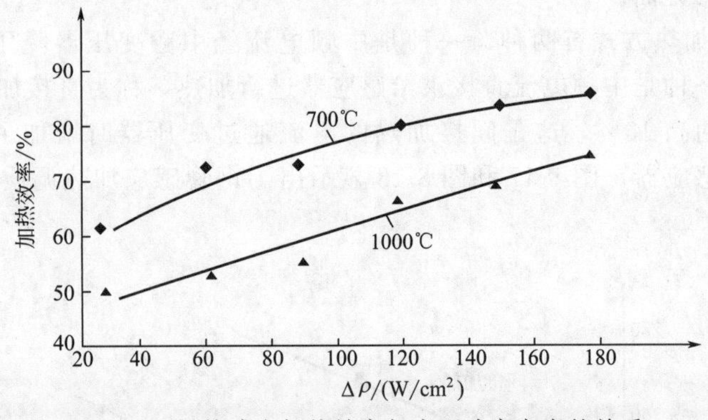

图 8-20 钢管感应加热效率与表面功率密度的关系

淬火时的热效率与各种不同加热方法和炉型，淬火和回火时的能耗和热效率情况列于表 8-16。

表 8-16 热处理时不同加热方式的燃料单耗与热效率

加热方式	热处理温度/℃	燃料单耗/(10^3 kcal/t)	热效率/%
台车式周期加热炉	900	1774	8.5
台车式连续加热炉	937	1244	12.7
箱式电炉(周期式)	886	1192	12.3
步进梁式炉	890	491	30.1
辊底式连续加热炉	863	425	33.4
井底电炉(周期式)	843	1738	8.4
感应加热(连续式)	940	216	74.1

从表 8-16 中可知，在列举的加热方法和炉型中，感应加热具有最好的热效率。如果考虑到由煤转化为电能过程的热效率，感应加热的热效率在淬火时为 29.6%，回火时为 34.8%，因此，感应加热技术的应用具有较先进的工艺水平。

第六节 高频冷轧钢管连续退火处理工艺

随着国民经济的发展，高频焊管的用途越来越广泛。与无缝管相比较高频焊管生产具有以下优点：设备重量轻，建设投资少，成本低；生产的机械化和自动化程度高，可进行连续生产。因此高频焊管在钢管生产中占有较大的比例。为了提高焊管的质量，改善其使用性能和工艺性能，在高频焊管生产的过程中，一般有相应的焊后热处理工序。这对于一些重要用途的，必须同时具有良好的强度和塑性的焊管，而且因用途不同，其性能要求也不一致的焊管非常重要，所以热处理是焊管生产过程中一个重要的环节。为了给实际生产中制定工艺提供依据，详细地研究热处理工艺对高频焊管性能的影响是非常有必要的。

一、退火处理工艺的制定和方法

为了较好地制定退火工艺，选用试验材料为宝钢生产的 ST14 冷轧带钢，化学成分如表 8-17 所示。0.7mm 厚的带钢通过高频焊接制成 ϕ8mm 的钢管。

表 8-17　试验用料化学成分

元素	C	Mn	P	S	N	Fe
含量/%	0.026	0.315	0.008	0.009	0.004	余量

第一批热处理试验在生产用的连续退火炉中进行。连续退火炉的电机转速为 800r/min，调节电压参数使试验温度在所需的范围内，温度由红外线测温仪测量。第二批热处理试验在试验用的气体保护炉中进行，模拟生产使用连续退火，其具体热处理工艺如表 8-18 所示。

表 8-18　焊管热处理试验工艺

编号	工艺	编号	工艺
1	连续退火炉中加热到 600℃	7	气体保护炉中 920℃保温 2min 后随炉冷却
2	连续退火炉中加热到 700℃	8	气体保护炉中 920℃保温 2min 后空冷
3	连续退火炉中加热到 750℃	9	气体保护炉中 920℃保温 2min 后风冷
4	连续退火炉中加热到 800℃	10	气体保护炉中 920℃保温 2min 后风冷至 650℃再在保护气氛中冷却
5	连续退火炉中加热到 850℃		
6	连续退火炉中加热到 920℃	11	气体保护炉中 920℃保温 2min 后喷淋冷却

试验试样取长度为 300mm 的整段钢管，处理后的试样在 50kN 液压万能试验机上进行拉伸试验测出其力学性能，同时在光学显微镜下对试样进行金相观察。

二、退火温度对力学性能的影响

该试验是在连续退火炉中进行的，试验结果如图 8-21 所示。从图中可以看出，退火温度较低时，试样的强度较高，但塑性较差。随着退火温度的升高，抗拉强度逐渐下降，伸长率不断提高，这主要是焊管中应力和硬化在退火过程中逐渐被消除的结果。但退火温度超过 800℃ 以后，不仅强度继续下降，而且伸长率也开始降低。

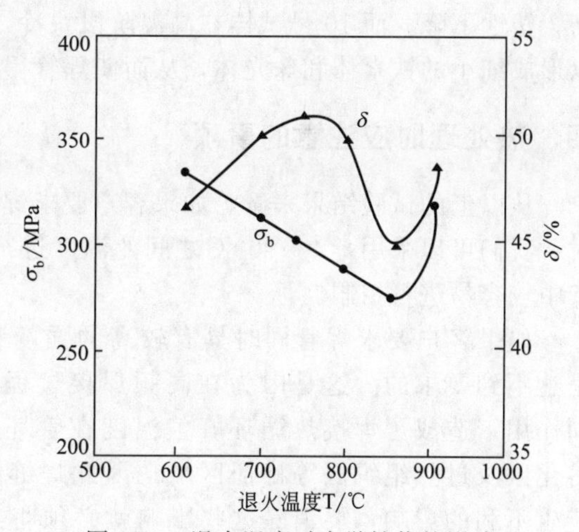

图 8-21　退火温度对力学性能的影响

我们知道焊管在成型和焊接的过程中，会导致加工硬化产生焊接应力。如果退火温度较低，应力和硬化得不到充分消除，则退火后的焊管强度较高但塑性较差，随着退火温度的升高，应力和硬化逐渐消除，从而使焊管强度降低，塑性提高。但是为什么当退火温度超过 800℃ 时塑性就开始下降呢？从铁碳相图中我们可以知道，在这个温度范围内，该材料处于铁素体和奥氏体两相区，原始组织部分转变成奥氏体，但还有部分铁素体并未发生转变。通过计算可以知道，在焊管成型时材料发生了 10%左右的冷变形，由于冷变形程度不大，材料在退火时很少有再结晶发生，这些未转变的铁素体在退火过程中要长大，而且温度越高晶粒越粗，退火冷却后这些粗大的铁素体晶粒依然保留下来。另一方面加热到高温形成的奥氏体，冷却后形成细小铁素体晶粒，造成晶粒尺寸的不均，从而使强度和塑性均下降。

从图 8-21 中我们还可以看到，当退火温度为 920℃时，焊管同时具有较好的强度和塑性。由于焊接的过程中不仅在焊缝形成少量马氏体等非平焊缝组织，而且使热影响区的晶粒粗大，这些均对性能有不利的影响。只有加热到 A_{c3} 以上的温度，使组织全部奥氏体化，才能消除这些影响使焊缝与母材的组织趋于一致，即得到细小的组织，从而改善钢管的力学性能。

三、冷却速度对力学性能的影响

为了模拟连续退火的情况，试样在 920℃加热 2min 以后，以不同速度冷却，其力学性能如图 8-22 所示。正如前面所提到的加热到 920℃时，焊管的母材金属和焊缝金属均要奥氏体化，冷却时奥氏体再转变成新的组织。冷却速度不同，形成的组织也会不同，力学性能也就不一样了。

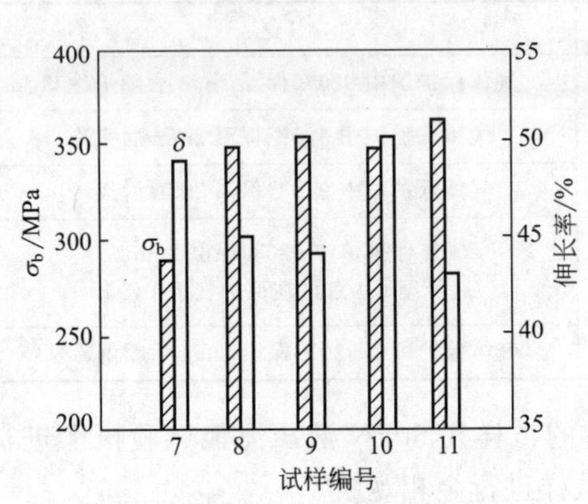

图 8-22　冷却速度对力学性能的影响

在随炉冷却的情况下，冷却速度很慢，形成了大量的铁素体和少量珠光体，随着冷却速度的增加，强度也有很大的提高；试验中 8 号、9 号和 11 号试样分别采用了空冷、风冷和喷淋冷却，冷却速度依次增加，强度相应地提高，但它们的伸长率却依次下降，这主要是因为在快冷的过程中，会形成少量贝氏体或马氏体，而且还会产生热应力。冷却速度越快，贝氏体或马氏体的量就越多，并且热应力也越大，所以导致强度提高，塑性下降。而 10 号试样在高温阶段快冷（风冷），650℃后在保护气氛中冷却，这样可以形成细小的铁素体和珠光体，从而使焊管得到较高的强度和较好的塑性。

四、热处理时应注意的事项

从以上的试验结果来看，如果客户要求焊管具有较好的塑性，而对强度没有过高的要求时，我们可以采用 700～800℃之间的温度进行连续退火，在这种情况下温度范围较宽，生产中较容易进行控制。

如果客户要求焊管同时具有较高的强度和较好的塑性，那么在 700～800℃之间退火是达不到要求的。这是因为在高频焊接过程中，由于趋肤效应、临界效应和热传导的共同作用，造成了焊接热循环峰值温度在管坯开口边缘的梯度分布，出现了熔化区、部分熔化区及过热组织区等特征区域。因此焊缝周围的非平衡组织及粗大组织对焊管的性能产生不利的影响，要消除这些影响就必须将热处理温度提高到 A_{C3} 以上。但是温度又不宜过高，否则也会使性能恶化。这就要求在实际过程中严格控制退火温度，使退火温度保证在 920℃左右。而一般的连续退火炉不能直接显示加热温度，而是通过电压参数控制温度，因此如何准确地控制温度是实际生产过程中的一个关键。另一方面，在冷却开始阶段要求快冷，这就要求循环水有足够的冷却能力，以保证热处理后得到均匀细化的组织，从而保证产品的质量。

材料为 ST14 的高频焊管可以在连续退火炉中退火。如果要求焊管具有较好的塑性、一般的强度时，可以采用 700～800℃之间的温度。但要求焊管同时具有较高的强度和较好的塑性时，建议采用 920℃的温度，并使冷却水槽的水温较低，以保证有一定的冷却速度。

第七节 焊缝在线热处理工艺与空冷长度参数

钢管热处理是指钢管在制成工序中，或钢管机加工前与钢管焊接后，需要通过加热、冷却手段（温度与时间的控制）改变其内应力，是改善金属结构与性能的一种有效的方法。

热处理的作用就是提高钢管的材料力学性能、消除残余应力和改善钢管金属的切削加工性能。为使焊管具有所需要的力学性能、物理性能和化学性能，除合理选用材料和管坯成型工艺外，热处理工艺往往是必不可少的一种工艺。

一、焊缝在线热处理工艺

焊缝在线热处理工艺有退火、正火和淬火+回火三种。焊管制造企业只需根据管材产品和客户需求，选择相应的工艺即可，下面分别介绍这三种热处理工艺及其作用。

① 退火（A）。焊缝在线退火的作用是，降低包括焊缝和热影响区范围内的硬度，提高塑性，细化晶粒，消除残余应力。

焊缝常采用的退火工艺为：将焊缝及热影响区域加热至640～680℃，然后空冷至350℃左右，再加喷淋水或沐浴冷却到接近室温。

② 正火（N）。正火的目的是消除焊缝区域粗大晶粒，细化、均匀焊缝组织，改善焊缝力学性能。其工艺路线是：将焊缝区域加热到A_{C3}线以上30～50℃即920～950℃后，空冷到350℃，再用冷却液进行强制冷却。

热处理A_{C3}是一个温度代号，A代表临界点，C代表加热。不同含碳量的钢种、不同合金元素含量的钢种，其热处理A_{C3}是不同的。在铁碳相图上，人们为了便于应用，命名230℃的温度（渗碳体的居里点）为A_0，727℃为A_1（铁碳相图的PSK线），770℃（铁素体的居里点，磁性转变点）为A_2，727～912℃为A_3（铁碳相图的GS线），1394～1495℃为A_4（铁碳相图上面的NJ线）。

③ 淬火+回火（Q+T）。作用是降低焊缝区域硬度，提高塑性、韧性，减少内应力，能够获得良好的综合力学性能。其具体的热处理工艺为：将焊缝区域加热到正火温度后，喷水淬火，再加热至回火温度540～650℃，空冷至350℃后开始加水强制冷却。

后两种热处理工艺多用于高钢级油气管，以及有工艺需求的高等级焊管。

二、焊缝在线空冷处理的长度

1. 焊缝空冷处理长度的要求

焊缝经中频感应加热后，空冷速度不宜过快，不然会影响焊缝区域的组织结构和性能。从热处理角度看，较长的保温时间有利于合金元素均匀化和焊缝组织均匀化，焊缝区域的塑性、韧性等综合力学性能也比较好。但是，受工艺布局和厂房用地经济性的制约，钢管不可能在空冷段停留得很长，这就需要对影响空冷效果的因素进行分析，在二者之间寻找平衡点，既能保证热处理后的焊缝具有良好的综合力学性能，又能比较经济地使用场地。目前，大中型焊管机组的空冷长度多选择在50～60m之间，从生产实践看，基本上能够满足焊管正常生产速度和对焊缝进行在线热处理的需要。

2. 焊缝空冷处理长度计算

根据实际经验确定空冷长度L的计算方法是：根据热处理类型、焊接速度和空冷速度等不同，按式(8-18) 确定空冷长度。

$$L=\frac{\Delta T}{60V_c}V \tag{8-18}$$

式中 L——焊缝热处理后需要的空冷长度，m；

V——机组焊接速度，m/min；

ΔT——焊缝热处理受热温度与终冷温度之差，℃；

V_c——冷却速度，℃/s。

三、焊缝与管体冷却温度范围的确定

(1) 焊管充分冷却的重要性

在高频焊接过程中，有的还要进行焊缝在线热处理，其间焊管吸收了大量热量，并且有90%左右的热量集中在焊缝区域。也就是说，热量在焊管横截面上的分布是极不均匀的，较窄的焊缝区域聚集了绝大部分热量，而管体上仅仅分布了极少热量。如果不对管体进行强制冷却或者是冷却不充分，让这种焊管进入定径区域，那么就会出现不利的后果：一是调不直，或者即使是暂时调直了，离开机组后还会变弯曲；二是轧辊孔型面局部磨损严重；三是对有些高强度、高碳当量的管种焊缝组织性能产生不利影响。

(2) 焊管冷却分为高温冷却与低温冷却两个阶段

① 高温冷却　焊缝部位温度从1450～1250℃下降到350℃左右。

② 低温冷却　焊缝部位温度从350℃冷却至室温。

(3) 高温冷却强度对焊管品质的影响

高温阶段的降温强度，对以Q195、Q215、Q235、08AI、SPCC类管坯为原料的焊管而言，因它们的碳当量通常都不超过0.25，降温快慢对焊缝及其热影响区性能的影响不明显。

但是，对碳当量较高的焊管则不然。一些低合金钢如X42～X100管线钢，冷却速度快与慢，会影响焊接热影响区的组织与性能。以X80管线钢焊管为例，冷却速度不同，焊缝热影响区的硬度与冲击性能差异较大。

(4) 焊管的低温冷却

通常认为，焊缝及热影响区的温度低于350℃后，冷却速度对焊管的影响集中体现在管子的物理形状上，以及影响定径轧辊孔型的寿命。因此焊管低温冷却的重点，一是尽可能使焊管在定径段前尽量冷却到室温，二是尽可能使定径轧辊孔型面得到充分冷却防止磨损。

四、焊管最终冷却效果的评判标准

① 焊管出定径机后的焊管表面温度应该低于40℃，不戴手套可以碰触管子表面进行相关技术要求检查。

② 质量检验员在焊管的矫直一端与飞锯机之间可见焊管表面残留有少许冷却液（或水），说明冷却比较充分。

③ 在焊管集管台架上的管子与管子的接触面在直线度上没有变化（缝隙）。

第八节　焊管生产管体温度不均引起弯管的预防措施

在ANSI/API SPEC 5L第44版《管线钢管规范》中，对钢管直度有较高的要求。在管端1000mm范围内对直线的局部偏离不应超过4mm，钢管总长相对于直线的总偏离应

≤0.2%的钢管长度；API SPEC 5CT 第 8 版《套管和油管规范》中规定，距每端 1500mm 长度范围内的偏离距离不应超过 3.18mm；GB/T 9711.2—1999《石油天然气工业输送钢管交货条件第 2 部分：B 级钢管》对钢管直度也有严格的要求。新标准强调了距离管端更短距离的偏离尺寸，促使制造企业必须调整其生产工艺，满足标准要求。弯管的减少，不但提高了产品质量和成材率，而且使下道的倒棱、水压、通径工序，因管体水平弯度偏差范围的缩小，减少了无效的水平调整步骤，缩短了定位时间，提高了工作效率。笔者结合天津某公司 ϕ355.6mm 焊管机组的调试经验，就焊管生产中出现不同方向焊管弯曲的原因和调直方法进行阐述，为存在同样问题的生产企业提供参考。

一、弯管产生的现象及原因分析

1. 管体自身因素导致弯管

形成弯管的因素有多种，常见的因素有：①外径规格改变后最初几根焊管在定径调直时会出现不同方向不同程度的弯曲；②正常运行中，当原料材质和厚度变化时，管体会因挤压量的变化或塑性强度不够而弯曲；③焊管通过定径机组时，各接触部位压力的大小会对管体直度产生直接影响；④飞锯与管体的支点调整不当也会造成弯管。这些现象在生产中经常出现并容易掌握和控制。

2. 生产中出现焊管先直后弯的现象分析

天津市某公司生产的 X60 级 ϕ219.1mm×7.92mm 规格焊管，执行标准为 API SPEC 5L，中频热处理温度为 920～940℃，在实际生产过程中发现锯切后的焊管是直的，但在 20min 后明显变弯。经测量直度误差范围为 20～30mm，超出了标准要求范围，影响后续倒棱、水压等工序的正常进行。从弯管形状看，呈现规律性的“弓形弯”，且焊缝一侧为凹面，与弯度相等，方向一致。通过对管体表面的测量及弯曲形状的分析，确定了产生管体弯曲的主要原因是管体表面焊缝一侧的温度过高。经实际测量，焊缝一侧锯切前的温度为 53℃，与其相对 180°管面温度为 35℃，同一根钢管在相同时间内管体上下两面的温度相差 18℃，致使钢管自然冷却后，向温度较高的焊缝一侧收缩弯曲，且焊缝一侧温度越高，弯度越大。冬季车间温度越低钢管弯曲受降温速度影响就越大。

二、影响管体表面温度的因素

对生产过程的各个环节详细排查后发现，导致管体表面温度偏差过高的主要原因有四种：

① 机组运行速度过快达到 26～28m/min；

② 空冷段 65m 长的冷却距离未能达到预期的降温效果；

③ 运行中的管体内部水位较低，无法降低吸收中频退火后的焊缝温度；

④ 冷却水槽内的乳化液温度过高，未能达到理想的降温目的。

以上所说的四个因素不一定会同时出现，但任意一个因素都会影响管体表面的降温效果。

理想的设备布局首先是符合生产工艺要求，满足技术标准所需的空间位置，合理搭配设备之间的性能转换，避免重复无效环节的能源浪费。天津某公司 ϕ355mm 机组空冷段长度为 65m（如果空间允许，距离再加长一些降温效果会更好），基本上能满足焊缝中频热处理后至冷却水槽前所需的工艺距离要求。机组运行速度不但会影响焊管在空冷段的运行时间，而且直接影响管体表面的降温效果。天津市在每年的 1 月份气温都比较低，在车间内温度仅有 5～10℃，生产中温度变化影响很显著，所以对冬季生产过程中焊管在不同壁厚和不同运行速度下钢管表面温度变化情况做了实际测量，测量结果见表 8-19 和表 8-20。

表 8-19 厚对焊缝温度的影响

壁厚/mm	冷却水槽前焊缝温度/℃	切断前焊缝温度/℃
7.92	210	38
8.94	225	40
10.03	243	43

注：试验钢管外径为 244.48mm，钢级 J55，机组运行速度为 20m/min，焊缝正火温度 910～940℃。

表 8-20 机组运行速度对焊缝温度的影响

机组运行速度/(m/min)	冷却水槽前焊缝温度/℃	切断前焊缝温度/℃
17	198	35
20	223	37
23	241	41

注：试验钢管为 X60 级 ϕ219.1mm×7.92mm，焊缝正火温度为 920～940℃。

从表 8-19 中可以看出在同样工作环境下，相同钢级，机组运行速度也相同的焊管，壁厚越薄，管体表面的降温效果就越快，反之则越慢。对于管壁较厚的钢管，其运行速度应适当减慢，使之在进入冷却水槽前，将中频热处理后的焊缝温度降低到合理的工艺要求范围。

从表 8-20 中可以看出，相同钢级、外径和壁厚的焊管，机组运行速度越慢降温速度越快，反之亦然。管体进入定径机组之前的降温效果，会直接影响锯切后管体的直度。

三、解决方法与效果

1. 解决方法

因为空冷段距离固定，无法改变，中频热处理温度与碳含量有关，不能过低。上述的四个影响因素中只能对①、③、④进行人为调整。现场及时降低速度至 20m/min，在成型段增加了管体的注水流量且同时开启了室外冷却塔进行循环冷却。当乳化液温度降至 30℃以下时，重新生产的钢管恢复正常，不再弯曲，管体表面上下两侧温度降为 35℃和 32℃。由此看来，机组运行速度与冷却水箱内液体温度对管体表面的散热降温至关重要。因为北方冬季与夏季温差较大，运行速度和冷却水对管体降温的影响应随季节的变化而变化。

与此同时，避免造成弯管还需要采取设备调整措施，例如：定径机组各架的定径量要合理均匀分配，避免局部受力过大；其次还需真正发挥“土耳其头”的支点矫直作用；也可以尝试按管体弯曲方向人为反方向调整，使之冷却后自然变直。

2. 处理后的效果

导致管体弯度超标的原因有多种，管体上下温度偏差较高是主要影响因素之一。在制定焊缝工艺温度时应充分依据 API SPEC 5L 和 API SPEC 5CT 标准中对不同外径、材质、壁厚的规范要求。根据自身生产线的空冷长度合理控制运行速度，使定径后管体焊缝一侧与相反一侧的温度不能相差过大。同时降低冷却水槽的水温，合理控制管体内的水位高度，使之最大限度吸收焊缝的辐射温度，以达到理想的定径温度，确保完全达到严于标准要求的企业内控验收标准。

第九章

焊管的在线探伤

第一节　钢管探伤的意义及方法

一、钢管探伤的意义

钢管以其优异的力学性能而广泛应用于生产制造中，如建筑、机械加工、电气设备等。随着生产需求的发展，国内对钢管质量的要求也逐步升高，质量不佳的国产钢管极大地制约了国内某些高精尖工业前进的步伐。以轴承为例，国内制造的轴承质量落后于进口产品，其中一个很大的原因就是受限于国产钢材，尤其是轴承套管的质量达不到工业强国的水准。钢管的质量已经成为检验我国能否成为制造业强国的标准之一。

我国作为全球钢管产量第一的钢铁大国，却长期依赖进口的钢管检测设备，德国曼内曼斯公司的超声设备，德国霍士德涡流检测设备几乎占据了市场支配地位。目前在钢管检测中，超声波检测由于具备大深度检测、对缺陷定位准确、应用方便、速度快等优点，对钢管内部裂纹、叠层、分层等平面状缺陷具有较强的检出能力，是无损检测的主流方式。但是由于超声检测技术本身的限制，无法对钢管表面的缺陷进行监测，点式探头涡流无损检测正好弥补超声检测的缺点。点式探头涡流检测由于受涡流集肤效应的影响，只能检查表面和近表面缺陷，对试件的内部缺陷不敏感，可对钢管近表面的缺陷进行检测。利用涡流、超声检测各自的优点，实现联合探伤，可最大限度地提高对钢管缺陷的检测能力。

目前用于钢管检测的无损检测装置主要向自动化、数字化、集成化、网络化无损检测技术方向发展。检测装置在很多方面有了改进，比如：采用先进的 PLC 电气控制技术口，大大地提高了装置运行的可靠性；由于采用计算机新技术，涡流、超声波仪器也取得可喜的进步，提高了探伤仪器运行的可靠性、延长了无故障运行时间。

二、钢管探伤的种类

目前，钢管探伤方式有多种分类，按钢管的运动方式分为穿过式探伤法和钢管螺旋前进探伤法；按照具体的探伤方法的不同可分为超声波探伤法、涡流探伤法、漏磁探伤法三种。根据钢管的运动方式和探伤方法的组合又可形成不同的探伤技术：

① 超声波探伤探头高速旋转，钢管穿过式超声波探伤技术；

② 漏磁探头高速旋转，钢管穿过式漏磁探伤技术；

③ 涡流探头静止，钢管穿过式涡流探伤技术；

④ 漏磁探头静止，钢管穿过式漏磁探伤技术；

⑤ 涡流探头静止，钢管螺旋前进，100%扫描式探伤；

⑥ 漏磁探头静止，钢管螺旋前进，100%扫描式探伤；

⑦ 超声波探伤探头静止，钢管螺旋前进，100%扫描式探伤。

大直径钢管的无损检测装置主要采取钢管螺旋前进、探头自动跟踪钢管曲面扫描式探伤形式。

目前用于大直径钢管检测的探头根据要求不同，可采用涡流点式组合探头、漏磁组合探头或者超声波组合探头对钢管100%扫描式探伤，或者两两组合进行扫描式探伤。涡流点式探头优点是对钢管表面的纵向伤较敏感，缺点是对管内伤无效；漏磁探头对壁厚小于30cm的钢管，内外壁伤都能够检测，缺点是对大直径钢管磁化难度大；超声波探头能够检测钢管的内外壁伤，但对表面伤无效。

由于涡流、超声波组合探伤可互相补充对方缺点。采用涡流、超声波对钢管联合探伤技术，尽可能全面地检测钢管中缺陷，应用也较为普遍。各种探伤方法都具有其一定的使用范围，下面对几种主要探伤方法的特点做一比较分析，见表9-1。

表 9-1 几种主要探伤方法的特点

项目	超声波法	涡流法	磁力法		渗透法
			磁粉	漏磁	
基本原理	缺陷对超声波的反射及吸收	缺陷处漏电流的变化引起感应磁场的变化	表面缺陷产生的漏磁对磁粉的吸引	表面缺陷产生的漏磁的直接检测	显示液对表面裂纹渗透
探伤部位	表面、内部	表面、内部	表面(限于磁性材料)	表面(限于磁性材料)	表面
灵敏度	很高	高	较高	较高	高
检测记录及显示方式	自动在线，立即显示	自动在线，立即显示	着色磁粉显示或荧光磁粉在暗室显示	自动在线，立即显示	着色液显示或荧光液在暗室显示

三、涡流探伤原理和使用方法

1. 涡流探伤原理

涡流探伤是以电磁感应理论为基础，以交流电磁线圈在金属构件表面产生感应涡流的无损探伤技术。根据电磁感应定律，处于交变磁场作用下的金属导体表面或近表面会感应出电流，当线圈中有交变电流时，金属导体内的磁通量发生变化，金属导体可看成是由很多圆筒状薄壳组成。由于穿过薄壳回路的磁通量在改变着，因而沿着回路就有感应电流产生，这种电流的流线在金属导体内自行闭合呈旋涡状，所以称为涡电流，简称涡流。涡流又产生自己的磁场，涡流磁场力图削弱和抵消激励磁场，削弱和抵消程度取决于试件材质本身性质及流程路径上是否存在缺陷等各种因素。也就是说，涡流磁场中包含有试件的质量信息，通过仪器处理，将质量信息指示出来，即可检测工件的质量状况。

在钢管采用涡流检测过程中，当钢管经过磁通交流电的线圈时，钢管管体的不连续性（如缺陷等）将使涡流场发生变化，而以靠近表层和近表层的不连续性影响最大，导致线圈的阻抗或感应电压产生变化，监测这一变化就可得到有关管体缺陷或不连续性的信息。

2. 涡流的趋肤效应

处于变化磁场中的导体在磁场作用下，导体中会形成涡流，而涡流产生的热又使电磁场的能量不断损耗，因此在导体内部的磁场是逐渐衰减的，表面磁场强度大于深层的磁场强度。又因为涡流是由磁场感应产生的，所以在导体内磁场的这种递减性自然导致涡流递减性。我们把这种电流随着深度的增加而衰减，明显地集中于导体表面的现象称为趋（集）肤效应。

我们知道涡流是由磁场感应产生的，既然导体的磁场呈衰减分布，可以料想，涡流分布也不会均匀。导体内的磁场强度和涡流密度呈指数衰减，衰减的快慢取决于导体的 μ、σ 及交变磁场的 f。

为了说明趋肤效应的程度，我们规定磁场强度和涡流密度的幅度降至表面值的 1/e（约为 37%）处的深度，称作渗透深度，用字母 δ 表示：

$$\delta=1/\sqrt{\pi\mu\sigma f} \tag{9-1}$$

工程上经常采用的渗透深度公式是：

$$\delta=\frac{5.033}{\sqrt{\mu_{\mathrm{r}}\sigma f}} \tag{9-2}$$

式中 μ_{r}——相对磁导率，无量纲；

σ——电导率，s/cm；

f——频率，Hz；

δ——渗透深度，cm。

总之，导体内的磁场和涡流衰减很快，在渗透深度处磁场强度和涡流密度只有导体表面的 1/e（约 37%），幅值较大的磁场和涡流都集中在导体的渗透深度范围以内。导体渗透深度以下分布的磁场强度和涡流密度均较小，但并非没有磁场和涡流存在。渗透深度是一个很重要的参数。

在涡流检测中，缺陷的检出灵敏度与缺陷处的涡流密度有关。导体表面涡流密度最大，具有较高的检出灵敏度；深度超过渗透深度，涡流密度衰减至很小，检出灵敏度就较低。只要降低频率，就能获得较大的渗透深度。

相位滞后是描述导体内磁场和涡流的另一个重要物理量。

$$\theta=-x\sqrt{\pi\mu\sigma f} \tag{9-3}$$

式中，θ 的单位是弧度（rad）。

$$\delta=1/\sqrt{\pi\mu\sigma f} \tag{9-4}$$

$$\theta=-\frac{x}{\delta} \tag{9-5}$$

当 x 等于渗透深度 δ 时，相位滞后量为一个弧度或 57.3°，也就是说在渗透深度处的磁场和涡流的相位，比表面处的磁场和涡流的相位差 57.3°。需要注意的是，这里的相位滞后不应与交流电路中电压和电流的相位差概念混淆。事实上，导体中的感应电压和感应电流随着深度的变化都存在相位滞后现象。

相位滞后在涡流检测信号分析中起着重要作用。在涡流探伤中，由于不同深度位置的缺陷处的涡流存在着相位滞后，故而这些涡流在检测线圈中感应的缺陷信号就会产生相位上的差。根据信号相位与缺陷位置之间的对应关系，我们可对缺陷的位置进行判定。

3. 涡流探伤仪的组成

涡流探伤适用于导电材料，包括铁磁性和非铁磁性金属材料构件的缺陷检测。由于涡流探伤，在检测时不要求线圈与构件紧密接触，也不用在线圈与构件间充满耦合剂，容易实现检验自动化。但涡流探伤仪适用于导电材料，只能检测表面或近表面层的缺陷，不便应用于形状复杂的构件，如焊管等。探伤仪由基本电路、振荡器、检测线圈、信号输出电路、放大器、信号处理器、显示器和电源等部分组成。

(1) 涡流探伤仪工作原理

信号发生电路产生交变电流供给检测线圈，线圈的交变磁场在工件中感生涡流，涡流受到试件材质或缺陷的影响反过来使线圈阻抗发生变化，通过信号处理电路，消除阻抗变化中的干扰因素而鉴别出缺陷效应，最后显示出探伤结果。

仪器具备三个基本功能，产生交变信号，识别缺陷因素，指示探伤结果。不论涡流探伤仪的组成方式如何，均应具备以上功能。

(2) 涡流探伤仪的信号处理方法

包括相位分析法、调制分析法、幅度分析法等。①相位分析法，是在交流载波状态下，利用伤的信号和噪声信号相位的不同来抑制干扰和检出缺陷的方法。②调制分析法，是利用伤信号与噪声信号调制频率的不同来抑制干扰和检出缺陷的方法。③幅度分析方法，是利用伤信号与噪声信号幅度上的差异来抑制干扰和检出缺陷的方法。

4. 涡流探伤的方法

为使无缝钢管和焊接钢管在整个圆周面上都能进行探伤检查，应使用穿过式线圈涡流探伤方法，或者使用旋转钢管/扁平式线圈涡流探伤技术，见图 9-1 和图 9-2。图 9-1 是一种多线圈方案的简图，多线圈可以是分列式或初级线圈、双差动线圈等。当使用穿过式线圈对钢管进行探伤时，被检钢管的最大外径一般不超过 180mm。

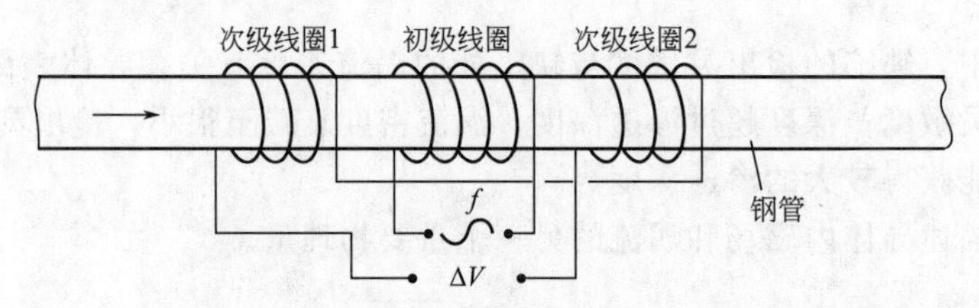

图 9-1　穿过式线圈涡流探伤示意图

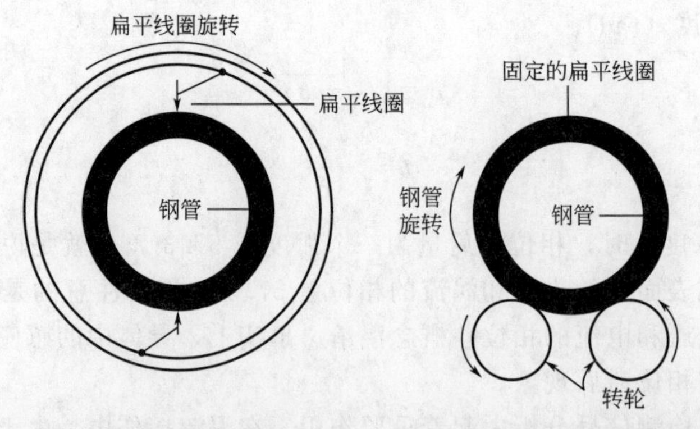

图 9-2　旋转的钢管/扁平线圈涡流探伤技术（螺旋式扫描）

对焊接钢管焊缝的探伤，可使用扇形式线圈，如图9-3所示。检查线圈应与焊缝保持在一条直线上，确保整个焊缝都能被扫描到。说明一点就是扇形线圈可以制造成多种形式，这取决于使用的设备和被检测的焊管。

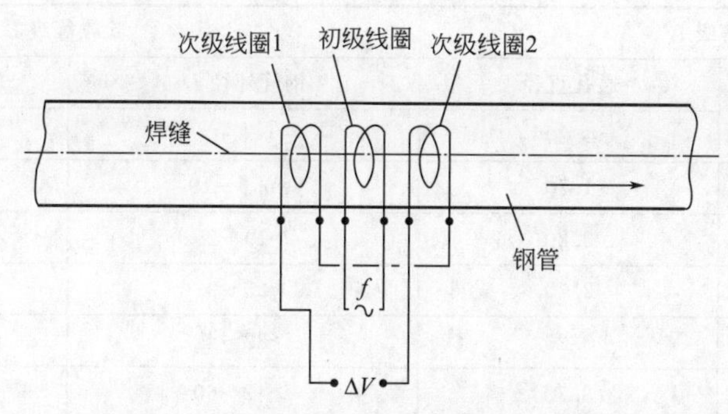

图9-3　扇形线圈焊缝涡流探伤示意图

5. 钢管试样的准备

用于制备对比试样的钢管应与被检测钢管的公称尺寸相同，化学成分、表面状态、热处理状态相似，或具有相似的电磁特性。

① 对比试样应平直，表面不沾有异物，且无影响校准的缺陷。

② 对比试样用来对涡流探伤设备进行设定和校准。对比试样上人工缺陷的尺寸不应解释为检测设备可以探测到缺陷的最小尺寸。

③ 对比试样钢管的长度应满足自动涡流探伤设备的要求，当进行综合性能测试时，应满足YB/T 4083的规定。

6. 对比试样人工缺陷形状

采用不同的涡流探伤技术时的人工缺陷形状，规定如下：

① 采用穿过式线圈时，试样人工缺陷形状为通孔；

② 采用钢管旋转/扁平式线圈时，试样人工缺陷形状为通孔或槽口；

③ 采用扇形式线圈涡流探伤检测焊缝时，试样人工缺陷形状为通孔。

7. 对比试样人工缺陷位置

① 使用穿过式线圈涡流探伤技术时，对比试样上应有5个径向钻孔，钻透试样钢管的整个壁厚。其中位于试样钢管中部且沿圆周方向的3个孔应彼此间隔120°，试样钢管的钻孔在长度方向上相隔距离应不小200mm，焊接钢管应有1个孔位于焊缝上。另一种办法是，在试样钢管中部只钻打1个孔，钻透整个壁厚。在标定和校正期间，对比试样孔的位置分别在0°、90°、180°和270°时通过检查设备。在距对比试样钢管两端不大于200mm处再各加工1个相同钻透壁厚的孔，以检查端部效应。

② 使用钢管旋转/扁平式线圈涡流探伤技术时，对比试样可以沿径向钻1个通孔，穿透钢管整个壁厚，焊接钢管应在焊缝上钻孔。或者，在对比试样钢管的外表面上沿长度方向开一个纵向切槽。

③ 使用扇形式线圈涡流探伤技术检测焊接钢管焊缝时，在对比试样焊缝上钻1个穿透钢管整个壁厚的通孔。

8. 对比试样人工缺陷尺寸

① 通孔缺陷。对比试样通孔尺寸分为验收等级A和验收等级B，其钻孔直径尺寸如

表 9-2 所示。验收等级 A 可作为水压密实性检验的替代方法。验收等级 B 由供需双方协商并在合同中注明。

表 9-2　验收等级 A 和验收等级 B 的通孔直径　　单位：mm

验收等级 A		验收等级 B	
钢管外径 D	通孔直径	钢管外径 D	通孔直径
～27	1.20	～6.0	0.50
＞27～48	1.70	＞6.0～19	0.65
＞48～64	2.20	＞19～25	0.80
＞64～114	2.70	＞25～32	0.90
＞114～140	3.20	＞32～42	1.10
＞140～180	3.70	＞42～60	1.80
＞180	双方协议	＞60～76	1.80
		＞76～114	2.20
		＞114～152	2.70
		＞152～180	3.20
		＞180	双方协议

当钢管壁厚≤3mm 时，通孔直径为 1.20mm（但当外径≥5mm 时，通孔直 1.60mm)；当钢管壁厚＞3mm 时，通孔直径为 1.60mm（但当外径≥5mm 时，通孔直径为 2.0mm)；或由供需双方协商孔径的大小。

② 纵向槽缺陷。纵向槽为“N”形槽，此槽应平行于钢管的主轴线。槽的两边应相互平行，槽底应与槽边垂直。其尺寸分为验收等级 A 和验收等级 B，如表 9-3 所示。验收等级 A 可作为水压密实性检验的替代方法。验收等级 B 由供需双方协商并在合同中注明。

表 9-3　验收等级 A 和验收等级 B 的纵向槽尺寸　　单位：mm

验收等级 A			验收等级 B		
槽的深度 h（公称壁厚的百分数）	槽的长度	槽的宽度 b	槽的深度 h（公称壁厚的百分数）	槽的长度	槽的宽度 b
12.5%，最小深度为 0.50mm，最大深度为 1.50mm	不小于 50mm 或不小于 2 倍的检测线圈的宽度	不大于槽的深度	5%，最小深度为 0.03mm，最大深度为 1.30mm	不小于 50mm 或不小于 2 倍检测线圈的宽度	不大于槽的深度

注：本表所列的槽的深度值与钢管无损检验有关的国际标准相同。当然，其值根据验收级别的不同而异。但应注意，尽管对比试样是相同的，采用不同的检测参数，可能得到不同的测试结果。

9. 对比试样人工缺陷尺寸的允许偏差

① 孔的允许偏差。钻孔时要保持钻头稳定，要防止局部过热和表面产生毛刺。当钻孔直径小于 1.10mm 时，其钻孔直径偏差不大于 0.10mm，当钻孔直径大于等于 1.10mm 时，其钻孔直径偏差不大于 0.20mm。

② 槽的允许偏差。槽采用机械、电火花和其他方法加工，槽的底部或槽底角可以加工成圆形。槽深允许偏差应为（$h\pm15\%h$），或者是±0.05mm 中较大值。

③ 对偏差的验证。钢管对比试样人工缺陷的通孔或槽的形状和尺寸的测量方法，应符合 YB/T 145 的规定，或用适当的技术进行验证。

四、探伤设备运行和调整

1. 探伤设备性能的测试方法

探伤设备一般由探伤仪、磁饱和及退磁装置、送管装置、自动报警装置和记录装置组成。在探伤检测和评定结果上，应具有通过报警电平来区别或区分合格钢管和有伤钢管的功能，同时可配有喷标打印系统或分选系统。

当使用穿过线圈式涡流探伤技术的探伤系统时，其综合性能的测试方法应符合 YB/T 4083 的规定。

2. 探伤设备的运行

① 探伤设备通电后，必须进行不少于 1min 的系统预运行。

② 使用穿过线圈式涡流方式探伤时，当对比试样通过探伤检测设备时，检测设备应调整到能稳定地产生清楚的区别信号，这种信号将用来设定检测设备的报警电平。

在对比试样上钻多个参照孔的情况下，参照孔所得到的最小信号的幅值将用来设定检测设备的报警电平。

在对比试样上钻一个参照孔的情况下，对比试样的孔的位置分别在 0°、90°、180°和 270°时依次通过检测设备，参照孔所得到的最小信号的幅值将用来设定检测设备的报警电平。

使用旋转钢管扁平式线圈涡流探伤技术，对比试样采用钻孔或槽的情况下，所得到的信号的幅值将用来设定检测设备的报警电平。

3. 探伤设备调整

① 在调整设定期间，对比试样和检测线圈之间的相对移动速度，应与被检测钢管探伤检测时的相对移动速度相同。并采用相同的设备设定值，例如频率、增益、相位角、滤波参数、磁饱和强度等。为提高系统的检测能力，可对设定的增益相应提高若干分贝。

② 在对相同直径、壁厚和牌号的钢管进行探伤检验期间，应定期地检查和核对设备的设定值，其方法是把对比试样通过探伤检测设备。检查和核对设备设定值的频率为：至少每 4h 核对一次，并且在设备操作人员交换或在探伤检验开始时和结束时各核对一次；在任一系统进行调整之后或被检验钢管的公称直径、壁厚和牌号改变时，均应对探伤检验设备重新设定。

③ 在连续探伤期间无论何时只要对检测设备功能发生怀疑，都要对设定值加以核对。如果设备灵敏度降低，允许提高 3dB，此时，若仍然不能使对比试样上所有人工缺陷均报警，则按下列规定进行：

a. 重新校准设备，然后把在上次核对后检查过的所有钢管，重新探伤。b. 即使在上一次设定后测量灵敏度下降了 3dB，但只要对每根钢管的检查记录清楚可识别，并能精确区分合格钢管或可疑钢管，则不必对钢管重新进行探伤。然后应重新对探伤设备进行设定，继续探伤检验。

五、探伤中各参数的设定和调整

在完成探伤的技术准备工作之后和开始正式的涡流探伤之前，需要调节仪器和设备，选定如下技术参数。

① 检测频率的选择。依据涡流渗透深度、检测灵敏度和检出缺陷的阻抗特性进行选择。

② 激励电流的选择。有些仪器的激励电流设置为可调方式，根据探伤灵敏度要求、工件大小、填充系数和提离间隙等适当选择激励电流。一般来说，增加激励电流可以增大灵敏度。

③ 灵敏度的确定。在涡流探伤中，灵敏度以能够检出的最小缺陷尺寸表示。在不考虑信噪比的情况下，影响探伤灵敏度的直接因素是仪器的放大倍数。探伤时灵敏度的调整是用带有标准人工伤的对比试样作为参考基准的。在用对比试样调整、设定灵敏度时，应采用与实际探伤相同的激励频率、激励电流、磁饱和电流、工件传输速度等。如果仪器有相位和滤波调节功能，也应将它们事先设定好，因为各种检测信号是随着检波和滤波处理的不同而变化的。所以，灵敏度的最后设定应在其他检测条件和参数设定、调节完成之后进行。

④ 相位的设定。这里的相位，是指仪器进行相敏检波的移相器的相位角。检波相位的设定，通常是在适当的灵敏度下，采用对比试样反复地改变相位角进行试验。相位的选择应以能够最有效地检出对比试样上的人工缺陷为好。现代涡流探伤仪器都具有矢量光点显示，可以很快找到最佳相位。

⑤ 滤波方式的选择和滤波器挡位的设定。选择滤波方式和设定滤波器挡位，是在一定速度下使用对比试样进行研究的校准试验中，使人工缺陷的信号达到最大信噪比。有些涡流仪同时具有高、低、带通三种滤波方式。对于滤波功能较全的仪器，首先应确定使用哪种滤波方式。一般来说，低通滤波适用于静态和速度较慢的动态探伤，如手工探伤；带通滤波适用于速度恒定或速度波动不大的动态探伤，冶金行业中的在线和离线自动化探伤大多使用带通滤波方式；高通滤波适用于速度较快且速度波动较大的动态探伤，如高速线材的在线探伤。

⑥ 报警电平的设定。报警电平是衡量检测信号幅值大小的门限。一般门限值的高低可以调节，以适应不同的被检对象、不同探伤方法和不同探伤标准的需求。

⑦ 探伤速度的确定。从原理上讲，涡流探伤对速度没有严格的限制，有时可以达到很高的速度。但是速度增高时，工件传输中的振动往往较大，处理不好会带来较大噪声，使信噪比降低，影响探伤的可靠性。在进行自动探伤时，如果检测速度达到每秒数米以上时，还应考虑到对检测灵敏度的影响。

⑧ 磁饱和电流的设定。磁饱和线圈中通入的直流电流强度，需根据被探工件的材质、形状及大小来设定。磁饱和电流的设定原则是它产生的直流磁化场强度能有效克服磁噪声对涡流探伤的影响。

六、探伤结果的评定

1. 对合格钢管的评定

钢管通过涡流探伤设备时，其产生的信号低于报警电平，则此钢管可判定为合格。

2. 对可疑钢管的评定

钢管通过涡流探伤设备时，其产生的信号等于或高于报警电平，则此钢管可认定为可疑钢管，此时可按本标准规定的方法重新进行涡流探伤检验。在重新进行涡流探伤检验时，其产生的信号低于报警电平，此钢管可判定为经涡流探伤检验合格。

3. 对可疑钢管的处置程序

对于可疑钢管，根据产品标准的要求，可以采取下列一种或几种措施。

① 可疑钢管的可疑区域探察到后，可加以修磨，经修磨后的钢管壁厚应在允许偏差范

围内，然后将该钢管按本标准规定的方法重新进行涡流探伤检验。若产生的信号低于报警电平，则该钢管被视为通过探伤检验。

② 可疑钢管的可疑区域可以用其他无损检验技术和其他方法进行检查，应采用由供需双方商定的方法和验收标准。

③ 可疑钢管的可疑区域被切除，然后将该钢管按本标准规定的方法重新进行涡流探伤检验。若产生的信号低于报警电平，则该钢管被视为通过探伤检测。

④ 可疑钢管被判定为经涡流探伤检验的不合格钢管。

由此应当注意的是：钢管在进行涡流探伤检查时，在靠近检测线圈的钢管表面及近表面上，其检测灵敏度最高，由于趋肤效应的影响，随着与检测线圈之间距离的增加，其检测灵敏度将逐渐减小。因此，对于同样大小的缺陷，处于管内壁的缺陷所反映出来的信号幅度将小于外壁上的缺陷。检测设备在探测外表面和内表面上缺陷的能力，是由多种因素所决定的，但是最主要取决于被检测钢管的壁厚和涡流激励频率及磁饱和强度。

在一定的磁化强度条件下，施加到检测线圈的激励频率，决定了所建立的涡流场强度能够穿透钢管壁厚的深度。激励频率越高，穿透能力越低；反之，激励频率越低，穿透能力越高。在选择仪器参数时，对被检测钢管电导率、磁导率等物理参数的影响也应予考虑。

第二节 焊管在线涡流探伤工艺

一、焊管涡流探伤的必要性

高频焊接钢管（简称焊接钢管或焊管）在流体输送、建筑构件和集装箱制造等领域有广泛的用途。根据焊管的技术要求，焊缝不得有裂缝、裂纹、未熔合等缺陷，表面不允许有超标的划痕、压伤等缺陷。由于焊管在生产线上（简称在线）具有连续、快速生产的特点，焊速15～60m/min，因此，焊管质量仅靠人工事后检验是很难保证的。而涡流探伤检验方法则具有检测速度快、无需与工件表面耦合、检测灵敏度高、检测与生产可同步进行等优点，根据GB/T 7735—2016《无缝和焊接（埋弧焊除外）钢管缺欠的自动涡流检测》标准的规定，钢管的涡流探伤检验可以代替钢管的水压试验，大大减少钢管生产过程中逐根水压试验带来的烦琐检验，因此很适合焊管生产过程的质量检测与质量控制。某公司在焊管机组上配置了EEC-22型智能金属管道涡流探伤仪，用于焊管生产过程的质量检验和质量控制。

二、EEC-22型涡流探伤仪的功能

EEC-22型智能金属管道涡流探伤仪适用于金属管道的在线或离线涡流探伤。由于采用了数字电子技术和微机技术，操作尤为简单、方便。它是在一台486型微机基础上配置涡流检测专用器件而成的，在DOS或WINDOS环境下配中文操作系统支持涡流检测软件运行。仪器配有穿过式线圈和平面探头，平面探头主要用于焊缝纵向的扫查，穿过式线圈则用于整个圆周截面的扫查。由于焊管对焊缝的质量要求较高，因此把焊缝质量作为涡流检测的主要控制对象。

三、焊管涡流探伤灵敏度的调节

1. 人工缺陷的选取和标样管的制作

焊接钢管涡流探伤执行GB/T 7735—2016标准。对探伤结果是借助于对比试样中人工

缺陷与自然缺陷显示信号的幅值对比进行判断的。对比试样的钢管与被检钢管的公称尺寸应相同，化学成分、表面状态、热处理状态相似，即应有相似的电磁特性。

对比试样上的人工缺陷分为钻孔和槽口两种，根据实际情况可选择其中一种。对于焊管而言，焊缝开裂、裂纹、未熔合等纵向缺陷是焊管的主要缺陷，其危害性要大于其他平面状的缺陷，因此选用槽口作为焊管的主要模拟缺陷是合理的，它有利于焊缝线性缺陷的检出。槽口的深度为被检测钢管壁厚的 12.5%，最小深度为 0.5mm，最大深度为 1.50mm；长度不小于 50mm，或两倍的检测线圈的宽度；宽度不大于槽口的深度。制作一根符合标准规定的槽口标样管，这种标样管既含有焊缝的开口裂缝，又含有裂纹和未熔合缺陷，这些缺陷是连续缓慢过渡的，简称缓变伤。

2. 探伤灵敏度的调节

开机后进入 EEC 子目录，即进入涡流探伤程序，用键盘的编辑键，暂选择检测频率为 50kHz 左右，增益暂调为 10dB，相位为任意，平衡为 0。将平面探头用一块厚度 2～3mm 的纸壳垫上，先放在标样管良好的焊缝位置上，按 INS 键，使光点回到中心位置，然后平面探头沿焊缝方向移动，观察移动的幅度变化（移动的方向暂不管它），如裂纹处的信号无法达到屏幕边缘，则表示增益过低，可用编辑键来增加增益的 dB 值，重复以上操作程序，直到信号幅度足够大，表示增益已基本调好。

在相位方向调节好之前，焊缝缺陷信号方向可能是任意的，可将光标移到相位处，用编辑键修正方向，重复操作几次，直至焊缝缺陷相位的 X 轴信号向左移动，探头提离效应 Y 轴信号向上方移动，表示相位基本调好。

显示屏左侧设置有报警区，模式为方框报警，并有一个报警窗（简称 A 窗）。当焊缝缺陷信号进入报警区，仪器的蜂鸣器报警，报警窗内显示“A”，表示该缺陷超标，如图 9-4 所示。

经过重复几次调节，焊缝裂纹处的缺陷均能报警，表示探伤灵敏度已调好。此时显示器右侧表示已调好的对应参数。给此组参数起一个文件名，存入电脑，以后可重复使用。

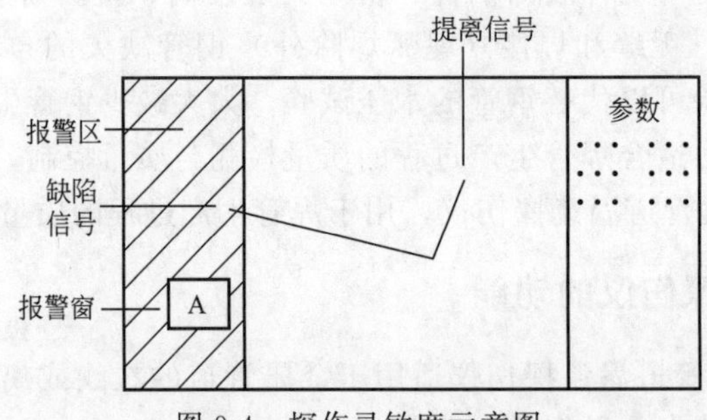

图 9-4　探伤灵敏度示意图

3. 检测结果说明

以上灵敏度的调节是在离线状态下进行的，与在线检测有所不同。在线检测速度较快，切割磁力线所产生的电磁信号较强，因此，在线检测时实际灵敏度可降低 5～10dB。

四、焊管涡流探伤的基本操作方法

根据 EEC-22 型仪器的性能，采用如下工艺操作方法。

① 选择显示方式。焊管通常选择“时基扫描＋阻抗平面显示”方式，显示背景为直角

平面坐标系。

② 频率选择。对于焊接钢管，频率50kHz左右。

③ 探头位置选择。钢管涡流探伤检验通常是在钢管加工过程全部完成之后进行。焊管在线探伤，可将探头固定在焊管最终成型之后、飞锯切断之前的机架上。探头中心对准焊缝中心，探头距焊缝表面的距离控制在2～5mm，距离太近会撞坏探头，距离太远信息损失较大，灵敏度降低。

④ 提高效应的影响。由于焊管在高速运动时会产生径向跳动，特别是飞锯切口时跳动的幅度更大，因此探伤时，阻抗平面显示中提离信号会产生有规律的变化。因为提离信号的方向总是指向显示屏的上方，不会报警。

⑤ 报警设置。在线探伤时，如发现超标缺陷，缺陷信号进入报警区，仪器会自动报警。仪器有报警逻辑输出电路可接通外界的声-光报警器，发出报警信号，或接通喷漆装置，在缺陷部位喷上标记，通过自动分拣装置或人工分拣将有超标缺陷的焊管分离出来，达到控制焊管质量的目的。

五、方管和圆管探伤的实际应用

将EEC-22型涡流探伤仪接在ϕ76mm焊管机组和ϕ60mm机组的后部，在生产过程中对各种规格的焊管进行同步检测，例如对3.0mm×60mm×60mm×C方形焊管和ϕ33mm×3.0mm×C的圆形焊管进行涡流探伤，有关参数如下：

① 3.0mm×60mm×60mm×C方形焊管。频率：50kHz；增益：24dB；相位：140°；平衡：0。

② ϕ33mm×3.0mm×C圆形焊管。频率：50kHz；增益：28.5dB；相位：135°；平衡：0。

以上参数储存在电脑中可重复调出使用。为准确起见，在每次探伤前，应用标样管重新复核参数。

在焊接速度25～40m/min的运动条件下，能够检出焊缝的开裂、裂纹、暗裂、未熔合及焊缝附近的划痕、压伤等缺陷。所分检出的有缺陷的焊管，经与人工检验相对比，有95%相符合。当然，有相当一部分仪器报警检出的细微缺陷，人工检验是检测不出来的，经解剖分析，证实涡流探伤检测的结果是准确的。

六、编制企业标准和工艺规程

焊管涡流探伤检测执行GB/T 7735—2016标准，但是不同的用户对产品质量有不同的要求，例如，承受内压输送流体用的圆形焊管对焊缝质量要求较严，而制作集装箱用的方形管则对表面质量要求较严。因此，根据GB/T 7735—2016标准的要求，编制出企业标准，对不同用户的要求做出不同的规定是非常必要的，供需双方在合同中要明确规定按照企业标准中的某项规定执行。

建议在GB/T 7735—2016和企业标准的指导下，可相应地编制出工艺操作规程，用于指导具体操作，使之标准化、规范化。

第三节 涡流探伤在高频焊管上的应用

高频焊接钢管在供水管道、供气管道、建筑构架、电缆护管、钢木家具、健身器械等上有广泛的用途。所生产出来的钢管要求焊缝平直，并且没有毛刺，没有裂缝、裂纹、未熔焊等缺陷，钢管表面没有超出规定最低标准的划痕、压伤等缺陷。但由于高频焊管的生产具有连续、快速的特点（焊速 15～40m/min），早期焊管质量是靠人工在生产后目测进行检验，不仅浪费人力物力，而且质量也很难得到保证。而涡流探伤检验方法具有检测速度快，无需与工件表面耦合，检测灵敏度高等优点，非常适合焊管生产的在线质量控制和质量检验。

一、涡流探伤的原理

涡流检测（ET）是目前常用的无损检测技术之一，它适用于导电材料生产的型材和零件的检测，能发现裂缝、折叠、凹坑、夹杂、疏松等表面和浅层缺陷。通常能确定缺陷的位置和相对尺寸，但难以判定缺陷的种类。涡流检测在型材（如管材、棒材、线材）的探伤、材料分选、测厚、测定试件的物理性能等方面都有广泛的应用。

1. 涡流检测系统

一般情况下涡流检测系统包括一个高频交流电压发生器、一个检测线圈和一个指示器。高频电压发生器（或称为振荡器）供给检测线圈以激励电流，从而在试件（管材）及其周围形成一个激励磁场，这个磁场在试件中感应出旋涡状电流称为涡流，试件中的涡流又产生自己的磁场，涡流磁场的作用削弱或抵消激励磁场，从而产生磁场的变化。这种变化取决于线圈与管材间的距离、管材的几何尺寸、电导率和磁导率以及管材的冶金和机械缺陷。当管材通过线圈时，由于管材的这些参量的变化，会引起电磁效应的变化而产生电信号，信号经过放大和转变，进行报警、记录和分选，最终可达到管材探伤的目的，如图 9-5 所示。

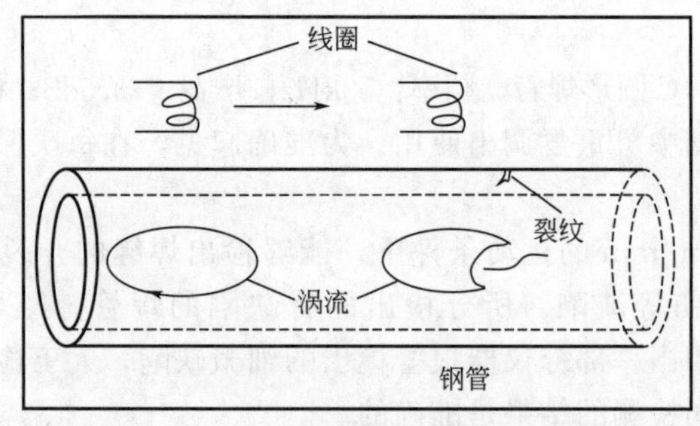

图 9-5　涡流检测原理

2. 涡流探伤的磁饱和装置

常规涡流探伤技术对于非铁磁性管材料的检测，技术非常成熟，它不单能探测出缺陷还可以利用阻抗平面技术分析出缺陷所在的位置与深度。然而，将它简单地应用于铁磁性材料的钢管中，却得不到预期的结果，这是为什么呢？这是由于铁磁性材料 $\mu>1$，根据涡流标准渗透公式：

$$\delta=5.033\times(f\mu_r\sigma)^{-1/2} \tag{9-6}$$

式中　f——检测频率；

μ_r——材料相对磁导率；

σ——材料电导率。

可知在这种情况下，涡流将出现集肤效应，无法渗透到材料的内部。除此以外，在无外磁场作用时，铁磁性物质中各个磁畴的自发磁化强度矢量的取向是不同的，但是对外效果互相抵消，因而整个物体对外不显磁性。在外加磁场不足时，铁磁性物质中部分磁畴的磁矩转向外磁场，它是变化的，涡流检查时将产生磁噪声。所以常规涡流检测技术无法满足铁磁性换热管探伤要求。

现在克服铁磁性金属磁导率对探伤影响的方法有两种：其一，采用远场涡流检测方法；其二，对钢管进行饱和磁化后再探伤。前一种方法需要更新仪器，后一种方法只需在原有常规仪器的基础上增加磁饱和装置即可对钢管等进行探伤，具有投资少的优点。经过磁饱和处理后的铁磁性材料可以以非铁磁材料对待。

通过钢管涡流探伤仪采用通过式磁饱和器，由直流线圈来产生稳恒强磁场，并借助导套等高导磁部件将磁场疏导到被检测钢管的探伤部位，使之达到磁饱和状态。为了充分利用线圈产生的磁场，装置一般都有由铁磁性材料（如纯铁）制作的外壳。由于纯铁的 μ 值很大，磁阻很小，泄漏在空间中的磁力线会被铁壳收集，也被疏导到钢管的检测部位。磁饱和涡流探伤方法应使检测线圈附近的磁通密度达到使钢管饱和磁化所需磁通密度的80%以上。为此探伤前应根据钢管的材质和规格选择磁化电流。磁化电流的选择通常也是在通过对比试样的状态下进行。从理论上讲，选择前应首先计算出所检测钢管达到饱和磁化所需的磁通密度，然后按上述要求调整磁化电流。此种方法要进行烦琐的计算。在实际操作中，可采用简便的调整方法，即在往返通过对比试样中，逐步增大磁化电流的同时，观察仪器显示的噪声信号和人工缺陷信号的变化，当噪声信号最小，人工缺陷信号最大时，磁化电流即为基本合适。按一般规律，口径越大，壁厚越厚，材料磁特性越软，所需磁化电流就越大，反之则越小。

3. 涡流检测线圈

涡流检测线圈是涡流探伤的传感器。它是涡流探伤仪的眼睛。它在导线工装中建立磁场，激励出涡流，传递探伤信息。检测线基本形式有三种：穿过式、内插式和点式。

二、EEC-30 型数字式焊管涡流探伤仪的功能

EEC-30 型智能全数字式焊管涡流探伤仪适用于焊接钢管、无缝钢管、离线探伤，具有两个相对独立的测试通道，可分别驱动两只不同形式的检测探头，或由绝对、差动检测线圈构成的组合式探头，两个检测通道同时进行数据采集，用于检出金属管道纵向裂纹和横向缺陷（如驳口）的涡流信号。用于焊管在线、离线检测时，无需磁饱和器。钢管在线涡流探伤是指在生产线上与生产过程同步的探伤，主要用于生产过程的质量控制；钢管的离线探伤是指钢管成品离开生产线后的探伤，主要用于钢管产品的质量检验。对于采用高频焊接方式生产钢管的企业，将涡流探伤主要用于在线钢管对接纵向焊缝的质量控制，采用平面探头。

三、EEC-30 型探伤仪灵敏度的调节

1. 标样管的选取

高频焊接钢管涡流探伤依据 GB/T 7735—2016 标准，根据人工样品中人为缺陷与生产中出现的缺陷在系统中显示信号的幅值对比进行判断，样品钢管与实际生产的钢管应具有相似的电磁特性。

对比试样上的人工缺陷有钻孔和槽口两种，根据本地实际情况选择槽口型样品。在焊管生产过程中很容易找到符合标准规定的槽口尺寸的实际标样管，这种标样管既含有焊缝的开口裂缝，又含有裂纹或暗裂纹和未熔合缺陷，这些缺陷是连续缓慢过渡的，简称为缓变伤或自然伤。因此，可取选取一段符合槽口尺寸要求含有自然伤的焊管作为涡流探伤的标样管。

2. 灵敏度的调节

开机进入爱普森涡流探伤程序后，配置两个检测通道的参数。设置完成后，显示屏上有

两个报警区，左侧模式为方框报警右侧为幅-相报警，并有两个报警窗（简称A窗）。当焊缝缺陷信号进入报警区，仪器的蜂鸣器报警，报警窗内颜色由绿色变为红色，表示该缺陷超标。将平面探头先放在标样管良好的焊缝位置上，按INS键，使光点回到平衡点位置，然后平面探头沿焊缝方向移动，观察移动的幅度，如裂纹或暗裂纹处的信号无法达到报警区域边缘，则表示增益过低，可用编辑键来增加增益的dB值，重复以上操作程序，直到信号幅度足够大，表示增益已基本调好。

经过重复几次调节焊缝裂纹或暗裂纹处的缺陷均能报警，表示探伤灵敏度已调好，此时显示器右侧表示已调好的对应参数，给此组参数起一个文件名存入电脑，以后可重复使用。以上的灵敏度调节是在离线状态下进行的，与在线生产时检测有所不同，因在线检测速度高，切割磁力线所产生的电磁信号强，因此，在线检测时实际灵度可降低2～5dB。

四、焊管涡流探伤的基本操作方法

根据EEC-30型仪器的性能，采用如下操作方法：

① 选择显示方式。通常焊管两个检测通道获取的信号可分别以阻抗平面图和时实扫描图实时显示于屏幕。

② 频率选择。对于焊接钢管，频率50kHz。

③ 探头位置选择。钢管涡流探伤检验通常是在制管加工过程全部完成之后进行，焊管在线探伤可将探头固定在管最终端制成之后、飞锯切断之前的机架上，探头中心对准纵向焊缝中心，探头平面离焊缝表面2～5mm，如距离太近会撞坏探头，距离太远则信号损失较大，灵敏度将降低。

④ 报警装置。在线探伤时，如发现超标缺陷，缺陷信号幅度进入报警区，仪器会自动报警，仪器有报警逻辑输出电路可接通外界的打标器，打标器在缺陷处喷涂颜料，通过自动分捡装置或人工分捡将有缺陷的焊管分离（识别挑拣）出来，达到控制焊管质量的目的。

五、ϕ165mm圆管探伤的应用

① 检验实际例子。将EEC-30型涡流探伤仪接在ϕ165mm焊管机组的后面，对ϕ165mm×4.0mm的圆形焊管进行涡流探伤，文件名和参数如下。

参数1：D3频率：4040Hz；增益：25dB；相位：300°；平衡：0。

参数2：D4频率：3333Hz；增益：25dB；相位：120°；平衡：14。

以上参数储存在电脑中可重复使用。为准确起见，每次探伤前，应用标样管重新复核参数。

② 检验结果。如国内某公司主要生产ϕ76～ϕ165mm的钢管，在实际工作中钢管在线焊接速度为15～40m/min。在这种工作条件下，EEC-30型智能金属管道涡流探伤仪能够检出焊缝的开裂、裂纹、暗裂纹、未熔合及焊缝附近的划痕、压伤等缺陷，所有分检出有缺陷的焊管与经人工检验对比93%相符合。另外的7%经解剖分析，证实涡流探伤所检的结果是准确的。

第四节　焊管质量缺陷涡流检测的方法

高频直缝焊管的焊缝质量是钢管质量的主要内容，为保证钢管焊缝质量，一般均采用水压试验和抽样进行扩口压扁试验的检测方法，但这两种检测方法都必须离线进行，即必须在

焊管生产线以外，对成品钢管单独检测，存在效率低、不能实现自动对次品分选的缺点。涡流探伤是以电磁感应的原理为基础，使钢管通过一特定频率的电流激励的检测线圈，当钢管表面或近表面有缺陷时，其附近的涡流将发生变化，使线圈的阻抗或感应电压发生变化，利用涡流探伤仪将这种变化加以分析，判断出缺陷并发出报警信号。由于涡流探伤容易实现在线检测，特别是能将报警信号交由生产线的自动控制线路处理，实现在线自动分选，所以，涡流探伤在焊管生产线上得到了普遍的应用。

一、常见的钢管质量缺陷

① 母材缺陷。包括：夹层、表面裂纹、表面压痕、严重锈蚀。

② 焊缝缺陷。包括：长通的裂缝、局部的周期性裂缝、不规则出现的断续裂缝、不可见的轻压扁、矫直或水压试验后出现的裂缝、搭缝。

二、涡流检测方法

在前述的钢管质量缺陷中，夹层、断续的裂缝等在钢管纵向不连续的缺陷可用自比式探头进行自比式检测，长通的裂缝、搭缝等缺陷可用它比式探头进行它比式检测。

1. 自比式检测

利用沿被测钢管纵向布量的两个线图，连续检测钢管纵向的前后差别，对于夹层、断续的裂缝等在钢管纵向不连续的缺陷非常灵敏，但对长通的裂缝，例如没有焊接的开口部分，则只能测出裂缝的始末两端，对裂缝的其他部分没有反应。

2. 它比式检测

利用两个检测线圈，分别对标准试样管和在线的被测钢管连续对比，可检出长通的裂缝、搭焊等缺陷。

为了准确检出全部的电焊钢管质量缺陷，在焊管生产线上均同时使用自比式和它比式探头，分别连接自比式检测单元和它比式检测单元，在线对钢管进行连续检测，报警信号交由自动分选机构处理，实现在线自动检测和分选。

图 9-6 是典型的涡流探伤仪的基本结构。振荡器按设定的检测频率向电桥提供电源，自动平衡器、桥路和检验线圈组成能自动调零的检测电桥，缺陷信号被电桥检出后，由放大器放大，移相器和相敏检波器比较缺陷信号和检测信号之间的相位差，进行相位分析，滤波器排除干扰信号，拒斥器进行幅值分析。通过以上过程，仪器对满足幅值和相位设定条件的缺陷信号发出报警信号，送分选装置进行自动分选。

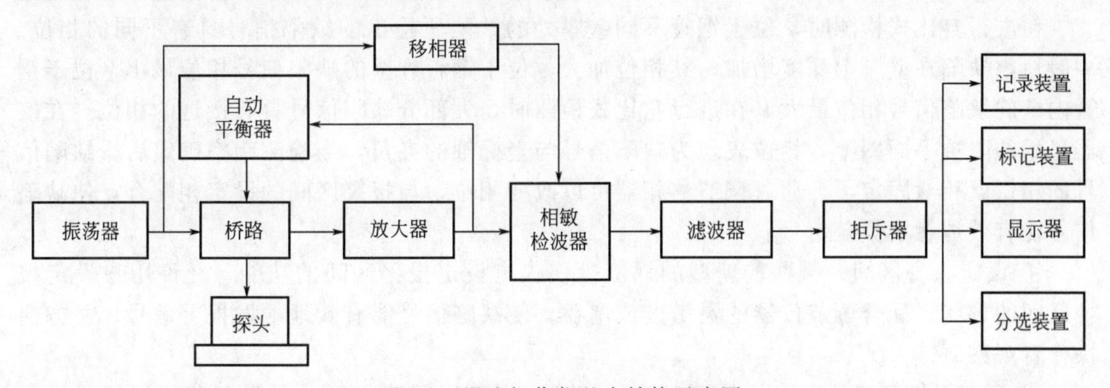

图 9-6 涡流探伤仪基本结构示意图

三、各检测参数的设定与调整

① 选择探头。对于中小直径的钢管采用穿过式的探头，对于大直径的钢管可用扇形或平面探头集中检测焊缝。采用穿过式探头时，探头内径要与钢管的外径配合。我们定义填充系数 η，以探头内检测线圈绕组与外检测线圈绕组的内径之和除以 2，得出检测线圈绕组的平均直径，则（钢管外径）^{2}/（检测线圈绕组的平均直径）^{2} 为填充系数 η，系数 η 一般应大于 0.6，其取值大有利于缺陷的检出。

② 确定检测频率。依据涡流渗透深度、检测灵敏度和检出缺陷的阻抗特性进行选择。其主要根据信噪比和钢管的壁厚来综合确定检测频率。

在焊管生产线上进行在线涡流检测，所得到的信号中必然混合了各种干扰，虽经过仪器处理，仍难免有部分残留。若主要的干扰信号与缺陷，则可通过改变检测频率，使主要的干扰信号与缺陷信号有接近 90°的相位差，利用阻抗平面设定不同灵敏度的报警区间，从而提高信噪比。

趋肤效应是导体通过交流电时，表面的电流密度最大，越接近导体中心电流密度越小的现象。定义电流密度为表面电流密度的 1/e 处（即 36.8%）的深度，为渗透深度 δ。

$$\delta=\frac{1}{\sqrt{\pi f \mu \sigma}}(\mathrm{m}) \tag{9-7}$$

式中 f——交流电流的频率，Hz；
μ——材料的磁导率，H/m；
σ——材料的电导率，Ω/m；

对于确定的材料，μ 和 σ 均为定值，所以降低频率 f，就能获得较大的透入深度。在焊管生产线的涡流检测工作中，由于趋肤效应的影响，位于钢管外表面的缺陷能检出较大幅值的信号，而位于钢管壁厚深处或钢管内表面的缺陷只能测到较小幅值的信号。在钢管的壁厚较大时，应采用较低的检测频率，以尽量降低趋肤效应所造成的灵敏度差异。

在确定检测频率时，首先应找出使主要的干扰信号与缺陷信号接近 90°相位差的频率，再考虑该频率能否满足钢管壁厚的要求。一般在进行自比式检测时，可按照以上的条件综合选择检测频率，在进行它比式检测时，应选择较低的检测频率以保证获得较大的透入深度。

另外，当同时以两个通道进行检测时，例如同时采用自比式和它比式检测，两个通道各按其要求确定检测频率，要注意不能让两个检测频率互相干扰，特别是两个检测频率不能成倍数关系。

③ 相位的设定与调节。参见本章第一节“五、探伤中各参数的设定和调整”中的④。

在进行自比式检测时，位于钢管不同壁厚处的缺陷所检出的缺陷信号具有不同的相位。一般地，缺陷在壁厚上深度增加，其相位加大，位于钢管外壁的缺陷信号相位最小，位于钢管内壁的缺陷信号相位最大。在进行它比式检测时，大部分缺陷信号具有接近的相位。在仪器显示的阻抗平面图上，相位表现为缺陷信号与坐标轴的夹角，当检测频率确定后，缺陷信号的相位就相对固定了。通过调节移相器可以改变相位，与报警区间的设定相配合，使缺陷信号能有效地触发报警信号。

④ 设定报警区间。某些较新型的涡流探伤仪有设定报警区间的功能，允许用户设定报警区间的形状，配合调节仪器的灵敏度或增益，使缺陷信号能有效地触发报警信号，并方便操作者观察。

⑤ 调节灵敏度或增益。当检测频率、相位、报警区间确定后，还需调节仪器的灵敏度

或增益，使所有缺陷信号的幅值均能达到报警区间，各种干扰信号都排除在报警区间之外。

⑥ 滤波方式的选择和滤波器挡位的设定。参见本章第一节“五、探伤中各参数的设定和调整”中的⑤。

⑦ 报警电平的设定。参见本章第一节“五、探伤中各参数的设定和调整”中的⑥。

⑧ 探伤速度的确定。参见本章第一节“五、探伤中各参数的设定和调整”中的⑦。

⑨ 磁饱和电流的设定。参见本章第一节“五、探伤中各参数的设定和调整”中的⑧。

以上各项内容都是大部分焊管涡流检测仪共有的调整项目，应根据所用仪器的具体要求进行调整。此外，对不同的涡流探伤系统，还应具体调整打标、磁饱和装置、声光报警装置、记录装置等附属设备。在正确调节以上参数后，就可对电焊钢管进行在线连续检测了。

四、涡流探伤应用效果

① 应用效果。经国内某厂多年的焊管涡流探伤实践表明，在正确选用焊接工艺参数的前提下，通过综合应用自比式检测方法和它比式检测方法，涡流探伤系统能正确地检出常见的钢管质量缺陷。

② 不足和改进。对于某些不具有外形特征的缺陷，特别是错误选用焊接工艺参数造成的焊缝力学强度降低缺陷，由于仪器必须对检测电桥进行自动调零以抵消诸如温度变化、被测钢管材质变化、被测钢管电磁特性的变化等造成的干扰，使该类型焊缝缺陷难以有效地检测出来。为此，结合超声波探伤、磁粉探伤等检测手段，以确定缺陷的类型和数值。

第五节　钢管涡流探伤装置性能评定方法

钢管生产中，为保证涡流探伤作业正常进行，整套探伤设备的各项性能指标，如检测能力、灵敏度余量、分辨力、短时间再现性、时间性变化率、盲区长度、漏检漏报率和误检误报率等必须满足使用要求。因此，为确保设备保持正常状态必须定期评价设备各项性能指标。一般来说，漏检漏报率和误检误报率的测定比较简单，本节仅就前 6 项性能指标的定义、测定方法等进行简要的介绍。

一、检测能力（*S*/*N*）指标

① 定义。检测能力是指标准人工缺陷在记录仪或示波器上的指示幅度（简称指示值）与噪声指示幅度之比，即信噪比（S/N）。

② 测定方法。对比试样、探伤条件、探伤步骤按 GB/T 7735—2016 规定执行。调整探伤仪的灵敏度，使人工缺陷指示值在记录纸或示波器上为满刻度的 25%（以下简称指示值为 25% FS），读出此时的灵敏度 G_1(dB) 值。调整灵敏度旋钮，使记录仪或示波器上人工缺陷以外的指示值（即噪声指示值）的最大值为 25% FS，读出此时的灵敏度 G_2(dB) 值。

以式(9-8) 求出检测能力：

$$S/N=G_2-G_1(\text{dB}) \tag{9-8}$$

③ 表示方法。检测能力用式(9-9) 表示：

$$S/N(D,d)=G(\text{dB}) \tag{9-9}$$

式中　D——钢管的公称外径；

d——标准人工缺陷（钻孔）的公称直径。

例：在 ϕ80mm 钢管上钻 ϕ2.20mm 孔进行 B 级涡流探伤，检测结果为 18dB，故仪器的检测能力可表示为

$$S/N(80,2.20)=18\text{dB}$$

探伤仪能否在钢管的若干信号中将真正的缺陷信号迅速、准确地分离出来，与 S/N 值紧密相关。此值越高，信号的分离越容易。根据 GB/T 7735—2020 中 6.2.1 条的说明：对于直径小于 100mm 的钢管和钢棒，此差值的绝对值不应大于 3dB，对于直径不小于 100mm 的钢管、钢棒不应大于 4dB，连续测试 3 次，3 次结果不相同，取最劣值。

二、灵敏度余量 (M) 的测定

① 定义。当噪声电平较低（小于 25% FS）时，灵敏度余量，通常用 M 表示。

② 灵敏度余量的测定。调整仪器的灵敏度，使噪声指示的最大值为 25% FS，读出此时的灵敏度 G_2。若噪声的最大值在 25% FS 以下，取仪器灵敏度的最大值为 G_2，然后再调整灵敏度，使标准人工缺陷为 50% FS，读出此时的仪器灵敏度 G_1。故该仪器此时的灵敏度余量为：

$$M=G_2-G_1(\text{dB}) \tag{9-10}$$

③ 表示方法。灵敏度余量用式(9-11) 表示：

$$M(D,d)=G'(\text{dB}) \tag{9-11}$$

把公式 $S/N(D,d)=G(\text{dB})$ 中的 D 和 d 值代入此式，该仪器的灵敏度余量为：

$$M(80,2.20)=20(\text{dB})$$

按 GB/T 7735—2004 中 8.2.3 条规定：如果发现设备灵敏度降低，允许提高 3dB。因此，灵敏度余量应不小于 3dB，该值越大越好。

三、分辨力 (d) 的检测

① 定义。分辨力是指涡流探伤设备在一定的探伤速度下，对某人工试样所能检测出标准人工缺陷间的最短距离。

② 检测方法。如图 9-7 所示，做一个检测分辨力的试样。在试样上钻若干个与检测分辨力试件相同直径的孔（管径与孔径应符合 GB/T 7735—2004 的要求）。

测试对比样管，设定灵敏度使标准缺陷的指示幅度为 50% FS。

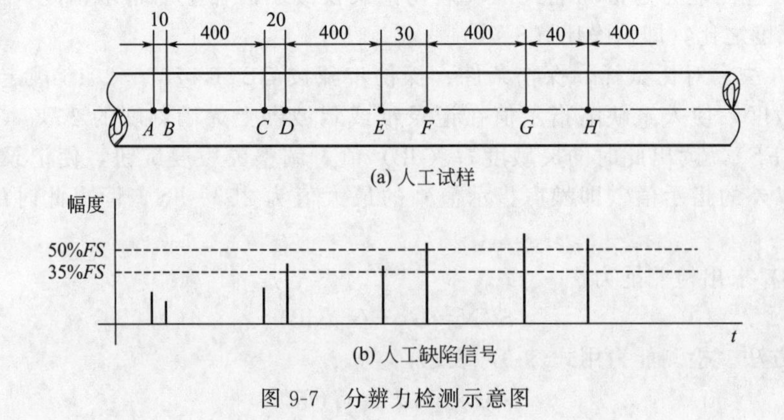

图 9-7　分辨力检测示意图

在记录仪或示波器上找出标准人工缺陷的指示幅度在 35%FS 以上的两个相邻孔（E、F，G、H），其中最短距离（即 EF 的距离）为分辨力 d_f。

③ 表示方法。分辨力受钻孔的大小、检测速度的影响，因此，分辨力用以下形式表示。

$$d_f(D,d,v)=L(\mathrm{mm}) \tag{9-12}$$

例：标准人工缺陷是在 ϕ80mm 钢管上钻 ϕ2.20mm 孔，测试速度为 60m/min，分辨力为 30mm，则表示为 $d_f(80,2.20,60)=30\mathrm{mm}$。此值越小越好，但探伤仪的国外设备（如标记器、报警器）的分辨力太差，使整机的分辨力受到国外设备分辨力的限制，因此，此值一般不超过 200mm（即不能大于端头盲区长度）。

四、短时间再现性 (K) 的测试

① 定义。短时间再现性是指在短时间内反复进行同一个试验时标准人工缺陷指示值的变化。

② 测试方法。试样的人工缺陷及测定方法采用测定检测能力用的试样及方法。调整探伤仪的灵敏度，使人工缺陷指示值的幅度为 50%FS。用相对于记录纸或示波器上满刻度的百分值表示连续 12 次测得的缺陷指示值。

③ 计算方法。短时间再现性用 K 表示，其值为：

$$K=\left(1-\frac{K_{\max}-K_{\min}}{50}\right)\times 100\% \tag{9-13}$$

此值越大表示最大值与最小值越接近，仪器的短时间重复性越好。

五、时间性变化率的测定

① 定义。长时间内反复进行同一个试验时标准人工缺陷值的变化。

② 测定方法。测定方法同短时间再现性 K 的测试方法。每隔 1h 或 2h 进行一次试验，将记录纸上所表示的信号幅度用刻度的百分数表示。

③ 计算方法。用 S 表示时间性变化率，其值为：

$$S=\frac{S_{\max}-S_{\min}}{50}\times 100\% \tag{9-14}$$

这项指标主要用于评价仪器长时间运行的可靠程度与灵敏度的漂移情况，其值越小越好。

六、对盲区长度 (L) 测定

① 定义。指为了消除试件端部涡流畸变产生的干扰信号，头尾不可探区的长度。

② 测定方法。按要求调好设备状态。在离管材头尾 20mm 处各钻一个通孔，通孔直径应符合 GB/T 7735—2004 的要求。在去除头尾信号下探伤，观察这两个孔是否报警。若不报警，则在距第一孔的 20mm 处再钻一个孔，看是否报警，直至新钻的孔报警为止。此孔距离端头的距离即为盲区长度。

③ 表示方法。此性能与测试速度（t）、管径（D）、孔径（d）有关，故用式(9-15)表示：

$$L(D,d,v)=L'(\mathrm{mm}) \tag{9-15}$$

将三、(3) 例子中的 D、a 值代入式(9-15) 得：

$$L(80,2.20,60)=100\mathrm{mm}$$

按 GB/T 7735—2016《无缝和焊接（埋弧焊除外）钢管缺欠的自动涡流检测》的要求，考虑涡流探伤的端头效应，故盲区长度以不大于 200mm 为宜。

第六节 焊管涡流探伤要求与操作方法

一、对钢管涡流探伤的要求

根据工业无损探伤的特点，为了实现探伤系统的自动化控制，目前我国钢管制造企业中，ϕ80mm 以下规格钢管涡流检测大多采用传统的穿过式线圈探伤方法。对于直径超过ϕ180mm 的钢管采用传统的穿过式涡流方法进行检测存在着诸多的问题，也是国家标准所不允许的。穿过式线圈探测的是钢管表面的一个圆周面，在采用穿过式线圈的涡流探伤中，被检测钢管的直径越大，线圈探测的圆周面积就越大，信噪比就越低。正是基于这个原因，钢管涡流探伤标准规定，采用穿过式线圈的涡流探伤，其外径尺寸不得大于ϕ180mm。除此之外，在大口径钢管穿过式探伤时，钢管的磁化和退磁等都存在一定的难度。因此，不管是在国内还是国外，对于大口径钢管的探伤，一般采用点探头式涡流探伤。

二、大口径钢管涡流探伤方法

点式涡流探伤的检测灵敏度很高，对沿钢管轴向分布的裂纹和折叠缺陷有较高的检测率；除此之外，点式涡流探伤还兼有抑制环境温度和工件传输振动对探伤影响的作用。更重要的是，点式涡流探头的形式可以适应不同管径钢管的探伤要求。

在国内钢管实际制造过程中，钢管口径涉及ϕ473～ϕ4340mm，范围大，种类多，为了更好地适应实际制造中对探伤工艺的要求，采用一种新型的随动式点式线圈涡流探伤系统。

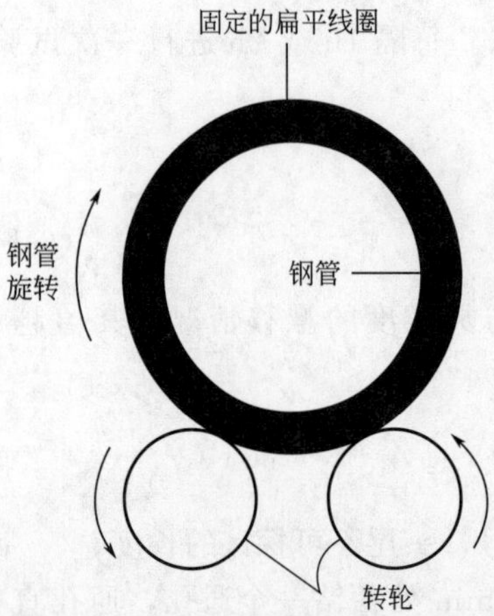

① 首先根据生产线的实际情况，确定钢管沿生产线螺旋旋转前进、探头固定的探伤方式。在使钢管做旋转前进的同时，让点探头紧靠钢管表面，完成对整个外表面的扫查，如图 9-8 所示。

图 9-8 点探头与钢管的位置关系

② 确定探头的数量。点探头探伤方式需要使用多个检测探头以加大扫查螺距，以提高检测速度。涡流点式探头的尺寸一般都比较小，检测灵敏度较高，但却牺牲了探伤速度，而加大探头的覆盖检测区域，可以提高探伤速度，但检测灵敏度就会下降。经过研究与实践，确定了六通道形式的探伤系统。

③ 确定探伤系统的结构方式。首先把六通道式涡流探头装入一个探头小车中，采用丝杠调节的方法把探头小车调节到适应待检测口径钢管的要求，然后采用气缸顶推微调的方法使检测探头始终紧压在被检工件表面，并在探头小车两端加装一对万向轮，使其与被检工件之间始终保持一定的距离。

从实际检测结果来看，该系统兼顾探伤速度与探伤灵敏度，探头的随动性比较强，基本保证了探头与被检测钢管表面之间的距离恒定，探伤也取得了较好的效果，实现了多口径钢管表面的涡流检测。

三、涡流检验操作要求

1. 感应线圈和磁棒放置位置要求

① 必须要与钢管同心。

② 感应线圈的前端与挤压辊中心线的距离应为 1～1.5 倍的管径。

③ 磁棒放置位置。磁棒前端应在挤压辊中心位置。

2. 机组开车要求事项

机组开车及更改规格、壁厚时记录焊接参数，连续生产时需要每 2h 记录一次。

3. 焊缝外观检验

焊缝外观检验包括以下几个方面：

① 焊缝表面，焊口必须无裂口、裂纹等缺陷存在。

② 机组开机及更改规格、壁厚时要记录外观质量，连续生产时要每 2h 记录一次。

四、焊管涡流检验工艺与步骤

1. 焊管涡流检验工艺

焊管涡流检验工艺见表 9-4，在实际中可以参照此表制定。

表 9-4　焊管涡流检验工艺表　　单位：mm

委托单位	焊管车间		时间名称	焊接焊管	
验收等级	E211		检测比例	100%	
牌号	Q195/Q215/Q235		检测时机	连续检测	
仪器型号	EEC-305		检测标准	GB/T 7735—2016	
探头形式	扇形探头		验收标准	GB/T 3091—2015	
机组	规格	频率/Hz	相位	平衡(高通)/Hz	增益/dB
ϕ76/50	ϕ42～48 DN32～DN40	16778	150	32	45
		5k～30k	0～359	0～150	0～90
	ϕ60～76 DN50～DN65	16778	150	32	45
		5k～30k	～359	0～150	0～90
对比样管	管径 $20<D\leqslant44.5$；ϕ1.0mm 通孔；管径 $44.5<D\leqslant76.1$；ϕ1.2mm 通孔				

2. 检验步骤

① 试样加工：对比试样的加工与制作。

② 连机：按照说明书正确连接仪器及辅助设备。

③ 开机预热：开机并预热稳定。

④ 参数设定：设定仪器检测参数。

⑤ 灵敏度调整：利用试样人工缺陷调试仪器工作状态及检测灵敏度。

⑥ 检测：按照有关要求进行检测，水渍、粉尘、钢管抖动、速度时快时慢、焊缝偏转和高频干扰不能影响检测结果。

3. 缺陷评判

① 记录、标记、隔离分放。

② 报告、出具检验报告。

4. 注意事项

① 外观检验后方可进行涡流探伤。

② 人工缺陷对比试样从被检钢管中（同一批、同一牌号、同一规格、同表面状态）选取以保证电磁特性一致。

③ 利用对比试样调好灵敏度，原来的参数不变进行校验。

④ 每隔4h校验灵敏度一次，特别要注意探头磨损造成的灵敏度下降（≤2dB）和周向灵敏度（≤3dB）满足要求，

⑤ 探伤操作人员对缺陷信号有怀疑时，应进行复探。

第七节 钢管涡流超声波联合探伤技术

一、国内外无损检测最新进展

近年来数字化与网络化技术日新月异地发展，无损检测技术也取得了长足进步。无损检测发展方式如下。

① 焊管和无缝钢管无损检测技术数字化、智能化、网络化。随着计算机技术、自动控制技术、传感器技术的发展进步，无缝钢管无损检测技术朝着智能化、数字化方向发展，在焊管生产线上大部分仪器都接入局域网，由总部上位机进行监控管理。钢管生产过程中的每一个环节都实现了过程可控，这对于钢管品质的提升起了巨大的推动作用，还可通过数字化数据分析产品质量原因，做好产品质量缺陷的提前预防。

② 无损评价。在20世纪90年代的第14届世界无损检测会议上，提出了将无损检测技术发展成为无损评价，并对无损检测技术对质量控制的重要作用进行了重点介绍。

③ 电磁超声无损检测技术。采用电磁法技术也可在钢管内激发出超声波，并且电磁法检测不需要耦合剂，可以节约水资源。美国Magna-Tec公司利用电磁超声换能器产生Lamb波来检测在线钢管和压力容器。德国瓦卢瑞克&曼内斯曼公司采用两个电磁超声换能器对钢管在线检测。北京钢铁研究总院张广纯教授等，经过深入研究，利用厚度为18mm的钢板中产生的Lamb波来检测钢板缺陷。

④ 焊管和无缝钢管激光超声检测技术。利用激光打在钢管表面可以激发出超声波，而且检测同样不需要耦合剂。Edwards等开发了一种利用Nd：YAG激光器发出激光，穿过光纤照射金属表面产生激光超声，山东省科学院激光所正在与乌克兰联合进行激光超声的理论和应用研究。

二、涡流、超声波联合探伤技术

对大直径$\phi 100 \sim \phi 373$mm无缝钢管采用涡流、超声波探伤技术装置，利用无缝钢管旋转前进，探头原地升降跟踪，涡流探伤和超声波联合探伤，根据实际探伤的环境，超声波采用半水浸式探伤的方法。主要技术包括以下主要内容。

① 无缝钢管涡流超声波联合探伤装置方案设计技术要求及标准规定，结合钢管生产实际环境对涡流超声波联合探伤装置具体探伤方案的影响，设计出钢管探伤传送方式及探头跟踪方式。同时又根据钢管生产过程中易出现的伤型及探伤速度要求，对联合探伤装置涡流超

声波探头数量配置等进行设计。

② 无缝钢管涡流超声波联合探伤装置电气系统的设计。基于钢管传动方式及探头跟踪耦合方式，对联合探伤装置电气系统进行设计。根据钢管长度及工厂生产节奏设计出电气系统对辊道传动部分、探头升降部分上下料动作等的控制方案。根据项目要求对PLC、变频器等主要部件进行选型，并对所选部件进行深入设计；根据控制点位、动作要求及探伤速度要求对辊道控制系统及上下料、跟踪动作控制系统进行设计。

③ 无缝钢管涡流超声波联合探伤装置探头系统设计。基于涡流探头对无缝钢管的纵向伤进行检测，选择出合适的探头尺寸，考虑涡流提离效应对检测有效性的影响；基于涡流探头跟踪装置对涡流探伤可靠性的影响设计出合适的涡流探头跟踪装置。

结合超声波探伤的影响因素并考虑超声波纵向、横向和测厚探头的排列方式选择出合适的超声波探头参数并满足实际探伤要求；基于超声波探头跟踪装置对超声波探伤可靠性的影响设计出合适的超声波探头跟踪装置。

三、无损自动探伤方法

目前国内钢管自动探伤装置分为探头高速旋转、钢管穿过式和钢管旋转、探头固定式两类。

探头旋转、钢管穿过式适用于中小口径管材自动探伤。钢管旋转、探头固定式则多用于大口径管材自动探伤。设计探伤范围为$\phi100\sim\phi273$mm，属于大口径钢管探伤，采用如下探伤技术方法：

① 涡流探伤方法：钢管螺旋前进、8通道点式涡流自动跟踪探伤。

② 超声波探伤方法：钢管螺旋前进、超声波局部水浸法探伤。超声波采用48通道对钢管纵向伤、横向伤、管壁厚度等进行实时跟踪检测。

超声检测方法很多且各具特点，针对不同产品和领域检测方式不同，达到的精准度也不相同。按照耦合方式的不同超声检测又分为接触式与水浸式，水浸式又分为全水浸式、局部水浸式；检测方式按照接收方式的不同分为穿透法和反射法。

① 穿透法。穿透法需要将超声波穿透被检测件，穿透法的发射与接收是分离的，检测时需要将两个探头分置于检测件的两面上，一个探头发射超声波后，另一个在另一面接收穿过检测件的超声波，再根据超声波穿透检测件的变化状态来对检测件的内部质量进行判断。穿透法既可使用连续波，也可使用脉冲波。当使用连续波穿透检测时，如果检测对象内部无缺陷，则接收能量最大，接收装置的显示值也达到最大；若内部有缺陷，则由于一部分能量被反射掉，接收能力就相应减弱，接收装置的显示值则会下降。

② 反射法。脉冲波入射和反射的路径一样，出发点与终点重合，所以用一个探头就可完成发射与接收两个任务。脉冲超声波射入试件时，将在声阻抗差异的界面上产生反射声波，再通过接收探头接收后将反射状况显示出来。反射法接收的是反射声波，它的状态能够反映试件内部缺陷的具体情况，根据反射的时间和形状等信息可以得出时间、内部缺陷的详细情形，包括缺陷位置、材料性质等。反射法可以用一个探头同时承担发射和接收的功能，也可用两个探头分别来承担接收和发射任务。

1. 对纵向缺陷的超声波探测

该联合探伤装置中的超声波探伤主要采用脉冲反射法对无缝钢管进行缺陷检测。在检测的过程中存在液、固界面，而只有纵波能够在液体中传播，横波不能在液体中传播。因此，当纵波从液体中斜着入射到液体、固体界面上时，液体中只有反射纵波，而在固体中同时存

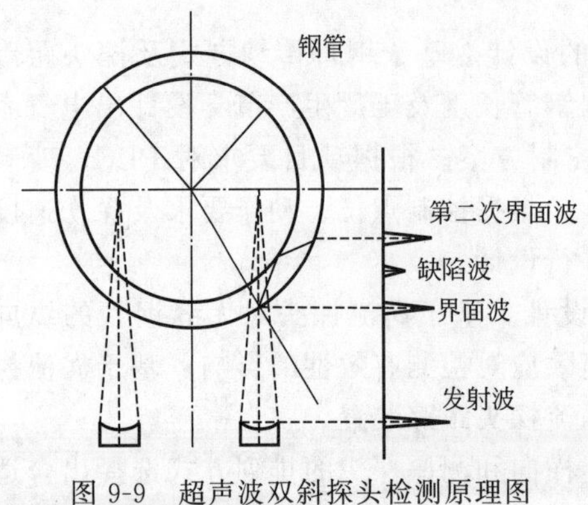

图 9-9 超声波双斜探头检测原理图

在折射纵波和折射横波。根据标准要求，在自动探伤的过程中要保证在钢管中纯横波传播。当钢管中有缺陷时，材料声阻抗发生突变就会产生强烈的横波回波，根据其信息，我们即可推测出钢管中缺陷的相关信息。

该系统对纵向缺陷的超声波探伤原理如图 9-9 所示。超声波按双探头法安排探测钢管的内外壁纵向伤。超声波通过水介质射到钢管表面，经过折射变成超声波横波在钢管内传播，射到钢管内壁发生反射后再射到钢管外壁上，然后再次反射到内壁上、再次反射到外壁上。超声波在钢管内发散、收敛，再发散、再收敛。如果在这个过程中，超声波遇到缺陷就会强烈地原路返回，超声波探头就会把这个反射声波信号转换成电信号，送入到计算机中处理，显示在计算机显示器上。

2. 对横向缺陷超声波的探测

对于钢管中的内外壁横向缺陷我们采用单斜探头沿着无缝钢管轴方向移动进行探伤。如图 9-10 所示，探头需要倾斜入射声束才能得到纯波，声束中心两侧的入射点会根据声束中心入射角的变化而发生相应的变化，以此求解声束的传播范围。

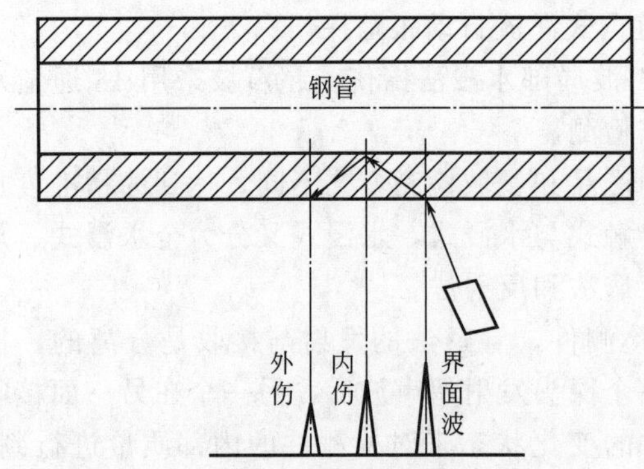

图 9-10 超声波检测钢管横向缺陷原理图

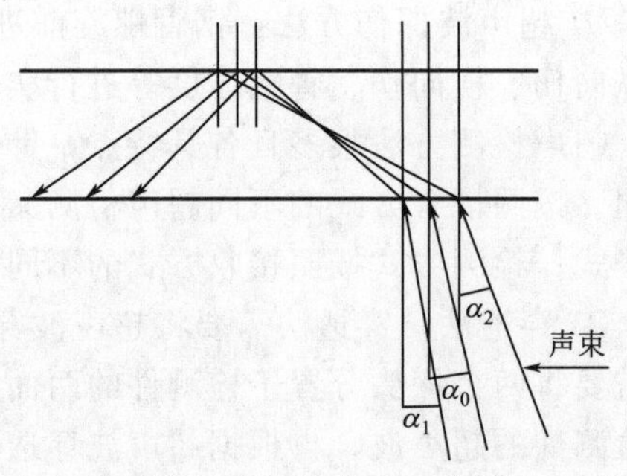

图 9-11 入射角范围计算

在图 9-11 中，声束最左侧的入射角为 α_1，中心入射角为 α_0，声束最右侧的入射角为 α_2。

$$\alpha_1=\alpha_0+\arctan(D_s/2F) \tag{9-16}$$

$$\alpha_2=\alpha_0-\arctan(D_s/2F) \tag{9-17}$$

$$\alpha_0\geqslant\arcsin(V_{Water}/V_{Steel}) \tag{9-18}$$

$$\alpha_0\leqslant\arccos(V_{Water}/V_{Steel}) \tag{9-19}$$

式中 α_0，α_1，α_2——声束入射角；

V_{Water}——水中声速；

V_{Steel}——钢中声速；

D_s——圆盘形声波源面积，mm^2；

F——方形声波源面积，mm^2。

经式(9-18) 和式(9-19) 计算可得：

$$14.6^\circ \leqslant \alpha_0 \leqslant 27.6^\circ$$

α_0 取值范围在 14.6°～27.6°之间时才能保证横向探伤为全横波探伤。α_0 不能取值太大，否则超声波在钢管内传播时会因发散得过大而不能保证探伤的分辨率。横向探伤时由于超声波总是能够射到内壁上所以不需要过多考虑。

要保证扫描速度就需加大单次扫描覆盖面积，但单次覆盖面积过大就会使分辨率降低，由此可见扫描速度和分辨率是需要综合考虑的，它们是一对矛盾体。只要选择了晶片直径和透镜的焦距，选择了 α_0，就能够算出 α_1 和 α_2。

3. 对表面缺陷的涡流探测

在生产中采用钢管螺旋前进、点式涡流直探头对与管轴平行表面的纵向缺陷进行 100% 扫描式探伤。涡流激励探头激励线圈绕在中心扁平磁棒上，在中心磁棒两边约 3mm 处分别各放置绕在扁平磁棒上的接收线圈，这两个接收线圈接成绝对差动式输出模式，输出涡流信号。

一般情况下，钢管表面缺陷信号在接收输出端的信号是包含对激励信号进行幅度调制的信号，这个信号经过前置放大后可明显地看出对激励信号的幅度进行的调制的波形。经过正交解调电路后的滤波电路去掉载频信号可获得上信号。

涡流探头组由多个点式涡流探头组成，其排列方式可由多个点式探头组成一排或者为了提高检测灵敏度多个探头排列成两排，后一排探头依次向右错半个探头位置的排列方式进行探伤。

涡流探头是有方向性的，当涡流探头探伤方向和钢管表面的槽伤方向垂直且相对运动时，由于涡流探头中有高频等幅的激励信号加到激励线圈上，涡流探头就会感应出高强度交变磁场来，然后经过高频磁芯加到钢管上形成闭合磁路。点探头和钢管表面靠得很近（约 1～2mm)，若距离过远磁场发散严重则影响探伤效果。如果钢管一侧有缺陷信号，差动电路会输出一个很大的突变信号，然后通过解调电路把信号解析出来实现涡流探伤的检测，见图 9-12。

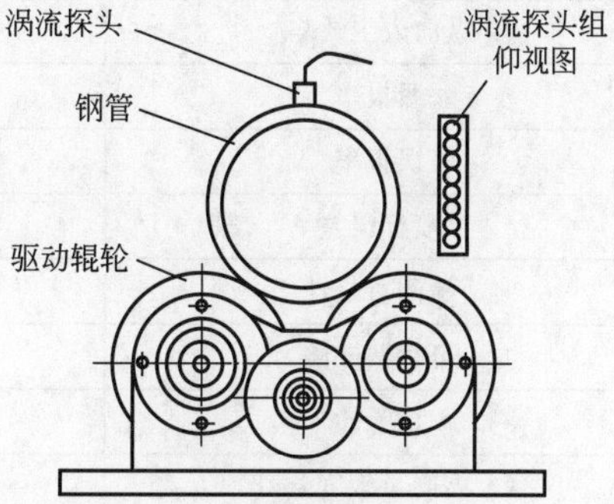

图 9-12　涡流检测钢管纵向探伤原理

四、涡流、超声波联合探伤技术指标

根据钢管制造企业对联合探伤装置具体的技术要求，一般情况下，在工程上 $S/D \leqslant 0.2$ 为薄壁管的检测。钢管直径从 ϕ100mm 到 ϕ273mm，壁厚直径比值 S/D 最大为 0.26，由此可知属于对厚壁钢管进行检测，因此需要考虑钢管中变形横波的检测情况。表 9-5～表 9-7 是项目厂家根据国标及项目实际需求给出的钢管规格范围、功能要求及联合探伤装置具体技术指标要求。

表 9-5　检测钢管规格范围及功能要求表

项目名称	规　格
直径(D)范围	100～273mm
壁厚直径(S/D)比	最大 0.26
管长	4.0～12m

续表

项目名称	规　格
检测速度	≤4m/min
声光报警功能	在自动探伤的过程中，当系统检查到缺陷或耦合不良时，系统将自动产生声光报警

表 9-6　联合探伤装置技术指标要求表

项目名称	规格
纵向缺陷	40mm 缺陷深度，5%壁厚，最小 0.2mm
横向缺陷	40mm 缺陷深度，5%壁厚，最小 0.2mm
分层缺陷	ϕ6mm 平底孔，75%壁厚深度，距内、外表面至少 2mm
漏报率	0%
误报率	≤1.0%
检测重复性	相同缺陷通过装置 10 次，准确重现
信噪比	≥10dB
检测盲区	≤200mm(纵向、横向)
周向灵敏度差	≤3dB
稳定性	≤2dB(连续工作 2h 后)
壁厚静态测量精度	±0.5mm(单点测量精度)

表 9-7　探伤装置涡流检测技术指标

项目名称	指　标
纵向人工缺陷	40mm(长)×0.1mm(宽)×5%壁厚深度(最小壁厚深度 0.3mm)
漏报率	0%
误报率	≤1.0%
喷标误差	±25mm
检测重复性	相同缺陷通过装置 10 次，准确重现
可探测缺陷	管体纵向缺陷
信噪比	≥10dB
周向灵敏度差	≤3dB
稳定性	≤2dB(连续工作 2h 后)

五、涡流、超声波联合探伤机构

根据具体技术要求，涡流、超声波联合探伤系统由电气系统、机械系统、检测探头系统、仪器系统、水循环系统等组成，如图 9-13 所示。

电气系统由西门子 PLC、西门子变频器、编码器、传感器、人工界面 HMI、计算机等组成。将传感器获得的信号送入 PLC 输入端子中，经过内部程序控制，输出无缝钢管上料信号、压紧信号、涡流探头起落信号、超声波探头依次起落信号、分选信号、下料信号，来控制机械动作，完成探伤过程。变频器控制辊道电机的旋转，控制钢管螺旋前进的运行速度。PLC 和变频器、编码器通过 PROFIBUS 总线进行数据交换，人工界面 HMI 和计算机

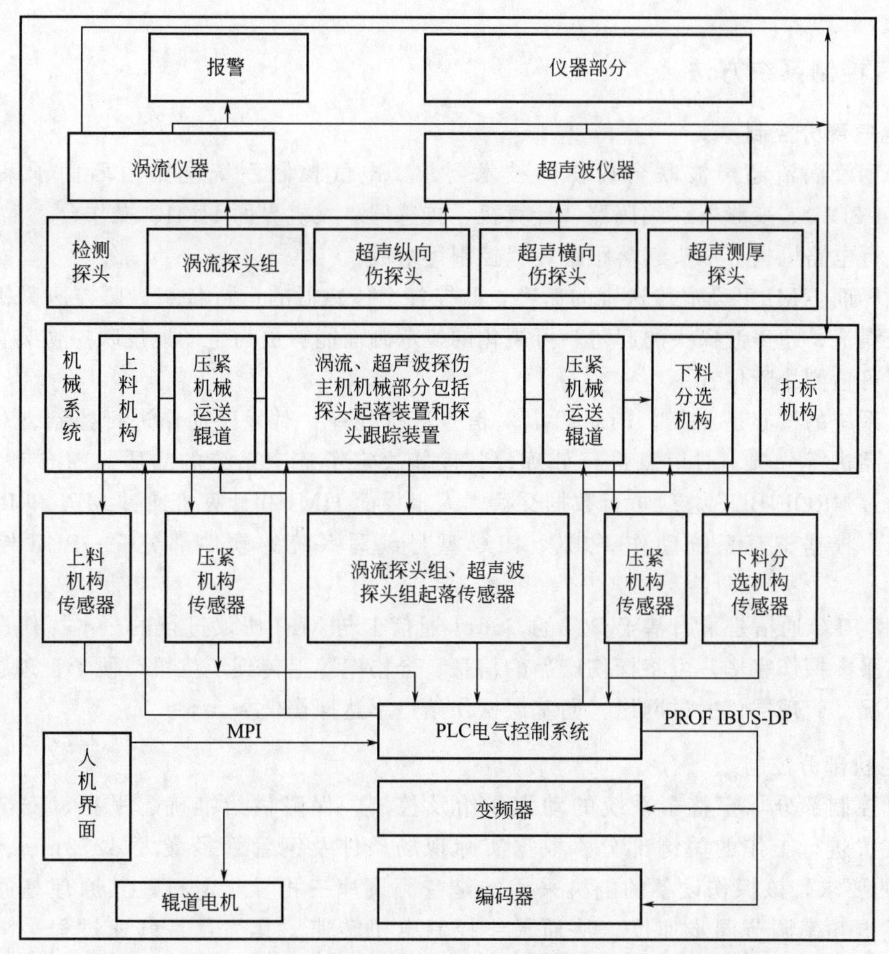

图 9-13　$\phi 100 \sim \phi 273$mm 无缝钢管涡流、超声波联合探伤装置总体方案

通过 MPI 和 PLC 进行数据交流。HMI 可监控各个传感器的状态，为故障查询提供了很好的技术手段。

机械系统主要包括涡流、超声波探伤主机，探头起落机械装置，钢管压紧装置，无缝钢管上料、分选、下料机械装置。涡流主机主要由涡流探头提升装置、涡流探头跟踪装置等机械部分组成。超声波主机由超声波纵向探伤探头组、横向探伤探头组、超声波测厚探头、探头起落装置、探头跟踪钢管曲面装置等机械部分组成。上下料台架、压紧装置等机械系统仅仅是辅助系统。检测探头系统由 8 个点式涡流探头按一定的方式排列组成的涡流探头组、超声波伤探头组、超声波横向伤探头组、超声波钢管测厚探头组组成，检测探头主要用于涡流伤信号、超声波纵向伤信号、横向伤信号，钢管超声波壁厚信号的拾取。

仪器系统由 8 通道涡流仪器、48 通道超声波仪器组成。涡流仪器对钢管表面的纵向伤进行探伤，涡流探头获得的涡流信号送入涡流仪器进行放大，X、Y 分解，信号解调，滤波，增益控制放大，将伤信号的阻抗信息显示在显示屏上，仪器就输出报警信号进行报警提示。将超声波纵向、横向探头获得的信号送入超声波仪器中进行前置放大、增益数字控制放大。信号经脉冲控制放大，信号整形后，送入超声波数据采集卡中进行数据采集，数据按特定的算法计算后显示在显示屏上，如信号超过报警闸门就输出报警信号。超声波测厚探头获得的钢管厚度信号经过计算机处理后显示在显示屏上，如上下偏差超标则报警，并同时输出喷标信号。

六、电气控制系统方法

1. 电气部分控制

根据钢管涡流超声波联合探伤的技术要求，电气控制系统电路由西门子系列 PLC (CPU 414-2DP)、变频器、编码器、计算机、传感器、人机界面 HMI、操作台、辊道电机、上下料执行电路机构、探头起落跟踪装置控制等组成。

人机界面 HMI 可设定传送辊的速度，监控各个传感器的运行状态，监控压紧机构的动作，监控涡流、超声波探头的起落，可视化的显示画面能够更为生动地反映探伤装置的运行情况，还可检测故障位置。

电气系统的核心是 PLC，PLC 可以对信号进行处理、对程序动作进行控制、对合格品与不合格品进行分选、对信息进行处理，其性能决定了整个系统的品质。PLC 和变频器、编码器通过 PROFIBUS 总线进行数据交换，人工界面 HMI 和计算机通过 MPI 和 PLC 进行数据交流。根据整套系统动作要求及 PLC 型号编写系统的软件部分——PLC 控制系统程序。

PC 和 PLC 通信是采用基于 PCI 的 C5611 通信卡与 MPI 协议进行的。本探伤设备可上传探伤结果。探伤完毕，可将探伤产品的信息、合格率等上传到上位机，便于管理层随时了解探伤情况。管理层可通过网络，向基层探伤站点下达探伤任务。

2. 电机部分控制

电机控制部分承担整个系统的动力供给及控制，保障供给准确、平稳、安全，是驱动探伤装置进行工作的关键部分。根据实际现场条件及钢管管径最大 ϕ273mm、最大单重达 5t 的要求，该探伤设备的电机采用的是变频调速三相异步电机，其原理是通过改变定子的供电频率调节同步速度，从而最终控制电机转速。其优点是调速过程平滑、可调范围大。采用的传动电机功率为 1.5kW，每两个传动辊共用一台电机，通过变频无级调速满足钢管 1.0～4.0m/min 速度的探伤要求。本装置通过直流模拟量采集，经过 A/D 转换来控制变频器输出频率，频率调节范围为 0～60Hz，调节步幅精度为 0.1Hz。通过频率变化来控制电机旋转速度，电机再带动旋转辊旋转并带动钢管旋转前进，当变频器频率为 60Hz 时，根据钢管直径可计算出钢管转速为 0～30r/min。探头升降电机功率为 0.5kW，其主要作用是控制整个探头起落架的升降、跟踪；水耦合系统通过水泵、控制开关、流量控制器、分水器来控制水耦合系统的驱动、供给；系统通过 PLC 实现感应器信号收集、发送以控制各个传动动作。

第八节 涡流探头的选用及探伤参数的选择

涡流探头、超声波探头是联合探伤装置实现其涡流探伤、超声波探伤技术指标的重要部件，其设计的好坏直接关系着联合探伤装置的技术性能，直接影响着涡流伤信号、超声波伤信号的采集，本节对涡流探头的性能以及探伤的技术参数进行介绍。

一、涡流探头分类

检测线圈接通交变电流并放置于钢管上部，钢管上将感应出涡流。此涡流产生一个与原磁场方向相反的磁场并部分抵消原磁场，导致检测线圈阻抗电阻和电感的变化。实质上就是检测线圈阻抗发生的变化，经处理后利用阻抗平面显示技术对钢管的物理性能做出评价。检测线圈就是所说的检测探头，涡流探头性能的好坏将对后续信号处理产生直接影响。探头制作成功与否是决定检测是否成功的一个重要因素。

涡流探头按应用方式分类可分为穿过、内通、放置（点式探头）式探头。

① 穿过式探头：被检测钢管从探头内部传穿过，用于高速、自动化检测。

② 内通式探头：探头从钢管内部穿过进行检测。

③ 放置式探头（点式探头）：放置于钢管表面进行检测，灵敏度高，适用于板材、大直径钢管表面检测。

涡流探头按比较方式又分为绝对式线圈探头和差动式线圈探头。

差动式线圈探头可以分为标准比较式、自比较式。自比较线圈探头是利用两个参数几乎完全相同的线圈接成差动方式输出的探头，它对同一钢管的相邻部分进行检测。当钢管无缺陷时，由于相邻部分在化学成分及物理性能方面几乎一致，因此无信号输出；当钢管有缺陷时差动线圈就会输出剧烈变化的有用信号。

本节所介绍的联合探伤装置通过采用点式探头检测螺旋前进钢管表面的方式来探测钢管中近表面的纵向缺陷，其检测速度由探头数量和其旋转速度而定。这是近些年来新发展起来主要用于检测大直径钢管纵向近表面缺陷的技术，一般来说检测速度比较慢，装置较为复杂。

点式涡流探头一般由绕在中心扁平磁棒的激励线圈和放在中心磁棒两边约 3mm 的两个接收线圈组成，这两个线圈同样绕在扁平磁棒上，可根据需要接成绝对差动式输出或者桥式输出。此种探头有检测方向性，可利用此特点把点式探头按规律排成一排或为提高检测灵敏度交错排成两排的方式而设计成涡流检测探头组。

根据 ϕ100～ϕ273mm 无缝钢管涡流超声波联合探伤装置的要求检测无缝钢管的人工纵向槽伤（伤长为 40mm），涡流组合探头的设计、尺寸大小、方向安排至关重要。ϕ100～ϕ273mm 无缝钢管涡流超声波联合探伤装置采用无缝钢管螺旋前进、探头置于钢管表面跟踪扫描探伤方式，此方式要求钢管旋转前进，而随着钢管的旋转钢管表面曲率半径将会发生较大变化，因此将会不可避免地产生提离效应（提离效应是指涡流探头离开检测物体表面的程度不同而产生的涡流电信号相应不同），提离效应处理不好将影响涡流探伤的效果。

二、涡流提离效应的抑制

从目前掌握的技术资料上看，涡流提离效应的抑制方法分为静态涡流提离效应法和动态涡流提离效应法。静态涡流提离效应的抑制一般采用谐振电路法、不平衡电桥法和相位转换法抑制涡流提离效应。

动态涡流提离效应抑制一般有探头机械抑制法、测距抑制法及旋转坐标补偿法。由于该涡流、超声波联合探伤装置采用无缝钢管螺旋前进方式、涡流探头机械抑制法对钢管的纵向槽伤进行检测，所以在此仅对探头机械抑制法相关机械进行介绍。

钢管表面曲率半径的变化，工件表面的凹凸不平、粗糙等因素，探头与钢管之间距离的微小变化都会引起探头检测灵敏度的较大变化。自动跟踪机械装置的作用是使探头始终能够跟踪钢管表面曲面的变化，探头在无缝钢管表面能够跟随钢管不同方向的摆动而实现相应的运动，并且能够保持涡流探头与无缝钢管表面距离恒定。

由于机械振动、被动跟踪方式的限制，只能使无缝钢管和涡流探头表面保持相对的稳定距离，尽可能地减少提离效应，使其不至于影响探伤结果的有效性和实用性。

三、探头直径选择和探伤速度的确定

考虑到涡流信号的强度和提离效应综合因素（图 9-14），本联合探伤装置采用 ϕ20mm 涡流探头。探伤速度的设定见式(9-20)。

$$V \leqslant mv \left| L - L_0 \right| / k \tag{9-20}$$

式中 V——无缝钢管行进速度；

L——涡流探头覆盖区域；

L_0——人工伤长度；

k——同一人工伤报警次数；

m——探伤涡流探头数；

v——旋转钢管与探头的相对旋转速度。

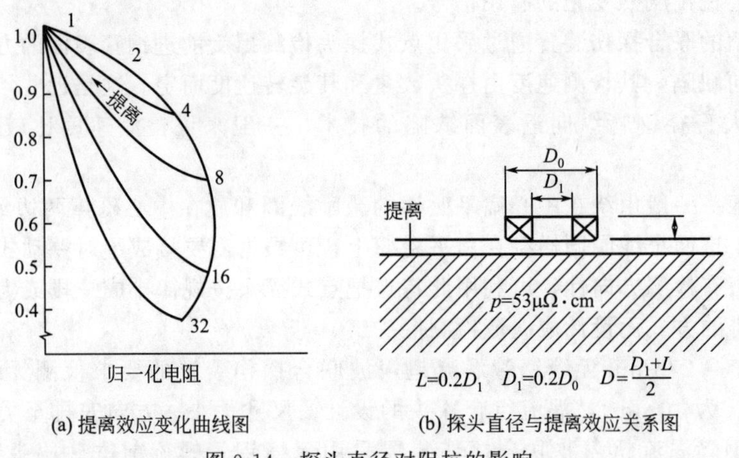

(a) 提离效应变化曲线图　　(b) 探头直径与提离效应关系图

图 9-14　探头直径对阻抗的影响

四、涡流探头曲面跟踪机构

根据无缝钢管弯曲度≤1.5mm/1000mm，尾端弹跳度接近 1.5mm 的实际要求，我们对涡流探伤重点部位涡流探头跟踪装置展开计算。涡流探头跟踪装置高度的调节由装置上的手轮来完成，顺时针方向为升，逆时针方向为降，升降范围为 200mm。当调整好适当的高度后，在探头两边的传感器感应到钢管的到来后，信号送到 PLC，PLC 送出探头自动升降控制信号控制探头气缸，使得探头自动跟踪钢管的曲面运动。

涡流探头架主体部分为 304 不锈钢材质，探头框架与探头块采用不锈钢轴承连接，探头框可以进行前后转动，转动角度为 15°。涡流探头内架与探头外架也是采用不锈钢轴承连接，探头内架可以左右转动，转动角度为 4°。由此就形成一种十字形框架结构，可以确保探头前后左右方向均可以灵活转动，由此就可确保探头灵活跟踪钢管表面，抵消钢管由于椭圆度及平直度不均造成的跟踪不佳现象。

涡流探头与探头架直接设计有压力弹簧，弹簧外径为 4mm，线径为 1mm，压缩距离为 6mm，此种设计可以确保钢管在高速旋转过程产生跳动时，探头还可以稳定跟踪在钢管表面适应钢管的曲面运动，如图 9-15 所示。

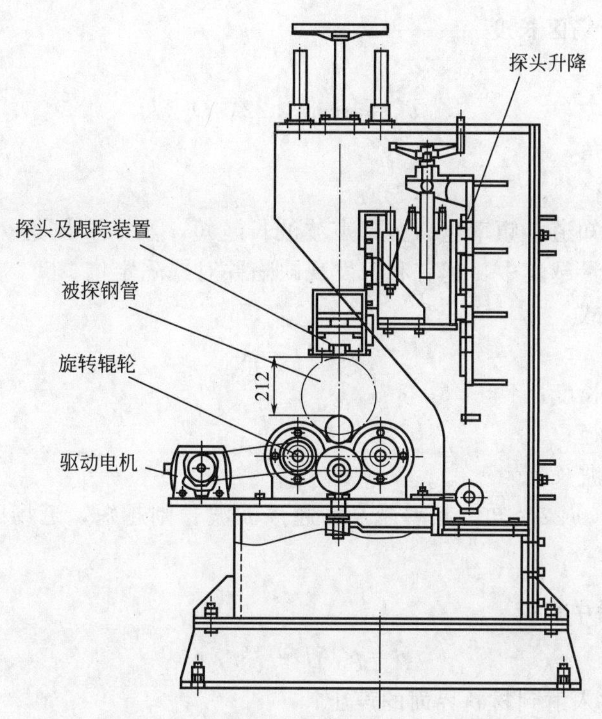

图 9-15　涡流探头曲面跟踪机构示意图

五、超声波探头种类与应用

超声波探头可分为压电型、电磁型等。无缝钢管探伤中选用的一般为压电型探头。它利用材料压电效应，通过压电晶片将电能转化成高频振荡的机械能，然后激发出用于检测的超声波。

1. 超声波探头分类

按照超声波在被探钢件中产生的波形分类，可分为纵波探头、横波探头、兰姆波探头和表面波探头；按照超声波探头与被探件表面之间的耦合方式分类，可分为直接接触式超声波探头和水浸式耦合超声波探头；按照声波声束入射的方向分类，可分为直探头和斜探头；按照超声波探头中压电片的数目可分为单晶探头、双晶探头和多晶探头；按照超声波声束形状的聚焦与否可分为聚焦探头和非聚焦探头；按超声波频谱的宽度可分为宽频带探头和窄频带探头。

超声波探头对无缝钢管的检测一般采用径向探头、轴向探头、直探头。在涡流、超声波联合装置中超声波探伤采用水浸法液体耦合系统，因为只有纵波才能在水中传播，不管哪种探头激励出的超声波都必须是纵波。

2. 超声波探头频率的选择

根据国内外研究者们积累的研究数据，钢管的超声波探伤频率在 2.5～10MHz 之间，可选择范围比较大。因此，在实际超声波探伤中应该按照需要选择合适的超声波探头，一般在线钢管超声波探伤选择频率为 5MHz 或者 7MHz。

超声波具有绕射的特性，超声波的灵敏度约为超声波波长的 1/2，在同材料中波速是定值，超声波频率跟波长是反比关系，因此，在允许的范围内尽量选择频率高、脉冲宽度小的探头，这样分辨率就高，更有利于区分更加细小的缺陷。

3. 半扩散角和近场区长度

半扩散角公式：

$$\theta_0 = \arcsin 1.22\lambda / D \tag{9-21}$$

式中 θ_0——半扩散角；

D——晶片直径。

从半扩散角公式知道，频率越高，超声波波长越短，则半扩散角 θ_0 越小，声束的指向性也越好，超声波能量越集中，越有利于发现缺陷并对缺陷定位。

近场区长度的公式：

$$N = D^2 / 4\lambda \tag{9-22}$$

式中 N——近场区长度；

D——晶片直径；

λ——超声波波长。

从近场区长度式(9-22) 知，频率越高，超声波波长则越短，近场区长度越大，对超声波探伤越不利。

4. 超声波在传播中衰减

$$p = p_0 AD\mathrm{e}^{-\alpha x} / \lambda x \tag{9-23}$$

式中 p_0——超声波入射到材料界面的声压；

p——在材料中，超声波传播一段距离 X 后的声压；

α——衰减系数；

($d \leqslant \lambda$，$\alpha = C_1 f + C_2 F d_3 f_4$；

$D \approx \lambda$，$\alpha = C_1 f + C_3 F d f_2$；

$D \geqslant \lambda$，$\alpha = C_1 f + C_4 F / d$；$C_1$、$C_2$、$C_3$、$C_4$ 是常数。)

f——超声波频率；

F——各项异性因子；

d——晶粒尺寸。

超声波的能量随超声波频率、材料的晶粒度降低而急剧衰减，超声波探伤时，频率的影响较大，频率越高，探伤灵敏度就越高，分解率就越强，探伤精确度就越好。但并不是频率越高越好，频率很高时，近场区就长，介质的衰减就大，反而不利于探伤。所以探头的选择应综合各方面因素，合理选取。在满足探伤灵敏度要求的前提下，尽可能选取频率较低的探头，无缝管包括碳钢材质与不锈钢材质等。对于碳钢钢管，因为晶粒较细，所以一般选用的探头频率高些。对于不锈钢无缝管，因为不锈钢晶粒较为粗大，所以宜选用频率较低的探头，否则若选用频率过高，就会引起超声波能量严重衰减而不能完成探伤结果。

5. 超声波探头晶片尺寸的选择

超声波探头组主要由探头壳体、探头楔块以及其他接插件组成。用于无缝钢管检测的超声波探头外壳是支承整个探头的重要部件，是实现自动跟踪的主要机构之一。超声波探头由阻尼块、压电晶片、传输线、保护膜等组成。晶片尺寸增大有利于减小半扩散角、集中声波能量、增强穿透力，并且可以增大单个超声波探头的扫查面积，降低制作成本和设计难度。但同时晶片尺寸增加会增加近场区长度，反而不利于检测。与探头频率选择一样，探头晶片的尺寸也需要做出适当的选择，既要达到增加扫查面积、集中声波能量的功效，又能有效控制近场区长度对检测的不利影响。

为达到对小缺陷精准探测的目的，探头扫查面积应小于最小检测面积，在本项目中待测钢管工艺要求最小缺陷尺寸为40mm×1mm，所以该联合探伤装置选取晶片直径为14mm的探头。

6. 水浸聚焦探伤偏心距和水层厚度的确定

水浸聚焦探头探伤大口径管时，声束聚焦、能量集中、灵敏度高。大口径管探伤一般采用线聚焦头，焦点调在管材中心线上。这样横波声束在管内、外壁多次反射，产生多次汇聚、发散，在整个管子截面上形成平均宽度基本一致的声束，这样不仅能够使得探伤灵敏度较高，而且能够使得内外缺陷检测出的灵敏度大致相同。

六、钢中纯横波检测的条件

1. 检测的传播速度和折射角的选取

使用同一超声波探头发射超声波至钢管中时，超声波纵波传播速度5850m/s，横波传播速度为3230m/s，横波的波长约为纵波波长的2倍，所以横波的指向性好、分辨力好、相对检测灵敏度高。但是从式(9-23) 看出，随着波长的增大，横波的能量衰减比纵波大，因此，横波穿透力会降低。

根据钢中横波入射直角边的反射系数图可知，横波测试中，折射角应选35°～55°比较合适，而选用60°是非常不利的。

$$\arcsin(V_{WaterL}/V_{SteelL}) \leqslant \alpha \arcsin(V_{WaterL}/V_{SteelS}) \tag{9-24}$$

式中　V_{WaterL}——超声波纵波在水中传播速度，1440m/s；

V_{SteelL}——超声波纵波在钢中传播速度，5850m/s；

V_{SteelS}——超声波横波在钢中传播速度，3230m/s。

经过计算得出：$14.5° \leqslant \alpha \leqslant 27.5°$。

横波探伤管材时，第一临界角对应的探测厚度最大。由于第一临界角 α_1 对应的横波折射角 β_s 也是确定的。因此可探测的壁厚也受到一定的限制。

当钢管规格 $D \times T$ 一定时，为了能探测到钢管内部缺陷：

$$\sin\alpha_1/\sin\beta_s = V_{WaterL}/V_{SteelS} \tag{9-25}$$

$$\sin\beta_s = \arcsin(1-2T/D) \tag{9-26}$$

$$T/D = [1-(V_{SteelL}/V_{WaterL})\sin\beta_s]/2 = 0.226 \tag{9-27}$$

式中　D——钢管直径；

T——钢管壁厚；

α——超声波入射角。

横波探伤钢管时，第一临界角所对应的超声波能够探测的钢管厚度最大，也就是说，此时的钢管的内壁伤能够探测出来。所以，钢管超声波全横波探伤时，要满足：

$$T/D \leqslant 0.226 \tag{9-28}$$

在工业上，一般要求

$$T/D \leqslant 0.20 \tag{9-29}$$

由于第一临界角 α_1 对应的横波折射角 β_s 是确定的。因此可探测的壁厚也受到一定的制约，所以纯横波能够探伤的钢管的壁厚也由此确定。而入射角 α 的大小，是调超声波入射声束与钢管偏心距 X 来完成的。

$$X = (D/2)\sin\alpha \tag{9-30}$$

$14.5° \leqslant \alpha \leqslant 27.5°$，经过计算：

$$0.25 \leqslant \sin\alpha \leqslant 0.46$$

所以偏心距的可调范围为 $D/8 \leqslant X \leqslant D/4$。

在工程上，一般实现钢管内纯横波探伤的能探伤到钢管内壁的探头偏心距范围为 $X = 0.251R \sim 0.458r$。

平均偏心距为：

$$X = (0.251R + 0.458r)/2 \tag{9-31}$$

式中 R——钢管外径；

r——钢管内径。

当 $T/D \leqslant 0.20$ 的钢管检测条件满足时，为薄壁管纯横波检测。

当 $0.223 \leqslant T/D \leqslant 0.26$ 时，应考虑为厚壁管检测。

2. 对厚壁管检测的条件

当 $0.223 \leqslant T/D \leqslant 0.26$ 时纯横波扫查不到钢管内壁缺陷，所以就不能采用纯横波探伤。假使让钢中纵波和横波同时存于钢管内，利用 $\alpha = 61°$时产生较强烈的变形横波来探测内壁缺陷，可使得可探测钢管的最大壁厚增加到 $T/D = 0.26$。在此条件下，本联合检测装置已经能够满足 $T/D \leqslant 0.26$ 的壁厚探伤条件。本联合探伤装置不再研究 $T/D > 0.26$ 的壁厚条件。

七、水浸聚焦探伤法的应用

1. 聚焦探头的选用

水浸法探伤一般采用聚焦探头，水浸聚焦探头分为线聚焦和点聚焦两种，线聚焦探头探伤速度较快，点聚焦探头灵敏度较高。由于声束聚焦，所以在焦距附近能量高度集中，探伤灵敏度就高。把线聚焦探头焦点调至钢管中心线上并发射声波，横波声束在管内外壁多次反射、多次聚敛发散后会在整个钢管截面上形成平均宽度基本一致的声束，这样不仅探伤灵敏度较高，而且内外壁缺陷检出灵敏度大致相同，如图 9-16 所示。

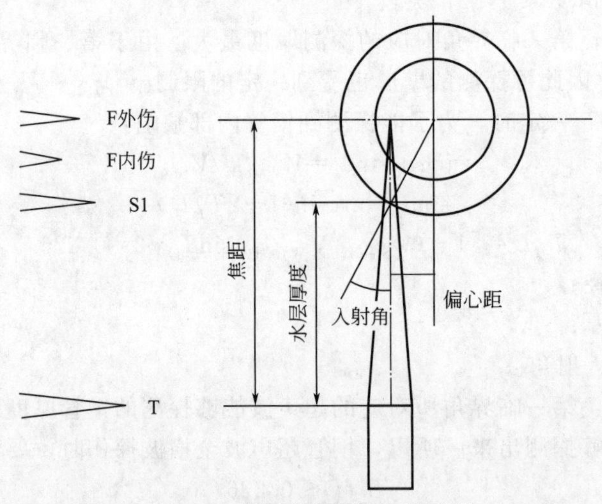

图 9-16 水浸聚焦探伤法的原理

2. 水层厚度的确定

水层厚度是指超声波探头至无缝钢管表面的距离，水浸法或半水浸法超声波探伤时，为使无缝管界面波不会对缺陷波产生干扰，要求水层厚度 H 需要满足下面条件。

$$H > X_s \tag{9-32}$$

X_s 为超声波在钢管中的一次声程。

$$H > N = D^2/(4\lambda) = D^2 f/(4V_{WaterL}) \tag{9-33}$$

$D=14\text{mm}$，$f=5\text{MHz}$，得出 $N=51\text{mm}$。

根据厚壁管的水层计算公式，超厚钢的检测水层厚度：

$$H > (V_{WaterL}/V_{SteelL})(R^2-r^2)^{1/2} \tag{9-34}$$

若对钢管直径 $\phi170\text{mm}$，壁厚 4.5mm 的厚壁管进行检测，经过计算则：

$$H > 33\text{mm}$$

根据涡流、超声波联合探伤装置的技术指标，考虑到不同的钢管检测的要求，水层厚度设定在 20～80mm 范围内可调。

3. 探伤扫查速度确定

涡流、超声波联合探伤装置采用螺旋扫查方式进行探伤，此种探伤方式对扫查速度有严格的要求。采用此方式进行探伤需要确定两个数据。

超声波同步脉冲重复频率是影响超声波探伤的一个关键指标，指的是超声探头发射和接收超声波的频率。重复频率跟探头工作频率不是一个概念，重复频率的大小对探伤速度影响很大。无缝钢管探伤覆盖率一般要求达到 100%，这就要求重复频率、钢管转速、螺距能够配合一致，调整到合适的数值。因此需要满足以下公式，其中式(9-25) 保证了系统整体扫查覆盖率大于 100%，式(9-26) 保证了钢管轴向扫查覆盖率大于 100%，式(9-27) 保证了钢管周向扫查覆盖率大于 100%。工程上一般要求大于 120%。

$$LV_2/V_1 \geqslant L/D_1 \tag{9-35}$$

$$f/V_2 \geqslant \pi D/D_2 \tag{9-36}$$

式中 D_1——探头发射晶片的宽度；
D_2——发射晶片的长度；
f——同步脉冲重复频率；
L——检出钢管的长度；
H——钢管运动螺距；
V_1——探头给进速度；
V_2——钢管旋转速度；
S——检测钢管的表面积；
D——钢管直径。

① 螺距的确定。螺距即为钢管旋转一圈所移动的直线距离。螺距的调节是通过调节旋转辊的角度来实现。螺距越小，探头扫查覆盖率就越高，漏检率越小，但是考虑钢管厂实际生产对探伤速度的要求，螺距又不能取得过小。考虑到涡流、超声波联合装置其中一项重要指标就是对探伤速度的要求，因此，探头块设置有效探伤尺寸为 150mm，即螺距最大为 150mm，若过大将有漏检的情况出现。

② 旋转速度确定。无缝钢管螺旋转速越快，探伤速度也就越快，但对探头及机械装置的要求也越高，成本也就相应提高。无缝钢管旋转速度的决定因素有两个：一是螺距；二是探头块的有效探伤长度。探头块有效探伤长度与螺距都选定为 150mm。

③ 重复频率的选择。重复频率的提高可有助于扫查速度的提高。理论上说，重复频率越高的探伤精度以及漏检率会越低。但在实际无缝钢管超声波探伤过程中，因为材质及规格的原因，比如材质为碳钢，壁厚超过 50mm 时就属于中厚壁管，对于此种类型的钢管就不是重复频率越高越好了。此种钢管如果选用很高的重复频率，就有可能产生一次回波与二次回波重合的情况，反而不利于缺陷的识别。所以，重复频率并不是越高越好，应根据钢管材

质及壁厚实际情况酌情选择。

综上所述，涡流、超声波探头探伤扫查速度设定的基本原则是：为保证在探伤过程中不漏伤，需要考虑最大探伤速度和钢管螺旋前进的速度，由式(9-37)知道，最大探伤速度和螺距要成正比，但是螺距又不能超过探头的有效长度。这是因为在钢管的转速不变的情况下，螺距的大小直接影响探伤的检测速率，而探头覆盖范围则决定了螺距。

$$v = nh \tag{9-37}$$

式中 v——探伤速度；

n——钢管的转速；

h——螺距。

根据涡流、超声波检测的扫查速度指标的要求，一般工程上，涡流探头架中的涡流探头总的有效探伤长度为涡流探伤有效长度；超声波探伤架中的超声波探头总的有效探伤长度为超声波探伤有效长度。对涡流超声波联合探伤设备而言，选涡流和超声波探伤有效长度的最小值，即为联合探伤有效长度。为了在探伤过程中不漏检，我们选取联合探伤有效长度的80%为最大探伤有效螺距，以此来确定扫查速度。

八、超声波探头 K 值的确定

K 值为探头声波折射角的正切值。无缝钢管探伤时，探头 K 值的选取对探伤效率及探伤结果有重要影响。以大口径钢管为例，因为大口径钢管与平面板材曲率接近，因此我们将大口径钢管简化为平面板材来进行模拟试验，如图 9-17 所示。

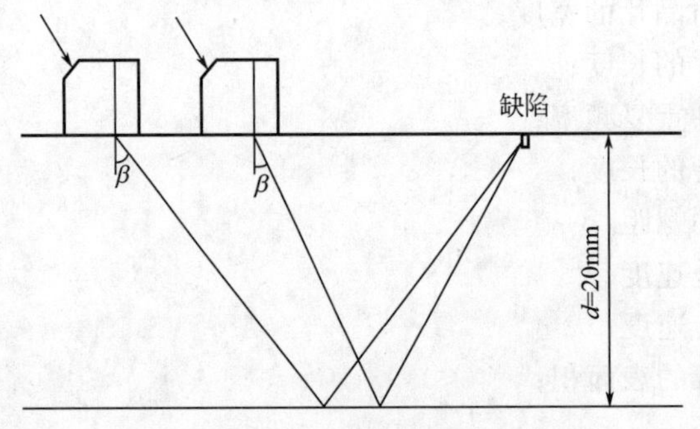

图 9-17 平面板材缺陷回波示意图

$$h = 2d - S\cos\beta \tag{9-38}$$

$$\Delta h / (S\Delta\beta) = \sin\beta \tag{9-39}$$

式中 d——板厚；

S——入射点至缺陷的声程；

β——声束折射角；

h——缺陷深度。

由（9-39）式可知，K 越大，Δh 对 $\Delta\beta$ 越敏感。下面对 $\beta = 45°$ 做具体分析：板厚为20mm的钢板表面缺陷，其深度 $h = 0$，用 $K = 1$ 的探头能准确地测出此缺陷，且 $H = 0$，当 K 值、β 值发生变化时，声程 S 有变化，但求缺陷深度时仍以 $K = 1$ 来计算，这样计算就造成了缺陷深度结果的误差。

$\beta = 60°$时，也可做上述计算，结果如表 9-8 所示。

表 9-8 探头 K 值试验表

$\Delta\beta$	Δh/mm		$\Delta\beta$	Δh/mm	
(°)	$\beta=45°$	$\beta=60°$	(°)	$\beta=45°$	$\beta=60°$
+5	3.9	7.2	−1	0.7	1.2
+4	2.9	5.5	−2	1.3	2.5
+3	2.2	4.0	−3	2.0	3.6
+2	1.3	2.8	−4	2.6	4.5
+1	0.7	1.2	−5	3.2	5.1

由表 9-8 可知，K 值较大时，β 值变化引出缺陷定位误差比较大，所以自动探伤时，探头 K 值不能一味取大值，应权衡各方面的因素，探头 K 值宜取 0.8。

九、超声波探头曲面跟踪机构

超声波探伤过程中，跟踪耦合的好坏直接对探伤结果产生很大影响。为此，经过多次试验后，应采用水槽式半水浸探伤跟踪机构。此机构的设计依据是：国产标准石油用管、轴承用管、锅炉用管一般长度为 6～12m，钢管的生产一般应采用热轧或冷拔两种生产方式。钢管在生产过程中，钢管的直线度是通过矫直机来矫直的，长度越长的钢管弯曲度会越大，国标规定的钢管弯曲度≤1.5mm/m，按此标准，12m 长的钢管首、尾两端的累积弯曲度将会达到 10～20mm，由此造成钢管在传输过程中尾端的弹跳会非常严重。

为此，在设计超声波耦合跟踪机构时必须要满足钢管弹跳的范围，并且还要保证探伤的可靠性。本装置采用的水槽式耦合跟踪机构，水槽底部采用 4 个导柱，水槽机构通过螺栓套在 4 个导柱上，水槽跟导柱间隙配合，配合间隙约为 2mm；导柱底部为 4 个不锈钢弹簧，弹簧钢丝直径为 ϕ4mm，弹簧中径为 ϕ30mm，压缩范围为 25mm。完全为大弯曲度钢管探伤耦合而设计。整个水槽底部设计有一个大伸缩量气缸，伸缩长度约为 150mm，是为了满足不同管径跟踪而设计。

超声波探头组安装在水槽装置内。纵向探头组安装 16 通道探头，分两个探头块每 8 通道安装在一个水槽内，两个探头块声波垂直于钢管轴线方向两侧发射，角度相反，此种设计能够满足钢管正反转时探伤声波发散问题。横向探头组安装 24 通道探头，每个探头块组装 12 通道安装在一个水槽内，平行于钢管轴线方向两侧发射。测厚探头组设计为 8 通道一个探头组，独立安装在一个水槽内，测厚探头采用直探头放置于水槽正中间，对钢管垂直发射声波。

钢管在生产过程中当检测传感器检测钢管到来，气缸伸出、探头及耦合水箱上升。根据大小管不同，调节水箱中探头两侧的旋钮来改变超声波探头的入射角。超声探头共 48 通道，其中纵向探头 16 通道，位于入口端第一组；分层测厚共 8 个通道，位于中间一组；横向探头 24 通道，位于最后一组，如图 9-18 所示。

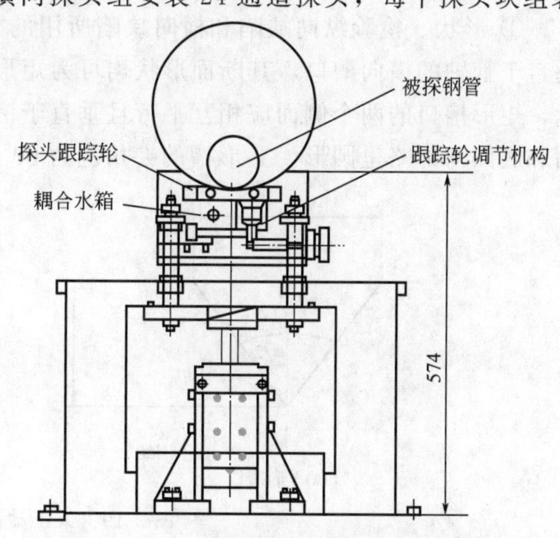

图 9-18 超声波探头曲面跟踪机构示意图

第九节 钢管超声波探伤的方法

一、超声波探伤的方法

超声波探头可实现电能和声能之间的相互转换，超声波在弹性介质中传播时的物理特性是钢管超声波探伤原理的基础。定向发射的超声波束在管中传播遇到缺陷时产生波的反射。缺陷反射波经超声波探头拾取后，通过探伤仪处理获得缺陷回波信号，并由此给出定量的缺陷指示。

1. 探伤方法

① 采用横波反射法在探头和钢管相对移动的状态下进行检验。自动或手工检验时均应保证声束对钢管全部表面的扫查。自动检验时对钢管两端将不能有效地检验，此区域视为自动检验的盲区，制造方可采用有效方法来保证此区域质量。

② 检验纵向缺陷时声束在管壁内沿圆周方向传播；检验横向缺陷时声束在管壁内沿管轴方向传播。纵向、横向缺陷的检验均应在钢管的两个相反方向上进行。

③ 在需方未提出检验横向缺陷时供方只检验纵向缺陷。经供需双方协商，纵向、横向缺陷的检验均可只在钢管的一个方向上进行。

④ 自动或手工检验时均应选用耦合效果良好并无损于钢管表面的耦合介质。

2. 对比试样的准备

对比试样用于探伤设备的调试、综合性能测试和使用过程中的定时校验。对比试样上的人工缺陷是评定自然缺陷当量的依据，但不应理解为被检出的自然缺陷与人工缺陷的信号幅度相等时二者的尺寸必然相等，也不能理解为该设备所能检出的最小缺陷尺寸。

① 材料。对比试样用钢管与被检验钢管应具有相同的公称尺寸并具有相近的化学成分、表面状况、热处理，对比试样用钢管上不应有影响校准的自然缺陷。

② 长度。对比试样的长度应满足探伤方法和探伤设备的要求。

3. 人工缺陷

① 形状。检验纵向缺陷和横向缺陷所用的人工缺陷应分别为平行于管轴的纵向槽口和垂直于管轴的横向槽口，其断面形状均可为矩形或 V 形，人工缺陷断面示意图如图 9-19 所示，矩形槽口的两个侧面应相互平行且垂直于槽口底面。当采用电蚀法加工时，允许槽口底面和底面角部略呈圆形。V 形槽的夹角应为 60°。

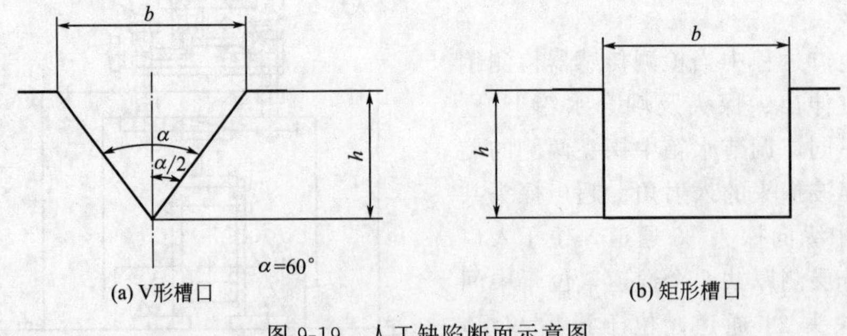

图 9-19 人工缺陷断面示意图

h—人工缺陷深度，mm；b—人工缺陷宽度，mm

② 位置。纵向槽应在试样的中部外表面和两端盲区内外表面处各加工一个，3 个槽口的公称尺寸相同。航空用和其他重要用途的不锈钢管，当内径小于 12mm 时可不加工内壁纵向槽，除此之外的其他钢管，当内径小于 25mm 时可不加工内壁纵向槽。

横向槽应在试样的中部外表面和两端盲区内外表面处各加工一个，3 个槽口的名义尺寸相同。当内径小于 50mm 时可不加工内壁横向槽。

③ 尺寸。人工缺陷的尺寸按表 9-9 分为五级，具体级别按有关的钢管产品标准规定执行。按与厂家所签合同要求的级别刻制人工缺陷。

表 9-9 人工缺陷尺寸表

级别	深度			宽度	长度		推荐适用范围
	$(H/t)/\%$	最小/mm	允许偏差		规定值/mm	允许偏差/mm	
L1	3	0.05	±10%	不大于深度的2倍，最大1.5mm	5	±0.3	航空不锈钢管
L2	5	0.07	±10%		7	±0.5	
		0.15	±10%		10～25	±2.0	其他不锈钢管
		0.20	±15%		20～40	±2.0	高压锅炉管
L2.5	8	0.15	±10%		20～40	±2.0	其他不锈钢管
		0.40	±15%		20～40	±2.0	高压锅炉管
L3	10	0.40	±15%		20～40	±2.0	其他用途钢管
L4	12.5	0.40	±15%		20～40	±2.0	

注：各级别的最大深度均为 1.5mm。当管壁厚度大于 50mm 时，经供需双方同意，最大深度可增加到 3.0mm。

二、探伤测试样管的制作标准

根据超声波国家标准 GB/T 5777—2019、YB/T 4082—2011 等标准要求来制作钢管探伤样管。采用山科公司生产的 SK-1 型电火花刻伤机，严格按照国家标准计算出的数值进行刻伤，按 L2 级伤的标准刻制槽伤。超声波检测刻制人工槽伤的标准如下。

① 纵向缺陷：40mm 长缺陷，缺陷深度 5%壁厚，最小 0.2mm。

② 横向缺陷：40mm 长缺陷，缺陷深度 5%壁厚，最小 0.2mm。

三、超声波探伤刻伤方法要求

1. 探伤刻伤方法要求

利用电火花刻伤机在制管端的 180mm 处向外刻人工伤纵向外壁缺陷，所刻伤型深度按照表 9-9 所示的 L2 级别进行，所刻伤型长度为 40mm。在钢管的同一端 195mm 处刻制人工横外壁伤，刻伤电极需加工成与钢管的外曲面一致的形状，伤型长度为 40mm。在钢管的另一端，高端部 180mm 处向外部刻人工纵向内伤，在同一端 195mm 处刻制人工横向内壁伤，深度按照表 9-9 所示的 L2 级别进行。刻伤电极需加工成与钢管的内壁曲面一致，长度为 40mm。所以每根超声波管上刻有外壁纵向伤 1 个，横向外壁伤 1 个，内壁纵向伤 1 个，内壁横向内伤 1 个，合计每根样管上刻有 4 个超声波人工伤。

按上述要求共制作了 5 种规格的样管，5 种钢管规格具体是：

① 钢管直径 89mm，壁厚 6mm；

② 钢管直径 156mm，壁厚 19mm；

③ 钢管直径 165mm，壁厚 25mm；

④ 钢管直径 170mm，壁厚 45mm；

⑤ 钢管直径 244.5mm，壁厚 21mm。

2. 样管纵向人工刻伤标准要求

利用电火花刻伤机在 ϕ244.5mm，壁厚 21mm 的钢管中间外壁，按表 9-9 L2 级别要求刻制长度 40mm 的外壁纵向伤，其深度、宽度按 L2 级别，最小深度为 0.3mm。

第十节　漏磁探伤在无缝钢管生产上的应用

随着电磁学的发展，各种依据电磁原理的无损检测方法得到了越来越多的应用。常用的电磁无损检测如涡流探伤、磁粉探伤等都具有操作简单，检测费用低，探伤灵敏度较高等优点。但由于各有其检测特点，在无缝管生产线上的应用都受到一定的限制。而具有快速特点的漏磁探伤装置在目前是较为理想的检测手段，是保证产品质量，提高经济效益的有效措施。

一、无缝钢管漏磁检测的方式选择

1. 漏磁检测的方式之一

无缝钢管的检测形式经总结主要有三种，分别是：

① 检测探头旋转，无缝钢管直线前进；

② 无缝钢管不动，检测探头螺旋前进；

③ 检测探头不动，无缝钢管螺旋前进。

如图 9-20 所示，检测方案一实施起来比较方便，并且可以满足无缝钢管高速在线漏磁检测的要求。然而，这种方案是探头贴在钢管表面做高速的旋转运动，对运动的稳定性以及安装的精度都有比较高的要求。

2. 漏磁检测的方式之二

检测方式二如图 9-21 所示，为探头绕着无缝钢管做螺旋前进并对无缝钢管进行检测。这种方式实施起来比较复杂，探头螺旋前进后还需回到原始位置对下一根钢管进行检测，要实现这种运动，不但要保证运动的稳定性，还对机械设计和电线线路设计提出了很高的要求。

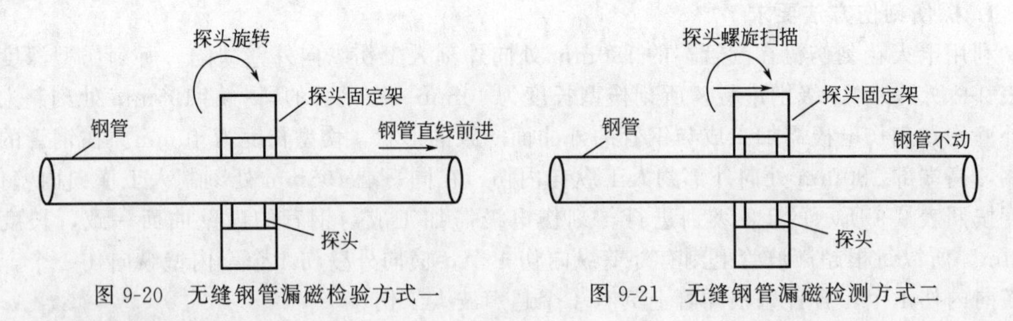

图 9-20　无缝钢管漏磁检验方式一　　图 9-21　无缝钢管漏磁检测方式二

3. 漏磁检测的方式之三

如图 9-22 所示，检测方式三为探头不动，无缝钢管螺旋前进。这种方法实施起来是三种方式中最方便的，对漏磁检测设备的设计、安装要求较低，而且探头不动可以省去检测方式一和方式二中由于探头旋转而导致的传感器稳定性的问题。但是由于钢管旋转不能给予很高的旋转速度，所以钢管旋转前进的速度受到了限制，这样将无法满足无缝钢管高速在线检测的要求。

针对三种检测方式的优缺点以及无缝钢管漏磁检测系统的高速检测要求，选择下面的方式来作为最终的检测方案。

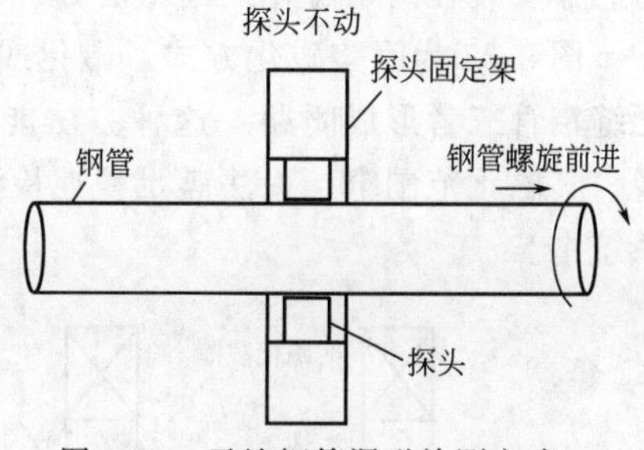

图 9-22 无缝钢管漏磁检测方式三

4. 无缝钢管漏磁检测磁化方式的选择

对无缝钢管进行漏磁检测，首先要使用磁化装置对无缝钢管进行磁化，这一过程决定着无缝钢管是否能产生出足够大的漏磁场以供测量。在磁化装置的设计中，磁场源的选择和磁回路的设计是关键。磁化方式如下。

① 交流磁化。交流磁化方式是指以交流电源激励产生磁化场对被测件进行磁化。该磁化方式的优势在于试件的磁化强度易于控制。然而，使用交流磁化方式会在无缝钢管表面产生集肤效应和涡流现象，从而难以检测出无缝钢管内部以及内壁的缺陷信息。

② 直流磁化。直流磁化方式是指以直流电流激励产生磁化场对被测件进行磁化。直流磁化方式检测深度较深，无缝钢管内壁的缺陷也能在钢管内外表面形成漏磁场以供检测。而且直流电源强度容易控制，可以适应不同材料需要不同磁化强度的要求。不过随着磁化时间的延长，磁化线圈的发热问题是直流磁化的一大缺点。

③ 永磁体磁化。该磁化方式通过永磁体对被测件进行磁化。这种方法适合单一规格被测件的漏磁检测，可以快速地对被测件进行局部磁化。然而，对于不同材料被测件的漏磁检测需要不同的磁化强度来说，这种方法调整烦琐，无法满足被测件在线高速检测的要求。

④ 复合磁化。复合磁化方式利用不同的磁化源对被测件进行不同方向的磁化，产生的磁场信息量大，更能准确地反映缺陷的信息。然而，这种磁化方法装置复杂，漏磁信息处理量大，对信号处理要求高，并且经过复合磁化的被测件存在着退磁困难的问题。

通过上述对比，因为无缝钢管的内外壁均需要进行准确的检测，所以交流磁化方式不适合无缝钢管的磁化。而为了实现对不同规格、不同材料无缝钢管的漏磁检测，显然永磁体磁化方法也是不适合的。在考虑到磁化装置的简洁性、运行成本以及退磁问题，最后在直流磁化方式和复合方式中选择直流电作为无缝钢管磁化源。

5. 磁路方式的选择

在直流磁路中，经过总结，主要有三种布置。图 9-23 为单线圈开路磁化方法，在该方式下，线圈中心的磁化场是最强的，并向两侧递减。这种磁化方法的优点是磁化装置简单，但是对于长钢管，这种方法产生的磁化场不稳定，所以无缝钢管不能均匀的磁化，而磁化的不均匀会引起检测的不精确。

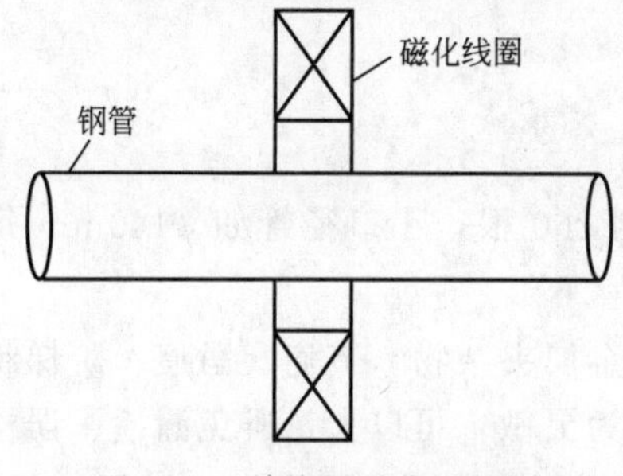

图 9-23 单线圈磁化原理图

图 9-24 为双线圈开路磁化方式，相比于单线圈开路化方法，该磁化方式使用两个磁化线圈对无缝钢管进行磁化，并在两个磁化线圈中分别通入大小和方向都一致的直流电。这种磁化方式可以在两个线圈之间产生比较均匀的磁场，被测件的磁化效果好。检测时一般将磁敏

传感器安装在两个磁化线圈中心处。

图 9-25 为闭路磁化方式，磁化线圈通过磁轭对无缝钢管进行磁化。磁化线圈、磁轭和无缝钢管三者形成闭路。这种方法能对无缝钢管进行很好的局部磁化，然而对于长钢管来说，其磁化范围窄，无法满足快速检测的要求，故不适合应用在无缝钢管高速在线漏磁检测系统中。

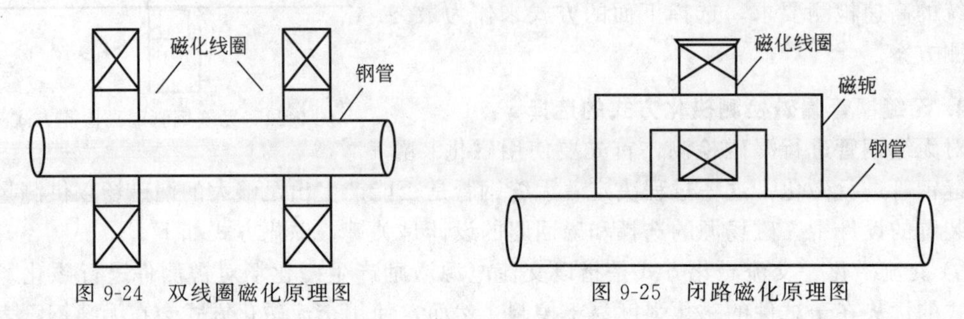

图 9-24 双线圈磁化原理图　　图 9-25 闭路磁化原理图

综合比较三种磁化方式，选择能产生均匀可靠磁化场的双线圈开路磁化方式作为无缝钢管的磁化方式。

二、漏磁设备应具备的性能

无缝钢管是机械制造和石油工业中最重要的钢材之一，生产大量的高质量管材是发展国民经济的需要。但在轧管过程中，由于钢质、坯料、轧机磨损等原因，不可避免地产生各种缺陷，尤其是表面缺陷。这些缺陷有的可以达到使钢管报废的程度，有的是属于可以再修磨的“可疑”缺陷，有的则是管材标准上允许存在的“合格”缺陷。怎样迅速地把各种质量的钢管分选出来，这就是探伤设备的主要任务了。该设备将钢管各种缺陷产生的信号通过电子逻辑线路放大、比较，最终在钢管缺陷部位分别喷涂出内外表面缺陷等级标记，并由记录和存储系统进行信息的记录和存储，进而实现钢管质量的自动分选。

1. 设备主要性能

① 适用于检测外径范围为 ϕ60～ϕ406mm 的钢管，钢管外径偏差 AMALOG（横向磁化的探伤装置）系统±1.5%，SONOSCOPE（纵向磁化的探伤装置）系统±0.75%。

② 钢管壁厚范围：6～40mm。

③ 钢管长度范围：4.5～15.0m。

④ 钢管质量：最大 2500kg。

⑤ 钢管外表面温度：最高 149℃。

⑥ 钢管弯曲度：正常≤2mm，两端≤3.5mm/m。

⑦ 钢管探伤线速度：61m/min。

2. 生产能力及检测效果

理论上设计生产能力：大口径如 ϕ340mm 每小时检测 260 根，小口径管如 ϕ140mm 每小时检测 244 根。

该探伤设备可以检测出裂纹、发纹、划痕、金属或非金属夹杂物、节疤、凿痕、阶梯状壁厚和点状缺陷，对于轧制中最易产生的折叠缺陷检测更为灵敏，可以大量避免漏检、误检事故。

三、漏磁探伤原理及探测流程

1. 漏磁探伤原理

电磁学原理指出：对介质均匀连续且表面光滑平整的铁磁材料磁化后，其磁力线将全部通过铁磁材料内部不泄漏到铁磁材料表面以外，即不产生漏磁场，探头经过此材料表面时将不产生任何电磁感应信号。如果铁磁介质表面或其内部不均匀或不连续（如折叠、裂纹、夹杂等缺陷）处经磁化后，由于缺陷磁阻大，故有部分磁通泄露在铁磁材料表面以外，形成漏磁场，其漏磁场的强度与缺陷的性质、深度有关，即磁阻大的缺陷漏场强，深度大的缺陷漏磁场强，缺陷的取向垂直于磁场方向时漏磁场强。缺陷信号的频率与缺陷距探测面的距离和缺陷沿磁场方向的宽度有关，即缺陷越靠近探测表面其信号频率越高，缺陷沿磁场方向的宽度越小则信号频率亦越高，否则相反。此时，探头做切割漏磁场的运动，则探头的感应线圈上将由于电磁感应而产生一定强度和一定频率的电信号。根据探头产生电信号的部位、强度和频率确定其缺陷的所在部位、缺陷的深度和缺陷距探测表面的距离。

如图 9-26 所示，以无缝钢管为例，其磁化后，假如无缝钢管没有缺陷，那么无缝钢管感应出的磁力线矢量绝大部分平行地通过管壁；假如无缝钢管有缺陷，由于铁磁性材料的导磁性和缺陷处空气的导磁性相差较大，因此磁力线矢量将发生弯曲，使得部分磁力线矢量漏出管壁。此时，用磁敏传感器对试件表面的漏磁场进行拾取，并将漏磁场信号转变成相应的电信号，通过对电信号的处理与分析就可确定缺陷的具体信息。

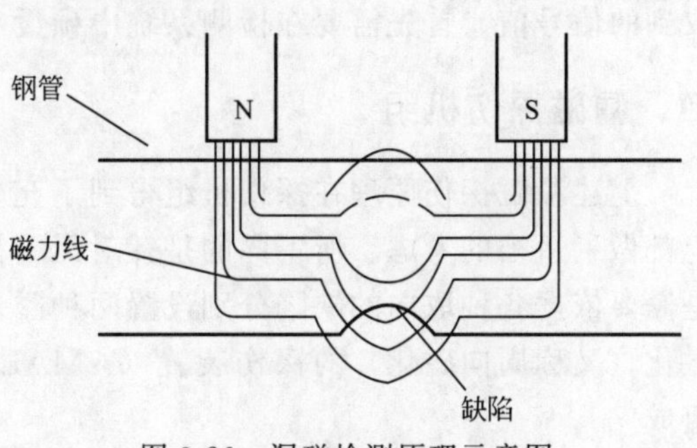

图 9-26　漏磁检测原理示意图

2. 漏磁检测系统流程

根据铁磁性材料漏磁检测的性能，无缝钢管的漏磁检测流程具体如图 9-27 所示。

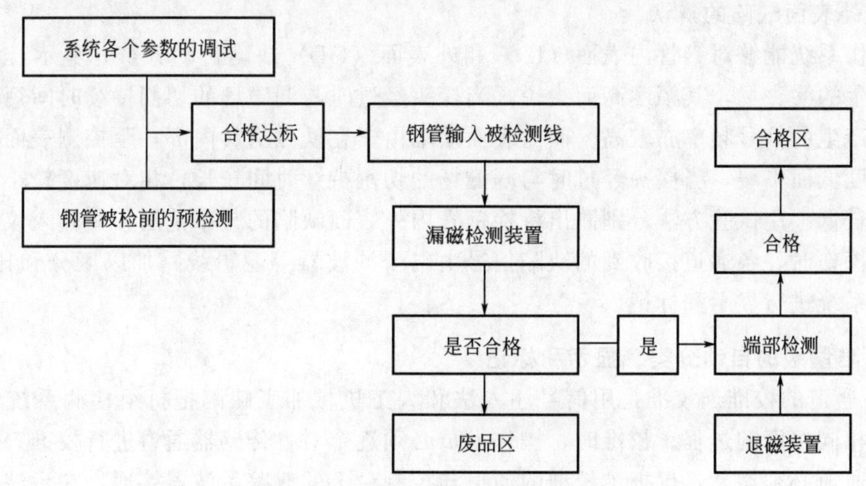

图 9-27　无缝钢管漏磁检测流程图

在检测系统开始检测钢管前，首先需要对无缝钢管漏磁检测系统进行调试，调试内容概括起来主要有以下几个方面。

① 检测系统的预热与调试。首先根据待检无缝钢管的尺寸设置好检测系统的参数，启动系统并预运行几分钟，将钢管试样以正常检测速度穿过检测系统，磁力线矢量进入计算机系统，经运算、分析得到检测结果并通过评估软件进行安全评估。

② 漏报、误报率的测试。在无缝钢管试样上刻上人工缺陷，待测钢管试样以正常检测速度穿过检测系统 25 次，分别记录钢管试样上人工缺陷的误报和漏报次数，如果误报率超过 1%，则需要对设备进行检查。

③ 钢管端部不可测区域的测试。用漏磁检测法检测钢管时，由于端部磁力线散射，钢管端部存在一小段的检测盲区，国家规定盲区一般不大于 200mm。所以在开始正式检测前必须检测端部盲区的长度。首先在距离端部 200mm 的位置刻上人工缺陷，将钢管重复通过检测系统，如果缺陷得到报警，则代表端部盲区小于 200mm，满足检测要求。

④ 钢管直度的测试。被检钢管进入输入传送线前必须进行直度检查，不能让超过一定弯曲度的钢管进入检测线，否则将损坏检测装置。

⑤ 基准值的调整。基准值是同种规格、材质无缺陷的无缝钢管通过漏磁检测系统时拾取到的信号值。首先需要在检测系统中预设一个基准值，以便给缺陷的判断提供参照。

四、漏磁探伤机组

上述漏磁探伤原理在探伤机组得到了充分的利用，各种影响缺陷信号的因素在机组设计上都做了适当的考虑。所不同的是针对无缝钢管的检测，要产生最佳的探伤效果，最重要的是需要依据各种取向的缺陷分别设置两种磁化方式：横向磁化和纵向磁化。该机组即由横向磁化（又称周向磁化）的探伤装置（AMALOG）和纵向磁化的探伤装置（SONOSCOPE）组成。

AMALOG 主要用于检测沿钢管纵向延伸的缺陷，如折叠、裂纹等缺陷。SONOSCOPE 主要用于检测沿钢管横向延伸的缺陷，如横向裂纹、节疤、凿痕等缺陷。

缺陷的分类和钢管质量的自动分选，是根据探头所获得的缺陷信号由探伤装置中的各种逻辑放大电路系统来完成。

1. 内外表面缺陷的辨认

该探伤系统能够对钢管内表面（ID）和外表面（OD）缺陷自动分辨并显示。钢管外表面缺陷产生的漏磁场，其幅度高而尖锐，当探头经过时与漏磁场的切割持续时间短，相对速度较高，产生的信号频率亦较高。而内表面缺陷由于在铁磁材料内部，距探测表面较远，其漏磁场幅度低而平缓，当探头经过时与漏磁场的切割持续时间较长，相对速度较小，产生的信号频率较低。用试验方法分别测出待检钢管内外表面缺陷的频率范围，并输入仪器记忆系统。实际探伤时，各通道接收到的缺陷信号由电子滤波器等逻辑线路加以区分和比较判断，再由输出系统进行显示和标记。

2. 缺陷量级的自动分类、显示和标记

① 各通道的校准。校准是用信号注入法和人工机械加工缺陷把机组检测系统和通道的信号调为相同幅度的过程。校准时，操作人员必须逐个对各传感器通道进行校准。其他不执行校准的通道必须切断，仅把被校准的通道与控制台上的双踪示波器接通，在示波器上进行信号幅度的比较。校准后的通道应立即锁入（保持）在探伤机电路中，在整个探伤过程中不允许任意改动。

AMALOG 探伤装置采用线外校准，校准前先控制主机沿轨道脱离生产作业线处于线外

校准位置。再利用对比试样人工缺陷按操作程序对各个通道逐一校准。SONOSCOPE探伤装置采用在线校准。校准方法可采用对比试样人工缺陷校准和“模拟信号”输入法校准两种。除对比试样校准法与人工缺陷形式不一样外，其余同AMALOG校准相同。模拟信号输入法是利用信号发生器通过传感器直接向前置放大器分别发射内表面、外表面模拟（频率和幅度）信号，用以代替人工缺陷。其特点是可以一次调节并节省校准时间。

② 探伤灵敏度的标定。标定是对校准系统总灵敏度的调定，以便对产品的自然缺陷进行检测并按照API（美国石油协会）标准或其他标准规范分级。对仪器探伤灵敏度的标定是调整该探伤装置的重要程序，其目的在于使探伤结果标准化。

在校准的基础上，该装置中每个头，每个道对同一人工缺陷或同一模拟信号都产生相同幅度的电平信号，对探伤灵敏度的标定可使用同一套显示、记录和标记系统对检测出的缺陷信息正确输出。

校准和标定必须按照技术规程严格操作并将结果记录在“校准标定卡”上，以备将来检测同类型钢管时参考。

③ 缺陷的分级。钢管缺陷的深度是和信号幅度成正比的。该机组对内外表面缺陷分别预置了“报废”和“可疑”两个选择电平旋钮。并预置了绿、黄、红三种彩色量级指示灯。如在检测过程中使“报废”电平旋钮置于“5”的电平位置，使“可疑”电平旋钮置于“3”的电平位置。则此时检测到的缺陷信号幅度大于“5”电平值时，红灯亮，表明此缺陷是个“报废”级缺陷。缺陷信号幅度小于“5”而又大于“3”时，黄灯亮，表明缺陷是一个可进行再修磨的“可疑”缺陷，缺陷信号幅度小于“3”时，绿灯亮，表明此缺陷是一个“合格”缺陷，不影响使用质量。上述比较和判断是由机组电路自动完成的。经过一段延时后，被分级的缺陷信号驱动标记系统，在钢管外表面缺陷部位喷涂不同彩色标记，这样就实现了钢管的自动分选。

五、线外校准器与切槽锯

该机组还包括一台线外校准器，可以使主机的校准在脱离生产线的情况下进行。线外校准器的作用是将一段刻有人工机械加工缺陷的“对比标样管”夹持在其伸缩架上，使“对比标样管”可以自由伸入到主机的旋转探头中。线外校准器有自己的操作盘，可以控制AMALOG主机的离线和返回，主机探头的上升和下降，标样管的伸入和缩出。有了线外校准器可以使主机在校准过程中不影响生产线的正常运转，主机经校准后再移入生产线，正式进行钢管检测。

标样管上的人工机械缺陷是用随机携带的精密工具——切槽锯进行加工的。切槽锯用一台小型可调速电机带动圆形合金锯片高速旋转，在样管内外表面切槽，槽的深度、宽度应严格按照API标准或其他标准提供的数据切制。切制的标样应在长期工作过程中不断积累，尽量达到每种外径每种壁厚，每种钢种的钢管都使用自己特定的标样进行校准。

第十一节　漏磁探伤设备的调整和故障处理

一、漏磁探伤设备的调整

1. 探伤所需样管的制作

校验（或标定）探伤设备所用样管根据API或相关标准制作，样管上的人工刻槽缺陷基本有三种：N5、N10、N12.5。其中数值代表公称壁厚的百分比，比如N5代表公称壁厚的5%。数值越小即探伤标准越严格。除了按照API标准规定对不同的管材进行探伤外，通常根据用户要求选用样管的标准。

探伤操作人员应精心使用样管，保证样管的使用寿命。操作人员一旦发现样管有异常情况应立即通知有关人员及时补充避免影响正常生产。

2. 设备参数（系统参数）的调整原则

① 校准定义。探伤设备在检测钢管产品之前，必须进行校准。校准是标准化的一个准备步骤，通过校准是把检验系统的所有通道予以调整使能对一有机加工刻痕的参考标准（样管）产生等幅的信号。对钢管产品的正确检验，校准是最重要的步骤。

② 标准化（系统灵敏度）定义。标准化是对已校准的系统总的灵敏度的调整，使系统能检测钢管产品中的自然缺陷，并按照API（美国石油协会）（或其他）的规定将它们分为等级。

③ 参考标准（样管）定义。它是用于校准的参考标准为样品长度（从要检验的钢管产品上截下），具有切入表面的精确的机加工刻痕。参考标准应从可供应的最高质量的钢管产品中选择，笔直而且没有缺陷。应为每一种钢管产品的外径、壁厚和等级加工一个参考标准。

④ 机加工的刻痕定义。机加工的刻痕是用车床精确地切割出参考标准（样管）的壁厚的模拟缺陷。其刻痕的深度在尺寸上先确定出一个按钢管产品检验标准，而预先决定的管壁厚度的百分数。

3. 漏磁检测系统调整原则

（1）漏磁检测系统调整原则一

① 总系统调整原则。系统从参考标准（样管）得到的校准响应取决于线圈增益、频带增益、磁化电流电平（大小）、前置放大器增益控制和滤波器增益等的选择。

② 频带增益的选择。每一频带的总的灵敏度可用调整频带增益予以增大或减小。每一频带可以有它自已的调整了的增益，或者所有三个频带均具有同样的增益电平。

③ 前置放大器增益调整。前置放大器增益选择器用于补偿对应于不同的钢管直径和壁厚的刻痕信号的强度变化。较大的前置放大器增益选择数对应于产生较弱信号的直径较小或管壁较厚的钢管。相反，较小的前置放大器增益选择数对应于产生较强信号的直径较大或管壁较薄的钢管。

④ 滤波器值的选择。通常滤波器值的选择用于补偿与不同的钢管直径和壁厚对应的内径刻痕频率（Hz）的变化。较小的滤波器值对应于产生较低频率的内径刻痕信号的直径较小或管壁较厚的钢管。相反，较大的滤波器值对应于产生较高频率的内径刻痕信号的直径较大或管壁较薄的钢管。

⑤ 磁化电流的调整。一个磁化电流是无法适应所有钢管产品的。产品中磁化电流的强度依赖于质量（壁厚和直径）和金属成分（等级）。必须为每一种产品等级、壁厚和直径决定一个磁化电流。确定磁化电流的一般原则是：应用在内径获得可用的缺陷信号所必需而又不会掩蔽外径缺陷信号的最低磁化电流。

（2）漏磁检测系统调整原则二（用于对自然缺陷的标准化）

① 被检验的钢管产品应与参考样管具有相同的外径、壁厚及缺陷等级。

② 标准化处理的目标是建立对自然缺陷的适当的检测灵敏度（即设备的动态调整）。

③ 标准（校准）用的样管上的机加工刻痕形状和位置已知，而钢管产品内的自然缺陷可以是不同形状，并可在钢管壁厚内任何地方发生。同样的，机加工刻痕具有已知的长度、深度和宽度，自然缺陷可有不同的长度、深度和宽度。自然缺陷的取向相对于磁通方向，检测器取向可为不同的相对位置。这些条件可能要求控制系统做独特的调整，以求对钢管产品内的自然缺陷进行适当的检测。

④ 调整方法。频带增益的精确调整（调整增益）；缺陷标志系统的动作电平的调整（报废阀门的调整）。

二、漏磁探伤设备常见故障及处理

1. 主机小车出现的故障与处理

(1) 主机小车不能正常进出的故障与处理

主机小车不能正常进出故障，造成原因可能是：①主机轨道被异物阻塞；②齿轮链条故障；③操作台控制 IN/OUT 开关为断开位置；④主机接线立柱处的 IN/OUT 断路器为 OFF 位置；⑤横移电机故障；⑥小车底轮轴承损坏。

故障处理方法是：①清除主机轨道异物；②检查齿轮链条是否脱落或断开；③将操作台控制 IN/OUT 开关打到相应位置；④将主机接线立柱处的 IN/OUT 断路器打到 ON 位置；⑤更换或检修横移电机；⑥更换新的小车底轮。

(2) 主机小车不能正常升降的故障与处理

主机小车不能正常升降可能原因是：①操作台控制升降的开关为断开位置；②齿轮链条故障；③主机接线立柱处的升降断路器为 OFF 位置；④升降电机故障。

故障处理方法是：①将操作台控制升降开关打到相应位置；②检查齿轮链条是否脱落或断开；③将主机接线立柱处的升降断路器打到 ON 位置；④更换或修理升降电机。

2. 夹送辊出现的故障与处理

夹送辊出现故障的现象是：①自动过管时，夹送辊位置过低，钢管撞击夹送辊；②在自动控制下，显示值在夹管时高于管外径；③在自动控制下，显示值在夹管时和实际值的差值不合理，由手动改自动后，自动位有变化；④在自动控制下，显示值为异常。

故障原因和处理方法是：①和②为联轴器松动，紧固即可；②手动调联轴器，显示值跃变时为编码器损坏，更换即可；③断线或编码器损坏，更换线或编码器即可。

3. 励磁电源出现的故障与处理

励磁电源出现的故障现象是：①AMALOG、SONSCOPE，24V 电源前面板得电指示灯显示无电；②指示有电，电流表指示为 0，电压表有显示，24V；③一上电就跳闸或无法正常工作（在电流限幅最小，电压限幅最大时）。

故障原因和处理方法是：①柜后保险烧了，同时调电压限幅到一半；②柜后保险烧了，AMALOG 烧了，检查滑环，若正常，更换电源；③查线圈电阻，滑环和炭刷脏，清理滑环和炭刷。

4. SON 探头不动作故障与处理

SON 探头不动作故障可能的原因是：①无压缩空气；②气动件损坏；③主机处电气信号与气动件连接处的航空插头脱落。

故障处理的方法是：①尽快恢复压缩空气的供给；②更换损坏的气动元件；③将航空插头插上并拧紧。

5. 探伤误报故障与处理

探伤误报故障可能原因是：①死机；②探头损坏；③航空插头脏或松动、滑环脏；④相关滤波板损坏。

故障处理方法是：①关断所有电源，冷启计算机系统；②更换损坏探头；③清理航空插头并拧紧、清理滑环；④更换相关损坏的滤波板。

第十章
钢管的锯切

第一节 钢管的锯切程序

一、钢管锯切的过程

在钢管生产线上，已经成型的待切钢管不停地在生产线上向前输送，通过自动锯切机（亦称飞锯机）将钢管锯切成所需要的一定规格的长度，提高整条焊管生产线的生产效率，满足用户对焊管长度的不同需要。锯切机是焊管生产线实现自动化的重要设备，锯切机整体如图 10-1 所示。

图 10-1 锯切机整体图

自动锯切机应根据输送速度及待切长度适时启动锯车拖动装置进行跟踪，迅速达到同步。并经过进一步调整，在满足锯切精度的前提下，输出夹紧指令，使钢管与锯车之间相对固定，以保证锯切过程的安全进行。固定完成后，输出锯切指令，锯切结束后下达抬锯、松夹和返回指令，拖动装置拖动锯车迅速精确回位，等下一个启动信号到来时再重复锯切过程。数控钢管锯切机是整个钢管生产线的一个重要组成部分。生产过程中，钢管以某一速度运动，钢管的设定切割长度和锯车的追踪加速度可以设定。当钢管运行到一定长度时，锯车启动加速，当追至管速时，钢管的运行长度应该恰好等于设定长度。此时，在锯车与钢管无相对运动的情况下，锯车的夹紧装置夹住钢管，锯片落下切割钢管，夹紧装置松开，锯车抬起并返回原位停止。锯车和钢管的位置通过测速辊及其脉冲编码器检测。

锯车机的工作循环是严格按照一定时序动作的，如果有一个环节出现差错，都将导致工作的失败，轻则节拍失控，重则打锯片。因此，严格按照一定的时序动作是十分重要的。锯切机是整个设备的关键部分，由锯车和锯车电机、锯片和锯切电机、夹紧装置及其电机等组成，主要作用是切割钢管。当钢管运行到一定长度时，启动锯切机构工作程序，其过程如下：

在图 10-2 中，光电编码器 GM_1 记录钢管行程脉冲；光电编码器 GM_2 记录锯车行程脉冲。钢管锯切机在工作过程中，首先通过测速辊（光电编码器 GM_1）测出钢管的长度和速度，当钢管长度达到锯车启动点时，PLC 给出锯车前进给定信号，调速系统驱动直流电机，通过减速机带动齿轮和齿条使锯车加速前进，锯车跟踪钢管。软件在每个采样周期内计算一次钢管和锯车的位置和速度，计算出调速给定信号，使锯车调整自身位置和速度，使之达到与钢管同步，进而达到定尺精度。软件判断定尺精度达到要求后，CPU 向锯车发出夹紧(夹具将钢管夹住)、进锯（锯片在液压缸推动下移向钢管)、抬锯（钢管切割完毕，锯片返回原位)、松夹（夹具松开，即钢管与夹具脱离接触)、反转（锯车返回零位）信号，完成一次锯切过程，等待下次启动指令。

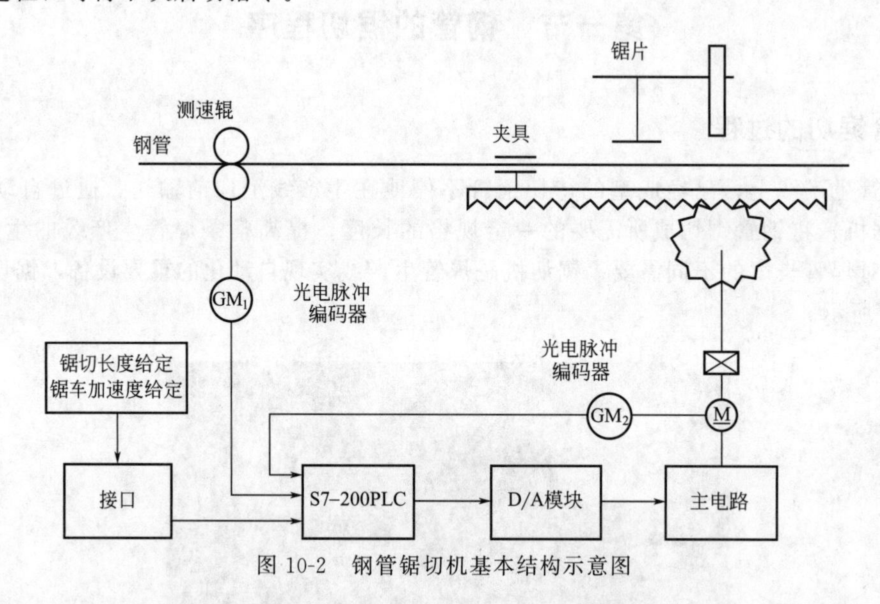

图 10-2 钢管锯切机基本结构示意图

1. 直流调速装置控制

锯车电机在 PLC 的协调之下，完成高效率高质量的生产，是整个机组的关键设备。PLC 为锯车电机直流调速系统的核心，锯切机电机调速装置的差动模拟量是由 PLC 给定的。由于是单机系统，采用了可靠性更强的端子通信控制。

在切割机系统控制方案中，采取端子控制，直流调速装置的差动模拟量由 S7-200 模拟量输出模块 EM232 给定。在 PLC 与模拟量输入端子之间，设有一电位器，调节此电位器，输入至调速模块的电压信号随之发生变化，从而使得电机速度发生变化。操作人员可以根据现场的情况实时调节钢管行进速度。上述模拟量输入端子给定值是由 PLC 根据钢管行进速度计算后所确定的。

2. 锯车的控制

同直流调速装置一样，锯切机也是切割机组的关键设备，它在保证锯片和机组其他设备及管材的速度同步配合的情况下，将直线向前运动的管材按要求的尺寸进行高精度的锯切。由于锯车由传动齿轮齿条带动，其速度太快会加快齿轮齿条的磨损，速度太慢又保证不了工作效率。因此，对锯车的控制成为整个系统的核心问题。为保证其快速启停，锯车电机选用了低惯量电机 ZFQZ-280-21B，图 10-3 为锯切机装配结构示意图。

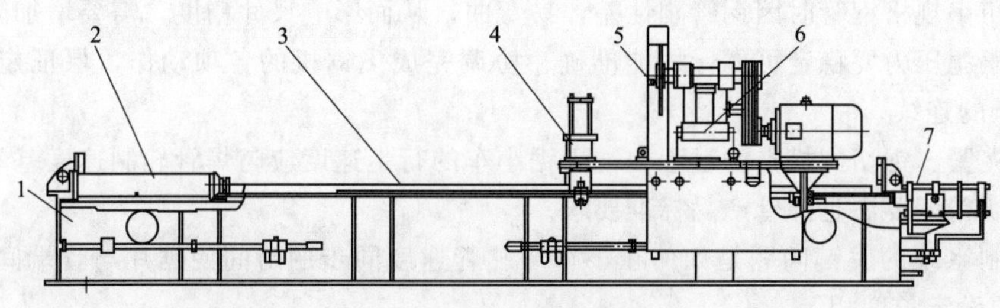

图 10-3 锯切机装配结构示意图

1—床身；2—行走气缸；3—导轨；4—托辊装置；5—锯切装置；6—夹紧装置；7—助推气缸

二、锯切机的设备组成

以 ϕ114.3mm，壁厚 2.5～4.5mm 焊管机组为例，简要介绍锯切机的主要结构和技术参数。

1. 主要技术参数

① 圆盘锯机（WVC1600R）。锯片直径为 ϕ1600mm；锯盘体厚为 9mm（硬质合金锯片）；水平夹具开口度为 100～1100mm；垂直夹具开口度为 70～380mm；锯机进给行程为 580mm；最大管排宽度为 1050mm；锯片速度为 11～150m/min；锯片进给速度为 50～1000mm/min；水平夹具压力为 0.5～7MPa；水平夹具夹紧力为 6300～85000N；垂直夹具压力为 1～7MPa；垂直夹具夹紧力为 3500～27500N；锯片驱动电机功率为 130kW，转速为 1500r/min；锯片进给电机功率为 12kW，转速为 1468r/min；液压泵电机功率为 18.5kW，转速为 1500r/min；冷却空气压力为 0.6MPa。

② 圆盘锯机（KSA1600L）。锯片直径为 ϕ1600mm；厚为 8.1mm；水平夹具开口宽为 110～1050mm；垂直夹具开口高为 110～420mm；锯片速度最大为 250m/min；锯片送进速度为 10～1500m/min；快速返回速度为 7000mm/min；夹具压力最大为 100bar（10^4kPa）；最大管排宽度为 1000mm。所有设备的动作，都可由操作台控制面板上的操作按钮实现。操作面板可实现钢管锯切全过程自动控制（自动）、部分设备的自动控制（半自动）、单体设备的动作控制（手动）。

③ 锯切形式：启动切割。

④ 切断长度：4～12m。

⑤ 切断精度：±5mm。

2. 设备主要结构

① 车身。由机座、导轨、缓冲器和牵引气缸构成。由牵引气缸引导锯切车在机座导轨上往复运动，缓冲器在车终位起缓冲、安全保护作用。

② 锯切车。由锯切小车、锯切头、锯切气缸构成。由锯切气缸推动臂架使锯切头摆动来实现切割动作。

③ 卡钳。由钳体、卡紧块和卡紧气缸构成。在即将切管时，由卡钳将焊管卡住，以保证切断工作的顺利进行。

3. 对锯切设备的技术要求

① 锯切小车与定尺小车之间要刚性连接且稳定。

② 锯切小规格钢管时因钢管刚性差，易弯曲，从而影响尺寸精度，需要增加防弯压辊。

③ 气压源压力要稳定可靠，才能准确、协调完成飞锯机的各项动作，保证定尺精度的准确和生产的连续。

④ 在夹紧、锯切到松夹的过程中，飞锯小车的行走速度应与焊管轧制速度基本同步。

⑤ 锯切精度要满足焊管产品标准要求。

⑥ 控制系统的关键问题是如何在小车与轧管速度同步的瞬间使锯片与管端间的距离与定尺钢管的设定长度相等。

三、对锯切的工艺要求

1. 对锯切的基本要求

① 锯切机必须和运行着的钢管同步，亦即在锯切过程中，锯片既要绕锯轴转动，又要与钢管以相同的速度移动。

② 根据用户要求，锯切机应能锯切不同的定尺长度。

③ 要保证锯切的切口平整。在整个锯切过程中，锯片都应和钢管轴线垂直，并且要使切头部分不弯不扁，以免钢管弯曲。

2. 钢管锯切参数的设定

根据被切钢管的规格、材质设定相应的锯切参数，锯切参数主要包括锯片的速度（锯片线速度）、锯片单齿切削量、锯片齿数，还包括锯机夹具压力。具体参数设定如表 10-1 所示。

表 10-1 钢管锯切参数设定（参考）

钢管壁厚 δ/mm	锯切线速度/(m/min)	锯片进给速度/(mm/min)
≤10	≤130	≤600
10～16	≤115	≤500
>16	≤105	≤400

注：锯片进给速度为调整锯片速度和锯片单齿切削量后所生成的数值。根据生产钢管的品种情况，锯切速度和进给速度按公式计算。

3. 夹具压力的调整

为防止钢管切割后，由于锯机夹具压力过大，造成管端椭圆度超标，可根据被切钢管的径壁比和材质，选择夹具压力。夹具压力分 P_1、P_2、P_3（夹具夹紧时的压力）和保压（二次夹紧后切割时的压力）。

4. 定尺长度的调整

根据生产合同计划，调整钢管切割定尺长度。使切后定尺长度满足合同要求。并使钢管定尺长度在规定范围内得以优化切割。定尺长度要求范围在 500mm 以外的，锯机可采用主动切尾方式，即最后一倍尺长度差与来料长度差相同（都在定尺长度规定范围内），定尺长度要求在 500mm 以内的，可采用被动切尾方式，即所有倍尺长度均相同。钢管定尺长度的调整及倍尺数，由位于操作台上的上位机来实现。

5. 管端质量的控制

切后钢管断面平面度、切斜度及几何尺寸要控制在标准范围内。

6. 常见切割缺陷的处理方法

① 定尺长度超标。原因是定尺长度实际数值与OS显示数值不符；定尺锁紧装置失灵，钢管在撞击时，定尺挡板后移；来料钢管长度差超标。处理方法是调整U31编码器使定尺长度实际数值与OS显示数值相符；检查锁紧装置，调整传感元件位置，使定尺装置正常锁紧；调整定尺长度使其在标准范围内，采取被动切尾方式。

② 锯口断面出现凸棱。原因是锯片有打齿现象或端跳变大；锯片齿宽差超标；锯片稳定器调整不适当，与锯片间隙过大或过小；锯切参数设定不合理。处理方法是更换锯片，调整稳定器与锯片间隙在0.1mm左右；适当修改锯切参数。

③ 锯口断面切斜。原因是锯片端跳过大；锯片切割面积过大，锯齿变钝。处理方法是换锯片；调整稳定器与锯片间隙在0.1mm左右；更改锯机切割参数。

④ 锯口椭圆度超标。原因是锯机夹具压力过大。处理方法是根据被切钢管材质和径壁比，采取相应的压力值。

⑤ 锯口断面粘有长条锯屑。原因是锯片进给行程不够；锯片锯齿变钝。处理是调整锯切行程；更换锯片。

四、锯切机锯切的工序

1. 锯切机的工作流程

首先，在操作员调节好钢管速度后，启动切割机组进入自动锯切状态。PLC根据脉冲编码器发来的脉冲可以得出钢管走过的长度以及行进速度，并根据行进速度求得将要给锯车电机调速模块的速度信号。

其次，当钢管达到预定长度时，PLC发信号至锯车电机调速模块。锯车由零位启动并加速，在调速模块的固定斜率时间内，加速到与钢管行进相同的速度转入匀速运行，经过时间T或者到达一定位置后，PLC发信号打开锯车上的落锯继电器开关，锯片在锯切电机带动下落锯进行锯切。锯切完毕后，PLC发返回信号至锯车电机调速模块，锯车先在调速模块的固定斜坡时间内减速至零，而后反向加速，最后停在零位等待下次锯切。在锯车回零位过程中，为了防止惯性作用冲过零位行程开关，锯车在回零位的过程中将电机速度减到很小的值，等待零位信号。锯切机工作流程如图10-4所示。

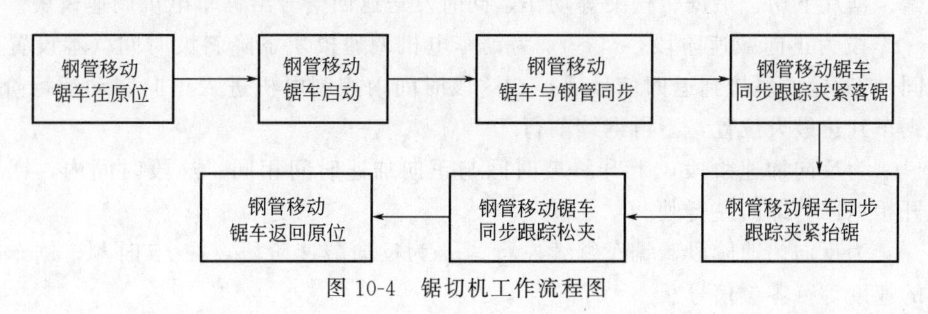

图10-4　锯切机工作流程图

钢管切割机在精确锯切时应满足两个条件：①锯车与钢管同步；②残长S_c趋于零。

2. 锯车工作流程控制

通过钢管自动切割机的锯切流程，我们可以看到，锯切的控制既有开关量控制（夹紧、落锯、抬锯、松夹）又有模拟量控制（调速模块速度给定）。对于锯片，可以通过PLC开关量输出控制。调速模块的速度给定，可通过PC模拟量输出模块给定。根据锯切机工作流程，我们确定了速度比较控制方案对锯车进行控制。

锯车速度变化过程：零位→正向加速→匀速→正向减速→停止→反向加速→匀速→反向减速→零位。

锯车速度/位移理想线性变化曲线如图 10-5 所示。

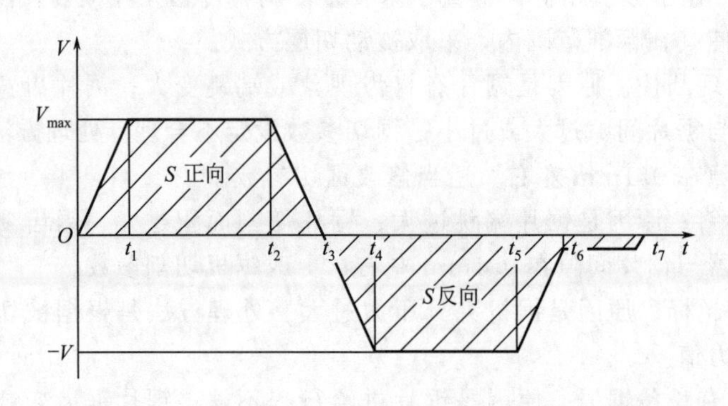

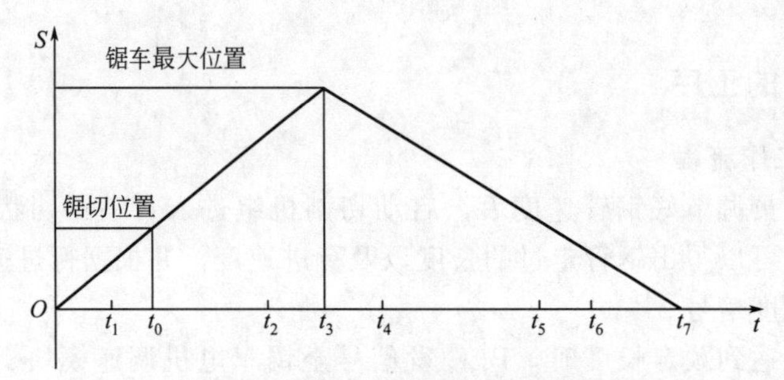

图 10-5　锯车速度/位移理想线性变化曲线示意图

$0 \sim t_1$ 段为正向加速阶段，t_1 为锯车电机调速模块上升斜坡时间（根据钢管速度与锯车加速度计算得出），在这段时间内，控制电机从零加速到给定速度，同时锯车在齿轮齿条传动下从 t_0 位开始向右加速行驶。

$t_1 \sim t_2$ 段为锯车正向匀速运行阶段，锯车继续向锯切位置行驶，在 t_2 时刻，PLC 控制夹具夹紧、锯片下切、抬锯、松夹等动作，同时发送返回信号给锯车电机调速模块。

$t_2 \sim t_3$ 段为正向减速阶段，$t_3 \sim t_2$ 为锯车电机调速模块下降斜坡时间（本设置与加速时间相同），调速模块接到返回信号后，在这段时间内控制电机进入正向制动运行阶段。t_3 时刻，锯车到达最大位置，不再继续前行。

$t_3 \sim t_4$ 为反向加速阶段，上升斜坡时间与正向加速时间相同。这段时间内，锯车由最大位置开始返回，即向左行驶。

$t_4 \sim t_5$ 为反向匀速阶段，锯车继续左行。t_4 为反向减速阶段，在 t_5 时刻，锯车减到一个很小的速度等待零位信号。

$t_6 \sim t_7$ 阶段锯车以很小的速度运行，t_7 时刻零位信号控制 PLC 发停车信号至锯车电机调速模块，电机开始进入停车过程，锯车停于初始位置，即零位。为方便控制，把锯车的正向运行与反向运行设成类似状态，把调速模块的上升下降斜坡时间设为相同，实际也可不同，但不能把锯车返回时间设得太长，否则锯车可能会以很大的速度到零点，产生很大的冲击。最后要使得 S 反相＝S 正相（S 正相是锯车正向走过的距离，S 反相是锯车反向走过的距离）。速度比较控制方案描述如下：钢管达到锯切长度后，PLC 发与给定速度对应的电压信号至锯车电机调速模块，锯车开始从零加速，定位编码器正向旋转，锯车速度达到钢管运行速度值，随后 PLC 发夹具夹紧信号至夹具，夹具夹紧钢管，更好地保证锯车与钢管相对静止，夹具夹紧后，PLC 发锯切信号至锯片电机下锯锯切，锯切到位后，发送松夹信号给夹具，松夹到位 PLC 发返回信号（与给定速度对应的负电压信号）至锯车电机调速模块，锯车开始减速，速度减至零后，开始反向加速，反向加速到给定速度后，锯车开始反向匀速运行，运行到一定位置时，锯车开始反向减速，锯车减到一个很小的速度时等待零位信号，零位信号发出后，PLC 发送停车信号给锯车电机调速模块，锯车停于零位。为防止锯车没有到达零位就停车的情况发生，在锯车返回时，将锯车减到很小的速度等待零位信号，采用速度比较控制方案，实现起来较为简单，不需要非常复杂的调试。

五、对锯切机控制部分要求

根据锯切机组的生产工艺流程，可以得出 PLC 控制的设备由以下两个主要部分组成：锯车电机调速模块、驱动锯片电机。其中 PLC 控制的动作有锯车启动与停止、锯车的零位调整、夹具夹紧、下锯锯切、夹具松夹、抬锯等动作。锯切机组要实现手动控制、自动控制、模拟自动控制三种控制方法。

1. 手动控制要求

手动系统包括手动夹紧，手动落锯、抬锯，手动松夹、手动正冲（锯车前进），手动反冲（锯车后退）及手动计算机复位等部分。其动作要求如下。

首先，将“自动开车→手动开车→模拟自动”转换开关旋至手动开车位置；接着，系统上电，按动“控制电源接通”按钮，“松夹”“抬锯”“原位”等信号灯亮，调速柜控制电源接通；按“硅柜合闸”按钮，调速柜主电路接通，“硅柜合闸”信号灯亮；按“主轴接通”按钮，锯切电机旋转；按“夹具夹紧”按钮，松夹信号灯灭；按“手动落锯”按钮，锯落下，抬锯信号灯灭；松开“手动落锯”按钮，锯抬起，抬锯信号灯亮；按“夹具松开”按钮，夹具松开，松夹信号灯亮；按“计算机复位”按钮，计算器显示为零；按“手动正冲”按钮，锯车前进，同时显示锯车实际运行距离；按“手动反冲”按钮，锯车后退，同时显示锯车实际运行值，当锯车退至原位，理论上数码显示应复零。

2. 自动控制要求

自动系统又分为模拟自动及全线自动部分。首先将“自动开车→手动开车→模拟自动”转换开关拨至“自动开车”（如是模拟开车时应拨至“模拟自动”）位置；按动“控制电源”按钮，“松夹”“抬锯”“原位”“数字测量”等信号灯亮，调速柜控制电源接通；按动“硅柜合闸”按钮，“硅柜合闸”信号灯亮，调速柜主电路接通；按动“主轴接通”按钮，锯切电机旋转；按动“自动开车”按钮，自动信号灯亮，系统进入自动工作状态；取钢管脉冲信号，显示实际管长、管速。当 $S_c=S_q$ 时，启动锯车加速。当管长＝设定管长时（在此之前，锯车应加速到管速，同步跟踪），夹紧、落锯，管长清零，抬锯、松夹，锯车返回，锯车原位停，再循环。

3. 模拟自动控制要求

若为“模拟自动”，则启动 PLC 内部定时器模拟管脉冲，并设定一固定值的管速，其余与“自动开车”相同。

急停按钮：此按钮在系统出现紧急状态时使用，按此按钮，中间继电器吸合，系统退出自动状态，全线停止，主轴停转，调速柜主电路断电，并进入制动状态。

PLC 检测环节有：控制模块部分开关状态逐一检查所有设备是否准备好。钢管长度通过编码器检测。钢管运行速度根据脉冲编码器脉冲数及参数计算得出。锯车零位行程开关检测。

对控制方法的说明：操作方式分为手动、自动、模拟方式。手动方式用于故障排除，或测试锯切机的各个动作是否能正常实现。自动方式根据输入的钢管长度与锯车加速度自动锯切。模拟方式用于在无钢管的情况下测试锯车的工作情况。

六、锯切机控制部分说明

1. I/O 设备确定

① PLC 控制系统输入设备。输入设备的各种按钮如下：

a. 控制电源按钮；b. 硅柜合闸按钮；c. 主轴接通按钮；d. 停止按钮；e. 急停按钮；f. 手动/自动/模拟选择旋钮；g. 夹具夹紧按钮；h. 手动落锯按钮；i. 夹具松开按钮；j. 计算机复位按钮；k. 手动正冲按钮；l. 手动反冲按钮；m. 锯车零位行程开关；n. 锯切限位行程开关；o. 脉冲编码器。

② PLC 控制系统输出设备。输出设备的各种电器如下：

a. 锯车电机调速模块；b. 锯片驱动继电器；c. 锯车零位信号灯；d. 锯车零位指示灯；e. 紧急停止继电器；f. 松夹信号灯；g. 抬锯信号灯；h. 硅柜合闸信号灯等等。

2. 硬件系统线路与机件

① PLC 外部电气控制线路。配合 PLC 控制的还有一部分电气控制线路，由这些传统的继电器控制线路，在 PLC 控制切割机组运作之前，按下控制电源接通按钮与硅柜合闸按钮，使相关继电器得电，触点动作，为锯切做好准备，等等。正常工作状态下，按下紧急停车按钮将使得紧急辅助继电器得电，相应触点动作，锯切机停止工作。恢复锯切机组至正常状态后，必须用复位按钮重新启动锯切机组。旋转复位按钮后，相应 L 触点动作，在程序中必须通过 PLC 重新调用程序，方可开始进行锯切前的准备工作。

② PLC 的选型。根据锯切技术要求，锯切系统主要由开关量进行控制，涉及模拟量输出，切割机由一小型 PLC 即可完成控制，根据 PC 设计理论，主机一般要选用德国西门子公司生产的 S7-200 CPU226（24V 输入 DC/16V 输出 DC），模拟量模块选择该系列中有 2 路输出的 EM232 模块。CPU226 用于较高要求的控制系统，具有更多的输入输出点，更强的模块扩展能力，更快的运行速度和功能更强的内部集成特殊功能。可完全适用于较复杂的中小型控制系统。

3. 人机界面的设定与操作

① 人机界面的设定。人机界面用于操作者与机器之间的交流，屏幕应具有显示清晰，便于操作的功能和特点。显示单元功能主要是进行输入产品在生产过程中需要改变的参数、各部分工作状态以及速度显示，一般情况下均采用西门子的文本显示器作为人机界面，效果较好且方便操作。

② 人机界面的操作。当锯切设备在投入使用前，应由设备供应商在调试设备时，根据用户的生产工艺要求设计输入、输出两个屏幕作为文本显示。其文本显示界面输入值允许用户修改，输入值包括锯切长度值、锯车加速度值，在实际生产中允许用户编辑，用户可以根据要求改变输入值，实现不同长度的钢管锯切。

4. 初始化子程序设计

初始化子程序设计应包括：钢管实时速度，锯车加速度，锯切长度，钢管启动残长，钢管实时管长，剩余钢管长度，锯车实时速度，锯车实时位移内容，脉冲编码器对应高速计数器 HSC0、HSC1，子程序内容主要包括对两个高速计数器的初始化（选择工作模式、写操作字等）及某些寄存器清零。

5. 手动锯切程序

手动工作方式主要用来解决故障及测试锯车各个动作是否能正常执行。按住手动正冲按钮，锯车加速追踪钢管，并与钢管同速运行。松开手动正冲按钮，锯车开始减速。

6. 自动锯切程序

这部分是切割机控制系统软件设计的重点。大多数情况下，切割机组是工作于自动锯切方式，这部分程序要具备高可靠性、高效率、快速故障反应能力等基本功能。

第二节 冷锯机在焊管生产上的应用

随着科技的进步和经济的发展，焊管生产作为基础产业成为支持各项建设的重要组成部分，在焊管挤压成型后，要做定尺锯切工艺处理，通过金属锯机完成切头、切尾、定尺锯切工作，是焊管生产中的一个重要组成部分。

锯机分为冷锯机和热锯机两种。冷锯机锯切冷却后的产品，热锯机锯切高温产品，由于金属冷锯机具有设备简单、生产效率高、维护方便的优点，冷锯机广泛应用于焊管制造生产和冷轧钢产品中。锯切机均设置在钢管成型之后，常用于钢管的定尺锯切、切头和去尾。然后经过先冷却再矫直的工艺，基本上完成钢管的制造过程。

定尺锯切的加工工艺与冷锯机锯切制件精度高，锯切过程中不会产生高温而使制件材质改变；冷锯机操作简单，锯切效率高；冷锯机工作过程中不会出现灰尘，节能环保。随着工艺水平的提高，在锯切机广泛运用的时代，锯切工艺取得了很大的发展，尤其是在企业对断面量和定尺精度提出了更高的要求的时候，冷锯机的应用越来越广泛。

在冷锯机的锯切过程中，由于锯片直接与工件接触，而工件在常温下硬度大，锯齿在锯切过程中所受锯切力较大，所以锯片很容易磨损。为保证生产质量和生产效率，需要经常更换锯片，锯片的磨损情况直接影响工件的锯切质量，因此对锯片的使用性能和条件等进行研究是较重要的一个环节。

一、常用的锯机和锯片的介绍

1. 几种常用的锯机

① 卧式圆盘锯机。这种锯机的机身是卧式或倾斜式的，采用伺服驱动的动力单元实现精确进给。由于这种锯机在锯切时有很大的夹紧力和切削力，所以可以用来切削 H 型钢、圆形或方形坯料等特定类型的型材。这种锯机具有结构简单，易于实现全自动化操作的优点，而且切削精度高，但是这种锯机工作时噪声较大，而且切口较宽。

② 立式圆盘锯机。这类锯机多用来进行无缝钢管等的锯切，能够进行钢管的成排锯切，不仅有较高的切削效率，而且能够很好地满足对工件的精度要求，同时也具有很好的可靠性，这种锯机具有与卧式圆盘锯机相似的结构，但是这种锯机的进给装置是沿垂直方向布

置的。

③ 仿形铣切锯机。这种锯机在安装时呈直角坐标或极坐标对称布置，这种锯机多用来切割大直径的空心管材，而且仿形铣切锯机具有高效率、低功耗和自动化操作的特点；缺点是多头切削，错口调整难度大。

2. 锯片的介绍

根据锯片的材质构成，锯片可以分为以下几个种类。

① 锯片体和锯齿整体进行热处理形成的锯片。锯齿与片体硬度相同，一般硬度可达到549 HRC 范围内。这种锯片加工方便，而且制造成本低，整体刚性好，强度较高，可以经修复后多次重复使用，但是也具有脆性大，塑（韧）性小的缺点。

② 在制造锯片时，对锯片整体进行调质处理，但是这种锯片硬度不高，有良好的塑（韧）性，齿尖具有较高硬度，锯切时锯齿有很好的耐磨性。这种锯片使用时要求锯切过程中锯机需要有较好的稳定性，防止因锯齿脆性大出现崩齿，锯齿使用一段时间后被磨损，硬度降低，需要重新对锯齿进行淬火，锯片返修的工作量比较大。

3. 按锯片材质分类

① 65Mn，可以生产 $\phi300$～$\phi2000$mm 各个规格的锯片，是传统锯片生产的首选钢种。

② 45Mn2V，是基于 45Mn2 开发出的新型中碳锰钢，主要生产大直径锯片，配合进口锯机使用。能够满足各种型钢的锯切要求。与传统 65Mn 锯片钢比较，这种材料的锯片有良好的塑（韧）性，可修复性好，已成为新一代有代表性的锯片钢种。

二、影响锯片使用的因素

从 20 世纪初开始，金属冷切技术逐渐得到发展。由于金属冷切具有锯切质量高、精度好等特点，这项技术在国外逐渐推广应用。钢铁行业的快速发展也带动了锯切产业的进步，金属冷切圆锯片由小直径向着大直径锯片逐步发展，目前小直径锯片为 $\phi300$mm，大直径锯片已能够达到 $\phi3.0$m 以上。我国从改革开放以后钢铁行业得到突飞猛进的发展，国内金属锯机的研究也逐步兴起。在对钢材锯切使用和研究中，通过对锯片锯切过程中的切削力能参数、动态特性进行大量的统计计算分析，总结不同锯片的使用性能，得到了以下影响锯片使用的因素：

① 锯片厚度对锯切时的力能参数有较大的影响，生产现场的工作情况表明，锯片厚度越大，锯切功率越大。

② 锯片的夹盘直径也是影响锯片工作状态的一个重要因素。

③ 锯片齿顶角增大会使锯切力增大，同时也会增加锯齿的强度。

④ 锯片使用侧隙可减小锯片的磨损，延长锯片使用寿命，增大锯齿间距可以增强抗裂纹能力，锯片锯齿齿根圆圆弧半径的增大也能有效防止锯片出现裂纹。

⑤ 锯片的磨损可以根据工件锯切断面切口的毛刺情况来判断，因为锯齿磨损严重时，锯花增多变大，锯切断口的毛刺变高，锯切断面质量下降。

⑥ 由于加工和安装产生的误差，锯片在锯切过程中存在轴向偏摆，锯片在工作过程中的转动会产生弹性变形，并且增大锯片的轴向偏摆。

三、影响切削过程的因素

为了减少切削过程中刀具的磨损，提高工件的加工质量，因此我们通常希望在切削过程中，材料与刀具前后刀面的摩擦力尽量小，不会产生大的切削负载，摩擦产生的热量也会较少。影响切削过程的因素有很多，这些因素会影响工件的加工效率和加工质量。

1. 工件材料的影响因素

在切削的过程中，材料的强度、硬度和塑性都会影响锯切过程中的切削力和切削温度，硬度越大，工件越难加工，切削力越大。材料的导热性也会影响切削温度。

2. 切削速度的影响因素

切削速度不仅影响切屑的形成，而且影响切削力。切削力随切削速度的变化比较复杂，切削力在一定的切削速度范围内会随着切削速度的增加而变大，超过一定切削速度以后，切削力也会下降，切削温度保持在一定的范围内。

3. 进给速度的影响因素

进给速度影响着切削厚度和切削温度，单位时间内切削厚度增大，工件材料变形阻力增大，切削力和切削温度升高。

4. 刀具前角的影响因素

刀具前角影响切削过程中的切屑变形，对切削力的影响是很重要的，增大刀具前角有助于减小锯切力，降低锯切温度。

5. 切削液的影响因素

切削液的冷却和润滑性能越好，切削变形越小。

四、毛刺的形成原因与抑制措施

对钢管的锯切通常是在高速高温的条件下进行的，切屑的形成是金属材料的一个复杂的塑性变形过程，各种切削加工都会在钢管断面附近产生毛刺，毛刺的产生是由于在金属切削的过程中，钢管已加工表面的材料发生塑性变形，并且这种塑性变形影响到了已加工的表面。我们知道在所有的机械加工过程中，完全不产生毛刺是不可能的。

1. 产生毛刺的原因分析

产生毛刺的原因有很多种，钢管材料的材质特性，加工刀具的结构参数和加工参数等都会影响毛刺的产生，改变这些影响因素，可以将毛刺的生成控制在一定范围之内，抑制毛刺的生成，可提高钢管的加工质量。

在钢管锯切当中，毛刺的产生和锯切过程中锯齿的磨损、锯机的电流过载有紧密关系。

由锯切毛刺生成机理可知，减少毛刺的产生根本办法是减小加工变质层的厚度。在金属切削的过程中，刀具的结构参数和切削工艺参数都会影响金属材料的塑性变形，因此，对锯片齿形结构参数的研究和切削工艺参数的研究对减少毛刺的产生很有必要。

2. 抑制毛刺产生的具体措施

① 增大刀具前角。刀具前角增大，剪切区域上移，滑移面积减小，减小剪切变形，从而防止加工变质层的产生。

② 减小进给量。减小进给量可以减小锯片切削厚度，材料塑性变形小，加工变质层变薄。

③ 增大切削速度。切削速度越大，塑性变形渗透深度愈小，切削产生的高温流入加工表面层以下部分的热量越小，塑性变形向内层扩展也小，加工变质层变小，毛刺产生情况就

较轻。

④ 增强切削刀具耐磨性。增强切削刀具耐磨性，可以保证切削刃的锋利性，可以减小刀具与工件材料的摩擦力，减小已加工表面的塑性变形，从而减少毛刺的产生。

五、锯片高速切削速度范围

1. 高速切削速度与材质的关系

高速切削加工一般是指切削速度、进给速度比一般意义的切削高出数倍的切削加工，但是高速切削加工是一个相对的概念，其范围没有明确的定义，国际上通常认为高速切削加工的定义范围和被加工的材料有关，不同加工材料的高速加工的范围也不同，高速切削速度范围定义如表 10-2 所示。

表 10-2　高速切削速度范围

工件材料		切削速度范围/(m/min)
黑色金属	钢	600～3000
	铸铁	800～3000
有色金属	铝合金	2000～7500
	铜	2000～7500
	耐热合金	＞500
	钛合金	150～1000
纤维、塑料类	纤维增强塑料类	2000～9000

20 世纪 20 年代末德国科学家 Car. J. Salomon 最早提出高速切削的概念，并且进行了超高速切削模拟试验。在他提出的理论中，当切削速度在一定范围内，切削速度增大，切削力和切削温度也会随之增大，但是当切削速度增大到一个临界速度 V 以后，切削温度和切削力都不会随切削速度的增大而增大，会出现减小的趋势。加工材料不同，临界速度 V 不同，在该切削速度下进行切削时，切削温度最高。在高速切削时的切削速度和切削温度的关系如图 10-6 所示。

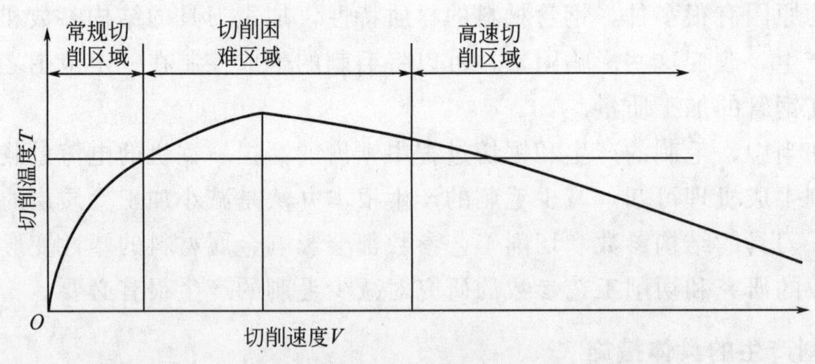

图 10-6　切削速度变化和切削温度之间的关系

2. 高速切削加工的特点

由于高速切削加工具有远高于常规的切削速度，因此其切削机理也不同于常规切削，高速切削加工的特点有：

① 材料移除率高。由于高速切削加工切削速度是常规切削速度的 3～6 倍，其单位时间

内材料移除率很高，因此高速切削适用于材料移除率较高的场合。

② 切削力小。相比于常规切削，高速切削时的切削力降低30%以上，适合加工薄壁类等易变形的零件。

③ 工件热变形少。在高速切削过程中，由于加工速度很快，切屑上的热量在还没有传递到工件的更深处就随切屑流出了，工件产生热变形的机会小，加工细长易变形的工件很有优势。

④ 高速切削加工能耗低，节约资源，加工速度快，加工时间短，提高了设备的使用率，符合绿色环保可持续发展的要求。

第三节 锯片失效的形式和维护

锯切机锯切工件时，由于锯片与工件之间产生连续性的冲击，从而使锯齿达到切削工件的目的，锯齿与工件的连续冲击会引起锯片和工件的振动，振动会产生噪声，也会影响锯片的工作状态，增加锯切过程中的阻力，产生锯斜等现象。其振动的程度与冲击力、锯切工艺参数、锯齿结构参数、工件材料和工件形状有关。降低锯切时锯齿和工件的冲击力是减小振动、延缓锯片磨损、提高工件质量的重要措施。

我国是钢管产、销量大国，每年消耗的锯片产量是巨大的，因此锯片齿形的合理性对于提高锯切工作效率、在使用中降低锯片磨损具有很重要的意义。合理地设计锯片齿形，改善锯齿的应力分布，可以延长锯片寿命，减少锯片的消耗，对降低生产成本，提高企业经济效益具有一定的积极意义。

一、锯片的失效形式

在锯片锯切钢管的过程中，从整体上来看是一个连续切削的过程，但是从单个锯齿上来看，每一个锯齿是循环锯切的，锯齿在急冷、急热、高速冲击的条件下循环完成整个锯切工作，齿尖应力情况很复杂。在锯齿的齿尖上存在以下几种锯切应力：

① 锯切过程中的锯切应力，这是最主要的应力；

② 锯切时锯片与工件产生的夹锯应力；

③ 锯齿开始锯切时的冲击应力；

④ 锯片锯齿在锯切高温和冷却交替过程中产生的热应力；

⑤ 在锯切时高速旋转产生的离心应力。

锯片在锯切过程中主要受到以上这些应力的作用，在应力的长时间作用下，锯齿出现磨损，随后失效，最终造成锯片的报废。

1. 锯齿在工作过程中失效形式分析

锯齿在工作过程中的主要失效形式如下。

① 锯齿磨损。锯齿磨损是锯齿最常见的失效形式。失效的主要原因是锯齿齿尖切削工件时摩擦产生了大量热，锯齿温度升高，随后锯齿又会经历冷却液的冷却，然后再开始锯切，在这种冷热交替的锯切过程中锯齿齿尖部分退火，硬度降低，从而导致锯齿磨损。

② 糊齿。糊齿主要表现为切屑填充和被压实在锯齿的齿槽中，使得切屑排出困难，降低了锯齿的锯切能力。糊齿产生的主要原因是锯切参数的选择不合理，锯切时，切屑不能及

时排出，使切屑黏附在齿尖和齿槽中，持续切削时，将会降低锯齿的锋利程度，使糊齿现象加剧，导致锯切力迅速增大，锯齿磨损加快。最后导致锯齿失去锯切能力。

③ 齿尖折断。齿尖的折断多为脆性断裂，属于冲击破坏，主要原因是锯切速度不均匀、锯片跳动以及锯切时发生的不稳定冲击。

④ 根裂。根裂是非正常失效形式中最常见的一种，也是锯片报废的主要原因。锯切力过大、锯片受到冲击、锯齿的内应力不平衡等都会造成根裂。根裂是由锯齿根部出现的微观裂纹扩展而成的，连续长时间的使用会使微观裂纹扩大，形成较大的裂纹。根裂在初期很难检查出，其危害性比较大。

2. 避免锯片早期损坏的措施

① 选择锯片齿形优化参数。根据前面的理论分析和参考文献可知，在不考虑其他情况变化时，减少锯齿失效的措施、降低单齿锯切力的方法有增加锯齿齿数、增大锯齿前角这两种方式，但是齿形的变化会改变锯切力，尤其是锯切应力的变化。锯齿应力的分布合理与否不仅关系到锯片的使用性能，还影响到锯片的使用寿命，如果齿形结构不合理，不仅不能提高锯切性能，还会降低锯片的使用寿命。因此，在选择锯齿齿形时，在降低锯切力的同时，还要注意锯齿齿形结构参数，以达到减小锯切力并且使锯切应力合理分布的目的。

② 锯齿前角对锯切力及锯切应力的影响。锯片的锯齿前角是锯片锯齿的重要参数，前角的大小直接影响切屑变形、切削力、切削温度、锯片磨损等。根据锯切力的计算公式，增大前角可以减小锯切力和锯切功率，减小锯齿磨损，提高锯片使用寿命。但是前角过大，齿顶角就会减小，锯齿齿尖强度变小，锯齿磨损加快，锯片寿命降低。因此，合理的锯齿前角可以降低锯切力和锯切功率，但是能提高锯片使用寿命和锯机生产率。

③ 根据钢管的不同材质选取锯片的锯齿形状。正确选择锯齿前角、锯齿间距（即齿数）、齿顶角、齿根圆等参数；根据实际情况归纳出各参数变化时对单齿锯切力、总锯切力、锯齿齿尖应力的影响，总结锯切力和锯切应力随锯齿结构参数变化的规律。常见的锯片有等腰三角齿、鼠牙齿、狼牙齿三种，其中等腰三角齿形和鼠牙齿形最为常用。对钢管锯切应优先选取这两种优势齿形。

研究数据表明，当锯齿前角增大时，锯片的单齿锯切力是减小的，而且变化幅度很大，由此可以看出单齿锯切力受锯齿前角的影响是很大的。当锯齿前角在－5°～0°之间时，其变化趋势放缓。当锯齿前角变化时，齿数不变，锯齿间距不变，同时参加锯切的锯齿齿数也不变，所以总锯切力变化趋势与单齿锯切力变化趋势相同。

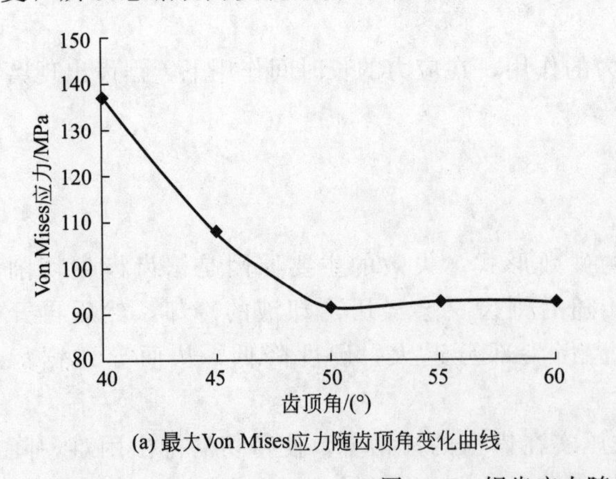

(a) 最大Von Mises应力随齿顶角变化曲线

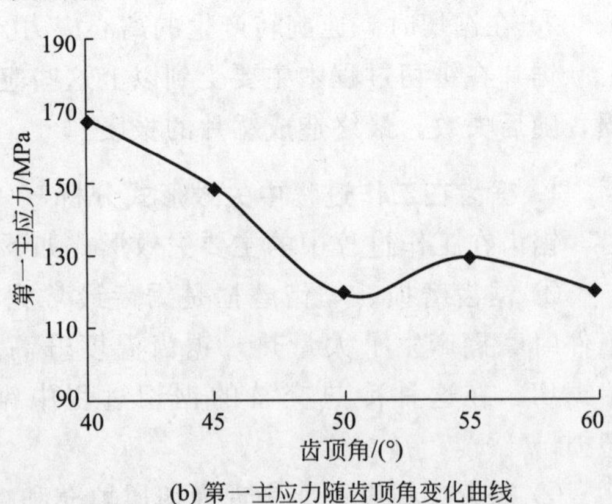

(b) 第一主应力随齿顶角变化曲线

图 10-7　锯齿应力随齿顶角变化的曲线

④ 锯齿齿顶角对锯切应力的影响。锯齿的锯切应力随锯齿的齿顶的变化而变化，从图 10-7 可以看出，其最大 Von Mises 应力随齿顶角的增大而减小，在 52°之前曲线下降速度很快，在 52°达到最低点，之后应力曲线变化平缓，第一主应力曲线在 52°之前呈下降趋势，在 52°的时候应力值最小，52°～55°上升，之后又趋于下降。

从整体上来说，锯齿应力是随齿顶角的增大而减小的，当齿顶角较大时，锯齿应力偏载严重，锯齿背面承载较少，作用不大，锯切消耗的总能量也增大，所以齿顶角不是越大越好，还要保证锯齿的锋利性和锯齿的容屑体积，因此齿顶角选择 50°～52°比较适宜。对顶角较小的锯齿，可考虑采用狼牙齿和弧背齿来提高锯齿的抗冲击性能。

⑤ 锯齿齿距对应力的影响。齿距对齿尖应力的影响，根据公式 $E=\pi D/N$ 计算齿距，齿距变化时，单齿锯切力也发生变化，根据锯切力的计算公式，齿距不同时锯片的齿数和锯切力的关系如表 10-3 所示。如果改变计算锯切力时的参数，锯切速度 $V=100\text{m/s}$，进锯速度 $v=0.1\text{m/s}$，齿顶角 $\alpha=50°$，锯齿前角 $\gamma=0°$，锯片直径 $D=1800\text{mm}$，平均锯切相迎角取 $\alpha_A=46°$。

表 10-3　不同齿距时的齿数和锯切力

齿距/mm	18.85	16.15	14.14	12.57	11.03	10.28	9.424	8.699
齿数/齿	300	350	400	450	500	550	600	650
单齿锯切力/N	176.9	151.7	134.6	119.7	107.8	98.07	89.93	83.05

锯切力当量以齿数为 500 齿，前角为 0°为例，齿顶角为 50°时的锯切力为基准。齿数不同，锯齿的受力大小也不同，由计算公式 $E=\pi D/N$ 可知，在其他条件都相同的条件下，总齿数增加，齿距变小，在同一锯切位置，锯切弧长一定，需要的锯切功率一定，齿距变小，同时参加锯切的齿数增多，单齿锯切力变小，当 500 齿以后，锯切力当量曲线的梯度变小，齿数的增多对锯切的降低效果不明显。对齿数不同的锯片进行有限元分析，观察其应力的变化情况，应力在锯齿上的分布情况基本相同。齿数增加，总锯切力变化不大，单锯锯切力减小，虽然齿数增多有利于减小锯切力，但是当锯片直径一定时，锯片齿数的增多会引起齿高变小，降低了锯齿的耐磨性，使用寿命降低，锯片修复工作量大，因此选择齿数为 500～550 齿的锯片比较合适。

⑥ 锯齿齿根圆角半径的优化。在生产现场发现，锯片在生产中经常会在齿根处发生齿根圆弧的断裂，而且这种失效形式在受损锯片中占的比例很大，并且一旦出现这种裂纹，对锯片的损伤是很严重的，修复比较困难。严重影响锯切效率和锯片使用寿命。这种失效形式形成的原因一方面是锯片生产的过程中热处理的原因，而最主要的原因是锯切过程中锯齿受力不均匀，排屑过程不顺畅，造成糊齿现象，使锯齿在锯切过程中齿根部分受到的力增大，齿根压力增大，容易造成齿根的裂纹。不合理的齿根圆角半径会造成齿根应力集中，降低锯片使用寿命。现对选取锯齿前角为 0°，齿顶角为 50°的鼠牙齿进行齿根圆角半径的分析。

从图 10-7 中可以看出当齿根圆角半径变化时，最大 Von Mises 应力和第一主应力变化趋势大致相同，应力在 0～1mm 之间开始下降，在 1～3mm 之间开始上升，在 1mm 处应力最小。结合有限元分析和实际生产需要，因此齿根圆角半径取 1mm 较为合适。

二、锯片的选用原则

从钢管的锯切实践中，我们知道不同的切割材料应该选择不同的锯片，在选择锯片的时候，还应该根据机器主轴转速、加工工件的厚度及材质、刀具的外径及孔径进行选择。下面

以直径 ϕ32mm 钢管为例，选取锯片的基本参数如下。

钢管的基本参数：管径 ϕ32mm，壁厚 $\delta=1.5\sim2.0$mm，钢管运行速度 $V_{max}=80$m/s，钢管材料为低碳钢 Q195。

根据以上条件我们来选用锯片的基本参数，因为关于锯切机的参数研究很少，我们先根据热锯机的经验公式来计算，再结合锯切机的特点来进行调整。

① 锯片直径 D 选取。初选锯片的直径时，对于锯切圆钢管，热锯机有以下经验公式：

$$D=8d+300(d\text{ 为圆钢直径})$$

可计算得出：$D=556$mm。

因为锯切的是钢管，并且锯切机锯片刚度应该比热锯机大，直径一般比热锯机大，取 $D=450$mm。

② 锯片厚度 δ 的选取。

由经验公式
$$\delta=(0.18\sim0.20)\sqrt{D} \tag{10-1}$$

计算得出：$\delta=3.8$mm。

锯切机锯片刚度大，锯片厚度可取较小值，可以选取 $\delta=3.0$mm。

③ 锯齿的齿数选取。锯片选用整体式锯片，材料用 65Mn，锯齿采用鼠牙形，鼠牙形锯齿锯切功小，制造和修齿也比较方便，噪声也低。齿数 Z 查相关手册定为 72。

④ 夹盘直径 D_1 的选取。

$$D_1=(0.35\sim0.50)D \tag{10-2}$$

因钢管直径较小，取 $D_1=0.5D=225$mm。

⑤ 锯片的圆周速度和进给速度的选取。我们知道提高锯片的圆周速度可提高生产率，但锯片的圆周速度过大由于离心力的增加，则降低了锯齿的承受能力，所以一般圆周速度 V 应在 100～120m/s 之间，若选取 110m/s，则锯片转速 $n=4671$r/min。

进给速度 v 要和钢管运行速度 V 及钢管厚度适应，锯切机的圆周速度很大，所锯切的钢管壁又很薄，如 v 取得小则锯屑容易崩碎成为粉末，将使锯齿尤其齿尖部分迅速磨损，将影响锯齿的寿命。所以选取 $v=1000$m/s。

⑥ 锯片的保养方法。a. 锯片若不立即使用，应将其平放或利用内孔将其悬挂起来，平放的锯片上不能堆放其他物品或用脚踩，并要注意防潮，防锈蚀。b. 当锯片不再锋利、切割面粗糙时，必须及时进行再研磨。研磨不能改变原角度，和破坏动平衡。c. 锯片的内径修正、定位孔加工等，必须由厂方进行。如果加工不良，会影响产品使用效果，并且可能发生危险，扩孔原则上不能超过原孔径 20mm，以免影响应力的平衡。

三、自动锯切过程操作步骤

1. 手动锯切程序操作

手动工作方式主要用来解决故障及测试锯车各个动作是否能正常执行。按住手动正冲按钮，锯车加速追踪钢管，并与钢管同速运行。松开手动正冲按钮，锯车开始减速。

2. 自动锯切程序操作

这部分是切割机控制系统软件设计的重点。大多数情况下，切割机组工作于自动锯切方式，这部分程序要具备高可靠性、高效率、快速故障反应能力等基本功能。

① 按下启动按钮，高速计数器 HSC0、HSC1 计数。

② 按下停止按钮 1.2.4 后，锯切机完成当前循环后停止锯切。

③ 当 HSC0 开始计数时，启动定时器 T37，定时 100ms 用以计算钢管速度。

④ 定时器 T37 定时到了以后，取出 HSC0 当前值，计算出钢管行进速度。

⑤ 取 HSC0 的当前值用于计算钢管走过的位移，即当剩余钢管长度达到启动的长度时。

⑥ 由标志位 M0.4 启动锯切机电机加速，当锯切机速度加速到与钢管速度相同时，由标志位 M1.3 启动锯切机匀速运行，并完成夹具夹紧、落锯动作。

⑦ 锯切完毕后锯片至锯切行程开关 I1.3，计数器清零，抬锯、松夹。松夹继电器 Q1.1 得电，同时置标志位 M0.5。

⑧ 由标志位 M0.5 发返回信号至锯切机电机调速模块，锯切机减速。

⑨ 减速到零后，接通电机反转继电器 Q1.3。锯切机反向加速，加速到设定速度后，开始反向匀速，当锯切机运行到设定位置时，锯车开始减速，速度减到一个很小的值后匀速，等待原点信号。

⑩ 锯切机停在原位，等待下次启动信号，启动下一循环周期。

第四节 锯切机的安装与使用

一、安装与调试工作

1. 安装工作

定尺锯切机由于其工作时具有较大的振动，并且需要大量的切削液和压缩水，应该安装在水泥地上，并要求保持平衡。因此在机座底端与地面连接的部位使用 6 个地脚螺栓，可先开机试运行，看锯口是否平滑。在其周围地面上，砌一个储水槽，使切削液和水均能流入，保持环境卫生。

2. 调试工作

调试包括通过锯切装置上的张紧轮来保证带传动的良好接触，使传动带不打滑和空转；气缸位置的调试对飞锯机也有很高的要求，气缸与其作用单位采用螺栓连接，要保持良好的高度，使气缸平稳高效地工作。

二、试车前的准备

试车前应该进行下面各项准备工作。

① 检查各连接件是否有松动；

② 各润滑部位加注润滑油；

③ 焊管轴线与飞锯卡钳内卡块轴线是否重合；

④ 电控系统、气动系统是否工作正常，有无漏电、漏气等现象的出现；

⑤ 调整三角带松紧程度；

⑥ 锯片安装是否牢固；

⑦ 按焊管定尺长度和生产线速度调节行程开关的位置；

⑧ 气源压力不低于 0.4MPa；

⑨ 用手盘车观察，有无运动干涉、转动是否灵活、有无异常声响。

三、试车工作

① 单车开动试转 5min，往复驱动主轴、回转锯片、抬锯、落锯、卡钳的卡紧与松开。

② 空运转10min，观察各执行件动作是否协调，锯片是否运动平衡，各润滑点润滑是否正常。

③ 带负荷运转1h，检测定尺精度，检查各连接部位有无松动。

四、使用安全注意事项

① 操作人员须经专业培训，培训合格后方可上岗操作。

② 机器运行时严禁调整V带，禁止对各运动部位注润滑油。

③ 机器正常运转时严禁随意按动操作按钮。

④ 气源气压低于0.35MPa时不得开机。

五、维护与保养规定

开机工作后注意各运动部件有无异常声响，如有异常声响，立即停机检查，排除故障后方可开机操作。

1. 每日保养规定

① 润滑部位需加注润滑油。

② 检查气路是否漏气，气压是否正常。

③ 检查各紧固件是否松动。

④ 检查锯片磨损情况，如不能正常切割应及时更换锯片。

⑤ 及时清除排屑槽内金属杂物。

2. 每周、月保养规定

① 每周检查V带的松紧程度，在0.1kN手压，下沉10～15mm以上时，应调整或更换V带。

② 每周应将油水分离器中污水及时排除干净。

③ 每月检查气路的管阀及管道情况一次，同时应检查紧固件是否松动。

六、锯切工岗位职责

① 接班前检查设备是否完好，确保安全生产。生产过程中，勤巡视，如发现问题，及时报修。

② 严格执行下料单的规定要求，保证切料的质量（比如锯切断面垂直度，不能出现错口等缺陷）。

③ 负责设备润滑保养工作，并做好检查工作，发现问题及时处理，及时提出合理的保养锯切机配件、设备建议。

④ 落实好岗位6S管理制度，负责清理岗位、设备卫生，并能合理的维护保持车间、设备的清洁卫生。

⑤ 交班时，做好产品生产状况的清点工作并认真填写工作记录。

第五节 钢管生产线优化锯切计算方法

在生产过程中，用户要求按定尺长度切割焊管，考虑到焊管缺陷和刀具寿命，切割时应在缺陷点前后各留1m将其切除。如果采用传统锯切方式，不可避免地会造成大量的剩余段。本节运用整数线性规划理论方法，结合焊管生产线的实际，提出了一种优化锯切的方案，并开发了应用软件。

一、优化锯切的内容

1. 优化锯切的目的

优化锯切是根据待切割焊管的长度和用户要求的切割长度，按照一定的优先级顺序，通过计算机进行配尺优化，以达到减少剩余段和提高焊管利用率的目的。

2. 影响锯切的因素

① 焊管的长度。焊管的有效长度是通过锯切设备之前的测速轮测定去除缺陷后的长度，由于生产线速度的变化，需实时测量待切剩余焊管长度，其测量精度直接影响优化锯切计算的准确性。

② 缺陷跟踪。缺陷跟踪是整条线生产的重要环节。由于焊管在成形过程中不可避免地存在缺陷，如对接缺陷、焊接缺陷、内毛刺打断缺陷等。用两台缺陷探测器分别探测焊管的缺陷点，一旦发现立即报告，并实时跟踪缺陷的位置，从而在避免缺陷的情况下得到最优锯切方案。

3. 优化锯切的基本原则

① 焊管的有效长度应是去除缺陷点后的长度，根据生产线的切割情况动态调整。

② 优化锯切追求的目标是使锯切剩余率最小，很显然采用长短搭配的配尺方案较容易达到这个效果。

③ 优化算法必须在满足客户要求的钢管数量的前提下，按照一定的优先级顺序进行，否则即使剩余段再小也不符合要求。

4. 配尺优化的算法

本钢管优化锯切计算方法采用的算法是以线性规划问题的单纯形法为基础，因为求解为整数的特殊性要求，我们将优化锯切问题抽象为整数线性规划问题。整数规划（Integer Programming，IP）是线性规划（Linear Programming，LP）的特殊类型。目前，求解 IP 问题的方法大致可分为两类：一类是以求解 IP 的单纯形法为基础的传统解法；另一类是摆脱单纯形法的新型解法。

① 传统解法。求解 IP 的传统解法，基本上有两种。一种是 20 世纪 60 年代初由 Land donghe 和 Dakin 等人提出的分支定界法（Branch and Bound Method），另一种是 1958 年由 R. E. Goog 提出的割平面法（Cutting Plane Method），两种方法都要多次运用单纯形法。相比之下，分支定界法比较有效，思路更加明晰，且具有形象和直观的特点。割平面法由于带有试算的不确定性，对确定附加约束方法的掌握具有较大难度。

② 新型解法。自 20 世纪 70 年代以来，国际上对 IP 及 LP 探索非单纯形解法成为一个热门课题，例如内点法、外点法、椭球算法、遗传算法及其他各种变形算法层出不穷。但是求解方法和过程比较烦琐，以大量耗用机时为代价，例如遗传算法与传统算法相比只能收到事倍功半的效果，并且这些方法具有一定的局限性，适应条件过于狭窄。本节采用了分支定界法，这是目前求解整数规划问题各种方法中最为适用和有效的方法。

二、优化锯切的方法

1. 优化锯切的数学模型

优化锯切的目标是使焊管剩余率最小，即成材率 $K=(S/b)\times100\%$ 为最大。其中，b

为切割前焊管的有效长度，S 为锯切后钢管的长度总和。根据优化锯切目标函数和约束条件，可建立如下数学模型：

$$\begin{cases}\max \quad z=CX \\ \text{s.t.}\ AX\leqslant b \\ X\geqslant 0 \\ X_1>X_2>X_3\cdots>X_n\end{cases} \tag{10-3}$$

式中 C——n 维行向量，表示用户要求的锯切长度的种类集合，$C>0$；

X——n 维列向量，表示各锯切长度优化后的切割数量，X 为整数，X_1，X_2，X_3，…，X_n 按优先级排序，X_1 为优先级最高的钢管长度数量，X_2 为优先级第二的钢管长度数量，依次类推；

z——锯切的齿数，个；

A——$m\times n$ 维约束矩阵；

b——焊管的有效长度。

写成矩阵形式如下：

$$CX=\begin{vmatrix}c_1 & c_2 & \cdots & c_n\end{vmatrix}\begin{bmatrix}X_1\\X_2\\\vdots\\X_n\end{bmatrix}=c_1X_1+c_2X_2+\cdots+c_nX_n \tag{10-4}$$

$$AX=\begin{bmatrix}a_{11} & a_{12} & \cdots & a_{1n}\\a_{21} & a_{22} & \cdots & a_{2n}\\\vdots & \vdots & \vdots & \vdots\\a_{m1} & a_{m2} & \cdots & a_{mn}\end{bmatrix}\begin{bmatrix}X_1\\X_2\\\vdots\\X_n\end{bmatrix}=\begin{bmatrix}a_{11}X_1+a_{12}X_2+\cdots+a_{1n}X_n\\a_{21}X_1+a_{22}X_2+\cdots+a_{2n}X_n\\\vdots\\a_{m1}X_1+a_{m2}X_2+\cdots+a_{mn}X_n\end{bmatrix}\leqslant\begin{bmatrix}b_1\\b_2\\\vdots\\b_m\end{bmatrix} \tag{10-5}$$

$$X=\begin{bmatrix}X_1\\X_2\\\vdots\\X_n\end{bmatrix}\geqslant\begin{bmatrix}0\\0\\\vdots\\0\end{bmatrix}\begin{cases}\max \quad z=CX\\\text{s.t.}\ A \quad X\leqslant \text{b}\\X\geqslant 0\\X_1>X_2>X_3>\cdots>X_n\end{cases} \tag{10-6}$$

2. 优化锯切算法

① 分支定界法求解过程。忽略变量为整数的约束条件，用单纯形法求解其相对应的松弛问题（线性规划题），若得到整数解即为优化锯切最优解。

由于约束条件不全为等式可通过引入新变量的方法，将其转化为等式再求解。例如约束条件为：

$$a_{i1}x_1+a_{i2}x_2+\cdots+a_{in}x_n\leqslant b_i \tag{10-7}$$

$$(i=1,2,\cdots,m)$$

引进一个新的变量 X_{n+i}

$$a_{i1}x_1+a_{i2}x_2+\cdots+a_{in}x_nx_{n+1}=b_i \tag{10-8}$$

使约束由不等式成为等式而引进的变量 x_{n+1} 称为“松弛变量（Slack Variable）”，如果原问题中有若干个非等式约束，则将其转化为标准形式时，必须对各个约束引进不同的松弛变量。单纯形法的求解步骤如下：

步骤一：找到一个初始的基和相应基础可行解（极点），确定相应的基变量、非基变量（全部等于0）以及目标函数的值，并将目标函数和基变量分别用非基变量表示。

步骤二：根据目标函数用非基变量表示出的表达式中非基变量的系数，选择一个非基变量，使它的值从当前值0开始增加时目标函数值随之减少，这个选定的非基变量称为“进基变量”，如果任何一个非基变量的值增加都不能使目标函数值减少，则当前的基础可行解就是最优解。

步骤三：在基变量用非基变量表示出的表达式中，观察进基变量增加时各基变量变化情况。确定基变量的值在进基变量增加过程中首先减少到0的变量，这个基变量称为“离基变量”。当进基变量的值增加到使离基变量的值降为0时，可行解移动到相邻的极点。

如果进基变量的值增加时，所有基变量的值都不减少，则表示可行域是不封闭的，且目标函数值随进基变量的增加可以无限减少。

步骤四：将进基变量作为新的基变量，离基变量作为新的非基变量，确定新的基、新的基础可行解和新的目标函数值。返回步骤二。

满足线性规划问题所有约束条件（包括变量非负约束的向量 $\boldsymbol{X}=(X, X_1, \cdots, X_n)^{\mathrm{T}}$ 为线性规划的可行解（Feasible Solution）。

② 得到松弛问题的可行解后，若可行解不全为整数解，则任取一非整数分量 X_J^* （$J=1, 2, 3, 4, \cdots, n$）来分析，通过增加约束的办法，将原问题分支为两个后继问题来求解，增加的约束条件分别为：

$$X_J \leqslant [X_J^*] \text{与} X_J \geqslant [X_J^*]+1 \tag{10-9}$$

式中，X_J 为松弛可行解的一个分量；$[X_J^*]$ 表示 X_J^* 舍去小数以后的整数值。

③ 继续按①中的方法求解分支以后的两个后继问题，若得到全整数解则停止分支，若得不到全整数解则按②的方法继续分支。另两个停止分支的条件是无解或目标函数已不优于直他分支已得到全整数解的目标函数值。

④ 分支全部停止后，从各分支的全整数解中选取 Z 值（即目标函数值），最优者即为优化锯切问题的最优解。

三、优化锯切仿真结果研究

根据随机给定的钢卷长度数据，缺陷位置和用户要求锯切长度及数量（例如10m的钢管200根，8m的钢管100根）进行仿真研究，并将仿真优化锯切结果与传统锯切结果进行对比，如表10-4所示。

表 10-4 仿真优化锯切与传统锯切方式对比

锯切方法	焊管长度/m	缺陷数目	剩余段长度/m	剩余率/%	成材率/%
优化锯切	30.506	17	0.283	0.93	99.1
传统锯切	30.506	17	3.125	10.24	89.8

从表10-4中不难看出，采用优化锯切方式比传统锯切的剩余段长度小得多，成材率大得多，两种方式成材率相差约10%。优化锯切和传统锯切的剩余段分别为28.3mm和312.5mm。图10-8表示了两种锯切方式下各焊管切割后的剩余段长度，从图中可以看出优化锯切产生的剩余段长度分布在0～3m，且小于1m的剩余段出现的概率较大，说明优化效果较好，而传统锯切产生的剩余段长度分布在0～10m，且剩余段长度是随机分布。因此传统锯切的剩余段是无法控制的，这充分说明了优化锯切方式相比于传统的锯切方式的优越性。

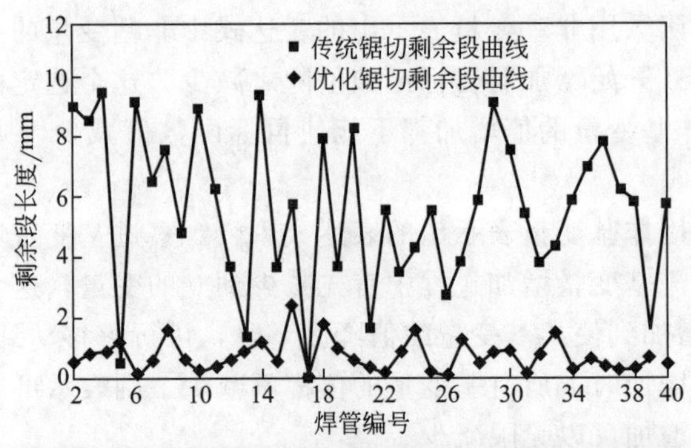

图 10-8 传统锯切与优化锯切剩余长度比较曲线

第六节 钢管锯切机润滑系统的改进

一、锯切机润滑不足的现状

在目前的锯切机齿轮、齿条传动系统中，齿轮与齿条之间的润滑大多是依靠人工定期涂抹润滑脂来实现的。但是人工定期涂抹润滑脂费工费时，而且飞锯锯车工作条件复杂，齿轮、齿条接触面之间湿度大且灰分较多，油脂又难以长时间黏附；锯车长时间往复运动，齿轮、齿条承受冲击力大；一旦润滑脂脱落或者涂抹不及时，齿轮与齿条直接接触，会进行干摩擦。这样不但增加了设备的运动阻力，造成了能源的浪费，增加了运营成本，而且还会加剧齿轮与齿条的磨损。频繁的维护与更换齿轮、齿条，大大地增加了生产成本，降低了生产效率。技术改进之前，平均每 2～3 个月更换一次齿轮，每 5～6 个月更换一次齿条，且每次更换齿轮需要 2～3 人工作 2～3h，更换齿条需要 2～3 人工作 3～4h，而整套齿轮、齿条的更换则需要 3～4 人工作 5～6h。按现在的市场价格计算，一个齿轮价格在 300～500 元之间，齿条在 2500～3000 元，除去人工费，每年的备件更换费用就要到 5000～6000 元，这还不包括平常修理费用和因更换部件停车带来的产量影响。因此解决齿轮、齿条的润滑不良的状况，是各个生钢管产企业亟待解决的技术难题。

二、润滑机构的改进

针对上述现存的技术难题，对润滑机构进行了下述几方面的技术改进。

1. 注油系统

如图 10-9 所示，飞锯锯车驱动系统根据锯车实际的工作需要控制齿轮的旋转方向与旋

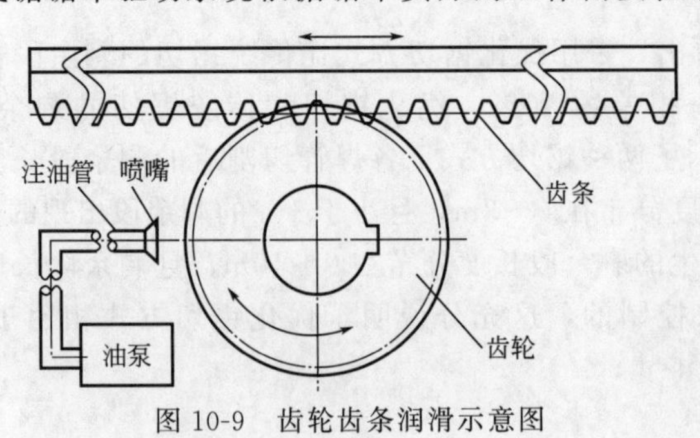

图 10-9 齿轮齿条润滑示意图

转速度，从而带动齿条做符合实际工作需要的往复运动。本技术改造利用注油油泵对固定在机架床身上的齿轮齿面定时、定量的喷射润滑油，从而使润滑油黏附在齿轮齿面上；齿轮旋转，齿条与齿轮同时运动，使齿条齿面上同样黏附上润滑油；摩擦面黏附上足量的润滑油，建立起润滑油膜，从而使二者之间的润滑得到有效的改善。油泵装置的供电线路直接与锯车的供电单元相连接，即锯车供电，供油装置开始计时、喷射润滑油。在齿条的两边加焊两个防尘板，以防止水及灰尘的侵入。最后在机组床身上的齿轮下部，设置了一个接油盒，定期对接油盒内的油污进行处理，以防止多余的润滑油污染车间环境。

所使用的注油油泵为DE2232-1.5L-10kg型齿轮油泵。油泵通过其内部计时元件对油泵的注油时间、间歇时间进行控制。供油时间可设定为1～120s，间歇时间可设定为1～120min。供油压力可通过控制调压阀调节为0.3～1.0MPa，流量为130～200mL/min控制，且油泵设有低油位报警，当油位不足时可提前发出报警并停泵。为能达到良好的润滑效果又不会造成资源浪费，将供油时间设置为20s，供油间隔设置为40min，供油压力设置为0.4MPa。另外，供油时间、间歇时间以及供油压力还可以根据环境的变化（如季节变化）进行调节。

齿轮泵是依靠泵缸与啮合齿轮间所形成的工作容积变化和移动来输送液体或使之增压的回转泵。由两个齿轮、泵体与前后盖组成两个封闭空间，当齿轮转动时，齿轮脱开侧的空间的体积从小变大，形成真空，将液体吸入，齿轮啮合侧的空间的体积从大变小，而将液体挤入管路。吸入腔与排出腔是靠两个齿轮的啮合线隔开的。齿轮泵的排出口的压力完全取决于泵出口处阻力的大小。

2. 齿轮、齿条材质的选取

目前齿轮、齿条的材质多为45钢，45钢为优质碳素结构钢，易切削加工，但表面硬度较低，不耐磨。而40Cr钢中Cr在热处理时可提高钢的淬透性，淬火（或调质）处理后40Cr的强度、硬度、冲击韧性等力学性能明显比45钢高。正火可促进40Cr钢组织球化，改进毛坯的切削性能，当硬度为174～229HB时，相对切削加工性为60%。在温度550～570℃时进行回火，40Cr钢具有最佳的综合力学性能。40Cr钢经调质并高频表面淬火后可用于制造具有表面硬度高及耐磨性好且冲击不大的零件。40Cr钢具有良好的低温冲击韧性和低的缺口敏感性，具有良好的综合力学性能。虽然40Cr钢比45钢市场价格稍高，但考虑到设备可靠性和生产的综合效益，我们选取了40Cr钢为飞锯锯车齿轮、齿条的制作材料。

3. 润滑剂的选取

磨损是零件失效的主要原因。而减少磨损的最有效方法是加强润滑，润滑剂的选用原则要参照润滑材料的性能、负荷大小及负荷特性、运动速度、工作温度、周围环境、摩擦副的结构特点与润滑方式而定。

该技术改进后飞锯锯车齿轮、齿条材质均为40Cr，锯车工作负荷与工作速度均为中等，并且伴有中等冲击负荷；工作温度接近室温；工作环境湿度大且灰尘较多。本技术改进采用喷淋润滑油的方式对齿轮、齿条进行润滑。综合以上因素，本技术改进选用工业齿轮油220为润滑剂。

工业齿轮油220运动黏度为40℃(189～242)mm^2/s，不但具有良好的抗磨、耐负荷性能和合适的黏度，而且具有良好的热氧化安定性、抗泡性、水分离性能和防锈性能。可以防止齿面磨损、擦伤、烧结等，延长其使用寿命，提高传递功率的效率，能够完全胜任锯车齿轮与齿条摩擦面的润滑。

三、润滑机构的日常维护

润滑机构为锯车提供了良好的润滑，为了使润滑机构工作平稳、可靠，需要做好日常维护与保养。

① 齿轮油泵的维护保养。齿轮油泵在使用的过程中要经常检查并且维修，在拆检齿轮油泵的过程中应小心谨慎，避免损坏设备零部件，并保存好每一个零部件，保持洁净；对拆下的零部件进行详细检查，对齿轮做无损探伤，不允许存在裂纹，轴颈的圆锥度合格，表面不得有划痕，端盖、托架、泵体不得有明显缺陷；组装时调整好齿轮端面与端盖、托架的轴向间隙（通过改变端盖、托架与泵体之间的密封垫片的厚度来调整）；紧固端盖螺栓时，用力对称均匀，边紧边盘动转子，遇到转子转不动时，应松掉螺栓重紧；加填料或装油封时，紧压盖仍需边紧边盘动转子，不可紧得过死。

② 电器及线路的维护保养。经常检查电源线、内接线、插头、开关是否良好，绝缘电阻是否正常，刷尾座是否松动，换向器与电刷是否接触良好，电枢绕组、定子绕组是否有断路现象，轴承及转动零件是否损坏，等等。

③ 注油管路的维护保养。本技术改进所使用注油管路为 ϕ6mm×0.8mm 紫铜管，铜管质地坚硬，不易腐蚀，且耐高温、耐高压，可在多种环境中使用。在日常生产过程中，要经常检查润滑装置是否有跑、冒、滴、漏的现象，一旦发现有不良状况，及时修补或更换。定期检查储油盒油位，如有需要加注相应牌号的润滑油。

四、润滑改进的效果

通过技术改造，锯切机的齿轮、齿条的润滑得到有效的改善。润滑油有吸热、传热和散热的冷却作用，能使齿轮与齿条得到有效的冷却，不致引起高温；润滑油在摩擦面间流过时，可冲洗掉齿轮、齿条表面固体微粒，保持摩擦面光洁；并且润滑剂与接触面形成密封，阻止水与固体粉尘的进入，保证接触面内的清洁；油层又可将冲击、振动产生的机械能转化为液压能，起缓冲防振作用并可降低噪声；外加的载荷通过油膜可以均匀地作用于摩擦面，即使局部出现干摩擦时，尚存的油膜仍能承担其余载荷，可以使作用于摩擦点的载荷减轻很多；油层可以对齿轮、齿条金属表面起一定的保护作用，防止产生锈蚀。通过此次技术改造，飞锯锯车齿轮、齿条得到有效润滑，减少了设备的磨损量，延长了设备的使用寿命，降低了二者之间的摩擦系数，减少了摩擦阻力、表面磨损及能量损失，使锯车的往复运动更加平稳，进而使生产效率得以提高。

第七节 焊管生产锯切无毛刺锯切工艺

在焊管和冷弯型钢生产中，飞锯锯切毛刺普遍存在，通常焊管毛刺依靠平头机去除，有时残留的毛刺也只能靠砂轮或钳子等工具手工清除，消耗了大量的人力、物力和财力。焊管飞锯锯切后无毛刺残留，是焊管生产锯切工序中亟待解决的问题，本节以焊管生产为例，介绍对无毛刺锯切的方法。

一、锯切毛刺的种类

在焊管生产线中飞锯残留的锯切毛刺按其产生原因可分为“热”毛刺和“冷”毛刺两种。

1. “热”毛刺

所谓“热”毛刺，就是在锯切过程中，锯片侧面与焊管锯切后留下的切削（被锯金属摩擦生热熔化金属而产生的毛刺），俗称“热”毛刺，这种毛刺在焊管切断端面成平口后，在端面留下铁屑。看上去管壁很厚。锯片与焊管产生摩擦的原因有以下三种情况：第一是飞锯夹紧机构的底线标高低于出料辊道标高，锯切时产生焊管夹锯片现象，因此，一般出料辊道辊面标高，应该低于飞锯夹紧机构底线标高（通常是5～15mm)；第二是焊管弯曲，锯切前锯片接触辊面，会产生夹锯片现象；第三是锯片轴向间隙跳动过大。

根据上述原因，对设备做一些相应适当的调整就可避免锯切“热”毛刺的产生。

2. “冷”毛刺

“冷”毛刺是焊管端部呈条状的，其宽度与锯片厚度有关的毛刺，锯片越厚，毛刺宽度越宽，称为“冷”毛刺。这种“冷”毛刺主要是焊管在锯断之前，锯片两边焊管有相对位移，从而使锯片两边金属不能同时切断而产生的毛刺（见图10-10)，由于锯切产生大量热能，焊管在切断之前，*AB* 区有一定量的金属“见红”变软，又由于焊管自重和辊道2的输送运动。*B* 点位移下降（辊面标高低）而左边焊管是夹持状态，*A* 点高度保持不变，故锯片1先切断 *A* 处金属，而 *AB* 区金属由于锯片旋转（水和铁屑）的离心力和 *AB* 段重量作用、使 *AB* 段绕 *B* 点旋转，又由于辊道输送，故锯片不能切断 *B* 点，从而出现毛刺，这种毛刺马上经水冷却，变得较硬。从图10-10不难看出，毛刺出现在焊管的尾端下方。

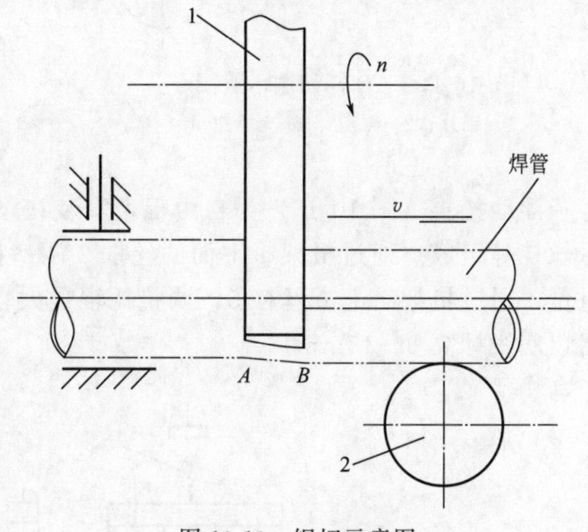

图10-10　锯切示意图

1—锯片；2—辊道

这种 *AB* 区“冷”毛刺，在实际生产中大约有9%以上存在飞锯锯切中，消除它是实现无毛刺锯切的关键。

二、消除“冷”毛刺的几种方法

1. *AB* 同切法

如图10-11所示，此种方法是 *AB* 两点同时切断，设备设置首先是锯片与焊管要垂直，在锯片的两边各设一套夹紧机构，使焊管在全锯切过程中保持相对位置不变，达到 *AB* 两点同时切断的目的。

这种办法在国内某厂引进的PR100/2.5冷弯型钢机组中使用，存在着严重缺点，在实际工作中，不能长期达到消除毛刺的效果，其原因有两个方面：一是两夹持机构使用后磨损不一致，钳口同心度偏差加大，出现假全夹持，即在锯断前上下四半钳口不能全接触焊管；二是由于焊管与滑道（辊道）的磨损，使出料边钳口在切断前就承受较大的倾覆力矩，这种力矩足以使其上钳口不能夹持到位。由于上述两种原因，很难保证锯切时焊管不位移。实践证明 *AB* 同切法，开始效果可以。使用一段时间后，就失去效果，调整也较困难。

2. 先 *B* 后 *A* 法

此方法是锯片1先切断 *B* 点，后切断 *A* 点，具体步骤详见图10-12。用浮动托辊3抬起

B 处，将毛刺控制在焊管前端 A 处，再使用风力、水力或顶板，阻止 AB 区毛刺绕 A 点旋转。风力和水力除给毛刺一定推力外，主要是冷却毛刺，使毛刺在切断前较硬，从而不易绕 A 点旋转，保持毛刺在切削区 AB 切削掉。

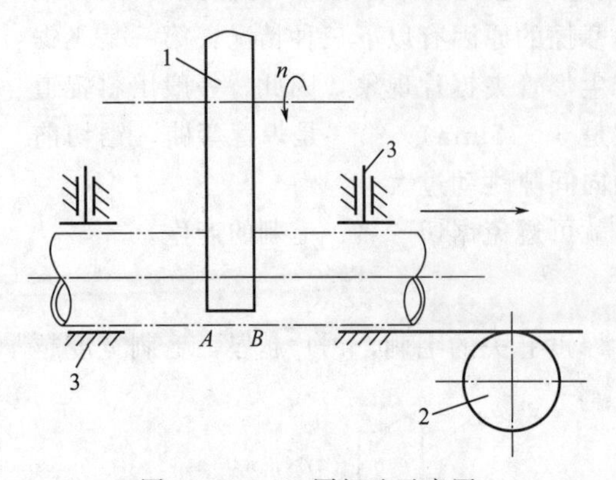

图 10-11 AB 同切法示意图

1—锯片；2—辊道；3—支承钳口

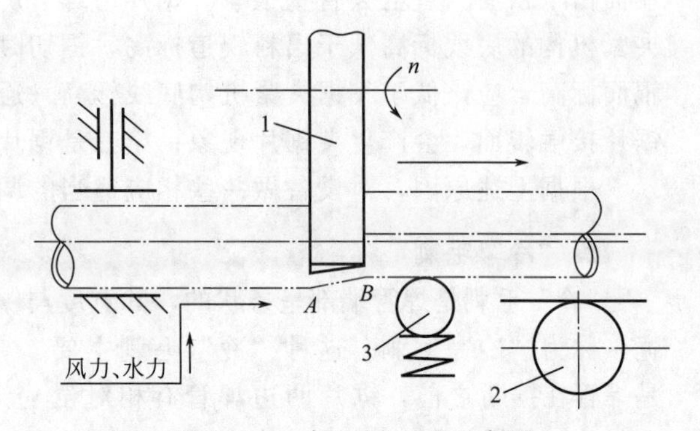

图 10-12 先 B 后 A 法示意图

1—锯片；2—辊道；3—浮动托辊

浮动托辊（图 10-13）为自由辊，安装在飞锯小车上，它由辊子 3、机架 1、弹簧 4、上下丝杠等组成。通过机架 1 下面的丝杠 2 调整托辊 3 高度和抬起力，以适应不同焊管品种的重量，通过机架 1 上方丝杠 5，调整托辊最大自由标高，通常托辊上表面自由标高高出飞锯钳口底线标高 5～15mm。

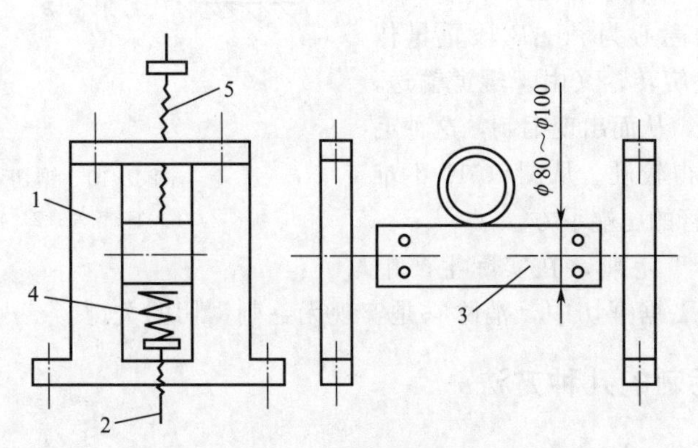

图 10-13 浮动托辊示意图

1—机架；2—下方丝杠；3—辊子；4—弹簧；5—上方丝杠

采用气动行走机构的飞锯，可借用行走气缸排出的余气，在电磁换向阀排气口接管径 8mm 的管子引到 A 点，对准毛刺，如图 10-14 所示。如果飞锯为齿条传动，就另设气源，用电磁阀控制供气。水力可采用小型高压喷枪获得，像汽车洗车用的喷枪，排水口方向位置和气管相同。托板，图 10-14 的工件 4，就是在飞锯下钳口与锯片之间，装一托板。托板上表面标高与钳口底线标高相同，锯片之间装一托板，顶头顶至锯片侧面。托板断面形状可与产品相吻合。托板材料采用普通 Q235 钢，厚度 2～3mm，强度不宜过高，以免损坏锯片。采用托板时，锯片轴向跳动越小，去毛刺效果越好。

3. 先 A 后 B 法

此方法（图 10-15）是先切断 A 点，后切断 B 点。具体办法是：一是使出料辊 2 线速度小于或等于焊管成型速度，或出料辊 2 改为自由辊；二是出料辊道为 V 形辊道，三是像先 B 后 A 法一样，分别采用风力、水力或托板，防止毛刺绕 B 点旋转。这种办法的缺点是有时会出现少量“热”毛刺。

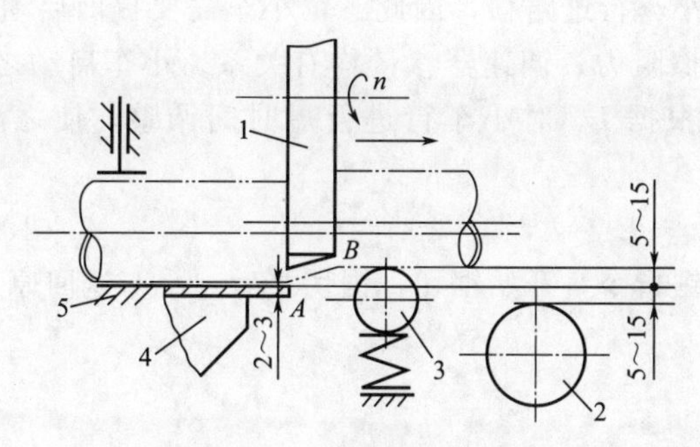

图 10-14 顶板位置示意图

1—锯片；2—辊道；3—托辊；4—托板；5—钳口

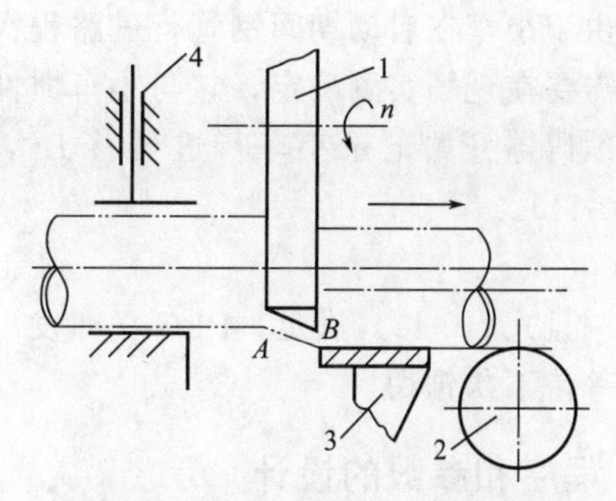

图 10-15 先 A 后 B 法示意图

1—锯片；2—出料辊；3—顶板；4—钳口

上面所介绍的几种无毛刺锯切方法，具有结构简单、投资少、见效快的特点，在焊管生产线上设置较为方便，对提高生产效益和焊管的质量都会产生较好的效果。

第八节 焊管定尺飞锯直流驱动控制技术

在焊管与冷弯型钢连续生产线上，定尺飞锯是关键设备之一，其控制特性直接影响定尺精度。飞锯的同步驱动方式有气动式、液动式、直流电机驱动式等，控制方式有单片机控制、PLC 控制等。本技术采用德国西门子公司 PLC 与英国欧陆公司 590 系列全数字直流调速器相结合，构成定尺飞锯控制系统，并编制了控制软件。该系统操作方便，可以根据现场需要随时对各种参数进行监控与调整，可适用各种尺寸的焊管与冷弯型钢生产，具有功能多、抗干扰能力强和控制精度高等特点。

一、系统组成与工作过程

定尺飞锯控制系统如图 10-16 所示，主要由飞锯锯片、飞锯小车、可编程控制器(PLC)、全数字直流调速器、编码器计算机等组成。其中德国西门子公司 S7-300 系列 PLC 具有功能多、抗干扰能力强、计算速度快和控制精度高等优点，全数字的直流调速器为英国欧陆公司 590 系列产品，可以很方便地对各种参数进行调整，计算机的主要功能是编程与监视现场参数。

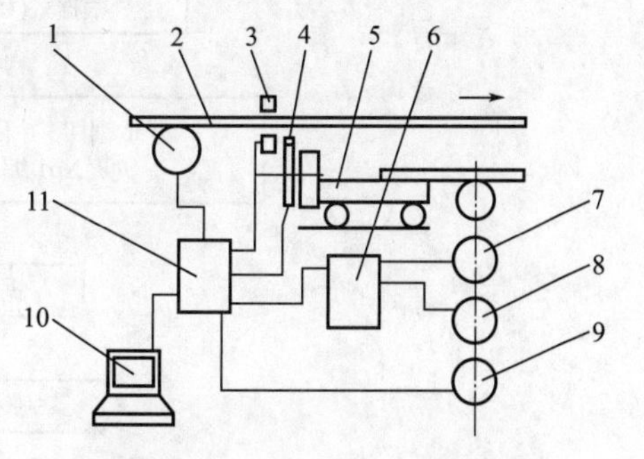

图 10-16 飞锯控制系统示意图

1—No1 编码器；2—焊管；3—夹紧装置；4—锯片；5—飞锯小车；6—直流调速器；7—直流电机；8—测速电机；9—No2 编码器；10—计算机；11—PLC

控制系统工作过程为：No1 编码器负责测量焊管的行程 L_x 与行进速度 v_x，并将此信息送至 PLC 高速输入端，经过 PLC 计算，判断飞锯小车何时启动，当 L_x 值满足式(10-10) 时，小车立即启动。

$$L_x+L_s+L_t \geqslant L \tag{10-10}$$

式中 L_x——焊管行程；

L_s——上一次下锯时飞锯小车的位置；

L_t——小车启动提前量；

L——焊管定尺长度。

由于小车在启动期间钢管行进路程大于小车行进路程，因此飞锯小车需要提前启动。L的值需要在现场实测确定，它与小车惯性摩擦阻力、调速器参量均有关系。小车启动之后，No2 编码器开始记录小车行进位移 L_c，并根据 L_x 对小车行进行短时间调整，使之满足式(10-11)。

$$L_x+L_s-L_c=L \tag{10-11}$$

一旦式(10-11) 满足，PLC 立即发出下锯指令，开始锯切，锯切之后，小车返回原点位置，等待下次锯切。

二、程序和参数的设计

为了适应生产操作需要，控制系统软件既要满足自动控制要求，也要满足手动控制要求，方便地调整各种参数，同时还能够在人工控制条件下，模拟整个自动工作过程，图 10-17 为自动控制过程流程图。整个飞锯控制系统中，软件与参数非常重要。整个控制系统需要调节的参数有近百个，由于采用全数字式直流调速器，故许多参数可由微机自行调节。现将控制软件与参数调整中的几个重要内容介绍如下。

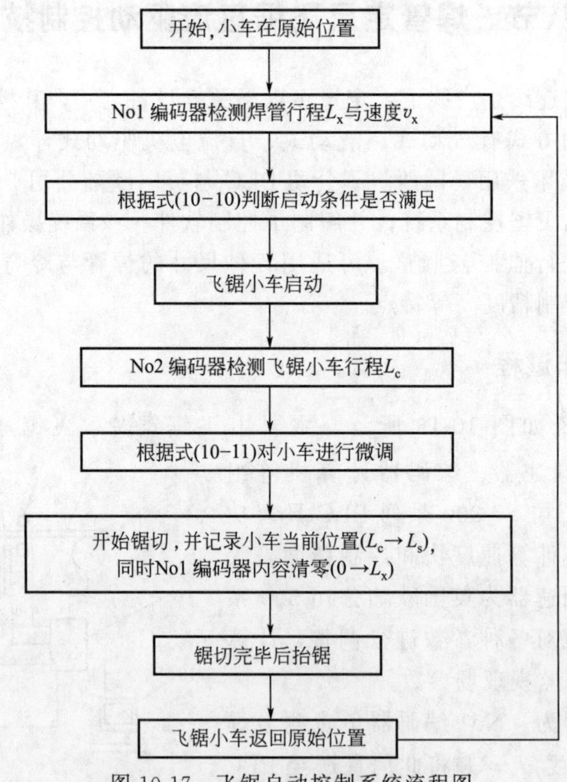

图 10-17　飞锯自动控制系统流程图

① 最大整定电流限制。590 系列全数字式直流调速系统为转速与电流双闭环控制系统，而且根据工艺需要选择可逆式直流调速器。当给出启动信号电压之后，由于拖动系统机电惯性的影响，开始时电机转子转速较小，此时反馈电压很小，因而转速调节器控制电流调节器

使得电机电枢为最大整定电流。正常情况下，经过一定时间之后，电机达到所需转速，电机电枢电流降至运行电流，电机开始进入稳定运行状态，虽然电机启动时间不长，但由于实际生产或调试过程中会出现各种意外情况，必须对直流电机最大电枢电流进行限制，防止发生意外损坏。

② 速度采样时间间隔 Δt。锯切工艺要求在锯切过程中，飞锯小车必须与焊管保持同步，否则会影响切口质量甚至损坏锯片。在检测钢管速度时，PLC 是通过每隔一段时间 Δt（即采样间隔时间）检测一次钢管位移量 L_x，并通过计算 Δt 内位移增量来检测钢管速度。采样时间间隔 Δt 对速度检测精度影响很大，若 Δt 太大，则造成小车动作滞后；而 Δt 太小，速度检测精度又容易受到随机干扰的影响。因此，应该根据具体情况，反复测试之后确定 Δt。

③ 提前量 L_t。提前量 L_t 对定尺长度精度影响很大，而影响 L_t 的因素有很多，如最大启动电流、飞锯小车质量、小车前进阻力等。实测数据表明，在一定范围内，合适的 L_t 与钢管行进速度呈现线性关系利用式（10-11）可以计算出钢管实际锯切长度与定尺长度 L 之差，进而对提前量 L_t，进行适应调整。

④ 原点位精度。小车返回原点时，由于惯性影响，使小车每次通过原点开关时，不能立即停止，因而影响定尺精度，在编制软件时，让飞锯小车提前减速，使小车以一个较慢的恒定速度返回原点，以减少原点不准确带来的定尺误差。

三、自动控制锯切结果

生产实际表明，该系统改善了锯切质量，提高了产品精度与参数调整的灵活性。另外，由于控制系统与计算机联网，实现了实时监控，便于及时发现问题，且系统采用全数字直流调速器，抗干扰能力强，工作稳定，反应速度快。

第九节　高频焊管飞锯智能控制技术

飞锯（锯切机）是一种对连续运动的高频焊管进行定尺切断的自动化设备，可在高频焊管高速运动下实现自动跟踪锯切，是高频焊管生产线上最后一道工序的生产设备，对产品的质量和生产效率有较大的影响。要精确地锯切快速运动中的管材，锯切工具必须与机组的运动精确协调，尤其是在机组速度变化时，生产工艺要求锯切工具必须在与机组线速度保持同步跟踪的情况下进行定尺锯切。

目前，我国80%以上的高频焊管仍在采用传统的气动飞锯，因气动飞锯性能的种种不足，如定尺误差大（一般在±10mm 以上)、高频焊管速度耗能大、机械寿命短等，造成人力、物力、财力上的浪费。高频焊管的长度定尺一直采用机械式的飞锯定尺，或者气动定尺，全气缸控制锯切，调节不灵活，也不方便，一般不能切断短尺寸的高频焊管，这种调节方式没有考虑到高频焊管的运动速度的变化，因此钢管锯切精度被限制在较低的范围中，其定尺误差较大，长度误差的离散性也较大。长期以来钢管制造业一直寻求一种能够解决上述问题的自动锯切机，以达到自动控制、高锯切精度的目的。

一、智能化锯切的设置机构

本机构为一种高频焊管飞锯智能控制机构，包括第一速度传感器、第二速度传感器与锯切机构。其特征是支承架的右端设有进料口，支承架的左端设有伺服电机，进料口中间设有第一速度传感器，进料口的水平方向左侧下方设有除尘装置，除尘装置的水平方向左侧下方设有第二速度传感器，第二速度传感器右上方设有气缸，气缸的左端设有竖直方向的左挡板，气缸的右端设有竖直方向的右挡板，右挡板的下方设有锯切机构，伺服电机连接于伺服驱动器的一端，伺服驱动器的另一端连接于可编程控制器的一端，可编程控制器的另一端连接于可触控示屏，该可触控显示屏可完成相关切割控制参数设定。

该机构中的高频焊管编码器连接于可编程控制器，该伺服电机的水平方向左侧设有限位开关。本机构中的伺服驱动器采用西门子 SINAMICS 系列的 S120 伺服驱动器。设置中的可编程控制器采用双 DP 接口 CPU315-2DP，其 DP1 接口与伺服驱动器相连，DP2 接口与可触控显示屏相连，如图 10-18 所示，该智能化锯切控制机为国家实用新型专利 (CN208132108U)，较好地解决了气动飞锯机的种种问题。

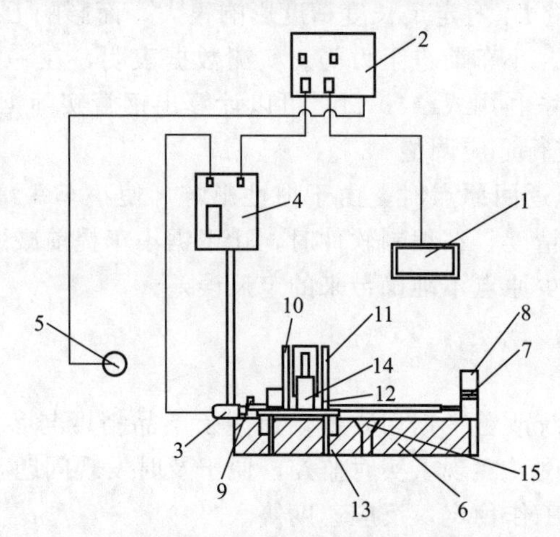

图 10-18　智能化锯切控制机结构示意图

1—可触控显示屏；2—可编程控制器；3—伺服电机；4—伺服驱动器；5—高频焊管编码器；6—支承架；7—第一速度传感器；8—进料口；9—限位开关；10—左挡板；11—右挡板；12—锯切机构；13—第二速度传感器；14—气缸；15—除尘装置

二、具体实施方法

如图 10-18，本技术方案说明如下。图 10-18 所示的高频焊管智能化锯切控制部分，其智能控制主要包括第一速度传感器 7、第二速度传感器 13 与锯切机构 12。在支承架 6 的右端设有料进口（有进钢管口）8，这个支承架的左端设置有伺服电机 3，进料口 8 中设置有第一速度传感器 7，在进料口 8 的水平方向左侧下方设置有除尘（铁屑）装置 15，在除尘装置 15 的水平方向左下方设置有第二速度传感器 13，在第二速度传感器 13 右上方设置有气缸 14。该气缸的左端设置有垂直方向的左挡板 10，在气缸 14 的右端设置有竖直方向的右挡板 11，右挡板 11 的下方设置有锯切机构 12，伺服电机 3 连接于伺服驱动器的一端，伺服驱动器 4 的另一端与可编程控制器 2 的一端相连接。

在可编程控制器 2 的另一端连接有可触控显示屏 1，高频焊管编码器 5 连接于可编程控制器 2，在伺服电机 3 的水平方向的左侧设置有限位开关 9，伺服驱动器 4 采用西门子 SI-NAMICS 系列的 S120 伺服驱动器，可触控显示屏 1 采用为液晶显示屏。该可触控显示屏可完成相关切割控制参数的设定。CPU315-2DP，其 DP1 接口与伺服驱动器 4 相连，DP2 接口与可触控显示屏 1 相连。

三、使用智能控制有益效果

该实用新型通过第一速度传感器与第二速度传感器的设计，可使得锯切更加准确，误差更小，动力由伺服电机提供，具有精确控制、速度快、效率高、故障率低的优点。除尘装置能够将锯切时在工作过程中产生的粉尘快速回收，避免了环境的污染，改善了工作环境。采用可编程控制器进行控制，使得接口信号更加灵活可靠。

第十节　锯切机实际操作步骤说明

一、锯切操作准备

① 按下电源启按钮，等待触摸屏和控制系统初始化。

② 检查锯切机各部位状态（夹具、测速装置），确认无异常。

二、锯切运行步骤

① 根据生产钢管规格在触摸屏上设定管径、壁厚和钢管长度。

② 测量实际使用锯片的参数（直径和齿数），输入至触摸屏，设置合适的锯片线速度和进刀量；完成上述工序后，依次按下油泵启、进给启、锯片启和锯车启，夹具在无管的情况下夹紧，进行试切，观察切割状态是否正常。

③ 模拟运行。当更换新的规格或检修时，需要模拟测试。手动操作锯切机和进给到达零位，进入模拟状态，设置合适模拟速度，模拟运行几分钟，确认锯切机无异常后，退出模拟。

④ 自动运行。首先确认夹具和测速装置已准备好。手动操作锯切机和进给到达零位，进入自动状态，静止时按下短尺，观察锯切是否正常，切口是否符合要求，如不符合，做适当调整。

⑤ 确认无误后，锯切机自动运行生产。

三、锯切停机步骤

① 在无管速的情况下，由自动状态切换到手动状态，按下油泵停、进给停、锯片停和锯切机停。

② 记录运行状况，按电源停，系统断电，清扫维护设备。

四、锯切注意事项

① 更换规格后须模拟运行，确认锯切机最大速度是否适合生产速度；锯切机运行中，禁止进行长度清零操作，禁止修改系统参数。

② 钢管弯曲会影响切割，尽快矫直，严禁切割开口管。

第十一章
钢管的矫直

第一节　钢管矫直的方法与原理

轧件在轧制、冷却和运输的过程中，由于各种因素的影响，往往会产生形状缺陷，例如钢管、钢轨、型钢的弧形弯曲；型钢断面产生的翼缘内并、外扩和扭转；板材和带材产生的纵向弯曲、边缘浪形和中间瓢曲以及镰刀弯曲。矫直就是使轧件承受某种方式和一定大小的外力作用，产生一定的弹塑性变形，当上述外力去除后，在内力作用下又产生弹性恢复变形，直到内力达到新的平衡，得到所要求的形状。

一、钢管矫直的方法

对于用轧辊辊制成型和焊接以后的钢管来说，钢管内存的应力和应变状态应采用矫直方式来消除。

对于成型后的钢管采用的矫直方法主要是斜辊矫直法和旋转矫直法，如图 11-1 所示。所使用的设备为辊式矫直机和管材矫直机。钢管通过交错排列的转动的辊子的反复弯曲而得到矫直。

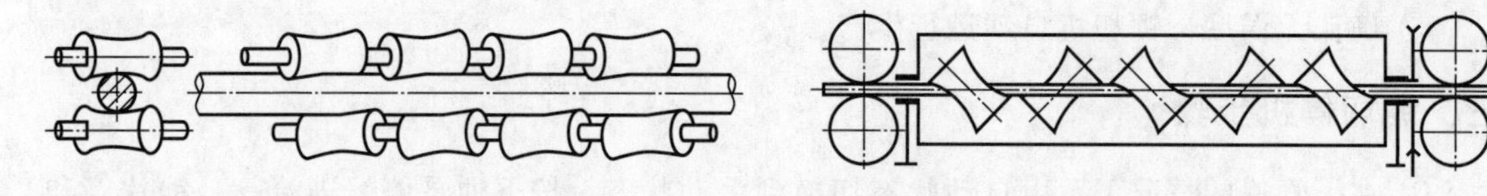

(a) 斜辊矫直法　　(b) 旋转矫直法

图 11-1　钢管通用矫直方法示意图

常用的矫直方法有反复弯曲式矫直、旋转弯曲式矫直、拉伸矫直和拉弯矫直等。按工作原理，矫直设备可分为反复弯曲式矫直机、旋转弯曲式矫直机、拉弯矫直机、拉伸矫直机、拉坯矫直和特种矫直机六大类。反复弯曲式矫直机又可以分为压力和辊式矫直机两种类型。

二、钢管矫直原理

1. 矫直与校直的区别

“矫直”和“校直”这两个词在阐述和应用时，我们并不太注意区别这两个概念，常会混淆。校直在论文中使用的频率较高。首先对这两个概念进行明确的区别。“矫直”是指使挠曲的条材、板材和管材变为平直的状态的塑性加工的方法。而“校直”是消除材料或制件弯曲的加工方法。

“矫直”可以消除材料或制件的弯曲、凹凸不平及翘曲等缺陷，广泛应用于冶金行业中各种条材的压力加工，而“校直”则是仅仅针对弯曲条材的加工方法，多用于零件的修复或零件的生产制造，所以，“校直”是“矫直”方法的其中一种，“矫直”这个概念的含义要广泛一些。

2. 矫直变形主要过程

矫直作用主要是通过一对向上调节的中间辊来实现，由此产生管子的纵向反复弯曲，与此同时每对矫直辊还对钢管施加一定的压力，使钢管横截面发生椭圆变形，这种椭圆变形与弯曲变形叠加，促使钢管在变形过程中有一个拉得比较开的塑性变形范围。矫直过程中，管子的每个横截面在这一塑性范围内连续多次地横向来回弯曲，同时弯曲变形逐渐减小，达到钢管被矫直的效果。

① 冷变形过程。冷变形是软化过程小、硬化过程很强的变形过程。冷变形的温度范围是其熔点（热力学温度）0.25 倍以下，基本是在室温下完成的。由于温度低于 $0.25T$ 时发生恢复很小，硬化在整个塑性变形过程中起主导作用，因而冷变形时金属抗力指标随着所承受的变形程度的增加而持续上升。塑性指标则随着变形程度增加而逐渐下降，表现出明显的硬化现象，当积累的冷变形量过大时，在金属达到所要求的形状和尺寸以前，将因塑性变形能力的“耗尽”而产生破断。因此，材料的冷变形工作一般要进行多次，每次只能根据材料本身的性质及具体的工艺条件完成一定数值的总变形量，而且各次冷变形中间，需要将硬化了的、不能继续变形的坯料进行退火以恢复塑性。冷变形的优点是所得到的制品表面光洁、尺寸精确、形状规整。恰当选择冷变形—退火循环时，可以得出具有任意硬度的产品。这是热变形很难实现的。

② 包辛格效应过程。多晶体金属在受到反复交变的载荷作用时，出现塑性变形抗力降低的现象，称包辛格效应，如图 11-2 所示。

产生包辛格效应时，所得到的应力变形曲线，拉伸时材料的原始屈服应力在 A 点，若对此材料进行压缩，其屈服应力也与它相近（在点线的 B 点），以同样的试样使其受载荷超过 A 点而至 C 点，卸载后载荷将沿 CD 线返回至 D，若在此时对试样施以压缩负荷，则开始塑性变形将在 E 点，E 点的应力明显比原来受压缩材料在 B 点的屈服应力低，这个效应是可逆的，若原试样经塑性压缩再拉伸时，同样发生屈服。实际上，当连续变形是以异号应力来交替进行时，可降低金属的变形抗力，用同一符号的应力而有间隙地连续变形时，则变形抗力连续地增加（包辛格效应仅在塑性变形不太大时才出现。如黄铜是在 4%以下的塑性变形时才出现明显的包辛格效应，对于硬铝则小于 0.7%）。

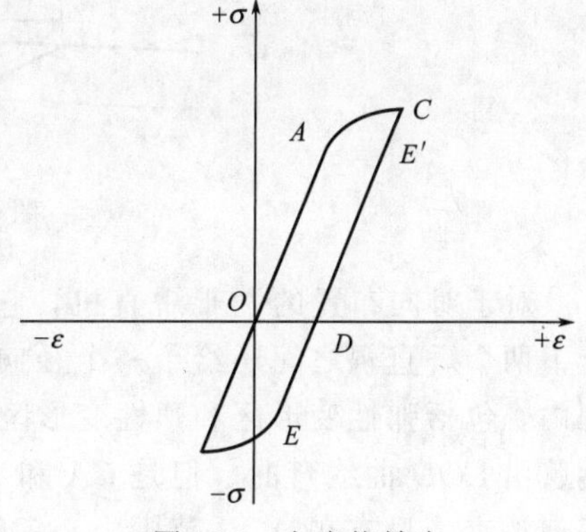

图 11-2 包辛格效应

3. 其他的变形过程

① 纵向弯曲分析。纵向弯曲矫直是使钢管产生与弯曲相反方向的塑性变形来达到矫直的目的，而不弯曲的管子断面只产生弹性变形，塑性变形区占支承距长度的 40%。

② 横向压扁效应。横向压扁即通过叠加椭圆压扁变形来达到矫直的目的。在矫直截面

中产生如图 11-3 中 *BCDE* 的塑性区。这对矫直效果是非常重要的，因为弯曲矫直不能使截面全部为塑性区，是利用压扁变形来补偿。

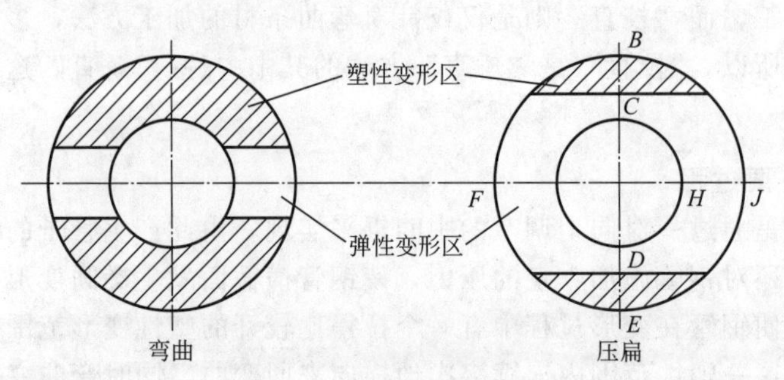

图 11-3　变形原理示意图

另外，对局部弯曲、管端弯曲、纵向弯曲矫直效果很差，必须是纵向弯曲和压扁的共同作用才能达到满意的矫直效果（提高钢管壁厚精度可提高钢管的抗压溃性能，矫直时，钢管压扁会在钢管中产生交变的切向应力，由于包辛格效应和残余应力的作用而使钢管强度降低。因此钢管的矫直要严格控制钢管的压扁量）。

③ 螺旋接触带。矫直时钢管螺旋前进，钢管与矫直辊的螺旋接触带必须沿钢管全长覆盖。如图 11-4 所示，必须建立螺旋接触带与矫直辊倾角、矫直辊数量和矫直辊间距等的关系，使钢管每一断面均受到压扁产生椭圆效应，得到矫直效果。

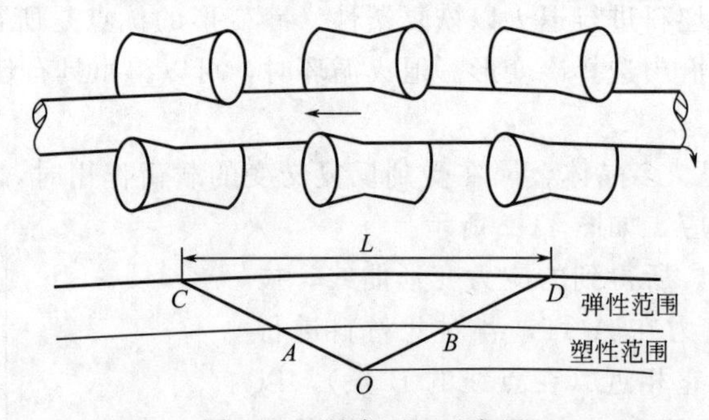

图 11-4　矫直原理示意图

对于对向布置的六辊矫直机，它除利用弯曲矫直（通过提高中间下辊高度）外，在上下两个矫直辊之间还给予一个径向压力。如果设两端矫直辊的距离为 *L*，则在 *L* 的范围内，包括弹性变形区和塑性变形区两部分。一般情况下，塑性变形区为 *L* 的 40%，即钢管沿 *COD* 曲线弯曲。但是 *CA* 和 *BD* 部分的钢管处于弹性变形区，所以钢管没有得到任何矫直，只有在 *AOB* 范围内，钢管由于发生塑性变形而得到矫直，而在 *O* 点的变形量最大，应该在此点（即中间辊）给钢管一个与它的原始曲率相同或稍大一点的弯曲曲率，使钢管得以矫直。

三、钢管矫直设备

在钢管精整作业区生产线上一般安装有两台矫直机（一台备用），主要作用是对锯切后的钢管进行矫直，消除钢管在轧制、输送、热处理和冷却等过程中产生的弯曲，使钢管直度符合相关要求，同时起到对钢管归圆的作用，保证钢管管端及钢管外表面的质量。矫直机由主机和辅助设备所组成，如图 11-5 所示。

1. 主机设备

图 11-5 钢管矫直机

矫直机设备包括机架、主传动装置、辊间距调整装置、角度调整装置、快开装置、矫直辊、液压站和控制系统等。

① 机架。由上下两部分组成，由六根立柱支承，均由钢结构构成。上部装有三套间距调整装置、三套角度调整装置，出口辊装有一套快开装置；下部安装有三套角度调整装置，入口、中间辊分别各安装有一套快开装置，中间上辊的间距调整装置与下部的离合器由一根传动轴连接完，成矫直机的挠度调整。矫直辊安装在六根立柱中间。

② 主传动装置。每台矫直机都有两套传动装置，分别用于传动 3 个上辊和 3 个下辊，传动装置与轧制轴线呈 30°角布置。每一套传动装置包括一台电机、一台三路减速机（减速比约 1∶8)、3 个万向接轴组成。

③ 辊间距调整装置。由调整电机带动蜗轮蜗杆，使调整丝杠旋转，从而带动矫直机上转鼓上下移动，达到调整辊间距的目的。调整中间辊挠度时，离合器闭合，传动轴带动上辊同时上下移动，使挠度增加或减少。间距调整完毕后，由消除间隙液压缸锁紧，减少在矫直过程中上辊对丝杠的冲击。

④ 角度调整装置。矫直机的 6 个辊都可进行角度调整。分别由液压马达带动丝杠，使丝杠带动转鼓平台在一个角度范围内转动。角度调整完毕后，由每个平台上的两个液压锁紧缸将平台角度位置固定。

⑤ 快开装置。在入口、中间下辊和出口上辊都装有快开液压缸，液压缸与转鼓平台相连，可使装在平台上的矫直辊快速闭合、打开。快开装置有利于钢管在矫直时顺利咬入，同时可避免钢管在矫直过程中，矫直辊对钢管端部的碰伤。

⑥ 矫直辊。是钢管矫直的重要工具，以高铬钢为材料加工制成，根据产品大纲，用双曲线的方法设计辊面曲线。

⑦ 液压站。每台矫直机由一台液压站提供动力，主要用于矫直辊快开装置、角度调入装置和消除间隙液压缸。

2. 辅助设备

辅助设备包括入口升降辊道、出口升降辊道、接料钩等。

① 入口升降辊道。由 7 个运输辊和 U 形半封闭护板组成，前 4 个后 3 个运输辊分别由一个液压缸带动连杆使其升降。辊道设置为升降形式，主要是杜绝在钢管矫直过程中辊道对钢管表面的划伤。

② 出口升降辊道。由一个封闭的巷道和 8 个运输辊组成，由一个液压缸通过连杆带动运输辊道一起升降。封闭巷道的侧面是一个由液压缸开启的门，矫直后钢管从侧门放出。

③ 接料钩。由一组 L 形的钩子和一个液压缸构成，目的是接住从侧门放出的钢管并把钢管放到探伤吹灰台架上。

四、钢管的矫直过程

① 钢管由上游辊道进入矫直机入口辊道。

② 当钢管头部被入口辊道中间位置传感元件感应到时，辊道减速。

③ 当钢管头部被入口辊道末端位置传感元件感应到时，入口辊道第一段下落，入口快开液压缸闭合延时开始计时。

④ 管头进入入口矫直辊中间位置时，入口快开液压缸闭合，钢管被咬入，同时入口第二段辊道下落。

⑤ 通过快开液压缸延时设定，管头进入中间辊和出口辊中间位置时，中间辊、出口辊快开液压缸相继闭合，钢管进入矫直过程。

⑥ 当管尾离开入口辊道中间位置传感元件时，入口辊道第一段上升。

⑦ 当管尾离开入口辊道末端位置传感元件时，入口辊道第二段上升，同时通过快开液压缸延时的设定，管尾到达入口辊、中间辊和出口辊中间位置时，入口辊、中间辊、出口快开液压缸相继打开。

⑧ 出口辊道上升，钢管被运送到出口辊道末端挡板处。

⑨ 出口辊道下降，通道侧门打开，钢管靠重力滚到L形接料钩上。

⑩ 接料钩下落，钢管滚到吹灰台架上，对钢管内表面氧化铁皮进行吹扫。

第二节 钢管常用矫直工艺

一、常用矫直工艺

① 辊间距调整。辊间距＝钢管外径－压下量，压下量＝钢管外径×压下率，压下率根据表11-1选择。

表11-1 压下率范围数据表 单位：%

孔径/mm	壁厚/mm						
	$S<6$	$6\leqslant S<8$	$8\leqslant S_1<0$	$10\leqslant S_1<2$	$12\leqslant S_1<5$	$15\leqslant S_2<0$	$S\geqslant 20$
ϕ181	<2.5	<2.1	<1.7	<1.4	<1.1	<0.8	<0.6
ϕ235、ϕ247	<3.0	<2.5	<2.0	<1.6	<1.2	<0.9	<0.7
ϕ291、ϕ310	<3.5	<3.0	<2.5	<2.0	<1.6	<1.0	<0.8

注：1. 此表为钢管允许最大压下率表。
2. 调整参数可根据钢管规格、材质在此范围内选择。

② 挠度调整。根据被矫钢管屈服强度及弯曲度按表11-2选择。

③ 角度调整。以满足钢管和矫直辊接触线长度大于辊身长度的3/4为准。

表11-2 挠度数值范围表

壁厚(S)/mm	屈服强度/MPa					
	<300	300～400	400～500	500～600	600～700	≥700
$S<16$	<4.5	<5.0	<7.0	<9.0	<13	<16
$S\geqslant 16$	<4.0	<4.5	<6.0	<8.0	<11	<14

注：此表为钢管允许最大挠度值。

④ 速度设定参见表11-3中电机的转速。

⑤ 快开液压缸闭合、打开延时调整。通过调整快开液压缸闭合延时，既可保证管头不被矫直辊碰伤，又能够使管头弯曲得到最大限度的矫直。通过调整快开液压缸打开延时，可有效保证管尾不被矫直辊碰伤。

二、常见矫直缺陷的处理方法

① 矫直后钢管管体直度达不到要求。原因是挠度值太大或太小，压下量太小。处理方法是根据钢管规格、材质及来料弯曲度，选择正确的压下量和挠度值。矫后钢管弯曲度大于来料弯曲度说明挠度值过大，如矫后弯曲度小于来料弯曲度（直度未达标）说明挠度值过小。

表 11-3　主电机及入口、出口辊道速度表

钢管壁厚 S/mm	主电机转速/(r/min)	入口、出口辊道速度/(m/s)
$S<10$	≤1200	≤1.8
$10\leqslant S\leqslant 16$	≤1050	≤1.7
$16<S$	≤900	≤1.6

注：按上表根据钢管不同规格选择主电机及入口、出口辊道速度。

② 矫直后管头弯曲度超标，管体不超标。原因是压下量不够，出口辊闭合较慢。处理方法是调整压下量，调整出口辊闭合延时，减少矫直盲区。

③ 管头压扁。原因是矫直辊闭合过早，对管头产生碰伤，压下量过大。处理方法是调整矫直辊闭合间距，减少矫直辊压下量。

④ 管尾碰伤。原因是挠度值过大；入口上辊角度过小；调整中间辊间距。处理方法是降低挠度值。如来料弯曲较大，适当增加出口辊和中间辊压下量，适当增加入口上辊角度。

⑤ 管体矫痕。原因是矫直辊角度过小或过大，矫直辊没有压下量。处理方法是适当调整矫直辊角度（找出产生矫痕的矫直辊），适当调整矫直辊压下量。

⑥ 管体划伤。原因是入口、出口巷道残存锯屑，管端毛刺对巷道内衬板造成损伤，引起管体划伤。处理方法是对巷道内残存的锯屑进行清理，对划伤的衬板进行修磨，及时更换锯片，减少管端毛刺。

⑦ 出口巷道衬板接口对管头产生碰伤。原因是衬板接口错位，钢管在出口巷道内晃动，对管头产生碰伤。处理方法是对出口巷道内衬板进行修磨整理，调整矫直参数（如增加挠度值、增加出口压下量等），减少钢管的晃动。

第三节　矫直机调整工艺

矫直机是钢管生产线中的重要设备，钢管处理后一般都存在明显的弯曲，以致影响钢管在精整工序中的流动。钢管通过矫直机时经过互相交叉的辊子，一边旋转一边前进，在前进的过程中使钢管矫直。矫直机在前进的过程中矫直辊轴线与钢管轴线需保持一定的倾斜角，且上下辊需一定程度地压紧钢管，以提供带动钢管旋转前进时的摩擦力。为了使钢管矫直后变得平直，必须承受均匀的径向力和连续的纵向弯曲，使整个钢管的长度和圆周方向发生连续的纵向的径向弹性变形和塑性变形，从而达到矫直和减少椭圆的目的，并对钢管表面起到光洁和强化的作用，因而需要对辊子进行高度的调整。

一、矫直挠度的调整

为了使钢管产生一个纵向弯曲，须调整中间辊的高度，使钢管在弯曲时产生一个挠度。根据理论推导，要使钢管在发生弯曲变形时发生塑性变形的部分约占全长的40%左右，钢管最大挠度如图11-6所示。

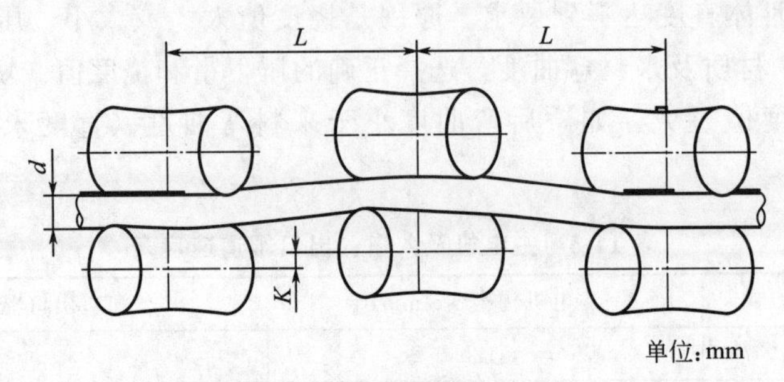

图11-6　钢管矫直时变态形态

挠度计算公式：

$$k=0.36\frac{4\sigma_s L^2}{Ed} \tag{11-1}$$

式中，L 为矫直时第一对与第二对（第三对）矫直辊的辊距；σ_s 为钢管的屈服极限；E 为钢管的弹性模量，碳素钢取 $2\times10^4\text{kg/mm}^2$；$d$ 为钢管的直径。

求出的最大挠度，即是中间辊的高度调整量，并通过调节中间辊高度的电机进行调整。现以碳素钢为例，所计算的中间辊高度见表11-4。

表11-4　碳素钢无缝钢管矫直机中间辊高度调整表

钢种	直径/mm									
	25	25	45	50	57	60	63	70	76	89
20	20	28	19	16	14	12	11	10	9	8
30	34	22	19	17	15	14	13	13	11	9
35	36	24	20	18	16	15	14	13	12	10
45	41	27	23	20	18	17	16	14	13	11

二、矫直辊压下量的调整

在调节矫直辊的压下量时，应以钢管能够顺利旋转前进，且不会因压下量过大而导致矫伤及矫方为原则。根据矫直的有关理论，钢管在矫直时，其所能承受的最大压紧力为：

$$F=0.54\frac{4B\delta^2}{R}\sigma_t \tag{11-2}$$

式中，B 为接触宽度；δ 为钢管壁厚；R 为钢管半径；σ_t 为钢管的抗弯屈服极限。

在 F 的作用下，截取被压紧部分的一个横截面圆环，再在这圆环中取1/4圆加以研究，如图11-7所示。

则这1/4圆环的弹性变形能为：

$$\mu=\int_0^{\pi/2}\frac{F^2R^3}{2EI}\left[\frac{1}{2}\left(\frac{\sin^2\varphi}{4}-\sin\varphi\right)+0.068\right]^2\text{d}g=\frac{F^2K^3}{10EI} \tag{11-3}$$

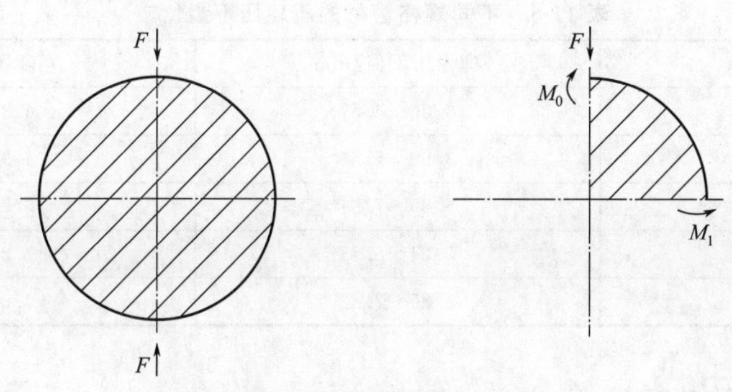

图 11-7 矫直时受力示意图

则该圆环变形能为：

$$4\mu=\frac{F^2R^3}{10EI} \tag{11-4}$$

式(11-3)和(11-4)中 μ——弹性变形量；

F——压紧力，kg；

R——弹性区的半径，mm；

E——材料的弹性模量；

I——截面惯性矩。

忽略弯曲变形的影响，可以求出在压紧力 F 作用下的钢管压下量。所谓钢管压下量是指钢管在压紧力 F 的作用下直径的变化量 ΔD，那么有 $\Delta D=8\mu/F$，将 F 值代入该式即可得：

$$\Delta D=\frac{6d^2}{5E\delta}\sigma t \tag{11-5}$$

随着管材直径比的增大，其极限压下量与最大弹性压下量之比，逐渐趋向于 1，即管壁越薄，压扁压下量的范围越小，圆整精度升高；而管壁越厚，压扁压下量的取值范围越大，圆整精度越低。在实际矫直过程中，由于厚壁管的圆度易于保证，且随着管壁的增厚，压扁成形作用逐渐减弱，边辊只起压紧作用。

三、不同规格最大压下率经验参数

国内某厂家工艺调整参数经过现场多次得到的经验参数，不同规格管材最大压下率经验参数见表 11-5。

表 11-5 某厂家不同规格管材最大压下率

直径/mm	压下率/%					
	壁厚<6mm	壁厚 6～8mm	壁厚 8～10mm	壁厚 10～12mm	壁厚 12～15mm	壁厚 16～20mm
≤299	3.5	3.0	2.5	2.0	1.6	1.0
>299～426	—	2.5	2.0	1.7	1.3	—
>426	—	1.9	1.5	1.2	—	—

由表 11-6 可知压扁压下量随着直径的增大而增大，随壁厚增大而减小。理论值与现场试验的总体变化规律一致，且同一规格的管材理论与实际压下值曲线基本一致。

表 11-6 不同规格管材的压扁压下量比较

直径/mm	理论压下值/mm	实际压下值/mm
ϕ219×10	3.36～4.57	4.38～5.47
ϕ245×10	3.99～5.43	4.90～6.12
ϕ340×10	5.89～7.51	5.78～6.80
ϕ426×10	7.04～8.75	7.24～8.52
ϕ426×12	5.85～7.42	5.54～7.24

四、调整工艺参数的结论

① 矫直机调整工艺不仅与管材产品规格，壁厚有关，而且与材料的力学性能有关，与钢管矫直的成品率亦有很大关系。

② 本节所给的公式为现场试验公式，为厂家生产新规格钢管提供了有效的参考参数。

③ 中间辊高度、压扁压下量极限值适用于理想弹塑性材料，对于强化材料需做进一步的研究。

第四节 一种钢管矫直操作工艺

现有的钢管矫直工艺在工艺步骤和设备参数等方面的调整还存在一定的经验性和技术性，对于新入职的操作者来说，还需要进行大量的练习才能掌握操作技巧，生产出质量较好的钢管。本节提供一种操作方便、快捷、容易上手的钢管矫直技术，该技术为实用新型专利技术，专利号为CN201510048677.7，为了便于参考现介绍如下。

一、钢管矫直新工艺

1. 钢管矫直创新工艺

钢管矫直新技术工艺，包括如下工序：在线钢管→调整设备→矫直→自检→转入下一道工序。

2. 操作规范

首先在线钢管表面没有任何缺陷，矫直时应在低速度下进行。矫直机的调整应按钢号，规格及热处理状态进行，应使主动辊和被动辊与钢管的接触面积尽量大。

① 试车调整。钢管矫直前必须对主动辊、被动辊进行合理的调整，将合适的样管放在矫直机上，正确调整矫直机中心线，同时主动辊和被动辊的倾角和压下量调整到与钢管表面完全吻合，其接触长度应大于辊身长的三分之二。

② 检验钢管的表面质量。不允许将有开裂、明显雀皮、压扁钢管喂入矫直机，同时弯曲度过大时应人工预矫和（或）压矫后，再上矫直机，保证矫直机在矫直前弯曲度小于15mm/m。

③ 矫直成品钢管时，必须测量成品钢管的外径，如果不在公差范围内应对矫直机进行调整。不允许矫瘪、矫毛及严重的矫直印子存在。

④ 钢管在矫直过程中必须经常检查防止不合格品的发生，若发现辊面起毛、粘金属、划伤，要用砂纸、砂轮片磨光。严重时应换辊。成品钢管矫直其弯曲度应符合工艺规定的要

求。矫直好的钢管按钢种、规格堆齐，堆放在规定的场地，并做好标识。

3. 质量要求

尽量减少钢管的椭圆度，钢管表面没有划伤、压瘪现象，钢管的外径应控制在公差范围以内。

二、矫直新工艺操作规范

1. 矫直前的准备工作

① 开车前应检查矫直机是否正常，并添加适量润滑油。在设备良好的情况下，开空车1min，观察运转情况。

② 在线钢管的弯曲度不能过大，否则应用人工初矫直，待到合乎设备能力要求的情况下再加料矫直。

2. 矫直工作要点

① 钢管矫直时，应调整好矫直辊的倾斜角、矫直辊的辊距和第二对辊子的位置。同时还应正确地安装和调整入口导板，以确保矫直质量。

② 钢管在矫直时，不允许产生螺旋形凹痕、矫方、矫毛，更不允许将成品管的尺寸矫成不合格。

3. 矫直后的处理

① 矫直后的钢管弯曲度，对于成品管应按标准执行，芯径管应不大于1.5mm/m。对于在制品上可适当放宽标准。

② 保持矫直辊的清洁，发现辊面起毛、损坏、粘铁等情况，应及时用砂布或砂轮磨光，若缺陷严重而影响矫直质量时，则需要及时更换矫直辊。

③ 大口径钢管应在液压顶直机上进行顶、矫直操作。

第五节　斜辊矫直机矫直辊身中心调整技术

对于辊系对峙布置的斜辊矫直机而言，每对矫直辊中心（矫直辊中心的定义为，矫直辊轴线和辊腰圆的直径交点，参见图11-8）以及各对辊之间的辊身中心偏差时，在矫直过程中常常会出现在出口侧管材跑偏、管头不规律甩动、矫直辊受力和磨损不均等现象。这不仅影响矫后管材的直线度，也常常会使管头矫椭、管尾矫扁，致使管材报废，同时也影响矫直辊使用寿命。

近年来的研究和制管使用情况表明，对于名义规格ϕ160mm以上的普通矫直机（指矫

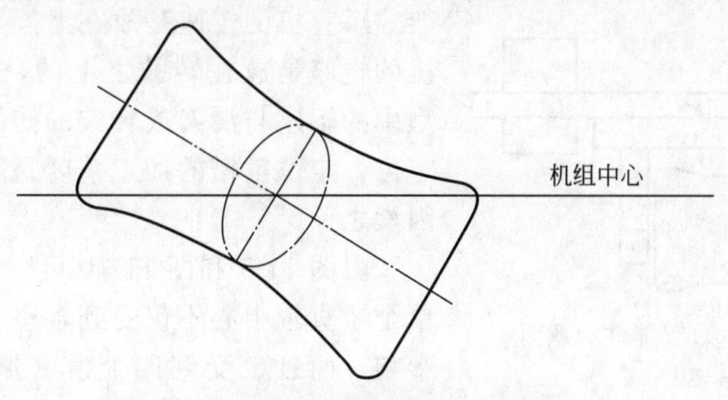

图11-8　矫直辊轴线和辊腰圆的直径交点

后直线度为1mm/m，椭圆度要求为不增加被矫材的椭圆度）或是ϕ80mm以上的精密矫直机（指矫后直线度≤0.5mm/m，椭圆度提高50%）而言，矫直辊中心对正问题，至关重要，原因在于大口径矫直机在矫直过程中矫直辊角度实际调整量（指偏移理论中心角度的偏移量）偏小，管辊实际接触相对面积增大，中心如不对正，附加力偶增多会加剧管材在矫直过程中的不规则甩动，降低矫直质量。ϕ80mm口径以上的精密矫直机本身对角度调整的敏感性较强，若被矫精密管材口径再增大，则会受双重因素的影响，影响结果较为明显。目前大力推荐的交错布置精密矫直辊三系，它有一个最大优势就是可以回避因加工制造原因造成的中心不对正问题，使用情况良好，但不是最终解决问题的手段。结合在设计生产过程中使用过的四种中心线的调整方法，配合新近提出的调整基准点的概念，中心对正问题得以较好解决，并在国内某厂的ϕ250mm矫直机上得以实践。

对管棒材实施矫直工艺，不仅能够提高管棒材的直线度，也能使其椭圆度归整。当前广泛采用的矫直机一般为六辊对峙布置形式，以获得一般精度的矫直效果，或更多辊数的对峙或对峙加交错共用的辊系布置形式，以获得较高精度的矫直效果。由于矫直辊辊数的增多和矫直机结构形式的不同，同时受机械加工设备、操作人员水平、后续矫直机的使用人员的素质、被矫直料的情况等因素的影响，常常会发生辊身中心和矫直机组中心线不对正的情况，对于中小规格和普通矫直精度的矫直机来讲，由于加工受限较小，产生的不对正量不会很大，一般不会超过2mm，可以通过调整矫直辊辊身角度进行补偿。但对于大规格矫直机和辊数增多的矫直机若出现不对正问题，解决起来就较为烦琐。一般的途径有两条：一是严格保证机械设备加工精度；二是设计矫直辊辊身中心调整机构。对于实际生产过程，由于受机械加工设备和操作者的技术水平以及总体成本等问题的制约，辊径较难保证。因此若能将辊身做成可沿矫直机组中心线调整，不仅能解决当前遇到的加工难的问题，而且通过调节辊身中心还可以达到提高矫直精度、均匀磨损辊系的目的。国内较早提出了高精度管材矫直理论，其中也涉及辊身中心的问题，但由于其设计的矫直机规格较小（最大管径65mm），对辊身中心没有过多的研究。随着管材矫直精度要求的提高和被矫管材口径的日益增大，经过十多年的发展，辊身中心问题逐渐被关注，也有了一些解决方案，但一般认为最终的出路仍在于加工制造设备和工艺水平的提高。

一、矫直辊及构成部件的基本结构

目前常用的管材矫直机机型主要有Bonx和Mer两种，矫直辊装配形式有滑架式和转鼓式之分。滑架式矫直辊部件示意图见图11-9。辊座上焊接有固定矫直辊轴的半个轴承座，并与另外半个的轴承座（序号3）通过螺栓与下轴承座连接在一起；转鼓式矫直机和滑架式矫直机矫直辊部件构成基本相同，不同之处只是滑架式矫直机的辊座是放在滑架上的，而转鼓式矫直机的辊座是放在转鼓之上的，见图11-10。两种类型中的辊座与滑架或转鼓的初始定位是依靠定位键定位，定位键槽的加工精度是影响辊身中心的关键因素之一。

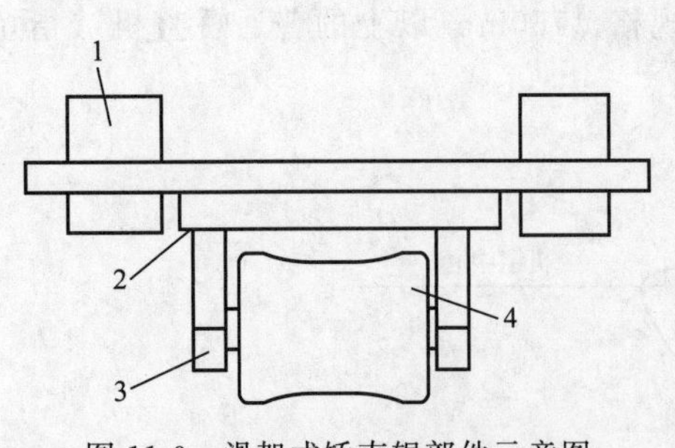

图11-9　滑架式矫直辊部件示意图

1—滑动梁；2—辊座；3—半个轴承座；4—矫直辊

由图11-9和图11-10可知，作为滑架式矫直机单个矫直辊中心不仅受到辊座和半个轴承座定心的影响，而且也受到四个滑套形成的几何中心的影响，将对峙的一对辊子看成一组，每组之间的中心也会受到各自滑套的影响，特别是辊数增多之后，问题就较为明显了，这是当前辊身不对正的直接表现。转鼓式的虽然单个辊身受到影响因素较少（主要受辊座和小转鼓贴合面中心对正的影响），但每组之间的不对正，也是存在的。如图 11-11 所示，转鼓式矫直机作为多辊矫直机的代表，辊数一般在 7 辊以上，因此其综合影响程度反而比滑架式的更敏感。文献中提到的半开放式交错辊系在一定程度上能解决因机械设备加工带来的不对正问题，但川府机械制作所也成功地应用大变形对峙矫直结构进行了高精度管材的矫直，因此从不回避问题的角度出发，还是要回归到对峙辊系这一理论上来，因此较好地解决矫直辊对正问题显得非常重要。表 11-7 说明使用对峙辊系布置方式的可行性（对比的矫直机均为 10 辊，其理论保证精度为 0.3mm/m）。

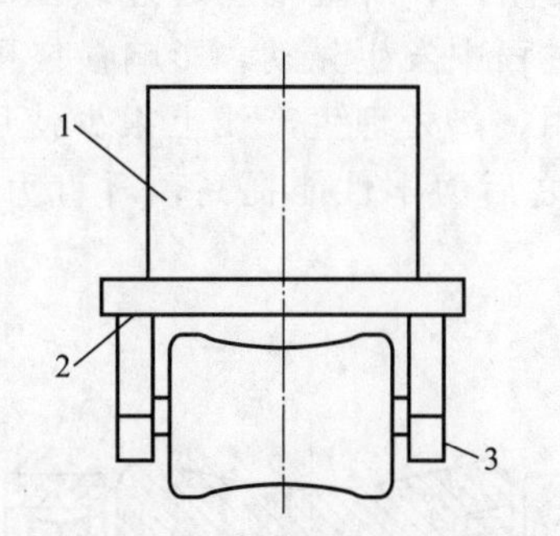

图 11-10 转鼓式矫直辊部件示意图

1—转鼓；2—辊座；3—矫直辊

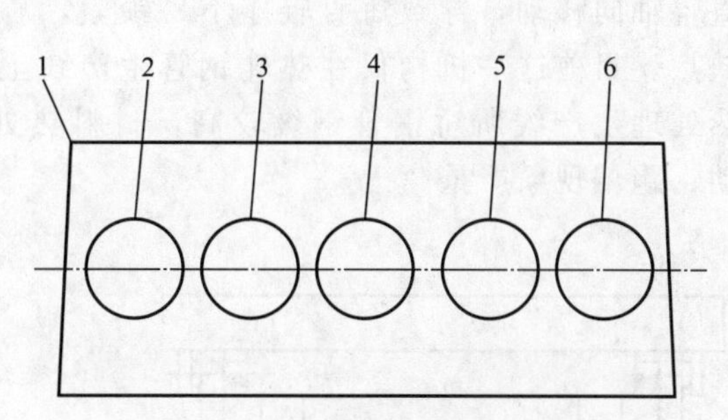

图 11-11 多辊转鼓式矫直机示意图

1—梁体；2—1 号辊；3—2 号辊；4—3 号辊；5—4 号辊；6—5 号辊

表 11-7 对峙辊系布置方式

设备使用厂家	矫直机规格/mm	投产时间/年	使用效果	有无中心调节	矫后最好精度/(mm/m)
A	360	2005	一般	无	0.75
B	220	2005	较好	无	0.5
C	180	2006	好	有	0.3
D	250	2009	好	有	0.2
E	80	2009	一般	无	0.5

二、解决方案及其优劣性分析

1. 添加调整垫片

通过添加调整垫片调节矫直辊座中心的位置，见图 11-12。设备预装配完毕之后，调节好矫直辊轴承以及各个贴合面间隙，实际测量矫直辊中心的矫直中心线的偏差数值，根据测量结果确定垫片添加方案。若偏差结果较大，达 3mm 以上时必须对相关件进行修整，3mm 以下平均配置调整垫片，并做好编号，使垫片和辊座相对应，使设备出厂之前中心问题得到调整保证。这种调节方法是在装配工厂进行的，由于其测量和调整相对条件较好，因此其准确程度相对较高。但在装配厂调节，不能参考现场使用的情况，例如矫直辊的磨损程度、反弯量以及反弯方式的变化，设备一旦上线使用调节起来就比较困难。因此在装配厂调节局限性较大，特别是换辊之后的装配。由于装配工人的测量和调整水平不同，严重影响到调整后的中心精度，也有一些厂家将辊座和矫直辊同时更换，以达到提高对中精度的目的，但无疑会使运行成本增加，因此该方法一般用于生产环境相对较好、矫直速度中等、产量要求不高的钢管生产企业。

2. 调节螺栓

应用调节螺栓对矫直辊进行整体的轴向调节，是一种比较简便的方法，见图 11-12 和图 11-13；序号 1 为固定底座，和转鼓或滑架做成一体，序号 2 为调节螺栓，辊座和固定底座把合，但可以沿水平方向左右移动。该机构存在调节螺栓调整完毕之后不易锁紧；调节螺栓直径受限，调节点增多，使各个调节螺栓受力不均；矫直辊座通过螺栓的调节带动矫直辊轴向移动，导致矫直辊座不易锁紧，矫直过程中发生晃动，影响最终的矫直质量等缺点。目前这一机构仅在热轧钢管生产线上使用，热处理生产线上很少使用，原因在于热处理生产线所矫钢管钢级较高，材料热处理之后力学性能提高，矫直力增大，辊座晃动、跑偏现象严重。

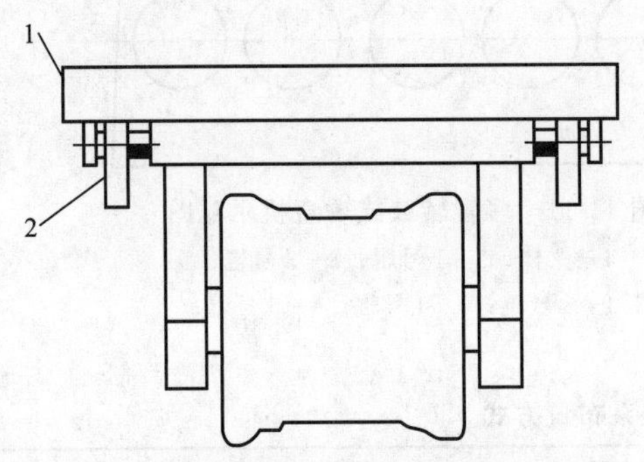

图 11-12　添加调整垫片调节矫直辊中心位置

1—固定底座；2—调节螺栓

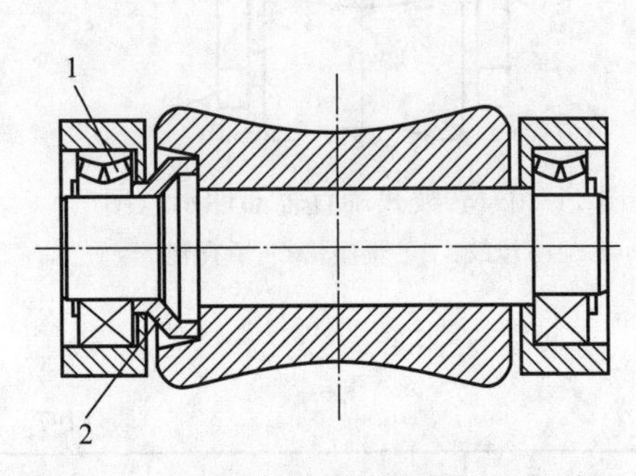

图 11-13　调节螺栓对矫直辊进行整体图

1—轴承座；2—调整垫片

3. 调节套

调节套类似于一个轴承盒，通过调节轴承盒的轴向位置，达到调节辊子中心线的目的。调节套的调整量一般不大于 5mm，因此几乎可以满足当前调节的需要。增加调节套，势必要加大原轴承的孔径，这样就会对轴承座的外形轮廓尺寸有一定要求，因此，一般不适用于小口径普通矫直机和低速矫直的大口径精密钢管矫直机，会有削弱轴承座强度的危险。在设计过程中要进行轴承座强度校核。

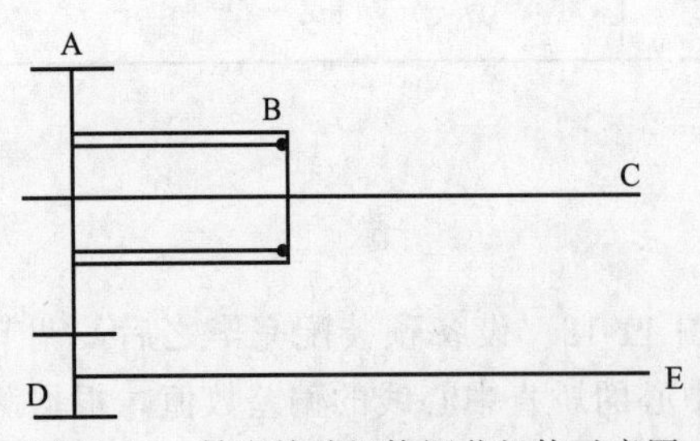

图 11-14　轴向抽动机构调节机构示意图

4. 调节轴向抽动机构

调节轴向抽动机构是目前较为先进的一种调节方式，其机构见图 11-14。图 11-14 中 C 为矫直机轴，B 为螺母并与大齿轮 A 做成一体，随着小齿轮 D 的转动，实现矫正辊的轴向移动，并可在 E 端进行机械指针显示轴向调整量。该方式具有调整简单、调节量可以精确控制等优点。在设备制造厂对调节系统进行标定之后，矫直机在使用现场可以根据需要进行精确调节。该机构的缺点是机构较为复杂，适用于换辊周期较长的精密矫直机。

三、调整基准点的确定

调整基准点是单台矫直机所有辊身中心调整的参考，目前流行的四种调整方法只注重于调整，未涉及调整的基准。只有在共同基准的基础上进行调整才能保证调整的可靠性和有效性，基准建立在所有矫直辊都可以参照的基准面或基准刻线之上，简单地说是以矫直的上下梁的有效加工面为基准，在设备加工过程中一次走刀作为永久标记。此法在国内某厂的 ϕ250mm 矫直机已得到验证，解决了长期以来“盲调”的缺点。

四、调整结论

轴向调节机构的设计回避了加工制造精度的矛盾，应该讲，不是彻底解决问题的手段，任何一种轴向调节机构，对于恶劣的作业使用环境来讲，总有意想不到的弊端，因此解决跑偏问题的根本在于提高加工制造精度和合理性、优化矫直机方案设计等。

第六节 中频正火焊管的在线矫直

随着焊管产品档次的升级，焊接油管、套管、锅炉管正逐步迈向市场，这些品种的焊管在焊接过程中容易产生硬化相和组织应力，使焊缝脆性增加，综合力学性能下降，因而这些焊管焊接后要进行焊缝热处理，正火是常用方法之一。焊管正火分为线外整体正火和在线焊缝局部正火，后者以低能耗、高效率获得广泛应用。对于中小直径电焊钢管，在线正火加热宽度 25mm 左右，整个管体受热不均匀，导致焊管弯曲程度增加，小直径焊管尤为突出。常规布置的机架和轧辊在线矫直程度达不到要求，切断后焊管因弯曲而伸出辊道，极易撞坏设备，并且在台架上滚动困难，使生产不能顺利进行。所以必须加强焊管机组定径部分的在线矫直能力，控制焊管弯曲程度。

一、中频正火工艺设备条件

国内某钢管公司有一套从国外引进的 ϕ203.2mm（8in）高频直缝焊管生产线。该生产线由气体保护对焊，300m 长地下活套，FF 成型段，五辊挤压装置，600kW 高频焊接机，2 台 500kW 中频热处理设备，5m 空冷辊道，7m 长冷却水槽，多通道超声波探伤仪，2 架定径立辊机架，2 架定径平辊机架，2 架万能整形机架，2 架土耳其头机架等设备构成。焊管经滚切成定尺长度后通过链条提升机进入平头机前台架，平头后进入试压能力达到 46MPa 的水压试验机，而后通过涡流和超声波探伤进入涂层包装线。这套机组具备生产电焊套管和油管的条件，利用这套机组试制了 ϕ73mm×5.51mm-J55 级油管。焊管速度 25m/min，4 组中频感应加热器，总长度 8m，加热时间 20s 左右，焊缝区域经感应加热后，温度从 150℃升至 940℃，在空冷辊道冷却至 360℃以下，最后进入冷却水槽强制水冷至室温。定径部分机架平面布置如图 11-15 所示。

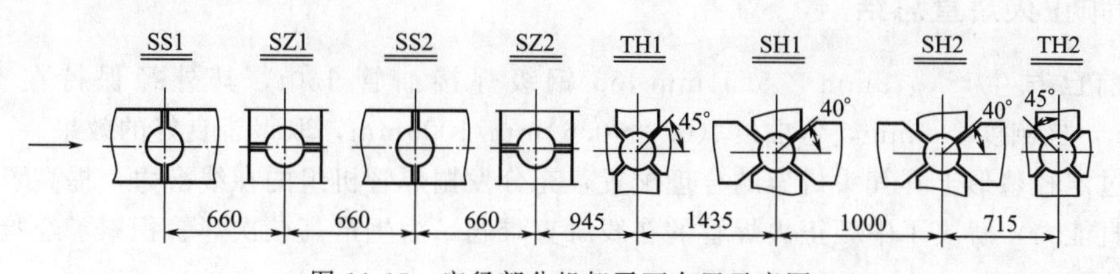

图 11-15 定径部分机架平面布置示意图

二、产生弯曲的原因

焊管在中频感应加热过程中，时间只有 20s，温度从进入中频感应加热器开始的 150℃升至离开时的 940℃，焊缝和平面感应器中心线重合，焊缝中频正火热影响区（下面简称热影响区）升温速度 40℃/s，焊管截面圆周方向存在以焊缝为中心，中间高两边低的不均匀温度场，产生热应力，焊缝和热影响区中心受压，两边受拉，导致焊缝和热影响区产生塑性变形，尾段伸长，比焊缝对面的管坯长。焊管在空冷辊道运行中缓慢冷却，冷却速度 4.5℃/s，进入冷却水槽强制水冷，降到室温。由于存在不均匀塑性变形引起的残余应力，其应力方向与热应力大致相反。焊缝和热影响区的邻近区域在冷却过程中得到焊缝和热影响区传导的热量，温度升高，直到与焊缝和热影响区相同，然后降温。这一阶段阻碍焊缝和热影响区的收缩，所以，焊缝和热影响区冷却过程微段缩短量小于加热过程微段伸长量，结果仍表现伸长。随着生产的进行，加热的温度可视为均匀的，无数微段的焊缝和热影响区残余长度叠加，从而形成大弯，而且弯向焊缝对面。

焊缝正火后经空冷、入冷却水槽冷却至室温，采用常规生产工艺，焊管通过 2 架定径立辊机架、2 架定径平辊机架、1 架万能整形机架、1 架土耳其头机架，它们的矫直能力弱，焊管的弯曲度达到 4mm/m，影响生产的顺利进行，必须采取措施减小弯曲度。

三、中频正火矫直措施

这套机组定径部分的布置形式主要是适应方矩管的生产，从圆管通过定径平辊小变形量变形，进入 2 架万能整形机架、2 架土耳其头机架，方矩管的角部成型理想。而生产普通圆截面焊管时，只用 1 架万能整形机架、1 架土耳其头机架即可利用第 1 架土耳其头机架增加矫直能力的工作原理是：定径的孔型系统是立椭圆—圆—立椭圆—圆，2 架定径平辊机架的作用和对向辊矫直机近似利用平立方向压扁而使焊管逐渐变形变圆，释放残余应力，纵向弯曲减小。第 1 架土耳其头机架 TH1 的作用类似于交错辊矫直机的中间辊，通过一定的偏移量，借助弯曲的反复应力对焊管进行矫直。2 架万能整形机架也和对向辊矫直机架一样，但不是对焊管进行压扁，主要是规圆。第 2 架万能整形机架和第 2 架土耳其头机架组合也能通过一定的偏移量对钢管矫直。

由此，通过增大矫直能力而使矫直的效果更好。由于机架多，产品的尺寸精度也相应提高。另外，焊管在定径矫直过程中不做旋转运动，避免了斜辊矫直时产生螺旋线的情况，保证了表面质量。

在试制 ϕ73mm×5.51mm-J55 钢级焊接油管的过程中，曾出现因管子弯曲度大，伸出辊道，撞坏拨管器光电开关的现象。采取增加定径部分的矫直能力的措施，把第 1 架土耳其头机架装上轧辊，利用其可以垂直、横向、周向调节的特点，对曲焊管施加反向弯应力，形成反弯变形；第 1 架万能机架也投入使用，从而达到矫直的目的。

四、中频正火矫直总结

目前已试生产 ϕ73mm × 5.51mm-J55 钢级焊接油管 160t，其外径保持在 73.2～73.5mm，椭圆度 0.3mm，弯曲度（0.3～0.6)mm/1000mm，取得了良好的效果。

通过定径整形土耳其头机架的合理配置，充分发掘焊管机组的在线潜力，提高了定径部分的矫直能力，解决了中频正火焊管的在线矫直难题，为生产高档次焊管积累了经验。

第七节 矫直对焊管尺寸精度的影响

一、矫直对钢管尺寸的影响

在斜辊式矫直机中，钢管沿整个圆周断面受到反复的径向力和弹塑性变形，使钢管的几何尺寸发生轻微的变化。在工艺过程中只有充分注意到这一变化，才能保证产品最终的尺寸精度。

我们对直径 ϕ63.5mm×2.5mm 钢管矫直前后的外径进行了实际的测验，其结果如表 11-8 所示。

表 11-8 直径 ϕ63.5mm×2.5mm 钢管外径实测数值表

统计数值	矫前外径/mm	矫前椭圆度	矫后外径/mm	矫后椭圆度
n	222	111	226	113
x	63.534	0.0485	63.616	0.033
σ	0.0507	0.0330	0.0520	0.0257
σ_{n-1}	0.0508	0.0331	0.0521	0.0258

从表 11-8 中可以看出，经过矫直后外径有扩径现象，经过矫直后钢管的椭圆度减小，长度经过矫直后有缩尺现象，钢管的内径也随之发生变化。

对 ϕ63.5mm×2.5mm 钢管矫直前后外径对应实测数据进行一元回归分析得到：

$$Y=36.52+0.4265X \tag{11-6}$$

式中 Y——矫直后钢管外径回归值，mm；

X——矫直前钢管外径，mm。

相关系数为：

$$r=\frac{l_{xy}}{\sqrt{l_{xx}l_{yy}}}=0.3225 \tag{11-7}$$

可以确定该回归方程预报的可信度在 95%以上。剩余标准偏差为：

$$S=\sqrt{\frac{Q}{n-k-1}}=0.0377 \tag{11-8}$$

作两条平行于回归线的直线：

$$Y=a\pm 2S+bx, Y=a\pm 2S+bx$$

得到：

$$Y_1=36.5954+0.4265X$$
$$Y_2=36.4446+0.4265X \tag{11-9}$$

从该回归方程可以看出，钢管矫直以后外径有扩径现象。当矫直前外径为 ϕ63.50mm 时，矫后平均外径是 ϕ63.60mm，平均扩径量为 0.10mm。应当说明该回归方程仅适合特定工艺条件下的特定产品。每一种产品都可以在大量实测对应数据的基础上建立该产品的回归方程。

由该回归方程可以导出矫后平均扩径量：

$$\Delta D=36.52-0.5735D \tag{11-10}$$

式中 ΔD——矫后平均扩径量，mm；

D——矫前外径，mm。

平均扩径量的大小与矫前外径的大小有关。矫前外径相对减小时，扩径量相对增大。但可以由内控矫前外径的上下限推算出矫后平均扩径量的上下限。

二、矫直缩尺量的计算

矫直后钢管壁厚有极其微小的增厚，为计算方便假定壁厚不发生变化，则矫后外径的扩径必然影响长度的缩尺。缩尺量可由下式计算求得：

$$\Delta L=\left(1-\frac{k}{k+\Delta D}\right)L \tag{11-11}$$

式中 ΔL——缩尺量，矫前长度与矫后长度之差，mm；

L——矫前长度，mm；

ΔD——矫后外径扩径量，mm；

k——与钢管规格有关的常数；$k=D-t$；

D——钢管公称外径，mm。

扩径量 ΔD 越大，缩尺量 ΔL 也越大，外径小的钢管比外径大的钢管缩尺量要大些。矫前长度越长，缩尺量也越大。ϕ63.5mm×2.5mm 钢管飞锯锯切长度为 7m 时，矫直后的平均扩径量和平均缩尺量的关系呈一斜线。

由此可见，矫直对钢管尺寸精度的影响主要是影响外径（同时也影响内径）和长度，椭圆度得到改善。为了保证成品的尺寸精度，在工艺控制中，当不要求钢管内径时，应使定径机后钢管外径为名义尺寸减去一个平均扩径量，飞锯切断长度为成品定尺长度上平均缩尺量和平头工艺留量。

第八节　大型直缝焊管多次三点弯曲压力矫直控制工艺

直线度是衡量大型直缝焊管质量的一个重要指标，根据 API SPEC 5L 行业标准，成品焊管的直线度，即成品管的最大挠度，不得超过管长度的 0.2%。在大型直缝焊管的生产过程中，由于焊管材料性能的不均匀、焊接热应力、成型设备及模具整体直线度等因素的影响，使最终成型的焊管的整体直线度不满足要求，需要对其进行矫直。

根据大型直缝焊管的几何特殊性，目前生产厂家多采用压力矫直的方法修正其直线度。压力矫直又称三点式压力矫直，是将带有初始挠曲的金属工件支承在支距可调的两支点之间，在工件挠曲最大处施以压力，使工件经反向弯曲后最终回复到平直状态。长期以来，大型直缝焊管压力矫直工艺的实施多由操作员工凭经验和估计确定矫直行程，反复测量和试矫，这种传统的做法不仅矫直效率低、劳动强度高，而且矫直精度不易保证，远远不能适应市场发展的需要。近年来国内外技术专家对压力矫直工艺进行了广泛的研究，从弹塑性理论出发对矫直的反弯过程进行了力学分析，建立了矫直曲率方程式，进而计算出最大挠度处的矫直行程，依据矫直过程中载荷-挠度的关系，通过在线测量计算弹性回弹量，达到矫直控制的目的。由于上述理论体系在实际应用中只针对最大挠度处矫直，所以每次矫直前均需要测量整体挠度，从而确定支点、压点位置，矫直行程等工艺参数，矫直效率极低，不易满足生产需求。并且上述理论体系中均未涉及不同初始挠度分布对矫直效果的影响及多次压力矫直对工件最终形状的影响。实践表明，这些理论和计算公式对初始挠度较小的梁具有一定的精度，对初始挠度较大的梁则有相当大的误差。

为克服现有模型的不足，本节所介绍的试验基于建立的平面弯曲弹复理论及过弯矫直等价原理，从理论矫直弯矩出发，一次性给出多次三点弯曲压力矫直控制策略，以解决上述工艺技术出现的问题。

一、管件理论矫直弯矩及弯矩实例

1. 管件理论矫直弯矩

当作用在梁上的所有外力都在纵向对称平面内时，梁的轴线变形后也将是位于这个对称平面内的曲线，这种弯曲称为平面弯曲。由于大型直缝焊管的挠曲特征为挠曲线在同一平面，且其矫直过程为曲梁的反向纯弯曲，故对于管件的矫直问题可采用平面弯曲弹复理论进行矫直。由过弯矫直等价原理可知，曲梁经纯弯曲矫成直梁所需的弯矩等于等价直梁经纯弯曲弯成待矫曲梁所需的弯矩，即曲梁的矫直可以从直梁的纯弯曲入手。图 11-16 和图 11-17 所示为受纯弯矩作用的直管微段应变分布及截面几何特征。

以截面几何中心设定坐标原点，则薄壁环形截面惯性矩 I 和应变 ε 分布为：

$$I=\pi R_{\mathrm{m}}^{3}t \tag{11-12}$$

$$\varepsilon=Kz=KR_{\mathrm{m}}\sin\theta \tag{11-13}$$

式中，R_{m} 为管件中径；t 为管件壁厚；K 为管件微段中性层的曲率；z 为质点至中性层的距离；θ 为质点和坐标原点连线与 y 轴的夹角。

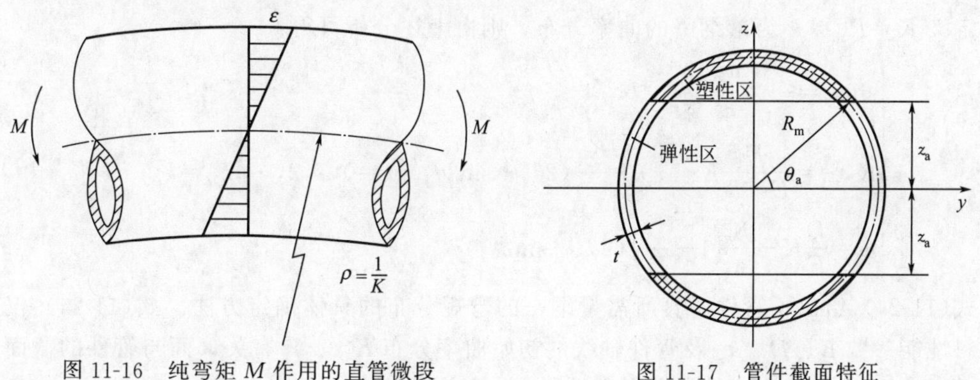

图 11-16　纯弯矩 M 作用的直管微段　　图 11-17　管件截面特征

管件过弯矫直属于小变形弹塑性问题，采用双线性硬化材料模型，以保证弹性区和塑性区都有较高的吻合精度。

$$\begin{cases}\sigma=E\varepsilon,\varepsilon\leqslant\varepsilon_{\mathrm{s}};\\ \sigma=\sigma_{0}+D\varepsilon,\varepsilon>\varepsilon_{\mathrm{s}}\end{cases} \tag{11-14}$$

其中：

$$\sigma_{0}=\sigma_{\mathrm{s}}(1-D/E) \tag{11-15}$$

式中，E 为弹性模量；D 为塑性剪切模量；σ_{s} 为材料初始屈服应力；σ_{0} 为截距应力；$\varepsilon_{\mathrm{s}}=\sigma_{\mathrm{s}}/E$ 为弹性极限应变。

直梁纯弯曲的基本方程为：

$$M=\int_{A}\sigma z\,\mathrm{d}A \tag{11-16}$$

$$K_{\mathrm{p}}=K-\frac{M}{EI} \tag{11-17}$$

式中，A 为管坯截面面积；K、K_{p} 分别为管件弹复前后曲率。

定义 θ_{s} 为弹性区与塑性区分界处质点和坐标原点连线与 y 轴的夹角，则：

$$\sin\theta_{\mathrm{s}}=\varepsilon_{\mathrm{s}}/KR_{\mathrm{m}} \tag{11-18}$$

定义 $\theta_{\mathrm{s}}=\pi/2$ 处刚发生塑性变形时的弯矩为弹性极限弯矩 M_{s}，则其表达式为：

$$M_{\mathrm{s}}=\sigma_{\mathrm{s}}I/R_{\mathrm{m}} \tag{11-19}$$

外加弯矩小于 M_{s} 时，卸载后管坯将复直。

当外加弯矩大于 M_{s} 时，将式(11-12) 代入式(11-16) 以后，σ_0 可得：

$$M=1/\pi(E-D)IK(2\theta_{\mathrm{s}}-\sin2\theta_{\mathrm{s}})+4\sigma_0R_{\mathrm{m}}^2t\cos\theta_{\mathrm{s}}+IDK \tag{11-20}$$

将式(11-18) 代入式(11-20) 整理得：

$$M/EI=D/EK+K/\pi(1-D/E)(2\theta_{\mathrm{s}}+\sin2\theta_{\mathrm{s}}) \tag{11-21}$$

由上述过弯矫直等价原理可知，初始曲率分布为 $K_0(x)$ 的曲管经纯弯曲矫成直管等价于直管经纯弯曲弯成曲率分布为 $K_0(x)$ 的曲管。故由弹复方程式(11-17) 得：

$$K_0(x)=K(x)-M(x)/EI \tag{11-22}$$

联立式(11-21) 和式(11-22)，可得直管弯成最终曲率分布为 $K_0(x)$ 的曲管时弹复前的曲率分布 $K(x)$ 为：

$$K(x)=\frac{E}{E-D}K_0(x)+\frac{K(x)}{\pi}(2\theta_{\mathrm{s}}+\sin2\theta_{\mathrm{s}}) \tag{11-23}$$

将式(11-23) 代入式(11-20)，即可得到理论矫直弯矩分布 $M(x)$。

定义 $K=R_{\mathrm{m}}$，k 为量纲一的曲率分布，则由上述分析可得：

$$\begin{cases}\sin\theta_{\mathrm{s}}=\dfrac{1}{k}\times\dfrac{\sigma_{\mathrm{s}}}{E}\\ K_{i+1}=\dfrac{E}{E-D}K_0(x)+\dfrac{K_i}{\pi}(2\theta_{\mathrm{s}}+\sin2\theta_{\mathrm{s}})[i=0,1,2,\cdots;k_0=k_0(x)]\\ m=\dfrac{D}{E}K+\dfrac{K}{\pi}\left(1-\dfrac{D}{E}\right)(2\theta_{\mathrm{s}}+\sin2\theta_{\mathrm{s}})\end{cases} \tag{11-24}$$

式(11-24) 给出了管件矫直所需量纲一的弯矩分布的具体确定方法。式(11-24) 仅与管件材料性能参数 E、D、σ_{s} 及管件轴线的初始曲率分布 $K_0(x)$ 有关，而与管件的截面尺寸参数 R_{m}、t 无关，使表达结果更具普遍性。

2. 管件矫直弯矩实例

如图 11-18 所示，对某大型直缝焊管生产企业生产线上不满足直线度要求的管件进行了测量，测量采用美国星科（CimCore）公司生产的 3000iTM 系列便携式三坐标测量仪，其

图 11-18　待矫大型直缝焊管测量现场示意图

测量精度为 0.001mm。管件的几何参数及其材料性能参数如表 11-9、表 11-10 所示。

表 11-9 管件几何参数 单位：mm

管件编号	管长	初始最大挠度	外径	壁厚
LJ23-1	12213	70.89	457.2	12.7

表 11-10 管件材料性能参数

牌号	E/GPa	D/MPa	σ_s/MPa
A516Gr60	200	1833.3	345

对编号为 LJ23-1 的管件实测挠度分布进行分段拟合，其结果如图 11-19 所示。

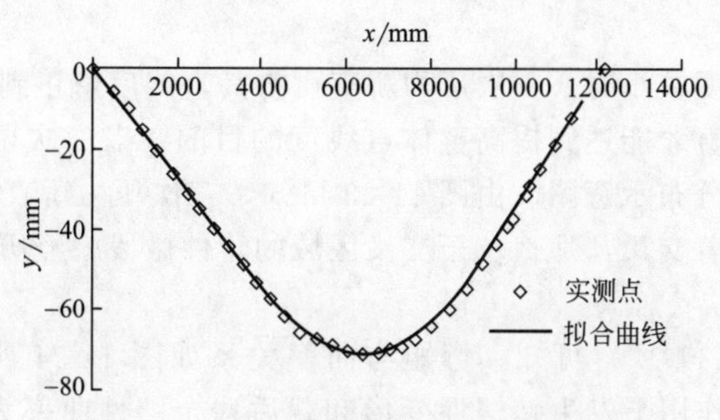

图 11-19 LJ23-1 管件挠曲线分布示意图

已知 LJ23-1 管件的挠度分布，由计算可得其初始曲率分布，如图 11-20 所示。已知管件的初始曲率分布，由式(11-24) 即可得到其理论矫直弯矩 $M(x)$，如图 11-21 所示。由图 11-21 可知，$x\in[2400,10200]$ 区域的曲率大于零，说明该区域需在弯矩 $M(x)$ 的作用下发生弹塑性变形卸载后才能矫直，故该区域的理论矫直弯矩均大于管件截面弹性极限弯矩 M_s；而 $x\in[0,2400]\cup[10200,12000]$ 区域的曲率为零，说明该区域无需矫直，在该区域弯矩 $M(x)$ 可以是小于 M_s 的任意值。

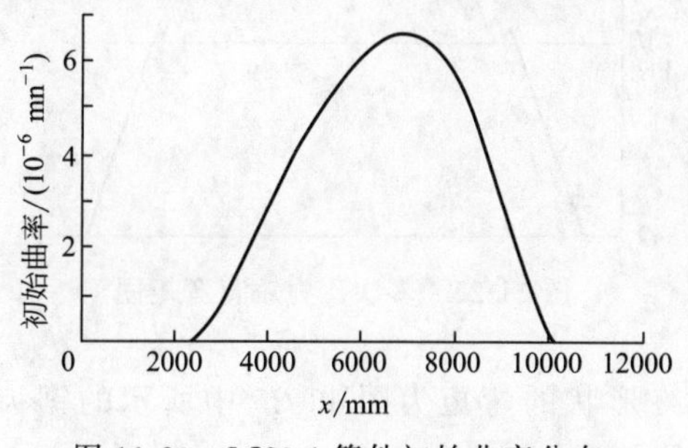

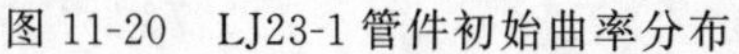

图 11-20 LJ23-1 管件初始曲率分布

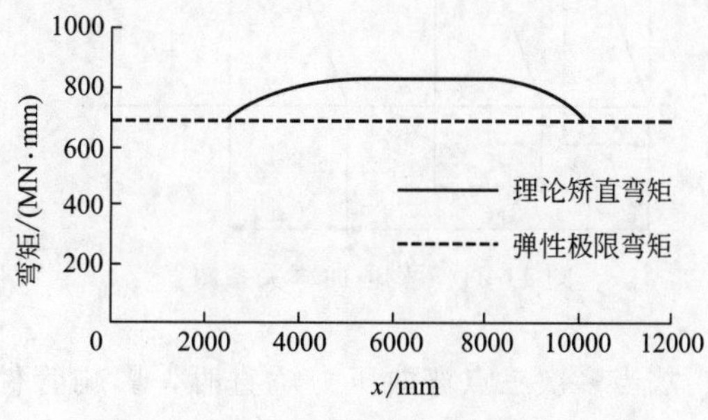

图 11-21 LJ23-1 管件理论矫直弯矩图

二、多次三点弯曲压力矫直工艺的矫直机理

在实际生产中，厂家多采用专用设备对大型直缝焊管进行矫直。该设备的两支点对称分布于压头两侧，每次压力矫直的实质为对称式三点弯曲，其力学模型与受集中载荷的外伸梁相似，形式如图 11-22 所示。由图 11-22 可知，单次矫直的弯矩图为等腰三角形，由于三点弯曲力学模型的局限性，其塑性变形区域集中在压点附近，故单次的压力矫直只能将管件由

单弧度的大弯矫正为双弧度的小弯。

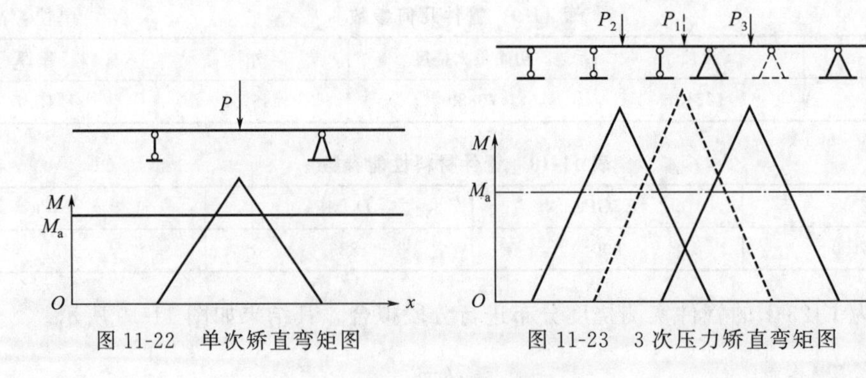

图 11-22　单次矫直弯矩图　　图 11-23　3 次压力矫直弯矩图

当待矫管件初始挠度较小时，一次压力矫直可将其直线度修正到要求以内，而当初始挠度较大时，需要多次矫直才能达到提高整体直线度的目的。以三次压力矫直为例，图 11-23 为三次压力矫直时弯矩分布示意图。由图 11-23 可知，三次压力矫直时其弯矩为三个等腰三角形，且它们之间存在着交叉，那么位于交叉区域的管件微段就经历了多次的三点弯曲弹塑性变形。

由式(11-16) 和式(11-17) 可知，弯矩与曲率关系如图 11-24 所示。由图 11-24 可知，管件微段在弯矩 M_1 的作用下发生弹塑性变形卸载后残余塑性曲率为 K_{p1}，当再次加载时，若弯矩 $M_2 < M_1$，则卸载后其曲率不变仍为 K_{p1}；若弯矩 $M_2 > M_1$，则卸载后其曲率为 K_{p2}。由此可知反复加载和卸载时，管件微段的最终曲率等于较大的弯矩值所对应的弹复后曲率。

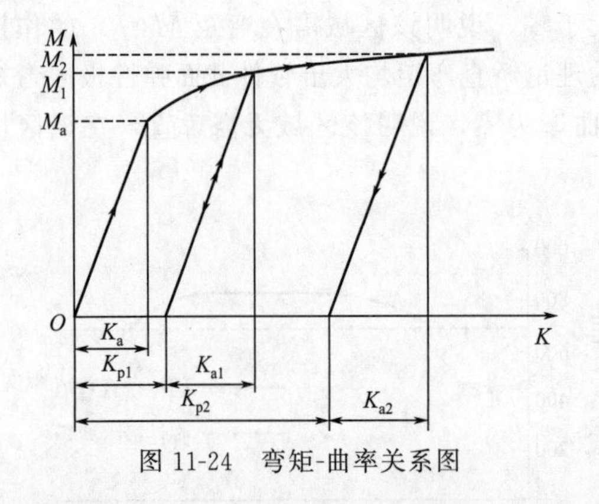

图 11-24　弯矩-曲率关系图

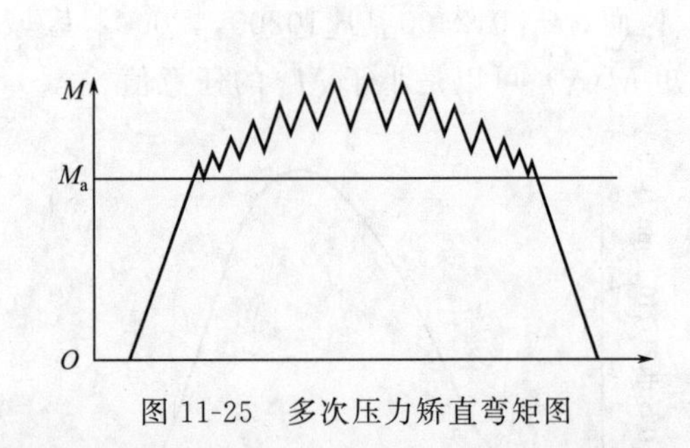

图 11-25　多次压力矫直弯矩图

故当多次三点弯曲压力矫直时，影响管件最终形状的弯矩为图 11-25 中所示的锯齿形弯矩。

三、多次三点弯曲压力矫直控制工艺

由图 11-21 可知大型直缝焊管的理论矫直弯矩是一条光滑曲线，将该弯矩施加于管件截面，理论上可将其一次性完全矫直，但在实际生产中无法施加该理论弯矩。由图 11-25 可知实际生产中多次压力矫直时施加于管件截面的弯矩为锯齿形折线，结合上述分析，提出多次压力矫直控制策略，即当获得管件理论矫直弯矩后用锯齿形的折线去逼近该曲线，如图 11-26 所示。该锯齿形弯矩与理论弯矩的交点的 x 坐标为各次压力矫直时的压点位置，锯齿形折线的延长线与 x 轴的交点为其相应的左右支点，即制定出了三点弯曲多次矫直的控制策略。

故当测量得到管件的初始挠度分布后，通过上述理论可以获取管件矫直所需的理论弯矩，相应的多次三点弯曲压力矫直策略的工艺参数制定方法如下。

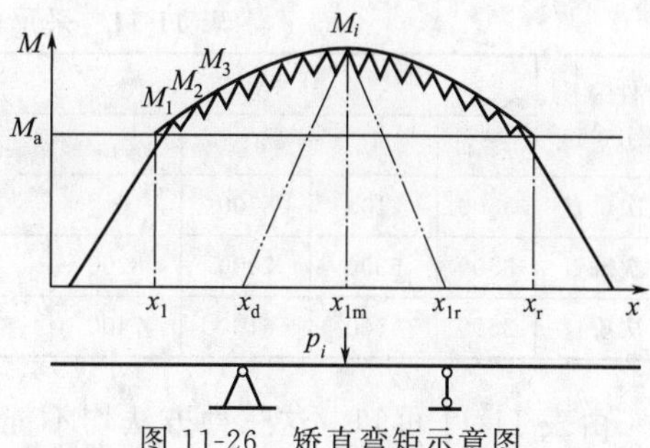

图 11-26　矫直弯矩示意图

① 首先，需选取合适的两支点间距 L，一般其值为管长的 1/2。由图 11-26 可以看出，当支点间距较大时，其单次矫直时的塑性区域增大，矫直效果较优，但理论弯矩曲线的端部区域则受到该因素的制约不能进行矫直；而当两支点的间距较小时，其单次矫直时的塑性区域较窄，但总的矫直范围可以通过增加矫直次数的方式增大。

② 为获得较大的矫直范围，若总的矫直次数为 n，则第一次矫直时的左支点位置 x_{1r} 与第 n 次矫直时的右支点位置 x_{nr} 分别选在待矫管件的左右端部附近，故相应第一次矫直时的压点位置 x_{1m}、右支点的位置 x_{1r} 为：

$$x_{1m}=x_{1r}+L/2 \tag{11-25}$$

$$x_{1r}=x_{1l}+L \tag{11-26}$$

第 n 次矫直时的压点位置 x_{nm}、左支点的位置 x_{n1} 为：

$$x_{nm}=x_{nr}-L/2 \tag{11-27}$$

$$x_{nl}=x_{nr}-L \tag{11-28}$$

③ 当已知 x_{1m} 和 x_{nm} 时，将其余（$n-2$）次压力矫直时的压点均布在其之间，则第 i（$1<i<n$）次矫直时压点的位置 x_{im} 为：

$$x_{im}=x_{1m}+\frac{i-1}{n-1}(x_{nm}-x_{1m}) \tag{11-29}$$

④ 第 i 次矫直时压点施加的矫直力 p_i 的大小为：

$$p_i=\frac{M_i(x_{ir}-x_{il})}{(x_{ir}-x_{im})(x_{im}-x_{il})} \tag{11-30}$$

式中，M_i 为压点 x_{im} 处的理论矫直弯矩值。

四、载荷修正系数

由图 11-26 可知，只有当三点弯曲压力矫直的矫直次数趋于无限多次时，其实际加载的锯齿形折线弯矩的矫直效果才能与理论矫直弯矩相当，进而将待矫管件完全矫直。但在实际生产中为提高矫直效率，则需减少矫直次数。为达到提高矫直效率，同时又保证矫直精度的目标，采用较少的矫直次数去获得与理论弯矩相当的矫直效果，在此引入载荷修正系数 λ 的概念，其中第 i 次矫直时压点 x_{im} 处的修正后弯矩 M_i' 与理论弯矩的关系为：

$$M_i'=\lambda M_i \tag{11-31}$$

当 λ 较小时，矫直后管件的直线度有可能仍不达标，矫直效果不佳；而当 λ 过大时，则可能将管件反弯过去，同样达不到矫直的效果。

采用有限元模拟的方法对多次三点弯曲压力矫直时载荷修正系数的取值进行初步探讨。依据有限元分析软件 ABAQUS 建立模型，单元类型为非协调单元 C3D8I，泊松比 $v=0.3$。模具参数与该大型直缝焊管生产企业的矫直设备相同，两支点间距为 $L=6000\text{mm}$，对称分布在压点两侧。根据美国 API SPEC 5L 行业标准，成品管的最大挠度不得超过管长度的0.2%，编号 LJ23-1 的管件矫直后最大挠度不超过 24.43mm 即满足要求。分别采用 3、4、5 次三点弯曲对管件进行矫直，其矫直参数及仿真结果如表 11-11 所示。

表 11-11 采用多次压力矫直控制策略模拟

管件编号 LJ23-1	压点位置/mm					矫直力/kN					残余挠度/mm
	x_{1m}	x_{2m}	x_{3m}	x_{4m}	x_{5m}	p_1	p_2	p_3	p_4	p_5	
3 次矫直	3500	6100	8700	—	—	522.67	556.00	544.00	—	—	63.67
4 次矫直	3500	5200	7000	8700	—	522.67	550.67	557.33	544.00	—	60.85
5 次矫直	3500	4800	6100	7400	8700	522.67	547.33	556.00	556.67	544.00	57.18

由表 11-11 可知，这三种方法均不能将钢管矫直到要求以内，但随着矫直次数的增多，其实际矫直弯矩更逼近理论矫直弯矩，管件的残余挠度更小，故可推断当无限次增加矫直次数时，可将管件矫直到要求以内。

分别对 3、4、5 次压力矫直时的矫直弯矩进行修正，依据修正后的矫直参数对管件进行矫直，其残余挠度与载荷修正系数的关系如图 11-27 所示。由图 11-27 可知，随着载荷修正系数的增加，残余挠度越来越小；依据不同的载荷修正系数，这三种方式最终均可将管件矫直到要求以内；并且随着矫直次数的增多，其所需的修正系数越小。

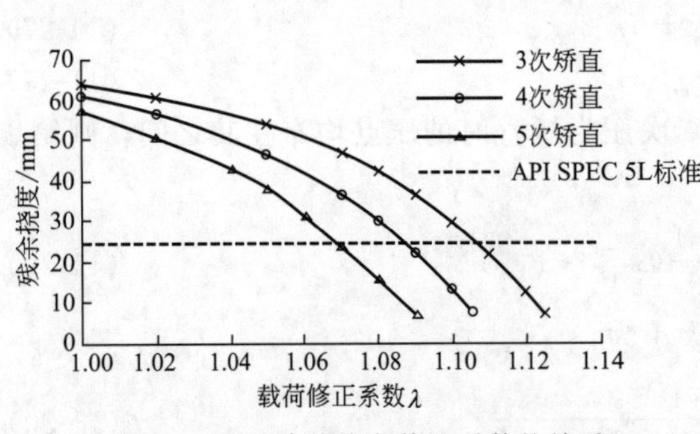

图 11-27 残余挠度与修正系数的关系

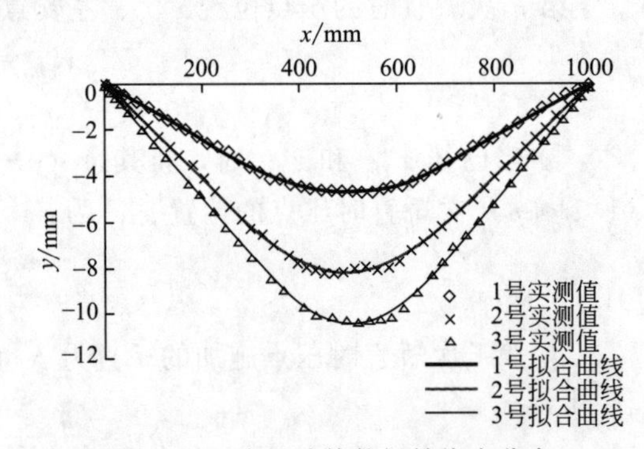

图 11-28 小尺寸管件初始挠度分布

五、多次压力矫直控制策略试验验证

分别对 3 种不同初始挠度分布的小尺寸管坯，进行多次压力矫直控制策略的验证试验。采用 WDD-LCT-150 型电子拉扭组合多功能试验机作为矫直设备，挠度的测量采用便携式三坐标测量机来完成。试验用小尺寸管坯的材料为 20 钢，其材料性能参数及几何尺寸如表 11-12 所示。验证试验所用模具两支点间距为 $L=600$mm，对称分布于压点两侧，如图 11-28 所示。

表 11-12 小尺寸管坯几何尺寸及材料性

牌号	l/mm	$R_m \times l$/mm	E/GPa	D/MPa	σ_s/MPa
20	1000	36×4	206	2533	298.7

在试验中均采用三次三点弯曲压力矫直控制策略对三根管件进行矫直，试验流程如下：

① 首先，采用三坐标测量这三根管坯的初始挠度分布，随后进行曲线拟合，实测值与

拟合曲线如图 11-28 所示。

② 计算出其相应的理论矫直弯矩。

③ 由大管模拟结果可知三次压力矫直中当其修正系数 λ 为 1.12 左右时，可以保证将管件修正到直线度误差要求以内。依据上述方法及修正系数 $\lambda=1.12$，制定出相应的矫直控制策略及工艺参数。

④ 依据该工艺参数对小尺寸管坯进行试验，试验参数及试验结果如表 11-13 所示。

表 11-13 矫直试验参数和试验结果

管坯编号	初始最大挠度/mm	压点位置/mm			修正后矫直力/kN			残余挠度/mm
		x_{1m}	x_{2m}	x_{3m}	p_1	p_2	p_3	
1	4.73	340	500	660	45.16	46.06	45.25	0.46
2	8.25	340	500	660	46.30	47.05	46.23	0.89
3	10.34	350	500	640	46.32	47.84	46.98	1.04

由表 11-13 可知，依据该矫直策略可将初始直线度为 0.4%～1.0%的管坯的直线度修正到 0.11%以内，矫直效果较优，能够满足焊管质量的需要。

六、使用多次三点弯曲压力矫直工艺效果

① 依据小曲率平面弯曲弹复理论和过弯矫直等价原理，给出了基于实测管件挠度曲线分布确定理论矫直弯矩的方法和预测公式，以该分布弯矩施加于被矫直管件理论上可一次性完全矫直。矫直弯矩分布的定量化为多种压力矫直控制方法的研究奠定了理论基础。

② 揭示了多次三点弯曲压力矫直工艺的矫直机理：以锯齿形折线分布弯矩逼近理论矫直弯矩光滑曲线。

③ 依据理论矫直弯矩，提出了管件多次三点弯曲压力矫直控制策略：只需一次性测量待矫管件的初始挠度分布，即可给出每次压力矫直时所需的工艺参数，大大提高了矫直效率。

④ 提出了载荷修正系数的概念。当矫直次数一定时，随着修正系数的增加，管件的残余挠度逐渐减小，且一定存在一个最优修正系数；而随着矫直次数的增加，将管件矫直所需的修正系数逐渐减小。确定最优修正系数的原则和方法有待继续试验和深入探讨。

⑤ 小尺寸管坯矫直的试验结果验证了多次三点弯曲压力矫直控制策略的可行性，为自动化矫直和智能化矫直提供了理论依据。

第十二章

钢管铣平头和倒棱

第一节 钢管平头、倒棱机的发展现状

在钢管制造中，端面平整度是钢管铣平口加工的生产环节之一，不管是卷制钢管还是冷拔无缝钢管，端面铣平口加工制造都占有相当重要的地位。因此，在钢管生产过程中往往需要对钢管两端进行铣平头、倒棱处理，以保证管端几何尺寸和后期焊接或对接的需要。经过铣平头、倒棱后的钢管，品质高，附加值高，在实际生产中，能大大提高工程质量，在石油、冶金、石化等行业得到了广泛的应用。根据钢管用途不同，倒角 α 大小及钝边值也不同，一般倒角 $\alpha=30°$，为保证首次倒棱后的 α 角及尺寸精确，要求钢管不圆度及壁厚不均匀尽可能小。钢管端平头、倒棱是一种机械铣削处理工艺，采用钢管铣平头、倒棱专用机床，是生产线上必不可少的重要环节，铣平头倒棱机的设计和制造水平则决定整条生产线的生产能力的优劣，现在国际上先进的钢管机组均设计有铣平头、倒棱的组合功能。因此运用全自动化、高性能的铣平口倒棱机是满足钢管大批量、高效率生产必要的前提。

一、钢管铣平头倒棱机的种类

1. 单根单向双工位全自动平头倒棱机

单根单向双工位全自动平头倒棱机适用于所有规格的焊管，是使用范围最广的一类平头倒棱机。

2. 双根单向双工位全自动平头倒棱机

双根单向双工位全自动平头倒棱机动力头为双刀盘式，一次可以并行精整两根钢管同端，适用于对速度要求较高的机组。步进、推齐、夹紧、倒棱、平头过程由 PLC 控制自动完成，自动化程度高，切削速度可随管径和材质不同而调节，达到最佳切削状态，表面切削质量好，多刃切削，平头、倒棱一次完成，切削效率高，进刀有液压进刀、凸轮进刀、电动进刀等多种形式。

图 12-1 平头倒棱机工作图

3. 单根双向全自动平头倒棱机

单根双向全自动平头倒棱机的动力头刀盘为同轴相对布置，且刀头带浮动装置，依次精整一根钢管的两端，适用于钢管口径较大、步进送料不便的大规格机组，尤其适用于大口径螺旋焊管机组。图 12-1 为平头倒棱机工作图。

二、国内外平头、倒棱机的发展现状

钢管铣平头倒棱机在钢管生产线已经应用了很长时间，但是由于钢管铣平头倒棱机技术含量高，造价和维护费用比较高，目前国内大部分公司所用的设备均是从国外进口。

1. 国外平头倒棱机

① 美国 PMC 公司的铣平头倒棱机的主要结构特点是：导轨轴承采用带有预紧系统的滚柱直线轴承，保证切削时系统稳定，承载能力大；主轴进给采用了液压伺服系统，响应速度快；夹紧装置采用了浮动夹紧机构及锁紧机构，保证了钢管的自然形状并消除夹瓦滑动间隙，刚性好；步进传动采用了液压马达机构，速度快，运行平稳；主轴刀盘带有冷却系统对刀具进行冷却，能有效延长刀具的寿命。

② 德国 REIKAW ERK 公司的铣平头倒棱机的主要结构特点是：导轨轴承采用了无预紧系统的直线滚珠轴承，主要用于负载较轻的场合；主轴进给采用了电机伺服系统，低速性好，维护方便；无冷却系统，带有排屑运输装置；步进传动采用了电机减速器机构。

③ 美国 CRC 公司的钢带式火焰切割倒棱机的主要结构特点是：采用铝制机身，不锈钢带导轨，导轨可拆卸，整机重量较轻，坡口角度和切削速度可控，比较适合管径较小的钢管，方便在现场工作。

2. 国内铣平头倒棱机

① 西重所（西安重型机械研究所）生产的铣平头倒棱机，导轨轴承采用了带有预紧力的滚柱直线轴承，主轴箱里主轴带有预紧力轴承，夹紧装置带有浮动机构及轴向锁紧机构，提高了设备的刚性和稳定性；刀盘上刀具采用了内浮动机构新技术，解决了因壁厚不均而引起倒坡口后的钝边质量问题；带有冷却系统，对刀具进行冷却并且带有对切屑的冲洗功能。

② 浙江奥泰公司的爬管式倒棱机采用普通电机、气动马达驱动的方式，主要针对现场的固定钢管加工，由电机驱动链轮带着机体上的切割刀沿钢管表面旋转一周完成切割任务，加工灵活，缺点是只能加工小口径钢管，且加工质量普遍较差。

在将近 20 年的发展过程中，铣平头倒棱机的技术逐渐趋于成熟，形成了完整的结构特点，主要表现在：刀具二次定位，初定位、精定位；采用两点夹紧钢管、刀具旋转方式；刀盘采用浮动机构，包括内、外浮动机构；采用 PLC 电气控制系统，根据加工要求以及钢管规格能进行参数修改，人机界面，操作方便；进给用液压或者伺服系统控制。

三、平头倒棱机的构造及工作原理

1. 平头倒棱机的主要构造

平头倒棱主机见图 12-2 所示，主要由机架、机头、夹紧装置及进刀装置构成。详细的分述如下。

① 机架由焊接件构成，机架可以使传送台架的高度保持不变，靠电动升降机的升降机架来适应不同规格的钢管平头倒棱。

② 机头是由标准 ITX50 铣削动力头改装而成。动力头的主轴带有复合刀盘，刀盘上装有平头刀和倒棱刀。倒棱刀由带有靠模平衡回转装置的刀架、刀头和刀座构成。焊管管端进行切削时，随动靠模辊在弹簧的压力作用下，紧靠在钢管内壁旋转，带动着进行倒棱。倒棱刀可沿钢管的方向进行调整，确保了切削后的钝边宽度为 1.56mm，外倒棱角为 20°。

③ 夹紧装置为外径夹具，与被夹钢管的外表面是多线接触。上夹具与装在机架上部的气缸活塞杆头部连接，作用力垂直向下，能够适应外径为 ϕ140～ϕ339.7mm 之间的各种不同规格型号的钢管的夹紧。下夹具安装在机架的动力头座上，可以根据钢管管径的不同来选用不同的平头，并且与上夹具找正对中。为了防止薄壁管径受压变形影响到平头质量，在夹紧气缸气控电磁换向阀前装有 0～0.8MPa 气控调压阀用以调整夹紧力。

④ 进刀机构由钢径 ϕ140mm、行程 20mm 的油缸和 ϕ200mm、行程 100mm 的气缸组成。

2. 钢管铣平头倒棱机工作原理

传统铣平头倒棱机机头（图 12-2）由倒棱刀具、铣头刀具、刀盘、动力头和交流电机组成。在大盘上安装可做旋转运动的刀盘，平端面刀具和倒棱刀具固定在刀盘上，通过大盘的旋转带动刀具的旋转对钢管进行平端面和倒棱的加工，即刀盘的自转为切削主运动。机头整体安装在底座上，进给机构可驱动底座沿着钢管的轴线方向做进给运动。在铣平头、倒棱时需夹紧钢管，使钢管不发生转动。

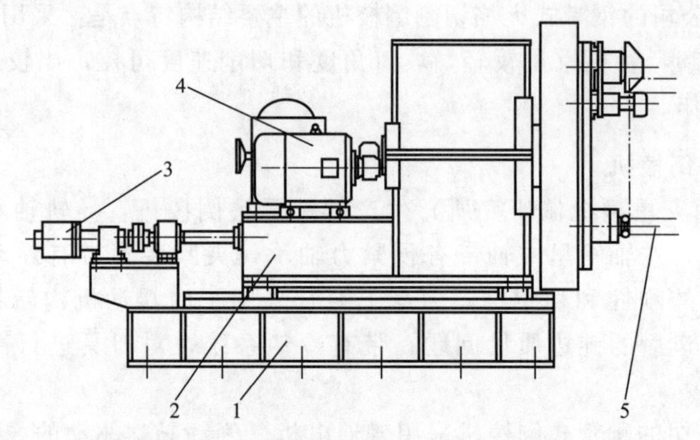

图 12-2 传统的铣平头倒棱机机头示意图

1—固定底座；2—移动底座；3—进给机构；4—动力头；5—钢管

3. 平头、倒棱主要工艺流程

钢管经吊车上料至上料台架→钢管散捆→步进平移→钢管定位→步进平移→管端夹紧→机头进刀→对钢管管端倒焊接坡口（或管端平头）→机头快退→夹紧松开→步进平移→钢管另一端定位后，直至完成对钢管另一端的作业（各工序同上）→机头快退→夹紧松开→步进平移钢管→进入下料台架经输送装置→收集料框。

4. 具体的工作程序（共 19 个步骤）

① 上料小车从料架上面取料，并送到 V 形托架上；

② 托辊升起，将钢管托升到与机床中心高度一致；

③ 送料小车返回料架；

④ 两夹紧框打开；

⑤ 大托板前进，钢管进入夹紧框；

⑥ 托辊回降，钢管落到下夹紧框上；

⑦ 夹紧框夹紧钢管；

⑧ 刀盘旋转；

⑨ 床头箱快进到位；

⑩ 床头箱工进开始；

⑪ 切削完成，床头箱工进停止；

⑫ 床头箱快速返回原始位置；

⑬ 刀盘旋转停止；

⑭ 夹紧装置松开；

⑮ 托辊升起，将钢管举起；

⑯ 大托板快退，钢管两端离开夹紧框；

⑰ 卸料小车进入机床中心线，小车料架升起；

⑱ 托辊架回落，钢管落入卸料小车料架之上；

⑲ 卸料小车运走钢管。

四、钢管铣平头倒棱机综合技术要求

1. 钢管铣平头倒棱机加工的参数

① 规格尺寸：外径 ϕ108～ϕ340mm，厚 4～30mm，长度 5.0～12.7m。

② 材质：碳钢如 20、45，X42～X70 等，低合金钢 Q345 等，合金钢如 25Mn2V、34Mn2V、42MnMo7、34CrMo4、12Cr1MoV 等（注：合金钢管在热处理完成后进行倒棱）。

③ 弯曲度：管体≤2mm/m，管端 1.2m 范围内≤2.5mm/m，全长弯曲度≤0.2%L，管端下垂度≤3.18mm（按 API SPEC 5L 规定）。

④ 端面不垂直度≤1°。钢管面不垂直度的检验方法：沿钢管的纵向，将直角拐尺的一边压贴于钢管的外表面，将直角拐尺的另一边通过钢管的管腔中心，测量该边与钢管端面的夹角；按照该法沿该钢管端面的圆周方向多次变换位置测量，所测得的最大角度值即为该钢管端面的不垂直度。

⑤ 椭圆度≤1.5%D，外径偏差±1%。

⑥ 力学性能及硬度范围：a. 钢管的屈服强度 172～1034MPa；b. 钢管的抗拉强度 400～1095MPa；c. 钢管的硬度 43～48HRC；d. 同断面钢管的表面硬度差不大于 10HRC；e. 单支管最大质量 1500kg。

2. 平头到棱机的技术要求

① 生产节奏：30～110 根/时；

② 加工模式：具有两种加工模式，分别在两个工位对钢管管端倒棱焊接坡口或管端平头，同时具有倒内外毛刺的功能；

③ 倒焊接坡口：倒焊接坡口（一把或二把刀）＋平头（一把刀）＋倒内毛刺（一把刀）；

④ 管端平头（最大加工量 30mm)：平头（一把或二把刀）＋倒内外毛刺（各一把刀）。

3. 钢管铣平头、倒棱加工质量要求

① 倒焊接坡口角度 30°，角度允许偏差 0°～＋5°，钝边宽度（1.59±0.79)mm；

② 钢管端面不垂直度允许偏差≤0.2°；

③ 倒内外毛刺角度 45°；

④ 管端切口光滑平整，粗糙度不低于 Ra12.5μm；

⑤ 加工过程中不允许损伤钢管管体。

第二节 新型钢管铣平头倒棱机的性能

一、新型铣平头倒棱机的功能

新型的全自动钢管铣平头倒棱机要求能够扩大加工范围，实现直径较大的钢管加工以及钢管壁厚达到80mm的加工。为了能够达到设计要求，铣刀头的设计改进成为关键，采取传统的加工方式无法达到设计要求。为了使刀具加工范围扩大，需采用铣刀，而铣刀是要求带有动力实现自身回转的刀具，要实现在铣刀头上的两铣刀的自身回转运动可采用仿形飞锯机切割钢管的原理：钢管固定夹紧，飞锯头上的大刀盘装有两个带有各自动力的可自转运动的锯片，通过大刀盘的转动以及锯片的自转实现对钢管的切割，并且两锯片通过伺服装置可实现直径方向的进给，从而达到加工不同直径的钢管的目的。基于此原理，铣刀不仅可以自转还可以实现沿着钢管端口的圆周方向的圆周进给运动，即刀盘需要与钢管有相对转动，而且还可实现铣刀头沿钢管直径方向的进给运动。

综合以上分析，新型全自动铣平头倒棱机动力头要实现的工作方式为：大盘与钢管需要有相对转动，以实现刀具沿钢管端面圆周方向的进给；倒棱刀具和平端面刀具均采用铣刀，需要动力供给实现自身回转运动；两铣刀需要带有径向进给运动装置实现径向进给，能够加工不同直径的钢管；整个铣切头需要实现沿钢管轴线方向的进给运动。

针对以上技术要求，新型的全自动钢管铣平头倒棱机要具有的性能如下：

铣刀的动力来源由大盘的动力提供，由大盘的转动通过传动装置将动力传递给铣刀。大盘的转动相当于铣刀绕钢管轴线的公转，即铣刀在加工过程中既实现绕自身轴线的自转，又实现绕工件轴线的公转。这一设计方案动力来源只有一个，可在大盘上装行星轮系来实现自转与公转的同时进行。这一方案的优点是既不存在线缆缠绕收放的问题，也不存在钢管旋转的问题，但是这一设计方案中使得大盘的转速即刀具沿钢管端口圆周方向的进给运动与铣刀刀具的转速有了一定的关系，从而使得控制方面很难实现，这一方案中刀具的径向进给的实现也是难点。

目前，差动行星轮系的传动与控制已经相当成熟，再基于仿形铣切锯的工作原理，上述技术可行，其传动机构的设计是关键，如何设计传动机构使得其既满足铣刀自转与相对钢管圆周方向的公转，又能适应不同的加工管径，直接决定了倒棱机的加工范围和加工精度。

二、新型钢管铣平头倒棱机的特点

新型钢管铣平头倒棱机应具有以下特点。

① 在能满足钢管加工需求的前期下，结构简单、制造简单、生产成本低、节能环保、噪声低。

② 用户操作界面简单，可操作性强，铣刀的转速、大盘转速、进给距离、进给速度等各个参数均可在操作台上完成，可以方便地设定各种加工参数，快捷地进行数据处理。

③ 能够加工不同管径、壁厚的钢管，所能加工的钢管最大外径可达ϕ800mm，壁厚达80mm，对于一些高级钢材如X80、N80也能精确加工，对于同一规格的钢管，加工两根钢管之间切换迅速简单。

④ 钢管送料要迅速、准确，加工钢管的时候钢管由夹紧机构固定，钢管不旋转，钢管的夹紧与松开要能快速进行，加工完的钢管要快速运走，不能影响下一根钢管的加工。

⑤ 能够对钢管进行不同角度的倒角，刀具的更换可以迅速快捷地进行，保证不同的加工要求。

⑥ 新的铣刀的自转系统，对于平头倒棱的加工精度更高，铣刀的自转和大盘的公转由三相异步电机控制，可以精确地控制转速；铣刀的轴向、径向进给运动由伺服电机控制，对位移的控制精度高。大盘、铣刀主轴、铣刀的控制可以同步进行，加工钢管时，铣刀的进给、刀盘的自转、刀盘随大盘的公转可以良好地控制，电机是固定在大盘的箱体之上的，控制精度高，加工质量稳定。

三、新型钢管铣平头倒棱机加工参数

1. 钢管的基本参数

新型的钢管铣平头倒棱机适用的钢管规格：钢管外径 $\phi426 \sim \phi800$mm，钢管壁厚 5～80mm，加工外倒角 α 为 30°～60°；材质为低合金钢如 Q235、Q345 等，合金钢如 12Cr1MoV、25Mn2V 等，碳素钢如 45 钢，高钢级如 X80、N80。

① 石油天然气管线管：技术标准 API SPEC 5L SO3183，GB/T 9711；

钢级：A，B，X42，X46，X52，X56，X60，X65，X70，X80。

② 套管。执行技术标准：API 5CT；

钢级：H40，J55，K55，N80-1。

③ 结构用圆管。技术标准：GB/T 13793，JIS 3444，JIS 345，ASTM A513，EN10219；原材料，碳素结构钢、低合金钢；钢级，Q235～Q460（GB/T 1591）。

④ 所有规格屈服强度：最低 235MPa，最高 565MPa。

表 12-1～表 12-3 为钢管外壁允许偏差、每米弯曲度、钢管椭圆度。根据钢管倒棱加工精度的要求，选取不同的偏差等级。钢管铣平头倒棱机应具有以下精度要求，钢管每米弯曲度≤20mm/m，钢管椭圆度≤12%。

表 12-1　大口径厚壁钢管外壁允许偏差

偏差等级	标准化外径允许偏差/mm
D1	±1.5%，最小±0.75%
D2	±1.0%，最小±0.50%
D3	±0.75%，最小 0.30%
D4	±0.50%，最小±0.10%

表 12-2　每米弯曲度

弯曲度等级	每米弯曲度/(mm/m)
	不大于
F1	3.0
F2	2.0
F3	1.5
F4	1.0
F5	0.5

表 12-3 钢管椭圆度

椭圆度等级	椭圆度不大于外径允许偏差/%
NR1	80
NR2	70
NR3	60
NR4	50

2. 铣头倒棱质量要求

① 经过钢管铣平头倒棱机加工过的钢管，无毛刺，平头的端面、倒棱的端面光洁平整，表面粗糙度 $Ra \leqslant 12.5\mu m$，钢管表面光亮，不能损坏钢管本体。

② 背吃刀量 0～5mm，最大切削宽度 0～120mm，刀具转速 0～1000r/min，大盘转速 0～50r/min。

四、新型铣平头倒棱机的工作基本参数

钢管铣平头倒棱机机构部分在原来的基础上做了极大的创新，所能加工钢管的外径尺寸和壁厚都得到了极大的增加，加工范围为外径 $\phi 426 \sim \phi 800mm$，壁厚 5～80mm。根据所加工钢管外径、壁厚的不同，通过调节径向进给结构，调整刀盘的位置，加工特定外径、角度的钢管，同时调整夹紧机构，使其夹紧钢管。

1. 铣削基本参数

设定了快进速度、工进速度、快退速度、快进距离、工进距离、快退距离以及主轴转速、大盘转速等加工参数，这些加工参数都是通过动力头来设定的。

2. 铣削工过程

启动机器，设定各种加工参数，钢管经过钢管输送设备输送到加工位后，刀盘调整到能加工钢管的特定位置，夹紧机构夹紧钢管之后会反馈给系统一个信号，随后倒棱、平端面工序开始进行，加工出符合标准要求的钢管端面。

3. 刀具主轴与钢管的转速的关系

刀具主轴对于钢管的加工转速与两个运动有关，即大盘的公转、刀具主轴的自转，具体是：

① 大盘的公转是电机通过齿轮啮合将动力传递到无级变速器，速度调整到符合大盘转速的要求，通过齿轮的啮合将转速传递给大盘，进而带动大盘转动，铣刀刀盘安装在大盘上，大盘的转动带动刀盘的公转。

② 刀具主轴的自转是通过铣刀主轴动力系统，电机通过齿轮啮合将动力传递到无级变速器，速度调整到符合主轴转速的要求，通过二级齿轮啮合传动，将动力传递给铣刀主轴，铣刀主轴进而带动平头倒棱铣刀转动。

4. 进给机构的设置及程序

① 进给机构的设置。进给机构设置如图 12-3 所示，包括驱动电机、减速电机、滚珠丝杠及螺母、滚珠丝杠支座等。其中伺服驱动电机通过减速电机与滚珠丝杠直连，减小了传动间隙，能够保证传动精度；滚珠丝杠通过轴承装配在滚珠丝杠支座内，支座通过螺栓固定在固定底座上；丝杠螺母与移动底座连接，伺服电机通过减速电机带动丝杠相对螺母旋转，由

于螺母固定在移动底座上不旋转，从而带动螺母，进而带动移动底座实现移动。移动底座通过滑块与固定在固定底座上的导轨形成滑动配合。导轨与滑块之间带有一定的预紧力，两者之间的摩擦为滚动摩擦，有效地降低了摩擦阻力，实现了无间隙滑动，提高了传动效率和系统的运动刚度。

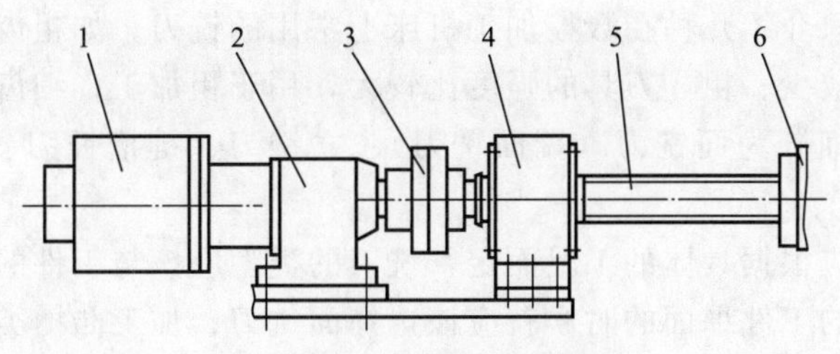

图 12-3 进给机构示意图

1—驱动电机；2—减速电机；3—联轴器；4—滚珠丝杠支座；5—滚珠丝杠；6—移动底座

② 进给机构的工作程序。进给机构的工作程序是通过钢管铣平头倒棱机轴向进给系统的结构，其具体的过程为：伺服电机首先将动力传递到减速器，调整到合适的速度，之后驱动滚珠丝杠转动，滚珠丝杠在滚珠丝杠支座的支承下，只能做自身的转动，不能做轴向的移动，滚珠丝杠螺母是固定在移动底座上的，在滚珠丝杠的作用下只做径向的运动，无自身的转动，就这样，滚珠丝杠通过推动滚珠丝杠螺母的运动来推动移动底座的轴向运动，进而带动大盘的进给运动。最后，通过调节伺服电机来精确控制快进、工进、快退的位置。

5. 钢管的夹紧机构

铣平头倒棱机铣削的钢管管径和壁厚不同，必须合理地设计钢管夹紧机保证加工范围内的钢管能够方便有效地定位、夹紧。夹紧力过小，容易造成铣削过程中钢管旋转或者跳动，影响加工精度；夹紧力过大则会造成钢管的塑性变形，影响钢管成品质量。所以在对钢管夹紧时，为保证其安全、可靠地工作，必须精确计算夹紧力大小。如图 12-4 所示，在大批量生产钢管时，由于存在一定的误差，每根钢管自身会有一定的弯曲，存在一定的不圆度、直线度和几何尺寸等形状误差，回转轴线的位置间的误差，为了保证主轴与加工端面的垂直度，提高加工质量，钢管夹紧机构必须对加工端采用固定夹紧，另一端采用浮动夹紧，若钢管过长，还需要在中间设置浮动夹紧。

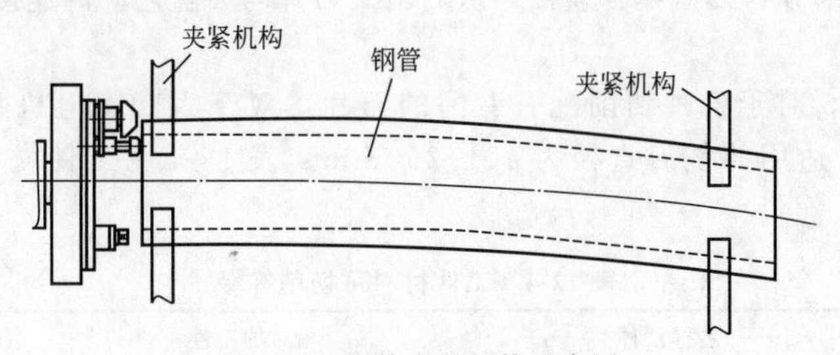

图 12-4 钢管夹紧机构示意图

五、新型铣平头倒棱机铣刀的选择

选取铣削（平头）倒棱用的铣刀，必须根据钢管的厚度和铣削用量的各个参数，计算出最大的接近实际的数值。更加准确地校核铣刀所能承受的载荷，应选取铣刀承载压力最大的时刻作为参考。在铣削加工外径最大、壁厚最厚的时候所承载的力是最大的，所以本书选取新型钢管铣平头倒棱机加工最大外径、最大壁厚的时刻来分析，故选取直径 ϕ800mm、壁厚 δ80mm 的钢管、材质为 Q235。

1. 铣刀的分类与作用

铣刀就是在回转体的表面上或者端面上固定着多个刀齿的多刃工具。铣刀的几何形状划分得十分详细，本节只介绍几种在数控加工机床上常用的铣刀，如粗齿铣刀、细齿铣刀。粗齿铣刀指的是刀刃比较少、粗，刀具的强度比较大，用于粗加工；细齿铣刀指的是刀齿比较多，用于精加工，可细分为面铣刀（端面铣刀）、立铣刀、键槽铣刀、模具铣刀、盘铣刀、成型铣刀。

铣刀类型的选择应根据具体的工况而定，铣刀的类型应该与工件的表面形状、工件的尺寸相对应。加工较大的工件平面的时候就应该选择面铣刀；加工凸槽类或者较小的平面或者台阶类就应该选择立铣刀；加工那些空间曲面、模具的型腔或者凸模类成型表面等工件的时候应选用模具铣刀；键槽铣刀则是用来加工封闭的键槽一类的。

2. 钢管铣平头倒棱机选用

现在推广一种新型钢管铣平头倒棱机选用的铣刀——山特维克 CoroMill345 端面铣刀，其应用较广，如图 12-5 所示。这是一种优质的硬质合金面铣刀，从粗加工到精加工的工序都能胜任，可以高效地切除金属得到精确的产品。通常使用这种铣刀可以一次加工就得到理想的精度，免去了多次加工确保精度的烦恼，这对于提高加工效率是十分必要的。

图 12-5　山特维克铣刀（CoroMill）

CoroMill345 端面铣刀具有如下特点：

① CoroMill345 对于大批量产品加工具有很好的优势，对于小批量产品的加工也完全能够胜任。对于表面精度要求高的地方用得比较多，CoroMill345 通用性很强，对于一些比较难加工的粗加工也能完成任务。

② CoroMill345 是一种比较成熟的刀具，CoroMill345 刀盘上根据需求可以装配多个刀片。刀片通过支承部分与刀盘耦合连接，从而增大刀片与刀盘之间的连接力，保证刀片的稳定性。

③ CoroMill345 对于各种切削配有专门的刀片，对于大功率电机和小功率电机带动的铣刀都能胜任，适用的铣刀直径为 40～250mm。表 12-4 为工件材料可切削等级对应关系。

表 12-4　工件材料可切削等级

加工等级	名称及种类		相对加工性	代表性工件材料
1	很容易切削材料	有色金属	$y>3.0$	5-5-5 铜铝合金，9-4 铝铜合金
2	容易切削材料	易切削	2.5～3.0	退火 15Cr
		较易切削	1.6～2.5	正火钢
3	普通切削材料	一般钢及铸铁	1.0～1.6	45 钢，灰铸铁，结构钢
		稍难切削材料	0.66～1.0	2Cr13

续表

加工等级	名称及种类		相对加工性	代表性工件材料
4	难切削材料	较难切削材料	0.5～0.65	45Cr
		难切削材料	0.15～0.5	50CrV 调质，∝相钛合金
		很难切削材料	<0.15	β相钛合金，镍基合金

六、铣端面、倒棱加工参数的计算

在加工一根钢管时，倒棱与铣端面是同时进行的，所以它们的加工原理相差不大，不同的是倒棱是对钢管进行一定角度的倒角，平端面是单纯的铣削端面，加工参数是一样的，下面分别对精铣、半精铣加工参数进行详细的计算。

1. 铣平头倒棱机精铣加工参数的计算

首先介绍几个加工参数，a_p 就是铣削深度，是一个十分关键的参数，指的是在切削工件的时候，已加工的工件表面与未加工的工件表面之间的垂直距离。切削宽度 a_e 指的是刀具吃刀时的径向宽度。径向切深 a_e/D_c 指的是相对刀具直径的切削宽度。铣刀直径 $d_0=100\text{mm}$，齿数 $z=10$。

① 切削主轴转速的计算。

每齿进给量：$a_f=0.1\text{mm/r}$。

每转进给量 $a_p=a_f z=1.0\text{mm/r}$。

根据铣削速度公式：

$$v=\frac{C_v d_0^{q_v}}{T^m a_p^{x_v} a_f^{y_v} a_w^{u_v} z^{p_v}} k_v=148.51\text{m/min} \tag{12-1}$$

式中，k_v 为铣削条件改变时铣削速度修正系数；T 为铣刀耐用度，取 $T=108\text{min}$；根据铣削条件，取 $C_v=172$，$q_v=0.2$，$x_v=0.1$，$y_v=0.4$，$u_v=0.2$，$p_v=0$，$m=0.2$。

将 v 和 d_0 代入式(12-2) 得到切削主轴转速 n。

$$v=\frac{\pi d_0 n}{1000}\pi \tag{12-2}$$

$$n=473\text{r/min}$$

② 大盘转速 n_f 的计算。

每转进给量 $a_p=a_f z=1.0\text{mm/r}$，$f=a_p=1.0\text{mm/r}$。

大盘圆周旋转进给速度 $v_f=fn=0.473\text{m/min}$。

大盘转速 $$n_f=\frac{1000v_f}{\pi D}=0.19\text{r/min}$$

式中，D 为钢管直径，$D=800\text{mm}$。

③ 圆周切削力 F。

$$F=\frac{C_f a_p^{x_f} a_f^{y_f} a_w^{u_f} z}{d_0^{q_f} n^{n_f}} k_z \tag{12-3}$$

式中，k_z 为铣削条件改变时铣削力的修正系数，根据铣削条件取

$C_f=7750$，$x_f=1.0$，$y_f=0.75$，$u_f=1.1$，$w_f=0.2$，$q_f=1.3$，$z=10$。

铣端面时，选取 $a_p=2\text{mm}$，$a_f=0.18\text{mm}$，$a_w=80\text{mm}$，得到 $F=2533\text{N}$。

④ 切削功率 P。

$$P=\frac{Fv}{6\times10^4} \tag{12-4}$$

$$P=6.27\text{kW}$$

2. 新型钢管铣头倒棱机半精铣加工参数的计算

① 切削主轴转速的计算。

每齿进给量：$a_f=0.18\text{mm/r}$。

每转进给量：$a_p=a_f z=1.8\text{mm/r}$。

根据铣削速度公式：

$$v=\frac{C_v d_0}{T^m a_p^{x_v} a_f^{y_v} a_w^{u_v} z^{p_v}} k_v=108.65\text{m/min} \tag{12-5}$$

式中，k_v 为铣削条件改变时铣削速度修正系数；T 为铣刀耐用度，取 $T=108\text{min}$，根据铣削条件，取 $C_v=172$，$q_v=0.2$，$x_v=0.1$，$y_v=0.4$，$u_v=0.2$，$p_v=0$，$m=0.2$。

将 v 和 d_0 代入式(12-5)，得到切削主轴转速 n。

$$v=\frac{\pi d_0 n}{1000}\pi \tag{12-6}$$

$$n=346\text{r/min}$$

② 大盘转速 n_f 的计算。

每转进给量 $f=a_p=a_f z=1.8\text{mm/r}$；

大盘圆周旋转进给速度 $v_f=fn=0.62\text{m/min}$。

$$n_f=\frac{1000v_f}{\pi D}=0.25\text{r/min} \tag{12-7}$$

式中，D 为钢管直径，$D=800\text{mm}$。

③ 圆周切削力 F 的计算。

$$F=\frac{C_F a_p^{x_f} a_f^{y_f} a_w^{u_f} z}{d_0^{q_f} n^{w_f}} k_{F_z} \tag{12-8}$$

式中，K_{F_z} 为铣削条件改变时铣削力的修正系数，根据铣削条件，取

$C_F=7750$，$X_f=1.0$，$y_f=0.75$，$u_f=1.1$，$w_f=0.2$，$q_f=1.3$，$z=10$。

$a_p=5\text{mm}$，$a_f=0.18\text{mm}$，$a_w=108.9\text{mm}$，得到 $F=10494\text{N}$。

④ 切削功率 P 的计算。

$$P=\frac{Fv}{6\times10^4} \tag{12-9}$$

$$P=19\text{kW}$$

新型钢管铣平头倒棱机与传统的平头倒棱机的加工工艺参数，详见表 12-5、表 12-6。

表 12-5　钢管铣平头倒棱机加工参数表

工序	背吃刀量/mm	最大切削宽度/mm	每齿进给/mm	切削主轴转/(r/min)	大盘转速/(r/min)	切削力/N	切削功率/kW
精铣	2	80	0.18	346	0.25	2533	6.27
半精铣	5	108.9	0.18	346	0.25	10494	19

表 12-6　传统的平头倒棱机的加工工艺参数表

工序	切削深度/mm	进给量/mm	刀盘转速/(r/min)	切削力/N	切削功率/kW
精铣	3	0.3	40	3286	7.6
半精铣	77	0.3	40	31037	49.4

通过表 12-5、表 12-6 数据可以看出：钢管铣平头倒棱机的切削力和切削功率比普通平头倒棱机小很多，铣端面切削力由 3286N 减少到 2533N，减少了 22.92%，倒棱切削力由 31037N 减少到 10494N 减少了 66.9%，铣端面切削功率由 7.6kW 减少到 6.27kW，减少了 175%，倒棱切削功率由 49.4kW 减少到 19kW，减少了 49.2%，这就极大节约了能源，符合现在的节能减排倡导。

上面介绍了新型钢管铣平头倒棱机各个加工参数，下面介绍一下加工一根钢管的时间。以倒棱角度为 45°为例。

钢管加工的进给距离：$L=(80+10-1.6)\times\tan45°=88.4(\mathrm{mm})$。

加工一根钢管的时间：
$$t=\frac{L}{v}=14.0\mathrm{min} \tag{12-10}$$

3. 刀具的选择

刀具采用硬质合金可转位铣刀，该类刀具的特点是将多边形的硬质合金刀盘直接夹紧固定在铣刀的刀体上，当其中一个切削刃磨钝后，可以直接在倒棱机设备的刀盘机构上转换切削刃或者直接更换刀片，不拆卸铣刀，这样可以节省加工辅助时间，减少装卸铣刀盘的劳动量，从而可以提高加工效率。此外，由于该铣刀刀片的定位精度高，使用寿命长，在提高铣削质量、降低工具费用方面也具有一定的优越性。根据加工参数及表 12-7，选取平面铣刀直径 $d=100$mm，齿数 $z=10$（GB 5342—85），刀具材料选为 YT15。

表 12-7　铣刀直径选择　　单位：mm

铣刀名称	硬质合金端铣刀					
铣削深度 a_p	≤4	～5	～6	～6	～8	～10
铣削宽度 a_w	≤60	～90	～120	～180	～260	～350
铣刀直径 d_0	～80	100～125	160～200	200～250	315～400	400～500

4. 加工参数的选定与计算

① 每齿进给量 a_f 和每转进给量 f 的选取：半精铣时取 $a_f=0.18$m/z，$f=a_f\times z=1.8$mm/r 精铣时取 $a_f=0.1$m/z，$f=1.0$mm/r。

② 铣削深度：半精铣时 $a_p=5$mm，精铣时 $a_p=2$mm。

③ 铣刀的磨钝标准取 1.2mm，铣刀耐用度 $T=180$min。

$$\text{铣削速度}\ V=\frac{C_v d_0^{q_v}}{T^m a^{x_v} a^{y_v} a^{u_v} z^{p_v}}k_v \tag{12-11}$$

式中，k_v 为铣削条件改变时铣削速度的修正系数。

取 $C_v=172$，$q_v=0.2$，$x_v=0.1$，$y_v=0.4$，$u_v=0.2$，$p_v=0$，$m=0.2$。

半精铣时代入数据计算得 $v=108.65$m/min；由式(12-12) 得转速 $n=346$r/min。

$$v=\frac{d_0 n}{1000}\pi \tag{12-12}$$

在精铣的时候代入数据计算得出 $v=148.51\text{m/min}$，由式(12-12) 得到转速 $n=473\text{r/min}$。

④ 大盘转速 n_f。

$$V_f=fn \tag{12-13}$$

$$n_f=\frac{1000v_f}{\pi D} \tag{12-14}$$

式中，D 为钢管直径，$D=710\text{mm}$。

半精铣时代入数据计算得：$V_f=0.62\text{m/min}$，$n_f=0.28\text{m/min}$

精铣时代入数据计算得：$V_f=0.47\text{m/min}$，$n_f=0.21\text{m/min}$

⑤ 圆周铣削力 F。

$$F=\frac{C_F a_p^{x_F} a_f^{y_F} a_w^{u} Z}{d_0^{q_F} n^{w_F}}\cdot k_{F_z} \tag{12-15}$$

式(12-15) 中 k_F 铣削条件改变时铣削力的修正系数；

$C_F=7750$，$x_F=1.0$，$y_F=0.75$，$u=1.1$，$w=0.2$，$q_F=1.3$。

半精铣时代入数据得铣削力 $F=10494\text{N}$。

精铣时代入数据得铣削力 $F=2533\text{N}$。

⑥ 扭矩 M。

$$M=\frac{Fd_0}{2\times1000} \tag{12-16}$$

半精铣时代入数据得扭矩 $M=524.7\text{N}\cdot\text{m}$；

精铣时代入数据得扭矩 $M=126.7\text{N}\cdot\text{m}$。

⑦ 铣削功率 P_m。

$$P_m=\frac{Fv}{6\times10^4} \tag{12-17}$$

半精铣时代入数据得铣削功率 $P_m=19\text{kW}$；

精铣时代入数据得铣削功率 $P_m=6.27\text{kW}$。

第三节　钢管平头倒棱加工工艺

一、对管端加工形状质量要求

1. 管端加工形状的要求

平头倒棱机是对钢管进行去毛刺、倒坡口的专用设备，平头倒棱后的钢管应符合 GB/T 971 1.2—1999《石油天然气工业输送钢管交货技术条件　第 2 部分：B 级钢管》、API SPEC 5L—2000 管线钢管规范等标准的规定。综合上述各项标准，平头倒棱后钢管应满足如下要求（参见图 12-6）。

① 钢管管端均应切直且不应有毛刺。

② 切斜 F 不应超过 1mm/m（适用于外径小于或等于 220mm 的钢管）。

③ 壁厚大于 3.2mm 的钢管端面应开坡口，坡口角度 α 应为 30°～35°，钝边宽度 H 为 1.6mm±0.8mm。

④ 当进行内表面加工或修磨时，内锥角 β 自钢管轴线测量，不应大于表 12-8 所列的数值。

表 12-8　内锥角规定数值表

规定壁厚 δ/mm	最大内锥角 β
$\delta<10.5$	7°
$10.5<\delta<14$	9.5°
$14<\delta<17$	11°
$\delta>17$	14°

根据生产的需要，钢管管端加工形状有两种，即倒焊接坡口和平端面：

① 倒焊接坡口的钢管端面需进行倒焊接坡口、平端面、倒内角的加工；

② 平端面的钢管端面需进行平端面、去毛刺、倒内角的加工。

每道工序均需配有相应的刀片，因此共需要 3～4 把刀，也就是说加工过程中至少需换三次刀，增加了对刀和换刀的辅助时间，降低了加工效率。因此需设计一种可以同时装备 4 把刀的刀盘，对刀以后，刀盘上的刀片同时对钢管端面进行切削加工，一次成型，提高加工效率。管端加工后的形状见图 12-6。

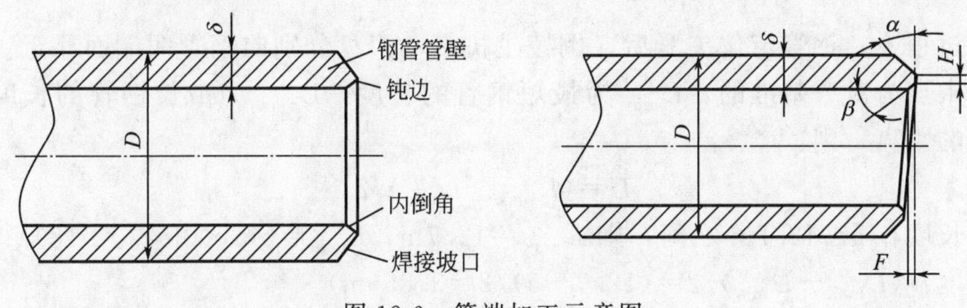

图 12-6　管端加工示意图

2. 对管端加工方式的要求

常用的平头倒棱机如图 12-7 所示。由于钢管的两个端面均需加工，所以有两种选择方式，一是考虑采用两端面同时加工的方式；另外一种是两端面分别加工，即上机床倒完一个端面后，再输送至下机床倒另一个端面。

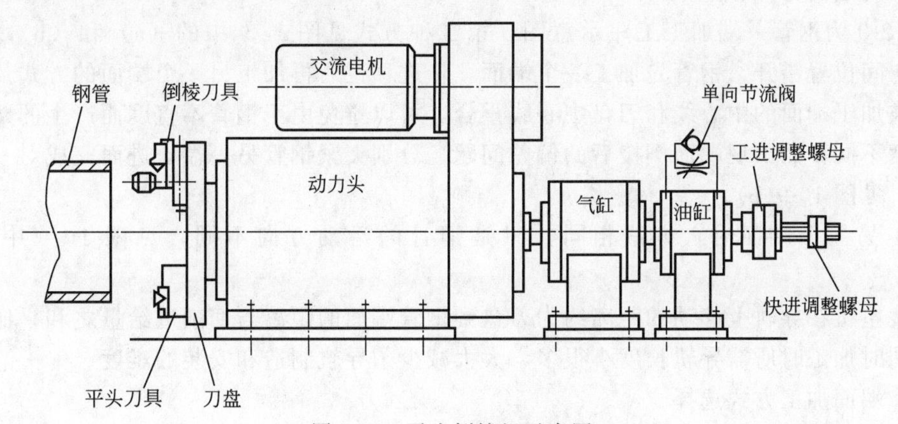

图 12-7　平头倒棱机示意图

(1) 两端面同时加工

两端面同时加工的方式见图 12-8(a)。忽略升降装置上 V 形定位块的定位误差，钢管的外径、壁厚等误差以及主轴径向跳动度的影响，仅考虑钢管不直度的影响，忽略刀盘 1 和刀盘 2 旋转中心高度的误差，认为两个刀盘的中心线一致。假设左侧管段为理想状况，右侧管段存在弯曲，则两端面中心线高度存在误差 Δh，$\Delta h = h - h'$。假如以端面 1 的中心线为基准调整钢管中心高度，调整后端面 1 的中心线与刀盘 1、刀盘 2 的旋转中心线重合，而刀盘 2 的中心线与端面 2 的中心线不重合，存在高度差 Δh。端面 1 可以加工出符合要求的坡口、钝边，如图 12-8(b) 所示，而端面 2 则无法加工出符合要求的端面，见图 12-8(c)。

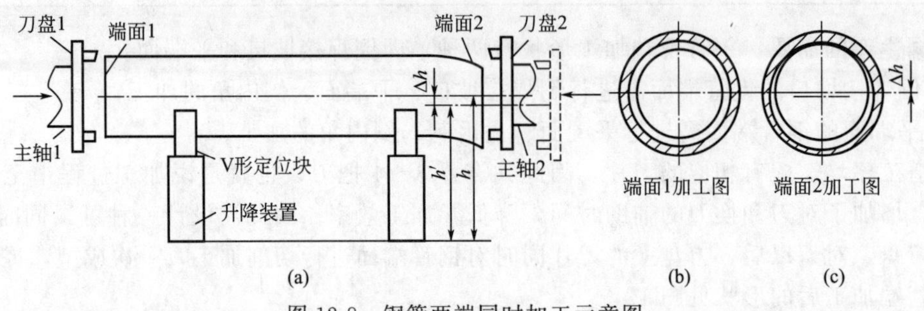

图 12-8 钢管两端同时加工示意图

在加工过程中，钢管定位夹紧后，倒棱主机带动刀盘分别向钢管两端面靠近。假设每根钢管都是以中点为对齐基准的，$L_{\min}$ 为最短钢管的长度，$L_{\max}$ 为最长钢管的长度，L 为倒棱主机移动的距离，则：

$$L = (L_{\max} - L_{\min})/2 \tag{12-18}$$

钢管的长度在 5～12.7m 之间，则 $L_{\max} = 12.7\text{m}$，$L_{\min} = 5\text{m}$，由式(12-18) 得：

导轨长度：$(L_{\max} - L_{\min})/2 = (12.7-5)/2 = 3.85(\text{m})$。

导轨是机床中确定主要部件相对位置的基准，也是运动的基准，它的各项误差将直接影响被加工零件的精度。机床导轨的精度要求有水平面内的直线度、垂直面内的直线度和前后导轨的平行度，此外，机床导轨与带动刀盘回转的主轴轴线不平行对加工精度也有不良影响。当导轨长度 $L > 3.85\text{m}$ 时，其制造和安装的难度将会很高。由于存在刀盘对齐及导轨加工等较难克服的因素，所以不主张考虑此方式。

(2) 两端面分开加工

图 12-9 为钢管一端加工工序示意图。第二种方式见图 12-9 中的 (a) 和 (b)，采用两台机床空间位置错开，钢管先加工一个端面，步进移位后再加工另一个端面的方式。此种方式仅需被加工端面的中心线和刀盘中心线重合，可以避免由于钢管不直度而产生的两端面中心线高度不同，而出现端面倒棱后的偏差问题。分别夹紧钢管另一端，进而完成对一个端面的加工，见图 10-9(b)。

加工另一个端面时，方法相同，只是钢管的运动方向不同，见图 10-9 中的 (c) 和 (d)。

倒棱主机在导轨上移动的距离约为刀盘到钢管端面的距离与切削进给量之和，比上述钢管两端同时加工时所需导轨长度小很多，大大减少了导轨制造和安装的难度。

(3) 端面加工方式选择

通过上述对两种加工方式的分析比较，选择采用钢管两个端面分别加工的方式，但此种加工方式也存在两个方面的缺点。

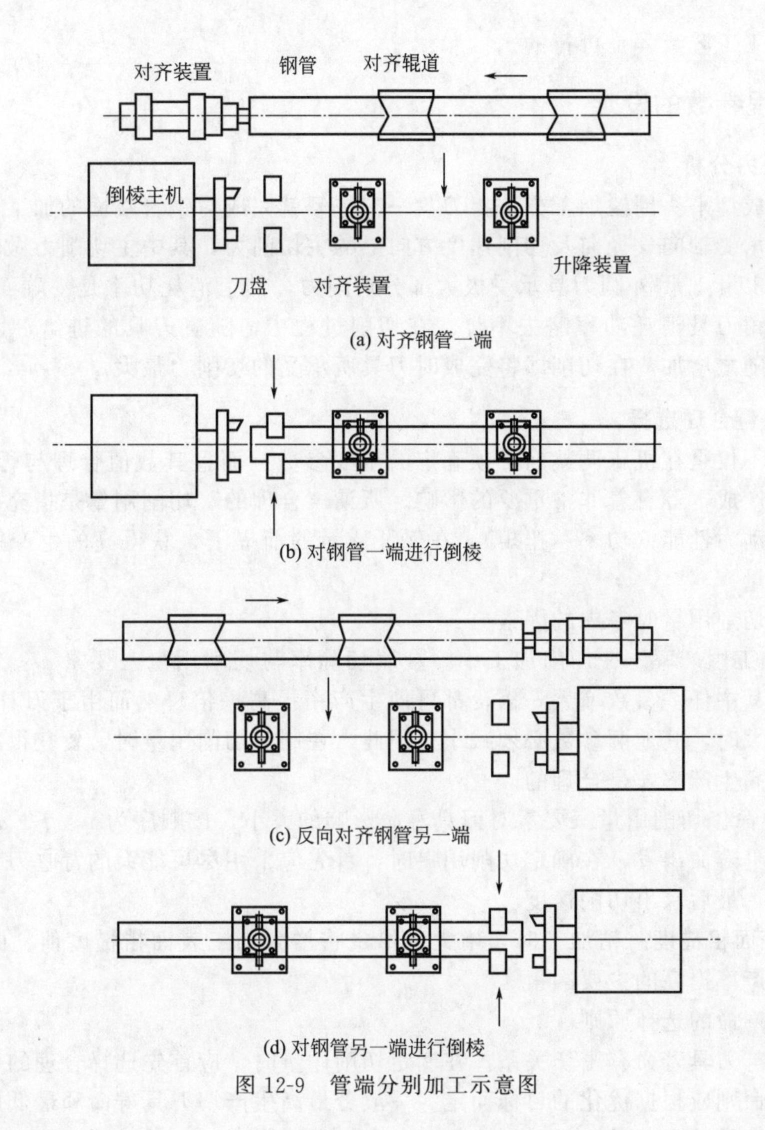

(a) 对齐钢管一端

(b) 对钢管一端进行倒棱

(c) 反向对齐钢管另一端

(d) 对钢管另一端进行倒棱

图 12-9　管端分别加工示意图

一是钢管长度在 5～12.5m 之间，仅在被加工端面附近被夹紧，重心偏后，很难保证夹紧的可靠性。随着钢管壁厚的增加，管径的增大，切削力迅速增大，切削过程中，钢管振动加剧，将严重影响加工质量，因此采用此种方式的倒棱机只适用于薄壁、小直径钢管。二是与钢管两端同时加工相比，管端分开加工的生产效率较低，这是因为：设一根钢管一端倒棱加工时间为 t_1，移钢机运转一周所需时间为 t_2，则第一种工艺在时间 T 内可加工钢管根数 N_1 为：

$$N_1=\frac{T}{t_1+t_2}$$

第二种工艺，由于钢管在一端倒棱完毕被移钢机移至后面工位倒棱另一端，不会占用第一倒棱工位，第一倒棱工位可紧接着对下一根钢管的一端进行倒棱加工，所以在时间 T 内可加工的钢管根数 N_2 为：

$$N_2=\frac{T}{t_1+t_2}$$

可见两种工艺的倒棱加工效率相同。鉴于以上的分析，本节所介绍的新型自动倒棱系统采用第二种加工工艺流程是可行的。

二、切削过程参数的设定

1. 切削受力分析

采用一次成型平头倒棱加工方法，刀盘一次进刀就完成对钢管端面的加工。夹紧的钢管在切削过程中承受轴向、径向及切削速度方向上的主切削力，其中主切削力做功最多，占切削功率的 90%以上。倒外圆刀具承受极大部分切削力，其上消耗功率是平端面刀具的 15 倍以上，内圆倒角刀具消耗功率略去不计。在切削过程中，随着刀具的进给，切削量越来越大，切削力也随之增加，在切削即将完成时刀具所承受的切削力最大。

2. 切削用量合理选择

切削用量不仅是在机床调整前必须确定的重要参数，而且其数值合理与否对加工质量、加工效率、生产成本等有着非常重要的影响。所谓“合理的”切削用量是指充分利用刀具切削性能和机床动力性能（功率、扭矩），在保证质量的前提下，获得高的生产率和低的加工成本的切削用量。

（1）制定切削用量时考虑的因素

① 切削加工生产率。在切削加工中，金属切除率与切削用量三要素 a_p、f、v 均保持线性关系，即其中任一参数增大一倍，都可使生产率提高一倍。然而由于刀具寿命的制约，当任一参数增大时，其他两参数必须减小。因此，在制定切削用量时，要获得三要素的最佳组合，此时的高生产率才是合理的。

② 刀具寿命。切削用量三要素对刀具寿命影响的大小，按顺序为 v、f、a_p。因此，从保证合理的刀具寿命出发，在确定切削用量时，首先应采用尽可能大的背吃刀量，然后再选用大的进给量，最后求出切削速度。

③ 加工表面粗糙度。精加工时，增大进给量将增大加工表面粗糙度值。因此，它是精加工时抑制生产率提高的主要因素。

（2）刀具寿命的选择原则

切削用量与刀具寿命有密切关系。在制定切削用量时，应首先选择合理的刀具寿命，而合理的刀具寿命则应根据优化的目标而定。一般分最高生产率刀具寿命和最低成本刀具寿命两种，前者根据单件工时最少的目标确定，后者根据工序成本最低的目标确定。选择刀具寿命时可考虑如下 5 点：

① 根据刀具复杂程度、制造和磨刀成本来选择。复杂和精度高的刀具寿命应选得比单刃刀具高些。

② 对于机夹可转位刀具，由于换刀时间短，为了充分发挥其切削性能，提高生产效率，刀具寿命可选得低些，一般取 15～30min。

③ 对于装刀、换刀和调刀比较复杂的多刀机床、组合机床与自动化加工刀具，刀具寿命应选得高些，尤应保证刀具可靠性。

④ 某一工序的生产率限制整个生产线生产率的提高时，该工序的刀具寿命要选得低些，当某工序单位时间内所分担到的生产线开支 M 较大时，刀具寿命也应选得低些。

⑤ 大件精加工时，为保证至少完成一次走刀，避免切削时中途换刀，刀具寿命应按零件精度和表面粗糙度来确定。

3. 切削用量步骤的制定

① 背吃刀量的选择；

② 进给量的选择；
③ 切削速度的确定；
④ 校验机床功率。

4. 提高切削用量的途径

① 采用切削性能更好的新型刀具材料；
② 在保证工件力学性能的前提下，改善工件材料加工性；
③ 改善冷却润滑条件；
④ 改进刀具结构，提高刀具制造质量。

5. 切削热的产生及控制

切削过程中所消耗的功很大部分转化成热量，即切削热，切削热的产生将使切削区的温度上升，对切削过程有重要的影响。

① 切削温度的升高会加速刀具磨损，降低刀具的耐用度。

② 刀具和工件在受热后会发生膨胀变形，影响加工精度，在加工有色金属和细长工件时更为突出。

③ 工件表面在与刀具后刀面接触的瞬间，温度可上升到好几百摄氏度，但是与后刀面脱离接触后温度又急剧下降，这一过程很短暂，只不过万分之几秒，对工件的表面可以说是一种“热冲击”。这会使工件表面产生有害的残留张应力，在严重的情况下，很高的切削温度还会使工件表层的金相组织发生变化，造成烧伤和退火现象。

因此必须对切削热进行控制，降低切削温度，切削温度高低取决于产生热量的多少和传散热量的快慢。切削用量、工件材料、刀具几何参数的选取和切削液的运用等对切削温度起主要作用。

倒棱机采用高速切削，在切削过程中，切削热向切屑、刀具、工件和周围介质传散，切削速度高，摩擦产生的热量多，主要靠切屑带走热量，留在刀具中的热量较少，有利于钢管的切削加工。

通过切削过程分析，结合钢管材质和加工几何参数，考虑采用硬质合金成型刀片作为平头倒棱机刀具，使用的切削速度控制在 50～200r/min 之间，刀具进给量 0.1～0.3mm/r，若超过上述规定的速度，刀具寿命将会急剧下降。

三、刀盘机构的设置

刀盘机构（图 12-10）包括倒棱刀盘机构和铣平面刀盘机构，并安装在大盘上且呈 180°布置。两个刀盘机构的过渡板通过两条导轨与固定在大盘上的底板构成移动配合，通过调节过渡板与底板间的径向移动调节装置使得刀盘能够沿大盘径向移动并实现刀盘公转半径调整，以适应不同管径钢管的加工。

1. 倒棱刀盘机构

倒棱刀盘机构包括过渡板、刀柄装置、主轴、倒棱铣刀和仿形机构，其中倒棱铣刀采用专用成型铣刀，成型铣刀的锥角和工件倒棱角度相同。主轴通过轴承支承在刀柄装置的轴套中，通过联轴器与随动齿轮传动机构的移动支架轴连接。仿形机构包括辊轮、仿形臂和弹簧装置。由于钢管壁厚不均匀，管壁圆度的误差比较大，倒棱刀盘机构必须设有仿形浮动机构，才能使倒棱满足公差范围的要求。倒棱铣刀通过刀柄装置以及辊轮通过仿形臂都装在过渡板上，过渡板与底板之间设有带阻尼的弹簧装置及径向移动调节装置。仿形浮动机构采用

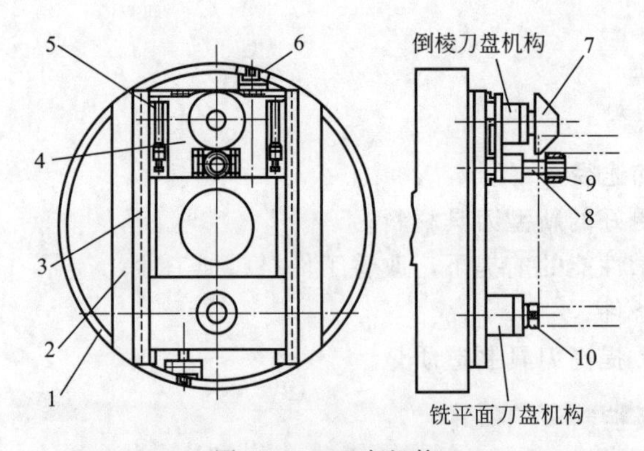

图 12-10 刀盘机构

1—大盘；2—底板；3—导轨；4—过渡板；5—弹簧装置；6—径向移动调节装置；
7—倒棱铣刀；8—仿形臂；9—辊轮；10—端面铣刀

内靠模浮动式，通过辊轮靠模模仿钢管内壁的圆弧，使刀盘行走轨迹与钢管内壁曲线相似，如图 12-11 所示。

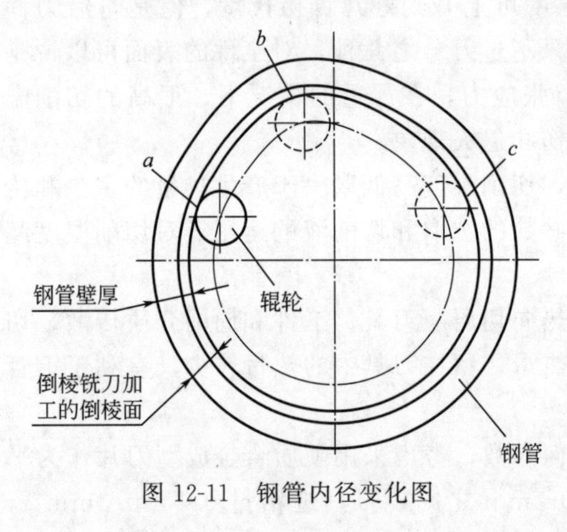

图 12-11 钢管内径变化图

仿形浮动加工实现方法如下：假设在加工前，根据钢管的加工要求将刀盘的位置通过径向装置调整好后对刀，并假设钢管内径变化如图 12-11 所示，当辊轮刚好处于图中加工位置 a 处时，此时钢管内径为 R，通过调节弹簧装置的调节螺钉给弹簧一个适当的预紧力，使得辊轮压在钢管内壁，随着大盘的旋转，加工位置从 a 处转到 b 处过程中，钢管内径从 R_a 增大到 R_b，受弹簧张力的作用，辊轮始终压在钢管内壁，弹簧装置带动刀盘上的辊轮与铣刀从 a 处运动到 b 处；当加工位置从 b 处转到 c 处时，钢管内径从 R_b 减小到 R_c，此时辊轮受到内壁压力的作用，弹簧装置带动刀盘上的辊轮与铣刀从 b 处运动到 c 处。因此由于受到压缩弹簧的作用，靠模辊轮始终靠在钢管内壁上，辊轮中心、铣刀回转中心的运动曲线，都和钢管内壁曲线相一致，从而刀盘实现了仿形浮动的功能。采用内靠模仿形浮动机构不仅能够抵消一部分倒棱铣刀倒棱过程产生的切削力，提高系统稳定性，而且能使钢管的设计基准与工艺基准相一致，确保切削后的钢管端面的倒棱尺寸在一定公差范围内，有效地消除了钢管在直径方向上的不圆度对倒棱均匀度的影响，使得端面倒棱能够达到较高的精度。

2. 铣平面刀盘机构

铣平面刀盘机构包括过渡板、刀柄装置、主轴与端面铣刀。端面铣刀根据钢管壁厚选择合适的标准端面铣刀，装在刀柄装置内的主轴中，主轴通过联轴器与随动齿轮传动机构的移动支架轴连接，刀柄置固定在过渡板上。

3. 进给机构

进给机构如本章第二节图 12-3 所示，进给机构的设置见本章第二节。

4. 刀盘的配置

每台平头倒棱机均配有平端面刀盘总成一套、倒棱刀盘总成一套，上述两套刀盘有相同的刀盘体各一只。

平端面刀盘配有管端平头用刀：平端面刀座（一把 0°或二把刀 0°/2°）＋倒内毛刺刀座（一把刀 30°）＋倒外毛刺刀座（一把刀 45°）。

倒棱刀盘配有倒焊接坡口用刀：倒焊接坡口刀座（一把 31.5°或二把刀 31.5°/35.5°）＋平端面刀座（一把刀 0°）＋倒内毛刺刀座（一把刀 7°/9.5°/11°/14°）。

根据钢管不同的壁厚，刀盘上的浮动刀架数量不同，平头倒棱壁厚范围为 $25mm<\delta<40mm$ 时，需同时用 2 个刀架，对于壁厚 $\delta<25mm$ 的钢管，只需用一个浮动刀架。

四、刀具安装事项

1. 刀片安装和转换时应注意的问题

① 转位和更换刀片时应清理刀片、刀垫和刀杆各接触面，应保证接触面无铁屑和杂物，表面有凸起点应修平，已用过的刃口应转向切屑流向的定位面。

② 转位刀片时应使其稳当地靠向定位面，夹紧时用力适当，不宜过大（必要时可采用测力扳手）。

③ 夹紧时，有些结构的车刀需用手按住刀片，使刀片贴紧底面（如偏心式结构）。

④ 夹紧的刀片、刀垫和刀杆三者的接触面应贴合无缝隙，要注意刀尖部位要良好紧贴，不得有漏光现象，刀垫更不得有松动。

2. 平头倒棱机刀片的安装

（1）平头用刀盘

当切削壁厚小于 25mm 钢管时用三把刀：装在滑座一把 0°刀（DL34-030104），管端切口光滑平整，粗糙度 Ra 不低于 12.5μm 主要由此刀完成；装在燕尾槽上一把倒外角的 45°刀（DL34-030102），一把倒内角的 30°刀（DL34030101）。三把刀的刀片均为 YB435 标准成型刀片，型号为 TNMG330916，正三角形，边长 33mm，厚 9.52mm，刀尖圆角 $R1.6mm$，有六条切削刃可供切削，且均有断屑槽。

刀座三角槽内依次装上三角形大垫片（DL34-030107）拧紧内六角螺栓，注意螺栓头部不能高于垫片上平面。放上刀片，0°刀、45°刀压上大压板（DL34-030106），30°刀压上中压板（DL34-030108），注意压板与刀片、刀片与垫片、垫片与刀座三角槽内底面全部贴平，不能有一点缝隙，否则铁屑泥积压，钻进去损坏刀片。安装后，在后角面上，垫片盖住刀座三角槽边，刀片盖住垫片，盖住宽度约 0.2～0.5mm，拧紧压板螺栓。

（2）手动进给刀盘

手动进给刀盘至钢管端面处，锁紧 0°刀座滑块连接体，旋转螺杆方芯，装上 45°、30°刀座、键，完成对刀后将螺栓拧紧（见表 12-9）。

表 12-9　螺栓拧紧力矩

M4	M5	M6	M8	M10	M12	M20
4N・m	5N・m	7N・m	18N・m	35N・m	61N・m	190N・m

注：螺栓拧紧力矩 T（螺栓等级 8，无润滑剂 $T\times1.33$）。

（3）倒棱用刀盘

当切削壁厚小于25mm钢管时用三把刀：装在滑座（二）（DL34-030204）一把31.5°刀（DL34-030221），倒焊接坡口角度30°，角度允许偏差0°～+5°，管端切口光滑平整，粗糙度Ra不低于12.5μm；装在燕尾槽上一把平端面的0°刀（DL34-030231），钝边宽度（1.59±0.79）mm；一把倒内角的刀（一般不用）。三把刀的刀片均为YB435标准成型刀片，型号为TNMG330916，正三角形，边长33mm，厚9.52mm，刀尖圆角R1.6mm，有六条切削刃可供切削，且均有断屑槽。

大导轮滑座（一）(DL34-030202)、滑座（二）(D134-030204）与刀盘槽安装间隙的调整：装入滑座，压紧压条，滑座与刀盘槽内竖条块（DL34-030210）压条（DL34-030211）下垫板（DL34-030208）之间间隙用0.04mm塞尺插不进，而且用双手推动，滑座能自如滑动，接触面用涂色法检查，接触面积在80%以上，小导轮滑座（三）(DL34-030218）滑座（四）(DL34-030219）与大导轮滑座能互换。

手动进给刀盘至钢管端面处，锁紧31.5°刀座滑块连接体，滑座下弹簧进行预紧，以保证导轮与钢管内壁接触有合理的预紧力。此时应注意：滑座下穿螺杆的支座（DL34030213）上有直径为18mm的孔，无螺纹，而平端面刀盘滑块下支座（DL403012）为M16的螺纹预紧后，将31.5°刀座滑块连接体插入已调整好的刀盘内，旋转螺杆方芯，使滑座导轮与钢管内壁接触面过盈3～5mm，完成31.5°刀对刀。在燕尾槽内，移动燕尾块，装上0°刀座、键，完成对刀后将螺栓拧紧。0°刀装夹后，刀刃至刀盘平面理论距离为35mm。如果31.5°已切到钢管内孔处而0°刀刃尚未与钢管端面接触，则在0°刀底部垫入垫片，以保证切削后钢管内孔处端面钝边度为（1.59±0.79）mm。

第四节　平头倒棱机组液压润滑工艺

一、液压装置

平头倒棱机组液压润滑系统由一个泵站、两台阀站、14只液压缸及输液管线组成。每台平头倒棱机配一台阀站。阀站包括两只双联泵，由两只15kW电机分别驱动。经两组液压阀分向阀站提供压力油。阀站再根据工况经液压阀自动将调定的压力油按需要输送给液压缸，液压油箱内加46＃抗磨液压油供系统使用。

平头倒棱机组有两台集中润滑部件，每台平头倒棱机配一套润滑部件，向夹紧装置润滑点供油。每套集中润滑部件主要由多点润滑油泵和2件片式给油器构成，并和夹紧装置的12个润滑点组成一个集中润滑系统，润滑泵功率18kW、380V。给油器上安装有行程开关，控制润滑时间，系统装有液压阀，以保护润滑泵和供油器不遭受高压损坏。一套手动加油泵可分别给集中润滑部件储油桶加油孔添加油脂。

二、平头倒棱机组的润滑

① 主轴箱主轴轴承的润滑。主轴头部（刀盘端）有内孔带锥度的精密双列圆柱滚子轴承（SKF）及双向角接触推力球轴承各一套，尾端（同步带轮端）设置有精密双列圆柱滚子轴承一套。主轴支承采用“三点”支承方式，保证主轴具有较高的接触刚度。

主轴箱内的主轴轴承采用稀油油浴润滑。由于轴最高转速在200r/min以下，轴承的旋转部件获取的润滑油能均匀地分布在轴承中，然后回流至油浴中。主轴箱内加入牌号32＃、46＃的机械油，在主轴箱尾部步轮边有一液标，加入机油至标上部2/3处，主轴箱内油池容积约为150L。在主轴箱前方设一观察口，查看油箱内油有多少及油况、清洁程度等。油箱内的油应半年更换一次。

② 主轴箱与床身间精密滚动直线导轨副的润滑。主轴箱与床身之间的相对运动由精密滚动直线导轨副来完成，精密滚动直线导轨副由直线导轨条及导轨条上的四只导轨块组成。导轨在工作环境中和装配过程中特别要注意的是达到清洁润滑，不能有铁屑、杂质、灰尘等黏附在导轨副上。鉴于钢管平头倒棱过程中环境有氧化铁粉尘等物质，除其本身导轨块上的密封，另外还增设了前后防尘罩。四只导轨块上各有加注油孔，由于工况为低速（小于15m/min），所以使用锂基润滑脂（GB/T 7324—2010）2＃润滑，加注周期设定为三个月。

③ 主轴箱与床身间进给精密滚珠丝杠轴承的润滑。进给精密滚珠丝杠轴承由两对（套）双向角接触推力球轴承组成，轴承座上有加注油口，拆除同步带防护罩即可加油。使用锂基润滑脂（GB/T 7324—2010）2＃润滑，每隔三个月加油一次，一次加油约0.5L。

④ 刀盘上的润滑。刀盘上主要是浮动刀座滑块与竖条块、压条、下垫板间滑动润滑，该处用锂基润滑脂（GB/T 7324—2010），但不能涂抹较多，以免铁屑钻入，黏附在滑座间隙内，造成卡死现象，在工作间隙需经常取出滑块，在油槽内抹进少量干净的锂基润滑脂。刀座滑块上导轮内轴承在工作间隙需经常拆开，用机油清洗干净后涂抹锂基润滑脂（GB/T 7324—2010）2＃润滑油。

⑤ 移钢机的润滑。六台移钢机齿轮箱内齿轮为浸油、飞溅润滑，移钢机齿轮箱内加入机械油（GB 443—89）牌号46＃或68＃至油标观察窗2/3以上。箱内油池容积约为400～450L，每隔一年更换油一次，移钢机电机减速箱加100～150＃工业齿轮油（GB 5903—2011）。两侧齿轮轴轴承为锂基润滑脂（GB/T 7324—2010）2＃润滑，箱体上设置有加油孔，2×4=8个。

移钢机上步进梁连杆铰接轴、三处轴套处为油脂润滑，有加油孔，三处轴套为自润滑轴套，另有一处为张紧套，其装配表面轴孔严禁油污染。鼓形齿式联轴器、轴向联轴器两端均有油脂加油孔，上述位置每隔三个月加注一次，一次加注约0.5L。

⑥ 对齐装置的润滑。对齐辊道电机减速箱内加入负荷极压齿轮油，每台0.8L，对齐辊道电机前后端各有一个加油孔，对齐挡板滑槽为多孔自润滑铜板，无需加注润滑油。

⑦ 升降装置的润滑。升降电机蜗轮箱有一油脂加油孔，每隔三个月加注一次，一次加注约0.2L。升降柱为滑条与自润滑滑板接触，无需加注润滑油。

⑧ 夹紧装置的润滑。夹紧装置采用集中润滑方式，每只夹紧装置有六个加油点，连杆铰接轴销套之间润滑加油口二个，每个夹紧部件左右各一个加油口对连杆铰接轴、轴套注入压力油（脂）；夹瓦滑块与铜板之间润滑加油口四个，在每个夹紧部件上部左右各两个加油口对夹瓦滑块与铜板摩擦副注入压力油（脂）进行润滑，注入压力油（脂），最大工作压力16MPa。夹紧装置润滑良好，能长期保证钢管夹紧后的重复定位的精度。

夹紧装置润滑要采用牌号大于68＃的机械油，如轴承油L-FC68和FC100（SHT0017—1990），或者用极压锂基润滑脂（GB/T 7323—2008）00＃、0＃（气温低时），1＃、2＃（气温高时）。

三、平头倒棱机组润滑维护规定

平头倒棱机组润滑维护要按照有关润滑规定进行，机组润滑维护表如表12-10所示。

表 12-10 机组润滑维护表

时间	维护内容
每 4 小时	1. 浮动刀座滑块与刀盘槽滑动润滑。在油槽内抹极少干净的锂基润滑脂(GB/T 7324—2010)。 2. 浮动刀座滑块导轮内轴承需经常拆开清洗涂以干净的锂基润滑脂
每 3 个月	1. 床身滚动直线导轨副加注锂基润滑脂(GB/T 7324—2010)进行润滑。 2. 进给精密滚珠丝杠轴承座加注锂基润滑脂(GB/T 7324—2010)进行润滑。 3. 移钢机上步进连杆铰接轴、轴套处为油脂润滑,加注锂基润滑脂,鼓形齿式联轴器、万向联轴器两端加注锂基润滑脂(GB/T 7324—2010)。 4. 升降电机蜗轮箱加注锂基润滑脂(GB/T 7324—2010)
每 6 个月	1. 主轴箱内更换机械油(GB 443—89)牌号 32#、46#。 2. 对齐辊道电机减速箱内更换 220～460 中负荷极压齿轮油,对齐辊道电机前后端加注锂基润滑脂 GB/T 7324—2010)
每 12 个月	1. 移钢机电机减速箱更换 100～50#工业齿轮油(GB 5903—2011)。 2. 六台移钢机齿轮箱内更换机械油(GB 443—89)牌号 46#～68#
经常	对夹紧装置: 1. 对连杆铰接轴、轴套注入压力油(脂)。 2. 对夹瓦滑块与铜板摩擦副注入压力油(脂)进行润滑

第五节 平头倒棱机电控制工艺

一、系统运动控制分析

平头倒棱机动作过程描述如下：钢管经吊车送至上料台架→步进平移→对齐定位→步进平移→管端夹紧→倒棱主机进刀→倒棱→机头快退→夹紧松开→步进平移→反向对齐定位→步进平移→管端夹紧→倒棱主机进刀→另一端倒棱→机头快退→夹紧松开→步进平移→钢管进入下料台架→收集料框。

在整个工作过程中，需要控制的动作有移钢机输送钢管、辊道平移钢管、升降装置调整钢管中心高度、夹紧钢管、主轴旋转、主轴进给等。

1. 主轴的旋转和进给运动

倒棱机主轴既做旋转运动又随主轴箱一起做轴向移动，旋转运动为主切削运动，轴向移动为进给运动。主轴运动的控制对于提高加工效率，扩大加工材料范围，提升加工质量有着重要的作用，其控制精度直接影响所加工钢管的坡口精度和表面光洁度。

① 主轴进给。为了满足管端加工要求，将主轴进给的过程设为：快进→中速进给→慢速进给→光整→快速返回。刀具快进的距离为 L_k，中速进给的距离为 L_c，慢速进给的距离为 L。主轴分别对应三个阶段的不同进给速度为 V_k、V_e 和 V_j，刀盘转速为 50～200r/mm，进给量为 0.1～0.3mm/r，如图 12-12 所示。

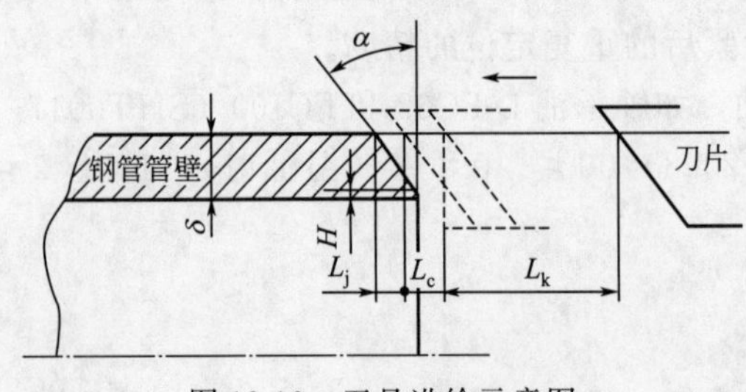

图 12-12 刀具进给示意图

主轴进给装置由滚珠丝杠、阿尔法减速器、扭矩限制器及西门子伺服电动机 lFT6 组成。伺服控制系统具有回零、误差补偿功能，不仅能够保证系统的转矩需要，而且传动精度高、动态响应快。

由于主轴进给速度的控制精度要求较高，因此采用数控系统和交流伺服电机，完成对主轴的半闭环电气伺服控制，控制原理如图 12-13 所示。

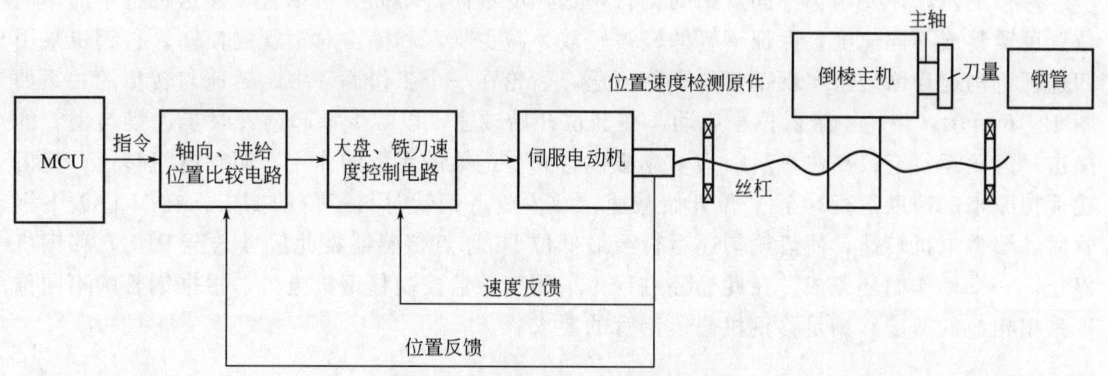

图 12-13　倒棱机进给控制原理图

② 主轴旋转。主轴旋转控制是一个速度控制系统，实现转速范围内的无级变速，提供切削过程中所需的转矩。倒棱机采用变频主轴系统进行无级调速，由变频器控制交流电机通过带传动带动主轴旋转，实现无级变速，简化了主轴箱的结构。

③ 本控制系统主要由人机交互、运动控制器、执行机构（也就是轴向、径向进给部分）、外围 I/O（传感器及电磁阀）组成，如图 12-14 所示。

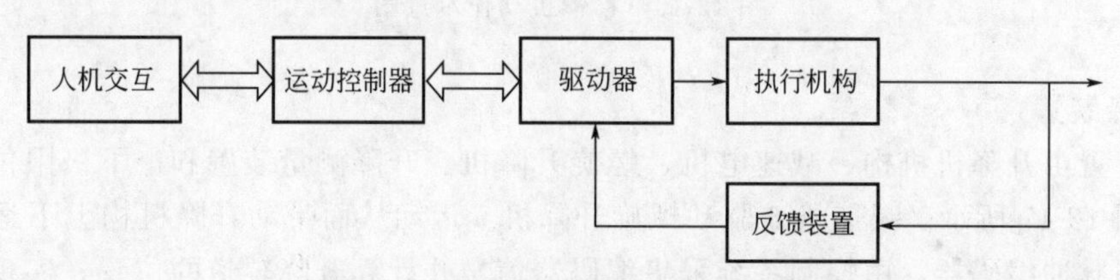

图 12-14　钢管铣头倒棱机控制系统构成

2. 移钢机

移钢机的作用是把一个工位上的钢管移到下一个工位上，其机构示意图如图 12-15 所示。齿轮 a、b、c、d 安装在机架上，齿轮 c 和 d 分别与平行四杆机构 ABCD 的连杆 AB 和 CD 固接。运行时，移钢机电机通过减速机构驱动齿轮 b，带动相啮合的各齿轮旋转，其方向如图 12-15 中箭头所示，连杆 2 平动，其上任一点 m 的运动轨迹为半径为 r 的圆。齿轮 c

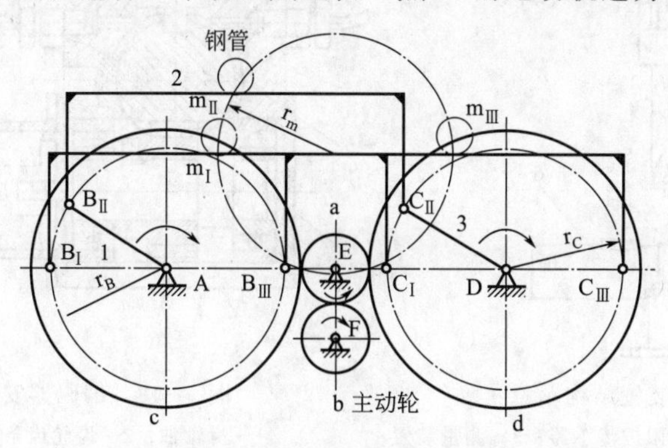

图 12-15　移钢机机构示意图

和d旋转一圈，连杆2上任一点也旋转圈，完成一个运动周期，将位置MI的钢管举起，放到位置MⅢ，将钢管从一个工位平移至下一个工位。可在移钢机步进梁放置钢管的V形槽嵌上聚氨酯，以防止钢管表面划伤，并减少噪声。

对移钢机动作要求：不同规格的钢管移送速度不同，对同一根钢管在移送过程中的不同位置可调整成不同速度，保证钢管的轻拿轻放，减少噪声和撞击对钢管的损伤。移钢机采用四连杆机构运动原理来实现钢管的平稳输送，齿轮在一个工作循环中，转速与转角的关系如图12-16所示，齿轮由最低位Ⅰ启动，在Ⅱ位开始减速，以减少举起钢管时步进梁与钢管的撞击；齿轮运行至最高位Ⅳ后，为了克服钢管和步进梁的重力的作用，调整电机转速，使齿轮保持原来的速度运行；至Ⅴ位开始减速，减少放下钢管时与工位的撞击；在Ⅴ位放下钢管后，调整电机转速，使齿轮匀速运行至最低位Ⅰ，原点传感器将此信号送至PLC，移钢机停止，一个动作循环完成。在此循环过程中采用变频器控制移钢机电机，根据钢管的不同位置采用相应的速度，满足移钢机搬运钢管的要求。

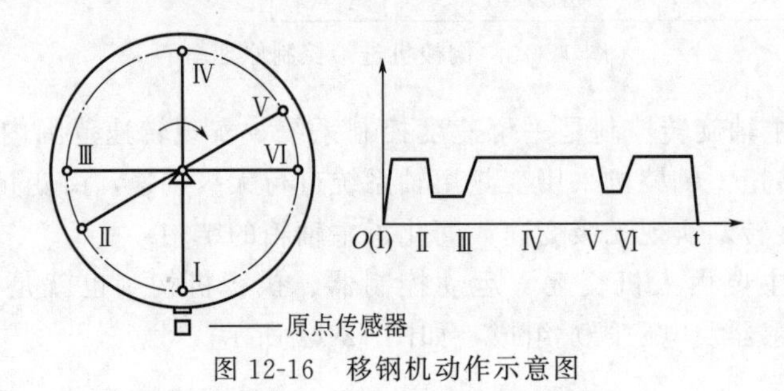

图12-16　移钢机动作示意图

3. 升降装置

升降装置由升降机机构、减速电机、螺旋升降机、升降测量装置和上下极限位检测装置组成，如图12-17所示。减速机6驱动螺旋升降机5运动从而带动升降机构上下运动，测量装置3采用脉冲编码器，由控制系统采集编码器信号并计算升降辊道的位置，实现升降辊道的自动控制。上下极限位传感器分别给出升降上下极限位信号，防止升降装置损坏。

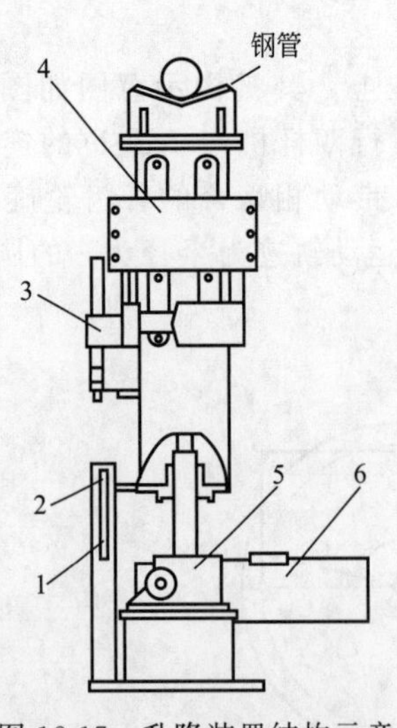

图12-17　升降装置结构示意

1—下极限位传感器；2—上极限位传感器；3—测量装置；4—升降机构；5—螺旋升降机；6—减速电机

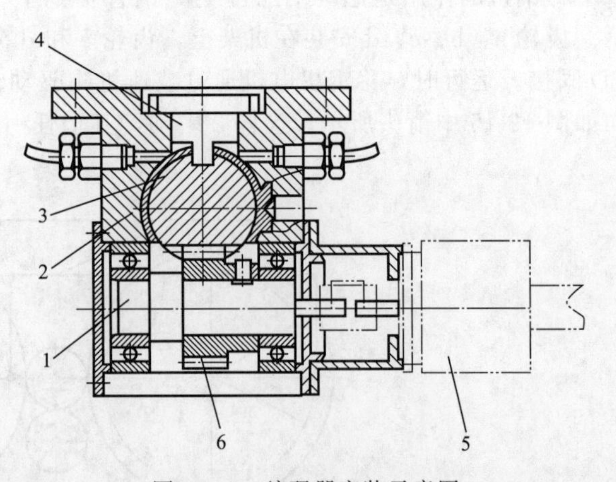

图12-18　编码器安装示意图

1—齿轮轴；2—齿轮齿条座；3—齿条；4—定位块；5—编码器；6—齿轮

编码器在测量装置中的安装方式见图 12-18。减速电机带动螺旋升降机上升下降时，齿条 3 随之上升下降，与齿条 3 相啮合的齿轮 6 带动齿轮轴 1 旋转，与齿轮轴 1 通过联轴器相连接的编码器 5 的轴旋转，使码盘旋转，得到一个精确的位置代码并反馈给控制系统，经过程序计算后，得到偏差值，调整电机的转向。这样不断地比较，消除偏差，再次比较，再消除偏差，使钢管的中心线到达目标位置。

4. 夹紧装置

本节所介绍的平口倒棱机采用钢管两端分开加工的方式，为了保证夹紧的可靠性，采用管端两组夹紧装置，而钢管长度在 6～12.5m 之间，由于钢管的不直度和重心偏移，会产生一组夹紧块压紧钢管，另一组没有压紧的情况，导致夹紧失效，很难保证夹紧的稳定性。随着钢管壁厚增加，管径增大，切削力迅速增大，钢管振动加剧和偏离定位位置将严重影响钢管倒棱的质量，而且易引起打刀现象。为了能有效解决这些问题，本节所介绍的全自动倒棱机采用管端固定夹紧和浮动夹紧结合的方式。夹紧钢管时，先固定夹紧，再浮动夹紧，浮动夹紧机构能够根据钢管的弯曲而自动调整夹紧装置的位置，从而大大提高了夹紧的可靠性。

(1) 固定夹紧

由于液压传动装置夹紧力大，夹紧可靠，装置体积小，刚性好，噪声小，工作效率高，所以固定夹紧装置主要由液压传动装置和连杆机构共同构成，如图 12-19 所示。

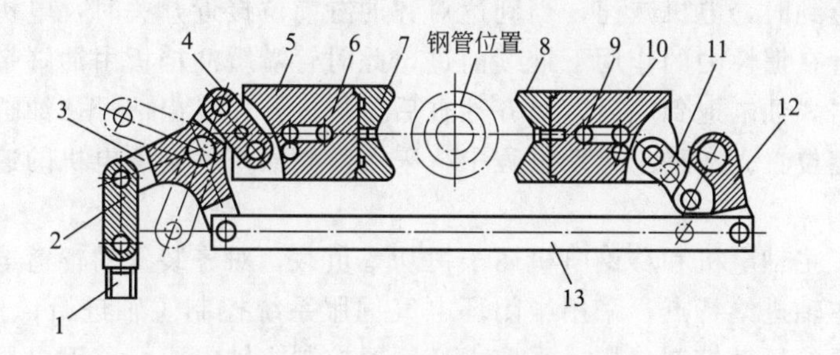

图 12-19　固定夹紧机构示意图

1—接头；2,4,11～13—连杆；3—三头连杆；5,10—滑块；6,9—锁紧装置；7,8—夹瓦

钢管到达夹紧位置后，垂直放置的油缸推动连杆 2 向上运动，通过连杆机构推动左边的滑块和夹瓦向右运动，右边的滑块和夹瓦向左运动，夹瓦 7 和 8 同时抱紧钢管，轴向锁紧装置进一步保证夹紧动作的可靠性。需要倒棱的钢管直径是变化的（ϕ60～ϕ80mm），将夹瓦设计成两种规格，满足加工不同直径范围的钢管的要求。

(2) 浮动夹紧

浮动夹紧装置的夹紧部分和固定夹紧装置一样，只是增加了一个浮动机构，其结构如图 12-20 所示。浮动机构通过轴 3、轴 4 与倒棱机固定箱体连接，通过轴 7、轴 10 与倒棱机浮动箱体相连接，这样轴 3、轴 4 通过连杆机构将浮动夹紧箱体夹紧部分悬挂在倒棱机的箱体上。轴 3、轴 4 作为机架，与牵手 2、牵手 5 在 c、e 点构成转动副；牵手 2、牵手 5 与连杆 1、连杆 6 构成转动副，其轴心在 b、f 点；浮动箱体分别在 a、h 点与连杆 1、连杆 6 构成转动副。平衡弹簧 8 为压缩弹簧，调节杆 9 可以调节弹簧的长度。

浮动机构工作过程为：由于钢管弯曲度的影响，固定夹紧装置夹紧钢管后，浮动夹紧装置要在垂直于钢管轴线的平面内平移，与之相连接的连杆 1 和连杆 6 随之平移，带动相互啮合的左右牵手分别绕轴 3、轴 4 旋转，平衡弹簧长度相应变化，浮动夹紧装置的夹紧部分可在新的位置夹紧钢管。

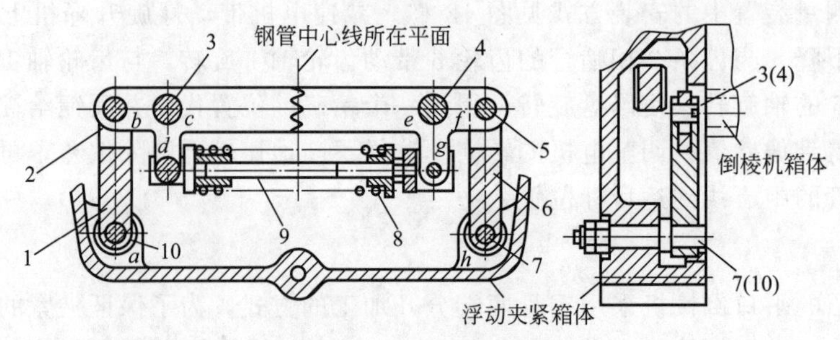

图 12-20 浮动机构示意图

1,6—连杆；2—牵手（左）；3,4,7,10—轴；5—牵手（右）；8—平衡弹簧；9—调节杆

浮动机构能保证夹紧装置在垂直于钢管轴线的平面内浮动±2mm，避免钢管弯曲的影响，使浮动夹紧力能够与已经夹紧的固定夹紧力同时夹紧钢管，切削有一定弯曲的钢管。

5. 对齐辊道的运动

对齐装置的作用是确保钢管倒棱端面的精确位置。对齐装置共有六组辊道，各自分别由减速电机带动，在对齐缓冲装置中装有钢管到位接近开关，以及对齐油缸前位、后位接近开关。当钢管端面离定位点距离比较远时，主动辊子高速旋转，带动钢管高速运动，当钢管端面被接近开关感应到时，电机减速，当到达对齐油缸前位接近开关时，电机制动，使辊子处于自由状态。钢管在惯性力的作用下继续前进，此时管端缓冲挡板由油缸带动后退，以减少钢管对挡板的撞击，油缸退到底后，对齐油缸后位接近开关发出信号，油缸再慢速推出，将钢管端面推到固定位置。在整个运动过程中，采用变频器调整辊道电机的速度，减轻钢管对装置的冲击。

由上述可知，主轴电机和移钢电机属于恒功率负载，对齐装置的辊道电机属于恒转矩负载。根据倒棱机主轴进给特点，采用半闭环电气伺服系统控制主轴进给；根据对主轴旋转、移钢机和对齐装置的运动控制分析，采取由变频器控制主轴电机、移钢电机及辊道电机的组成方案。

二、光栅在倒棱主机中的应用

安全光栅也就是光电安全保护装置，通过发射红外线，产生保护光幕，当光幕被遮挡时，装置发出遮光信号，控制具有潜在危险的机械设备停止工作，避免发生安全事故。在光栅中，一台光电发射器发射出一排排同步平行的红外光束，这些光束被相应的接收单元接收，当一个不透明物体进入感应区域，中断了一束或多束红外光束的正常接收，光栅的控制逻辑就会自动发出信号。

发射装置装备了发光二极管（LED），当光栅的定时逻辑控制回路接通时，这些二极管就会发射出肉眼看不到的红外脉冲射线。这种脉冲射线按照预设的特定脉冲频率依次发射（LED一个接着一个亮），接收单元中相应的光电晶体管和支持电路设计成只对这种特定的脉冲频率有反应，这些技术更大地保障了安全性，并屏蔽了外来光源可能的干扰。控制逻辑、用户界面和诊断指示器可以整合在一个独立的附件中，也可以与接收电路系统一起配置在同一个机架上。

不同于光电传感器，安全性光栅具有自检功能来监测光栅系统的内部故障，一旦发现内部故障，系统会立即发出目标机器的紧急停止信号，随后光栅进入停止模式，只有当故障部件被更换，并进行了正确的复位操作后，光栅才会允许重新启动工作模式。

安全光栅采用对射式设计，小巧美观，安装方便，其保护长度为0～2.0m，适用于2m以内的机床台面或保护区。其主组成部分为：发光由若干发光单元组成，发射红外光线，受光器由若干受光单元组成，接收外光线，与发光器对应，形成保护光幕，产生通光、遮光信号，通过信号电缆输送到控制器。

倒棱机在对齐工位，需对钢管端面进行精确定位，移钢机将钢管平移至倒棱工位的过程中，会因为钢管本身的形状公差、移钢机的制造误差以及移动过程中的振动等原因，造成钢管的轴向移动，使钢管端面定位不准。若是管端靠前，则会造成刀盘与管端相撞；靠后，则会造成刀盘进给的距离不足，未完成钢管倒棱，刀盘就已经回退。因此，必须要消除钢管在对齐、平移过程中产生的端面位置误差。将安全光栅装在倒棱主机刀盘的前部，为了防止在切削过程飞溅的铁屑冲击安全光栅，将安全光栅放在保护罩内。安全光栅随刀盘一起进入，当钢管端面进入光栅感应区域，中断了一束或多束红外光束的正常接收，光的控制逻辑就会自动向控制系统发出信号，控制系统根据这个信号，调整刀盘进给速度和旋转速度，这样就避免了钢管端面定位产生的误差，降低对齐工位和移钢工位的精度要求，节约了制造、调试时间，提高了生产率。

第六节　新型大直径厚壁钢管铣头倒棱工艺

近年来，随着国内外能源开发项目的实施，市场对高钢级大直径厚壁钢管的需求量加大。铣头倒棱是钢管精整区域的一个重要工艺环节，用于对管端进行平头、倒棱，其生产设备的好坏直接影响产品的最终质量。由于传统倒棱机的机械结构和加工原理等方面的限制，在加工大直径厚壁钢管时，始终存在工作范围小、设备振动大、加工能力不足等问题。因此，从国内外现存的平头倒棱设备的典型结构入手，研究制造新式铣头倒棱机具有科学研究和市场应用等方面的重要意义。

由于目前新研制并生产的平头倒棱设备采用铣削加工，管端加工质量较高，故称之为铣头倒棱机。

一、传统平头倒棱机工作原理及分析

传统的平头倒棱机工作原理：在主机上安装回转刀盘，将端面铣刀和倒棱刀（或刀块）固定在刀盘上，通过刀盘的旋转带动刀具的旋转来对钢管的端面和内外棱进行加工，即刀盘的转动为切削主运动，如图12-21所示。

这种结构的优点是设计制造简单、重量轻，且刀盘重心靠近主机设备，因而平衡性好。缺点是设备刀盘旋转惯性大、加工能力不强、工艺范围小。若钢管的厚度很大，而且切削宽度超过了某一范围，则使刀具、刀盘甚至随动切削头受力过大，导致切削时刀具振动过大，切削稳定性差，产品质量难以达到应用标准，同时加工效率低，经常会出现打刀现象，进而导致生产难度加大以致无法进行生产。

究其原因，是由于目前用于钢管倒棱设备的刀具的工作原理近似于车削加工的工作原理。车削定义为两种运动的组合，即工件或刀具的旋转运动与刀具相对工件的轴向进给运动。在加工端面较小的薄壁钢管时，通过刀具的车削动作可以轻易地切削掉需要加工的部分。但是在加工大直径厚壁钢管时，由于刀具沿着钢管轴向进给，加工面积会随之增加，比如厚度为60mm的钢管，在加工45°棱角时，最大加工宽度可达84.85mm。如图12-21所示，倒棱刀在不断沿着钢管轴线方向进给的同时，所接触的切削面积也会不断加大。针对这

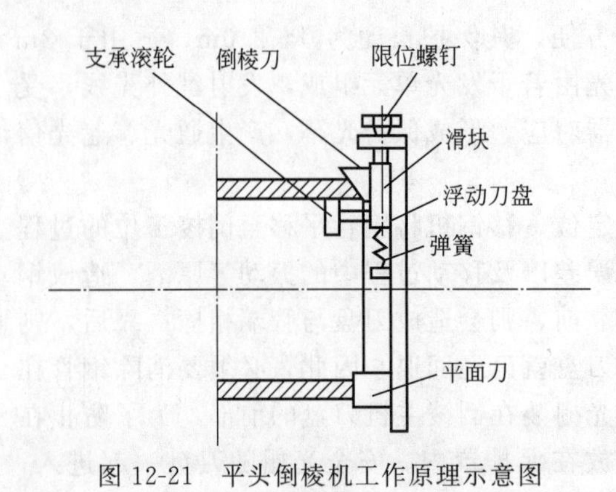

图 12-21 平头倒棱机工作原理示意图

方面的问题，国外的解决方法是：采用径向浮动装置将刀具和浮动切削座合二为一，倒棱刀块直接安装在随动的切削头上，缩短了切削点与倒棱固定盘间的距离，减轻了切削头的振动。但由于切削工艺的限制，问题并没有得到根本解决，特别是当钢管厚度达到一定数值时，平头倒棱加工仍然很难进行，原因就是加工原理始终禁锢在车削范围内。而且从图 12-21 可知，传统平头倒棱机的倒棱刀和平面刀是固定安装在刀盘上的，加工直径范围很小。这样的设备加工弹性差，当厂家需要扩大生产范围，生产其他规格的钢管时不得不引进新的设备。

二、改进方法及分析

通过对原有平头倒棱机分析可知，改进加工设备的方法就是改变设备加工原理并扩大其加工范围。本节通过多次研究和试验提出以下改进意见，这些改进意见实施后效果较为显著。

1. 更换刀具

将传统倒棱刀具换成面铣刀，并通过对加工设备的结构进行创新改造，将倒棱的过程由车加工变为面铣削加工。这种加工方式有着传统倒棱加工方式不可比拟的优越性，主要表现为：

① 加工厚壁钢管过程平稳，切削力小；

② 允许更高的切削速度；

③ 功率消耗小，节约能源；

④ 生产效率显著提高；

⑤ 加工精度好。

2. 增加过渡盘

将刀盘系统安装在过渡盘上，过渡盘通过与大盘上的导轨配合形成移动副，使得刀盘机构可以沿大盘径向移动，从而扩大加工直径的范围。

3. 改进方案的分析

从技术角度讲，以上方案所提出的铣平头倒棱设备比传统平头倒棱机的加工技术更合理先进，但铣头的动力传递机构更加复杂。由以上介绍可知，改进后的设备要能够完成 3 个动作：刀具主轴的切削主运动（刀盘自传）、刀盘圆周运动（刀盘公转）和轴向进给运动。这与传统倒棱机的平头主轴运动方式相比，所需动力传动机构更复杂。实施方案和工作原理如图 12-22 所示，主轴电机和中心齿轮安装在支承装置两侧，中心齿轮和两个刀盘啮合，将动力传输至倒棱刀机构和平面刀机构。倒棱刀机构上方安装有外仿形机构。大盘经过径向和侧向支承定位机构固定在龙门架上，其旋转进给运动通过在大盘的外围安装的齿轮齿条与进给电机输出轴齿轮配合来实现。龙门架、大盘机构和主轴动力系统均固定安装在与设备底座连接的移动底座上。移动底座和固定底座通过滑块和导轨形成移动副，轴向进给电机通过丝杠螺母来推动移动底座在轴向做进给运动。

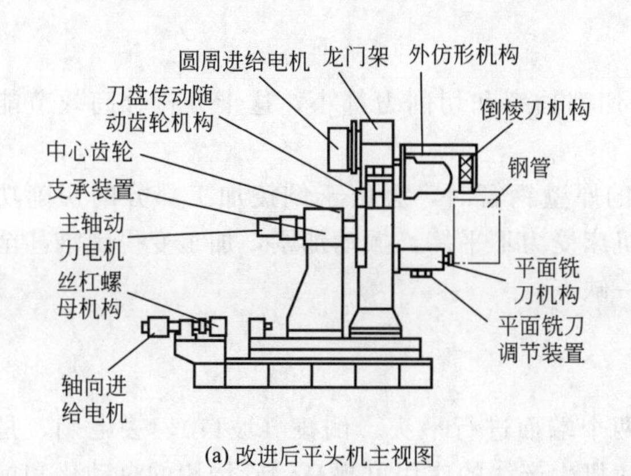

(a) 改进后平头机主视图

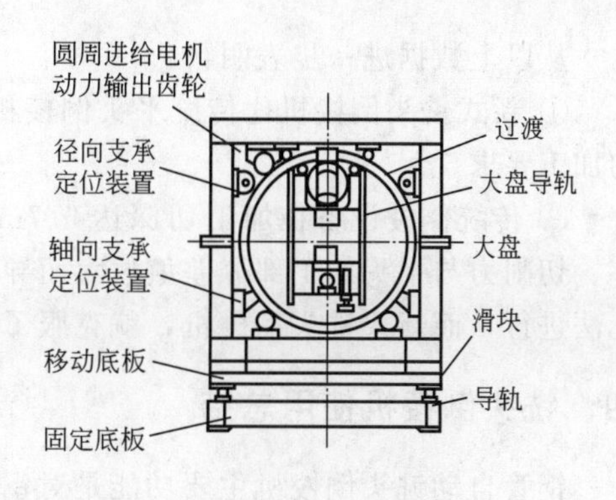

(b) 改进后平头机左视图

图 12-22　改进后的平头倒棱机结构示意图

根据钢管的规格和加工要求调整倒棱铣刀的工作角度和平面铣刀的伸长量。铣头倒棱的刀具设备采用的是万能角度头。该类型的角度铣头输出与机床主轴的角度在 0°～90°内连续可调，用于工件的特定角度面的加工，因此可以根据具体的钢管倒棱加工要求来相应地改变倒棱角度。平面铣刀机构通过丝杠调整铣刀的伸长量，以配合倒棱铣刀角度的调整。当刀盘机构在大盘直径方向上移动时，与中心齿轮啮合的刀盘的固定齿轮不动，而随动齿轮和过渡齿轮会配合刀盘主轴移动，这样就实现了主轴动力的随动过程。当传感器检测到夹具夹紧钢管后，设备开始按照设定的参数进行加工，仿行滚轮压在钢管外壁上并与其一起公转，如出现钢管外径变化时，通过外仿行机构的作用，倒棱刀盘机构位置随钢管直径变化，形成仿行效果，从而使倒棱切口均匀。

三、铣头、平头倒棱机加工参数的比较

钢管材料选择 45 钢，钢管规格为 ϕ760mm×60mm。在铣头倒棱机对钢管进行加工时，随着刀具的进给，切削量逐渐加大，在加工过程最后阶段的刀具所受切削力最大，因此，计算以最后阶段的情况为基准。

铣头倒棱机加工时铣平面和倒棱刀具均采用山特维克 Coroamill245 面铣刀，刀具直径 D=125mm，齿数 Z=8，由于加工时切削速度和进给速度大，选择刀片槽形 H 型重载加工。具体参数见表 12-11。

传统平头倒棱机加工时，端面平头刀具主偏角 k_r 选择为 90°，倒棱刀具主偏角为 45°，具体参数见表 12-12。

表 12-11　铣头倒棱机加工参数

工序	背部吃刀量/mm	最大切削宽度/mm	每齿进给量/mm	切削主轴转速 n/(r/min)	大盘转速 n/(r/min)	平均金属切削率 Q/(cm^3/min)	切削功率 P/kW	切削力 F/N(kgf)
铣端面	0.2	60	0.42	841	1.2	33.912	3	545.49(55.64)
倒棱	1.5	80.6	0.42	841	1.2	80.61	15	2139.22(218.2)

表 12-12　平头倒棱机加工参数

工序	切削深度 t/min	进给量 /mm	刀盘转速 n/(r/min)	平均金属切削率 Q/(cm^3/min)	切削功率 P/kW	切削力 F/N(kgf)
铣端面	3	0.3	40	0.8×10^2	2.6	1643.14(167.6)
倒棱	57	0.3	40	15.1×10^2	49.4	31036.27(3165.7)

从以上数据进一步表明：

① 新式铣头倒棱机比传统平头倒棱机的切削功率和切削力都小，这十分符合高效节能的加工要求。

② 传统倒棱设备在加工切深达 5.7mm 的厚壁钢管时，会由于倒棱加工部分的切削功率、切削力与平头加工部分差值过大而导致机床受力不平衡，振动加剧，加工变得困难甚至无法进行，而新式铣头倒棱机，就克服了这一缺点。

四、铣头倒棱机使用总结

钢管自动铣头倒棱机主要功能是对钢管两个端面进行平头、倒棱（坡口）、去毛刺，是钢管生产线上的重要设备之一。自动铣头倒棱机生产线的应用可提高钢管倒棱的自动化和标准化程度，便于钢管进行下一工序的生产，大大降低工人的劳动强度，其主要的优越性总结如下。

1. 设备性能高

① 设备布置合理、管端定位精度高，并具有缓冲功能，管端定位装置由液压缸驱动挡板，推动钢管到切削起始端，即切削钢线位置，充分保证了定位精度。

② 升降定位准确。升降定位采用蜗轮升降机并采用编码器计数方式，确保钢管中心和倒棱机中心的准确一致。

③ 倒棱主机刚性高。机体为铸钢件。采用 THK 超强刚性滚柱直线导轨。主轴箱床身间配有阻尼器，切削精度高。倒棱主机的进给采用西门子高性能伺服电机 1FT6 系列，全数字闭环控制，大大提高切削精度及加工效率，刀盘具有浮动仿形功能，可以保证钢管尺寸。

④ 刀具结构设计合理、强度高，保证厚壁管切削需要。配有涂层硬质合金成型刀片，以适应不同钢种的切削需要。运行平稳，主轴电机、移钢机电机、辊道电机均采用变频控制。自动化程度高，控制系统采用西门子 PLC、专业数控软件及相应的操作面板。系统稳定可靠，主要元器件均采用全球著名品牌的产品。控制系统针对不同的情况进行优化设计。

⑤ 操作简便。监控软件的操作界面根据客户的具体要求进行设计。可通过设置钢管参数来达到不同的合同要求。

2. 倒棱技术参数的确定

① 采用单根两端分别进行铣头、去内外毛刺、倒棱（坡口）。

② 加工坡口角度 30°误差 0°～+5°；钝边厚度 1.59mm±0.79mm。

③ 外倒坡口刀具有内浮动功能；在去内外毛刺、倒角、平端面、外倒角 30°、内倒角 45°，达到管端切口光滑平整，表面粗糙度 $Ra \leqslant 12.5\mu m$；

④ 倒棱后的管端、坡口光滑平整并符合 API、GB/T 9711—2017、ISO 3183-2—1996、GB/T 5310 等相关标准要求。

⑤ 切屑参数关系的确定。主轴电机频率 f，主轴电机转速 ω_1，刀盘转速 ω_2，切屑线速度 v_1，待切管管径 d，齿轮箱减速比 k，进给速度 v_2，进给率即切屑厚度 P，具备以下关系：

$\omega_1 = 1000f/50$；$\omega_2 = \omega_1 k = 1000f/(50 \times 12.5)$；$v_1 = \omega_2 d\pi$；$P = v_2/\omega_2$。

3. 方便调刀操作

① 刀盘上有主外刀架、副外刀架、端面刀架三个刀架，切削壁厚 3.7mm，当切钢管时用一把主外刀和端面刀，切削壁厚大于 3.7mm 时需同时用主外刀和副外刀和端面刀。换规格时需要重新调刀：松开主外刀架、端面刀架的 T 形螺钉，夹紧钢管，手动进给使滚轮锥面中心至管端处，旋动调整螺杆使滚轮锥面刚好贴紧管子内壁，然后拧紧刀架的固定螺钉；端面刀装夹后，量出管子端面到主刀刃和导轮直边交点的距离 X，然后调整端面刀刃到管端的距离为 $X-1$；试切后，再根据端面宽度增减合适的刀垫（增减 1mm 的刀垫，反映在端面为增减 1.7mm）。

② 对刀及参数调整。对刀时将数控系统打到 JOG 模式，手动使主轴箱前进，边前进边注意观察，当外倒棱刀恰好挨到钢管时停止前进，记下此时的位置坐标 X_1，填入程序段 N10 G0G90GX(X1) 内。在工控机中查询工艺参数，其中主轴频率在工控机中设定，进给距离 d 和进给速度 v 分别填入程序段 N20 G1G91G94X(d)F(v) 内。

③ 刀具位置与钢管的关系。端面刀与钢管端面成 0°角，倒棱刀与钢管端面成 30°角，端面刀每切削 1mm 端面宽度增加 tan60°，约 1.73mm。

第七节　焊接钢管铣平头方式的改进

在现代焊管生产中其工艺流程一般为：中长带钢→开卷→成型→焊接→水冷却→定径处理→飞锯锯切→矫直→水压试验→平头倒棱→打包入库。有的前工序还采用开卷矫平→剪切对焊→活套。由于是飞锯切管，钢管端面垂直度受飞锯机械精度和跟踪速度影响，某些时候会产生锯切斜口的现象，当采用两边对锯切时会产生错口问题，不符合端面垂直度 0.5mm 的标准要求，大部分斜度在 1.5mm 左右，错口多达 3mm 以上，而且切口高温水淬，硬度提高很多。如果仍沿用点接触平头方式，由于接触点的不确定性，决定了第一刀进刀量的不确定性，势必造成平头时第一刀的进刀量无法控制，吃刀量过大，易打钝刃口，产生端面毛刺、不光滑，甚至锯齿形刀痕等质量缺陷。如某厂用点接触平头方式平铣 4.0mm 规模的钢管，平均每把刀铣平 20～30 支钢管就必须更换刀头，不然将会产生质量缺陷。这一情况给传统的平铣设计思想带来了冲击。于是根据实际情况提出了面接触平头方式的设计思想。

一、点接触铣平头方式的缺陷

传统刀盘结构主要由刀盘、刀和压刀螺钉构成。当钢管被夹紧不动时，进刀气缸动作，刀盘开始快速旋转进给，当快接近钢管时，阻尼油缸动作，慢速进给，速度约为快速时的 0.6 倍。接触钢管端面开始铣削时，进刀速度再下降约为快速时的 0.4 倍慢速进入正常铣削工作（一般切削深度小于 1mm/r）。铣削工作完成后，进刀气缸反向动作，快速回到原始位置，同时，夹头松开，钢管被链式输送机带走。

这种结构很适合铣削管端面是齐整的钢管，且结构简单，但是对于端面是斜口的铣削就很不适应。这是因为：如果刀刃首先接触斜口尖峰部分这与端面齐整时的铣削一样；如果刀刃首先接触斜口谷底部分，则变化太大，第一刀的进刀速度为正常进刀速度的 1/0.4＝2.5 倍，即正常铣削是 1mm/r，则第一刀的进刀速度应是 2.5mm/r，其吃刀深度太深，很容易打钝刀口，甚至打坏刀具，将极大地降低刀具的使用寿命。一把平头刀平均只能铣削 15～

20 根钢管就是这一原因导致的。

二、面接触铣平头刀盘结构及原理

如上所述的缺陷均是由于刀与斜口钢管端面接触部位不同造成，那么能不能使刀同钢管端面不论哪点接触时都一样呢？为此，我们提出了面接触的设计思想，即管端面首先接触芯盘，再接触刀刃。因为管端面首先接触芯盘，使第一刀的进刀速度变为正常切削时的进刀速度，就解决了由于斜口的原因使第一刀的进刀速度改变的缺点。根据这一新的设计思想设计出以下两种形式的平头刀盘。

1. 面接触Ⅰ型平头刀盘的结构及原理

面接触Ⅰ型平头刀盘主要由刀盘、芯盘、刀、压刀螺钉，缓冲装置组成。当钢管被夹紧后，进刀气缸动作，刀盘开始快速旋转进给，当快接触钢管时阻尼油缸动作，慢速进给，当钢管斜口尖峰碰到芯盘后，进给速度稳定下来。然后压缩芯盘后退给出进刀量并进行铣削。这种结构克服了第一刀进刀速度不确定性的缺点，给出的进刀量相对稳定。但由于缓冲装置的弹力作用，进刀速度将逐渐下降，影响了作业时间。

2. 面接触Ⅱ型平头刀盘的结构及原理

面接触Ⅱ型平头刀盘主要由刀盘、芯盘液压推盘、刀、压刀螺钉、液力缓冲装置组成。其特点是在Ⅰ型平头刀盘的基础上，采用了液力缓冲，保证了进给力的稳定，使给出的进刀速度更趋稳定。工作时，钢管端面推动芯盘后退，芯盘后退的同时由于封存液体的液力作用，推动刀盘前进，由芯盘后退速度和刀盘前进速度共同给出进刀速度。克服了Ⅰ型弹力作用的缺点，并使进刀过程更平衡，有利于刀具寿命的提高。

第八节　钢管平头倒棱后质量的控制

我们对国内某公司所拥有的 ϕ820mm×16mm 平头倒棱机进行改造，以便消除钢管倒棱后表面波纹缺陷。据相关作业人员对故障的描述以及现场实际观察发现，不同规格的钢管倒棱后均出现不同程度的周期性波纹缺陷。波纹缺陷如图 12-23 所示。在同一种材质（Q345B）的前提下，壁厚不变，钢管直径的大小变化对表面波纹缺陷的形态影响很小，基本一致，但直径不变，钢管壁厚增加则钢管表面波纹缺陷的形态变化很明显。8mm 厚度及以下基本为视觉上的镜面波纹，用手触摸无明显凹凸，而 8mm 厚度以上则倒棱面毛刺越来越大，凹凸明显，无论是哪种形式的波纹缺陷，断屑形态与波纹缺陷形态都一一对应，此问题严重影响钢管成品的美观与质量，无法满足客户对质量的要求。通过对钢管倒棱机的改造

(a) 镜面波纹

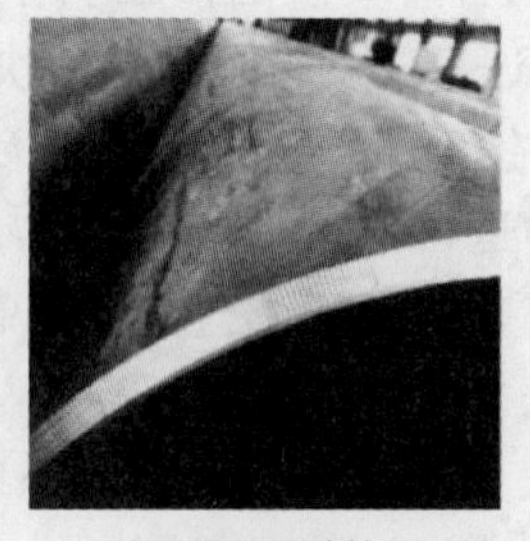

(b) 凹凸波纹

(c) 断屑形态

图 12-23　钢管倒棱后波纹缺陷示意图

与调试，根据调试结果分析，最终确定了影响钢管倒棱后波纹缺陷的主要原因，可为钢管生产与设计厂家提供一定的借鉴。

一、平头倒棱机的参数及结构

1. 技术参数

主切削电机 30kW；机头分 4 级传动；机头转速分别为 42、62、87、130r/min；切削速度 80～100m/min；进给油缸 110mm/80mm；走刀量 $s=0.2\sim0.6$mm/r；刀杆尺寸 28mm×28mm×130mm；刀片尺寸 19mm×19mm；刀片材质 YT15。

2. 结构

平头倒棱机的结构示意图如图 12-24 所示。ϕ820mm×16mm 平头倒棱机由主切削电机、同步带、机头、进给油缸、刀盘和夹紧机构等组成。正常工作时，被加工的钢管由台架送进倒棱工位后，由夹紧机构将钢管夹紧，由主切削电机通过同步带带动机头主轴转动，从而带动刀盘转动，刀盘上的仿形机构围绕钢管做切削运动，在进给油缸快进→工进→快退的工艺路线下，完成对钢管端部的加工。

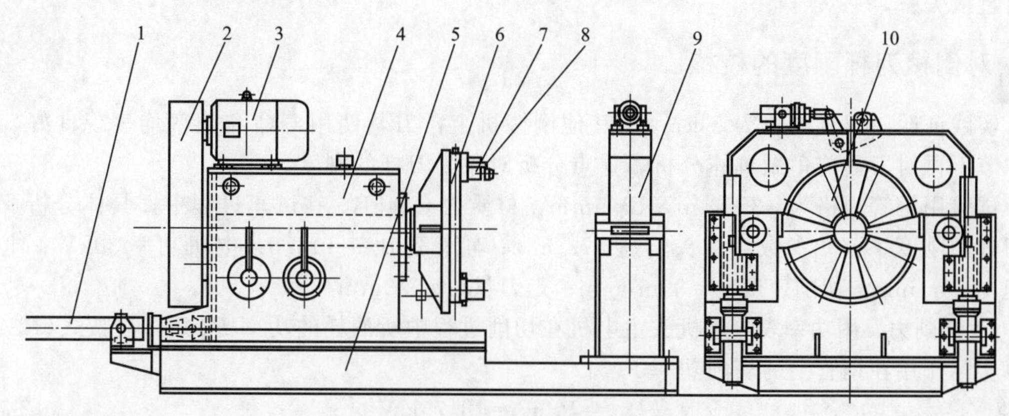

图 12-24　平头倒棱机结构示意图

1—进给油缸；2—同步带；3—主切削电机；4—机头；5—底座；6—刀盘；7—刀座；8—刀杆；9,10—夹紧装置

二、质量缺陷原因及整改措施

根据现场实际观察和试验初步分析，钢管倒棱面出现均匀波纹缺陷，最大的原因可能来自振动，因此我们对现场存在的振动结构，由浅入深逐一检测，并加以整改，以便观察引起波纹缺陷的主要原因。

① 因设备服务年限已长，加之平时维护保养不够，夹紧装置转动处因铜套磨损，配合间隙明显过大，在正常切削过程中钢管夹不稳定，在轴向和径向上均有窜动现象。

解决措施：重新制作并更换铜套，加固因时效变形的夹具，调整夹紧油缸压力，保证钢管在切削过程中无窜动，同时注意油压不宜过高，防止将钢管夹变形，影响切削效果。

② 机头进给导轨处的导滑铜板的防尘、润滑和间隙调整均不合适，在正常的切削过程中，机头会发生左右摇摆的状况，此原因会直接导致钢管倒棱后切口深浅不一。

解决措施：调整因导滑板磨损而产生的间隙，间隙过大机头会左右晃动，间隙过小或导轨处的防尘及防铁屑处理不好，在进给过程中机头会产生爬行，从而使钢管倒棱面产生波纹状缺陷。

③ 经百分表打表检测，刀盘中心与夹紧装置的中心不在同一直线上，高差为 5mm。过大的中心偏差再加上钢管的椭圆度偏差，导致仿形刀座内的弹簧波动范围太大，从而引起振动，可能产生波纹缺陷。

解决措施：重新调整夹紧装置和刀盘的中心，使其偏差控制在 0.5mm 以内。

④ 对切削过程中刀盘的跳动公差进行检测，经百分表打表检测，刀盘前后窜动为 2mm，最终确定原因为机头的主轴尾部锁紧螺母松动，造成刀盘窜动，从而引起切削振动。

解决措施：调整主轴尾部的锁紧螺母，并加止动垫圈保证刀盘在切削过程中的跳动公差在 0.1mm 以内。

通过以上解决措施，本机外部中所有能够产生间隙或引起振动的部位均调整合适，但钢管倒棱后的波纹缺陷仍没有明显改善，同时，在调试过程中发现通过改变切削刀刃的前角，即适当增加刀刃的前角，切削效果改善明显，但是磨过的切削刃寿命却明显下降，刀尖很容易被破坏，且磨过的刀片替换性很差。通过增大前角，使主切削刃锋利，但寿命下降，可能是刀杆刚度不够造成的。以下通过刀杆刚度的校核来确定刀杆的刚度与钢管表面波纹缺陷是否有直接关系。

三、对倒棱刀杆刚度的校核

实践证明，刀具前角为 5°时，在其他倒棱机上，刀具使用寿命和效率均表现良好，所以本节不再对刀具前角做具体分析，重点分析对象为刀杆的刚度。

试验用钢管规格为 ϕ355mm×12.5mm，材质为 Q345B，在试车过程中，具体分析及校核刀杆的刚度。已知参数：机头转速 87r/min；轮箱速比 $i=16.8$；电机功率 30kW；电机转速 1470r/min；切削速度 $v=80$m/min；走刀量 $s=0.3$mm/r。

① 切削力。用功率表测出机头主电机在切削过程中所消耗的功率 P_e 后，可按式(12-19)计算实际作用在钢管上的切削功率 P_m。

$$P_m=P_e\eta_m=18.75\text{kW} \tag{12-19}$$

式中，η_m 为机头箱体传动效率，一般 η_m 取 0.75～0.85，新机器取大值，旧机器取小值。现场实测功率 $P_e=25$kW，η_m 取 0.75。

根据电机转矩公式，电机转矩 $T=9550P_m/n$。

机头主轴输出转矩 T_Z 为：

$$T_Z=iT \tag{12-20}$$

在直径 $D=355$mm 处的切削力 F 为：

$$F=T_Z/(D/2) \tag{12-21}$$

将以上已知参数代入式(12-19)～(12-21) 中，得出切削力 $F=11.53$kN。

② 刀杆受力模型。刀杆受力模型示意图如图 12-25 所示。

因为刀杆周而复始地做圆周运动，可理解为将钢管从圆周方向上展开，刀杆做直线运动，切削力 F 为主切削力 F_1 和进给切削力 F_2 的合力，但 F_2 相对于 F_1 所消耗的力来说一般很小，可以略去不计，所以为了简化模型，F_1 近似等于 F。

现有刀杆尺寸 $a=28$mm，刀杆伸出长度 $L=60$mm，刀杆材质 45 钢。

刀杆挠度为：

$$f=FL^3/3EI \tag{12-22}$$

式中，E 为刀杆材料弹性模量，碳素钢刀杆 $E=210$GPa；f 为刀杆挠度，精车时，刀杆许用挠度为 $[f]$，一般取 0.03～0.05mm。

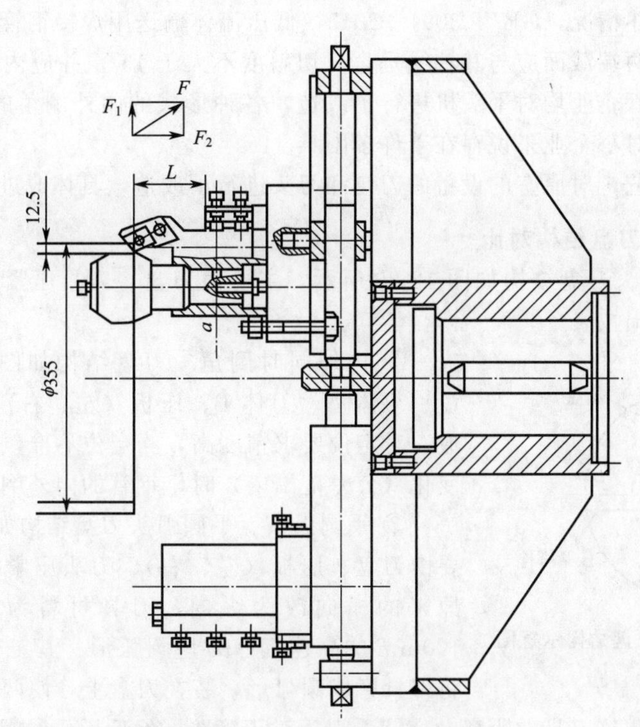

图 12-25 刀杆受力模型示意图

矩形刀杆的惯性矩为：

$$I = a^4/12 \tag{12-23}$$

将以上已知参数带入式(12-22) 和式(12-23) 中，计算得：$f = 0.074\text{mm} > [f]$，尺寸为 28mm×28mm 刀杆的挠度大于其许用挠度，所以刀杆的刚度校核未通过。

通过以上公式发现，刀杆的挠度与刀杆的伸出长度 L 成正比，与弹性模量和惯性矩成反比，所以通过增大刀杆尺寸来增加惯性矩，或者更换更优的材质以提升弹性模量，以及通过减小刀杆伸出长度都可以减小刀杆的挠度。刀杆变形虽然与弹性模量 E 有关，但就材料来说，高强度钢与强度较低的钢材弹性模量 E 非常接近，考虑到经济成本，我们只在另外两个因素上进行改造。将刀杆尺寸 28mm×28mm 改为 40mm×40mm，将刀杆伸出长度 $L = 60\text{mm}$ 改为 $L = 40\text{mm}$，再将更改后的参数代入式(12-22) 和式(12-23) 中，得到最终 $f = 0.005\text{mm} < [f]$。

改造后，刀杆的挠度远远小于其许用挠度 $[f]$，所以刀杆的刚度校核通过，根据新设计的刀杆及刀座，通过现场实际使用，效果良好，彻底解决了波纹缺陷问题。

四、钢管端面质量的控制

随着焊管技术的不断提高，对焊管端面质量要求也不断提高。目前还有些厂家平头机采用刮平面管头，这种平面管头存在着不少弊端，主要是：

① 由于不倒内外角，因而平头经常带毛刺，不仅影响钢管的外观质量，而且容易划伤手臂。

② 在水压试验时，经常撞破密封橡胶圈而漏水，达不到规定压力，影响试压效果。

③ 特别是钢管镀锌时，由于端面毛刺，使镀液滞留在钢管内流不出来，致使锌耗增加，从而增加了镀锌管的成本。

因此，针对上述情况，GB/T 3091—2015《低压流体输送用焊接钢管》标准提出端面处理要求，规定钢管两端截面应与其轴线垂直，切斜度不大于15°，并应内外倒棱。为了达到标准要求，各个焊管企业均对平头机进行了改造，各种形式的内外倒角的平头机应运而生，这些结构的平头机对小企业来说存在着许多困难。

采用倒圆弧工艺，对原有的设备的刀盘和刀头进行了改造，具体改进做法如下。

1. 改进后三种刀盘结构对比

① 刮平面管头。刀盘结构如图12-26所示，主要由刀盘、刀具压紧螺栓组成，采用横向装刀法，刀具磨损快。

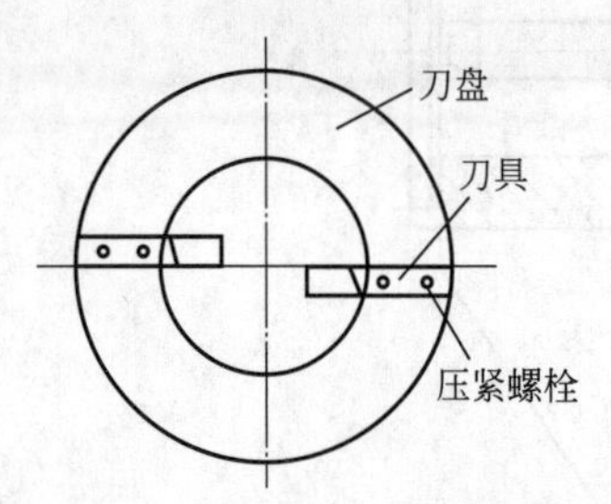

图12-26 刮平面刀盘结构示意图

② 内外同时倒角。刀盘结构如图12-27，主要由刀盘、刀体A、刀体B、压板（左、右）、刀头压紧螺栓组成。对定位要求精度高，当定位不准，钢管椭圆直径发生变化（公差范围内）时，钢管的内外倒棱偏差很明显。

③ 平圆弧头。平圆弧头刀盘结构如图12-28所示，主要由刀盘、压板（左、右）、刀头压紧螺栓组成，刀具由原来的横向改为纵向，刀具材料为12mm×12mm×100mm的高速钢，刀呈圆弧形。其工作原理是：工作时将刀具磨成圆弧形，装在刀盘上，使两个刀头对齐，根据钢管型号的不同，调整刀具的距离，使圆弧刀刃对正管壁，然后用压紧螺栓压紧。用这种方法处理钢管断面，对椭圆直径大小（公差范围内）反应不太明显质量比较稳定。

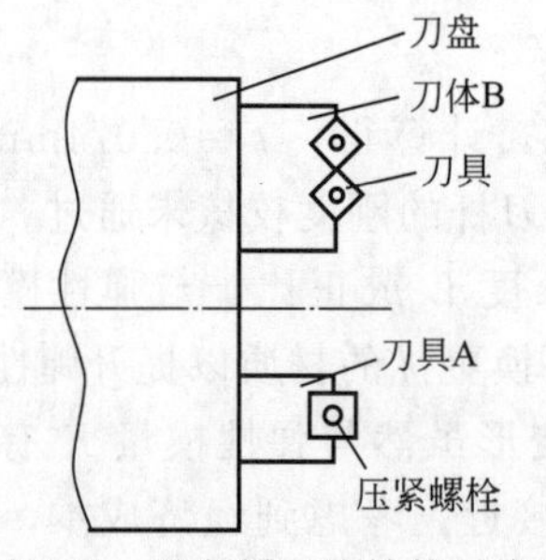

图12-27 刀盘与刀片结构示意图

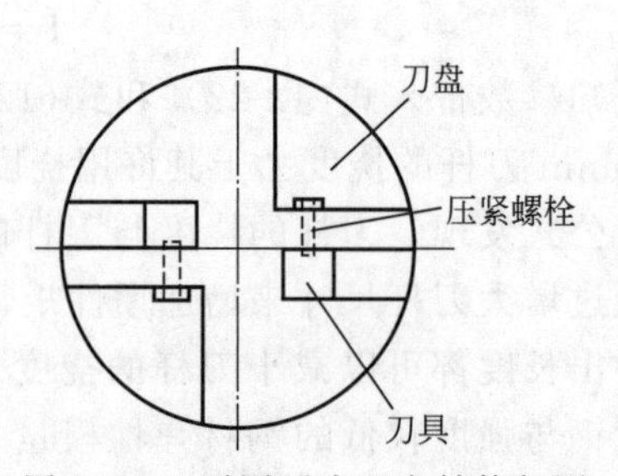

图12-28 平圆弧头刀盘结构如图

2. 平圆弧头刀盘的优点

① 改进后的刀盘装刀比较简单方便，易操作，便于掌握。

② 平头质量稳定，符合标准要求，美观大方。

③ 由于纵向装刀，刀刃磨损后，重新磨好可继续使用，刀具利用率高，每年可节省大量的平头刀。

④ 改进后的刀盘，可采用车丝机报废的旧车丝刀钻头，将废刀、钻头重新利用，节省开支，降低消耗。

⑤ 需要注意的问题：磨圆弧刀头需要修正成型砂轮，保证圆弧的形状、尺寸，否则影响平头质量。

这种改进方式比较简单，不需要较大的投资，见效快，特别对于中小企业来说比较实用，具有较高的推广价值。

第九节 平头倒棱机岗位作业指导书

一、工作职责

钢管平头倒棱岗位负责平头倒棱机的使用、调整和维护，负责钢管在该区段内的输送。

① 正确使用、调整和维护所属设备，维护当班的正常生产。

② 正常生产时，应随时检测设备是否处于正常状态，发现问题应及时处理，负责平头倒棱机、切管装置的使用维护和保养。

③ 清扫钢管内掉出来的内毛刺及铁氧化皮等杂物，保证设备和生产区域的卫生，做到文明生产，严格执行安全生产管理制度。

④ 正常生产时，每隔100根焊接钢管，有操作工检测平头倒棱质量。按产品标准和技术要求对钢管端面平头、倒棱成一定的几何尺寸。

⑤ 工作中要认真检查平头、倒棱质量并对平头、倒棱刀具进行必要调整。

⑥ 工作中要做到安全文明生产，搞好工作环境卫生，做好交接班工作。

二、操作规程

① 平头倒棱机切削线速度一般为90～120m/min，按不同直径的钢管周长换算出刀盘转数后用更换挂轮的方法进行调整。

② 刀具进给量按照测量铁屑厚度用铣刀机构单向节流阀进行调整，铁屑厚度一般约为0.3mm/r。

③ 靠模机构与固定座的接合面定期进行打磨修理，并加润滑油，使其滑动灵活，无卡阻现象。

④ 经常检查靠模辊磨损与运转情况，保持靠模辊转动灵活，当靠模辊磨损严重或不圆时应及时更换。

⑤ 气动液压储油罐经常应保持满罐液压油，缺油可使空气进入油缸内，造成工作进刀不稳定，容易打刀。

⑥ 对于壁厚小于6mm的钢管平头倒棱时卡具的卡紧油压调整在4MPa以下，避免卡紧时钢管不圆。

⑦ 在飞锯调整不当造成管端毛刺过大的钢管，应进行打磨后平头倒棱，以避免打刀及损坏靠模辊。

⑧ 钢管两端300mm范围内的碎铁渣及大铁屑（大毛刺）应清理干净后进行平头倒棱，以保证平头质量。因为靠模辊通过碎铁渣时可使加工面出现波纹，靠模辊通过大毛刺时可使加工面出现凹坑。

三、工艺质量

① 管端加工坡口角度为30°，偏差为0°～5°，以钢管轴线为基准测量。钝边尺寸为1.6mm，偏差为±0.8mm。

② 管端（切斜）极限偏差，钢管管端（切斜）极限偏差不得大于16mm，管端不得有毛刺。

③ 工作前检查平头倒棱机、旋转辊道是否工作正常。

④ 将待平头倒棱的钢管拨入平头倒棱辊道，辊道升起并调整切割装置的位置。

四、安全操作规程

① 岗位人员必须持证上岗，按要求穿戴劳保用品。上岗前，必须检查设备的运行情况，确定没有问题后才能使用设备。严格执行工艺规定。

② 在钢管进入时，两床头箱必须分开足够的距离。

③ 工作时经常检查刀头的紧固情况，发现松动及时处理。

④ 严格按工艺规程操作，不要进刀过快，以免损坏刀具和设备。开班测量头三根钢管符合要求才能继续生产，做好岗位记录。

⑤ 在刀盘未停稳之前，不得打开防护门察看钢管质量情况。铁屑必须及时清理，不得使铁屑落入设备滑道及其他地方。铁屑集中收集，不得随意丢弃。

⑥ 倒棱时，在刀盘的两边要设置防止铁屑飞出的活动式挡板，在刀盘旋转平面内不得站人，防止铁屑伤人。

第十三章

钢管静水压检验

第一节 钢管水压试验机设备组成

水压试验机是高频直缝焊管生产线上的关键设备，用于检测钢管的耐压性能。钢管水压试验机是广泛应用于钢管行业的大型自动化检测设备，其作业线主要有对齐、测长冲洗找正装置，升起夹紧对中装置，通径装置，控水装置，水压机主体，试压模具，步进送料装置等机械设备及相应的液压、电气、气动系统。整个系统中，水压机主体为主要设备其它装置为辅助设备。水压试验机是焊管生产线不可缺少的检测设备，为确保产品质量，需要试压的每根钢管均须进行静水压试验。

一、设备结构组成

1. 水压试验机的系统组成

水压试验机由机械设备、电控设备、液压气动系统和供水系统组成。其机械设备由上料台架、旋转吹水辊道组合、过渡台架、水压机主机、吹气装置、控水机构、废料分选装置、下料台架等组成。

① 上料台架由三架单独台架组成，用于存放从输送辊道上拨到台架上的钢管。

② 旋转吹水辊道组合由集水斗、旋转辊道组合、接翻料组合、吹水机构、机座组成，用于将上料台架的待测钢管放置于旋转吹水辊道上，并对待检测钢管进行推齐和清洗钢管内壁操作。

③ 水压机主机由进水端装配、夹紧翻料机构、排气端装配、底座等主要部分组成。

a. 进水端装配包括表座装配、封水加压阀、进水端压头体和进水端试压头装配。b. 夹紧翻料机构把被测试的钢管夹紧固定在正确的中心线位置上。翻料机构接收旋转吹水辊道送来的待测试钢管，随后将测试后的钢管翻送到下料台架上。c. 排气端装配包括主油缸、排气端压头座、排气阀和排气端试压头装配。d. 底座是试验机的支承体，进水端装配、夹紧翻料机构、排气端装配均安装在机架上。

2. 废料分选装置

废料分选装置由带挡料装置的控水台架、控水机构、吹气装置、翻料装置、出料辊道、废料筐等组成，当钢管从主机组合内出来以后，就要经过控水台架。钢管被挡料装置挡住后，控水机构的作用是将钢管内残余的水倾倒出来，同时吹气装置将水吹干。控水台架带一套喷墨装置，用于废料喷墨做标记。翻料装置用于将成品管放到出料辊道上输送到下料台架，当遇到废品管时翻料装置两次动作通过出料辊道将废品管放到废料筐里。

3. 水压机下料台架和辅助设备

① 下料台架由三架单独台架组成，用于存放从出料辊道上拨到下料台架上的成品管。

② 水压机主机附近还装有2台低压供水泵，1个充液罐。充液罐接收由低压供水泵的来水，保持额定压力0.6MPa并向低压进水阀、吹水机构提供用水。

4. 其他设备

水压试验机一般采用双工位外径向密封形式，插板式快换试压头。每个工位有独立的试压系统，PLC+组态软件全自动控制。

进水端装配和排气端装配是完成钢管测试的主体。试压时充液罐的低压水通过管路进入进水端装配的进水阀，把水注入钢管内。钢管内的空气从排气端试压头上方的排气阀排出。钢管注满水后，排气阀和封水加压阀关闭，高压增压缸使钢管内的水压升到额定压力，保压，完成钢管的耐压试验。

二、钢管水压试验机的分类

① 按试压对象分。按照试压对象可分为用于石油套管、油管、焊管等的钢管水压试验机。

② 按密封形式分。按照钢管两端密封方式又可分为大间隙径向密封式水压试验机和端面密封方式水压试机。过去通常是偏小口径钢管的水压试验，采用大间隙径向密封技术，此技术现已发展成熟，但随着高压、大口径的特殊无缝钢管的发展，密封形式成了水压试验领域不得不关注的因素。

目前对于外径在ϕ610mm以下的钢管两端的密封大都采用大间隙径向密封，对于钢管直径大于ϕ610mm的钢管（在我国多为焊管），受密封圈制作工艺的限制，不能采用径向密封方式，而是多采用端面密封，即钢管两端直接与环形密封件接触、压紧，达到密封效果。这种端面密封形式已在天津某机器设备有限公司为瓦卢瑞克&曼内斯曼公司研发制造的适用于特大型热轧钢管进行水压试验的ϕ1200mm静水压力试验机中获得了巨大成功。

③ 按每次试压的钢管数量分。按照钢管水压试验机系统每次试压的钢管数量，可分为单管水压试验机和双管水压试验机或多管水压试验机。目前使用较多的是单管水压试验机，双管水压试验机或多管水压试验机的数量正处于上升发展期。采用单管或多管主要考虑的是车间整个生产线的生产节奏，其次也要考虑到设备的性价比。

④ 按试压强度分。按照试压强度可分为用于石油套管、钻杆、油管等试压用的高压、高效率钢管水压试验机和用于螺旋焊、直焊、高频焊接等焊接钢管的中低压水压试验机。

目前使用最多、发展也较为成熟的是第二类的中低压水压试验机。而随着中国石油、化工、核电等工业的繁荣发展，对钢管的高性能提出了更高要求，尤其是高性能大口径无缝钢管。由此也对用于钢管试压的高压大口径钢管水压试验机有了迫切要求，所以，大口径高压水压试验机正处于上升发展时期。如天津某机器设备有限公司制造的适用于特大型热轧无缝钢管进行水压试验的ϕ1200mm静水压力试验机就是一个开端，不仅填补了国内空白，还达到了世界领先水平。

三、钢管水压试验机最新技术

1. 国内水压试验机系统技术

目前，国际上主要有德国（如西马克米尔公司SMS MEER）、美国、日本、意大利等工业发达国家设计制造的钢管水压试验机系统。而国内主要以中国重型机械研究院（原西安重型研究所）、天津赛瑞机器设备有限公司等为主。我国钢管水压试验机系统的使用已有多年，国内有的油套管、流体管生产企业如宝钢集团公司、攀钢集团成都钢铁有限责任公司、天津钢管集团股份有限公司、包头钢铁集团公司等，建厂早期都从国外进口过钢管水压试验机设备。近些年来，我国拥有自主知识产权的钢管水压机系统陆续出现。表 13-1 为我国设计制造的主要钢管水压试验机系统情况。

表 13-1　我国设计制造的主要钢管水压试验机系统情况

设备名称	设计制造	主要参数	特点	备注
双头高压水压试验机生产线	西安重型机械研究所	180 根/h，最大压力 110MPa，大间隙组合密封	压力大，生产效率高	我国首条双头高压水压试验机生产线
THE-1200 型静水压力试验机	天津赛瑞机器设备有限公司	最大外径 1200mm，最大压力 19MPa	适用于特大型热轧无缝钢管	世界第二套特大型无缝钢管用水压机
双管全自动水压试验机组	中国重型机械研究院	140 根/h，径向大间隙密封，最大压力 75MPa	—	拥有自主知识产权获得六项国家专利
ϕ340mm 钢管水压试验机组	天津赛瑞机器设备有限公司	85 根/h 径向大间隙密封最大间隙密封 80MPa	ϕ340 以下规格无缝钢管的水压试验	—

2. 钢管水压试验机系统制造依据

水压试验机的设计目前主要的依据有水压机零部件标准 JB/T 2001.1～2001.74—1999、相关的行业标准、API 及其机械设计中的通用标准等，一般有以下几个原则：

① 满足现行钢管行业中钢管的相应规格尺寸及钢级的试压要求。

② 钢管水压试验机系统工艺方案的布置要考虑整个试压系统对各工位的功能需求、系统效率要求，选择合理的钢管水压试验机系统工艺布置满足生产线的整体节奏。

3. 提高水压效率的综合方法

我国的钢管水压试验机的发展情况还是令人满意的，但是系统的工作效率往往跟不上车间整个生产线节奏，因此，必须寻求提高系统效率的途径。

(1) 增加系统单次试压的钢管数量

提高钢管水压试验机系统工作效率，最为直接的办法是增加单次试压的钢管数量。目前，国内外不少公司设计制造了一次能试压多根钢管的钢管水压试验机。此方法的优点是能提高试压效率，但是导致设备成本成倍增加。

(2) 提高系统循环速度

提高钢管水压试验机系统工作效率，另外一个有效办法是提高系统在单位时间内的循环次数，其主要办法有：

① 采用合理的主框架结构。20 世纪 90 年代初期，宝钢集团公司从德国引进了 3 台专用于油套管水压试验的高压水压试验机。其中两台引进较早，使用效果不太好。其主要问题表现在承受试验压力的机架大梁只有 1 根。由于需试压的钢管长，试压时受力中心在机架大梁的下方，相当于 C 形框架受力，因机架大梁产生较大的弯曲变形而使试压时钢管密封偏心较大，可靠性降低，一定程度上降低了工作效率。可见，如果保证系统的稳定性及准确性也能在一定程度上提高工作效率，因此要求钢管水压试验机的主结构必须具备较强的刚度。

② 采用专用的钢管规格。由于钢管不仅类型多，而且规格也较多，如果一个钢管水压

试验机适用钢管类型多，那么考虑的因素必然也多，系统的反应时间变慢，而且换了不同型号钢管就要对系统进行相应调整，增加了非工作时间。采用专一化设计能避免这些问题，提高钢管水压试验机系统作业效率。当然适用范围窄，是专一化设计的缺点。

③ 提高钢管水压试验机系统各设备动作速度及采取大功率、高速度设计。此种方案可以在一定范围内有效提高钢管水压试验机系统效率，但其效率提高受到保压时间及冲击的限制，当速度太大时，会使设备及钢管受损。

④ 增加设备，缩短各设备作业时间。此种方法能有效提高钢管水压试验机系统效率，但增加设备投资较大。为尽可能提高钢管水压试验机系统效率，往往以上方法组合使用。目前国内外采用最多的方法是增加单次试验钢管数量的办法，其次是优化各设备的作业周期。

4. 钢管水压试验机系统发展趋势

（1）向“多梁”发展

钢管水压试验机系统结构上“多梁”型优于“少梁”型，刚度好，稳定性高，但“少梁”型钢管水压试验机系统布置较为简单，目前的钢管水压试验机大都采用的是双梁结构。而天津赛瑞机器设备有限公司研发制造的适用于特大型热轧无缝钢管进行水压试验的ϕ1200mm 静水压力试验机用的是四梁框架结构，原因正是如此。

（2）应用新技术

随着计算机技术、控制技术等先进技术的发展进步，一些新技术在钢管水压试验机系统上的应用使得钢管水压试验机系统效率大幅增加，具体体现在：

① 总线控制技术。可以解决实际工作中大量采用连接电缆，故障点多，电磁干扰难以排除，工程维修量大的缺点。

② 利用 PLC 控制技术替代传统钢管水压试验机系统中的继电器系统，可将所有的检测、操作点并入到 PLC 中，通过程序控制接触器，以控制电机液压缸，使系统运行可靠、响应速度快、修改和维护方便。

③ 三维仿真设计。三维仿真设计是近年来随着计算机技术的飞速发展而兴起的新技术，它包括三维实体仿真、装配仿真、运动仿真、加工仿真和预测工程等。应用三维仿真设计技术，可借助于计算机的强大功能，把 CAD/CAE/CAM 技术应用到产品设计中，使设计师在产品方案设计阶段就可在计算机上完成对所设计产品的虚拟制造，并可应用有限单元法对产品性能进行预测、修改、评价，从而实现产品优化设计。

第二节　钢管静水压试验机功能

一、电气设备的控制功能

静水压试验机的电气控制系统硬件部分由一套控制柜、一套操作台、水压机位置信号以及现场执行器件组成。

1. ＋A _ Cabinet 主控柜

① 功能及组成。控制柜内安装了整套设备的电源分配及驱动控制等回路，可以对设备的总电源进行分、合并且对设备的子回路进行电源的分配及隔离，同时设置了一台隔离变压器为设备的控制回路及操作台提供控制电源。主控柜的电器件的控制来源于 B 控制柜中的可编程序控制器（PLC）的输出，主要对水压机的电机进行控制。电机运行的状态和热过载

继电器信号反馈给+B _ Cabinet操作台内的PLC，实现控制的保护及连锁。

② 断路器的操作。按照先总后分的顺序将电源各断路器依次合上，控制柜强电系统进入等待操作台按钮来启动的状态，并经过隔离变压器的380V/220V电压对操作台送出控制用电源。

2. +B _ Cabinet操作台

（1）操作要点说明

① 检查操作台右侧的电源隔离操作开关并使其处于ON位置。

② 观察操作台总电源停止按钮指示灯是否点亮，若点亮说明+A _ Cabinet主控柜的220V控制电源已经准备就绪。

③ 检查总电源是否停止并使其处于复位旋起状态。

④ 按总电源停止按钮使设备进入准备状态。

⑤ 分别有时间间隔地按总电源停止按钮/No. 2、水泵启动按钮No. 1、油泵启动按钮/No. 2、油泵启动按钮使水泵及油泵进入试压准备状态（建议间隔5～10s）。

⑥ 将吹水备料和系统手/自动选择开关切换至手动位置，然后分别按启动按钮使其进入手动模式。

⑦ 以手动操作的形式逐个检查各执行机构或单元功能是否正常。

（2）系统的工作模式

水压试验机的操作有手动和自动两种工作模式。

① 手动模式。可以对各电动控制的油阀和气动阀单独进行控制，如排气端主油缸的前进/后退、夹紧/松夹、翻料、挡料等，以方便对水压试验机的各个部分进行单独调试。

② 自动模式。水压试验机通过PLC的程序按工艺要求的逻辑顺序自动进行钢管试压、吹水备料。

启动自动模式前，应保证水压机处于原位状态，即主油缸处于后位，拉动缸处于拉出位，夹紧单元处于松夹状态。该三个信息在组态画面上有明显体现。打压前，应对每个方形接近开关的安装情况进行检查，防止接近开关松动检测不到钢管信号，从而影响自动程序。建议每一班打压前都要进行检查。

打压钢管的管长发生变化，应对主油缸的接近开关位置进行移动；打压钢管的管径发生变化，应对各个（方形）有管信号的高度进行调整，以免钢管在传送过程中碰撞接近开关从而造成损坏。

在此要重点说明的是油泵电机、水泵电机的运行不受手动、自动模式的控制，只有对应的停止按钮按下时或总电源停止按钮按下时或急停开关按下时或电机发生过载时，才会停止，在设备运行时操作人员应保持注意力集中。当设备或人员发生紧急情况时应立即按下急停开关，停止设备的所有动作以保护设备及人员的安全。

二、水压试验重要参数的设定

1. 规格所对应的参数

在对钢管打压试验中，每换一种班次/批次/钢管规格，都应在组态画面上修改对应信息并将管号清零，以方便后期记录查询，对应规格参数的举例如下。

① 规格为ϕ219mm外径、长度6m的钢管，建议进水时长18s。

② 规格为ϕ168mm外径、长度6m（或6.1m）的钢管，建议进水时长15s。

③ 其他的规格，进水时长可相应减少，但不能太短。

2. 其他延时设定参数的设定

其他延时设定参数可根据实际情况进行适当调整。

三、液压气动系统操作要求

液压气动系统是水压试验机设备的辅助动力设备，它为水压试验机活动机架试压头的移动、增压机构增压缸的进退、夹紧拖动油缸的移动以及夹紧油缸的启闭等动作提供动力及控制。液压气动系统为双工位配置，它包括液压泵站一台、增压缸阀台一台、活动机架阀台一台、夹紧缸阀架一台、低压蓄能器组一台。

1. 液压系统参数及要求

① 使用介质：抗磨液压油，牌号 YB-N32（冬季）或 YB-N46（夏季），用量约为1100～1200L。

② 系统压力：P_1=6MPa，P_2=9MPa。

③ 系统流量：Q_1=155L/min，Q_2=67L/min。

④ 使用温度：20～55℃（超过50℃应使用冷却器）。

⑤ 换油期限：初次6个月，以后每年一次。

⑥ 过滤精度：10μm。

⑦ 冷却水参数：流量200L/min，压力0.2～0.5MPa，温度20～28℃。

⑧ 电机参数：电机1为18.5kW 380V/50Hz；电机2为15kW 380V/50Hz。

⑨ 蓄能器参数：NXQ-F40/10H 四件，充氮压力 P_0=2MPa。

⑩ 油泵参数：CBF-E112 P = 16MPa，q = 112mL/r；CBF-E450 P = 16MPa，q = 50mL/r。

⑪ 增压比：1.33。

2. 主要设备的作用

(1) 液压站

该设备液压站选用1台CBF-E112齿轮泵作为系统的低压动力源，1台CBF-E450齿轮泵作为系统的定压及夹紧动力源，CBF-E112泵的输出流量为Q_1=155L/min，压力P_1=6MPa。它为活动机座的移动油缸的“进”“退”、增压缸的增压、夹紧缸的低压状态、夹紧拖动油缸的移动等提供动力。齿轮泵CBF-E450的输出流量为Q_2=67L/min，压力为P_2=9MPa，它为增压缸的最后定压以及夹紧油缸的夹紧提供动力。4个（NXQ-F40/10H）低压蓄能器为油缸的快速低压运行提供辅助动力。

(2) 压力设定

该系统在液压站上设置了一个卸荷溢流阀9-1（DAW30），一个比例溢流阀8-1（DBEM10），它们分别设定了低压泵压力、高压泵压力。卸荷溢流阀可在液压站上进行本地调节，调节范围0.5～6MPa，一般应设定为4MPa。比例溢流阀DBEM10可在操作台上进行远程调节，压力范围0.5～8MPa，最后的设定值根据不同的试验对象确定。

设备的供货状态为无压状态供货，即首次启动时，系统工作压力为最低，此时卸荷溢流阀DAW30，比例溢流阀DBEM10的调压手柄皆在最低压力设置状态，以免发生电机过载等事故。具体压力调整方法如下：

① 检查油箱液位、液温等是否正常，用充氮工具检测蓄能器的充氮压力，正常后，分别点动开启两台油泵电机，观察电机旋转方向与油泵旋转方向是否相同（从电机尾部看，顺

时针为正）。

② 电机旋向无误后，开启两台油泵电机，空载运行 15min，无异常情况后，使 YV1 失电，缓慢调整 DAW30 卸荷溢流阀的调压螺杆，顺时针方向旋转时，压力升高，逆时针旋转压力下降。至 6MPa 后锁定。在此过程中，应注意蓄能器对压力的影响，（因蓄能器的影响，压力在 3MPa 以后将缓慢上升）应等压力完全停止上升后再进行下一步调整。同理调整另一台油泵。

（3）活动机座主油缸阀台

阀台控制两个移动油缸的进退，现以移动油缸一为例说明。移动油缸一是由 21-1（4WEH16E）电液换向阀控制，当 YV10 得电，YV11 失电时，油缸“进”；当两个电磁铁同时失电时，油缸“停”；当 YV10 失电，YV11 得电时，油缸“退”。单向节流阀 23-1（MK20）控制油缸的前进速度。其压力油由低压齿轮泵及低压蓄能器组提供。

（4）夹紧缸阀台

阀台集中控制 4 个夹紧油缸的运行。4 个油缸由一个（4WEH16E）双电液换向阀控制。其控制油由低压齿轮泵、低压蓄能器及高压齿轮泵一同提供，单向阀 16-3（S30P1）将两路压力油分离。其控制压力由减压阀 26-1（DR30）调定，压力范围 1～8MPa。当 YV6 得电，YV7 失电时，油缸“夹紧”；当两个电磁铁同时失电时，油缸“停”；当 YV6 失电，YV7 得电时，油缸“松开”。液控单向阀（22-1）SV30PB1 来保证夹紧油缸的夹紧位置。

（5）增压及拖动缸阀台

阀台控制增压油缸的进退及拖动油缸的进退。增压油缸为双工位配置，以增压油缸 1 为例说明。增压油缸由 17-1（4WEH16J）双电液换向阀控制，YV2 得电，YV3 失电时，油缸“进”，开始增压；YV3 得电，YV2 失电时，油缸“退”，系统卸压；YV2、YV3 同时失电，系统保压。压力保持由液控单向阀 3-1 保证。增压油缸 2 控制原理同 1。两台拖动油缸由一个 19-1（4WE10E）电磁换向阀控制。

3. 液压系统的维修

① 液压系统的检修必须在停车状态下进行，并提前排空蓄能器中的残液。排液打开截止阀即可。

② 液压站首次加油应遵循如下原则：首先将油箱清洗孔打开，将油箱清洗干净，应无目视杂物；然后用精密滤油车（过滤精度 10μm）将液压油从加油孔加入；加油至油标上线，启动油泵后，进行动作循环，反复几次后将所有油缸充满油液，此时油箱液面将有所下降，再用精密滤油车加油至油标上线，将油箱上所有外接口封闭，首次加油结束。

③ 液压站补油也应用精密滤油车进行，以保持油液精度。在使用及维护过程中，应保证油箱及系统的密闭，以避免二次污染。

④ 液压站至主油路的管道需由用户在现场配置。管路配置及安装结束后应进行循环冲洗，冲洗应使用用户自备的独立的冲洗站进行，冲洗结束后油液精度应达到 NAS8 级。冲洗合格后将管路恢复至工作状态，在此过程中应保持清洁，以避免二次污染。

⑤ 当水压由于非正常原因高于设定压力时，电接点压力表上限报警，控制电源失电，系统进入安全状态。该水压测试系统所用的液压件如表 13-2 所示。

表 13-2 液压件明细（易损件）表

序号	型号	名称	数量
1	CBF-E112FP	齿轮泵	1

续表

序号	型号	名称	数量
2	CBF-E40AP	齿轮泵	1
3	Vt2000-bk40	比例阀控制器	1
4	DAW30A-1-30/80AG24NZ5L	电磁卸荷溢流阀	1
5	DBEM10-30/100Y	比例溢流阀	1
6	DBDS6P/200	溢流阀	1
7	S10P1-1.0B/	单向阀	1
8	S30P1-1.0B/	单向阀	3
9	SV30PB1-30/	液控单向阀	1
10	MK20G1.2/2	单向节流阀	2
11	4WE10E31/CG24NZ5L	电磁换向阀	1
12	4WEH16E50/EG24NETZ5L	电液换向阀	3
13	4WEH16J50/EG24NETZ5L	电液换向阀	2
14	DV10-10/2	节流阀	4
15	DRV8-10/2	单向节流阀	2
16	GLC3-4	冷却器	1
17	FAX-1000X10	回油滤油器芯	1
18	HDX-160X10	高压滤油器芯	1

4. 气动部分

气动部分共包括15个控制单元，分别控制1个低压给水气动蝶阀，1个吹气阀，2个封水气缸，2个下料挡料气缸，2个过渡挡料气缸，2个夹紧挡料气缸，1个控水气缸，2个排气气缸，2个吹水接料气缸。以上动作分别由一个电磁换向阀控制。气动配件如表13-3所示。

表13-3 气动件明细（易损件）表

序号	型号	名称	数量
1	AC4000-04	气源三联件	5
2	AC4000-06	气源三联件	3
3	4V310-10-DC24	电磁换向阀	6
4	4V410-15-DC24	电磁换向阀	6
5	K25D-20-DC24	电磁换向阀	1
6	2W350-35 DC24	电磁阀	1

四、水压试验设备技术参数

水压试验设备技术参数汇总见表13-4。

表 13-4　水压试验设备技术参数

序号	名称	规格
1	测试钢管直径	φ89mm、φ114mm、φ159mm、φ168.3mm、φ219.1mm
2	测试钢管长度	5.8～6.5m±20mm
3	最大测试压力	5～10MPa
4	生产率	3～3.5 支/分(双管)
5	进水封水阀通径	φ100mm
6	排气阀通径	φ40mm
7	主油缸参数	φ160mm(缸径)×φ110mm(缸杆)
8	油缸行程	1200mm

第三节　钢管耐压测试的程序与维护

一、测试前水压试验机的待机状态

1. 水压试验机各个部位状态

① 进水端装配：封水加压阀关闭，增压油缸上位。

② 夹紧翻料机构：夹紧油缸处于上位，夹紧打开，翻料机构挡料杆升起，托架上位。

③ 排气端装配：排气阀开启状态。

④ 旋转吹水辊道：旋转辊道电机启动，翻料板下位，吹水、气动蝶阀关闭。

⑤ 控水机构气缸处于下位。

2. 试压过程动作顺序

① 旋转吹水辊道翻料板升起，从上料台架取钢管 1 至翻料板上。

② 翻料板下降，将钢管 1 放在辊道上。

③ 辊转动带动钢管 1 前行，碰定位辊停，吹水动蝶阀动作，对钢管内壁吹水。

④ 吹水完毕，翻料板升起，钢管 1 滚到过渡台架斜面上，至挡料杆停，同时从上料台架取钢管 2 至翻料板上。

⑤ 翻料板下行，将钢管 2 放在辊道上。

⑥ 重复③④工序，此时过渡台架挡料杆已挡住两根钢管。

⑦ 过渡台架挡料杆下降，钢管沿斜面滚动至夹紧翻料机构挡料杆停，过渡台架挡料杆延时后升起。

⑧ 翻料机构托架下降，翻料座和夹紧座上的尖角将两根钢管分开，落在托料架板的 V 形槽内，挡料杆放倒。

⑨ 夹紧钳口夹紧钢管。

⑩ 进水端装配上夹紧拉动油缸拉动夹紧机构连同钢管一起移动送至进水端试压头的密封口内。

⑪ 排气端油缸前进，当钢管端头进入试压头超过密封圈后停止（或由接近开关控制停止）。

⑫ 打开进水管路上的铸钢截止阀，充液罐的低压水通过管路进入阀体内，并把水注入到钢管内，钢管内的空气从排气端的排气阀排出。

⑬ 钢管注满水后，关闭排气阀，关闭封水阀。

⑭ 增压油缸缸杆伸出，使钢管内的水压升到额定压力。

⑮ 到达保压值后，开始保压。

⑯ 保压完成后，打开排气阀，关闭气动蝶阀。

⑰ 活动油缸退回原位。

⑱ 夹紧驱动油缸动作，将钢管从尾端机座的密封口内拉出至原位。

⑲ 松夹，翻料机构托架上升，试压后的钢管沿斜面滚到下料台架上，下料台架挡料杆将钢管挡住。

⑳ 控水机构气缸动作，将钢管抬起进行控水操作，同时吹气装置进行吹干。

㉑ 控水机构气缸复位，下料台架挡料气缸动作，挡料杆退回，钢管沿下料台架斜面滚出后，下料台架挡料气缸复位等待下一循环。

㉒ 在试压的过程中序号②～⑥同步进行，至序号㉑ 完成时，翻料座上已有 2 根钢管等待试验。

㉓ 重复⑦～㉑ 工序，完成下一个试压循环。

二、设备的运行前的准备工作

首先设备运行要遵循先检查，再开车，先手动后自动的原则。设备运行前的准备检查工作应做到以下五个方面。

① 首先检查电控设备是否完好，有无异常。

② 检查液压站油位是否达到指定高度，若油位偏低应及时补油。

③ 检查各位置接近开关是否完好，有无位移，并及时修复和调整。

④ 检查现场有无散乱钢管和杂物，以免影响设备正常运行。

⑤ 各部位检查正常无误后，方可通电在手动工况下进行试运行。

三、设备的启动工作

① 启动低压水泵，检查供水系统工作状况。

② 启动高低压油泵，检查液压系统工作状况。

③ 检查气源压力，试验吹水、上料、夹紧、翻料动作是否正常。

④ 试验进水阀、排气阀开启及关闭是否正常。

⑤ 试验高压增压油缸缸杆伸缩是否正常。

⑥ 试验固定油缸前后移动是否正常。

四、耐压试验工作

① 以上各部位均确认正常后，用手动工况按设定动作顺序进行钢管的耐压试验，并做好油压、气压、水压及接近开关位置的调整。

② 连续进行 3～5 批钢管测试，一切运转正常后，可转入自动工况进行正式工作。

③ 无论在手动工况或自动工况下运行，操作人员必须坚守岗位，严密观察设备运转状况，发现异常必须立即停车，及时处理。

第四节 水压机的维护与安全操作

一、水压机的维护保养

① 操作人员应经常对设备进行维护保养。托架、夹紧钳、托板、齿轮齿条等滑动、转动部件要经常加润滑脂，紧固螺栓也要经常加油避免锈蚀。

② 接近开关、换向阀等液压气动元器件要加强防护，严禁磕碰并做好防水工作。

③ 要制定设备定期检修制度，保证设备经常处于完好状态。

④ 设备发生故障时，要有专职维修人员修理。尤其是电器发生故障时，严禁非专职电工修理，以免损坏设备和发生人身事故。

⑤ 水压机的密封件属于易损件，要定期检查和更换，表 13-5～表 13-8 为 ϕ89～ϕ219mm 密封易损件表。

表 13-5 ϕ219mm 水压机易损密封件表（进水端）

标准号	名称	规格	数量	材料	安装部位
—	PY 型平面密封圈(带钢内衬)	PY182×6	2	聚氨酯＋钢内衬	进水端压头座
GB/T 3452.1—2005	O 形密封圈	ϕ150mm×5.3mm	4	耐油橡胶	进水端压头座
GB/T 3452.1—2005	O 形密封圈	ϕ32.5mm×3.55mm	2	耐油橡胶	进水端表座

表 13-6 ϕ219mm 水压机加压阀密封易损件表 单位：mm

标准号	名称	规格	数量	材料	安装部位
GB/T 3452.1—2005	O 形密封圈	ϕ195×7	4	耐油橡胶	增压筒
JF02-1-130	FA 防尘密封圈	ϕ130×ϕ145×12	2	聚氨酯橡胶	阀体
GB/T 3452.1-92	O 形密封圈	ϕ170×5.3	4	耐油橡胶	油缸
JF03-1-130-10	UN 拉杆封	ϕ130×ϕ150×15	2	聚氨酯	油缸
GB/T 3452.1—2005	O 形密封圈	ϕ109×5.3	4	耐油橡胶	阀体
JF03-1-80-7.5	UN 拉杆封	ϕ80×ϕ95×12	2	聚氨酯	封水气缸
JF02-1-80	FA 型防尘密封圈	ϕ80×ϕ90×8	2	聚氨酯橡胶	封水气缸
JF03-1-70-10	UN 拉杆封	ϕ70×ϕ90×12	2	聚氨酯	封水气缸
JF03-1-65-12.5	UN 拉杆封	ϕ65×ϕ90×12	2	聚氨酯	封水气缸
GB/T 3452.1—2005	O 形密封圈	ϕ125×7	4	耐油橡胶	进水管

表 13-7 ϕ219mm 钢管水压机主油缸易损件表 单位：mm

代号	名称	规格	数量	材料	安装部位
DH110	防尘圈		1	PU M90	前缸盖
ϕ110×25×2.5	支承环		2	酚醛夹布	前缸盖
UN110B	轴用圈	ϕ110×ϕ125×12	1	PU M90	前缸盖
GKS 1100	斯特封	ϕ110×ϕ125.1×6.3	1	组件	前缸盖
GB1235-76	O 形圈	ϕ160×5.7	2	NBR(A90)	前后缸盖
	O 形圈挡圈	ϕ160×ϕ151×2	2	PTFE	前后缸盖

续表

代号	名称	规格	数量	材料	安装部位
GB1235-76	O形圈	ϕ110×5.7	1	NBR(A90)	活塞
	O形圈挡圈	ϕ110×ϕ101×2	2	PTFE	活塞
ϕ160×25×2.5	支承环		2	酚醛夹布	活塞
GS55044-1600	斯特封	ϕ160×ϕ139×8.1	2	组件	活塞

表 13-8　ϕ89～ϕ219mm 钢管水压机试压头用密封圈易损件表　单位：mm

管径	图号	名称	材料
ϕ219.1	HSJH219-2SY-04-01-05-03-A	密封圈　(ϕ219.1)	聚氨酯
ϕ168.3	HSJH219-2SY-04-01-05-03-B	密封圈　(ϕ168.3)	聚氨酯
ϕ159	HSJH219-2SY-04-01-05-03-C	密封圈　(ϕ159)	聚氨酯
ϕ114	HSJH219-2SY-04-01-05-03-D	密封圈　(ϕ114)	聚氨酯
ϕ89	HSJH219-2SY-04-01-05-03-E	密封圈　(ϕ89)	聚氨酯

二、水压试验机安全操作规程

1. 安全操作规程

① 水压试验机属高压试验设备，操作人员必须经过培训，熟知设备的结构、性能、操作要领，持证上岗。

② 每班开机，必须按说明书第七条设备运行的程序进行。

③ 水压试验机工作区域严禁堆积废弃钢管等杂物。

④ 水压试验机正常工作时，严禁一切人员进入工作区域观察测试情况以防发生伤人事故。

⑤ 测试的钢管必须经过严格检查，严禁接头管混入测试。

⑥ 操作人员必须严密注视水压机工作状况，发现异常必须及时停机处理，禁止带故障运行。

⑦ 必须由专职人员进行设备检修工作，检修前必须切断电源、水源、气源，检修后重新按说明书第七条设备运行的程序开机。

2. 开机前准备工作

① 首先观察液压站、高压水泵及各油路气路系统，有无异常情况。

① 室温低于4℃时，如水有结冰现象，决不能启动高压水泵及液压站；室温超过 30℃时液压站必须使用冷却器（水冷却）。

③ 启动液压站后，首先应观察高、低压力表及液压站油位情况。油位以油位计中位为基准。如果油位偏低，要加注 46♯液压油。在一般情况下高压为 4～10MPa，低压为 2.5MPa。

④ 手动开动气阀，观察气阀工作情况是否正常。

⑤ 观察各部分接近装置指示是否正常。

三、开车试运行（手动）

① 右旋“急停开关”接通控制电路，检查电路系统是否正常。

② 按下“总启动”按钮（此时确保手动工况）。

③ 检查夹紧、翻料、上料、上水等动作是否正常。

④ 启动高压油泵、低压油泵、液压系统是否正常（注意：高、低压油泵在停止前要处于卸荷状态）。

⑤ 启动高、低压水泵，观察水路系统是否正常（注意：高压水泵不要在增压过程中停止运行）。

⑥ 各系统检查正常后即可进入自动运行状况（在自动运行前，要求松开夹紧及油缸在后位状态）。

四、设备的调整

1. 打压钢管长度的调整

本水压机打压长度为 6～8m。一般管长增加量小于 0.5m 时，不需要移动活动机架，当超过 0.5m 时，活动机架要向后移动一个工位。

2. 打压钢管管径的调整

当改变管径时需要更换以下部件：

① 更换试压头前端密封环、聚氨酯密封垫及前挡圈。

② 更换夹紧钳衬。

③ 调整 V 形调整板的高度，将钢管夹紧后调整板与钢管之间有 3～5mm 间隙。

④ 必要时可降低卡紧钳的进气压力。

一般情况下各气动阀压力要求 0.5～0.6MPa，但前进水阀及后排气阀压力必须保持 0.5～0.6MPa。

3. 打压压力的调整

① 水压控制。根据钢管压力的要求，在打第一根钢管前，首先要降低水压压力，即将高压水泵压力阀向上调。当打第一根钢管时，要在打压过程中调节压力，及时观察压力表压力，直至达到需要值时停止调节，以压力传感器传出的压力曲线值为准。

② 油压调整。一般油压低压压力规定为 2.5MPa，不需做改动。油压压力，要根据水压压力的改变而改变。根据经验数据，一般油压高压压力是水压压力的 0.5～0.6 倍（如需打水压为 10MPa，那么油压高压压力要调整到 5～6MPa）。

③ 保压时间。保压时间是指水压达到压力后，压力水在钢管内停留时间，一般为 5s（或按标准执行）。

④ 在调整过程中，必须手动操作完成，不允许使用自动程序，而且要精力集中，多观察，以免出现故障，造成不应有的损失。

五、使用自动运行程序

1. 合理使用触摸屏设备

① 触摸屏设备内存储有关该水压机的自动运行程序，并可进行各种规格压力选择，压力显示运行图、动画画面，所以使用时应倍加爱护。

② 操作触摸屏时注意事项：

a. 不要用尖锐的物品及有油污的手触触摸屏。

b. 在按触摸屏的开关按钮时，不要用力按压，只要看到按钮动作即可。

c. 不要用有腐蚀性的液体或有机溶剂清洗触摸屏。一般用潮湿的抹布擦净即可。

d. 漏电时要退出系统防止造成程序的破坏。

e. 因图面积较小，内容信息量大，操作时要精力集中，非操作人员不得随意触摸。

2. 安全操作事项

① 当手动操作准确后，方可使用自动程序。在操作过程中，要求精力集中，认真负责，非操作人员不得擅自上操作台操作及乱动按钮。

② 在操作自动程序时，操作台前不得离人，必须在操作台上注视全线运行情况，遇紧急情况时及时按急停按钮，全线停止运行，以免造成不应有的损失。在故障没有排除前，不得随意打开急停按钮，以免造成设备事故。

六、设备的维护保养

① 在设备维护保养过程中，应注意电气元件（接近开关）及线路，不得磕碰拉扯电气线路及元件。

② 托料架和夹紧钳、旋转移动部位，要经常加注油脂，对螺栓要适当加油，以免锈蚀。

③ 当设备发生故障时，要由专职维修人员修理，操作工及现场人员未经允许不得擅自拆卸。

④ 当电器发生故障时，必须由专职电工修理，操作工及现场人员不得擅自修理，以免发生人员触电及电器损坏。

第五节　自动化螺旋焊管静水压试验机的应用

SY/T 5037—2018《普通流体输送管道用埋弧焊钢管》、GB/T 9711—2017《石油天然气工业管线输送系统用钢管》、API SPEC 5L《管线钢管规范》等标准明确规定螺旋焊管要进行静水压试验，一方面可以检查钢管是否有渗漏现象，另一方面可以消除焊管在成型过程中产生的残余内应力，现在许多重点工程所需的螺旋焊管都要求按这三个标准生产。

自动化螺旋焊管静水压试验机是在国内某公司原有螺旋焊管静水压试验机的基础上进行改造，重新设计了电气控制线路，使其更为简捷、有效、安全，从而有效地保护了设备安全运行；增加了计算机控制系统，由计算机自动控制钢管内的水压和密封挡板的油压，使二者达到平衡完成静水压试验全过程；静水压试验有专用操作软件，人机界面友好，具有查询、存储、提供试验报告等功能；改造了液压系统，以配合计算机控制油压。

一、静水压试验机系统简述

自动化螺旋焊管静水压试验机工作流程如图 13-1 所示，控制油路、水路工作在高压状态并维持一定时间，完成钢管压力测试。控制对象包括 3 台低压油泵，2 台低压水泵，高压

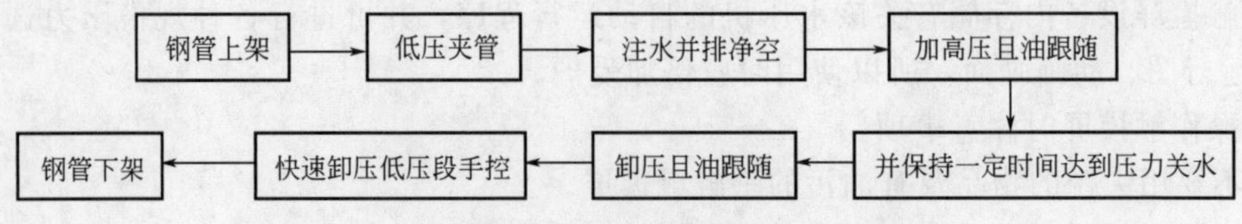

图 13-1　自动化螺旋焊管静水压试验机工作流程

油泵、水泵各 1 台，伺服阀及其他辅助设备。控制参数包括压力、压差、阀门开度、伺服跟随大小等。系统水压、油压工作压力均可达到 40MPa，在实际工作中，水压测试一般小于 20MPa。

二、系统设计

1. 技术要求

该静水压试验机工作压力高，试验钢管的管径范围大（200～2100mm）。在高压状态，不同标准、不同管径的钢管水压上升速度不一样，油压、水压的压差要求不同，油、水流量时变性大，不仅要保证工作安全，还要求较高的工作精度。因此，该静水压试验机应满足以下技术要求：

① 试验水压精度为 0.3MPa，保压时间根据钢管不同型号依国标来定；

② 保压段压力下降不低于试验压力 0.3MPa；

③ 实现控制功能互锁，保障安全操作；

④ 动态显示工作过程，操作过程提示、报警；

⑤ 数据记录及打印。

2. 控制系统配置与组成

控制系统结构如图 13-2 所示。

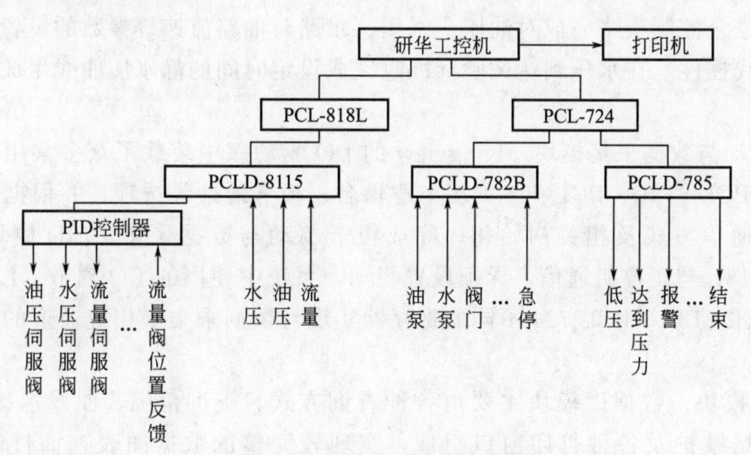

图 13-2　控制系统结构示意图

① 模拟信号采集。选用研华 PCL-818L 实现，具备较高的采样频率和精度，以及多种常用的测量和控制功能，通过接线端子板 PCID-8115 共同完成油压、水压系统各状态参数及伺服信号的采集及输出。

② 数字信号采集输出。选用研华 PCL-724 外接通过 PCLD-782B 和 PCLD-785 共同实现 24 路光隔离数字量输入、16 路继电器输出，各种开关及控制信号由此进出系统。

③ 伺服阀油压跟随控制使用 PID 调控，油压、水压变化信号经 PCL-818L 采集处理，转化为 PID 调节器信号控制变频电源，驱动高压泵，伺服阀位置反馈在智能 PID 内进行校正调节。形成闭环控制，从系统灵活可靠角度考虑，系统还设置了“手动”调节，通过测试不同型号钢管，算出伺服调节油压、水压差值，并显示在上位机游标调节器件中，在特殊情况下可由专家及熟练工人手动控制伺服阀工作状态。

通过 PID 调节器在全程工作中的过程跟踪和动态补压，准确地维持系统中油、水的压差，实现静态测试中油路，水路动态平衡，在理论上使高压系统的稳定时间为无限长，并避免出现“超调”现象。

3. 组态 Kingview 程序设计

系统充分利用组态王 Kingview 601 方便的动画显示、曲线显示、图表、数据库等功能，实现最优化的人机交互界面，使操作人员能迅速掌握系统操作。

主要实现功能包括权限设置及管理、动画显示系统组成及工作操作过程、数据库管理、压差伺服控制算法及实现、安全与报警。程序共包含六个模块：主控模块、板卡驱动与数据采集模块、数据库模块、控制策略模块、报警模块、用户及权限模块。

① 主控模块。主控模块主要由主控窗口、试验参数输入窗口、测试曲线窗口等组成。

主控窗口仿真动态显示水压机工作全过程，直观地反映了系统控制流程上所有动作和控制点的位置、状态以及要监视的重要参数值。如钢管上架、高低及水平调整、左右挡板移动夹管、水位水流、油流、水压油压曲线、各高低压泵开停等。通过 Kingview 工具箱提供的各种作图工具可完成实际系统的模拟显示，并完成图形对象与实时数据库中的数据变量的动画连接，窗口即可随数据变量的改变完成诸如上下或左右移动、旋转、填充、闪烁等仿真显示。

参数输入窗口通过工具箱建立各种按钮选择框及菜单完成新试验钢管参数设定，利用 Kingview 中的配方控件，参照钢管水压试验国标及国际标准生成配方，结合输入参数生成试验标准，并结合控制策略完成对油压、水压、水路与油路流速等参数的设置，测试曲线窗口使用实时曲线控件，在水压到达试验标准时完成设定时间的静水压曲线生成并产生试验报表数据。

② 板卡驱动与数据采集模块。Kingview 的 LO 驱动库中装载了众多常用硬件的驱动程序。通过设定 PCL-818L、PCL-724 的板卡逻辑名、板卡地址等选项，并根据实际板卡工作方式设置单端通信方式及相关初始化，完成板卡驱动与数据采集。PID 模块通过 PCLD-8115 经 PCL-818L 与工控机通信，无须设置驱动，系统中使用的 LO 离散、LO 实型变量通过所连接的 PCL-818L。PCL-724 不同的寄存器实现与数据采集卡相应通道的对应，从而与外部设备联系。

③ 数据库模块。数据库模块主要由各种查询方式、查询范围、曲线选择、曲线显示、报表显示、数据维护及各种打印窗口组成，实现较完整的数据图表查询打印及数据维护功能。

系统中数据库包括 Kingview 系统数据库及用户数据库。系统数据库由实时数据库和历史数据库组成。实时数据库组态主要对各数据库点进行逐点定义其名称测量值，设定输出值、输出方式、报警特性、报警条件等；历史数据库组态主要定义各个进入历史数据库的点的保存周期。

用户数据库由 Kingview 通过 DDE 的方式与 Access 相连，通过 Kingview 提供的 SQL 访问管理器模块生成所需要的各种表格模板、记录体，在脚本语言中使用 Kingview 函数与 Windows2000“ODBC 数据源（32 位）”中的 Access 数据库实现 DDE 方式连接。

使用各种图表、报表控件，在窗口中方便地制作出所需的曲线及报表显示，配合脚本语言及函数，实现较为灵活的查询和维护功能。

④ 控制策略模块。在系统控制中，伺服阀控制的油压、水压的压差是一个关键控制量。不同管径在高压时，油、水压差区别很大，设置不当会造成机器损坏或钢管压弯。根据理论

计算，施加于挡板上的力应该相等，即有 $P_{水} \times S_{管截} = P_{油} \times S_{轴}$（$P$ 为压强，S 为钢管、油缸轴截面积）。但实际工作中一部分管径钢管与此有偏差且无规律可循。为此，引入变区域专家控制机制，即综合熟练操作人员经验，在不同区域理论计算的基础上分别引入偏移量 Δ，形成如下控制规则：

```
DO CASE d：
CASE d< BOUND 1：
IF ( criterion= "标准 1" ) THEN   P=P理 +Δ1；
ELSE IF ( criterion= "标准 2" ) THEN P=P理 +Δ2；
……
ELSE P=P理 +ΔN
CASE d<BOUND2；
```

程序中，d 为钢管直径；criterion 为生产标准；P 为压差；$P_{理}$ 为理论压差；Δ 为调整值。

控制中，对于小管径但需要高压力测试的钢管，由于在高压部分水压上升过快导致超限，并使油跟随滞后，所以此处加压过程中水流、水量大小具有不确定性且与压力上升幅度呈非线性，建立控制模型很困难，故采用智能模糊控制。

通过试验，选用压力增量、单位时间作为输入，伺服水阀位置作为输出，将单位时间、压力增量、伺服水阀位置经精确量 Fuzzy 化，转换成模糊变量值，建立相应的模糊规则。在控制中，通过模糊规则判断，决定水流阀门开度，减缓高压上升速度，达到可控制。

⑤ 报警模块。报警模块界面包括声光报警窗口、实时报警窗口和历史报警窗口。声光报警窗口利用 Kingview 图库中的显示灯以及声音输出函数，在出现误操作、压力超限等情况时，根据程度不同，给予声光提示、限流、关阀等自动操作。实时报警窗口主要显示报警时刻主要参数的实时数据。历史窗口可用于查询某段时间的报警信息及相关参数。

通过使用报警模块，操作人员可以很方便地监视和查看系统的报警和操作等情况，并用于事后原因分析。

⑥ 用户及权限模块。该模块由登录窗口、用户及权限维护窗口和错误提示窗口等组成。Kingview 中，使用优先级和安全区的方式对系统中的资源、数据进行保护，只有通过密码登录的用户的优先级大于对象的操作权限，而且在该对象的安全区内才可对对象进行访问。

结合实际情况，将用户分为三种类型：管理员、操作人员及数据查询人员。各类人员拥有不同权限，管理员在用户及权限维护窗口可灵活调整、设置。

三、系统使用效果

经过几年来的运行，证明该系统具有以下特点：

① 人机界面友好，与原有系统相比，只需经过简单培训即可使用，可大大降低工作难度。

② 系统工作安全可靠，容错性强。大量的互锁控制，对超限及误操作进行自动保护，各种警示齐全，将系统不安全因素降到最低。

③ 完整的数据记录。不管是报警信息还是测试数据信息，都提供了合理的查询管理方式，便于以后的分析和使用。

④ 合理的用户权限设置，避免了闲杂人员对系统的操作，有利于不同用户对系统的合理使用。

在该水压机系统改造过程中，以 Kingview 作为开发平台，硬件使用各种标准模块，软件充分利用了组态软件的资源，合理规划，明显缩短设计周期提高了工作效率，从而大大降低了开发成本。系统界面直观友好，对工作流程进行提示，各种警戒与处理齐全，确保了系统的安全稳定性，在控制中，引入专家经验结合试验数据取得了良好的控制效果。但又必须指出，Kingview 处理的“实时性”有待进一步开发与提高，在需高速处理情况下，数据采集的时延及脚本语言轮询的时延限制了系统的高速反应性。

第六节　计算机在钢管静水压试验中的应用

钢管生产进行静水压试验，一方面起到检查钢管是否有渗漏现象，另外一方面可以消除钢管在成型过程中产生的残余内应力。为了保证每根钢管都能在要求的试验压力下试验，API SPEC 5L（42）和 GB/T 9711—2017 均要求每台试验压力机应配备能记录每根钢管试验压力和试验压力保持时间的记录仪，或配备某种自动或连锁装置，以防止在未满足试验要求前，将钢管判为已试压钢管。静水压试验记录或记录曲线应保存，自购方从制造厂购买之日起三年内，如购方有要求，制造厂应向购方提供这些记录。

为了保证钢管质量，满足标准要求和供方的愿望，对原有的静水压试验记录装置进行了升级改造，采用先进的计算机对试验过程及结果进行控制，取得了令人满意的效果。

一、工作原理及特点

如图 13-3 所示，在高压水供水管路上安装一个压力变送器，将实际水压值以模拟信号的形式输送给模拟输入端子卡并将其转换成计算机可以接收的数字信号，计算机处理后对压力曲线进行实时描绘，并根据需要将结果进行显示、打印或存储。其特点是：

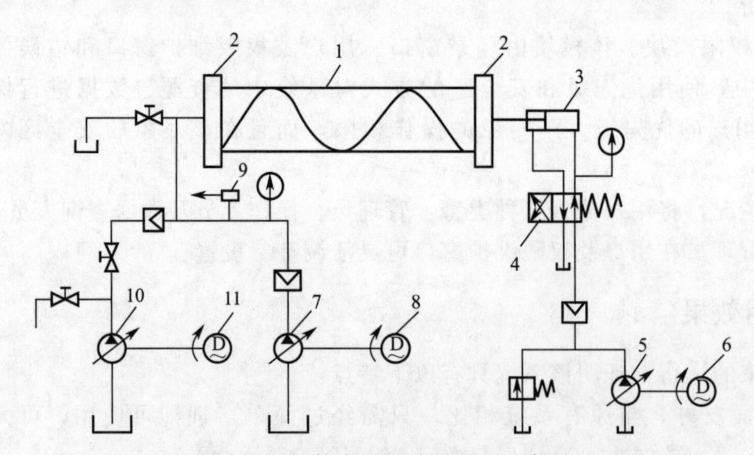

图 13-3　钢管水压试验机原理示意图

1—钢管；2—封头；3—油压缸；4—换向阀；5—油泵；6—油泵电机；7—高压水泵；8—高压水泵电机；9—压力变送器；10—低压水泵；11—低压水泵电机

① 自动化程度高，操作简单，采用计算机控制界面友好；

② 可自动操作也可手动操作，灵活方便；

③ 压力值、保压时间自动实时描绘记录，方便直观；

④ 自动判断并显示实际压力值与保压时间是否满足设定试验压力值和保压时间，并设有声光报警；

⑤ 检测精度高，测量误差小于±1%；

⑥ 采用数据存储，占用空间少，存储量大；

⑦ 配备 IBM 计算机、HP 激光打印机、光盘刻录机，不仅可以用计算机存储大量试验数据，还可用刻录机将试验数据制成光盘备份，使用方便。

二、主要硬件配置

① 主机：IBM PC 300 10G；

② 显示器：IBM C51；

③ 打印机：HP Laser Jet 6L Gold；

④ 光盘刻录机：HP cd-writer 9100 senes；

⑤ 键盘、鼠标：IBM；

⑥ 压力变送器：HB 9500 型扩散硅压力变送器 0～30MPa，0～10V 输出；

⑦ 数据采集卡：PCI 9111DG；

⑧ 模拟输入端子卡：ACLD-9138；

⑨ 数字输入端子卡：ACLD-9182A；

⑩ 数字输出端子卡：ACLD-9185。

三、系统操作程序

本系统操作软件采用微软 Visual Basic 6.0 语言编程，界面图形化采用数据库操作编程不仅方便，而且能力强。测量参数数据采用 Aces 数据库存储，实时测量数据采用二进制文件格式存储，既减少了大量数据处理的访问时间，又降低了数据文件备份时占用的空间，同时与 Visual Basic 的兼容性也非常好。整个软件分为测量、本机记录回顾、光盘记录回顾、光盘备份、参数输入五个主界面，图 13-4 是部分程序结构框图。

进入测量程序后，先根据钢管生产及试验要求输入各项参数，如钢管规格、材质及钢级、执行标准、班次、检查者、生产厂家、试验压力、保压时间等，参数输入可以从下拉菜单中选取，亦可直接输入，这些参数都可以与水压记录曲线同表输出。参数输入完毕进行确认后即进入测量状态。选择手动方式操作时，人工启动低压泵向管内注水，再启动高压泵，达到设定值后停止高压泵进行保压，达到设定的保压时间后打开阀门放水，并且人工决定是否将检测结果打印或存储。当选择自动方式操作时人工启动低压泵后，管内水压达到 0.05MPa 时系统自动停止低压泵供水，同时自动启动高压泵供水，当管内水压值达到设定的压力值时，自动停止高压泵进行保压，达到设定的保压时间后发出声、光信号提示卸压，同时将检测报告自动存入计算机。检测报告的打印可人工预先设定，既可设定自动打印，亦可手动操作打印。上述操作完成后自动返回初始状态准备检测下一根钢管。图 13-5 是钢管静水压试验记录示例。

该检测系统还有一个特点，就是计算机可以根据检测的实际压力和时间对画面进行优化处理，自动调整坐标系，使曲线始终处于画面中间位置，从而使画面更美观。

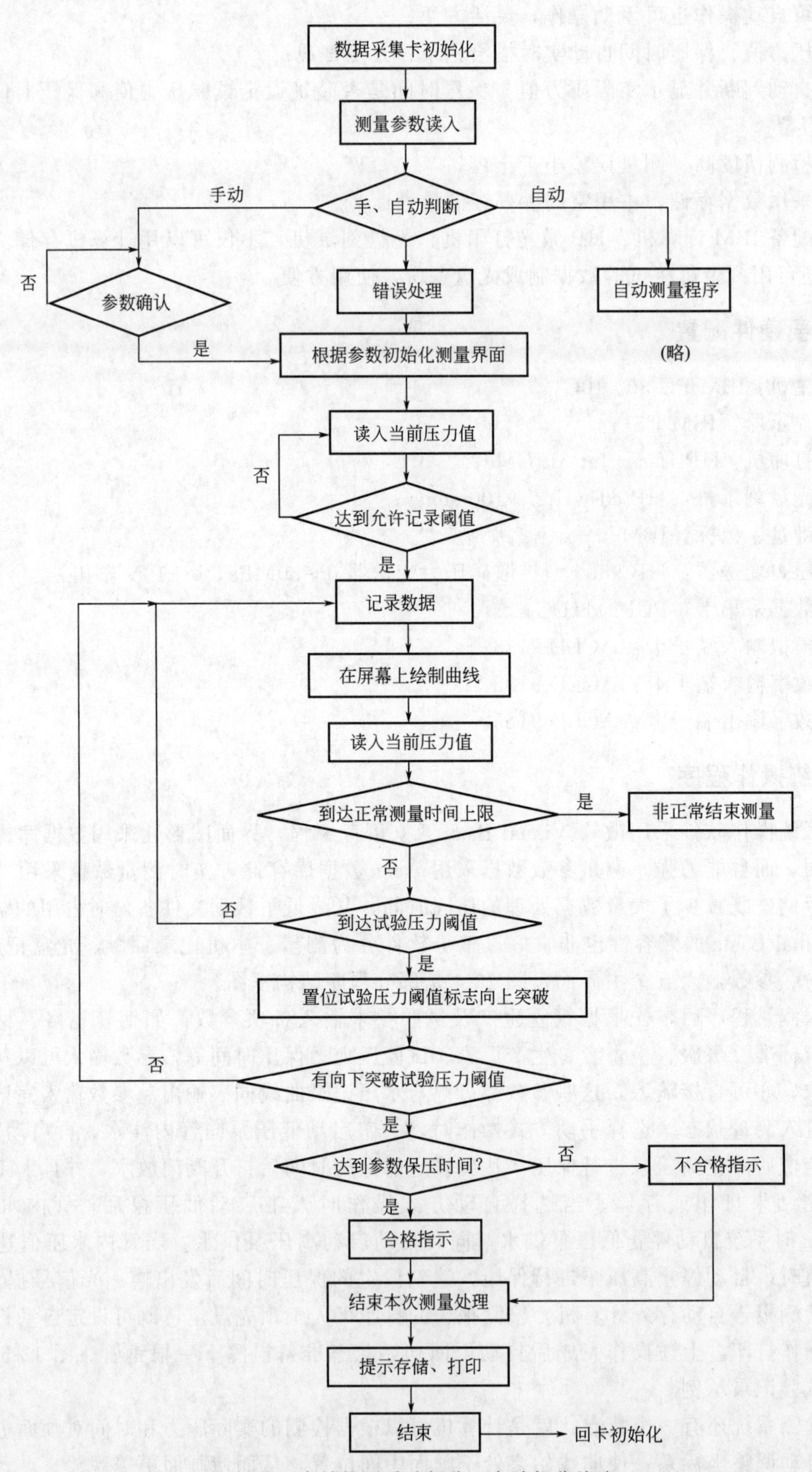

图 13-4　程序结构图手动部分（自动部分从略）

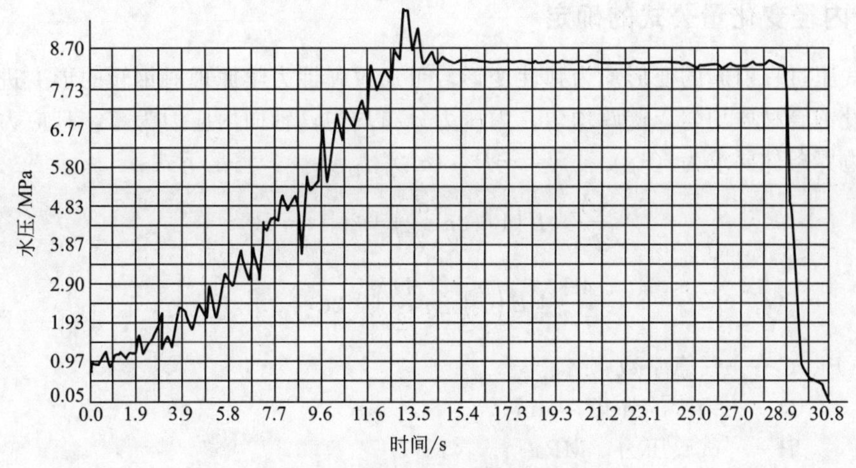

图 13-5 钢管静水压试验记录示例

四、静水压试验效果

以上介绍的是某钢管制造公司静水压试验采用计算机控制的实例，由于生产情况及设备不同，计算机的使用效果亦会有所不同，值得指出的是，试验时管内的空气要尽可能排空，否则由于空气的可压缩性，将使压力波动较大，曲线不够平滑，同时亦给编程带来一定困难。通过实际应用表明，采用计算机控制静水压试验进行压力曲线描绘效果很好，与其他方式相比可以更好地满足生产要求。

第七节 焊管水压试验增压补进水的计算

一、水压试验工序

水压试验机是焊管生产线不可缺少的检测设备，为确保产品质量。每根钢管均需进行静水压试验，水压试验机结构形式多样，但工艺过程基本相同，即进管→低压预紧→充低压水排气→油水按比例增压→稳压→卸压→排水→出管，共 8 个工步，其中主要的两个工步是充低压水排气和增压，而增压过程是重中之重，该过程用时长短直接影响水压机的工作效率，也即高压水系统设计的合理性将直接影响生产效率。水压试验时，增压对钢管会产生以下三个方面的影响：

① 会使钢管产生弹性变形，容积增大；

② 低压水中残存一定量的小气泡会被压缩而体积变小；

③ 钢管中的水会被压缩而体积变小，这就需高压水来补充，且试验压力越大需补充的高压水就越多，试压过程用于增压的时间也就越长。

由此可见，增压时间与钢管需补充的高压水流量有直接关系，因此首先要对试压时的高压水增量进行分析和计算，即对钢管增压时的钢管形变、气泡压缩、水压缩进行分析计算，再根据需要补进的高压水量、焊管机组生产节奏等进行高压水系统设计，使设计更合理，更可靠。

二、钢管内径变化量公式的确定

钢管试压过程引起的变形均为弹性变形，可通过弹性力学原理对钢管的形变进行分析和计算。假设钢管材质均匀，壁厚均匀，内压力分布均匀，轴向内应力为零，且应力分布为轴对称，则边界条件要求为 $(\sigma_r)_{r=d/2}=-P$，$(\sigma_r)_{r=D/2}=0$，满足下式：

$$\frac{4A}{d^2}+B\left(1+2n\frac{d}{2}\right)+2C=-P \tag{13-1}$$

$$\frac{4A}{D^2}+B\left(1+2n\frac{D}{2}\right)+2C=0 \tag{13-2}$$

式中 A、B、C——任意常数；

D——钢管的外径，mm；

P——试验压力，MPa。

由位移单值条件可知 $B=0$，可以求出：

$$A=\frac{DdP}{4(d^2-D^2)},2C=\frac{d^2P}{D^2-d^2} \tag{13-3}$$

将式(13-3) 及 $B=0$ 代入下式，有：

$$\sigma_r=\frac{A}{r^2}+B(1+2^{nr})+2C,\sigma_\theta=\frac{A}{r^2}+B(3+2^{nr})+2C$$

可求得：

$$\sigma_r=\frac{\frac{D^2}{4r^2}-1}{\frac{D^2}{d^2}-1}P,\sigma_\theta=\frac{\frac{D^2}{4r^2}+1}{\frac{D^2}{d^2}-1}P \tag{13-4}$$

取 $r=d/2$，则可求得单位内径变化量：

$$\varepsilon_\theta=\frac{1-\mu^2}{E}\left(\sigma_\theta-\frac{\mu}{1-\mu}\sigma_r\right)$$

则内径变化量为：

$$\Delta d=\frac{Pd(1-\mu^2)}{E}\left[\frac{D^2+d^2}{D^2-d^2}+\frac{\mu}{1-\mu}\right] \tag{13-5}$$

式中 E——弹性模量；

μ——泊松比。

三、试验压力的确定

按照 API SPEC 5L 给定的公式，钢管静水压试验最低试验压力为：

$$P=\frac{2000St}{D} \tag{13-6}$$

式中 P——静水压试验压力，MPa；

S——环向应力，MPa，其数值等于不同尺寸钢管所规定最小屈服强度乘以表 13-9 所列的百分数；

t——规定的壁厚，mm；

D——规定的外径，mm。

表 13-9　最小屈服强度百分数选取表

钢级	钢管直径/mm	规定最小屈服强度百分数/%	
		标准试验压力	选用试验压力
A、B	≥60.3	60	75
X42～X80	≤141.3	60	75
	>141.3～219.1	75	75
	>219.1～508	85	85
	>508	90	90

同时满足下列限制条件：

① 对于 A 和 B 级钢管，直径不大于 88.9mm 的试验压力限制在 17.2MPa 范围内，直径大于 88.9mm 的试验压力限制在 19.3MPa 范围内。

② 对于 X42～X80 级钢管，直径小于 406.4mm 的试验压力限制在 50MPa 范围内，直径大于 406.4mm 试验压力限制在 25MPa 范围内。

③ 西气东输二线用管标准《X80 螺旋缝埋弧焊管技术条件》要求试验压力所产生的环向应力应达到管材规定屈服强度最小值的 95%。

④ 当计算的试验压力不是 0.1MPa 的整数倍时，应将其圆整到 0.1MPa 的整数倍。

四、增压补进水体积计算方法

1. 计算举例

以钢级 X80 直径 $D=610$mm，壁厚 $t=64$mm，长度 $L=12$m 的钢管为例，按西气东输二线用管标准《X80 螺旋缝埋弧焊管技术条件》的试验压力要求计算增压补进水体积。

将 $D=610$mm，$t=6.4$ mm，$\sigma_s=552$MPa 和 $S=0.9\times\sigma_s$ 代入式(13-6)，可得：

$$P_{610}=\frac{2000St}{D}=10.4\text{MPa}$$

将 $E=2.06\times10^5$MPa，$\mu=0.3$，$P=P_{610}=11.0$MPa，$D=610$mm，$t=6.4$mm，$L=12$m 和 $d=D-2$，$t=597.2$mm 代入（13-5）式可求得内径变化量：

$$\Delta_d=\frac{P_d(1-\mu^2)}{E}\left[\frac{D^2+d^2}{D^2-d^2}+\frac{\mu}{1-\mu}\right]=1.382\text{mm}$$

进而可求得体积增量：

$$\Delta v=\pi\left(\frac{d+\Delta d}{2}\right)-\left(\frac{d}{2}\right)^2\times L=15.57\text{L}$$

试压时，钢管内充入的低压水中，残存气泡的体积 β 为总容积的 0.3%～0.5%，与充水速度、钢管直径及循环水状况均有一定关系。

根据气态方程：

$$P_0V_0^k=P_1V_1^k \tag{13-7}$$

式中　P_0——大气压力；

P_1——加压后的压力；

V_0——大气压力下钢管腔内气体体积

V_1——压缩后的气体体积；

k——常数，由于压缩较缓慢，气体温度基本无变化，取 $k=1$。

则残存气体体积取（$\beta=0.5\%$）。

$$V_0=\pi r^2+L\beta=16.8\text{L};$$

压缩后残存气体体积为：

$$V_1=\frac{P_0V_0}{P_1}=1.5\text{L}$$

则 $\Delta V_2=V_0-V_1=15.3\text{L}$。

当压力在1～500个大气压，温度在0～20℃的范围内，水的体积压缩系数（当压力增加一个大气压时液体体积减少的数值）为 $\alpha_p=1/20000$，则 $\Delta V_3=\pi r^2L\alpha_p=0.168\text{L}$，故需要补进高压水总体积为：$\Delta V=\Delta V_1+\Delta V_2+\Delta V_3=31.04\text{L}$。

2. 常用规格钢管水压试验增压补进水列表

对 ϕ711mm、ϕ1016mm、ϕ1219mm、ϕ1626mm 和 ϕ2032mm 等几种有代表性的不同壁厚、不同钢级、不同长度钢管的增压补进水分别进行计算，结果如表13-10所示。

表13-10 常用规格钢管水压试验增压补进水计算表

钢级	直径/mm	壁厚/mm	管长/mm	试验压力/MPa	进水体积/L
X80	610	6.4	12	11.0	31.04
X70	1016	14.3	12	12.9	80.0
X80	1016	14.3	12	14.8	85.8
X80	1219	15.3	12	13.2	123.8
X80	1219	18.4	12	15.8	123.3
X80	1422	20.6	15	15.2	168.12
X70	1626	20.6	15	11.6	161.7
B	2032	20.6	15	3.7	178.6
B	711	7.9	12	4.0	24.7

由表13-10可知，同种规格钢管，材质越高增压补进水越多，同种材质管径越大增压补进水越多，同种材质同一直径、不同壁厚增压补进水的量变化大。

五、高压水系统设计要求

为了提高检测效率，必然要提高增压速度。水压机一般采用两种方式增压：一种是直接由三柱塞高压泵补进高压水增压；另一种是通过增压器补进高压水增压。第二种方案相对第一种方案设计较复杂，制造成本较高，但系统稳定性较好。这里以第一种方案进行设计和泵的选取。

由于最大直径钢管与最小直径钢管增压容积相差较大，为了满足生产节奏同时兼顾最大直径钢管和最小直径钢管，选择两台三柱塞高压泵，钢管直径小于1016mm时，启动一台泵增压，钢管直径大于1016mm时启动两台泵增压。对三柱塞高压泵的选择要求如下：

① 泵出口压力，API SPEC 5L要求直径大于406.4mm的钢管试验压力限制在25MPa范围内，故选择泵出口压力为30MPa。

② 泵的流量、预精焊机组预焊一根钢管（ϕ610～ϕ2540mm，焊速3～4m/min）约4～13min，水压试验过程应控制在4～10min之内。

因每根钢管试压过程均要经过8个工步，每个试压循环除充低压水和增压外其余辅助工步所需时间约 2～3min，大直径钢管时间相对较长。因此小直径钢管充水增压必须在 40s 内完成，大直径钢管充水增压须在 90s 内完成，同时考虑留有一定的时间余量，故选用泵流量不小于 75L/min。

通过对焊管水压试验过程中钢管的形变及高压补进水体积的计算，为合理设计高压水系统提供了理论依据。可有效避免设计的盲目性，既满足生产节奏要求，又避免能量浪费。

第八节 水压试验机故障诊断与故障预测方法

钢管作为一种输送流体的管道，是国民经济各个领域不可缺少的重要钢材之一。根据 API SPEC 5L 要求，各种不同品种和钢级的钢管，必须能承受相应等级的压力，压力试验成为钢管生产过程中必需的质量检测环节，对钢管质量检验起重要作用。水压试验机正是为检验钢管的耐压能力而设计制造的。水压试验机是一个集机械、液压及电控等多方面为一体的复杂系统，国内大部分先进的水压试验设备都是从国外直接引进的，由于涉及一些专利的保密性，使得人们对引进水压试验机的机理知识缺乏深入的了解。液压系统发生故障时，故障的诊断和排除带有很大的技术难度，往往需要为此耗费大量的人力、财力和时间。此外，由于水压试验机是一个复杂的高压系统，该类系统一旦发生事故，不仅会影响生产的可靠运行，还可能会造成人员和财产的巨大损失。如果能够通过对过程的在线预测，预知系统在未来一段时间内的故障信息，从而使操作者可以及时地进行生产决策和管理，这样就可以预防并且减少故障所造成的损失。因此，研究切实可行的水压试验机故障诊断与预测方法，快速判断故障原因，对提高设备的检验能力及保证生产安全可靠运行有重要意义。

一、水压试验机故障综述

1. 故障综合描述

所谓故障，是指水压试验系统中至少有一个重要变量或特性出现了较大偏差，偏离了正常范围，从广义上来看故障可以理解为系统的任何异常现象，使系统表现出不期望的特性，出现故障时系统的性能明显低于正常水平，故难以完成其预期的功能。

液压系统故障是指液压元件或系统丧失了应达到的功能及出现某些问题的情形。液压系统故障主要与以下诸因素密切相关。

① 故障元件。即发生故障的元件。液压设备以元件为基本组成单元，液压系统的故障一般情况就是某具体元件的故障，只有在对液压元件的原理、结构、功能、失效机理等有了深入系统的认识之后，才能顺利地分析现场故障和排除故障。液压系统分析的一个重要特点是通过对系统性能变化的考察来推断元件的损坏，这里尤其要注意的是系统性能变化与元件损坏之间的各种关系。

② 故障参量。即表征液压装置功能丧失或出问题的物理量，如压力、流量、泄漏量、速度（转速）、力（矩）、动作秩序、位置、效率、振动、噪声及吸油口的真空度等，上述参量值超出了规定的范围，即表明系统发生了故障。

③ 故障症状。即故障参量超出了规定的范围，且被人们测到的现象，它是故障的外在表现。

④ 故障信息。即反映液压装置内部损坏状况的特征信息，故障症状显然是故障信息，设备的异常现象、报警信号、系统测试分析结论、设备的使用期限、维护保养状况、运行及修理记录等在一定的条件下也是故障信息。故障信息及其与故障的某种对应关系，是判断故

障的起点和依据。

⑤ 故障原因。即引起故障的初始原因。它主要有油污染、机械磨损与断裂失效、设计制造问题、安装问题、环境条件不符及人为因素等。因果关系分析是具体的现场液压系统故障分析的主要内容，找出最初原因是其直接目的。

⑥ 故障范围。即故障的涉及面。有的故障是单一性的，有的故障是综合性的和全面出现的。前者是由个别因素异常引起的结果，如液压油脏引起液压系统多处阀芯卡死等；后者涉及多环节与部分，如设备使用时间长，多处磨损，引起系统压力与流量下降等就属于综合性故障。

⑦ 故障强度。即故障的严重程度，也就是液压装置损坏的严重程度，严重故障强度高，轻微故障反之。在现场，应注意发现故障苗头，避免严重故障，轻微故障信息量不充分，不明显，故障分析的难度大。

⑧ 故障劣化速度。即故障产生与发展的速度，有的故障是突然产生的，另一些则是逐步发展的。零件疲劳断裂，电线脱落是突发型故障。对于突发型故障，应注意掌握故障的预兆。对于渐变型故障，应长期监测，弄清其发展趋势。

⑨ 故障时效。即故障的作用持续状况。有的故障是暂时的、间断性的，这类故障是暂时性故障。另一些故障一旦出现只有在修理或更换了零件之后才能恢复功能，这类故障是永久性故障，暂时性故障原因在外部，永久型故障的直接原因在元件的内部。

2. 液压系统故障的特点

① 隐蔽性。液压装置的损坏与失效，往往发生在深层内部，由于不便装拆，现场的检测条件也很有限，难以直接观测，各类泵、阀、液压缸与液压马达无不如此。由于表面症状的个数有限，加上随机性因素的影响，故障分析很困难。如大型液压板内孔系纵横交错，如果出现串通与堵塞，液压系统就会出现严重失调，在这种情况下找故障点难度很大。

② 交错性。液压系统的故障症状与原因之间存在各种各样的重叠与交叉，一个症状有多种可能原因，例如，执行元件速度慢，引起的原因有负载过大、执行件本身磨损、导轨误差过大、系统内存在泄漏口、调压系统故障及泵故障等。

一个故障源也可能引起多处的症状，如叶片泵定子内曲线磨损之后，会出现压力波动增大和噪声增大等故障，泵的配流盘磨损之后会出现输出流量下降、泵表面发热及油温升高等症状，一个症状也可能同时由多个故障源叠加起来形成。液压系统在运行一段时间以后，多个元件均被磨损，例如，当泵、换向阀和液压缸均处于损状态时，系统的效率有较大幅度的下降，当逐一更换这些元件，效率将逐步提高，对于一个症状有多种可能原因的情形，应采取有效手段排除不存在的原因。对于一个故障源产生多个症状的情形，可利用多个症状的组合去确定故障源。对于叠加现象，应全面考虑各影响因素，分清各因素作用的主次轻重。

③ 随机性。液压系统在运行过程中，受到各种各样的随机性因素的影响。如电网电压的变化、环境温度的变化、机器工作任务的变化等。外界污染物的侵入也是随机性的。由于随机性因素的影响，故障具体发生点及变化方向更不确定，引起判断与定量分析的困难。

④ 差异性。由于设计加工材料及应用环境等的差异，液压元件的磨损劣化速度相差大，液压元件的实际使用寿命差别很大，一般的液压元件使用寿命标准在现场无法应用，只能对具体的液压设备与液压元件确定具体的磨损评价标准，这又需要积累长期的运行数据。很显然，基于精确数学模型的故障诊断与预测方法在工业生产现场难以实际应用，相比之下，基于知识、经验的人工智能诊断方法更能奏效。

二、水压试验机故障诊断技术

实际的水压试验机故障诊断系统应用在现场采集到的实时数据，通过在程序中添加故障诊断模块和故障预测模块，在上位机控制界面中增加监控窗口，便可以实现在线的实时诊断及预测，从而达到对生产过程整体监控，最终为生产维修决策提供正确依据的目的。

1. 总体结构及功能性

水压试验机故障诊断系统主要包括故障诊断、故障预测、模型在线修正、制定维护维修方案等几部分功能，其系统结构示意图如图 13-6 所示。

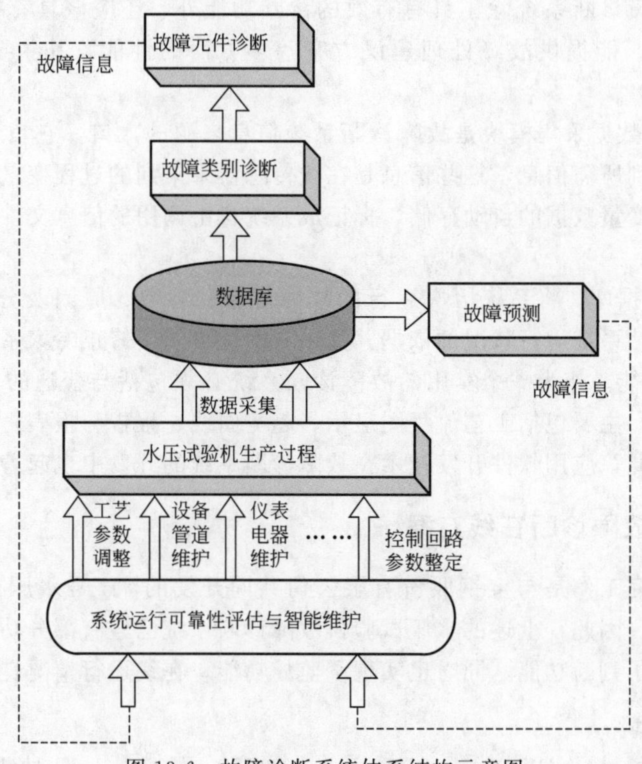

图 13-6　故障诊断系统体系结构示意图

① 故障的诊断。故障诊断主要用于完成故障源的识别、故障原因的判断等功能。本节共提出了两种故障诊断方法，即基于专家系统的诊断方法和基于多元统计的诊断方法。专家系统的方法运算速度快、诊断精度高，能够有效识别出故障类别。但由于该方法只依赖单变量信息，所以很难诊断出发生故障的具体元件。而多元统计的诊断方法融合了多变量信息及相应的技术处理手段，能够实现液压元件的诊断。但是由于数据采集及多变量数据处理等因素使得该方法对故障类的诊断精度略差于专家系统的方法。因此，需要将这两种诊断方法互相补充，共同构成诊断方案。即首先利用专家知识快速准确地诊断出发生故障的类别，当需要进一步诊断发生故障的元件时则应用多元统计方法。

② 故障的预测。故障预测是故障诊断系统中必不可少的一项功能。只有通过故障预测，结合先进的测量工具，对设备进行适时的、有针对性的监控，才能在发生故障前及时更改操作方案，使潜在的故障在转化为实际故障之前得以解决，尽可能避免重大故障发生。

③ 模型在线修正。任何生产过程不可能是一成不变的，生产规则、生产环境的改变以

及元件磨损等因素总会导致一定的变化。因此，建立的模型需要定期在线更新。在实际应用中，用每天采样的新数据替换部分老数据，进行在线建模。如果对象发生很大变化（如生产条件和生产流程发生很大变化），此时，原来的模型和数据库都可能不再适用，则需要重新采集数据建立新的模型或将旧的模型做大的修改。

④ 制定维护维修方案。在水压试验机生产过程中，为了有效减少非正常停产，提高设备利用率和运行效率，需要对系统运行可靠性进行实时评估，根据当前设备状况，综合前期故障分析结果制定维护及维修方案，优化现有维护策略。

2. 系统主要辅助功能

一个实用的故障诊断系统除了具有有效的诊断功能外，还应该具有操作方便、界面清晰、系统易于维护、能提供故障处理建议方案等多方面的性能。其主要辅助功能有以下三点。

① 数据采集。数据采集模块是故障诊断系统信息来源的入口，它负责从水压试验机的上位机数据库中得到所需信息，这些信息是在线传感器采集到的过程变量信息，而后存储在数据库中的。实现变量数据的自动存储，标记成系统自由调用的信息文件，并且可以进行采样周期的自由设定。

② 故障历史数据库。将系统历次运行的故障现象、参数、原因及分析过程存储起来，一方面可以作为评估系统运行状况的依据，另一方面也可用于修正专家系统规则库。

③ 基础监测功能。作为一个实用的故障诊断系统必须包括与普通的计算机监测系统相似的基本监测功能，主要包括工艺流程图显示、趋势曲线、报告与报表。该系统最终以计算机软件为载体，因此，应用软件开发技术在故障诊断系统的开发中也起着十分重要的作用。

三、水压试验机故障诊断在线方案

本节所做的研究工作是与宝钢股份有限公司共同开发的“3 号水压机压力平衡控制研究”课题的一部分。因此，上述的水压试验机故障诊断系统已经有部分功能开发完毕，所开发的系统不仅实现了判断功能，同时也实现了监控功能，在线运行情况良好。

1. 软件开发环境

该系统的开发涉及 WinCC、SQL Server、VB 及 Step7 四种开发软件。其中，WinCC6.0 通过 PROFIBUS 总线实现和西门子 S7400 间的数据通信，进而实现对现场信号的采集和管理。同时 VB 通过 OPC 读取 WinCC 存入 SQL Server2000 数据库的变量值来进行相应处理部分，处理结果存入相应的数据表中，而 WinCC 又通过 VBS 脚本读取数据库中的数据，进而用于 WinCC 中的查询结果显示。图 13-7 介绍了四部分软件实现的功能。

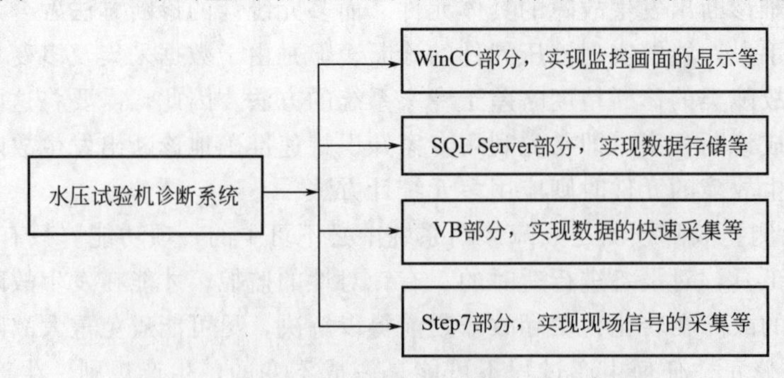

图 13-7　钢管水压机诊断系统软件功能示意图

① WinCC 程序内容和作用。实现用户的登录，参数的显示、修改，趋势的显示，“标准曲线”的显示，查询曲线，报警及故障结果显示等功能。

② SQL Server 部分作用。SQL Server2000 数据库实现各种数据表的建立，从而实现现场采集数据及诊断结果的存储。用户也可在此查看数据库中存储的信息。

③ VB 程序内容和作用。首先，VB 通过 OPC 读取 WinCC 变量数据，减轻了 WinCC 的内部脚本程序运行负担，从而实现了变量数据的快速存储，并且采用 VB 编程实现基于相关联分析的专家系统故障诊断方法，在固定批次压力试验结束时对数据库中的相关记录进行故障诊断结果，记录入数据库，以便有关人员利用 WinCC 查询之用。

④ Step7 程序内容和作用。Step7 通过程序实现现场信号的模数转换，并将变量信号传送至上位机的 WinCC 软件。

2. 上位机的配置

上位机为 PC 站，配备 WinCC 组态软件，提供人机操作界面。基本配置如表 13-11 所示。

表 13-11 监控机计算机配置

组件	配置
主机	CPU P424，内存 512M，硬盘 40G，光驱 40 倍速，软驱 14B
显示器	三星 171S，17 吋液晶显示器
通信卡	CP613 以太网卡，用于实现与 PLC 的网终连接
操作系统	Windows 2000
监控组态软件	WinCC V6.0
PLC 编程软件	Step7v5.3

3. 下位机系统的硬件组态

下位机采用西门子公司 S7-400 系列 PLC，S7-400 是一个功能强大的基于 Windows 操作系统的多功能（多用途）软件包，包括组态、文件生成、调试和在线监视等工具软件，可以在在线和离线情况下使用。下位机系统由一个 9 槽机架、一个电源模块、一个 CPU 模块、一个通信模块、一个开关量输入模块、一个模拟量输入模块等构成，各模块的基本信息如表 13-12 所示。

表 13-12 系统设备表

序号	设备名称	规格型号	数量	单位	厂商
1	电源模板	5A	1	个	西门子
2	CPU 模板	315-2DP	1	个	西门子
3	模入模板	331-8 路	1	个	西门子
4	开入模板	321-32 点	1	个	西门子
5	通信网卡	CP5611	1	个	西门子
6	网络接头	90 度连接	1	个	西门子
7	内存卡	128M	1	个	西门子
8	导轨	530mm	1	个	西门子
9	前连接器	20 针	1	个	西门子

续表

序号	设备名称	规格型号	数量	单位	厂商
10	前连接器	40针	1	个	西门子
11	通信电缆	PROFIBUS	1	个	西门子

4. 专家系统知识库的建立

专家系统知识库结构采用若干个二维列表（SQL Server2000 数据表），这些表组成一个知识库，它们通过相同的属性进行关联，包括案例号、系统名、部件名、故障现象、故障原因、故障排除方法等。通过知识获取方法，从现场总结了大量的专家经验，整理成表格形式，存入数据表，构成了故障诊断专家系统的知识库。

5. 人机交互界面设置

该诊断系统采用德国西门子公司编程软件 WinCC6.0 进行开发。WinCC6.0 是基于标准的 Microsoft 的 32 位操作系统（Windows NT4.0 或 Windows 2000）的软件。WinCC60 为过程数据的可视化、报表、采集、归档以及为用户自由定义的应用程序的协调集成提供了系统模块；使用脚本语言提供二次开发功能，存储和查询历史数据；最重要的是 WinCC 提供了良好的人机交互界面。

本诊断系统的用户界面包括：初始画面、参数画面、模拟画面、曲线画面、查询画面、报警分析画面、故障诊断画面、帮助画面。通过这些画面可实现监控诊断系统与操作、维护人员间的交互，完成对水压试验机现场的动作、数据、显示、报警等数据的监控。通过画面可以看到水压试验机运行状况和动态模拟水压试验机工作过程。同时通过画面，相关人员可对水压试验机生产流程建立初步概念。操作人员可以通过系统查询界面向用户提供各种查询功能，如标准曲线、历史曲线、历史工作状况等，同时通过系统功能，根据诊断的类别，给出诊断的结果。

该水压机诊断系统构造出了包括故障诊断、故障预测、模型在线修正、制定维护维修方案等几部分功能的故障诊断系统总体功能框架，并且利用计算机软件技术开发了具有故障类别诊断功能的智能诊断系统，实现了多种故障类别的诊断，从而提高了水压试验机的运行稳定性和生产效率。

第九节　静水压试验对钢管质量的影响

焊管静水压试验是通过向试验钢管内充水、加压、保压等过程来检测钢管在规定压力下是否满足设计要求，是最直观、最接近钢管实际使用情况的一种检测手段。检验标准中明确要求每根焊管均需进行静水压试验，主要检验在规定等级压力下焊缝或管体不破损、不渗漏。静水压试验在检验钢管本身质量的同时，试验钢管在静水压力载荷及本身存在的残余应力的叠加作用下会出现一定的弹塑性变形，进而影响到钢管外形尺寸、力学性能、残余应力的分布。这三方面的质量情况与管线运行安全有着密不可分的关系，因此研究静水压试验对焊管外形尺寸、力学性能、残余应力分布的影响具有重要意义。

一、对静水压试验的技术要求

在标准 API SPEC 5L《管线钢管规范》45 版及 GB/T 9711—2017《石油天然气工业管

线输送系统用钢管》中，都明确要求每根钢管均需经过静水压试验检测，且根据钢管钢级的不同，需承受相应等级的压力，并要求在试验过程中焊缝或管体不应渗漏。在 API SPEC 5L 和 GB/T 9711—2017 标准中规定，焊管需进行的静水压试验压力与钢管本身屈服强度有明确关系，常见的静水压压力的计算公式见本节“静水压试验压力的计算”。

在已知的钢管规格（管径、壁厚）下，决定静水压试验压力的是 S（环向应力）的规定最小屈服强度百分数，标准中对该百分数的规定如表 13-13 所示。

从表 13-13 中可得出，在标准中规定可进行的最高静水压力为 0.90SMYS，最低静水压力为 0.60SMYS，静水压力等缘的选用是和钢管规格、材质直接相关。

表 13-13　S 中规定最小屈服强度（SMYS）百分数

钢管等级	规定外径 D/mm	确定 S 中规定最小屈服强度的百分数/%
L245	任意	60
L290～L830	≤141.3	60
	＞141.3～219.1	75
	＞219.1～＜508	85
	≥508	90

在国外的钢管技术文件中，一般仅规定最小静水压试验压力，对最高压力不设限制，使静水压试验测试钢管真实状态的优势发挥到最大程度。由于在静水压试验过程中钢管受到静水压力载荷作用，在钢管内部产生相应的应力，且主要为环向应力（为轴向应力的 2 倍），故而钢管管体在水压环向应力和本身存在的残余应力叠加作用下会出现一定的弹塑性变形，发生形变强化，且在使钢管外形尺寸发生变化的同时，钢管内的残余应力也出现了重新分布。

国内外对静水压试验对钢管外形尺寸、管体强度、残余应力的影响已进行大量的相关研究。有文献资料报道指出，静水压试验对钢管椭圆度有影响，并根据静水压力计算公式推出在材质和壁厚相同的情况下，管径越小承受的静水压力越大，椭圆度改善越大。静水压试验是对钢管真实状态的测试，钢管屈服强度 $R_{t0.5}$ 在静水压试验后会有一定的升高。静水压试验过程对钢管的拉伸强度产生了较大的影响，屈服强度平均提高达 40MPa。在静水压试验环向应力及钢管本身残余应力的叠加作用下，钢管内部小区域的应力超过了材料的屈服强度，发生微量塑性变形，该区域内的残余应力得到一定的释放，从而使钢管成型焊接过程中产生的残余应力得以变化和重新分布。

二、静水压试验工艺流程及设备

1. 静水压试验工艺流程

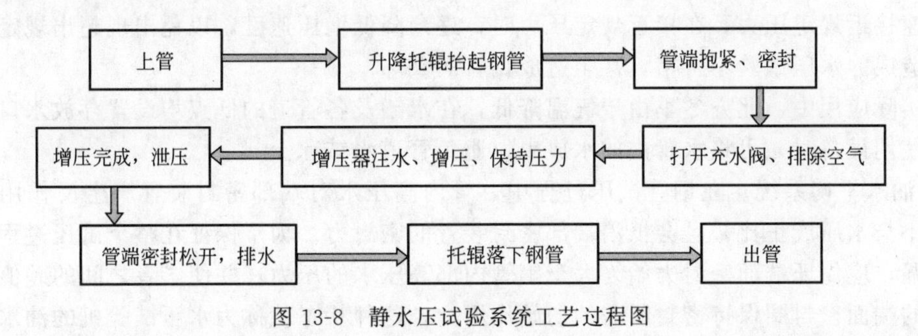

图 13-8　静水压试验系统工艺过程图

2. 静水压试验设备概况

① 对设备要求。静水压试验设备可满足 API SPEC 5L、GB/T 9711—2017 或用户有特殊要求的油气输送管线有关静水压试验的技术要求。

② 应用的范围。钢管外径 ϕ610～ϕ1620mm，壁厚 8～24mm，钢级 L245～X120，允许钢管最大质量 12t。

3. 静水压试验设备技术能力

本技术采用的静水压试验设备每次只可对一根钢管进行试验，钢管长度范围为 8～15m。试验的密封形式为端面密封，可允许的钢管的切斜量不可超过 3mm，否则会对试验的密封性造成影响。试验机可承载的最大载荷为 3000t，最大试压压力为 50MPa，保压状态下压力的波动范围≤0.3MPa，保压时间可在 5～40s 之间调节。

采用的静水压试验设备的驱动方式为全液压式，整体框架为矩形梁框架，矩形梁为实心结构。油缸直径为 ϕ1020mm，主缸的可移动行程为 1200mm。为加快钢管注水速度，增加两只容积 50m^3 的储水罐，加压阶段采用功率为 45kW 的卧式增压泵进行加压。试验用水为循环水，为避免冬季温度过低水结冰，水循环系统设置有防冻装置。为使水压试验的过程可追溯，试验设备还具备试验水压变化与稳压时间曲线的记录及打印功能。

静水压试验机主要设备构成为：高低压水系统、液压控制系统和电气控制系统、主机、安全防护装置。

钢管自上工序到达静水压试验工序后，首先将钢管内部的杂物冲洗干净，然后送入试压工位进行注水、加压、保压，然后将钢管泄压排水，完毕后移到下个工序。现把静水压试验设备的主要部分简单做一下说明。

① 高低压水系统。低压系统主要用于冲洗钢管内部杂物及向钢管内部注水，其主要构成有水罐、补水装置、冲洗水装置、注水装置及管路阀门等。组成低压水系统的水罐容积为 50m^3，设置水罐的目的是提高钢管注水效率，缩短整体打压时间，其原理一是依靠水自身重力传送，二是水罐内充水前首先注入一定的压缩空气，提高出水流量。在水罐的侧面装有液位计，一旦水位低于设置高度，配置的高低位开关和离心水泵可自动控制充水和切断，达到补水的目的。

② 冲洗装置和注水装置直接采用水罐内低压水，水流的通断由液压阀控制，可实现自动开关。

高压水系统是在低压水注满钢管后逐步加高压水使压力达到规定值。高压水系统由增压泵、单向阀组及管路阀门等组成。增压泵顾名思义是用来向钢管内注入高压水的，单向阀组是保证增压泵的增压效果，防止高压水的逆流，为保证可承受高压载荷，阀芯须为不锈钢材质，高压用水也取自水罐内，增压速度采用变频器调节。在增压的初始阶段，增压速度较快，迅速接近规定压力，在接近规定压力时，逐渐降低增压速度，以免出现超出规定压力的现象，造成静水压试验不合格，甚至造成钢管的破坏。

在实际应用中，北方冬季由于气温降低，在水罐及各管道的低点均设置存放水口，在长时间不使用设备时，可将水管内的水放出，避免管道水结冰。

③ 油水平衡系统。在钢管试压过程中，管内高压水对端部密封装置产生反作用力，该力的大小与水压成正比，且会抵消端部密封装置的密封力。为了保证在整个试压过程中不发水的泄漏，应保证端面密封力始终大于钢管内部高压水的压力，并使二者之间的差值始终等于设定的端面密封圈保持密封所需的初始作用力，这种状态就称为水压试验机的油水压力平

衡状态。

油水平衡系统的存在就是保证整个静水压试验过程随时保持油水平衡状态，使主缸压力在增压、保压、减压和卸压过程始终与钢管内部压力变化一致，保证试压过程不发生泄漏或损坏端面密封圈的现象。

4. 静水压试验机的液压特性

液压系统包括增压泵控制系统、油水平衡系统、辅助液压系统三个部分。

每个液压系统中包括油箱、油泵装置、压力表、过滤器及过滤阻塞报警装置、冷却循环装置、加热装置、阀站装置、管道用阀门及附件。

① 增压液压泵站。增压液压泵站用来保证增压泵的正常工作，设置有两台恒压变量柱塞泵，其中一台作为备用，以保证增压的连续工作，两台注水泵的工作管路独立工作，可方便地选择任何一台进行工作。增压压力的控制采用比例阀溢流，可精确控制增压量。液压泵站的冷却系统设置有独立的循环管路，采用油冷，有独立的动力循环泵。

② 固定液压泵站。在钢管试压过程中，管内高压水对端部密封装置产生反作用力，该力的大小与水压成正比，故需设置一液压泵实现油水平衡。该液压泵一般固定在移动机架上。采用比例阀控制液压泵产生的主缸压力，使主缸压力与钢管水压压力实现平衡。主缸增压泵的功率为 30kW，增压速度完全满足增压要求，为避免工作时产生的高温损坏设备，该泵站使用风冷对回油路进行冷却。

③ 辅助液压站。除了增压设备及油水平衡设备液压动力外，其余的液压动力全部由辅助液压站控制，辅助液压站一般安装在地面上。同样的，为保障试验的连续进行，避免因为液压泵的原因造成试验中断，辅助液压站配置有两台 45kW 恒压变量柱塞泵，一台正常工作，另一台备用，可通过选择阀路上的开关选择使用任意一台柱塞泵。为避免工作时产生的高温损坏设备，系统配备了独立的循环回路，采用风冷。

为方便维修保养，液压泵一般均裸露在设备外部。进行工作时，需使用多油缸同时工作，该功能的实现采用分流集流阀控制。为使液压系统提供的动力稳定可靠，在液压回路上设置有液压锁、安全阀、顺序阀等。为保证各系统的主泵在卸载状态下启动，以便使启动电流最小，防止电机烧坏，系统的压力油路采用电磁溢流阀控制。

④ 对于螺旋焊管的静水压试验，其试验压力一般较高，基本都在 10MPa 以上。静水压设备是通过液压油泵的作用保证达到要求压力。液压油泵是把油泵的机械能转变为液压油的压力能，在静水压设备中一般选用高压柱塞泵。高压柱塞泵的特点是在高压下工作，体积小，效率高，发生泄漏的可能小，所以成为静水压设备油泵的主要选择。由于液压油泵的功率较大，启动时瞬时电流较大，一般启动时采用软启动以减少电流对电路的冲击。

⑤ 电液控制系统适用于负载较大，响应速度较快的场合。电液控制系统综合了电气和液压两方面的优势，但控制过程是时变的，并非线性的，对电液控制的应用有所影响。为了获得稳定性高、精度高、响应快、可靠性好的电液控制系统，则必须研发更好的控制理论。近年来，从传统的模拟控制到现在的数字控制、智能控制，较多的新型控制理论得到了发展，为电液控制系统在各行业的应用奠定了基础。静水压试验过程中钢管的升降、翻滚、定位、夹紧都通过液压缸的驱动来完成。

三、静水压试验压力的计算

在标准 API SPEC 5L《管线钢管规范》45 版及 GB/T 9711—2017《石油天然气工业管线输送系统用钢管》中，静水压试验压力的计算公式为：

$$P=\frac{2St}{D} \tag{13-8}$$

式中 S——环向应力，其数值等于标准规定的百分数与钢管最小屈服强度的乘积，MPa；

t——规定壁厚，mm；

D——规定外径，mm。

对于管径≥508mm、材质在 L290(X42)～830(X120) 之间的钢管，要求最小的静水压压力按照最小屈服强度的 90%计算，保压时间不低于 10s。

在标准中除上述规定外，对于螺旋焊管采用的静水压力还进行了以下规定：如果在静水压试验中采用端面密封而不采用径向密封，会对钢管产生轴向压应力，当规定要求的试验压力超过了规定最小屈服强度的 90%时，静水压试验压力 P 可用式(13-9) 确定，计算结果圆整到最邻近的 0.1MPa。

$$P=\frac{S-\frac{P_R\times A_R}{A_P}}{\frac{D}{2t}-\frac{A_I}{A_P}} \tag{13-9}$$

式中 S——静水压试验环向应力，其数值为规定百分数与钢管规定最小屈服强度的乘积，MPa；

P_R——端面密封液压缸内压力，MPa；

A_R——端面密封液压缸横截面积，mm^2；

A_P——管壁横截面积，mm^2；

A_I——钢管内径横截面积，mm^2；

D——钢管规定外径，mm；

t——钢管规定壁厚，mm。

端面密封力的大小对于不同的试验和设备是不同的，主要由水压值和钢管密封性决定。水压值越高，密封性越差，则端面密封力越大。影响钢管密封性的因素有两个，一个是钢管管端平齐度，另一个是密封胶圈的变形程度。钢管平齐度越差，密封胶圈变形越大，则需要的密封力越大。根据实测和经验，端面密封时油压值一般要在用于平衡管内水压值 P 的基础上增加 0.3～1.0MPa，否则会出现泄漏问题。

根据受力平衡有：

$$P_R\times A_R=(P+P_\Delta)\times A_I \tag{13-10}$$

进一步整理有：

$$P_R=\frac{(P+P_\Delta)\times A_I}{A_R} \tag{13-11}$$

其中，$P=\frac{2St}{D}$，S 为要求的百分数与钢管规定最小屈服强度的乘积；P_Δ 为确保密封而附加的管端负荷应力，一般为 0.3～1.0MPa。

下面以钢管 ϕ1016mm×15.9mm 钢级 X70(L485M) 为例，分别按照钢管规定最小屈服强度的 90%和 95%计算静水压力 P_I。

按照钢管最小屈服强度的 90%进行计算，过程如下：

将 D=1016mm，t=17.5mm，S=0.90×485=436.5MPa 代入式(13-8) 得：

$$P=\frac{2\times 0.9\times 485\times 17.5}{1016}=15.0\text{MPa}$$

按照钢管最小屈服强度的 95%进行计算，过程如下：

油缸直径 D_0 为 1020mm，P_Δ 取值 0.5MPa，$S=0.95\times 485=460.75\text{MPa}$。

$$P=\frac{2St}{D}=\frac{2\times 0.95\times 485\times 17.5}{1016}=15.9\text{MPa}$$

$$A_\text{I}=\frac{\pi(D-2t)^2}{4}=\frac{3.14\times(1016-2\times 17.5)^2}{4}=755453\text{mm}^2$$

$$A_\text{R}=\frac{\pi D_0^2}{4}=\frac{3.14\times 1020^2}{4}=816714\text{mm}^2$$

$$A_\text{P}=\frac{\pi D^2}{4}-A_\text{I}=\frac{3.14\times 1016^2}{4}-755453=54868\text{mm}^2$$

则：
$$P_\text{R}=\frac{(P+P_0)\times A_1}{A_1}=\frac{(15.9+0.5)\times 755453}{816714}=15.2\text{MPa}$$

将以上各值代入式(13-9) 中得：

$$P_I=\frac{S-\dfrac{P_\text{R}\times A_\text{R}}{A_\text{P}}}{\dfrac{D}{2t}-\dfrac{A_\text{I}}{A_\text{P}}}=\frac{60.75-\dfrac{15.2\times 816714}{54868}}{\dfrac{1016}{2\times 17.5}-\dfrac{755453}{54868}}=15.4\text{MPa}$$

即：ϕ1016×15.9mm，钢级 X70（L485M）钢管 90%SMYS（规定最小屈服强度）和 95%SMYS 的静水压压力分别为 15.0MPa 和 15.4MPa。

从以上可知，通过对钢管的静水压试验的工艺过程，强调了静水压试验过程对保证钢管质量的重要作用，并对静水压试验设备的主要结构进行了介绍之后，根据相关标准的要求，对静水压试验压力的确定进行了详细分析叙述，并进行了静水压试验压力的计算。

四、静水压试验对螺旋焊管外形尺寸的影响

优良的外形尺寸是螺旋焊管质量保证的重要组成部分，钢管之间的管径差在合理的范围内是钢管良好对接的前提，也是杜绝对接焊缝产生错边缺陷的保证。椭圆度较大会使钢管的管径在不同方向上直径值存在明显差别，从而造成与其他钢管无法正常对接。在静水压试验过程中，钢管在载荷的作用下产生了微量塑性变形，会导致钢管外形尺寸变化，影响焊管质量。

1. 螺旋焊管外形尺寸的测量项目及方法

对于螺旋焊管外观尺寸项目，在后续生产防腐及施工过程中较为关注的主要有钢管直径、椭圆度，钢管直径的测量方法主要有三种，内径测量法、外径测量法及周长测量法。由于螺旋焊管管口部位非正圆，总有一定的不圆度，采用内径法和外径法测量时，单次测量总存在一定的偏差，需多次测量取其平均值才准确，操作较为复杂。因此，焊管生产检验标准中一般规定为钢管直径定义为在任一圆周平面的钢管周长除以 π 值，即以周长法测得的直径作为判定的依据。

椭圆度也称为不圆度，椭圆度是指在钢管横截面上不同位置采用内径法或外径法过中心点测量直径值，测得的最大值或最小值与公称直径值的偏差值，即 $\Delta D=D_\text{max}-D$ 或 $D-D_\text{min}$，取其中较大者。

2. 静水压试验对螺旋焊管直径的影响

在钢管的生产过程中，由于卷板的各向异性及轧制板坯强度的不均匀性，在成型辊相同的作用力下，其产生的塑性变形量是不均匀的。这样就造成了制造出的钢管在长度方向管径分布是不完全一致的，从大量的水压前管径（周长）的测量值上可证明这一点。螺旋焊管在生产完毕后，钢管整体受力产生变形的工序只有在静水压试验中会出现。在试验过程中，受钢管内部水压载荷及本身存在的残余应力的作用，钢管管体局部性能偏弱的位置受力超过屈服极限会产生塑性变形，从而宏观上表现为钢管管径的变化。从水压试验前后钢管管径周长分布情况可看出，水压试验后管径测量值分布更加集中，管径值的分布标准差变小，即钢管长度方向上管径分布更加均匀，采用更高的压力 0.95SMYS 水压试验后其变化更加明显。图 13-9 是钢管 0.90SMYS 和 0.95SMYS 水压试验变形量箱线图，图 13-10 是钢管在 0.95SMYS 静水压力后不同径厚比钢管周长变化图。

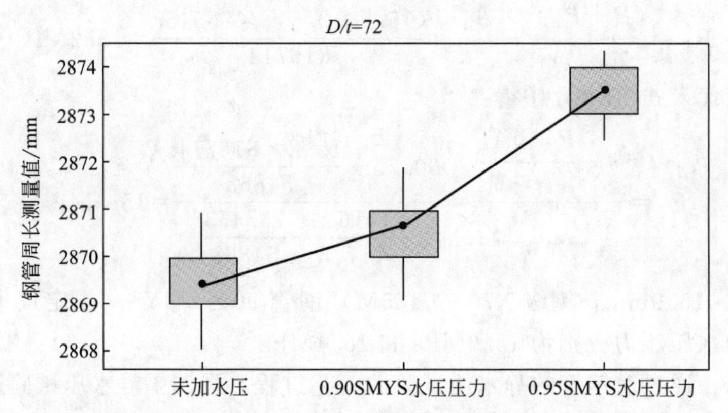

图 13-9 ϕ914mm×12.7mm 钢管水压前后周长变化箱线图

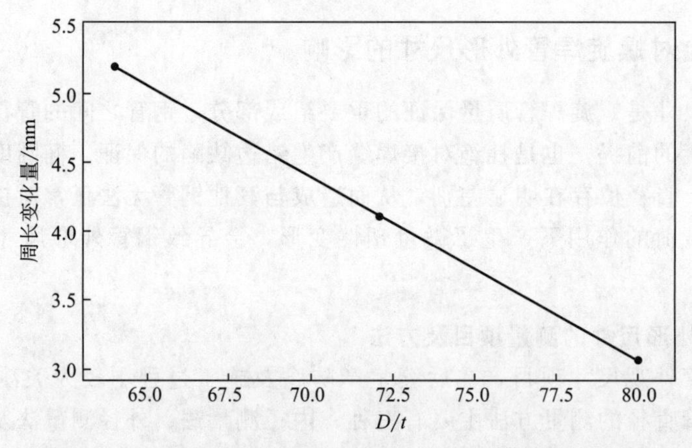

图 13-10 0.95SMYS 静水压力后不同径厚比钢管周长变化图

从 0.90SMYS 和 0.95SMYS 水压试验变形量来看，对于同种材质（X70 钢级）钢管的直径与壁厚之比是有一定的相关性的，即钢管的周长变化量平均值与钢管径厚比的关系，根据试验数据散点分布，回归出水压试验后钢管周长平均变化量与钢管径厚比的关系式，见式(13-12)。

$$Y=13.81-0.1344x \tag{13-12}$$

式中，Y 为周长变化量；x 为径厚比。

为验证式（13-12）正确性，对规格 ϕ1067mm×15.9mm，钢级 X70 的钢管进行了 0.95SMYS 水压试验，其水压前后的钢管周长测量值见表 13-14。

表 13-14　ϕ1067mm×15.9mm 钢管静水压试验前后周长变化量

工序	静水压试验前后钢管周长测量值变化/mm								平均值
水压前	3351	3350	3349	3350	3350	3350	3350	3351	3350.1
水压后	3355	3355	3354	3355	3354	3355	3354	3355	3354.6

由表 13-14 可知，ϕ1067mm×15.9mm，钢级为 X70 的钢管 0.95SMYS 水压试验前后周长前后变化量为 4.5mm。

将 $X=D/t=1067/15.9=67.1$mm 代入式(13-12）得：$y=4.8$mm。

由此可得，实际变化量与计算值的偏差 $\Delta=0.3/4.5=6.7\%$。偏差率较小，其准确性可满足建设工程的需要。

3. 静水压试验对螺旋焊管椭圆度的影响

根据上面的分析，在 0.90SMYS 静水压力试验后，钢管塑性变形较小，钢管尺寸变化量微小。现对 0.95SMYS 压力静水压试验后椭圆度变化情况进行分析，并验证其对钢管的外形尺寸质量是否有利，变化情况见表 13-15。

表 13-15　静水压试验前后钢管椭圆度变化情况　　单位：mm

钢管规格	ϕ813×12.7			ϕ914×12.7			ϕ1016×12.7		
测量项目	椭圆度			椭圆度			椭圆度		
测量状态	a	b	c	a	b	c	a	b	c
1	4.0	4.0	2.0	3.5	3.5	2.5	3.5	3.0	2.0
2	4.0	4.0	2.0	4.5	4.0	2.5	3.0	3.0	2.0
3	4.5	4.0	3.0	4.0	3.5	2.5	3.0	3.0	1.5
4	4.0	3.5	2.0	4.5	3.5	2.0	2.5	2.5	1.5
5	3.5	3.5	2.0	3.5	3.5	2.0	3.0	2.5	1.5
6	4.0	3.5	2.5	4.5	4.0	3.0	3.5	3.0	2.0
7	4.5	4.0	2.5	3.5	3.0	2.0	3.0	2.5	1.5
8	4.0	3.5	3.0	4.5	3.5	2.5	3.0	2.5	2.0
9	3.5	3.0	2.0	4.0	3.5	2.5	3.0	2.5	1.5
10	4.5	3.5	2.5	4.0	3.5	2.0	3.0	3.0	1.5
平均值	4.1	3.7	2.4	4.0	3.5	2.3	3.0	2.8	1.7

注：a—未加水压；b—经 0.90SMYS 水压压力后；c—经 0.95SMYS 水压压力后。

从表 13-15 可知，经过静水压试验后，钢管的椭圆度都有一定程度的降低，且静水压力值越大，椭圆度改善程度越高。试验证明了 0.95SMYS 压力的静水压试验对钢管椭圆度影响是有利的，是可行的。

从图 13-11 可以看出钢管的椭圆度水压前与水压后的明显的变化，其变化与 0.90SMYS 水压与 0.95SMYS 水压级别有很大的关系。

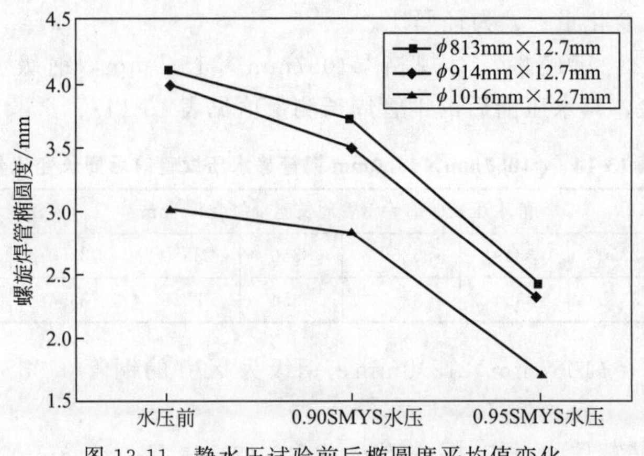

图 13-11　静水压试验前后椭圆度平均值变化

五、静水压试验对螺旋焊管力学性能的影响

螺旋焊管的力学性能是钢管质量和管线安全运行的关键因素。其中，钢管足够的强度是保证介质高压输送的基本要求，足够的韧性是延缓甚至阻止管线断裂扩展趋势进程的必要条件。在螺旋焊管成型和静水压试验过程中，钢管会产生一定的形变量，在一定程度上影响其力学性能。

1. 螺旋焊管强度的测量方法

螺旋焊管强度的测量一般采用万能材料试验机进行。螺旋焊管的检验标准中要求的测试项目主要有屈服强度 $R_{p0.5}$、抗拉强度 R_m、屈强比 $R_{p0.5}/R_m$、伸长率 A，其中 $R_{p0.5}$ 代表总延伸率为变形 0.5%引伸计标距时的应力，其值可在应力-应变曲线读出。下面简单介绍一下万能材料试验机的结构和拉伸试验的过程。

万能材料试验机是测材料强度的关键试验设备，主要由主机、驱动系统、数据采集和控制系统等结构组成。其结构简图及运行原理见图 13-12。

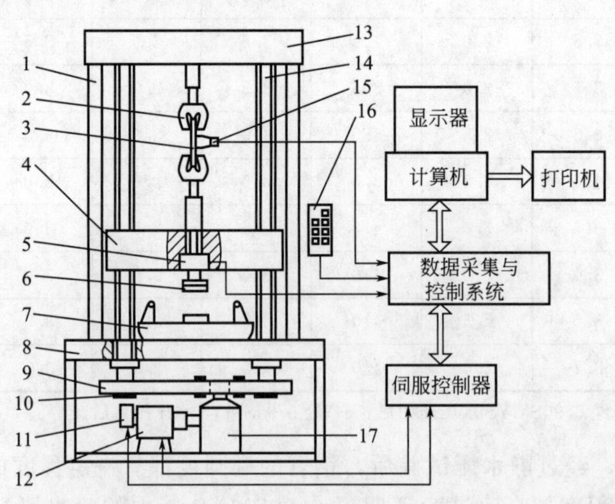

图 13-12　万能材料试验机构造图

1—立柱；2—试样夹具；3—试样；4—下横梁；5—压力传感器；6—法兰座；7—弯曲试验底座；8—工作台；9—连杆；10—固定螺母；11—电液伺服阀；12—伺服电机；13—上横梁；14—丝杠；15—引伸计；16—手动控制盘；17—油泵

在进行拉伸试验启动设备后，高压油泵泵出的压力油经电液伺服阀进入油缸使活塞运动，活塞带动下移动横梁下降，并带动下钳口夹持着试样移动，这样，在上下移动横梁之间实现拉伸。进行拉伸试验时，油缸内部的油液压强不断变化，通过一个高灵敏的压力传感器，将压力信号转成电压信号。同时，由于试样变形引起的引伸位移信号也转换成电压信号，将两个电压信号输入到信号放大器。信号隔离器中，A/D转换后的数字信号输入到计算机处理系统进行数据处理。计算机内的数据采集与处理软件将力值及位移值换算出的其他物理量存储在数据库中，以便于以后随时查询。软件上还设置了试样宽度、厚度或直径的输入框，经过后台的运算，可将载荷-位移值转换成应力-应变曲线显示在计算机上。并同时在显示器上显示出其应力、应变数值。典型的管线钢应力-应变曲线见图13-13。

由图13-13可以看出，高钢级管线钢应力-应变曲线未出现屈服平台，表现为连屈服的形态，总体呈现出圆屋顶的形态。

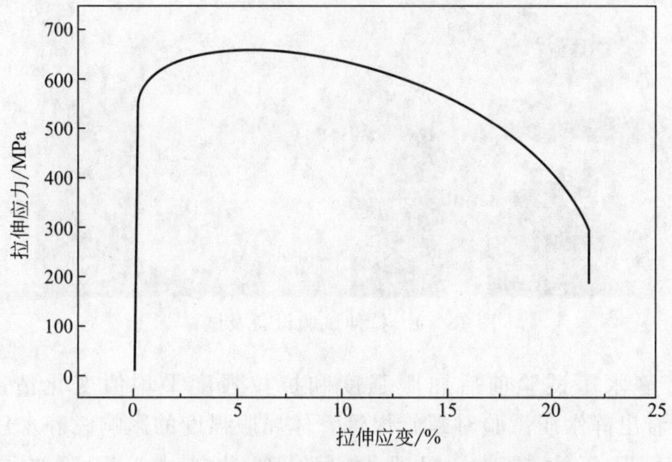

图13-13　典型管线钢应力-应变曲线图

管线钢应力应变曲线表现出连续屈服的形态主要原因有两点：一是组织内部存在的高密度位错在拉力作用下逐步移动；二是该钢级材料组织主要为针状铁素体和M/A软硬双相，拉伸试样在拉力作用下，软相针状铁素体与硬相M/A组元发生塑性变形的时机不一致，从而造成材料在拉伸变形中非均匀性和非同时性增大，致使其在拉伸过程中出现连续屈服现象。

2. 螺旋焊管韧性的测量原理及方法

韧性是管线钢一种重要的力学性能，它被定义为管线钢在塑性变形和断裂全过程中所吸收的能量。从物理意义上讲，韧性是对变形和断裂的综合描述。在管线钢领域内，通常采用断裂韧性试验对韧性进行测试和评价。断裂韧性试验一般采用夏比冲击试验进行测试。

夏比冲击试验的原理是：用扬起一定高度的摆锤一次性打击处于简支梁状态的缺口试样，测定试样折断时所吸收的功。

试验过程为：冲击试样的锤头放置在具有一定高度的固定的位置，试样放置在毡座上后取摆，摆锤在重力势能的作用下冲击试样并反方向扬起一定高度，两个高度之间的重力势能差即为试样的冲击功。

六、静水压试验对螺旋焊管强度的影响

为验证本节中静水压试验对钢管屈服强度影响的定性推论，进行了以下试验。以同钢级同机组按相同的生产工艺生产出的钢管为试验样本，采集静水压试验前后拉伸试验的数据。为验证不同静水压力后钢管强度的变化情况，静水压试验按0.90SMYS压力与0.95SMYS压力分别进行了打压。另外，为了降低原材料卷板对试验数据的影响，试验过程采集了三家钢厂生产出的同钢级卷板。每家原材料厂家分别选取了3根钢管进行试验，拉伸试验时试样采用圆棒试样，避免了包辛格逆向效应的不利影响，有效说明了静水压试验对钢管管体强度的影响。试验设备为1000HDX-X7静液式万能型试验机，试验方法为ASTM A370-10，试样类型为标距50mm，直径ϕ12.7mm的圆棒试样，试验设备及试样的具体情况参见图13-14。

图13-14　拉伸试验设备及试样

不同厂家钢管静水压试验前后屈服强度和抗拉强度平均值变化情况见图13-15。从图13-15中可明确看出静水压试验对螺旋焊管管体屈服强度的影响。静水压试验后，屈服强度有明显的升高，且压力越高，屈服强度升高量越大。钢管在同样的静水压力(0.90SMYS)下，屈服强度升高值在28～38MPa之间，平均升高33MPa，升幅约6%。在经过0.95SMYS压力保压后，屈服强度的升高幅度在40～55MPa之间，平均升高46MPa，升幅约8%。

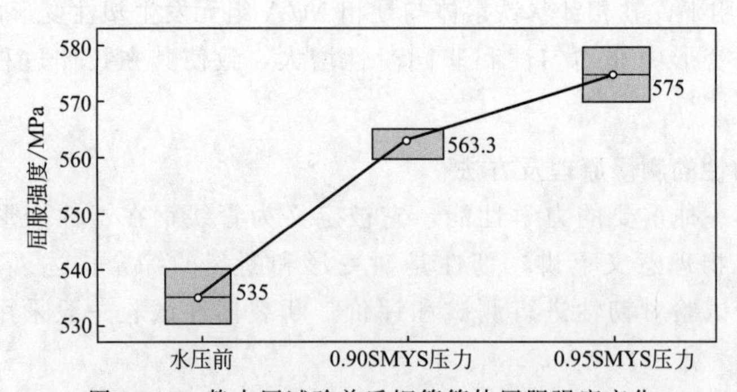

图13-15　静水压试验前后钢管管体屈服强度变化

图13-16为钢厂钢管静水压试验前后抗拉强度平均值变化情况。从图中明显看出，抗拉强度与是否进行静水压试验及静水压力的大小无直接关系，抗拉强度值基本未发生变化。这是由材料形变强化的饱和值所决定，强度越高强化作用越不明显。

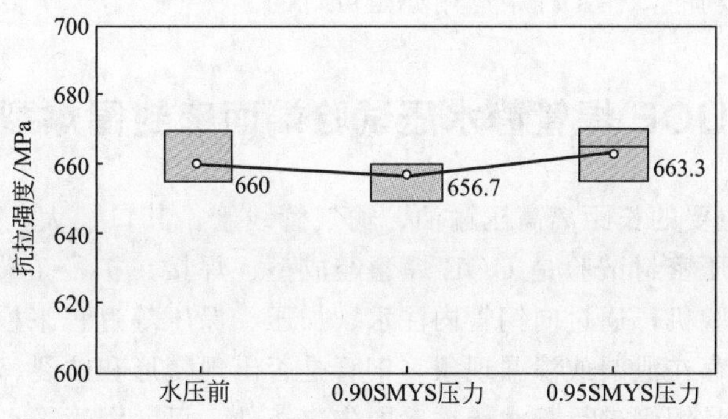

图 13-16　静水压试验前后钢管管体抗拉强度变化

图 13-17 为钢管未进行水压、经 0.90SMYS 压力与 0.95SMYS 压力后进行拉伸试验时的应力-应变曲线对比图。从图中可较清晰地看出经不同静水压试验后屈服点位置的变化。从三条曲线屈服强度可知，在包辛格正向效应和形变强化的作用下，在静水压试验过程中出现微量塑形变形后，再次同向进行拉伸时，屈服点位置较之前升高，再次同向拉伸之前塑性变形量增大，屈服点位置升高幅度增大。

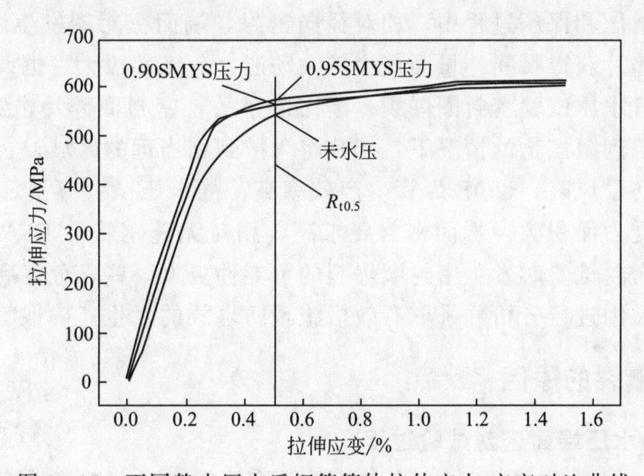

图 13-17　不同静水压力后钢管管体拉伸应力-应变对比曲线

从钢管使用及管线运行的安全角度来看，经静水压试验后，钢管抗塑性变形能力提高，即形变强化指数 n 值增大，且静水压试验压力越高，钢管抗塑性变形能力升幅越大，使钢管发生屈服所需的压力值就越高，管线运行越安全。从这个角度来说，钢管静水压试验采用 0.95SMYS 压力是可行的。

七、静水压试验总结

通过上述的经过实际静水压试验的数据表明：

① 制管过程中钢管管体的应力—应变过程，经过静水压试验后，钢管管体在包辛格正向效应及形变强化的作用下，屈服强度会有一定的提升。钢管的屈服强度有 6%～8% 的升幅。

② 在验证钢管强度变化的同时，对静水压试验前后的管体韧性也进行了试验，试验数据表明，静水压试验对螺旋焊管韧性无明显影响。

③ 经过理论上的分析及试验数据表明，采用 0.95SMYS 压力的静水压试验对钢管质量

和管线安全运行是有利的，在工程中运用亦是可行的。

第十节 UOE 焊管静水压试验端面密封圈爆裂原因分析

UOE 焊管作为主要的长距离高压输油、输气管线管，其口径大，承压能力强，焊缝焊接质量要求高。静水压密封试验是 UOE 焊管经成型、焊接、扩径工艺后的一道重要工序，其关键设备是水压试验机，通过向钢管内注水、加压、保压等过程来检测 UOE 管在规定的试验压力下焊缝是否存在泄漏或渗漏现象，钢管是否出现变形和破裂。

良好的端部密封是钢管进行静水压试验的先决条件，目前钢管静水压试验端部密封主要有端面密封和径向密封两种形式，根据 API SPEC 5L 标准、DNV 标准、GB/T 9711—2017 等不同标准及合同要求，不同口径、壁厚、钢级的 UOE 焊管需要在不同的测试压力下进行静水压试验，X70、X80 钢级的不同规格的 UOE 管线管静水压试验测试压力一般设定在 20MPa 左右，采用端面密封圈密封。

一、密封圈爆裂事故的后果

在静水压试验增压和保压过程中，相对径向密封，端面密封圈发生爆裂的可能性较大，一旦密封圈爆裂，碎片获得瞬间冲量而产生较大动能，危害性极大。据调查，国内外钢管生产厂家均发生过钢管水压试验密封圈爆裂、崩飞的事故，密封圈碎片击穿屋顶、打碎玻璃、击中设备，在没有遇到阻挡物的情况下，碎片将飞散到相当远的区域，在此区域的工作人员存在着较大的人身伤亡风险。UOE 焊管生产效率高，静水压试验频繁，测试压力高，密封圈承受的压强大，受力面积大，端面密封要求高。相对无缝钢管及 ERW 焊管，UOE 焊管在进行静水压端面密封试验时发生密封圈爆裂的可能性更大一些，危害后果更为严重，必须对端面密封圈爆裂原因进行分析并采取有效措施预防事故的发生，确保工艺安全。

二、端面密封圈爆裂的原因

1. UOE 焊管静水压端面密封试验过程

密封圈端面密封如图 13-18 所示。通过横移和升降辊道托着钢管送至试压中心，排气小车前进，根据测长所得数据小车到达极限位置后，插销缸伸出，排气小车停止前进。排气头前进，钢管进入充水头密封工具前，开始减速，到达位置后，排气头停止前进。钢管从排气头沿轴向推行的同时，充水头侧可移动的工具固定装置，由液压缸将充水头向前推进，从而保证两侧管端与密封圈紧靠密封。试压时，必须保证密封圈与管端接触紧密，保证接触位置合理，防止密封圈受力不均或被管端局部压溃产生撕裂、碎片崩飞。密封圈压板仅起到定位、固定密封圈的作用，密封圈爆裂产生的冲击力足以崩断压板螺栓导致压板脱落，碎片飞散。

2. 密封圈爆裂原因分析

① 密封圈有质量缺陷。UOE 焊管口径大、具有一定壁厚、静水压试验测试压力高、充水多，端面密封圈的质量缺陷可能导致试压时密封圈的爆裂。首先，在试压时，端面密封圈将承受端面高压水压力、来自内圈的径向高压水压力以及钢管端面的挤压力，如果密封圈在材质上的抗挤压、抗拉伸、抗剪切性能不够高，必然发生爆裂；其次，密封圈具有一定的使用寿命，多次使用后各项力学性能会产生衰减；在存放、搬运等过程中也可能对密封圈产生

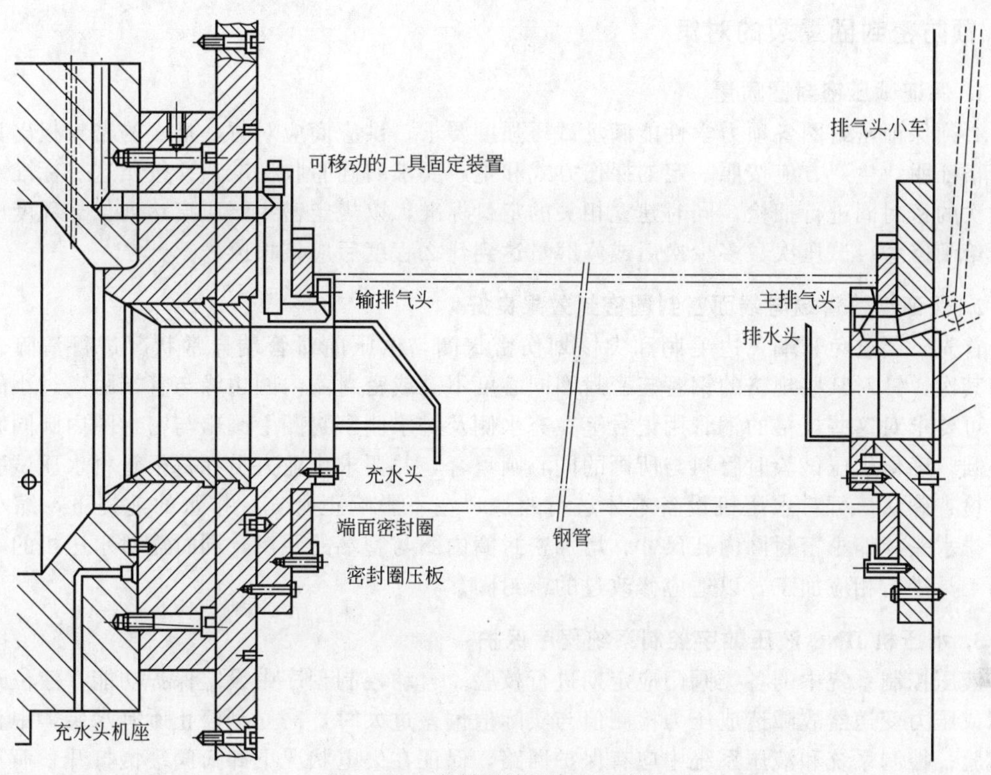

图 13-18　密封圈端面密封示意图

冲击；在水压作用时，钢管管端直接接触密封圈，端部的毛刺、飞边会划伤密封圈，同时在密封圈上产生压痕。

② 密封圈结构、尺寸不合理。密封圈结构、尺寸不合理可能间接导致试压时密封圈的爆裂。不同规格的钢管口径不一样，对应使用的端面密封圈的外径和内径也不一样，对于某种口径的钢管来说，如果工艺上配备的端面密封圈内圈半径过大，则直接导致密封圈内圈边缘与管端距离过小，试压时钢管受力后发生稍微偏心移动，钢管端滑出内圈边缘，导致密封板受力不均或密封圈内圈边缘被局部压溃，进而密封圈爆裂。

③ 试压前钢管对中不够精确。电气控制系统故障引起对中装置组数及基位不当，电气控制误差，钢管对中中心位置与竖封板圆心不重合，钢管直度不够，冲水头的外径偏大且受“鼻子”位置影响钢管无法达到中心位置等都可导致钢管对中不够精确，打压过程中发生进一步偏心，最后可导致密封板爆裂、碎片飞出伤人及毁坏设备。

④ 水压机 HNC 液压数字控制系统故障。水压机 HNC 直接控制着增压缸控制阀、支撑缸控制阀、充水头压力变送器、排气头压力变送器、卸荷控制阀等液压元件及管路。增压缸控制阀阀芯动作不正常或不动作可能造成增压过快、过慢、无法增压或增压停不下来；卸荷控制阀泄漏导致压力建立不起来或突然卸压，损坏元件、设备；压力变送器短路、断路、老化或受到电磁干扰，将失去功能，检测数据与实际数据不符；支撑缸控制阀阀芯异常动作，严重时导致高压水突然释放或油压力过高，造成钢管变形，元件损坏。以上由于电气、液压控制系统故障引起的试压曲线异常、增压过程中压力变化过快、保压过程中压力不稳定、压力峰值高于设定值等压力异常状况，可能导致钢管、密封圈的扰动及管端接触的错位，进而导致密封圈的撕裂、碎片崩飞。

三、预防密封圈爆裂的对策

1. 保证试压密封圈质量

必须保证密封圈各项力学性能满足试压强度要求，供应商应对每一批次的密封板出具检验合格证明，生产方应按照一定的探伤方式和生产要求明确验收标准，并按照这一标准对每一批次的密封圈进行抽检，同时建立相关的定量标准，以规定密封圈压痕达到什么程度应该重新给予修磨，试压次数多少次后或修磨量达到什么程度后应该报废。

2. 保证钢管管端与端面密封圈密封效果良好

首先，要避免管端飞边毛刺和尖棱划伤密封圈，试压前对管端异常状况进行清除、修磨；其次，针对某些规格的钢管与密封圈同心度不高或密封圈内圈边缘与管端距离过小的情况，可要求对这些规格的钢管用记号笔在充水侧及排水侧密封圈上画出与密封圈内圆同心的同心圆，确保水压试验时管料与所画的同心圆重合，并要求作业人员在每根管料水压试验前进行检查确认。可对水压机设备本体进行改造，在不影响正常充、排水的前提下，缩小充水、排水头，缩小密封圈内孔尺寸，增加密封圈内圈与管端的距离，同时需对水压机的端面密封工具进行相应加工，以适应修改过的密封圈。

3. 水压机 HNC 液压数字控制系统程序保护

液压控制系统中的各类阀门应定期进行校验。自动控制程序中设定保护功能，液位开关故障或压力变送器故障造成压力检测值与实际值偏差过大时，需立刻停止所有水泵，中止水压试验；控制系统和液压系统中应有保护回路，保证在失电状况下卸荷阀缓慢打开，而不能突然卸压；程序中设置监控功能，当发现增压缸控制阀的输入和输出不一致时停止试压过程，同时通过液压系统中安全溢流阀，限制高压；程序中对水压力和平衡力进行实时监控和比较，发现不平衡时立即停止试压，关闭泵并通过紧急程序控制水压和油压同步卸荷。

4. 设备特定部位和水压试验区域安装防护罩

为防止密封圈爆裂后飞散，可在密封圈外围的工具固定装置上安装防护罩。静水压区域应该设置防护墙，UOE 焊管水压区域一般比较大，且钢管需要进出工位，在水压区域与走道或者有人员活动的区域之间，如果防护墙没有完全达到防护效果，应该加装挡板。同时在水压区域内要对液压阀台及重要设备用钢板进行遮挡，防止密封圈碎片击中设备。

5. 其他的防护办法

静水压试验区域应有醒目的警示标志，试压时应有声光报警信号提醒周围作业人员，水压区域设置连锁门，一旦有人进入该区域，水压试验自动停止。

第十一节　X80 螺旋焊管静水压爆破试验工艺

大口径、高钢级螺旋焊管（SAWH 焊接）在正式生产之前制造商都首先制定出制造工艺规范（MPS）文件并进行设计验证试验，对试制钢管进行静水压爆破试验。其目的是验证钢管的承载能力，判断其达到设计压力后的安全性。

一、爆破试验工艺

1. 水压爆破试验原理

通过高压泵向密闭的试验钢管内持续注水，试验钢管内的压力持续上升，钢管压力升到一定的值，钢管产生变形，直至爆破。运用一定的方法测定钢管承压过程中的变形与压力的关系，测试分析爆破口的起爆和扩展情况。

2. 对钢管承压应力和起爆位置裂口方向分析

爆破钢管中的静水压力既产生环向应力，也引起轴向应力。按照圆柱薄壳无弯矩理论，可以忽略径向应力。由切向力的平衡条件可以确定爆破管的环向应力（如图 13-19 所示）。选取单位长度管道，假设管道由水平面分开，则内压（p）作用在分开的管道上的垂直合力为 pd（d 为管道内径），而在管壁上作用的环向应力为 σ_b，管壁截面的面积为：$t\times1$，由切向的平衡条件得：

$$pd=2t\times1\times\sigma_b \tag{13-13}$$

即：

$$\sigma_b=\frac{pd}{2t} \tag{13-14}$$

式中，p 为静水内压力，MPa；d 为管道内径，mm；t 管道壁厚，mm；σ_b 为环向应力，MPa。

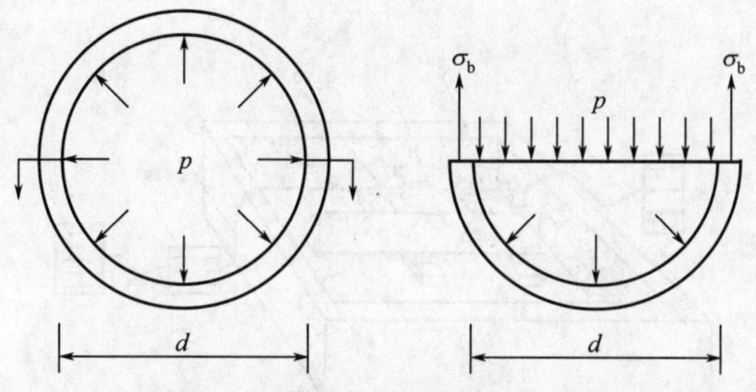

图 13-19　薄壁管道环向应力的平衡

由轴向力的平衡条件确定管道的轴向应力（如图 13-20 所示），假设两端封闭的管道从横截面处断开，由内压引起的纵向合力 $F=p(\pi d^2/4)$，该力与作用于管道横截面上的轴向应力 σ_a 的合力 $\sigma_a A$ 平衡，管道横截面面积 $A=\pi(D^2-d^2)/4$，由平衡条件得：

$$p=\frac{\pi d^2}{4}=\sigma_a A=\sigma_a\frac{\pi(D^2-d^2)}{4} \tag{13-15}$$

$$\sigma_a=\frac{pd^2}{D^2-d^2} \tag{13-16}$$

式中，A 为管道横截面积，mm^2；D 为管道外径，mm；σ_a 为轴向应力，MPa。

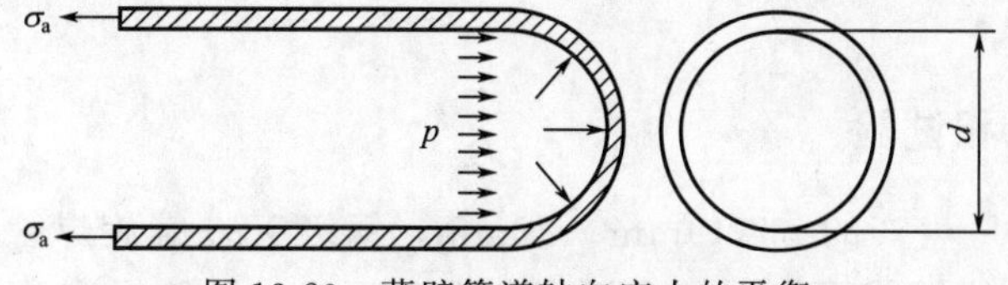

图 13-20　薄壁管道轴向应力的平衡

由式(13-16) 得：

$$\sigma_a=\frac{pd^2}{D^2-d^2}=\frac{d}{D+d}\times\frac{pd}{2t} \tag{13-17}$$

由式(13-17) 和式(13-14) 得：

$$\frac{\sigma_a}{\sigma_b}=\frac{d}{D+d}=\frac{1}{\frac{D}{d}+1} \tag{13-18}$$

因为 $D>d$，则$\frac{D}{d}+1>2$，因此$\frac{\sigma_a}{\sigma_b}<\frac{1}{2}$，$\sigma_b>\sigma_a$。

环向应力大于2倍的轴向应力，影响承压的主要因素是环向应力，因此钢管的承压能力是指钢管的环向承压能力。钢管水压爆破时，由于环向应力较大，爆破失效时，首先是环向应力达到爆破应力，管道纵向起爆后被撕裂，爆破口应为纵向。

3. 水压爆破试验装置

X80螺旋焊管水压爆破的试验装置由压力表、高压试验泵、连接管线、计算机控制系统、压力传感器、静水压爆破管组成，如图13-21所示。压力表可以显示爆破管内的实时压力值，高压试验泵的进水口为常压水，通过高压泵后，产生一定压力的高压水。计算机控制系统可以通过压力传感器采集爆破管内的压力数据，通过计算机处理显示压力时间曲线等，便于数据分析。

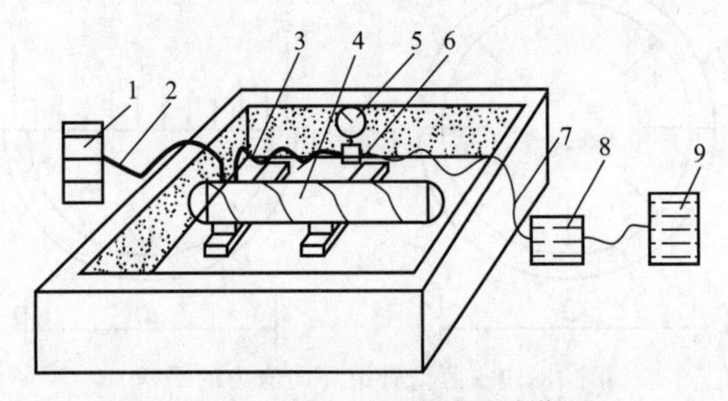

图13-21 静水压及爆破试验装置

1—高压试验泵；2—进水高压连接管线；3—压力传感器高压连接管线；4—爆破用螺旋钢管；5—压力表；6—压力传感器；7—信号线；8—信号采集系统；9—计算机控制系统

爆破管的两端焊接有2个封头，封头和爆破管是通过对焊连接的。封头材料需要一定的强度和韧性，爆破时，爆破点不能在封头和对接焊缝上，如果这样，爆破试验就算失败。因此需要保证封头与爆破管的对接焊缝的质量，对缺陷进行检测，以排除焊缝缺陷。

水压爆破试验场地选在没有人员行走或机动车行走的地方，试验场地一般为地面3～5m^{2}的爆破坑。为了保证试验安全，爆破坑四周紧贴一定厚度的钢板，或将爆破坑四周做成一定厚度的水泥墙面。爆破坑内能够方便放置爆破管和连接管线，通常放在固定支架上或有导轨的小车上。

二、爆破压力计算和试验

该次试验采用某厂生产的ϕ1219mm×22mm，钢级X80螺旋焊管进行水压爆破试验，主要是为了测试钢管的屈服压力、最高压力和爆破压力。试验标准参照Q/SY GIX 130—2014《OD 1219mm×22mm X80螺旋缝埋弧焊管技术条件》。

① 对螺旋焊管管体和焊缝进行化学成分分析，化学成分分析结果如表13-16。钢管管体化学成分分析结果符合Q/SY GJX 130—2014《OD 1219mm×22mm X80螺旋缝埋弧焊管技术条件》。

表 13-16　螺旋缝埋弧焊钢管管体和焊缝化学成分　单位：%

试样	C	Si	Mn	P	S	Cr	Mo	Ni	Nb	V	Ti	Cu	B	Al	N	CE_{PCm}
管体	0.061	0.24	1.66	0.0077	0.001	0.29	0.21	0.15	0.065	0.014	0.015	0.012	0.0003	0.034	0.003	0.19
焊缝	0.055	0.29	1.66	0.0093	0.002	0.20	0.26	0.12	0.042	0.011	0.013	0.040	0.0015	0.019	—	0.19
Q/SY GJX 130—2014 技术条件要求	≤	≤	≤	≤	≤	≤	≤	≤	≤	≤	≤	≤	≤	≤	≤	≤
	0.090	0.42	1.85	0.022	0.005	0.45	0.35	0/50	0.11	0.060	0.025	0.30	0.0005	0.060	0.008	0.23
	Nb+V+Ti≤0.15															

注：CE_{PCm}＝C＋Si/30＋（Mn＋Cu＋Cr）/20＋Ni/60＋Mo/15＋V/10＋5B。

② 螺旋缝埋弧焊钢管拉伸性能试验。对管体和焊缝分别取样进行拉伸性能试验，试验结果如表 13-17 所示。

表 13-17　螺旋缝埋弧焊钢管拉伸性能试验结果

试样位置	试样取向	屈服强度 $R_{t0.5}$/MPa	抗拉强度 R_m/MPa	断裂位置
管体	横向	654	768	—
焊接接头	横向	—	760	焊缝
Q/SY GJX 130—2014	管体	555～690	625～825	—
技术条件要求	焊接接头		≥625	

③ 静水压试验标准。根据 Q/SY GJX 130—2014《OD 1219mm×22mm X80 螺旋缝埋弧焊管技术条件》，该标准中要求静水压试验的稳压时间至少应保持 15s。试验过程中整个焊缝或管体无泄漏，试验后目视无形状的变化和管壁鼓起。

试验压力按式(13-19) 计算，环向应力的数值应为钢管规定最小屈服强度（R_m）的 97%，试验保压时的压力波动范围应控制在 0～0.5MPa。同一规格的钢管应抽取一根钢管进行静水压爆破试验，实际爆破压力值不应低于按公称尺寸和母材抗拉强度最小值计算得出的理论爆破压力值。

$$p=\frac{2\sigma_b t}{D} \tag{13-19}$$

式中，σ_b 为环向应力，等于钢管规定最小屈服强度的 97%，MPa；t 为规定壁厚，mm；D 为规定外径，mm。

标准要求静水压测试的稳压压力为：

$$p=\frac{2\sigma_b t}{D}=\frac{2\times555\times0.97\times22}{1219}=19.43(\text{MPa})$$

根据标准要求，稳压压力为 19.43MPa，保持时间至少为 15s，整个焊缝和管体无泄漏，方为合格。爆破试验的最小压力为：

$$p=\frac{2\sigma_b t}{D}=\frac{2\times625\times22}{1219}=22.56(\text{MPa})$$

当屈服强度和抗拉强度取实测值时，计算管体开始屈服时的压力、管体和焊缝所承受的最高压力值。将实测值代入式(13-19)，可以计算出管体屈服压力为：

$$p'=\frac{2\sigma_b t}{D}=\frac{2\times654\times22}{1219}=23.61(\text{MPa})$$

管体爆破试验压力为：

$$p'=\frac{2\sigma_b t}{D}=\frac{2\times 768\times 22}{1219}=27.72(\text{MPa})$$

焊接接头爆破试验压力为：

$$p'=\frac{2\sigma_b t}{D}=\frac{2\times 760\times 22}{1219}=27.43(\text{MPa})$$

计算结果表明，试验过程中，螺旋埋弧焊接钢管在压力达到 23.61MPa 时，钢管将发生屈服变形；压力达到 27.43MPa 时，钢管可能爆破。如果爆破压力≥22.56MPa，钢管设计合理。

④ 水压爆破试验前的准备工作。包括加工和焊接爆破封头，焊接进、出水孔及其接头，连接管线安装压力传感器，钢管爆破前形貌如图 13-22 所示，仪器和设备连接好后，进行高压试验泵和计算机控制系统调试。试验前，先将钢管中注满水，排净空气，然后往钢管中注水加压。

图 13-22　钢管水压爆破前形貌

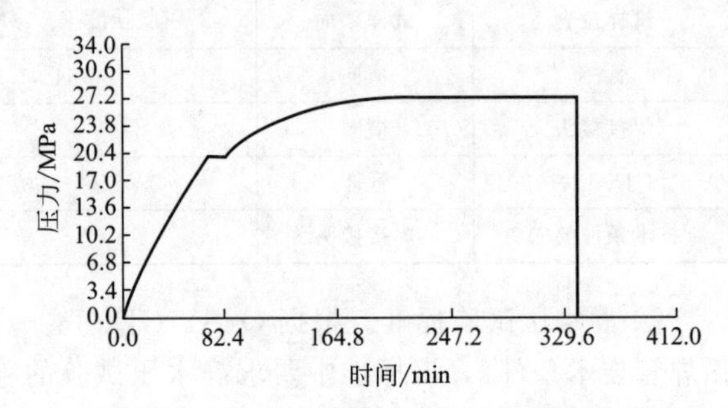

图 13-23　静水压及爆破试验压力-时间曲线

⑤ 试验过程。包括注水、加压、数据采集、数据整理、生成曲线等，水压爆破时拉上警戒线，防止无关人员进入水压爆破场地。

三、爆破试验结果分析

① 压力测试结果。通过计算机数据采集、整理，得出屈服压力 $P_{t0.5}$ 为 23.96MPa，最高压力 P_m 为 28.12MPa，爆破压力 P_k 为 27.56MPa，静水压及爆破试验压力时间-曲线如图 13-23 所示。

② 钢管水压爆破过程。在注水加压过程中，在试验压力达到 23.96MPa 时，钢管膨胀均匀；随着压力的增加，钢管管体周长明显增大，当试验压力达到 28.12MPa 时，距入水口封头（东端）3.93m 处的管体出现明显的膨胀凸起，随着注水加压的进行，凸起变形加剧，钢管在此处爆破。

③ 爆破口的位置。爆破口中心位置距入水口封头（东端）3.93m（爆破口到焊缝的垂直距离为 140mm），爆破口全长 2.65m，沿钢管轴向长度 2.15m，张开最大宽度为 430mm，爆破口形状如图 13-24 所示。爆破口处周长由 3.83m 膨胀到 3.985m，绝对膨胀值为 155mm，壁厚减薄到 11.1mm。

④ 爆破口起裂及扩展方向。起爆点位于距入水口封头（东端）3.93m 的管体母材处（距焊缝垂直距离为 140mm），爆破口沿垂直于钢管轴线方向起裂后，向钢管轴向两侧迅速开裂，西端均止裂于管体母材，东端穿过焊缝后止裂于管体母材（如图 13-24 所示）。

⑤ 设计验证结果。钢管在 19.5MPa 时，开始对钢管进行保压，保压时间为 600s，未发

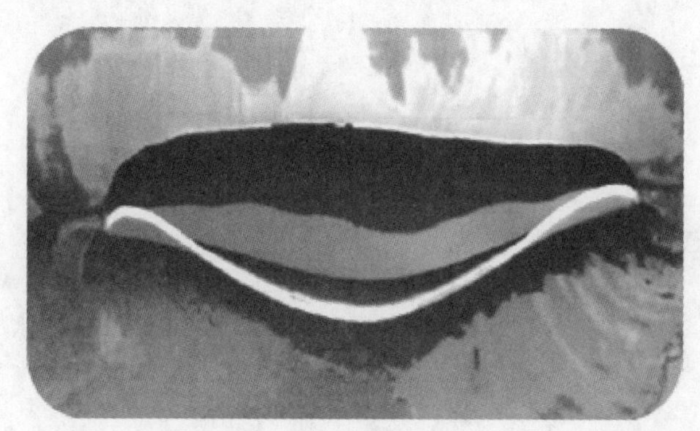

图 13-24　爆破口形状

现焊缝和管体泄漏，满足 Q/SY GJX 130—2014《OD 1219mm×22mm X80 螺旋缝埋弧焊管技术条件》水压试验要求。测试的屈服压力 23.96MPa，和实测值计算的屈服压力 23.61MPa 相差 0.35MPa；测试最高压力 28.12MPa，和实测值计算的焊缝最高压力 27.43MPa 相差 0.69MPa，大于理论计算值 22.56MPa，因此该钢管的设计满足标准要求。从爆破口的形貌来看，爆破口纵向开裂，与理论计算分析结论一致。

四、爆破试验结论

① 钢管在 19.5MPa 时，开始对钢管进行保压，保压时间为 600s，未发现焊缝和管体泄漏；测试最高压力 28.12MPa 大于理论计算值 22.56MPa，满足 Q/SY GJX 130—2014 标准要求。

② 试验管爆破时的压力为 27.56MPa，爆破口位于管体母材，爆破口为韧性断裂，爆破开口方向与理论分析一致。

第十二节　钢管水压试验机充水阀密封失效的解决方法

水压试验是钢管生产过程中的一个重要检测项目，当水压值达到规定的试验压力后，通常要求保压 10～15s 且压力波动不超过 0.5MPa，因此水压试验机的各类阀件必须密封可靠。目前国内制造的水压试验机普遍采用的充水阀结构不合理，密封性能易失效，试压过程中发生的升压慢、不稳压现象，多由此阀泄漏引起。某厂 2000t 水压机在 2001 年西气东输用管生产中，就出现了这种情况，笔者通过总结现场维修经验，对充水阀进行了改进，解决了充水阀密封失效影响水压试验的问题。

一、水压试验机充水阀的工作原理及失效原因

水压系统工作原理如图 13-25 所示（排气及卸压回路未在图中表示）。灌注低压水时，充水阀开启，增压和稳压过程中，充水阀关闭。低压水和高压水都通过充水阀进入被试钢管。

充水阀的结构如图 13-26 所示，在控制油缸的作用下，阀芯被提起，低压水进入阀套，经阀体进入被试钢管。高压水进入时，阀芯在油缸的作用下压紧阀座，切断通道，依靠阀芯和阀座的锥面配合实现密封。

为保证增压和稳压过程中不泄漏，必须保证阀芯和阀座的配合精度。通常充水阀的阀芯

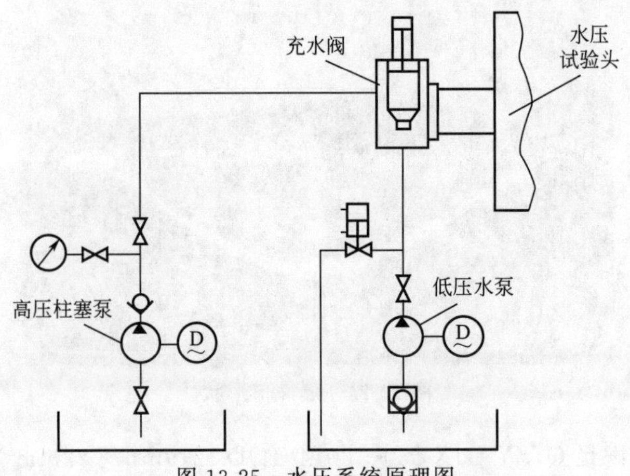

图 13-25 水压系统原理图

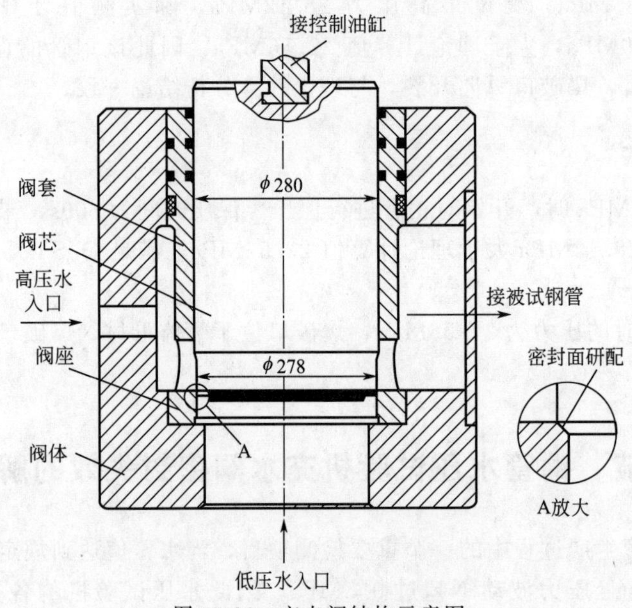

图 13-26 充水阀结构示意图

和阀座必须进行研配，但是由于阀芯和阀座尺寸较大（阀芯直径 280mm 质量为 255kg），研配难度高，因此配合精度难以保证，高压水泄漏在所难免。

二、密封失效的解决措施

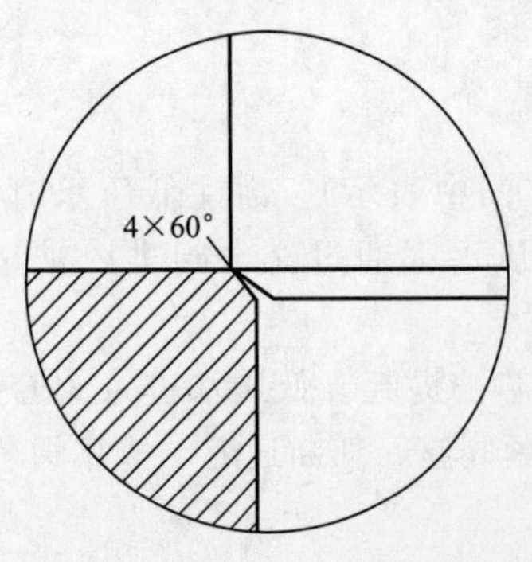

图 13-27 线密封结构示意图

方法一：如图 13-27 所示，将阀芯密封面由 4×45°改成 4×60°，改面密封为线密封。由于线接触密封性能可直接由加工精度保证，因此阀芯经过改进加工后即可解决充水阀密封面泄漏问题。

此法虽简单且见效快，但由于循环水中存在杂质（特别是残留焊剂），在阀芯对阀座的反复撞击下，密封口会出现伤痕，充水阀工作一段时间后就会出现密封失效的情况，需要再次拆卸，加工阀座，影响生产进度。

方法二：拆除充水阀阀芯和控制油缸，在阀体顶部加焊一块盲板，变充水阀为一简单的三通。在低压水入口端加装一只旋启式止回阀，如图 13-28 所示。止回阀与充水阀之间的管道更换为承压管道，通过钢制法兰与充水阀连接。旋启式止回阀结构如图 13-29 所示。低压水冲开阀瓣 2 进入充水阀体，低压水泵关闭时，阀瓣自动复位。高压水进入充水阀体后，反向作用于阀瓣，使阀瓣与阀体紧密接触，越压越紧，密封效果极好。

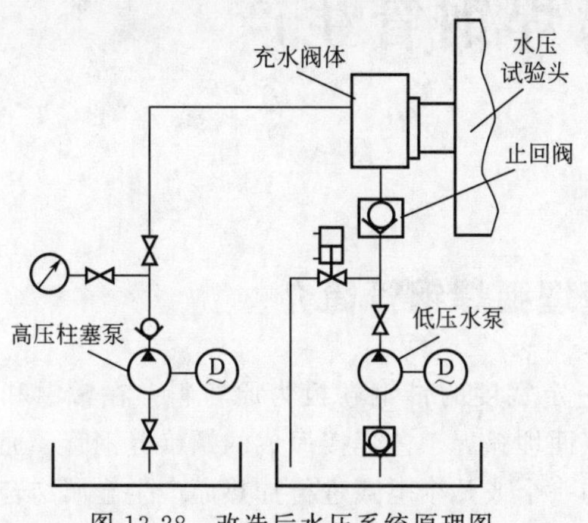

图 13-28　改造后水压系统原理图

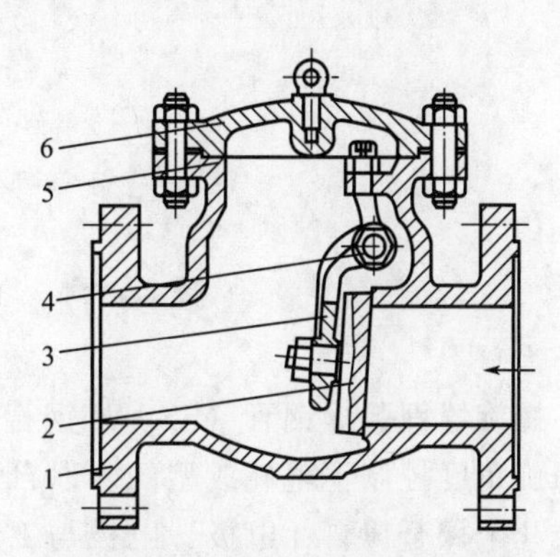

图 13-29　旋启式止回阀示意图

1—阀体；2—阀瓣；3—摇臂；4—圆柱销；5—阀盖垫片；6—阀盖

三、可靠的密封效果

充水阀是高低压水进入钢管的共同通道，同时又要具有隔离高低压水通道的作用。为了提高试验效率，充水阀通径设计不能太小（$\geqslant \phi 278$mm）。原充水阀阀芯和阀座的尺寸研配精度得不到保证，易导致密封失效。

方法一稳定性差，维修工作量大。方法二采用的止回阀具有低压开启容易（开启压力低）和高压密封可靠（越压越紧）的性能特点，开闭不需任何控制机构，节省能源，其型号选择可根据水压机的试验能力确定，可采用卧式或立式，按标件外购。某厂 2000t 压机充水阀采用方法二改进，运行以来从未发生高压泄漏，密封效果很好，稳压过程中不需补压，水压试验曲线规整。

第十四章

螺旋缝埋弧焊钢管生产

第一节　螺旋缝埋弧焊钢管简介

螺旋缝埋弧焊钢管（SSAW 钢管）是用一定宽度的带钢卷板为原材料，在常温和相应的螺旋角度控制下辊轧成型的。以自动双丝双面埋弧焊工艺焊接而成的螺旋缝钢管。通过一个或几个裸金属自耗电极，电极与工件之间的一个或几个电弧进行加热而产生金属结合的一种生产工艺。电弧和熔融金属被工件上面的易熔小颗粒材料保护起来，不需加压，填充金属部分或全部来自电极。螺旋缝埋弧焊钢管有一条螺旋缝，其内、外焊缝各不得少于一道。螺旋缝埋弧焊钢管的特点：生产工艺简单，生产效率高，成本低，发展较快。螺旋缝埋弧焊管的强度一般也比直缝焊管高，能用较窄的坯料生产管径较大的焊管，还可以用同样宽度的坯料生产管径不同的焊管。但是与相同长度的直缝管相比，焊缝长度增加 30%，而且生产速度较低。螺旋缝埋弧焊钢管已在自来水工程、石油化工、电力、城市排水建设以及农业灌溉等领域中得到了很好的应用，也为运输和建筑行业提供了很好的资源。根据自身结构特点，螺旋缝埋弧焊钢管主要有两大用途：一是用于输送液体，如给水、排水，基于其优越的防腐性能，也可用于燃气、石油等化学物质的运输；二是可作结构用材，如用作打桩管和桥梁等，也可用于道路、码头以及建筑结构中。

一、螺旋缝埋弧焊钢管概要

螺旋缝埋弧焊钢管具有以下四个优点。

① 实际应用状况良好。世界各地已大量使 SSAW 钢管用以高压输送石油、天然气等介质，输送压力可达 829MPa，德国 Salzgitter 公司在 20 世纪 90 年代首次生产 X70 级钢管用于天然气的输送。20 世纪 90 年代，总共有 8000 多千米的 SSAW 钢管用于高压油、气的输送，其大部分钢管的强度等级为 X70 级。SSAW 钢管不仅用于石油的输送，而且用于天然气管道高压输送，甚至还有海洋管线采用 SSAW 钢管的报道。如日本在某海底铺设了长 15km 的原油管线，使用状况良好。

② 螺旋焊缝受力合理。在对钢管焊缝受力体作分析计算可得，在焊管承受内压时，螺旋焊缝处的合成应力是同压力、同种规格直缝焊管应力值的 60%～85%，日本高压力技术协会和新日铁合作，对直缝和螺旋焊缝两种焊管进行了静压爆破试验，结果表明螺旋焊管的承受静压力状况优于直缝焊管，而且螺旋焊管爆破口的环向变形率明显大于直缝焊管。而且在相同压力下，由于螺旋焊管的变形大，裂纹长度短，开裂速度小，爆破后其环向变形量约为直缝焊管的 2 倍。这是由于螺旋焊缝对裂口的扩展起了有力的约束作用。

③ SSAW 钢管质量的提高，保证了高压输送的要求。由于制管技术的不断发展，尤其是以铣代剪、多丝埋弧焊接、焊缝自动跟踪、管端定径等工艺的推广使用，管端 X 射线拍片、全管体超声波检测、全焊缝手动超声波复查等检验手段的使用，使 SSAW 钢管质量的提高成为可能。目前，许多国家的螺旋缝埋弧焊钢管制造厂家都能生产出尺寸精度高、焊缝质量好、能满足使用要求的螺旋缝埋弧焊钢管。从 1965 年 API SPEC 5L 标准的第 22 版将螺旋缝埋弧焊钢管列入标准以来，到 2000 年的第 44 版 API SPEC 5L 标准，其间经历 22 版的修改，反映出输送用螺旋缝埋弧焊钢管的质量提高过程和对高压输送的适应性。

④ 生产的灵活性大，制造成本低。由于 SSAW 钢管生产时，钢带前进方向与管子中心线之间存在一个成型角，而这个成型角又具有可变性，因此同一宽度的带钢可以生产不同直径的钢管，较窄的带钢也可以生产大直径钢管，加之近年来成型机的改进，变换规格比较容易，因此螺旋缝埋弧焊钢管在较大范围内得以应用。在大直径输送管线（ϕ1219mm 以上）中，SSAW 钢管的使用量远大于直缝埋弧焊钢管。

螺旋缝埋弧焊钢管的生产流程见图 14-1。

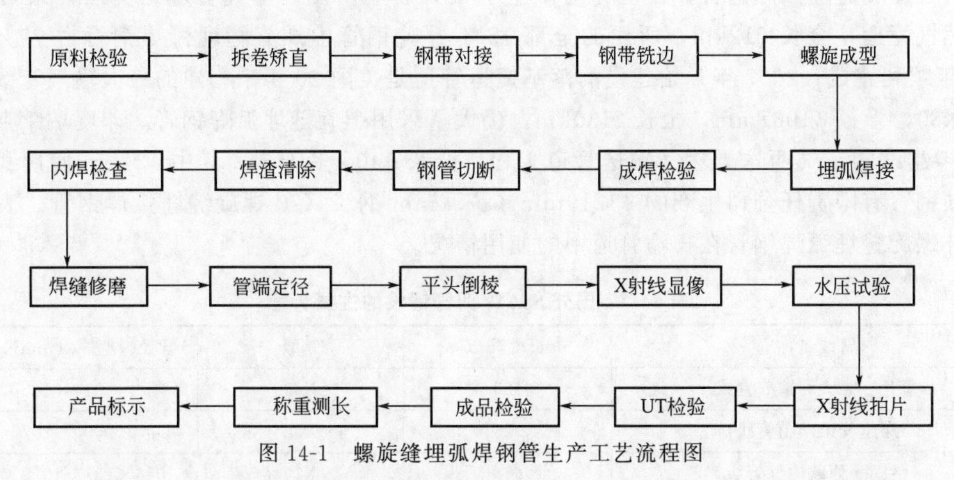

图 14-1 螺旋缝埋弧焊钢管生产工艺流程图

二、在管道运输上的应用

管道运输又被称为文明运输，因为国家发展到相当的文明程度之后，管道运输才会出现，同时，它又是一种不产生噪声的运输，故称为文明运输。对一个工业国来说，工业越发达，人民生活水平越高，耗用能源越大，依靠管道运输的程度就越大，对一个发达的工业国来说，管道能源运输所起的作用是巨大的。管道运输与铁路、航空、公路、海运并称为五大运输行业，是重要的能源运输行业。阿拉斯加原油运输管道年运原油 9000 万吨，相当于双轨铁路的年运量；苏联修建的亚马尔输气管道年输气 320 亿立方米。管道输送石油和天然气这类危险品，特别是大量天然气的输送，是别的运输工具所不能替代的。

最早的长输管道是 1897～1906 年俄国沙皇政府建成的从巴库至巴统的成品油出口管道。该管道直径 ϕ203mm，长 883km，设 16 座中间泵站，管子为铸铁管，管子之间采用丝扣连接。管道工业经过一百多年的发展，管道用管已经从最初使用的低压铸铁管发展到目前使用的高压钢制管道，无论是管材、设备仪表方面，还是管道设计、施工、输送工艺、化学添加剂、腐蚀防护、自动控制、完整性管理等方面都有了质的飞跃。

作为石油、天然气的一种经济、安全、不间断的长距离输送工具，油气输送管道在改革开放 40 多年来取得了巨大的发展。目前，世界油、气管线不完全统计总长已超过 2.4×

10^6 km，并且以每年（4～5）×10^4 km的速度增长，世界范围内全部天然气和80%以上的原油已经实现管线输送。

目前，管道用管主要为螺旋缝埋弧焊钢管、直缝埋弧焊钢管和高频直缝电阻焊钢管。而我国的石油、天然气输送管道多使用SSAW钢管。

三、国外油气管道使用螺旋缝埋弧焊钢管情况

在国外，由于长期以来认为直缝焊管的可靠性高、残余应力小、几何尺寸精良，油气管道以使用直缝埋弧焊钢管为主。国外的大口径干线输送管道中，直缝焊钢管占75%～80%，螺旋缝焊钢管占20%～25%。然而，从20世纪90年代开始，随着螺旋缝埋弧焊钢管制造技术的显著进步和产品质量的稳定提升，美国、欧洲的石油天然气公司基于管道建设成本考虑，已经在部分高压输油、输气管道上增大了螺旋缝埋弧焊钢管的使用比例。近年来，螺旋缝埋弧焊钢管在国际上的应用范围迅速扩大，特别是美国开始在天然气管线上大批量应用X80钢级螺旋缝埋弧焊钢管，在世界上产生了很大影响。夏延输气管道是美国首条X80钢级天然气管道，全长612km，所用的全部18.1万吨钢管中螺旋缝埋弧焊钢管占79%，于2005年顺利建成；2007年开始建设的落基捷运管道是美国20年来修建的最大输气管线，钢级为X80，管径ϕ1067mm，全长2130km，仍大量采用螺旋缝埋弧焊钢管。印度瑞莱斯公司2006年建设的东气西送天然气输送管道工程，全长1400多千米，其中124km使用我国宝鸡石油钢管有限责任公司生产的ϕ1219mm×17.2mm钢级X70螺旋缝埋弧焊钢管。表14-1是国外螺旋缝埋弧焊钢管在长输管道中的使用情况。

表14-1 国外SSAW钢管铺设的主要长管

管线名称	长度/km	钢级	管径×壁厚/(mm×mm)
荷兰—意大利输气管线	133	X60	914×13
穿越安第斯山管线	325	X52	900×12.7
伊朗—西欧输气管线	648	X70	1016×12.7/1220×16.8
阿尔及利亚—意大利输气管线	131	X70	1220×12.7～14.3
阿根廷输气管线	592	X60	610×7.1/762×12.7
加拿大福特希尔斯输气管线	1200	X70	914×13
美国夏延输气管线	507	X80	914×11.9～17.2
加拿大Central Alberta System管线	91	X80	1219×12
Alliance天然气输送管线	1339	X70	914×14.23/1067×11.43
印度东气西送管线	1244	X70	1219×17.2

四、国内油气管道使用螺旋缝埋弧焊钢管情况

我国石油天然气管道工业是随着我国石油工业的创建而发展起来的。我国第一条长输管道是1958年建设的克拉玛依至独山子炼油厂双线输油管道，全长300km，管径ϕ159mm。20世纪60年代，大庆油田的开发，使我国原油生产有了突破性进展，原油产量大幅度提高。到1970年时，火车运输已不能满足原油外输的要求，原油的运输成为当时石油工业发展的瓶颈。1970年8月3日开始的“八三”会战，先后建成了大庆→铁岭→大连和大庆→铁岭→秦皇岛两条原油输油管道，采用ϕ813mm钢级16Mn的螺旋缝埋弧焊钢管，使我国

的原油管道输送水平上了一个新台阶。

从20世纪70年代起，经过20多年的努力，到1996年我国已建成投运的输送原油、天然气和成品油的长输管线总长度21408km。20世纪90年代初，我国西部石油天然气勘探开发取得巨大发展，为了将塔里木盆地、吐哈盆地、准噶尔盆地以及陕甘宁盆地的原油和天然气输往库尔勒、鄯善、乌鲁木齐、克拉玛依、西安、北京、上海等城市，我国先后修建了塔中至轮南输油管线、轮南至库尔勒石油管线、靖边至西安输气管线、靖边至北京输气管线、西气东输管线等。

我国早期的制管厂几乎全部为螺旋缝埋弧焊钢管制造厂家，导致我国的油气管道也以使用螺旋缝埋弧焊钢管为主。已建成的陕京管线、兰银线、陕京二线、西部原油及成品油管线、靖西管线以及西气东输管线等十几条重大长输管线均以使用螺旋缝埋弧焊钢管为主。表14-2是国内已建成长输管道中螺旋缝埋弧焊钢管使用情况。

表14-2 国内SSAW钢管铺设的主要长输管道

管线名称	长度/km	钢级	管径×壁厚/(mm×mm)
秦皇岛—北京输油管线	347.7	16Mn	529×7～8
轮南—库尔勒输油管线	161	X52	508×7
塔里木—轮南输气管线	300	X52	426×7～8
鄯善—乌鲁木齐输气管线	320	X52	457×6～7
陕西靖边—北京输气管线	780	X65	660×7.1～8.1
西气东输管线	1683	X70	1016×14.6
陕西靖边—北京二线	780	X70	1016×14.6～17.5
涩宁兰复线	940.6	X60 X65	660×7.1 660×7.9～11.9
永唐秦输气管线	310	X70	1016×14.6～17.5

举世瞩目的西气东输二线工程，就全球已经建成和正在建设的天然气高压长输管道而言，不论钢级、长度、管径、壁厚还是输送压力，都堪称世界之最。其全长4775km，共使用X80级ϕ1219mm×(15.3～18.4)mm螺旋缝埋弧焊钢管199.5万吨，占整个工程焊管用量的比例高达72%，进一步说明了螺旋缝埋弧焊钢管在国内油气管道建设中的重要地位。

五、螺旋缝埋弧焊钢管使用的可靠性

螺旋缝埋弧焊钢管的螺旋焊缝所承受的应力要比直缝焊管的直焊缝所承受的应力小，仅为直缝焊管的75%～90%，因此可承受较大的内应力。做同样直径的钢管，螺旋缝埋弧焊钢管的壁厚可比直缝焊管的壁厚减少10%～25%，因此可以节约大量钢材。双面埋弧焊螺旋焊缝可以起到加强肋的作用，增加了钢管的刚度，提高了承载能力，所以螺旋缝埋弧焊钢管被广泛采用，与此同时螺旋缝埋弧焊钢管的优点还在于：

① 由于冲击值的各向异性，使其开裂的最大驱动方向避开了最小断裂阻力方向。

② 由于强度的各向异性，使其垂直螺旋焊缝方向的强度薄弱方向避开了主应力方向，能用较窄的坯料生产管径较大的焊管，还可以用同样宽度的坯料生产管径不同的焊管。生产成本较低，工艺简单，易生产大口径管。大口径焊管大多已采用螺旋缝埋弧焊工艺。

③ 螺旋缝埋弧焊钢管的强度一般比直缝焊管高，能用较窄的坯料生产管径较大的焊管，还可以用同样宽度的坯料生产管径不同的焊管。但是与相同长度的直缝管相比，焊缝长度增加 30%～100%，而且生产速度较低。因此，较小口径的焊管大都采用直缝焊，大口径焊管则大多采用螺旋缝埋弧焊。

六、螺旋缝埋弧焊钢管的应用领域

由于螺旋缝埋弧焊钢管的强度高，制造工艺简单，设备投资小，产品价格便宜，被越来越多的工程采用。它可用于石油、天然气、煤气、热力、给排水工程的输送管道；用于电粉、煤灰、矿山石浆的输送管道；用于高层建筑、海滩建筑的钢桩；用于大型建筑的框架和桥梁建设等。

第二节　螺旋缝埋弧焊钢管采用的标准

在经济全球化的今天，“得标准者得天下”。标准的作用已不只是企业组织生产的依据，而是企业开创市场继而占领市场的“排头兵”。《中华人民共和国标准化法》规定：企业生产的产品没有国家标准和行业标准的，应当制定企业标准，作为组织生产的依据；已有国家标准或者行业标准的，国家鼓励企业制定严于国家标准或者行业标准的企业标准，在企业内部适用。

螺旋缝埋弧焊钢管是一种新型的流体输送用钢管，是国家生产许可证控制产品，国家对该产品实行质量监督和管理。该产品因使用要求不同而有各种不同的标准，下面我们简单介绍以下几种标准。

一、国际标准

ISO 3183：2007《石油天然气工业管线输送系统用钢管》是由 ISO/TC67 国际标准化组织石油天然气工业材料、设备和海洋结构技术委员会，SCI 输送钢管分委员会根据美国国家标准 ANSL/API SPEC 5L，按照 ISO 导则制定的。

美国国家标准 ANSI/API SPEC 5L《管线钢管》，是按照石油协会 API SPEC 5L《管线钢管规范》制定的。API SPEC 5L《管线钢管规范》在世界石油界很有权威性，各螺旋缝埋弧焊钢管厂以取得 API 认证作为产品质量最高认证。

二、国家标准

我国现行的螺旋缝埋弧焊钢管的国家标准是 GB/T 9711—2017《石油天然气工业　管线输送系统用钢管》，该标准是根据国际标准 ISO 3183：2007《石油天然气工业　管线输送系统用钢管》制定的，在技术内容编写规则上与该国际标准等效。

三、行业和企业内部标准

1. 企业标准

企业为使自己的产品达到某个指定的标准，自己制定一个比某个标准质量要求更严格、条件更高的标准称为企业标准。这个标准由企业内部控制，因此也称为内控标准。比如国内某大型钢管制造企业根据自己生产目标和愿景所制定的标准 Q/HJH—2003.1。

2. 行业标准

每个行业对本行业使用的某些产品都有一定的专业质量要求，从而制定一个质量标准，该行业制定的这个质量标准就是这个行业的标准。

四、各标准对钢级的规定

SY/T 5037—2012《普通流体输送管道用埋弧焊钢管》标准规定：

钢管应采用 GB/T 700 中的 Q195、Q215 和 Q235 钢焊制，经供需双方协议，也可采用其他焊接性能良好的钢种，其技术条件由供需双方协议确定。

GB/T 9711—2017《石油天然气工业　管线输送系统用钢管》标准规定：

该标准对钢级是以规定总伸长应力命名的，在总伸长应力值前冠以代号字母 L。该标准要求钢级在 L175～L485、L245M～L830M 范围内。

该标准对钢级的命名是采用无量纲量，以钢材最低屈服强度命名，以英制单位千磅力/平方英寸（KSI）为单位，在钢材最低屈服强度数值前面分别冠以 A、B、X 字母。公英制强度单位的换算是 1 千磅力/平方英寸＝6.89476MPa。

第三节　螺旋缝埋弧焊钢管生产用材料

一、螺旋缝埋弧焊钢管用材料

1. 原材料

螺旋缝埋弧焊钢管所用的原料是炼钢厂生产出来的钢卷，它是在轧钢厂采用热连轧带钢工艺生产的，其轧钢的生产工艺过程主要包括原料的准备、加热、粗轧、冷却及卷取。热连轧带钢是以铸钢板坯和连铸板坯为原料。由于连铸板坯采用近些年来迅速发展起来的连续铸钢技术，即将钢水直接通过连续铸造机铸造成一定断面形状和规格的钢坯，省去了铸锭、初轧等许多工序，大大简化了钢材生产工艺过程，而且节约金属、提高成材率、减少燃料消耗、降低生产成本、改善劳动条件、提高劳动生产率、物理化学性能均匀且便于增大坯重，故其所占比重日趋增大。

管线钢是近 30 年来在低合金高强度钢基础上发展起来的高性能的热轧钢卷，是为了满足油气输送管道对钢材的要求，在成分设计、冶炼、轧制等工艺上采取了许多措施轧制而成的。管线钢在成分设计上都是采用 Mn-Ni 系或 Mn-Ni-V 系，管线钢按组织状态分类，主要有铁素体＋珠光体型和贝氏体（含针状铁素体）型两大类。

2. 原料的缺陷分类及原因

热轧板带产品中常见的缺陷主要有以下几种。

① 波浪。一般是指板带材的浪形、瓢曲或旁弯的有无及程度，常见波浪形缺陷有中间浪、双边浪、单边浪、四分之一浪等。

产生原因　波浪主要由于轧辊的热膨胀及轧辊本身的弹性变形而引起；瓢曲主要是钢板两侧冷却不均加上最后机架压延量过小造成的。

② 横折。板带宽度方向上出现的弯折、折纹，程度轻的呈皱纹状。易产生于低碳钢和钢卷内部。

产生原因　开卷时张力辊和压力辊的空气压力不适当，带钢卷形状不良，卷取温度过高。

③ 节疤。板带两边都有完全剥离而凸起的东西，仅头部剥离成鳞状。

产生原因　加热炉炉底擦伤；铸模破碎，浇筑时溅渣和钢渣的注入；钢渣清理不彻底。

④ 刮伤。不规则的、不定型的锐角划伤，正反面同时发生的情况多，多数出现在带卷的内部。

产生原因　开卷时带卷过松引起，装卸钢卷时在宽度方向发生滑动。

⑤ 划伤。较浅的擦伤，在轧制方向连续或不连续出现一条或几条，主要产生在反面，光泽时有时无。

产生原因　输送辊道辊子回转不良引起，轧制和精整作业线上的固定凸出物给予擦伤。

⑥ 松卷。指钢卷没有卷紧，处于松散状况。

⑦ 边裂。主要出现在带钢表面边部，呈纵向曲线或山形分布的裂纹（山裂），也有的出现在钢带的边部。

产生原因　主要由于板坯在加热炉中加热时间过长或温度过高，造成过热或过烧，以至于在带钢成型过程中，边部由于热脆性产生裂纹。

⑧ 压入氧化铁皮。呈点状、条状或鱼鳞状的黑色斑点，分布面积大小不等，压入的深浅不一。这类氧化铁皮在酸洗工序中难以洗净，当氧化铁皮脱落时形成凹坑。

产生原因　板坯加热温度过高，加热时间过长，炉内呈强氧化气氛，炉中产生的氧化铁皮轧制时压入；高压水压力不足，连轧前氧化铁皮未清除干净；高压水喷嘴堵塞，局部氧化铁皮未清除。

⑨ 宽度超差。指宽度超过标准范围（0～＋20mm）。

产生原因　精轧机组各种工艺参数和设备参数的变动以及中间坯沿长度方向上尺寸、温度不同，都会引起带钢宽度的变化，其主要影响因素有四个方面：a. 水平轧制矩形件引起的宽度增加；b. 精轧机架间张力引起的宽度减小；c. 板凸度对宽度的影响；d. 水印的影响。

⑩ 厚度超差。指板带厚度超过一定标准范围（一般为±50μm）。

产生原因　轧制过程中，影响板厚的主要因素有以下四个方面：a. 辊系因素，包括轧辊偏心、轧辊磨损、轧辊弯曲、轧辊热膨胀、油膜厚度变化等；b. 来料因素，包括来料厚度、宽度、硬度变化，轧制区摩擦系数的变化；c. 轧制过程中参数变化，包括轧制力、张力、轧制速度变化；d. 控制模型误差和检测仪表误差。

二、钢卷的技术要求及产品标准

为了满足螺旋焊管质量的要求，我们必须充分了解钢材的技术要求和产品标准，尤其是加工工业特性及组织性能变化特性，即该钢种的内部规律，然后利用这些规律，正确地制定焊管生产工艺过程及采取有效的工艺手段，来达到生产出符合技术要求的螺旋缝埋弧焊钢管产品的目标。

1. 对钢材的技术要求

对钢材的技术要求就是为了满足使用上的需要对钢材提出的必须具备的规格和技术性能。如形状、尺寸、表面状态、力学性能、物理化学性能、金属内部组织和化学成分等方面的要求。钢材技术要求系由使用单位按用途的要求提出，再根据当时实际生产技术的可能性和生产的经济性来制定的，它体现产品的标准。钢材技术要求在一定的范围，并且随着生产技术水平的提高，这种要求及其可能满足的程度也在不断提高。轧钢工作者的任务就是不断提高生产技术水平，尽量满足使用上的更高要求。

钢材性能的要求主要是对钢材力学性能、工艺性能（弯曲、冲击、焊接性能等）及物理化学性能（磁性、抗腐蚀性能等）的要求。其中最通常的是力学性能（强度性能、塑性和韧性），有时还要求其他性能。这些性能可以由拉伸试验、冲击试验及硬度试验确定。

强度代表材料破断前强度的最大值，而屈服极限或屈服强度表示开始塑性变化的抗力，只是用来计算结构强度的基本参数。屈强比对于钢材的用途有很大的意义。钢材的屈强比越小，反映钢材受力超过屈服点工作时的可靠性越大，因而结构的安全性越高。若此比值很高，则说明钢材的塑性差，不能做很大的变形。根据经验数据，随结构钢材的用途的不同屈服强度与抗拉强度之比一般宜在 0.65～0.75。

钢材使用时还要求有足够的塑性和韧性。伸长率包括拉伸时均匀变形和局部变形两个阶段的变形率，其数值依试样长度变化而变化；断面收缩率为拉伸时的局部最大变形程度，可理解为在构件不被破坏的条件下，金属能承受的最大局部变形的能力，它与试样的长度及直径有关。因此，断面收缩率能更好地表明金属的真实塑性。故不少学者建议按断面收缩率来测定金属的塑性。但实际工作中测伸长率较为简便，目前伸长率仍然是最广泛使用的指标。有时也要求钢材的断面收缩率、钢材的冲击韧性值及脆性转变温度，断面收缩率是对金属内部组织变化最敏感的指标，反映了高应变率下抵抗脆性断裂的能力或抵抗裂纹扩展的能力。金属内部组织的微小改变，在试验中难以显现，而对冲击韧性却有很大的影响。当变形速度极大时，要想测得应力-应变曲线很困难，因而往往采用击断试样所需的能量来综合地表示高应变率下金属材料的强度和韧性。必须指出，促使强度性能提高的力学因素往往不利于钢材的塑性和韧性技术指标，欲使钢材强度和韧性都得到提高，即提高其综合力学性能，便必须使钢材具有细晶粒的组织结构。

钢材性能主要取决于钢材的组织结构和化学成分。因此，在技术条件中规定了化学成分的范围，有时还提出金属组织机构方面的要求。例如，晶粒度、钢材内部缺陷、杂质形态及分布等。生产实践表明：钢的组织是影响钢材性能的决定因素，而钢的组织又主要取决于化学成分和轧制生产工艺过程。因此，通过控制生产工艺过程和工艺制度来控制钢材组织结构状态，通过对组织结构状态的控制来获得所需要的使用性能，是可行的。

2. 钢材的产品标准

钢材的产品标准一般包括有品种（规格）标准、技术条件、试验标准及交货标准等方面。

品种（规格）标准，要规定钢材形状和尺寸精度方面的要求，要求形状正确，消除断面的歪扭、长度上弯曲不直和表面不平等。尺寸精度是指可能达到的尺寸偏差的大小。尺寸精度之所以重要，是因为钢材断面尺寸的变化会影响到使用性能，而且与钢材的用量有很大的关系。如果钢材尺寸超过了国家标准，不仅满足不了使用要求，而且可能造成金属板材的浪费，从而使成本增加。

3. 产品技术要求

产品技术要求除规定品种要求以外，还规定其他的技术要求，例如，表面质量，钢材性能：材质性能、组织结构、化学成分等，有时候还包括某些试验方法和试验条件等。

产品的表面质量直接影响到钢材的使用性能和寿命。所谓表面质量就是指表面缺陷的多少，表面光整平坦和光洁程度。产品表面缺陷种类很多，其中最常见的是表面裂纹、结重皮和氧化铁皮等。造成表面缺陷的原因是多方面的，与铸锭、加热、轧制及冷却都有很大的关系。因此，在整个生产过程中都要注意提高钢材的表面质量。

产品标准中还包括了验收规格和需要进行的试验内容。包括做试验的取样部位、试样形状和尺寸、试样条件和试验方法。此外，还包括了钢材交货的包装和标志方法及质量保证书的内容等。某些特殊的钢材在产品标准中还规定了特殊的性能和组织结构以及附加要求、特殊的成品试验要求等。

各种钢材根据用途的不同都有各自不同的产品标准和技术要求。由于各种钢材的不同的技术要求，再加上不同的钢种特性，便带来它们不同的生产工艺过程和生产工艺特点。

三、焊接用焊丝

1. 焊丝的技术要求及产品标准

焊丝品种根据焊接金属不同而变化，有碳素结构钢、低合金钢、高碳钢、特殊合金钢、不锈钢、镍基合金钢焊丝以及堆焊用的特殊合金钢焊丝。各种焊丝化学成分应符合国家标准GB/T 14957—1994《熔化焊用钢丝》、GB/T 4241—2017《焊接用不锈钢盘条》规定。为了使焊接过程稳定进行并减小焊接辅助时间，焊丝通常用盘丝机整齐地盘绕在焊丝盘上，按照国家标准GB/T 1300—77《焊接用钢丝》的规定，每盘焊丝应由一根焊丝绕成，焊丝表面质量严格要求如下：

① 焊丝表面应光滑，无毛刺、凹陷、裂纹、折痕、氧化皮等缺陷或其他不利于焊接操作以及对焊缝金属性能有不利影响的外来物质。

② 焊丝表面允许有不超出直径允许偏差一半的划伤及不超出直径偏差的局部缺陷存在。

③ 根据供需双方协议，焊丝表面可以镀铜，其镀层表面应光滑，不得有肉眼可见的裂纹、麻点、锈蚀及镀层脱落等。

2. 焊丝的分类、牌号

埋弧焊用实心焊丝，主要有低碳钢用焊丝、低合金高强度钢用焊丝、Cr-Mo耐热钢用焊丝、低温钢用焊丝、不锈钢用焊丝、表面堆焊用焊丝等。

① 低碳钢和低合金钢埋弧焊常用焊丝有如下三类。a. 低锰焊丝（如H08A）：常配合高锰焊剂用于低碳钢及强度较低的低合金钢焊接。b. 中锰焊丝（如H08MnA、H10MnSi）：主要用于低合金钢焊接，也可配合低锰焊剂用于低碳钢焊接。c. 高锰焊丝（如H10Mn2H08Mn2Si）：用于低合金钢焊接。

② 焊丝牌号的字母“H”表示焊接实心焊丝，字母“H”后面的数字表示碳的质量分数，化学元素符号及后面的数字表示该元素的质量分数。当元素的含量小于1%时，元素符号后面的1省略。焊丝牌号尾标有字母“A”表示为优质品，即焊丝的磷、硫含量较低，字母“E”表示高级优质品，其磷、硫的含量更低。

③ 气体保护焊用碳钢、低合金钢焊丝型号的表示方法为ERXX-X，字母ER表示焊丝，后面的两位数字表示熔覆金属的最小抗拉强度，“-”后面的字母或数字表示焊丝化学成分分类代号，若还附加其他化学成分时，直接用元素符号表示，并用“-”与前面数字分开。例如：

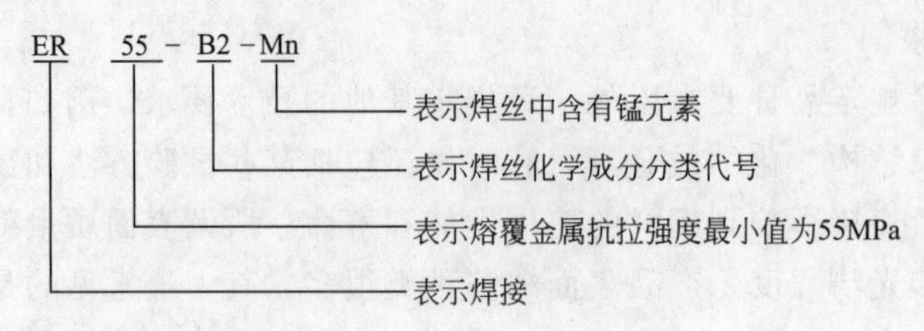

3. 焊丝的储存条件及使用注意事项

① 存放焊丝的仓库具备干燥通风环境，避免潮湿，确保焊丝存放的湿度在60%以下；拒绝水、酸、碱等液体及易挥发的有腐蚀性的物质存在，更不宜与这些物质共同存放一个仓库中。

② 焊丝应放在木托盘上，不能将其直接放在地板或紧贴墙壁，堆放距离应离墙面和地面150mm以上。

③ 存取及搬运焊丝时要十分小心，不要弄破包装，特别是内包装中的“热收缩膜”。

④ 打开焊丝包装应尽快将其全部用完（要求在一周以内），一旦焊丝直接暴露在空气中，其防锈时间将大大缩短（特别在潮湿、有腐蚀介质的环境中）。

⑤ 按照“先进先出”的原则发放焊丝，尽量减少产品库存时间。

⑥ 一般来说焊丝的出库量不得超过两天用量，已经出库的焊丝焊工必须妥善保管。

四、焊接用焊剂

焊剂是在焊接时熔化形成熔渣和气体，对熔化金属起保护和冶金处理作用的一种物质。焊剂根据生产工艺的不同分为熔炼焊剂、黏结焊剂和烧结焊剂。按照焊剂中添加脱氧剂、合金剂分类，又可分为中性焊剂、活性焊剂和合金焊剂。

1. 焊剂的技术要求及产品标准

焊剂颗粒度、含水量、夹杂物的检验方法和检验标准应按照GB/T 5293—2018《埋弧焊用非合金及细晶粒钢实心焊丝、药芯焊丝和焊丝-焊剂组合分类要求》标准进行。

① 焊剂颗粒度检验。检验普通颗粒度焊剂时，40目筛下颗粒和8目筛上颗粒的焊剂量不得大于2%。

② 含水量。焊剂的含水量不得大于0.1%。

③ 机械夹杂物。焊剂中的机械杂物（炭粒、铁屑、原材料颗粒、铁合金凝珠及其他杂物）的含量百分含量不得大于0.3%。

④ 焊剂中硫的质量分数不得大于0.060%，磷的质量分数不得大于0.080%。根据供需双方协议，也可以降低硫、磷的含量。

2. 焊剂的分类、牌号

① 焊剂的分类。焊剂是埋弧焊生产中的主要焊接原材料，有以下3种分类：

a. 按制造方法分类：焊剂根据生产工艺可分为熔炼焊剂、黏接焊剂、烧结焊剂。

b. 按添加剂分类：焊剂按照添加剂可分为中性焊剂、活性焊剂、合金焊剂。

c. 按照碱度分类：碱度是表征焙渣性强弱程度的一个量，可分为碱性焊剂、中性焊剂、酸性焊剂。

② 焊剂的牌号。

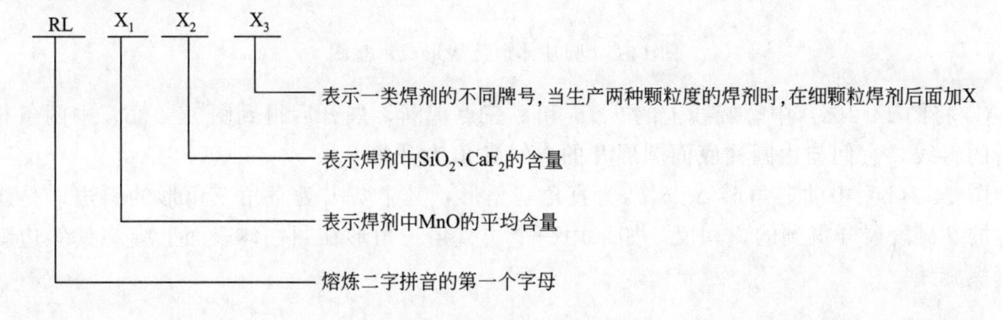

3. 焊剂的储存条件及使用注意事项

① 焊剂应储存在干燥的库房内，保证温度在5～20℃，湿度在60%以下；

② 焊剂应放在木托盘上，不能将其直接放在地板或紧贴墙壁，堆放距离应离墙面和地面150mm以上；

③ 烧结焊剂烘干温度应在300～350℃，并保温2h；

④ 焊剂在使用前应目测焊剂的颗粒度和夹杂物，如果颗粒度过小、夹杂物过度应进行筛选和磁选。

⑤ 按照“先进先出”的原则发放焊剂，尽量减少产品库存时间；

⑥ 一般来说焊剂的出库量不超过二天的用量，已经出库的焊剂焊工必须妥善保管。

第四节　螺旋缝埋弧焊钢管的生产原理

一、形成圆柱形螺旋线的基础理论

将宽度一致的带钢沿其中心线方向直线运动，此时若在带钢运动过程中设置一障碍物（成型器），使带钢改变运动方向并按一定的螺旋线角度（成型角）继续向前运动，这样带钢就会连续产生塑性变形，形成圆柱形管坯，然后再将钢管管缝焊接起来就制成螺旋钢管。

在卷管过程中，带钢两边边缘会出现间隙、搭边等情况，此时可通过改变带钢继续运动的方向与带钢中心线所成的角度，使带钢两边边缘的对接达到理想效果。

如图14-2(a) 所示，当 P 点的运动方向与圆柱体轴线垂直的平面成恒定的上升角度(升角)，且始终在圆柱体表面均匀运动时，就形成了圆柱形螺旋线。对图14-3圆柱体螺旋线形成分析说明如下：

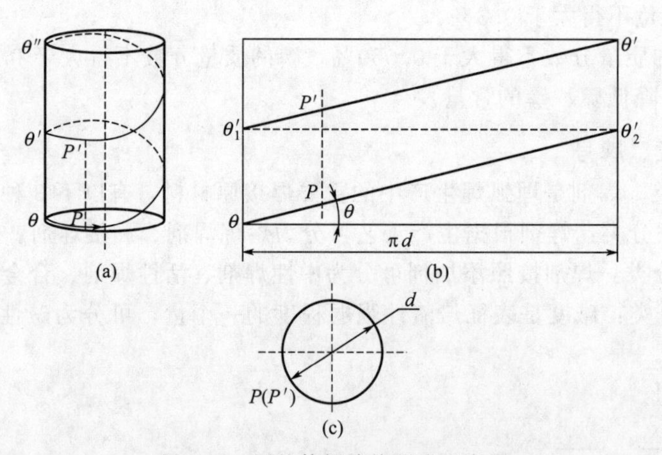

图14-2　圆柱体螺旋线形成示意图

① 将图14-2(a) 中螺旋线上的 θ、θ' 和 θ'' 三点剪断，展开后得到图14-2(b) 中两条相互平行的斜线，它们与由圆柱底面圆展开的直线夹角为升角 θ。

图14-2(b) 中的三角形 $\Delta\theta'\theta'_1\theta'_2$ 为直角三角形，其中 $\theta'\theta'_1$ 为直角三角形的斜边，是螺旋线上的 $\theta'\theta''$ 段展开得到的，相反，如果用一个长直角三角形在圆柱体表面上缠绕其斜边就形成了螺旋线。

② 螺旋线在垂直于圆柱体轴线的平面上的投影是一个圆，如图 14-2(c)，点 P 和 P'的影重合为一点，这个圆的直径就是圆柱体的直径。

③ 当 P 点转动一周后到达 P'，PP'的长度是圆柱体螺旋线的螺距，当圆柱体的直径不变时，螺距随螺旋线升角 θ 的增大而增大，减小而减小，从而得出两条重要结论：

a. 展开后的螺旋线是一条直线；

b. 螺旋线的升角和圆柱体直径 d 是螺旋线的决定参数。

1. 圆柱形螺旋带

如图 14-3 所示，将形成圆柱形螺旋线的 P 点换成与圆柱体轴线平行且长度一定的母线 AB 段时，就会形成圆柱体螺旋带。连续的、宽度一致的母线段在展开后是一条两边相互平行的直带。

图 14-3 中母线段 AB 平行于圆柱体轴线，它以恒定的上升角度 θ（升角）沿圆柱体表面均匀运动形成圆柱体螺旋带。当 AB 转动一周后到达 $A'B'$，AA' 和 BB'为螺旋带的螺距，$A'B$ 为相邻的两段螺旋带的间隙。

2. 圆柱形螺旋管

如图 14-4 所示，当形成圆柱形螺旋带的母线段 AB 长度与螺旋带的螺距 AA'相等，即 B 与 A'重合，相邻的两段螺旋带的间隙 $A'B$ 为 0 时，就形成了圆柱体螺旋管。此时的螺旋线是圆柱形螺旋管表面上相邻母线段端部接触的地方。

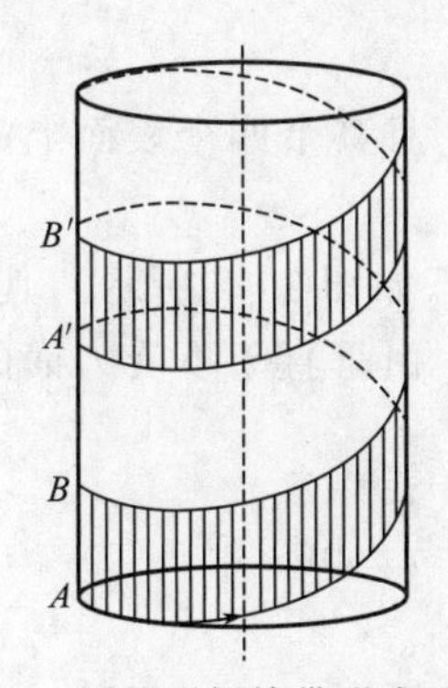

图 14-3 圆柱形螺旋带形成示意图

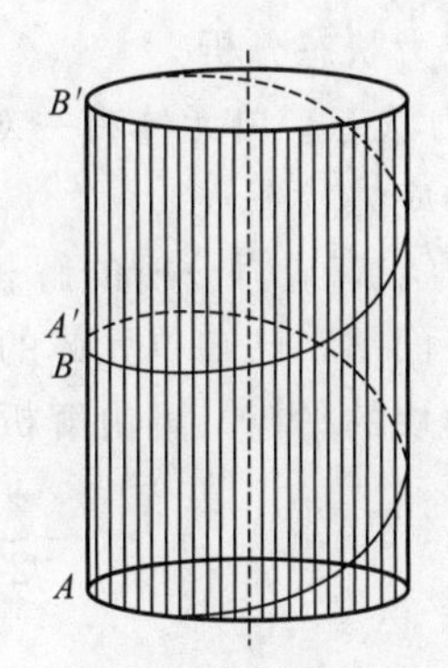

图 14-4 圆柱形螺旋管形成示意图

圆柱体螺旋管的基础是圆柱形螺旋线，通过前面分析螺旋线和螺旋带的形成原理，可以得出以下四个形成圆柱体螺旋管的重要依据：

① 圆柱形螺旋管展开后是一条直带，直带的两边是两条平行的直线；

② 圆柱形螺旋管表面的母线段平行于本身并在圆柱形表面运动；

③ 母线段为固定不变的长度；

④ 全部母线段上所有点的圆周速度不变，母线段无论沿圆周，还是沿圆柱形中心线都是恒速运动，圆柱形表面的全部母线段应在定距间内等速运动。

如果不符合①要求，直带的边缘卷在圆柱体表面上将不能形成正确的螺旋线；

如果不符合②要求，就不能保证得到正确的封闭圆柱形面；

如果不符合③要求，将造成螺旋边缘接触时产生间隙或搭边（重合）；

如果不符合④要求，特别是“全部母线段上所有点的圆周速度不变”，实际上将导致增大或减小线圈的直径（线段速度不固定），或导致线圈弯斜（线段各点的速度不固定）。

二、螺旋缝埋弧焊钢管管坯成型工艺

对圆柱形螺旋缝埋弧焊钢管形成过程的研究为螺旋缝埋弧焊钢管管尾成型奠定了理论基确。在实际应用中我们使用钢带作为生产钢管的材料，钢带卷管成型是一个弹塑性变形的过程，在这个过程中“三辊弯板机”起到了主要作用，同时为了保证成型的稳定性和连续性还要求参数保持一定的数学关系。

1. 弯曲变形的理论基础知识

(1) 应力和应变的概念

① 应力。受力物体截面上内力的集度，即单位面积上的内力，用公式表示如下：

$$\sigma = F/S \tag{14-1}$$

式中，σ 表示应力；F 表示物体受到的外力；S 表示物体受力面积。

② 应变。物体内任一点因各种作用引起的相对变形。

(2) 应力和应变状态概念

① 应力状态。过构件内部一点不同方位的微截面上总的应力状态。

② 应变状态。过构件内部一点不同方位的总的应变状态。

③ 单元体。又称微体，它是围绕所研究点截取的三个方向均为无穷小的立方体。无穷小的单元体，可以由任意方位的假想继续剖分。单元体或其任意被剖分的部分均满足静力平衡条件。单元体用于研究一点处的应力应变状态。

(3) 平面应力状态分析

① 平面应力状态。单元体有一对平行表面不受力，且其余四个表面上的应力均平行于此不受力表面的应力状态。

② 平面应力状态应力分析的解析法。平面应力状态如图 14-5 所示。其中 (a) 是立方体图，(b) 是平面图，已知单元体的应力 σ_x，σ_y，τ_x，由垂直于不受力面的斜面外法线倾角为 α 的微三角块的平衡，可由解析法求得：

$$\sigma_\alpha = \frac{\sigma_x + \sigma_y}{2} + \frac{\sigma_x - \sigma_y}{2}\cos 2\alpha - \tau_x \sin 2\alpha \tag{14-2}$$

$$\tau_\alpha = \frac{\sigma_x - \sigma_y}{2}\sin 2\alpha + \tau_x \cos 2\alpha \tag{14-3}$$

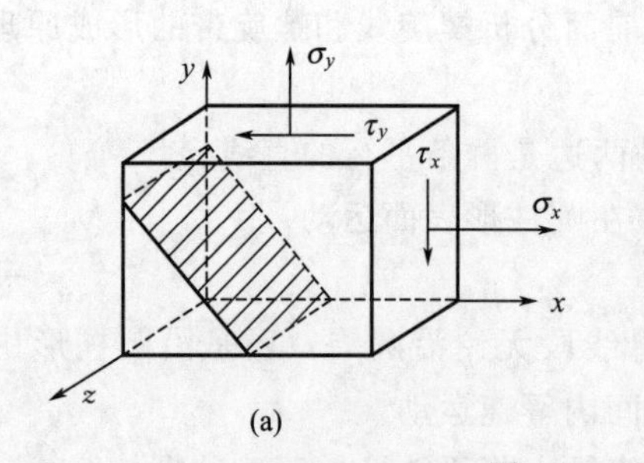

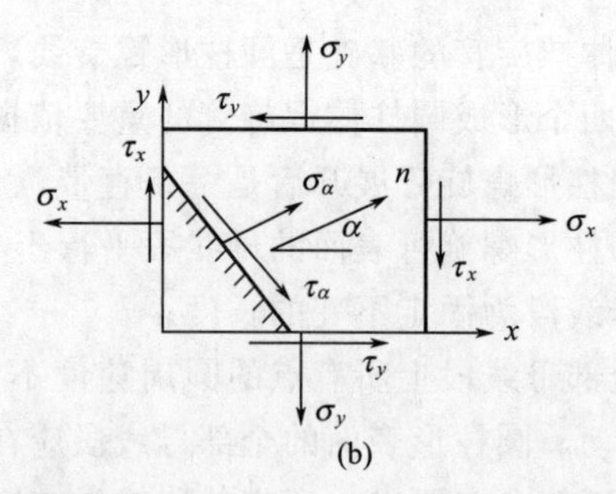

图 14-5 平面应力状态图

(4) 弹性变形和胡克定律

① 弹性变形。材料在外力作用下产生变形，当外力取消后，材料变形即可消失并能完全恢复原来形状的性质称为弹性。这种可恢复的变形称为弹性变形。

② 胡克定律。材料在弹性变形范围内，力与变形成正比的规律。胡克定律是力学基本定律之一，适用于一切固体材料的弹性定律，它指出：在弹性限度内，物体的形变跟引起形变的外力成正比。这个定律是英国科学家胡克发现的，所以叫作胡克定律。

③ 广义胡可定律。三向应力状态下，应力应变关系为：

$$\varepsilon_x=\frac{1}{E}[\sigma_X-\mu(\sigma_y+\sigma_z)],\varepsilon_y=\frac{1}{E}[\sigma_y-\mu(\sigma_x+\sigma_z)] \tag{14-4}$$

$$\varepsilon_z=\frac{1}{E}[\sigma_Z-\mu(\sigma_X+\sigma_y)],\gamma_{xy}=G\tau_{xy},\gamma_{yz}=G\tau_{yz},\gamma_{zx}=G\tau_{Zx} \tag{14-5}$$

④ 主应力与主应变间的关系：

$$\varepsilon_1=\frac{1}{E}[\sigma_1-\mu(\sigma_2+\sigma_3)],\varepsilon_2=\frac{1}{E}[\sigma_2-\mu(\sigma_1+\sigma_3)] \tag{14-6}$$

$$\varepsilon_3=\frac{1}{E}[\sigma_3-\mu(\sigma_1+\sigma_2)] \tag{14-7}$$

其中，$\varepsilon_1 \geqslant \varepsilon_2 \geqslant \varepsilon_3$，对应的主应力与主应变方向相同。

⑤ 弹性常数 E、G、μ 之间的关系：

$$G=\frac{E}{2(1+\mu)} \tag{14-8}$$

(5) 塑形变形

① 塑性变形。物体受到外力作用后产生了一定的变形，当外力取消后，物体并不完全恢复自己的原始形状和尺寸，则这样的变形就称为塑性变形。

② 塑性。固体物体获得塑性变形的能力称为塑性。塑性取决于变形条件，不应当把塑性看成某种材料的性质，而应当看成某种材料的状态。例如：钢铁这种材料在常温下塑性就差一点，加热到一定的温度，塑性就大大增加。变形条件还包括变形速度、变形程度以及外部条件等。物体受力后产生塑性变形，但物体的塑性变形永远有弹性变形伴随存在，也就是在塑性变形的条件下，总变形既包括塑性变形，也包括去掉变形力以后消失的弹性变形。

(6) 弹塑性变形

弹塑性变形是弹性变形和塑性变形同时发生的一种状态。带钢的卷管成型过程就是一种弹塑性变形，管坯成型的最佳状态是“塑性变形＋少量弹性变形”，塑形变形使管坯曲率半径接近钢管半径，再采用机械方式对管坯进行补充的弹性变形来达到钢管半径，这种方式的好处是便于控制，它允许塑性变形在一定范围内波动。

2. 三辊弯板机

三辊弯板机是滚动摩擦外包式全辊套成型器的核心部分，钢带在成型器内的塑性弯曲变形的过程主要由三辊弯板机来完成。

① 三辊弯板机的结构和工作原理。如图 14-6 所示，三辊弯板机是由 2 个外辊和 1 个内

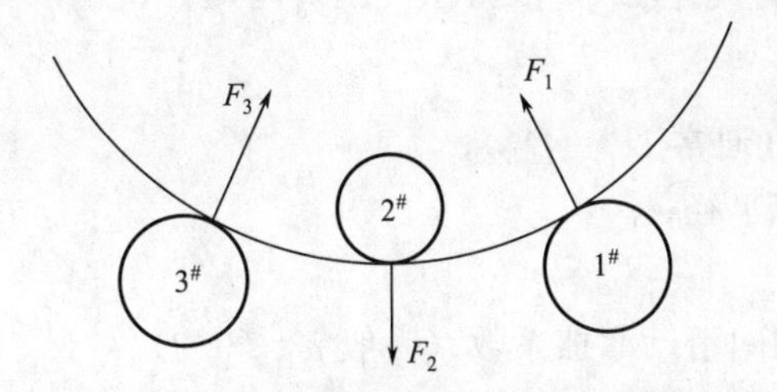

图 14-6 三辊弯板机的机构和工作原理示意图

压辊组成，其中$1^{\#}$辊与钢带的接触点是曲率半径$R=\infty$的平直带材，而在$3^{\#}$辊的接触点是将板材弯曲成管子半径R_0为止，钢带经过$3^{\#}$再通过其他外控辊补充变形最终得到等于管子半径R_0的管坯。塑性弯曲变形主要在$2^{\#}$辊与钢带的接触点处，考虑到存在弹性恢复，弯曲半径必须取$R'<R$。$2^{\#}$辊处的弯曲力矩可用公式$M=\sigma_s\times t^2$进行计算。

在$1^{\#}$、$3^{\#}$辊之间的圆弧段上，随着钢带向$1^{\#}$辊移动，其弯曲力矩按直线减少，弯曲力矩M在$M<\frac{2}{3}(\sigma_s\times t^2)$的范围内（从$1^{\#}$辊接触点到2/3圆弧段的距离）是不产生塑性弯曲的，钢带通过这一区域后就开始产生弹塑性变形，随着带钢的前进，塑性变形逐渐增加而弹性变形逐渐减少，直到$3^{\#}$辊以后达到完全的塑性变形。

② 三辊弯板机工作辊的布置与调整。滚动摩擦外包式全辊套成型器的三辊弯板机工作辊结构与布置，有对称式和不对称式两种形式，如图 14-7 所示，两种形式具有各自的特点。

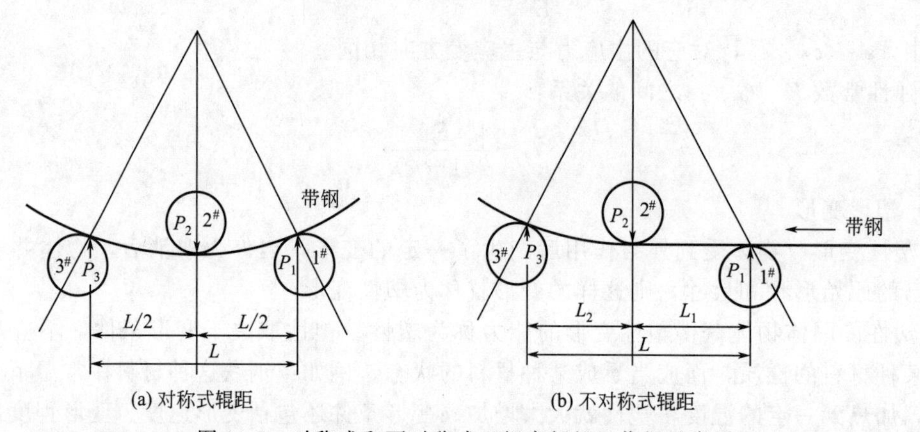

图 14-7 对称式和不对称式三辊弯板机工作辊示意图

对称式三辊弯板机工作辊间距$L_1=L_2$，不对称式三辊弯板机工作辊间距$L_2>L_1$。不对称式结构的弯板机适宜生产较薄的板材，设计时$1^{\#}$和$3^{\#}$辊相对于$2^{\#}$辊一般还是设计成对称式，通过调整辊间距达到工艺要求的曲率。从应用情况分析，$L_2>L_1$的方式有利于成型稳定。

不利的因素是，$L_2>L_1$的状态，弯曲变形的区域长度长，一旦钢板强度值发生变化，弯曲变形区成型自由边与递送边板边会提前咬合，出现错边缺陷。纠正这类缺陷，一般会采取调整$2^{\#}$辊压下量。但稍有不慎也会引起钢管弹复量值超标。辊间距设计参考采用利柯夫简化塑性弯曲变形扭矩式计算。

对称式：$1^{\#}$和$3^{\#}$辊间距$L\leqslant3(R_\mu+D_1/2)\mu_1/(1+\eta_1)$ (14-9)

不对称式：$2^{\#}$和$3^{\#}$辊间距$L_2\leqslant1.25(R_\mu+D_3/2)\mu_1/(1+\eta_1)$ (14-10)

式中 D_1——$1^{\#}$辊直径；

D_3——$3^{\#}$辊直径（通常$D_1=D_3$）；

R_μ——弹复后钢管半径；

η_1——系数；

μ_1——辊轮与带钢间滑动摩擦系数（一般$\mu_1\leqslant0.2$）。

③ $2^{\#}$辊压下量。$2^{\#}$辊压下量与成型方式有直接关系。外控式成型机$2^{\#}$按$1/R_2$曲率、

$3^{\#}$辊按 $1/R_2$ 曲率弯曲成钢管管坯，脱离 $3^{\#}$辊后管坯弹复受到外控辊的约束，此时管子弯曲曲率 $1/R_1>1/R_2$。内控式成型，管子弯曲曲率按照 $1/R_1<1/R_2$ 弯曲，过量弯曲的管坯脱离 $3^{\#}$辊后管体向内弹复，受到内控辊由内向外的约束力以保证管径尺寸要求。

用计算方法求出 $2^{\#}$辊压下量 n 之后，要更好地达到技术要求，如控制管体尺寸精度、控制管体弹复量（残余应力）、控制包辛格效应等，还必须根据实际情况进行必要的修正。

三、螺旋缝埋弧焊钢管成型几何轨迹

1. 带钢边缘的轨迹

图 14-8 是带钢边缘上的 P 点（在中性层上的一点）及 Q 点（在内、外表面上的一点）在弯曲成型过程中的轨迹。但是带钢两边边缘是完全平行的两条直线，可认为，这个直线在母线方向上成一定角度，用一定的半径弯曲成理想状态。

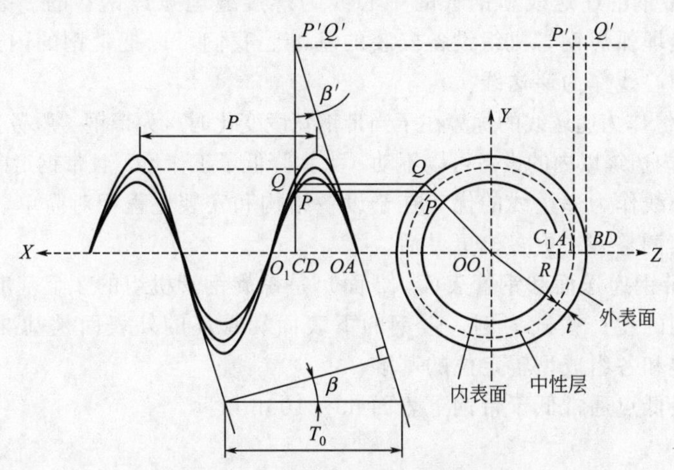

图 14-8　带钢边缘轨点的轨迹示意图

① 中性层上 P 点的轨迹。在带钢中性层上的 PC 为垂直于管子轴线的线段，$P'C$ 在弯曲成型过程中变成$\overset{\frown}{PC}$，因此在中性层上没有弯曲变形，所以：

$$P'C=\overset{\frown}{PC}=R\cdot\theta \tag{14-11}$$

所以，P 点对圆点的坐标表示如下：

$$X(R\theta\tan\beta),Y(R\sin\theta),Z(R\cos\theta) \tag{14-12}$$

② 内、外表面上 Q 点的轨迹。

由图 14-8 得知 Q 点的坐标为：

$$X(R\theta\tan B),Y[(R\pm t)\cdot\sin\theta],Z[(R\pm t)\cos\theta] \tag{14-13}$$

其中，Q 在外表面时，取“+”值，Q 在内表面时，取“−”值。

2. 焊缝间隙与带钢宽度、成型角的关系

由式(14-11)、式(14-12) 可知，螺距 P 可用式(14-14) 表示：

$$P=2\pi R\tan\beta \tag{14-14}$$

成型角 β、带钢宽度及弯曲时钢带宽度 T_0 之间的关系，可用式(14-15) 表示：

$$T_0=B/\cos\beta \tag{14-15}$$

所以，焊缝间隙 G 可用式(14-16) 表示：

$$G=(P-T_0)\cos\beta=2\pi R\sin\beta-B \tag{14-16}$$

式(14-16)是在不变状态下理想公式，所以，当成型角、带钢宽度变化时，带钢吻合边缘的间隙出现宽窄不匀现象，但是，在设计时还是要用这一公式。当焊缝间隙 $G=0$ 时，则带钢宽度与成型角之间的关系为：

$$B=2\pi R\sin\beta \tag{14-17}$$

四、螺旋缝埋弧焊钢管机组基准要点

螺旋缝埋弧焊钢管的生产机组基准是设计和计算不同规格钢管生产工艺参数的基础和依据，它分为基准点、基准线和基准面，即通常所说的“1点、2线和2面”。

① 基准点。生产螺旋钢管的基准点（1点）就是螺旋缝埋弧焊钢管机组的转轴中心(回转中心)，这一点虽然在生产现场看不见，但它是整个生产机组的核心，整个机组的设备或以它为基准进行安装，或围绕着它转动。

② 基准线。带钢的递送线和钢管的中心线为螺旋缝埋弧焊钢管的2条基准线（2线），这2条线是螺旋缝埋弧焊钢管机组设备安装的基准。我们可以把带钢的内边缘作为递送线，也可以把带钢的中心线作为递送线。

以带钢的内边缘作为递送线的优势在于当带钢宽度变化时，为带钢“服务”的设备只需要调整外边缘的部分，内边缘以内的设备可以不动，大大降低了工作量，且带钢走向更容易控制。

以带钢的中心线作为递送线的优势在于设备结构和安装过程相对简单，成本较低，且当成型出现问题时其调整方法更多、更灵活。

③ 基准面。带钢递送面和钢管表面（2面）是螺旋钢管机组的2个基准面。以目前大多数采用的上卷成型的生产模式为例，带钢的下表面和管坯的外表面是基准面，它们是矫平辊、递送辊、托辊和各组成型辊定位的基准。

钢管外表面最低点通常低于带钢下表面60～100mm。

第五节 螺旋缝埋弧焊钢管生产方式

一、螺旋缝埋弧焊钢管的生产工艺

1. 螺旋缝埋弧焊钢管的生产工艺流程

（1）螺旋缝埋弧焊钢管的生产工艺流程

螺旋缝埋弧焊钢管的原料有带材和板材，厚度在19mm以上用板材。用带材时为保证前后板卷首尾对焊时连续供料，可利用活套装置，也可以用飞焊小车对焊连接。飞焊小车可将从开卷到对焊的整个备料操作在其沿轨道移动过程中完成。

板带进入成型机前，必须根据管径、壁厚和成型角将板边预弯一定曲率，使得成型后边部与中部的变形曲率一致，防止出现焊缝区凸起的“竹节”缺陷。预弯后进入螺旋成型器成型（见螺旋成型）、预焊。为提高生产力，多采用一条成型-预焊线与多条内外本焊线相配合。这样既能提高焊缝质量，又能大幅度增加产量。预焊一般采用焊接速度较快的保护气体电弧焊或高频电阻焊，全长焊接，预焊接采用多极自动埋弧焊，先用板材时需先在作业线外将单板对焊成一体板条，然后送上作业流程线，用飞焊小车对焊连接。

（2）螺旋缝埋弧焊钢管的制造工艺

原材料即带钢卷、焊丝、焊剂，在投入前都要经过严格的理化检验。带钢头尾对接，采用单丝或双丝埋弧焊接，在卷成钢管后采用自动埋弧焊补焊。成型前，带钢经过矫平、剪边、刨边、表面清理输送和预弯边处理。采用电接点压力表控制输送机两边压下油缸的压力，确保了带钢的平稳输送；采用外控或内控辊式成型；采用焊缝间隙控制装置来保证焊缝间隙满足焊接要求，管径、错边量和焊缝间隙都得到严格的控制。内焊和外焊均采用美国林肯电焊机进行单丝或双丝埋弧焊接，从而获得稳定的焊接质量。

螺旋缝埋弧焊钢管焊接时需求之一就是要有致密性，这样才能在使用钢管时不出现事故。制造生产焊管时会遇到某些状况，例如气孔，当钢管进行制造的时候焊缝当中就会出现气孔，钢管在使用的时候在焊缝当中存在着气孔的话，就会影响到焊管的致密性，使管道出现泄漏造成重大的损失。还有在钢管使用的时候还会因为焊缝当中的气孔，而引起腐蚀，降低钢管的使用时间。常见的导致螺旋钢管焊缝出现气孔的原因是：焊剂当中存在着水分，或者是一些脏东西等。在进行焊接的时候，选择相当的焊剂成分，在进行焊接的时候出现反应，从而在进行焊接的时候不会出现气孔。在进行焊接的时候，堆积的焊剂的厚度应该在25～45mm之间，还有在进行使用的时候应该注意，焊剂的颗粒度大、密度小的在进行堆积的时候应该要取上限值，反之应该取下限值。

2. 螺旋缝埋弧焊钢管生产工艺要点

螺旋缝埋弧焊钢管是以带钢卷板为原材料，经常温挤压成型，以自动双丝双面埋弧焊工艺焊接而成的钢管。其整个生产过程中要严格质量控制流程和质量标准。

（1）螺旋缝埋弧焊钢管成型前的质量控制

① 原材料即带钢卷、焊丝、焊剂，在投入前都要经过严格的理化检验。

② 带钢头尾对接，采用单丝或双丝埋弧焊接，在卷成钢管后采用自动埋弧焊补焊。

③ 成型前，带钢经过矫平、剪边、刨边、表面清理输送和预弯边处理。

④ 采用电接点压力表控制输送机两边压下油缸的压力，确保了带钢的平稳输送。

（2）螺旋缝埋弧焊钢管成型中的质量控制

① 采用外控或内控辊式成型。

② 采用焊缝间隙控制装置来保证焊缝间隙满足焊接要求，管径、错边量和焊缝间隙都得到严格的控制。

③ 内焊和外焊均采用美国林肯电焊机进行单丝或双丝埋弧焊接，从而获得稳定的焊接规范。

④ 焊完的焊缝均经过在线连续超声波自动探伤仪检查，保证了100％的螺旋焊缝的无损检测覆盖率。若有缺陷，自动报警并喷涂标记，生产员工依此随时调整工艺参数，及时消除缺陷。

（3）螺旋缝埋弧焊钢管的切割质量控制

① 采用空气等离子切割机将钢管切成单根。

② 切成单根钢管后，每批钢管都要进行严格的首检制度，检查焊缝的力学性能、化学成分、熔合状况、钢管表面质量以及经过无损探伤检验，确保制管工艺合格后，才能正式投入生产。

（4）螺旋缝埋弧焊钢管的超声波检验

① 焊缝上有连续超声波探伤标记的部位，经过手动超声波和X射线复查，如确有缺陷，经过修补后，再次经过无损检验，直到确认缺陷已经消除。

② 带钢对焊焊缝及与螺旋焊缝相交的丁形接头的所在管，全部经过X射线电视或拍片检查。

（5）螺旋缝埋弧焊钢管的静水压试验、平口和倒棱

① 每根钢管都要经过静水压试验，压力采用径向密封。试验压力和时间都由钢管水压微机检测装置严格控制。试验参数自动打印记录。

② 管端机械加工，使端面垂直度、坡口角和钝边得到准确控制。

二、螺旋缝埋弧焊钢管机组按生产方式分类

1. 用储料箱存储钢带连续生产式机组

这种机组在钢带整理过程中备有 1 个或 2 个储料坑，储存一定长度的钢带以备钢带对头时不影响成型机正常生产。钢带对头焊接大约需要 20min。如按焊接速度 1m/min 计算，必须储存 20 多米的钢带才能保证连续生产。储料坑通常 10～20m 长，15～30m 深，现在都用钢制储存箱焊制而成。储料箱进口、出口各装有二辊夹送机，向储料坑输送和引出钢带，储料箱底部装有托辊，防止钢带在运行中划伤。螺旋缝埋弧焊钢管的成型角度由后桥摆动调整，因而这种机组被称为后摆式。

这种机组的主要优点是能连续生产，生产平稳，产品质量易于控制。其缺点是设备重量大，占地面积广，建设投资较大。

2. 用对焊飞车对接输送钢带连续生产式机组

这种机组用对焊飞车在行走间完成钢带头尾的对接，完成对接后飞车快速后退将钢卷展开，又进行下一卷的对接工作，从而保证钢带连续行进不影响成型机工作。螺旋缝埋弧焊钢管的成型角度也是由后桥摆动调整的。

这种机组的优点是可以保证机组连续生产，占地面积比带储料箱式的机组少一些，但对焊飞车设备重量大、投资也比较高。后摆式机组成型器和内外焊设备都放在后桥上，加上飞切小车和输出辊道后桥需要近 20m 长，其摆动角在 30°范围内，占地面积很大。但后摆式可以保证生产连续进行。

3. 断续式生产机组

断续式生产机组是在前桥上停机后对接钢带，由前桥调整成型角度，后桥微调控制成型角度。这种机组的优点是设备生产线短、设备重量轻、占地面积小、投资少。其不足之处就是断续生产、产量低、产品质量不好控制，这就要求操作工控制技术高、责任心强。

三、螺旋缝埋弧焊钢管机组按成型方式分类

1. 半套成型式

这是螺旋缝埋弧焊钢管机组最早的一种成型方式，成型器没有成型辊而是用铸钢铸成或用钢板焊成一个与管径相同的半圆胎具，内壁衬一层耐磨钢板。生产时递送机送来的钢带进入半套后在半套和一组外压辊的作用下弯曲成型。这种成型器结构简单换型方便，但外套阻力大、磨损严重、产品质量不容易控制，而且由于这种成型没有内轧辊，单纯依靠半套的外力成型，造成钢管内应力大，降低了钢管的承压能力。

2. 辊套成型式

辊套式成型器是按照钢管的外形做一个钢架、内衬可调的轴承辊，钢带在三辊的作用下弯曲成型，辊套控制钢管的外形质量。这种成型器结构复杂，换型时间长，而产品质量一般。

3. 三辊弯板成型式

只用三组成型而没有其他辅助辊就可做成质量很好的钢管。

4. 三辊弯板外抱成型式

依靠可以调整高度和角度的三辊和外抱辊进行成型，产品质量可以得到保证。这种成型方式易于调整，换型方便，目前被广泛地应用。其典型机组有山西太原矿机设计的大型机组，太原华冶设计的中小机组和大连起重钢管设备公司设计的系列产品。

5. 三辊弯板内胀成型式

该成型器利用三组可以调整高度和距离，可以调整角度和倾斜角的成型辊成型，利用在2号成型辊端部安装的一个按钢管内径调整轴承辊高度的扇形内胀盘定径。该成型器生产稳定、钢管椭圆度小、管径误差小、管体直、外观漂亮。由于这种成型器三辊成型过量弯板，内胀盘内胀弹复定径，所以钢管内应力几乎为零。因此同样的材料制造出来的钢管，这种成型器制造的钢管承压力较大，现在国内得到广泛的应用。

第十五章

螺旋缝埋弧焊钢管的制造工艺

第一节　螺旋缝埋弧焊钢管制造工艺流程

螺旋缝埋弧焊钢管的制造工艺就是制造钢管的方法和手段。各种规格螺旋缝埋弧焊钢管产品的生产，从原材料进厂到钢管的产出，要经过多道工序的加工，工艺是这一全过程客观规律的正确反映。

在企业中生产工艺工作系生产准备、原材料供应、计划管理、生产调度、劳动力调配、劳动组织调整等的依据。它对于生产加工操作、技术检查、安全生产都起着技术指导作用。企业的工艺工作像一条链条把企业各个生产部门、管理部门有机地联合起来，形成一个完整的制造系统。因此，在企业中按产品的特点和需要及工作的业务，分工组成相应的车间和科室，工艺工作始终贯穿于其中。

工艺工作的内容总的可以分为工艺技术和工艺管理两个方面。工艺技术包括工艺方法及工艺装备整套管理技术。

① 工艺技术。工艺技术是生产实践经验和科研成果的积累和总结，是在产品制造过程中运用先进合理的加工方法具体实现钢管标准和用户要求，同时又可降低物质消耗，保障安全生产的一门技术，它体现了钢管制造的客观规律，是科学技术中最活跃的生产力。提高工艺技术水平是企业工艺工作的中心。

② 工艺管理。工艺管理是保证工艺技术在生产实践中贯彻及不断发展的管理科学，它是在一定的生产方式和条件下，在正确理论指导下，按照一定的原则、程序和方法，科学地、有效地组织和控制各项工艺工作的全过程，是决定产品优质、经济和高效生产的最有效的管理。任何先进的技术都要通过管理工作给予保证才能实现。因此，健全科学工艺管理体系，不断改善和加强工艺管理工作，才能更好地提高工艺技术水平，这是企业不断发展的一条重要规律。

一、螺旋缝埋弧焊钢管制造一般工艺流程

1. 工艺流程的定义和制定依据

工艺流程：工艺流程是指产品的原材料，经过各种方式的加工，直到成品入库的全部工艺过程的先后顺序。

工艺流程的作用是指导工艺规程按专业性质进行分工编制和使产品按规定的路线承上启下的生产。它不仅指明了产品加工所经过的各部门和各工序，而且包含了加工先后顺序之间的关系和要求。因此，工艺流程的制定，对保证产品质量，合理利用设备，提高劳动生产率

都具有重要意义。对于产品应该有合理的工艺流程。

① 制定工艺流程的主要依据：产品的技术条件、标准以及用户特殊要求；本企业专业加工的组织形式和设备分布情况。

以上这两条依据对工艺流程制定来说缺一不可。其中第1条是规定产品加工过程的基础资料。第2条是制定工艺流程的条件，它对制定工艺流程，确定加工过程起到一定的制约作用。因此，在制定工艺流程时必须注意“基础”和“条件”的结合。

② 工艺规程。工艺规程是规定产品或零部件制造工艺和操作方法等的工艺文件，也就是说，它是直接指导工人对产品进行加工、装配和检验等操作的文件。

二、螺旋缝埋弧焊钢管典型生产工艺流程

螺旋缝埋弧焊钢管发展到今天，在生产工艺上已达到了相当完善的程度。那么当一卷带钢生产完了以后，是停下来等另一卷带钢上去再开始生产，还是在上一卷带钢还没有完的时候就做好准备工作，从而能不停止地生产下去，这样就产生了两种典型的工艺，即连续生产和断续生产。

1. 螺旋缝埋弧焊钢管的连续生产工艺

连续机组其工艺流程如下：

飞焊小车（带钢卷展开→带钢初矫平→带钢板头板尾切除→带钢头尾对焊）→带钢精矫平→带钢边缘修正→螺旋成型→内焊→外焊→在线超声波连续探伤→等离子切割→外观检查→手动超声波检验→X射线检查及拍片→水压试验→管端扩径→母材、焊缝超声波探伤→平口、倒棱→管体无损探伤→称重和测长→成品检查→涂覆、干燥→喷标→入库。

保证连续生产的装置是储料装置（飞焊小车）形式。

2. 螺旋缝埋弧焊钢管的断续生产工艺

断续生产工艺中设置有储料装置，其余各工序和连续生产工艺基本上是一样的。在这种工艺流程中，为了弥补产量的不足，通常安装两台或多台焊管主机，而精整区设备只有1套。为了缩短间断生产的停机时间，还另外配备有预拆卷机组或纵剪机组。在现在的螺旋缝埋弧焊钢管生产组织中，一般都设置有纵剪车间和领导生产管理系统。

第二节　螺旋缝埋弧焊钢管成型前的准备工作

一、带钢拆卷作业

1. 拆卷的目的与准备

拆卷的目的是将成卷的带钢进行开卷、直头和送料等，做好生产准备。拆卷的准备工作要根据原料的宽度，按对称于机组中心线要求，做好挤压臂工作位置的定位标记。

2. 带钢拆卷的步骤及注意事项

① 操作前控制柜各电源开关必须处于合闸位置。拆卷机挤压臂在上料以后必须按标记打到中间位置，进行拆卷及切头。

② 锥轮压紧钢卷内径下部并保压，以便开卷机能正常工作，开卷辊（即刮刀）向带钢板头挤压，旋转托辊送料开卷，使钢卷头部逐步下压，并保证能进入三辊初矫平。

③ 配合拆卷机工作的三辊初矫平机也要相应动作，当板头进入三辊初矫平机后，立即下压三辊初矫平机的上辊。进退料数次，使板头得到矫平。

④ 板头进入液压剪切割位置后，左右立辊挤紧并摆正钢卷，压脚油缸压下，待板头紧后压下液压剪刃切下板头。

⑤ 切割带钢板尾时，用丁字尺在板尾切割处画一条垂直于板边的直线，重复④操作。

3. 带钢拆卷常见质量问题的原因分析和处理方法

① 挤压臂与钢卷边沿相互摩擦，存在设备划伤。为保护设备，在挤压臂上焊上耐磨板，保护挤压臂设备。

② 在正常生产过程中偶尔出现刮刀划伤带钢表面的现象。将刮刀在不使用时升起，避免刮刀与带钢的接触。

③ 正常生产时，松开左右立辊，使带钢自由行走，减少带钢在纵向上的反作用力。

④ 带钢在液压剪平台出现划伤时，调整夹辊的高度，消除划伤。

⑤ 带钢在行走过程中出现窜动较大时，可调整挤压臂，使带钢中心线与设备中心线重合。

二、带钢的矫平

1. 带钢矫平的目的和准备工作

带钢在加热、轧制、热处理及各种精整等工序加工过程中由于塑性变形不均，加热和冷却不均，剪切及堆放、运输等原因，将产生不同程度的弯曲、瓢曲、浪形、镰刀变和歪扭等塑性变形或内部产生残余应力，在成为合格的产品之前，都必须采用矫直机进行矫正加工，矫直轧件形状和消除内应力。生产螺旋焊管的矫正设备一般是平行矫直即矫平机。主要目的是消除带钢表面的浪弯及弯曲，从而获得光滑和平直的带钢表面。带钢矫直前的准备工作主要是根据带钢原料厚度和材质，适配上压下量调整垫，保证带钢矫平。

2. 带钢矫平的步骤及注意事项

矫平机上下工作辊的水平活动间隙应大于带钢厚度 2～5mm。当材质为较硬的材质时，水平间隙取 5mm；当材质为较软材质时，水平间隙取 2mm。矫平机在带钢的入口处压力要大一些，出口处压力稍小一些。

3. 带钢矫平常见质量问题的原因分析和处理方法

① 矫平的压力过大或过小都会导致矫平效果不佳。应根据工艺及实际情况设定矫平压力。

② 带钢在矫平机上受到的压力不均匀造成带钢跑偏时，应适当调整矫平机两边的压力，保证带钢受力均匀，使带钢沿中心线（或递送边）前进。

三、带钢的剪切对焊

1. 带钢剪切对焊的目的和准备工作

带钢在对焊前要进行剪切，主要的目的是使带钢平整不倾斜。切断钢板分为横向切断钢板和纵向切断两种，剪切设备一般设在螺旋机组的前部，用来剪切带钢的头和尾，为使两带钢对接创造条件。

将带钢进行了上卷、拆卷、初矫平即完成剪切对焊的准备工作后，可以开始对带钢的对焊工作。在带钢焊接的时候，将上一个钢卷的尾部与下一个钢卷的头部进行对接，可以使生产继续进行。

2. 剪切对焊的步骤及注意事项

① 带钢进入液压剪后，通过调液压立辊使带钢对准剪切基准线，确保剪切后的带钢头部和尾部平直，不得有毛刺和表面缺陷。然后将带钢对准在焊接垫上，给钳板加压，将板头板尾压紧。

② 从引弧板上起弧，开动焊接小车，此时应迅速、准确地调好焊接规范。停弧时应在熄弧板上停。在引弧板、熄弧板上的焊缝长度不小于 50mm。焊完后延时 2min，然后升起上钳板。

③ 清除带钢上的焊剂和渣皮，有焊接缺陷应抓紧时间修补。

④ 焊接带钢的对接焊缝时要特别注意月牙弯。对头月牙弯用线量尺检验，标准是在 2000mm 以内小于 5mm。如果超出此标准应立即退回切掉后重新对焊。

3. 带钢剪切对焊常见质量问题的原因及处理办法

① 由于月牙弯或板头板尾剪切切斜等原因造成带钢前后的直度误差大，带钢在进入成型器时易出现窜动。在剪切板头板尾后，用丁字尺检查板头板尾的切斜量，用拉线量尺方法检查带钢的月牙弯。

② 在板头板尾对焊时未焊引熄弧板造成带钢起弧或熄弧的焊缝质量差，在带钢经过成型器时可能出现边沿焊缝开裂，甚至出现成型器中焊缝断裂现象。为保证带钢起弧、熄弧时的焊缝质量应在板头板尾焊上引熄弧板。

③ 板头板尾在焊接时规范设定不正确，将直接影响焊缝质量。应根据工艺卡合理设定焊接电流电压。

四、带钢的铣边作业

1. 带钢铣边的目的和准备工作

带钢铣边的目的就是切取带钢边沿，消除边沿缺陷，保证工作宽度和焊接坡口要求。在对带钢铣边之后，需要继续做的工作包括以下几个方面。

① 更换刀盘上的磨损刀片。

② 认真阅读工艺卡，查看铣边坡口的要求及工作宽度，确定精铣刀盘和粗刀盘的高度及其进刀量。

③ 打开控制电源及泵站，使刀盘开始运转并压下压辊。

④ 检查设备运行状况，调整刀盘转速。

2. 带钢铣边的步骤及注意事项

① 启动铣边电机，达到额定转速。

② 对刀。调整刀盘，使刀盘接触带钢边沿。

③ 进刀。启动递送机使带钢纵向前进，根据进刀量控制刀盘横向进刀。

④ 测板宽。进刀完成后，用钢卷尺测量带钢的实际工作宽度是否满足工艺要求。如果不满足再调整精铣刀盘的吃刀量，使实际的工作宽度在工艺要求范围内。

3. 带钢铣边常见质量问题的原因和处理方法

① 由于刀盘的高度位置不合适造成上下坡口及钝边不符合要求，通过增减刀盘下的垫片来调整刀盘的高度。

② 带钢在过对头时出现横向窜动，铣边坡口和实际工作宽度不符合要求时，为保证带钢的坡口，根据带钢的甩动方向将相反方向的粗铣刀盘退刀少许，保证精铣刀盘的铣削量。若宽度变窄，则将窜动方向的精铣刀盘退刀少许（一般不推荐对精刀做调整）。

③ 在进刀过程中应采取缓慢进刀，如果一次进刀量过大会导致卡刀，将刀片甚至刀盘磨损。

④ 清理带钢表面上的铁屑，避免带钢上的铁屑随着带钢进入压辊或是递送机，造成压坑等非工艺性缺陷。

⑤ 刀盘转速与带钢的递送速度、材质、厚度不匹配时易出现“打刀”现象，需及时调整刀盘转速挡位。

第三节　螺旋缝埋弧焊钢管生产递送机打滑原因及解决措施

螺旋缝埋弧焊钢管生产过程中，要求带钢平稳输送，作为整个焊接机组的主动力设备，递送机对于螺旋缝埋弧焊钢管机组生产的稳定性起着重要的作用。递送机打滑会使带钢在输送过程中出现短暂停滞打滑瞬间，内外焊电流突然增加，既会造成内外焊烧穿、漏弧，还会因为焊瘤粘到焊垫辊而造成螺旋缝埋弧焊钢管表面坑等质量缺陷问题。在此结合螺旋缝埋弧焊钢管生产过程中出现的递送机打滑现象分析递送机打滑的原因，并提出解决措施。

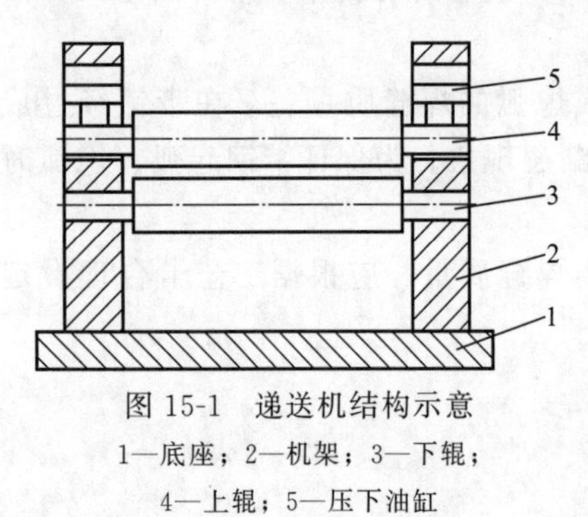

图 15-1　递送机结构示意

1—底座；2—机架；3—下辊；4—上辊；5—压下油缸

一、递送机的工作原理

递送机结构如图 15-1 所示，带钢从下辊和上辊中间穿过，压下油缸作用在上辊两端，在油缸的作用力下，使上下辊与带钢产生足够大的摩擦力，进而带动带钢向前运行。

二、递送机打滑的原因及解决措施

在螺旋缝埋弧焊钢管生产过程中，递送机打滑的主要原因和控制措施如下：

① 对头处焊缝余高过高或焊缝存在较大焊瘤。焊缝余高过高如图 15-2 所示。目前，国内机组在钢板对头时一般不铣坡口，直接采用单丝埋弧焊焊接而成，当焊接电流、电弧电压、焊接速度控制不当时，易出现焊缝余高过高现象。另外，当对头焊接过程中存在烧穿时，会在焊缝下侧出现较大焊瘤。因此，当钢带的对接头存在这两种缺陷时，递送辊会在该处出现爬坡打滑现象。

当对头处焊缝余高过高引起递送机打滑时，操作工人常在对头缝处撒焊剂来减缓坡度，但焊剂经挤压后会粘在矫平辊或散落在钢板表面，形成麻坑，严重影响钢管质量。因此，解决焊缝余高过高最好的办法是选择合理的焊接工艺参数（焊接电流、电弧电压、焊接速度）和对壁厚较大的带钢端部采用铣坡口的方式。焊接余高过高时，则应及时修磨；焊瘤较大时，则应及时地加以

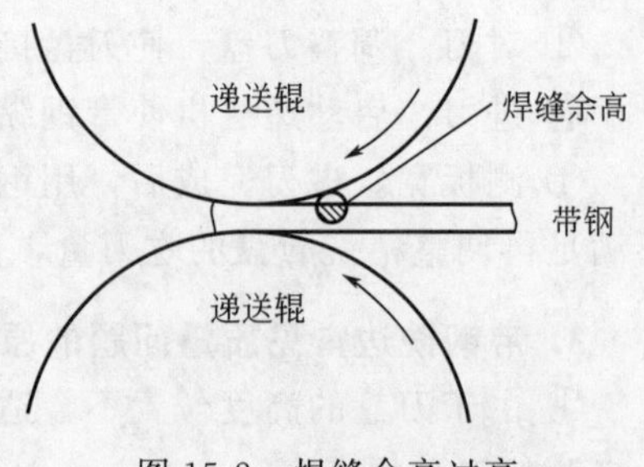

图 15-2　焊缝余高过高

清除。

② 钢板壁厚不均。在实际轧制过程中钢板壁厚会有偏差，当短距离壁厚偏差较大时，递送机压紧力将产生变化，导致递送机出现打滑的现象。这种情况下，只需适当调整递送机的压紧力即可。

③ 管路泄漏、蓄能器氮气不足造成递送机压力不足。当管路泄漏或蓄能器氮气不足时，递送机压紧力降低而出现打滑现象，此时只需排查泄漏点或及时补充蓄能器氮气就能解决这一问题。

④ 液压系统设计不合理造成递送机工作中瞬间压力不足。

在某机组原有的液压系统中，油缸与蓄能器连接管路通径为12mm，且两者之间的连接管路较长，当递送机工作遇到压力变化时，蓄能器补压缓慢，油缸内压力瞬间变得很小，造成带钢打滑。经过计算递送机液压系统技术参数和金属管管道参数，对原有液压系统做出改进：将油缸与蓄能器的连接管路通径由 ϕ12mm 改为 ϕ20mm；将油缸油口螺栓由 M22×1.5 改为 M33×2.0；缩短蓄能器与油缸之间的管路距离。改进后的液压原理如图 15-3 所示。

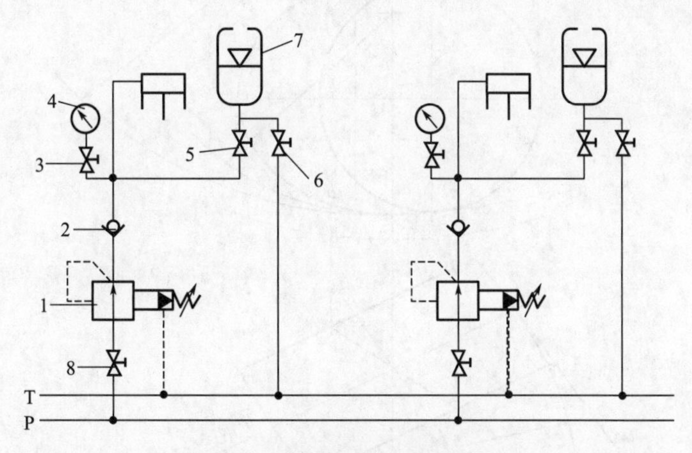

图 15-3　改进后的液压原理示意

1—减压阀；2—单向阀；3—压力表开关；4—压力表；
5,8—高压球阀；6—高压截止阀；7—蓄能器

调节递送机上辊压紧力时，关闭高压截止阀 6，打开高压球阀 5 和 8，调节减压阀 1 到合适压力，压力稳定后，关闭高压球阀 8，通过蓄能器提供压力。该液压系统管路简单、性能稳定，单向阀 2 密封效果较好，零泄漏，使液压系统保压时间较长，调整两个减压阀可以得到两边不同的压力，同时可以防止带钢跑偏。

第四节　螺旋缝埋弧焊钢管成型综合设计

一、新型线接触式内压辊的设计

1. 设计方法

在螺旋焊管产品中，经常可以看到一些钢管的管体上存在着波浪弯压痕，这种波浪弯压痕属制造缺陷。导致钢管波浪弯压痕的直接原因是制造过程中成型装置内压辊辊形设置不合理。过去内压辊辊形只能用比较法确定，结果与理想的辊形差距较大，这是导致钢管波浪弯

压痕的主要原因。

轧辊与管坯的接触状态由轧辊的表面形状决定。新技术设计的“线接触式内压辊”采用了一种新的内压辊辊形曲线设计方法，利用这种方法设计的辊形，能够与被预弯管坯保持线接触，避免由于点接触而对管坯产生的波浪弯压痕，提高钢管的外观质量，同时能够使带钢在成型的预弯过程中变形均匀，提高钢管的内在质量。

该设计方法的内压辊辊形曲线是指内压辊的母线形状。由于内压辊的母线形状通常设计为圆弧形，所以本方法所述的内压辊辊形曲线的设计实际上就是内压辊母线半径的设计。

图 15-4 是螺旋焊管成型内压辊工作位置示意图。图中 r_t 为内压辊辊面在管坯轴线方向投影的弧半径；r_b 为内压辊的半径；r_m 为内压辊的母线半径；弧 ab 为 r_t 的弧长；a_1b_1 为 ab 弧在俯视图的投影。

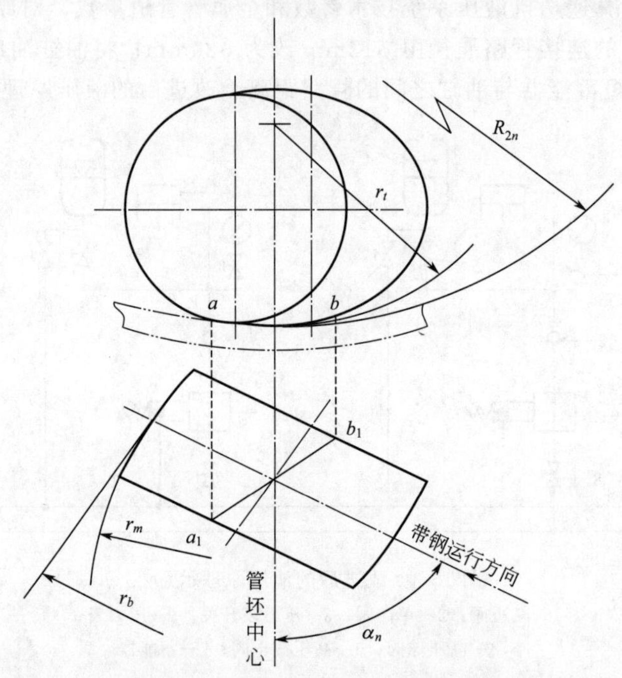

图 15-4 成型内压辊工作位置示意图

图中各参数之间的关系为（经验公式）：

$$r_m=(r_t-r_b\sin^2\alpha_n)/\cos^2\alpha_n \tag{15-1}$$

或

$$r_t=r_b\sin^2\alpha_n+r_m\cos^2\alpha_n \tag{15-2}$$

根据式(15-1)，当参数 r_b，α_n，R_{2n} 已知时，便可以确定内压辊为线接触时（此时$r_t=R_{2n}$）所适用的内压辊母线半径 r_m。r_m 确定后，适用于特定条件的线接触式内压辊的辊形也就确定了。

2. 方法的应用

① 设计新辊形（确定内压辊的母线半径）。根据螺旋焊管产品的工艺设计结果，提取必要的参数值作为实施本设计方法的输入条件，这些条件包括：内压辊的半径 r_b，内压辊的安装角度 α_n，预弯管坯的内半径 R_{2n}，并令 $r_t=R_{2n}$。

将上述参数值代入式(15-1)，得出内压辊的母线半径 r_m，r_m 值确定后，适用于预弯管坯（半径为 R_{2n}）的线接触式内压辊的辊形也就确定了。

② 验证已知辊形的适用性。给出内压辊的已知条件，这些条件包括：内压辊的半径 r_b，内压辊的母线半径 r_m；内压辊的安装角度 α_n。将上述值代入式(15-2)，得出内压辊的投影半径 r_t，并令 $r_t=R_{2n}$，则适用于已知辊形的线接触式预弯管坯的内半径 R_{2n} 也就确定了。

二、螺旋缝埋弧焊钢管成型预弯的定位方法

预弯与定径是螺旋缝埋弧焊钢管成型过程中的主要工序。预弯的主要目的是解决管坯的弹复问题，因为弹复的大小直接影响钢管的内在质量；定径的主要目的是得到更加精确的管坯直径，因为直径控制是钢管的主要质量指标之一。预弯与定径之间需要有一个合适搭配才能得到理想的钢管管坯。

1. 预弯与弹复的基本状态

图 15-5 为带钢（中性层）弯曲与弹复的状态示意图，在图中：AC 为 R_{1Z} 的控制范围；CG 弧为 R_{2Z} 的控制范图，中心为 O_2；GD 为 R_{3Z} 的控制范围，中心为 O_3；在图 15-5 中，C 点为 AC 弧与 CG 弧的拐点，AC 弧与 CG 弧在 C 点处的斜率相等（公切）。G 点为 CG 弧与 GD 弧的拐点，CG 弧与 GD 弧在 G 点处的斜率相等（公切）。这种设置比较真实地反映了带钢弯曲过程中曲率的变化情况。

2. 预弯的定位方法

根据图 15-5，就能够解决成型预弯的定位问题，即这种定位必须以 G 点为基准点，使定径弧、预弯弧、弹复弧在 G 点公切。因为只有这样的定位方法才能满足预弯弧在定径套内的充分弹复。为了便于叙述笔者把这种方法叫作“公切”定位法。

图 15-5～图 15-8 为按 G 点公切设置的不同弹复状态的预弯定位示意图，其中：

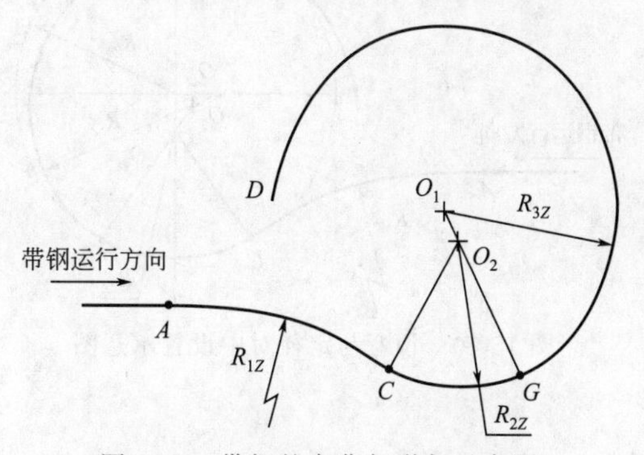

图 15-5　带钢的弯曲与弹复示意图

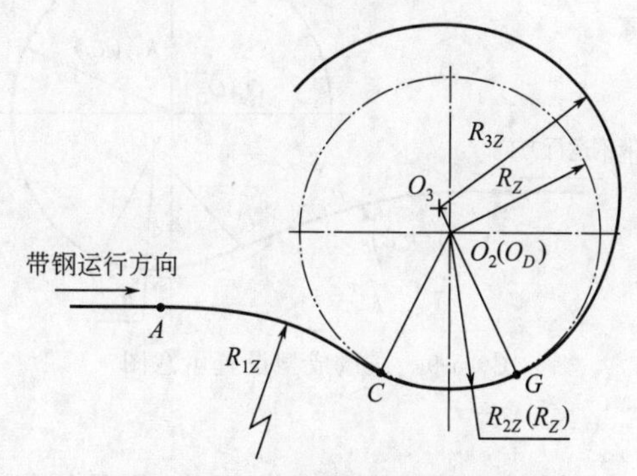

图 15-6　等量预弯设置示意图

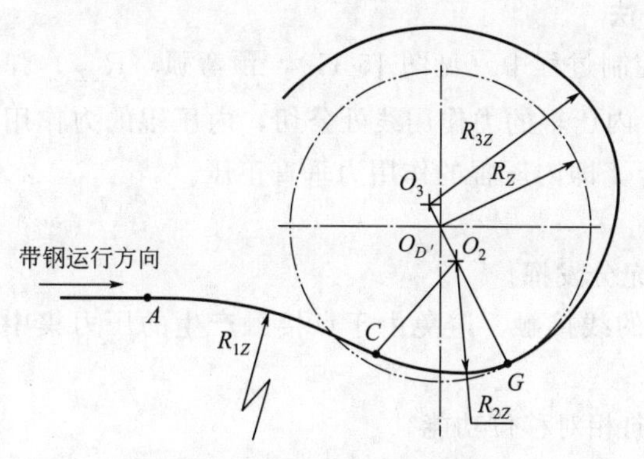

图 15-7　正弹复设置示意图

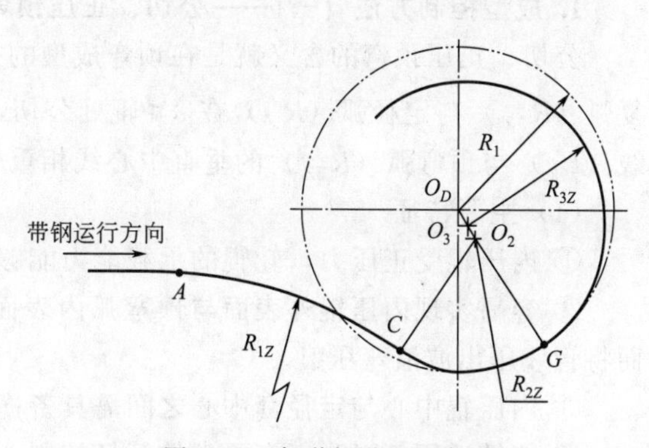

图 15-8　负弹复设置示意图

① 图 15-6 为等量预弯设置示意图，这种设置的特点是 a. 符合“公切”条件；b. 预弯值（R_{2Z}）与定径值（R_Z）相等；c. 预弯中心（O_2）与定径中心（O_D）同心；d. 管坯的正弹复量（R_{3Z}）处于最大状态；e.（R_{2Z}），（R_{3Z}），R_Z，所对应的弧在 G 点有公切线。

② 图 15-7 为正弹复设置示意图，这种设置的特点是 a. 符合“公切”条件；b. 管坯的弹复量（R_{3Z}）为正值（向外弹）；c.（R_{2Z}），（R_{3Z}），R_Z 所对应的弧在 G 点有公切线；d. 预弯值（R_{2Z}）小于定径值（R_Z）。

③ 图 15-8 为负弹复设置示意图，这种设置的特点是 a. 符合“公切”条件；b. 管坯的弹复量（R_{3Z}）为负值（向内弹）；c. R_{2Z}，R_{3Z}，R_Z，所对应的弧在 G 点有公切线；d. 预弯值（R_{2Z}）比正弹复设置时要小。

④ 图 15-9 为适量成型设置示意图，这种设置的特点是 a. 符合“公切”条件；b. 弹复值（R_{3Z}）与定径值（R_Z）相等；c. 弹复中心（O_3）与定径中心（O_D）同心；d. R_{2Z}，R_{3Z}，R_Z 所对应的弧在 G 点有公切线。

众所周知，实际意义的适量成型是不存在的。因此，当选用这种方法时，应当有相应的辅助控制手段。

⑤ 图 15-10 亦为一种非“公切”设置示意图，这种设置的特点是 a. R_{2Z}，R_{3Z}，R_Z 所对应的弧在 G 点呈相交状态，不符合“公切”条件；b. 预弯中心（O_2）与定径中心（O_D）在同一条垂线上；c. 预弯值（R_{2Z}）小于或等于定径值（R_Z）；d. 工件值（R_g）小于定径值（R_Z）。显然，这是一种不合理的设置状态。

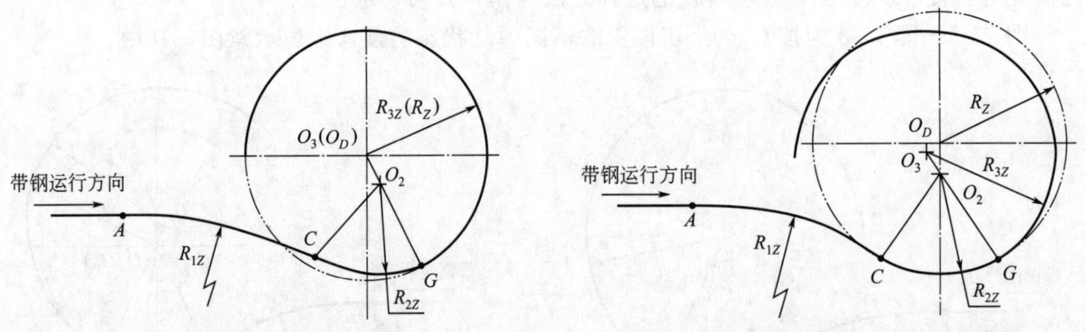

图 15-9 适量成型设置示意图　　图 15-10 预弯与定径对中设置示意图

三、螺旋缝埋弧焊钢管预弯成型的控制方法

1. 成型控制方法（一）——公切、正压预弯法

公切、正压预弯的含义就是在预弯成型的控制过程中（见图 15-11），预弯弧（R_{2Z}）弹复弧（R_{3Z}）与定径弧（R_Z）在 3＃辊处公切，内压辊的力作用线处公切，内压辊的力作用线（F_2）与预弯弧（R_{2Z}）的垂直中心线相重合，即内压辊的作用力垂直正压。

（1）主要特征

① 内压辊受正压力，轧辊的承载能力能够充分发挥。

② 容易实现内压辊外表面与预弯弧内表面的线接触，避免由于点接触产生的压力集中而将管坯压出波浪弯压痕。

③ 内压辊中心与定径套中心之间需具备横向相对移位功能。

④ 能够适用于对弹复有要求的管坯控制。

（2）基本原理

图 15-11 为本控制方法的原理示意图。

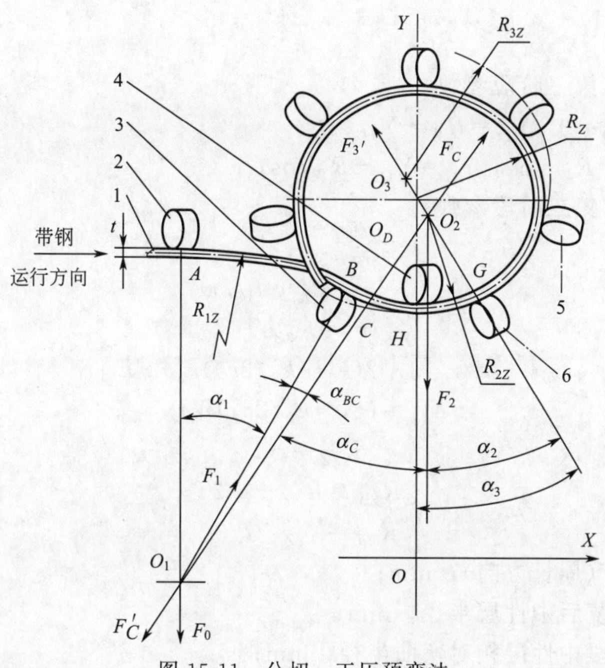

图 15-11　公切、正压预弯法

图中 XOY 为平面直角坐标系；$A(X_A, Y_A)$为 0＃辊的定位控制点，F_0 为 0＃辊的作用力；$B(X_B, Y_B)$为 1＃辊的定位控制点，F_1 为 1＃辊的作用力，α_1 为 F_1 的夹角，R_{1Z} 为该阶段输入带钢的中性层半径，$O_1(X_1, Y_1)$ 为 R_{1Z} 的弧心，弧 AC 为带钢变形的第一阶段，也叫输入阶段；$U(X_U, Y_U)$ 为 2＃辊的定位控制点，F_2 为 2＃辊的作用力，R_{2Z} 为该阶段输入带钢的中性层半径，其外半径为 R_{2W}，内半径为 R_{2n}，$O_2(X_2, Y_2)$ 为 R_{2Z} 的弧心，R_{2W} 的曲率区间为弧 CG，弧 CG 为带钢变形的第二阶段，也叫预弯阶段；$C(X_C, Y_C)$ 为 R_{1n} 与 R_{2w} 的拐点，在此截面处带钢只受内剪力，而弯矩为零，F_C 与 F'_C是该截面处的一组平衡内剪力。C 点的位置夹角为α_C，B 点与 C 点的位置夹角为α_{BC}；$G(X_G, Y_G)$ 为 3＃辊的定位控制点，F_3 为 3＃辊的作用力，α_3 为 3＃辊的夹角；G 点是预弯弧（R_{2W}）的末点，也是定径弧（R_W）的起点和弹复弧（R_{3W}）的起点，G 点是以上三弧的公切点；沿定径位置（R_W）布置的一套控制辊，通常称为定径辊，当采用外控定径方法时轧辊布置在管坯的外侧，当采用内控定径方法时轧辊布置在管坯的内侧。R_Z 为管坯中性层半径，$O_D(X_D, Y_D)$ 为 R_Z 的圆心点。$H(X_H, Y_H)$ 点为受控管坯的最低点，也是成型控制过程的基准点，该阶段称为带钢变形的第三阶段，也叫定径阶段。

带钢经过输入、预弯定径三个阶段形成了管坯，而带钢的输入、预弯、定径三个阶段的位置是由 0＃辊、1＃辊、2＃辊、3＃辊、定径辊所决定的，因而只要确定了 0＃辊、1＃辊、2＃辊、3＃辊、定径辊的安装位置，既确定了 A，B，C，H，U，G 各点的位置，也就实现了对带钢的输入、预弯和定径的控制。

（3）设计要点与给出条件

① 确定基准面。一般以安装成型装置的设备表面为基准面（X 轴在该面内）。

② 确定 H 点坐标 $X_H=0$，$Y_H=h$。

③ 给出设定条件 a. 3#辊夹角 α_3 值（或 G 点坐标值 X_C，Y_C 中的一个）；b. 拐点 C 夹角 α_C 值（或 C 点坐标值 X_C，Y_C 中的一个）；c. 输入钢带的 r_1 值（或 A 点坐标值 X_A，Y_A 中的一个）。

（4）参数计算

① 定径段参数（第三阶段参数）。

O_D 点坐标：$X_D=0$，$Y_D=R_W+Y_H$

G 点坐标：$X_G=R_W\sin\alpha$，$Y_G=Y_D-R_W\cos\alpha_3$

② 预弯段参数（第二阶段参数）。

根据弹复理论：

$$R_{3Z}=R_Z+T/2\pi \tag{15-3}$$

$$r_3=R_{3Z}/t \tag{15-4}$$

$$r_2=r_3[1+2(k_1+k_0/2r_3)r_3\sigma_s/E] \tag{15-5}$$

$$M_2=(k_1+k_0/2r_2)W\sigma_s \tag{15-6}$$

$$R_{2Z}=r_2t \tag{15-7}$$

$$R_{2W}=R_{2Z}+t/2 \tag{15-8}$$

$$R_{2n}=R_{2Z}-t/2 \tag{15-9}$$

式中　T——弹复量（周长方向），mm；

R_{3Z}——自由弹复后中性层半径，mm；

r_2——预弯阶段中性层相对弯曲半径，mm；

r_3——自由弹复后中性层相对弯曲半径，mm；

M_2——弯曲力矩，N·mm；

E——弹性模量，$E=2.1\times10^5$ MPa；

k_0——相对强化模数，其值为 $2.1/\delta$；

k_1——形状系数，其值为 1.5。

O_2 点坐标：$X_2=X_G-R_{2W}\sin\alpha_3$

$Y_2=R_{2W}\cos\alpha_3+Y_G$

U 点坐标：$X_U=X_2$，$Y_U=Y_2-R_{2n}$

C 点坐标值：$X_C=X_2-R_{2W}\sin\alpha_C$

$Y_C=Y_2-R_{2W}\cos\alpha_C$

C 截面剪力：$F_C(F'_C)=M_2/R_{2Z}\sin\alpha_C$

③ 输入段参数（第一阶段参数）。

O_1 点坐标：$X_1=-(R_{1Z}+R_{2Z})\sin\alpha_C$

$Y_1=Y_2-(R_{1Z}+R_{2Z})\cos\alpha_C$

M 弯矩值：$M_1=[K_1+2(r_1\sigma_s/E)^2]W\times\sigma_s$

BC 弧夹角：$\alpha_{BC}=\arcsin[M_1R_{1Z}F'_C]$

1#辊夹角：$\alpha_1=\alpha_C-\alpha_{BC}$

B 点坐标：$X_B=[R_{1Z}-t/2]\sin\alpha_1+X_1$

$Y_B=(R_{1Z}-t/2)\cos\alpha_1+Y_1$

A 点坐标：$X_A=X_1$，$Y_A=Y_1+R_{1Z}-t/2$

④ 各辊作用力。

3#辊：$F_3=M_2/R_{2Z}\sin\alpha_3$

2＃辊：　　$F_2=(1/\tan\alpha_C+1/\tan\alpha_3)M_2/R_{2Z}$

1＃辊：　　$F_1=F'_C\sin\alpha_C/\sin\alpha_1$

0＃辊：　　$F_0=F'_C\sin\alpha_{BC}/\sin\alpha_1$

2. 成型控制方法（二）公切、偏压预弯法

公切、偏压预弯的含义就是在预弯成型的控制过程中（图 15-12）所示，预弯弧（R_{2Z}）弹复弧（R_{3Z}）与定径弧（R_Z）在 3＃辊处公切，内压辊的力作用线（F_2）相对预弯弧（R_{2Z}）的垂直中心线有一个偏转角，即内压辊的作用力呈偏心压下。

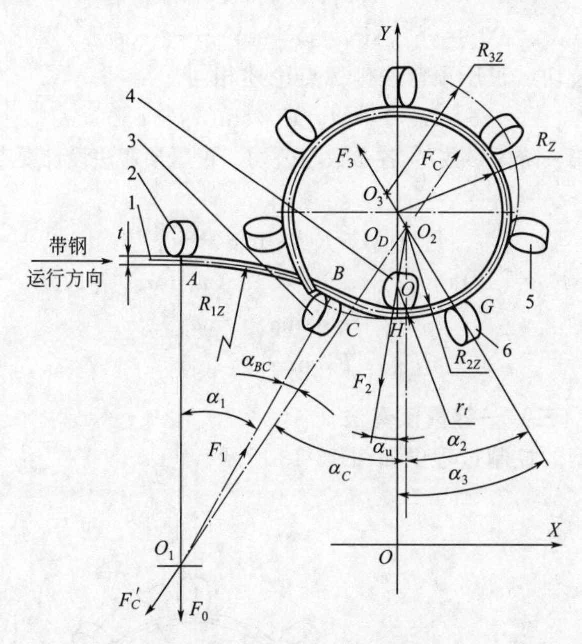

图 15-12　公切、偏压预弯法

1—带钢；2—带钢输入定位辊（0＃辊）；3—预弯下辊（1＃辊）；4—预弯上辊（2＃辊）；5—定径辊；6—预弯下辊（3＃辊）

（1）公切偏压预弯法主要特征

① 内压辊偏心受力，轧辊的承载能力得不到充分发挥。

② 内压辊外表面与预弯弧内表面点接触，容易产生压力集中而将管坯压出波浪弯压痕。

③ 内压辊中心与定径套中心在同一条垂线上，横向定位比较方便，但由于内压辊偏心接触，因而内压辊的纵向定位比较困难。

④ 也可用于对弹复有要求管坯的控制。鉴于上述情况，此方法不推荐使用。

（2）公切偏压预弯法基本原理

图 15-12 所示为本控制方法的原理示意图。图中 XOY 为平面直角坐标系，其中 $U(X_U, Y_U)$ 为 2＃辊的定位控制点，α_u 为 U 点的偏转角。F_2 为 2＃辊的作用力。r_t 为 2＃辊的辊面投影半径，O_n 为 r_t 的中心点。其他各点的控制原理与公切、正压预弯法基本原理论述相同。

（3）公切偏压预弯法设计要点

① 确定基准面，与公切、正压预弯法确定基准面论述相同。

② 确定 H 点坐标，与公切、正压预弯法给出 H 点坐标论述相同。

③ 给出设定条件给出内压辊辊面的投影半径值 r_t，其他条件与公切、正压预弯法给出条件论述相同。

(4) 参数计算

① 定径段参数各参数（第二阶段参数）与公切、正压预弯法参数计算论述相同。

② 预弯段参数（第二阶段参数）。

O_2 点坐标：公切、正压预弯法坐标点论述相同。

U 点偏转角：　$\alpha_u=\arcsin[X_2/(R_{2n}-r_n)]$

O_n 点坐标：　$X_n=0, Y_n=Y_2-X_2\tan\alpha_u$

U 点坐标：　$X_u=-r_n\sin\alpha_u, Y_u=Y_n-r_n\cos\alpha_u$

C 点坐标值：与公切、正压预弯法坐标点论述相同。

C 截面剪力：　$F_C(F'_C)=M_2/R_{2Z}\sin(\alpha_C-\alpha_u)$

③ 输入段参数（第一阶段参数）。各参数与公切、正压预弯法设计要点参数计算论述相同。

④ 各辊作用力。

3＃辊：　$F_3=M_2/R_{2Z}\sin(\alpha_3+\alpha_u)$

2＃辊：　$F_2=[1/\tan(\alpha_C-\alpha_n)+1/\tan(\alpha_3+\alpha_u)]M_2/R_2$

1＃辊：　$F_1=F'_C\sin\alpha_C/\sin\alpha_1$

0＃辊：　$F_0=F'_C\sin\alpha_{BC}/\sin\alpha_1$

3. 成型控制方法（三）—等量预弯法

等量预弯法在成型的控制过程中如图 15-13 所示。

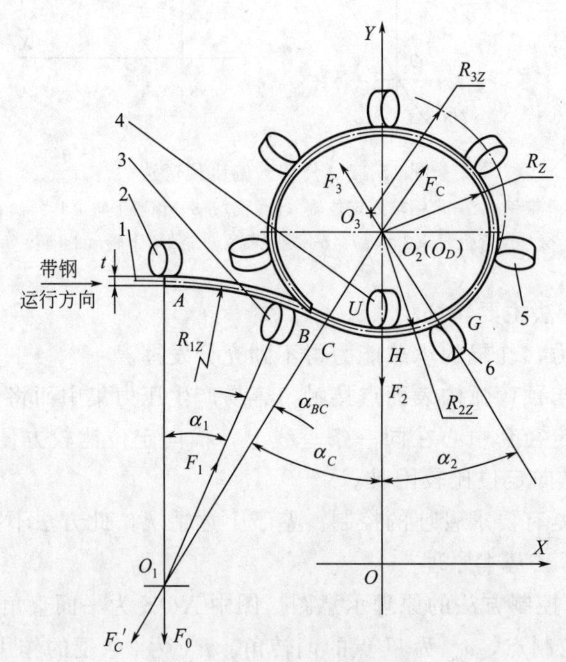

图 15-13　公切、等量弯曲法

1—带钢；2—带钢输入定位辊（0＃辊）；3—预弯下辊（1＃辊）；4—预弯上辊（2＃辊）；5—定径辊；6—预弯下辊（3＃辊）

预弯半径 R_{2Z} 与拟定的管坯半径 R_Z 之值相等且重合。显然，本方法是成型的控制（一）和成型的控制（二）中的一种特例情况，单独提出的原因在于这种情况非常典型。

（1）主要特征

① 内压辊垂直受力，轧辊的承载能力能够充分发挥；

② 容易实现内压辊外表面与预弯弧内表面的线接触，避免由于点接触产生的压力集中而将管坯压出波浪弯压痕；

③ 内压辊位置容易控制；

④ 管坯处于最大弹复状态。

（2）基本原理

图 15-13 为本控制方法的原理示意图。图中：XOY 为平面直角坐标系，本方法只能采用外控定径即轧辊布置在管坯的外侧。R_Z 为管坯中性层半径，$O_D(X_D, Y_D)$ 为 R_Z 的圆心点，这里 O_D 与 O_2 相重合。其他各辊的控制原理与公切、正压预弯法控制方法论述相同。

（3）设计要点与给出条件

① 确定基准面与成型控制方法（一）——公切、正压预弯法中的设计给出条件论述相同。

② 确定 H 点坐标与成型控制方法（一）——公切、正压预弯法中的参数计算论述相同。

③ 给出设定条件，预弯中性层半径 $R_{2Z}=R_Z$，其他条件和公切偏压预弯法设计要点的给出条件论述相同。

（4）参数计算

① 定径段参数（第三阶段参数）。各参数与成型控制方法（一）——公切、正压预弯法设计给出条件论述相同。

② 预弯段参数（第二阶段参数）。根据弯曲理论：

$$r_2=R_{2Z}/t, M_2=(K_1+K_0/2r_2)W\sigma_s \tag{15-10}$$

O_2 点坐标：$X_2=X_D$，$Y_2=Y_D$

U 点坐标：$X_U=0$，$Y_U=Y_H$

C 点坐标值：与本节公切、正压预弯法段设计给出条件中的参数计算论述相同。

C 截面剪力：与本节公切、正压预弯法段设计给出条件中的参数计算论述相同。

③ 输入段参数（第一阶段参数）。各参数与本节公切、正压预弯法段设计给出条件中的参数计算论述相同。

四、弯板辊的适用性设计

在上述“成型控制方法”中，已经给出了成型过程弯板装置的控制方法，而且这种方法能够对同一种弯曲曲率实行多点区域性弯曲控制，以满足不同情况（如厚度变化）的弯曲需要。但是，实现这些控制方法的前提是弯板辊本身必须具备相应的调整功能，即具备适应性。

1. 3＃辊适用性设计

图 15-14 是 3＃辊的适用性设计示意图。图中 $R_{W\min}$ 为管坯的最小外半径；$R_{W\max}$ 为管坯的最大外半径；α_{G1} 为 $R_{W\min}$ 的最小控制夹角，交点为 G_1；α_{G2} 为 $R_{W\min}$ 的最大控制夹角，交点为 G_2；α_{G3} 为 $R_{W\max}$ 的最小控制夹角，交点为 G_3；α_{G4} 为 $R_{W\max}$ 的最大控制夹角，交点为 G_4；其余代号含义与图 15-11 相同。

图中的阴影部分（图形 $G_1G_2G_4G_3$）为 3＃辊的有效调整区间。而由 X_{G1}、X_{G4}、X_{G2}、X_{G3} 所组成的正交矩形则是满足 3＃辊有效调整区间的最小正交矩形区间（一般情况下）。

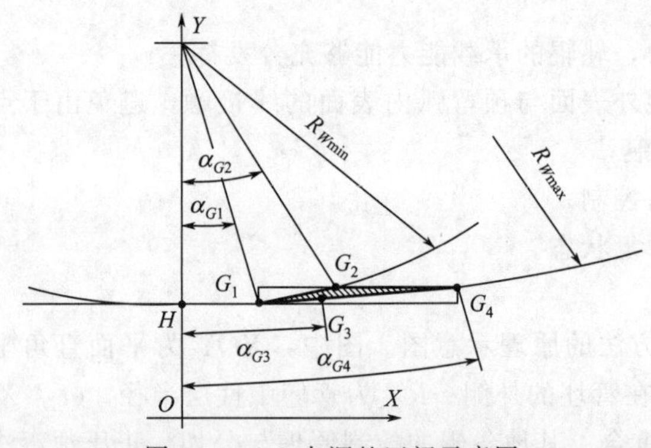

图 15-14　G 点调整区间示意图

3＃辊实现这种最小正交矩形可调区间应具备的条件是：

① 水平移动功能。最近位置为：$X_{G1}=R_{\max}\times\sin\alpha_{G1}$

最远位置为：$X_{G4}=R_{W\max}\times\sin\alpha_{G4}$

移动距离为：$\Delta_{X3}=X_{G4}-X_{G1}$

② 垂直移动功能。最低位置为：$Y_{G3}=Y_H+R_{W\max}-R_{W\max}\times\cos\alpha_{G3}$

最高位置为：$Y_{G2}=Y_H+R_{W\min}-R_{W\min}\times\cos\alpha_{G2}$

移动距离为：$\Delta_{Y3}=Y_{G2}-Y_{G3}$

③ 转动角度功能。最大角度为 α_{G2}，最小角度为 α_{G3}，转动范围为 $\Delta_{\alpha G}=\alpha_{G2}-\alpha_{G3}$。

④ 转动中心设置。转动中心应与 G 点重合。因为只有这种设置才能实现调整辊子角度时 G 点位置不变，调整 G 点坐标时辊子角度不变。这将给调型工作带来极大的方便。

2. 1＃辊的适用性设计

1＃辊的定位取决于拐点 C 的位置，图 15-15 是 1＃辊的适用性设计示意图。

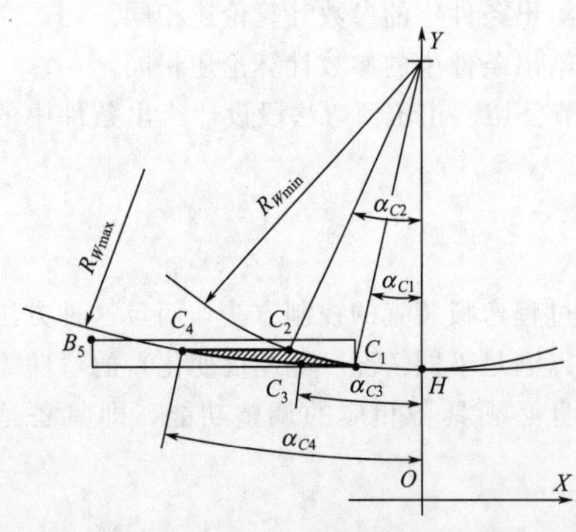

图 15-15　C(B) 点调整区间示意

图中：α_{C1} 为 $R_{W\min}$ 和最近拐点（C_1）的控制夹角，可按 $\alpha_{C1}=\alpha_{G1}$ 控制；α_{C2} 为 $R_{W\min}$ 和最远拐点（C_2）的控制夹角，可按 $\alpha_{C2}=\alpha_{G2}$ 控制；α_{C3} 为 $R_{W\max}$ 和最近拐点（C_3）的控制夹角，可按 $\alpha_{C3}=\alpha_{G3}$ 控制；α_{C4} 为 $R_{W\max}$ 和最远拐点（C_4）的控制夹角，可按 $\alpha_{C4}=\alpha_{G4}$ 控制；点 B_5 为 1＃辊的最远可控点。其余代号含义与图 15-14 相同。

图中的阴影部分（图形 $C_1C_2C_4C_3$）为拐点 C 的调整区间。而根据 C_1、C_2、C_3、C_4 各点通过计算才能求得 1＃辊的相应控制点区间，这个过程很麻烦。为了简化，我们采用区间覆盖法：确定一个简单的几何区间，使该区间能够覆盖控制点区间。即增加了 B_5 点作为最远控制点进行控制，且选：$X_{B5}=2X_{C4}$，$Y_{B5}=Y_{C1}+2(Y_{C2}-Y_{C1})$。而由点 C_1，B_5 为对角所组成的正交矩形则是 1＃辊的可调整区间。1＃辊实现这种调整应具备的条件是：

① 水平移动功能。最近位置为：$Y_{C1}=-R_{W\min}\times\sin\alpha_{C1}$；最远位置为：$X_{B5}=2X_{C4}$，

($X_{C4}=-R_{W\max}\times\sin\alpha_{C4}$)；移动距离为 $\Delta_{X1}=X_{C1}-X_{B5}$。

② 垂直移动功能。最低位置为：$Y_{C3}=Y_H+R_{W\max}-R_{W\max}\times\cos\alpha_{C3}$；最高位置为：$Y_{B5}=Y_{C3}+3(Y_{C2}-Y_{C3})$，　($Y_{C2}=Y_H+R_{W\min}-R_{\min}\times\cos\alpha_{C2}$)；移动距离为 $\Delta_{Y1}=Y_{B5}-Y_{C3}$。

③ 转动角度功能。最大角度为：$\alpha_{B\max}=\alpha_{C2}$；最小角度为：$\alpha_{B\min}=\alpha_{C3}/2$；转动范围为：$\Delta\alpha_B=\alpha_{B\max}-\alpha_{B\min}$。

④ 转动中心设置。转动中心应与 B 点重合。因为只有这种设置才能实现调整辊子角度时 B 点位置不变，调整 B 点坐标时辊子角度不变。这将给调型工作带来极大的方便。

3. 2＃辊的适用性设计

图 15-16 是 2＃辊的适用性设计示意图。

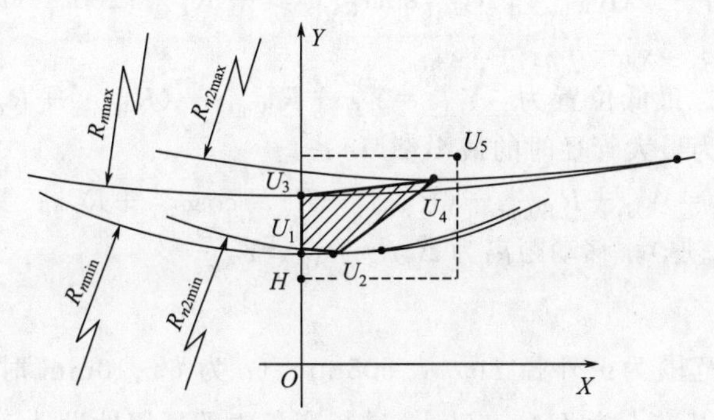

图 15-16　U 点调整区间示意

图中 U_1 为最小钢管外径、最小壁厚、等量预弯时（$R_{n\min}$）的控制点；U_2 为最小钢管外径、最小壁厚、最大预弯时（$R_{n2\min}$）的控制点；U_3 为最大钢管外径、最大壁厚、等量预弯时（$R_{n\max}$）的控制点；U_4 为最大钢管外径、最大壁厚、最大预弯时（$R_{n2\max}$）的控制点。其余代号含义与图 15-14 相同。

图中的阴影部分（图形 U_1、U_2、U_4、U_3）为 2＃辊的有效调整区间。显然，这种求解过程也比较麻烦，同样用简单覆盖法解决，即另增加一个控制点 U_5，并令：$X_{U5}=2t$，$Y_{U5}=Y_H+1.5t$，而由点 H，U_5 为对角所组成的正交矩形则完全能够覆盖 2＃辊的有效调整区间。2＃辊实现这种正交矩形可调区间应具备的条件是：

① 水平移动功能。最近位置为：$X_U=X_H=0$；最远位置为：$X_{U5}=2t$；移动距离为：$\Delta_{X2}=X_{U5}-X_H=2t$。

② 垂直移动功能。最低位置为：$Y_U=Y_H$；最高位置为：$Y_{U5}=H_H+1.5t$；移动距离为：$\Delta_{Y2}=Y_{U5}-Y_H=1.5t$。

4. 0＃辊的适用性设计

0＃辊的定位取决于拐点 C 的位置，图 15-17 是 0＃辊的适用性设计示意图。

图中 A_1，A_2，A_3，A_4 点为 0＃辊（导板的末辊）分别与 C_1，C_2，C_3，C_4 相对应控制点，控制半径分别为 R_{C1}，R_{C2}，R_{C3}，R_{C4}。其余代号含义与图 15-14 相同。

图中的阴影部分（图形 $A_1A_2A_4A_5$）为 0＃辊的有效调整区间，而由 X_{A1}，Y_{A2}，X_{A4}，Y_{A5} 所围成的正交矩形则构成了 0＃辊的可调区间。0＃辊实现这种正交矩形可调区间应具备的条件是：

① 水平移动功能。最近位置为：$X_{A1}=-(R_{W\min}+R_{C1})\sin\alpha_{C1}$，其中 $R_{C1}=200t_1$（t_1

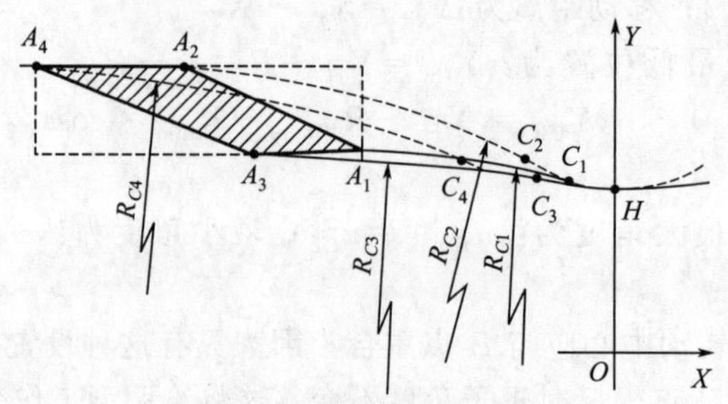

图 15-17 A 点调整区间示意

为最小管径时的最小壁厚）；

最远位置为：$X_{A4}=-(R_{W\max}+R_{C4})\sin\alpha_{C4}$，其中 $R_{C4}=200t_4$（t_4 为最大管径时的最大壁厚）；移动距离为：$\Delta_{X0}=X_{A1}-X_{A4}$。

② 垂直移动功能。最低位置为：$Y_{A3}=Y_H+R_{W\max}-(R_{W\max}+R_{C3})\cos\alpha_{C3}+R_{C3}$，其中：$R_{C3}=200t_3$（$t_3$ 为最大管径时的最小壁厚）；

最高位置为：$Y_{A2}=A_H+R_{W\min}-(R_{W\min}+R_{C2})\cos\alpha_{C2}+R_{C2}$；其中 $R_{C2}=200t_2$（t_2 为最小管径时的最大壁厚）；移动距离为 $\Delta_{Y0}=Y_{A2}-Y_{A3}$。

5. 设计示例

某成型器的适用范围为：外径 D_W 从 508mm（t 为 6～10mm 时）到 1620mm（t 为 10～20mm 时），成型基准点为 $H(0,550)$，进行弯板辊的适用性设计。

根据已知条件可知：

$D_{W\min}=508\text{mm}$，$t_1=6\text{mm}$，$t_2=10\text{mm}$

$D_{W\max}=1620\text{mm}$，$t_3=10\text{mm}$，$t_4=20\text{mm}$

$X_H=0$，$Y_H=550\text{mm}$

(1) 3＃辊的适用性设计

设定条件如下：

$$\alpha_{G1}=11°，\alpha_{G2}=22°，\alpha_{G3}=5.5°，\alpha_{G4}=11°$$

① 水平移动。

$$X_{G1}=R_{W\min}\sin\alpha_{G1}=48.47\text{mm}$$
$$X_{G4}=R_{W\max}\sin\alpha_{G4}=154.56\text{mm}$$
$$\Delta_{X3}=X_{G4}-X_G=106.1\text{mm}$$

② 垂直移动。

$$Y_{G3}=Y_H+R_{W\min}-R_{W\max}\times\cos\alpha_{G3}=553.7\text{mm}$$
$$Y_{G2}=Y_H+R_{W\min}-R_{W\min}\times\cos\alpha_{G2}=568.5\text{mm}$$
$$\Delta_{Y3}=Y_{G2}-Y_{G3}=14.8\text{mm}$$

③ 转动。

转动角度范围：$\Delta\alpha_G=\alpha_{G2}-\alpha_{G3}=16.5°$

转动中心：转动中心设在 G 点。

(2) 1＃辊的适用性设计

设定条件：

$$\alpha_{C1}=\alpha_{G1}=11°，\alpha_{C2}=\alpha_{G1}=22°，$$
$$\alpha_{C3}=\alpha_{G3}=5.5°，\alpha_{C4}=\alpha_{G4}=11°$$

① 水平移动。

$$X_{C1}=-R_{W\min}\times\sin\alpha_{C1}=-48.47\text{mm}$$
$$X_{C4}=-R_{W\max}\times\sin\alpha_{C4}=-154.56\text{mm}$$
$$X_{B5}=2X_{C4}=-309.11\text{mm}$$
$$\Delta_{X1}=X_{C1}-X_{B5}=260.64\text{mm}$$

② 垂直移动。

$$Y_{C3}=Y_H+R_{W\max}-R_{W\max}\times\cos\alpha_{C3}=553.7\text{mm}$$
$$Y_{C2}=Y_H+R_{W\min}-R_{W\min}\times\cos\alpha_{C2}=568.5\text{mm}$$
$$Y_{B5}=Y_{C3}+3(Y_{C2}-Y_{C3})=598.04\text{mm}$$
$$\Delta_{X1}=Y_{B5}-Y_{C3}=44.31\text{mm}$$

③ 转动。

转动角度范围：

$$\Delta\alpha_B=\alpha_{B\max}-\alpha_{B\min}=\alpha_{C2}-\alpha_{C3}/2=19.25°$$

转动中心：转动中心设在 B 点。

(3) 2＃辊的适用性设计

① 水平移动。

$$X_U=X_H=0;\ X_{U5}=2t=40\text{mm}$$
$$\Delta_{X2}=X_{U5}-X_H=40\text{mm}$$

② 垂直移动。

$$Y_U=Y_H=550\text{mm}$$
$$Y_{U5}=Y_H+1.5t=580\text{mm}$$
$$\Delta_{Y2}=Y_{U5}-Y_H=1.5t=30\text{mm}$$

(4) 0＃辊的适用性设计

① 水平移动。

$$R_{C1}=200t_1=1200\text{mm}$$
$$X_{A1}=-(R_{W\min}+R_{C1})\sin\alpha_{C1}=-277.44\text{mm}$$
$$R_{C4}=200t_4=4000\text{mm}$$
$$X_{A4}=-(R_{W\max}+R_{C4})\sin\alpha_{C4}=-917.7\text{mm}$$
$$\Delta_{XD}=X_{A1}-X_{A4}=640.35\text{mm}$$

② 垂直移动。

$$R_{C3}=200t_3=2000\text{mm}$$
$$Y_{A3}=Y_H+R_{W\max}-(R_{W\max}+R_{C3})\cos\alpha_{C3}+R_{C3}=562.94\text{mm}$$
$$R_{C2}=200t_2=2000\text{mm}$$
$$Y_{A2}=Y_H+R_{W\min}-(R_{W\min}+R_{C2})\cos\alpha_{C2}+R_{C2}=714.13\text{mm}$$
$$\Delta_{Y0}=Y_{A2}-Y_{A3}=151.19\text{mm}$$

五、成型工艺设计示例

1. 已知条件

(1) 带钢的已知条件

板宽 $b=1520\text{mm}$，板厚 $t=15\text{mm}$，屈服强度 $\sigma_S=510\sim550\text{MPa}$（以 530MPa 计算），延伸率 $\delta=0.36\sim0.42$（以 0.39 计算），弹性模量 $E=2.1\times10^5\text{MPa}$，相对强化模数 $k_0=$

2.1/δ=5.385，形状系数 k_1=1.5。

（2）钢管的条件

外直径 D_W=1016mm，外半径 R_W=508mm，中性层直径 D_Z=1016－15=1001mm，中性层半径 R_Z=1001/2=500.5mm，最大弹复量 T_{max}=100mm（按 T=0 计算）。

2. 内压辊辊形设计

已知：$R_{2n}=R_{2Z}-t/2=387.75\text{mm}$，$r_t=R_{2n}=387.75\text{mm}$，$r_b=75\text{mm}$，$\alpha_n=60.728°$。

据式(15-1)，得：

$$r_m=(r_t-r_b\times\sin^2\alpha_n)/\cos^2\alpha_n=1383\text{mm}$$

3. 预弯的定位

采用 G 点公切法。

4. 成型控制

根据产品的弹复要求和成型的设备功能，选用“公切、正压预弯法”进行成型控制（见图 15-11）。

（1）给出条件

① 确定基准面，以弯板辊安装面为基准。

② 确定 H 点坐标：$X_H=0$，$Y_H=550\text{mm}$。

③ 给出设定条件：$\alpha_3=13°$，$\alpha_C=11°$，$r_1=200\text{mm}$。

（2）参数计算

① 定径段参数（第三阶段参数）。

O_D 点坐标：$X_D=0$，$Y_D=R_W+Y_H=1058\text{mm}$。

G 点坐标：$X_G=R_W\sin\alpha_3=114.28\text{mm}$；

$Y_G=Y_D-R_W\cos\alpha_3=563.02\text{mm}$。

② 预弯段参数（第二阶段参数）。

根据弹复理论得：

$$R_{3Z}=R_Z+T/2\pi=500.5\text{mm}$$

$$r_3=R_{3Z}/t=33.37\text{mm}$$

$$r_2=r_3/[1+2(k_1+k_0/2r_3)r_3\times\sigma_s/E]=26.35\text{mm}$$

$$M_2=(k_1+k_0/2r_2)W\times\sigma_s=55289432\text{N}\cdot\text{mm}$$

$$R_{2Z}=r_{2t}=395.25\text{mm}$$

$$R_{2W}=R_{2Z}+t/2=402.75\text{mm}$$

$$R_{2n}=R_{2n}-t/2=387.75\text{mm}$$

O_2 点坐标：
$$X_2=X_G-R_{2W}\sin\alpha_3=23.68\text{mm}$$
$$Y_2=R_{2W}\cos\alpha_3+Y_G=955.45\text{mm}$$

U 点坐标：
$$X_U=X_2=23.68\text{mm}$$
$$Y_U=Y_2-R_{2n}=567.7\text{mm}$$

C 点坐标：
$$X_C=X_2-R_{2W}\sin\alpha_C=-53.17\text{mm}$$
$$Y_C=Y_2-R_{2W}\cos\alpha_C=560.1\text{mm}$$

C 截面剪力：
$$F_C(F'_C)=M_2/R_{2Z}\sin\alpha_C=733114\text{N}$$

③ 输入段参数（第一阶段参数）。

中性层半径：
$$R_{1Z}=r_1t=3000\text{mm}$$

O_1 点坐标：
$$X_1=-(R_{1Z}+R_{2Z})\sin\alpha_C=-647.8\text{mm}$$
$$Y_1=Y_2-(R_{1Z}+R_{2Z})\cos\alpha_C=-23774\text{mm}$$
弯矩值：
$$M_1=[K_1+2(r_1\sigma_s/E)^2]W\times\sigma_s=34177545\text{N}\cdot\text{mm}$$
BC 弧夹角：
$$\alpha_{BC}=\arcsin[M_1/R_{1Z}F'_C]=0.8904°$$
1＃辊夹角：
$$\alpha_1=\alpha_C-\alpha_{BC}=10.1096°$$
B 点坐标：
$$X_B=(R_{1Z}-t/2)\sin\alpha_1+X_1=-122.52\text{mm}$$
$$Y_B=(R_{1Z}-t/2)\cos\alpha_1+Y_1=568.64\text{mm}$$
A 点坐标：
$$X_A=X_1=-647.8\text{mm}$$
$$Y_A=Y_1+R_{1Z}-t/2=615.1\text{mm}$$

④ 各辊作用力。

3＃辊作用力：
$$F_3=M_2/R_{2Z}\sin\alpha_3=621845\text{N}$$
2＃辊作用力：
$$F_2=(1/\tan\alpha_C+1/\tan\alpha_3)M_2/R_{2Z}=1325552\text{N}$$
1＃辊作用力：
$$F_1=F'_C\sin\alpha_C/\sin\alpha_1=796920\text{N}$$
0＃辊作用力：
$$F=F'_C\sin\alpha_{BC}/\sin\alpha_1=64902\text{N}$$

第五节 螺旋缝埋弧焊钢管成型工艺参数的优化

在螺旋缝埋弧焊钢管的生产中，成型是其中极为关键的环节。焊管成型质量直接关系到焊管的质量和产量。目前在螺旋缝埋弧焊钢管机组中，基本上是采用上卷式、可调的全辊套式成型器。这种成型器主要是利用1＃、2＃、3＃成型辊使带钢连续弯曲变形，其余成型辊辅助钢管成圆和控制成型缝的质量。成型弯板原理如图 15-18 所示。通常情况下，螺旋缝埋弧焊钢管管坯的形成过程是：带钢通过导板的辅助沿水平方向进入成型器，通过 0＃ 辊和 1＃ 辊的作用形成一个下弯弧，之后通过 2＃ 辊和 3＃ 辊作用形成一个上弯弧，在送进过程中上弯弧弹复后由外控辊进行定径，这个过程称为三阶段控制成型，螺旋缝埋弧焊钢管成型弯板如图 15-19 所示。因此，成型质量很大程度上取决于三辊变形的质量。

一、调型工艺参数的确定

对于螺旋缝埋弧焊钢管来说，调型技术是螺旋缝埋弧焊钢管机组的关键技术之一。根据三辊弯板原理（图 15-20），在成型过程中 H_1、H_3、L_1、L_2 可以根据成型器尺寸以及钢管规格得出其为固定值，不同规格的钢管，通过下列公式计算出 β_1、β_3、X_1、X_3。

$$\beta_1=\arccos\frac{H_1}{L_1} \tag{15-11}$$

其中，$H_1=h_1+D/2$，$L_1=l_1+D/2$，则：

$$\beta_3=\arccos\frac{H_3}{L_3} \tag{15-12}$$

其中，$H_3=h_3+D/2$，$L_3=l_3+D/2$，则：

$$X_1=L_1\sin\beta_1 \tag{15-13}$$
$$X_3=L_3\sin\beta_3 \tag{15-14}$$

通过计算出的数据就可以得出不同规格钢管成型 1＃、3＃ 辊的调型位置。根据成型器设计图可以知道前后桥回转中心距离是确定的。为适应不同生产规格原材料宽度的要求，根据生产的最大和最小钢板宽度确定后桥回转中心间的距离，根据螺旋缝埋弧焊钢管成型基本几何关系（图 15-21）可以得出其他成型工艺参数。

带钢工作宽度 B 为：

$$B=\pi D\cos\alpha \tag{15-15}$$

螺距 S 为：

$$S=\frac{B}{\sin\alpha} \tag{15-16}$$

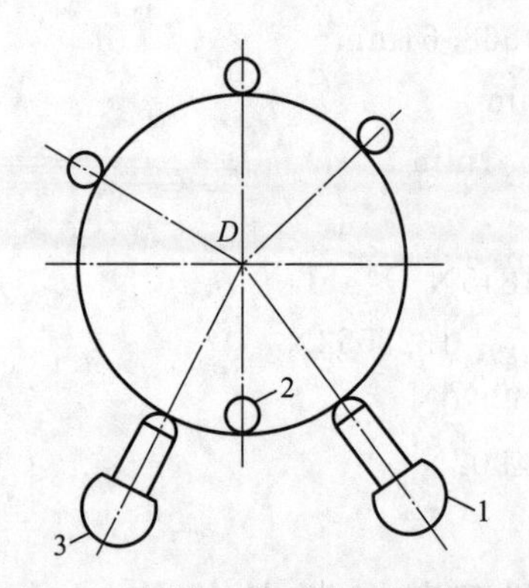

图 15-18　螺旋缝埋弧焊钢管成型原理

1—1＃辊；2—2＃辊；3—3＃辊

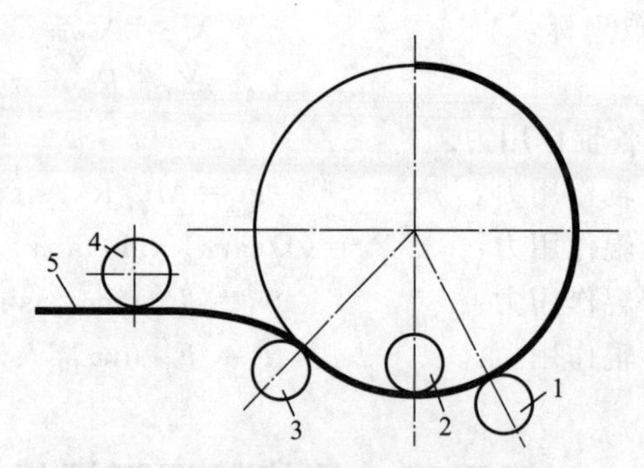

图 15-19　螺旋缝埋弧焊钢管成型弯板示意

1—3＃辊；2—2＃辊；3—1＃辊；4—0＃辊；5—带钢

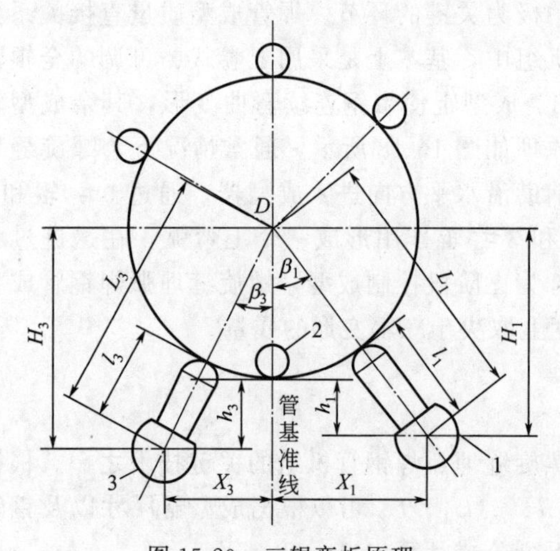

图 15-20　三辊弯板原理

1—1＃辊；2—2＃辊；3—3＃辊

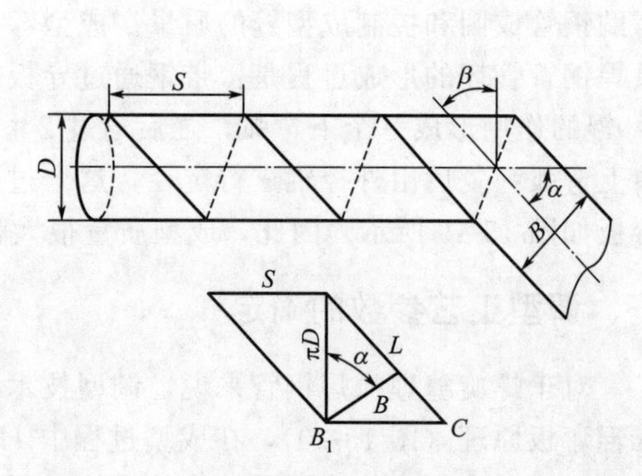

图 15-21　螺旋缝埋弧焊钢管成型参数几何关系

螺旋线长度 L 为：

$$L=\frac{S}{\cos\alpha}=\frac{\pi D}{\sin\alpha} \tag{15-17}$$

式中　α——成型角，(°)；

D——管体直径，mm。

二、成型工艺参数的调整优化

1. 调整的原因

从成型工艺参数确定的过程可以发现，带钢的递送线与钢管的中心轴线成一定夹角，其实际上是一平行四边形单元的纵向连续弯曲变形。根据塑性变形体积不变定律，带钢在发生纵向弯曲变形时，其中性层以内有沿纵向及横向扩展的趋势，中性层以外有沿纵向及横向收缩的趋势，这样必然造成带钢板边向外翘曲。在螺旋缝埋弧焊钢管的成型中，板边向外的翘曲必然造成成型缝“噘嘴”、内紧外松、错边等，不仅影响成型质量，也会造成内焊的不稳定，严重影响钢管质量。

一般在螺旋缝埋弧焊钢管机组的设计中用预弯机构来控制板边的翘曲，预先给予板边一定程度的反向卷边，以弥补带钢经过三辊成型后向外的翘曲。但是，在实际使用过程中，预弯机构仍存在一些问题，例如当带钢存在月牙弯或带钢对头不正时，3＃辊两板边的预弯量就不容易控制，需要及时调整预弯装置，否则造成板边的预弯量或大或小，其结果必然是造成成型缝错边。

2. 调整的方法及计算

经过多年摸索发现对板边的控制主要是利用1＃～3＃成型辊：利用2＃辊控制带钢中性层以内的两板边部分，利用1＃辊控制带钢的递送边，利用3＃辊控制带钢的自由边。这里递送边是指带钢在递送过程中递送线一侧的板边，另一侧板边则称为自由边。由于2＃辊一般采用分体式(成型辊头分装在两块燕尾板上，一块固定，一块可以自由调节，而且调节方便，因此，这里不再分析其调节的方法。这是主要分析的是如何调整2＃辊并通过几何学的原理和传统的1＃、3＃成型辊位置调整方法相结合，来简便快捷地确定1＃、3＃的最佳理论位置，尽量减少调整1＃、3＃成型辊的时间及次数，减轻劳动强度，并提高成型的质量。

实际调型过程中，2＃辊按照成型工艺参数调整好辊子倾角以及2＃臂的压下量，为保证带钢变形过程中变形充分，减少“噘嘴”，2＃辊尽量能压住带钢的边缘位置，2＃辊一般略微前倾。

传统的1＃、3＃成型辊位置调整方法是在递送线的位置拉一根钢丝，再从钢丝的位置延伸从而确定1＃成型辊与递送边的接触位置及3＃成型辊与自由边的接触位置。这样的调整方法费时、费力、费工，而且人为的误差很大，而如果通过几何学的方法来分析计算，不仅能提高位置的准确度，也大大降低劳动强度。

图15-22所示为1＃、3＃成型辊的中心线与钢管中心线及递送线、转盘回转中心等的几何关系（测量基准是以成型器设备滑台上侧面一个精加工面上确定的一个点为基准，数据由设备生产厂家提供)；图15-23所示为以某公司2＃机组为例1＃、3＃成型辊与钢管接触的截面示意图。

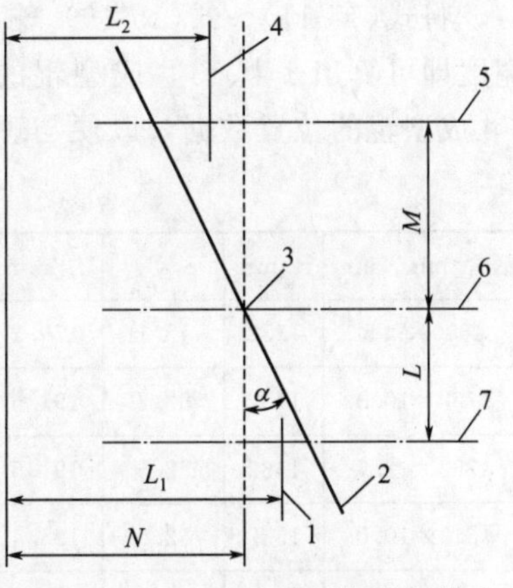

图15-22　1＃、3＃成型辊几何关系

1—1＃测量位置；2—递送线；3—转盘回转中心；4—3＃测量位置；5—3＃中心线；6—钢管中心线；7—1＃中心线

利用几何学原理从图15-23可以推出以下公式：

$$L_1=(L-245\cos\beta)\cot\alpha+N+N_1 \tag{15-18}$$

$$L_3=-(M+245\cos\gamma)\cot\alpha+N+N_3+P_{修正面} \tag{15-19}$$

式中　L_1——测量基准与1＃成型辊测量位置的距离，mm；

L_3——测量基准与3＃成型辊测量位置的距离，mm；

N——测量基准与转盘回转中心的距离，mm；

α——带钢递送线与钢管中心轴线在转盘上投影的夹角即成型角，(°)；

β——1＃成型辊的倾角，(°)；

γ——3＃成型辊的倾角，(°)；

L——1＃成型辊中心线与钢管中心轴线在转盘上投影的距离，mm；

M——3＃成型辊中心线与钢管中心轴线在转盘上投影的距离，mm；

N_1——1＃成型辊测量位置与1＃第一个辊子中截面在转盘上投影的距离，mm；

N_3——3＃成型辊测量位置与1＃第一个辊子中截面在转盘上投影的距离，mm。

$P_{修正面}$＝(螺距/辊子间距) 求余数，如果余数小于辊子间距的一半，则 $P_{修正面}$＝余数＋辊子间距的一半：如果余数大于辊子间距的一半，则 $P_{修正面}$＝余数。

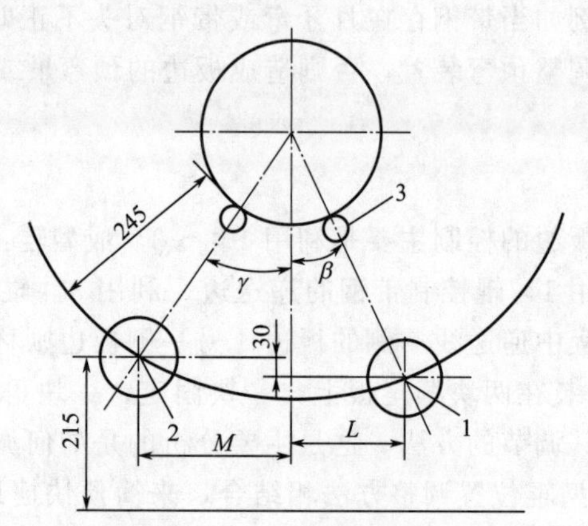

图 15-23　1＃～3＃成型辊与钢管接触截面

1—1＃倾角回转中心；2—3＃倾角回转中心；3—辊子

将式(15-11)～式(15-19) 输入 Excel 表格中，再输入必要的参数如管径、壁厚、板工作宽度即可算出1＃、3＃成型辊的调整位置。笔者抄录了一些不同钢管在实际生产中1＃、3＃成型辊的位置数据，以便与理论数据相比较，钢管调整参数见表 15-1。

表 15-1　钢管调整参数

钢管/mm×mm	B/mm	α/(°)	L/mm	β/(°)	M/mm	γ/(°)	S/mm	L/mm	L_1'/mm	L_1/mm	L_3'
ϕ610×9.5	1332	45.1	179.2	71.0	249.8	63.0	1881.0	664.1	666	571.8	567
ϕ762×10.3	1432	52.7	191.5	72.2	267.4	64.4	1800.9	653.9	653	545.9	542
ϕ762×12.7	1432	52.5	191.5	72.2	267.4	64.7	1804.2	654.3	655	548.6	542
ϕ813×10.0	1532	52.6	195.4	72.5	273.1	65.2	1928.3	658.2	662	547.2	544
ϕ813×12.5	1532	52.6	195.4	72.5	273.1	65.2	1928.3	658.2	662	547.2	544
ϕ1020×12.0	1485	62.0	210.7	73.8	295.0	67.0	1681.3	640.6	662	564.6	570

注：L_1'，L_3'为实际测量值。

三、螺旋缝埋弧焊钢管成型工艺优化总结

由以上分析，优化工艺是可行的。同时从实际数据统计总结出的钢管调整参数来看，理论值与实际测量值相差不大。考虑到带钢不可能严格按照递送线向前传送，因此，上述所采用的方法是可行的。

焊管生产中成型参数是影响成型质量的重要因素，合理有效地对成型参数进行控制优化，对成型质量的控制有着重要的意义。

第六节　螺旋缝埋弧焊钢管的成型操作

一、钢管的调型换道作业

1. 调型换道的工艺计算

目前在国内已有大量的螺旋缝埋弧焊钢管机组，成型器结构大多数采用三辊弯板机＋外控辊结构形式。在通常情况下，螺旋缝埋弧焊钢管生产方式的成型器中最关键的是三辊弯板机工作辊的分布与调整、工艺参数的设定、管体精度和弹复量的控制与调整等，这些是确保成型、焊接质量的重要环节。

① 螺旋缝埋弧焊钢管成型几何关系。螺旋缝埋弧焊钢管成型不论是上卷成型还是下卷成型，成型器无论是外控辊式还是内控辊式，都有相同的成型基本几何关系，如图 15-24 所示。

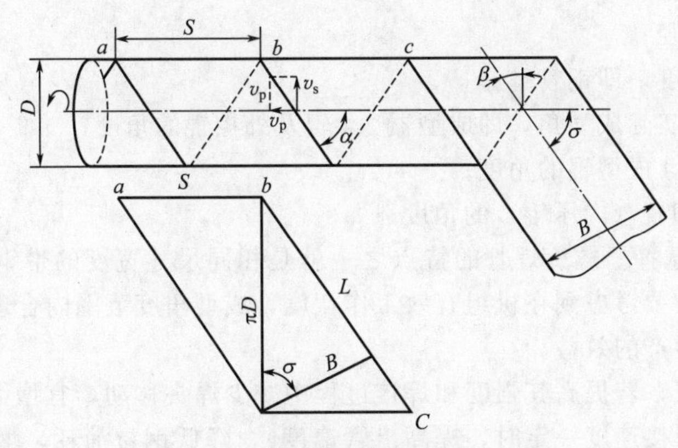

图 15-24　螺旋焊管成型几何关系图

由图 15-24 推导出成型几何基本关系式：

钢管直径　$$D=B/(\pi\cos\alpha) \tag{15-20}$$

螺距　$$S=B/\sin\alpha=\pi D\cos\alpha/\sin\alpha=\pi D/\tan\alpha \tag{15-21}$$

焊缝长度　$$L=S/\cos\alpha=\pi D/\sin\alpha \tag{15-22}$$

螺旋成型参数几何关系：

出管速度：　$$v_p=v_s\cos\alpha \tag{15-23}$$

管体旋转速度：　$$v_u=v_s\sin\alpha \tag{15-24}$$

式中　α——成型角度；
B——带钢工作宽度；
D——螺旋钢管直径；
S——螺距；
L——1 个螺距焊缝（1 个螺距旋线长度）；
v_p——出管速度；
v_s——带钢递送速度；
v_u——钢旋转速度。

以上式(15-20)～式(15-24) 是基于用一定宽度平面（厚度为零）成型时推导出的关

系式。

② 考虑厚度时的几何关系。在带钢弯曲变形时，其变形中性层既不伸长也不缩短，在外径较大、壁厚较小时（即相对弯曲半径较大时），变形中性层与带钢中间层是相同的，以下公式就是以此为条件推导出来的。当相对弯曲半径小到一定程度时，变形中性层内移，计算将有误差。但螺旋缝埋弧焊钢管的相对曲率半径较大，也可以按照式(15-25)计算。

$$\cos\alpha_{外}=B/(\pi D_{外}) \tag{15-25}$$

$$D_{中}=D_{外}-t \tag{15-26}$$

$$D_{内}=D_{外}-2t \tag{15-27}$$

$$\cos\alpha_{中}=B/[\pi(D_{外}-t)] \tag{15-28}$$

$$\cos\alpha_{内}=B/[\pi(D_{外}-2t)] \tag{15-29}$$

式中 α——带钢递送线与钢管中心线的正投影夹角；
B——带钢工作宽度；
$D_{中}$——带钢变形中性层的直径；
$D_{外}$——钢管外径；
$D_{内}$——钢管内径；
t——带钢厚度，即钢管壁厚；
$\alpha_{外}$——外径的实际成型角，即成型器 3＃辊及外控辊的角度；
$\alpha_{中}$——0＃、1＃成型辊的角度；
$\alpha_{内}$——2＃成型辊（内压辊）的角度。

③ 成型角度的选择。螺旋焊管的特点之一就是相同尺寸宽度的带钢可以生产不同管径的钢管。实际生产中要考虑到在机组有效工作宽度，成型角度范围内合理选择带钢宽度，以确定合理的工艺和生产的效益。

在静载荷情况下，若提高其强度和焊接过程中减少焊头移动，宜增大成型角 α。若提高机组的生产率（在焊接速度一定时，提高出管速度），降低钢材消耗，增加作用在管轴线方向的出口作用力，在一定成型角时，降低两边的间隙值的调整变动，则与前者相反，要采用小成型角。

权衡利弊，建议一般选择成型角 $\alpha=40°\sim66°$，也就是带钢宽度 B 与钢管直径 D 之比（B/D）为 1.25～2.35，在这种情况下，管道运行中焊缝所受应力为管子轴向应力的 0.4～0.76（如图 15-25 所示）。由此，可以改变钢管出管速度与焊接速度的比值以及钢管出口轴线受力与带钢递送力的比值。在特殊情况下，也可以采用上述成型角范围之外的角度。

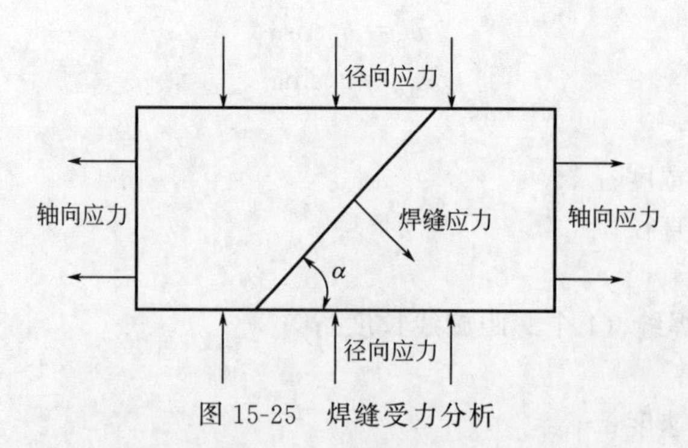

图 15-25 焊缝受力分析

④ 径厚比值对成型稳定性的影响。径厚比值（D/t）是在螺旋埋弧焊管设计与生产中

的一个重要参数。一般情况下 D/t 的取值在 40～80 范围内，随着螺旋成型技术的发展，D/t 取值的范围拓展到了 30～100。在特殊情况下，今后可能还可以超出这个范围。

径厚比值 D/t 对成型稳定性有较大影响，一般来说，D/t 值小，稳定性较好，但太小则成型辊受力太大，2＃辊梁需要足够的强度和刚性；D/t 值过大，则成型稳定性不好，钢管圆度也难以保证。

⑤ 弹复量控制技术。弹复量是衡量钢管残余应力的重要指标，控制弹复量对于管线使用的安全性和服役情况有着重大意义。近年来，随着管道技术的不断提高，对于螺旋缝埋弧焊钢管弹复量的控制要求，也越来越受到重视。对于螺旋缝埋弧焊钢管机组，钢管弹复量的控制主要取决于三辊弯板机的变形量。

长期以来，我国外控式成型器都以不足量成型生产钢管，它的基本原理是以 1＃、2＃、3＃辊弹塑性变形，以 4＃～8＃控制弹复后的管坯到达咬合点进行焊接。这种成型方式生产出来的钢管残余应力较大，这也成为螺旋缝埋弧焊钢管一个主要的缺点，影响螺旋缝埋弧焊钢管的发展。在 20 世纪 90 年代以后，国内重要的长输管线都对弹复量最大值做了要求，为了克服这一缺点，各个钢管制造公司进行了不断的探索与研究，掌握解决了这一难题的方法，就是增加 2＃辊压下量。其成型机理是：三辊弯板机过量变形，利用成型阻力和阻力矩，让过量成型的管坯反弹到合理尺寸后进行焊接。

⑥ 成型阻力和阻力矩的产生和控制措施。主要措施有以下三点：a. 2＃～8＃辊角度和后桥角度略大于理论辊角和成型角，使管坯受到一个反向力矩和向后的摩擦作用力。角度偏差大小的确定，需要根据生产实际来综合考虑确定。b. 焊垫辊高度对于管坯自由边的合缝阻力最大、最直接。焊垫辊高度的确定，必须要与 2＃辊压下量配合调整，兼顾管径、错边量的控制。c. 2＃辊压下量必须使管坯过变形。当 2＃辊压下量增大，管坯变形由不足变为过量时，管径将会从不断减小变为逐渐增大，成型调整时应该认识到这一规律，综合考虑，灵活应用。

⑦ 其他相关措施。在外控式成型器生产负弹复量钢管时，容易出现咬合线过长，易产生错边；成型缝间隙减小，咬合比较紧；成型辊负荷增大等问题。要特别加强注意这些问题。

内控式成型器的成型机理是三辊弯板机对带钢过量变形，利用管坯内部内胀辊套的撑开作用使管坯达到理论尺寸后进行焊接。所以，它对解决钢管残余应力是非常有利的。

⑧ 径厚比值（D/t）也影响着螺旋焊管的弹复量的控制。D/t 值越大，弹-塑性变形中弹性层占厚度比例越大，越难控制弹复量，这样在现场调型中就必须加大三弯板机的变形量，得到适当的弹复量，但是随之而来的就是成型稳定性变差。相反，D/t 值越小，弹-塑性变形中性层所占厚度比例越小，弹复量控制就比较容易，这样就可以采用较小的变形量，得到适当的弹复量。当然，在调型中除了考虑 D/t 值大小之外，还需要综合考虑各种因素，确定变形量。

2. 调型换道的目的和准备工作

钢管调型换道的目的就是利用钢卷生产满足客户要求的螺旋缝埋弧焊钢管。螺旋缝埋弧焊钢管调型换道前应做好以下几项准备工作：

① 客户所需要的规格是否符合生产范围，一般来说，每个生产单位都有一定的限度。

② 订货批量问题，批量太小则材耗大、成本高、收益小。

③ 原料的宽度问题，一般情况下同一规格的钢管选用较宽的原料可以提高产量，有时成型角能够满足要求的情况下，还要考虑成型的稳定性。在条件许可的情况下，尽量使用与

前批管线相同宽度的原料，即使调换不同管径也可以减少调整宽度的工作量，通常调型换道更换壁厚的工作量是很小的。

④ 钢管的定尺长度，钢卷的重量也是一个不可忽视的问题。在通常情况下，客户对钢管的定尺长度要求也很严格，如果钢卷重量不合适的话，也会增加很多材耗。

⑤ 落实好调型换道过程中要用的工装如样筒、角度样板、工具、量具、吊具、水压机压头、倒口、倒棱机夹紧框等。

⑥ 根据工艺制定调型换道工作安排以及检修、设备维护保养的工作安排计划。

二、调型换道的作业步骤及注意事项

1. 调型换道的具体步骤

① 确定合适的工作宽度，依据生产工艺确定合适的工作宽度，工作宽度太大，生产过程中容易出现脱剪或脱铣等问题，将影响螺旋焊管的质量；工作宽度太小，会造成原材料浪费。

② 设备的移位，设备更换，在螺旋缝埋弧焊钢管生产中有一些要求，带钢宽度中心对准横向中心的设备，如递送机、引料机等。在更换规格时根据带钢宽度的变化进行设备移位，以满足上述要求。另外，还有一些设备适用于特定的规格，例如 2＃ 辊、水压机压头、倒棱机夹紧框等，需要成套更换一些部件，以保证满足生产需要。

③ 调整间隙，由于带钢壁厚、材质等的变化，一些机械切割装置需要调整刀具的间隙，如液压剪等以及一些采用剪边工艺的圆盘剪、碎边剪等，调型换道时要进行上下间隙或侧间隙的调整。

④ 成型参数的计算及调整。成型参数的计算和调整是调型换道中最重要的一个环节必须高度重视。

⑤ 依据焊接工艺评定结果制定焊接工艺参数。

⑥ 制定并下发生产工艺指导书及工艺卡。

⑦ 进板，带钢找正，焊头调试，试生产以及进入正式生产。

2. 调型换道注意事项

① 成型辊在检修、组装后，应对其辊面用百分表进行水平找正，不平度应小于 0.2mm。

② 校验成型器大立柱、横臂变形状况。

③ 检修内压辊梁的变形情况。

④ 用水平仪、经纬仪测量，检验递送线及其量尺位置、管底标高和钢管输出中心线，校验样筒各找正点的标高。

⑤ 对比递送线校正、调整预弯机、递送机基准位置。

⑥ 采用经纬仪测校前桥、后桥之间相对角度的准确性。

⑦ 根据测量结果，调整递送辊、顶弯辊、托辊高度。

三、调型换道常见质量问题的原因

成型调整的准备工作中，调型时要使用宽度合格且平直的带钢，应该把月牙弯影响角度变化的各种外因降低到最低程度。机组中限制带钢横向移动的是立辊，防止带钢起伏的是导板，导板要调到准确的位置，并紧固好。尤其是铣边后的各点，对于确保带钢递送线极为重要。因此，在调整位置时可以开动递送机使带钢前进、后退多次摆正位置。不保证带钢基本对准递送线不进行下一步调型工作。绝不允许随便将带钢送进成型器后再调整立辊使带钢到递送线上来。

1. 成型调整因素

在带钢位置和递送线基本一致的情况下就可以对带钢送进成型器进行调整了。成型器通过压圆调整后形成一个和所需生产钢管外径一致的辊套。成型调整的核心部分是三辊弯板机。在使用外控辊成型器（目前多数是采用这种成型器）调型后，首先要将内压辊多压一点，使初始变形的曲率半径小于所需要生产时的管径，在带钢头部运行一个螺距后，抬起内压辊多压的部分尽量使带钢在成型器内充套，调整好焊缝，先用手工进行焊接，然后切去不规整的管头。在焊缝基本平整时即可进行内焊，然后外焊，先预调，要求管头走到哪里就要把哪里调整好，然后才能进行下一步调型工作。

2. 成型调整质量及影响因素

① 带钢递送线应该通过转盘（或转轴）中心，并且平行于机组中心线。但是在生产调型中会出现下面两种情况：一是带钢相对于递送线平移，成型角不变；二是在靠近成型器一点处使带钢向左或向右摆动一个角度，使实际的成型角变大或变小。第一种情况对成型调整及稳定成型缝的质量没有什么影响，而第二种情况在其他工艺参数不变的情况下将会影响管径。

② 实际使用的工作宽度较规定宽。一般规定实际工作宽度为名义工作宽度±0.5mm或±1mm。

③ 调型生产时常会遇到咬合点缝紧，而焊点处缝松，或焊垫辊处成型缝时松时紧，甚至产生管子摆动和起伏。产生这种现象的原因是复杂的，主要可能是带钢在成型器内变形不均匀，递送边变形不足，自由边过量变形，等等。这时应详细检查各部分数据。可根据情况加以调整。

④ 管坯在成型器内胀套的现象主要是三辊弯曲变形量不足引起的。

四、带钢的递送、预弯作业

1. 带钢递送、预弯的目的和准备工作

带钢递送的目的就是为螺旋缝埋弧焊钢管机组提供材料。带钢在压力作用下夹持在两个辊子之间，在其接触处产生摩擦力，依靠此摩擦力来运送带钢，这种装置称为递送机。在螺旋缝埋弧焊钢管机组中有时也称为夹送机，该机是螺旋缝埋弧焊钢管机组的主要动力。

递送机安装在成型器之前，它的用途是：拖动带钢经过矫平、剪边、铣边等系列准备工作，一直把带钢送进成型器成型，并将成型焊接后的钢管送上输送辊道。

预弯的目的就是完成带钢两边缘的预变形，消除成型过程中产生的所谓“噘嘴”现象以保证钢管质量。

预弯装置是将带钢边部进行弯曲的一种装置，这些装置又称为卷边辊或翻边机，它可以是上下一组安装在带钢进入成型机前的一侧，也可以是两组成对地安装在递送机出口处带钢的两侧。带钢在进入成型器前，需要进行预弯，以防止带钢边缘在成型过程中变形不足，产生“噘嘴”缺陷。预弯工艺分两辊预弯和三辊预弯两种。一般情况下，螺旋缝埋弧焊钢管机组都采取两辊预弯，两辊预弯结构简单，调整方便，但是由于其上下预弯辊的曲率是固定的，难以适应机组生产范围内不同直径、不同壁厚钢管的预弯要求，预弯效果不太理想。近年来，很多螺旋缝埋弧焊钢管机组采用了三辊预弯结构，通常情况下，每组预弯辊由上、下辊和侧向摆动辊组成，下辊是圆柱形辊，可以根据所需的带钢预弯宽度进行横向调整；上辊为锥鼓形辊，可以根据带钢厚度和预弯宽度分别进行高度方向和带钢横向的调整；侧向摆动辊为鼓形辊，既可进行高度和横向调整，又可以在垂直方向上摆动。这种三辊预弯机构可以根据不同的管径壁厚和带钢的强度分别调节三个弯边辊的位置，以取得良好的预弯效果。

2. 钢卷递送、预弯的步骤及注意事项

作为螺旋缝埋弧焊钢管生产线的主动力设备，递送机对于机组生产的稳定性起着关键作用：第一，必须保证在递送机负载变动的情况下，它的转速输出是恒定的，只有稳定的递送速度才能保证优良的焊接质量；第二，确保带钢递送方向与递送线重合，避免带钢跑偏，此外，还须具备人工调节、纠偏能力；第三，必须确定合适的上辊下压力，如果压力过小，会造成递送打滑，而压力过大，对于壁厚薄、材质软的带钢，极易轧制变形，造成钢带瓢曲、波浪。

在对带钢两边缘进行预弯时要注意两边的预弯量以及两端预弯量的协调性，预弯量不足会影响钢管的质量，产生“噘嘴”等问题，预弯过量同样会产生质量问题，两端预弯量不协调会造成错边等缺陷。

3. 带钢递送、预弯常见质量问题的原因

（1）带钢在递送、预弯过程中经常会产生的问题原因分析

① 递送打滑，递送辊转动但没有带动带钢前进。造成递送打滑的原因主要是：递送机压力过小，带钢表面有油污，带钢运行过程中的阻力过大，递送辊轴承损坏，电气系统故障，等等。

② 递送速度不稳定的主要原因就是电气系统故障，也可能是系统压力偏低，产生间歇性打滑。

③ 递送后带钢产生瓢曲、波浪的主要原因就是递送机压力过大。

④ 递送后带钢跑偏的主要原因是：递送机两端压力差不合适，带钢递送线不正，递送机轴承损坏造成两端下压量不一致，带钢月牙弯，等等。

⑤ 预弯量过大或过小可能会造成钢管焊缝内凹或“噘嘴”。

⑥ 带钢两边缘预弯量不合适也可能造成钢管错边。

⑦ 预弯后带钢两边缘坡口被破坏的原因是；预弯辊辊形不合适，预弯辊辊面磨损超标，预弯辊轴承损坏，等等。

⑧ 压痕、压坑、划伤等非工艺缺陷的产生通常与工作辊磨损情况、表面清洁情况以及带钢表面是否有异物等有着直接的关系，有时也与预弯辊转动的灵活性相关。

（2）带钢递送、预弯常见质量问题的处理方法

① 计算并校正递送机压力，确保带钢递送时不打滑也不产生轧制变形。

② 保持带钢表面清洁。

③ 巡查电气控制系统。

④ 检查递送辊及预弯辊轴承，发现异常情况及时处理。

⑤ 选择合适的预弯辊辊形。

⑥ 调整预弯下压量，确保预弯量适度且两边预弯量协调。

五、螺旋缝埋弧焊钢管成型方式

1. 卷管成型的几种方式

螺旋缝埋弧焊钢管卷管成型按照进料方式可分为上卷成型和下卷成型两种。

① 上卷成型时各种规格的钢管下底面标高不变，所以附属设备较简单、易制造，土建工程量也小，但外焊头的高度要随着钢管外径的变化而调整。上卷时，内焊焊头在带钢入口附近，可以较容易更换导电嘴等零部件，且不用在钢管上割洞，既节约钢材，又节省时间。上卷成型在咬合点焊接便于应用焊缝间隙自动控制的先进技术，以保证焊接质量。另外，容易清除内外压辊处的氧化铁皮，容易更换备件，所以，目前大多数螺旋缝埋弧焊钢管生产线广泛采用上卷成型。

② 下卷成型时，埋弧焊点在第二个螺距的成型缝处，如果带钢月牙弯及其他几何条件的改变而影响到咬合点处的成型缝变化时，则在第二个螺距成型缝焊点处的响应速度比较缓慢，因而难以使用微调技术来改善焊点处的成型缝质量。另外，下卷成型时钢管附属设备结构复杂、庞大，投资额大。20 世纪 80 年代后期，下卷成型方式已经基本上淘汰了。

2. 卷管成型开车前的准备工作、步骤

成型调整的准备工作，调型时要使用宽度合格且平直的带钢，应该把月牙弯影响角度变化的各种外因降低到最低程度。导板要调到准确的位置，并紧固好。尤其是铣边后的各点，对于确保带钢递送线极为重要。因此，在调整位置时可以开动递送机使带钢前进、后退多次后摆正位置。不保证带钢基本对准递送线不进行下一步调型工作。绝对不允许随便将带钢送进成型器后再调整立辊使带钢到递送线上来。

① 螺旋钢管成型调整工作。在带钢位置和递送线基本一致的情况下就可以将带钢送进成型器进行调整。成型器通过压圆调整后使形成一个和所需生产钢管外径一致的辊套。核心部分是三辊弯板机。在使用外控辊成型器（目前多数是采用这种成型器）调型后，首先要将内压辊多压一点，使初始变形的曲率半径小于所需要生产时的管径，在带钢头部运行一个螺距后，抬起内压辊多压的部分尽量使带钢在成型器内充套，调整好焊缝，先用手工进行焊接，然后切去不规整的管头。在焊缝基本平整时即可进行内焊，然后外焊，先预调，要求管头走到哪里就要把哪里精调整好，然后才能向下一步前进。

② 螺旋钢管成型调整的其他几个问题。带钢递送线应该通过转盘（或转轴）中心，并且平行于机组中心线。但是在生产调型中会出现下面两种情况：一是带钢相对于递送线平移，这样成型角不变；二是在靠近成型器一点处使带钢向左或向右摆动一个角度，这样的结果将使实际的成型角变大或变小。第一种情况对成型调整及其稳定成型缝的质量没有什么影响，而第二种情况在其他工艺参数不变的情况下将会影响管径。

六、卷管成型常见质量问题的原因

在螺旋缝埋弧焊钢管卷管成型生产过程中，常见的成型工艺缺陷有管径超差、错边、成型缝时紧时松、内紧外松、开缝、“噘嘴（竹节）”、裂纹等。

（1）螺旋缝埋弧焊钢管管径超差缺陷产生原因分析

① 带钢“月牙弯”是对螺旋缝埋弧焊钢管管径影响非常大的一个因素。在生产过程中，在成型角不变的情况下，为了防止错边只能通过改变管径来消除“月牙弯”。

② 带钢工作宽度或成型角度不合适。

③ 成型过程中的阻力是决定管径大小的主要因素。在带钢工作宽度与成型角度确定之后，成型过程中的阻力大小将起主导作用。实践经验表明：阻力与管径成正比，即阻力大时管径增大，阻力小时则管径变小。在成型过程中，当钢管弹复量的平均值为零时，如果再压内压辊或升高焊垫辊，都会使阻力增加，使管径增大；反之，管径变小。

④ 递送边预弯量增大，则管径也随之增大；反之自由边预弯量增大，管径变小。

⑤ 连续正错边，则管径增大；连续反错边，则管径变小。

(2) 错边缺陷产生原因分析

① 带钢“月牙弯”是造成错边的主要因素。生产过程中，在成型角不变的情况下，为了保证管径合适，只能通过错边来消除“月牙弯”。

② 工艺参数不合适，导致递送边与自由边变形不均匀，差异过大则会导致错边。

③ 成型缝咬合过紧。如带钢跑偏，会使带钢在成型器入口处角度增大，促使后桥角度偏大，从而使成型缝咬合过紧而造成错边。

④ 焊垫辊位置不正。焊垫辊一般偏向 1# 成型辊 10～15mm，偏心距过小则易造成正错边，偏心距过大则易造成反错边。

⑤ 焊偏也是造成错边的一个因素。长距离严重焊偏，会导致错边或开缝，因此要控制焊偏。

⑥ 带钢的递送不好会造成带钢跑偏，使带钢边缘挤厚，从而造成错边。

⑦ 带钢宽度不均或带钢边缘状况不好，容易造成错边。

⑧ 带钢表面不平整，有较大波浪或硬弯都非常容易造成错边，因此要尽量提高矫平效果。

⑨ 预弯辊辊型不合适或带钢两端预弯量不合适，均易造成错边，因此要有效地调整预弯量。

(3) 成型缝时紧时松、内紧外松或开缝缺陷产生原因分析

① 带钢工作宽度不均匀或带钢边缘状况不好，易造成成型缝时紧时松。

② 焊垫辊高度不够，易造成成型缝内紧外松。

③ 带钢边缘没有坡口或存在倒坡口（带钢宽下窄），造成成型缝内紧外松。

④ 立辊形状不合适（通常成型器入口处采用斜立辊），挤伤带钢下边缘造成成型缝内紧外松。

⑤ 带钢递送状态不好，易造成成型缝内紧外松、时紧时松现象。

⑥ 开缝通常是由于带钢变形严重不足、工作宽度变化过快或内焊长距离焊偏。

(4)“噘嘴（竹节）”缺陷产生原因分析

① 1#、2#、3#成型辊各排辊小辊的间距过大，使带钢自由边悬空，造成带钢变形不充分而产生“噘嘴（竹节）”。

② 带钢在成型器三辊弯板机的作用下会发生弹塑性变形，变形过程中，带钢上表面受挤压，下表面受拉伸，因此在内焊过程中，受反作用力的影响，成型缝两边缘会向外翻起产生“噘嘴（竹节）”。

③ 由于立辊挤压或剪边、铣边后带钢边缘形状不好，成型缝啮合时内紧外松，易形成“噘嘴（竹节）”。

④ 由于2#、3#成型辊分别要为内焊枪和焊垫辊留出空间，因而形成变形盲区，造成带钢递送边变形不足而产生“噘嘴（竹节）”。

⑤ 剪边后的带钢两边缘向下翘曲，造成“噘嘴（竹节）”。

⑥ 由于2#成型辊是悬臂式结构，生产过程中会发生弹性变形，因此2#辊需要有一定的“低头”量来抵消这种变形。通常情况下，“低头”量越大，“噘嘴（竹节）”现象越明显。

⑦ 成型角度偏小，容易加剧“噘嘴（竹节）”现象。

(5) 裂纹缺陷产生原因分析

① 由于带钢变形严重不足而造成的裂纹。在生产过程中由于内压辊压下量不足，导致

带钢变形不足可能造成裂纹。

② 焊垫辊所致的裂纹。在生产过程中焊垫对成型焊接质量都有较大影响，焊垫辊升得过高或辊形不当都有可能造成裂纹。

③ 由于带钢变形不均匀而产生的裂纹。

④ 原料存在硬弯及局部硬度不均匀也可能引起裂纹，此种情况通常伴随着错边的产生。

⑤ 成型过程中受力状态发生变化引起的裂纹，如某成型辊损坏或缺失后，带钢变形过程的应力状态发生变化。

⑥ 由于带钢工作宽度的变化，后桥角度偏大，成型缝过紧也可能造成裂纹。

⑦ 由于螺旋缝埋弧焊钢管内外焊缝都是在钢管做螺旋状运动过程中同时进行的，内焊缝常采用“下坡”焊，内焊缝的熔池无法实现在水平位置凝固，只能在有坡度的内表面凝固，加之焊接速度比较快，钢管的液态熔池金属必须在运动的钢管上完成结晶过程，使焊缝成型条件恶化可能产生裂纹。

⑧ 外焊裂纹是厚壁螺旋缝埋弧焊钢管生产中的特有缺陷，其产生主要原因是成型系数不合适，而造成成型系数不合适的原因主要是外焊坡口及坡口宽度不合适，坡口对外焊裂纹影响非常大。

⑨ 钢的化学成分、淬硬倾向及钢中的氢含量也是导致焊接过程中产生冷裂纹的一个重要因素。

七、卷管成型质量问题的解决措施

为了确保成型稳定，有效减少成型过程中的工艺缺陷，应采取以下具体措施。

① 为了有效地把管径和错边控制在合适的范围内，必须尽可能减少带钢的“月牙弯”，严格控制带钢的对头质量，精心控制带钢的递送，避免人为造成“月牙弯”。

② 必须保证带钢的工作宽度和成型角度，制定合适的成型工艺参数，同时要保证焊垫辊位置适当、原料的边缘及矫平质量符合要求、预弯的调整合理。

③ 尽量以铣边机替代圆盘剪，既可以节约材料，又可以有效提高带钢边缘质量；合理布置成型器 1＃、2＃、3＃成型辊，在保证焊辊的强度情况下，应尽可能减少焊垫辊所占空间，以确保 1＃和 3＃辊能够调整到位，使递送边变形充分；同时还要准确计算三辊的排列位置，尽可能减少变形盲区，保证三辊处在一条螺旋线上，且辊子应尽可能靠近带钢边缘，使带钢边缘能够得到合理充分的变形。

④ 利用焊垫辊在成型缝啮合点和内焊焊点之间的支承作用，合理调整焊垫辊的位置、高度和角度，这对有效避免成型工艺缺陷也是非常有效的具体措施。

⑤ 避免出现人为硬弯，减少带钢工作宽度及递送位置的变化，及时调整立辊位置，使带钢边缘平整，不出现或尽量减少挤厚，从而稳定成型，确保良好的成型合缝状态。在使用圆盘剪的情况下，应合理调整圆盘剪的侧间隙及上下间隙，及时更换磨钝的剪刃，确保圆盘剪处于良好的工作状态，使板边不出现台阶、毛刺、斜面等。

⑥ 在厚壁螺旋缝埋弧焊钢管生产过程中，要选择合适的坡口形式及角度，采用先剪边后铣边或双铣边工艺，提高板边加工工艺，改善成型合缝状态。

⑦ 选择合理的焊接工艺参数，保持良好的焊缝成型系数，避免出现窄而深的合缝间隙，合理调整内焊焊点的位置，让焊点偏离啮合区，在成型稳定的状态下焊接成型合缝状态良好，以减少啮合区成型合缝变化对内焊质量的影响。

⑧ 由于带钢变形严重不足而造成的裂纹，可以通过带钢的弹复量做出判断。通过生产

实践，我们认为通常情况下弹复量控制在±10mm 可以有效预防此类裂纹的产生。

由于带钢变形不均匀而产生的裂纹，通过弹复样的扭曲情况以及不焊接情况下自由边与递送边的外弹情况来判断。通过调整内压辊的倾角以及调整预弯量来解决此类问题，是最佳的处理问题的方法。

⑨ 通过调整内焊点位置，降低焊速，使焊缝尽可能在稳定的状态下成型，可以有效地解决内焊缝液态熔池金属结晶过程中产生的微裂纹。通常情况下，ϕ1016mm×17.5mm 钢管坡口宽度控制在 5～7mm 比较合适，一般不会产生裂纹，也不会产生未焊透等焊接缺陷。

第七节　螺旋缝埋弧焊钢管管坯的焊接

一、螺旋缝埋弧焊钢管管坯的焊接方法

1. 螺旋缝埋弧焊钢管管坯的焊接工艺

目前，螺旋缝埋弧焊钢管的焊接工艺方法主要有两种，一种是“一步法”工艺，另一种是“两步法”工艺，两步法也称为预精焊法。世界上绝大多数螺旋缝埋弧焊钢管厂家采用一步法生产，我国的螺旋缝埋弧焊钢管机组以前也全部都是一步法生产机组，近年，一些大型钢管制造企业才开始引进了两步法生产技术，国外大多数厂家也是一步法生产，仅在德国、加拿大、希腊、印度和马来西亚等国有少数螺旋缝埋弧焊钢管厂家采用预精焊方法（两步法）生产。

一步法就是在钢管螺旋成型的同时进行焊接的方法。在钢管成型后立即在咬合点附近进行埋弧内焊，经过 0.5m 或 1～1.5m 螺距后进行外焊。螺旋成型和焊接是同时连续进行的，在钢管达到定尺长度后采用火焰或等离子切割的方法切断，运送至后续工序进行检验和处理。

两步法是钢管的成型过程和内外埋弧焊接过程分开的焊接工艺方法。采用两步法制造螺旋缝埋弧焊钢管时，先在成型机组上实现螺旋成型，同时采用气体保护焊对成型的管体进行定位预焊，再切割成定尺的钢管管坯，然后在多套精焊机组上对预焊过的管坯进行内外埋弧精焊。

20 世纪 70 年代，加拿大建设天然气管线，由德国霍西公司为其提供的钢管采用了预精焊的生产工艺。预焊采用气体保护焊，预焊速度即带钢成型速度，可达 3～5m/min。钢管的内焊通过悬臂焊枪完成，外焊在精焊时进行，焊管在正交辊道上既能向前移动，又能做圆周滚动，焊管螺旋运动与焊缝螺旋角同步，使内外焊接可连续进行。目前国内有些制管企业也引进了这一生产工艺，但多半是国内生产的设备，国内真正全套引进的只有中油宝世顺钢管有限公司，该企业拥有 1 套成型预焊机组，3 套精焊机组，其中也只有一套精焊机组是进口的，其余两套也是国内加工的设备。在引进设备的同时也引进了国外先进生产技术理念。中国石化集团公司属下的沙市钢管厂自行设计研究了预精焊生产线机组，该厂拥有两套预焊机组，4 套精焊机组，目前也基本上具备了生产预精焊钢管的能力。

2. 螺旋缝埋弧焊钢管两步法焊接工艺特点

① 预焊采用气体保护焊，熔深较浅，一般 4～5mm；焊接速度快，操作简单；焊点位置调整范围大，对成型控制没有影响。

② 钢管在成型和预焊完成后离线进行内外精焊焊接，所以成型过程和埋弧焊接分开进

行，从而有效地消除了内焊各种缺陷及成型控制所产生的焊接缺陷。

③ 内焊机头理想的焊点位置能够消除内焊缝的凹槽。

④ 精焊焊接时，钢管是独立的，焊缝已经固定，便于控制焊缝质量，焊缝力学性能也很稳定。

⑤ 钢管成型速度不受焊接制约，精焊机组自动化程度高，可以实现“一键式”操作模式，生产效率高。

3. 螺旋缝埋弧焊钢管焊接一步法相对于两步法的不足

① 钢管在成型的同时，内焊进行埋弧焊接，相互间产生干扰，导致成型过程中产生的缺陷来不及消除。

② 内焊焊点在时钟 6 点位置以后，呈下坡焊，从而导致内焊焊缝表面形成凹槽，焊缝边缘与母材过渡夹角偏小，影响焊接工艺性能。

③ 成型过程中同时进行焊接，容易造成内焊焊缝应力集中，金相组织变化大，影响焊缝力学性能。

④ 受带钢位置或平直度影响，钢管质量波动大，焊接缺陷不能消除。

⑤ 成型速度受焊接限制，生产效率不高。

二、管坯焊接前的准备工作和步骤

1. 焊接前的准备工作

① 准备好工具，检查本岗设备，包括焊接电源及控制系统、焊剂供给回收系统、焊头系统、焊接机头，确保其工作状态良好。

② 检查焊头空间位置，包括焊丝倾角、焊点偏心距、焊丝伸出长度、双丝间距、对缝状况等，保证其符合钢管生产工艺规定。

③ 准备足够量的焊丝、焊剂，防止生产过程中焊丝、焊剂量不够造成临时停车。

2. 准备好焊接电气用具

① 及时更换磨损较严重的导电嘴，使焊接过程中导电良好，保证焊接质量。

② 开车起弧用较小的焊接电流，随焊速升高相应增大焊接电流，直至用工艺卡规定的焊接规范焊接。此时应防止烧穿和未重合缺陷。

③ 外焊应经常校对指示灯与焊丝是否对准在钢管螺旋缝上，其偏差不大于 1mm，如有问题应及时纠正，不允许焊偏。

④ 内焊应注意观察焊缝红线，及时跟踪纠偏，保证焊正。发现焊头跟踪移动不灵而造成焊偏时应停车处理，防止发生焊接质量事故。

⑤ 在生产过程中，不得随意改变焊接速度，应随时注意观察成型缝变化情况、电弧燃烧状况、超声波连续探伤情况、试样检验结果、焊缝表面质量等，根据具体情况及时合理地规范焊头位置，确保焊接质量。

⑥ 内外焊应经常巡检焊剂供给回收系统工作状况，保证焊剂供给流畅，回收干净焊缝表面脱渣。

⑦ 定期将焊剂放空，必要时增加放空频次，但最低不得小于 3 天 1 次。

3. 调型操作程序

(1) 外焊调型操作程序

① 根据生产钢管管径大小升降外焊头，选择合适的焊点位置，水平移动外焊立柱，并

调整焊头悬臂长短或方向，粗调焊点偏心距。

② 调整自动跟踪连接板，使其水平移动方向与钢管输出方向平行。

③ 转动焊头三杆机构，使前后丝与钢管螺旋缝一致，并调正激光灯，调整焊头位置参数使其符合工艺卡规定。

(2) 内焊调型操作程序

① 成型辊为小 2＃辊时，内焊选用小车式焊枪，若成型辊为大 2＃辊，内焊选用齿轮齿条式焊枪。将其安装在 2＃成型辊侧面的导轨上，成型调整完毕，将内焊枪送至内焊点，按工艺卡规定选定焊头空间位置参数。

② 内焊枪选用轨道式焊枪时，固定在 2＃成型辊侧面上，成型调整完毕后，将内焊枪送至内焊点，输送时注意测量焊点至跟踪轮距离，选取合适的固定点固定内焊枪，按工艺卡规定选定焊头空间位置参数。

③ 按工艺卡的要求正确选择使用焊剂与焊丝。

④ 按焊头记录表规定内容详细、准确、清楚地填写，保证焊接质量的可追溯性。

三、螺旋缝埋弧焊钢管管坯焊接工艺

1. 埋弧焊接的原理及特点

埋弧焊是以电弧作为热源的机械化焊接方法，在实施过程中它是由 4 个部分组成：

① 焊接电源接在导电嘴和工件之间用来产生电弧；

② 焊丝由焊丝盘经送丝机构和导电嘴送入焊接区；

③ 颗粒状焊剂由焊剂漏斗经软管均匀地堆敷到焊缝接口区；

④ 焊丝及送丝机构、焊剂漏斗和焊接控制盘等通常装在一台小车上，以实现焊接电弧的移动。

⑤ 埋弧焊接由于焊接熔深大、生产效率高、机械化程度高，因而特别适用于中厚板长焊缝的焊接。在造船、锅炉与压力容器、化工、桥梁、起重机械、工程机械、冶金机械以及海洋结构、核电设备等制造中都是主要焊接生产手段。

埋弧焊时，连续送进的焊丝在一层可熔化的颗粒状焊剂覆盖下引燃电弧。当电弧热使焊丝、母材和焊剂熔化以致部分蒸发后，在电弧区便由金属和焊剂蒸气构成一个空腔，电弧就在这个空腔内稳定燃烧。空腔底部是熔化的焊丝和母材形成的金属熔池，顶部则是熔融焊剂形成的熔渣。电弧附近的熔池在电弧力的作用下处于高速紊流状态，气泡快速溢出熔池表面，熔池金属受熔渣和焊剂蒸气的保护不与空气接触。随着电弧向前移动，电弧力将液态金属推向后方并逐渐冷却凝固成焊缝熔渣覆盖在焊缝表面。焊接时焊丝连续不断地送进，其端部在电弧热作用下不断熔化，焊丝送进速度和熔化速度相互平衡，以保持焊接过程的稳定进行。依据应用场合和要求的不同，焊丝有单丝、双丝和多丝之分，能使较厚板一次成形。有的应用中还以药芯焊丝代替裸焊丝，或用钢带代替焊丝。

2. 埋弧焊接在螺旋缝埋弧焊钢管生产中的应用

螺旋焊管一般用的焊接方法有埋弧自动焊、二氧化碳气体保护焊和高频焊三种。因后两种在工艺上存在一些固有的缺陷，目前已逐渐被淘汰。现在普遍认为，埋弧自动焊是螺旋焊管比较稳定并能保证焊接质量的方法。

我国最早的螺旋焊管采用的焊接方法为单面埋弧焊，但其焊接质量不稳定。1965 年宝鸡石油钢管厂经过设备改造和大量的试验，在螺旋焊管生产中成功使用了双面埋弧焊，为螺旋焊管质量的提高奠定了坚实的基础。双面螺旋埋弧焊管生产时，先进行内焊，钢带前进一个半螺距后再进行外焊，其焊接示意图见图 15-26。

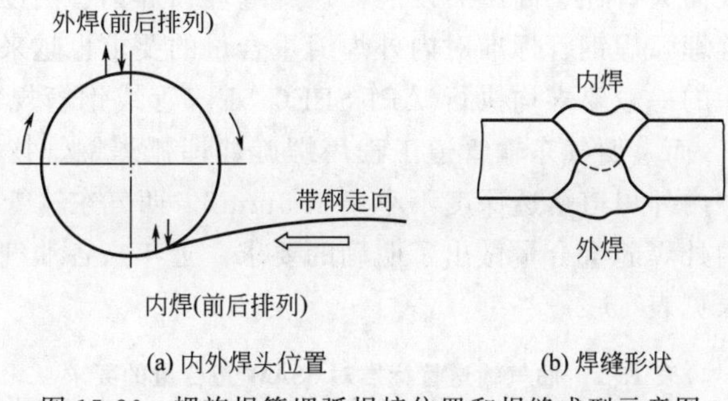

(a) 内外焊头位置　　(b) 焊缝形状

图 15-26 螺旋焊管埋弧焊接位置和焊缝成型示意图

图 15-26(a) 表示了内外焊头的位置，内焊时为上坡焊，外焊时为下坡焊。结晶过程中焊接位置和焊缝流动的金属之间的斜坡使得焊缝形状具有图 15-26(b) 的特征。

四、双丝埋弧焊工艺

螺旋缝埋弧焊钢管一般采用沿焊接方向前后串列的双丝单熔池的埋弧自动焊，前丝和后丝采用独立电源和独立送丝系统，可以使每根焊丝承担一个较单纯、特定的工艺要求，并根据各自特定的工艺要求，选择合理的焊接参数，达到高效率、高质量的目的。相对于单丝埋弧焊，双丝埋弧焊接可提高焊接速度 30％～40％，减少局部夹杂和焊缝气孔数量，提高焊缝中心区的冲击韧性，可用于较大壁厚的钢管焊接。

双丝埋弧焊中，前后丝之间采用纵列排列方式，前丝为直流电源，采用大电流、低电压可使焊速高、熔深大；后丝为交流电源，采用小电流、高电压，形成一个熔宽大、熔深小的局面，既消除了咬边又防止裂纹的产生，还能有效改善焊缝外观形貌。影响双丝埋弧焊焊缝质量的主要因素有：坡口形式、焊接规范、焊丝偏心距、焊丝间距、焊丝伸出长度、焊丝倾角等。

五、双丝螺旋缝埋弧焊钢管对熔深的要求

焊缝熔深是指母材熔化部位的最深位与母材表面之间的距离，螺旋缝埋弧焊钢管的内外焊缝熔深示意图见图 15-27。

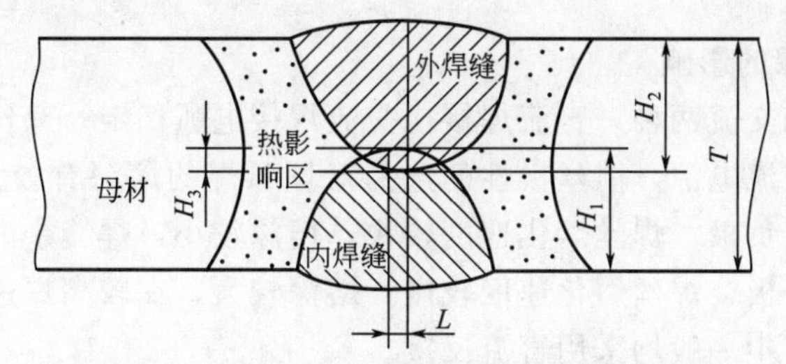

图 15-27 螺旋缝埋弧焊钢管熔深等参数示意图

H_1—内焊熔深；H_2—外焊熔深；H_3—重合量；L—焊偏量；T—母材厚度

1. 螺旋缝埋弧焊钢管熔深的标准

螺旋缝埋弧焊钢管对熔深的标准要求，具体表现在对内外焊熔透深度的重叠量即重合量的要求。由图 15-27 可以看出，内外焊缝重合量 H_3＝内焊熔深 H_1＋外焊熔深 H_2－母材厚

度 T。

随着油气输送管线向大口径、高压力发展，螺旋缝埋弧焊钢管则逐步向大口径、大壁厚和高钢级发展，螺旋缝埋弧焊钢管标准对内外焊缝重合量的要求也越来越高。西气东输管线生产以前各标准对熔深的一般要求均执行 API SPEC 5L《管线钢管规范》的要求即“焊缝完全焊透并充分熔合”。而《西气东输管道工程用螺旋缝埋弧焊钢管技术条件》则对熔深提出了更高的要求，即“内外焊道熔透深度不小于 1.5mm”。西气东输管线以后各长输管线均对螺旋缝埋弧焊钢管内外焊缝重合量做出了明确的要求，近年来各油气管线螺旋缝埋弧焊钢管标准对重合量的要求见表 15-2。

表 15-2　油气输送管标准对 SSAW 重合量的要求

管线名称	钢管规格	内外焊缝熔深要求
API SPEC 5L《管线钢管规范》(43 版)	所有规格	焊缝完全焊透并充分融合(仅对带填充金属焊缝钢管)
GB/T 9711—1999	所有规格	没有要求
西气东输管道工程用螺旋缝埋弧焊钢管技术条件	ϕ1016mm×14.6mm	内外焊道熔透深度不小于 1.5mm
兰州-银川输气管道工程螺旋缝埋弧焊钢管技术规格书	ϕ610mm×8.8mm ϕ610mm×12.7mm	内外焊道熔透深度不小于 1.5mm
天然气输送管道用钢管通用技术条件	所有规格	埋弧焊钢管内外焊道熔透深度应不小于 1.5mm

由表 15-2 可以看出，螺旋缝埋弧焊钢管标准对熔深的要求经历了内外焊缝完全焊透并充分融合、大壁厚埋弧焊钢管重合量不小于 1.5mm、所有壁厚钢管重合量不小于 1.5mm 共 3 个阶段，要求越来越严格。

2. 影响双丝埋弧焊熔深的因素

影响双丝埋弧焊熔深的因素主要包括焊接工艺参数和焊接工艺条件两大类，前者主要包括电流极性、焊接电流、电弧电压、焊接速度、焊丝直径等参数，后者主要包括坡口形状、焊缝间隙、焊丝倾角、双丝间距等参数。

六、焊接工艺参数对熔深的影响

1. 电流极性对熔深的影响

焊接电流分直流和交流两种，直流焊接比交流焊接电弧稳定。双丝埋弧焊时，前丝采用直流电源，后丝采用交流电源，前丝极性的选择对埋弧焊的熔深有较大的影响。直流正接，即焊件接正极，焊丝接负极，焊丝熔化速度较快，熔深较小，焊缝余高较高。直流反接，即焊件接负极，焊丝接正极，焊丝熔化速度较慢，熔深较大，在较高焊速时易得到较稳定的电弧，螺旋缝埋弧焊钢管中一般均采用直流反接。

2. 焊接电流对熔深的影响

焊接电流对焊缝熔深影响最大，双丝焊熔深主要与前丝电流有关，熔深与前丝电流近似成正比关系。

焊接电流是决定焊丝熔化速度、熔透深度和母材熔化量的最重要参数。增大焊接电流，可以加快焊丝熔化速度，同时电弧吹力也随焊接电流而增大，使熔池金属被电弧排开，熔池底部未被熔化的母材受到电弧的直接加热，熔深增加。增大焊接电流，焊丝熔化量增加，即在其他参数不变的条件下，随着焊接电流的提高，熔深和余高同时增大，而熔宽变化不大，造成焊缝形状系数变小。这样的焊缝不利于熔池中气体及夹杂物的上浮和逸出，容易产生气孔、夹渣及裂纹等缺陷，严重时极可能烧穿。太大的电流也使焊丝消耗增加，导致焊缝余高（即焊缝高度）过大。焊接电流减小时，焊缝熔深减小。如果电流太小，就可能造成未焊透、电弧不稳定等缺陷。

当其他条件不变时，焊接电流对焊缝熔深的影响如图 15-28 所示，无论是 Y 形坡口还是 I 形坡口，正常焊接条件下，熔深与焊接电流变化成正比，即电流增加，熔深增加。焊接电流对焊缝断面形状的影响，如图 15-29 所示。电流过小，熔深浅，余高和宽度不足；电流过大，熔深大，余高过大，易产生高温裂纹。

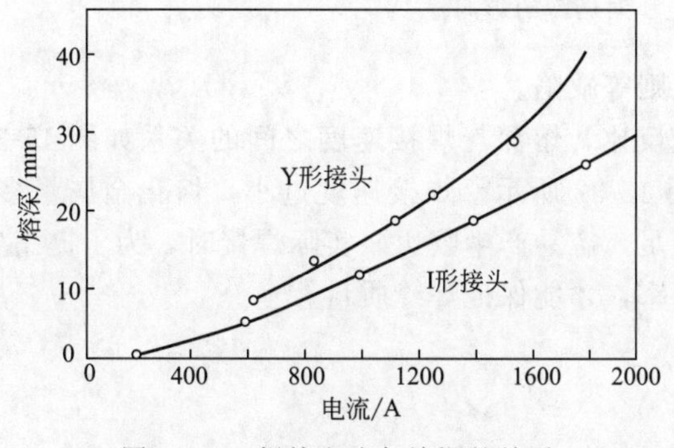

图 15-28　焊接电流与熔深的关系

焊丝直径 4.8mm

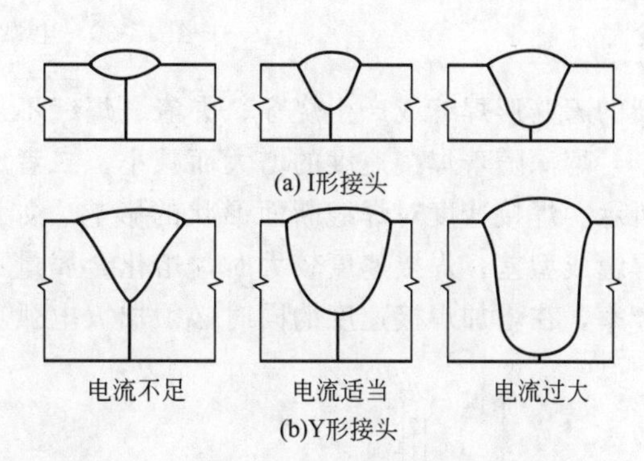

图 15-29　焊接电流对焊缝断面形状的影响

双丝埋弧焊前丝采用直流反接，大电流、低电压，后丝采用交流电源，小电流、高电压，焊缝熔深主要取决于前丝焊接电流、前丝电压、后丝电流、后丝电压等参数。

3. 电弧电压对熔深的影响

电弧电压与电弧长度成正比。电弧电压决定焊缝宽度，因而其对焊缝横截面积、形状和表面成型有很大影响。在其他参数不变的条件下，随着电弧电压的提高，焊缝的宽度明显增大，而熔深和余高则略有减小。电弧电压过高时，会形成浅而宽的焊道，从而导致未焊透和咬边等缺陷的产生。此外焊剂的熔化量增多，使焊缝表面粗糙，焊渣脱落困难。降低电弧电压，能提高电弧的挺度，增大熔深。但电弧电压过低，会形成高而窄的焊道，使边缘熔合不良。

在相同的电弧电压和焊接电流下，如果选用的焊剂不同，电弧空间电场强度不同，则电弧长度不同。如果其他条件不变，改变电弧电压对焊缝形状的影响，如图 15-30 所示，电弧电压低，熔深大，焊缝宽度窄，易产生热裂纹；电弧电压高时，焊缝宽度增加，余高不够。埋弧焊时，电弧电压是依据焊接电流调整的，即一定的焊接电流要保持一定的弧长才可能保证焊接电弧的稳定燃烧，所以电弧电压的变化范围是有限的。

4. 焊接速度对熔深的影响

焊接速度对熔深和熔宽有很明显的影响。当焊接速度较低时，焊接速度的变化对熔深影响较小。但当焊接速度较大时，由于电弧对母材的加热量明显减小，熔深则显著下降。焊接速度过高，会造成咬边、未焊透、焊缝粗糙不平等缺陷。适当降低焊接速度，熔池体积增大，存在时间变长，有利于气体浮出熔池，减小气孔生成的倾向。但焊接速度过低会形成易

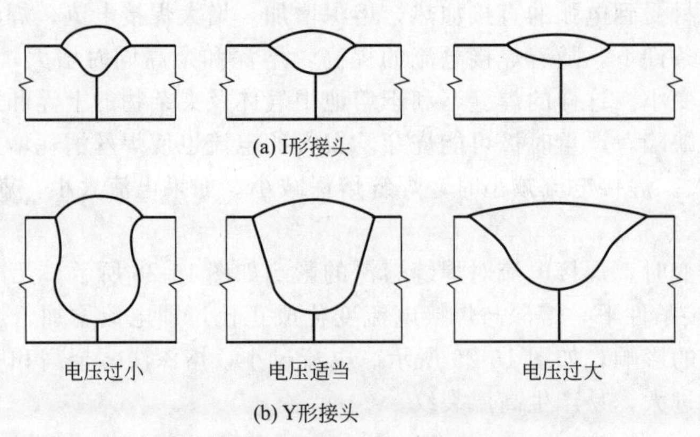

图 15-30 电弧电压对熔深的影响

裂的蘑菇形焊缝或产生烧穿、夹渣、焊缝不规则等缺陷。

熔深随着焊接速度的增大而减小，二者成反比，熔深与焊接速度之间的关系如图 15-31 所示。焊接速度对焊缝断面形状的影响，如图 15-32 所示。焊接速度过小，熔化金属量多，焊缝成型差；焊接速度较大时，熔化金属量不足，容易产生咬边。实际焊接时，为了提高生产率，在增加焊接速度的同时必须加大电弧功率，才能保证焊缝质量。

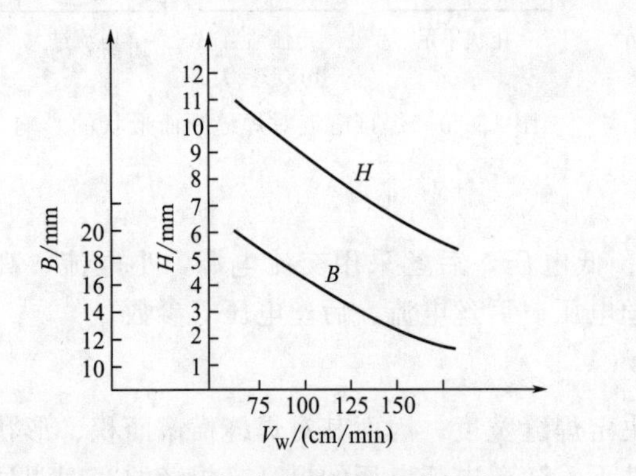

图 15-31 焊接速度对熔深的影响

H—熔深；B—熔宽

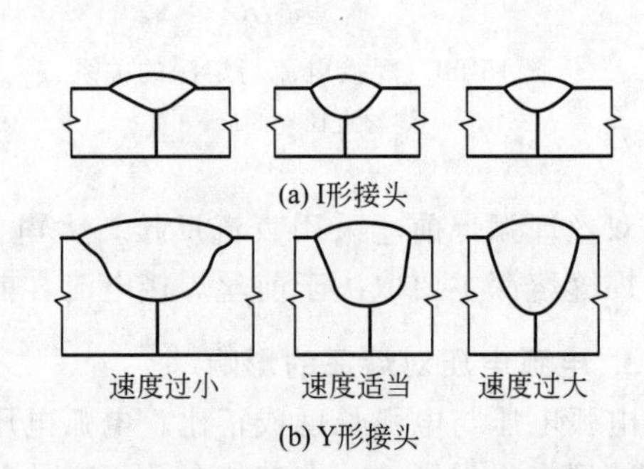

图 15-32 焊接速度对焊缝断面形状的影响

5. 焊丝直径对熔深的影响

焊丝直径对焊缝熔深也有影响。在同样的焊接电流下，直径较细的焊丝电流密度较大，形成的电弧吹力大，熔深大。焊丝直径也影响焊丝熔覆速率。电流一定时，细焊丝比粗焊丝具有更高的熔覆速率。焊丝越粗，允许使用的焊接电流越大，生产率越高。粗焊丝比细焊丝的操作性能好，有利于控制焊缝成型。

焊接电流、电弧电压、焊接速度一定时，焊丝直径不同，焊缝形状会发生变化。电流密度对焊缝形状尺寸的影响如表 15-3 所示，从表中可见，其他的条件不变，熔深与焊丝直径成反比关系，但这种关系随电流密度的增加而减弱，这是由于随着电流密度的增加，熔池熔化金属量不断增加，熔融金属流动困难，熔深增加较慢，并随着熔化金属量的增加，余高增加焊缝成型变差，所以埋弧焊时增加焊接电流的同时要增加电弧电压，以保证焊缝成型质量。

表 15-3　电流密度对焊缝形状尺寸的影响（$U=30\sim32V$，$V_W=33cm/min$）

项目	焊接电流/A							
	700～750			1000～1100			1300～1400	
焊丝直径/mm	6	5	4	6	5	4	6	5
平均电流密度/(A/mm^2)	26	36	58	38	52	84	48	68
熔深 H/mm	7.0	8.5	11.5	10.5	12.0	16.5	17.5	19.0
熔宽 B/mm	22	21	19	26	24	22	27	24
形状系数 B/H	3.1	2.5	1.7	2.5	2.0	1.3	1.5	1.3

七、双丝埋弧焊工艺条件对熔深的影响

1. 坡口形状、焊缝间隙对熔深的影响

在其他条件相同时，增加坡口深度和宽度，焊缝熔深增加，熔宽略有减小，余高显著减小，如图 15-33 所示。在对接焊缝中，如果改变间隙大小，也可以调整焊缝形状，同时板厚及散热条件对焊缝熔宽和余高也有显著影响，如表 15-4 所示。

图 15-33　坡口形状对焊缝成型的影响

表 15-4　焊缝间隙对熔深的影响

工艺参数				熔深/mm			熔宽/mm		
板厚/mm	电流/A	电压/V	焊速/(cm/min)	间隙/mm					
				0	2	4	0	2	4
12	700～750	32～34	50	7.5	8.0	7.5	20	21	20
			134	5.6	6.0	5.5	10	11	10
20	800～850	36～38	20	10.0	9.5	10.0	27	27	27
			33.4	11.0	11.5	11.0	33	22	22
			134	6.5	7.0	7.0	11	11	10
30	900～1000	40～42	20	10.5	11.0	10.5	33	33	35
			33.4	12.0	12.0	11.0	29	29	30
			134	7.5	7.5	7.5	12	12	12

2. 焊丝倾角和工件斜度对熔深的影响

焊丝的倾斜方向分为前倾和后倾两种，见图 15-34，焊丝前倾时［图 15-34(a)］，电弧对熔池底部液态金属排开作用减弱，由于电弧指向焊接方向，对熔池前面焊件母材金属的预热作用加强，而且熔宽较大，但熔深有所减小，焊缝平滑，不易发生咬边，所以，在高速焊时，应将焊丝前倾布置。焊丝后倾时［图 15-34(b)］，电弧对熔池底部作用加强，熔深增加，熔宽减小，导致焊缝成型严重变坏，而且焊缝易产生气孔和裂纹，所以一般不采用焊丝后倾。图 15-34(c) 是后倾角对熔深、熔宽的影响。

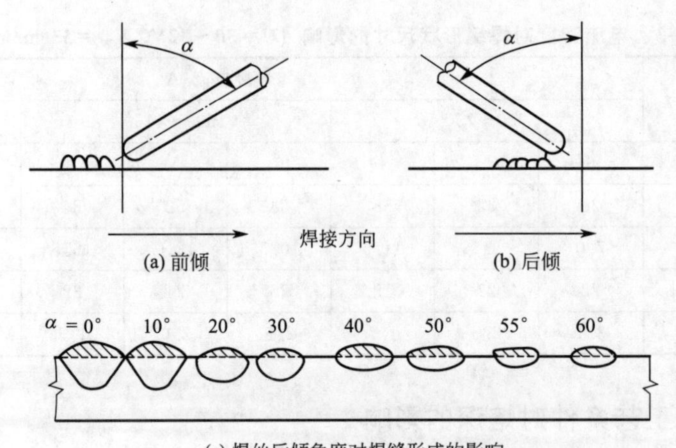

(c) 焊丝后倾角度对焊缝形成的影响

图 15-34 焊丝倾角对焊缝形成的影响

工件倾斜焊接时有上坡焊和下坡焊两种情况，它们对焊缝成形的影响明显不同，见图 15-35。上坡焊时［图 15-35(a)、(b)］，若斜度 β 角＞6°～12°，则焊缝余高过大，两侧出现咬边，成型明显恶化。实际工作中应避免采用上坡焊。下坡焊的效果与上坡焊相反，见图 15-35(c)、(d)。

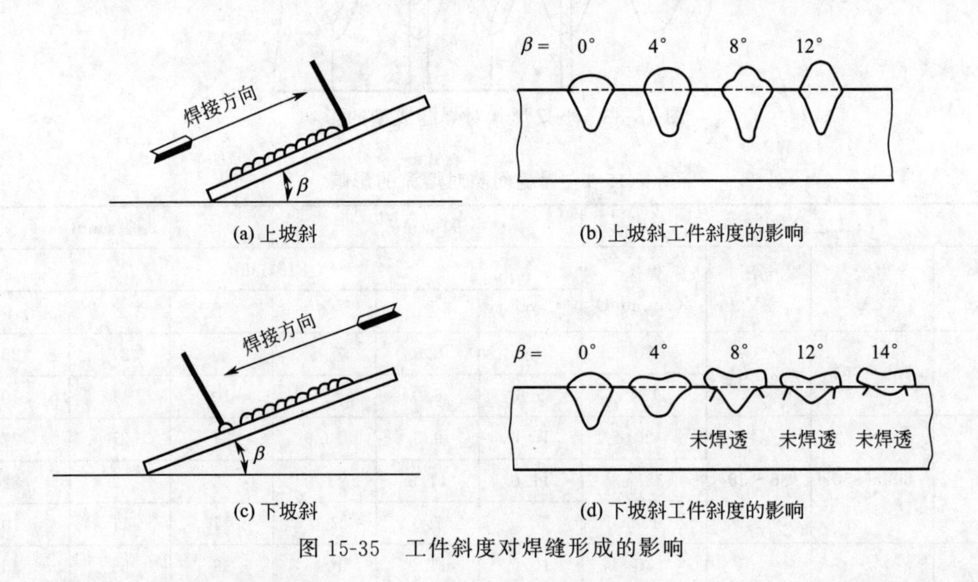

图 15-35 工件斜度对焊缝形成的影响

3. 双丝间距对熔深的影响

双丝埋弧焊时，前丝与后丝间距一般在 10～25mm 之间，熔深随着双丝间距的减小而增大，但应注意，两丝间距变小至 8mm 左右时，两个焊丝将处于一个熔池和弧坑中，同时因间距过小而出现双丝磁场干扰严重，致使电弧燃烧不稳定，并使双丝电弧的相互影响增加，易产生“粘渣”现象，脱渣性下降。当两丝间距过大时，两个焊道之间没有相互作用，成为两个独立的焊道，导致形成高而窄的焊道形貌。

4. 焊剂堆高对熔深的影响

焊剂堆高对焊缝熔深有轻微影响，一般来说，随着焊剂堆高的增大，焊缝余高略有增大，焊缝熔深略有降低。

八、双丝埋弧焊各参数的选取

1. 焊接电流的选取

为保证双丝埋弧焊的熔深和焊接过程的稳定，前丝一般采用直流电源，接法为直流反接，后丝一般采用交流电源。

焊接电流主要以焊缝熔深的大小来设定。根据螺旋成型的特点，正常情况下，内焊电流小于外焊电流。由于螺旋缝埋弧焊钢管生产时，一般要求内焊熔深达到母材壁厚的40%～50%，外焊熔深达到母材壁厚的60%～70%。这样既可满足标准关于内外焊缝重合量的相关要求，又有利于内焊缝根部的夹杂物被外焊消除，同时避免因成型应力变化造成的内焊撕裂。前丝电流根据壁厚和焊接速度调整，而后丝电流调整范围较小，一般前丝电流小于1000A时，后丝电流为380～420A左右；前丝电流大于1000A时，后丝电流为420～500A左右。在其他条件相同的情况下，钢管壁厚每增加1mm，前丝电流增加30～50A，焊接速度每提高0.1m/min，前丝电流增加50～60A，一般情况下，薄壁生产时取其范围内的较小值，厚壁生产时取较大值。

2. 焊接电压的选取

为获得成型良好的焊道，电弧电压与焊接电流应相互匹配，当焊接电流加大时，电弧电压应相应提高。表15-5为双丝焊前丝电流与电压的匹配关系。

表15-5　双丝焊前丝直流焊接电流与电弧电压的匹配关系

焊接电流/A	520～700	700～900	900～1200	1200～1500
焊接电压/V	27～31	29～33	31～34.5	32.5～35.3

在进行有坡口焊接时，适当增加电弧电压，对改善焊缝形状、避免外焊结晶裂纹有利，同时有利于消除熔合线附近的小气孔、夹渣等缺陷，但电弧电压应与焊接电流相适应。

3. 焊接速度的选取

焊接速度的快慢是衡量焊接生产率高低的重要指标，从提高生产率的角度考虑，总是希望焊接速度越快越好。但焊接速度过快，电弧对成型缝加热不足，还会造成咬边、未焊透及气孔等缺陷，减小焊接速度，使气体从正在凝固的熔化金属中逸出，能降低形成气孔的可能性。但焊接速度过低，则将导致熔化金属流动不畅，容易造成焊缝表面粗糙和夹渣，甚至烧穿。

综合考虑焊接质量和生产效率，一般焊接速度选择在1.2～2.0m/min。

4. 焊丝直径的选取

焊丝的直径应与所用的焊接电流大小相适应，如果粗焊丝用小电流焊接，会造成焊接电弧不稳定；相反，细焊丝用大电流焊接，容易形成“蘑菇形”焊缝，而且熔池不稳定，焊缝成型差。不同直径的焊丝适用的焊接电流范围参考表15-6。

表15-6　不同直径的焊丝适用的焊接电流范围

焊丝直径 ϕ/mm	2	3.2	4	4.8
焊接电流/A	200～400	350～600	500～1200	1000～1500

5. 焊丝倾角的选取

在螺旋缝埋弧焊钢管生产中，内外采用单丝焊时，一般都用焊丝后倾，角度在3°～8°，使焊缝外形光滑、平整、美观。在内外双丝焊时，前丝前倾角度为3°～8°，后丝倾角为8°～15°，前丝均采用前倾，目的是既得到满意的熔深又能获得良好的焊缝形貌，而后丝采用后倾，利于焊缝表面成型，降低焊缝余高，边沿整齐。

6. 焊丝间距的选取

双丝焊时，焊丝间距对焊缝的成型也有影响。当前丝电流小于1000A时，双丝间距为8～15mm；当前丝电流大于1000A时，双丝间距适当增加，在10～16mm之间。双丝间距太小，两个电弧相互影响，电弧不稳定，焊缝不规则，余高较高，并且焊缝靠近熔合线附近有气孔、夹渣；双丝间距太大时，焊缝表面有马鞍形，边沿过渡不平缓，脱渣不利。这些现象在厚壁大焊接电流时，比较明显。

7. 焊剂堆高的选取

焊剂堆散度太薄或太厚都会在焊缝表面引起斑点、凹坑、气孔等缺陷（缺欠），并改变焊道形状。焊剂堆散度太薄，电弧不能完全埋入焊剂中，电弧燃烧不稳定且出现闪光。焊剂堆散度太厚，由于电弧受到焊渣壳的物理约束，会形成外形凹凸不平的焊缝。因此焊剂层的厚度应进行严格控制，其厚度以使电弧不再闪光，同时又能使气体从焊丝周围均匀逸出为宜。按照焊丝直径和所使用的焊接电流，焊剂层的堆散高度通常在25～40mm范围内选取，焊丝直径愈大，电流愈高，堆散高度应相应愈大。

8. 焊丝偏心距的选取

焊丝偏心距指焊点位置距离钢管表面中心的垂直距离，内焊点距内表面中心距离叫内偏心距，外焊点距离外表面中心距离叫外偏心距。螺旋埋弧焊管生产过程中偏心距示意图见图15-36。

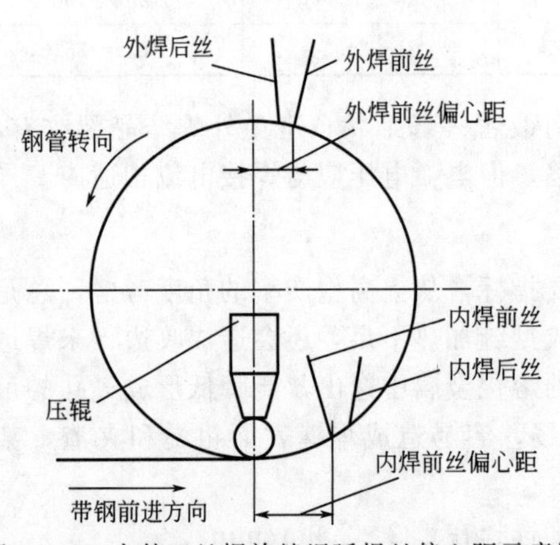

图15-36　内外双丝螺旋缝埋弧焊丝偏心距示意图

双丝焊时，内焊偏心距控制在0～20mm之间。如果偏心距太小，容易出现内焊缝撕裂，特别在厚壁生产中这种现象较明显；而偏心距太大，内焊缝偏流严重，同时熔深减小，气孔、夹渣、焊缝偏流等缺陷产生的机会较多。所以在双丝厚壁钢管生产中，控制内焊偏心距特别重要，必须每个班检查测量，确保焊接质量。外焊偏心距基本和单丝一样控制在6%～8%之间。

9. 坡口形状的选取

焊接坡口的形状对螺旋缝埋弧焊钢管的质量有着重要的影响，它不仅能控制焊缝形状、降低焊缝余高，而且能在小的焊接线能量时保证焊缝熔深、提高焊缝的冲击韧性。

① 坡口形式的选取。螺旋缝埋弧焊钢管生产时一般对壁厚8.7mm以上的钢带开坡口，以保证在较小的焊接规范下有足够的熔深，且焊缝形貌良好。一般视壁厚不同开Y形坡口或X形坡口，对壁厚在8.7～14mm之间的螺旋缝埋弧焊钢管，Y形坡口一般均开在钢带下表面，即在外焊道开坡口。这主要是因为生产时要求外焊熔深要大于内焊熔深，同时外焊开坡口，可以降低外焊缝高度，改善外焊缝形貌，有利于后期的3PE防腐；对壁厚大于14mm的钢带一般开X形坡口，并且可以根据具体焊接工艺要求选择开内外焊对称坡口或

内外焊不对称坡口。螺旋缝埋弧焊钢管不同壁厚时选用的焊接坡口形式见图 15-37。

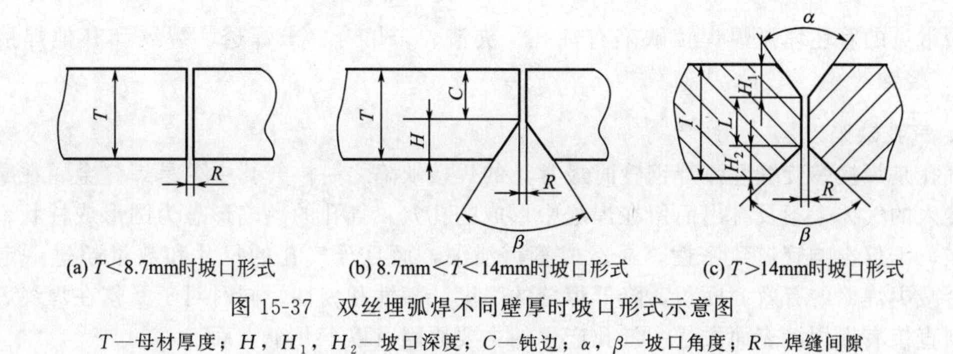

图 15-37　双丝埋弧焊不同壁厚时坡口形式示意图

T—母材厚度；H，H_1，H_2—坡口深度；C—钝边；α，β—坡口角度；R—焊缝间隙

② 坡口尺寸的选取。由于螺旋缝埋弧焊钢管焊接过程为悬空焊接，为保证内焊焊接时不漏弧、焊接过程稳定，焊缝间隙 R（成型缝间隙）一般保持在 0～0.3mm 以内；根据壁厚不同，内焊坡口角度 α 一般在 50°～80°，外焊坡口角度 β 一般在 60°～100°；外焊坡口深度 $H(H_2)$ 根据壁厚不同，一般在 3～6mm，内焊坡口深度 H_1 一般在 4～5mm；钝边 C 一般在 5～10mm。

根据上面的系统的分析介绍，影响双丝埋弧焊熔深的主要参数有电流极性、焊接电流、电弧电压、焊接速度、焊丝直径、坡口形状和焊缝间隙、焊丝倾角、双丝间距等，而影响螺旋缝埋弧焊钢管双丝焊熔深的关键焊接参数则为焊接电流、焊接速度和坡口形状。

为了解决生产中因螺旋缝埋弧焊双丝熔深与焊接参数之间关系不明确，编制的焊接工艺不尽合理，导致焊接工艺卡在实际生产中适用性不是很强，造成实际焊接规范与工艺卡不符，焊接质量波动较大等问题，通过试验和对生产试验数据进行回归分析，得出以下实际数据：

① 影响螺旋缝埋弧焊双丝焊熔深的主要参数有焊接电流、电弧电压、焊接速度和坡口形状。

② 外焊坡口角度对大壁厚高钢级螺旋缝埋弧焊钢管焊缝和热影响区冲击韧性的影响较明显，随着外焊坡口角度的增加焊缝韧性略有增加、热影响区韧性有所下降。X80 钢级 18.4mm 壁厚螺旋缝埋弧焊管生产时为同时保证焊缝韧性和外焊缝能填满，宜选择的外焊坡口角度范围为 80°～100°。

③ 经过对生产实践中积累的熔深与焊接电流、焊接速度等之间关系的数据的回归分析，得出的双丝焊熔深与焊接参数之间的经验公式为：

$$H=4.8+0.00456I_1+0.0016I_2-2.35V+0.843h\sin(\alpha/2) \tag{15-30}$$

式中　H——焊缝熔深，mm；

I_1——前丝电流，A；

I_2——后丝电流，A；

V——焊接速度，min；

h——坡口深度，mm；

α——坡口角度，(°)。

式(15-30) 主要适用于前丝电流在 600～1600A、焊接速度在 1.2～2.0m/min 的双丝埋弧焊。

九、焊接质量问题的原因和处理方法

最常见的管坯埋弧焊焊接缺陷有气孔、夹渣、未熔合、未焊透、裂纹和其他焊接缺陷（咬边、烧穿等）。

1. 气孔缺陷

气孔是焊接螺旋缝埋弧焊钢管时最常见的焊接缺陷之一。气孔主要是焊缝金属在凝固过程中侵入的气体来不及排出而留在焊缝中形成的孔穴。气孔的缺陷形态为圆形或柱状。气孔的存在，不仅影响管道致密性，易造成管道泄漏，而且当气孔的尺寸和数量超过一定数量时，会减少焊缝的有效截面积，降低焊缝的强度、塑性和韧性。同时对于暴露在焊缝表面的气孔则直接有损焊缝表面质量。气孔产生的主要原因有以下几个方面：

① 焊接的焊剂受潮，或者烘烤的温度不够，在参与焊接时其中的水分产生了气孔。

② 焊接过程中混入杂物，如钢卷本身的铁锈等，焊丝及接头部位被污染，主要表现在焊丝生锈或者接头吸附有铁粉等。

③ 焊剂层覆盖不均匀，不足以将焊接电极埋住来保证焊接处于焊剂之下。

④ 焊剂化学成分不当造成熔渣黏度过大，焊剂中 S、P 含量过高时，也会产生气孔。

⑤ 焊接回路中电磁力作用产生的电弧磁偏吹等。

为减少或避免气孔的产生，可采取了以下防护措施：

① 充分烘烤焊剂，并对焊剂做好保温工作，避免焊剂受潮。

② 加大焊接前的钢卷（母材）清理工作，减少焊接过程中的杂物量。

③ 用风管清理焊枪上吸附的铁粉。控制好焊剂流量，充分利用好焊剂保证焊枪能在焊剂之下焊接。

④ 通过对焊剂化学成分分析，选择与焊接钢材匹配的焊剂。

⑤ 通过改变接地线位置或减小焊接电流及改变焊条角度，来减弱磁偏吹现象。

2. 焊接时夹渣

夹渣是残存在焊缝中的非金属夹杂物，主要是由于焊接时冷却速度过快，使得焊接杂质无溢出而存留在焊缝内部。它不但减小了焊缝的承载面积，同时线状夹渣还会造成应力集中，将导致焊缝裂纹。夹渣产生的主要原因有以下三个方面：

① 焊接电流过小，焊接速度过大，使焊缝金属中杂质无法及时溢出而残存在熔池中形成夹渣。

② 焊接材料变质（焊丝生锈等）导致焊缝夹渣。

③ 前后丝位置不当也会造成夹渣。

为防止焊接夹渣的产生，应采取以下三个对应措施。

① 适当加大焊接电流，放慢焊接速度，增加焊接线能量，以改善熔渣溢出条件。同时调整合适的坡口角度，减少和避免焊渣的产生。

② 严格控制焊接材料的质量，杜绝变质焊接材料的使用。

③ 调整焊头位置，确保前后丝位置，来消除夹渣情况的发生。

3. 焊缝未完全熔合

焊接时，焊道与母材之间或焊道与焊道之间未能完全熔化结合的部分叫未熔合。熔池金属在电弧力作用下排向尾部形成沟槽，当电弧向前移动时，沟槽中又填以熔池金属，如果这时槽壁处的液态金属层已经凝固，填进来的熔池金属的热量又不足以使之再度熔化，就会形成未熔合。

未熔合产生的主要原因有以下三个方面：

① 焊接速度过快，焊接电流过小，焊缝金属无法完全熔化，只是将焊接材料（焊丝）熔化形成一层铁水铺在上层焊缝上面，形成了层间未熔合现象。

② 前后丝偏心或焊丝未夹紧，致使母材或前一层焊缝金属未熔化形成侧壁未熔合。

③ 焊接线能量过小，导致根部母材熔化不彻底，形成根部未熔合。

为防止焊接未熔合的产生，应采取以下三个对应措施。

① 控制焊接速度或者加大电流，保证母材或前一层焊缝金属彻底熔化，使焊缝金属和焊材熔化成一体。

② 调整焊枪角度及偏心距，同时要夹紧焊丝。在焊接过程中观察焊接坡口两侧的熔化情况确保焊缝侧壁完全熔合。

4. 焊缝未焊透

焊缝未焊透是焊接时接头根部或层间未完全焊透的现象。未焊透的端部和缺口处是应力集中的位置，在外力作用下可能会产生应力裂纹。

形成未焊透的主要原因有以下两个：

① 焊接接头的坡口角度小、钝边过大或焊接电流小、焊速过高等，使母材金属无法熔化到位，导致焊缝根部未焊透。

② 钢管圆度不好，导致局部错边量超标，则在母材较低的一侧容易出现未焊透缺陷。

为防止未焊透缺陷的形成，应及时采取以下三个措施：

① 更换铣边刀盘，增大坡口角度，减小钝边尺寸，确保根部熔化到位。

② 对于钢管圆度不好导致的局部错边量超标情况，通过成型调整焊垫辊或其他辊子来消除错边量。

③ 调整立辊，使钢卷母材受力均匀，减少对铣边坡口的挤伤。从而将有此影响的因素消除，确保焊接质量。

5. 焊缝区产生裂纹

焊缝区裂纹是存在于焊缝或热影响区内部或表面的缝隙。裂纹主要是由于焊接材料选配不当、冷却速度过快或母材杂质较多等导致的。裂纹是最尖锐的一种缺口，有明显的应力集中，当应力水平超过尖锐根部的强度极限时，裂纹就会扩展，以致贯穿整个截面而造成钢管开裂。特别是当焊接接头处于脆性状态时，裂纹的扩展速度极快，易造成脆性破裂事故。裂纹还会加剧疲劳破坏和应力腐蚀破坏。裂纹分为结晶裂纹（热裂纹）和氢致裂纹（冷裂纹）两类。

焊缝区裂纹产生的主要原因有以下三个：

① 母材含杂质较多，会产生裂纹。

② 焊管成型调整不稳也与裂纹的产生有关。

③ 焊接接头结构及形状尺寸不当，焊接工艺参数不适合，也会导致裂纹的产生。

为防止焊接裂纹的产生，应当采取以下两个措施：

① 带钢上料前，仔细检查钢卷的表面质量，避免使用板边分层和锈蚀严重的钢卷。控制成型，严格按照成型工艺操作。

② 调整焊头，改焊缝形状。对焊接工艺参数及时进行总结，从中选择最适当的焊接工艺参数。

6. 焊接烧穿

焊接烧穿是焊接时由于焊接线能量过大，导致根部局部焊缝金属在高温下熔化塌陷或穿孔。其主要原因是焊接电流过大、焊接速度过小、在局部焊接停留时间长而造成焊接塌陷，严重时造成焊接烧穿。

防止焊接烧穿的主要措施是：选择合适的焊接坡口角度，成型缝不宜过大，焊接电流适当，在焊接过程中要根据坡口形状调整好焊接电流，减免烧穿。

第八节　螺旋缝埋弧焊预精焊生产工艺

国内的螺旋缝埋弧焊钢管制管企业已有一百多家，螺旋缝埋弧焊钢管机组数量也高达数百套，然而，各螺旋缝埋弧焊钢管制管企业都面临着同样的难题：钢管成型和焊接同时进行，导致质量及生产效率无法进一步提高。为了解决这一困扰企业发展的难题，一些企业采用多套螺旋缝埋弧焊钢管机组共用一套精整工序的生产模式，称为“多头一尾”。然而，该工艺使产量有所提高，但并没有提高钢管的质量，于是，企业开始引进国外先进的两步法螺旋缝埋弧焊钢管生产技术。本节将重点介绍两步法生产工艺及其产品的主要特点。

一、两步法生产工艺及优点

两步法简易生产工艺流程如图 15-38 所示。

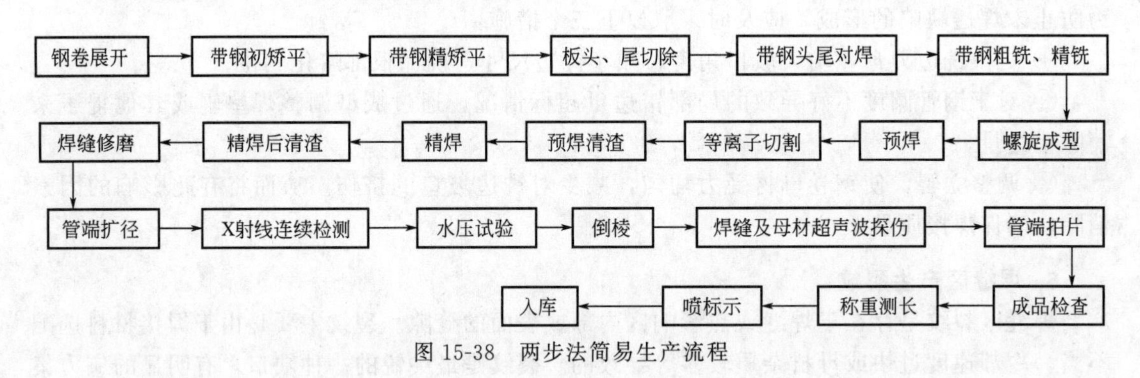

图 15-38　两步法简易生产流程

螺旋缝埋弧焊钢管两步法生产工艺主要优点如下：

① 预焊采用熔化极气体保护焊（如图 15-39 所示）熔深较浅，一般为 4～5mm（熔池形貌如图 15-40 所示）；焊接速度快，操作简单；焊点位置调整范围大，对成型控制没有影响。

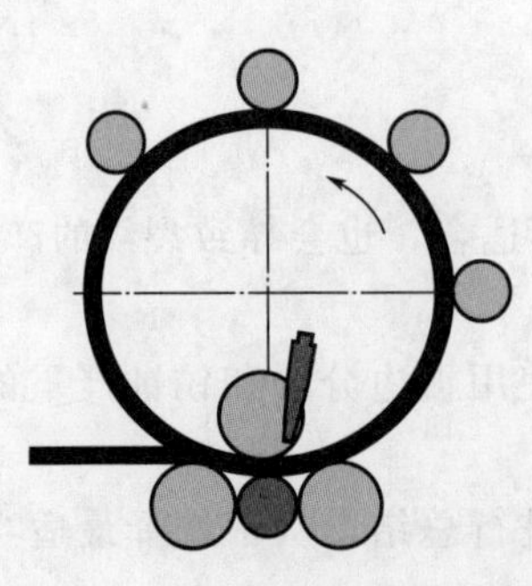

图 15-39　两步法工艺预焊示意图

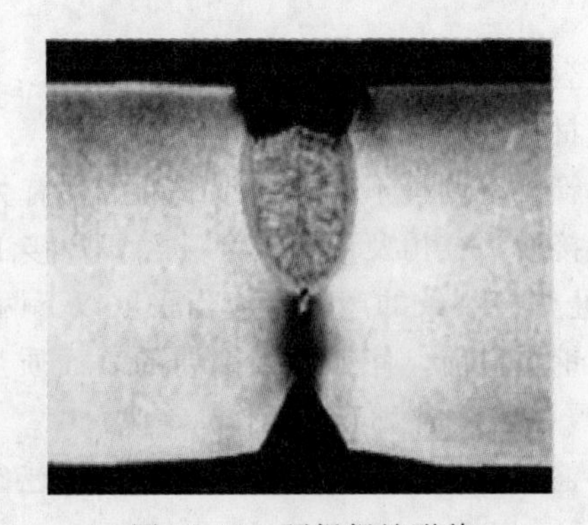

图 15-40　预焊焊缝形貌

② 钢管在成型和预焊完成后离线进行精焊内外焊接，所以成型过程和埋弧焊接分开进行，从而有效地消除了内焊各种缺陷及成型控制所产生的焊接缺陷。

③ 内焊机头理想的焊点位置（内外精焊如图 15-41 所示）能够消除内焊的凹槽。

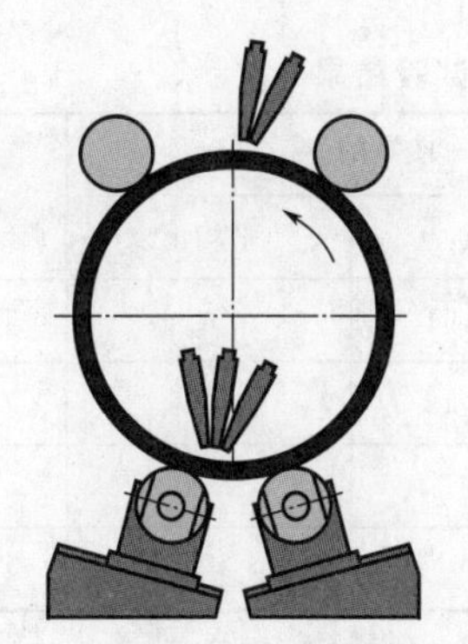

图 15-41 两步法工艺内外精悍示意图

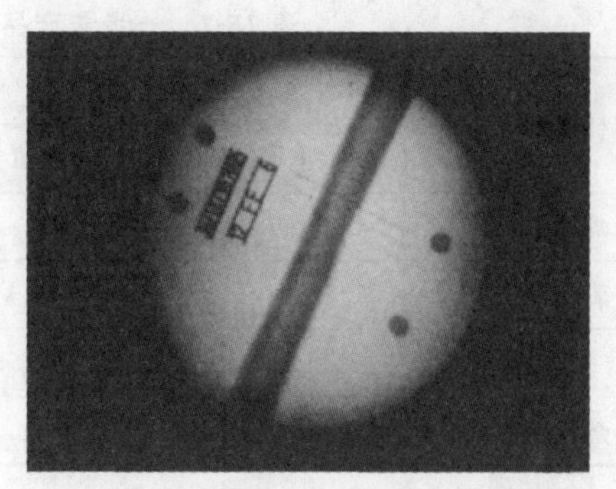

图 15-42 两步法焊缝 X 射线照片

④ 精焊焊接时，便于控制焊缝质量，焊缝力学性能也很稳定；且精焊机组焊接速度不受成型制约自动化程度高，可以实现“一键式”操作模式。

二、一步法与两步法产品质量及性能对比

1. 质量检测

(1) X 射线检测

同种规格，如 ϕ1016mm×17.5mm-X70 钢管的一步法产品 X 射线检测的一次通过率为 88%～90%；而两步法产品的一次通过率可达 99%。对比 X 射线检测图发现两步法与一步法生产的钢管焊缝质量相比有着明显的差异，图 15-42 为两步法工艺焊缝 X 射线检测照片。

(2) 超声波探伤

排除母材缺陷，同规格下一步法产品一次通过率为 93%～95%。两步法产品一次通过率为 99.5%。

(3) 拍照

同规格下一步法产品的拍照不合格片数为 7%，而两步法产品拍照不合格率为 1%。

(4) 宏观形貌

一步法与两步法焊缝宏观形貌如图 15-43 和图 15-44 所示，可以看出：①两步法产品内外焊缝熔池都比较规整，内焊凹槽较小；②一步法产品焊缝边沿与母材的夹角一般为 100°，而两步法产品可到 130°，说明两步法焊缝与母材过渡平缓，焊趾不容易引起应力集中，更有利于防腐打砂。

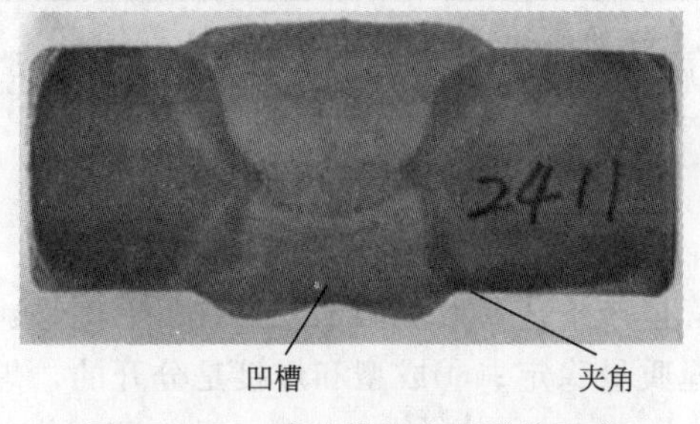

图 15-43 一步法焊缝宏观形貌示意

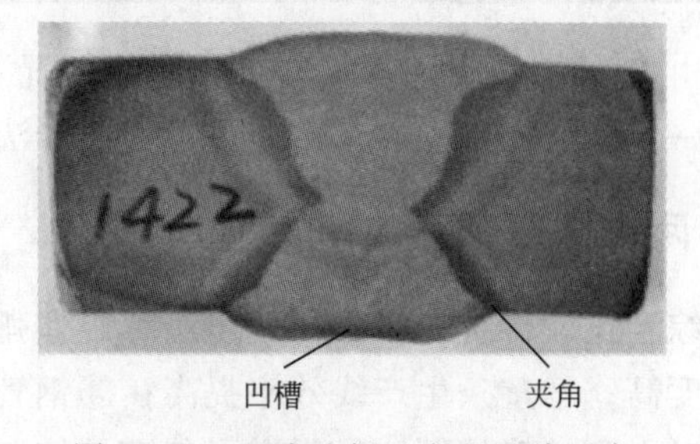

图 15-44 两步法焊缝宏观形貌示意

2. 夏比冲击试验情况

对螺旋缝埋弧焊钢管一步法和两步法生产的产品分别进行夏比冲击试验，试验结果见表 15-7 和表 15-8。

表 15-7　一步法产品试样夏比冲击试验结果

取样位置		−10℃冲击功/J		−10℃的 S_A/%		结果
		单值	平均值	单值	平均值	
焊缝		168,187,167	174	52,59,51	54	合格
热影响区		156,110,118	128	48,39,42	43	合格
标准要求	母材	≥120	≥160	≥80	≥90	—
	热影响区焊缝	≥60	≥80	≥30	≥40	—

表 15-8　两步法产品试样夏比冲击试验结果

取样位置		−10℃冲击功/J		−10℃的 S_A/%		结果
		单值	平均值	单值	平均值	
焊缝		153,162,168	161	63,65,66	65	合格
热影响区		155,155,164	158	63,63,65	64	合格
标准要求	母材	≥120	≥160	≥80	≥90	—
	热影响区焊缝	≥60	≥80	≥30	≥40	—

从表 15-7 和表 15-8 可以看出，两步法试样焊缝冲击功和热影响区冲击功值波动较小，表明焊缝韧性好，抵抗变形和断裂的能力强：另外，冲击功值对试样材料的内部结构缺陷、显微组织的变化很敏感，如夹杂物、偏析、气泡、内部裂纹、晶粒粗化等都会使冲击功值明显降低，试验结果表明精焊试样的缺陷极少，质量稳定。

3. 生产效率情况对比

一步法和两步法工艺生产效率及消耗时间对比见表 15-9。

表 15-9　一步法和两步法工艺生产效率及消耗时间对比

生产工艺	净投料量/t	实际产出合同管产量/t	生产效率/%	消耗时间/d
一步法	10000	9183.2	91.83	25
两步法	10000	9731.4	97.31	13

由表 15-9 可见，净投料量相同的情况下，两步法生产效率高于一步法，且生产消耗时间是一步法的一半左右。由此可见，两步法的产能和生产效率均高于一步法。

三、两步法新工艺应用优势

综合比较传统一步法与两步法螺旋埋弧焊管生产工艺，两步法工艺具有以下优势：①预焊速度高；②整条生产线效率提高；③钢管焊缝质量稳定；④成型和焊接是分开的，焊接条件可以得到精确控制；⑤焊道形貌容易控制。

第九节 螺旋缝埋弧焊钢管两步法生产工艺

一、两步法的发展与特点

在 1968 年 MEG 公司创始人产生了用预焊＋精焊制造螺旋缝埋弧焊钢管的想法。传统的螺旋缝埋弧焊钢管制造工艺采用的是成型、焊接一步完成，既不经济且焊接质量也不太理想。受到直缝埋弧焊钢管制造工艺的启发，认为可用预焊的方法，把焊接和成型分开即先成型，而后再下线精焊（内、外焊），用这种方法制造的螺旋缝埋弧焊钢管既比较经济且焊接质量也比较稳定。由此开发出两步法螺旋埋弧焊管机组。该工艺技术经过近 40 多年来的发展创新，逐步得到完善，并随着科学技术的进步而不断发展。

直缝埋弧焊钢管一般是先成型，打底焊（预焊）然后再离线精焊，焊接比较稳定，故成型、焊接质量比较好；而螺旋缝埋弧焊钢管是边成型边焊接，为动态焊接，焊出的焊缝有很多地方会出现比头发丝还细的微裂纹，用 X 射线探伤不能探出，只能用超声波探伤才能发现。为解决传统螺旋缝埋弧焊钢管制造技术出现的这种缺陷，参照直缝埋弧焊钢管的制造工艺，采用预精焊形式，先用 CO_2 气体保护焊预焊，离线后同时进行内、外精焊，这样螺旋缝埋弧焊钢管和直缝埋弧焊钢管的区别只在于焊缝的长短，而焊接质量一致。由于离线后焊接不再受成型条件的限制，内焊更容易实现多丝焊接和自动跟踪，从而提高产品质量和生产效率。由于焊速恒定更容易实现热输入量参数化，使焊缝余高及焊缝外观得到有效控制。钢管成型不再受焊接的制约，可使成型速度大幅度提高，并容易实现成型质量控制的智能化。

二、两步法工艺流程

螺旋缝埋弧焊钢管两步法的工艺流程为：备料拆头→拆卷→矫平→剪切对焊→带钢铣边→递送预弯→成型→CO_2 气体保护焊预焊→定尺切管→焊缝清理→焊引（息）弧板→精焊→清理内焊缝→去除引（息）弧板→预检→取样→自动补焊→清洗→扩径→清洗→水压试验→离线焊缝超声波检测→离线母材超声波检测→X 射线拍片检测→平头→成品检查→称重和测长一喷标→入成品库。

螺旋埋弧焊管两步法的工艺布置如图 15-45 所示。

三、主要设备构成

1. 成型预焊机组

成型预焊机组由备卷拆头装置、拆卷机、矫平机、移动式剪切对焊机、双铣边桥、递送机、板边预弯机、成型器、CO_2 气体保护焊焊机、扶正器、定尺切管小车构成。其中螺旋缝埋弧焊成型预焊机机组如图 15-46 所示。该机组以中心为轴线对中设计，严格按照重型机床设计制造标准加工制造，刚性好精度高。钢卷由行车吊放到备卷拆头装置上后，从拆头、拆卷、矫平、剪切对焊、铣边、递送、板边预弯、成型、预焊到定尺切管全过程均实现计算机自动化控制。

拆卷机将拆头、拆卷功能分化，拆头由备卷装置完成，在拆卷机拉完上一个卷料后，备卷拆头装置将拆好头的钢卷送入拆卷机后可直接送料，工位两侧的旋转锥头钢板挡盘上镶有耐磨钢板，用来将钢卷两边靠紧，以防止带钢在回转中左右摆动，甚至散卷，从而造成板边偏移。为防止钢卷在拆卷过程中出现松弛并造成带钢表面相互划伤，在拆卷机一侧的锥头轴

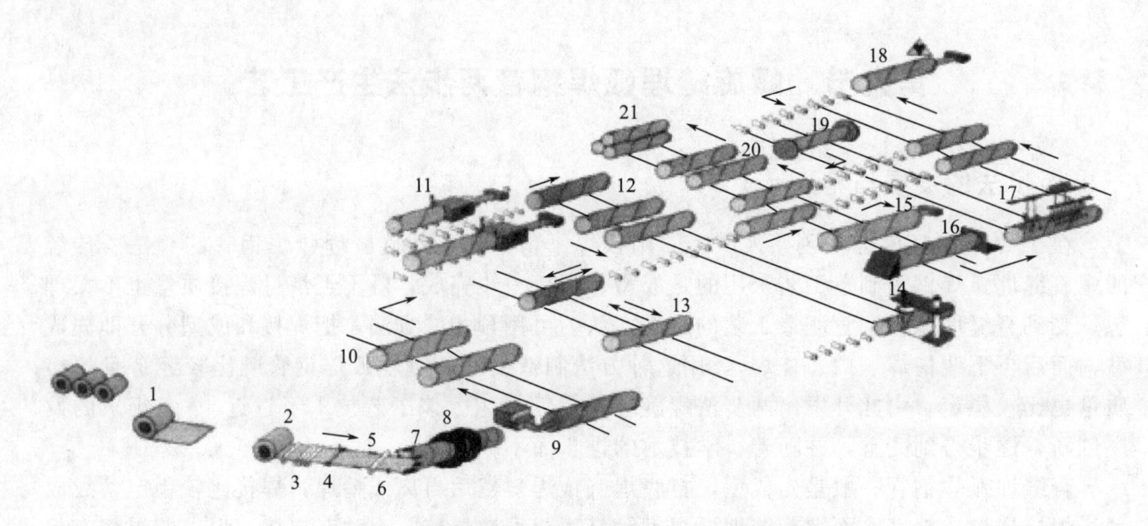

图 15-45 螺旋埋弧焊管两步法工艺流程布置示意

1—备卷；2—拆卷；3—矫平；4—剪切对焊；5—铣边开坡口；6—递送；7—成型、预焊；8—定尺切管；9—焊管清理；10—焊引（息）弧板；11—精焊；12—内焊缝清理、去除引（息）弧板；13—取样；14—自动补焊；15—扩径；16—水压试验；17—焊缝、母材超声波自动探伤；18—X 射线、荧光拍照检测；19—管端倒棱；20—成品检查；21—成品入库

(a) 钢管成型站

(b) 机组前桥

图 15-46 螺旋缝埋弧焊钢管成型预焊机组

上装有电液制动器，使钢着在拆卷过程中承受反向张力，从而有效地防止了钢卷的松弛及带钢表面的划伤。

剪切对焊机由剪切、对焊、移动这三部分组成实现自动剪切、自动定位、自动焊接。带钢对接以带尾中心为基准，采用螺旋丝杠分别将带头与带尾对正，其中带头对中具有平移功能。剪切对焊机通过床身导轨可横向移动，焊缝自动调整定位，即带头与带尾按照工艺要求留出焊缝，并使焊枪能够找准焊缝，自动焊接。焊机采用 CO_2 混合惰性气体保护焊，单面焊接，双面成型，带钢厚度＞12mm 时需打坡口，焊枪沿焊接方向布置，最高焊接速度为 3m/min。在生产过程中，当带尾进入剪切对焊机的剪切系统、递送机停车后，剪切对焊机的对中机构夹紧带钢定位，剪刃落下，完成带尾剪切。然后行车移动，调出焊缝。当另一卷的带头进入该设备的剪切系统时，对中机构夹紧带钢，将带头与前卷的带尾对齐，剪切带头。同时分别将切下的带尾和带头的废边自动移出设备。随后行车移动至焊枪对正焊缝处，左右压板压紧带尾和带头，调好焊枪的位置，开始焊接。自动焊接完毕，整个系统复位，等待下一个工作循环。递送机启动，投入后续生产。

螺旋埋弧焊管机组中使用2台铣边机：一台作为大铣削量的粗铣，因该台铣边机刀盘上安装的刀较少，又能承受较大的铣削量，简称粗铣边机，另台以铣坡口为主，称为精铣边机。铣边机的入口和出口侧都安装有带钢对中导向立辊装置及夹送辊装置。在铣边机工作区，带钢两侧分别装有从上下左右4个方向夹持带钢的导辊装置，下托辊的高度固定不变，上压辊的高度可调，左右导辊随刀盘座的移动而夹紧带钢，保证不同厚度的带钢的顺利进入以及带钢与铣削刀头之间的精确定位，同时减少带钢的上下窜动及左右摆动，延长刀具使用寿命铣刀盘安装在刀盘座上，可上下浮动并可整体更换。铣刀盘上装有调角机构，可以变换铣削角；铣刀盘通过电机减速装置传动，并有不同方式的配置。刀具采用硬质合金材料，安装在刀盘上。铣边机入口侧装有带钢宽度检测装置，以控制带钢两侧边的铣削量。铣边机铣削时板边控制采用CPC控制、即中心位置控制，通过检测元件检测带钢宽度，随时调整带钢中心线，使其与铣边机的中心线保持一致。带钢在进入成型、焊接工序之前，带钢的边缘形状、表面粗糙度对焊管的成型以及焊接质量有着重要的影响。当厚度＞10mm时，带钢焊接较困难，且焊接质量不易保证，因此必须将带钢边缘加工出坡口。由于铣边机加工能力强，铣削速度快，生产效率高，可完成大铣削量，同时铣边机铣出的坡口角度准确，从始至终不变，可避免成型缝出现“内紧外松”或“外紧内松”等缺陷，可消除带钢的部分月牙弯，铣出的带钢边缘及坡口的表面粗糙度好，减少了错边、烧穿等缺陷以及电流、电压的波动；通过不同形状的铣刀配置，可铣削出I形、V形、Y形和X形焊接坡口，铣刀盘上装有调角机构，可方便调整铣削角，铣边机采用了倾斜及顺铣的铣削方法，使刀具寿命长，更换次数少，有利于保持连续生产。

板边预弯机对板边进行预弯，能有效减小“噘嘴”程度，一般为二辊式。其辊型设计对弯边质量有重要影响。同时预弯边辊与带钢边缘的相对位置应保持恒定，不受带钢位置变化的影响，否则预弯边量就会变化而产生新的翘曲。

成型器采用上卷全辊式成型，由成型辊、外控座、辊座、轴承构成。整个成型过程实行计算机自动控制，在成型过程中自动测量管径偏差及自动检测焊缝间隙，并根据管子周长或管径的变化以及成型辊压力的变化情况随时自动进行调整，不仅确保了产品质量（焊管周长偏差可以控制在±2mm以内，焊缝间隙偏差可以控制在±0.3mm以内），而且大幅度提高了管体的几何尺寸精度和成型速度（可达12m/min）。

2. 精焊机组

精焊机组由引（息）弧板焊接装置、运管小车输送辊道、精焊工作站、引（息）弧板去除装置、内焊缝清理装置构成。

精焊工作站由输送辊道、支承辊道、传动机构、内焊系统、外焊系统、操作系统等构成。由于不同规格螺旋缝埋弧焊钢管的螺距不同，则其内外焊点的位置也就不同。若内焊位置固定，则安装有外焊机构的立柱应能沿钢管轴线移动。由于不同的螺距，存在着支承辊易被灼热的焊缝灼伤的可能性，因此支承辊也应可以沿钢管轴线移动。内焊装置由内焊臂、送丝系统、焊接电源等构成。内焊臂为一焊接钢结构，由悬臂、带平衡物的支承块和带长度补偿系统的可倾斜的内焊臂固定块构成。埋弧内焊三丝焊机由焊丝进给机构（含焊丝矫直机）、焊丝导向机构、焊丝转盘、带旋转夹紧装置的导电嘴、紧定套装置构成。外焊装置由立柱支架、外焊头支架、送丝系统、焊接电源构成。埋弧外焊双丝焊机由焊丝进给机构（含焊丝矫直机）、焊丝导向机构、焊丝转盘、带旋转夹紧装置的导电嘴、紧定套装置构成。外焊头支架由带桥架的支承和外焊头调节装置构成。

预焊后的钢管由运管小车送入精焊工作站，进行内外精焊焊接。内焊在时钟6点位置施焊，外焊在与内焊错开半个螺距的时钟12点位置施焊，并随着钢管从内焊臂的逐步退出的同时进行焊接。钢管由2个驱动装置驱动，依靠这2个驱动装置不同的旋转角度实现钢管的螺旋运动。整个焊接过程实行计算机自动控制，通过对接缝的激光跟踪和已焊焊缝的轮廓扫查，根据焊点位置和焊缝余高的变化情况随时调整焊点及热输入量等，以确保焊缝质量的美观可靠。焊接过程结束后由运管小车将钢管送入输出辊道。

精焊的管子从加载到完成焊接的自动生产程序都是在稳定和恒定的生产条件下进行的，并最多可采用内焊3丝、外焊2丝埋弧自动焊接及焊缝自动跟踪系统、高性能焊接电源和高速焊剂。在焊接条件改善的情况下大幅度提高焊接速度和质量。

四、精整及检测设备

精整及检测设备主要有扩径机、水压机、母材及焊缝超声波自动检测设备、X射线检测设备、倒棱机等。

螺旋焊管扩径的目的是消除成型、焊接造成的残余应力，提高钢管尺寸精度，同时还可消除包辛格效应。扩径量一般控制在10%～1.5%，可采用机械式扩径机，亦可采用液压式扩径机。为了减少扩径模具的费用，需要扩径的同一种直径的钢管应选用同一种合理的工作板宽。

由于生产速度大幅度提高，为满足生产节拍的需要应合理设置水压机工位，加快其充水、增压速度，大幅度减少辅助时间。同时改进冲液阀、单向阀的设计及制造质量，减少不必要的内卸压次数以确保钢管质量，同时提高工作效率。

钢管水压试验后须对焊缝进行100%的超声波探伤：对于母材，要求对卷板的端部及边25mm范围内的区域进行100%在线自动超声波检测，对卷板的中部或相当于管体面积不小于25%的区域进行在线自动超声波检测。焊缝探伤由6个探头完成。6个探头沿焊缝对称垂直布置并呈“K”形分布。其中，1对探头用于检测焊缝的纵向缺陷，根据钢管不同的直径，探头的入射角度可以在40°～75°范围内进行调整，1对探头用于检测焊缝的横向缺陷，在平行于焊管的轴线方向上，2个探头以45°入射角沿相反的方向入射到焊缝中，用于检测焊缝两侧50mm内的分层缺陷。母材检测系统用于检测钢管全管体母材的分层情况，探头按“V”形两排骑跨在钢管上表面的1个螺距内，交错分布，探头间距满足扫查面积要求。为保证在检测过程中探头系统始终处于良好的检测状态，该设备配置了焊缝自动跟踪装置和耦合自动监测，发现缺陷会自动声光报警，自动喷标，同时每根钢管检测结果以数字扫描图形格式存储，便于回溯复核。

第十节　螺旋缝埋弧焊预精焊机控制技术

传统的螺旋缝埋弧焊钢管机组，其生产速度不到2m/min，即使是改进后的生产机组其运行速度最高也不超过4m/min。制约螺旋缝埋弧焊管机组运行速度的因素有很多，其中成型和焊接工艺是最主要因素。如果生产速度要求很高，成型和焊接相关设备的精度和准确度就需要进一步提高。这就要求在控制上打破传统的那种粗略估计的做法，而进行更加精准的控制。要打破传统的设备之间的单独化或者联锁甚少的局面，要求设备之间联系紧密，数据信息交换更多、更迅速。

预精焊工艺正是在满足高速化、高质量生产而诞生的，其实际生产速度比原生产速度提高了3～5倍。虽然前期投入成本相当高，但是预精焊工艺的先进控制技术更加智能化和数字化，顺应了时代发展，是螺旋缝埋弧焊机组中的佼佼者。

一、预精焊工艺流程

先进的工艺流程是提高生产效率的关键因素。预精焊工艺流程是吸取传统螺旋缝埋弧焊钢管机组设备积累的经验和优点而精心设计的，并通过连续化高效生产而得到进一步的验证。螺旋缝埋弧焊钢管预精焊工艺流程为：钢卷准备站→钢卷上料→夹送矫平→横铣对头→铣边→递送成型→预焊→后桥飞剪→内清扫→精焊。

① 钢卷准备站。作为一个独立的开卷系统可以提前开卷和准备钢卷，之后将准备好的钢卷储存备用，这样可以大大减少在生产过程中由于开卷而造成的停机时间，从而提高焊管机组工作效率。

② 前桥。前桥包括送料小车、开卷机、夹送机、带钢对焊机、铣边机、主递送机、预弯机和成型器。送料小车同时作为储料小车，既可以输送钢卷，也可以在前桥仍在运行时将钢卷准备好，大大减少准备时间；夹送机的任务是将带钢的头部推进带钢矫平机；带钢对焊机包括等离子切割装置、移动式横焊缝铣边装置和焊头支承装置，对头焊有 1 台移动的和 1 台静止的夹持装置，用液压夹持，夹持装置可以很好地保证两个钢卷首尾对齐，提高对头质量；铣边机采用带钢宽度自适应铣边系统，通过带钢铣削深度和递送速度自动调整转速，不但可以保证带钢边部坡口形状良好稳定，还可以延长铣边机刀片寿命，同时节约能源；主递送机的任务是驱动带钢通过成型辊成型为螺旋缝钢管，主驱动装置由两台力士乐驱动器实现主从控制，能够很好地实现同步控制，另外，即使是在设备运行过程中成型辊也可以通过各自的伺服驱动轴进行在线调节，这些轴都配有绝对值编码器以便精确定位。

③ 后桥。由钢管支承设备、切管小车、运输辊道和等离子切割设备组成。切割过程中，切割小车可以夹持钢管随着钢管等速前进，从而实现在线切割，提高工作效率，并保证切割质量。

④ 内清扫。在精焊前，钢管内部的焊渣、灰尘和铁屑等必须去除，整个内清扫都是在自动状态下工作，可以及时为精焊准备好钢管。

⑤ 精焊。由 2 套钢管输送系统（PDM）和 4 套焊接系统构成，PDM 可以根据用管请求，及时准确地输送钢管；精焊采用和主机成型分开焊接的方法，有效地减少焊缝缺陷，提高焊接质量。

二、预精焊机组中的先进控制技术

国内某钢管有限公司引进的德国 PWS 公司制造的螺旋缝埋弧焊钢管预精焊机组是目前世界上最先进的预精焊设备之一，其先进性不仅体现在其两步法的生产工艺上，还体现在整个预精焊生产过程中大量运用的自动控制技术上。该自动控制技术可以分为 PLC 控制技术、网络传输技术、伺服驱动技术及人机界面等，如图 15-47 所示。

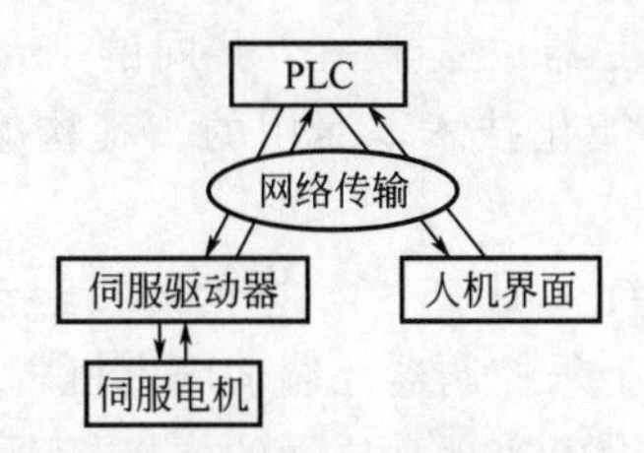

图 15-47 螺旋缝埋弧焊钢管预精焊设备的自动控制技术

1. 人机界面技术

人机界面简称 HMI，是人与计算机之间传递、交换信息的媒介和对话接口，是系统和用户之间进行交互和信息交换的媒介。预精焊机组所有岗位都配有 HMI 系统，现以钢卷准备站为例，介绍其运用的人机界面技术。

钢卷准备站的 HMI 系统能够更为直观地显示设备运行状态，更为简单地控制设备。在 HMI 上，操作工通过简单的操作就可以了解到设备的运行状态，比如设备的行走速度、温度、油泵的运行状态等；该系统配有预警和诊断系统，可以实现故障的预警及显示，例如设备冷却系统的某电磁阀出现故障时，在 HMI 上会出现报警信息，且在显示屏相应页面上该电磁阀会显示为红色状态，这样就算是对设备不很熟悉的人员也能快速找到故障点；该系统还可以实现远程监控，相关授权人员通过互联网可以连接该系统，从而对现场的设备运行状态进行了解，甚至也可以通过远程控制对设备进行调整。

2. PLC 控制技术

可编程逻辑控制器（PLC）是以微处理器为核心的一种工业控制装置，它综合了计算机技术、自动控制技术和网络通信技术。螺旋缝埋弧焊钢管预焊机组中大量运用了 PLC 控制技术，现以该机组中的铣边机和预焊自动跟踪系统为例阐述其 PLC 控制技术的运用。

铣边机采用带钢宽度自适应铣边系统，该系统在西门子 PLC 的控制下，可以根据带钢宽度自动计算铣边量后调整铣边机的转速；也可以根据带钢的递送速度自动调节铣边机转速。预焊采用焊缝自动跟踪系统，通过专门激光跟踪传感器，在 Beck-hoff 自动化公司 PLC 控制系统精确控制下调节焊头位置，实现对焊缝的自动跟踪调节。

3. 网络架构技术

网络架构技术是将单独的设备联系起来，构成一个庞大的系统，各个设备之间可以进行数据信息交换，互相传输读写，完成更加精准高难度的任务。现以后桥区为例分析其先进的网络架构技术。

后桥飞剪对自动化要求很高，需要在线高速切割焊管。它依托 Ethernet 和 Profibus 网络，将第三方伺服驱动器和电机紧密联系起来，在从站 6 个钢管夹持驱动装置上为避免在运动控制上受电缆的困扰而采用了无线设备 SCALANCE-W788，建立起工业无线局域网，通过 IWANPB Link 用 Profibus 去连接该工业无线局域网。这样，网络 DP 就会将 6 个钢管夹持驱动装置用 Profibus 连成一个网络分支，通过无线设备连在 Ethernet 主干网络上。

4. 伺服驱动技术

伺服驱动技术是一种机电一体化技术，在设备中具有重要的地位。高性能的伺服系统可以提供灵活、方便、准确、快速的驱动。

精焊区在很多设备上应用了伺服驱动技术，比如钢管输送设备（PDM）就大量使用了德国 BOSCH 集团公司生产的力士乐驱动器 IndraDrive 以及力士乐电动机系列 Indradyn。它将紧凑的驱动器和模块化的逆变器放置于一个共同的平台，集成了符合 IEC 国际标准的运动逻辑，应用了安全技术和智能化技术，通用的工程构架用于项目设计，可进行程序编写、操作和故障诊断。

螺旋缝埋弧焊管精焊焊接系统（图 15-48）中的焊接运动控制方面也全部采用伺服驱动技术，例如焊头调节部分通过力士乐控制器控制伺服电机，进而实现焊头位置、高度等的调节与校正。伺服驱动技术为精焊设备实现高质量的焊接打下了坚实的基础。

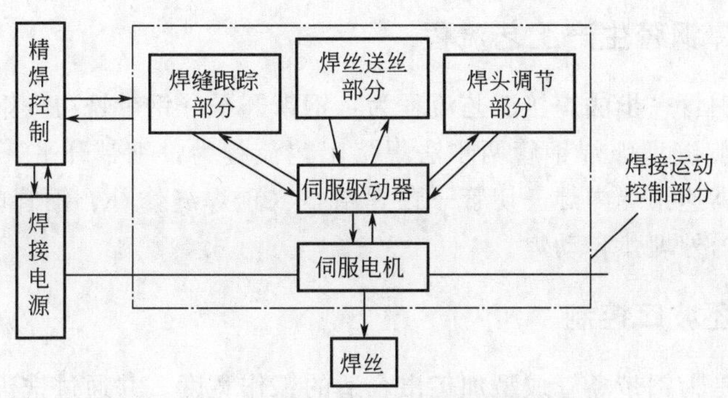

图 15-48　螺旋缝埋弧焊管精焊焊接系统

三、钢管信息识别和追踪技术

为了提升企业的信息化管理水平，面向螺旋缝埋弧焊钢管生产车间的钢管制造执行系统（MES）已出现，预精焊机组也有自己的 MES 系统。它是根据生产工艺，从原材料带钢入库、后桥飞剪自动分配钢管号到钢管成品出库等一系列工序进行分配的数据终端。通过此数据终端可以将相关信息录入、信息共享、发布下一道工序去向命令等。各个数据终端对钢管信息进行识别并追踪。钢管信息识别和追踪技术的应用尤为重要。

钢管信息识别应该从后桥飞剪开始，自动分配钢管号、在钢管管端喷码并将预焊的焊接结果信息自动录入，各个工序岗位根据管端钢管号码体来识别，并通过数据终端读取此钢管信息，等该工序结束写入相关数据。

钢管信息追踪不仅是对某个钢管信息的追踪也包括对在线的所有钢管数据的追踪。它可以追踪到某钢管的具体工序位置和此钢管的信息，也可以宏观把握在线钢管流向。

钢管信息识别技术是对硬件的高要求，容易识别；而钢管信息追踪是数据管理技术的一大应用，涉及数据实时处理和分层管理。

上述以预精焊机组钢卷准备站、预焊区、后桥区、精焊区设备为例分别从不同角度介绍了人机界面技术、PLC 控制技术、网络架构技术、伺服驱动技术等先进控制技术以及钢管信息识别和追踪技术在螺旋缝埋弧焊钢管预精焊机组中的应用。这些技术之间关系紧密，共同保证了预精焊机组生产的高速度、高质量、高稳定性，进一步实现了耗材低、速度快、质量好的螺旋缝埋弧焊钢管生产目标。

第十一节　螺旋缝埋弧焊钢管预精焊质量控制方法

螺旋缝埋弧焊钢管预精焊先由焊管主机成型并连续混合气体保护高速预焊成管坯，然后在精焊机完成管坯内外埋弧焊。该工艺与以往焊管主机成型并连续内外埋弧焊（俗称一步法焊接）不同的是焊管先预焊后精焊（俗称两步法焊接）。两步法相对步法可减少焊管成型过程中动态应力对内焊质量的影响，同时焊管主机高速预焊管坯匹配合适数量的精焊机可大大提高焊管产能。尽管两步法焊接螺旋缝埋弧焊钢管有显著优点，但仍需根据预精焊焊管生产工序的特点采取相应的控制措施才能实现螺旋缝埋弧焊钢管预精焊高速优质的目标。为此，笔者尝试分析了两步法相对一步法螺旋缝埋弧焊钢管生产工序上的特点以探讨其质量控制方法。

一、螺旋缝埋弧焊钢管生产工艺流程

螺旋缝埋弧焊钢管一步法焊接工艺流程为：钢带开平→钢带铣边→钢管成型→内外埋弧自动焊→切管。螺旋缝埋弧焊钢管两步法焊接工艺流程为：钢带开平→钢带铣边→钢管成型→混合气体保护高速预焊内焊→切管→预焊精整（预焊缝修补、钢管内部清理、引（熄）弧板焊接）→精焊内外埋弧自动焊。

二、预焊钢管管坯坡口控制

钢带铣边通常是为钢带卷管成型加工出合适的工作宽度，并通过铣边使钢带边缘规整防止卷管成型合缝时挂边而形成错边，另外还有一个重要作用就是通过铣边为后道焊接工序加工合适的焊接坡口尺寸，匹配合适的焊接规范以获得内外焊缝重合量1.5～2.5mm、内外焊缝余高1.5～2.5mm、焊缝与母材平滑过渡、外观和力学性能优良的焊缝。

无论一步法焊接还是两步法焊接，在工艺规定的焊接坡口尺寸、焊接规范条件下选择合适的焊头空间位置，都能焊出外观和力学性能良好的焊缝，但由于一步法焊接是在焊管主机连续焊接，钢带铣边坡口尺寸相对于工艺要求的波动一般是连续的，受影响较大的外焊缝外观可通过焊点偏中心的微调满足技术规定要求，而对两步法精焊机埋弧自动焊而言，主机预焊生产出的管坯是逐根焊接的，前后钢管不一定是按连续管号生产，前后钢管的坡口尺寸相差较大时，焊完一根钢管时就要重新微调焊点偏中心，以获得理想的焊缝外观形状。而目前微调焊点偏中心基本是焊接过程中动态微调，这样就造成微调到位之前所焊焊缝外观不规整，严重时焊缝会有明显的凹槽或鱼脊。因此两步法螺旋缝埋弧自动焊相对一步法螺旋缝埋弧自动焊对钢带铣边坡口控制有更高的要求，即钢带铣边坡口深度变化范围要求小。

以ϕ1016mm×17.5mm规格钢管为例：一步法焊接时钢带铣边工艺设计钝边为8mm，内坡口深度4.5mm，内坡口角度30°，外坡口深度5mm，外坡口角度40°，坡口深度偏差±2mm；两步法焊接时钢带铣边工艺设计钝边为6.5mm，内坡口深度6.5mm，内坡口角度30°，外坡口深度5mm，外坡口角度40°，坡口深度偏差±1mm。钢带铣边坡口深度变化范围缩小意味着钢带在铣边时相对于铣边机刀盘的水平位置上下波动量减小，为此应着重提高钢带矫平机对钢带的矫平效果，同时进一步提高铣边机压辊控制钢带的能力。只有主机钢带铣边坡口尺寸控制稳定，精焊机单根焊接钢管时，焊缝外观质量才有保证。

三、预焊钢管管坯直度控制

一步法焊接时，钢管在主机成型过程中，内外埋弧焊是靠递送机匀速推动钢带进成型器，卷管后在后桥支承辊上沿螺旋线前进。钢管螺旋线因钢带递送线的微小窜动、管径的微小变化以及成型角的微小变化会沿钢管轴向有缓慢的往复变化，但在焊头自动跟踪的控制下焊接质量是有保证的。两步法焊接时，钢管在精焊机进行内外埋弧焊，靠精焊机门架上对称压在钢管表面上的驱动辊驱动位于正交转胎上的钢管实现焊接。钢管随驱动辊转动在正交转胎上螺线运动时，钢管的轴线因钢管存在弯曲会沿钢管轴线水平位置发生漂移。由于驱动辊是通过直线滑轨与驱动辊升降机构水平连接，钢管轴线水平位置发生漂移时，驱动辊理论上应随直线滑轨滑块沿直线滑轨平稳移动，但由于直线滑轨与滑块间摩擦力的影响，只有在钢管轴线漂移量达到一定值时，驱动辊才跟随滑轨滑块以突然窜动3～5mm的形式随动，导致钢管在正交转胎上晃动。按成型角60°计算，焊接过程中会使成型缝突然偏移焊点2.6～4.3mm，这将导致焊缝焊偏。

由于暂时无法改变驱动辊机械设计结构造成的钢管运动过程中突然窜动的特点，为防止钢管在正交转胎上晃动，根据钢管晃动时与驱动辊连接的直线滑轨滑块窜动的最小值3mm，即直线滑轨滑块只有在钢管轴线发生漂移3mm以上时才会发生窜动，以此推算主机生产钢管时允许的最大成型微调推拉角度和后桥推拉油缸伸缩移动距离。为简化计算，假设钢管是在门架下的两对正交转胎上运动，钢管弯曲处于钢管正中间（钢管相同弯曲角度，弯曲处在正中间时直度测量值最大），前后门架的驱动辊及其下方的两对正交转胎间距按4mm测算，由此推算出12m钢管的直度应不大于12mm（西气东输二线钢管直度要求不大于24mm），其对应的成型微调推拉角度为6.9′，对应的主机后桥推拉油缸（油缸与后桥连接处距钢管成型回转中心13m）伸缩移动距离为26mm，即主机成型微调推拉时后桥推拉油缸伸缩长度小于26mm时生产的钢管直度不会造成精焊时钢管的晃动。由于目前主机钢管生产过程中，成型缝间隙微调是靠电动按钮控制单向阀驱动油缸推拉后桥实现的，目前采取的措施是尽量缩短按下按钮的时间，以此减少单向阀导通时间，减少推拉油缸伸缩长度，控制钢管的直度。为根除钢管直度影响，建议在后桥推拉油缸上加装位移传感器，设定每次按下按钮后油缸伸缩移动距离为15mm，并有意控制连续按同方向按钮，以此确保预焊钢管在精焊机焊接时的稳定性。

四、预焊的精整控制

我们根据精焊机内焊是在预焊后的内螺旋坡口上施焊的特点，分析精焊内焊埋弧焊对预焊和预焊精整的特殊要求。

通常一步法主机内焊埋弧焊是在钢带经铣边和边缘除锈（钢带存在锈蚀时）后经成型器合缝后焊接，在内坡口铣边加工工艺质量及成型合缝质量保证的前提下，按规定的内焊焊接工艺参数焊接后均能获得良好的焊缝。而两步法精焊机内焊埋弧焊是在主机混合气体保护高速预焊后的内坡口上施焊，预焊缝本身的质量状况、内坡口表面的质量状况、引（熄）弧板的焊接质量都直接影响精焊内焊的质量。预焊缝表面余高明显突变（包括预焊过程中从导电嘴上脱落的月牙形铁屑粘在预焊缝上）会在精焊内焊时引起焊接电弧电压波动使焊接规程不稳定，预焊缝（包括气体保护焊修补焊缝）表面和焊缝中的气孔会导致精焊内焊缝产生气孔，预焊缝中的横向裂纹在精焊内焊后会在焊缝相同部位出现横向裂纹，主机卷管成型后钢管内表面脱落的氧化铁粉会聚集在预焊后的内坡口内，切管后的氧化铁粉末也会聚集在距管端1m长的钢管内表面（包括预焊后的内坡口内），这些氧化铁粉末滞留在预焊后的内坡口内会导致精焊内焊缝产生气渣缺陷，特别是切管氧化铁粉末致密聚集在预焊后的内坡口内经精焊内焊后会使焊缝中的含氧量增加，随之增大管端部位焊缝冲击试验不合格的概率。钢管管端焊接的引（熄）弧板外翘超过钢管外轮廓表面严重时，会使钢管在焊接过程中因前进阻力大而使门架驱动辊发生打滑导致精焊烧穿。

为保证精焊内焊焊接质量，预焊焊管一定要严格执行工艺要求保证钢带铣边坡口质量。坡口质量异常会使成型合缝后的内坡口不规整，从而导致预焊缝不规整。同时严格执行预焊工艺参数，避免预焊缝中的横向裂纹。以ϕ1016mm×17.5mm规格钢管为例：焊接速度3m/min时，焊接电流700A，电弧电压24V，焊丝伸长25mm，混合气体流量60L/min。及时清理焊枪喷嘴内壁飞溅，防止预焊过程中环境因素影响使电弧保护气体发生紊流，在预焊精整时修补预焊缝，断弧清理预焊缝表面粘连的月牙形飞溅，清除干净钢管内表面的氧化铁粉末，特别是预焊主机切管残留在内坡口表面的氧化铁粉末并使焊接的引（熄）弧板与钢管外轮廓表面相平，为精焊机内焊创造良好条件确保精焊内焊焊接质量。

五、内焊跟踪外置控制法

目前一步法内焊埋弧焊、两步法混合气体高速预焊采用的激光跟踪系统均是通过视觉传感器检测待焊内坡口，采集待焊坡口形状（通常为V形坡口）并将采集到的坡口图像传输给图像采集卡，将模拟视频信号转化为数字信号，由工控机图像处理软件计算出焊缝偏差，传输给PLC。PLC将偏差信号转化为脉冲信号传送给跟踪驱动电机，电机带动三维滑块移动控制焊枪跟踪焊缝运动。在V形坡口情况下跟踪系统以合缝的对接钢板成型缝最低点为特征点，在U形坡口情况下跟踪系统以对接钢板的两个板边为特征点，寻找的是两个板边的中点。由于未预焊的待焊坡口为V形，故一步法内焊埋弧焊、两步法混合气体高速预焊时跟踪系统寻找的待焊坡口最低点对应的就是管坯成型合缝的成型缝隙，它能够确保焊缝焊正。

而两步法精焊内焊埋弧焊是在预焊后的内坡口上施焊，因预焊后钢管的成型缝即内坡口的最低点被填充，坡口形状由V形变为U形，跟踪系统只能以内坡口的两个板边的中心点来跟踪，但由于钢带铣边后坡口深度偏差，在合缝后会形成非对称V形（U形）坡口，内坡口的两个板边的中心点往往与卷管成型的成型缝不一致。

以 ϕ1016mm×17.5mm 规格钢管为例：在钢带板头板尾有时铣边深度变化达 3mm，由此可推算出U形坡口两个板边中心点与钢管成型缝偏差达 1.7mm。这种情况极易因焊偏产生未焊透。为保证跟踪系统检测点始终与待焊成型缝中心一致，最根本的解决办法是内焊跟踪外置法，即用跟踪视觉传感器检测待焊内焊坡口前 150mm 处外成型缝V形坡口最低点实现精焊内焊自动跟踪。为保证精焊内焊自动跟踪的可靠性，外部视觉传感器滑台与内焊枪滑块同步移动采用高精度位移传感器控制，确保精焊内焊焊正。

六、精焊机驱动辊动态纠偏控制

一步法主机生产钢管过程中受钢带月牙弯钢管管径变化、成型合缝间隙调整等因素的影响，钢管回转中心会沿钢管轴线方向有±20mm 的往复窜动，在内外焊轴向跟踪±100mm 行程之内，内外焊枪能够确保随动防止焊偏。而两步法精焊机在焊接钢管时受驱动辊和正交转胎安装精度、钢管管型（椭圆度、直度）等因素的影响，钢管在正交转胎上螺旋前进时，驱动辊角度与钢管螺旋角总是存在偏差。在驱动辊角度小于钢管螺旋角时，钢管螺旋缝会沿钢管前进方向偏离焊点（正偏离）；在驱动辊角度大于钢管螺旋角时，钢管螺旋缝会沿钢管前进反方向偏离焊点（反偏离）。焊接钢管时经常发生钢管螺旋缝偏离起始焊点大于 100mm，由于精焊内焊钢件轴向跟踪行程为±100mm，起焊时焊枪置于跟踪滑轨中间，在钢管螺旋缝偏离起始焊点大于 100mm 时，内焊跟踪就无法让内焊枪随动，导致内焊缝焊偏。鉴于内焊缝焊偏严重影响钢管焊接质量的现状，在轴向跟踪驱动电机转轴上安装了旋转编码器，以检测驱动辊角度与钢管螺旋角存在偏差时跟踪电机同向转动圈数量（即焊枪同向跟踪移动量），达到设定值时反馈给驱动辊转角电机，根据正反偏离状况动态减小或增大驱动辊角度，使钢管螺旋缝偏离焊点小于 100mm，确保内焊跟踪正常，防止内焊焊偏。

七、应用情况总结

通过上述质量控制方法的摸索并应用于实际生产，对提高精焊质量有明显效果。精焊钢管合格率由调试时的 50%提高到了小批量生产时的 94%，并在 X70 级 ϕ1016mm×17.5mm

钢管生产中创造了班产一次通过率91%的优异成绩。

两步法螺旋缝埋弧焊钢管预精焊相比一步法主机螺旋缝埋弧焊钢管在坡口尺寸控制、直度控制、预焊缝控制、内焊跟踪检测方面有特殊要求，钢带铣边坡口深度偏差应控制在±1.0mm以内，成型微调合缝间隙时后桥油缸伸缩长度应控制在15mm以内，必须严格控制预焊缝和预焊精整质量，并采用内焊跟踪外置法及驱动辊动态纠偏控制，以此确保精焊钢管的质量。

第十二节 螺旋缝埋弧焊钢管的切断工艺

一、螺旋缝埋弧焊钢管的切断方式

1. 切断钢管的设备类型

切断钢管的设备一般称为切管机，这种设备分为：火焰切管机和刀具切管机两种；其中火焰切管机又分为：

① 氧-丙烷切割机。

② 等离子切管机。

2. 切割钢管的目的及准备工作

① 切割钢管的目的：切管机是用来切断运动着的钢管，即把连续生产的钢管切成定尺长度。

② 切割钢管的准备工作：根据工艺卡确定切管长度。

3. 切割焊管的步骤及注意事项

① 作业前对设备进行检查，只有确认设备完好后才可以进行作业。

② 根据焊管直径和壁厚，调整好割嘴的高度及与焊管的距离、倾角。

③ 启动控制电源，使设备进入运行状态。

④ 当焊管达到定尺长度时，切管小车随焊管同步前进，此时操纵控制开关，击穿管，进行切割。

⑤ 焊管切断后，降下输出托架，使切下的钢管安全地输送到收集台架。

⑥ 在降下托架的同时，使切割小车脱离钢管，并返回到初始位置。钢管进入收集台架后升起托架，进入下一根待切割钢管的切割准备状态。

二、切割钢管常见质量问题的原因

① 切口宽、喷嘴易烧，电流和电压限制了等离子弧的功率。随着等离子弧功率的提高，切割速度和切割厚度均可相应增加。但增加电流会使弧柱变粗，致使切口变宽，同时喷嘴也易烧坏。另外，随切割厚度的增加，切割电流对切割速度的影响减小，因而在切割大厚度螺旋缝钢管时，以提高切割电压的效果为好。

② 在功率不变的情况下，提高切割速度能使切口变窄，热影响区变小，但速度太快时不能割穿工件。反之，切割速度太慢，生产效率降低，并造成切口表面粗糙不平直，使切口底部熔瘤增多，清理较困难，同时热影响区及切口宽度增加。

③ 随喷嘴到工件表面间的距离增加，一方面使电弧电压升高，即电弧的有效功率提高，另一方面等离子弧柱显露在空间的长度将增长，则弧柱散失在空间的能量增加。上述两方面

的综合结果是有效热量减少，并对熔融金属的吹力减弱引起切口下部熔瘤增多，切割质量明显变坏，同时还增加了出现双弧的可能性。

三、切割焊管时故障的处理方法

① 当距离过小时，喷嘴与工件间易短路而烧坏喷嘴，破坏切割过程的正常进行。一般希望间距在 8～10mm。

② 切割时割炬应垂直工件表面，但有时为了有利于排除熔渣，也可稍带一定的后倾角。

③ 由于等离子切割螺旋缝钢管设备出现故障或操作人员误操作等原因造成螺旋缝钢管不能及时切断时，应立即停车，采用火焰切割机来切断螺旋缝钢管。

第十三节　螺旋缝埋弧焊预精焊机组钢管切断装置的改进

随着螺旋缝埋弧焊管预精焊工艺技术在我国的快速发展和工业化广泛应用，该技术日趋成熟。该技术能够进一步提高生产效率和产品质量，特别是在厚壁、中大直径钢管生产中优势明显。预精焊工艺特点之一是预焊机组出管速度快（成型预焊速度可达 8m/min），因此原切断装置已不能完全满足预焊机组高速连续生产的切管要求，在厚壁钢管生产时矛盾凸显。为避免由此导致的预焊机组非正常停车，对切断装置进行改进十分必要。

一、原有钢管切断方法及装置

1. 原钢管装置结构

原钢管切断装置普遍被应用于一步法工艺螺旋缝埋弧焊钢管机组，完全能满足较低出管速度（焊速 1～2m/min）的钢管切断要求，其结构如图 15-49 所示。装置主要由小车轨道、切割车车体、跟踪顶轮（电液推杆）、升降机构以及割枪夹持架等组成。

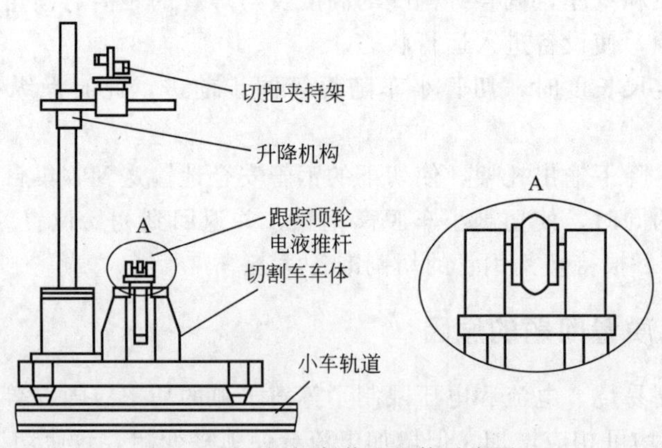

图 15-49　原切断装置机构示意图

2. 工作原理

根据钢管规格调整割枪夹持架位置并紧固，等离子割枪在夹持架上调整定位，保证割枪处于合适的切割击穿点位置。主机出管达到定尺长度时，开启电液推杆顶起跟踪顶轮，待切割小车与钢管随动同步运行平稳后，启动等离子切割，待钢管完全切断后（切割小车行走一个钢管螺距长度），关闭等离子切割，放下跟踪顶轮与钢管脱开，人工推动切割小车至初始位置，等待下根钢管切断。

3. 存在的问题及解决思路

① 切割速度难以满足需要。高预焊速度要求切割速度快，原有钢管切断装置难以满足高速切割要求。根据螺旋焊管生产的工艺特点，可以推算出切割速度的关系如式(15-31)所示。

$$V_{切}=V_{焊}\sin\alpha \tag{15-31}$$

式中 $V_{切}$——切割速度，m/min；

$V_{焊}$——焊接速度或递送速度，m/min；

α——成型角，(°)。

从式(15-31) 中可以看出，成型角越大，焊速越快，要求切割速度越快，对切割机的能力要求越高。宝鸡钢管克拉玛依有限公司在生产厚壁、大直径钢管时，通常采用性价比高、切割能力强的美国海宝 HPR400 等离子切割机，主要技术参数见表 15-10。

表 15-10 HPR400 等离子切割机主要技术参数

工件厚度/mm	最大切割速度/(m/min)	弧压/V	穿孔延时/s	割嘴与工件间距/mm	辅助气体
12	4.43	139	0.4	3.6	压缩空气+氧气
15	3.95	142	0.5	3.6	
18	3.26	144	0.6	3.6	
20	2.80	146	0.7	3.6	
25	2.21	150	0.9	4.0	
30	1.79	153	1.1	4.0	

以采用预精焊工艺生产 ϕ1219mm×18.4mm 钢管为例，板宽 1545mm，成型角 65.8°，预焊速度 4.5m/min，则其要求的钢管切割速度为 $V_{切}=V_{焊}\sin\alpha=4.5\times\sin65.8°=4.1$。因此，生产该规格钢管所需的切割速度为 4.1m/min。

通过表 15-10 可以看出，等离子切割机能力不能满足生产 ϕ1219mm×18.4mm 钢管高速出管的切断要求，如选用更大能力的等离子切割机，投资将会大大增加，经济性较差。

为解决该问题，可将切割枪随钢管同方向旋转，且切割枪旋转速度低于钢管旋转速度进行切割。此时二者的线速度差值即为切割速度（差速切断）。

② 原有成型桥长度不足。采用上述差速切割方式后，由于钢管切断时的有效行程变长，因此需要增加成型桥长度。

解决该问题可采用双枪或多枪同时切割方式，但考虑为保证各切割击穿点处于钢管同一圆周截面上不错位，切割枪初始位置的调整对位难度等因素，采用双枪切割方式更具可操作性和实用性。

二、对原有切断装置的改进

针对原装置在高速预焊生产时钢管切断存在的问题，依据上述的改进思路，对切断装置进行改进设计。

1. 改进措施及改进后的优点

改进措施主要包括新增差速切割机构，采用双枪切割工艺，切割车移动采用直线导轨、电动复位，差速机构升降采用蜗轮蜗杆机构、直线导轨导向等。具体促使及改进后的优点见表 15-11。

表 15-11 改进措施及改进后的优点

原装置状况	改进措施	改进后的优点及功能
无差速切割机构，切割速度与出管旋转速度一致，在一个螺距内切断钢管	新增差速切割机构	有效解决预焊机组高速出管时的钢管切断存在的问题，满足厚度钢管切断能力要求，保证预焊机组连续生产
无差速机构，割枪人工升降定位，顶丝顶紧	差速机构升降采用蜗轮蜗杆调节直线导轨导向	更换钢管规格时，采用手动调节蜗轮蜗杆，保证差速机构到位，调整方便、到位精度高，定位可靠
单枪切割，切割能力仅能满足厚壁管一步法较低速出管切断要求	采用双枪切割工艺	有效解决了采用差速切断后导致的切断小车行程增加，成型后桥加长等问题
割枪在小车上固定不动，无须设置把线绕线架	配合切割把线绕线架	满足切割时割枪随差速齿圈同步旋转要求，减少齿圈运行阻力，保证运行平稳
切割小车支承导向采用钢轨，V 形辊，小车复位采用人工推回	切割小车支承导向采用直线导轨，小车采用电动复位，采用齿轮齿条	直线导轨保证切割小车运行精度高、阻力小，改善同步跟踪效果。小车复位采用齿轮-齿条机构、电动复位，解决切割车重量大，人工复位困难
跟踪顶轮为单轮	跟踪顶轮采用双轮	采用双轮，有效解决了改进后切断车总成重量增加可能导致的跟踪打滑问题，保证随动同步跟踪平稳、可靠

2. 改进后的切断装置结构

改进后装置结构如图 15-50 所示，主要由小车直线导轨、跟踪顶轮装置、割枪夹持架、绕线架、差速机构直线导轨、差速机构升降装置、切割车车体、小车复位驱动装置、差速机构（驱动电机，转速无级可调）、差速齿圈以及齿圈支承导向轮等构成。

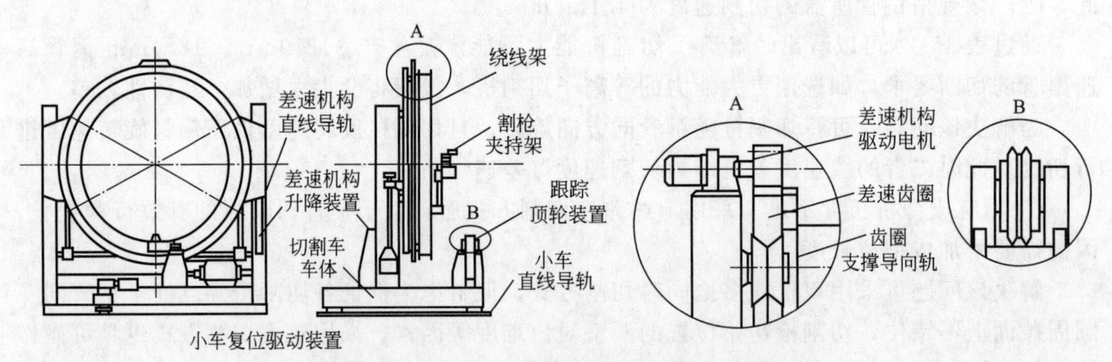

图 15-50 改进后的切断装置结构示意图

3. 改进后装置工作原理

双枪差速切割方式工作原理及步骤：①根据钢管直径，手动调节差速机构升降装置，差速机构处于合适工艺位置；②调整两把切割枪位置并在割枪夹持架上固定，两把割枪各完成大致半个钢管圆周的切割量；③主机出管达到定尺长度时，开启电液推杆顶起跟踪顶轮装置，切割小车与钢管同步随动运行平稳后，开启差速机构驱动电机，驱动差速齿圈与出管旋转方向同向转动（差速齿圈、割枪夹持架及切割枪、绕线架为一体，同时旋转），启动等离子切割；④待钢管完全切断后，关闭等离子切割，开启差速机构驱动电机反向旋转使切割枪复位，放下跟踪顶轮与钢管脱开，开启小车复位驱动装置，小车复位。最后电动脱开小车复位驱动装置的齿轮-齿条啮合，等待下根钢管切断。

该装置还可根据所生产钢管的壁厚、焊接（递送）速度、螺距长短等实际情况，灵活选择单枪同步切割、单枪差速切割、双枪同步切割方式，工作原理与双枪差速切割方式的区别如下：①单枪步切割时，差速机构停用，一把切割枪工作；②单枪差速切割时，差速机构启用，一把切割枪工作；③双枪同步切割时，差速机构停用，两把割枪开始工作。

三、改进后应用情况及未来改进方向

钢管切断装置改进后，实际应用在两步法生产 X80 钢中 ϕ1219m×18.4mm 规格钢管中。使用期间装置运行平稳、可靠，切割质量稳定，使用效果良好，满足厚壁、预焊高速出管的钢管切断要求，为预焊机组高速、连续生产奠定了基础。

根据实际生产使用情况，提出未来改进方向：①在采用双枪切割时，优化两把割枪初始位置的快速、精准调整定位方法，使两个切割击穿点处于钢管同一圆周截面上，尽可能不产生错位；②在采用差速切割时，优化安装布置切割把线，进一步减小把线对绕线架的阻力，使差速机构旋转阻力更小、运行更加平稳。

第十六章

螺旋缝埋弧焊钢管消磁技术

第一节　螺旋缝埋弧焊钢管消磁技术概述

一、消磁技术应用的现状

螺旋缝埋弧焊钢管，简称螺旋焊管，在我国石油、化工、天然气、城市供热、输水等行业应用十分广泛，特别是近年来在西气东输工程中的成功运用，使螺旋焊管的使用呈现上升趋势。螺旋焊管的原材料是热轧钢带，它是典型的具有铁磁性特性的材料，钢管制造过程中焊缝焊接时电流的磁场将钢管磁化，钢管切割后，钢管内磁畴能局部转动，在管端呈现出很强的剩余磁性。剩磁的存在，对螺旋焊管的影响有两个方面：

① 造成螺旋焊管在X射线电视连探检验时得到的管端图像扭曲，从而缺陷判别困难，需增加管端人工拍片或超声波手探检验，以满足100%无损检测的要求。因人工拍片速度慢，难以满足工程的需求，而超声波手探检测到的钢管缺陷不直观，对无损检测人员的技能要求较高，且超声波不能完全覆盖X射线的检验缺陷类型，这两种方法都没有X射线电视连探检验来的直观简便。

② 使后续的钢管现场对接的焊接得不到顺利地实施：钢管安装现场的焊接，大多数单位采用氩弧焊打底，取得单面焊双面成型的效果，以获得较高的焊接合格率。而剩磁使氩弧焊的熔池在钢管现场对接时焊接的收口处产生偏弧，从而无法熔合，严重时不得不修改工艺。

目前，大多钢管制造商和我国某军事船舶研究所采用大型直流焊接电源，用软电缆环绕或穿绕钢管消磁。由于钢管磁滞性的存在和电缆电流线性调节能力差，不能得到理想的无级调节电流，消磁效果较差。

有些钢管制造公司采用交流焊接电源和软电缆环绕或穿绕钢管进行消磁，消磁的效果也不太理想，磁场有时在3.5mT（35Gs）以上，不符合我国GB/T 9711.2标准中3mT（30Gs）和美国APL SPEC 5L标准平均值不应超过3mT（30Gs）且任一读数小于3.5mT（35Gs）的规定，而且经交流消磁过的钢管在放置一段时间后，磁场还有恢复的现象，证明交流消磁过的钢管的磁畴存在不稳定现象，磁畴自身在做缓慢运动，交流消磁效果也不好。

二、螺旋焊管的消磁方法及装置

国内一个发明专利提供了一种螺旋焊管的消磁方法及装置，解决现在一般采用大型直流焊接电源，用软电缆环绕或穿绕钢管消磁或采用交流焊接电源，用软电缆环绕或穿绕钢管进行消磁的方法存在消磁效果较差以及钢管在放置一段时间后，磁场还有恢复的不足，实现用简单的设备、较少的投资和简约的控制有效地对钢管实施消磁，防止钢管剩磁的反弹，使钢管剩磁磁场控制在10Gs以下，极大地提高螺旋焊管的质量，满足相关标准及工程建设的需要。

该发明的特征方法是在焊管生产线大桥上设置消磁装置进行粗消磁，再在X射线电视探伤室钢管进出口处设置消磁装置进行精消磁；焊管生产线大桥上设置的消磁装置中线圈的正极电流方向与螺旋焊管旋转方向相反：在X射线电视探伤室设置的消磁装置中线圈的正极电流方向与大桥上线圈消磁电流方向相反。

该发明的消磁方法先进，消磁装置结构简单，消磁效果好，消磁后的焊管剩磁磁场仅在10Gs以下，远远低于国内外相关标准中关于剩磁磁场强度的技术指标，满足了工程建设的需要，不仅有利于提高企业的经济效益，也具有很好的社会效益，消磁装置电路控制见图16-1所示。

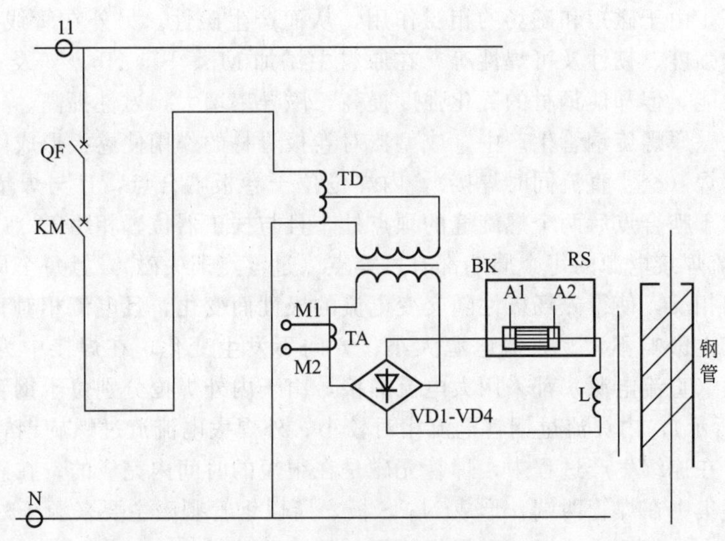

图16-1　消磁装置电路示意图

BK—消磁变压器；TD—接触式调压器；VD1-VD4—桥式整流器；
TA—电流互感器；L—线圈；RS—分流器；QF、KM—开关

三、螺旋焊管消磁的方式

如图16-1，该发明的消磁装置是由消磁变压器BK、接触式调压器TD、桥式整流器VD1-VD4和线圈L构成，消磁变压器BK的一次侧连接接触式调压器TD的输出端，接触式调压器TD的输入端外接电源，消磁变压器BK的二次侧接桥式整流器VD1-VD4的交流端；桥式整流器VD1-VD4的直流输出连接线圈，线圈由截面积为4～25mm^{2}的绝缘导线绕制40～200匝，线圈的直径比焊管直径大10～500mm。桥式整流器的交流端中的一端可串接电流互感器TA，电流互感器TA的信号端外接。桥式整流器DV1-VD4的直流输出的地端可串接分流器RS，线圈L亦可由主消磁线圈并联副消磁线圈构成，主消磁线圈和副消磁线均由截面积为4～25mm^{2}的绝缘导线绕制40～200匝，主、副消磁线的直径比焊管直径大10～500mm，副消磁线圈的直径是主消磁线圈直径的1.4～1.8倍。

第二节　直流消磁装置在螺旋焊管生产中的应用

在螺旋焊管生产过程中，由于成型、焊接等特殊工艺过程的影响，使焊管两端存有一定的剩磁。高钢级、大壁厚螺旋焊管制造过程中，由于工艺及产品性能的要求，采用埋弧内外直流、大电流焊接，导致剩磁现象愈加严重，对焊管检验环节及现场施工对口焊接造成一定的影响及危害。为此，笔者在分析了螺旋焊管剩磁产生原因的基础上，提出了有效的直流消磁设计方案，并进行了调试，达到了焊管消磁的目的。

一、螺旋焊管剩磁的产生及危害

1. 剩磁产生的原因

螺旋焊管母材采用的管线钢是一种铁磁性物质，本身具有自发性的磁化现象，该物质在外加磁场环境下，由于磁矩和磁场的相互作用，从而产生磁性。另外在管线钢制作过程中，为了增强钢材的强度、韧性及可焊性等，在原料中添加 Mn、Si、Nb、V 及 T 等微量元素，改善了钢材的性能，但却使钢材的磁化强度提高，磁导率增大，磁性提高。

高钢级、大壁厚螺旋钢管生产中，成型器对卷板母材的作用使卷板形成闭合磁路。焊接均采用埋弧双丝焊（交、直流同时焊接），内焊枪位于卷板啮合点，且与焊垫辊接近于同一点位；外焊枪位于啮合点后两个螺旋缝的顶点处，且与扶正器位置相距 L（L 随管径不同而变化）。由于交流焊接电源的每个周期都有过零点（过零点即失磁），且每个周期的正半波和负半波电流方向相反，使得磁场极性随交变电流的极性而变化，且电流相对直流较小，因此对钢管剩磁的产生影响不大。直流电源大小、方向不发生变化，在焊接中为了保证焊缝熔深、内外焊前丝（直流电源）都采用大电流焊接，由于内外焊枪分别位于钢管和接地极的位置（如图 16-2 所示），内焊流过钢管电流相对较小；外焊大电流流过螺旋钢管，焊接电流类似经过直导体，在连续生产过程中，焊管充磁是在很短的时间内完成的。在经过“飞剪”切断后，剩磁主要集中在焊管两端，形成 N、S 极，所以钢管剩磁主要来源于外焊直流焊接过程（在焊接过程中，焊枪为正极，内焊焊垫辊、扶正器下辊与负极相连接）。

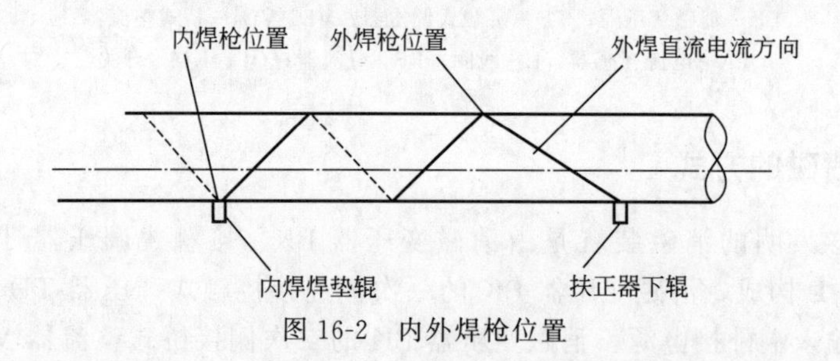

图 16-2　内外焊枪位置

2. 剩磁的影响及危害

GB/T 9711—2017 对剩磁有明确要求：当用霍尔效应高斯计测量时，4 个读数的平均值应≤30mT（30Gs），且任一读数不能超过 35mT（35Gs），或者当采用其他类型仪器测量时，测加量值不应超过上述值的等效值。

在钢管剩磁检验中也明确规定了不满足剩磁强要求的钢管应视为缺陷钢管，同时在 GB/T 9711—2017 管端检验中规定：对埋弧焊管和组合焊管，应采用射线检验方法对每根钢管至少200mm（80in）管端范围内的焊缝进行检查；射线检验的结果应记录在胶片上或其他成像介质上。API SPEC 5L对剩磁也有类似要求。

钢管进行图像增强器X射线检验时，由于剩磁的存在，焊缝图像扭曲，尤其管端处剩磁较大，直接影响管端X射线拍片及检验结果，甚至造成检验误判等严重后果。在施工现场钢管对接时，当管端剩磁过高时，容易造成电弧“磁偏吹”现象，直接影响焊缝的焊接质量。

二、常用的消磁方法

在埋弧焊管生产中，钢管经“飞剪”切断后运送至直线传输辊道上，通常在该辊道上安装消磁线圈，使钢管在传输过程中通过该线圈达到消磁的目的。

在生产中，一般采用交流消磁或直流消磁，在消磁线圈中通入交流电流，使钢管整体通过，达到消磁作用，但消磁强度较弱，针对剩磁较大的钢管作用不大。同时由于钢管母材管线钢磁性的不稳定性，经交流消磁后，放置一段时间磁性还有恢复的可能，因此交流消磁方式存在较大弊端。针对剩磁较大的钢管通常采用直流消磁，具有良好的消磁效果。

三、直流消磁原理及应用

1. 消磁原理

在恒定磁通磁路中，激励电流为直流，即恒定量，所以磁路中磁感应强度B、磁场强度H、磁通D等均不随时间变化。在铁磁性材料中，B与H的关系服从铁磁性材料的基本磁化曲线，基本磁化曲线如图16-3所示。作为铁磁性物质的管线钢在外加恒定直流磁场作用下，欲消除生成的剩磁，则需要外加反向且大小基本相等的磁场进行消磁。

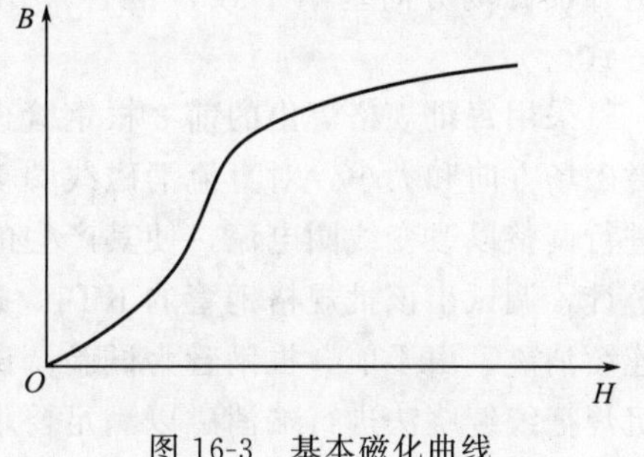

图16-3　基本磁化曲线

2. 直流消磁装置的设计

直流消磁装置采用与焊接电流产生的磁场方向大致相反的外加磁场，改变钢管内部磁场，使钢管磁性减弱或消除，其电气原理如图16-4所示。直流消磁装置电气主回路采用AC 220V电源，使用可调变压器进行变压后，经过桥式整流器转

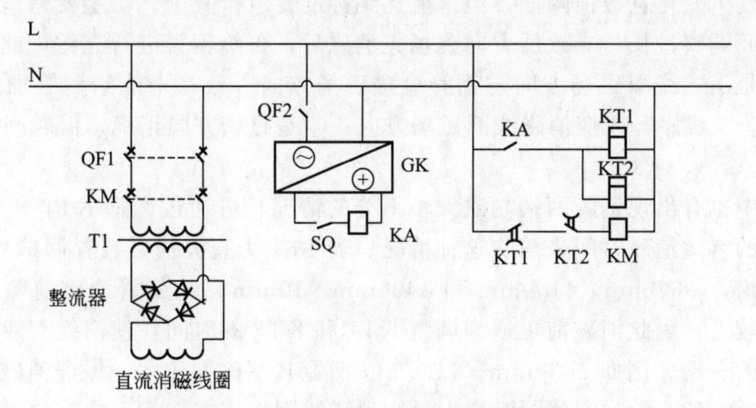

图16-4　直流消磁线圈电器原理图

T1—2kVA变压器；GK—24V直流电源；SQ—电感式接近开关；KA—24V中间继电器；KT1、KT2—时间继电器；KM—交流接触器；QF1、QF2—断路器

为方向相反的直流电流输入消磁线圈中。控制回路采用感应式限位、时间继电器进行消磁线圈的启停控制，使消磁装置在辊道上无管时不启动。由于钢管经切断后，内部存有少量铁粉和渣皮，电感式接近开关可采用侧安装感应方式，防止铁粉和渣皮落在接近开关表面造成误判。

消磁装置安装位置如图 16-5 所示。钢管在消磁直线传输辊道上管头传输至 SQ 后，KT1、KT2 同时开始计时，当 KT1 计时完成后，其开点闭合，KM 吸合，开始消磁作业；当 KT2 计时完成后，KM 断开，消磁作业停止，其中 KT2 减去 KT1 的时间即为消磁作业时间。

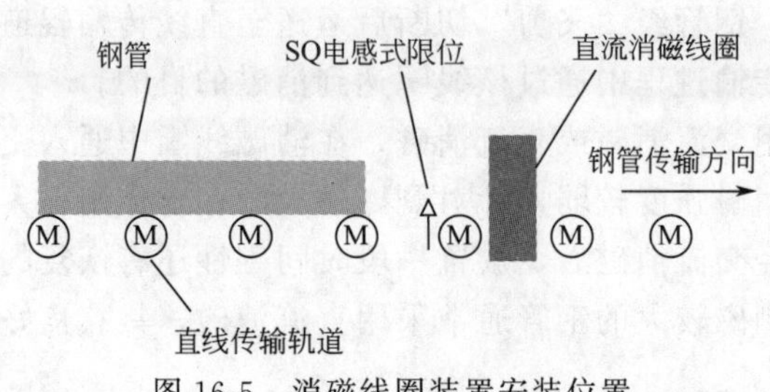

图 16-5 消磁线圈装置安装位置

3. 直流消磁装置调试与应用

同一批规格钢管在调型换道完成后，焊接过程中焊接电流一定，外焊在钢管上形成的外加磁场方向基本一致，钢管采用定尺切断，则同一批规格钢管剩磁方向、大小基本一致。

采用每批规格焊出的前 3 根钢管进行消磁调试，钢管经切断后，用高斯计测量出钢管剩磁磁场方向和大小，对直流消磁线圈 L、N 和时间继电器进行调整，如有必要可对电压输出进行调整以改变线圈电流，使其产生的磁场起到消磁作用。对每根钢管消磁后的测量值进行统计，调试出该批规格钢管的 KT1、KT2 时间继电器的设置时间，直至满足标准后再进行连续消磁。由于前 3 根钢管为试验调试管，通常消磁效果不理想，可在后续补焊岗位采用焊机焊把线缠绕法进行端消磁以满足要求。

调试中出现的消磁不合格情况：①消磁后的剩磁和消磁前比较方向发生变化，且数值增大；②消磁后的剩磁和消磁前比较，方向未发生变化但数值增大；③消磁后的剩磁和消磁前比较，方向未发生变化且数值降低，但未能达到标准要求。其中，①主要是消磁线圈磁场方向正确，但时间调整过长，导致反方向磁场先消磁后，再给钢管进行充磁，此时需减少消磁时间；②主要是消磁线圈磁场方向与钢管剩磁磁场方向一致，未能给钢管加反向磁场造成的，需调整 L、N 线序，改变消磁线圈磁场方向；③是磁场方向正确，但时间整定过短，需增加消磁时间。

实际生产中也有出现钢管两端剩磁大小不等的情况，可通过调整 KT1 和 KT2，来调整作用在钢管上的有效消磁时间来消除这种情况。表 16-1 为直流消磁装置调试数据测量结果，从表中可以看出，ϕ630mm×11.9mm 和 ϕ406mm×10mm 规格钢管消磁前两端剩磁并不相等，甚至差别较大，因此消磁前可适当调整 KT1 和 KT2 的时间，使消磁有效作业时间范围靠近剩磁较大的一端。例如 ϕ630mm×11.9mm 钢管 B 端磁性较大，保证消磁作业时间不变时，可将 KT1 和 KT2 的时间值同时增大，则消磁线圈作用在钢管上的有效磁场将靠近钢管 B 端，从而达到钢管两端同时消磁目的。

表 16-1 直流消磁线圈调试数据测量结果

管线规格/(mm×mm)	消磁前磁感应强度均值 /mT		消磁时间/min	消磁后磁感应强度均值 /mT	
	A端	B端		A端	B端
ϕ1219×18.4	−6.8	6.5	50	5.3	−4.2
	−6.5	6.4	20	2.0	−1.5
	−6.5	6.4	15	−0.8	1.0
ϕ813×16.8	−7.5	6.2	16	−2.1	1.2
	−7.2	6.1	15	−2.5	1.4
	−7.0	6.3	17	0.8	−0.5

四、直流消磁装置使用效果

直流消磁装置在生产线的实际应用表明，该套直流定时消磁线圈装置对剩磁较大的埋弧焊管可进行有效的消磁作业，同时可根据剩磁的大小调整电压和电流，并实现消磁作业时间启停的自动控制。但在实际生产中，应结合调试记录进行统计分析，通过分析结果判断消磁时间并进行设定，尽可能地减少调试管的根数。同时，随着管径的变化和钢级的增强，可根据实际情况对钢管规格进行分类，制作不同规格的消磁线圈，使消磁线圈内壁尽可能紧贴钢管表面，使钢管消磁达到良好的效果。

第三节 螺旋焊管焊接中整管消磁工艺

流体输送建筑钢结构、海洋桩基工程中大量使用的螺旋焊管是在专业工厂中用热轧钢卷（钢带）冷成型螺旋缝埋弧焊焊制成的钢管。单根钢管长度从 12m 到 80m 不等。在后序钢管对接的焊接时，有时会出现管端对接焊缝处有磁偏吹现象，影响了焊接质量，严重时会导致无法施焊。

一、焊管剩磁产生的原因

用于钢管生产的原材料热轧钢卷很少带有剩磁，所以在螺旋缝埋弧焊焊接过程中没有出现磁偏吹现象。管端对接中的磁偏吹是由钢管中存在磁性引起的，而钢管中的磁性通常有两种：一种是感应磁性；另一种是工艺磁性。工艺磁性常产生在对接工序中，因装配、焊接作业用的磁性夹具（夹持器）、焊接用直流电源导线与钢管接触、导线裸露段或焊钳与钢管短路等原因，都会引起管端有磁性出现，这就要靠改善对接焊接工艺、环境来解决。

螺旋焊管成型是在专业的机组上自动连续完成的，见图 16-6。

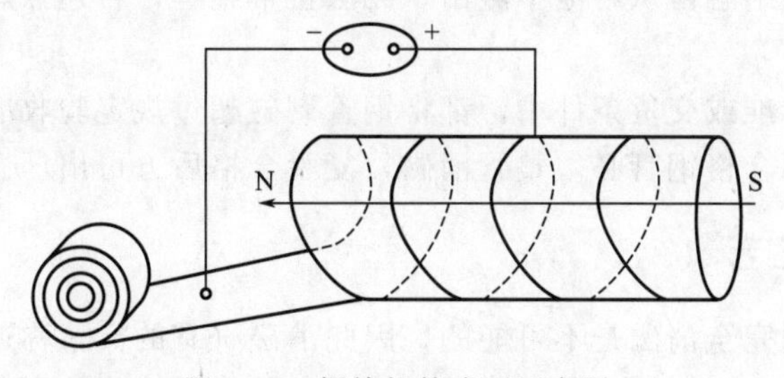

图 16-6 螺旋焊管成型示意图

钢管螺旋成型后在没焊接前，形成了螺旋缝，一般机组是将焊接电源的负极定点连接在机架上，钢管管体与机组的机架接触，属同一电极性，焊接采用大电流，电流高达1000～1200A，焊接中钢管形成了通电螺旋管线圈的磁场，用右手定则，可判定磁场的方向（如图16-6所示），磁场强度可计算。

$$H=\frac{NI}{\sqrt{D^2+L^2}} \tag{16-1}$$

式中 H——磁场强度，A/m；

N——螺管线匝；

I——电流，A；

L——螺管线圈长度，m；

D——螺管线圈直径，m。

设：N为1（二电极点间为1螺旋），L为0.5m（二电极点间距离），D为1m，I为1200A，代入计算，得：$H=1073(\text{A/m})$。

一根钢管中磁感应强度：

$$B=\mu H=4\pi\times10^{-7}\times1073=1.35(\text{mT})$$

实际钢管生产中由于采用了多丝焊接，直流、交流电源同时使用等，在钢管中形成的磁感应情况要复杂得多，而一根钢管由多个螺旋连接成整管，磁感应强度的叠加最终形成强大的磁场，钢材料中原方向各异的磁畴，在外磁场的作用下都转向外磁场方向，这种现象就称为磁化。磁化后的钢管如同一段磁铁，也显出很强的磁性，钢管焊制成一定长度后，经切割下线，即使再去掉外磁场（离开机组一段距离），但仍保留了剩余的磁性。而这种纵向磁化的磁场，高度集中在钢管的两端，并形成磁极，这种磁性称为剩磁。

二、影响焊管磁性的因素

在同样磁化条件下，不是任何钢种焊制的钢管都有相同的剩磁，影响剩磁大小的主要因素如下。

① 含碳量的影响：含碳量增加，矫顽力几乎成线性增加，剩磁也增加。

② 晶粒度大小的影响：晶粒愈细，磁导率愈低，矫顽力愈大，剩磁也愈大。

③ 合金元素的影响：由于合金元素的加入，矫顽力增加，剩磁也增加。

如SS400钢种制成的钢管比Q345钢种制成的钢管剩磁要明显一些，因为SS400含碳量高于Q345级钢。而X系列的管线钢因晶粒细，制成的钢管剩磁高。

三、焊管剩磁对焊接带来的影响

带剩磁的钢管，磁性集中在管端，钢管对接时会看到起弧引燃困难。在磁场中，电弧偏离焊道，液体金属和渣熔融体从熔池中溅出，无法正常施焊，若勉强焊接，焊出的焊缝质量很差。

故在许多制管的标准或交货条件中，都将钢管剩磁超过规定验收准则的钢管判为有缺陷的不合格钢管。此类不合格钢管必须整管消磁，复验合格后方可出厂。

四、消磁的原理与工艺

事实上，要想达到完全消磁是不可能的，因此消磁（有的文章称退磁）程序实际上是将焊件中的剩磁磁场减弱至可接受的水平，以不影响焊件在以后的使用和加工为准。

图 16-7 是经典的消磁原理图，原理是将钢管置于交变磁场中，产生磁滞回线，当交变磁场的幅值逐渐递减时，磁滞回线的轨迹也越来越小，当磁场强度为零时，钢管中残留的剩磁 B_r 也接近于零。消磁的原理用一句话可概括“换向衰减同时进行”。

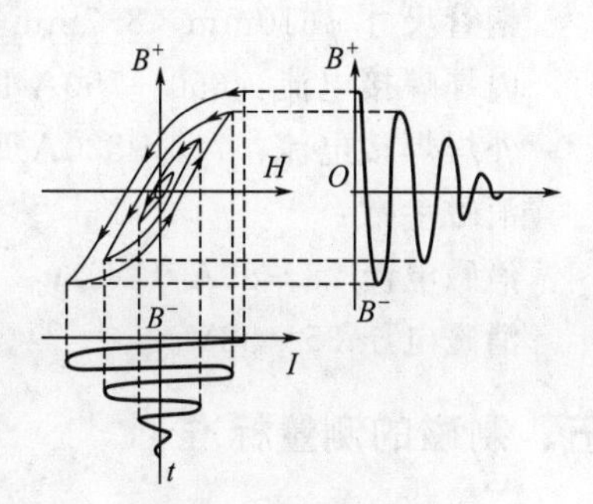

图 16-7 退磁原理

消磁的方法很多，只要适应消磁工件的形状、大小就行。通常有：交流消磁，分通过法、衰减法；直流消磁，有直流换向衰减消磁和超低频电流自动消磁。钢管整体消磁采用的是直流通过法消磁。

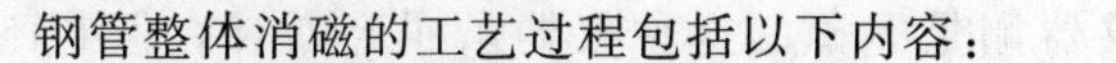

钢管整体消磁的工艺过程包括以下内容：

① 确定钢管剩磁场的大小和方向；

② 选择消磁的方法，系统图和技术手段；

③ 用选定的消磁方法对钢管消磁；

④ 测量经过消磁后的剩磁量，判定是否满足验收准则。

消磁工艺参数主要有：

(1) 消磁时，消磁磁场强度应该大于剩磁磁场强度。

$$H=(1.2\sim1.5)H_0 \tag{16-2}$$

式中 H——消磁磁场强度；

H_0——剩磁磁场强度。

(2) 消磁磁场强度确定公式。

$$H=IN/L \tag{16-3}$$

式中 H——消磁磁场强度，A/m；

I——消磁线圈中通过的消磁电流，A；

N——消磁线圈的匝数；

L——消磁线圈绕组的长度，m（绕组线圈紧排）。

下面以通过法消磁为例，介绍消磁装置，如图 16-8 所示。

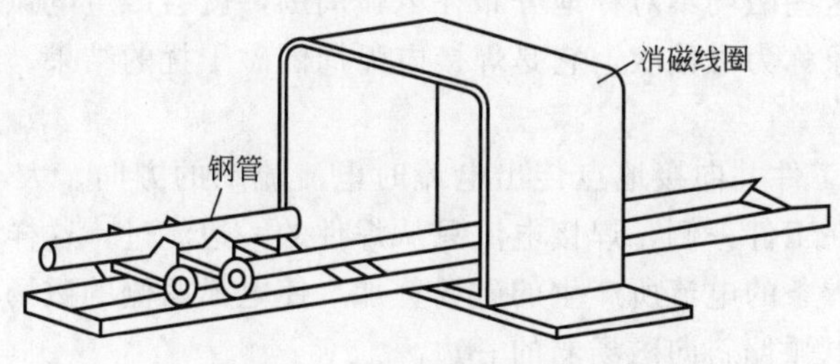

图 16-8 钢管消磁装置示意图

螺旋焊管厂一般可用截面 35～50mm 的柔性电焊用导线绕制成电磁线圈来完成直流或交流的消磁。线圈的大小以钢管通过为宜并根据钢管剩磁的大小绕成不同的匝数。电源选用电流适宜的焊接变压器或焊接整流器，并装置有电流表或采用轻便的电流测量卡表来测量消磁用的电流。线圈装置不动，钢管通过小车平稳地通过线圈绕组，并缓慢地远离线圈，至少在离线圈 1～1.5m 处断电。

以下是相对应的一组消磁工艺参数。

钢管尺寸 ϕ610mm×8.7mm，钢级 X65，其焊接参数：

内焊焊接电流：650～750A DC；

外焊焊接电流：750～820A DC（前丝）；360～400A AC（后丝）。

消磁参数：

消磁电流 78～85A（DC）；

消磁电压 35～38V。

五、剩磁的测量标准

钢管消磁前后都要检测管端的剩磁。《管线钢管规范》（API SPEC 5L）标准中规定采用标准的霍尔效应高斯计或其他类型的仪器测量剩磁。这种仪器虽叫高斯计，但它不是测量钢管内的磁感应强度 B。实际上测量的是与管端相邻的磁场强度 H。因此测量剩磁场所的环境一定不能有附加强磁场的干扰。许可的话，退磁钢管消磁行迹与地磁场垂直，不要与其他工作的电焊电缆平行。在空气中磁场强度 H 与磁感应强度单位 B 在数值上是一致的。1Oe（奥斯特）＝80A/m，在数值上与 1Gs 相等。使用不同类型的仪器要注意测量单位与它们之间的换算。测量的频次，测量方法要满足相关产品技术规范和仪器说明书。

第四节　克服钢管剩磁对焊接电弧的影响

国内某公司 2004 年承担了利比亚国西部管道的施工，在 ϕ8128mm×119mm 钢管焊接中遇到了钢管剩磁引起焊接磁偏吹现象，使电弧偏斜，熔滴无法过渡到坡口根部形成熔池，严重影响焊接作业的问题。针对这一问题，进行了原因分析，结合现场条件，采用了磁极相克法消除了剩磁对焊接的影响，圆满地完成了管线焊接任务。

一、磁偏吹产生的原因

焊接电弧是电极和熔池之间的柔性气体导体。在焊接过程中，电极和电弧周围及被焊金属中产生磁场，如果这些磁场不对称地分布在电弧周围，就会产生电弧偏斜，影响焊接作业和焊缝质量，这种现象称为磁偏吹，它是焊接电弧周围磁干扰的结果。产生的原因有以下三个方面：

① 随着电流进入工件并向接地点传出电流时电流流动的方向、大小的变化而产生感应磁场。当焊接电缆接在工件一侧，焊接电流只从焊件的一边流过，这样流过焊件的电流产生的磁场与流过电弧和焊条的电流所产生的磁场叠加，使电弧两侧的磁场分布不均匀，靠近接线一侧磁力线密集，电弧偏斜向磁场弱的一边。

② 电弧周围的磁性材料分布不对称。在靠近焊接电弧的地方有较大的磁场存在时，也会引起电弧两侧磁场分布不均匀。在有铁磁性物质一侧，因为铁磁性物质磁导率大，磁力线大多数由铁磁性物质中经过使该侧空间的磁力线变稀，电弧偏斜向铁磁性物质一侧。

③ 进行大的钢结构焊接时，磁偏吹主要来自焊接件的剩磁。当焊件有较大的剩磁场时，它与电弧磁场叠加，从而改变了电弧周围磁场的均匀性，形成磁偏吹。

二、克服和消除磁偏吹的方法

根据磁偏吹产生的原因，在生产安装过程中采用以下方法克服和消除磁偏吹对焊接电弧的影响。

① 适当的改变焊件上接地线位置，尽可能使电弧周围的磁力线均匀分布。

② 在操作上适当的调整焊条的倾角，将焊条向磁偏吹方向倾斜。

③ 采用分段退焊法及短弧焊法，也能有效地克服磁偏吹。

④ 采用交流焊法代替直流焊法。当采用交流电焊接时，因变化的磁场在导体中产生感应电流，而感应电流所产生的磁场削弱了焊接电流所产生的磁场，从而控制了磁偏吹。

⑤ 安放产生对称磁场的铁磁材料，尽量使电弧周围的铁磁物质分布均匀。

⑥ 减小焊件上的剩磁。焊件上的剩磁主要是原子磁极排列整齐有序造成的。可扰乱焊件原子的磁极的整齐排列以达到减小剩磁的目的，可对焊件上存在的剩磁部位进行局部加热，加热温度为 250～300℃，生产实践证明去磁效果良好。

⑦ 用反消磁法。让焊件产生相反磁场来抵消焊件的剩磁，从而克服和消除磁偏吹对焊接电弧的影响。

三、用反向消磁法消除管道焊接时的磁偏吹

在利比亚国西部管道工程施工中，在哈瓦米特戈壁地段 ϕ119mm 的厚壁管焊接中，遇到了钢管剩磁影响打底焊接质量的问题。经过分析发现这种剩磁主要产生在厚壁管线的对接接头处，而且管线越长，剩磁磁场越强。经用指南针测试，单根钢管带有明显磁性，从而说明钢管在制造、加工过程中产生了剩磁，出厂前消磁不尽造成焊接磁偏吹。

针对上述情况，结合现场施工作业场地宽阔的情况，采用了反向消磁法来克服磁偏吹的影响，即在焊接接头处产生与剩磁方向相反的磁场，以抵消焊接接头处的剩磁。

具体措施为首先用指南针测量单根钢管的磁极并标出北极，在布管时将带剩磁的钢管南北极相对布管，焊接时利用钢管中的剩磁相互消磁，从而解决了焊接时磁偏吹对焊接电弧的影响。

通过使用这种方法，克服了钢管剩磁对焊接的影响，顺利完成了 2km 带剩磁钢管的焊接作业，焊后对焊缝进行 100％的外观检查和射线探伤，合格率为 93％，达到质量要求指标，该方法操作简便，不增加施工成本，有效地解决了施工难题，保证了质量和完成工期。

经实践证明，反向消磁法在长输管道施工中是一种经济实用、方便可行的克服磁偏吹的方法。

第十七章

螺旋焊管生产质量控制

第一节　螺旋焊管焊缝外观质量的控制

螺旋焊管焊缝的内在质量随着焊接材料的发展和焊接工艺的进步已得到了较好的保证，完全可以满足产品标准的要求，但焊缝的外观质量与客户对钢管质量日益严格的要求相比还有一定的差距。特别是随着3PE防腐技术在螺旋焊管上的应用，客户对焊缝的外观形状提出了更高的要求，因为不良的焊缝外观形状将对钢管的防腐质量和成本产生严重影响。此外，不良的焊缝外观形状对焊缝的超声波无损检测也有不良影响。因此，提高螺旋焊管的焊缝外观质量是非常必要的。

一、焊缝外观形状及其控制要求

焊缝外观形状的主要几何参数有：焊缝余高、焊缝宽度、焊缝过渡角等（见图17-1），此外还包括焊缝的均匀性。

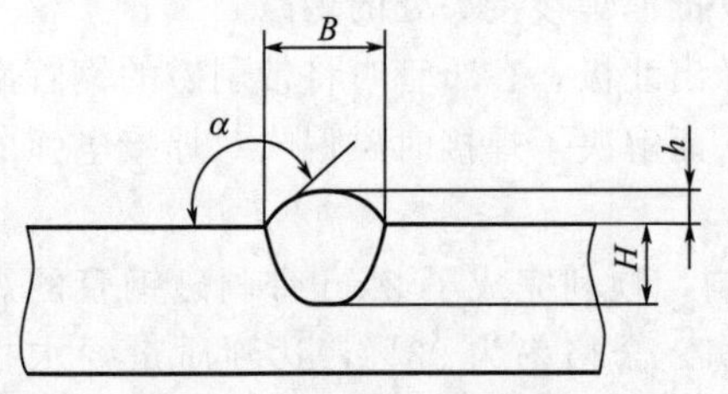

图17-1　焊缝形状示意图

B—焊缝宽度；h—焊缝余高；H—焊缝熔深；α—焊缝过渡角

1. 焊缝余高

焊缝余高是焊缝外观形状控制的最主要几何参数，大多数焊接产品标准对焊缝余高均有明确要求。在现行的API SPEC 5L、GB/T 9711.1—1997等螺旋焊管标准中，对焊缝余高要求最严格的是GB/T 9711.2—1999，该标准对焊缝余高的规定是：当钢管壁厚$T \leqslant 15$mm时，内、外焊缝余高均$\leqslant 3$mm；当钢管壁厚$T > 15$mm时，内焊缝余高$\leqslant 3$mm，外焊缝余高$\leqslant 4$mm。而且除修磨咬边外，焊缝余高不得低于钢管轮廓。但是，许多用户都对焊缝余高提出了更严格的附加要求。例如在《西气东输工程用螺旋缝埋弧焊钢管技术条件》中，对$\phi 1016$mm×14.6mm和ϕl016mm×17.5mm两种钢管都规定了内焊缝余高$\leqslant 3$mm，外焊缝余高$\leqslant 2.5$mm的严格要求。

对螺旋焊管焊缝余高的控制，主要应防止焊缝余高超高，同时也应防止因焊缝“马鞍形”过大、焊缝凹陷引起的焊缝高度低于钢管表面轮廓的现象。尤其需要引起重视的是，在焊缝余高符合产品验收标准要求情况下的焊缝中间“脊棱”问题，因为这种焊缝会在使用时严重降低钢管焊缝处的防腐层厚度。

2. 焊缝宽度

焊缝宽度是决定焊缝外观形状的另一个主要参数，它和焊缝余高决定了焊缝的基本形状。现行的螺旋焊管标准都未对焊缝宽度做出明确要求。可依 JB/T 7949—1999《钢结构焊缝外形尺寸》标准的规定，对于 I 形焊缝，将钢管的焊缝宽度限制在（b+8mm）～（b+28mm）（b 为对缝间隙）；对于开坡口的焊缝，焊缝宽度限制在（g+4mm）～（g+14mm）（g 为坡口最大宽度）。

在确定焊缝宽度时主要应考虑以下几个因素：

① 应保证焊缝的充分熔合，特别是保证在焊缝有少量焊偏情况下的充分熔合，为此要求焊缝有一定的宽度。

② 应该保证焊缝与母材的平缓过渡，避免出现窄而高的焊缝，为此需要焊缝宽度和焊缝高度保持一个适当的比例，将焊缝的高度系数（焊缝宽度和焊缝高度之比）控制在一定的范围内。一般焊缝的高度系数应为 4～8。

③ 保持一定的焊缝成型系数（焊缝宽度和熔深之比），避免出现窄而深的焊缝，防止焊缝产生裂纹、气孔和夹渣等内部缺陷。

④ 在满足以上要求的情况下，也不应一味加大焊缝宽度，因为这样会增加焊丝、焊剂等焊接材料的消耗，而且也容易导致焊缝产生气孔、咬边等缺陷。因此，在确定焊缝宽度时需要和焊缝余高、焊缝熔深等一起综合考虑，以使焊缝获得良好的外观和横截面形状为基本原则。

3. 焊缝过渡角

焊缝过渡角即焊缝与母材之间的夹角，是表示焊缝与母材过渡情况的参数，过渡角越大，焊缝与母材过渡越平缓，反之亦然。对于焊缝与母材的过渡情况，现行的螺旋焊管产品标准都只定性要求“钢管焊缝与母材过渡平缓”，而没有对焊缝的过渡角大小提出定量要求。在客户对钢管的附加技术要求中，也未见有对焊缝过渡角提出明确规定的。但是，焊缝与母材过渡得不好是螺旋焊管的主要薄弱环节之一，因此，保证焊缝与母材尽可能平缓过渡对提高钢管质量有重要意义，应引起足够重视。根据生产实际经验，要充分保证焊缝与母材的平缓过渡，应将焊缝的过渡角控制在不小于 135°，最好不小于 150°。

4. 焊缝的均匀性

焊缝的均匀性是指焊缝外观形状的连续一致性，包括焊缝宽度的一致性和焊缝高度的一致性。

对于焊缝的均匀性，现行的螺旋焊管产品标准都没有明确要求。虽然 JB/T 7949—1999《钢结构焊缝外形尺寸》标准对埋弧焊缝外形的均匀性有规定，但对于螺旋焊管来说，该标准的要求偏松，如果只满足于符合该标准，难以保证焊缝的均匀美观。根据螺旋焊管生产经验，应将同一根钢管的焊缝高度差控制在不超过 1mm；将同一根钢管上焊缝的宽度差控制在不超过 2mm，同时将任意 50mm 长度范围内的焊缝宽度差控制在不超过 1mm。这样才能保证焊缝基本美观。

二、螺旋焊管焊接和焊缝成型特点

螺旋焊管的焊缝包括内焊缝和外焊缝。下面根据国内常见的上卷式成型的钢管埋弧自动内焊和外焊过程（图 17-2），来分析螺旋焊管的焊接和焊缝成型特点。

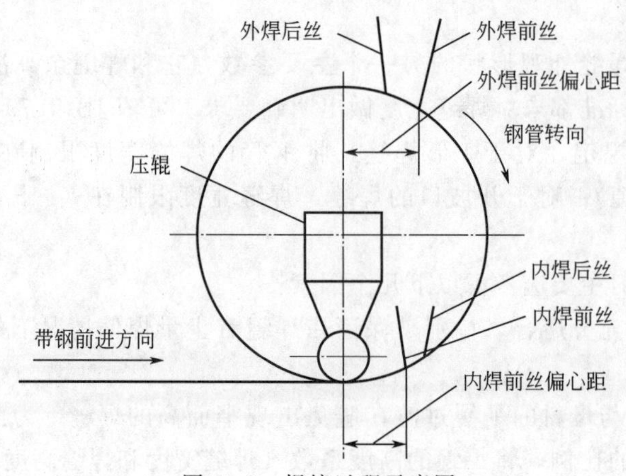

图 17-2　焊接过程示意图

1. 螺旋焊管的焊接特点

① 钢管的内焊缝焊接和外焊缝焊接是在钢管做螺旋状旋转的过程中同时完成的。焊接过程接近于环焊缝焊接，但又有横焊缝的焊接特点。由图 17-2 可以看出，由于钢管成型，钢管的内焊也一般采用下坡焊，使得内焊缝的熔池无法实现在水平位置的凝固，只能在有坡度的钢管内表面凝固，给钢管的内焊缝成型增加了难度。

② 焊接速度比较快。例如对于外径不小于 ϕ426mm、壁厚为 8mm 的螺旋焊管，不少工厂的焊接速度已经达到了 1.8～2.0m/min。在高速焊接的情况下，钢管的液态熔池金属必须在高速旋转的钢管上完成结晶过程，使焊缝成型条件恶化。

③ 焊缝质量与钢管的成型质量有较大的关系。钢管成型过程中的管径变化、椭圆度、错边、挤厚、噘嘴，以及成型缝间隙变化等，会导致焊接过程的不稳定和焊接参数的变化，引起焊缝形状变化。在生产中经常会看到在焊接参数未做调整的情况下焊缝形状突然变坏的情况，这常常是由钢管的成型不佳，成型缝或钢管几何形状发生较大变化而引起的。

2. 螺旋焊管的焊缝成型特点

① 由于钢管内焊缝和外焊缝是下坡焊，若焊点偏心距过大，相当于下坡焊的工件倾角变大容易形成中间低两边高的所谓“马鞍形”焊缝。焊点偏心距越大，焊缝的“马鞍形”越严重。相反，如外焊下坡焊的焊点偏心距过小，则液态熔池金属在经过钢的最高点时仍未完全完成结晶过程，焊缝中间液态金属会向熔池尾部流动，使焊缝中间增高，形成余高过大或中间有“脊棱”的焊缝。

② 由于焊缝是螺旋状，在重力作用下熔池金属会向焊缝下边一侧流动形成一边高一边低的“偏流”焊缝，这种焊缝下边一侧过渡较差。

三、焊缝外观形状问题原因和防止措施

1. 焊缝余高过大和焊缝“脊棱”

焊缝余高过大的根本原因是单位长度、单位宽度焊缝上堆积了过多的熔化金属。具体原因主要有以下四点：

① 焊接规范搭配不当，电流过大、电压过小以及焊速过慢。

② 焊点位置不当，焊点偏心距过小，液态熔池金属流向熔池尾部，导致焊缝高度增大，特别是焊缝中间的余高增大，形成焊缝“脊棱”。

③ 焊丝后倾角过大，使熔池金属剧烈后排。

④ 双丝焊的前、后焊丝间距过小。

针对以上焊缝外观问题原因分析，防止的具体措施是：

① 通过工艺试验确定合理的焊接规范。

② 合理调整焊点位置、焊丝倾角和焊丝间距等工艺参数。

③ 厚壁钢管采用开坡口的焊接工艺，可有效降低焊缝余高。

2. 焊缝“马鞍形”太大

焊缝“马鞍形”长期以来一直是螺旋焊管一个比较典型的质量问题，在钢管的内焊缝上表现得尤为突出。其产生的最主要原因是下坡焊时的钢管焊点偏心距过大。对于开坡口的焊缝，坡口深度和角度过大也是焊缝产生“马鞍形”的主要原因。

针对以上焊接质量的问题，其防止措施主要如下。

① 采用尽可能小的焊点偏心距。当下坡焊的焊件倾角大于4°时，焊缝就会出现马鞍形，由此可推导出，对于半径为 R 的钢管要使焊缝不出现马鞍形，至少必须使焊点的偏心距 $f_{偏} \leqslant R\sin4°$，即 $f_{偏} \leqslant 0.07R$，考虑到钢管在生产过程中是不断旋转的，内焊的焊点偏心距比此计算值还应更小，而外焊的焊点偏心距比此计算值可更大些。

② 采用较低的焊速和焊接电压，有利于防止和减小焊缝的“马鞍形”。

③ 综合考虑，应合理地选择坡口形状。

另外，在焊缝表面不低于母材的情况下，只要将焊缝“马鞍形”的深度控制在一定的范围内，例如深度不超过1mm，则钢管的内焊缝不一定要求消除马鞍形，而应将重点放在控制“马鞍形”焊缝与母材金属的过渡上。只要焊缝整体均匀、与母材过渡平缓，则允许内焊缝存在一定的“马鞍形”。

3. 焊瘤缺陷

焊瘤是指焊缝表面的局部凸起现象。其产生的主要原因有：

① 焊接过程中的焊接规范搭配不当。

② 焊剂性能不好，黏度过大的焊剂容易产生焊瘤现象。

③ 焊接时使用的焊剂不干净，焊剂中含有氧化铁、焊丝头等杂物，使焊缝局部熔化金属增加，造成焊瘤。

针对以上所述的焊瘤缺陷问题，其具体防止措施是：

① 选择合适的焊接规范，焊接电流和电压应匹配合理，避免出现焊接电流过大而焊接电压过小的情况。

② 选用优质的焊剂，并保证焊剂使用过程中的清洁。

4. 焊缝表面压坑

焊缝表面压坑是由于焊接时熔池和熔渣界面处的气泡对即将凝固的熔池金属的压力而产生的。其具体原因有以下三个方面：

① 焊缝附近或焊丝上有较多的油、锈和水，导致焊接时产生大量气体。

② 焊剂在使用前未按规定烘干以及焊剂较脏，有较多的杂物。

③ 焊剂密度大、熔渣黏度大以及焊剂的堆积高度大，使焊接时产生的气体难以及时排出。

防止措施主要是：

① 选用密度小、黏度小的烧结焊剂，使用前保证焊剂的烘干和清洁，使用中在不明弧

的前提下尽可能减少焊剂堆高。

② 彻底清除焊件和焊丝表面的油、铁锈和水。

5. 焊缝“偏流”

焊缝“偏流”产生的主要原因是：

① 焊点位置不当，焊点偏心距过大或过小。

② 焊接速度过快，导致液态熔池未结晶就处于较大的坡度位置。

③ 焊剂送给位置不正确，焊剂对熔池的压力不对称。

防止措施是：

① 根据管径大小和焊接规范合理选择焊点位置，尽可能使熔池在接近水平的位置完成结晶过程。

② 以正确方式送给焊剂，减少焊剂送给过程中焊剂对熔池的冲击，焊剂碗最好做成上大下小的形状，以尽可能减少焊剂碗内熔池前部的焊剂流动。

6. 焊缝与母材过渡不平缓

焊缝与母材过渡不平缓分两种情况。一种是因焊缝余高过大引起的过渡不平缓，其产生的主要原因是焊接参数选择不当，如焊接电流过大、电压过低、焊接速度过快、焊丝后倾角度过大、焊点偏心距过小等，产生细而高的“麻秆”形焊缝；另一种是在焊缝余高不大的情况下，因焊缝过渡角过小而产生的焊缝与母材过渡不平缓。后一种产生的原因：一是焊点偏心距不当而导致焊缝“偏流”，二是由于液态金属和焊剂熔渣的表面张力较大，导致焊缝与母材过渡不平缓。此外，焊剂的密度、颗粒度及焊接时的堆积高度、焊剂的熔渣黏度等也对焊缝与母材的平缓过渡有重要影响。

防止措施是：

① 选择合适的焊剂，保证焊剂颗粒大小适度且均匀，焊接时在保证不出现明弧的情况下尽量降低焊剂的堆积高度，同时保证焊剂清洁。

② 寻找最佳的焊接规范匹配，采用较低的焊速，较小的焊接电流，配合适当的焊接电压，有利于得到高度低而过渡平缓的焊缝形状。

③ 合理调整焊丝倾角和焊点位置，避免焊缝“偏流”。

④ 在厚板的焊接中，采取开坡口的方法，可以有效地改善椭圆、成型缝错边或噘嘴、成型缝间隙变化、大桥摆动等，避免焊接过程不稳定而引起焊缝形状不均匀。

⑤ 在其他条件相同的情况下，当焊接电压较大时，由于电弧的挺度变差，漂移增加，将导致焊缝宽度不均匀。

⑥ 电弧磁偏吹引起的电弧摆动。

在焊接时，有时还会出现焊缝宽度在短时间内频繁变化的“锯齿形”焊缝，使焊缝形状更加恶化。其产生的主要原因有：

① 焊点偏心距过大或过小，使焊缝产生单边“锯齿形”。

② 如果焊接时焊剂的送给位置不当，焊剂堆积高度过大，会给液态熔池产生较大的冲击力和压力，最终造成“锯齿形”焊缝缺陷。

四、提高焊缝均匀性的综合措施

提高焊缝均匀性的措施主要有以下五个方面：

① 搞好设备维护，防止由于焊接送丝不稳、导电嘴磨损、焊接机头不稳等引起的焊缝

不均。

② 提高钢管的成型质量，防止因钢管几何形状变化导致的焊缝形状变化。

③ 使焊点位置和焊剂送给位置保持在最佳状态。

④ 合理确定焊接规范，并保持焊接过程的稳定。

⑤ 防止和减少电弧磁偏吹。

第二节 对螺旋焊管生产中咬边缺陷的控制

在螺旋焊管的生产过程中，特别是在高速（1.7～2m/min）焊接中，咬边已成为螺旋焊管生产过程中产生的最主要的缺陷之一。咬边这一质量缺陷主要有以下几种表现形式：

① 单个单侧咬边。

② 单个双侧咬边。

③ 单侧连续咬边。

④ 双侧连续咬边。

其中单侧连续咬边和双侧连续咬边对焊缝质量的危害性最大，它们和焊缝裂纹、未焊透一样成为焊缝的致命缺陷。因此，我们应该高度重视，采取措施杜绝此类缺陷的产生。

一、单个咬边形成原因及预防措施

1. 单个单侧咬边形成原因及预防措施

一般来说，单个单侧咬边的形成是偶发的，没有规律性，成型缝变化过大、带钢边缘的小毛刺或小缺口、成型错边都可能形成单个单侧咬边。对于符合标准许可范围内的单个单侧咬边可以通过修磨的办法将咬边消除。对于超出标准范围的咬边必须通过修补的方式消除。

由于此类缺陷产生的不确定性，我们不必因此而做大的调整，可以在条件允许的情况下尽可能将带钢边缘处理光滑并保持成型稳定。对于带钢边缘的光滑处理问题，可以采用铣边机代替圆盘剪剪边进行解决；对于成型稳定问题，可以采取提高调型质量的办法来解决。

2. 单个双侧咬边的形成原因

① 焊丝接头的原因。由于焊丝接头处的直径、光滑程度发生变化，焊丝接头在通过送丝轮和弯管时送丝速度会发生突然变化，由此引起焊接电压和熔化速度的瞬间变化，焊接熔池的突然加宽以及熔化金属补充不足可造成在此焊点处产生单个双侧咬边。

② 焊接规范的原因。在一般情况下，连续生产过程中焊接规范不会发生大的变化，因此，正常生产过程中不会有咬边的产生。但是，在外界电源的影响下，焊接电流、电压也有可能发生突变，突变的结果最终导致咬边的产生。

③ 瞬间短路的原因。有时由于板边毛刺或焊剂中混有金属毛刺，在正常焊接过程中会在导电嘴处产生瞬间短路，瞬间短路会造成焊接电流、电压瞬间变化，最终导致咬边的产生。

单个双咬边的处理和单个单咬边的处理方法一样，可以采用修磨或修补的方式进行处理。

3. 单个双侧咬边预防措施

① 处理好焊丝接头。对于焊丝生产厂来说，应该对接头处进行热处理以便使其硬度与整盘焊丝的硬度保持一致。在螺旋缝埋弧焊接连续生产进程中对焊丝接头，应该在对接完成

后修磨接头处，使其达到平滑过渡，直径均匀，并用氧乙炔枪烘烤接头处前后焊丝并使其自然冷却，以达到硬度一致的目的。

② 严格控制焊接规范。焊接过程中要注意电流、电压的变化，如果变化过大则要查找电源及系统外电源的原因，使变化控制在允许范围内。

二、连续咬边的原因分析

1. 连续咬边的形成

因设备故障产生连续咬边。在螺旋焊管生产中，焊接设备包括焊机及操作箱，送丝电机，送丝直管和弯管，导电臂、导电夹及导电嘴，咬边的原因可以从以下四个方面进行探讨分析。

① 焊机及操作箱。焊机及操作箱是焊管生产的核心设备，其状态好坏对焊接质量影响很大。首先，焊机主机的电流、电压特性是它的重要参数，电流、电压特性不好或匹配不佳的焊机在焊接过程中，其焊接电流和电压不能保持稳定，很容易导致连续咬边的产生；其次，操作箱是焊接主机外部的控制部分，如果电流、电压控制板发生故障而使焊机输出电流、电压产生波动，就很容易引起连续咬边。

② 送丝电机。送丝电机是将焊丝送到焊点位置的动力源，交流电机驱动减速装置和传动机构（送丝轮）完成送丝和电压反馈，减速装置（主要是轴承）损坏或炭刷、送丝轮磨损过大都会使送丝不稳，从而使咬边产生。

③ 送丝弯管。送丝弯管是内焊送丝设备中一种特殊的焊丝导向装置。一方面，弯管的直段到弯曲部分连接处必须是平滑过渡，如果过渡不好便会对焊丝的输送产生较大阻力，阻力过大就会使送丝速度和焊接规范不稳定；另一方面，如果送丝弯管磨损严重而又长时间得不到更换，弯管的圆弧部分就会磨成一条深槽，深槽会加大焊丝的输送阻力，使送丝不稳而产生咬边。

④ 导电嘴。导电嘴的作用是给连续送进的焊丝传导焊接电流，导电嘴滑块过紧会使焊丝在输送的过程中产生颤动，过松则夹不住焊丝，使导电嘴滑块失去给焊丝导向的作用并且造成导电不良，这都可能造成焊缝咬边。

2. 焊点位置不合理产生连续咬边

由于螺旋焊管生产过程中焊接环境比较特殊，焊点位置的选择对焊缝质量影响很大。在实际操作中，一般把钢管的 6 点钟位置作为基准点，在下坡焊环境下，焊点偏移量过大或过小，焊丝伸长位置不适或前倾角不适，不仅使焊缝成型恶化，而且有可能产生连续咬边。

按照标准的要求，连续咬边是不允许修磨处理的线性缺陷，必须要进行修补。对于连续咬边长度超过钢管或焊缝的规定比例，则此钢管必须做降级（判废）处理。

三、综合预防咬边措施

1. 选用性能优良的焊机

在电焊机选型时应该选用特性稳定的焊机，要求电流、电压调整特性要好，抗干扰能力、耐受环境能力要强，适用于连续生产作业。焊机操作箱内各元器件性能稳定、耐用；电焊机的主机与操作箱配套性要好。

2. 保证送丝设备的正常运行

经常观察送丝有没有打滑现象，如果有打滑现象则应更换送丝轮；经常用手触摸减速机部位感觉其振动和温度，如果振动较大或温度过高，应该更换减速机或送丝电机。

焊丝在送丝弯管中，所受到的阻力即使在一般情况下也是较大的，因此焊丝对其的磨损也最大。在处理好送丝电机等前提下仍然没有效果的话，应该将弯管取出更换，最好是做到定期更换。新换的弯管必须使直管和圆弧部分平滑过渡，尽量减少送丝阻力。

3. 定期检查、更换导电嘴

导电嘴和送丝弯管一样必须做到定期更换。导电嘴滑块上的焊丝导槽要基本和焊丝直径一样大，同时滑块螺栓必须上紧，使滑块焊丝导槽内表面紧贴焊丝外表面以保证其导电性能。滑块要定期检查，发现焊丝导槽磨损严重时必须及时更换。

4. 合理控制焊点位置和焊丝倾角和伸长量

从保证熔深和降低焊缝余高角度出发，一般采用偏前移 15～20mm 的焊点位置施焊，偏移量过大会使焊道表面粗糙，产生咬边。焊丝的伸长量以 20～25mm 为佳，过大的伸长量会导致导电嘴离焊点过远，在施焊过程中焊丝产生摆动而产生咬边现象。

总之，改善生产工艺、提高焊接速度是提高生产效率、提高钢管产量最为直接的手段。但是，随着焊接速度的进一步提高，咬边等质量缺陷的比例也会相应地增加。因此，研究解决较高焊接速度条件下的咬边的缺陷，具有现实意义和一定的经济意义。

第三节 焊管圆度质量的控制

造成油气管道失效的原因很多，常见的有：材料的缺陷、机械损伤、各种腐蚀（包括应力腐蚀和氢脆）、焊缝裂纹和缺陷、外力破坏等。在各种缺陷中，焊缝裂纹和缺陷占有主要地位，这是因为油气管道中存在大量的焊缝。目前管道生产中对接焊缝缺陷已经成为重要方面，这是因为，管线的对接焊一般在野外进行，管线长、不能旋转、环境条件差，焊接施工比较困难，焊接质量难以保证。在野外现场焊接时，往往由于焊管本身的几何形状误差而使焊接操作不易进行，同时造成较大的焊接缺陷，如裂纹、残余应力等，如图 17-3 所示，残余拉应力是引起应力腐蚀开裂的主要原因之一。

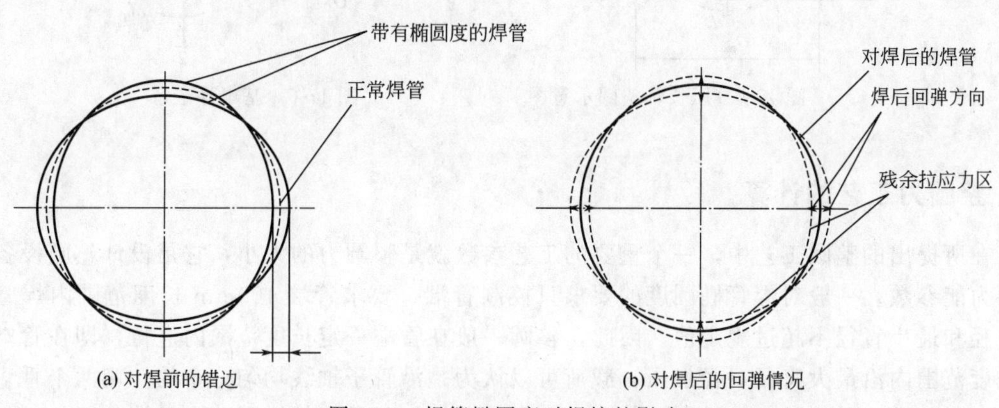

图 17-3　焊管椭圆度对焊接的影响

一、焊管整圆工艺方案

针对焊管生产中存在的问题，生产中常常采取一些整圆工艺措施，使对接的两根焊管的管端具有相同的几何形状，以保证对接焊的顺利进行。例如：采用外抱式整圆模或内撑式整圆模（图 17-4），利用外力，强制管端发生变形，使对接的两根管子管口对接完好，一方面便于焊接操作，另一方面可以改善焊接质量。但由于每次都要装卸模具，生产效率低，而且由于模具的限制，管端只发生弹性变形，焊后卸除模具，母体管回弹，焊缝处仍然存在较大的残余应力。

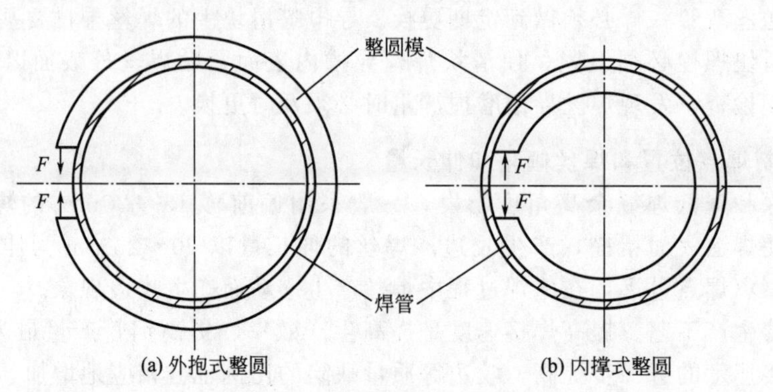

图 17-4　两种整圆方法示意图

首先由检测装置检测管端形状。确定出管子最大外径 D_{max} 和最小外径 D_{min} 的大小和方位，并判断是否超差。如果超差，则须进行整圆，使管子发生塑性变形，长轴变短，短轴变长（图 17-5），每加载一次进行一次检测，测出新的最大外径的大小和位置，仍然沿最大外径方向加载，直至管子最大外径和最小外径都满足公差要求。试验证明，一般经过 3～5 次加载，即能达到要求。

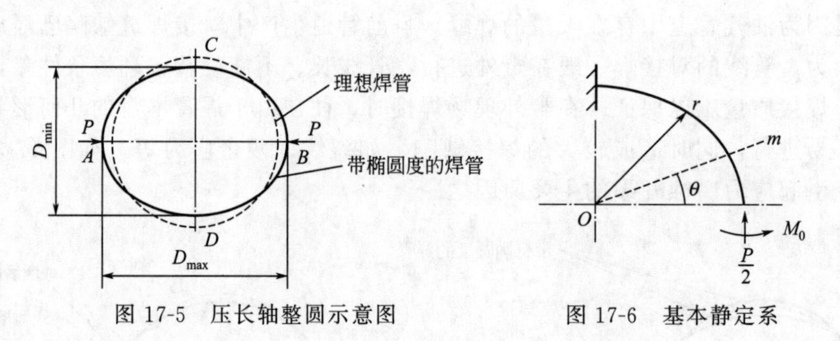

图 17-5　压长轴整圆示意图

图 17-6　基本静定系

二、整圆力工艺的计算

在所提出的整圆工艺中，一个重要的工艺参数就是整圆力的大小，它是设计整圆设备的主要力能参数。一般对焊管椭圆度的要求只控制管端，要求管端 100mm 长度范围内焊管最大直径和最小直径不超过规定值。因此，整圆一般在管端一定长度范围内进行，即在管端一定长度范围内沿最大直径对径加压，载荷可以认为是沿管子轴线均匀分布的。用两个垂直于轴线的平面截取单位长度的椭圆环，则可以通过分析对径受压的椭圆环来估算整圆力。

由于椭圆环的几何形状和受力情况对椭圆长轴和短轴都是对称的，所以内力和变形也对称于这两根轴。取 1/4 椭圆环分析，得基本静定系，如图 17-6 所示。由于管径一般远大于椭圆度公差，为分析简便，可按圆的方程进行计算，并通过试验得出的数据对计算结果进行修正，一般可以满足工程需要，利用材料力学能量法，可求得任意截面 m 的弯矩为：

$$M=pr\left(\frac{2}{\pi}-\cos\theta\right)/2 \tag{17-1}$$

式中 M——弯矩；

p——单位长度上的整圆力；

r——椭圆的平均半径。

$$r=\frac{1}{4}(D_{\max}+D_{\min})$$

由弯曲微分方程得：

$$\frac{d^2k}{d\theta^2}+\bar{k}=-\frac{Mr^2}{EI} \tag{17-2}$$

式中 $\bar{k}$——弯曲时的径向位移；

EI——抗弯强度。

将式(17-1) 代入式(17-2)，得：

$$\frac{d\bar{k}}{d\theta}+\bar{k}=-\frac{pr^2}{2EI}\left(\frac{2}{\pi}-\cos\theta\right) \tag{17-3}$$

积分式(17-3)，并代入对称条件，$\theta=0$ 和 $\theta=\pi/2$ 时，$\frac{d\bar{k}}{d\theta}=0$，有：

$$\bar{k}=-\frac{pr^3}{\pi EI}+\frac{pr^3}{4EI}\sin\theta+\frac{pr^3}{4EI}\cos\theta \tag{17-4}$$

由此，可得长轴缩短量 W_{AB} 和短轴的伸长量 W_{CD} 分别为：

$$W_{AB}=2\bar{k}_{\theta=\pi/2}=\frac{2pr^3}{EI}\left(\frac{\pi}{8}-\frac{1}{\pi}\right) \tag{17-5}$$

$$W_{CD}=2\bar{k}_{\theta=0}=\frac{2pr^3}{EI}\left(\frac{1}{c}-\frac{1}{4}\right) \tag{17-6}$$

最大弯矩发生在 $\theta=\pi/2$，$\theta=3\pi/2$ 的剖面，即长轴的两个端点，A 和 B 处。

$$M_{\max}=\frac{pr}{\pi} \tag{17-7}$$

最大应力为：

$$e_{\max}=M_{\max}/W\,\frac{6pr}{\pi t^2} \tag{17-8}$$

式中 $M_{\max}$——最大抗弯截面模量；

t——钢管壁厚。

为使变形不可恢复，则要求 $e_{\max}\geqslant e_s$，由此得：

$$p\geqslant\frac{\pi t^2}{6r}e_s \tag{17-9}$$

式中 e_s——材料的屈服极限。

假设整圆长度为 L，则最终整圆力的最小值为：

$$Q_{\min}=pL=\frac{\pi t^2}{6r}Le_s \tag{17-10}$$

式(17-10) 即是整圆力的估算公式。

本节提出的整圆工艺控制，其控制工艺通过试验证明是切实可行的，该工艺可以明显减小焊管管端几何形状误差，提高焊管质量，从而大大减少管线对接焊缝的残余应力，提高管线的可靠性。

本节所介绍推导的整圆力计算公式在实际生产中也具有一定的参考价值，同时为研发整圆设备提供了一些理论依据。

第四节 螺旋焊管椭圆度的控制

螺旋焊管的椭圆度是指钢管同一横截面上测量的最大直径和最小直径的差值，是钢管管端重要的几何尺寸。随着管线建设工程对管材质量要求越来越高，钢管椭圆度逐步成为一个重要的质量指标。GB/T 9711—2011《石油天然气工业管线输送系统用钢管》与 API SPEC 5L（4 版）相比，API SPEC 5L（4 版）标准对螺旋焊管椭圆度的测量频次及方法做了明确要求："每工作班每 4h 至少应检测一次钢管的椭圆度""对 $D \geqslant 219.1$mm（8.625in）的钢管，直径和椭圆度偏差计算可由计算内径（规定外径减去两倍的规定壁厚）或者测量内径确定，而不采用规定外径"。

一、椭圆度超标的影响

钢管椭圆度对保证管道施工质量和进度具有重要意义。管线施工现场对接钢管时，由于椭圆度的存在，钢管管端曲率不规整，在工地采取强制变形方法进行钢管对接会产生附加应力，造成钢管应力集中，降低了管线运行的安全性和可靠性，影响管线服役寿命。管线施工规范要求对口处螺旋焊缝必须错开一定距离，椭圆度较大的圆弧段与另一钢管较理想的圆弧段对缝时，因管端坡口不平整产生环焊缝对缝错边，安装时压缝困难，钢管对口难度加大，组对一道口需要多次进行调整，降低了钢管对接的稳定性，延缓了管道施工进度。

二、椭圆度超标原因分析

1. 前桥带钢递送线偏移

前桥带钢递送线偏移会造成成型不稳，导致管径变化。在带钢弯曲变形过程中，三辊弯板机的每排辊平行于钢管中心线，沿垂直于成型缝方向剖开，钢管的剖切面是一个椭圆，如图 17-7 所示。

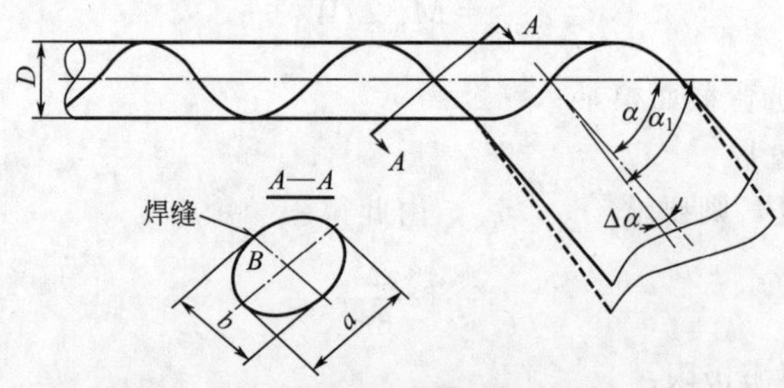

图 17-7 螺旋埋弧焊管成型示意图

在图 17-7 中，α 为理论成型角，α_1 为实际成型角；椭圆的长轴 $a = D/\cos\alpha$，椭圆的短轴 $b = D$；递送线偏移夹角 $\Delta\alpha = \alpha_1 - \alpha$。

带钢递送线偏移后，带钢中心与理论递送中心形成夹角 $\Delta\alpha$，$\Delta\alpha$ 变化，椭圆长轴 a 就随之变化，焊缝 B 处的曲率增大，钢管椭圆度随之产生。

2. 管体输出中心与成型器测圆中心不一致

钢管在输出辊道上偏离成型器中心后，在飞铣小车定尺切割前，随着管体陆续成型，管坯在成型框架内窜动，局部扭矩加剧，螺旋焊缝上形成的应力（切向应力和法向应力）增大，造成成型错边、开缝、管径变化，影响钢管椭圆度，如图 17-8 所示。

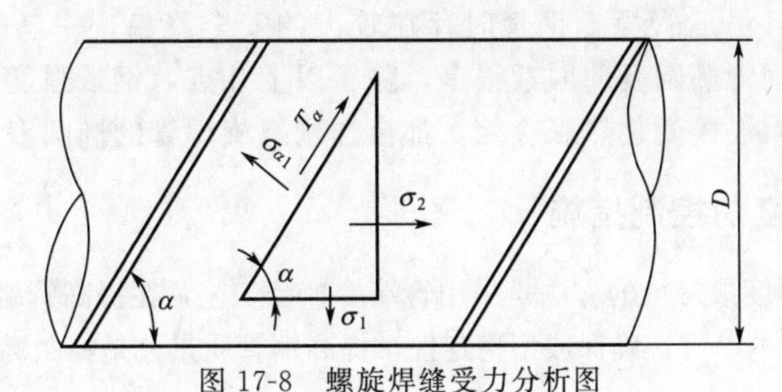

图 17-8　螺旋焊缝受力分析图

在图 17-8 中，管壁工作应力 $\sigma_1 = pd/2t$

轴向应力

$$\sigma_2 = \sigma_1/2 \tag{17-11}$$

式中　p——工作压力，MPa；

t——钢管公称壁厚，mm；

D——钢管公称外径，mm。

根据三角函数可知：

$$\sigma_{\alpha 1} = \sigma_1 \cos^2\alpha + \sigma_2 \sin^2\alpha \tag{17-12}$$

$$T_\alpha = \sigma_2 \sin\alpha \cos\alpha \tag{17-13}$$

3. 月牙弯对钢管椭圆度的影响

钢带月牙弯包括原料自身月牙弯和对头时所产生的人为月牙弯。如果钢带在进入成型器前未能消除月牙弯，会引起成型角度的变化，导致成型错边和开缝。此时虽然对成型缝的松紧情况进行了微调，钢管直径和椭圆度还是有些变化。通过成型角度计算公式（$\cos\alpha = B/\pi D$）可知，月牙弯引起的成型角度变大，钢管直径越大，反之越小。因此消除和控制钢带月牙弯对控制钢管椭圆度十分重要。

4. 成型调型参数不准确

螺旋焊管成型过程中，带钢在递送机牵引力的带动下沿着递送线进入成型器，如果框架内辊安装不到位或推力、阻力过大，钢带经三辊弯板机充分变形后未与外控辊贴圆，会造成管坯在成型器内窜动，钢管直径随之不规则变化，同时焊接质量也会由于成型的不稳定而形成焊偏、夹杂、未焊透、咬边等焊接缺陷，严重影响钢管质量。

5. 成型缝噘嘴导致钢管椭圆度产生

钢带进入三辊弯板机进行弯曲变形时，外层受拉应力，内层受压应力，当已充分变形的自由边与变形不够充分的递送边啮合时，使成型缝边缘向上噘起，产生成型缝噘嘴。成型缝噘嘴处管径经测量明显比平滑管体大，因此成型缝噘嘴越严重，钢管椭圆度越大。另外，噘嘴缺陷产生的椭圆度与钢管一般的平滑椭圆度的受力特点完全不同，平滑椭圆度是光滑、连续的直径变化，无尺寸突变，而噘嘴则是严重的尺寸突变缺陷，噘嘴处的应力集中严重，属于一次应力性质，因此应尽量控制成型缝噘嘴，以保证钢管椭圆度。

6. 后部精整工序对椭圆度的影响

钢管进行静水压试验及管端坡口倒棱时，钢管两端工装夹具在受力状态下不对心，管端受力不匀，从而导致管端直径发生变化。

7. 钢管堆码导致钢管椭圆度变化

钢管入库堆放时，由于自身重力的影响，钢管互相挤压，堆码越高，钢管承受的挤压力越大，受挤压力方向管体变形就越明显，这种现象在堆放薄壁钢管时更加严重，容易导致低层钢管椭圆度超标；且吊运管垛上钢管时存在较大的安全隐患，一旦垮垛，后果将不堪设想。综合看来，影响钢管椭圆度的因素很多，除了以上几点，钢带强度的分布不均、板头板尾对接质量差及管体因气候变化热胀冷缩，都会加剧螺旋焊管的椭圆度，甚至使之超标。

三、螺旋焊管椭圆度的控制措施

减小螺旋焊管椭圆度最常见的方法是采用管端冷扩径工艺，在提高管端屈服强度的同时提高管端的尺寸精度。从根本上讲，确保成型稳定性，提高钢管质量才是控制椭圆度的关键环节。

1. 改进立辊夹辊装置

在递送机牵引力的带动下，钢带边缘要与递送线保持一致并通过成型器转盘回转中心。然而传统的用于纠偏的液压立辊或电动立辊只能控制钢带往递送边或自由边方向的跑偏，却无法对钢带上下方向的窜动（波浪）进行调整。进行铣边作业时，坡口角度及钝边得不到保证，会引起带钢工作宽度变化，形成月牙弯，因此需要设计可调式机械夹辊对带钢上下方向的窜动进行控制，以消除月牙弯对成型的影响，提高钢管成型缝啮合稳定性，保障钢管椭圆度在允许范围内。

设计加工的可调式机械夹辊装置如图 17-9 所示，该装置可直接焊接于立辊侧面或通过地脚螺栓连接底座，下夹辊固定，上夹辊通过可调丝杠对夹辊间隙进行调节，满足生产不同壁厚和材质钢管的需要，该装置能有效控制钢带上下窜动，消除月牙弯，保证铣边质量。

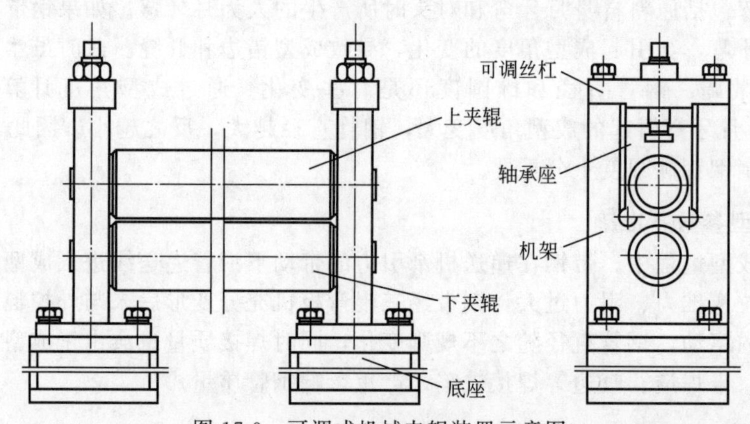

图 17-9　可调式机械夹辊装置示意图

2. 输出辊道中心与成型器测圆中心线保持一致

输出辊道的作用是使钢管切断下线前，管体中心线与成型器测圆中心线能够始终保持一致，以减缓管坯在成型框架内的窜动，防止管径变化。如果调整的输出辊道中心与成型器测圆中心线不一致，连续钢管越长，管坯应力越大，会引起成型和焊接质量的不稳定。

另外，输出辊道使用时应满足以下 2 点要求：

① 输出辊道沿钢管轴向可调弧度能满足机组生产极限成型角度钢管的需要，避免支架擦伤、撞伤管体。

② 连续钢管在切断过程中，接触轮的线速度和方向应尽量与钢管线速度和方向保持一致。

3. 改进钢带边缘预弯装置，减缓成型缝噘嘴

成型之前对钢带边缘进行预弯是防止成型缝噘嘴的有效措施，改进预弯装置对改善预弯效果非常重要。

采用三辊预弯装置，装置基本结构如图 17-10 所示。该装置主要由箱体、上预弯辊压下机构、蜗轮蜗杆减速器、上下预弯辊、3＃预弯辊进退机构等部件组成。装置可在其底座上沿钢带宽度方向整体进退，以调节钢带预弯宽度和弯曲点位置。

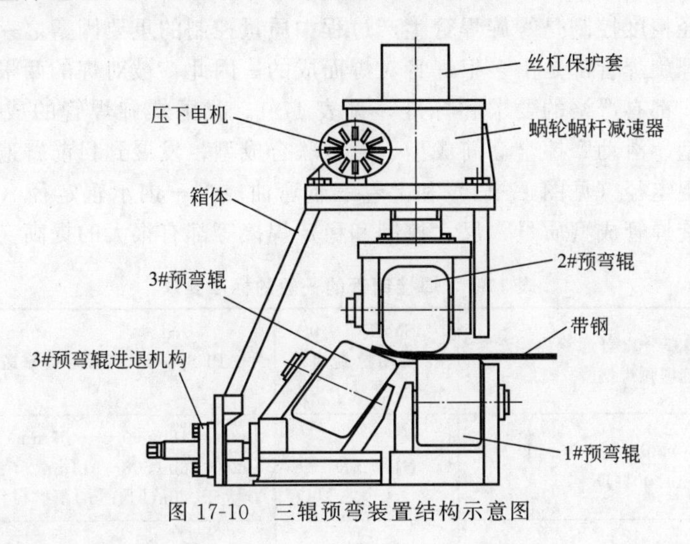

图 17-10　三辊预弯装置结构示意图

传动机构手动调整，通过调整 2＃预弯辊的压下量和 3＃预弯辊的进退量来满足不同钢管规格和成型角对钢带边缘预弯要求。

四、控制椭圆度具体措施

1. 优化成型调型工艺参数

每次调型换道，尤其是调试新品种钢管时，应通过精确测圆使外控辊、2＃预弯辊和 3＃预弯辊与钢管中心对心、贴圆；对成型小辊的间隙、角度和前后位置等主要工艺参数进行调整，不断优化总结。

生产过程中还要经常检查测量成型数据的变化，保证成型框架内小辊辊面贴圆，受力均匀。

2. 钢管堆码应符合堆放要求

钢管堆放按骑缝排列，根据钢管外径分别控制堆放高度：

① $D\leqslant 529$mm，高度≤5 层。

② 529mm$<D\leqslant 813$mm，高度≤4 层。

③ $D>1016$mm，高度≤3 层。

3. 其他注意事项

钢管在临时垛位堆放时，管垛底层应采用草垫或沙袋作为垛梁，防止钢管损伤及垮垛。防腐管堆放时，管垛底层应铺草垫，同时在管体套上编织尼龙绳，且在钢管长度方向上应附有 2 道以上保护尼龙绳，避免防腐层之间因摩擦而损伤。

总之，钢管椭圆度的控制是为对管道施工对接环焊接提供质量保证，而椭圆度超标是螺旋焊管必然存在的缺欠。通过优化成型调型工艺参数、改进预弯装置控制成型焊缝噘嘴以及改进机械夹辊装置保证铣边质量，能有效提高成型焊接质量，保证螺旋焊管的椭圆度符合要求。

第五节　螺旋焊管直径的控制

一、成型方式对管径质量的影响

螺旋焊管管径精度控制是螺旋焊管生产过程中质量控制的重要因素之一。不管是输送管线用，还是桩用螺旋焊管都是由多根焊管对焊而成的。因此，被对焊的两根管的管径（即圆周长）和椭圆度，都有严格的要求和标准，见表 17-1。我国螺旋焊管的成型技术和管径控制由下卷三辊成型、滑动摩擦全套筒成型、套辊联合成型，发展到目前普遍采用的上卷三辊弯曲成型＋外抱辊定径（见图 17-11）和上卷三辊弯曲成型＋内承辊定径（见图 17-12）。两种方法对提高螺旋焊管成型质量、尺寸控制和稳定焊接等都有很大的提高。

表 17-1　焊接钢管的一般的标准要求

<table>
<tr><th colspan="2">项目</th><th>SY/T 5037—92 普通流体输送管道用螺旋缝埋弧焊钢管</th><th>SY/T 5040—92 桩用螺旋焊缝钢管</th><th>API Spec 5L 螺旋焊缝输送管</th></tr>
<tr><td rowspan="2">钢管外径极限偏差</td><td>管体</td><td>$D<\phi 508$mm，±0.75%D $D\geqslant\phi 508$mm，±1.00%D</td><td>±1.0%D</td><td>$2\frac{3}{8}$～18in(60.3～457mm)±0.75%
20～36in(508～914mm)不扩径，±1.00%
大于 36in(914mm)不扩径，±1.00%</td></tr>
<tr><td>管端</td><td>在管端 100mm 长度范围内：$D<\phi 508$mm，±0.7%D 但最大不得大于±2.5mm
$D\geqslant\phi 508$mm，±0.5%D 但最大不得大于±4.5mm 采用周长法测量</td><td>在管端 100mm 长度范围内：$D\leqslant$ 800mm，±0.5% D
$D>\phi 800$mm，±0.4% D 采用周长法测量</td><td>在管端 4in(101.6mm)长度范围内：不大于 $10\frac{3}{4}$ in(237mm)下偏：1/16in(0.4mm)
上偏：1/16in(1.59mm)
$12\frac{3}{4}$～20in(323.9～508mm)包括 20in 在内的钢管
下偏：1/32in(0.79mm)
上偏：3/32in(2.38mm)
大于 20in(508mm)下偏：1/32in(0.79mm)
上偏：3/32in(2.38mm)</td></tr>
<tr><td colspan="2">椭圆度</td><td>管端 100mm 长度范围内，钢管最大外径不得比公称外径大 1%D，最小外径不得比公称外径小 1%D</td><td></td><td>对外径大于 20in(508mm)的钢管，在管端 4in(101.6mm)长度范围内，钢管最大外径不得比公称外径小 1%</td></tr>
</table>

一般的螺旋焊管，直接影响成型结果的主要因素是：

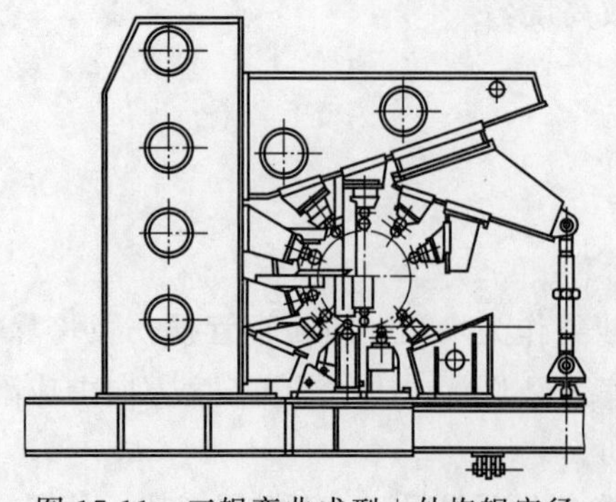

图 17-11　三辊弯曲成型＋外抱辊定径

① 三辊弯板辊辊系的相对关系，即三辊弯板成型机的结构形式。

② 影响钢管外径公称尺寸的定径用外抱辊或内承辊的位置和特点，众所周知，螺旋焊管所用的原料，大多数是热轧带钢卷，带钢卷是在高温情况下卷取而成的，当带钢卷在空气中冷却时，由于带钢卷内外表面与中间部位冷却速度不一致，使带钢卷沿整个长度方向的屈服极限有变化，带钢中间部位，屈服极限偏低，见图 17-13 所示。

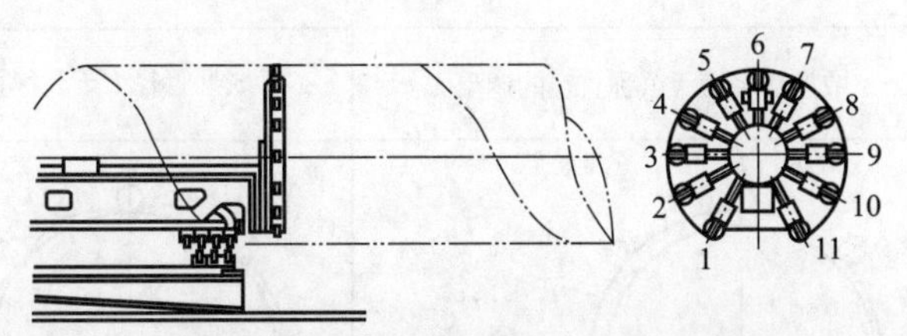

图 17-12 三辊弯曲成型＋内承辊定径

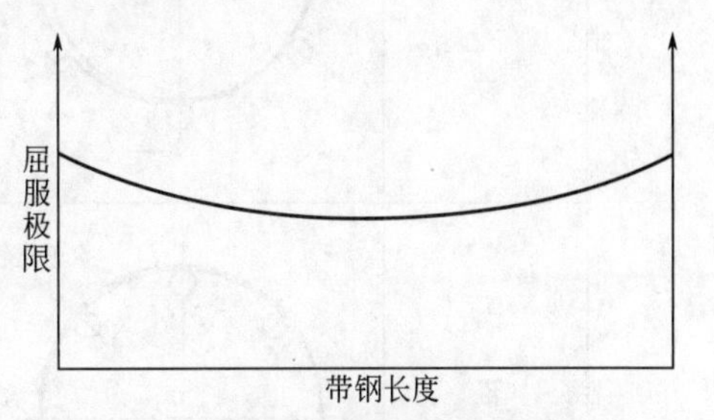

图 17-13 带钢中间屈服极限偏低示意

在螺旋焊管生产过程中，用同样的参数成型的钢管管径就比屈服极限偏高的带钢头、尾部位所成型的钢管管径要小一些。

另外，在三辊弯曲成型时，带钢成型后，脱开辊的控制，由于成型管存在残余应力，产生弹复，所以，在螺旋焊管成型时，采用外抱辊或者内承辊，主要是为了获得稳定的成品焊管管径，即定径，这两种方法比较如表 17-2 所示。

表 17-2 两种定径方式的比较

定径方式	将成型管径偏差小的钢管自然地调大的能力	将成型管径偏差大的钢管自然地调小的能力
内承辊定径法	有	有
外抱辊定径法	无	有

二、成型方式的确定与工序

采用外抱辊定径时，带钢在三辊弯曲成型时弯曲加工相对较小，其后再由外抱辊来控制其外径（即圆周）从而达到所要求的外径。而采用内承辊定径，带钢在三辊弯曲成型时，弯曲加工相对较大，其后靠内承辊从内向外扩成所要求的直径。

从图 17-14 可看出，当成型管径小的管材时，在成型过程中，在采用外抱辊定径时，因受下面压辊所限，不能调正，不可能将管径调大。当成型钢管的管径大时，降低下面压辊，则也不能将管径调小。

如果将下面压辊拆掉，虽然可以将管径调小，但不能将管径调大。因此，外抱辊定径没有将成型管径偏小的钢管自然地将其管径调大的能力。

在采用内承辊定径时，靠下面压辊向上微调就能将成型管的管径偏差由小调大，或者将成型管的管径偏差由大调小。

当管径偏小，调整调径辊上升，以增大管径；当管径偏大，调整调径辊下降，以减小管径。美国太平洋辊模公司（PRD）的 SWP-4A 型螺旋焊管机的成型机，成型是采用三辊弯曲。而定径既不采用外抱辊，也不采用内承辊，而采用在三辊弯板机前端设有一对调径辊。即下调径辊固定在成型机平台上，而上调径辊固定在 2＃成型辊辊子梁前端，上、下调径辊都是被动的。但上、下调径辊转速由电机单独调节，其调节值在控制盘的显示屏用数字显示出来。

成型前，首先将上调径辊下辊面调到与 2＃成型辊辊面同一水平上，然后，用一块与所要成型焊管壁厚相同厚度的钢板放在上下调径辊之间，驱动下调径辊，使上下调径辊辊缝与

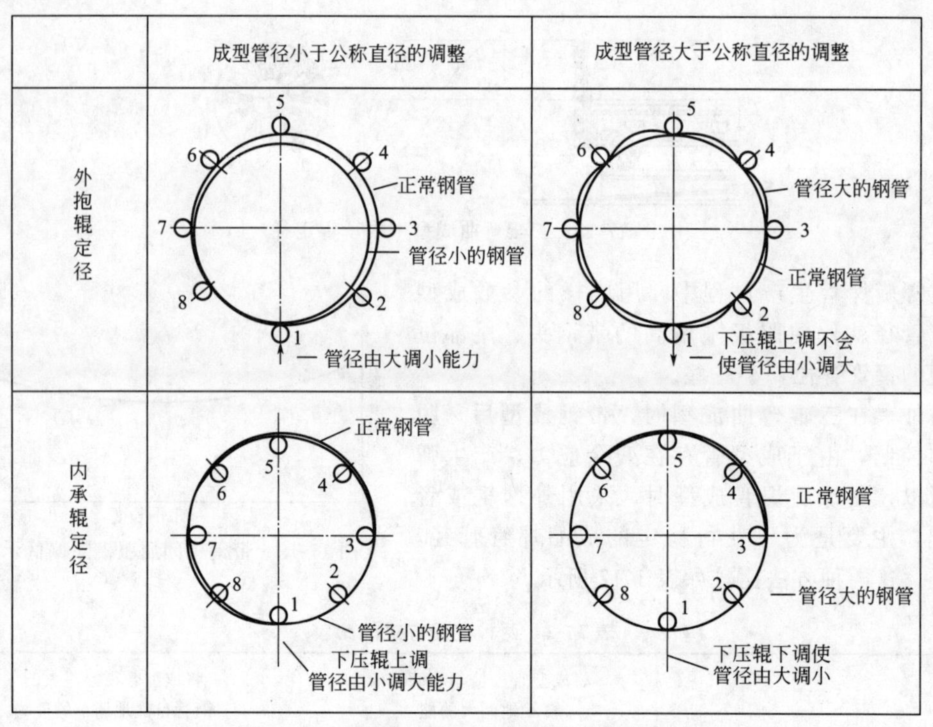

图 17-14　外抱辊定径、内承辊定径综合对比

板厚几乎相等（不能压紧）。这时，就可以向成型机递送带钢，三辊弯板成型时靠相应的模板不断地检查成型的曲率是否达到要求，如图 17-15 所示。

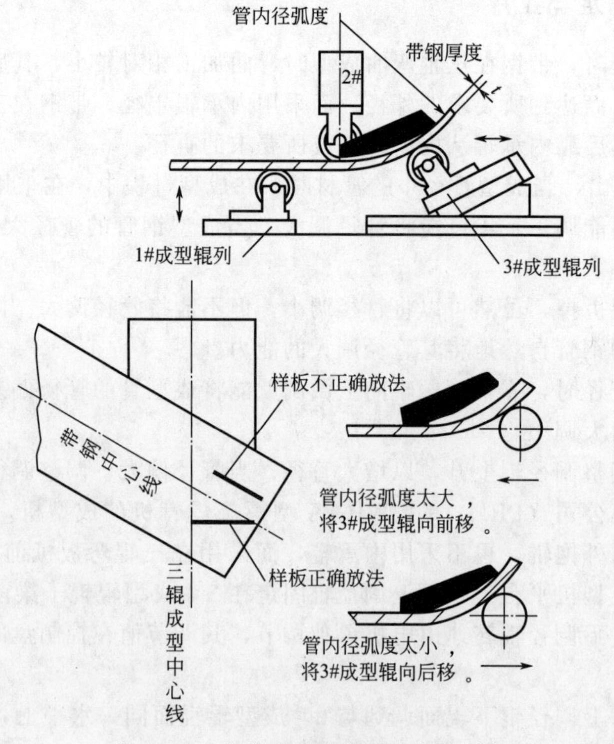

图 17-15　钢管成型前的质量控制方法

三、管径周长控制的要素

用图 17-11 所示的成型方法生产的螺旋焊管残余应力很小，甚至等于零。带钢头、尾部与中间部位屈服强度的差异，以及焊接过程中不均匀加热形成的残余应力等诸因素，引起管径（即圆周长）变化。应人工用卷尺测量其周长检查管径是否达到准确的周长值，即管径是否超差。如果周长值有变化，只要在成型的咬合点（内焊之前）用调径辊给一个错边量 Δt，就可改变螺旋焊管周长，也就是当管径偏小时，同时将一对调径辊上升进行调整，以逐渐增大管径，如图 17-16 所示；当管径偏大时，同时将一对调径辊下降，进行调整，以逐渐减小管径，如图 17-17 所示。

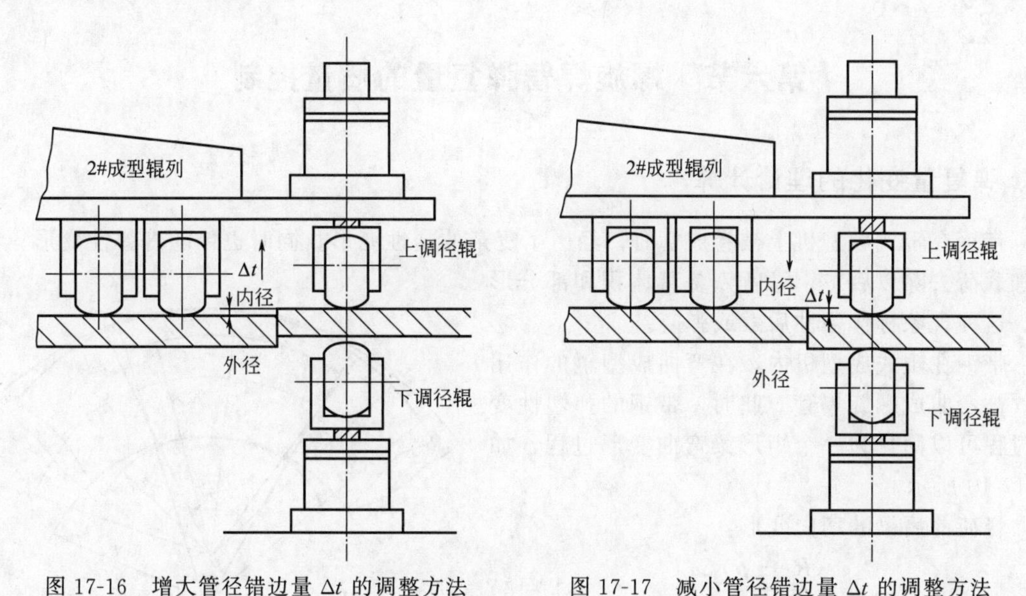

图 17-16　增大管径错边量 Δt 的调整方法　　图 17-17　减小管径错边量 Δt 的调整方法

这种成型和管径控制方法，除了简化成型和定径设备，省掉外抱辊装置或者内承辊辊架，在现有的调径辊基础上，在焊管输出段设置一套周长自动测量装置，如图 17-18 所示，

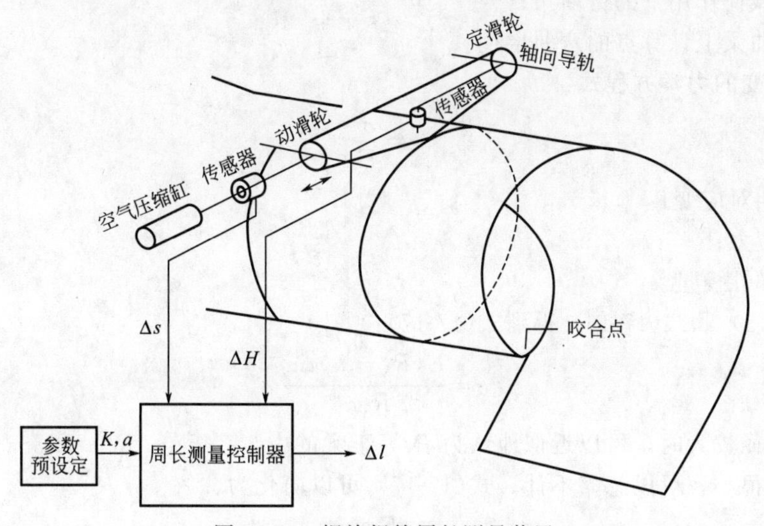

图 17-18　螺旋焊管周长测量装置

Δs—两滑轮间的位移；ΔH—滑轮高度改变量；Δl—周长改变量

螺旋焊管周长的变化量 Δl，可以由式(17-14) 表示：

$$\Delta l=\Delta l_{\mathrm{d}}+\frac{\pi}{Tp}D_{\mathrm{d}}t+\frac{\pi}{Tp}\int_{0}^{1}\Delta D_{\mathrm{c}}\mathrm{d}t \tag{17-14}$$

式中 Δl_{d}——周长偏差的波动量；

p——用时间表示的螺距；

ΔD_{d}——错边偏差的波动量；

ΔD_{c}——错边的校正量。

周长控制首先需要控制调径辊升降以调节咬合点的错边量，由上述方程式计算周长的变化量，方程式中周长和错边的波动量是给定的，然后再模拟研究相对于这一波动周长变化的可控性。

第六节　螺旋焊管弹复量的质量控制

一、弹复量变化的理论计算

带钢在辊式成型机上被卷成管时，经历了复杂的塑性变形，同时也伴随着弹性变形。当外加载荷去除以后，钢管就恢复其体积和部分形状。这种现象称作弹性后效或弹复。

带钢在辊式成型机内，在弯曲成型辊的作用下，被弯曲成螺旋焊管。此时，带钢的弹塑性变形过程可以简化为一个矩形梁弯曲变形过程，如图 17-19 所示。

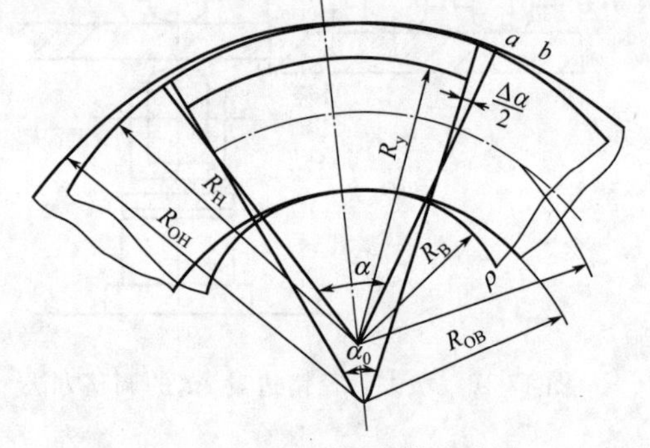

图 17-19　矩形梁弯曲变形图

释荷前后梁的切向变形：

$$\varepsilon=\frac{(R_{\mathrm{y}}-p)\Delta\alpha}{R_{\mathrm{y}}\alpha} \tag{17-15}$$

式中 p——曲梁弹性弯曲时中性层的半径；

$\Delta\alpha$——弹复角；

α——载荷作用下的弯曲角；

R_{y}——曲梁上计算点的弯曲半径。

应力和应变的力学方程式：

$$\varepsilon=\frac{\sigma}{E} \tag{17-16}$$

式中 ε——相对应变；

σ——应力；

E——弹性模量。

由式(17-15) 和式(17-16) 得到式(17-17)：

$$\sigma=\frac{E(R_{\mathrm{y}}-p)\Delta\alpha}{R_{\mathrm{y}}\alpha} \tag{17-17}$$

在弯曲半径较大时，可以近似地认为 P 等于梁的中半径 R_{cP}，$R_{\mathrm{y}}=R_{\mathrm{cP}}+y$，而 y 相对于 R_{cP} 的数值很小，可以忽略不计。式(17-17) 可以简化为：

$$\sigma=\frac{Ey\Delta\alpha}{E_{\mathrm{cP}}\alpha} \tag{17-18}$$

根据外加力矩和内力矩相等的条件可求出弹复角：

$$M=\frac{2E\Delta\alpha}{R_{cP}\alpha}\int_0^{\frac{h}{2}}by^2\mathrm{d}y \tag{17-19}$$

式中 M——外加力矩；

h——参加变形的梁的高度；

b——参加变形的梁的变形宽度。

$$\Delta\alpha=\frac{12R_{cP}\alpha M}{Ebh^3} \tag{17-20}$$

在三辊成型结构的辊式成型机上，α 角为钢管中心与钢管在两侧辊上的切点之间连线的夹角。外加力矩的计算可以按带钢在弹塑性变形条件下，产生弹塑变形的弯曲力矩来计算。

弹塑性弯曲变形时，应力沿梁高度的分布如图 17-20 所示。对应力分布图求其静力矩的代数和就是所要求的外加弯曲力矩。

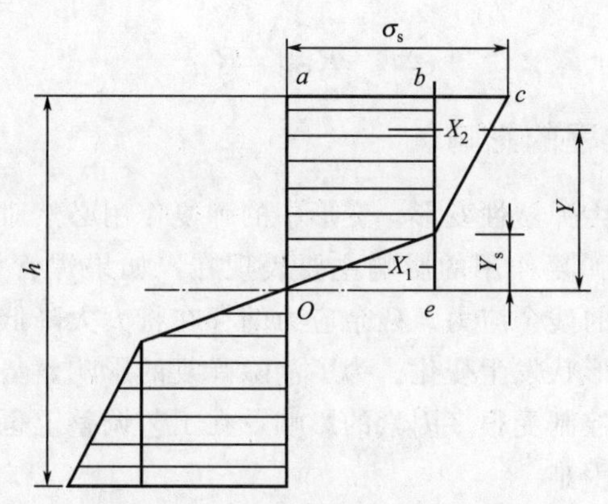

图 17-20 应力沿梁高度分布图

宽度为 b，高度为 h 矩形截面的弯曲力矩为：

$$M=2b\sigma_s\int_0^{\frac{h}{2}}y\mathrm{d}y-2b\int_0^{Y_s}X_1y\mathrm{d}y+2b\int_{Y_s}^{\frac{h}{2}}X_2y\mathrm{d}y \tag{17-21}$$

$$M=\left\{1.5-2\left(\frac{R}{2}\cdot\frac{\sigma_s}{E}\right)^2+\frac{k_0}{2}\left[\frac{h}{R}-3\frac{G_3}{E}+\left(2\frac{R}{h}\right)^2\left(\frac{\sigma_s}{E}\right)^3\right]\right\}W_s\sigma_s \tag{17-22}$$

式中 R——通过梁横切面重心层的弯曲半径（指弹复前尺寸）；

h——梁的高度；

W——梁切面的抗弯断面模数；

σ_s——梁的屈服极限；

K_0——变形过程中的材料强度相对强化系数。

求出弹复角 $\Delta\alpha$ 之后，就可进一步求出弹复后钢管的内曲半径，计算公式如下：

$$R_{OB}=R_B\frac{P}{\frac{\alpha}{\Delta\alpha}-1}$$

$$R_{OB}=R_B+\frac{12R_{cP}^2M}{Ebh^3-12R_{cP}M} \tag{17-23}$$

弹复后的钢管外半径计算公式如下：

$$R_{OH}=R_H+\frac{12R_{cP}^2M}{Ebh^3-12R_{cP}M} \tag{17-24}$$

式中 R_{OB}——弹复后钢管内半径；

R_B——弹复前钢管内半径；

R_{OH}——弹复后钢管外半径；

R_H——弹复前钢管外半径；

R_{cP}——钢管平均中半径。

当生产比较大的螺旋焊管时，可以对上式进行简化如下：

$$R_{cP}\approx R_H, M\approx\sigma_s$$

$$R_{OH}=R_H+\frac{12R_HM}{Ebh^3-12R_HM}=\frac{R_Hh}{h-2R_H-\frac{\sigma_s}{E}} \tag{17-25}$$

弹复量 ΔR 的计算如下式：

$$\Delta R=R_{OH}-R_H \tag{17-26}$$

二、弹复对焊管生产过程的影响

带钢在成型过程中产生弹塑性变形。变形中的弹复作用必然对生产工艺、产品质量、能量消耗带来直接的影响。弹复作用的影响主要表现在，如果焊管成型时弹复量超过控制范围，焊管内部将产生很高的残余应力。残余应力的存在将大大降低钢管的负载能力，同时也将引起钢管的几何尺寸和形状发生变化。为了消除弹复的影响，势必要加大变形量，不可避免地增加能耗。弹复量的控制受很多因素的影响，在工艺调整上也很复杂，很难掌握好，因而给生产操作带来较多的困难。

在辊式成型机上，由于笼辊的使用及整个设备结构的改进，钢管直径公差控制容易，但是由于弹复量控制不当，作用在笼辊上的压力增加，能耗增加，管体焊接后内部残余应力大，对焊缝强度及管承受内压的能力都会带来不利的影响。

三、辊成型机的辊子受力计算

对辊子受力计算的目的是通过辊子受力状态的变化，计算出变形量的变化，建立起弹复量与辊子受力状态之间的物理数学关系。

辊式成型机是以三辊弯曲成型原理为基础的螺旋焊管成型机。带钢通过三辊弯曲作用得到形切面，笼辊起辅助变形作用。三辊成型辊卷板如图 17-21 所示。

对于对称布置的三辊结构，各辊的受力计算方法如下：

$$P_1=P_3\frac{M}{R\sin\alpha} \tag{17-27}$$

$$P_2=2P_1\cos\alpha=\frac{2M}{R\tan\alpha} \tag{17-28}$$

式中 M——卷板时的弯曲力矩，可按式(17-22) 计算；

R——卷管的外径；

α——钢管中心与辊子中心线连线的夹角。

成型机卷管示意图如图 17-22 所示，作用在笼辊 4 上的最大压力可按式（17-29）计算。

$$P_4=\frac{M_C}{R\sin\beta_4} \tag{17-29}$$

式中　R——卷管外径；

β_4——钢管中心与2、4号辊中心线的夹角；

M_C——弯曲力。

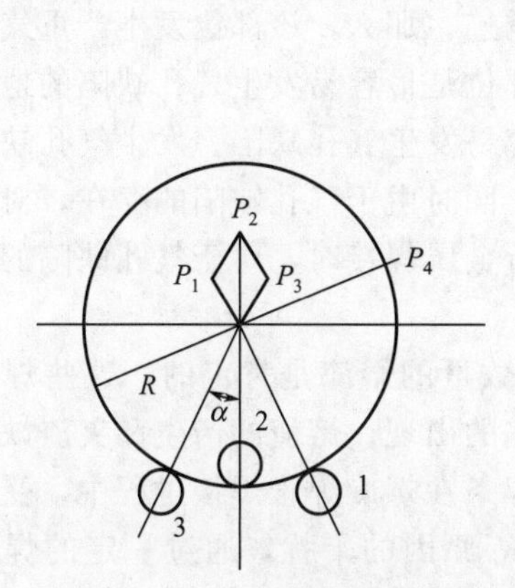

图 17-21　成型辊卷板示意图

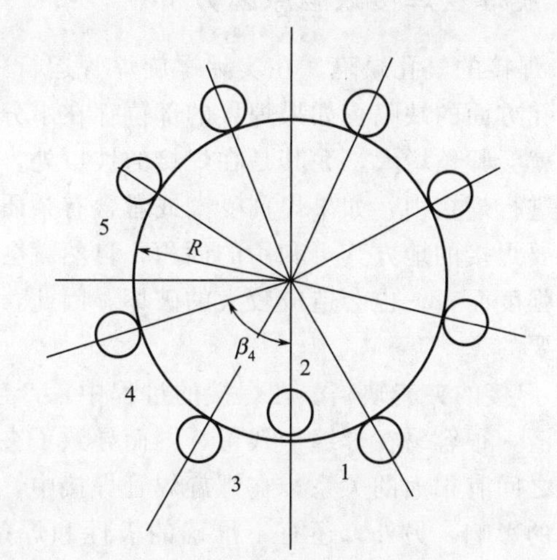

图 17-22　成型机卷管示意图

对笼辊来说，M_C 在理论上是由弹塑性变形过程中弹复作用引起的。

四、弹复量控制原理

弹复是由弹塑性变形中的弹性变形因素引起的。弹复量的变化必然反映到笼辊受力的变化。其力和变形的力学规律是一致的，为此可以得出如下计算公式：

$$\frac{\Delta X}{\Delta R_{\max}}=K\frac{P_C}{P_{C\max}} \tag{17-30}$$

式中　ΔX——实际弹复量；

$\Delta R_{\max}$——计算最大弹复量；

P_C——对应于 ΔX 位的笼辊实测受力；

$P_{C\max}$——笼辊计算最大受力；

K——理论计算与实测值的误差修正系数。

建议采用4号笼辊作为检测信号发生点，原因是它承受的弹复压力最大；信号强，压力与变形的灵敏度较高；反馈信号快；塑性变形过程引起的干扰小。

将压力传感器装到4号笼辊轴承座上，把测到的压力及变化输入到计算机里，计算机给出最大计算弹复量、最大计算压力、实测压力、实际弹复量。通过这些数据可以控制2号辊的压下量，控制2号辊压下电机的正反转调整压下量，使4号辊的实测力达到要求的范围，也就是控制焊管弹复量的范围。

第七节　螺旋焊管焊接缺陷的控制措施

对于螺旋焊管而言，其螺旋焊管机组的运行是否正常化，直接对于螺旋焊管的生产起着关键性的影响。而螺旋焊管机组的运行，却受到螺旋焊管焊接工艺的限制，焊接工艺较好则螺旋焊管整体质量良好，反之，则会影响到螺旋焊管的有序化前行。基于此，在针对螺旋焊管的金属焊接问题进行深入分析之后，在生产中针对金属焊接工艺中存在问题，相应地提出了控制对策。

一、螺旋焊管焊接缺陷原因分析

① 焊接的气孔缺陷。在实际螺旋焊管运行中，在对金属进行焊接中，缺陷最为频发的就是气孔方面的缺陷。如果焊接的部位存在水分或者锈迹，那么，该部位发生严重气孔缺陷的概率就会骤然增大，尤其是在焊接的坡口处，这个部位是最容易发生气孔缺陷的地方。另外，在进行焊接中，如果焊剂受潮或者含有杂质，很容易发生气孔缺陷。发生气孔缺陷焊接后，需要焊接的地方其可利用的面积，自然就会缩小，同时由于气孔缺陷的存在，对于金属构件的强度而言，也会造成较大的破坏。因此，在进行金属焊接时，对于气孔缺陷的检查是非常重要的。

② 焊接的夹渣缺陷。在焊接的过程中，产生一定数量的熔渣是肯定的，这些焊接中出现的熔渣，很容易在焊缝中残留，继而导致了夹渣缺陷的出现。熔渣的产生和夹渣缺陷产生这两者之间有很大的关系，在螺旋焊管焊接中，碱性焊条在螺旋焊管焊接过程中，受到过长的电弧的影响，另外，还有不准确的极性和焊条错位等原因的干扰，通过一定的焊接缝隙时，各种的熔渣也就顺势进入焊缝里面，最终导致夹渣缺陷的产生。

③ 焊接的咬边缺陷。在进行焊接中，金属焊接的边缘处，往往会有凹陷的情况发生，这种凹陷的情况就是咬边缺陷。在金属焊接中，由于焊接所使用的电流过大，同时，在焊接中由于运条速度极快，且电弧比较长等影响，引发不同程度咬边缺陷的发生，此外，在焊接轨道不够完整的情况下，实际的焊接位置就有向金属深层发展，然而，作为填充物金属而言，对于缺口的补充却不能完全，这种情况，也容易造成咬边缺陷。

④ 未焊透与未熔合缺陷。在焊接过程中，有些部位并没有完全的焊透，由此导致了焊接的接头根部位置，容易出现各种的不完全熔透现象。在螺旋焊管的焊接中，焊接所使用的焊件和焊缝金属之间，或者焊件和焊缝的中间部位，有未完全熔透的情况存在，这可以称为未熔合缺陷。对于螺旋焊管而言，在实际的金属焊接过程中，无论是未熔合缺陷还是未焊透的情况，都是较为严重的焊接缺陷。

⑤ 焊接裂纹缺陷。裂纹缺陷是螺旋焊管焊接中，最严重的缺陷之一，螺旋焊管相关员工在进行金属焊接中，要对该种缺陷进行规避。

二、解决螺旋焊管焊接工艺缺陷的方法

① 气孔缺陷的应对方法。为了解决螺旋焊管焊接中的气孔缺陷，要有针对性的，根绝气孔缺陷发生的原因，从金属焊接的电流和速度出发，对于焊接问题的发生，需要进行严格的焊接部件质量检查，对于在焊接中所使用的材料，根据焊接所使用材料的储存方法，进行合理的保存，在进行实际的焊接前，对于焊接的部位，进行检查，进一步降低气孔缺陷的发生。

② 夹渣缺陷的应对方法。在进行实际的焊接中，要对焊接坡口的尺寸进行正确的选择，在焊接中，要注重焊接电流和焊接速度的合理性，对于运条的摆动位置也需要格外的关注。在实际的焊接中，要注重多层焊接的焊接口的情况，及时进行焊渣的清理。对于实际焊接中所使用的焊条，也要注意质量的甄选，如果焊条中有偏芯，就不能使用。

③ 咬边缺陷的应对方法。焊接电流对于焊接质量而言，是非常重要和关键的，焊接的运条手法也需要受到关注，在螺旋焊管金属焊接中，对于电弧长度和焊条倾角而言，都需要注意，应选择合理的氩弧焊工艺参数，在开始焊接中，要对于速度进行严格的把控。

④ 未焊透与未熔合缺陷的应对方法。为了规避未焊透现象，且能够减少未熔合缺陷的出现，就需要对于焊接坡口的尺寸进行正确的选择。对于焊接的速度和电流，也要合理地选择，对于焊接坡口的氧化情况，要给予重视，及时清理氧化皮，定期观察坡口两侧的熔合情况，发现问题及时补救。

⑤ 裂纹缺陷的应对方法。为了进一步减少和规避裂纹缺陷的发生，对于焊接的参数要进行正确的选择。在实际的螺旋焊管焊接中，运用多层多道的焊接工艺，通过对小电流的采用，对于焊缝中心的裂纹现象给予避免，为了防止裂纹缺陷的出现，需要对焊接的工艺流程进行严格的执行，减少残余应力。

第八节 螺旋焊管导向弯曲不合格的控制

弯曲试验是一项比较特殊的材料力学性能试验，是焊接接头力学性能试验的主要项目。通过该项试验可以检测试样的多项性能，包括判定焊缝和热影响区的塑性、焊接接头的内部缺陷、焊缝的致密性以及焊接接头不同区域协调变形的能力等。螺旋焊管的常规试验和焊接工艺评定及补焊工艺评定都要进行导向弯曲试验。

按照弯曲时受拉面的不同，导向弯曲试验分为面弯、背弯和侧弯等不同类型。在埋弧焊管的生产过程中，导向弯曲试验不合格，是导致钢管降级和被拒收的主要因素之一，因此，要及时预防弯曲不合格的产生。管坯成型的残余拉应力和残余剪切应力、母材与焊缝的非等强匹配、母材中夹杂物数量多、焊接工艺控制不良、焊缝焊趾处存在微裂纹或咬边、焊缝的形状、焊缝产生脆化以及试样的制备质量等，都是导致导向弯曲试验不合格的因素。导向弯曲试验不合格可能是由以上一种因素或多种因素复合所形成，只要控制好以上因素，弯曲试验不合格的质量问题就可以避免。

一、各标准对导向弯曲试验的规定

油气输送用螺旋焊管导向弯曲（面弯和背弯）试验合格的规定在各种标准或技术条件中均有说明。几种输送用管标准对导向弯曲试验试样制备及验收条件见表 17-3 和表 17-4。

表 17-3 几种输送用管标准中导向弯曲试验的验收条件

标准规范	试样宽度/mm	弯轴直径/mm	裂纹长度/mm			裂纹深度/mm		
			焊缝	母材、HAZ成熔合线	试样边缘	焊缝	母材、HAZ成熔合线	试样边缘
API SPEC 5L(4 版) ISO 3183:2007	38.1	利用规定公式计算的数值确定	≤3.2	≤3.2	≤6.4	不允许	≤12.5%t	不考虑
GB/T 9711.1	38.1	利用规定公式计算数值确定或附录 E 表 E1 选取	≤3.18	≤3.18	<6.35	不考虑	≤12.5%t	不考虑
GB/T 9711.2	38.1	根据不同钢级查表选取(在 3～6t 之间)	≤3	≤3	<6	不考虑	≤12.5%t	不考虑

续表

标准规范	试样宽度/mm	弯轴直径/mm	裂纹长度/mm			裂纹深度/mm		
			焊缝	母材、HAZ成熔合线	试样边缘	焊缝	母材、HAZ成熔合线	试样边缘
GB/T 9711.3	38.1	根据不同钢级查表选取(在3～6t之间)	≤3	≤3	<6	不考虑	≤12.5%t	不考虑
DNV-OS-F101:2007	38.1	利用规定公式计算的数值确定	≤3.2	≤3.2	≤6.4	不考虑	≤12.5%t	不考虑

注：各标准均规定试样不应完全断裂。

表 17-4　Q/SY GJX 0104—2007 中导向弯曲试验的验收条件

试样宽度/mm	弯曲直径/mm	焊缝、HAZ和母材的裂纹长度/mm			试样边缘裂纹长度/mm	试样边缘裂纹深度/mm
		横向	纵向	深度		
38.1	61	≤1.5	≤3	不考虑	不考虑	不考虑

注：标准规定试样不应完全断裂。

二、弯曲试验不合格原因分析与控制

1. 弯曲试样的断裂位置

从宏观来看，弯曲试样中不合格试样的断口裂纹或开裂位置基本上有两种：一种是沿焊趾熔合线断裂见图 17-23(a)，或沿焊趾熔合线断裂并向热影响区扩展见图 17-23(b)；另一种是直接断裂在热影响区及母材上见图 17-23(c)。一般情况下，焊缝单侧断裂较多，两侧均出现裂口的情况较少。

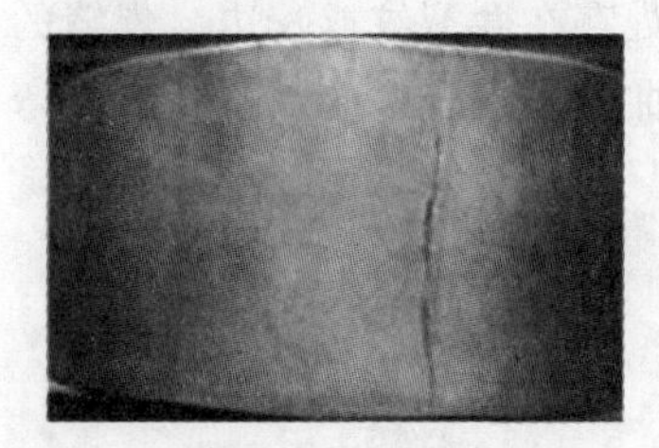
(a) 焊趾熔合线处断裂

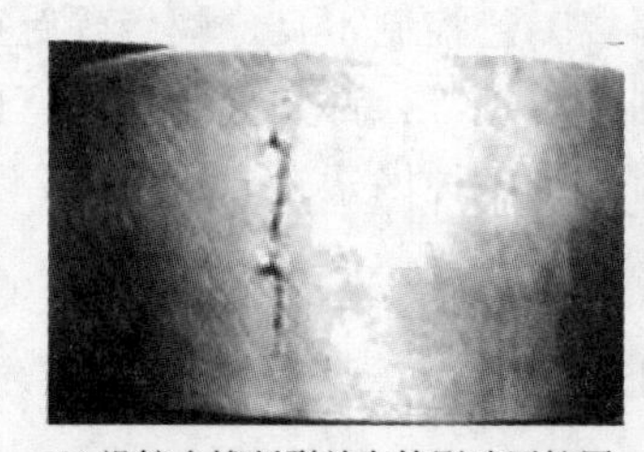
(b) 沿熔合线断裂并向热影响区扩展

(c) 直接断裂于母材

图 17-23　弯曲试样的断裂位置

2. 母材性能对弯曲试验的影响

对图 17-23(c) 断裂的试样母材取样进行化学成分分析，母材化学成分实测值均符合标准要求说明弯曲试样断裂并非由化学成分引起。对试样进行金相分析，发现母材夹杂物严重，见图 17-24 所示，试样中发现的 C 类和 D 类混合夹杂物中，C 类夹杂物长度为 411μm，D 类夹杂物长度为 35μm，其中 C 类夹杂物超出了标准要求。夹杂物长度为 35μm，其中 C 类夹杂物超出了标准要求。另外，金相试样中还发现母材存在严重的偏析（见图 17-25）。

夹杂物严重时，会引起钢板横向的塑性和韧性明显下降，导向弯曲试验过程中一般在熔合区容易出现裂纹，这是由于熔合区存在严重偏析其组织不够均匀，因而熔合区成为整个焊接接头的薄弱部位。弯曲时，拉伸面上在熔合区出现裂纹，所以这些严重偏析和其间大量的夹杂物可能是导致弯曲断裂的主要原因。在面弯和背弯试验应对钢中的夹杂物大小和数量进行严格的控制。

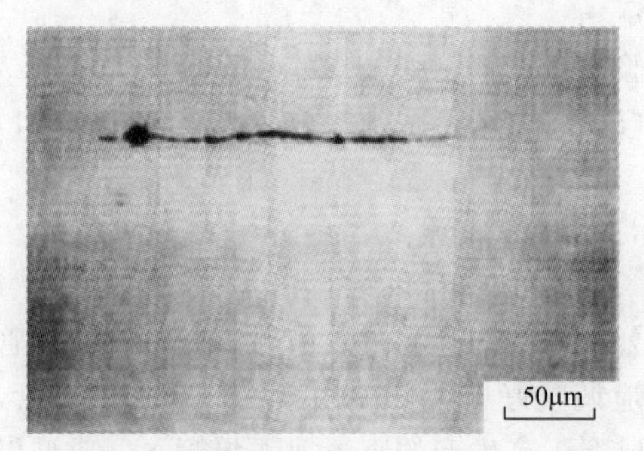

图 17-24 试样中 C 类和 D 类混合夹杂物

图 17-25 试样中母材偏析

3. 焊接工艺对弯曲试验的影响

① 焊接线能量的影响。焊接线能量过大易产生弯曲不合格。背弯裂纹往往产生在熔合线和热影响区。对于淬硬性较大的钢更应注意内焊时的线能量，钢的淬硬倾向主要与其化学成分和板厚有关。这就是为什么同样大的线能量对于不同的钢材会产生不同焊接效果。高强度钢的淬硬倾向较大，不仅会出现较多的背弯不合格，而且焊接接头也容易出现裂纹，这是由于淬硬倾向较大的钢在焊接后，热影响区多形成马氏体组织并且由于淬硬形成的更多晶格缺陷。对于淬硬倾向较大的钢，焊接时一次热输入一般不应大于 30kJ/cm。

② 母材与焊缝的非等强匹配的影响。焊接匹配一般的原则是采取等强等韧匹配。而在实际生产过程中，往往是高强匹配，即焊缝的强度比母材高，塑性比母材低。力学性能检测时，如果发现焊缝金属的强度和硬度高出母材金属较多，且导向弯曲试验出现了不合格试样，就应考虑是否因为焊缝金属和母材的强度和塑性相差太大而引起的不合格。

③ 焊缝形状的影响。焊缝形状的主要参数是焊缝的熔化宽度 B 和焊缝的熔化深度 H，B/H 称为焊缝形状系数 ψ。焊缝形状系数不仅对焊缝内部质量影响较大，而且对导向弯曲试验也有较大的影响。如果焊缝断面呈明显的“大盖帽”形状见图 17-26，就易导致弯曲试样的不合格。

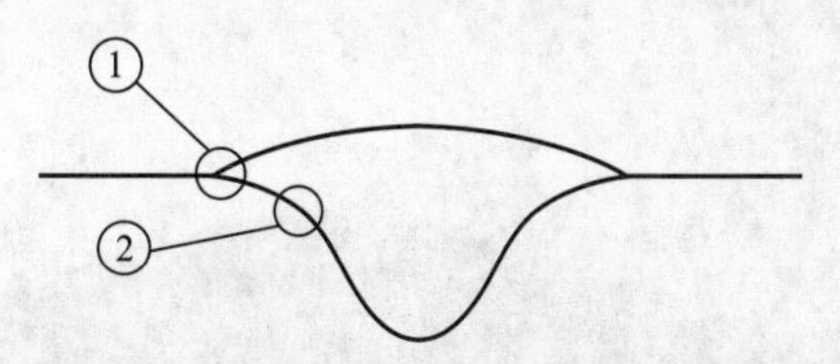

图 17-26 焊缝断面“大盖帽”形状示意图

“大盖帽”出现在正面，会影响面弯试验结果；出现在背面，同样会影响背弯的试验结果。图 17-26 中①区的熔合不够充分，强度偏低；②区的凹陷容易导致母材金属过热，从而产生过热组织。在焊管生产过程中，要根据焊接工艺评定调整好焊接规范，使其不出现带肩形的“大盖帽”焊缝断面，一般要求 ψ 为 1.3～2.0 比较合适。

4. 钢管成型对弯曲试验的影响

① 管坯成型残余应力的影响。制管时成型的残余应力对焊接接头的质量影响较大。成型应力大，焊缝容易产生热裂纹或开裂；弯曲时试样的拉伸面上也易产生裂纹，这种裂纹往往出现在熔合线部位。

一般情况下，通过弹复量的大小来控制螺旋焊管的残余应力。具体做法是：在生产线上取弹复样，测量弹复量是否超过了允许最大值的规定。

德国莎尔茨吉特公司检验标准规定了在水压试验前允许钢管弹复量的计算公式为：

$$\Delta U=12.5\times10^{-3}(D/S)^2 \tag{17-31}$$

式中 ΔU——钢管残余弹复量，mm；

D——钢管外径，mm；

S——钢管壁厚，mm。

该公司企业标准中认为当钢管残余弹复量小于公式规定的弹复量数值时，就不影响钢管的破坏压力；如果弹复量超过了规定的最大值，就应调整好有关影响因素。对于螺旋焊管，水压后切口张开量一般不应大于 80mm。对于 UO 成型工艺生产的直缝埋弧焊管，O 成型以后，管坯的开口量一般应控制在 50mm 以内为宜，同时也要控制错边量，变形后的弧形要一致；U 成型时 U 机的中心线要对直，组合下模底座要对齐、调平；O 成型的压力要适当。只有这样，才不会因为成型的残余应力过大而造成焊缝的热裂和弯曲试验的不合格。对于步进式 JCO 成型方式，影响管坯形状的主要因素有预弯和折弯压模尺寸、折弯的压力、下压量、下模的开口间距和钢板步进量等。预弯压模尺寸主要影响板边变形量，过大或过小的变形量，会导致钢管的合缝区产生内外噘嘴。钢管扩径时，正常情况下，模具槽边缘与钢管圆滑过渡；内噘嘴情况下，钢管与模具槽边缘产生划痕点，造成局部应力过大，弯曲时试样易产生裂纹。

② 错边（钢带/钢板边缘间的径向偏移）的影响。对试验出现较为严重的正弯和反弯不合格试样进行了金相分析，发现这些不合格试样均在焊缝焊趾处存在微裂纹，这是导致弯曲开裂的原因之一，见图 17-27。产生微裂纹的原因是焊缝与母材过渡不平滑，焊趾处应力集中过大，且经过仔细测量发现，断裂一侧的错边值总是大于另一侧的错边值，即较圆滑过渡的一侧出现弯曲试样裂纹的概率较小。可以初步判定，弯曲试样不合格与焊缝两侧的错边有关。

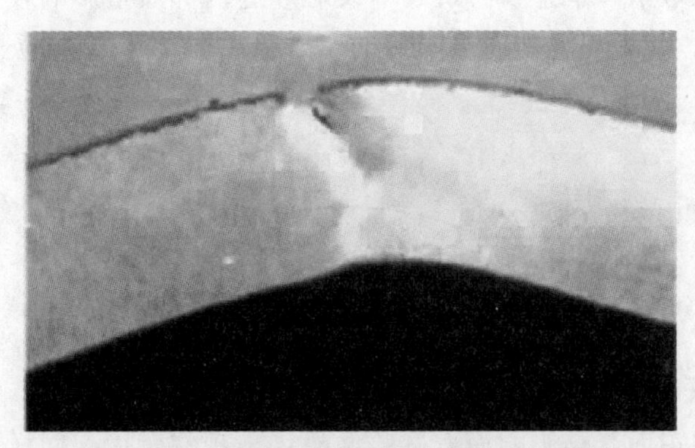

图 17-27　焊缝两侧错边导致弯曲试样开裂

因此，在焊管生产过程中，无论是 SAWH 或 SAWL，均要控制好错边量。如果错边量大，剪切应力也会增大，从而造成弯曲试验的不合格。

5. 其他因素对弯曲试验的影响

① 弯轴直径的影响。采用不同的弯轴直径进行弯曲试验，试样拉伸面由完好到产生裂纹及裂缝，表明弯轴直径的变化对试验结果有显著影响。因此，在进行弯曲试验时，必须严格按照技术标准或规范要求计算或选取相应的弯轴直径。

② 操作规范的影响。弯曲试样出现裂纹或开裂与试验时的操作规范如弯曲速度、弯曲

试验的环境温度等也有关。弯曲速度过快出现裂纹的概率就会增加；弯曲试验温度较低，试验过程中也容易产生裂纹。一般试验温度应控制在 10～35℃之间。

③ 试样制备的影响。试样制备的合理性直接关系到弯曲试验的准确性。如试样采用火焰切割时未保留足够的加工余量，导致受热、加工硬化引起弯曲时裂纹和开裂；试样加工时未将焊缝金属按标准要求加工成与母材金属齐平，而是呈现阶梯状等，也会引起弯曲时裂纹和开裂。因此试样的制备应按标准要求进行。

④ 焊缝及热影响区焊接缺陷的影响。焊缝及热影响区的焊接缺陷也会引起弯曲试验结果的不合格。弯曲试验取样前，取样部位须进行无损检测，对有缺陷的取样部位可在单个取样时避开缺陷，单个试样应为无缺陷试样。如 Q/SY GJX 0104—2007 等就规定由于夹渣或缺陷引起的边缘开裂，该试样应视为无效，应重新取样试验。

在焊管的各种力学性能试验中，导向弯曲试验对控制焊管质量的作用可以说是举足轻重的。在焊管生产过程中，只要严格控制钢中的夹杂物含量，控制成型工艺和焊接工艺，做好焊接材料的匹配，消除焊接缺陷，控制焊缝形状，使焊缝与母材平滑过渡，就可减少弯曲试样的不合格。

第九节 螺旋焊管焊缝缺陷返修质量控制

在螺旋焊管成形焊接过程中，因设备故障、成型焊缝质量不好、板宽边部铣边坡口不对称、焊接参数匹配不佳等各种原因，会造成钢管焊缝存在外观及内在的各种焊接缺陷，影响钢管的使用质量及安全性能。依据钢管 GB/T 9711—2011 制造标准要求，存在缺陷的焊缝可以进行返修处理，且返修焊质量应达到钢管的合格质量标准要求。

焊缝缺陷返修的目的是将生产过程中存在焊接缺陷的钢管通过焊接技师的操作返修，消除焊缝缺陷，焊接出符合相关国家标准或行业技术规范所要求的焊接接头，使之成为合格的钢管。本节针对螺旋焊管生产过程中存在的常见焊缝缺陷及其危害，通过对返修过程中影响焊接质量控制因素进行分析，提出返修的技术措施及控制要求，提高一次返修合格率，减少因返修不合格造成的钢管质量降级。

一、螺旋焊管焊缝缺陷分类

焊缝缺陷是焊接生产中，在焊接接头上产生的金属不连续、不致密或连接不良的现象。螺旋埋弧焊钢管生产中，存在的焊缝缺陷分为外部缺陷和内部缺陷两大类：外部缺陷有咬边、表面瘤孔、烧穿、焊瘤、凹坑及焊缝成形不良等；内部缺陷有根部未焊透、根部或坡口边缘未熔合、裂纹、气孔及夹渣等。

二、焊缝缺陷的危害

① 焊缝外部缺陷容易引起应力集中及应力腐蚀开裂，将造成钢管使用中疲劳破坏。

② 焊缝内部存在的气孔、夹渣缺陷减少了焊接的有效截面积，降低了钢管的承载能力。

③ 裂纹、未熔合、未焊透缺陷，不仅降低焊缝的有效承载面积，同时易形成缺口，缺口尖端产生的应力集中引起裂纹并扩展，扩展缺陷若贯穿焊缝，将造成钢管发生介质泄漏。

由于焊缝缺陷的存在影响钢管使用安全性能，这就要求钢管制造过程中采取有效措施，防止焊缝缺陷产生，同时对存在焊缝缺陷的钢管，依据标准或技术规范要求进行返修处理，使之达到合格。

三、影响焊缝缺陷返修质量的因素及控制措施

返修合格的钢管可以与无缺陷的合格钢管一起使用，钢管焊缝缺陷的返修质量将影响钢管的使用安全性能，如果返修质量得不到有效控制，一方面不能确保返修钢管的焊缝质量；另一方面会因为返修不合格造成钢管质量降级，产生浪费。这就要求焊接技师在焊缝缺陷返修中了解影响返修质量的因素，并采取有效的技术控制措施。

（1）影响焊接返修质量的因素

① 焊接技师操作技能水平不能保证钢管的返修质量要求。

② 焊接材料未按母材钢级材料匹配选择，使用焊条或焊剂未按工艺要求严格烘干。

③ 焊条保温桶使用不规范，焊条使用中二次受潮，焊剂循环使用过程中没有进行二次烘干筛分，影响焊接质量。

④ 返修中焊缝缺陷定位不准确，缺陷清除不彻底。

⑤ 焊接技师未按返修补焊工艺要求进行焊接操作。

（2）控制返修质量技术措施

针对上述影响返修质量的因素，应采取如下的技术措施：

第一，焊工的操作技能水平是保证焊缝缺陷返修质量的关键因素之一，钢管制造标准及相关安全技术规范均要求返修焊工必须经过理论知识和操作技能考试合格，取得特种设备焊接作业资格证书，且须通过单位每年进行的焊工技能评定。

第二，编制返修焊接工艺。返修焊接工艺应按照相关标准要求进行工艺评定，返修焊工严格按照返修工艺要求进行返修焊接操作。

第三，焊接缺陷的准确定位及定性。返修前，依据焊缝缺陷超声波检测记录及射线照相评定记录，分析确认焊缝缺陷的种类及性质，在焊缝上准确标出缺陷的具体位置及尺寸。球形气孔、夹渣注明直径；条形气孔、夹渣注明长度与宽度：链条状未焊透、未熔合、裂纹注明长度。同时判断焊缝缺陷在管的内、外焊位置，根据缺陷在管内外的位置及管径大小采取在钢管内部或外部进行返修。

第四，焊缝缺陷的清除。焊缝缺陷的清除是否彻底直接影响一次返修合格率，焊工在对缺陷的清除中应注意以下细节。

① 清除缺陷前，焊工应仔细查看射线底片或超声波检测记录，判断缺陷性质及位置深度，必要时与检测人员进行沟通确认。

② 表面缺陷宜采用角向磨光机清除，它可以有效地控制清除量，避免采用碳弧气刨除缺陷时，增加角向磨光机的修磨量及焊接工作量。气孔、夹渣、根部未焊透及长度较长的缺陷宜采用碳弧气刨清除，根据已标定的焊缝缺陷位置全部清除。用碳弧气刨清除缺陷时，每次清除层厚度易控制在 2mm 之内，避免一次清除量大，造成焊缝返修量加大。

③ 控制缺陷清除刨槽形状及尺寸。刨槽长度依据已标注的缺陷长度尺寸确定，在清除中至少向缺陷两端各延长 20mm，刨槽两端的斜度应与原有焊缝平滑过渡。间隔小于 100mm 的多个缺陷清除时，应将刨槽连接在一起，当作一个连续的单个缺陷进行返修；若刨槽深度不同，各刨槽间应有缓坡过渡。单个缺陷清除长度应大于 50mm，确保焊接时有足够的起弧和收弧距离。

④ 对于技术规范要求管体不允许补焊的钢管，缺陷清除凹坑边缘扩展到母材金属的距离不超过标准要求的 3.2mm。

第五，返修前检查焊接设备处于完好状态，清除返修坡口及两侧 20mm 范围内油污、

水、锈蚀等杂物。了解返修工艺卡的技术要求。

第六，焊条或焊剂按工艺要求烘干，焊条累计烘干次数不宜超过 2 次，正确使用焊条保温桶，焊条随用随取，一次取出量不宜超过 4 根。焊工在使用保温桶时经常存在的不规范现象：a. 保温桶没有接通电源；b. 取用焊条时保温桶盖不及时关闭，焊条冷却受潮；c. 焊条一次取出量大，不能一次用完，剩余焊条随意放置，油污、水、锈使焊条受到污染，影响使用及焊接质量。焊剂循环使用中应进行筛分，去除焊剂中的焊渣、粉尘、铁屑，未用完焊剂在烘干箱中或密封保存，避免受潮，必要时进行二次烘干筛分。

第七，返修过程中的后质量控制。对于直径规格较小的钢管，由于焊工无法进入管内进行返修焊接，无论是内焊表面缺陷还是烧穿等缺陷，只有将缺陷焊缝刨开，采取焊条电弧焊单面焊背面成形焊接技术方法。此种焊接方法补焊质量不易控制，返修处易形成内焊瘤、内凹、咬边等缺陷、不易修磨，焊缝返修一次合格率很低。对这类焊接缺陷的返修应选择技能水平高的焊接技师来进行操作。对于直径规格较大的钢管，焊工可以依据缺陷在钢管内外焊缝的位置，选择在钢管内部或外部返修。返修时凡是条件允许，尽可能使焊缝处于水平位置，减少返修难度。

对表面缺陷及浅表层缺陷的清除，清除层的深度应保证返修至少焊接两层或两道。多层多道返修焊接，各层焊道起头，收尾应至少错开 50mm。

返修过程中，按照返修工艺要求，采用合适的焊接参数。对钢级较高的钢管返修，严格控制热输入及层间温度，确保返修焊缝的力学性能不下降。薄壁钢管焊缝返修时，防止返修焊缝塌变形，造成外观质量不合格。

对返修长度较短焊缝，宜选用焊条电弧焊返修，依据不同的板厚或坡口深度，选择不同的焊条直径，电弧焊焊接返修参数如表 17-5 所示。

全焊透返修焊缝坡口如图 17-28 所示，补充盖面返修焊缝坡口如图 17-29 所示。

对返修长度较长的填充或盖面焊缝弧，宜选用埋弧焊返修，不同的板厚或坡口深度，选择不同的焊接参数。埋弧焊焊接参数如表 17-6 所示。

表 17-5 钢级 X52 焊条电弧焊返修参数

焊接方法	焊条牌号及规格/mm	焊接电流/A	电弧电压/V	焊接速度/(m/min)
SMAW	J507ϕ3.2	100～140	21～24	16～24
SMAW	J507ϕ4.0	140～180	22～25	16～26
SMAW	J507ϕ5.0	180～230	23～26	16～26

表 17-6 钢级 X52 埋弧焊返修参数

焊接方法	焊条牌号及规格/mm	板厚/mm	焊接电流/A	电弧电压/V	焊接速度/(m/min)
SAW	H08MnA-SJ101ϕ4.0	10	530～570	31～33	44～47
SAW	H08MnA-SJ101ϕ4.0	12	620～660	32～35	40～43

焊缝缺陷同一部位两次返修后未合格，需再次返修，返修前应分析原因并经焊接技术负责人批准，选择操作技能高的焊工进行返修。焊缝缺陷返修后，进行外观修磨，应与管体母材金属圆滑过渡并和原有焊缝外形尺寸基本相同，焊缝修磨控制不要伤及管体母材。

第八，返修焊缝外观检查合格后，应按原焊缝的质量要求进行无损检测合格。

第九，对环境温度低于 0℃时，返修前应采取预热措施，预热温度控制在 100～150℃。

第十，返修合格后，填写返修记录，内容包括返修的缺陷性质、长度、部位、焊接参数，以及使用焊接材料、焊工姓名、返修次数及无损检测结果。

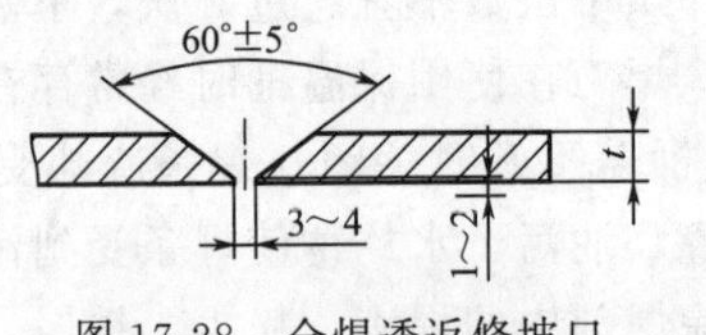

图 17-28 全焊透返修坡口

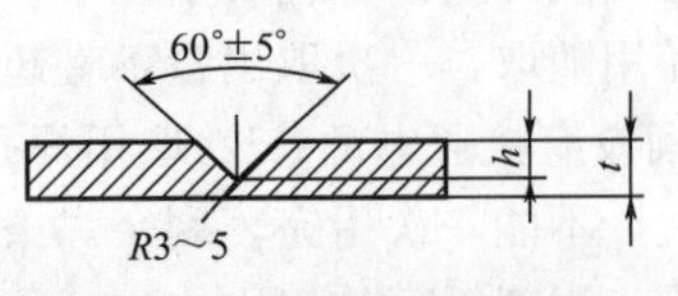

图 17-29 补充盖面返修坡口

第十节 直缝埋弧焊管焊缝单侧咬边缺陷的控制

埋弧自动焊依靠颗粒状焊剂堆积形成保护条件，主要适用于水平位置焊缝焊接。为保证直缝埋弧焊管焊接质量，内焊时需要将焊接坡口调整到水平最低点即 6 点钟位置进行焊接，外焊时需要将焊接坡口调整到水平最高点即 12 点钟位置进行焊接，焊点位置如图 17-30 所示。

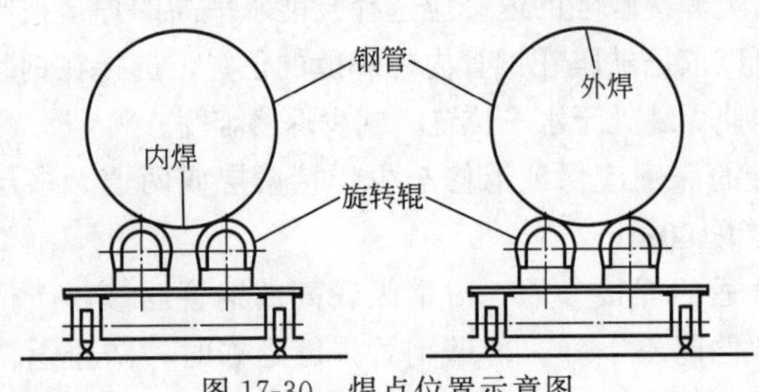

图 17-30 焊点位置示意图

直缝埋弧焊管焊接设备一般是由焊接电源、悬臂、焊接机头、焊接车和导电刷等几部分组成。焊接车上装有两对带绝缘层的滚轮架，其作用是借助滚轮架主动滚轮与钢管之间的摩擦力来带动钢管旋转调整焊缝位置。焊接机头安装在悬臂上，机头上带有自动跟踪装置，一般内焊采用机械式跟踪，跟踪轮在一定压力下骑在 V 形坡口内行走，跟踪范围±25mm。外焊一般采用激光自动跟踪，通过激光头检测焊接坡口中心线进行跟踪，跟踪范围±50mm，虽然焊接设备带有焊点位置调节及焊缝跟踪功能，但是在实际生产过程中仍然有焊点位置偏移导致的焊偏和咬边缺陷。

一、焊偏和咬边缺陷的产生原因

国内某公司在生产 ϕ508mm×7.9mm 薄壁直缝埋弧焊管时，管尾焊偏较多，且有部分钢管在起焊 2m 之后出现直到管尾的单侧咬边，同时管尾焊缝窄而高，而且镜像布置的两条内焊生产的钢管咬边都在焊缝同一侧。焊偏是指焊缝与坡口中心不重合或内外焊缝中心不在一条直线上，如图 17-31 所示。咬边是指焊缝金属在邻近焊趾的母材上形成的凹槽和未充满，如图 17-32 所示。

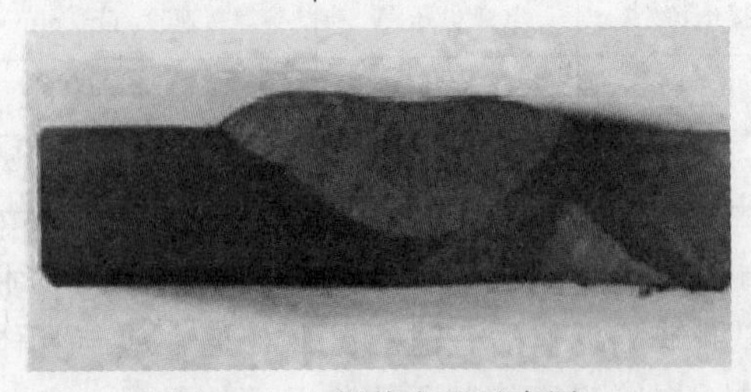

图 17-31 焊偏宏观示意图

图 17-32 咬边缺陷宏观示意图

经过现场检查可以发现引起焊偏的原因是管尾焊点位置偏移，即管尾坡口不在 6 点钟位置。而在管端焊点不偏移的情况下，产生管尾焊点偏移的原因有两个：

① 钢管有轴错，导致坡口倾斜，与钢管中心线产生一定的夹角。

② 焊接车前后两组滚轮架的中心不在同一条直线上面。试验发现没有轴错的钢管焊接过程中也可能产生焊偏，于是选取一根钢管在两台焊接车上进行焊点偏移量测量，发现两台焊接车上的焊点偏移量相差较大，由此确定焊接车前后两组滚轮架的中心不在一条直线上。产生这种问题的原因可能是焊接车存在安装误差或长期使用过程中产生的应力变形。采用在焊接车滚轮架一端单侧滚轮上垫胶皮的方法，将钢管焊接坡口首尾都调整到6点钟位置再进行焊接，结果焊缝没有出现单侧咬边和管尾焊偏缺陷。

二、单侧咬边和管尾焊偏缺陷原因分析

薄壁直缝埋弧焊管产生单侧咬边和焊偏缺陷是由于焊点偏移量较大、焊点偏离原来的平焊位置（类似于横焊）造成的。经测量ϕ508mm×7.9mm钢管两端最大偏移量达30mm，当管头处于6点钟位置时，管尾焊点偏移角θ约为67°，焊点具体位置如图17-33所示。

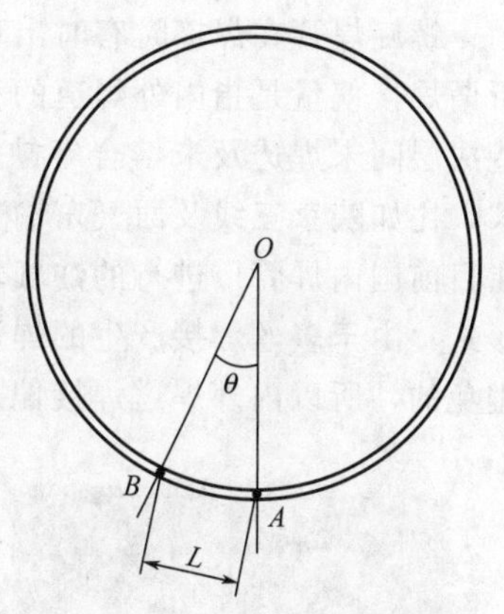

图17-33 焊点偏移示意图

当弧长较小时，AB弧的长度近似于弦长L，所以焊点偏移角度θ可以通过式(17-32)进行计算。

$$\theta=L/(\pi D)\times 360° \tag{17-32}$$

式中 θ——焊点偏移角度，(°)；

L——焊点偏移量，mm；

D——钢管直径，mm。

此时焊点不在水平位置，当焊点与水平位置的距离超过刀轮跟踪范围时，刀轮带动焊接机头倾斜，焊丝与坡口表面横向不垂直，且焊点不在最低点，焊接过程中熔池液态金属受重力作用向下流淌，所以焊接过程中很容易在坡口上方引起单侧咬边。单侧咬边的产生与焊点偏移角度和一丝焊接电流的大小有关，焊点偏移角度越大，一丝焊接电流越小，越容易产生单侧咬边。

焊偏是由于焊点偏移量大，超出内焊跟踪导轮的横向跟踪范围，导轮跳出内焊坡口引起的。焊偏的产生与焊点偏移量的大小和导轮横向跟踪范围的大小有关，焊点偏移量越大，导轮横向跟踪范围越小，焊缝越容易产生焊偏。

三、单侧咬边和焊偏缺陷控制措施

由于单侧咬边和焊偏缺陷的产生都与焊点偏移量有关，减少焊点偏移量即可解决焊缝产生单侧咬边和焊偏缺陷的问题。可以通过下面的方法减少焊点偏移量。

① 在钢管一端焊点处于6点钟位置时，在焊接车另一端单侧滚轮架上垫胶皮，将另一端焊点调整到6点钟位置，使整根钢管焊接坡口始终处于平焊位置进行焊接，是避免焊缝产生单侧咬边和焊偏缺陷的有效措施。这种方法优点是成本低，使用灵活；缺点是需要逐根钢管垫胶皮，岗位工人的劳动强度较大，适用于小批量生产使用。

② 将焊接车一端的滚轮架改成横向丝杠手动调节。每次更换钢管规格时，在成型参数稳定后根据钢管焊点偏移量大小调整焊接车一端滚轮架的中心位置并锁紧。这种方法的优点是成本低，岗位工人的劳动强度小；缺点是批量生产时焊点偏移量大小易受其它因素如钢管轴错、椭圆度等影响。适合成型质量稳定的大批量生产使用。

③ 将钢管起弧端焊接车旋转辊改成可横向电动调节，并带自锁功能，起焊前当钢管息

弧端进入焊接位置时，先将钢管尾坡口调整到6点钟的位置，当钢管起弧端进入焊接位置时，横向调整起弧端滚轮架的中心位置，将管端坡口调整到6点钟位置，然后锁紧横向电动调节装置。这种方法的优点是岗位工人的劳动强度小，每根钢管都能调整到最佳的焊点位置；缺点是成本较高一些，但是各种批量生产均可以应用。

总之，生产薄壁直缝埋弧焊管时产生的单侧咬边和焊偏缺陷，大部分是由于焊点偏移量较大引起的。通过调整焊接车滚轮架的中心位置，减少焊点偏移量，可有效地控制单侧咬边和焊偏缺陷的产生，提高薄壁直缝埋弧焊管产品质量和生产效率。

第十一节　螺旋焊管焊接偏量测定方法

螺旋焊管在焊接时有时出现焊接偏的现象，衡量焊接偏的缺陷，常用焊接偏量来表示。所谓焊接偏量是指内外焊道的移量，焊接偏量过大，使得内外焊道的熔合区减小，严重时会造成层间未焊透及未熔合等缺陷。在油气输送管线工程中，对焊接偏量都有明确的技术要求，比如陕京三线及西气东输二线管道工程等要求，内外焊道的焊接偏量小于等于3.0mm。在目前国内焊管厂进行的油气输送用螺旋焊管焊接生产中，一般采用的是多焊丝内外焊接的形式，由于多丝焊接产生的焊道本身并不总是左右完全对称的，且内外焊道的偏移也是不可避免的，所以内外焊道焊接偏总是存在的，如图17-34所示。

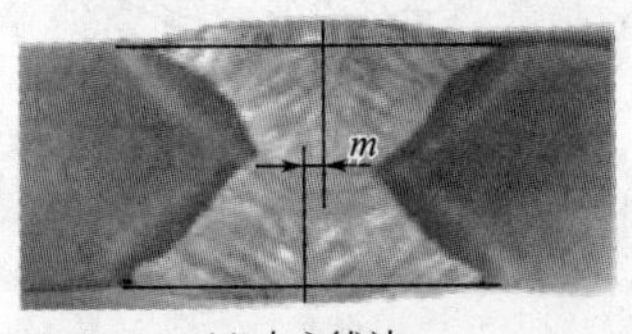

(a) 中心线法

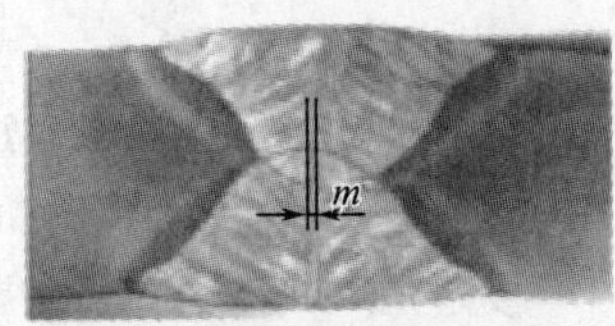

(b) 弧顶偏离法

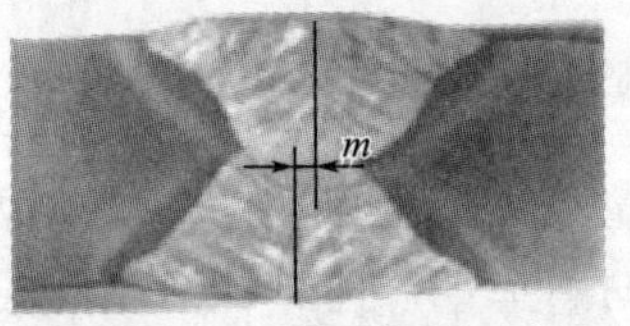

(c) 中脊线法

图17-34　焊偏量的三种金相法测定方法

国内常用的油气输送焊管的标准，一般采用为美国石油协会的 API SPEC 5L—2007《管线钢管规范》和国家标准 GB/T 9711.2—1999《石油天然气工业输送钢管交货技术条件 第2部分：B级钢管》等，其中对于焊接偏量都有相应的技术要求，但是对于焊接偏量的判定方法则比较模糊，所以如何对焊接偏量进行准确的判断，以便保证焊缝的质量符合相应的标准要求，值得详细研究。为此，本节对工程实际中使用的几种焊接偏量测定方法进行比较分析，以便找出最合理的焊接偏量测定方法。

一、焊接偏量测定方法

1. 金相法

金相法（或酸蚀法）是抛光焊道剖面，显示出内外焊道后，进行焊接偏量测量的方法，如图17-34所示。可见该方法能够直观显现焊道偏移，因而可以方便地进行焊接偏量的测量。各个焊管制造厂实际所使用的金相法焊接偏量测量方法，又可以归纳为中心线法、弧顶偏离法和中脊线法三种，下面对这三种方法简要介绍如下。

① 中心线法。可以在焊道的取样块上，抛光焊道剖面，在光学显微镜下进行焊偏量测量，也可以在平头后的钢管管端使用5%（体积分数）硝酸酒精溶液擦拭焊道部位，清晰显示焊道后再进行焊接偏量测量。如图17-34(a) 所示，内、外焊道焊趾连线中心线的距离即为焊接偏量。

② 弧顶偏离法。该方法一般在车间焊接后检查岗位或者终检岗位进行，可以在酸蚀后勾画出焊道弧顶轮廓，画出过弧顶的垂直线后进行焊接偏量的测量，也可以使用光学显微镜进行焊接偏量的测量。如图 17-34(b) 所示，内、外焊道过弧顶与焊趾连线垂直线段的距离即为焊接偏量。

③ 中脊线法。该方法是采用测量内外焊道结晶中脊线的距离来测量内外焊道的焊接偏量，在双丝或多丝焊接中，中脊线很多时候并不是规则的直线，所以在车间测量中该方法应用得较少。如图 17-34(c) 所示，内外焊道结晶中脊线的距离即为焊接偏量。

2. X 射线法

X 射线法是在生产线上在线使用 X 射线设备及显示或存储设备，直接观察焊接偏量的方法。在车间 X 射线岗位上，是以焊道投影的黑度不同来判断焊接偏量的，所以基本上也是以焊趾的中心线为依据的，其焊接偏量的确定方法与中心线法基本一致。

二、对焊接偏量数据的规定

在螺旋焊管的焊接生产过程中，内外焊道焊接偏总是存在的。由于焊接偏的存在，可能造成的结果是内外焊道熔合量过小、未熔合及未焊透等缺陷。在 API SPEC 5L—2007 中仅对焊接偏量给出了如图 17-35 所示的焊接偏量示意图，由于实际内外焊道的形貌并不是完全左右对称的，所以依据该标准对焊接偏量进行测量时，内外焊道中心线的选择不明确。

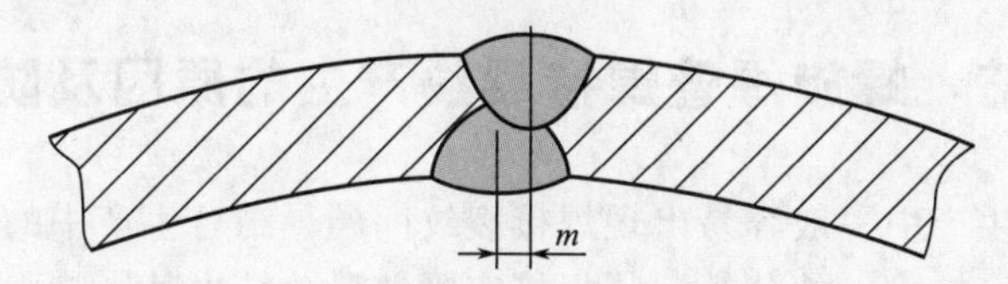

图 17-35 API SPEC 5L—2007 中螺旋焊管的焊接偏量示意

API SPEC 5L—2004 中规定，只要无损检测证实焊缝完全焊透并充分熔合，焊接偏（焊缝偏离）不应作为拒收的依据。在 API SPEC 5L—2007 中对埋弧焊接（SAW）和熔化极气体保护焊与埋弧焊组合焊接（COW）钢管的焊接偏量做了如下要求：焊接偏量在下述规定范围内且无损检测结果表明焊缝完全焊透和熔合，SAW 钢管和 COW 钢管焊缝的焊接偏不应成为拒收的理由；其中对于壁厚 $t \leqslant 20$mm（0.8in）的钢管，焊缝最大焊接偏量应不超 3mm（0.1in），对于壁厚 $t > 20$mm（0.8in）的钢管，焊缝最大焊接偏量应不超过 4mm（0.16in）。所以 API SPEC 5L 对于焊接偏量的规定，都是基于保证内外焊道充分熔合的基础上。

中心线法可以保证给出唯一的焊接偏量值，但是此焊接偏量是以盖面焊的宽度为测定基准，由于焊接偏的存在，此方法并不能准确地反映内外焊道熔合部位的实际偏移量。中脊线法基于焊道结晶中线测量焊接偏，由于实际焊道的中脊线并不是规则的直线，内外焊道的中脊线通常并不是平行的，因而也难以准确测量焊接偏量；弧顶偏离法是在考虑内外焊道充分熔合的基础上进行焊接偏量的测量，由于内外焊道的熔合，需要依靠未熔合部分的轮廓延伸勾画内外焊道的弧顶，因而主观性较强，通常难以保证焊接偏量测量值的唯一性。

综合以上分析，现在工程实际中进行焊接偏量测量的三种金相方法各有优缺点，每种方法都难以准确反映实际焊接偏量。2011 年 7 月发布的 API SPEC 5L—2007-ADDENDUM 3，对焊接偏量的测量做出了定量唯一的规范，如图 17-36 所示。在图 17-36 中 M_1 和 M_2 分别为过内外焊道边沿结合点处且与焊管外表面切线平行的线的中点，距离 m 为分别过 M_1 和 M_2 点且与两平行

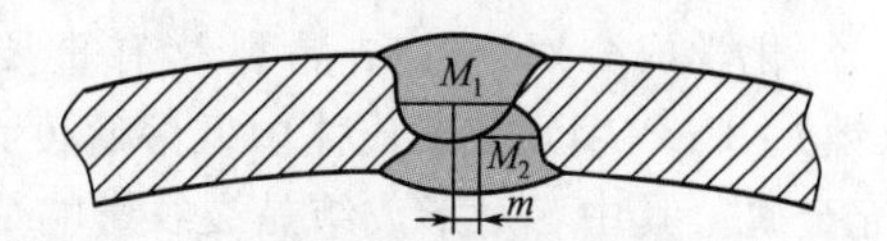

图 17-36 螺旋焊管焊接偏量测量示意图

线垂直线的距离，此为焊接偏量。此方法的基本点在于，焊接偏量的规定是基于规范内外焊道熔合部分的偏移量，焊道表面部分可以不予考虑偏移，以达到控制焊接偏的目的；由于该方法测量结果唯一，从而消除了不同测量方法引起的争议。

在螺旋焊管生产线上，以X射线法来测量焊接偏量具有在线、无破坏等优点，相比金相法也更快捷、简单。但是X射线法测得的焊接偏量与中心线法测得的焊接偏量基本一致，故难以充分保证焊接钢管是否符合标准要求，故X射线法可以作为焊接偏量测量的辅助方法，可以给焊接岗位和终检岗位提供快速的焊接质量反馈信息。

三、采用测定焊偏量方法的比较

① 在生产实际中常用的三种螺旋焊管焊接偏量金相测量方法即中心线法、弧顶偏离法和中脊线法各有优缺点，但都难以准确反映内外焊道的实际偏移量，建议采用API SPEC 5L-2007-ADDENDUM 3中新增补的方法，该方法不仅能准确地反映内外焊道的实际偏移量，而且测量结果唯一，因而可以达到控制焊偏的目的。

② X射线法测定的焊偏量和中心线法测定的焊偏量基本一致，难以充分保证焊管焊接质量符合标准要求，但其具有在线、无损及快捷等优点，故X射线法仅可以作为焊接偏量测量的辅助方法。

第十二节　螺旋焊管焊接裂纹产生的原因及防控措施

在螺旋焊管实际生产中一般容易出现焊接裂纹问题，结合生产中的实际情况，对出现焊接裂纹的影响因素作一技术上的分析。从焊接实际情况总结出其影响因素主要有三个方面：

① 原材料化学成分的影响；

② 焊接工艺参数的影响；

③ 成型工艺的影响。

原材料主要是母材、焊丝、焊剂化学成分及相互匹配参数。焊接工艺主要是工艺参数、焊点位置、偏心距及焊接线能量。生产中如果各项工艺参数及变形控制不理想，就较容易产生内焊裂纹，给产品质量带来较大的影响。在此对生产中出现焊接裂纹的原因进行分析并提出一些具体的可操作的防控措施。

一、焊接裂纹的性质

以开裂到焊缝表面的裂纹为例，从裂纹性质上判定，发现裂纹存在以下特点。

① 裂纹位于内焊缝中央并沿焊缝纵向方向延伸。

② 裂纹在焊缝横截面方向上并未穿透整个焊缝，而是在内焊缝深度的2/3处或者根部终止。

③ 裂纹发生无规律，呈断续状。

二、焊接原材料及工艺引起的裂纹

1. 原材料化学成分的分析

化学成分对产生结晶裂纹有重要的影响，S（硫）、P（磷）、Si（硅）、C（碳）、Ni（镍）、Cu（铜）及奥氏体中低溶解度元素都对焊接裂纹产生影响，这些元素来自母材及填充金属。其中S对形成结晶裂纹影响最大，S以FeS（硫化铁）存在于低熔点共晶中，当焊缝快速结晶时，低熔点共晶就聚集在奥氏体晶界，其影响程度又与其他元素含量有关，Mn

（锰）与S（硫）结合成硫化锰，对S的有害作用起到了抑制。同时Mn（锰）还能改善硫化物的性能、形态及分布，使薄膜状FeS（硫化铁）改为球状分布，从而提高了焊缝的抗裂性。为了防止产生结晶裂纹，对焊缝金属中的Mn/S值有一定的要求，随含碳量的增加，则Mn/S的值也应随之增加，如图17-37所示。

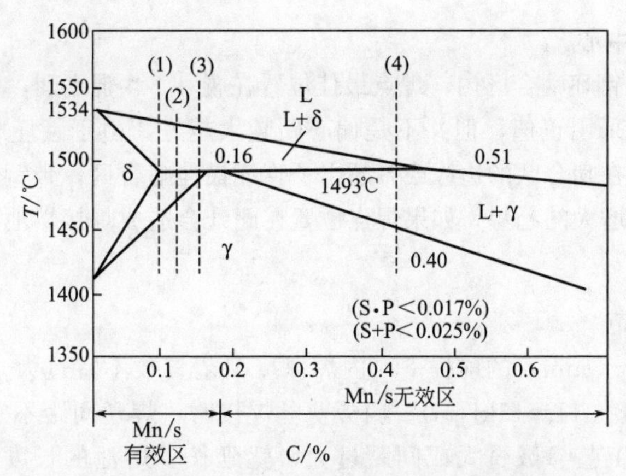

图17-37　Mn、C、S同时存在对结晶裂纹的影响

C≥0.1%时，Mn/S≥22；C=0.11%～0.125%时，Mn/S≥30

对于因化学成分所引起的焊接裂纹，可以通过以下措施来处理解决：

① 降低原材料中S、P等有害杂质的含量。

② 适当提高Mn/S值，可以置换Fe-FeS低熔点共晶的Fe形成MnS，从而提高焊缝的抗裂性能。

③ 在焊接材料中加入Ti（钛）、Mo（钼）、Nb（铌）或稀土元素，抑制柱状晶粒发展，细化晶粒，可以改善焊缝的性能。

2. 内焊焊点的位置不准确

螺旋焊管内焊焊点未出成型变形区（不管偏中心是正值、零还是负值），在钢坯啮合区内。如果内焊焊点不当，在钢坯的反弹力作用下，造成熔池在结晶过程中产生应力性裂纹。在实际生产中内焊单丝焊、双丝焊焊点位置又不同。

① 内焊单丝焊时，为了防止缺陷咬边，焊点位置通常选择放在2＃辊和3＃之间（即偏中心为正值），如图17-38所示。

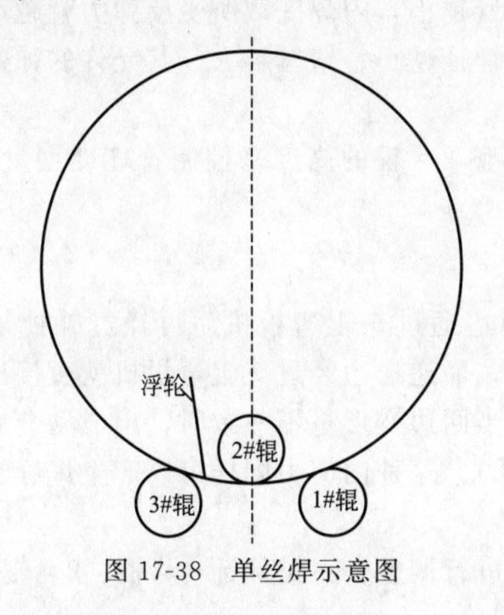

图17-38　单丝焊示意图

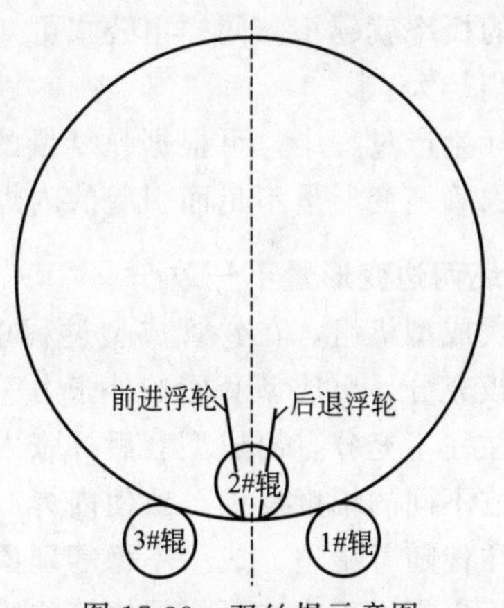

图17-39　双丝焊示意图

② 内焊双丝焊时，焊点位置选择在2＃辊的正下方，即偏中心为零，如图17-39所示。在实际生产中，如果因马鞍状过大，过大的将偏中心调小（即为负值），使内焊焊点提前且未过2＃辊，甚至超出了管坯的啮合区，此时管坯变形不足，容易造成熔池在结晶过程中产生应力性裂纹，此方法建议不采纳。要减小马鞍状，可以通过减小前后丝间距和调整焊接工艺参数来解决。

3. 焊点位置偏离中心

内焊单丝焊时，在钢坯啮合区内，焊点最佳位置在辊和3＃辊之间，此时是为有效的防止和解决内焊咬边，偏心距采用正值，但并不是偏心距越大越好，由于管坯成型最佳啮合点在正下方，如果偏心距过大，在啮合区的边缘或者超出了管坯最佳啮合区，带钢的递送边和自由边之间存在反弹力，而且还有增大的趋势，如果焊点位置在此处会造成焊接熔池在结晶过程中产生应力性裂纹。

4. 内焊焊接不规范

在保证重合量（2～3mm）的前提下，内焊焊接工艺参数不宜过大，选择合适的焊接线能量（焊接线能量最佳值在11～15kJ/m）。内焊双丝焊接时，焊丝间距不宜过大（焊丝间距为前丝直径的2倍），焊接工艺参数过大或间距过大，就延长了熔池的长度。带钢在前进过程中，难免受到振动、推、拉后桥等外力影响熔池增长，产生裂纹的概率很可能就增大。

三、成型工艺引起的裂纹

1. 管坯变形量不足

以ϕ720mm螺旋焊管机组为例，它由1＃辊、2＃辊、3＃辊组成三辊弯板机，带钢进入成型器后在三辊弯板机的作用下卷管成型，再由3～4组外控辊补充变型。由于是外控式成型，在卷管过程中往往使管坯保持一定的外张力，以使管坯能够贴在成型套上，从而保证管坯的圆度和管径。一旦管坯脱离成型套的约束，管坯的外张力就会在内焊区域逐渐释放，致使内焊缝产生一定的内应力，当焊缝的内应力达到一定程度就会产生焊缝裂纹。

一般情况下用钢管的残余应力来衡量管坯外张力的大小。根据环切法弹复量计算公式：

$$\Delta L=16\pi R^{2}\sigma(Et-8R\sigma) \tag{17-33}$$

其中，ΔL为弹复量（切口张开量）；R为钢管半径；σ为残余应力；E为弹性模量；t为钢管壁厚。

由公式可知，当钢管规格、材质已确定时，残余应力越大弹复量就越大，反之则越小。因此，在钢管生产时，采用环切法所取得的弹复量越小，内焊区域所受反弹力就越小，出现内焊裂纹的概率就越小。同样由公式可知，钢管管径越小、壁厚越大，其允许的弹复量就越小，反之则越大。

在实际生产过程中，可根据弹复量的情况调整2＃辊的高度来控制管坯变型量的大小，从而避免因管坯变形量不足而引起的内焊裂纹。

2. 管坯两边变形量不一致

外控式成型机组，在卷管成型过程中，自由边通过三辊弯板机后再经过外控辊补充变形，变形较充分，出成型套后的外张力一般不大，而递送边经过三辊弯板机就直接出了成型套，变形往往不充分，出成型套后外张力较大。当两边变形量不一致时，出成型套后在内焊区域分别按不同的幅度反弹，致使内焊产生内应力，这种内应力同样可以产生焊缝裂纹。这种情况往往伴随着错边、成型不稳等现象发生。

在实际生产过程中，可根据钢管的成型状况进行调整。一是保证1＃辊、2＃辊、3＃辊的第一个单辊在条件允许的情况下尽量靠近递送边，使递送边变形充分；二是根据实际情况通过调整2＃辊的低头量来控制两边的变形量，使其保持一致；三是通过调整两边的预弯量来微调两边的变形量，预弯量越大成型的变形量就越大，反之则越小。

3. 焊垫辊过高

焊垫辊是出成型套的最后一个单辊，离内焊熔池的固液阶段很近，因此，当焊垫辊过高会使内焊熔池所受的内应力过大，从而产生裂纹。

在生产过程中，一般会在制定工艺时根据焊管的底面标高规定焊垫辊的高度，再根据成型状况进行适当调整，一般不得超过±3mm。

四、焊接裂纹防控的措施

在螺旋焊管生产中，内、外焊处于曲线动态施焊，对成型、焊接调整要求较高，影响焊接的因素也较多，防止焊接裂纹产生的最有效的办法就是生产前对原材料进行化学分析，对不同的原料选择合适的焊丝、焊剂，焊接中对焊点位置、偏心距及焊接工艺参数的控制要精准化。同时提高钢管成型质量，减小钢管弹复量，在生产中按工艺参数要求严格控制，消除产生焊接裂纹的因素，就可以生产出具有高标准、高质量的焊管。

第十三节　提高螺旋焊管焊道外观质量的工艺措施

一、焊道外观存在的问题

近年来，管线钢管外防腐多采用3PE或FBE防腐工艺，对焊道外观质量要求较高，如西气东输工程、忠武线、双兰线等补充技术条件均要求外焊道余高控制在0.5～2.5cm，焊道与管体母材必须平滑过渡。为满足防腐性能的要求，通常将平滑过渡理解为过渡角大于120°的外观（见图17-40）。

焊道外观质量是指焊道余高和平滑过渡质量，但是螺旋焊管的焊接特点点是边成型边焊接，是在曲面上完成的（内焊上坡焊，外焊下坡焊）。焊道外观成型较直缝焊接困难。焊道易出现偏流现象，导致过渡陡峭（见图17-41）。

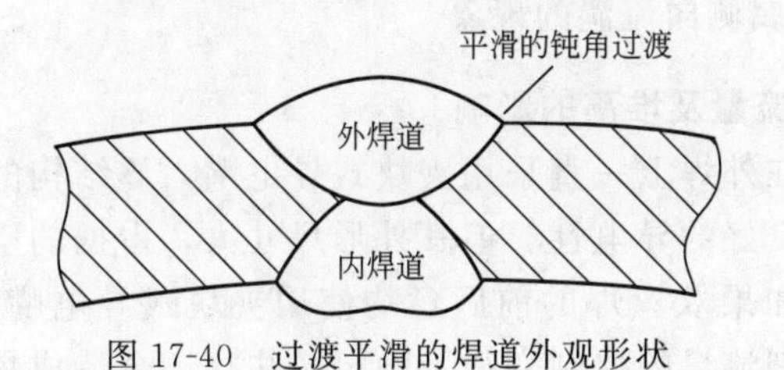

图17-40　过渡平滑的焊道外观形状

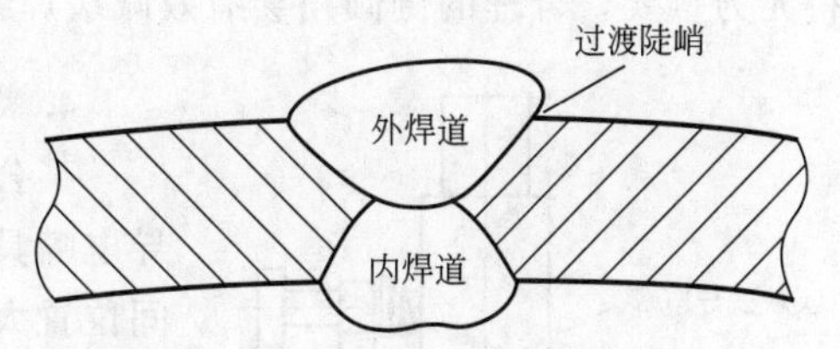

图17-41　过渡陡峭的焊道外观形状

四川石油管理局某公司2003年在忠武线用ϕ711mm×87mm钢管的生产初期，因外焊道与管体母材的过渡不平滑（即过渡陡峭），在进行FBE防腐时，外焊道与母材过渡处形成空隙，造成防腐层出现密集漏点，从而导致防腐验收不合格。最后，不得不靠人工修磨焊道后再进行防腐。因此，提高焊道外观质量对提高管线钢管外防腐质量至关重要。

二、焊道外观质量的影响因素

影响螺旋焊管焊道外观质量的因素较多，主要包括焊接工艺参数、焊丝形位参数、焊剂流量、焊剂工艺性能以及成型缝等多方面因素。

1. 焊接工艺参数的影响

① 焊接电流根据螺旋焊管的生产特点。通常内焊使用较小的焊接电流而外焊使用较大的焊接电流，但是在较大焊接电流条件下熔池的搅拌作用加剧，且焊丝的熔化量也相应增多，得到的焊缝余高增高，焊缝成型恶化，边缘过渡较差。

② 焊接电压由于焊接电弧呈圆锥形状。而焊接电压的大小直接影响到电弧的长短。因此随着焊接电压的增加，电弧长度增加，电弧斑点的移动范围扩大，熔池变宽，会得到较宽的成型焊缝。如果在水平位置进行焊接，仅会使焊缝的宽度发生变化，而不会影响焊缝的边缘过渡，但螺旋焊管的外焊是在斜坡上进行焊接，熔融状态的焊缝金属在重力作用下会发生侧向流淌。

由此可知，焊接电压越大，熔池越宽，焊缝金属发生侧向流淌的趋势就越严重，最终导致焊缝金属偏流。

2. 焊剂因素的影响

在埋弧自动焊的工艺条件下，要获得理想的焊缝，所使用的焊剂必须具备良好的工艺性能。焊剂的工艺性能是指焊剂在使用和操作时的性能，它是衡量焊剂好坏的重要指标。主要包括焊接电弧的稳定性、在各种位置上焊接的适应性、脱渣性等。

如果焊剂的工艺性能较差，外焊脱渣困难，外焊道边缘就会有粘渣现象。焊渣并非呈理想的长条状自动脱落，这说明，熔渣的高温黏度与表面张力均较大，熔渣的黏度与表面张力对焊缝的成型有较大的影响，黏度及表面张力越大，熔渣的流动性越差、脱渣越困难，最终导致焊缝成型恶化，特别是焊缝边缘过渡变差。

从理论上讲，焊剂成分，特别是氟化钙（CaF_2）含量对熔渣的黏度及表面张力有较大影响。氟化钙（CaF_2）含量越高，熔渣的黏度及表面张力就越小，熔渣的流动性越强。脱渣就越容易，越容易获得良好的焊缝，焊缝边缘过渡越趋于平滑。

3. 焊丝形位参数的影响

由于螺旋焊管的外焊施焊位置位于斜坡上。熔融状态的焊缝金属在重力作用下会产生侧向流淌（即向成型缝自由边一侧流淌）现象，容易导致焊缝偏流。此时，焊丝的侧倾角度就显得尤为重要，合理的侧倾角会有效减缓焊缝金属侧向流淌的现象。

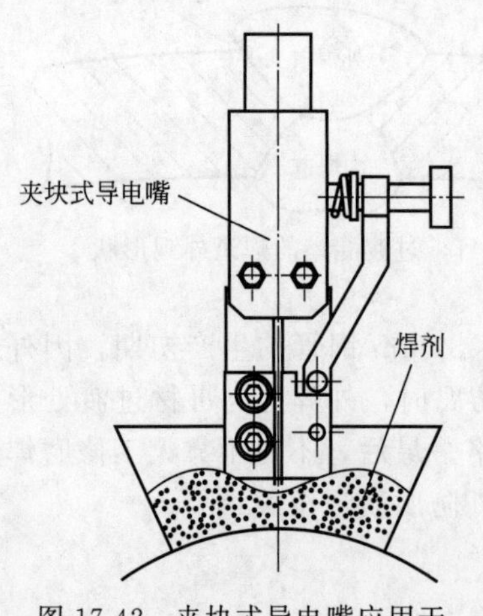

图 17-42　夹块式导电嘴应用于外焊时焊剂的堆积形状

4. 焊剂流量及堆高的影响

某公司在外焊上一直采用夹块式导电嘴，该结构的导电嘴具有良好的导电性。但其外形尺寸大，占据的空间位置大，如果双丝焊的前后丝均使用夹块式导电嘴，就会使得焊剂流量的控制变得不稳定，往往还会造成焊剂碗内的焊剂呈现“驼峰”形状（见图 17-42），而不是呈平坦的理想分布，这会导致焊缝金属中部的焊剂堆高较小。而与母材过渡处的焊剂堆高较大，这就增大了焊缝过渡处排渣的压力，导致了焊缝金属与母材的过渡呈陡降趋势。

5. 成型缝因素的影响

由于螺旋焊管成型方式的特殊性，成型缝会随成型角的大小变化出现不同程度的“噘嘴”现象，成型角越小，“噘嘴”越严重，成型缝的“噘嘴”直接影响外焊缝的外观质量。忠武干线中 $\phi711$mm 钢管、忠武支线中 $\phi610$mm 钢管以及双兰线中 $\phi813$mm 钢管等使用的卷板均较宽，成型角较小，成型缝“噘嘴”较为严重，消除成型“噘嘴”的有效措施是对带钢两边缘先进行边缘预弯，而边缘预弯的效果决定于卷边辊的辊形结构。

在生产过程中发现，带两边缘的卷边效果不理想，主要是卷边辊的辊形曲率大，导致卷边后带钢两边缘翘曲量不一致，边缘 30mm 范围内的变形为直边（见图 17-43）经咬合成型后仍然存在不同程度的“噘嘴”现象（见图 17-44）。

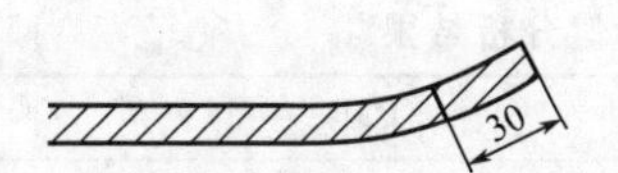

图 17-43 预弯后边缘存在 30mm 直边

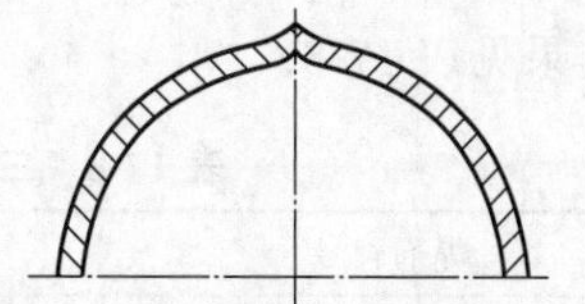

图 17-44 “噘嘴”严重的成型缝

三、焊道外观质量控制的工艺措施

1. 优化焊接工艺参数

① 减小外焊焊接电流。根据焊接理论，在较小焊接电流条件下，熔池的搅拌作用减弱，焊丝的熔化量减少，得到的焊缝余高较小，边缘过渡趋于平缓。因此，外焊前丝采用较小的焊接电流，如忠武线 $\phi711$mm×8.7mm 钢管生产时，外焊前丝电流仅为 800～850A（送丝速度为 2.03～2.16m/min），双兰线中 $\phi813$mm×11mm 钢管的生产在钢板不开坡口条件下，外焊前丝电流也仅为 1100～1200A（送丝速度为 2.92～3.05m/min）。

但随着焊接电流的减小电弧潜入钢板的深度（即熔深）小又会影响焊缝的内在质量。为解决这一矛盾，采取了两方面的措施：a. 内焊采用较大的焊接电流，如忠武线 $\phi711$mm×8.7mm 钢管生产时，内焊电流由原来的 800～850A（送丝速度为 2.03～2.16m/min）增加到 880～980A（送丝速度为 2.24-2.49m/min）同时适当降低焊接速度（速度由原来 1.7m/min 降为 1.6m/min）；b. 调整外焊前丝的后倾角。后倾角越小电弧力对熔池金属向后排的作用越强。熔池底部的液体金属层变薄，熔深增大，根据这一理论，我们将前丝的后倾角由原来的 7°～10°减小为 2°～5°（见图 17-45）。这样，可在较小焊接电流条件下获得较大的熔深，从而保证焊缝的内在质量。

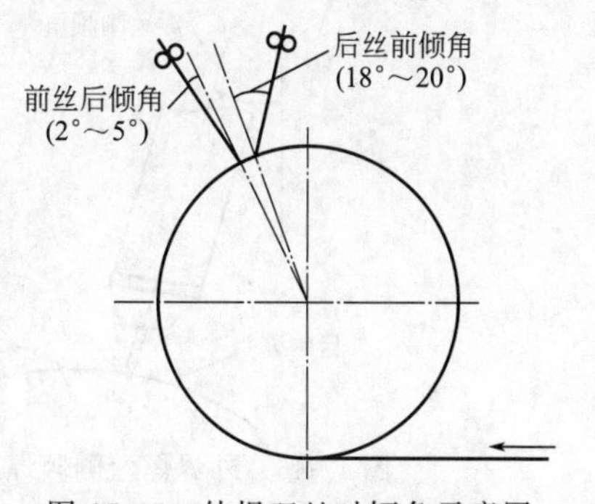

图 17-45 外焊双丝时倾角示意图

② 减小外焊焊接电压。外焊应用较小的焊接电压，如忠武线中 $\phi711$mn×8.7mm 钢管生产时，外焊前丝电压由原来的 30～32V 降低为 28～29V，后丝电压由原来的 35～37V 降低为 33～35V。通过焊接工艺参数的优化设计，为获得较好的外焊道外观创造了良好的条件。表 17-7 列举了经优化后应用于忠武线中 $\phi711$mm×8.7mm 钢管生产的焊接工艺参数。

表 17-7 忠武线 ϕ711mm×8.7mm 钢管焊接工艺参数

<table>
<tr><th>工序</th><th>焊接速度
/(m/min)</th><th>送丝速度
/(m/min)</th><th>焊接电流
/A</th><th>电弧电压
/V</th><th>焊丝
/(ϕ/mm)</th><th>焊剂</th></tr>
<tr><td>内焊</td><td>1.6±0.05</td><td>2.24～2.49</td><td>850～950</td><td>30～32</td><td>H08C(4.0)</td><td>SJ101G(10～50 目)</td></tr>
<tr><td>外焊前丝</td><td rowspan="2">1.6±0.05</td><td>2.03～2.16</td><td>800～85</td><td>28～29</td><td>H08C(4.0)</td><td rowspan="2">SJ101G(10～50 目)</td></tr>
<tr><td>外焊后丝</td><td colspan="2">300～320</td><td>33～35</td><td>H08C(3.0)</td></tr>
</table>

2. 调整外焊焊剂

对工厂储备的宝鸡 SJ0IG、合力 SJ101 及锦州 SJ101 三种烧结焊剂进行了化学成分分析，其分析结果见表 17-8。

表 17-8 三种焊剂的 CaF_2 含量分析结果

焊剂牌号	CaF_2 含量/%
宝鸡 SJ0IG	23.05
合力 SJ101	20.02
锦州 SJ101	20.85

从结果可以看出，宝鸡 SJ0IG 焊剂的氟化钙（CaF_2）含量最高，因此，在使用中决定将工艺性能优良的宝鸡 SJ0IG 烧结焊剂应用于外焊。以降低熔渣的黏度与表面张力，改善焊缝成型，使焊缝边缘过渡趋于平滑。

3. 外焊焊丝应用侧倾焊接的工艺方法

为了获得理想的焊道形状，根据前面的分析，把导电嘴（焊丝）侧倾角（焊丝指向成型缝递送边）由原来的 3°～5°调整为 12°～15°，外焊焊丝侧倾焊接的工艺方法见图 17-46。

4. 改进导电嘴结构

根据双丝焊的工艺特点，我们决定在后丝用小孔式导电嘴（见图 17-47）。而前丝仍使用夹块式导电嘴以保证焊剂流量容易控制，从而保证焊缝的内在质量。

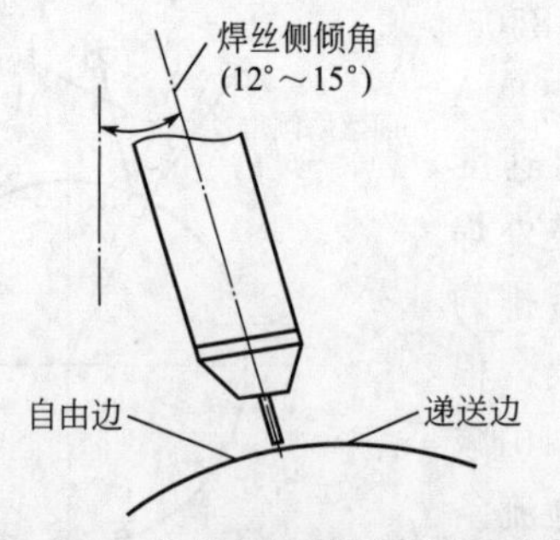

图 17-46 外焊焊丝侧倾焊接示意图

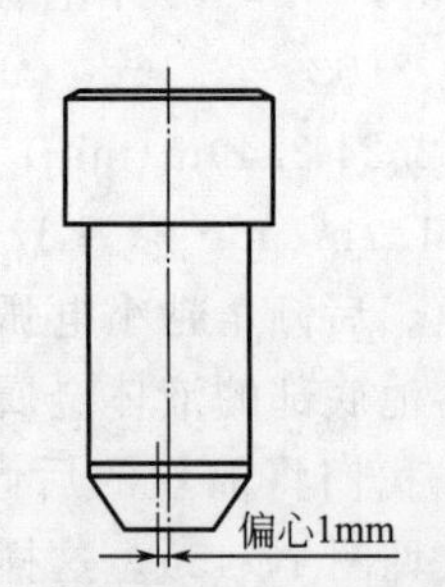

图 17-47 外焊小孔式导电嘴结构示意图

由于小孔式导电嘴外形小，且呈圆锥形。焊剂流量的控制变得容易。改善了焊剂在焊剂碗内的形状，焊剂能较为平坦地分布在焊剂碗内，减小了焊缝金属整个表面上熔渣的表面压力，从而使焊缝金属与母材的过渡变得平滑。但小孔式导电嘴不能很好地满足批量生产的需要，主要问题是长时间使用后会出现导电不良现象，使电弧变得不稳定。为克服这一缺点，设计出了偏心式导电杆，使得焊丝能始终贴紧导电嘴的内壁。保证了导电嘴长时间作业后仍具有良好的导电性能，从而确保电弧的稳定燃烧。

对原卷边辊的辊形进行优化设计，经过现场观察，计算机模拟设计，重新设计制作的卷边辊卷边效果较为理想，边缘预弯后充分变形，带钢两边缘咬合后的成型缝平整，彻底消除了成型缝“噘嘴”，为外焊创造了良好的条件。

四、焊道工艺改进的效果

上述工艺技术措施应用于忠武干线 $\phi 711 \times 8.7$mm 钢管、忠武支线 $\phi 610 \times 7.9$mm 钢管以及双兰线中 $\phi 813 \times 11$mm 钢管的生产中，取得了显著的效果。钢管外焊道外观质量得到了根本性的改善，焊道过渡平滑，均匀规整，焊缝余高基本能控制在 2.0mm 以内，并得到了客户监理及防腐厂的充分肯定。

第十四节　螺旋焊管的残余应力的测量与计算

螺旋焊管是由带钢进入成型器弯曲变形卷成螺旋形管状，再经过内外缝焊接形成的螺旋缝焊管。在带钢弯曲过程中，既有塑性变形，又有弹性变形，其中弯曲弹性变形残留在管体上，产生残余应力。螺旋焊管的残余应力，相当于钢管在未输送承压液体之前，预先给管内施加一个向外涨的力。水压爆破试验表明，钢管残余应力对输送液体的承压能力影响不大。管道设计者在设计输送压力选择安全系数、考虑环境因素等影响时，已经将钢管的残余应力核算在内。钢板冷弯变形存在残余应力是一个普遍现象，一些重点管线工程要求钢管残余应力控制在某一范围，若超出范围视为不合格，并以此作为交货条件。钢管制造厂为了控制螺旋焊管的残余应力，做了相关理论性研究，通过调整成型器中的支承辊组、下压辊组的高度，增加带钢的弯曲变形量，形成过量变形，在经过其他非弯曲辊组时得到释放弹复，这一方法减少和消除了残余应力。为了测量和计算残余应力，现对螺旋焊管进行应力分析。

一、螺旋焊管应力

工程上，将螺旋焊管的残余应力称为结构应力，是螺旋焊管的内应力，也称为成型应力。螺旋焊管应力的测量如图 17-48 所示。用等离子切割器切取一段管段，沿轴向切开，管壁就会向外（或向内）张开一道口子，管径从原来未切开的 D 变为切开后的 D_1，切口沿环向张开一段距离为 L（张口长度）沿钢管轴向错开一段距离为 λ（错位长度）。在生产检查时，通过测量切开管壁的张口长度 l 和错位长度 λ 来判断钢管应力的大小；如果超出标准，就要重新调整成型工艺，最终满足标准要求。

产生轴向错口的原因是：带钢在成型中辊压弯曲变形，微成型辊角度、成型角度出现偏差。产生“犟劲”；在焊接时，管坯没有完全弯曲变形，未达到完全塑性变形，被外框架辊组约束，弹性变形未释放并残留在管体上，焊接成管坯后，应力留在管体内，当管段沿轴向切开时，出现了向外张口和错口。

生产实践表明，应力的大小与成型器的刚度和生产的管径、壁厚、钢级有关，与成型工调型技术水平有关。为了便于了解成型应力，把残余应力按不同方向分为环向应力和剪切应力进行分析。在钢管上取单元体，圆环向外扩展的最大应力称为最大单元体环向应力、剪切应力，如图 17-49 所示。

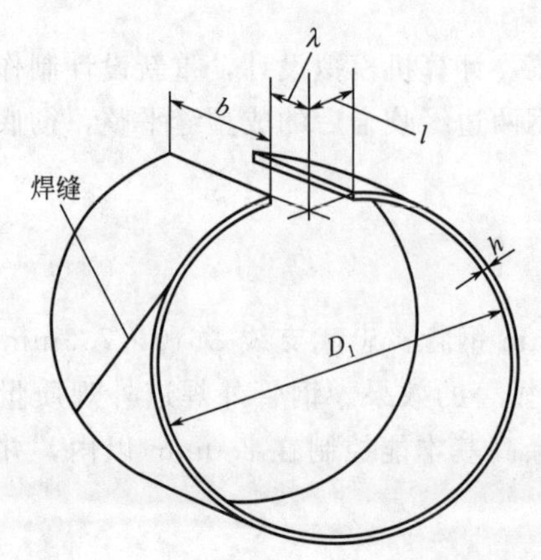

图 17-48 螺旋缝焊管应力的测量示意图

h—钢管壁厚；b—管段长度

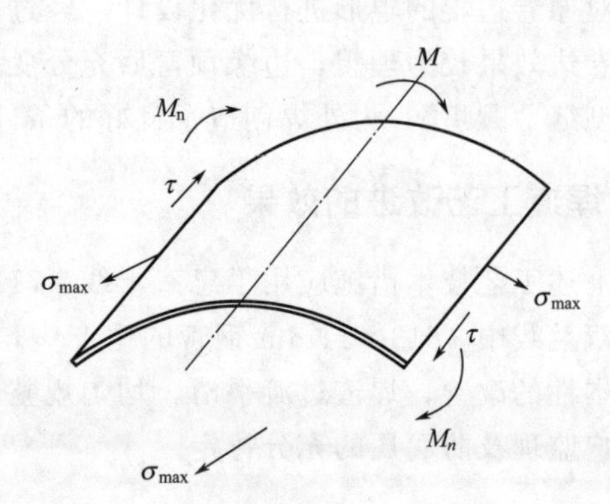

图 17-49 单元体环向应力、剪切应力示意图

M_n—扭矩；M—弯矩

1. 环向应力

螺旋焊管环向应力如图 17-50 所示。为了便于计算，取 100mm 管段作为试样，未切开管段的管径为 D，切开后管段的管径为 D_1，矩形截面高为 h（螺旋焊管壁厚），宽为 b（管段宽度）。在弹性范围内，带钢在弯矩 M_1 的作用下，弯曲成半径 $R_1=D_1/2$ 的圆（R_1 为钢管弹复后半径），然后继续增大弯矩到 M，弯曲成曲率半径 $R=D/2R$ 的圆。根据弯矩与曲率半径的关系，有如下关系式：

$$M_1=2EJ_Z/D_1 \tag{17-34}$$

$$M=2EJ_Z/D \tag{17-35}$$

式中 E——弹性模量，GPa；

J_Z——惯性矩，$J_Z=bh^3/12$。

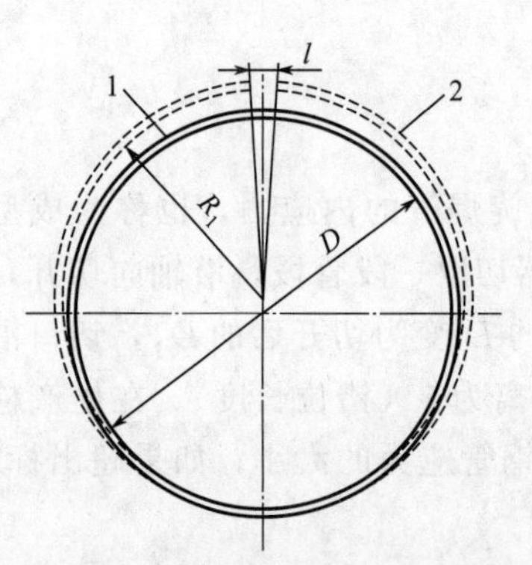

图 17-50 螺旋焊管环向应力示意图

1—管壁未切开钢管；2—管壁切开后的钢管

由式(17-34) 和式(17-35) 可计算出作用在管段上的弯矩增量 ΔM：

$$\Delta M=M-M_1=2EJ_Z(1/D-1/D_1) \tag{17-36}$$

当带钢发生弹性弯曲变形，弯矩增加到 ΔM 时，产生的最大应力 σ_{max} 与 ΔM 的关系为：

$$\Delta M=2\sigma_{max}J_Z/h \tag{17-37}$$

由式(17-36) 和式(17-37) 可得：

$$\sigma_{max}=Eh(1/D-1/D_1) \tag{17-38}$$

由于管段切开后的管径 D_1 不易测量，为了便于测量，以测量张口长度 l 代替切开后管径，用 l 代替开口后的弧长，则有 $\pi D_1\approx\pi D+l$，即 $1/D_1\approx\pi/(\pi D+l)$，代入式(17-38) 可得：

$$\sigma_{max}=\frac{Elh}{D(\pi D+l)} \tag{17-39}$$

从式(17-39) 可知，当 $l=0$(mm) 时，$\sigma_{max}=0$（MPa），即无环向应力，在环向方向焊管成型为塑性变形。

在生产同一规格、同一材质时，螺旋焊管切开的张口长度 l 不同，则环向应力 σ_{max} 不同，有函数关系 $\sigma_{max}=f(l)$。

2. 剪切应力

螺旋焊管的剪切应力是使管壁沿着钢管轴线方向的剪切应力，表现为当沿轴向方向切开后产生错口，这一现象往往容易被忽略。用测量错位长度 λ 来计算剪切应力。

螺旋缝焊管剪切应力如图 17-51 所示。在 AB 微段上，在扭矩 M_n 的作用下，扭曲产生的剪切应力 τ 与扭矩 M_n 的关系为：

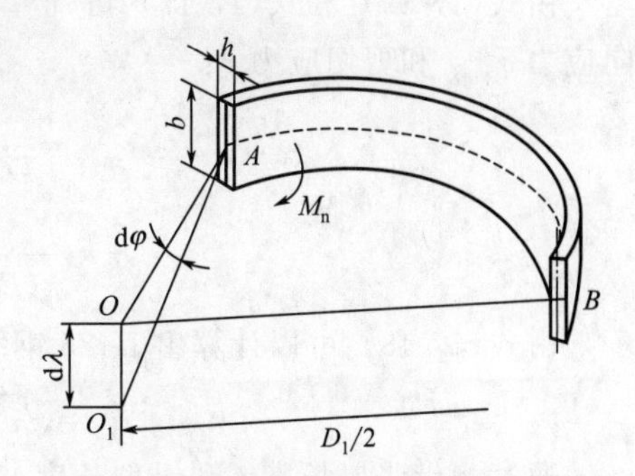

图 17-51　螺旋缝焊管剪切应力示意图

dλ—微量位移；dφ—微量转角

$$M_n=\tau J_n/b \tag{17-40}$$

式中　J_n——扭惯性矩，$J=hb^3$，$J_n=hb^3/3$。

截面 B 对截面 A 产生的相对转角 $d\varphi$ 为：

$$d\varphi=\frac{M_n dS}{GJ_n} \tag{17-41}$$

式中　dS——AB 微段弧长，mm；

G——抗剪弹性模量，GPa 。

将式(17-40) 代入式(17-41)，可得：

$$d\varphi=\frac{\tau dS}{Gb} \tag{17-42}$$

AB 微段位移 $d\lambda$ 为：

$$d\lambda=\frac{D_1 d\varphi}{2} \tag{17-43}$$

式(17-42) 代入式(17-43) 可得：

$$d\lambda=\frac{D_1\tau dS}{2Gb} \tag{17-44}$$

变量 $f(\lambda)$ 在闭区间 $[0, \lambda]$、变量 $f(S)$ 在闭区间 $[0, \pi D_1]$，对式(17-44) 积分，可得：

$$\lambda=\int_0^{\lambda} d\lambda=\frac{D_1\tau}{2Gb}\int_0^{\pi D_1} dS=\frac{\pi D_1^2\tau}{2bG} \tag{17-45}$$

由式(17-45) 可知弯曲剪切应力 τ 为：

$$\tau=\frac{2bG\lambda}{\pi D_1^2} \tag{17-46}$$

将 $D_1\approx D+l/\pi$ 代入式(17-46) 得：

$$\tau=2bG\lambda/[\pi(D+l/\pi)^2] \tag{17-47}$$

从式(17-47) 可知，当 $\lambda=0$(mm) 时，剪切应力 $\tau=0$(MPa)，管段轴向切开，没有错口。采用相同材质生产同种规格螺旋焊管时，剪切应力与错位长度的函数关系为：$\tau=f(\lambda)$。

环向应力与剪切应力在一个平面内，并相互垂直、截面相同；因此，合应力 σ_h 为

$$\sigma_h=\sqrt{\sigma_{max}^2+\tau^2} \tag{17-48}$$

从式(17-48) 可以看出：当螺旋缝焊管的剪切应力 τ 为 0mm，环向应力 σ_{max} 为 0MPa 时，合应力 σ_{max} 也为 0MPa，此时的螺旋焊管无应力，处于理想状态。

二、螺旋焊管应力计算实例

西气东输三线港清线采用的 L485 钢级 ϕ1016mm×17.5mm 螺旋焊管的技术规格书要

求：切管段管段宽度 $b=100$mm，距焊道 300mm 外，纵向切开，测量张口长度 $l=80$mm，错位长度 $\lambda=20$mm；弹性模量 $E=206$GPa。L485/X70 钢级的抗剪弹性模量 G 按 GB/228.1—2010《金属材料室温拉力试验法》进行圆柱拉伸试验，泊松比（横向方向应变与轴向方向应变的绝对值之比）为 0.31，$G=E/(2+2\mu)=78.6$GPa。

由式(17-39) 和式(17-47) 可计算出 L485 钢级 ϕ1016mm×17.5mm 螺旋焊管的最大环向应力 $\sigma_{\max}$ 和剪切应力 τ：

$$\sigma_{\max}=\frac{Elh}{D(\pi D_1+l)}=86.8(\text{MPa})$$

$$\tau=\frac{2bG\lambda}{\pi(D+l/\pi)^2}=92.3(\text{MPa})$$

由式(17-48) 可以计算出 L485 钢级 ϕ1016mm×17.5mm 螺旋焊管管体的合应力 σ_{h}：

$$\sigma_{\text{h}}=\sqrt{\tau^2+\sigma_{\max}^2}=126.7(\text{MPa})$$

通过测量张口长度 l 和错位长度 λ 可以计算出螺旋焊管的残余应力。

三、残余应力计算的结论

计算螺旋焊管的残余应力，不仅应计算“开口”环向应力，而且也应计算“错口”剪切应力，从而得到完整的应力计算，准确掌握螺旋焊管残余应力情况。螺旋焊管残余应力计算的方法有几种。无论用哪种方法计算，都应尽可能接近实际情况，比较起来此种方法简单易行。对于钢管生产厂家来说，通过计算螺旋焊管的残余应力，进一步控制残余应力，以便在生产中降低残余应力对焊缝力学性能的影响，以保证焊缝的力学性能；对于螺旋焊管使用者和设计者来说，在不影响螺旋焊管使用的前提下，以测量和计算的残余应力为依据，认可或提出制造标准。因此，计算残余应力是为了控制和减小螺旋焊管的残余应力，从而保证生产出合格的产品，以满足工程的需要。

第十五节　螺旋焊管残余应力的试验与控制

一、切口张开间距与残余应力

为了取得实际经验，分别用 X 射线法、钻孔法和机械切割应力释放法（切块法）等多种方法对 SSAW 焊管的残余应力进行试验，试验数据表明，切块法测试数据稳定，具有较好的稳定性，是分析和研究焊管残余应力的较好方法。但这种方法测试过程较为繁复，不可行。通常用环切法作为生产现场监控残余应力的方法，用切口张开间距作为衡量残余应力的指标。这就需要建立切口张开间距 ΔL 与残余应力之间的关系，以便从张开间距估测焊管的残余应力。许多国家都曾做过这方面的研究工作，而管材研究所得到的残余应力 σ_R 公式为：

$$\sigma_R=\frac{3.5169Et\Delta L}{8\pi R^2+4\Delta LR}+23.14 \tag{17-49}$$

式中，ΔL 为切口张开间距；t 为钢管壁厚；R 为钢管半径；E 为弹性模量。

由于切块法测得的是局部的残余应力，一般选取有代表性的位置进行测试，如焊缝、热影响区和距焊缝 90°、180°、270°处等位置；而环切法则是检测管段整体的残余应力，因而存在一个如何把整体的残余应力与局部应力对应的问题。由于目前所测试的钢管规格和钢级有限，有待今后进行的试验验证或修正。

二、环切试验切口位置与弹复量

通过大量的SSAW焊管环切试验，分析探讨了不同切口位置对环切试验切口张开间距的影响，部分试验结果见表17-9。可见，环切试验中切口位置不同，得到的张开量不同，一般说来，环切试验切口张开间距最大的两个位置为焊缝和距焊缝180°处。

三、水压试验对残余应力的影响

① 测试方法。对规格为ϕ660m×7.1mm，钢级为X60的分别按未水压、水压和超压的三根钢管做残余应力测试，切块法的试验结果见图17-52所示，环切法试验结果见表17-9中的3～5号管。

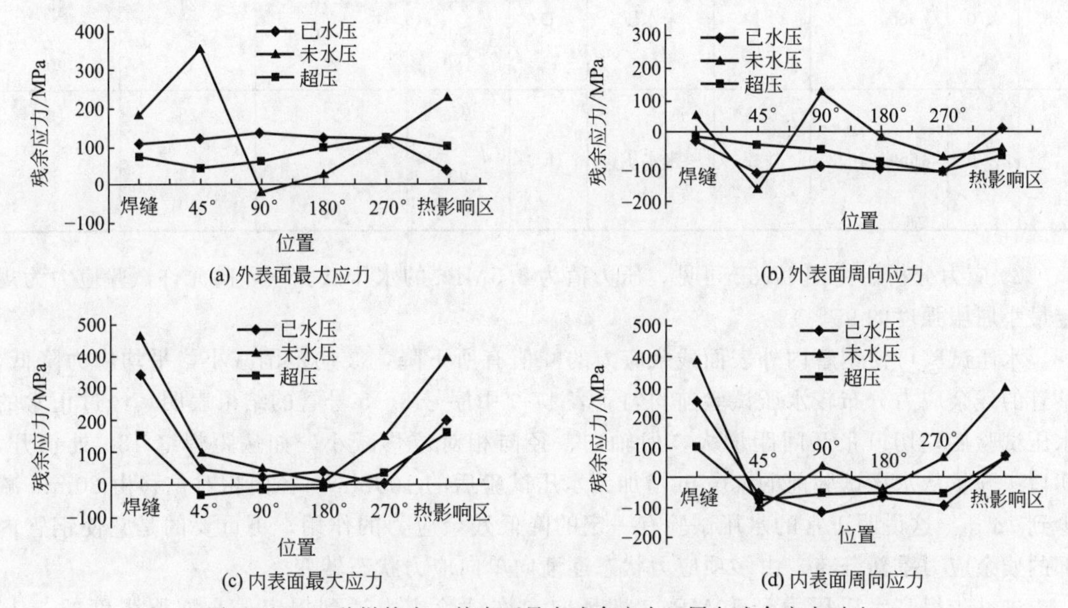

(a) 外表面最大应力 (b) 外表面周向应力

(c) 内表面最大应力 (d) 内表面周向应力

图17-52 三种样管内、外表面最大残余应力、周向残余应力对比

表17-9 部分切环试验测试结果

序号	钢级	规格/mm×mm	成型方式	水压试验/MPa	生产厂	切口位置/(°)	切口间距/mm	切后轴向相对位移/mm	切后径向相对位移/mm
1	X60	ϕ660×7.1	外控	水压8.5	A	焊缝	660	60	0
						180	40	10	0
						90	515	40	0
						270	520	20	0
2	X60	ϕ660×7.1	内胀	水压8.5	B	焊缝	135	27	0
						180	70	5	0
						90	125	15	0
						270	75	18	0
3	X60	ϕ660×7.1	外控	水压8.5	C	沿焊缝	30	50	25
						焊缝	103	30	0
						90	105	15	0
						180	105	0	7

续表

序号	钢级	规格 /mm×mm	成型方式	水压试验 /MPa	生产厂	切口位置 /(°)	切口间距 /mm	切后轴向相对位移/mm	切后径向相对位移/mm
4	X60	ϕ660×7.1	外控	未水压	C	沿焊缝 焊缝 90 180	15 55 35 75	20 30 15 0	37 38 20 20
5	X60	ϕ660×7.1	外控	超压 10	C	沿焊缝 焊缝 90 180	30 80 85 90	40 20 10 0	7 0 0 0
6	X70	ϕ660×10.3	外控	未水压	D	焊缝 45 90 180	−19 −70 −90 27	28 21 8 0	85 45 30 90
7	X70	ϕ660×10.3	外控	未水压	E	焊缝 45 90 180	31 19 20 45	28 20 15 10	18 8 5 10

② 应力分析。由图 17-52 可见，压力值为 8.5MPa 的水压试验（环向允许试验应力为规定最小屈服强度的 95%）。

水压试验可使钢管内外表面残余应力的峰值有所下降，波动范围减小，平均应力降低，整管的残余应力分布较水压试验前均匀。表 17-9 中序号 3～5 号管的结果表明，经过正常的水压试验后，切口张开间距增大，但轴向、径向相对位移减小，如从距焊缝 180°处切开，切口张开量从水压试验前的 75mm 增加到水压试验后的 105mm，径向相对位移由 20mm 减少到 7mm。这说明正常的水压试验有一定的降低残余应力的作用，更重要的是它使钢管内部的残余应力重新分布，由多项应力状态逐渐向单向应力状态转变。

进一步提高水压压力到 10MPa，即环向允许试验应力达到规定最小屈服强度的 1.13 倍，由图 17-52 可见，钢管内外表面残余应力大幅下降，分布更为均匀，波动幅度进一步减小，残余拉应力和残余压应力均向零靠近。这一点在环切试验中亦得到验证，从距焊缝 180°处切开，切口张开量从水压试验后的 105mm 降为 90mm，径向相对位移由 7mm 降为零。这说明提高水压试验的压力能够显著降低残余应力。

上述水压试验以及压力提高后的超压试验，均引起了管径的变化。从表 17-10 可见，正常的水压试验后焊管周长增加约 2mm，塑性变形量为 0.1%；压力达到 10MPa 的水压试验使焊管周长增加了 8～9mm（超过了补充技术条件对该钢管的外径要求），引起的塑性变形量达 0.4%。

表 17-10 三种情况下钢管周长的变化 单位：mm

状态	1	2	3	4	5
未水压	2074	2074	2074	2074.5	2074
已水压	2076	2075.5	2076	2076	2076
超压	2082	2083	2083	2082.5	2082

以上的试验表明，当水压试验压力较低时，如采用 0.95SMYS（规定最小屈服强度）作

为试验压力，残余应力的降低不十分明显，它主要引起了钢管内部残余应力的重新分布，这种重新分布使得钢管在环切试验时的切口张开间距增大，轴向、径向错开量相对减小；当水压试验压力较高时，如采用1.13SMYS作为试验压力，钢管的整体残余应力水平显著降低，分布更加均匀，环切试验时的切口张开间距较正常水压试验后的张开间距减小，轴向、径向错开量亦减小，与此同时钢管周长显著增大，引起管径超差，有时甚至会导致外壁面的局部破坏。因此，水压试验的压力不能太高，也不能太低，压力值的选择是一个值得研究的问题。国内有文献曾提出从消除焊管残余应力着手，SSAW焊管的出厂试验压力和竣工水压试验压力限制于0.95SMYS是不够的，而必须达到1.0SMYS的水平。在现有的工艺条件下，这是可以尝试的，以更有效地消除或降低残余应力的危害。

四、技术条件的制定

1. 环切试验的几种表现形式

由于SSAW焊管在成型过程中的受力比较复杂，既有弯曲应力又有剪切应力。而各个厂家的成型机组又各有特点，调试水平参差不齐。而且不同规格、不同钢级的钢管，成型工艺亦不相同，因此环切试验后管段的弹复情况各异，概括起来，大致有以下三种表现形式：

① 切口张开间距最大，径向、轴向相对位移较小，如图17-53(a)所示，如表17-9中的1、2、7号样管。这种情况最常见，也是较为理想的状态。

② 径向错开量最大，张开量及轴向相对位移较小，如图17-53(b)所示，表17-9中的6号样管就属于这种情况。当两板边受力不均匀、差别较大时，则会出现这种情况。

③ 轴向错开量最大，张开量及径向相对位移较小，如图17-53(c)所示，这种情况较为少见，当焊管在成型器中受到较大的轴向力作用时，则可能会出现这种情况。

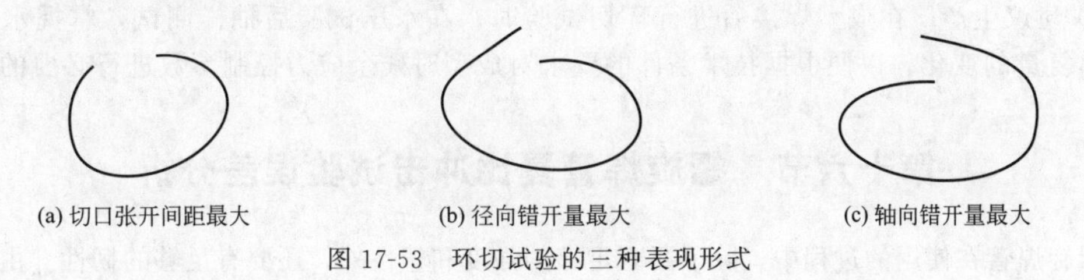

图17-53　环切试验的三种表现形式

2. 环切技术条件的制定

目前螺旋焊管补充技术条件关于残余应力只对环切试验切口张开间距进行了限制，如涩宁兰输气管线的螺旋焊管技术规格书中规定：切取长300mm管段，沿纵向切开，切口张开间距不应大于100mm。这种规定有两方面的不足，一是未对切口位置作出规定，二是未对径向、轴向位移作出规定。

上述大量试验结果表明，切口位置对环切试验测试结果有较大的影响，切口位置不同切口张开量不同。如对切口位置不做出明确规定，则会带来如下问题：由于未规定切口位置，生产厂往往从自身利益出发，选择弹复量较小的位置切开，这与用户的愿望不符，给生产厂在执行过程中带来很多困难和不便；不同生产厂之间无法比较。因此，总是希望在张开间距最大处切开，以掌握和反映焊管残余应力的真实情况。为此，建议在用环切试验检测SSAW焊管残余应力时，应首先沿不同位置进行试验，以确定切口张开间距最大的位置，然后以此位置作为检测位置。

由于环切试验后管段的弹复有多种表现形式，目前补充技术条件对残余应力的规定只适用于图 17-53(a) 的情况，对于另两种情况就很难判断。因为，目前的补充技术条件既没有规定不允许出现这两种情况，也没有对出现这两种情况时的径向、轴向位移提出要求。例如，对于表 17-9 中 6 号样管，它在 180°处切开时的弹复量最大，切口张开量为 27mm，径向相对位移为 90mm。在两种情况下切口张开间距较小，但实际上它的残余应力较大，而且残余应力分布状态很不理想。

另外关于环切试验进行的时机，一般有两种看法：一种认为应在成型焊接后进行，因为这样便于操作，能立即观察成型焊接后焊管的残余应力情况，其缺点是不能了解水压试验后成品管的残余应力情况；另一种认为应在水压试验后进行，这样可检测成品管的残余应力，但可操作性较差（因为水压试验后工厂一般无气割装置，需要用吊车吊回进行试验，然后再精整），而且从成型焊接到水压试验需要经历一段时间。目前，工厂一般均采取第一种方法。建议在采用第一种方法时，在水压试验后抽样测试，了解水压试验前后弹复量的变化，以便根据技术条件的要求对成型时残余应力控制参数进行调整。

3. 结论与建议

① 环切法检测管段整体的残余应力，切块法检测管段局部的残余应力。

② 通过建立切口张开间距与残余应力之间的对应关系，可估测焊管中的残余应力。

③ 环切试验中切口位置不同，切口张开间距不同。一般说来，环切试验切口张开间距最大的两个位置为焊缝和距焊缝 180°处。

④ 目前生产厂所进行的水压试验具有一定的降低残余应力的作用，它主要是引起了钢管内部残余应力的重新分布。

⑤ 建议在焊管补充技术条件中，应明确规定环切试验的切口位置，应对环切试验的径向、轴向位移加以必要的限制。

⑥ 建议生产厂在成型焊接后进行环切试验时，在水压试验后抽样测试，掌握水压试验前后弹复量的变化，以便根据技术条件的要求对成型时残余应力控制参数进行必要的调整。

第十六节　螺旋焊管夏比冲击试验误差分析

螺旋焊管在使用的过程中，除了要有足够的强度和塑性外，还要有足够的韧性。由于冲击过程持续的时间很短，服役中的构件在受外力的冲击作用下，往往会发生无预兆的突然断裂而造成重大事故，因此研究螺旋焊管在冲击载荷作用下的力学性能具有很重要的现实意义。夏比冲击试验因其试样加工简便，试验时间短，试验数据对材料的组织结构、冶金缺陷敏感等特性，且有大量数据积累，因此成为评价螺旋焊管冲击韧性应用最广泛的力学性能试验。它在防止结构脆性破坏或延性裂纹扩展的评价上得到了广泛的应用。但在试验中发现，即使对于同一材料，不同冲击试验机所测得的冲击功（A_k）值也会存在差异，有时同一冲击试验机测得的 A_k 值的离散度也较大。这种差异一方面是由材料本身的不均匀性决定的，另一方面可能是由试验中误差造成的。通过对试验误差的分析，提出了减小试验误差的方法。

一、夏比冲击试验误差的产生原因

试样制备、温度控制、保温时间以及试验机系统本身误差等因素，都可能对试验结果产生影响，下面对各种因素的影响做一分析。

1. 试样制备产生的误差

① 试样尺寸的影响。不改变缺口的几何尺寸，增加试样的宽度和厚度会使塑性变形体

积增加，从而导致 A_k 值升高，尺寸的增大，会使约束程度增加，应力状态变硬，且缺陷概率增大，故 S_A（剪切面积百分数）会降低。冲击试样的缺口深度、角度以及缺口根部曲率半径决定着缺口附近应力集中程度，缺口根部表面层的加工硬化，尖锐的加工痕迹特别是与缺口轴线平行的加工痕迹和划痕等，都影响试样的冲击性能，在加工中必须保证尺寸要求，对试样宽度、厚度、缺口处厚度进行检查，检查试样用的量具精度不得低于0.02mm。

② 取样方向的影响。轧制时产生的纤维组织对 A_k 值有较大影响，因此沿轧制方向取样，垂直于轧制方向开缺口，A_k 值较高；垂直于轧制方向取样，沿着轧制方向开缺口，A_k 值较低。从管线钢大量的试验数据也可以看出，在其他条件相同时，螺旋焊管母材纵向的 A_k 值一般大于横向 A_k 值，由于取样方向对 A_k 值有明显影响，因此取样方向应按照相应的产品标准和有关技术协议执行。

2. 对温度控制的要求

① 保温时间的要求。在低温冲击试验中，试样应在规定的温度下保持足够的时间，以使试样整体达到规定的均匀温度。使用液体介质时，保温时间应不少于5min，使用气体介质时，保温时间应不少于20min。使用液体介质优于气体介质，但在使用液体介质时，应避免液态氮直接浇在试样上，同时用于移取试样的夹具也应放在温度相同的冷却介质中，确保温度基本相同，不发生热量传递。除了保温外，温度的不均匀性对 A_k 值也有影响，目前的标准没有明确规定冷却温度不均匀性指标，而只规定了“温度均匀”的定性要求，为了提高试验的精度，在恒温箱内增加搅拌装置和多个温度控制装置，使其尽可能达到均匀。

② 对过冷补偿的要求。试样从液体介质中移出到打击的时间控制在2s之内，试样从气体介质中移出到打击的时间控制在1s之内，试样的温度回升可以忽略不计。一般带有自动送样装置的冲击机可以满足上述“直冲法”的要求。而对于手工送料的冲击机，为了减少温度偏离，一般采用“过冷法”以补偿打断瞬间的温度损失，这种方法也须在3～5s内打断试样。否则应重新在冷却介质中保温。通常试验温度为－60～0℃，其过冷温度为1～2℃，对于室温较高（≥25℃）或者使用气体介质时，一般选用过冷温度上限，其他情况可以选择下限。

影响温度损失的因素很多，滞留在室温的时间、室温环境、材料的热导率、试样与支座的接触状态、试验温度、介质的种类等因素均会改变温度损失的速度，过冷法很难做到适当的温度补偿，因此建议采用带有自动送料装置的冲击机。

二、试验机系统对误差的影响

1. 摆锤与机架的定位

在 A_k 值的测量过程中，冲击功并非完全用于试样变形和破断，其中有一部分消耗于试样掷出、机身振动、空气阻力以及轴承与测量机构中的摩擦消耗等。在一般摆锤冲击试验机上试验时，这些功是忽略不计的。摆锤与机架的相对位置的正确性和稳定性，尤其是冲击刀刃与支座跨距中心的重合性，及摆锤刀刃与试样纵向轴线的垂直度对于获得准确的试验结果有很大的影响。当摆锤轴线与缺口中心线不一致时，上述功耗比较大，系统误差也就相应地增大。所以不同试验机上测得的 A_k 值可能相差10%～30%。

2. 冲击试样的定位

试样安放时应使用专用的对中卡具或对刀板，以保证试样的缺口居中且位于跨距中心。如果试样缺口轴线偏离支座跨距中心，则最大冲击力没有作用在缺口根部截面最小处，将会造成冲击功偏高。一般来说试样缺口轴线与支座跨距中心偏离不超过 0.5mm 时不会产生明显的影响。

3. 刃口角度的选择

在国家标准 GB/T 229—2020 和美国标准 ASTM A370 中，摆锤的刃口角度存在差异。

GB/T 229—2020 中要求锤刃的半径为 2～2.5mm，而 ASTM A370 中要求刃口的半径为 8mm，宽度为 4mm，刃口的尺寸不同会使试验条件发生改变，试验结果无法比较。在钢管的生产中这两个标准都被采用。

4. 量程的选取

试验前应检查摆锤空打时被动指针是否指零，保证其回零差不应超过最小分度值的 1/4。不能采用过大或者过小能量的摆锤进行试验，一般估计该材料的 A_k 值应该在摆锤最大能量的 10%～90%范围内使用，对于要求较高的试验，在摆锤量程的 20%～80%为最佳。

5. 试验机的定期调整

冲击试验机在长期工作后，由于振动使试验台产生松动，使简支梁的支点间距加大，A_k 值偏小；同时长期大载荷工作的冲击试验机容易出现离合器间隙变化，而出现“喀喀”的响声，同时使机体产生振动，造成指针的读数不准确。采用固定的量具（对刀板）对试验台间距进行检查调整，调整离合器的间隙使系统满足试验要求。

三、误差问题的分析

1. 离散度大的原因

在试验过程中我们发现即使是位置很近的同一材料，其 A_k 值有时相差也较大，一般认为造成离散度大的原因除了与试验误差有关外，还有以下两个方面的原因。

① 试验温度在韧脆转变区域点附近，使数据离散。

② 试样的化学成分、金相组织、晶粒度以及夹杂物、偏析、裂纹等冶金缺陷对冲击性能产生影响。焊接或成型工艺的不稳定造成焊缝韧性差异，同时由于炼钢过程中成分偏析或者控轧控冷的问题导致母材组织不稳定，造成 A_k 值的不均匀。

2. 不同尺寸的 A_k 值不能简单的用面积折算

试样尺寸一般有 1/2 尺寸（5mm×10mm×55mm)、3/4 尺寸（7.5mm×10mm×55mm）和全尺寸（10mm×10mm×55mm）三种。冲击试样承受弯曲载荷，缺口截面上应力应变分布是极不均匀的，塑性变形主要集中在缺口附近，故试样所吸收的功也主要消耗在缺口附近，单位面积 A_k 值是没有物理意义的。而且试样截面尺寸和缺口形状及其尺寸的改变引起 A_k 的变化，与缺口处净截面积不成线性关系。由于冲击试样尺寸及缺口的形状对冲击功影响非常大，所以缺口类型或尺寸不同的试样，其试验结果之间不能直接对比，也不能换算。

虽然 API 标准中规定：“当采用小尺寸试样时，单个试样的数值以及三个试样的平均数值除以该试样的厚度与全尺寸试样厚度的比值和全尺寸试样验收标准比较”。但是业内专家建议试验中尽量采用较大尺寸的试样，在试验结果的处理上注明试样尺寸和该尺寸下的 A_k 值，而不是采用面积折算法计算出全尺寸试样的 A_k 值，可以采用这个方法去比较，但不能将折算出的数据作为试验的结果。

3. 系列温度冲击评定韧脆转变温度的误差

用标准试样测定的韧脆转变温度与实际构件是有差距的。构件的形状、尺寸及加载情况对其韧脆转变温度都有影响。用标准试样测定的韧脆转变温度只能用来比较不同材料在相同试验条件下发生低温脆性倾向的大小，并不能说明该材料制成的构件在此温度下一定发生脆断。

四、减小夏比冲击试验误差的措施

① 要保证试样的加工质量和温度控制精度。

② 对冲击试验机系统本身进行严格校准，设计专业的定位夹具，确保试样位置居中。

③ 在条件允许的情况下要尽量采用“直冲法”试验。

第十八章

螺旋焊管生产设备

第一节　开卷机

一、开卷机的分类、结构和工作原理

① 开卷机的种类。开卷机根据开卷的形式，可以分为上开卷和下开卷两种，目前多数采用下开卷。

根据开卷机本身的结构又可分为双锥头式和悬臂式两种主要形式。

② 开卷机的结构（图 18-1）。

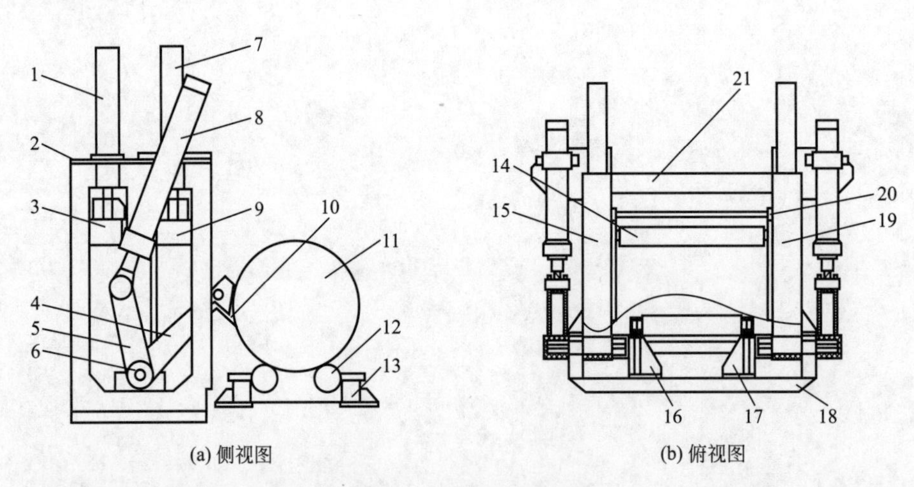

(a) 侧视图　　(b) 俯视图

图 18-1　开卷机结构示意图

1—前压辊油缸；2—顶板；3—前压辊；4—铲刀架；5—拉杆；6—铲刀轴；7—后压辊油缸；8—铲刀油缸；9—后压辊；10—铲刀；11—钢卷板；12—驱动辊；13—备卷小车；14—前压辊；15—左机架；16—支架；17—下支承辊；18—底座；19—右机架；20—齿轮齿条同步机构；21—横梁

③ 开卷机的工作原理。开卷机具有两个支承钢卷的主传动辊，两个整体上下移动锥轮，以保证锥轮能穿入带钢卷内径，开卷时锥轮压紧内径。锥轮安装在滑座上，滑座沿挤压臂滑道上下移动，挤压臂可以横向移动，用来夹紧钢卷端部。主动辊转动让钢卷露出板头之后，再使用刮刀将钢卷完全打开，并将钢卷的板头压平，方便进入夹送矫平机。

④ 开卷工序的作用。开卷工序的主要作用就是：a. 将钢卷拆开，并将钢带头部送进矫直机；b. 操纵开卷机机架调整钢卷位置，保持钢带始终沿机组递送线送进。

⑤ 开卷机的组成形式。开卷机按照钢带头部在设备中的拆卷位置不同可分为：上拆和下拆两种形式。见图 18-2 所示。

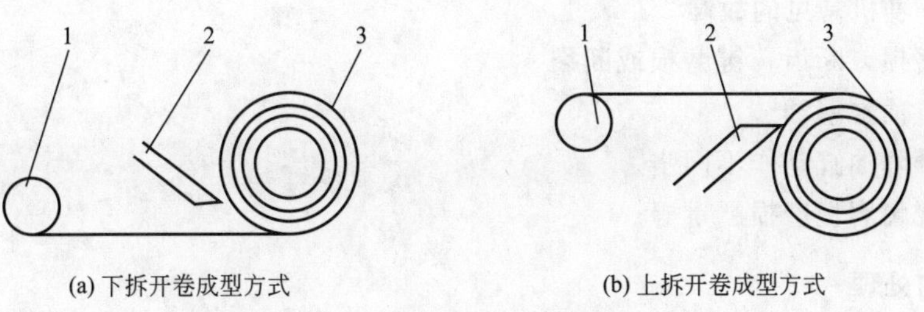

图 18-2　开卷机的主要成型方式

1—钢管；2—铲刀；3—钢卷

其中上拆形式适用于下卷成型方式，下拆形式适用于上卷成型方式。另外，根据钢卷在拆卷机中定位方式的不同，又有悬臂通轴穿芯杠和两侧锥头卡紧钢卷两种结构形式。

二、开卷机的工艺特性

开卷机的工艺特性主要体现在以下方面：首先，应该保证钢带卷制成钢管的弯曲方向与钢卷的自然弯曲方向保持一致，即如前所述，上拆形式适用于下卷成型方式，下拆形式适用于上卷成型方式。这样就可以最大程度地减小钢带变形对于材料力学性能的影响，还可以减小成型过程中钢带变形弯曲力矩，减小设备负荷；其次，开卷机必须对钢带施加一定大小的张紧力；最后，在前摆机组中，开卷机对于钢带递送的对中与纠偏起着关键作用，因此开卷机必须具备稳定准确保证钢卷位置和随时调整钢带递送位置的工艺性能。

三、典型开卷机的操作

1. 开卷机操作规范

① 开卷机上的钢卷用完后，旋转上卷小车前进/后退按钮至后退位置将托卷小车退到待卷位置，同时操纵左锥右移/松开按钮、双锥头提升按钮迅速将挤压臂和锥轮退到机箱位置做好上卷的准备工作。

② 按上卷检验顺序号，将钢卷吊放到托卷小车托辊上。

③ 调整开卷机左右挤压臂，操纵左锥左移夹紧按钮待挤压臂挤紧钢卷后，操纵左锥右移/松开按钮使左右挤压臂各退 20～30mm 处定位。

④ 操纵双锥头降下按钮使开卷机锥轮下压钢卷内径并保压，操纵直头机开卷/直夹按钮使开卷辊（刮刀）向钢卷头端挤压，操作开卷机正向按钮旋转托辊送料上卷，将双锥头逐步下压，保证能送入夹送辊，操纵夹送辊下降按钮，操纵离合器合上按钮使离合器合上后再将离合器按钮从合上位置拨回零位。

2. 开卷操作注意事项

① 上卷时，指挥天车吊卷正确，严防砸坏或撞坏设备的事故发生。

② 指挥天车将钢卷落在两辊或横移小车时动作要缓慢、平稳，放置前要将钢卷摆正，落在两辊的中间位置上。

③ 挤压臂上的耐磨板经过长时间的剐蹭会不平整，有毛刺，当挤压臂挤压旋转的钢卷时，钢卷的边缘会被切削下来一小部分，若掉入钢卷内会使钢带的表面出现压坑或划伤。

④ 两挤压臂打开时锥头最大间距为 1700mm；两挤压臂靠拢时锥头最小间距为 600mm。

四、带钢开卷机常见的故障与处理

1. 带钢开卷机常见的故障

① 齿轮磨损或断齿，键磨损或断裂。

② 各部位油缸漏油。

③ 锥轮升降油缸动作不同步。

④ 挤压臂耐磨板磨损严重等。

2. 故障的处理

① 齿轮是裸露在外，吊钢卷时难免会有铁粉等其他杂质掉落到齿轮表面，当齿轮啮合转动时，对齿轮表面会造成不同程度的磨损。

处理的方法：修磨齿轮表面，如果无法继续使用，更换新齿轮和连接方键。并在齿轮外加装防护罩。

② 密封圈受高温或低温影响，老化较快，无弹性，密封效果逐渐减退。

处理的方法：每半年或根据实际需要更换密封圈。

③ 油缸表面有划伤造成两油缸受力不均，会出现升降不同步的现象，或者是因为油管有堵塞或油管距离较远或弯曲较多。

处理的方法：修复油缸表面划伤；检查油管有无破损、弯角是否过小、油管有无堵塞；考虑增加调速阀，控制升降速度。

④ 打开的钢卷受到挤压臂的挤压之后，发现在耐磨板上局部磨损严重，或造成耐磨板破损。

处理的方法：更换耐磨板。

3. 开卷机的维护和保养

① 每班对设备进行一次全面的检查，其内容包括：各旋转部位、移动部分有无异物，各联轴器螺栓、其他连接螺栓、螺母是否松脱，各个安全护罩、行程限位是否完好，各液压泵、阀、管路是否泄漏。

② 生产过程中注意检查设备有无异常的噪声、振动、温升等情况。

③ 每班检查一次减速箱及泵站油箱的油位，每班对各滑动导轨、滑动轴套加一次油，油品及用量按“润滑表”进行。

④ 每班下班前对设备按照规定进行一次清扫，特别是各外露的滑动表面的污物等，必须清理干净，达到“6S”管理中的“1S”～“4S”的要求。

第二节 矫平机

一、矫平机的作用与分类

轧钢轧制出的带钢在加热、轧制、热处理及各种精整等工序加工过程中，由于塑性变形不均，加热和冷却不均，剪切及堆放、运输等原因，将会产生不同程度的弯曲、瓢曲、浪形、月牙弯形和歪扭的塑性变形或内部产生残余应力，在成为合格的产品之前，都必须采用矫平机进行矫正加工，矫正带钢不规则的形状和消除内应力。

1. 矫平机的作用

通过矫平机各辊对带钢的反复弯曲，消除带钢原始曲率和机械应力，把从开卷机送来的带钢矫平，使钢管在成型过程中避免因带钢自身的应力所导致的成型问题。

2. 矫平机的种类

根据矫平机的用途和工作原理可以分为以下几种基本形式：

① 压力矫平机——矫正大断面的钢轨、钢梁、型材、棒料和管材。

② 平行辊矫平机——矫正板材和型材或者少量的棒料和管材。

③ 斜辊矫平机——矫正棒料和管材。

④ 拉伸（张力）矫平机——矫正薄板及有色金属板材和型材。

⑤ 拉弯矫平机——矫平带材。

⑥ 扭转矫平机——矫正型材。

常用矫平机根据工作辊的数量又可分为：7 辊矫平机、5 辊矫平机和 3 辊矫平机（图 18-3）。

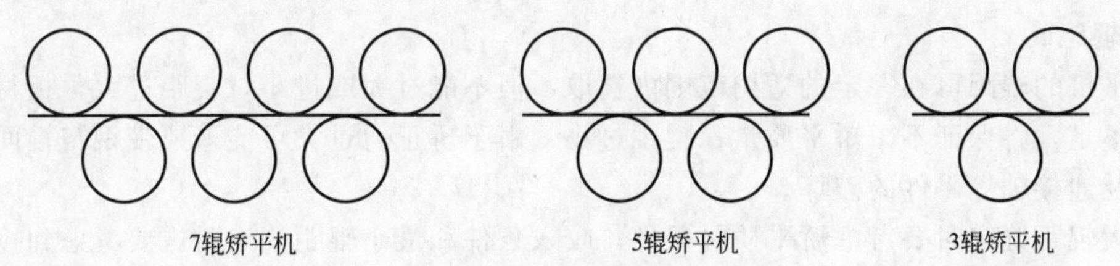

图 18-3　矫平机示意

3. 矫平机的结构组成

目前普遍采用的是五辊矫平机，辊子分布形式为“上三下二”。这种矫正方案，与开卷机采用“下拆”方式对应，与带钢原始曲率向上的工艺匹配合理，带钢矫平效果良好。

矫平机的结构组成见图 18-4 所示。

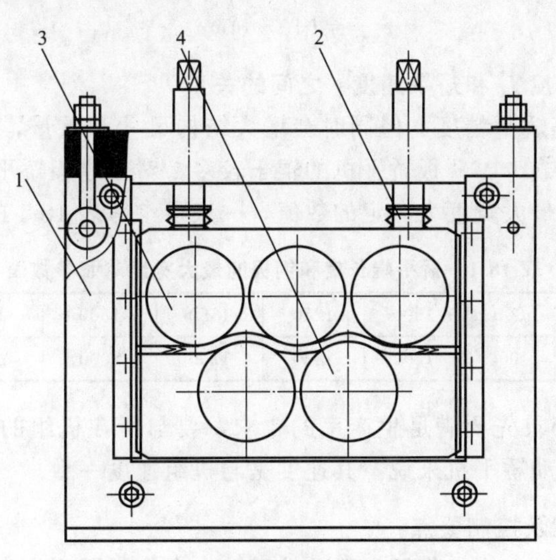

图 18-4　矫平机的结构示意图

1—机架；2—压辊升降装置；3—上压辊；4—下托辊

4. 矫平机的工作原理

通过控制蜗轮蜗杆（或液压油缸）的升降来调整托辊和压辊之间的间隙，将弯曲不平的钢板（发生塑性变形后）压成平板，再进行剪板焊接。

二、矫平机的基本参数

矫平机的基本参数包括：辊径 D、辊距 t、辊数 n、辊身长度 L 和矫平速度 v。矫平机的基本参数决定了矫平机的结构形式、几何尺寸、矫平的质量和生产的能力。

1. 辊径 D

从辊子本身的抗弯强度和刚度来看，辊径可不受限制，若上述条件不通过时，可增设托辊使其得到满足。关于矫平质量条件，可在确定辊距时予以考虑，因为辊径 D 与辊距 t 具有直接关系。经理论分析和生产实践，辊径与辊距具有如下关系。

$$D=\delta t \tag{18-1}$$

式中，δ 为比例系数，取值为薄板时 $\delta=0.9\sim0.95$，厚板时 $\delta=0.7\sim0.9$。

2. 辊距 t

矫平机的辊距可在一定的适用范围内选取，但不能过大或过小，辊距过大，板材塑性变形程度不足，将保证不了矫平质量；辊距过小，由于矫正力过大可能造成带钢与辊面的快速磨损以及连接轴等零件的破坏。

最大辊距确定时要考虑矫平质量条件，咬入条件和最小辊距确定时，要考虑到接触应力条件，强度条件比较复杂，因此在一般情况下要注意：

薄板矫平机的辊距可为：

$$t_{max}=(25\sim40)\delta_{min} \tag{18-2}$$

$$t_{min}=(80\sim130)\delta_{max} \tag{18-3}$$

厚板矫平机的辊距大致为：

$$t_{max}=(12\sim20)\delta_{min} \tag{18-4}$$

$$t_{min}=(40\sim60)\delta_{max} \tag{18-5}$$

3. 辊数 n、辊身长度 L 和矫平速度 v 之间的关系

① 增加辊数可提高矫平精度，但同时会增大结构尺寸和重量，因此在达到矫平质量要求的前提下，力求辊数减少。薄板矫平机的辊子较多，对于厚板矫平机，则辊子较少；矫平辊辊身长度要比钢板的最大宽度大一定的数值，一般可参考表 18-1 的规定值。

表 18-1　矫平辊长度和钢板的最大宽度对照参数表　　单位：mm

钢板宽度	400	540	800	1000	1250	1550	1800	2000	2500	3200
辊身长度	500	700	1000	1200	1450	1700	2000	2300	2800	3500

② 矫平速度的大小首先要满足生产率的要求，要与所在机组的生产能力相协调。对螺旋焊管生产机组用的被动矫平机来说，其速度是与机组速度一致。

4. 矫平机调整方案及控制要点

目前使用的矫平机，上排工作辊可以单独调整。在这种矫平机上，第二辊、第三辊按照大变形量矫正方案确定压下量，使钢带剧烈弯曲。第四辊的压下量应适当控制，使钢带能部分矫正。后面各辊按小变形量矫正方案逐渐减小压下量，使钢带平整。

带钢矫平的工序质量控制内容是：矫平后，必须保证带钢的平直度，特别是带钢头部和尾部的平直度，这直接影响带钢对接焊缝质量。经过矫平，如果带钢原始曲率未完全消除，将与成型三辊弯曲变形曲率相叠加，导致错边及管径变化。同时，必须保证矫平机左右两侧压下量始终保持相等，否则，就会导致带钢跑偏及钢带两侧瓢曲，影响带钢成型质量。

三、矫平机的操作、常见故障处理和维护保养方法

1. 矫平机的操作规范和注意事项

① 支承辊辊面与工作辊保持平行，保证其受力均衡。

② 开启电源，操作同步按钮，将上轴承座同步往下降，期间观察位移显示仪表，所显示的四处数值如超差1mm应脱开离合器手动调整：上轴承座降至上、下轴承座水平间距为25mm时停下，并脱开离合器手动调整蜗杆，将上、下轴承座水平间距各处都调整到25mm；此时将位移显示仪表上的数值设定为0，再将上轴承座同步往上升，上升行程80mm，此时将上横梁的弹簧预紧到440mm，以此往返从0～80mm升降两次，观察位移显示仪表四处数值不得超过0.5mm，调整完毕再将上轴承座升至80mm处即可。操作时要注意的事项如下：

a. 矫平带钢时要保证上下工作辊两端的高度一致。

b. 工作辊两端的轴承每周润滑一次。

c. 矫平机矫平钢板时注意丝杠或油缸的下压量，防止下压过量，损坏压辊轴承和磨损丝杠。

d. 确保各矫平辊的轴线与递送线垂直，避免造成带钢跑偏。

2. 矫平机常见故障的分析和处理

常见的故障有：

① 升降丝杠与螺母卡死，不动作。

② 带钢经过矫平机后出现跑偏情况。

对故障原因的分析：

① 因电气故障造成一边动作，另一边无动作，致使一边丝杠与另一边丝杠产生高度差，使丝杠和螺母卡死。

② 工作辊的轴承损坏后使上压辊两端压力不均匀，高度不一致；带钢对焊不正、带钢厚度不均匀或带钢本身自带“月牙弯”。

对产生故障的处理：

① 首先拆除减速机的联轴器，使丝杠和蜗轮分开，再把螺母的压盖打开，分离丝杠螺母。

② 检查工作辊两端轴承，更换损坏的轴承；观察带钢厚度和上压辊的压力是否均衡或高度差是否一致，调节上压辊两端的高度；检查带钢位置是否摆正，利用电动立辊或液压立辊调整带钢的位置。

3. 矫平机的维护和保养

① 每班对设备进行一次全面的检查，其内容包括：各旋转部位、移动部分有无异物，各联轴器螺栓、连接螺栓是否松脱，各安全装置、行程限位是否完好，各液压泵、管路油缸是否泄漏。

② 在生产过程中要注意检查设备有无异常的噪声、振动、温升等情况。

③ 每班检查一次减速箱及泵站油箱的油位，每班对各滑动导轨、滑动轴套加一次油；油品及用量按“润滑表”进行。

④ 每班下班前按照“6S”管理中的“1S”～“4S”要求对设备及操作环境进行一次清扫、整理工作，特别是各外露的滑动表面的污物等，必须清理干净。

第三节 剪焊机

一、剪焊机的结构和工作原理

1. 剪焊机的结构组成

液压剪结构如图 18-5 所示，对焊机结构如图 18-6 所示。

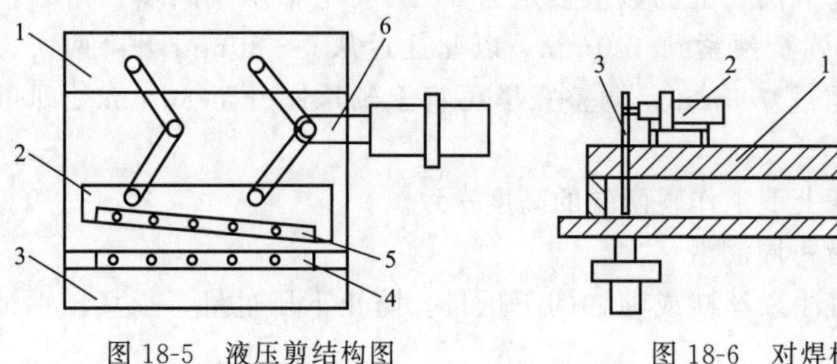

图 18-5 液压剪结构图

1—机架；2—上刀架；3—下刀架；4—下剪刀；5—上剪刀；6—主油缸

图 18-6 对焊机结构图

1—电焊机；2—送丝机构；3—焊接小车

液压剪整体外形是框式结构，是由钢板焊接而成。其动作全靠液压完成，主油缸即剪切油缸，用来完成上剪刃上下摆动，上刀固定装置为上刀架，它通过调刀机构可以调整上下剪刃的侧向间隙，压脚油缸用来压紧剪切时的钢板，以防剪切时钢板滑动。

2. 剪焊机的工作原理

采用的是液压式上切剪，它的下剪刃是固定在刀座上，上剪刃靠液压缸水平推动完成剪切动作。

二、剪焊机基本参数

剪焊机的基本参数包括：剪切力 P、上剪刀行程 H、刀片长度、刀刃倾斜角和刀刃的材料。

三、剪焊机的操作、常见故障处理和维护保养方法

1. 剪焊机的操作规范和注意事项

（1）操作规范

① 板头进入液压剪后，通过调整机械立辊使带钢对准剪切基准线，按下开泵按钮、剪前压板压紧按钮、液压剪上剪按钮剪下板头，然后操纵液压剪上剪退下按钮、剪前压板升起按钮，使剪刀、压板装置复原，停泵、剪切后，保证板头平直，不得有毛刺和表面缺陷，然后将板头和板尾对准在焊剂垫上，操纵焊垫升起按钮，将板头板尾压紧，使板头板尾间隙、

错边符合工艺卡规定。

② 准备好焊丝、焊剂，调整好焊头和焊接规范，从钢带两端向中间焊接至相连。停弧后延时 1min，然后降下焊剂垫，清除带钢上的焊剂、渣皮，检查焊缝质量，测量焊缝尺寸，确保焊接质量符合工艺卡规定。

(2) 注意事项

① 注意剪板的位置，在保证原料的公称宽度的前提下，尽量少剪板头和板尾的硬弯或月牙弯，以免影响钢管质量。

② 剪刃出现缺口或磨钝之后，会使带钢难以剪切下来或出现板边毛刺和翻边，应多加注意观察上下剪刃的使用情况。

2. 剪焊机常见故障、分析和处理

① 故障现象：液压剪在剪切钢板时会出现剪不整齐、剪切处翻边或剪切不下来的情况。

② 故障分析：剪刃是否有缺口、剪刃的间隙是否符合剪切工艺的要求。

③ 故障处理：更换磨钝或有缺口的剪刃，调整剪刃的间隙。

3. 剪焊机的维护和保养

① 每班按“6S”中的“1S”～“4S”要求对设备进行一次全面的检查，其内容包括：各旋转部位、移动部分有无异物，各联轴器螺栓、连接螺栓是否松脱，各安全护罩、行程限位是否完好，各液压泵、阀、管路、油缸是否有泄漏之处。

② 在生产过程中应注意检查设备有无异常的噪声、振动、温度升降等情况。

③ 每班检查一次减速箱及泵站油箱的油位，每班对各滑动导轨、滑动轴套加一次油；油品及用量按“润滑表”进行。

④ 每班下班前按“6S”中的“1S”～“4S”要求对设备进行一次清扫，特别是各外露的滑动表面的污物等，必须清理干净。

第四节 铣边机

一、铣边机的作用与类型

1. 铣边机的作用

使用铣边机对钢带边缘进行铣削加工，形成焊接坡口，为成型和焊接提供准备条件。对于不设剪边工序的焊管机组，以铣边代替剪边工序，用以去除钢带废边，得到成型工序所需的工作宽度。

2. 铣边机的类型

① 铣边机是焊管机组的专用铣削设备，不同于普通的铣床。根据功能的不同，可分为两种。一种是随动式铣边机，这种铣边机具有检测钢带位置，液压伺服跟踪或靠仿形跟踪的功能；另一种就是人工可调式铣边机，它的特点是不具备检测和跟踪功能，根据钢带位置的不同，人工调整铣削位置。由于随动式铣边机可靠性低，目前螺旋焊管机组大多使用人工可调式铣边机。可调式铣边机根据结构形式的不同，可分为 MEG 型和 BLON 型两种，如图 18-7 所示。

② MEG 型铣边机由德国 MG 公司设计开发，其主要结构特点：主轴箱通过其尾部的转

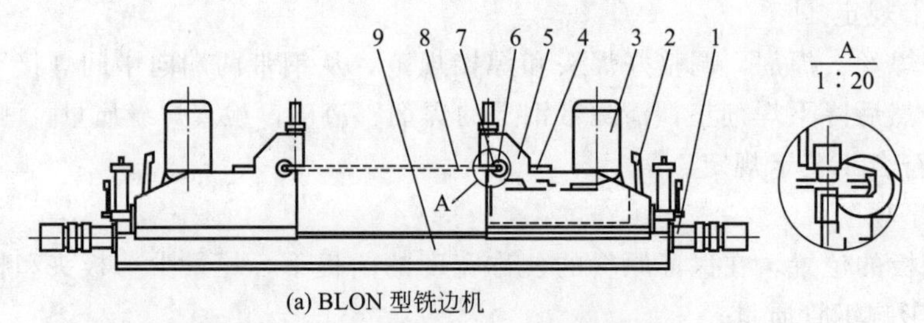

(a) BLON 型铣边机

1—宽度调整装置；2—倾角调整装置；3—主动力装置；
4—铣刀盘；5—滑动座；6—转轴；7—夹紧辊；8—钢带；9—底座

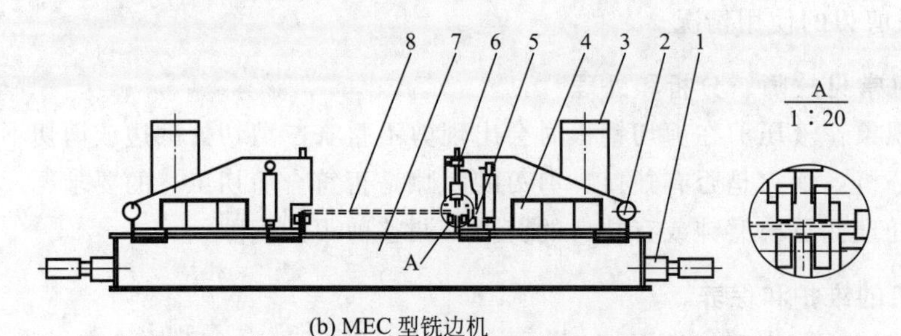

(b) MEC 型铣边机

1—宽度调整装置；2—转轴；3—动力装置；4—滑动座；
5—铣刀盘；6—上压辊装置；7—底座；8—钢带

图 18-7 现场使用的铣边机结构示意图

轴与滑动座铰接，刀盘和压辊的抬起、落下动作由主轴箱两侧液压缸来实现。这种铣边机功能比较单一，主要用于大切削量铣削，国外设备可以达到单边 45mm 的铣削量。

③ BLON 型铣边机由奥地利 BLON 公司设计开发，它的主要结构特点：主轴箱通过位于其前部的空心转轴与滑动座铰接，压辊固定在滑动座上，可以单独动作，夹紧和松开钢带。主轴箱旋转，能够调节刀盘倾角，实现铣削坡口的调整。这种铣边机调整方便，功能较多，可以铣削出多种形式的坡口。

二、铣边机的结构和工作原理

铣边机是专供加工带钢两侧的机床，它能将带钢两侧铣平或者加工成埋弧焊接坡口，加工过程中，带钢沿递送线前进，安装在左右机座上的铣边刀盘。均由交流变频电机驱动，通过大小齿轮减速成为所需的切削转速，刀盘上沿圆周方向装有多块刀片，当刀盘高速转动（切向速度方向与带钢运动方向相同）时刀片与带钢边缘接触并完成铣削动作，同时为了保证带钢在被铣削时不上下窜动而影响带钢边缘形状，还设置了上压辊和下托辊装置。左右机架的进给系统是由丝杠、丝母组成，可用电机控制和手动操作。刀盘倾角可由床头箱尾部的丝杠、丝母传动装置进行微调。同时为保证铁屑排除，还可配合机床安装排屑装置，铁屑能自动排到机床下面的传动带上，并被带出。图 18-8 为铣边机结构图。

铣边机可用于剪边后对带钢边缘铣削，也可用于不剪边带钢边切削。

三、铣边机的操作注意事项

① 准备好生产所需的工具、量具及备件。

② 检查铣边机、清除器，保证其工作状态良好。

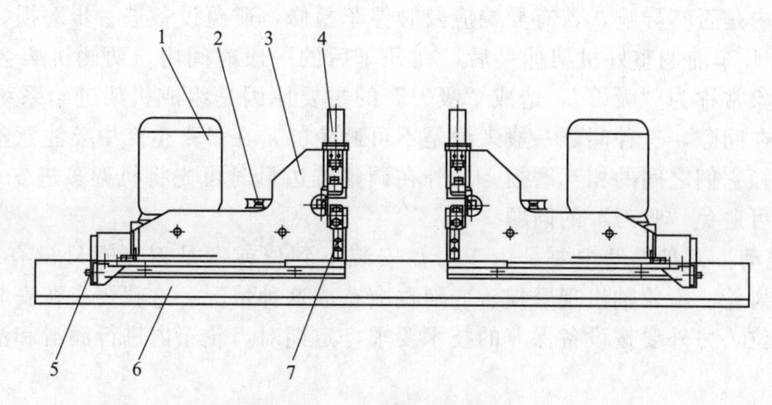

图 18-8　铣边机结构图

1—铣边主电机；2—铣边刀盘；3—机架；4—上压辊装置；
5—机架移动调整装置；6—机架移动导轨；7—下托辊装置

③ 根据工艺对带钢进行铣边，不铣边时应使托辊托住带钢。

④ 根据规定的坡口形状选择使用铣刀盘或平口刀盘。

⑤ 铣削前应进行试运转，确保其运转方向与带钢前进方向一致。

⑥ 准备两套装好的铣边刀盘并将专用扳手等工具放在方便可随时取用的地方。

⑦ 铣边时必须精心操作，认真观察带钢的运行状况，特别是铣对头时，应及时通过加大铣边刀盘的转速来增加铣削量，确保刀盘不卡死，从而保证铣边的钝边和坡口角度符合工艺的要求。

⑧ 根据生产需要调整刀盘倾角，直到满足生产需要为止。

⑨ 刀刃破损后，应及时更换，并调整好铣削量。

⑩ 刀盘更换后应根据带钢相对于刀盘的位置情况，选择合适的垫片，使刀盘高低位合适。

⑪ 刀盘安装好后，必须用螺栓予以紧固到位；刀盘装好后，必须首先用手盘动，确保无任何卡阻现象方可送电。

⑫ 刀盘装好后，必须检查拨料器能够正常排出铁屑方可投入生产。注意安全，不得用手清除铁屑，观察铣削质量时应戴防护眼镜。同时要注意清除器工作状态，防止铁屑进入递送机内，必须及时清理铣边机内的铁屑；盛铁屑的斗应经常清理，其他杂物不允许丢入铁屑斗内。

⑬ 遇有带钢突然降低，及带钢边缘有较大缺口时不得强行通过铣边机；禁止在铣边机区域内，使用火焰切割设备。

四、常见故障处理及处理方法

① 刀盘卡死。造成刀盘卡死的原因有很多，最常见的是铣边刀盘的转速低造成铣边刀片铣削量过大，铣削量的增加会使刀盘转动时遇到的阻力增大，从而造成刀盘卡死，这就要求在正常生产中要注意观察铣边机的铣削量，并根据实际情况及时调整铣边转速；另外铣边机内的铁屑过多也是造成刀盘卡死的一个主要原因，这就要求每班必须清理刀盘罩内的铁屑；带钢跑偏导致单边铣边量过大的情况也会造成刀盘卡死，这时可通过控制铣边机前的立辊调整带钢的位置使两边的铣边量一致，特别是在对头前后容易出现这种情况；当床头箱内的轴承、隔环或齿轮磨损严重时也会造成刀盘卡死，在日常生产中，要注意仔细观察床头

箱，注意听箱内是否有异响，若有异响应及时停车检修，避免设备进一步磨损。

② 吸刀。开车前调整好机架标尺后，在开车后的一段时间内，两侧机架会自动向中间移动，这种现象常称为“吸刀”，造成“吸刀”的主要原因是组成机架进给系统的传动丝杠与丝母之间存在间隙，这种间隙一般来说是不可避免的，在日常生产中要注意丝杠与丝母的润滑，即可减轻它们之间的相互磨损，另外在调整铣边量时可先将机架多进 1mm 再退到标尺位置，这样可避免“吸刀”的问题。

③ 刀盘晃动。刀盘晃动主要是由于刀盘安装不到位或者是刀盘螺母没有拧紧造成的，当床头箱内的齿轮、齿轮轴出现磨损、变形也会造成这种情况，这就要求在安装刀盘时一定要做到安装到位，另外要按设备保养的技术要求，定期对齿轮箱内进行润滑和清理底部杂质污物。

④ 压辊不转。压辊不转会造成钢板表面划伤，造成压辊不转的常见原因是压力过大，在日常生产中要注意调整合适的压辊压力参数：钢板厚度在 12mm 以下的，系统压力调至 4～5MPa；钢板厚度在 12mm 以上的，系统压力调至 7MPa 为宜。

⑤ 上压辊不保压。上压辊不保压会造成铣边上下坡口波动，严重的会影响铣边质量。造成不保压的主要原因是蓄能器压力不足或液压元件泄漏、失效，在日常生产中要经常观察蓄能器和泵站压力表的变化并及时补充氮气和压力，同时发现系统压力异常应及时进行检修。

五、铣边机的维护保养方法

① 每月用手动加油对上、下压辊、丝杠、机床导轨润滑一次；每年对丝杠轴承、电机轴承用锂基润滑脂油润滑一次。

② 每班对机床进行检查，对松动的螺栓进行紧固；并及时更换磨损的刀片。

③ 在使用中经常检查刀盘罩内铁屑情况，并及时清理，以防止因铁屑堆积损坏刀盘。

④ 刀片要根据实际情况定期检查更换。

第五节　递送机和预弯机

一、递送机的功能

作为整个焊管机组的主动力设备，递送机对于机组生产的稳定性起着很大的作用。第一，必须保证在递送机负载变动的情况下，它的转速输出是恒定的，只有稳定的递送速度才能保证优良的焊接质量；第二，保证准确的钢带递送方向，钢带递送方向必须与机组递送线重合，避免造成钢带跑偏，此外还需具备一定的人工调节压差纠偏能力；第三，必须确定合适的上辊压下力，如果压力过小，则会造成递送打滑，而压力过大，对于薄的钢带，极易轧制变形，造成钢带瓢曲、波浪。

目前递送机的形式主要有：两辊递送机和六辊或四辊递送机，多辊递送机逐渐被两辊递送机所替代。另外，根据递送机机架定位方式不同，又分为机架固定式和机架横移式两种。结合公司各个机组的递送线位置，各个递送机移位和压力调整的计算公式如下：

$$\frac{S}{N}=\frac{250+\frac{B}{2}}{2000-\left(250+\frac{B}{2}\right)} \tag{18-6}$$

式中 S——递送机左侧压力值，MPa；

N——递送机右侧压力值，MPa；

B——钢带工作宽度，mm。

在成型前均采用预弯机对板边进行预弯，一般情况下均为二辊式。预弯前可以采用乙炔焰对两边进行预热，目前是用去除潮湿水分和可能的氧化皮，在冬季还有焊前提高板边预热的作用，以保证良好的焊缝质量。

二、递送机的结构和工作原理

递送机上辊下压装置使上、下递送辊产生压力，带钢在这个压力的作用下夹持在两个辊子之间，在其接触处产生摩擦力，依靠此摩擦力来运送带钢。递送机一般用直流电动机做动力，通过减速箱、连接轴直接带动递送辊转动。上辊下压装置多采用液压压下，其压力可根据实际生产情况进行调节。递送机的结构和工作原理如图 18-9 所示。

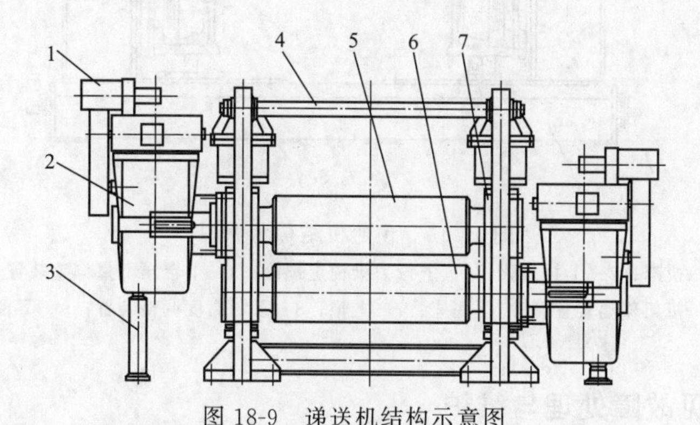

图 18-9 递送机结构示意图

1—电机；2—减速机；3—高度调节器；4—上拉杆装置；5—上辊；6—下辊；7—上辊下压装置

三、预弯机设备的组成

钢板预弯是直缝埋弧焊钢管生产线的主要工序之一，其目的是完成钢板两边的预弯曲变形，使钢板两边的弯曲半径达到或接近所生产钢管规格的半径，从而保证钢管焊缝区域的几何形状和尺寸精度。

钢板预弯机用于 JCO 之前的预弯边成型，即将制管用的钢板经铣边后逐段送入机器上、下模具之间，在上、下模具的压力下使材料发生流动而折曲，更换并调整模具的相对位置可以得到板边曲率半径与成品钢管的半径非常接近的弯边，两台对放，钢板可在两侧同时进行弯边。钢板预弯机结构如图 18-10 所示，它主要由机架、油缸单元、下模架、模具移送装置、固定托辊及随动托辊、机架驱动装置、液压系统等组成。

四、典型预弯机的操作

预弯机的操作流程如下：

① 准备好生产所需的工具、量具及备件。查看带钢两边在预弯辊上的位置是否合适，根据实际情况进行调整，带钢边缘距离预弯辊外侧边缘不小于 10mm，预弯宽度调整好后必须将上拉力梁用锁定螺栓锁紧；同样，当需要调整预弯宽度时应先松开上拉力梁锁定螺栓。

② 测量带钢在预弯处的中心位置，必要时进行调整。根据焊缝啮合情况调整预弯量，

以不出现竹节（噘嘴）现象为准，微调管径也可以调整预弯量实现。

③ 生产中注意“听”预弯辊轴承是否有异响，发现异常应及时停车检查、处理。最常见的预弯机结构如图 18-10 所示，只有了解预弯机的结构和工作原理，才能够较好掌握其性能。

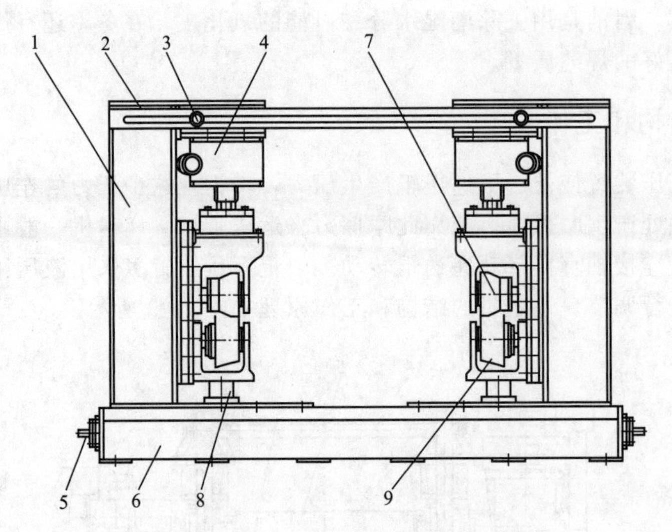

图 18-10　预弯机结构示意图

1—机架；2—上拉力梁；3—上拉力梁锁定螺栓；4—上辊压下量调整装置；5—机架移动装置；6—下底座；7—上辊；8—下辊高度调整装置；9—下辊

五、预弯机的常见故障处理与维护

1. 预弯机的常见故障处理

① 带钢边缘产生压痕。带钢表面的压痕会影响钢管的外观质量。产生压痕的原因主要是预弯辊压下量过大和预弯辊表面坑凹，此时可减小预弯量和对预弯辊辊面进行修磨来处理。

② 带钢边缘产生划伤。划伤是影响钢管外观质量的重要因素。预弯辊不转是造成划伤的主要原因，此时应立即停车拆除预弯辊更换轴承。

2. 预弯机的维护保养方法

① 每月对上、下预弯辊轴承箱用手动加油方式对轴承润滑一次。

② 每周用抛光砂轮机对上、下预弯辊辊面上的划伤处进行修磨一次。

③ 每班对上拉力梁进行检查，必要时重新锁紧螺栓；在使用中经常检查带钢表面是否有铁屑和油污，并及时清理，以防止带钢表面产生压坑。

第六节　成型器

一、成型器的分类

1. 成型器的定义及分类

螺旋焊管成型方式的分类方法很多，按卷曲方向可分为下卷成型和上卷成型；按成型器方式可分为外控式成型、内支承式成型和自由式成型。

按成型器控制方式分类的三种成型器如图 18-11 所示。自由式成型器既没有外控辊，也没有内支承辊，只是三辊弯板，成型稳定性差，很少采用。内支承式成型要求钢带必须达到充分的塑性变形，使管坯直径等于或稍小于规定直径，因此残余应力小，曾一度被人们所看好。在过去相当长的一段时间里，人们普遍认为外控式成型常使成型塑性变形不足，弹复量大，因而残余应力大。但是随着产品技术标准的提高以及人们经验不断累积，现在外控式成型也可以对残余应力进行有效地控制，有时还会出现负弹复量。

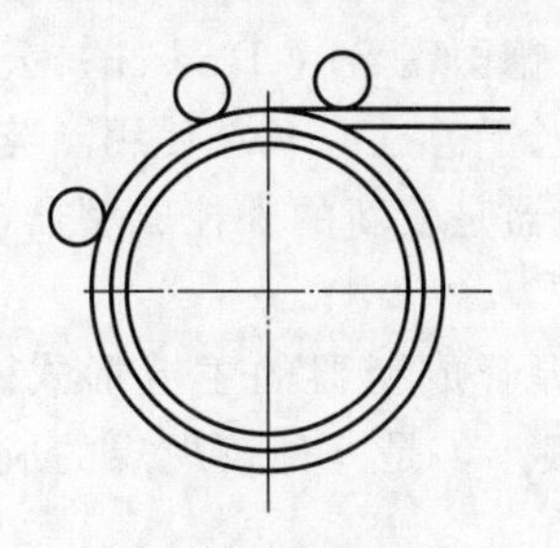

(a) 下卷自由式成型器

(b) 内支承式成型器

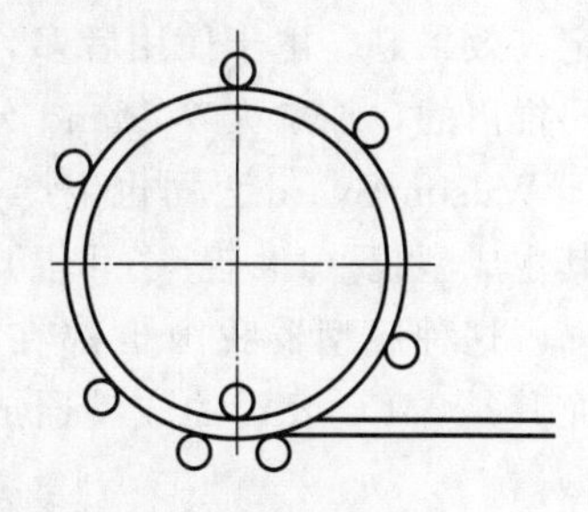

(c) 外控式成型器

图 18-11　按成型器控制方式分类的三种成型器示意图

成型器设计是否合理，调整使用是否得当，直接影响成品管的质量和产量。因此在设计成型器时，必须慎重地考虑成型器的结构形式，调整使用方法以及强度和刚度等参数。目前常用的成型器大体上分为四类，即套筒式成型器；外辊式成型器；内辊式成型器；芯棒式成型器。见图 18-12。

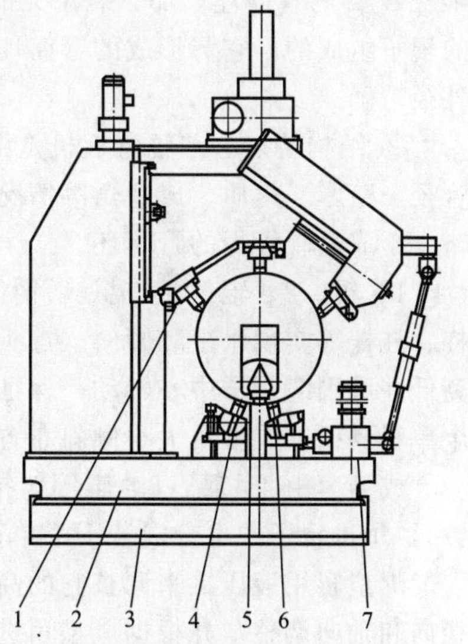

图 18-12　成型器结构示意图

1—外抱辊；2—上底座；3—下底座；4～6—成型辊；7—前立辊

2. 套筒式成型器

套筒式成型器又可分为全套筒式和半套筒式成型器。全套筒式成型器主要用于下卷成型器，并且采用高频焊接。套筒式成型器的工作原理是：由递送机送进的带钢经过输入导板或导向后，以一定的成型角送入套筒式成型器，以形成螺旋管筒。带钢沿切线方向送入套筒式成型器，以便减小带钢与套筒式成型器内壁的摩擦力，但带钢在成型器内的阻力仍较大，往往使带钢向外凸包造成外表面严重划伤，影响成品质量。在实际生产过程中成型角可以有意识地小于计算的理论角度，以造成成型的管筒直径比成型套的直径稍微小一点。这样就会减小摩擦力，节约了动力。这种成型器适用于制造中小直径焊管。它的优点是：制造简单，造价低廉；易操作和掌握，更换规格时调整工作量小等。而缺点是成型套磨损厉害，使用寿命短，能量消耗大。

成型器的寿命决定于所用的带钢材质和成型器材质硬度及结构形式。目前螺旋缝高频焊管的套筒式成型器多采用白口铸铁（要求其硬度为 50HRC）和球墨铸铁，前者虽然取材容易，硬度高，但铸造尺寸难以保证，机械加工困难，后者对其球化程度和热处理有较严格的要求，难以保证硬度。根据经验认为套筒式成型器必须确保其硬度不低于 350HB，理想硬度为 480HB 以上。这样，才有可能将产品的外径尺寸控制在合理的公差范围内。

套筒式成型器的结构要合理，沿带钢送入的螺缝线方向合理地布置开口，以便排除带钢表面氧化铁皮及污物，减少摩擦阻力和管子表面划伤。

为了降低套筒式成型器的消耗和加工量，在采用套筒式成型器时可以用内衬的办法，当磨损严重时只更换内衬，缩短了换套的时间，特别是新兴材料铸石（如辉缘石）具有很好的耐磨性，作为内衬很理想。

3. 外辊成型器

这种成型器，由三辊弯板机构和一个可调的外辊套组成。其特点是调型容易、成型稳定、效果好。由于使用者多，积累的经验也较多。这种成型器是由德国霍希（Hoesch）公司推出的，加拿大 Welland 公司使用的就是霍希公司的成型器。至今许多工厂仍在使用。英国 Wilson Byard 公司也生产类似的成型器。德国 MEG 公司的成型器是较新的外控成型器，其主成型辊（1#辊～3#辊）刚度较大，外控辊则有所简化。

这种成型器我国也都在使用。可以说外控式成型器是螺旋焊管成型器的主流形式。尤其是 MEC 公司的成型器成型效果较好，成型后的钢管弹复量很小，是一种较理想的成型器。

① 外辊成型器的作用原理。外辊式成型器按其“外”来理解就是将辊子放在外边。这种成型器是根据三辊弯板变形的不足量弯曲原理制成的。三辊弯板机是将带钢变形成管筒坯的主要装置。生产时带材沿切线方向送入成型器，先由三辊弯曲成曲线半径 R 大于成型管半径 $D/2$ 的管筒坯。那么剩余大的部分则由外辊套来补充，外辊套是由若干个沿轴线配置的辊子组成的。它与形成的管筒坯外表面相接触，并给予一定的压力，以确保管筒坯的导向外径精确。

② 结构特点。三辊弯板机是由导向的0#辊、1#辊、2#辊、3#辊组成。导向辊根据管径、壁厚、材质、成型角等情况调整，使带钢进入三辊弯板机，在这里带钢被弯曲成管径略大于成品管管径的管筒坯。

1#辊、2#辊、3#辊是所谓三辊弯板机的名称的由来。2#辊由电机带动减速机通过丝杠、杠杆等实现水平和倾斜（点头）调整，辊面为弧面。1#辊、3#辊可沿钢管径向、轴向高低并可围绕管子中心转动，保证1#辊、3#辊向心。这三个辊子由若干个单辊组成，每个单辊要根据成型角大小倾斜布置。

成型套由4#辊～8#辊等5排辊子组成（根据管径范围可以增加或减少成型辊套辊排数），每排辊子中也分成若干个单辊倾斜布置。每排辊子可以根据管径的大小调整行程范围。

焊垫辊用液压缸来调整它的高度。焊垫辊起焊垫和压平板边作用，辊子可根据内焊点做径向和轴向调整，并根据成型角进行转动。

转台（转盘）用来改变成型角。对于后摆式机组使用转盘来调整成型角，前摆机组（短机组）没有转台，机组成型角的改变是靠前桥围绕转轴转动来满足要求的。

③ 优缺点。外辊式成型器使带材与成型器的辊面呈滚动接触，摩擦阻力小，使用寿命长，对产品表面划伤轻微，各个成型辊可作无级调整，即只用一个成型器就可以生产在规定范围内的各种规格焊管。当变换管子规格时，只调整成型辊的位置，不需要更换成型器。

该成型器的缺点是结构复杂、变换规格时调整量大。

4. 内辊式成型器

同外辊式成型器比较，内辊式成型器是一种过量变形的成型器。它的核心部分仍然是三辊弯板机。在应用三辊弯板机变形的时候，使带钢弯曲的曲率半径 R 小于成品管的曲率半径 $D/2$，然后由内辊胀大到成品管的半径 $D/2$，因此内辊式成型器又称为内控辊或内胀辊。

如果三辊弯板机弯曲变形的曲率半径已经大于成品管的半径，这样该种成型器就失去了控制作用。按照钢管应力的使用情况来看，内辊式成型器生产的钢管其承载能力比外辊式成型器的要大一些。

5. 芯棒式成型器

这种成型器由可旋转的芯棒和可调压辊组成。

带材由递送辊以一定的成型角送进后，即绕在芯棒上卷成螺旋管筒，芯棒使成型的带材产生一定的张力，而压辊给予成型的带材一定的压紧力。这种成型器适用于生产优质薄壁小直径螺旋焊管，但管子内表面有时会因相互摩擦而划伤。

二、螺旋缝焊管生产的基本参数及计算

1. 符号和代号

B：钢带工作宽度，mm；D：钢管公称外径，mm；$D_{内}$：钢管公称内径，mm；
$D_{中}$：钢管公称内径，mm；S：钢管螺距，mm；h：钢管公称壁厚，mm；
α：成型机转盘角度；$\alpha_{内}$：成型机内辊角度；
$\alpha_{外}$：成型机外辊角度；S'：螺旋线长度，mm。

2. 主要工艺参数的计算

(1) 成型机转盘角度计算：

$$\alpha=\arccos\frac{B}{\pi D_{中}}(D_{中}=D-h) \tag{18-7}$$

(2) 成型机内外辊角度计算：

$$\alpha_{内}=\arctan\frac{\pi(D-2h)\sin\alpha}{B} \tag{18-8}$$

$$\alpha_{外}=\arctan\frac{\pi D\sin\alpha}{B} \tag{18-9}$$

(3) 其他参数的计算：

① 钢管螺距的计算：

$$S=\frac{B}{\sin\alpha} \tag{18-10}$$

② 出管速度的计算：

$$V=V_{焊}\cos\alpha \tag{18-11}$$

③ 螺旋线长度的计算：

$$S'=\frac{B}{\sin\alpha\cos\alpha} \tag{18-12}$$

(4) 合理切割计算：① 每米钢管重量 $=(D-t)t\times0.0246615$ (18-13)

② 管的长度 = 料的长度 $\times\cos\alpha$ (18-14)

式中，D 为公称直径；t 为公称壁厚；α 为成型角度。

三、成型器的操作

1. 成型器的操作流程

① 准备好生产所需的工具、量具及备件。

② 开车前检查工作宽度、铣边状况、带钢中心线，保证其工作状态良好。

③ 开车前检查4＃辊标高、4＃辊低头量、焊垫辊高度、底座标尺，保证其符合工艺要求。

④ 开车前检查管径周长、错边量、噘嘴情况，保证其符合技术要求。

⑤ 开车后按工艺规程的要求测量管径、观察错边量以及钢管内外表面的压痕和划伤，必要时进行调整。

⑥ 根据弹复量调整内压辊高度，同时要根据合缝位置情况调整1＃辊、2＃辊角度，注意每次调整完角度后要拧紧锁紧螺母，以防止振动中角度发生变化。

⑦ 根据两边变形量调整内压辊低头量；根据管径变化调整焊垫辊高度。

⑧ 更换内压辊轴承辊时应先抬起辊梁，必要时可在钢板上挖洞；更换焊垫辊时应先降低焊垫辊高度，使焊垫辊悬空，若无法悬空可抬起内压辊辊梁，或在焊点辊前使用千斤顶顶起管坯。

⑨ 不得用手清除铁屑，观察铣削质量时应戴防护眼镜；注意观察带钢表面是否有异物，及时清理，以免破坏轴承辊和带钢表面。

2. 成型器的常见故障处理

① 轴承辊不转。轴承辊不转会造成带钢表面划伤，但有时当管坯表面未与轴承辊接触时也会造成轴承辊不转，这就需要仔细观察。轴承辊的内部是由滚珠和圆柱体排列组成，一旦滚动体磨损或错位就会造成轴承辊卡死不转，此时必须更换轴承辊，在日常生产中，装轴承辊前必须将轴承辊端盖打开加油脂润滑，尽量延长轴承辊寿命，拆下来的轴承辊若滚面磨损不严重，可开盖重新排列其内部的滚动体，以备再次使用。

② 内压辊单辊耸肩。当辊子的角度与带钢的行进方向不一致时就会产生“耸肩”现象，会在带钢表面产生压痕。这种压痕在一定程度上影响了钢管的外在质量，发生这种情况应及时调整成型辊的角度，必要时也可略微抬起内压辊，减少内压辊的压下量也可以减轻压痕。

③ 底座向出管方向自动偏移。成型器的底座移动装置是由传动丝杠和丝母组成的，当两者磨损量达到一定程度，丝杠与丝母之间产生间隙时，在带钢前进所产生的导向力的作用下底座会自动偏移，底座的偏移会影响内焊的位置，严重的会造成埋弧埋不住，同时也会影响焊垫辊的位置。此时应更换底座丝母，当偏移量较小时也可先将底座向出管方向多移动一段距离再退回工艺尺寸，以消除游隙的影响。在日常检修时应注意丝杠和丝母的润滑。

④ 内压辊辊梁滑道偏离中心位置。内压辊辊梁与辊座之间的相对运动方式是滑动摩擦，由滑板和压板构成。当压板与滑板之间产生间隙时，内压辊辊梁会在带钢导向力的作用下产生偏斜，这种偏斜会影响2＃辊与1＃辊、3＃辊之间的相对位置，从而对三辊弯板机的工作产生不利，此时应将压板螺母压紧消除间隙。同时，当辊梁与辊梁座之间的间隙过大时也会发生这种现象，这就要求在调型换道时尽量少用砂轮机对辊座和辊梁的结合处进行修磨。

3. 成型器的维护保养方法

① 每次调型换道时应及时更换磨损严重或转动不灵活的轴承辊，且对换上来的轴承辊

进行开盖润滑。

② 每次调型换道时应对内压辊滑座压板进行紧固。

③ 每次调型换道时应对焊垫辊重新解体并润滑；每次调型换道时应及时更换磨损严重的轴承辊辊架；同时每次调型换道时应及时更换弯曲变形的成型辊拉杆。

④ 每月对底座丝杠进行清理润滑一次；对成型辊角度调整装置进行紧固润滑一次。

第七节　螺旋焊管的焊接装置

一、内焊焊接装置

内焊焊接装置由内焊枪、焊缝自动跟踪装置、送丝机构、粉剂回收及除尘装置组成。其中，内焊枪分为内焊单丝焊枪和内焊双丝焊枪。内焊枪是由内焊水冷大线、导电杆、导电嘴组成。内焊是将内焊枪加装在成型器上，焊接过程中通过跟踪电机带动焊枪的运动保证焊缝不焊偏，是否焊偏则根据焊接过后红线的偏正来判定，并及时做纠偏。

二、外焊焊接装置

外焊装置则由外焊枪、焊缝自动跟踪装置，送丝机构、焊剂回收、门架及除尘装置组成。外焊焊枪是由导电杆、导电嘴、焊接大线组成。外焊枪是固定在门架上，门架上升降机构控制外焊枪的升降，跟踪电机则控制焊枪在焊缝上焊接，保证不焊偏。内、外焊在焊接状态下，可采用焊缝自动跟踪。

三、内、外焊焊缝自动跟踪装置基本原理

① 激光视觉传感器利用三角成像原理，使用半导体激光器将激光投射到焊缝上，工业摄像机能够精确地采集到焊缝的形状，并将采集到的焊缝图像传输给图像采集卡。

② 工控机通过激光焊缝自动跟踪软件对图像采集卡中的图像信息进行分析处理，得出焊缝位置偏差信息，然后传输给 PLC。

③ PLC 再将各种控制指令传递给电机驱动器来驱动电机。

④ 电机带动三维滑台移动，控制焊枪跟踪焊缝运动。

第八节　新型螺旋焊管内焊装置

石油天然气管道建设的高速发展，推动了我国管线钢材的冶炼轧制技术和螺旋焊管制造工艺技术水平的发展，螺旋焊管在西气东输等重要天然气管道建设中被广泛应用。

螺旋焊管的焊接工艺采用双面埋弧自动焊，先内焊后外焊。除焊丝焊剂和焊接规范等因素外。焊丝的形位参数也是影响焊缝质量的重要因素。焊丝的形位参数是通过调整焊接装置实现的。焊接装置通常由调节机构、送丝机、焊臂等组成。调节机构应具备四方向调节功能，以满足焊缝跟踪（纵向 x）、焊点偏移（横向 y）、焊丝伸长度（垂向 z）和倾角（旋转）的工艺调整需要。由于螺旋焊管的内焊是在管坯内进行的，不便于观察且受管内空间位置的限制，因而内焊装置具有其特殊性。内焊质量的控制在很大程度上取决于内焊装置的可调性、稳定性和可靠性，国内各个制管公司一直在积极应用新技术

改进内焊装置。

一、内焊装置的两种基本形式

1. 后置式内焊装置

如图 18-13 所示，调节机构置于机臂后端，管坯外。焊矩通过焊臂与调节机构连接，焊臂从机臂侧面进入夹持焊炬，通过调节机构对焊臂进行垂向（z）、纵向（x）和旋转的调节，从而实现了内焊形位参数的调整。调节机构和送丝机构都安装于小车上，小车进退可拉出和推进焊炬，便于更换导电嘴。

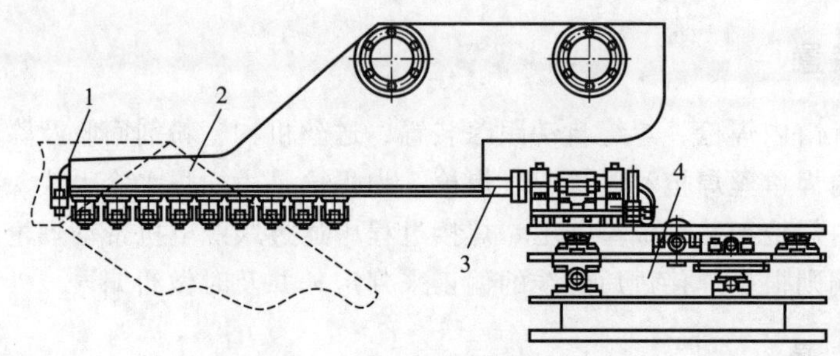

图 18-13　后置式内焊装置示意图

1—焊炬；2—机臂；3—焊臂；4—调节小车

这种方式的调节机构不占据管内空间。可满足机臂能力范围内所有口径钢管的生产需要(图示管径为 ϕ323.9mm)。更换导电嘴也不用在管坯上割孔。但由于焊臂悬伸量大（约 3m 长），无论采用圆形截面还是矩形截面结构，刚性都难以保证，焊炬稳定性差。另外，焊丝的形位参数是通过调整焊臂而间接得到的，因此在焊接生产过程中，形位参数会因焊臂稳定性差而发生变化，给焊接质量造成不可估量的影响。

2. 前置式内焊装置

内焊装置安装于机臂前端，调节机构置于管坯内，如图 18-14 所示。焊缝跟踪机构安装于机臂上，调节机构通过连接件与焊缝跟踪机构连接。送丝机构固定在机臂侧面，尽量靠近焊点位置，用送丝软管与焊炬连接。

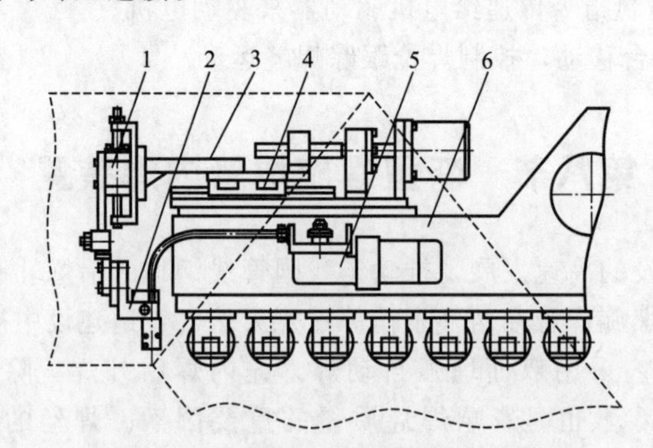

图 18-14　前置式内焊装置示意图

1—调节机构；2—焊炬；3—连接件；4—焊缝跟踪机构；5—送丝机构；6—机臂（2＃辊）

这种方式省去了焊臂，结构紧凑，整体刚性强，系统稳定，主要应用于大口径钢管内焊双丝焊接。但该方式占据了较大的管内空间，不适用于 ϕ508mm 以下的钢管生产。

二、新型内焊装置

为了克服上述两种装置的缺点，保证系统的稳定性，提高螺旋焊管的焊接质量。满足大小口径钢管内焊的工艺要求，现在国内某钢管厂研制了一套新型螺旋焊管内焊装置。

1. 装置结构

该装置由对缝跟踪机构、焊臂、调节机构及焊炬等组成，装置结构示意图如图 18-15 所示。

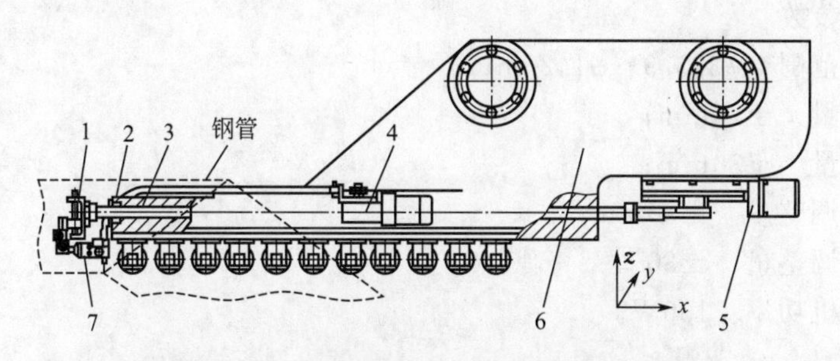

图 18-15 新型螺旋焊管内焊装置示意图

1—调节机构；2—直线轴承；3—连接杆（焊臂）；4—送丝机构；5—焊缝跟踪机构；6—机臂（2＃辊）；7—焊炬

焊缝跟踪机构用螺钉紧固于机臂尾部，该机构采用低速永磁同步电动机驱动，滚珠丝杠副传动，直线导轨副导向。机臂内加工一通孔，前端安装直线轴承，连接杆（焊臂）从机臂通孔中穿过，两端分别与调节机构和焊缝跟踪机构以法兰方式连接。送丝机构由送丝电机、送丝轮和送丝管等组成，安装于管坯外，用连接板固定在机臂上靠导板一侧。送丝管一端与送丝电机连接，另一端与焊炬连接，连接方式均采用夹块方式紧固。调节机构为悬挂式，连接在焊臂上，置于机臂前端（管坯内），包括升降调节以及以 z 轴和 x 轴为转轴的旋转调节机构。

2. 调整原理及特点

操作伺服电动机，通过滚珠丝杠副和直线导轨副传动，驱动焊臂直线移动，焊炬在焊臂作用下沿 x 轴方向移动，从而实现焊缝跟踪，伺服电动机运行时振动小、噪声低，转速稳定，启动转矩大，启动时电流无冲击，负载变化时电流变化极小，具有一定的自锁能力，且能瞬间启动、倒转和停机。滚珠丝杠副和直线导轨副的配合使用保证了机械传动的精度与平稳性，充分满足了动态焊接条件下焊丝点动对缝的工艺需要。

直线光轴。直线轴承安装在机臂前端，对焊臂可起支承和导向作用，这种结构形式既增强了焊臂的稳定性，又减少了焊臂进退阻力，能很好地保持焊接过程中焊丝形位参数的稳定性，从而保证了焊接质量。

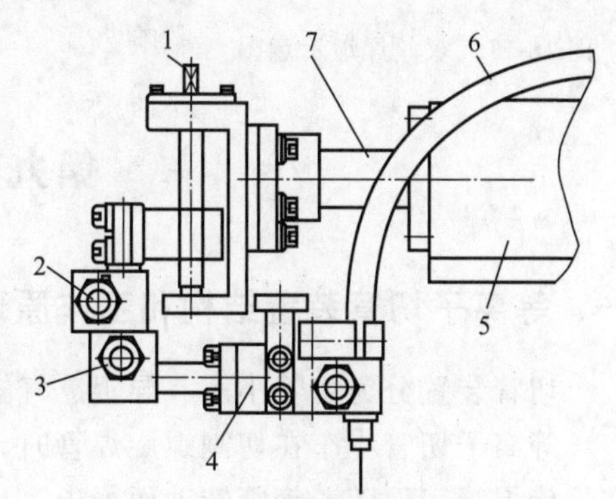

图 18-16 调节机构示意图

1—升降调节；2—旋转调节Ⅰ；3—旋转调节Ⅱ；4—焊炬；5—机臂；6—送丝带；7—焊臂

调节机构如图 18-16 所示，两个方向的旋转调节和升降调节均为手动，通过旋转调节Ⅰ绕 z 轴旋转，可改变焊点横向位置，调整“偏移量”旋转调节Ⅱ可使焊炬绕 x 轴旋转，从而调整焊丝倾角。两个方向的旋转调节均有锁紧装置，保证了焊炬的稳定性。升降调节机构采用手动丝杠，双柱导向，可调整焊丝伸长度。该调节机构只负责对焊丝形位参数的调整，因而可设计制作得小巧轻便，稳定性好。

送丝管为柔性组合结构，由弹簧管外套聚乙烯软管组成，这种结构的运丝管具有良好的柔性，当焊丝形位参数调整变化或点动对缝时，送丝管可跟随焊炬动作，该结构同时又具有适当的刚性，可保持焊丝稳定输送。

3. 主要技术参数

① 适应管径范围　ϕ323.9～ϕ1420mm；

② 轴向调整量　±75mm；

③ 垂向调整量　±30mm；

④ 焊点偏移调整量　±30mm；

⑤ 焊丝倾角调整量　±30°；

⑥ 伺服电动机功率　130W。

三、应用情况及改进

① 新型内焊装置不受管内空间限制。可适用于不同口径螺旋焊管的生产，与机组能力协调一致。该装置在投入使用后，先后生产了 ϕ323.9mm×5.6mm 和 ϕ813mm×11.9mm 两种规格的螺旋焊管。特别在 ϕ323.9mm×5.6mm 的生产中表现出整体稳定性好，调整灵活，动作可靠的优点，内焊一次合格率比以前采用后置式内焊装置提高了约 7%。

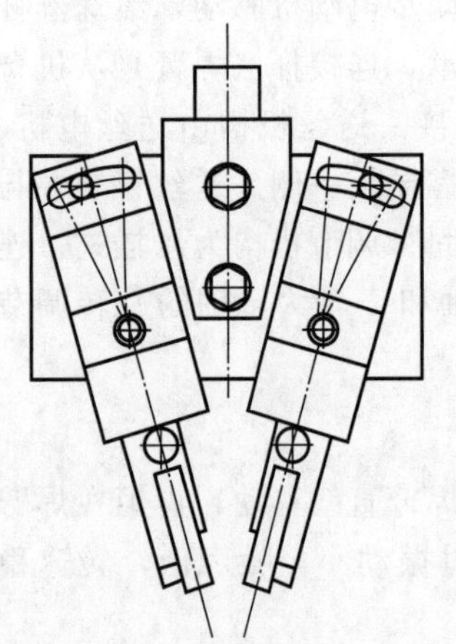
图 18-17　双丝焊炬示意图

② 图 18-15 中的焊炬可更换为图 18-17 所示的双丝焊炬，满足双丝焊接的需要。

③ 更换导电嘴或调整焊头形位参数时，需要在管坯上割孔。调整时须注意多自由度调节综合进行，以保证焊丝形位参数满足工艺需要。

④ 该机构采用的送丝管在实际应用时，其长度选择对送丝管的柔性和刚度影响较大，需反复试验确定。另外，弹簧管与外套聚乙烯管之间存在轻微移动摩擦，对送丝稳定性有一定的影响。

第九节　切管装置

一、等离子切管装置结构和工作原理

切管装置分为切管小车、导辊、气缸、同步轮、立柱、等离子割枪、切割机。

等离子切管小车在切割螺旋焊管时，如图 18-18 所示，利用气缸将同步轮顶起，同步轮在螺旋焊管表面随着钢管转动而行走，启动等离子切割，利用等离子弧的高温将工件熔化并被压缩空气吹掉，形成等离子弧切割的工作状态。此时等离子切割将螺旋焊管按照定尺切出一道整齐的平面。

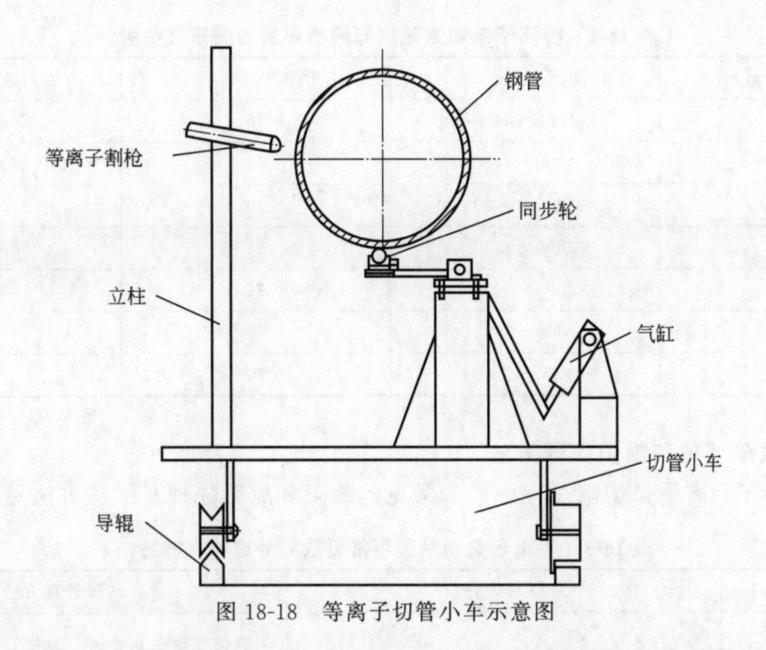

图 18-18 等离子切管小车示意图

二、等离子切管装置的操作

1. 切割前的准备

① 检查气压，确保气压在 0.3～0.5MPa。

② 检查冷却水是否通畅，确保冷却水的水压。

③ 检查电极、喷嘴是否有烧损，并确保电极、喷嘴在安装中的同心度。

④ 检查同步轮在行走中是否保持一个平面，若有错位应调整同步轮的角度。

⑤ 检查等离子割枪与钢管之间的距离，应约为 6～8mm。

2. 切管操作

① 钢管行走到定尺时，打开气缸将同步轮升起使同步轮在钢管表面行走。

② 启动等离子切割系统，在切割中要经常观察是否产生双弧现象。

③ 切断钢管后，自动停止等离子弧，落下同步轮，并使切管小车回到原始位置。

3. 等离子切管参数

① 切割速度。主要取决于钢板的厚度、切割时通过的电流、气体的种类以及喷嘴的质量。

② 切割电流。切割电流过大，容易烧坏电极和喷嘴，并且容易产生挂渣，因此相对于电极和喷嘴需要一个合适的切割电流。

③ 气体流量。气体的流量要和喷嘴的气孔相适合。

④ 喷嘴的高度。割嘴距离切割工件（钢板）的高度由自动调高系数控制，一般在 3mm 左右。

4. 工艺参数的调整

不同材料及规格的工件割缝不一样，容易造成切割后工件尺寸偏大或偏小。为保证它的尺寸及表面粗糙度，每次切割前都会切掉一块试验板。有关切割速度与钢板的厚度具有一定的关系，根据实际经验总结出一定的规律数据见表 18-2 所示。

表 18-2 等离子弧切割速度与钢板厚度的关系（参考）

钢板厚度/mm	切割速度/(mm/s)	钢板厚度/mm	切割速度/(mm/s)
12	4200～4400	18	2400～2500
13	4000～4200	19	2300～2400
14	3800～4000	20	2100～2200
15	3600～3800	21	2000～2100
16	3200～3400	22	1900～2000
16	2800～3100	25	1300
17	2600～2700	30	800

5. 常见故障处理和维护保养方法

螺旋焊管在等离子弧切割过程中最为常见的故障和故障处理及维护方法见表 18-3。

表 18-3 等离子弧切割过程常见故障处理和保养方法

常见故障	故障原因分析	故障处理方法
不起弧	①气压不足 ②冷却水压不足 ③电极、喷嘴烧损 ④电气故障	①确保气压在 0.3～0.5MPa ②冷却水通道堵塞 ③更换电极、喷嘴 ④电气维修
不能预调切割气体压力	①气源未接上或气源无气 ②电源开关不在“通”位置 ③减压阀坏	①接通气源或打开气源 ②电源开关在“通”的位置 ③更换减压阀
产生双弧	①喷嘴与工件的距离过小 ②电极内缩量过大	①确保喷嘴与工件的距离适中 ②更换配套的电极、喷嘴
烧电极、喷嘴	①切割电流过大 ②电极、喷嘴不同心	①选择合适的电流 ②更换电极、喷嘴，确保同心
切不断(头尾不重合)	同步轮与钢管截面有角度偏差	调整同步轮角度使与钢管截面在同一个平面

第十节 带钢储料和水压机试验装置

一、飞焊小车式储料装置

飞焊小车式储料装置由两部分组成，一部分是一个几十米长的轨道，另一部分是在轨道往返行走的小车，小车上装有拆卷、初矫平、剪焊机、引料机等设备，当上一卷料送完后小车停在起始位置，送料停止，这时小车由递送机带动，小车与带钢同步前进。然后在小车上进行拆卷、初矫平、剪板头和板尾、对焊，当小车在轨道上快走完时，对焊完成，这时送料开始，小车在带钢前进的反作用力下，再加上轨道的斜度，自动返回到最尽头，等待这一卷料完毕时再进行下一循环，如此就可以保证焊管生产自动进行。

二、水压试验机

1. 静水压机的作用

水压试验机用于对钢管进行静水压试验，以检验钢管的整体承压能力和钢管的缺陷，同时消除一部分的管体残余应力。

2. 静水压机主要结构

钢管静水压试验机结构简图如图 18-19 所示。一般大型静水压试验机结构为框架式，主要由 4 根拉力横梁，1 个固定密封头，1 个可移动密封头以及油压系统、水压系统和电控系统组成。4 根拉力横梁，一端安装在支架上，另一端安装在固定密封头上，中间是可移动的密封头。在动力系统传动下可移动密封头上、下定位孔与上、下拉力梁孔对准，通过液压轴销插进上、下横梁的孔中，锁定可移动密封头。当试压钢管进入静水试压机内，可移动主缸推动密封头，使压头上密封圈与钢管管端充分贴合，打开水阀和排气阀注水，试压钢管充满水后，关闭排气阀，启动补水泵为试压钢管补水，到达规定压力后，停止补水，开始稳压，在计算机系统的控制下，水压机记录系统打印出水压-时间曲线，达到规定稳压时间后卸压，完成钢管的水压试验。

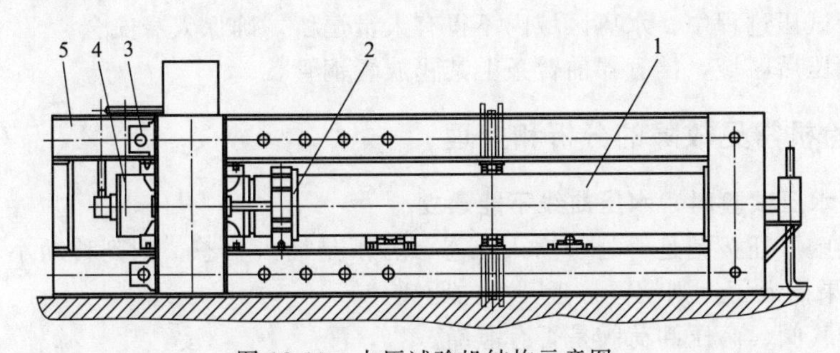

图 18-19 水压试验机结构示意图

1—试压钢管；2—水密封胶圈；3—定位轴销；4—推力油缸；5—钢结构拉杆及支架

3. 静水压试验机工作原理

静水压试验机控制系统的工作原理主要是水压传感器实时检测钢管里的水压值，传送到 PLC 进行信号分析处理，根据油水平衡原理（即油压随水压变化而变化），计算出油压，控制信号输出到电液比例阀的功率驱动单元，控制电液比例阀的动作，进而控制管端封头的油压值，实现油水平衡，完成管的静水压试验。油压传感器和水压传感器检测到的信号同时被实时送到工控机里，操作员通过监控画面实时监控试验过程。

静水压试验机油缸的推力不能过大或过小，推力过大会顶弯试压钢管；推力过小，试压钢管端头就会密封不严。因此，静水压机油缸的推力应略大于试压钢管内水压所产生的反推力，以保证试压钢管端口的密封。

三、水压机操作规范和注意事项

1. 水压试验机操作规范

操作流程：准备→测管长→移机架→上管密封→充水→试压→卸管。

如果发现有不正常现象或紧急情况（比如移动机架、主缸、托辊不能由按钮控制停的情况），要立即按下急停按钮停车。

2. 水压试验参数（参照 GB/T 8163—2008）

钢管应逐根进行水压试验，试验压力按下面公式进行计算：

$$P=2SR/D$$

式中 P——试验压力，MPa；

S——钢管的公称壁厚，mm；

D——钢管的公称外径，mm；

R——允许压力，为抗拉强度的40%，MPa。

在试验压力下，应保证耐压时间不少于5s，钢管不得出现漏水或渗漏。

供方可以用超声波检验或涡流检验代替水压试验，超声波检验的对比样块刻槽深度为钢管公称壁厚的12.5%，涡流检验的灵敏度A级。

10#屈服强度：$\sigma_s=205$MPa，$\delta\leqslant15$mm；

$\sigma_s=195$MPa，$\delta\leqslant15$mm。

20#屈服强度：$\sigma_s=245$MPa，$\delta\leqslant15$mm；

$\sigma_s=235$MPa，$\delta>15$mm。

3. 操作注意事项

① 在钢管试压过程中，水压区域内不得有人员逗留，确保人身安全。

② 钢管水压后区域，挡管器前臂条上禁止放置钢管。

四、水压试验机常见故障的分析和处理

1. 钢管静水压试验时，水压曲线不能建立

① 观看电脑屏插拔销是否处于插入状态，若不是插入状态，则到移动小车处，观察其是否插入，如果插入了，则调整接近开关的距离。

② 观察排气阀、高压卸荷阀是否有泄漏。

③ 观察钢管是否有泄漏，如有泄漏，则更换水阀或检查主缸压力系统。

④ 观察高、低压水阀和液压闸阀是否处于关闭状态。

2. 端面密封不严

① 检查钢管端面的平整性和与中心线的垂直情况。

② 检查密封圈的损坏情况。

③ 判断主缸压力，首先是增加预封压力（但应小于2MPa），如仍然封不住，或者主缸压力未跟上，调整维修液压系统。

第十一节　螺旋焊管的扩径和倒棱机

一、扩径机结构和工作原理

管端扩径机是螺旋焊管生产线的专用设备，它是用来对生产的螺旋焊管的管端进行扩径，使管端150～300mm长度内直径尺寸及圆度达到标准范围，同时也用于直缝金属焊管整形。

1. 扩径机工作原理

机器的工作原理是有一组与钢管直径相对应的模块分布在锥体的一周上，模块底面紧贴

在锥体的滑动斜面上，后端面沿支承盘上的异向槽径向运行。锥体在液压油缸的驱动下，沿轴向往复运动，模块外径也就扩大-缩小反复变化。模块外圆缩小时，将钢管套在模块外圆上，当模块向外扩径时，使母材沿管壁拉伸而产生塑性变形，严格控制模具膨胀量可以得到尺寸，圆度等精度很高的管端，这一过程就称为扩径。由于这一扩径过程在常温下进行，因此也称为“冷扩径”。

2. 主要结构

该机的总结构（图 18-20）可以分为四大部分。第一部分为主机；第二部分为辅助装置；第三部分为液压、润滑系统；第四部分为电气系统。它是用锥体扩张头，在钢管内扩张，达到消除钢管的成型压力和焊接应力，并保证直缝焊钢管全长段直径大小一致，设备由小车、扩张器、工作套筒、固定座、油缸、润滑站、台架、液压站、电控系统组成，扩张器设置在小车，扩张器由工作套筒连接在油缸上，由扩张头、扩张块、导向盘、拉杆等组成，通过分段式机械挤胀工艺保证直缝金属焊管外形定径，消除应力。

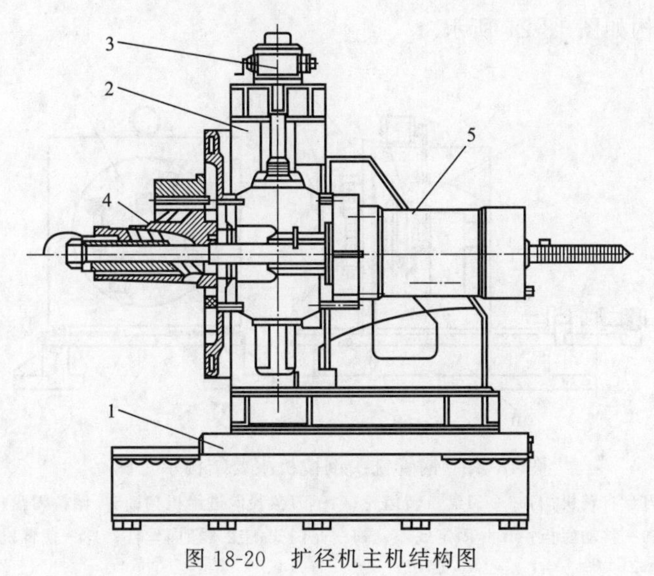

图 18-20 扩径机主机结构图

1—底座；2—龙门架；3—提升装置；4—扩径单元；5—主油缸

3. 扩径机操作规范和注意事项

① 扩径机的操作规范。整个扩径过程为：启动主泵、小泵。操作受料器及辊道将管子套入扩径块。按扩径按钮，完成扩管后按回缩按钮，并卸掉管子。

② 操作注意事项。a. 不得随意将液压系统压力调得过高。b. 钢管送至辊道时，使受料器一定处于受料状态。c. 保持设备周围防护栏、防护板并安全可靠。

4. 扩径机常见故障、分析和处理

① 系统无压力。原因分析：系统压力上不来，首先检查电机和油泵是否正常工作，如果正常，再检查系统溢流阀能否正常工作。压力建立不起来，就对溢流阀打开进行检查和清洗。

② 扩径时无动作或者扩径完不回缩。首先了解扩径时有哪些阀在工作，重点检查控制扩径模块张开或者收缩的电磁换向阀是否吸合；如果正常，就检查阀法兰的阻力孔螺母是否存在，或阻力孔是否被脏物堵死，阀芯灵不灵活。检查阻尼插件阻力孔和阀芯阻力孔是否被

脏物堵塞，阀芯灵不灵活，检查都正常后，再检查电磁球阀是否打开。

二、倒棱机结构和工作原理

倒棱机是焊管机组的辅机之一，专供用于对钢管两端按要求进行焊接坡口的倒棱和平头工作；并平整钢管端部，以便现场焊接。钢管倒棱机为双头倒棱机，配备有床头箱、刀盘、夹紧装置、液压辅助夹具、升降辊道装置等，为解决加工厚壁钢管管端问题，钢管倒棱机在刀盘上配置有两把倒棱刀和平头刀具。

1. 倒棱机工作原理

倒棱机刀架一般采用靠轮浮动式端面处理装置，靠轮紧贴钢管内壁浮动旋转，刀具随靠轮浮动旋转切削，因此倒棱质量不受管体形位公差的影响。再采用不同规格的刀杆和刀片，就可以倒出符合不同工艺要求的坡口形状。

2. 倒棱机主要结构

倒棱机主要结构如图 18-21 所示。

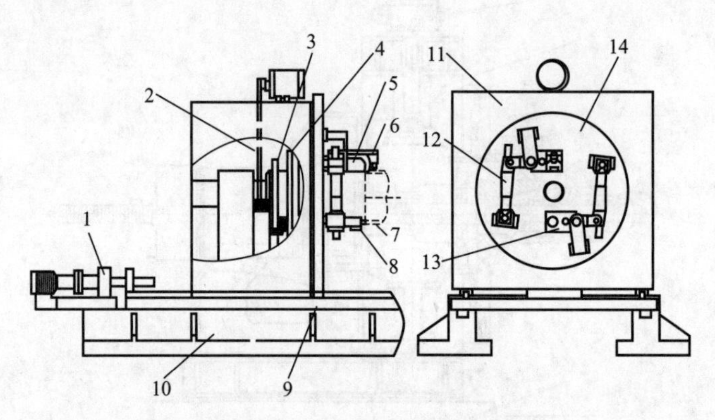

图 18-21　钢管铣头倒棱机主要结构示意图

1—动力进给装置；2—刀盘自转机构；3—刀盘自转齿轮；4—刀盘径向进给机构；5—倒棱刀盘；6—仿形臂；7—钢管；8—端面刀盘；9—移动底板；10—固定底座；11—龙门架；12—径向丝杠；13—摆臂机构；14—大盘

三、倒棱机主要性能参数

① 适应钢管长度：6～12.5m（长度 6m 的钢管允许单头切削加工，也可双头同时加工）。

② 钢管外径：ϕ406mm～ϕ2540mm。

③ 钢管壁厚：5.0～25.4mm。

④ 适应材质：Q235、Q345、X42～X80。

1. 倒棱机操作规范和注意事项

① 倒棱机操作规范。开启电控柜电源，开启操作台电源，启动油泵，大拖板退至后限位。操作受管器升至受管位。待钢管滚至受管器尽头，操作受管器降至最低位，把钢管放置在升降托辊上。升降托辊下降至低限位停止。大托板松开并前进至钢管两端进入夹紧筐合适位置停止并锁紧。操作夹紧筐夹紧、锁紧，操作床头箱快进至合运位置停。启动主电机，操作床头箱工进并切削钢管端面符合要求。操作床头箱快退，松开夹紧筐，松开大托板，后退大托板至夹紧筐离开管端。操作升降托辊上升至上限位，操作拨管器拨出钢管并下降至最低

位。抬起受管器至受管位开始下一个倒棱循环过程。

② 对螺旋管口倒棱时注意事项。a. 平头机启动前须仔细检查，平头刀夹紧是否可靠，刀盘回转范围内是否有人及物品，以免转运时，引发人身、设备事故。b. 钢管的夹紧锁紧必须可靠，切削时不得松开。

③ 刀片是硬质合金刀片，受冲击极易损坏，操作时应特别注意快进时不能撞到螺旋焊管的端面上。

2. 倒棱机常见故障、分析和处理

倒棱机最为常见故障是：大托板爬行现象严重。这种现象发生的原因如下。

① 锁紧油缸没有松到位，这时可以适当调高液压系统压力。

② 如果锁紧油缸到位了，则观察下压块间隙是否合适，如果小于 1mm，此时，要加以调整。

③ 观察两个平辊和 V 形辊里面的轴承是否卡阻。

④ 观察行走减速机的圆柱齿轮是否跟齿条啮合，啮合不好可以适当加以调整。

第十九章 钢管制造新技术、新工艺

第一节 一种新型带钢纵剪机组圆盘剪

纵剪机又称纵剪线、纵切机、分条机，是带钢分剪切设备。纵切机组主要是对轧制后的带钢进行纵向剪切，使之成为符合尺寸要求的窄钢卷。它适用于制管带料的纵向剪切工作，并将分切后的窄条重新卷绕成卷结构，由开卷机、矫平机、剪板机、滚道、对中装置、圆盘剪、活动台架（一)、活动台架（二)、固定台架、导向辊、卷取机等组成。

一、现有纵剪机圆盘剪的不足之处

圆盘剪是纵剪机组的关键机构之一，它的结构形式直接影响着纵剪性能的发挥、产品质量和纵剪机操作工的安全。目前，国内圆盘剪主要结构为图 19-1 和图 19-2 所示的结构形式。

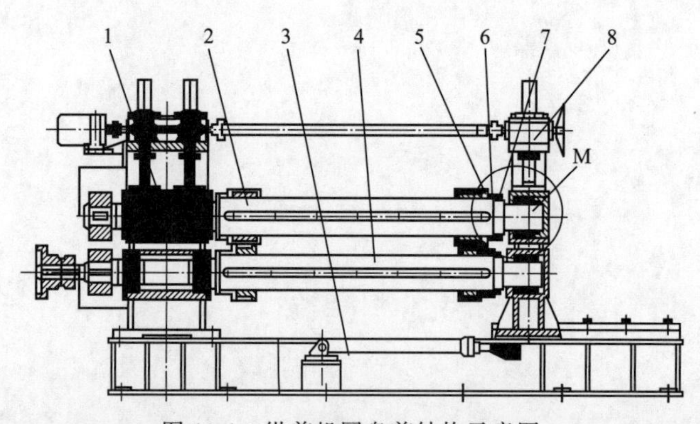

图 19-1 纵剪机圆盘剪结构示意图

1—固定牌坊；2—上刀轴；3—液压缸；4—下刀轴；5—刀片；6—隔套；7—锁紧螺母；8—活动牌坊

二、对纵剪机圆盘剪改进的技术方案

1. 设计技术方案

为了改变现有纵剪机在作业中的问题和操作中的不安全的因素，在原有的基础上提供一种改进的纵剪机组圆盘剪和安装的结构，达到操作方便、有效降低安全隐患的目的。

为了实现现述操作方便、使用安全等目的，改进的方面包括纵剪机组的圆盘剪、活动牌坊、轴承、锁紧螺母以及在刀轴上依次安装着的刀片、隔套。

2. 具体实施方式说明

图 19-1 和图 19-2 所示的是现有的纵剪机组圆盘剪的结构。改进后的实用新型在原有结构基础上进行了较大的改进。如图 19-3 所示，这种改进后的纵剪机组圆盘剪，包括活动牌坊、轴承、锁紧螺母以及在上刀轴上依次安装着的刀片、刀片与刀片之间的隔套。轴承安装在活动牌坊内，上刀轴的轴颈部位套装在轴承内，在轴承内径的刀轴轴颈上配合套装着一节 T 字形钢套，这个钢套内侧端的外径尺位于隔套的内径尺寸和外径尺寸之间，钢套内侧端与隔套外侧端相抵，锁紧螺母通过螺纹连接安装在刀轴的轴颈外侧端并与钢套外侧端相抵。

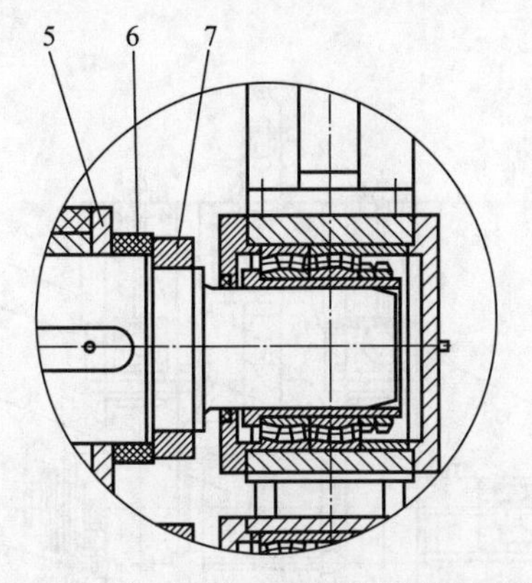

图 19-2　图 19-1 中 M 处放大结构示意图
5—刀片；6—隔套；7—锁紧螺母

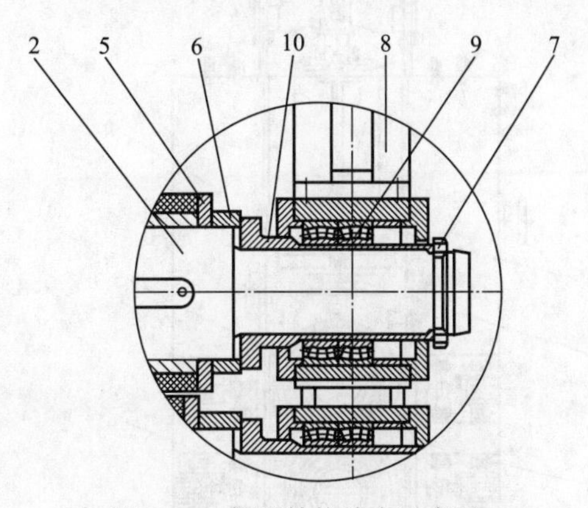

图 19-3　新型结构放大示意图
2—上刀轴；5—刀片；6—隔套；7—锁紧螺母；
8—活动牌坊；9—轴承；10—T 字形钢套

通过技术改进后，获得了国家发明专利：CN213437504U。这项新技术由于锁紧螺母安装在了活动牌坊的右侧，空间更大，人员在操作锁紧螺母时更方便、更快捷，极大地降低了安全隐患。

第二节　二辊带钢液压自动输送机

一、二辊输送机对焊管成型的影响

随着焊管制造业的发展，企业对焊管的成型速度和成型质量的要求越来越高，在制管生产线开始段带钢进给速度也相应地不断提高，产品的尺寸精度要求日趋严格，特别是采用厚度自动控制（AGC）系统以后，手动螺栓或电动压下装置已远远不能满足工艺要求。时常出现带钢表面不平整、跑偏等缺陷，经常需要操作工不断地调整输送压辊的间隙，才能保证带钢的输送质量，使带钢进一步平整，不跑偏，进而使焊管的成型质量和焊接质量达到技术要求。但是由于带钢供给成型段的速度快，易使带钢输送压辊外圆表面磨损速度快，易造成带钢跑偏等缺陷。出现这种情况后，不得不停车对递送上、下压辊之间的间隙进行调整，因为是手动调整间隙，很难保证上、下压辊轴向间隙的一致性。

二、实现恒张力技术方案

为了克服现有技术的不足，关键是要提供一种结构强度高，抗冲击性能好，耐磨损、耐腐蚀、使用寿命长的精轧二辊带钢轧机。为解决上述技术问题，采用以下技术方案来具体来实现，其技术发明公开号为：CN203711481。

三、改进后的操作方法和作用

下面结合图 19-4 和图 19-5 并通过具体实施方法对该实用新型设备做进一步说明。

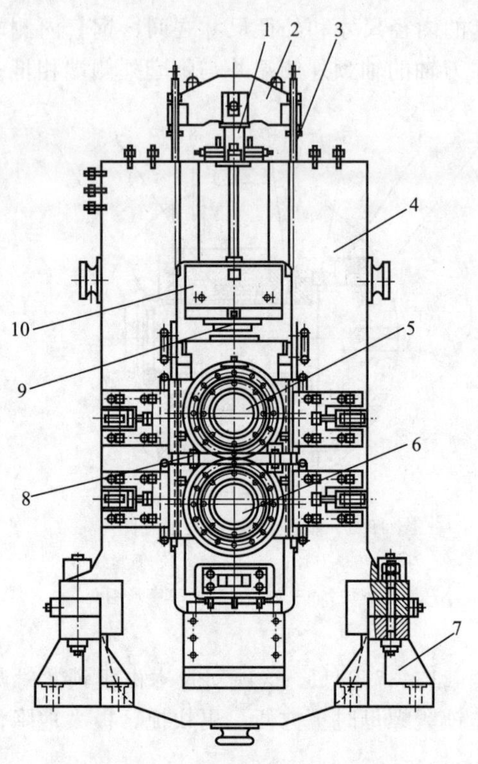

图 19-4 本实用新型的结构示意图

1—主液压缸；2—连接板；3—导向柱；4—机架；5—上辊；6—下辊；7—基座；8—间隙调节装置；9—限位传感器；10—液压缸

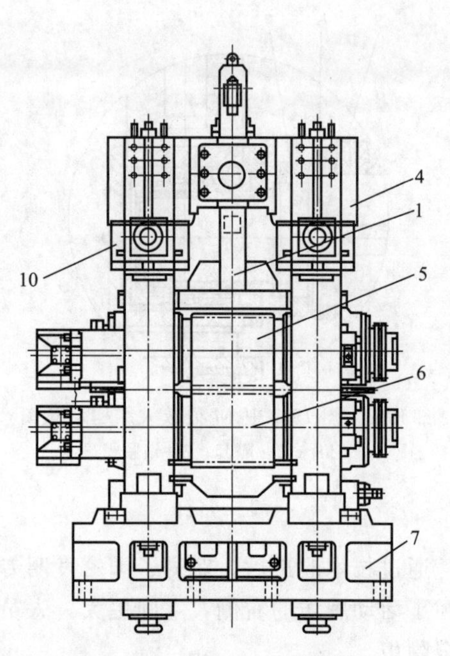

图 19-5 图 19-4 的左视图

1—主液压缸；4—机架；5—上辊；6—下辊；7—基座；10—液压缸

① 这种二辊带钢轧机主要是通过控制上辊与下辊的间隙，利用摩擦力的作用，把带钢送进下道工序，它包括基座、机架、上辊、下辊、间隙调节装置以及主液压缸，在主体基座上固定安装有一立体框架式的机架，在机架的中部上下间隙水平安装有上辊和下辊，该上辊和下辊是相互平行设置的，上辊和下辊均通过两侧的安装板调节安装在机架上，在上辊与下辊两侧的安装板之间均匀间隔安装有两个间隙调节装置。

② 机架上端中部同轴安装有一竖直的主液压缸，该主液压缸下端固装有压板（图中未显示），该压板与上辊之间留有间隙，间隙距离由主液压缸驱动调节。

③ 在机架横向两侧上端均安装有一液压缸，该两侧的液压缸下端均安装有限位传感器，从而准确地调节升降位置，较好地控制上、下辊的间隙，达到既有一定的摩擦，又不至于过于压紧带钢使之不能向前移动的目的。

④ 为了保证升降调节的同轴度，在机架上端的液压缸的上端固定安装有一连接板，该连接板两侧均可以上下滑动，其导向滑动是依靠导向柱来实现的；导向柱固定安装在机架

内侧。

⑤ 该二辊带钢轧机采用反应灵敏、传讯方便的电气检测信号系统，同时采用输出功率高的液压系统作为执行机构，并且采用电液伺服阀作为电-液转换元件，从而有效地控制上辊与下辊的间隙，替代人工用塞尺量取下辊的间隙，充分体现了电-液系统的智能化操作的方便性及优越性。

四、综合使用效果总结

① 二辊带钢输送轧机采用液压缸后，利用其活塞的推力，可以根据需要改变轧机当量刚度，二辊带钢输送轧机实现从“恒辊缝”到“恒压力”轧制输送，能够适应各种型号规格的轧制输送及操作情况，而且能起到过载保护作用，操作简单安全可靠。

② 二辊带钢输送轧机便于快速换辊，提高输送带钢工作效率，响应速度快，调整精度高，较手动松紧螺杆和螺母机械传动效率高，而且提高了生产效率。

③ 二辊带钢输送轧机新型技术操作系统反应快速、灵敏；利用传讯方便的电气检测信号系统，同时采用输出功率高的液压系统作为执行机构，并且采用电液伺服阀作为电-液转换元件，从而有效体现出电-液结合控制系统的优越性，大大减轻了操作工的劳动强度并提高了安全性。

第三节　带钢纵剪自动化控制技术

带钢纵剪生产线的主要功能是将不同宽度带钢卷，沿纵向剪切成设定宽度的带钢卷，为后道的矫平、冷弯成型、焊接、定径等工序制备带钢料。目前由于一些制管公司纵剪机组的直流控制系统生产线，使用时间比较久，控制部分非常复杂，而且随着电气控制的老化，整个生产线各设备之间不能实现速度同步运行，因此需要对原纵剪机组的电气部分进行技术改造。现有设计改造方案利用 PLC、交流变频调速器和工控系统之间强大的通信能力，实现了 PLC 和交流调速器的数字通信，实现了纵剪机组的自动化纵剪控制。

一、带钢纵剪生产线工艺流程

纵剪机组是一种将金属卷材纵向剪切成符合规格要求宽度卷材的机、电、液一体化设备。其设备主要由开卷机、矫直机、圆盘剪和卷取机四大部分组成。其工艺流程如图 19-6 所示。

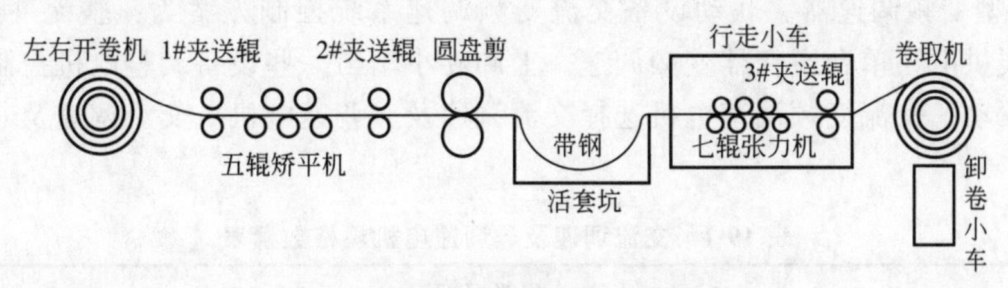

图 19-6　带钢纵剪机组工艺流程图

二、带钢纵剪机组自动化控制系统

在带钢纵剪机组自动化控制系统中，在纵剪生产上对控制系统的要求是：

① 实现单机或多机正、反向点动及联动运行。多机联动时，开卷机到卷取机之间的线速度应保持一致。

② 实现全线联合自动运行。不仅要保证全线的线速度一致，而且卷取机在卷绕带钢的过程中应保持线速度恒定、张力恒定以便保持卷带紧而平整，改造方案采用 SIEMENS SIMATICS7.40 PLC 作为控制核心，PLC 和交流变频驱动装置间全部采用 PROFIBUS-DP 网络进行通信，组成现场总线控制系统。在电气控制室设置人机界面（触摸屏）操作站，用于各段参数（张力、卷径、线速度等）的设定和显示，操作用开关信号全部进入就近控制柜和远程 I/O。见图 19-7 所示。

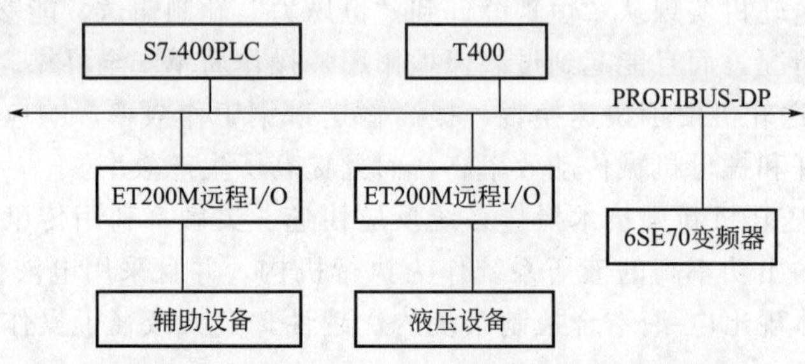

图 19-7 带钢纵剪生产自动化控制系统方案示意图

1. PLC S7-400

带钢纵剪机组选用西门子公司 S7-400 系列产品，采用 416-2DP CPU，完成机组中的逻辑控制、顺序控制、位置控制以及工艺操作和工艺联锁控制、故障检测分类、报警控制等。可编程序控制器系统采用分布式 I/O 网络化模式工作，网络总线为 Profibus-DP。I/O 接口数量留有 10%～15%的备用余量。可编程序控制器系统编程环境为 PCS7。PLC 可完成以下控制功能：

① 联动后停控制。

② 驱动电机合分闸控制。

③ 全线各段速度、张力、卷取卷径的设定。

④ 全线联锁和故障处理。

⑤ 驱动系统状态采集。

2. 交流变频调速系统

带钢纵剪机组变频调速系统选用西门子 6SE70 系列 SIMOVERT MASTERDRIVER VC 矢量控制型变频调速器。联动设备交流变频调速系统控制方案为：整流/回馈单元集中整流直流母线供电，单台逆变器变频调速。上卸卷小车与一些设备调整电机控制方案为：变频调速直接驱动。交流变频调速电机选择交流调速及非调速电机。交流调速及非调速电机详见表 19-1。

表 19-1 交流调速及非调速电机规格数量表

驱动设备名称	电机参数						备注
	数量/台	功率/kW	电压/V	基频/Hz	电流/A	电机类型	
上卷小车	1	75	400	50	15.5	调速	—
开卷机	1	200	400	50	370	调速	齿轮电机
夹送辊	1	160	400	50	297	调速	齿轮电机

续表

驱动设备名称	电机参数						备注
	数量/台	功率/kW	电压/V	基频/Hz	电流/A	电机类型	
九辊矫直机	1	450	400	50	850	调速	—
圆盘剪前夹送辊	1	30	400	50	59.5	调速	齿轮电机
圆盘剪主电机	1	315	400	50	605	调速	—
圆盘剪重叠量调整电机	1	15	400	50	3.7	调速	齿轮电机
碎边剪主传动电机	2	75	400	50	141	调速	齿轮电机
碎边剪开口度调整电机	2	22	400	50	6.5	调速	齿轮电机
碎边剪间隙调整电机	2	0.75	400	50	2.15	调速	齿轮电机
卷边机主传动电机(可选)	2	75	400	50	15.5	调速	—
张力机压下电机	1	30	400	50	59.5	调速	齿轮电机
张力机行走电机	1	11	400	50	22.5	调速	齿轮电机
张力机夹送辊电机	1	55	400	50	104.5	调速	—
卷取机	1	400	400	50	760	调速	—
卸卷小车	1	75	400	50	15.5	调速	齿轮电机

3. 计算机监控系统

计算机监控系统是基于计算机的集成综合监控系统，主要对纵剪机组整条生产线的过程数据、设备状态及工艺参数进行管理和监控，同时完成生产数据处理，参数管理，机组状态设置，数据及通信管理等功能，为用户提供产品实际和设备工作实际数据等。

纵剪机组监控系统采用全集成自动化的过程控制系统，实现了设备控制和工厂管理的自动化，并且预留过程控制接口，可实现与企业资源计划（ERP）和制造执行系统（MES）无缝的信息集成。本系统由100M局域网络实现系统生产流程管理与机组设备过程监控，所有计算机站与基础自动化PLC均在该局域网络上基于TCP/IP协议进行网络通信连接。

三、带钢纵剪机组人机界面设计方案

纵剪机组HMI系统采用西门子最新人机界面开发平台SIMATIC WINCC6.0系统进行机组监控软件及PC-PLC的通信软件的开发。HMI系统部署为服务器/客户机（SC）多用户系统结构，HMI-1作为SERVER与现场PLC系统采用以太网络进行连接，通过100M网卡与西门子可编程序控制器等设备进行数据通信。纵剪机组HMI计算机系统主要是对纵剪机组生产线工作过程及系统设备状态进行实时监控，同时完成生产数据处理，生产优化处理，参数管理，机组状态设置，数据管理等功能，为用户提供产品分析的数据来源。带钢纵剪机组自动控制系统人机界面的设计框图见图19-8。

四、技术改造综合效果

通过技术升级改造将可编程序控制器、变频器、工控系统有机地结合起来，解决了原来直流调速系统控制上存在的带钢速度不同步，检修复杂等问题，经过运行各项调速参数完全满足带钢纵剪生产工艺的同步要求。改造后系统可靠性好、硬件支持能力强、软件开发范围大、调速方便、控制简单、易于维护，而且提高了生产效率，降低了生产能耗，减少了电气

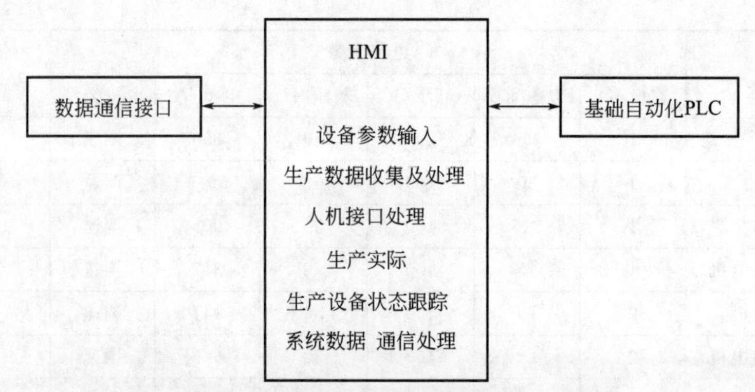

图 19-8 自动控制系统人机界面的设计框图

故障。同时利用触摸屏显示各设备的运行状态并进行参数设定和修改，方便操作人员操作使用，能使现场情况更直观，也缩短了故障的检查时间，为企业创造了较大的经济效益。

第四节 厚壁直缝钢管五丝埋弧焊工艺

在厚壁直缝埋弧焊管生产过程中，五丝埋弧焊一直是焊接工艺研究的热点。目前，世界上只有少数国家掌握了这种先进的生产技术。五丝埋弧焊采用 5 个电源分别对沿焊接纵向排列的 5 根焊丝单独供电，焊丝在焊剂层下的一个共有熔池内燃烧，从而实现对钢管的焊接。由于五丝焊电弧多，电流大，熔池长，因此具有热输入大、熔覆效率高、冶金反应充分、焊接速度快等优点。为了提高厚壁直缝焊管生产的焊接效率，满足市场对大直径、大壁厚、高强度、高韧性焊管在油气输送管线中的需求，广东珠江钢管有限公司在原三丝焊焊接工艺的基础上，研究开发了五丝埋弧焊焊接工艺。

一、五丝埋弧焊焊接工艺

在五丝埋弧焊焊接工艺开发中，存在 AC 电弧间电磁干扰明显、可调参数多、工艺控制要求严格等难点。具体表现在焊接电源的配置与连接、焊丝空间位置的设置、焊接参数的选择、焊丝直径的组合及焊剂的选用等方面。其中焊接电源配置、焊丝空间位置的设计以及焊接参数的选择是工艺开发的重点，其关键的技术问题是选择合理的电源连接方式以及众多可变参数的合理组合。

1. 电源配置及连接方式

在多丝焊（如三丝焊）中，前置焊丝为 DC 电源时的焊缝熔深比 AC 电源时的大，因而多丝焊一般均采用 DC-AC 混合电源配置。五丝埋弧焊是在三丝埋弧焊的基础上添加了两个 AC 电源焊丝而构成，即 DC-AC-AC-AC-AC 混合电源配置。但在多丝焊中，AC 焊丝数目越多，其电弧间的磁干扰消除也越困难。为此，在进行了大量的焊接试验后，通过改变 AC 电源的连接，使电流相位差 90°，可有效地消除 AC 电弧间的磁影响，使电弧稳定燃烧。

2. 焊丝空间位置的设置

① 焊丝倾斜方向及倾斜角度。焊丝倾斜方向和倾斜角度的大小，对焊缝熔深和焊缝成型有较大影响。焊丝向前倾斜比向后倾斜时的熔深大，而向后倾斜比向前倾斜时的焊缝宽。为了进一步增加焊缝熔深和改善焊缝成型，将五丝埋弧焊的 1 丝（DC）设置为前倾，后随

的4丝（AC）设置为依次过渡到后倾，并依次增大后倾角。经过大量的焊接试验，优化出各丝的倾斜角度如图19-9所示。1丝前倾角10°～20°，2丝前倾角0°～10°，3丝后倾角5°～15°，4丝后倾角18°～28°，5丝后倾角30°～40°，并匹配适宜的焊接工艺参数，可获得良好的焊缝形貌。

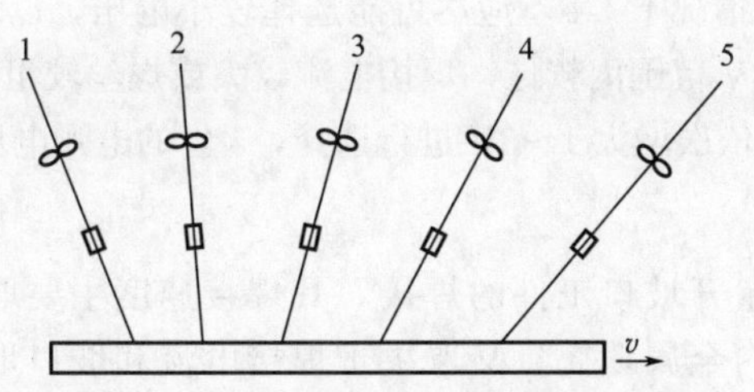

图19-9 五丝埋弧焊焊丝空间位置示意图

需要指出的是，1丝前倾角和5丝后倾角不宜过大。1丝前倾角过大对焊缝熔深有一定的影响；5丝后倾角过大，导电嘴底部易与液态熔渣形成“电弧”，影响焊接过程的稳定性。

② 焊丝间距。焊丝间距对焊接过程有较大的影响，在焊接电流不变的情况下，间距越小熔深越深，形成的焊缝越窄而高。间距过小焊缝易烧穿，间距过大会影响电弧的稳定性及焊缝成型。为了避免上述的不利因素，根据三丝埋弧焊工艺，将五丝埋弧焊的间距设置为1～4丝间距相等，4～5丝间距增大（也可按依次增大的方式设置），并通过焊接试验优化出间距在15～30mm，匹配适宜的焊接参数，可获得稳定的焊接过程。

③ 焊丝伸出长度。焊丝伸出长度主要影响焊缝余高和熔合比。焊丝伸出长度增加，焊缝余高增大，熔深减小；反之亦然。若焊丝伸出长度过短，导电嘴容易粘渣，进而导电嘴与导电嘴之间易产生“电弧”而影响正常电弧的稳定燃烧。经焊接试验得出，五丝埋弧焊的焊丝伸出长度一般取（9～11）d（d为焊丝直径）较为适宜。

3. 焊丝直径的选择及组合

不同直径的焊丝有各自适应的电流范围。高出此范围，焊丝熔化量增多，会影响熔深和焊缝形貌；低于此范围，电弧自身调节作用受到影响而使电弧不稳定。因而五丝埋弧焊焊丝直径应主要根据焊接电流来选择，见表19-2。五丝埋弧焊1丝（前丝）的电流最大，一般超过1000A，最大可达1200A以上；而5丝（最后丝）的电流最小，一般在700A以下；其最大电流与最小电流之差在400A以上。若5根丝的电流均在同一焊丝直径的电流范围内，可选用一种直径的焊丝进行焊接，反之则选择不同直径的焊丝组合较好。

表19-2 焊丝直径适用的焊接电流参考范围

焊丝直径/mm	电流范围/A	电流密度/(A/mm^2)
3.0	340～1000	48～142
4.0	420～1100	33～88
5.0	540～1300	27～66

二、焊接参数的选择

1. 焊接电流和电弧电压

焊接电流和电弧电压对焊缝形状和焊接质量有着重要的影响，是五丝埋弧焊重要的焊接参数。根据三丝埋弧焊工艺，五丝焊的焊接电流和电弧电压也是按照1丝大电流、小电压逐步过渡到5丝小电流、大电压的方式进行设置的。1丝的电流在焊接电源容量许可的情况下，尽可能选择大电流，以保证在获得足够熔深的情况下有较高的焊接速度。后随4根焊丝的电流按前一丝电流的70%～90%的比例进行选择，坡口较大需要较多的焊丝熔覆金属时，选择比例上限；若需降低焊缝余高减少熔覆金属量时，选择比例的下限。

在保证电弧稳定燃烧的情况下，1丝应尽可能选择较小电压，以增加1丝电弧的熔深，经焊接试验优化，一般在31～34V范围内较佳，焊接电流较大或焊丝较粗时可选择上限，反之选择下限；后随4根焊丝的电压按依次增大1～3V进行选择，5丝的电弧电压一般在39～43V。

2. 焊接速度

五丝埋弧焊适合于厚壁开坡口工件的焊接，其焊接速度主要取决于熔深和坡口内填充的熔化金属量，熔深和坡口内金属填充量又取决于焊接电流和坡口形式与尺寸。因此选择五丝埋弧焊焊接速度时，应根据板厚、焊接电流和坡口形式与尺寸等综合因素来确定。

三、焊剂的选择要点

1. 焊剂的类型

由于五丝埋弧焊的焊丝数目多、热输入大、焊接速度快等因素，一方面使焊缝氧含量增多，引起焊缝韧性下降；另一方面由于五丝焊的熔池尺寸大，高温停留时间长，熔化金属在重力作用下容易流动，使焊缝扁平。因而从提高焊缝韧性和保证焊缝良好形貌的角度考虑，五丝埋弧焊应选择熔点较高并具有一定黏度的高碱型焊剂。

2. 焊剂颗粒度及焊剂堆积高度

五丝埋弧焊电弧燃烧的空间较大，熔化的焊剂量也较多，约为三丝焊的1.1～1.4倍。焊剂颗粒增大将进一步增大电弧燃烧空间，这将使焊剂消耗量进一步增加，同时也使焊缝熔池增大，熔深和余高减小。另外，由于熔化的焊剂量较大，需要堆积的焊剂也较高，一般为45～55mm。若堆积高度较低，电弧外露，焊缝易产生气孔，严重时导电嘴容易粘渣和烧结。

综上所述，五丝埋弧焊应选用颗粒细、熔点高、黏度适中、稳弧性好的高碱型焊剂。

四、五丝焊接工艺的应用

通过应用内焊四丝（与五丝焊同时开发）外焊五丝埋弧焊工艺为印度生产了板材为（宝钢生产）X52钢级，直径ϕ1219mm，壁厚分别为20.6mm、22.2mm和23.8mm的海底输气管线用直缝埋弧焊管3万多吨。以图19-10所示为例（壁厚22.2mm，坡口采用X形），对五丝埋弧焊焊接工艺做一介绍。

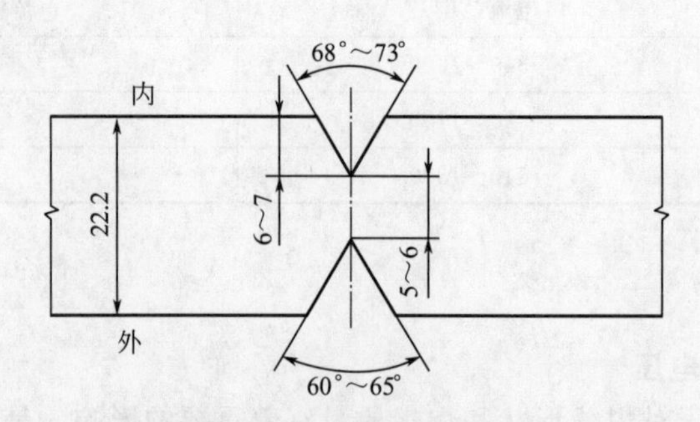

图19-10 焊缝坡口形式及尺寸

钢板经 JCO 工艺成形管坯后，经预焊、内焊和外焊三道焊接工序焊制。预焊采用 CO_2＋Ar 混合气体保护焊在外坡口内连续焊接，内焊采用四丝埋弧焊，外焊采用五丝埋弧焊，其焊接工艺参数见表 19-3。焊剂采用 SJ01 烧结焊剂。

表 19-3　内焊四丝、外焊五丝埋弧焊工艺参数

位置	焊丝		焊接电流/A	电弧电压/V	焊接速度/(m/min)	热输入/(kJ/cm)
	牌号	直径/mm				
内焊 1 丝	H08C	4.8	1200	33	1.75	43.3
内焊 2 丝	H08C	4.8	1000	36		
内焊 3 丝	H10Mn2	4.0	800	38		
内焊 4 丝	H10Mn2	4.0	680	40		
外焊 1 丝	H08C	4.8	1200	33	1.75	51.5
外焊 2 丝	H08C	4.8	1020	35		
外焊 3 丝	H08C	4.0	820	36		
外焊 4 丝	H10Mn2	4.0	720	38		
外焊 5 丝	H10Mn2	4.0	680	40		

焊缝金属的拉伸性能和冲击韧性均满足标准要求（见表 19-4 和表 19-5）。母材、热影响区和焊缝金属的硬度 187～235HV_{10}。满足标准≤248HV_{10} 的要求。

表 19-4　焊缝金属拉伸性能

试验类型	抗拉强度/MPa		屈服强度/MPa		断面收缩率/%
	实测值	标准值	实测值	标准值	
焊缝横向拉伸	565,570	≥455	—	≥355	—
全焊缝拉伸	635,610		535,530		66.61

表 19-5　焊缝金属冲击韧性（0℃）

缺口位置	冲击功/J				标准要求
	1	2	3	平均	
焊缝中心	108	126	122	119	单个试样值≥27J 3 个试样平均值≥34J
熔合线	216	218	246	227	
热影响区	240	212	220	224	

注：试样尺寸 10mm×10mm×55mm。

此次采用五丝埋弧焊焊接工艺为印度共生产 4500 多根 ϕ1219mm 厚壁钢管，除试生产外，正常生产的钢管 UT 一次检验合格率达 94%。

五、五丝埋弧焊质量效果

① 五丝埋弧焊用 DC＋4AC 电源配置，通过改变 AC 电源连接方式，使电流相位差 90°，可有效地消除 AC 电弧间的磁影响。

② 5 根丝的设置，按 1 丝前倾，后续 4 根丝依次逐步过渡到后倾的方式排列，1 丝前倾角一般不超过 25°，而 5 丝后倾角不超过 40°时较好。焊丝间距按 1～4 丝间距相等，而 4～5 丝间距稍大或 1～5 丝依次增大的方式进行设置，各个丝间距在 15～30mm 时，电弧燃烧稳

定，焊缝形貌较好。焊丝伸出长度比三丝焊时要长，一般取（9～11）d 较佳。五丝埋弧焊的焊丝直径应根据焊接电流来选取，当 5 根焊丝的电流均在同一焊丝直径的适应电流范围内时，可采用相同直径的焊丝组合焊接。

③ 五丝埋弧焊的焊接电流和电弧电压的设置，可按 1 丝大电流、小电压逐步过渡到 5 丝小电流、大电压。其电流的降幅一般按前一丝的 10%～30%逐步降低，电弧电压的升幅按 1～3V 逐步增大。1 丝的电压应选择在 31～34V，5 丝的电压在 39～43V，可取得良好的焊接效果。

④ 经过工业试验，厚壁管五丝埋弧焊焊速比三丝焊速可提高 70%以上。

⑤ 五丝埋弧焊比三丝埋弧焊多消耗焊剂 10%～40%，堆积高度一般在 45～55mm，应选用颗粒细、熔点高、黏度适中、稳弧性好的高碱型焊剂。

⑥ 五丝埋弧焊工艺已经在大直径、厚壁直缝埋弧焊钢管生产中得到成功的应用。

第五节 一种 HFW 焊管定径工艺及装置

焊管在成型和焊接之后，要对焊管进行定径处理，其定径工艺为 HFW 焊管制造中的关键性一道工序。焊管在定径机组中的定径质量，直接影响产品的最终质量。由于高强、高韧汽车传动轴管对屈服扭矩、表面质量及精度尺寸要求较高，因此对定径工艺的合理性要求较高，高强、高韧汽车传动轴管的原材料抗拉强度和屈服强度均较高，由于在定径机组中变形较困难，应力释放不均匀，极易变形，这就要求在保证定径机组足够强度的前提下，需要合理的定径工艺。

由于 HFW 汽车传动轴管的屈服强度达到 700MPa 以上，应用中如果内应力释放不均匀，HFW 焊管会发生变形造成汽车传动轴焊缝破裂或扭曲事故。

一、新型 HFW 焊管定径工艺

为了克服现有技术的不足，中国发明专利（CN107185964A）提供了一种 HFW 焊管定径工艺及装置，其具有使焊管充分变形、消除焊管内应力、保证焊管尺寸精度的效果。

其工艺原理就是利用“立椭”和“平椭”方式将焊管依次经过若干道次定径装置的变形成型，利用定径装置分别对轧辊孔型进行调整，达到对 HFW 焊管定径处理的目的，使焊管变形并消除内应力，从而达到高强、高韧汽车传动轴管的标准，见图 19-11。

1. 工艺步骤

① 焊接后的焊管经过定径第一立辊装置，得到孔型为“圆”的焊管。

② 经过定径第一平辊装置，得到孔型为“立椭”的焊管。

③ 经过定径第二立辊装置，得到孔型为“平椭”的钢管。

④ 经过定径第二平辊装置，得到孔型为“圆”的钢管。

⑤ 依次经过定径第三立辊装置、定径第三平辊装置、定径第四立辊装置、定径第四平辊装置、定径第五立辊装置和定径第五平辊装置，均得到孔型为“圆”的焊管。

在步骤②和③中，都采用了“双半径成型法”，消除了焊管的部分内应力。重点是在步骤④中孔型由“平椭”变为“圆”的过程中和通过在步骤⑤中焊管经六道辊轧制后采用“双半径成型法”可以消除焊管的部分内应力。

图 19-11　焊管定径工艺原理

2. 焊管定径装置

发明专利所提供的 HFW 焊管定径装置，有效保证了焊管在定径装置中几何尺寸的变化，消除焊管的大部分应力，保证焊管的尺寸及表面精度，同时提高了焊管的最终产品质量。它包括数量相等的定径立辊装置和定径平辊装置，以及定径立辊装置和定径平辊装置间隔设置。

这种定径立辊装置包括第一调整装置、第一轧辊组和箱体。其中第一调整装置设于箱体内部，第一轧辊组通过轴与第一调整装置相连接，通过第一调整装置来调节第一轧辊组的孔径。

定径平辊装置包括了第二调整装置、第二轧辊组和辊轴组。第二轧辊组通过辊轴组连接第二调整装置，通过第二调整装置调节第二轧辊组的孔径。

第一调整装置包括了第一调整丝杠和滑块，滑块沿轴向设置在第一调整丝杠上，轴垂直于第一调整丝杠且轴的一端设于滑块内部，轴的另一端设置有拉板，且拉板能够防止第一轧辊组的顶端张开，在第一调整丝杠的一端设有丝座。

滑块为两个，轴对称穿过第一轧辊组。第一轧辊组的径向为水平方向。第二轧辊轴组的径向垂直方向，辊轴组包括沿第二轧辊组轴向对称分布的第一辊轴和第二辊轴。

第二调整装置包括第二调节丝杠、上滑块和下滑块，上滑块和下滑块分别设于第一辊轴和第二辊轴上；上滑块通过丝杠和蜗轮与第二调整丝杠相连。上滑块和下滑块均设置于机架上。第二调节丝杠安装在机架上盖中，机架上盖则通过螺栓安装于机架上。

二、改进后结构与操作方法

1. 定径变性结构

利用工艺原理，设计出 10 道次的定径变形结构，其主要结构如图 19-12 和图 19-13 所示，HFW 焊管定径主要装置，包括数量相等的定径立辊装置和定径平辊装置，定径立辊装置和定径平辊装置间隔设置。

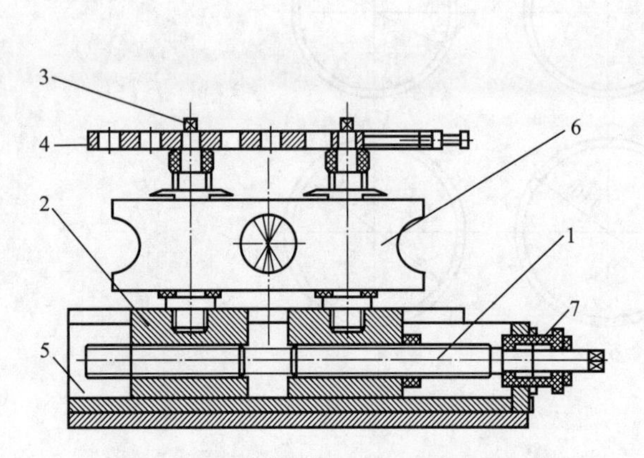

图 19-12 定径立辊装置结构示意图

1—第一调整丝杠；2—滑块；3—轴；4—拉板；5—箱体；6—第一轧辊组；7—丝座

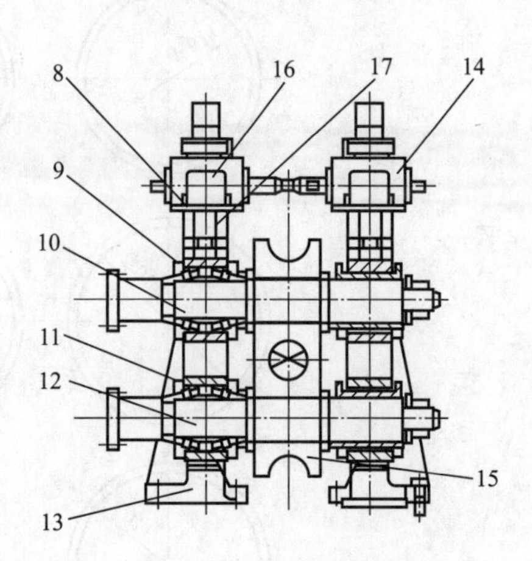

图 19-13 定径平辊装置结构示意图

8—第二调整装置；9—上滑块；10—第一辊轴；11—下滑块；12—第二辊轴；13—第二轧辊组；14—机架；15—机架上盖；16—蜗轮；17—丝杠

2. 具体实施方式

① 单半径成型法。孔型由一个单半径组成，成型机水平辊、立辊交替布置，带钢从水平辊、立辊中间经过逐渐将平板弯曲成圆管，包括圆周弯曲成型法、边缘弯曲成型法和中心弯曲成型法三种。

a. 圆周弯曲成型法。带钢整个宽度方向上同时弯曲变形，各架成型的弯曲半径逐渐减小。

b. 边缘弯曲成型法。从带钢边部开始弯曲，弯曲半径恒定，逐步增加变形角，以减小带钢中间部分的宽度，直到钢带成圆封闭。

c. 中心弯曲成型法。从带钢中心部分开始弯曲变形，弯曲半径恒定，逐渐向两侧边缘扩展，直到成圆封闭。

② 双半径成型法（也称综合弯曲成型法）。采用两种以上的基本变形法进行组合变形，管坯边缘与圆周综合变形的成型法，该方法成型过程较稳定，变形均匀，边缘相对伸长小，成型质量好。

3. 定径装置工作流程

① 经高频焊接后的焊管通过第一道次的定径第一立辊装置，通过第一调整丝杠带动滑块在箱体中相对移动，通过轴作用在第一轧辊组上，使第一轧辊组达到合理的设定孔型“圆”，通过调整丝座，可以使第一轧辊组整体横向平移以保证各道次的中心距相同，并顺利引入下一道次。

② 钢管通过第二道次的定径第一平辊装置，将第二轧辊组安装在第一辊轴和第二辊轴上，上滑块和下滑块安装在机架上，将机架上盖通过螺栓连接安装在机架上，通过第二调整装置作用于上滑块上，使上滑块带动第一辊轴向下移动使第二轧辊组达到合理的设定孔型“立椭”，采用“双半径成型法”加大第一辊轴的压下量，消除钢管的部分内应力。

③ 焊管通过第三道次的定径第二立辊装置，通过第一调整丝杠，带动滑块在箱体中相对移动，通过轴作用在第一轧辊组上，使第一轧辊组达到合理的设定孔型“平椭”，通过调整丝座可以使第一轧辊组整体横向平移以保证各道次的中心距相同，同样采用“双半径成型法”再次消除焊管的部分内应力。

④ 焊管通过第四道次的定径第二平辊装置，将第二轧辊组安装在第一辊轴和第二辊轴上，上滑块、下滑块安装在机架上，将机架上盖通过螺栓连接安装在机架上，通过第二调整装置，作用于上滑块上，使上滑块带动第一辊轴向下移动使第二轧辊组达到合理的设定孔型“圆”，此时孔型为“圆”。在由“平椭”变为“圆”的过程中，再次消除焊管的内应力。

⑤ 焊管通过第五道次的定径第三立辊装置，通过第一调整丝杠，带动滑块在箱体中相对移动，通过轴作用在第一轧辊组上，使第一轧辊组达到合理的设定孔型“圆”，通过调整丝座，可以使第一轧辊组整体横向平移以保证各道次的中心距相同。

⑥ 焊管通过第六道次的定径第三平辊装置，将第二轧辊组安装在第一辊轴和第二辊轴上，上滑块、下滑块安装在机架上，通过第二调整装置作用于上滑块上，使上滑块带动第一辊轴向下移动使第二轧辊组达到合理的设定孔型“圆”；继续减径，在消除焊管内应力的同时，逐步使焊管尺寸精度达到标准要求。

⑦ 剩余 4 道次依次为定径第四立辊装置、定径第四平辊装置、定径第五立辊装置、定径第五平辊装置。其中，定径第四立辊装置和定径第五立辊装置过程与定径第三立辊装置相同，定径第四平辊装置和定径第五平辊装置过程与定径第三平辊装置相同。经过剩余 4 道次轧制的孔型均为“圆”，保证钢管尺寸精度，并进一步消除焊管内应力，达到高钢级汽车传动轴管的标准要求。

三、改进后的有益效果

通过实施新型 HFW 焊管定径工艺和装置，取得以下两方面的有益效果。

① 该发明工艺简单，采用“立椭”“平椭”方式将钢管依次经过 10 道次定径装置，利用各装置的调节装置分别进行轧辊模具孔型调整，使焊管充分变形，消除了内应力，从而达到高强、高韧汽车传动轴管的标准要求。

② 采用“双半径成型法”加大轧辊的压下量，能够充分消除焊管的内应力。

第六节 一种钢管的定径冷却装置

一、普通定径冷却装置现状

钢管在制造成型过程中需要用到冷却装置，特别是在焊接之后要及时对钢管进行冷却处理，减少钢管的热应力，一般的情况是直接在成型钢管上表面，采用水管喷淋的方法，但现有的冷却效果实用性低，在使用时不能对水资源进行有效的收集，从而对水造成了浪费，相应地提高了钢管制造的生产成本，同时也不方便操作工的操作。

二、改进后的技术方案

针对现有技术的不足，一种新型专利 CN201820200151.5 提供了一种钢管的定径冷却装置，具备实用性强等优点，解决了现有的冷却装置实用性低的问题。

1. 技术方案的实施

实用新型专利提供如下技术方案：钢管的定径冷却装置，包括水箱，在水箱左侧的顶部连通有加水口，与水箱的顶部固定连接有冷却箱，在冷却箱的两侧均开设有通孔，该冷却箱的内腔设置有圆筒，同时圆筒顶部的两侧均设置有第一固定杆，圆筒内腔的顶部设置有管道，管道的底部设置有圆管，圆管的内侧焊接有若干个喷头，圆管的底部固定连接有固定块，在冷却箱内腔的底部固定连接有导流板，同时冷却箱的顶部设置有水泵，该水泵的左侧焊接有排水管，在排水管的另一端依次贯穿冷却箱、圆筒并与管道的内壁连通，水泵的右侧焊接有抽水管，抽水管的另一端与水箱的内腔连通，冷却箱与抽水管之间固定连接有第二固定杆，冷却箱右侧的底部连通有进水管，进水管的另一端与水箱的内壁连通，圆筒的底部开设有出水口，管道和圆管之间连通有连接管。

2. 设计喷淋降温系统

设计的喷水头的数量不少于 14 个，而且 14 个喷头呈等距离设置。在水泵的两侧均固定连接有定位块，定位块的顶部设置有螺栓，螺栓的螺纹端贯穿至定位块的底部与冷却箱螺纹连接。

设计的圆筒顶部的两侧均固定连接有第一固定杆，且两个第一固定杆的顶部均与冷却箱的内壁固定连接。具体的方案实施如图 19-14、图 19-15 所示。

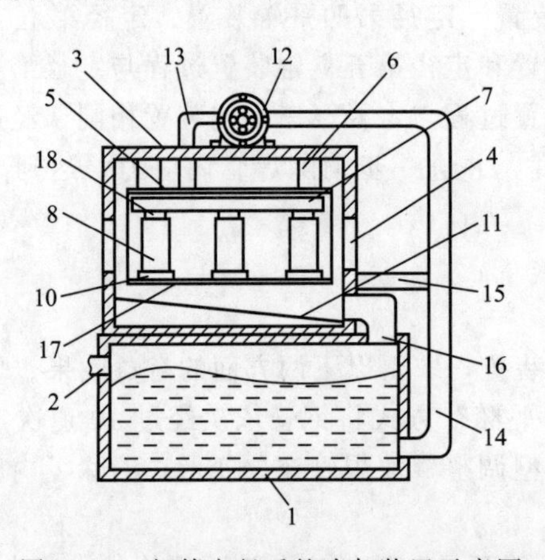

图 19-14 钢管定径后的冷却装置示意图

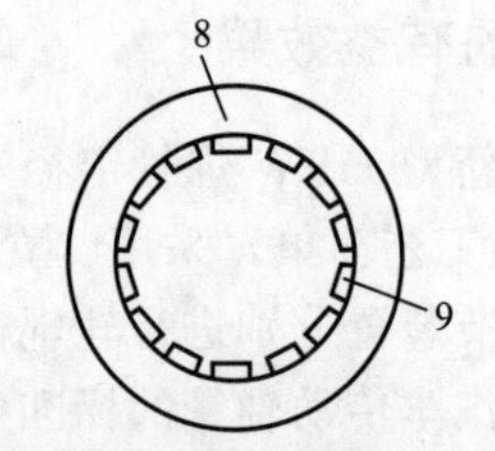

图 19-15 喷头配合使用示意图

三、具体实施步骤说明

对照图 19-14 和图 19-15 中的设置序号说明如下：1—水箱、2—加水口、3—冷却箱、4—通孔、5—圆筒、6—第一固定杆、7—管道、8—圆管，9—喷头、10—固定块、11—导流板、12—水泵、13—排水管、14—抽水管、15—第二固定杆、16—进水管、17—出水口、18—连接管。

1. 冷却水的冷却装置

如图 19-14 和图 19-15 所示，这种钢管的定径冷却装置，包括水箱，水箱左侧的顶部连通有加水口，水箱的顶部固定连接有冷却箱，冷却箱的两侧均设置有通孔，冷却箱的内腔设置有圆筒，其顶部的两侧均设置有第一固定杆，两个第一固定杆的顶部均与冷却箱的内壁固定连接，通过第一固定杆的设置，可对圆筒起到加固的作用，避免了圆筒使用时出现晃动的状况，提高了圆筒使用时的稳定性。圆筒内腔的顶部设置有管道，其管道的底部设置有圆管，圆管的内侧焊接有若干个喷淋头，喷淋头的数量不能少于2个，而且这些喷头呈等距离设置，圆管的底部固定连接有固定块，冷却箱内腔的底部固定连接有导流板，通过导流板的设置，可对水起到引流的作用，加快了水的流速，冷却箱的顶部设置有水泵，在水泵的两侧均固定连接有定位块，定位块的顶部设置有螺栓，螺栓的螺纹端贯穿至定位块的底部与冷却箱螺纹连接，通过定位块和螺栓的设置，可对水泵起到加固的作用，避免了水泵使用时出现晃动的状况，提高了水泵使用时的稳定性，水泵的左侧焊接有排水管，排水管的另一端依次贯穿冷却箱、圆筒并与管道的内壁连通，水泵的右侧焊接有抽水管，抽水管的另一端与水箱的内腔连通，冷却箱与抽水管之间固定连接有第二固定杆，冷却箱右侧的底部连通有进水管，进水管的另一端与水箱的内壁连通，圆筒的底部开设有出水口，管道和圆管之间有连接管。

2. 冷却水循环的利用

在使用时，操作工首先启动水泵，使水泵通过抽水管的配合将水箱中的水抽出，然后通过排水管排入管道中，然后管道再次通过连接管，将水排入圆管中，最后通过喷头喷出对钢管进行冷却，冷却后的水通过出水口流下，然后通过导流板和进水管进入水箱中，这样就形成了一个闭路循环，从而对冷却水资源进行循环利用，此时已体现了该冷却装置实用性强的优点。

四、冷却装置使用效果

与现有技术相比，这个实用新型具备以下有益作用。

① 本实用新型通过设置水箱、加水口、冷却箱、通孔、圆筒、第一固定杆、管道、圆管、喷头、固定块、导流板、水泵、排水管、抽水管、第二固定杆、进水管、出水口和连接管的相互配合，解决了现有的冷却装置实用性低的问题，该冷却装置在使用时可对水资源进行收集，从而节约了大量的水，降低了钢管制造的成本，方便了使用者，适合推广应用。

② 本实用新型通过定位块和螺栓的设置，可对水泵起到加固的作用，避免了水泵使用时出现晃动的状况，提高了水泵使用时的稳定性，通过第一固定杆的设置，可对圆筒起到加固的作用，避免了圆筒使用时出现晃动的状况，提高了圆筒使用时的稳定性，通过导流板的设置，可对水起到引流的作用，加快了水的流速。

第七节 精密焊管的制造工艺流程

一、精密焊管的制管工艺及装备

精密焊管的生产工艺随生产方式不同略有差异，但成型焊接部分生产工艺基本相同，差异仅在后步工序。典型生产工艺流程如下。

1. 第一种生产方式工艺流程

带钢准备→开卷→矫平→切头尾→对焊→活套储料→成型→焊接→清除毛刺→焊缝热处理→冷却→定径→无损探伤→飞锯切断→矫直→平头→涡流探伤→水压试验→检验→包装→成品。

2. 第二种生产方式工艺流程

带钢准备→开卷→矫平→切头尾→对焊→活套储料→成型→焊接→清除毛刺→焊缝热处理→冷却→定径→无损探伤→飞剪切断→备料轧头→热处理→酸洗→磷化→皂化→冷拔→矫直→冷拔→渗油→切断平头→涡流探伤→验收包装→成品。

3. 第三种生产方式工艺流程

带钢准备→开卷→矫平→切头尾→对焊→活套储料→成型→焊接→清除毛刺→冷却→冷减径→无损探伤→飞锯切断→热处理→矫直→切断平头→涡流探伤→验收包装→成品。

4. 精密焊管制造的生产装备

在典型的三种生产方式工艺流程中，制管的主体设备——焊管成型机组、冷拔机、冷轧机组和冷减径机组，对精密焊管成型具有决定性的作用，但精密焊管制管配套设备种类多、范围大，技术性能要求各不相同，必须适当配置，才能满足精密焊管的质量要求。

① 焊管制造阶段。带钢准备（台式料架或链式输送机）→开卷（悬臂式或双锥式开卷机）→带钢矫平（辊式矫平机）→剪切（斜刃式剪切机）→对焊（对焊机）→活套储料（笼式、螺旋式、隧道式等）→铣边刨边（铣边刨边机）→成型（辊式、排辊式、FF 成型等）→焊接（高频感应或接触式加热焊接装置）→清除毛刺（内、外去毛刺装置）→焊缝热处理（中频线性感应加热装置或钢管整体热处理）→冷却（空冷和冷却水套）→定径（连续式定径机、辊式定径机）→无损探伤（超声波或涡流探伤装置）→飞剪（冲压式，滚压式、锯切式、铣切式等）→矫直（辊式矫直机、五辊或七辊）→切断平头（切断机和平头机及步进台架）→涡流探伤（涡流探伤仪，代替水压试验）→水压试验（水压试验机，单根或多根式）。

② 冷拔冷轧阶段。轧头（轧头机或锤头机）→中间热处理（连续辊式退火炉）→酸洗，清洗（酸洗，清洗池及冲水清洗设施）→磷化+皂化（磷化、皂化池）→冷拔（冷拔机组）→润滑→冷轧（辊式冷轧机组）→成品热处理（保护气氛热处理炉，室状或辊底式）。

③ 冷减径阶段。冷减径（二辊或三辊式冷减径机组）机架按→总变形量配置。

另外由于精密焊管的品种、规格尺寸、技术要求不同，生产工艺和工序也不相同，有的工序多，需时间长；有的工序少，需时间短，因此，在生产过程中容易产生不均衡，需要一个缓冲环节。为了使生产顺利进行，尽量减少薄弱环节，大约有 90% 的精密焊管产品都要经过中间仓库来平衡生产能力。

中间仓库主要设备有：存放架，要求存放方便，并不划伤钢管表面，充分利用空间；运输起重设备，要求运转灵活，存取自如，设备机械化、自动化水平高。中间仓库占地面积、装置水平可根据产品和半成品的流通量而定。

二、精密焊管生产中关键技术

1. 对原料材质的质量要求

① 化学成分。冶炼时，重点是提高钢的纯净度，减少钢中非金属夹杂物的含量，硫和磷的质量分数要小于 0.03%，为了适应后步冷变形加工，硫的质量分数最好不要超过

0.02%，因此要严格控制钢的化学成分，同时为了保证产品具有良好的力学性能和冷弯焊接等工艺性能，还需适当增加一些 Nb、Ni、V 等元素。

② 钢带形状和尺寸。钢带轧制时，应采用 AGC 和板形控制系统，提高钢带厚度精度和板形精度。同时还要采用控制冷却方法，提高钢带的强韧性，纵剪钢带宽度尺寸精度要控制，钢带边缘要无压痕和毛刺，以提高焊接质量。

③ 钢带表面的锈蚀。钢带表面的黄锈为带结晶水的氧化铁，在焊接过程中，高温会使其中的氧、氢析出，如不能排出，将存在于焊缝之中，易产生气孔、微裂纹，并改变组织结构、降低材料塑性、降低延伸率，所以要避免钢带表面锈蚀。

2. 焊管成型工艺

① 焊管成型工艺。即焊管机组成型及定径部分，焊管的孔型设计和调整方法均会直接影响焊接质量。

传统的成型工艺为辊式成型，有单半径，双半径。W 反弯法成型孔型体系，加上二辊、三辊、四辊或五辊挤压，二辊或四辊定径来保证成型质量，此种传统辊式成型工艺，大都用于 ϕ114mm 及以上的焊管机组，采用美国的排辊成型工艺，加上奥钢联的 CTA 成型技术与日本中田的 FF 或 FFX 柔性成型技术等。对成型后的焊缝形状和表面质量都有较好的保证。

② 各种成型工艺技术，有不同优缺点，适合不同的产品要求，根据产品大纲、产品用途应在设备选型时慎重考虑，以选择不同的成型工艺技术。

为了减少弹性变形，对于精密焊管机组，加工变形道次都比普通焊管道次相应增加 2～3 道次（在变形上），应减少初始时变形角度，保证稳定的咬入，中间变形角度适当加大，后部变形适当减少，增加变形道次不仅仅是减小变形力。还可使带钢有释放表面应力的机会，让表面应力增加的梯度缓慢，可以避免出现裂纹。在调整过程中，应保证垂直中心线的各道次统一，以中心线作为基轴，找准定位尺寸及中间套，在水平线的位置上应按照工艺安排，形成上山线（下山线）或平直线，不能出现曲线跳动。在没有穿带钢前，就应该调整好各机架的孔型形状，测量各道次尺寸，保证产品稳定进入各机架，在调整中要均衡受力，不可以在一个机架上强行变形，保证提升角稳定均匀变化。

若控制并调整好焊管机组成型及定径机座设备的积累误差和变形辊弹跳量，较陈旧的焊管机组也能生产精密焊管。

③ 焊缝毛刺的形成和清除。通过高频电流集肤效应和邻近效应，电流集中在焊缝处加热至熔融状态，经挤压辊侧向加压焊接时，受挤压力作用，多余的金属和氧化物堆积于焊缝上部形成外表面毛刺。受挤压力和重力的共同作用，另外一些多余金属和氧化物沿钢管轴线方向在内侧下垂形成内毛刺，毛刺宽度通常在 0.5～3mm。内毛刺高度是不均的，一般为 0.2～0.6mm。个别高度可达 1.0mm 以上。外毛刺一般用刨削法清除。而内毛刺在钢管内，因空间小，使清除毛刺的技术难度增加。由于内毛刺的存在，当钢管再进行冷拔或冷轧精加工时，会在钢管内表面形成裂纹、折叠或划痕。因此对于精密焊管，不清除内毛刺就无法达到内表面质量要求，也无法进行后步工序加工。

④ 外毛刺清除装置有一把刨刀和两把刨刀两种形式，用一把刨刀要停机换刀，而用两把刨刀清除毛刺，换刀可不需停机。

清除内毛刺技术难度大，由于去内毛刺的专用装置在钢管内部，看不见，摸不到，工作环境很差，它受到带钢精度、机组设备精度、成型工艺、焊缝形状等影响。往往得不到保证，有资料报道：内径在 ϕ14mm 以上的焊管都可以去除内毛刺，实际上内径在 ϕ25mm 以下的焊管内毛刺清除就很困难了。国内技术一般是内径 ϕ50mm 以上的焊接钢管可以清除内毛刺。

3. 清除内毛刺的方法

清除内毛刺时，通常是在连续焊管生产线上清除，也可以采用离线方法清除。目前主要有以下四种方法。

① 切削法。利用伸进管内的固定刀刃或旋转切削头，对毛刺进行切削。

② 碾压法。利用伸进管内的滚压装置使内毛刺产生塑性变形，达到减薄内毛刺高度的效果。

③ 氧化法。钢管焊接开始时，用通气喷嘴向内焊缝喷射氧气流，利用焊缝焊接余热使内毛刺加速氧化，并在气流冲刷下脱落。

④ 拉拔法。焊管通过模具时。在浮动塞的环形刀刃作用下，清除焊管内毛刺。

4. 焊缝热处的组织性能

高频焊接钢管的焊接过程是在加热速度快和冷却速度高的情况下进行的，急剧的温度变化造成一定的焊接应力，焊缝的组织也发生变化，沿焊缝的焊接中心区域内组织是低碳马氏体和小面积的自由铁素体；过渡区域是由铁素体和粒状珠光体组成；而母材组织则是铁素体＋珠光体；因此钢管的性能由于焊缝处与母材组织的差异，将导致焊缝处强度指标的提高，而塑性指标则降低，使工艺性能恶化。

三、焊缝热处理工艺类型

为了改变钢管的性能，必须采用热处理来消除焊缝与母材组织的差异，使粗大的晶粒细化，组织均匀，清除在冷成型及焊接时产生的应力，保证焊缝质量和钢管的工艺性能和力学性能，并使之适应后步冷加工工序的生产要求。精密焊管热处理工艺一般有两种：

① 退火处理。主要是消除焊接应力状态和加工硬化现象，改善焊管的焊缝塑性，加热温度在相变点以下。

② 正火处理。主要是改善焊管力学性能的不均匀性，使母材与焊缝处金属力学性能相接近，改善金属显微组织细化晶粒，加热温度在相变点以上某一点，要经过空冷时间段。

根据精密焊管不同的使用要求又可以分焊缝热处理和整体热处理。

① 焊缝热处理。在钢管焊接后，使用一组中频条状感应加热装置在焊缝部位沿轴向进行热处理，经空冷和水冷后直接定径。此方法仅对焊缝区加热，不涉及钢管基体，以改善焊缝组织，消除焊接应力为目的，无须固定加热炉，焊缝在长方形感应器下加热。该装置备有温度测定器自动跟踪装置。当焊缝偏转时能自动对中并进行温度补续，还能利用焊接余热，节约能源。其最大不足是加热区和非加热区温度差会导致明显的残余应力，而且作业线较长。

② 整体热处理。整体热处理又分为在线热处理和离线热处理两种情况。

a. 在线热处理。钢管焊接后使用二组或更多的中频环形感应加热装置。对全管进行加热。在短时间内加热至900～920℃。保温一定的时间。空冷至400℃以下后正常冷却，使全管组织得到改善。

b. 离线的常化炉中热处理。焊管整体热处理装置有室状炉和辊底式炉，采用氮气或氢氮混合气体作为保护性气氛，来达到无氧化或光亮状态。由于室状炉的生产效率较低，目前通常使用辊底式连续热处理炉。

③ 整体热处理特点是：在处理过程中，管壁内不存在温度差，不会产生残余应力，加

热和保温时间可以调节，适应较复杂的热处理规范，还可以用计算机进行自动控制；但辊底式炉设备复杂，费用较高。

四、无损检测技术的应用

精密焊管制造过程中的各种缺陷一般都能在生产检验中通过压扁、扩圆或水压试验发现，但也有部分缺陷，尤其是内在缺陷，目检难以发现和判断，但可能会在使用过程中或以后的冷加工时出现。因此在生产线上设置无损检测装置及时发现产品缺陷是十分必要的，从焊管机组生产效率高的角度考虑，可避免产生批量性低质量焊管，对出厂成品质量及后序冷加工质量也起到保证作用。

1. 无损检测方法

精密焊管常用的无损检测方法主要有超声波、涡流或漏磁探伤等。涡流探伤适用于金属材料的表面缺陷和接近表面的缺陷检测；漏磁探伤用于表面缺陷和一定深度的内部缺陷检测；超声波探伤能发现细长缺陷，对焊缝顶部未焊透，潜藏的裂纹及焊缝中心热影响区伸展的裂纹能准确发现并确定其位置。通过无损探伤，可检测焊管焊缝未焊透、未熔化、夹渣、气泡、收缩裂纹，内外表面的横向（纵向）条状和分层等缺陷。

2. 无损检测的层次

无损检测有两个层次，第一层次是放在定径段，即在线探伤，作用是监测焊缝质量；第二层次是对成品钢管的无损检测，要求对全管进行检测，以确保产品质量。

五、对设备和采用的标准的要求

1. 对制造设备的要求

精密焊管具有比一般焊接钢管几何尺寸精密、焊缝与内外表面质量优良、壁厚均匀等特点，因此，精密焊管在生产中，对焊管成型机组及其配套设备有以下要求：

① 高刚度、高强度的成型与定径机座，为了减少焊管机组在最大负荷运行中强塑变形，使每个机座总的累积误差、弹性变形量减少，以提高精密焊管的尺寸精度。因此必须提高机架、平辊轴、轴承座、压上机械、压下机械等的刚度和强度以及机加工精度，在设备选型时，要选择重型配置焊管机组及其配套设施。

② 增加成型机架，为了减少弹性变形，加工道次要相应增加，通常精密焊管机组成型变形加工道次比普通焊管机组增加 2～3 道次，因此成型机架要增加 2～3 个。

③ 为保证机组轧制中心线（垂直中心线）各机座道次统一，以中心线做好基轴两侧定位尺寸及中间套要精确，机组要有精确的定位基准。在水平线的位置上，应按照工艺要求形成上山线（下山线）平直线，以保证不出现曲线波动，因此，机座需要配置压上、压下机械，便于调整。

④ 轧辊模具的强度、韧性、耐磨性、表面粗糙度、尺寸精度、硬度等要求高，硬度要均匀。

⑤ 焊管机组要配置润滑剂循环装置，冷却和润滑成型辊，以减少施加在钢带上的表面应力，防止表面划伤，减少微裂纹的发生。

2. 精密焊管采用的标准

随着我国焊管产业的发展，我国精密焊管生产也得到了发展，但到目前为止，我国尚未形成系统的、完整的精密焊管国家标准和行业标准，国内外同类产品难以在产品质量上进行比较。

目前我国精密焊管有关标准有 GB/T 13793—2016《直缝电焊钢管》、GB/T 14291—2016《矿粉矿浆输送用电焊钢管》、GB/T 12770—2012《机械结构用不锈钢焊接钢管》。

国外相关标准有 ISO 3305—1985《光端精密焊接钢管交货技术条件》、ISO 3306—1985《焊后定径光端精密钢管交货技术条件》、JIS G 3445：2006《机械结构用碳钢钢管》、DIN 2393-1—1994《特殊尺寸精度的精密焊接钢管》、DIN 2394-2—1994《精密焊接钢管　交货技术条件》、DIN 2395-1—1994《矩形或方形断面精密焊接钢管》等。

六、高质量精密焊管的生产要领

① 生产内毛刺小的精密焊管。精密焊管产品质量的一个重要方面是去除焊缝内毛刺，由于受空间位置的限制，在小直径焊管的发展中，内毛刺去除一直是焊管制造业的一个技术难点。因此选择适当的焊接方法是解决问题的有效途径，在生产中内毛刺小的焊接方法有直流电焊法和方波电阻焊法。这些焊接方法加热均匀，焊缝圆滑，质量好，内毛刺小，一般高度仅为 0.1～0.2mm。

② 微束等离子法生产高精度极薄壁焊管。微束等离子法焊接极薄壁焊管，外焊缝明亮光滑，内焊缝平整密实，毛刺高度 0.020～0.031mm，焊后钢管外径椭圆度为 0.10～0.23mm，壁厚公差为 0.020～0.034mm，经冷轧后有效地消除了外径椭圆度过大的问题，壁厚公差达到 0.002～0.007mm，质量完全达到精密无缝薄壁管的水平，经热处理后，具有和无缝钢管相同的组织和性能，而用无缝管生产极薄壁管的经济性大大不如焊接后再冷轧加工的极薄壁管。

③ 汽车工业用高强度焊管。近年来，国内外汽车工业推行汽车轻量化，以节约能源，迫切需要以高强度空心零部件替代实心零部件。开发高强度焊管替代无缝管来满足汽车工业的需求在技术上完全可行。日本在开发汽车工业用高强度焊管方面，相继开发了 C-Ti-B，C-Mn-Nb，C-Cr-A1-B 等钢种系列，并根据不同使用目的，采用了不同的热处理。如退火、正火和淬火＋回火等工艺，用于汽车工业的高强度焊管，其标准强度级别为 561MPa、637MPa、980MPa 等。除了要求高强度外，对焊管还要求具有高塑性，良好的加工性、淬透性、强韧性和疲劳强度等。

精密焊接钢管用途广泛，质量要求各不相同，所以生产工艺也不相同，应该按照产品的要求选择生产工艺，配置必需的设备。

第八节　钢塑复合管生产工艺

钢塑复合管是近年逐步完善的新材料，特别是高分子工业的发展，更使钢塑复合管在工业领域应用不断扩展，尤其是石油化工、医药、轻工、食品、冶金、热电（水处理）、城市建设等领域，高新技术的发展也带来了新材料的需求，钢塑复合管的特点弥补了新材料不足的一部分，它既保持了钢管的强度，又发挥了各类塑料的耐腐蚀性能，也就是说各类塑料管（聚氯乙烯、聚乙烯、聚四氟乙烯、聚丙烯等）的强度不足部分可由钢管来弥补，而各类钢管（碳钢管、不锈钢管、高合金管等）的耐腐蚀不足部分可由塑料的耐腐蚀性来弥补。

最为重要的是钢塑复合管延续了管道系统原有的规格尺寸和配套体系，还可以按照输送流体的性质，量身定做配制塑料层，大大拓宽并提高了其应用范围，获得市场普遍认可。钢塑复合管中钢与塑料的组合，按其属性集合了钢与塑料各自的优秀特性，钢在管材中发挥了优异的力学性能，塑料在表面发挥了其稳定的化学性能，因此其既具有钢管的高强度和韧性，又具备塑料管材的环保卫生、不积垢、水阻小的特点。本节就采用热镀锌钢管与聚乙烯(PE)管复合而成的钢塑复合管生产工艺作一介绍。

一、聚乙烯塑料管生产流程

聚乙烯塑料管生产流程如图 19-16 所示。

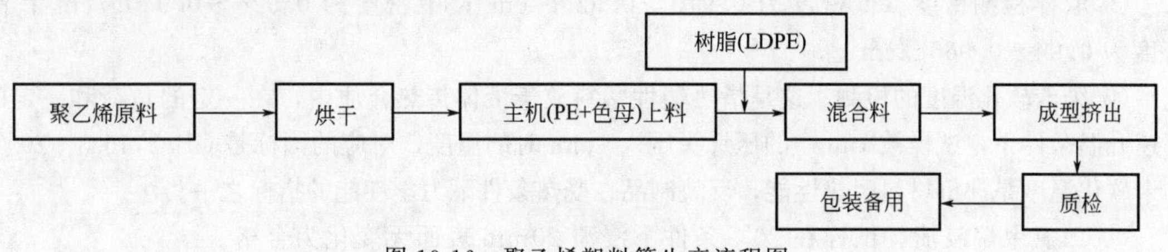

图 19-16 聚乙烯塑料管生产流程图

二、聚乙烯管生产原料

1. 使用的原料

① 聚乙烯（DFDA-7042）。最低使用温度可达－100～－70℃，化学稳定性好，能耐大多数酸碱的侵蚀，无臭，无毒。

② 树脂（LDFE AP150）。熔点 130～145℃，不溶于水，微溶于烃类。

③ 色母。全称叫色母粒，也叫色种。是高分子材料专用着色剂，亦称颜料制备物。色母主要用在塑料上，其规格见表 19-6。

表 19-6 色母规格表

色别	编号	名称	正光	测光	备注	含铅色母
白色	P425-900	超级纯白色	正面浊	全侧面浅	分散性色母,通常少量使用	否
	P425-902	通白色	正面浊	全侧面浅		否
	P420-938	银底色控色剂	正面浊	半侧面浅粗	分散色母最大用量是 30%	否

2. 原料的混合比例与烘干参数

① 聚乙烯粒（DFDA-7042）：色母：树脂(LDFE AP150)＝100：8：1（质量比）；

② 树脂（LDFE AP150），质量允许误差±0.5kg；色母，质量允许误差±0.2kg；

③ 聚乙烯粒混合后烘干温度 45℃±5℃；

④ 色母和聚乙烯颗粒混合后烘干时间 1h；烘干方法为边搅动边烘干。

3. 聚乙烯（PE）成型管各工艺参数

① 成型温度。料筒温度后段 160～180℃，前段 170～200℃；模头温度 170～220℃。

② 挤出压力。60～100MPa。

③ 挤出时间。15～60s。

4. 聚乙烯成型管长度或重量

① 650m/捆。

② 150～200kg/捆。

三、聚乙烯成型管质量要求

1. 成品管的质量检验项目

① 外观。检验标准为管材内外壁应光滑，不允许有气泡、裂口和明显的痕纹、凹陷、色泽不均及分解变色线。

② 规格尺寸。平均外径和壁厚应符合标准要求。

③ 取样检测密度。低密度为 0.910～0.925g/cm^3；中密度为 0.926～0.940g/cm^3；高密度为 0.94～0.965g/cm^3。

④ 维卡软化温度的检测。这是指热塑性塑料放于液体传热介质中，在一定的负荷和一定的等速升温条件下，试样被 1mm^2 的压针头压入 1mm 时的温度，对应的国标是 GB/T 1633—2000。维卡软化温度是评价材料耐热性能，反映制品在受热条件下力学性能的指标之一。

⑤ 二氯甲烷浸渍。试样在 20℃条件下浸渍 20min 表面无变化为合格。

⑥ 落锤冲击试验。按国家标准 GB/T 14153—1993 的落锤冲击试验方法通则进行。

⑦ 液压试验。指以液体介质对压力容器所进行的一种压力试验。其目的是综合考核 PE 管的强度与质量。一般试验压力取设计压力（对在用压力容器可取最高工作压力）的 1.25 倍。

2. 对 PE 管的其他要求

① 外观。管材内外表面应光滑，无明显划痕、凹陷、可见杂质和其他影响达到本部分要求的表面缺陷。管材端面应切割平整并与轴线垂直。

② 颜色。管材颜色由供需双方协商确定，色泽应均匀一致。

③ 颜色和外观检查。在自然光下用肉眼观察。

④ 不透光性。取 400mm 管段，将一端用不透光的材料封严，在管材侧面有自然光的条件下，用手握住光源方向的管壁，从管材开口端用肉眼观察试样的内表面，不见手遮挡光源的影子为合格。

⑤ 壁厚偏差及平均壁厚偏差。按 GB/T 8806，沿圆周测量最大壁厚和最小壁厚，精确到 0.1 mm，计算壁厚偏差。在管材同一截面沿圆周均匀测量八点的壁厚，计算算术平均值，为平均壁厚，精确到 0.1 mm，平均壁厚与公称壁厚的差为平均壁厚偏差。

四、钢塑复合管生产工艺流程

钢塑复合管是以钢管为基管，在其内表面或外表面或内外表面粘接上塑料防腐层的钢塑复合层的产品。现根据 CJ/T 136—2007《给水衬塑复合钢管》的标准和 GB/T 5135.20—2010 标准，制定出本钢塑（PE）复合管生产工艺，其流程如图 19-17 所示。

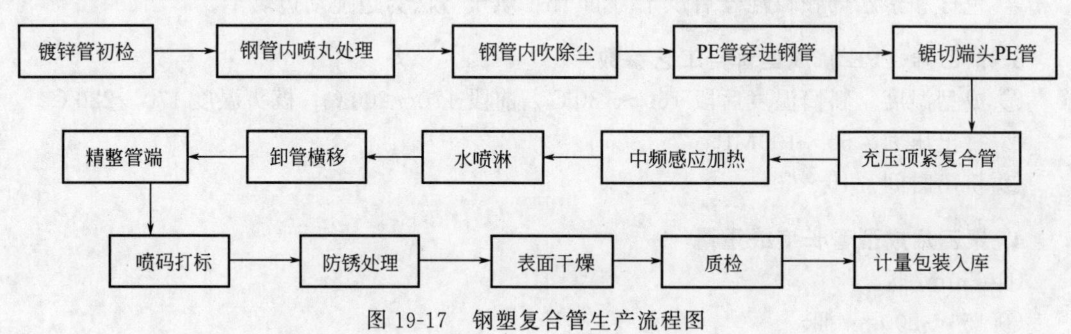

图 19-17 钢塑复合管生产流程图

1. 工艺流程

2. 生产工艺要求及参数

(1) 镀锌管(基管)的初检

① 长度、管径是否符合技术要求。② 镀锌管表面镀锌层质量是否符合技术要求。③外观应光滑平整。直线度和不圆度符合 GB/T 28897—2021 标准规定。

(2) 钢管喷丸处理要求

①铁砂粒度:ϕ1.5mm。②钢丸粒度:ϕ1.2mm。③混合型喷丸比例:铁砂∶钢丸=2∶1。④手动喷砂处理。采用手提式喷丸机,用混合型喷丸对钢管端部进行喷砂处理,喷砂长度距离钢管一端长度为 10~12cm,使钢管内径表面呈均匀的“麻面”形状。⑤自动喷砂处理。可单一采用钢丸或混合型喷丸处理钢管内径中的凸起、毛刺,达到内径平整且为均匀的“麻面”,便于提高与 PE 管的结合强度与附着力。

(3) 对钢管内径除尘

采用 0.3~0.4MPa 压缩空气,对抛丸处理后的钢管内径表面上的灰尘进行喷吹,使其内表面光滑无尘土,利于 PE 管与钢管内径紧密接触。

(4) PE 管锯切后端头留下长度约为 90~100mm。

(5) 冷却水喷淋

①温度:30~35℃。②pH 值:6~7。③无杂质、无污垢。

(6) 复合管的中频感应加热参数

①工作电压:380V。②工作电流:80~130A。③钢塑复合管感应加热温度:150~180℃。

(7) 钢塑复合管保压加热功率参数

①通气保压压力:0.5~0.7MPa。②保压时间:1.0~1.5min。③中频加热功率:50~60kW。

(8) 精整管端工艺

①精整用刀具,材质为低合金钢,宽度 3~4cm,刃口要锋利。②观察 PE 管与钢管结合是否紧密,PE 管内是否有起泡、起皱和脱落缺陷。③精整后的 PE 管口应平整无毛边和毛刺,端面应有 1°~2°的坡口。

(9) 防锈液的配制比例与干燥温度

①夏天(质量比):A∶B∶去离子水=1∶3∶14。②冬天(质量比):A∶B∶去离子水=1∶3∶(18~20)。③防锈处理后的干燥风温度:70~90℃。

五、质量检验技术要求与结论

1. 镀锌钢管性能与要求

① 钢管为热镀锌镀层,其镀锌层应符合 GB/T 3091—2015 的规定,钢管为焊接钢管的应符合 GB/T 3091—2015 的规定。

② 钢管为石油天然气工业输送钢管的应符合 GB/T 9711—2017 对基管的要求(可用于高压燃气输送)。

③ 公称通径不大于 50mm 的钢塑复合管进行弯曲试验,弯曲后不发生裂纹,钢管与内 PE 塑层之间不发生分层现象。

④ 钢管外防腐为涂塑的应符合 CJ/T 120 对涂塑层的要求。

2. 钢塑复合管力学性能

钢管公称通径不大于 50mm，长度不超过 600mm 的钢塑复合管进行压扁，压扁后不发生裂纹，钢管与内衬 PE 塑料层之间不发生分层现象。

3. 钢塑复合管耐冷热循环性能

当用于输送热水的钢塑管试件经三个周期冷热循环试验后，不允许塑层变形和裂纹，其结合强度应符合内衬塑结合强度。冷水用衬塑复合钢管的基管与内衬塑料层之间结合强度不应小于 1.0MPa，热水用衬塑复合钢管的基管与内衬塑料层之间结合强度不应小于 1.5MPa。

4. 钢塑复合管卫生要求及耐低温性能试验

用于输送生活饮用水、冷热水的钢塑复合管的内塑料层应符合 GB/T 17219 的要求；消防用钢塑管应能承受耐低温性能试验 24h，试验的管道应无压力损失和变形损坏。

5. 钢塑复合管内衬塑料结合强度试验

应从样品管上任意截取长度为 20mm 的 3 段管段作为试件，对于公称通径大于 DN150 的衬塑复合钢管，截取长度可为 10mm 的管段。在常温下，将试件水平置于测试平台上，逐渐施加压力于内衬塑料管上，剪切钢管与内衬塑料管的同时，测量钢管与塑料层产生分离时的最大载荷，并按公式计算出结合强度，取 3 个试样的平均值：

$$F=\frac{W}{3.14\times D\times L} \tag{19-1}$$

式中 F——结合强度，MPa；

W——钢管与塑层产生分离时的最大载荷，N；

D——基管的平均内径，mm；

L——试样的长度，mm。

6. 钢塑复合管耐冷热循环性能试验

应取 200mm 长的管段试件，浸于 95℃±2℃的热水中 30min，取出后在常温中自然冷却 10min，再浸入 5℃±2℃冷水中 30min，取出在常温中搁置 10min。以上为 1 个冷热循环周期，共做三个周期。之后截取试件中段 20mm 长的试样做结合强度试验。

第九节　焊管的焊接电流控制装置及其方法

一、控制焊接电流技术方案

控制装置已经申报国家专利，专利公开号 CN101109940A。控制焊接电流的技术方案采用以下三个步骤来实现。

① 焊接电流控制装置包括生产线主机、一个焊管实际数据模型库、一个 PLC 控制器、一个电流调节模块、一个设备电流控制模块。PLC 控制器与实际数据模型库、电流调节模块、设备电流控制模块、生产线主机分别相连。

② 焊接电流控制方法和设备：生产线主机将速度采样数据反馈给 PLC 控制器，通过 PLC 控制器采集由根据生产工艺、材料、规格建立的生产速度与其相对应的设定电流的实际数据模型库的数据；如果二者数据相符合，则调节设备电流控制模块从 PLC 控制器反馈来的数据，以此控制电流调节模块进行焊接电流的调节；如果 PLC 控制器在实际数据模型

库中采集不到相应的数据，则对采样数据相邻两点的数据进行线性数学处理，求出对应电流；如对该电流进行了确认，则存储在实际数据模型库中。

③ 调节设备电流控制模块来控制电流调节模块，进行焊接电流的调节。如果相邻两点的数据库数据不存在，根据实际工况进行调节，并对最佳工况确认，以保存新的实际数据模型对应点的数据。

二、焊接技术实施方式

图 19-18 是焊接电流控制装置组成图。从图中可知，焊管的焊接电流控制装置包括生产线主机、1 个实际数据模型库、1 个 PLC 控制器、1 个电流调节模块和 1 个设备电流控制模块。

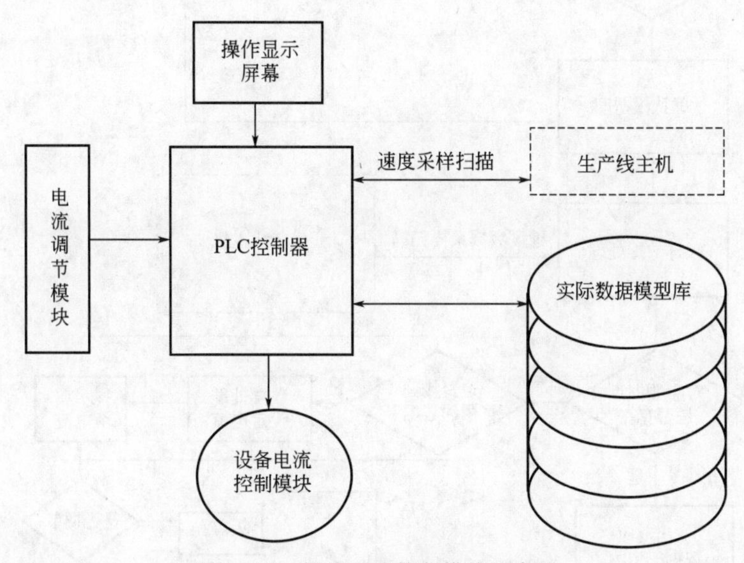

图 19-18　焊接电流控制模块示意图

其中 PLC 控制器与实际数据模型库、电流调节模块、设备电流控制模块、生产线主机分别相连，装置中的 PLC 控制器还可以与操作显示屏幕相接。

这项技术是以 PLC 控制器为核心，生产线主机将速度采样数据反馈给 PLC 控制器，PLC 控制器将采样数据与实际数据模型库相对应的数据作比对，获取对应的电流参数，向设备电流控制模块发出调节电流的数据，由设备电流控制模块调节焊接电流。操作人员亦可通过操作显示屏调用所需的数据模型库，亦可用电流调节模块酌情调节焊接电流，任何人为的焊接电流操作，在操作显示屏上会提示保存并确认。

图 19-19 是焊接流程示意图。

三、焊接电流的自动调节与运用

1. 焊接电流的调节程序

调节设备电流控制模块来控制电流调节模块进行焊接电流的调节。

① 数据库的建立。建立实际数据模型库，采样积累数据开始，到数据判别处理，数据修正，来控制焊接的电流。在生产线上初次启用时，首先提示建库，设定新的数据模型库的标识。

② 对采集的数据甄别选用。根据由生产线主机采样的速度数据，同选定的数据模型库

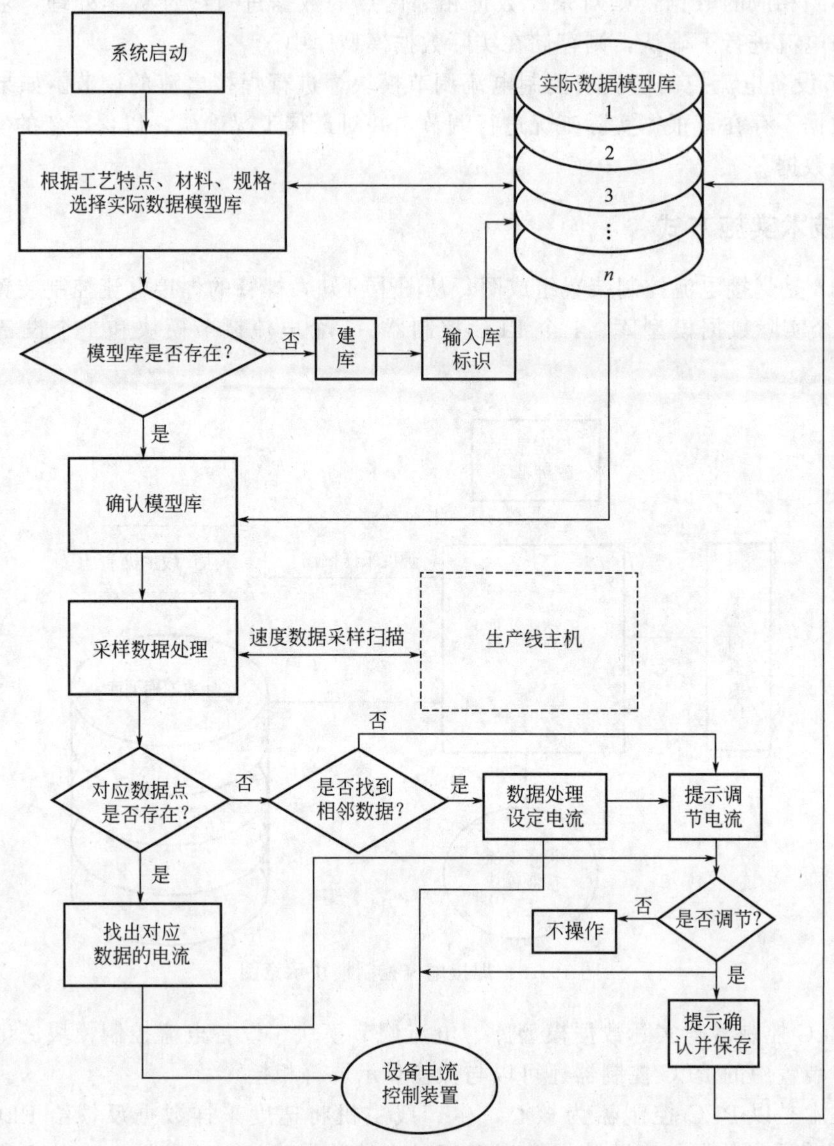

图 19-19　焊接流程示意图

资料进行比对，若找到相对应的点，则根据对应点获取电流数据，发送到设备电流控制装置。如果找不到相对应的点，寻找采样数据相邻两点的库数据，数据存在则对采样数据相邻两点的库数据进行线性数学处理，求出对应电流，做自动调节，并提示操作人员，要求根据实际工况进行调节。

③ 最佳工况数据的确认方法。要求操作人员对最佳工况进行确认，以保存新的实际数据模型对应点的数据。相邻两点的库数据若不存在，提示操作人员，要求根据实际工况进行调节，并对最佳工况确认，以保存新的实际数据模型对应点的数据。

④ 数据模型库中数据的建立。数据模型库的数据结构简单，采用三元组数据列表：一元是速度数据，一元是电流数据，还有一元是辅助参数。数据按速度和辅助参数建立索引。根据现有存储技术和存储元件，这样的数据可以存储的量是巨大的，完全可以满足实际需要。

2. 焊接参数的采样方法

运用焊接电流的自动控制技术时，在对生产线主机进行实时采样中，每次采样数据以数个或数十个为一批，舍去个别异常数据，进行加权平均处理，以保证数据的稳定性和可靠性。

焊接电流的自动控制技术要点，在于建立一种符合实际需要的控制模型，这种模型来自于实际的运行状态，然后用该模型控制焊接过程。该控制模型是类实际模型，使得焊管生产及在线热处理实现稳定的自动控制。

3. 焊接和热处理温度的自动控制

在焊管生产中以及在后续热处理上，需要根据生产速度及要求来给定所需的电流，以满足焊接和热处理所需的温度。本装置的实际模型可设定为：由特定生产工艺、材料和规格建立并标识实际数学模型库，根据生产速度可以相对应地设定电流，进行多点实际数据采集并存储在对应实际数据模型库中。在实际生产时，该控制系统根据采样数据及选定的实际数据模型库，参照实际数据模型库中的对应数据，可自动调节工作电流以满足焊接和后续热处理所需要的温度。

第十节 螺旋焊管的定径方法

一、螺旋焊管定径处理的现状

螺旋焊管主要用于气、液的输送，在施工中需将螺旋焊管对接焊成输送管线。在螺旋焊管的生产中由于种种原因其成型后的管径难以精确控制，从而造成同一规格管子的实际直径不一致，给施工现场中的管子对接带来很大困难，并影响管线的焊接质量和施工进度。解决这一问题的途径之一是设法将螺旋焊管的管径处理成一致，即对成型的焊管再进行定径处理，经过大量试验证明：螺旋焊管是可以适当扩张的，但扩张不能太大，一般情况下扩张率大于5%时焊管将发生破裂。

二、螺旋焊管定径处理的技术方案

根据现有螺旋焊管定径的处理现状，国内专利公开号CN1039479C提出采用扩张的方法对螺旋焊管进行定径。

1. 定径处理的一般技术要求

从螺旋焊管的定径要求来讲，除了对径向尺寸有要求而外，对定径后的钢管子的屈服极限与强度极限的比值也有一定要求。例如普通钢螺旋焊管，该比值应不大于0.85。正是由于上述的情况和原因，到目前为止还没有找到一个较好的螺旋焊管的定径方法。上面所提到的定径方法，由于每根管子的内径不同，而且每根管子各区段的屈服极限也不相同，所以在定径时要分别对每根钢管的管径及屈服极限进行测量。

2. 定径处理新技术方法

根据定径的目的，提供一种新的操作简便、生产率较高的螺旋焊管的定径方法及设备，定径主要方法要领是：

① 先使内胀式定径头的外圆周面与被定径管段内壁的非焊缝区紧密接触：并以此时的

定径外径作为定径基准。

② 定径头按设定的扩张量胀开，对被定径管段内壁施加径向力使管壁产生塑性变形。

③ 定径头径向回缩。

④ 定径头移向下一邻接管段，按前述①、②步骤进行，直至将所需管段定径完毕。

使用这个方法的定径过程亦称之为空扩→实扩→收缩。其步骤①为空扩定径头对管壁施加的力小，管子只发生微小的弹性变形。此时定径头的直径作为下一步实扩时定径头扩张的起点。步骤②为实扩，定径头按设定的扩张量张开。对同规格的同批管子而言，该扩张量是一样的。步骤③为收缩，一般情况下只要求对管子的两端进行定径处理。

3. 定径工作的过程

① 送管装置将螺旋焊管送到定径头处使管子套在定径头外并使管子的焊缝对着定径头外表面的螺旋凹槽，然后启动第一液压缸（此时第二液压缸处于卸荷状态），推动定径头内胀芯移动，使定径头扩张，直到与管子内壁紧密接触为止。接下来启动第二液压缸（此时第一液压缸处于卸荷状态，第二液压缸按照设定的行程量推动定径头内胀芯移动，使定径头继续胀开，管子在定径头径向力的作用下产生径向塑性变形，最后第二液压缸使内胀芯返回，定径头回缩，送管装置将管子退出定径头。

② 采用定径头与焊管内壁紧密接触的方式作为定径基准，无需测管子内径并以设定值对管子进行实扩，所以操作十分简单，生产率较高。定径后的管子由于发生了定量的塑性变形，因此管子的屈服极限得以适当的提高，并且还降低或消除了管子成型焊接时所产生的残余应力。

三、定径操作的程序

下面结合图 19-20 对该发明的内容做一较详细的说明。

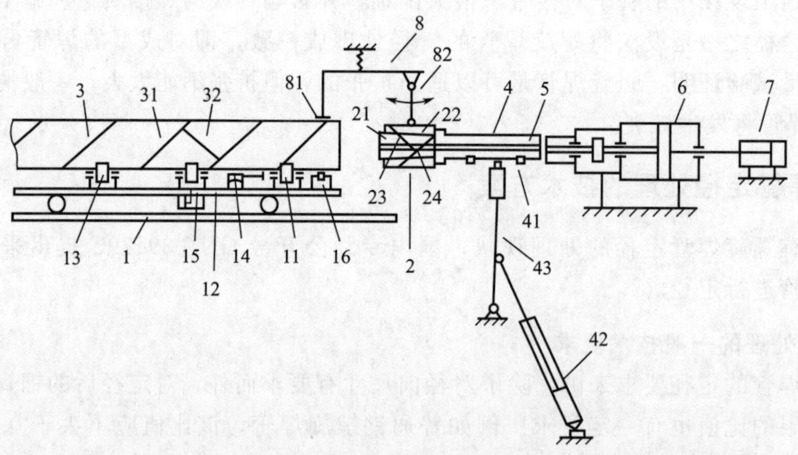

图 19-20 定径设备示意图

1. 定径设备的构成与动作程序

如图 19-20 所示，本新型的送管装置采用运管车 1、定径头 2（是由 12 个锥形内胀芯 21 和 12 块外锥板 22 构成的内胀式定径头），当内胀芯沿轴向移动时可驱动外锥板沿径向张开或缩回。12 块外锥板围成圆柱形，其表面有两条螺旋凹槽 23、24，它们的螺旋角与螺旋焊管 3 上的螺旋焊缝 31 和横焊缝 32 相同，以便使定径头表面避开焊缝，定径头装在连接套筒

4上；内胀芯21装在连接杆5上，连接杆与前油缸6的活塞杆相接，前油缸与后油缸7的活塞杆串联。因此启动前、后油缸中的任何一个都将带动内胀芯移动，运管车将焊管3送到定径头上后。可用手动调节方式使焊缝31对准定径头上的螺旋凹槽23。然后先启动后油缸7，当定径头2与焊管3的内壁紧密接触时（油缸7的压力通常不超过10MPa)，压力继电器动作，后油缸7卸荷，前油缸6启动，定径头张开，对焊管3进行定径，前油缸的活塞行程由液压系统控制，前油缸活塞前进到位后返回，使定径头回缩，运管车带着焊管退出定径头，完成一个工作循环。

2. 定径程序

为了能对焊管全长或部分区段定径运管车1上设有多对可转动的托辊11、12、13，它们是由驱动装置14带动旋转的，焊管3置于各托辊上，并随托辊作同步转动。送管时，运管车1以一定的速度前进，同时托辊带动焊管转动，其合成速度的方向与焊管焊缝的方向相同以便在步进式定径时使焊缝落在定径头的螺旋凹槽中。由于管子的焊缝有偏差，所以在定径头上方设有焊缝对中装置8。对中装置8有两个探头81、82，它们将检测的信号反馈到运管车和托辊的控制装置，以便随时修正运管车和托辊的运动速度，使焊缝始终能对准定径头上的螺旋凹槽，在步进式定径过程中除第一次用手动调节方式使焊缝对中外，以后各次定径时的焊缝对中均是自动进行的。如果定径头位于某一托辊之上，则升降油缸15将使该托辊下降一个扩张量，以便使管子能与托辊较好接触。运管车上的支承辊16用于通过管子外壁支承定径头。

如果要对焊管全长定径，则连接定径头的套筒4就会很长，所以在套筒4的下面设有多个滚珠41，在下方设有由油缸42带动的支承杆43，滚珠41可与焊管内壁接触。而焊管若要伸入到支承杆43之后时，油缸将带动支承杆偏转下落，以便使运管车通过。这样无论焊管处于什么位置，套筒4都可得到很好的支承。

四、定径试验效果

新型定径设备通过对管径为ϕ300mm、ϕ400mm、ϕ600mm和ϕ700mm等规格的螺旋焊管，按照新型设备的方法程序进行定径试验操作，定径前焊管的实际管径均为负偏差，实扩时的扩径率为1%～3%，定径结果表明，定径后的管径偏差不超过名义管径的±1%，完全符合API SPEC 5L（美国石油协会）的标准。

第十一节　双工位新型钢管平头倒棱机

一、双工位新型平头倒棱机介绍

实用新型双工位平头倒棱机，国内专利公开号：CN203245694U。该设备是针对钢管实际生产中存在的问题和不足，而设计出的一种适用于整个生产线流水作业的双工位钢管平头设备。为了达到设计合理、结构紧凑、操作方便的目的，其技术方案设计为采用双工位钢管平头倒棱结构。

这种双工位钢管平头倒棱机，主要包括输送滚道，相对交错固定安装的两平头倒棱机和位于两平头倒棱机之间的定位装置，其中的定位装置包括两相互平行的支架。

定位装置为两套，且相互对应平行放置在两平头倒棱机之间，在两套定位装置之间的相应位置上也设置有输送辊。在每排输送辊组的端部均设置有挡板。两套定位装置由换位驱动电机驱动同步工作。

二、双工位平头倒棱机工作程序

1. 双工位平头倒棱机结构

结合图 19-21 和图 19-22 对双工位平头倒棱机工作程序进行说明如下。

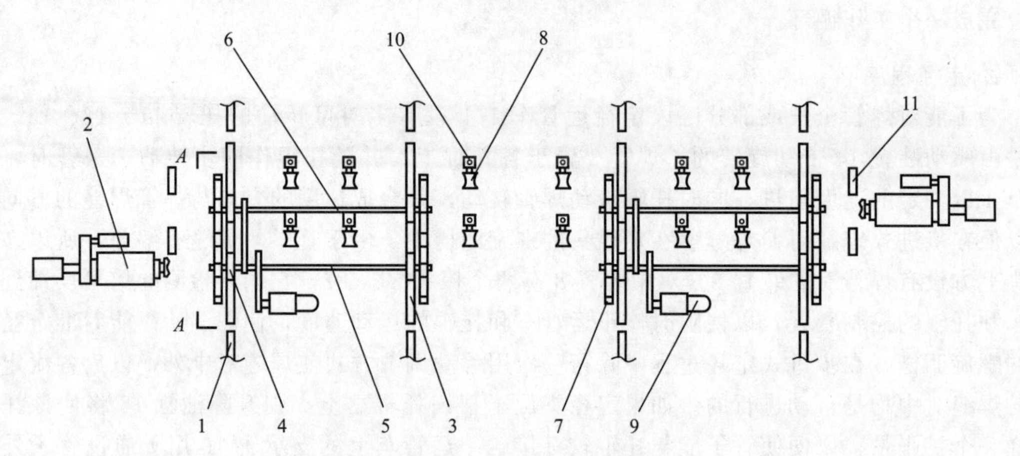

图 19-21 双工位平头倒棱机的结构示意

1—输送滚道；2—平头倒棱机；3—支架；4—限位板；5—主动轴；6—从动轴；7—换位板；8—输送辊；9—换位驱动电机；10—输送电机；11—挡板

如图 19-21 和图 19-22 所示，双工位平头倒棱设备包括输送滚道 1、相对交错固定安装的两台平头倒棱机 2 和位于平头倒棱机之间的定位装置，定位装置包括两相互平行的支架 3、固定在支架 3 上的两对带有 V 形槽的限位板 4、设置在支架 3 上的主动轴 5 和从动轴 6、在主动轴 5 和从动轴 6 两端设置有带有 V 形槽的换位板 7 以及两排设置在两平行支架 3 中部的由向内凹陷的输送辊 8 组成的输送辊组。主动轴 5 通过换位驱动电机 9 带动，输送辊 8 通过输送电机 10 带动。主动轴 5 和从动轴 6 与换位板 7 之间设置有呈 L 形的换位摆臂 12，换位摆臂的一端与主动轴 5 和从动轴 6 固定连接，换位摆臂的另一端与换位板铰接。

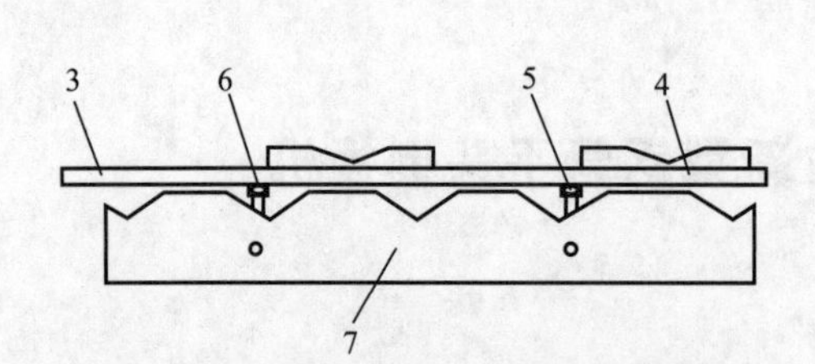

图 19-22 图 19-21 中 A—A 向结构示意图

3—支架；4—限位板；5—主动轴；6—从动轴；7—换位板

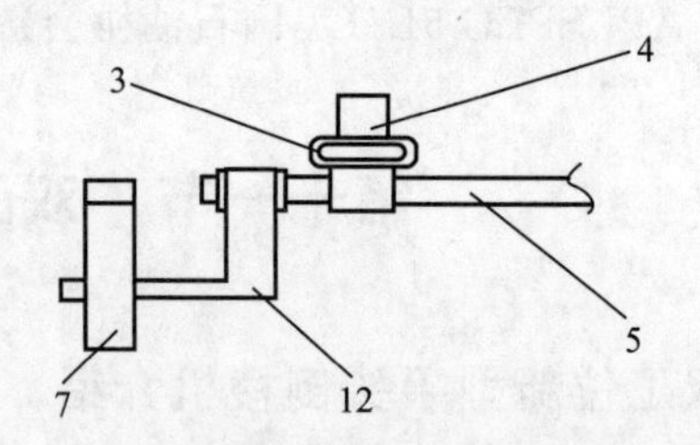

图 19-23 图 19-22 右视图

3—支架；4—限位板；5—主动轴；7—换位板；12—换位摆臂

定位装置为两套，两套定位装置相互对应，而且平行放置在两台平头倒棱机之间，在两套定位装置之间的相应位置上还设置有输送辊 8。每排输送辊组的端部均设置有挡板 11。两套定位装置的换位驱动电机 9 通过控制系统控制为同步工作。

2. 双工位平头倒棱机工作原理

通过输送滚道输送过来的钢管滚送至支架上，通过换位驱动电机带动换位板绕主动轴和从动轴运动将支架上的钢管移动至两平行支架上其中一组输送辊上，输送辊上的输送电机带动输送辊转动使得钢管移动至挡板处定位，此时换位板随主动轴进行二次换位，将钢管移动至支架上的带有 V 形槽的限位板内，对应的平头倒棱机动作，进行一端的平头和倒棱，之后换位板随主轴进行第三次换位，钢管移动至第二组输送辊上，通过输送辊上的输送电机带动输送辊转动使得钢管的另一端进行平齐，再通过第四次换位将钢管移动至另外一侧的限位板内，此时对应的平头倒棱机进行另外一头的平头和倒棱，再通过第五次换位，钢管重新回到支架上，之后进入另一侧的输送滚道。

第十二节 外仿形钢管平头倒棱新装置

一、钢管平头倒棱技术现状

目前在石油和天然气的运输方面普遍倾向于使用钢管，其输送能力高、风险相对较小，而且意外损失也小。在管道铺设过程中需要将钢管逐根通过焊接的方式连接在一起，在焊接工艺中有一个重要的工序就是对管端按要求打坡口并保证端面的平面度，由于受现场条件限制，这个工序往往安排在钢管生产过程中进行，因此无论是螺旋焊管还是直缝焊管，在生产工序中都安排设置平头机设备（数量根据生产规模确定）进行管口坡口加工。钢管在生产过程中难免出现管口椭圆度较大和管体直线度偏差的问题，同时也有平头设备制造误差、钢管装夹误差等问题，造成钢管端口与平头机切削刀具出现垂直度和平面度误差，使刀具在旋转切削过程中造成钢管端口的坡口和平面度等有关参数难以保证施工要求，因此，工程技术人员在平头机的刀座上增加了仿形轮，让它在旋转工作过程中始终紧贴钢管（内或外）表面，从而带动刀具随钢管端面移动，达到切削加工坡口的目的。

仿形方式一般在钢管加工坡口的工序中分为两种，一种是仿形轮在钢管外壁旋转称之为外仿形，另一种在钢管内壁则称之为内仿形。在钢管的平头工序中，一般采用内仿形的居多，因为制作的钢管管径大，内部空间充足，且结构相对简单易维护，但对于 ϕ406mm 以下规格钢管来说则不能进行平头倒棱，如在 ERW630 高频直缝焊管的生产中管径最小只有 ϕ219mm，管内空间狭小，内仿形明显不能满足生产需要。

二、外仿形钢管平头倒棱新装置

实用新型专利（CN101704132A）为焊管生产线提供一种外仿形钢管平头倒棱装置，可以对小规格的钢管进行平头倒棱工序。外仿形钢管平头倒棱装置，包括刀座、滑块、导轨、仿形轮、刀杆、碟形弹簧。

三、仿形平头、倒棱工序

外仿形钢管平头倒棱刀座，成对安装在平头机刀盘上，其中一件安装倒棱刀，另一件安装平口刀用于车出钢管口的钝边，综合对钢管口端坡口加工。下面结合图 19-24、图 19-25 对钢管的管口平头和倒棱机的结构和使用做一详细的介绍。

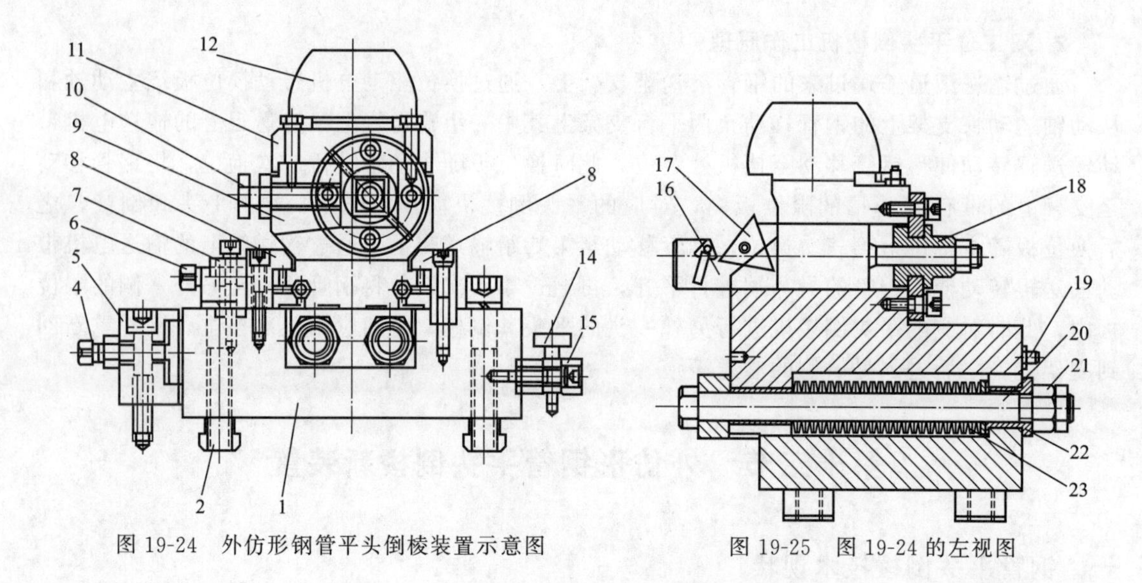

图 19-24 外仿形钢管平头倒棱装置示意图

图 19-25 图 19-24 的左视图

如图 19-24 和图 19-25 所示，其分别为外仿形钢管平头倒棱机结构示意图，共包括刀座 1、滑块 9、导轨 8、仿形轮 12、刀杆 16、碟形弹簧 23。在刀座 1 上固定有导轨 8，在滑块 9 的顶部依次固定有刀杆 16、仿形轮 12，滑块 9 的下部穿设置有弹簧调节拉杆 20。外仿形钢管平头倒棱装置整体呈方形，其与设备安装部位的尺寸和刀盘上的安装 T 形槽宽度相同，可方便地固定于刀盘上，如图 19-26 和图 19-27 所示。

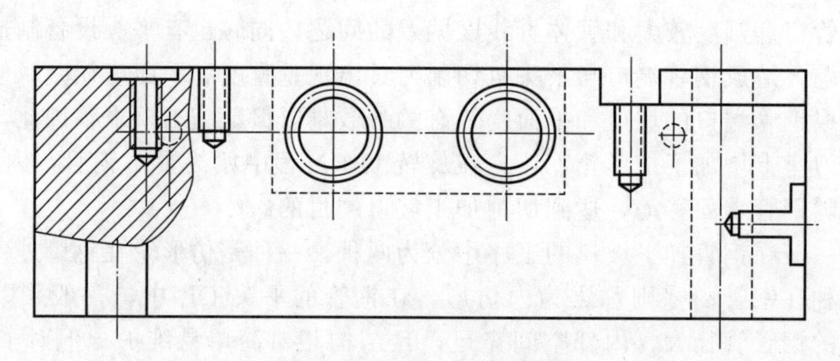

图 19-26 刀座 1 的主视图

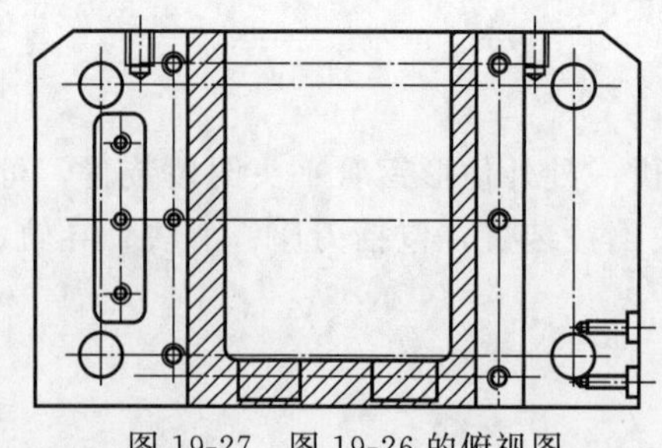

图 19-27 图 19-26 的俯视图

外仿形钢管平头倒棱机的刀座是整个机构的承载体。刀座的一端设置有定位块 15 和定位螺钉 14。刀座 1 另一端设置有滑动锁板 5。刀座 1 通过 T 形螺栓 2 固定于刀盘上，其位置可以根据钢管规格的大小进行微量调整，具体位置由定位块 15 和定位螺钉 14 确定。平头倒棱机刀盘上相应钢管规格的位置处有一个定位孔，当刀座 1 放置上后旋动定位螺钉 14 可插入该孔进行定位，同时拧紧刀座滑动锁板 5 上的螺栓 4 可以锁紧刀座 1，可防止刀座 1 工作时因受力非常大而移动。导轨 8 外侧设有固定板 7 和预紧螺栓 6，滑块 9 的下部两侧制作成方形（如图 19-28 和图 19-29 所示）。

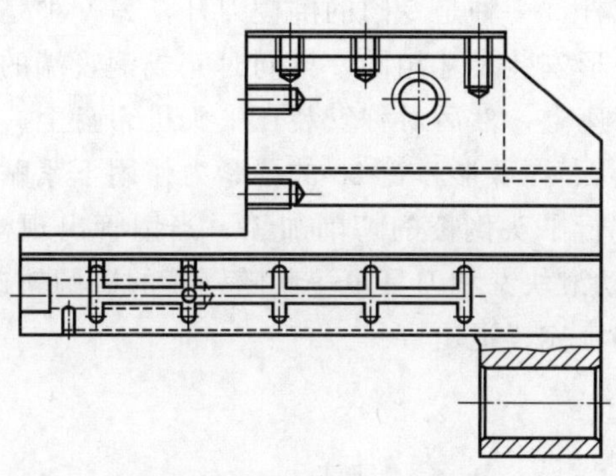

图 19-28　滑块 9 的主视图

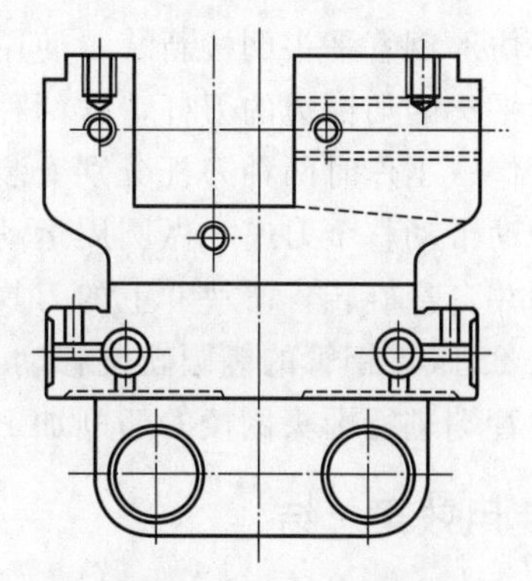

图 19-29　图 19-28 的侧视图

与矩形导轨 8 相配合固定在刀座 1 上，其间隙通过调节固定板 7 上的预紧螺栓 6 调节，滑块 9 的上部有一个带有仿形轮 12 的压盖 11（如图 19-30 和图 19-31 所示），它可以将安装在滑块 9 上的标准刀杆 16 压住，防止其在工作时跳动，同时将仿形轮 12、刀杆 16 和滑块 9 连接成一个刚性整体。仿形轮 12 的内部有轴承，可以转动以减少与钢管外壁的摩擦，其外形为半球形，便于它工作时从钢管管端进入到钢管外圆。

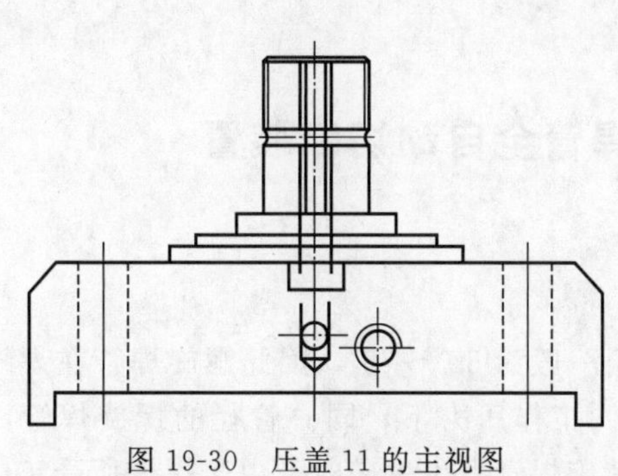

图 19-30　压盖 11 的主视图

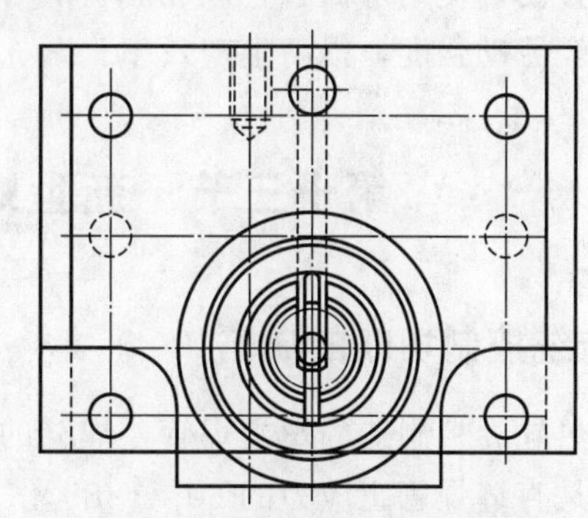

图 19-31　为图 19-30 的俯视图

刀片 17 是标准的三角形硬质合金刀头，刀杆 16 一端设有刀杆固定板 18，刀杆 16 的前后位置调节可通过刀杆固定板 18 进行调节固定，其左右固定则由螺栓 10 完成。滑块 9 的下部有两个孔，可以穿过两组并排的如图 19-32 所示的弹簧调节拉杆 20，碟形弹簧 23 安装在弹簧调节拉杆 20 上，一端穿过滑块 9 下部的孔与滑块 9 相连，另一端通过刀座 1 上的孔与刀座 1 相连，这样滑块 9 就和刀座 1 连接成了可以相对运动的整体。仿形轮 12 在工作时必须有一个预紧力，该力由碟形弹簧 23 产生，可以通过调节弹簧调节拉杆 20 上的螺母 21 进行并锁紧。

弹簧调节拉杆 20 一端设置有如图 19-33 所示的弹簧导向套 22，弹簧导向套 22 可以使弹簧压缩张开时顺利滑动，不致使弹簧调节拉杆 20 跑偏。注油嘴 19 可以对碟弹簧 23、导轨 8 进行润滑。

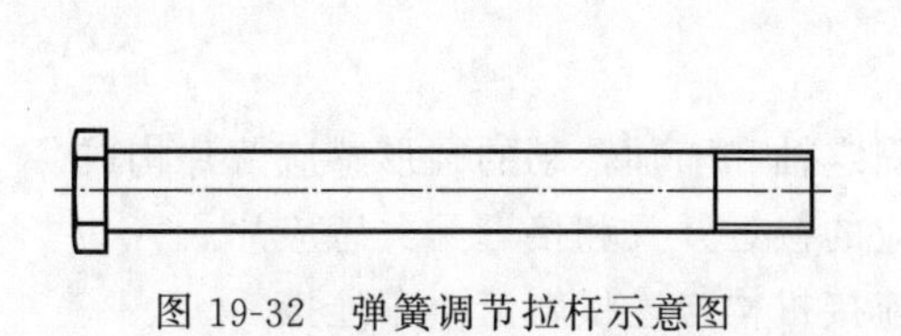

图 19-32　弹簧调节拉杆示意图

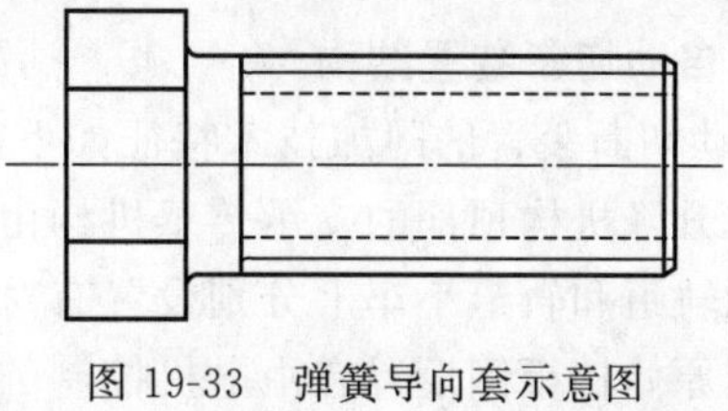

图 19-33　弹簧导向套示意图

外仿形钢管平头倒棱新装置使用的两种刀杆，一种是专门的倒棱刀杆，另一种是专门用于钢管平头的切钝边的刀杆，这两种刀杆的外形安装尺寸相同，可同时完成钢管端的平头和倒棱工作。工作时两种刀杆分别安装在两个刀座上，然后对称安装在平头机刀盘上。工作时刀盘转动带动整个刀座1做圆周运动，仿形轮12在碟形弹簧23的预紧力作用下紧贴钢管外壁移动并自身旋转，滑块9上的刀具对管端进行平头倒棱的切削加工，当钢管出现椭圆时，仿形轮12跟着钢管的椭圆轨迹移动，从而带动滑块9和刀具也一起随钢管的椭圆轨迹移动，继续对管端进行平头倒棱的切削加工，直至加工完毕退出。

四、使用效果总结

外仿形钢管平头倒棱机装置采用外仿形，适用范围广；仿形轮为半球形状，球头朝外对着钢管端口，工作进给时球面的弧度可以使钢管径向推开仿形轮，刀具直达钢管端开始切削；产生预紧力的弹簧是两组碟形弹簧，并且该两组碟形弹簧预紧力的大小可以调节；滑块的移动导向采用矩形导轨，调整容易受力大。该平头倒棱机的优点是可适用于从直径ϕ219mm到大直径（ϕ610mm）规格钢管的生产，不受钢管直径大小的限制，均能一次性顺利完成钢管端的平头和倒棱工作，平头和倒棱的参数符合相关标准。在实际工作中安装和调节非常方便，使用寿命长，不易损坏，新型平头倒棱机装置可以在焊管制造生产上推广应用，减轻劳动强度，提高生产效率。

第十三节　新型螺旋焊管全自动切断装置

一、传统控制切断的缺陷

由热轧卷板制造的螺旋焊管，焊缝的螺旋角一般为50°～75°，因此螺旋焊管在焊缝处合成应力是直缝焊管正应力的60%～85%。在相同工作压力下，同一管径的螺旋焊管比直缝焊接钢管壁厚可减小。根据以上特点可知，当螺旋焊管发生爆破时，由于焊缝所受正应力与合成应力比较小，爆破口一般不会起源于螺旋焊缝处，其安全性比直缝焊管高；当螺旋焊缝附近存在与之相平行的缺陷时，由于螺旋焊缝受力较小，故其扩展的危险性没有直焊缝大。螺旋焊管的塑性变形能力优于直缝焊管。因此，螺旋焊管广泛应用于天然气、石油、化工、电力、热力、给排水、蒸汽供热、水电站用压力钢管、水源等长距离输送管线及打桩、疏浚、桥梁、道路等土建工程建设等领域。目前生产螺旋焊管时，由人工操作启、闭等离子切割机完成切断螺旋管，因切管动作滞后，时常出现螺旋管定尺长短误差大的缺陷。

二、自动切断技术方案

为解决传统控制切断的缺陷，提供出一种自动开启、关闭等离子切割机完成切断螺旋管、切断误差小的螺旋焊管全自动切断装置（专利公开号：CN204195046U)。

1. 全自动切断装置结构

全自动切断装置的附加技术特征如下。

① 在升降机构顶部的支承传感机构由固定轴和随轴转动的圆形感应薄片构成。

② 在轨道和轨道小车上分别设置有对应的接近开关和接近开关感应片。

③ 在原始挡板侧设置有由电机控制的连接机构与连接轨道小车连接。

④ 在原始挡板的内侧与轨道小车上同时设置定位磁铁对。

⑤ 等离子切割机构固定在压紧支架上，并设置有气缸推杆。

2. 结构的优点

该螺旋焊管全自动切断装置与现有技术相比，具有以下优点：①由于该装置设定了螺旋焊管定长的前置定位开关和原始挡板，使得等离子切割机构能够在设定的长度上实现螺旋焊管的同步切断；②由于在原始挡板的内侧与轨道小车上同时设定有定位磁铁对，即可以控制轨道小车的启动于设定的原点，以克服设置于该小车上切割机构定位不精确的问题，保证切割长度的精确度。

三、技术改进的内容

1. 螺旋焊管智能切断过程

下面结合附图 19-34 和图 19-35 对该全自动切断装置的结构做进一步详细说明。

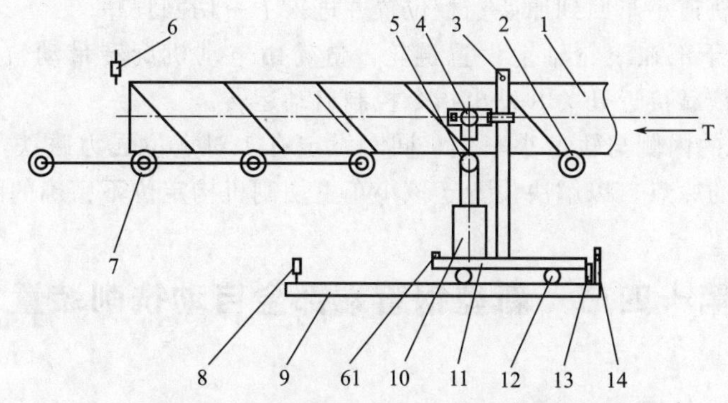

图 19-34　螺旋焊管全自动切断装置示意图

对图 19-34 和图 19-35 进行分别说明如下：1 为螺旋钢管，2、7 为支承滚轮，3 为切割支架，4 为切割喷嘴，5 为活塞杆，6、8、61 为接近开关，9 为导轨，10 为气缸，11 为导轨小车，12 为小车轮，13 为强力磁铁，14 为铁挡板，15 为电动机，16 为切割喷嘴支架，17 为支承滚轮，18 为滚轮轴。

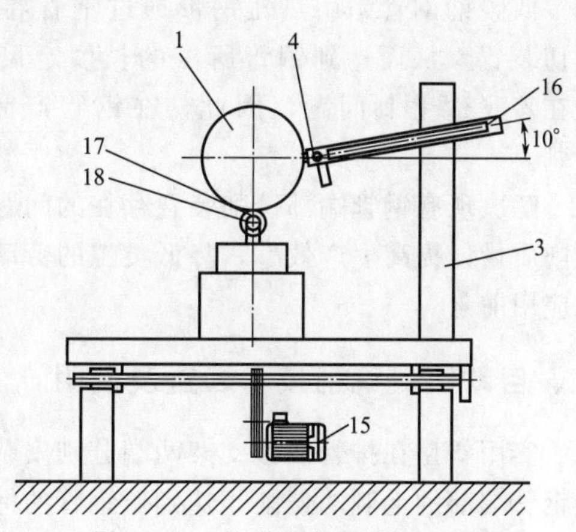

图 19-35　轨道小车的结构示意图

如图 19-34 所示为全自动切断装置的结构示意图。该切断装置设置于旋转的螺旋焊管切割支承滚轮 2 上，其结构包括轨道 9 和设置于其两端的用于设定螺旋焊管定长的前置定位接近开关 8，在轨道上设定有轨道小车 11，在该小车上设定有用于固定等离子切割机构的支架 3 和用于与螺旋焊管同步移动的升降气缸 10 和活塞杆 5。

该全自动切断装置的工作原理为，当螺旋焊管经过焊接以后，在支承辊的支承下进入长度定尺切断工序；螺旋焊管沿箭头的方向边旋转边前进，当螺旋焊管达到定尺长度后，接近开关发出信号，通过 PLC 自动控制系统发出指令动作信号，通过升降气缸和活塞杆的升起动作，活塞杆快速上升，使其顶部滚轮轴带动支承滚轮在 0.5～0.8MPa 气压作用下，顶、压紧螺旋焊管（如图19-35所示），并随焊管转动；此时，固定于支架上的等离子切割机的喷嘴开始对螺旋焊管进行切割；切割轨道小车在支承轮上的与螺旋焊管静压摩擦力的作用力下与螺旋焊管以相同的速度按箭头方向在导道上直线运行；当等离子切割机在螺旋焊管圆周切割完毕后，在电动机的驱动下，导轨小车再回到原始挡板处，电动机停止转动，强力磁铁靠近挡板并与之紧紧地吸在一起，等待进行下一段（节）螺旋焊管的定尺长度切割工序。

2. 轨道小车智能运动

① 构成升降机构（气缸活塞）顶部的支承机构，如图19-34和19-35所示的气缸和活塞杆顶部的上由滚轮轴和滚轮构成，该支承机构的功能在于实现轨道小车与螺旋焊管同步移动，并完成固定于该轨道小车上的等离子切割机构对螺旋焊管的切割。

② 在轨道上设置有接近开关8，轨道小车上设置有接近开关片61，当等离子切割机构对螺旋焊管切割完成后，接近开关片61靠近接近开关8并发出指令，通过换向阀使轨道小车上的气缸活塞杆快速回落脱离螺旋焊管，此时等离子切割机停止工作，与此同时，接近开关8发出指令控制轨道小车回到原始挡板位置并进入下一切割程序。

③ 在轨道小车下部在滚轮轴上设置链轮，链轮由电动机旋转带动轨道小车前后运动。轨道小车的运行是依靠接近开关8发出指令控制启动运转。

④ 在原始挡板的内侧与轨道小车上，同时设定有1对定位强力磁铁，它可以控制轨道小车的始动于设定的原点，以解决设置于该小车上切割机构定位不精确的问题。

第十四节　新型钢管端部全自动铣削装置

一、现有钢管平头状况

低碳钢钢管是用热轧钢带通过钢管卷制成型机组连续卷制而成的。在生产线上设置锯切装置，从而达到钢管所需的长度定尺。在对钢管锯切之后，钢管的锯切部位一般都存在着飞边毛刺问题，因此，在钢管产品国家标准中都明确规定了钢管端部不允许有毛刺。

解决现有钢管端部铣削装置存在的问题，实现自动化铣削，对钢管制造企业进一步提高铣削质量，提高生产效率，降低员工的劳动强度等方面具有十分重要的经济意义和广泛的推广应用前景。

二、自动平头铣削技术装置及说明

实用新型在排管横移支架两端分别安装了相同的全自动铣削装置，该装置能够自动完成对钢管端部的毛刺的铣削，达到对钢管的标准技术要求。下面以一套全自动铣削装置为例进行说明。

为达到上述目的，该实用新型所采用的技术方案（国家专利ZL201520260529.7）是：

通过输送机上的排管横移支架，将钢管运送到全自动铣削装置上的夹紧部位的下夹紧座上；按照PLC程序通过气缸带动活塞杆上的上夹紧座夹紧钢管，而后通过铣削装置将钢管端部的飞边毛刺铣削完毕。

图19-36和图19-37为该实用新型结构示意图。下面结合图19-36、图19-37说明技术方案的实施过程。

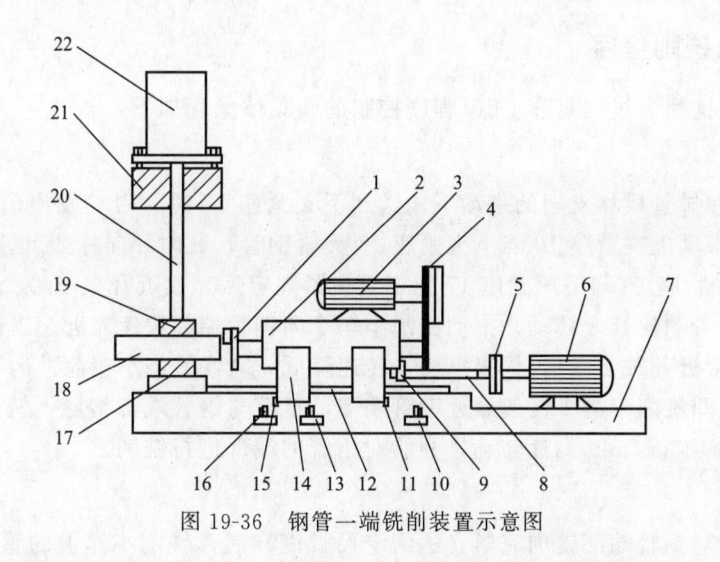

图 19-36　钢管一端铣削装置示意图

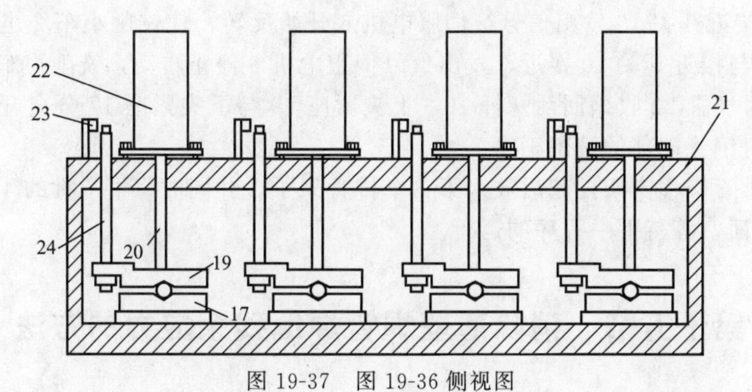

图 19-37　图 19-36 侧视图

夹紧装置由上夹紧座 19 和下夹紧座 17、气缸 22、活塞杆 20、机架 21、接近开关 23、导向杆 24 组成。当钢管 18 在排管横移支架输送下，输送到上夹紧座 19 和下夹紧座 17 之间时，上夹紧座在气缸 22 的活塞杆 20 推动下将钢管夹紧。等待铣削装置铣削掉钢管端部的飞边和毛刺，如图 19-37 所示。

铣削装置由铣削电动机带轮 4、铣削电机 3、铣削小车 2、小车滑套 14、道轨 12、铣削合金刀 1 组成。铣削小车 2 在前进时，慢速靠近钢管的端部，铣刀电机 3 通过铣刀带轮 4 上的轴使铣削合金刀 1 高速旋转，铣削刀自动铣削平钢管端部的飞边和毛刺（铣刀电机始终运转），完成对钢管端部的铣削工序。

进、退装置是在伺服电机 6 转动下通过联轴器 5、带动丝杠 8 旋转，通过丝杠螺母 9 的作用，推动铣削小车 2 沿着轨道 12 前进，并将铣削合金刀盘推送到预定位置，如图 19-36 所示。铣削小车的前进或后退是靠伺服电机 6 的正、反转来实现的。

伺服电机 6 的正、反转是通过 PLC 程序控制进行的，铣削小车 2 前进时分为快进和慢进二个程序，即当钢管在夹紧位置被夹紧以后，铣削小车快进，当铣削刀盘距离钢管端部较短的距离后，伺服电机转速变慢，缓缓前进直至铣削完毕，随后伺服电机向 PLC 发出指令，开始反转且转速加快，迅速离开铣削位置返回原始位置并停止转动，等待下一个工序的开始。

三、PLC 自动铣削程序

钢管端部的铣削全过程是靠 PLC 程序控制的。具体编程如下：

1. 程序之一

当钢管 18 在排管横移支架的带动下输送到下夹紧座 17 时，PLC 发出信号使气缸 22 的活塞杆 20 伸长带动上夹紧座 19 与下夹紧座 17 夹紧钢管，此时导向杆 24 也同时随上夹紧座 19 下移，当上夹紧座 19 与下压紧座 17 把钢管夹紧固定后，接近开关 23 发出信号给伺服电机 6 开始启动，带动丝杠 8 转动，推动铣削小车 2 向钢管端部快速靠近。当铣削小车 2 上的感应片 15 靠近接近开关 13 时，伺服电机 6 转速降低，减慢铣削小车前进运行速度，慢速靠近钢管的端部，即铣削刀盘 1 慢速靠近钢管端部，直至与钢管端部接触，铣削刀盘在电机 3 的传动下始终在 1450r/min 高速转动，开始对钢管的端部进行铣削。

2. 程序之二

当铣削刀盘对钢管端部铣削完毕（达到定尺长度）后，铣削小车上的感应片 15 已靠近接近开关 16，接近开关 16 发出信号给伺服电机 6 开始反转，使铣削小车 2 也快速后退与其上的感应片 11 与接近开关 10 接近，发出信号伺服电机 6 停止转动，铣削小车此时已返回到初始位置。同时气缸 22 收缩回活塞杆 20，上夹紧座 19 与下夹紧座 17 分离开。至此全自动铣削装置完成对钢管端部的铣削工序。

钢管将由排管横移支架托起后放入下一个排管架子，并同时将下一批的 4 根钢管输送到下夹紧座 17 上面，等待下一程序的运行。

第十五节 消除薄壁焊管焊缝残余应力的方法

一、现有薄壁焊管焊缝残余应力消除方法

目前国内外用于消除或降低焊管焊缝残余应力的工艺方法大致有如下几种。①整体高温回火。②局部高温回火。③机械拉伸。④温差拉伸。⑤振动法。这些方法都有其优点，同时也存在一定的局限性。高温回火能够消除应力或者降低应力，但却难以做到焊缝及基体金属无氧化。机械拉伸法、温差拉伸法以及振动法，由于设备复杂、成本高，推广使用受到很大的局限性。

二、消除焊缝残余应力新技术

某发明（发明公开号：CN1057482C）设计出的一种新的消除薄壁焊管焊缝残余应力的方法，旨在增强焊缝区域的抗应力腐蚀能力、抗疲劳强度，以及提高焊缝表面的粗糙度等级。

该解决方案是采用曲面、曲率半径同钢管半径相适应的一对组合辊压轮和辊压支承芯轴，对钢管焊缝区和近焊缝区施加垂直向下的压力，辊压轮沿纵向焊缝匀速滚动，使钢管焊缝正反焊接成型面均匀受压产生塑性变形，使钢管的焊接残余拉应力变为压应力，最终使钢管焊缝区域得到与基体母材一样光滑平整的表面。

所采用的辊压力计算经验公式为：

$$P = KF\sigma \tag{19-2}$$

式中 P——辊压力，MPa；

K——系数，取2～3；

F——辊压焊缝接触面积，mm^2；

σ——材料屈服强度，MPa。

三、新技术实施方法

在创新方法中辊压轮曲面与支承芯轴凸曲面曲率半径随薄壁钢管半径不同而变化，一般支承芯轴凸曲面半径取钢管半径，辊压轮凹曲面半径取管件半径的1.1～1.5倍，辊子直径和支承芯轴直径则根据管件壁厚、管件长度分别计算，以保证辊子、芯轴满足强度刚度要求即可。

下面结合图19-38和图19-39对该技术实施方法作一详细的说明。

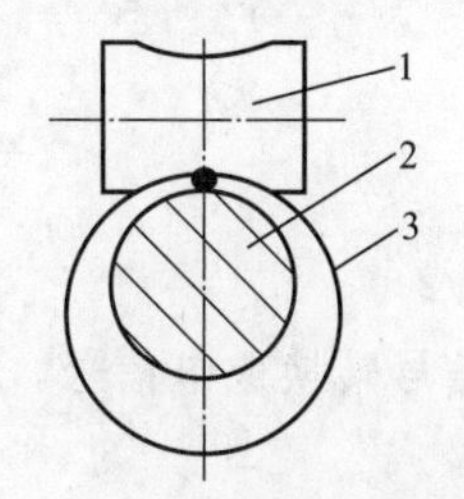

图19-38 该发明的辊压原理示意图

1—辊压轮；2—支承芯轴；3—焊接管件

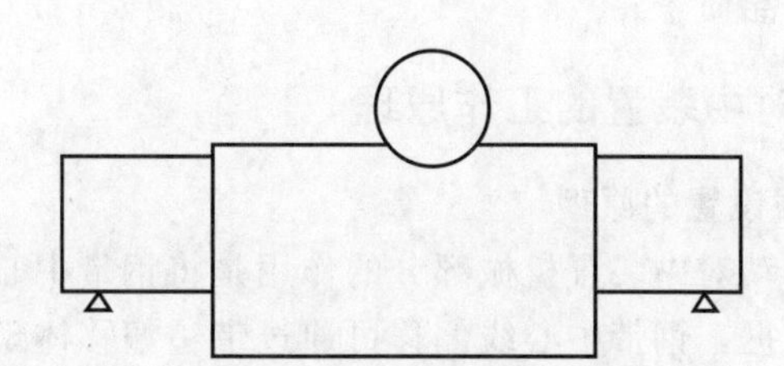

图19-39 图19-38的侧视图

核电站设备中要求制作中 ϕ284mm×2.0mm×4300mm 和 ϕ289mm×0.8mm×3800mm A、B两种规格的薄壁焊管，技术要求极高，进口产品报价昂贵，采用该发明的国内某公司成功地制作了上述不锈钢薄壁焊管。

在操作时，首先由支承芯轴把焊接管件支承起来，且使管件焊缝垂直向上。由辊压轮向焊缝施加垂直向下的压力并沿着焊缝方向辊压。辊压轮、支承芯轴热处理硬度58～62HRC，辊压轮沿纵向焊缝移动相对速度为0～4m/min，每一工件的滚压次数为1～4次，辊压力 A 管 P=1128MPa，B 管 P=940MPa。通过连续辊压使管件焊缝区域或近缝区域的复杂应力变为压应力，从而有效地消除焊管焊接残余应力，提高薄壁焊管的抗应力腐蚀能力和抗疲劳强度。

四、运用效果总结

经测试，按照本方法处理的薄壁焊接钢管，焊缝表面光滑度等级可达到GB/T 3280—2015《不锈钢冷轧钢板和钢带》中的2B表面质量；抗应力腐蚀能力符合GB/T 4334.5—2000焊缝耐腐蚀试验标准；抗疲劳强度可比未处理前提高25%左右，产品质量完全达到标准要求，完全可以与从国外进口产品相比。

综合总结该发明的主要优点有：

① 将焊接残余拉应力变为压应力，大大提高了焊缝区域的内在质量，可满足不同规格、材质和用途的薄壁焊管高表面质量、高抗应力腐蚀能力的要求。

② 工艺方法相应的较为简单、适用范围广、生产效率高。

③ 设备投资少、加工成本低、产品质量好满足薄壁焊管的生产。

第十六节　新型螺旋焊机组钢带自动对中装置

螺旋焊管在焊接成型时因钢带行进过程中受到的阻力不均匀，且钢带宽度亦有误差，常常会引起钢带中心线偏移，这不仅会造成两边铣刀损坏，还会使钢带成型出现偏差，内外焊的质量相应的也就无法给予保证，直接影响产品的合格率。如果手动调节机架进行钢带对中，不仅要有专人负责，而且为能保证及时校正钢带中心线还要降低轧制速度。这种对中方式的效果降低了生产效率。针对这一现状，国内某公司研制了一套既简单又实用的钢带自动对中装置，该装置实测精度达到 0.5m/min，响应时间为 1s，实际使用表明，钢带自动对中装置设计完全可以满足生产技术要求。该装置先后在某公司三条生产线上投入使用，节省了人力，提高了主驱动速度（最高可达 1.3m/min），充分发挥了设备的生产潜能，提高了生产效率和产品质量。

一、自动对中装置的工作原理

1. 机械设置的原理

钢带自动对中装置机械部分的作用是将钢带中心线偏移信号转换成电信号，为电气控制提供校正依据，钢带中心线偏移可通过带边偏移体现出来。

钢带自动对中装置机构示意图见图 19-40。当螺旋焊管机组调型成功、钢带中心线确定以后，只要调节钢带对中装置固定定位支架的位置，使上下连接臂和左右转辊垂直放置在钢带边缘，然后把上连接臂固定在活动连杆上就确定了钢带的中心线。无论何种原因引起钢带中心线偏移必然会使钢带边偏移，从而导致转辊偏移。例如，钢带中心线右偏移，带边也跟着右偏移，右辊右移并拉动弹簧，弹簧通过上连接臂带动活动连杆向左移动，固定在活动连杆一端的衔铁通过传感器中间也向左移动。传感器和衔铁上都有通光孔，当衔铁在传感器中间移动时，这两个通光孔的重叠面积也会随之改变，通光量就产生了变化，通过通光量的变化来驱动电气系统，从而驱动钢带支架移动来纠正钢带的中心线。

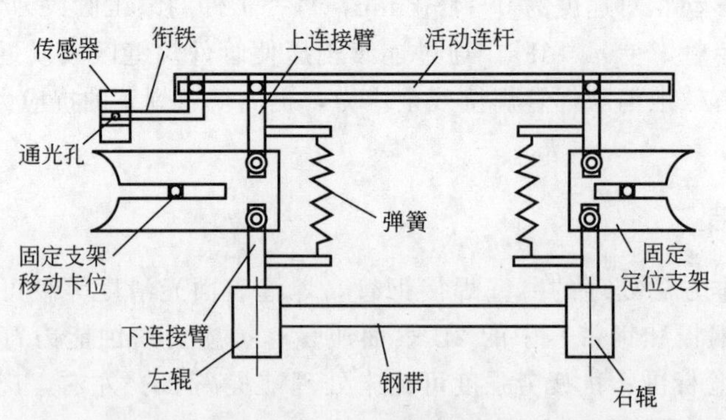

图 19-40　钢带自动对中装置机械结构示意图

传感器构造如图 19-41 所示，左侧为固定点光源右侧为固定的光敏管，点光源与光敏管之间有个直径 ϕ40mm 的通光孔，中间是活动衔铁。衔铁中间有一个直径 ϕ40mm 的通光孔。

当螺旋焊管机组调型成功、钢带中心线确定后，只需移动传感器的位置，使传感器的一端与衔铁的一端对齐（如图 19-41 所示），就形成了如图 19-42 所示的传感器通光孔与衔铁通光孔相互重叠的原始位置，通光面积为两个通光孔重叠部分，该重叠部分定义为通光量

A，当钢带中心线右偏移$+\Delta S$时（为叙述方便，该钢带中心线右偏移量定义为$+\Delta S$钢带中心线左偏移量为$-\Delta S$）。则右转辊通过弹簧带动活动连杆向左偏移$+\Delta L$，活动连杆带动衔铁的偏移量也为$+\Delta L$，于是通光部分面积增大，通光量也增大，将该通光量定义为A_1，$A_1>A$。同理，钢带中心线左偏移，通光部分面积减小，则通光量亦减少，将该通光量定义为A_2，$A_2<A$。

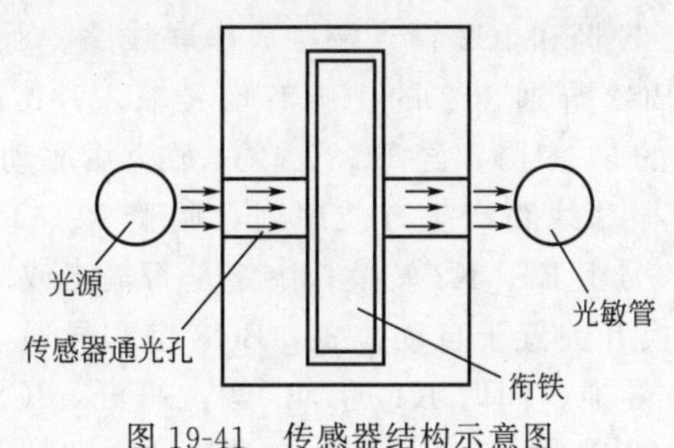

图 19-41　传感器结构示意图

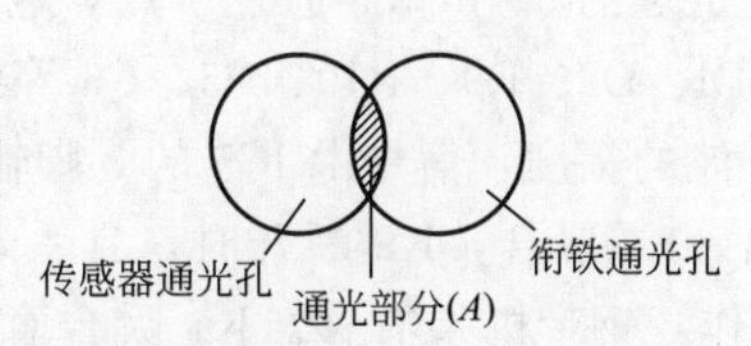

图 19-42　传感器和衔铁通光孔互相重叠的原始位置

2. 电气控制部分

钢带自动对中装置电气控制如图 19-43 所示，其控制原理是：当钢带中心线发生偏差、通光量A发生改变时，导致接收通光量的光敏电阻 RA 变化，从而由电阻 RA 驱动电气控制电路进行钢带自动对中。其电气控制系统具有以下具体功能：

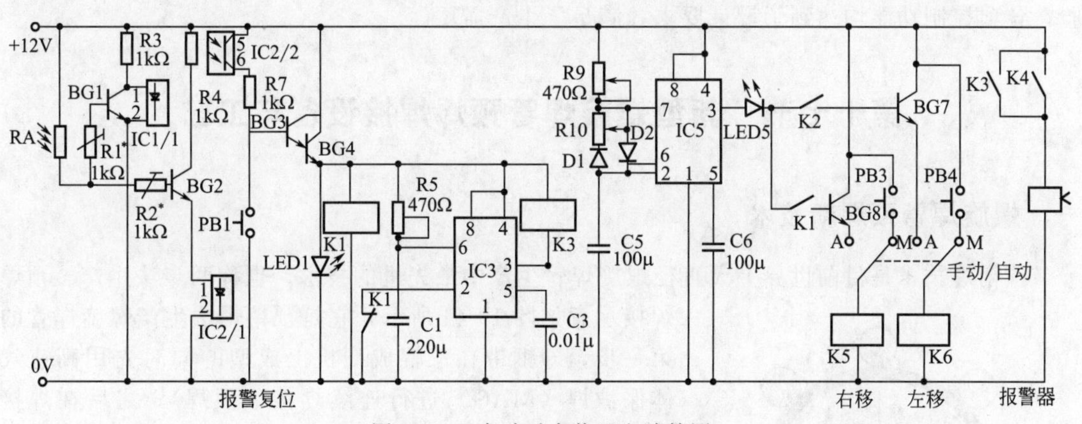

图 19-43　自动对中装置电路简图

① 处理传感器输入的信号。输出可调的方波信号用于驱动钢带机架液压电磁阀，使机架间歇移动以校正中心线。

② 提供超时正报警信号。当中心线偏离太大时，表示板宽已经超出允许偏差，或由于机械故障，校正失效，电路系统可发出报警信号，提示操作人员作出应变措施。

③ 自由操作功能。设置了手动操作功能，方便手动调整中心线。

二、自动对中装置应用调试

1. 初始值的设置

初次使用钢带自动对中装置时要进行初始值的设定，即当钢带中心线不发生偏差时，即传感器、衔铁在原始位置，此时的通光量A、光敏电阻 RA 阻值即为钢带自动对中装置传感器的钢带中心线标准值，调整可调电阻 R1、R2 使 BG1 保持导通，BG2 保持截止，IC1、

IC2 均无激发信号，K1、K2（由于篇幅有限，图 19-43 中没有画出左偏时 K2 的控制部分）不动作，电路不输出驱动信号，不发对中动作，初始值的设置调整完成。

2. 钢带对中的调试操作

当钢带中心线向右偏移、传感器通光面积增大即通光量增大（$A_1>A$）时，RA 接收光量增大，RA 阻值减小，BG1、BG2 的 B 极电流增大，BG1、BG2 均导通。由于 BG1 的 G、E 极和光耦 IC1 输入端接成并联线路，BG2 的 G、E 极和 IC2 输入端接成串联线路。所以，BG1 导通 IC1 的 1 脚无信号输入，IC1 不工作；BG2 导通 IC2 的 1 脚有信号输入，IC2 工作，致使 IC2 的 5、6 脚导通。+12V 电源从 IC2 的 5、6 脚，经 BG3、BG4 放大后驱动 K1 由 IC5、Dl、D2、R9、R10、C5、C6 等组成多谐振荡线路产生方波序列，调整 R9、R11，可改变方波的幅度，信号由 IC5 的 3 脚输出，该信号由 Kl、K2 转换，决定是否输出或向哪一路输出。K1 吸合，K2 断开时，且手动自动转换开关置于自动位置，BG8 饱和导通，驱动 K5 动作，钢带机架右移。K1 吸合意味着 IC3 导通，同时 K1 的 NC 触点打开，IC3 和 R5、C1、C3 组成的定时电路开始计时，定时器时间 T 由 R5、C1 时间常数决定，如校正时间超过，则 IC3 的 3 脚输出一个信号驱动 K3 蜂鸣器报警线路工作。

同理，可分析当钢带中心线向左偏移即通光量减小（$A_2<A$），RA 增大时电路的工作原理，这里就不再叙述。

该螺旋焊管机组钢带自动对中装置电气控制线路并不复杂，但解决了生产过程中的实际的问题，与国外同类设备相比具有结构简单、造价低廉、维修方便等特点。经过生产中的试验，各项控制功能均达到了设计要求，满足了生产需要。

第十七节 新型螺旋焊管预焊焊接设备与工艺

一、螺旋焊管预焊新技术

预精焊技术是目前世界上大直径螺旋焊管生产中最先进的技术，也称两步法生产。预焊焊接示意如图 19-44 所示，它是预精焊法生产螺旋焊管的第一步，即钢带在三辊成型机上成型的同时先用高速气体保护焊（MAG）进行连续焊接（预焊），之后在焊接进行的同时用等离子切割机将预焊后的钢管切割成规定长度，然后，将预焊钢管输送到多条生产线进行内外多丝埋弧精焊。

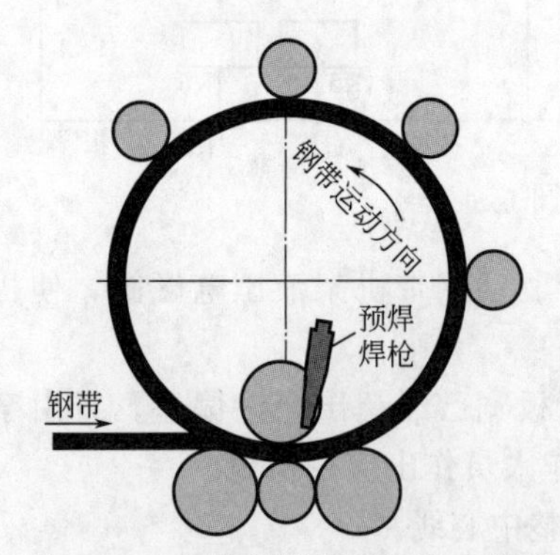

图 19-44 螺旋焊管预焊焊接示意图

这种方法摆脱了传统一步法螺旋焊管生产中成型机的成型速度必须和埋弧焊接速度同步的束缚，预焊速度很快，使得一条预焊生产线可以同时供应多条精焊生产线生产。该方法充分利用了成型和焊接的各自特点，实现了高速成型和低速焊接的有机结合，使生产效率得到大幅提高，而且由于钢管成型和埋弧精焊分开进行，解决了钢管成型和焊接相互干扰的问题。预焊后的钢管坡口两侧相对静止，埋弧精焊质量稳定。避免了传统螺旋焊钢管生产中焊缝容易出现热裂纹、夹渣等缺陷，同时也缓解了内焊埋弧焊缝的驼形焊道，容易得到高质量的焊缝。预焊作为螺旋焊管预精焊生产方法的第一步，在保持较高的焊接速度的同时，确保焊接质量。预焊的质量影响到后续精焊的质量，因而预焊工序要满足以下几点要求：

① 焊道要连续，外观成型要避免起伏过大，以利于后续精焊焊接质量的稳定。

② 保证焊缝有适宜的熔透深度和熔覆量，使预焊后的钢管既不开裂，又不影响精焊工序的焊接质量。

③ 保证有较高的焊接速度，使螺旋焊管的生产效率得到大幅提高。

二、预焊焊接的设备

预焊焊接设备主要包括焊接电源、送丝系统、大电流 MAG 焊专用焊枪保护气体供气系统、焊缝激光自动跟踪系统、焊枪三维跟踪调节滑板及焊枪夹持机构、控制系统等。

为满足大电流、粗丝、高速、连续预焊的要求，焊接电源采用两台进口 DC1000A 电源并联给同一根焊丝电弧供电，送丝及控制器采用与焊接电源相配套的专用控制器和送丝机，保证送丝过程稳定。采用 $Ar+CO_2+O_2$ 三元混合气体配比器。激光跟踪系统采用英国某公司的产品，跟踪精度达到±0.25mm。

焊枪三维跟踪调节滑板安装在成型机的 2 号悬臂上，焊枪夹持机构安装在三维滑板上，伸到 2 号悬臂前部焊缝处。

根据预焊焊接大电流的特点，预焊焊枪国内外均采用全铜质水冷专用焊枪。但是由于预焊过程飞溅较多，焊接一段时间后不得不停机清理飞溅粘渣，不仅增加工人的劳动强度，而且严重影响焊接过程的生产效率和焊接质量。为了解决上述难题，哈尔滨焊接研究所研制出了陶瓷复合喷嘴可自身旋转清渣的大电流 MAG 空冷焊枪，焊枪结构如图 19-45 所示。

该焊枪已申报国家发明专利。这种新型焊枪由于一次连续工作时间是原来的 5 倍左右，清渣时间由原焊枪的 15～20min 减少到 30s 左右，使螺旋焊管预焊生产效率提高了 20%以上。同时，由于新型焊枪为空冷焊枪，不必配备专用水冷系统，不仅拆装方便，而且节约了生产成本。

三、预焊焊接工艺

1. 焊接坡口形式

预焊的主要作用是钢管成型的定位焊，预焊焊缝虽然是起定位作用的工艺焊缝，在精焊工序时会全部熔化，但是预焊焊道的成形和熔透深度对精焊工序埋弧焊缝的成形和质量会产生很大的影响。特别是螺旋焊管内焊是在预焊焊缝基础上进行的焊接，预焊焊缝对坡口的填充量会严重影响内焊质量的控制。

例如，当预焊焊缝的填充量较大时会影响到激光跟踪的精度，严重时会使内焊焊缝严重焊偏，内部坡口填充过大，也会使焊道的余高较大，影响钢管的质量。因而，对于螺旋焊管的生产，坡口形式的选取很重要。螺旋焊管生产一般选择 X 形坡口，坡口形式如图 19-46 所示。对于薄壁管，坡口角度为 90°，钝边为 4mm，对于厚壁管，坡口角度小于 60°，钝边 6～10mm，内坡口角度一般小于外坡口角度。表 19-7 是钢管规格为 ϕ1219mm×18.4mm 的螺旋焊管坡口参数。

表 19-7 螺旋埋弧焊管坡口参数

钢管规格/mm×mm	坡口形式	钝边/mm	坡口角度		坡口宽度/mm	
			内焊	外焊	内焊	外焊
ϕ1219×18.4	X 形	6～7	30°±5°	40°±5°	6～8	8～10

图 19-45　陶瓷复合喷嘴可自身旋转清渣空冷焊枪

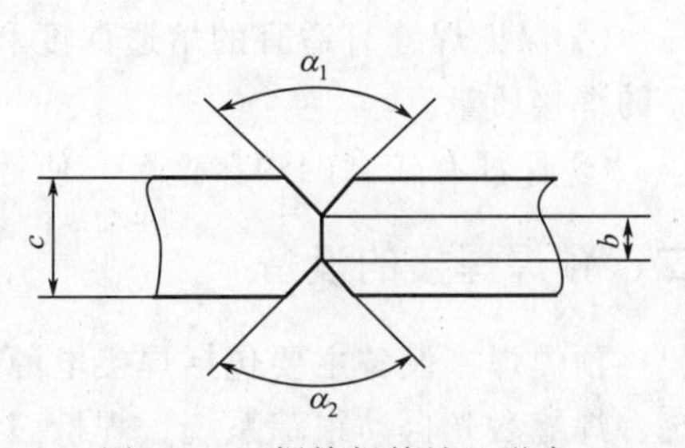

图 19-46　螺旋焊管坡口形式

2. 焊丝和保护气体的选用

预焊焊缝是起定位作用的工艺焊缝，可以采用常规的焊丝和保护气体，但前提是一定要不影响后续精焊焊缝性能。钢管的材质不同。所选用的焊丝不尽相同。例如 X80 管线钢采用特制的 CHW-60C 焊丝，如果采用常规焊丝或 CHW-50C 焊丝就可能使焊缝的硬度等指标不达标。保护气体根据焊接速度的不同也会有所变化，一般在焊接速度小于 4.5m/min 时，采用 Ar＋CO_2 二元保护气体，而当焊接速度超过 4.5m/min 时，一般采用 Ar＋CO_2＋O_2 三元保护气体，通过加入适当的 O_2 来增加焊接过程的稳定性。但是为了不影响精焊后焊缝的性能指标，O_2 的比例一般不超过保护气体的 5%，因为 O_2 含量较高时容易使焊缝的硬度不达标。

3. 焊接参数的制定

预焊焊接设备自 2009 年建成投产以来，生产了多批次西气东输二线专用大直径螺旋焊管。例如其主干线用管材质为 X80 管径为 ϕ1219mm 壁厚为 18.4mm，焊丝采用直径为 ϕ3.2mm 的 CHW-60C 焊丝。预焊焊接参数见表 19-8。其支线用管材质为 X70 管径为 ϕ1016mm 壁厚为 17.5mm，焊丝采用直径为 ϕ3.2mm 的 CHW-60C 焊丝。

表 19-8　西气东输二线专用大直径螺旋埋弧焊管预焊焊接参数

倾角/(°)	伸出长度/mm	气体流量(L/min)	气体比(Ar＋CO_2)	电流/A	电压/V	焊速/(m/min)
−2～0	25～35	70～90	80%＋20%	620～700	21～23	3.5～6.0

4. 预焊焊缝金相织及性能

按照表 19-8 所示焊接参数下预焊焊缝的断面（母材为 X80 管线钢），可以看出，焊缝成型良好。焊缝断面呈钟罩形，熔深 1.5～2mm，焊缝金属填充量合适，能够保证钢管的成型定位不开裂，同时也不会影响后续的激光跟踪和精焊质量。

通过焊缝的金相组织照片，可以看到焊缝的组织主要是板条马氏体，这种焊缝组织的形成可能与焊接速度较快及焊缝金属的冷却速度较快有关。由于板条马氏体不仅具有较高的硬度和强度，同时板条马氏体中的高密度位错是不均匀分布的，存在低密度区，为位错提供了活动的余地，而且其碳含量低，存在“自回火”效应，因而它也具有良好的冲击韧性，预焊焊缝组织不会影响后续精焊焊缝的各项性能指标。例如，表 19-9 为预精焊焊缝及热影响区的冲击性能。可以看出预精焊焊缝和热影响区在−10℃的冲击功平均值分别为 161J 和 158J。远远高于标准要求。两者的剪切面积平均值分别为 65%和 64%，也都满足标准要求的“焊缝剪切面积大于 40%，热影响区剪切面积大于 30%”，因此，表 19-8 的焊接工艺参数适合

X80管线钢的螺旋焊管预焊工序。

表 19-9 预精焊焊缝及热影响区冲击性能

项目	温度/℃	冲击功/J				剪切面积/%			
		焊缝		热影响区		焊缝		热影响区	
		单值	平均值	单值	平均值	单值	平均值	单值	平均值
实测值	−10	153,162,168	161	155,155,164	158	63,65,66	65	63,63,65	64
标准要求	−10	≥60		≥80		≥30		≥40	
检验结果	合格								

四、新型预精焊接工艺结论

为提高螺旋焊管焊接质量和生产效率，哈尔滨焊接研究所研制出了螺旋焊管预焊和精焊焊接设备与工艺，经过半年多的应用，达到了预期的目的。

① 预焊工艺。采用粗丝（ϕ3.2mm），大电流（650～1000A)MAG焊接，实现了3.5～6m/min的高速焊接。

② 制出了陶瓷复合喷嘴自身旋转清渣大电流MAG焊空冷焊枪（已申报国家发明专利)，该焊枪一次连续工作时间是原焊枪的5倍左右，清渣时间由15～20min减少到30s左右，生产效率提高20%以上，并省去了水冷系统。

③ 设备与工艺经过半年多的生产应用，实现了螺旋焊管预焊的连续生产，经后续埋弧精焊后的钢管，比传统螺旋焊管生产（一步法）的产品有明显的优势，焊接质量稳定性得到很大提高，避免了埋弧焊缝热裂纹、夹渣等缺陷，埋弧内焊的驼形焊道得到了有效缓解，同时生产效率是传统螺旋焊管生产方法的2倍以上，实现了螺旋焊管预、精焊设备的国产化。

第十八节 色玛图尔固态高频电源在钢管生产中的应用

高频电源功率开关器件主要有晶闸管、IGBT和MOSFET。感应加热电源功率器件在中频频段（1～8kHz）主要采用晶闸管，超音频频段（10～50kHz）主要采用IGBT，而高频频段（100～400kHz）主要采用MOSFET大容量、高频化的固态高频电源。

一、色玛图尔固态高频电源的工作原理

色玛图尔固态高频电源采用交-直-交变频结构。三相380V电源经电源柜中的全自动电路断路器和变压器降压后，送入电源柜中的整流器，整流器采用三相晶闸管全控整流桥，通过控制晶闸管导通延长角α，达到调节电源输出功率大小的目的，整流后的直流电压经滤波环节送入高频逆变器，由高频逆变器逆变产生单相高频电源送入谐振电路，经磁芯电抗器、板式电感和感应器输出高频能量，完成钢管的焊接，系统电气原理如图19-47所示。

二、色玛图尔固态高频电源的特点

随着HFW钢管生产线自动化水平及其对焊接电源可靠性要求的提高，HFW焊管焊接电源向智能化控制方向发展，具有计算机智能接口、液晶显示屏人机界面、远程控制、故障自动诊断等控制性能的焊接电源成为HFW钢管生产线的发展目标。

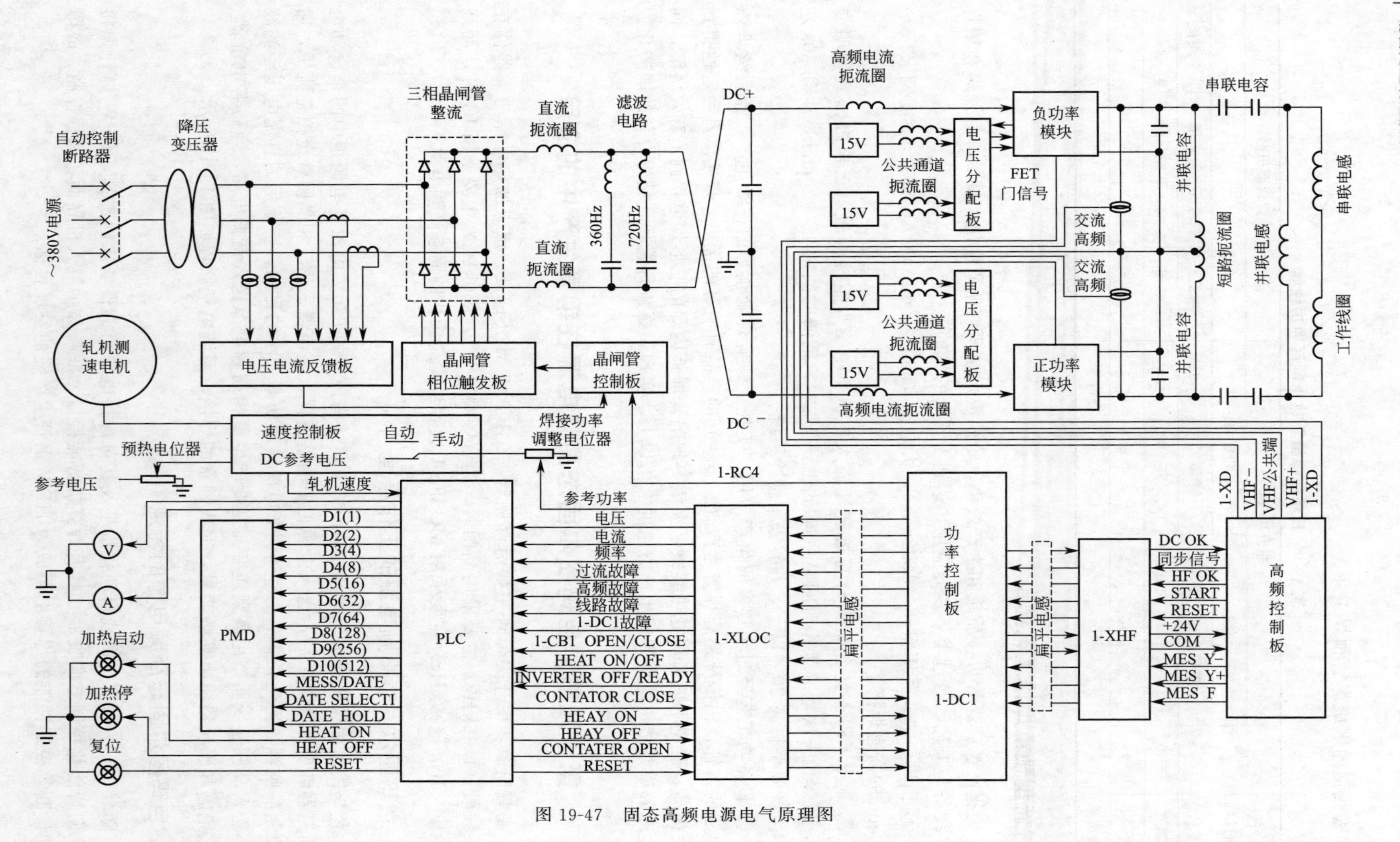

图 19-47 固态高频电源电气原理图

1. 水冷系统

安全、可靠的水冷系统是固态高频电源正常稳定运行的前提和关键，特别是作为高频电源功率元器件和输出电源的载体——桥臂的冷却质量。直接关系到系统的正常稳定运行，色玛图尔固态高频电源拥有稳定可靠的水冷系统及相应的故障保护和报警系统，其主要特点如下：

① 采用相互隔离的内外循环水冷却系统。外循环系统采用传统冷却塔的方式，为内循环水冷却提供充足的携热介质，即经冷却的外循环水（低于 30℃）。内循环采用全封闭式循环冷却，杜绝杂物引起的管路堵塞，封闭式循环水耗量很小符合环保节能的要求。

② 循环采用软水循环冷却，无水垢生成引起的功率元器件及输电桥臂的过热损坏现象。

③ 热效率高，运行成本低。

④ 系统配备有完善的保护和报警系统，对诸如循环水流量不足，循环水、电源柜、控制柜温度过高等现象可进行设备保护动作并提供相应的维护信息。

2. 控制系统

色玛图尔固态高频电源的系统工作状态和故障信息通过 PLC 输出信号。在操作台的可编程信息显示装置（PMI）上显示，方便了操作和维护人员的工作，降低了故障处理难度，提高了设备作业效率。

3. 速度-功率闭环控制系统

色玛图尔固态高频电源拥有完善的速度-功率闭环控制系统。该控制系统采取手动、自动两种方式对焊机的输出功率进行调节。确保焊机在不同工作方式下稳定可靠工作，在需要采用手动操作方式对焊机输出功率和工作状态进行调整（如焊机调试阶段）时，通过操作面板上的焊接功率调整点位器及一些操作旋钮就可以达到目的。在自动运行工作方式下，安装于轧机成型传动轴上的轧机测速电机将钢管成型速度实时传送给速度控制板，速度控制板将这一信息传送给 PLC 的模拟量输入模块，PLC 通过运算将转化后的整流信号传送给功率控制板对焊机的输出功率进行控制。为了适应不同的焊接工艺要求，焊机在自动运行方式下设有预加热及温度控制功能。图 19-48 为不同预加热和焊接温度设定情况下，固态高频焊机输

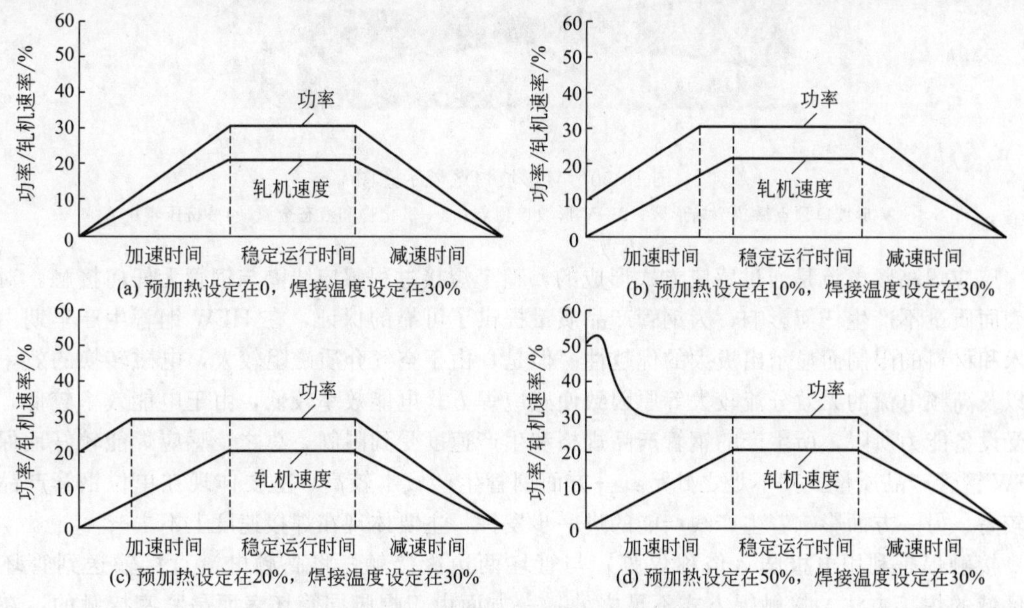

(a) 预加热设定在0，焊接温度设定在30%

(b) 预加热设定在10%，焊接温度设定在30%

(c) 预加热设定在20%，焊接温度设定在30%

(d) 预加热设定在50%，焊接温度设定在30%

图 19-48 固态高频焊机输出功率趋势示意图

出功率随轧机运行时间的改变趋势图。

三、色玛图尔固态高频电源的应用

根据电源设备向管坯传递能量方式的不同，HFW 钢管焊接方法有接触焊和感应焊，两种焊接方式各有特点。扬州某公司引进美国色玛图尔固态高频电源具备接触焊和感应焊双重功能，这两种功能通过其控制系统的转换开关来进行转换。

1. 感应焊与接触焊

感应焊是高频电源流过感应线圈，在轧机成型好的管坯中感应出高频电流，接触焊则是将高频电流由高频电源接触电极——接触脚直接输送到管坯上。两种方法都是将高频电流引向管坯，通过高频电流的趋肤效应和临近效应在管坯 V 形坡口聚集使管坯边缘瞬间被加热到焊接温度，使金属分子迅速扩散产生再结晶，并在 V 形坡口顶端用压辊以锻焊方法焊在一起。焊接原理如图 19-49 所示，V 形坡口区域如图 19-50 所示。

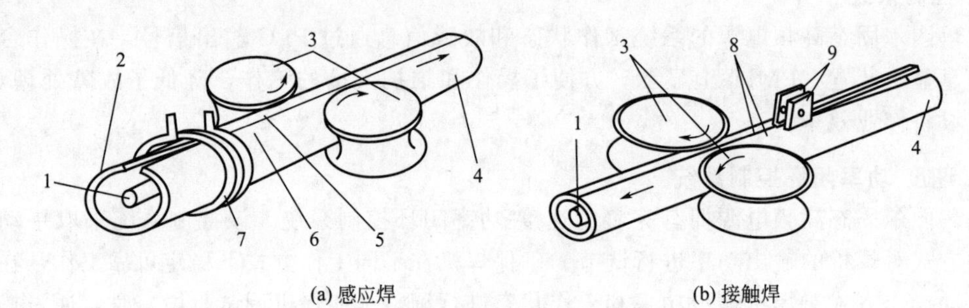

(a) 感应焊　　(b) 接触焊

图 19-49　感应焊与接触焊原理示意

1—磁棒；2—循环电流；3—挤压辊；4—钢管；5—焊接点；6—电流通路；7—感应线圈；8—焊接电流；9—高频电源接触电极

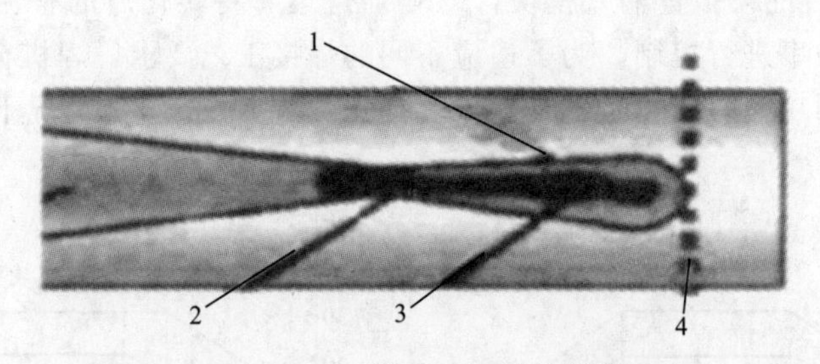

图 19-50　V 形坡口区域示意图

1—V 形坡口顶点后狭窄扇形区；2—V 形坡口顶点；3—氧化物和液态金属；4—挤压辊中心

感应焊高频电流是通过感应方式形成的，整个焊接过程感应线圈与钢管无任何接触，对钢管表面质量不产生任何影响，为钢管产品质量提供了可靠的保证，在 HFW 钢管生产早期由于技术和材料的限制而显示出极大的优越性。但是，由于空气介质磁阻较大，电磁转换的效率问题以及高频电流的无效分流较大等原因致使感应焊方式电能效率较低，由于电能效率较低，以及受设备能力所限，所生产的钢管产品规格和生产速度受到限制。总之，感应焊能较好地保证 HFW 钢管产品质量，其不足之处是：一方面钢管生产成本较高，主要体现在单位钢管产品能耗较高；另一方面影响着生产线产能的进一步发挥，主要体现在焊接速度上不去。

接触焊是利用电极腿（俗称焊脚）与管坯两边缘接触，将高频电流直接输送到管坯 V 形区域的焊接方法。接触焊方式不足之处：一方面由于焊脚同管坯表面是紧密接触的，在管坯前进中由于钢管成型不稳定及管坯表面的不平整引起跳动使电极与管坯表面产生电火花造成管坯表面及焊脚表面烧损；另一方面焊脚磨损后的粉末带入焊缝，易造成焊缝质量不合格，另外，触头损耗也会增加钢管生产成本。早期由于技术和材料所限，这几乎成为接触焊技术应用的一道不可逾越的鸿沟。随着技术的进步和各种合金材料的广泛应用、这些问题得到了较好的解决。接触焊技术日渐体现出其较感应焊的优越性。

① 接触焊焊接方式单位钢管产品的能耗较小。因为高频电源通过电极腿直接输入到V形区。高频电流的无效分流较小，热效率得以显著提高。图19-51为色玛图尔固态高频电源在采用接触焊与感应焊同焊速下进行不同壁厚HFW焊管生产时电能损耗情况的比较。由图19-51可知，随着钢管壁厚的增加，接触焊方式的节能效果越来越明显。

② 接触焊方式容易缩短V形口的长度，钢管焊缝的热影响区较小，这对于提高HFW钢管焊缝质量有积极的作用，图19-52为渤海石油石油装备钢管制造公司在相同材质、相同技术条件下采用接触焊与感应焊焊接的钢管（ϕ457mm×14.2mm材质为I415MB）焊缝低温冲击性能的比较。由图19-52可见接触焊方式焊缝低温冲击韧性明显好于感应焊，并且数值离散性小。

③ 由于热效率高，V形区电流密度大，加热速度快这样可显著提高HFW钢管焊接速度。

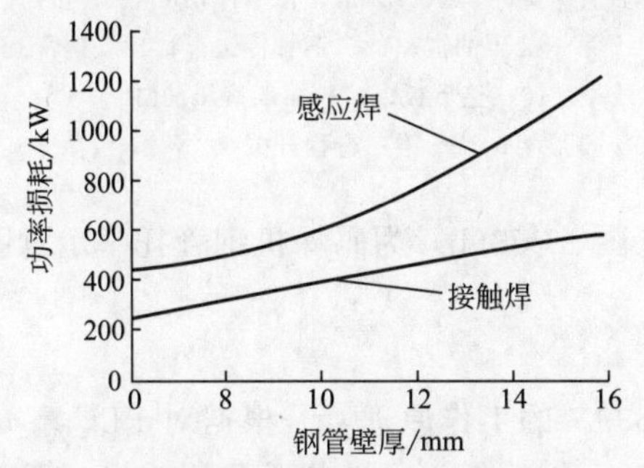

图19-51　接触焊与感应焊功率损耗对比图

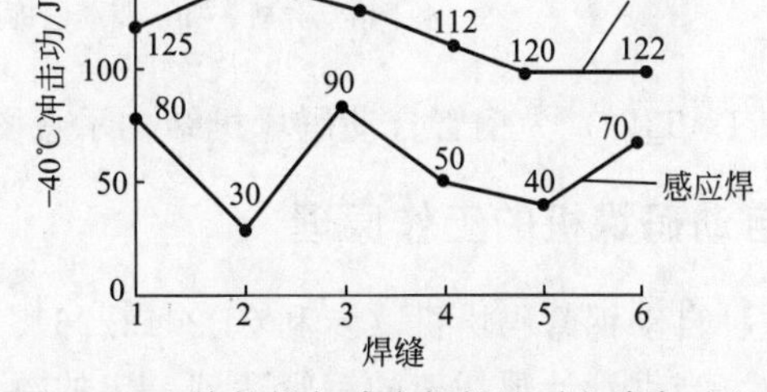

图19-52　接触焊与感应焊焊缝夏比冲击对比

2. 接触焊技术的应用

近年来，随着越来越多的HHW钢管生产线的投入运行，国内外HFW钢管市场竞争日益激烈，HFW钢管的利润率一步降低。开发新技术降低HFW钢管生产成本已成为摆在HHW钢管生产企业面前的必须解决的课题，作为降低单位产品能耗的首选技术。接触焊技术的开发和应用迫在眉睫。渤海石油装备钢管制造公司下属某公司，适时地成立了接触焊技术研发与应用小组，采用与国外合作的方式，对接触焊技术进行研究和应用实践。经过一年多的努力，通过对焊脚合金材料进行试验和改进。改进焊脚接触方式以及调整焊脚与管坯接触压力等多种办法，取得了较好的成效，并长期稳定应用于实际生产。接触焊焊管的冲击韧性优于感应焊（图19-52）。

第十九节　一种钢管自动码垛机

一、钢管自动码垛机的结构

钢管生产完毕后出于储存、运输等各方面的需要，需要进行打捆，传统的方法是：首先把钢管放入V形钢支架框架内，摆放为正六边形，随后人工按技术要求进行钢带包装、锁扣（或焊接），完成包装工序。这速度慢、费工费时。现在借鉴国外先进技术开发出新型一种自动码垛机，通过PLC编程和机械设施完成打捆工作。下面结合图19-53自动码垛机结构示意图说明一下。

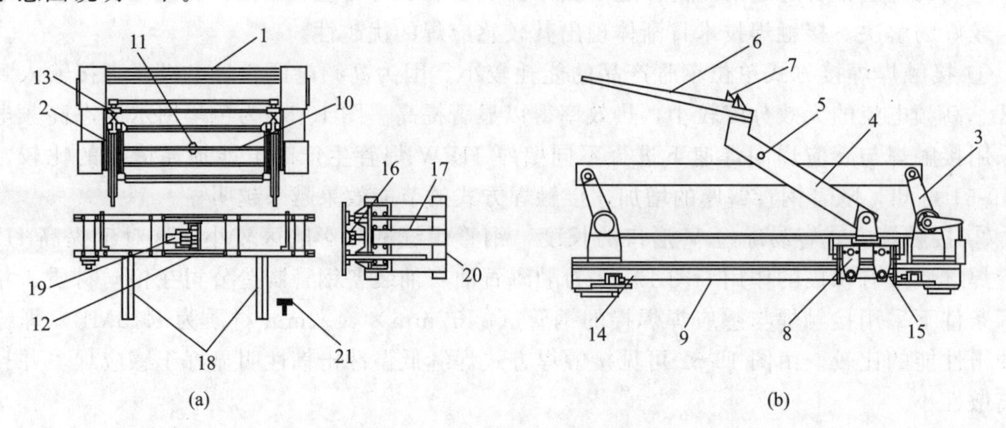

图19-53　自动码垛机结构示意图

1—钢管传送带；2—钢管计数托架；3—四连杆；4—升降杠杆；5—支点；6—钢管托举杆；7—钢管止挡；8—升降杠杆电机驱动装置；9—滑轨；10—连接轴；11—第一液压油缸；12—钢管传送车；13—钢管计数传感器；14—第一行程开关；15—第二行程开关；16—整形板；17—第二液压油缸；18—水平滑动导轨；19—驱动电机；20—整形架；21—第三行程开关

图19-53(a) 为钢管自动码垛机结构示意图，图19-53(b) 为码垛机钢管托举示意图。

二、自动码垛机的工作原理

这种自动钢管码垛机（专利ZL201320640988.9）的工作原理，是根据对PLC事先设定的参数，当钢管计数托架的钢管达到一定的数量时，钢管托举平送装置开始动作，第一液压油缸启动使上连杆处于最高位，一对钢管托举杆将钢管托起，升降杠杆电机驱动装置带动钢管托举杆沿滑轨平移钢管，达到位置后，触动第一行程开关，第一液压油缸启动使上连杆下降，钢管托平装置将钢管送至钢管传送车上，之后升降杠杆电机驱动装置沿滑轨回位，触动第二行程开关停止待命，同时启动顶齐装置的第二液压油缸使钢放置在钢管传送车上的钢管端部整齐，之后，驱动电机启动，当钢管传送车沿水平滑动导轨移动与其他钢管传送车连接上时，第三行程开关被钢管传送车触动，钢管传送车停车，并启动钢管输送装置将钢管送出。通过自动打捆装置用捆带将钢管捆扎牢固，完成整个工作程序：镀锌钢管→取料→计数→转送→托起送料→码垛→小车输送→自动打捆。如图19-54为自动码垛机装置，后续通过其他设备对钢管进行打捆工作。

这种全自动钢管码垛机，能够实现在线对钢管进行连续的、不间断的自动收集码垛、自动捆扎成形，节省了用工人数。同时，有效地减少了钢管之间的碰撞，降低噪声，进而降低了安全隐患。钢管打包机外形尺寸：14m×6.0m×1.7m；总功率：18kW；作业速度：50～120m/min 。其中自动捆扎机工作系统的技术参数为：

① 打捆钢带宽度：32mm。

② 打捆钢带厚度：0.8～1.0mm。

③ 钢带张紧力：最大20000N。

a. 连接处的强度约为钢带自身强度的80%。

图 19-54　全自动钢管码垛机

b. 短时耗气峰值（max）：2.5m^3/min。

c. 连接方式：免咬扣冲眼式。

三、打捆头的工作程序

前面主要介绍了码垛机的工作程序，下面介绍打捆机打捆头的工作流程和工作步骤。打捆机头的工作流程如下：

送带→抓紧→收带→拉紧→咬扣、切断→复位。下面对每个步骤进行详细的说明，有利于实际操作。

1. 送带步骤

送带过程是打捆头驱动钢带沿导带通路围绕钢管捆一周，然后钢带重新回到打捆头处，钢带在咬扣单元处产生一段重合段的过程。送带过程中打捆头各个部件的动作状态如图 19-55 所示，送带的详细过程如下：

① 系统检测到外部输入的打捆启动信号，如钢管捆进入打捆工位，触发到位信号或由上级系统提供的打捆允许信号。

② 由电磁阀控制的气马达启动。

③ 气马达通过齿轮箱，驱动送带摩擦轮高速旋转，进而驱动钢带高速运动。送带轮驱动带子沿打捆头内部的导路穿过钢带矫直器和咬扣单元，进入导带通路，并围住钢管捆。钢

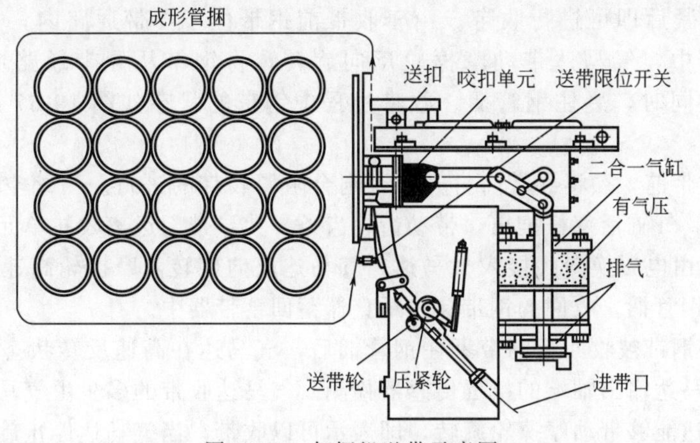

图 19-55　打捆机送带示意图

带头重新进入打捆头时，触发钢带头检测传感器。

④ 钢带头触发检测传感器后控制系统启动计时器，同时，气马达齿轮箱进行变速，气马达输出转速降低，使送带进入低速状态。

⑤ 系统计时结束后，电磁阀关闭，停止气马达，送带结束。此时，钢带头和原来的钢带重叠在咬扣单元的钢扣处。重叠段钢带长度由系统计时控制。如果由于摩擦轮的惯性或压缩空气的膨胀性，在切断气马达气源后钢带不能立即停止，则可以同时接通两个控制气马达的电磁阀，同时接入两个气马达进气口，片刻后，切断电磁阀气源。

⑥ 气马达和齿轮箱停止旋转。

2. 抓紧钢带步骤

这个过程是二合一气缸中的小气缸工作，带动咬扣单元动作，使钢扣产生预变形，进而握持住钢带头的过程。抓紧时打捆头中各个部件的动作状态如图 19-56 所示，具体过程如下：

① 二合一气缸中的大气缸接通大气，气缸活塞处于自由状态。

② 二合一气缸中的小气缸接入压缩空气，启动活塞，进而推动大气缸活塞，咬扣单元的咬爪进入抓紧位置，触动中限位开关 2＃时活塞停止动作。此时咬爪作用于钢扣，使钢扣产生预变形，钢带头被卡紧。

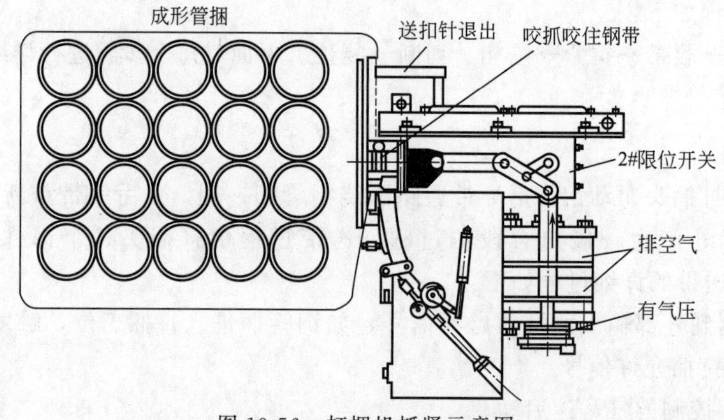

图 19-56　打捆机抓紧示意图

3. 收带步骤

钢带头被卡紧后即可进行收带。由于收带前钢带位于导带通路内，并没有裹住钢管捆。在收带过程中，气马达带动摩擦轮反向旋转，将钢带从导带通路中拉出，钢带在被打捆头回收的同时，裹住钢管捆。收带过程中钢带的状态如图 19-57 所示，具体过程如下：

① 在进行收带前，须将导带门打开，否则会阻碍收带的进行。压缩空气由电磁换向阀接入导带门气缸，气缸活塞杆推出，带动齿轮齿条，使导带门远离咬扣单元。

② 压缩空气由电磁换向阀接入气马达，气马达反向旋转，摩擦轮高速收带，将带子拉出导带槽，裹住钢管捆。收回的钢带穿过矫直器蓄回蓄带器中。

③ 当多余的钢带被收回且钢带裹住钢管捆后，气马达在高速反转状态下被迫停止。停止状态由位于气马达输出轴端的接近传感器检测。气马达收带的多少由气马达的驱动状态决定，即只要气马达能够带动摩擦轮旋转，即表示可以收带，当气马达停止旋转时，则表示收

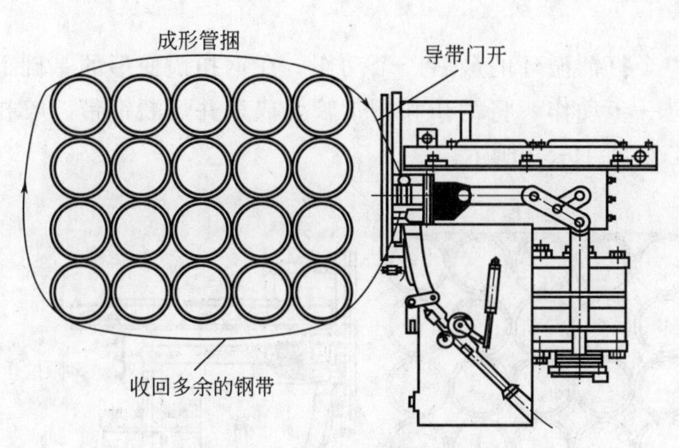

图 19-57 打捆机收带示意图

带完成。这是由于钢带或钢管捆径的不同，很难有一个统一的标准来决定收回多少钢带。较大捆径的钢管捆需要收回的钢带较少，而较小捆径的钢管捆需要收回的钢带较多。若以较大的钢管捆为收带标准，在小捆径钢管捆打捆时，在下一阶段的钢带抽紧过程中，由于气马达处于低速状态，则需要较多的时间来收回剩余的钢带，从而延长了打捆的周期，这对提高打捆机的工作效率是不利的。

4. 收紧步骤

钢带的收紧过程是在收带的基础上继续反向抽带的过程，使钢带紧紧地捆紧钢管捆。钢带的收紧过程是在气马达低速旋转的状态下进行的，这样可以使气马达在相同的功率下产生较大的输出扭矩，从而产生更大的拉力，消除钢管之间的间隙，捆紧钢管捆。收紧后钢带的状态如图 19-58 所示。

① 气马达输出轴状态监测传感器检测到收带结束后，自动转入收紧过程。收紧前先进行气马达变速调节，使气马达的输出轴处于低速状态。气马达变速齿轮箱的变速调节也是靠气动元件来执行和控制的。

② 气马达齿轮箱进行变速调节后，气马达转入低速状态，慢速拉紧钢带。当钢管间的间隙被拉紧的钢带消除后，气马达停止，同时触发气马达输出轴状态检测传感器，收紧过程结束。但气马达的压缩空气一直保持接通状态，以保持钢带的拉紧力，直到钢带被切断。

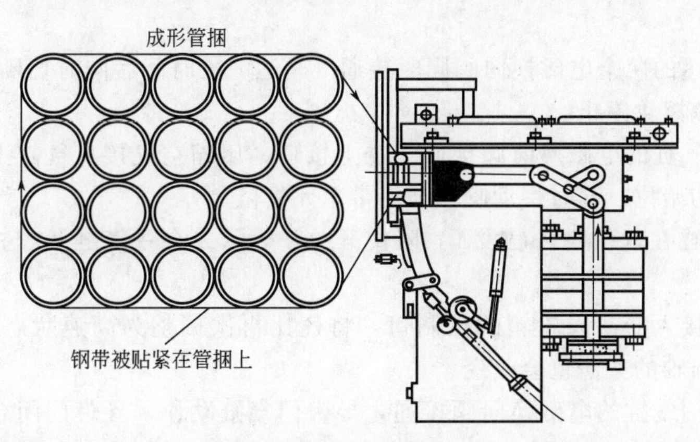

图 19-58 打捆机收紧示意图

5. 咬扣与切带

咬扣与切带是整个打捆循环的最后一个动作。在钢扣预变形的基础上，咬扣单元在二合一大气缸的控制下进一步动作，将钢扣和钢带咬合成型并切断钢带。咬扣与切带时打捆头中各个部件的动作状态如图 19-59 所示。

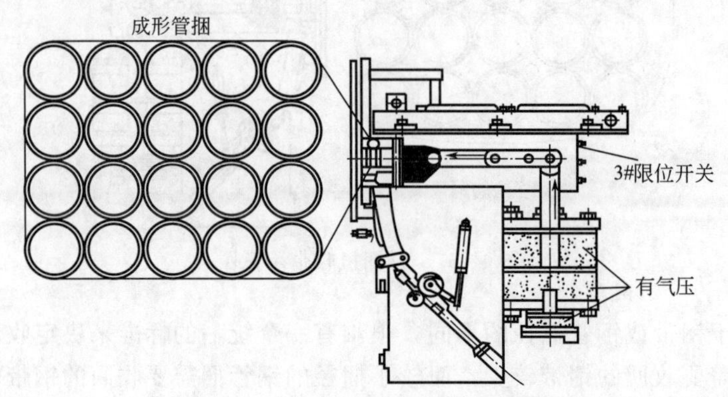

图 19-59　打捆机咬扣与切带示意图

① 在钢带的抽紧过程中气马达输出轴状态检测传感器检测到气马达停止转动后，拉紧钢带结束，同时这也是咬扣与切带动作的启动信号。

② 电磁换向阀接通二合一大气缸，活塞推动咬扣单元动力传动连杆机构，咬扣单元完成钢扣与钢带咬合冲剪动作，钢扣与钢带相互剪切嵌入而锁紧。

③ 同时移动切刀随同动力传动机构推出，切断钢带。

④ 触动限位开关 3＃，表示完整的做扣状态已完成。

在钢带的剪切过程中，移动切刀对钢带产生一个很大的冲切力，所以在钢带的矫直器位置钢带会产生折痕。如果不对这一段钢带进行重新矫直，对后续的送带影响很大，大大降低了送带的成功率。其解决的办法是在咬扣与切断单元切断钢带后气马达继续定时低速旋转，钢带继续收回，通过矫直器，对产生折痕段的钢带重新进行矫直，消除钢带折痕。

6. 打捆系统复位

一个完整的打捆循环结束后，打捆头中的各个执行机构处于工作状态。在进行下一个打捆循环前，必须将这些执行以及控制元件进行复位。打捆循环结束后，需要复位的机构包括气马达及变速箱、咬扣与切带单元（二合一气缸）、导带门机构以及送扣机构等。复位的整个过程如下：

① 控制气马达的两个电磁换向阀同时接通气马达一段时间后同时切断控制阀，气马达，齿轮箱以及送带摩擦轮停止。

② 二合一大气缸的电磁换向阀接通气缸上接口，压缩空气接入气缸上部，二合一气缸的大小活塞恢复初始位，同时带动咬扣与切带单元复位。

③ 二合一气缸在复位时，触发 1＃限位开关，表示二合一气缸及咬扣与切带单元复位完成。

④ 压缩空气接入变速齿轮箱的控制口，将速比再次调整为高速状态，以备下次循环，同时齿轮箱的输出轴的方向也会改变。

⑤ 控制导带门气缸的电磁换向阀接通，导带门气缸动作，导带门闭合，形成完整闭合的导带通路。

⑥ 控制送扣气缸的电磁换向阀接通，送扣气缸动作，将一个钢扣送入咬扣与切带单元。

以上六个执行元件必须每个都完成复位后才能满足整个打捆头的复位条件，任何一个执行元件复位不完全都有可能导致新的打捆循环失败。复位完成后打捆头中各个部件的状态如图 19-60 所示。

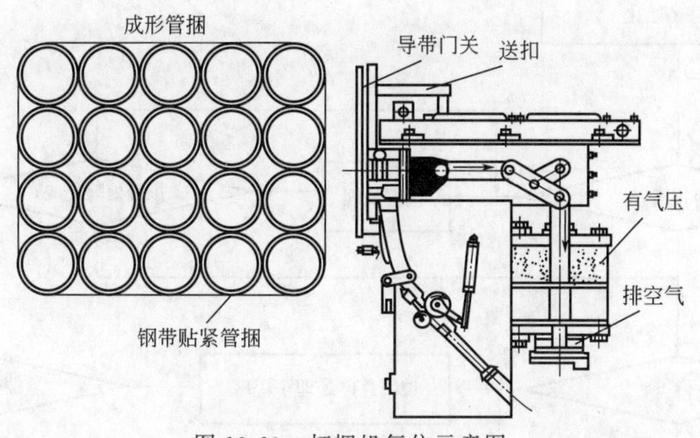

图 19-60　打捆机复位示意图

四、打捆机的 PLC 控制程序

全自动钢管打捆机的 PLC 控制程序设计采用了模块化程序结构。在程序的控制实现过程中，根据打捆机的打捆工艺流程设计，将其中相对独立的动作或动作组设计出一个单独的功能块（FB/FC），可以供其他程序（OBI 等）调用，大大改善了程序的层次结构性，提高了程序的可读性和通用性，更加便于维护管理。

PLC 控制系统主控流程如图 19-61 所示，控制程序在主体框架上分为三个模块，相应对应三种操作模式。

考虑到打捆机易于操作和维护的需要，在打捆机操作模式上，分为自动打捆操作模式、手动分步打捆操作模式以及元件测试操作模式。

1. 自动打捆操作模式

自动打捆模块（模式）用于打包机的正常全自动化打捆生产，除了钢扣的添加和钢带盘的更换需要人工干预外，其余工作全由控制系统执行完成。

2. 手动分步打捆操作模式

手动分步模块（也即半自动模块或模式）用于打捆机工艺调试和试运行，设计并检查每个打捆步骤。送带、抓紧、收带、抽紧、咬扣与切带以及复位六个相对独立的工作循环可进行单独的工作循环测试，由控制面板电气按钮控制。如送带循环可以单独执行来检查送带过程是否可以正常进行。手动分步模式控制流程与自动流程基本相同，但每个单独循环的执行需要人工给出执行命令。

3. 元件测试操作模式

元件测试模块（模式）用于检查和测试各个独立工作元件的动作的执行情况。如检查某个电磁阀对相应的气缸的控制是否正常等，便于故障检测和排除，即可对单个的执行元件进行“点动”测试，以避免在非正常情况下做连续的打捆动作可能出现的对打包机元器件的破坏。在控制程序的设计中，充分利用了控制面板的电控按钮，可以对每个单独的执行元件进

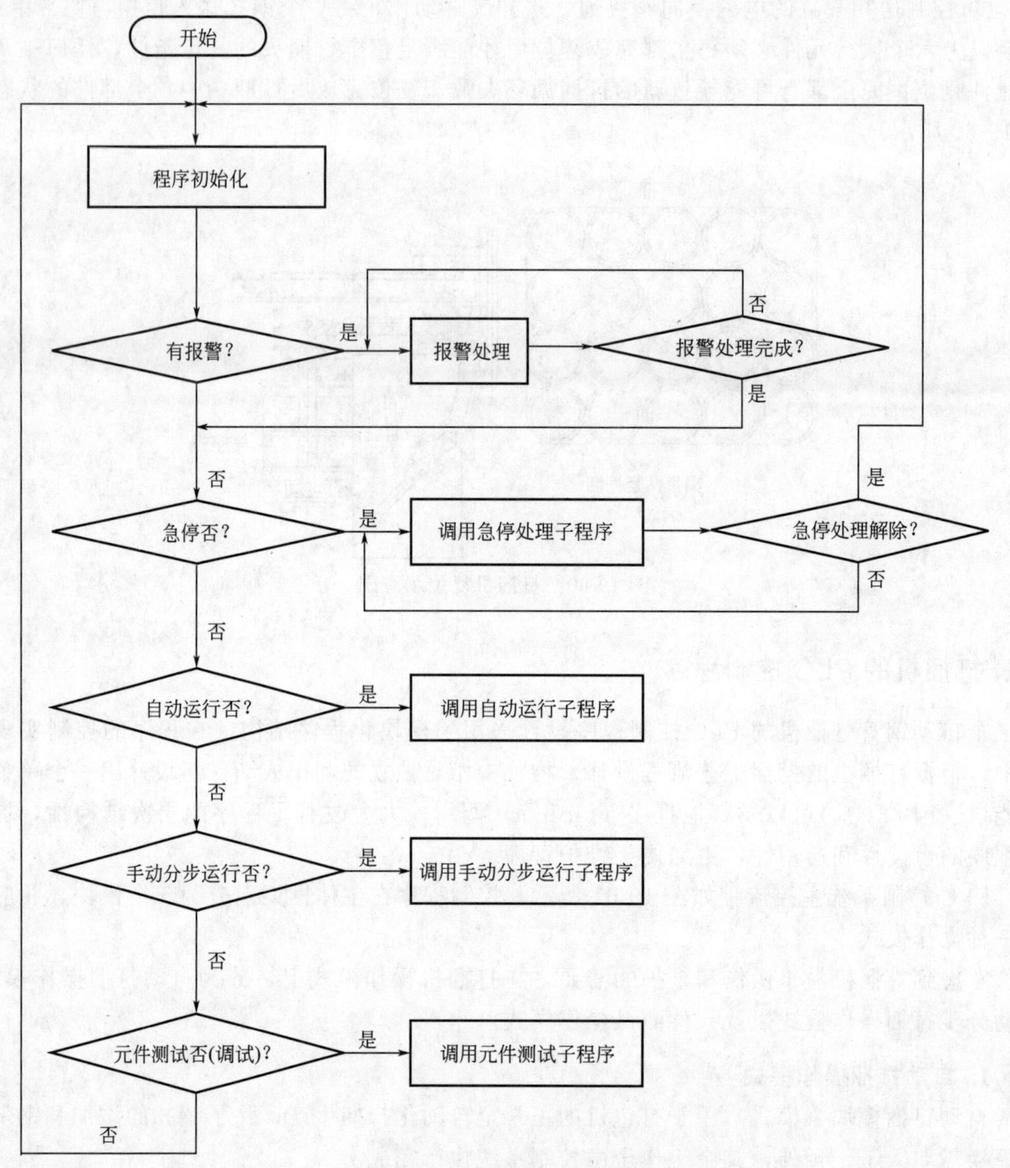

图 19-61 控制系统主控流程

行控制。

蓄带电机点动放带和收带：由于蓄带电机是抱闸电机，所以在钢带盘的更换及钢带头经蓄带机构牵引到打包头时必须点动控制蓄带电机，适当收放钢带。

气马达的点动收带和放带：气马达的点动可以检测钢带在导带通路中的运动状态和稳定性，以及测试钢带在经过矫直器后钢带头段的弯曲程度，这对于钢带能否顺利通过导带通路也是很重要的。

二合一（双行程）气缸的控制：二合一气缸的控制可以检查钢扣与钢带的咬合成型以及钢带的切断，从而检测咬扣与切带单元是否正常工作或失效。

五、PLC 程序的控制流程设计

根据全自动钢管打捆机生产工艺流程，整个打包过程可分解六个步骤：送带、抓带、收带、抽紧、咬扣与切带、复位。分别将这六个步骤设计成独立对应的子程序，即功能模块FC，供手动分步模块和自动模块组织调用。下面将对这六个主要的功能模块进行详细的介绍。

1. 复位功能模块（FCO）

复位功能模块实现的功能是打捆机初次运行的状态初始化和每个打包过程循环结束后各个动作执行元件的复位，以及故障排除后系统的重启和状态复位等。正常情况下，一个打包循环结束后，复位的允许条件是咬扣与切带动作的完成，其完成信号有二合一气缸的活塞杆位置检测接近开关（3♯）触发，需要复位的动作包括：

① 蓄带复位。当一个打包循环结束后，一定长度的钢带被消耗，蓄带器中的钢带长度将不足以满足下一次打包所需的钢带长度，故在打包机进行下一次送带前需要重新蓄带。蓄带工位中设置有上、中、下三个接近传感器来检测活动蓄带轮（组）的位置。当最上面的接近传感器检测到活动蓄带轮时，表示蓄带长度不足，必须停止送带。否则会造成钢带驱动气马达和抱闸制动电机之间的矛盾。这种现象是由送带过程中钢带头检测接近传感器的失效而引起的。正常情况下，蓄带完成后的活动蓄带轮应该使中位的接近传感器触发，表示蓄带完成，这也是打包头允许送带应满足的条件之一。而下位接近传感器表示蓄带过长，蓄带电机可以反向旋转回收钢带使蓄带器中保持正常长度的钢带。

② 打包头升降复位。在打捆过程中，收带、抽紧、咬扣与切带几个动作是在打包头解决近钢管捆表面的时候进行的。在打捆完成后，为了钢管捆的径向移动以及打包机执行元件的复位，打捆头必须在升降气缸的作用下脱离钢管捆表面，其上升的位移由气缸的磁感应位置传感器检测，并由相应的电磁换向阀控制。

③ 二合一气缸复位。当二合一气缸的3♯磁感应位置传感器触发时表示咬扣与切带单元已将钢扣和钢带咬合成型，并切断钢带。此时控制咬扣与切带单元的二合一气缸随即反向通入压缩空气，使咬扣与切带单元恢复初始位置。咬扣与切带单元位于初始位置时二合一气缸活塞触发1♯磁感应位置传感器，并表示复位完成。

④ 送扣与导带通路闭合。将钢扣从扣盒送入咬扣单元。这一动作由送扣气缸来完成，钢扣送入咬扣单元后，送扣气缸的磁感应位置传感器触发座位送扣完成的标志信号。同时，导带通路闭合，接通导带槽的打捆头位置。导带通路的闭合是由导带门气缸控制的。导带通路闭合完成信号由导带门控制气缸的磁感应位置传感器提供。

⑤ 气马达复位。气马达的复位包括两部分：一是控制气马达旋转的两个电磁阀同时接通1s后断开，即制动气马达；二是气马达变速机构的复位，由于在钢带的抽紧过程中气马达处于低速状态，在开始下一次送带前，将气马达变速机构进行重新转换成高速模式。

2. 送带功能模式(FCI)

送带功能是钢带在气马达的驱动下，钢带头经打捆头，沿导带通路围绕钢管捆一周后重新回到打捆头处，在到达咬扣单元前触发钢带头检测接近开关传感器，由快速送带转换为慢速定时送带，定时结束后，钢带在咬扣单元处产生一定长度的重合段。这里需要一个气马达由高速转入低速的变化，主要是为了便于钢带重合段长度的控制，不至于重合段钢带过长，浪费钢带或重合段长度不够，造成脱扣。

3. 抓带功能（FC2）

送带结束后，钢带头重新回到打捆头处并产生一定长度的重合段，二合一气缸的第一级气缸动作，咬扣单元的咬爪握住钢扣并使钢扣预变形，从而卡紧处于重合段下层的钢带头，而上层的钢带是可以自由活动的。

4. 收带功能（FC3）

钢带头被卡死后，气马达即可以反向旋转，驱动摩擦轮反向收带，将钢带从导带槽中拉出，随着钢带的缩短，钢带裹住钢管捆。在收带的过程中气马达始终处于高速状态。当位于气马达输出轴端的接近开关传感器检测到输出轴停止旋转时，收带过程结束。

5. 抽紧功能（FC4）

多余的钢带在收带过程中被收回，但不能产生较大的抽紧力来捆紧钢管捆，所以，气马达要转入低速状态，这时虽然被回收的钢带已经很少，但产生很大的抽紧力。再将钢管捆紧后，气马达轴端的接近开关传感器检测到输出轴再次停止旋转时，抽紧过程结束。

钢带能否捆紧钢管捆是非常重要的，钢带捆扎不紧容易造成钢管间径向位置的相对错动，破坏钢管的端面整齐。在运输过程因振动而造成钢管捆对钢带的挤压，容易破坏钢带的扣结而散捆。所以必须保证钢带在打捆过程中能够捆紧钢管捆。

钢带的捆紧过程就是一个多余钢带的回收进而慢速抽紧的过程。这里涉及一个气马达状态的检测问题，即如何知道气马达是在运动状态还是处于停滞状态。在收带过程和抽紧钢带的过程中，如果气马达处于停滞状态表明动作结束，多余的钢带被收回或钢带已被抽紧。通过下面介绍的方法来解决这个问题。

钢带的抽紧力由摩擦轮和钢带压紧轮之间的摩擦力所决定。在驱动摩擦轮与钢带压紧轮之间的正压力及摩擦系数一定的条件下，钢带的抽紧力是一定的。

这里要讲的是控制系统如何来判断钢带是否已经抽紧，然后转入下一步咬扣与切带的动作。这里采用一种比较简便的方法，通过机械结构与传感器检测相结合的方法来实现。

由于气马达具有软特性的特点，具有过载保护功能，能够承受较大的冲击。故在回收钢带和钢带抽紧的过程中均以气马达转不动的情况表示钢带已经被回收完成和抽紧，即只要检测气马达的动作状态。气马达的状态检测采用如图 19-62 所示的结构。

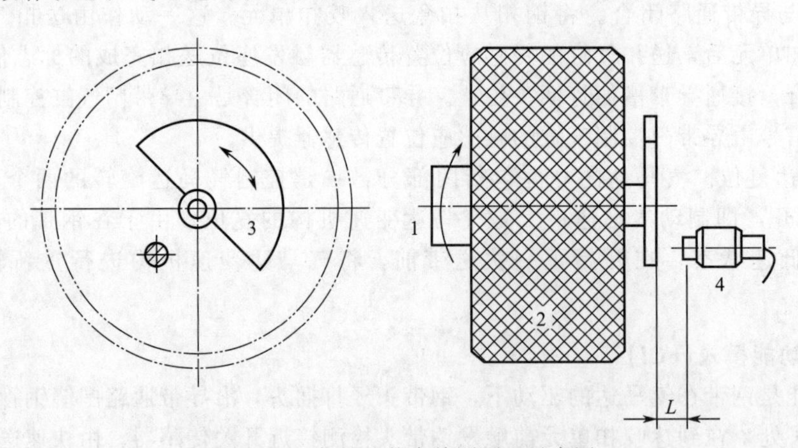

图 19-62　气马达状态检测原理示意图

1—气马达输出轴；2—钢带驱动摩擦轮；3—检测片；4—接近传感器

在气马达的输出轴端固结半圆状的钢质检测片，随同气马达轴同步旋转，在气马达轴的偏心位置安装接近传感器，钢质检测片与接近传感器保持有效的检测距离 L。由于接近感传器与气马达输出轴的偏心距小于半圆检测片的半径，故气马达在转动过长中接近传感器将会检测到信号的交替出现。当半圆检测片旋转到接近开关的检测范围时，接近传感器发出信号；而半圆检测片不在接近传感器的检测范围时，接近传感器没有感应信号。所以，我们可以以接近传感器一直触发（或触发时间大于规定的时间）或者一直没有触发（无感应信号时间大于规定的时间）信号作为气动马达停止的判断依据，从而解决了控制系统中如何判断钢带回收或抽紧完成的问题。

6. 咬扣与切带功能（FC5）

在钢扣预变形的基础上，控制咬扣与切带单元的二合一气缸的第二级气缸动作，最终使钢扣和钢带产生永久变形而完成打结，切断钢带。

PLC 程序的模块化提高了编程效率，使程序的调试和维护简单可靠方便。软件的实用性强，可以以软件结构的不变和程序的少量修改来适应控制功能和工艺的变化，同时软件还具有良好的可移植性与可扩展性，积木式的程序结构通过模块结合可编制大型、通用程序。

第二十章

钢管生产的环保治理新技术

第一节　钢管生产中噪声产生原因及防治技术

现代工业的飞速发展，环境污染也随之产生。噪声污染作为环境污染的一种，已经成为影响人类健康的一大危害。

一、钢管生产场所噪声产生的主要原因

钢管生产场所的噪声主要类型有流体扰动噪声、固体振动噪声和电磁脉动噪声，噪声的产生有多方面的原因：

1. 流体扰动噪声

流体扰动噪声指压缩空气、水蒸气和工业水泄漏、释放、流动时产生的噪声。钢管厂使用大量气动执行机构，在气动元件泄压或管路泄漏时产生噪声；钢管使用工业冷却水、清洗水等产生的噪声。

2. 固体振动噪声

固体振动噪声是钢管生产中的机械振动、摩擦和撞击产生的噪声。钢管厂有很多大型制管设备，设备运行中由于机械振动、摩擦等产生噪声。钢管生产过程中，在带钢纵剪、钢管成型、定尺切断、平口倒棱、表面处理、辊道输送及下料收集等生产工序，钢管与设备之间、钢管与钢管之间的相互撞击，产生出大量的噪声。

3. 电磁脉动噪声

电磁脉动噪声是钢管厂电气设备如电动机、变压器、高频焊机等因电磁效应而产生噪声。在钢管厂以上工业噪声中以机械性噪声所占的比例最大，流体动力性噪声次之，电磁性噪声相对较小。相应的机械性噪声级别最高，是钢管厂主要的噪声来源。

二、噪声防治的基本原则

噪声是由发声体做无规则运动产生的声音，声音由物体振动引起，以波的形式在一定的介质（如固体、液体、气体）中进行传播，当声音对人及周围环境造成不良影响时，就形成噪声污染。形成噪声污染主要有三个因素，即：噪声源、传播介质和受声者。声音先在噪声源因振动而发出声音，一般经空气传播而达到受声者。只有噪声源、传播介质和受声者三个条件同时存在，才能对受声者造成影响。因此，噪声控制的原则是：控制噪声源，阻隔传播途径，保护受声者。

三、钢管制造业噪声防治的措施

1. 控制噪声源

降低噪声源是控制和解决噪声污染的最根本方法。一般可以选用低噪声的生产设备，改进生产工艺装备，采用阻尼、隔振和吸振等措施降低固体发声体的振动。

在钢管厂的建设中，选用低噪声设备可以大大降低噪声的级别。①选用螺杆式空压机代替活塞式空压机。②选用高效低噪声的风机取代传统的风机。③用带传动代替一般的齿轮、链条传动，也可采用塑料齿轮代替钢齿轮传动或者塑料齿轮和钢齿轮配对啮合传动。④钢管切断采用低噪声无切屑旋切飞锯代替普通气动飞锯。

2. 完善现有设备结构和性能

对钢管厂现有设备和设施进行技术革新，降低噪声强度有以下几个方面。

① 钢管定尺气动飞锯噪声的控制。气动飞锯由于气缸动作的冲击性和圆盘锯的锯切，产生很高的噪声，采用节流阀消除执行气缸的冲击以及在锯片上浇注乳化液有利于噪声强度的降低。

② 钢管矫直机噪声的控制。钢管通过矫直机进行矫直时，钢管纵向高速送入矫直机，矫直斜辊使钢管产生螺旋运动，弹塑性反弯使管子得到矫直。钢管进出矫直机时与输送辊道之间产生强烈的敲打声。该处噪声在高速矫直工作中难以解决，可对矫直机安装整体隔声罩来降低噪声强度。

③ 钢管输送辊道噪声的控制。输送辊道托辊多为刚性托辊，在传送中与钢管产生碰撞，形成撞击噪声，因此采用尼龙等弹性托辊是降低钢管输送过程中产生噪声的有效方法。

④ 钢管过渡倾斜台架噪声的控制。合理设计倾斜角度尽量减少钢管落差；在台架上敷设减振物料或增加阻尼装置减小钢管滚动速度，以降低钢管撞击声音。

⑤ 钢管下料收集噪声的控制。许多钢管厂在钢管收集区采取钢管集中滚落方式，钢管从过渡平台上滚入料筐时，钢管（特别是大通径钢管）与料筐、钢管与钢管之间相互碰撞而发出的噪声很大，同时钢管与料筐、钢管与钢管间的相互撞击将使钢管质量尤其是薄壁管质量受到一定的影响。为此，钢管下料区噪声治理是钢管厂解决噪声污染的最关键部位。可设计使用一套钢管自动下料转移机械，根据钢管捆形层数，依次抓取一层钢管，实现钢管低噪声的从过渡平台向成型料筐的自动转移。

⑥ 风机和空气压缩机噪声的控制。风机和空气压缩机的噪声主要是空气流动和设备振动的声音，针对噪声的成因，一般采用安装消声器的措施和设置进风消声室的方式。空气输送管道由于空气压力波动或夹杂水汽，极易产生管道振动噪声，因此分段对管道实行软连接，以降低管道的混响噪声。

3. 加强设备维护和修理

设备在长期使用中，必须加强日常维护和定期检修。为了防止转动零件磨损所产生的噪声，需要适时加注润滑剂以保证设备良好润滑，消除零件干摩擦产生的噪声；开展巡检制度，检查、紧固设备连接件，消除因螺栓松动造成的振动，减少设备振动噪声；形成定期维修机制，利用大、中、小检修机会；及时更换磨损的零部件，降低机械噪声。此外气体泄漏不仅损耗能源，也会产生噪声，因此检查管路，及时修补泄漏点有利于消除气体泄漏带来的噪声。

4. 阻隔声音传播的途径

在传声途径上降低噪声，控制噪声的传播。改变声源已经发出的噪声传播途径，如采用吸声、隔声、声屏障、隔振以及合理布局控制噪声等措施，达到从传播途径上控制噪声的目的。

① 充分利用吸声材料。声波在传播过程中遇到吸声材料时，一部分声能进行反射，一部分声能进入到吸声材料被吸收转化为其他形式的能量。在车间内设吸声板、吸声包，在车间外，设置绿化带，种植花草树木，吸收声音能量，降低噪声。

② 采用隔声结构。隔声是利用隔声结构将噪声隔挡，使噪声控制在一个小的空间内，减弱噪声的传播，最常用也是最有效的措施是加装隔声罩或隔声室。对一些噪声大的设备，如空压机、风机等用密闭的隔声罩或单独设置空间，使其从车间独立出来。隔声罩、隔声室按隔声原理设计，添加吸声材料，这样使隔声罩、隔声室具有隔声和吸声双重降噪效果，可大大提高减噪效果。

③ 采取消声措施。消声是将多孔吸声材料固定在气流通道内壁，或按一定方式固定在管道中，以达到削弱空气动力性噪声的目的。对空压机、风机进气口及气缸电磁阀排气口安装消声器可降低噪声。

④ 合理控制噪声布局。工厂规划布局中，噪声大的设备设置在无人值守的独立空间；噪声大的车间分布于距离受声者较远的位置，以减少工厂办公区、生活区的噪声滋扰。

5. 受声者的噪声防护

在声源和传播途径上无法采取措施，或采取措施仍不能达到预期效果时，就需要对受声者或受声器官采取防护措施。长期工作在高强度噪声环境中的工人可以戴耳塞、耳罩或头盔等防护装置。在噪声控制上，对受声者的噪声防护是相对消极的方法，在这个层面上现场作业工人之间相互配合和沟通会带来一定的困难，钢管厂可利用灯光警示装置，采取安全防范措施，保证各种有效信息的及时传达。

第二节 焊管生产用钢带上料拆卷除尘降噪系统

在国内焊接钢管生产过程中，首先需要将成卷的钢带在拆卷箱上进行开卷，由于原料原因，在钢带拆卷过程中会掉下很多氧化皮，粉尘很大，进而造成车间环境和工作环境变差，不利于车间管理和员工的身体健康。同时，在上料过程中，拆卷的噪声也非常大，为了实现除尘降噪的目的，设计出一种焊接钢管生产线用钢带上料拆卷除尘降噪系统，该系统已经申报专利（CN201610829308.6）。

一、除尘降噪的内容

1. 技术方案

焊接钢管生产线用钢带上料拆卷除尘降噪系统，包括以下几个部分①拆卷箱，其技术特征是在拆卷箱的外围设置有降噪箱，其降噪箱由下面各个部分组成：两个侧箱体、拆卷入料箱体、拆卷出料箱体以及上盖箱体。其中两个侧箱体均由箱体框架作为支承，在箱体框架上安装有隔音板；两个侧箱体沿开卷箱的开卷方向平行设置，并且固定安装在地基上。②在两个侧箱体的两端，即开卷入料端和拆卷出料端之间分别固定安装有水平桁架，且在水平桁架上安装有直线导轨。③拆卷入料箱体和拆卷出料箱体以及上盖箱体与水平桁架之间设有驱动拆卷入料箱体、拆卷出料箱体以及上盖箱体沿直线导轨移动的驱动装置。④拆卷入料箱体和拆卷出料箱体上均设有钢带通过槽口。⑤拆卷入料箱体和拆卷出料箱体均包括移动框架和安装在移动框架上的隔音板。

2. 具体实施安装设备

① 在降噪箱内设置有喷淋系统，该喷淋系统固定安装在开卷箱的上方，并且沿开卷方向均匀布置有数个喷淋水头；在降噪箱内的喷淋系统固定安装上盖箱体上。

② 拆卷入料箱体、拆卷出料箱体以及上盖箱体均采用分体结构。拆卷入料箱体、拆卷出料箱体以及上盖箱体上均独立安装有行走轮，并且分别独立连接驱动装置，每组行走轮均对应一条直线导轨。

③ 上述②的驱动装置采用气缸。气缸的底端固定安装在水平桁架上，气缸的上端分别连接在拆卷入料箱体、拆卷出料箱体以及上盖箱体上。

④ 拆卷入料箱体、拆卷出料箱体以及上盖箱体采用整体结构，即：上盖箱体与拆卷入料箱体、拆卷出料箱体固定连接，拆卷入料箱体和拆卷出料箱体的上、下位置均安装有行走轮；且拆卷入料箱体和拆卷出料箱体连接有同步驱动装置。

⑤ 拆卷入料箱体、拆卷出料箱体以及上盖箱体均预留有宽度小于两个侧箱体之间距离1/2的固定拆卷入料箱体、拆卷出料箱体以及上盖箱体。同时侧箱体上设有隔音透视窗。

⑥ 在降噪箱内安装有采集降噪箱内实时状态的摄像头，该摄像头有线或者无线连接到总控室显示屏上，便于实时观察运行情况。

⑦ 该除尘降噪箱还包括与外界连接的负压除尘吸附系统。

二、具体实施方法

配合图 20-1～图 20-4 详细说明实施方法。

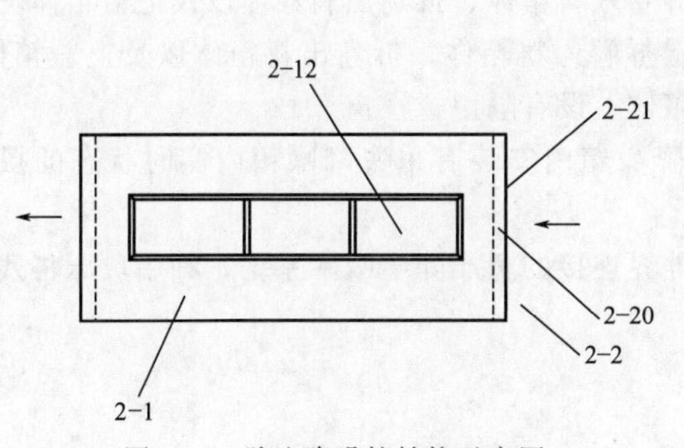

图 20-1　除尘降噪箱结构示意图

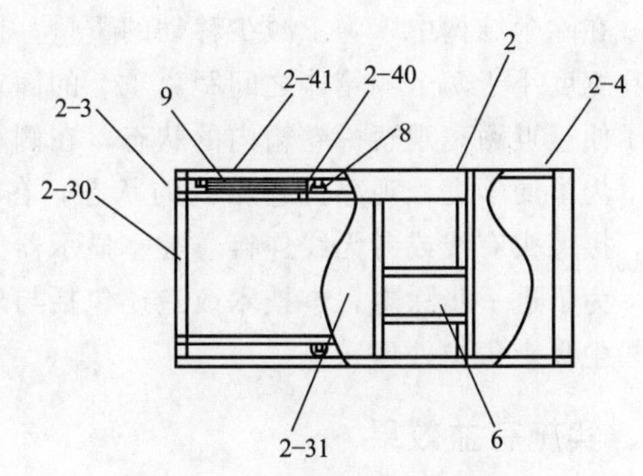

图 20-2　关闭状态结构示意图

所设计的焊管生产线用钢带上料拆卷除尘降噪系统，包括拆卷箱 1，在拆卷箱的外围设有降噪箱 2，该降噪箱包括两个侧箱体 2-1、拆卷入料箱体 2-2、拆卷出料箱体 2-3 以及上盖箱体 2-4；其中两个侧箱体均包括箱体框架 2-10 和安装在箱体框架上的隔音板 2-11；两个侧箱体沿拆卷箱的拆卷方向平行设置，并且固定安装在地基上；在两个侧箱体的两端，即拆卷入料端和卷拆出料端之间分别固定安装有水平桁架 3，此水平桁架上安装有直线导轨 4；拆卷入料箱体 2-2、拆卷出料箱体 2-3 以及上盖箱体 2-4 与水平桁架之间设有驱动拆卷入料箱体、拆卷出料箱体以及上盖箱体沿直线导轨 4 移动的驱动装置 5；拆卷入料箱体和卷拆出料箱体上均设有钢带通过槽口 6；拆卷入料箱体和拆卷出料箱体均包括移动框架 2-20 和 2-30，安装在移动框架上的隔音板 2-21 与 2-3；除尘上盖箱体 2-4 包括上盖框架 2-40，安装在上盖框架上的隔音板 2-41。

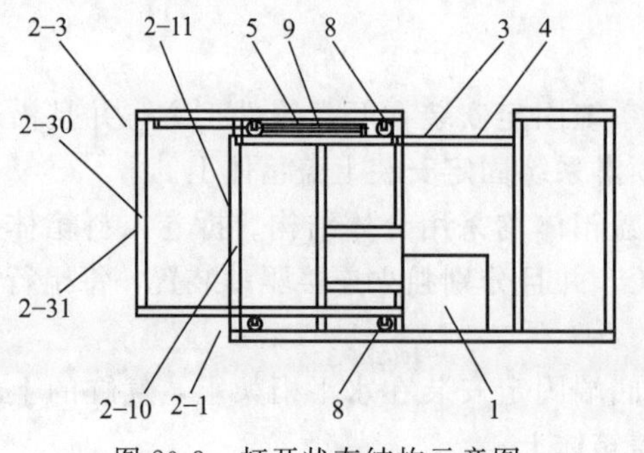

图 20-3　打开状态结构示意图

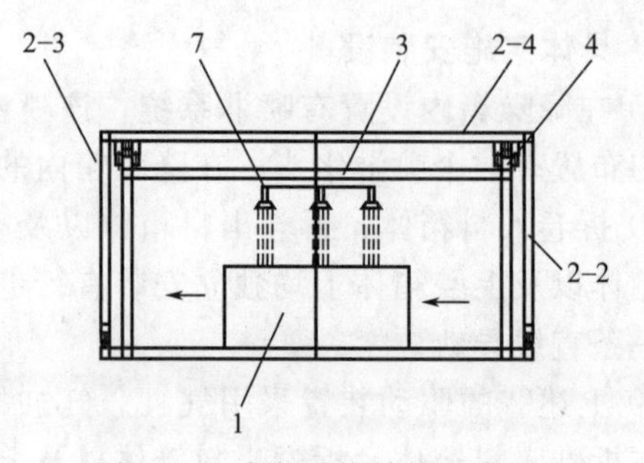

图 20-4　喷淋系统结构示意图

为了解决在拆卷时粉尘飘浮，在降噪箱内设计了喷淋系统 7，这个喷淋系统固定安装在拆卷箱的上方，并且沿拆卷方向均布有数个喷头。该喷淋系统还可以固定安装上盖箱体上，随上盖箱体可以一起移动。

在除尘降噪结构上，拆卷入料箱体和拆卷出料箱体以及上盖箱体采用分体结构，拆卷入料箱体、拆卷出料箱体以及上盖箱体上均独立安装有行走轮 8，并且分别独立连接驱动装置，每组行走轮均对应一条直线导轨；该驱动装置采用气缸 9，气缸的底端固定安装在水平桁架上，气缸的上端分别连接在开卷入料箱体、拆卷出料箱体以及上盖箱体上。

在除尘降噪结构中，拆卷入料箱体、拆卷出料箱体以及上盖箱体采用整体结构，即上盖箱体与拆卷入料箱体、拆卷出料箱体固定连接，拆卷入料箱体和拆卷出料箱体的上、下位置均安装有行走轮；且拆卷入料箱体和拆卷出料箱体连接有同步驱动装置。

在除尘结构中，为了减少移动的重量，拆卷入料箱体、拆卷出料箱体以及上盖箱体均预留有宽度小于两个侧箱体之间距离 1/2 的固定拆卷入料箱体、拆卷出料箱体以及上盖箱体。为了便于近距离观察拆卷箱内的状态，在侧箱体上设有隔声透视窗 2-12。

为了便于远程观察拆卷箱内的状态，在降噪箱内安装有采集降噪箱内实时状态的摄像头，摄像头有线或者无线连接总控室显示器。

为了进一步除尘，本技术改造还包括与外界连接的负压除尘吸附系统，利用负压将残留的粉尘吸走集中处理。

三、实施有益效果

本新型技术设备具有的优点和积极效果主要体现在：解决了传统开放式拆卷存在的噪声大和粉尘污染大的问题；改善了操作人员的工作环境和身体健康条件，真正达到了除尘降噪的目的；配置透视窗和摄像头做到近距离监控和远程监控，进而优化了车间的管理措施。本新型技术设备还具有结构简单、使用方便、实现了除尘降噪、成本低廉、占用空间小等优点。

第三节　钢管移运撞击噪声的控制技术

钢管生产过程中，需要对钢管进行多次移运。国内钢管厂家大多采用被动移运方式，即利用液压翻管装置拨动钢管自由滚动到收集台架的预定部位。这种方式的移运效率高、投资成本低，在钢管生产厂内应用比较普遍。然而，采用这种钢管移运方式，钢管之间必然发生碰撞而产生尖锐的撞击噪声，噪声能达到 100dB（A）以上。并且同一生产车间可能有多处移运点，钢管撞击声频繁响起，危害车间员工身心健康。因此，采取适当措施治理钢管撞击噪声，对于保护车间员工身心健康具有重要意义。本节针对某钢管厂的钢管撞击噪声问题，在对其生产影响尽量小的情况下，提出合理经济的设计方案。

对钢管、钻杆等材料进行移运时，也可以采用主动移运方式，如采用液压运管车或者螺旋杆推动主动推送钢管、类似履带式传送等措施，主动移运能避免材料之间碰撞，从而降低噪声。但是，采用主动移运方案进行改造，改造内容多，投资成本高。对于生产厂家来说，适宜的方案是在现有移运装置基础上进行改造，成本低，对生产影响小。国内有人研究了一种 V 形阻隔器，在油套管生产线上应用了该阻隔器。此类方式降噪效果很好，将其应用到钢管改造上会导致钢管之间的间隔非常大，大大降低台架的容管率，对钢管的生产效率产生很大影响。

通过文献资料调研，在台架上增加十字架缓冲器，如图 20-5 所示，可以降低撞击噪声。同时构建了该缓冲器设计的数学模型，确保其尺寸设计合理。

一、噪声缓冲装置方案

噪声缓冲装置原理是采用被动方式对钢管进行移运，移运可分为三个阶段：

① 液压翻管装置将钢管拨动到台架上，并给予钢管一定的初速度；

② 钢管通过十字架到达台架末端；

③ 多根钢管并排一列，从台架末端逐个移走钢管。

因此，缓冲装置方案应该保证钢管移运过程中，顺利完成上述 3 个阶段。

如图 20-5 所示，该缓冲器结构由一系列的十字架组成，十字架固定在钢管台架下方的固定杆上，该固定杆上有长槽，十字架可以安装在长槽的任意位置。为了防止十字架之间的干涉，十字架在导轨两侧错开分布。十字架由四个挡板臂组成，挡板臂正反两面固定有一定厚度的橡胶板，橡胶板可缓冲钢管之间的撞击。十字架的间距可以根据钢管直径进行调节。

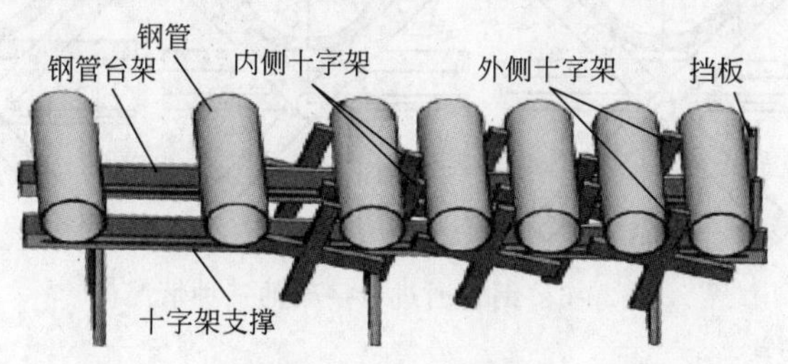

图 20-5　改造方案

通过合理设计十字架挡板臂的厚度、长度以及十字架之间的距离，保证钢管顺利通过一系列的十字架。当两根钢管相撞时，由于钢管之间有十字架的挡板臂作为缓冲，使得撞击声音变小。因此，实现上述功能，合理地设计十字架参数是关键。

二、噪声控制参数设计模型

1. 控制参数具备的条件

通过分析可知，移运钢管过程中，需要满足以下三个条件：

① 钢管能够顺利通过单个十字架时，钢管与十字架不会发生干涉；

② 钢管能够连续通过多个十字架，十字架之间不能干涉；

③ 多根钢管并排时，依靠导轨斜度钢管能够逐个通过十字架，十字架与钢管不会发生干涉。

针对上述三个条件进行建模，通过计算，获得其合理的参数。建模时，进行了以下三方面的假设：a. 十字架挡板臂具有足够的刚度，在长度方向上不会发生弯曲变形，挡板臂上有橡胶，在厚度方向上能发生弹性变形；b. 钢管是理想的圆形；c. 钢管台架是刚性的，水平放置。

2. 单个十字架尺寸约束

如图 20-6(a) 所示，钢管外径为 r（mm），十字架支撑中心线距离钢管台架的高度为 h（mm），十字架的挡板臂长度为 l（mm），挡板臂厚度为 c（mm），十字架的旋转中心在固定杆中心线上。如图 20-6 所示，当钢管通过十字架正上方时，可能存在三种情况：

a. 只与十字架的挡板相切，但不与钢管相切会挤压十字架，则难以跨过十字架；

b. 与十字架以及钢管台架正好相切时，钢管恰好能推动十字架继续前进；

c. 只与钢管台架相切，但不与十字架导轨相切那么此时钢管能顺利地通过十字架。

因此，b. 情况是钢管顺利通过十字架的临界状态，由此可总结几何约束关系。图 20-6（b）中，钢管与十字架以及钢管台架均相切，此时钢管台架的高度 h，应满足：

$$h_0=OD-r=\sqrt{2r}-r+\frac{\sqrt{2}}{2}c \tag{20-1}$$

式中，OD 为钢管中心到十字架中心的距离，mm；h_0 为钢管台架的临界高度，mm。

事实上，如图 20-6(c) 所示，当钢管台架的高度 h 大于 h_0 时，才能保证钢管顺利穿过十字架。

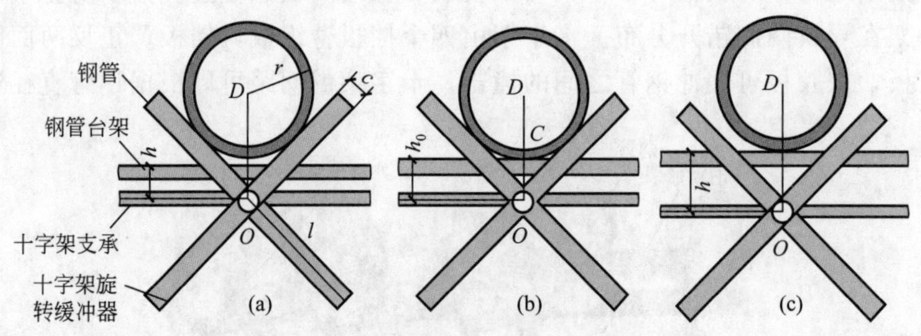

图 20-6　钢管通过十字架的三种情况

3. 十字架间距约束

然而，当多根钢管之间并排时，为防止十字架之间的干涉，需要合理考虑十字架之间的距离和挡板臂长度。如图 20-7 所示，根据钢管与十字架之间的位置和几何约束，建立如下约束关系。

① 十字架大小相同，间距相等；

② 相邻十字架错开分布在两列上；

③ 相邻十字架中心距离大于 l，防止十字架（O_1 和 O_3）之间的干涉，如式(20-2) 所示。

$$O_1O_2=\frac{2r+c}{\sin\alpha}>l \tag{20-2}$$

式中，O_1O_2 为相邻十字架中心距离，mm；α 为十字架挡板臂与支承平面的夹角，(°)。

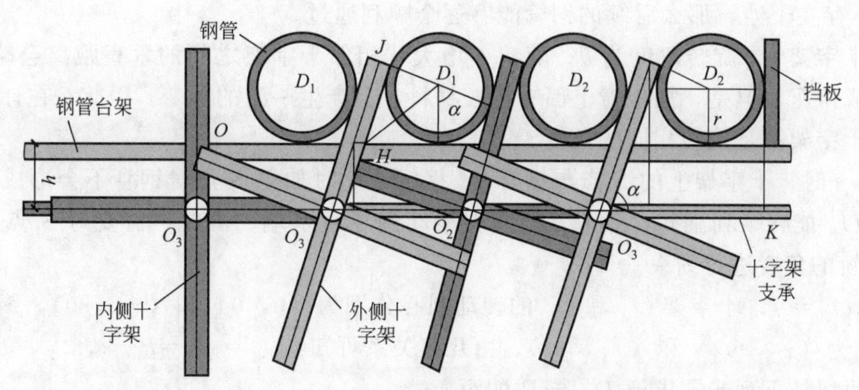

图 20-7　十字架与钢管之间的几何关系图

④ $O_1l<l$，挡板足够长，使得钢管与挡板臂的切点落在挡板臂上，如式(20-3) 所示。

$$O_1l=O_1J+JI=r\cot\frac{\alpha}{2}+\frac{c}{2}\cot\alpha+\frac{h}{\sin\alpha}<l \tag{20-3}$$

式中，O_1I 为十字架中心到过钢管外壁切点半径的距离，mm；O_1J 为十字架中心到挡板臂中心线与钢管台架交点的距离，mm；JI 为挡板臂中心线与钢管台架交点过钢管外壁切点半径距离，mm。

⑤ G 点要低于钢管台架面，即 $OG<h$，如式(20-4) 所示。

$$O_0G=l\cos\alpha+\frac{c}{2}\sin\alpha<h \tag{20-4}$$

式中，O_0G 为十字架中心到相邻十字架挡板臂顶点的距离，mm。

⑥ α 的大小，可通过 O_3K 调节，由几何关系知：

$$O_3K=O_1I\cos\alpha+r\left(r+\frac{c}{2}\right)\sin\alpha \tag{20-5}$$

式中，O_3K 为末端十字架中心到挡板的距离，mm。

4. 十字架与相邻钢管的约束

如图 20-8 所示，当并排钢管在重力的作用下滚动时，缓冲作用的十字架也会各自旋转，

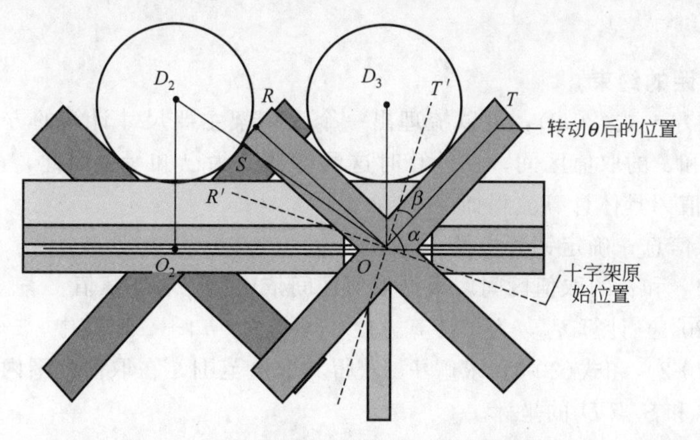

图 20-8　十字架与相邻钢管之间的约束关系

然而需要防止挡板臂 O_3R 与钢管 D_2 的干涉。事实上，由于挡板臂上面有橡胶缓冲，挡板臂 O_3R 与钢管 D_2 存在微小干涉是不会阻扰十字架转动的。因此，如果 O_3R 的旋转轨迹与钢管 D_2 不存在干涉，那么后续的钢管能够逐个顺利通过。

假设十字架 O_3 旋转角度为 θ。随着 θ 增大，相邻十字架之间的垂直距离会略有变小，对钢管形成挤压。但是，挡板臂上面有橡胶材料，会产生一定的形变，因此，在计算时，认为所有的十字架都是旋转相同的角度。

当 $\theta=\beta$ 时，十字架上的 S 点与钢管 D_2 接触，此时如果 S 点对钢管不会形成阻力，那么十字架 O_3 能够顺利翻转，钢管 D_3 能够滚动到导轨末端。因此，需要对 S 点的位置或 O_3S 与导轨的角度进行约束。

设 $O_2O_3=s$，十字架 O_3 和 O_2 的转动圆心分别为（0，0）和（$-s$，0），钢管 D_2 和 D_3 的圆心为（x_2，y_2）和（x_3，y_3），由几何关系可知：$y_2=y_3=h+r$。

那么可以按下列步骤求解 D_2 与 R 的距离：

① 直线 O_3T 的斜率为 $k_1=\tan(\alpha-\theta)$，直线方程为 $y=k_1x$；

② 根据 D_3 与直线 O_3T 的距离等于 $r+c/2$，如式(20-6) 所示，由此可求得 x_3 和 k_1 的关系；

$$\left|\frac{k_1x_3-y_3}{\sqrt{k_1^2+1}}\right|=r+c/2 \tag{20-6}$$

③ 根据 x_3 的结果计算 x_2，$x_2=x_3-s$；

④ 求 $R(x_n,y_n)$ 和 $S(x_s,y_s)$ 的坐标；

$$\begin{cases}x_R=-l\cos\left(\dfrac{\pi}{2}+\theta-\alpha\right)\\[2ex] y_R=l\sin\left(\dfrac{\pi}{2}+\theta-\alpha\right)\end{cases} \tag{20-7}$$

$$\begin{cases}x_s=x_R-\dfrac{y_Rc}{2l}\\[2ex] y_s=\dfrac{cl}{2x_R}+y_R-\dfrac{y_R^2}{2l}\end{cases} \tag{20-8}$$

⑤ 若 S 点与钢管 D_2 刚刚接触时，即当 S 点与 D_2 的距离刚刚小于或者恰好为 $r+c/2$，S 点在 O_3D_2 直线的右上方，则不会对钢管 D_2 形成阻滞作用，可以保证十字架 O_3 顺利翻转。

5. 十字架间距的约束

根据式(20-1) ～式(20-8)，可以梳理出一个十字架主要尺寸计算的方法。为了求解方便，给定参数 c 和 α 的取值区间，在计算时这两参数变为已知量。因此，可根据已知量 r，再分别计算其他值。具体计算流程如下：

① 调研钢管信息，确定钢管半径 r。

② 给定参数 c 和 α 的取值区间，根据取值区间依次给 c 和 α 赋值。

③ 根据式(20-1) 计算 h_0，为了计算方便，可令 $h=h_0+zc$，其中，$z\in(0.1,1)$。

④ 根据式(20-2) 和式(20-3) 求解 I，获得其取值范围，在取值范围内，分别给值，并求解 D_2、D，R 和 S 点 D 的坐标。

⑤ 检验结果是否符合要求。若符合要求，则保存结果；否则计算下一个 l 的取值，直

到计算过程结束。

显然，根据上述流程进行计算，会获得许多计算结果。根据现有尺寸条件的限制，选择 h、l 和 c 都尽可能小的解作为设计值。通过筛选优选了钢管直径 355mm 的一个计算结果。其中，$l=294$mm，$c=30$mm，$\alpha=85°$，$z=0.1$，$h=98$，$O_3K=395$mm，$s=387$mm。

三、噪声控制研讨与结论

① 本节在计算时，将钢管台架假设为水平。事实上，多根钢管并排时，移走一根钢管后，其他钢管需要滚动，因此，钢管台架应具有一定的倾斜角度。然而，在本文的计算结果上，再设置钢管台架的倾斜角度，不会影响钢管顺利通过十字架。

② 钢管厂生产的钢管直径具有多样性，应对十字架挡板臂的长度和十字架间距进行优化，保证其能适应尽可多的钢管直径。

本节针对钢管移运过程中的撞击现象，在对现有装置设备影响小的情况下，提出了一种十字架缓冲装置设计方案，降低钢管之间的撞击噪声。通过对导轨、十字架、钢管之间的分析，建立了三个约束关系模型，从而计算出合理的尺寸参数，保证钢管顺利通过十字架，最终达到降噪的目的。最后，通过对一个特定钢管的直径进行了计算，给出了其缓冲结构的主要设计尺寸，该钢管降噪装置具有一定的推广使用价值。

第四节　焊管生产中废水的控制与处理

焊管废水是指制管生产过程中排放的废水，是造成环境污染和水体污染的一个原因，废水包括在成型设备、钢管焊接后的冷却水以及各种生产工艺过程排水、设备和地面洗涤水等。

在焊管制造中废水中主要含有水质、微量的润滑乳化剂、废机械油和 COD 及悬浮物。根据实际情况拟采用生物降解法对废水进行处理。

一、曝气生物滤池处理废水的优点

曝气生物滤池是使用新型颗粒滤料，在其表面生长生物膜，污水由下而上进入滤料，池底较上部位增设曝气装置，使微生物更好地处理废水中的有机污染物。该技术的特点有：有机负荷高、占地面积小、投资少、不会产生污泥膨胀、氧传输效率高、出水水质好等；但它对进水 SS 要求较严（一般要求 SS 含量≤100mg/L，最好 SS 含量≤60mg/L）。曝气生物滤池的应用范围较为广泛，在水的深度处理、微污染源水处理、难降解有机物处理、低温污水的硝化、低温微污染水处理中都有很好的作用。

二、废水处理工艺介绍

在保证工程质量和处理效果的前提下，尽可能减少投资、降低运行费，拟采取以生化工艺为主要手段的技术处理路线，如图 20-9 所示。

1. 废水实施处理方法

① 进水设置 pH 值和氧化还原电位在线监测仪。由于污水处理站每月会受到 1～2 次异常污水水质（颜色较深、具有刺激性气味）冲击，这对微生物的新陈代谢和生化工艺的稳定运行不利，因此，拟在污水处理站进水口设置一套 pH 值和氧化还原电位在线监测仪，通过

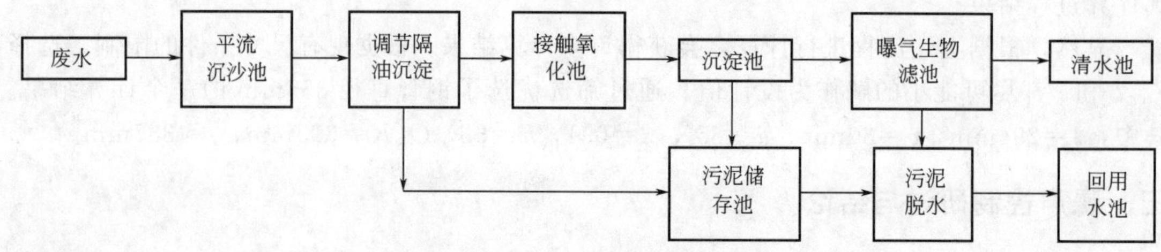

图 20-9 污水处理循环使用示意图

对污水 pH 值和氧化还原电位的实时监测，正确判断污水水质的异常变化，从而及时启动应急加药系统，调节进水水质，以减少对后续生化工艺的不利影响，保持系统的正常运行。

② 设置生物接触氧化单元。生物接触氧化法利用填料上生长的微生物一方面能充分降解有机污染物（包括油类）、硝化氨氮，并且处理稳定、污泥产量小；另一方面能使有机磷有效地转化为无机可溶性磷酸盐。

③ 设置曝气生物滤池（BAF）单元。曝气生物滤池工艺与接触氧化工艺一样，都属于好氧生物膜工艺，也是利用填料上生长的微生物来净化水质。曝气生物滤池中的生物滤料具有很好的过滤作用，对 COD、BOD5、氨氮、悬浮物等污染物的去除效果在一定程度上可以和膜生物反器（MR）工艺相比拟，因此，曝气生物滤池工艺在污水处理中具有非常广泛的应用。

④ 设置污泥脱水单元。通过污泥浓缩脱水，使含水率降低至 70%～80%，显著减少污泥体积。

⑤ 设置自动化控制。现有设施改造后，拟全部更新现有控制系统，采用 PLC＋上位机的控制模式，不仅可以降低工人劳动强度，而且在节能降耗、提高运行可靠性和稳定性方面发挥效用。

2. 主要处理工艺原理和特点

① 生物接触氧化法。生物接触氧化法的特点是在池内设置填料，池底曝气对污水进行充氧，并使池体内污水处于流动状态，以保证污水与填料充分接触，避免接触氧化池中存在曝气死角区的缺陷。该法中微生物所需氧一般由罗茨鼓风机曝气供给，生物膜生长至一定厚度后，填料表面的微生物会因缺氧而进行厌氧代谢，产生的气体及曝气形成的冲刷作用会造成生物膜的脱落，并促进新生物膜的生长，从而使填料表面的生物膜形成一种动态平衡，以保持整个工艺高效的处理效率，脱落的生物膜将随出水流出池外，沉淀后排至专门的污泥储存池。

② 生物接触氧化法具有以下优点。a. 由于填料比表面积大，池内充氧条件良好，池内单位容积的生物固体量较高，因此，生物接触氧化池具有较高的容积负荷，占地面积小，建设费用较低；b. 由于生物接触氧化池内生物量多，水流完全混合，微生物固着于填料表面而形成稳定的微生物群落，故对水质水量的骤变有较强的适应能力；c. 剩余污泥量少，不存在污泥膨胀问题，运行管理简便；d. 适宜低浓度或微污染污水的处理。

同时，生物接触氧化法的主要不足为：脱落的一些细碎生物膜会影响出水水质，故需要设置沉淀池来去除出水中的悬浮物。

③ 曝气生物滤池（BAF）。曝气生物滤池是一种新型生物膜法污水处理工艺，当污水通过滤料层时，水中含有的颗粒污染物被滤料层截留，并被滤料上附着的生物降解转化，同时，溶解状态的有机物和特定物质也被去除，所产生的污泥保留在过滤层中，而只让净化的

水通过。由于微生物固着于滤料表面而形成稳定的微生物群落，BAF 对低浓度污水和微污染水质的治理具有其他污水生物处理方法不具备的突出优势，在有机物降解、氨氮硝化、悬浮物控制等方面处理效果稳定可靠。由于曝气生物滤池工艺不仅具有好氧生物膜法的典型特点，而且对污染物同时具有截留和降解的能力，因此，该工艺在低浓度污水和微污染水质的治理中具有其他污水生物处理方法不具备的突出优势。

曝气生物滤池是整个工程处理工艺的重要组成部分，是出水水质达标的重要保障。它具有水力停留时间短、不需后续沉淀池、占地面积小（是普通活性污泥法的 1/3）、不会产生污泥膨胀、氧传输效率高、出水水质好、产泥量低等优点。

三、污泥浓缩处理

污泥浓缩拟采用叠螺式污泥脱水机，基本原理为：污泥从进料口进入滤筒后受到螺旋轴旋片的推送而向卸料口移动，由于螺旋轴旋片之间螺距逐渐缩小，因此污泥所受的压力也随之增大，并在压差作用下开始脱水，水分从固定板和活动板之间的间隙流出，同时设备依靠自清洗功能，清扫过滤间隙防止堵塞，泥饼经过充分脱水后在螺旋轴的推进作用下从卸料口排除。叠螺式污泥脱水机的主要优势在于：

① 适用污泥浓度范围宽（2000～50000mg/L），浓缩脱水一体化；

② 动定环取代滤布，自动清洗、无堵塞，特别适合处理含油类黏性污泥；

③ 低速运转，无噪声，低能耗，仅为带式压滤机的 1/10；

④ 全自动控制，可以 24h 连续运行，管理简单。

四、废水处理效果

通过采用接触氧化-曝气生物滤池处理法，应用到钢管制造中的废水处理和回用效果明显。起到了节约水资源，而且经该工艺处理降低出水中的 COD、氨氮、氧化铁、BOD_5、SS 等污染物含量和污泥的排放量，保证出水回（返）用的技术要求，具有符合操作简便、易于管理的要求。出水水质能够达到 COD：20mg/L，BOD：5mg/L，氨氮：12mg/L，SS：28mg/L，机械油类：0.3mg/L，出水质排放标准符合《水污染物排放标准》GB 8978—1996 中的二级标准。

回（返）用水泵加压后供除尘、洗车、绿化、冲厕等。通过隔油沉淀池和气浮池产生的污泥依靠污泥干化设备自然干化处理。

第五节　焊管成型中乳化液废水处理工艺

在焊管成型加工过程中使用水稀释乳化液作为钢管的润滑、冷却、表面清洗和防腐蚀，对于提高焊管表面质量、延长制管轧辊使用寿命具有重要作用。在含有乳化液的循环水使用过程中，由于受到霉菌等微生物侵蚀，金属磨屑和杂质等进入储水池，在冷热交替等作用下，白色的乳化液会逐渐腐败变质，最终成为废乳化液水质。在废乳化液水中含有较高浓度的矿物油，油类物质会漂浮于水面形成油膜，阻止空气中的氧气溶于水中，导致水生生物缺氧死亡，使水质持续变质恶化，若采取对外直接排放将造成生态系统破坏和水环境的严重污染。因此，对废乳化液润滑水的收集处理，做到循环使用，不但具有经济价值，而且对保护生态环境、对焊管制造业持续发展也具有重要意义。

一、处理技术方案

1. 废乳化液成分及处理现状

废乳化液润滑水中的乳化剂除了含有矿物油之外，还含有表面活性剂、杀菌剂（有机磷、次氯酸盐）、稳定剂（醇胺、高分子聚合物）等多种添加剂，以及在制管过程中进入的铁离子和悬浮固体等物质。根据配方和使用条件不同，废乳化液润滑水中通常含有质量浓度为 30000～100000mg/L 的化学需氧量（COD），其中约有 10%～20%（质量分数）是溶解性的 COD。由于废乳化液润滑水中污染物浓度高、成分复杂，且化学性质十分稳定，其处理难度相当大，通过单一方法很难处理达标。国内外对含油废水的处理进行了大量的研究，常用的有化学破乳（如盐析、酸化）、膜处理（如超滤、纳滤）、生化法等，但各种处理方法都有其局限性，尤其对高浓度、高度乳化、成分复杂的乳化液废水，一直没有理想的处理方法。

本节所介绍的采用表面亲油改性后的多孔吸油材料，对废乳化液润滑水进行除油处理，经过固液分离后得到除油清液，然后采用复合氧化物涂层钛网电极对除油清液进行电催化氧化，利用复合氧化物的高析氧过电位在阳极产生大量氧化性极强的羟基自由基（·OH），采用羟基自由基氧化降解水中的有机物的工艺方法，最终达到净化废乳化剂水的目的。该工艺组合水质适应性强、性能稳定，可将废乳化液处理到不同程度，甚至直接达标，且投资运行成本合理，在实际应用中效果理想。

2. 废乳化液水分析方法

分析用的样本为某公司焊管制造过程中产生的废乳化液润滑水，呈微淡黄色，pH 值为 8.5，COD 质量浓度为 54000mg/L，基本参数见表 20-1。对该种废乳化液进行处理，使其 COD 指标达到后续处理工序进水水质要求，或直接降低到 GB 8978—1996 排放标准以下。

表 20-1 废乳化液基本水质参数

项目	pH 值	化学需氧量(COD)/(mg/L)	浊度/NTU	外观颜色
废乳化液	8.5	54000	2600	微淡黄色
GB 8978—1996	6～9	≤500	≤400(以 SiO_2 换算)	—

① 分析方法。COD 质量浓度采用哈希 COD MAX II 铬法在线 COD 测定仪测定，pH 值和浊度采用哈纳 HI9828 多参数水质仪测定，总铜和总锌采用原子吸收分光光度（GB/T 7475—87）测定。

② 主要试剂。硫酸（AR），氢氧化钠（AR），硝酸（AR），氯化钠（AR），硫酸汞（AR），重铬酸钾（AR），邻苯二甲酸氢钾（AR），$SnCl_4 \cdot 5H_2O$（AR），$SbCl_3$（AR），乙二醇（AR），聚乙烯醇（分子量 8000）。

3. 分析步骤

① 除油分析。用烧杯取 200mL 水样，用质量分数 20%的 H_2SO_4 溶液和质量分数 30%的 NaOH 溶液将其调节到不同的 pH 值，然后加入一定量的多孔吸油材料，置于磁力搅拌器上持续搅拌，反应一定时间后，用滤纸过滤，取清液测定其 COD。所有试验均在室温环境下进行。

② 电催化氧化分析。复合氧化物涂层电极制备：以预处理后的纯钛网为阳极，在 $SnCl_4$、$SbCl_3$ 和 HCl 的乙二醇溶液中电沉积 30min，去离子水清洗后 120℃干燥，然后在

马弗炉中500℃煅烧，得到涂有SnO_2-Sb_2O_5中间层的钛网（SnO_2-Sb_2O_5/Ti）；将纳米ATO和纳米β-MnO_2与聚乙烯醇和黏结剂A按比例调配，制成浆体后涂覆在SnO_2-Sb_2O_5/Ti钛网上，烘干后再450℃煅烧，涂覆步骤重复3次，即得试验所用的复合氧化物涂层钛网电极。

电催化降解有机物：将400mL废乳化液除油后得到的清液注入电解槽，以不锈钢片为阴极，复合氧化物涂层电极为阳极（面积为$3dm^2$），在不同的阳极电流密度下进行电催化氧化试验，定期取样进行测试分析。在电催化过程中，持续小流量曝气以提供氧气，并促进对流传质。

二、试验效果分析

1. 除油试验结果分析

① 吸油材料用量的影响。用稀硫酸将废乳化液pH值调节至5，同时将除油的反应时间固定在30min，通过改变吸油材料的加入量来考察材料用量的影响，以得到最理想的添加量。试验结果如图20-10所示。

从图20-10可以看出，试验中废乳化液水的除油效果先随着吸油材料用量的增加而提高，当吸油材料用量增加到15g/L时，COD质量浓度从初始的54000mg/L降低至7650mg/L，浊度从初始的26000FNU降低至2.7FNU，继续增加吸油材料用量，COD质量浓度和浊度几乎不变。说明吸油材料的最佳用量为15g/L，继续增加用量会造成浪费。

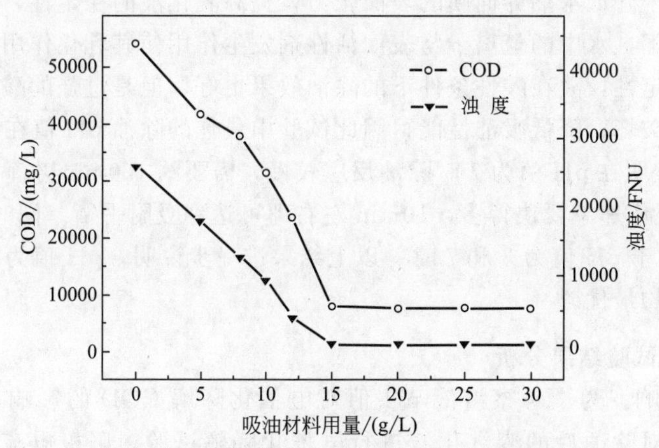

图20-10 吸油材料用量对废乳化液除油效果的影响

试验中不难发现，COD质量浓度的下降和浊度的降低是基本同步的，说明废乳化液水中的浊度主要来源于水中呈乳化状态的矿物油。当吸油材料的用量达到15g/L以上时，废乳化液水的浊度大大降低，变成基本透明的清液，剩余的质量浓度约7500mg/L的COD为水中的溶解性COD，大约占总COD质量分数的14%。这部分溶解性COD无法通过除油工序去除，必须要进行下一步的处理才可能达到排放标准。

② 反应时间和pH值的影响。上述的分析表明，废乳化液除油过程的进行伴随着两个重要变化，即COD质量浓度的降低和浊度的降低。因此，COD质量浓度和浊度的去除率，可以很好地反映废乳化液的除油效果。下面以COD去除率和浊度去除率为评价依据，考察pH值和反应时间对废乳化液除油效果的影响。

③ 首先用稀硫酸和氢氧化钠溶液将废乳化液调节至不同的pH值，然后加入多孔吸油

材料进行除油反应，反应不同时间后取样测定废乳化液的COD和浊度。吸油材料的用量固定在15g/L。试验结果如图20-11所示。

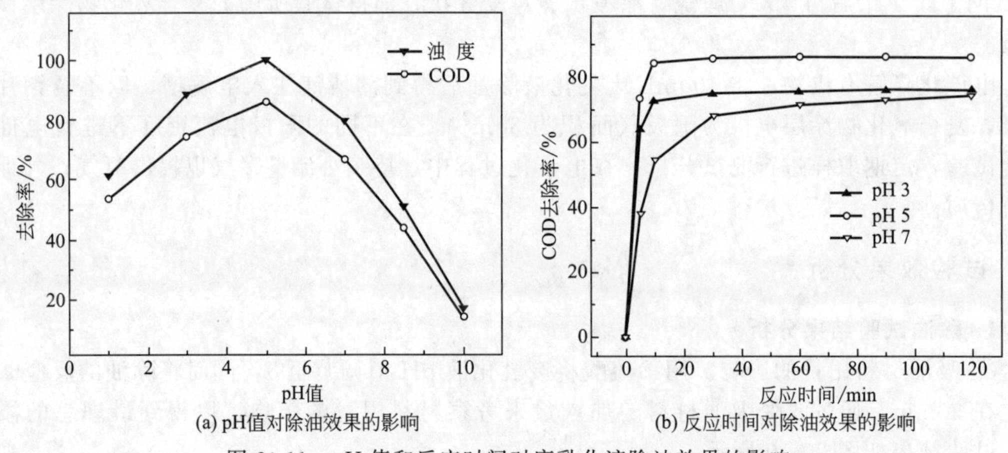

(a) pH值对除油效果的影响　　(b) 反应时间对除油效果的影响

图 20-11　pH值和反应时间对废乳化液除油效果的影响

从图20-11(a)可以看出，当pH值在5附近时废乳化液具有最高的浊度去除率和COD去除率，分别达到约100%和86%，说明该条件下除油效果最佳，矿物油基本全部去除。随着pH值降低或升高，除油效果均出现明显下降。在碱性条件下，溶液中的氢氧根吸附在水油界面附近，有助于降低水油界面膜的表面张力，提高乳化液的稳定性，从而导致油脂更难去除；在酸性条件下，水中的氢离子与表面活性剂发生作用使其乳化作用降低甚至破坏，继而降低乳化液的稳定性，故在酸性条件下的除油效果更好，但是过强的酸性会导致吸油材料表面的亲油基团被破坏，降低吸油性能，因此试验中最佳的除油pH值在5左右。

图20-11(b)表明在pH值为7时除油反应较慢，需要约120min才基本达到平衡，而在pH值为3和5时反应速率要快得多，10min左右即可达到吸附平衡。同时，pH值为5时的COD去除率明显高于pH值为3和7时。以上结果进一步说明，pH值为5时除油反应的反应速率和除油效果均最优。

2. 电催化氧化试验结果分析

① pH值的影响。为了考察溶液pH值对电催化降解COD的影响，在不同pH值下(4、7、8.5、10)对除油后的废乳化液进行电催化降解试验。阳极电流密度为2 A/dm^2，电解时间为4 h。试验结果如图20-12所示。

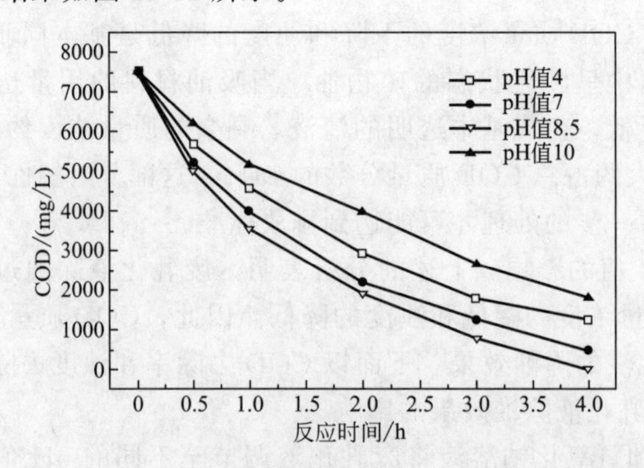

图 20-12　pH值对电催化降解废乳化液中溶解性COD的影响

从图 20-12 中可以看出，在不同 pH 值下电催化降解废乳化液中溶解性 COD 的效果从优到差的顺序为 pH 值 8.5 ＞pH 值 7 ＞pH 值 4 ＞pH 值 10，即在弱碱性条件下电催化降解 COD 的效果最佳。这是因为 COD 降解效果与水中羟基自由基的产生量密切相关，而·OH 的一个重要产生途径是氢氧根（OH^-）在阳极表面被夺去电子而氧化，因此，水中有足够的氢氧根是保证 COD 降解效果的一个重要条件。但是，氢氧根只是产生·OH 的因素之一，当水中的氢氧根出现过剩时，继续提高 pH 值将不再促进·OH 的产生，而且过高的 pH 值会使阳极析氧电位降低，导致析氧反应加剧，降低电流效率。所以试验中 pH 值为 8～9 是电催化降解废乳化液中的溶解性 COD 的最佳 pH 值，过高或过低均不利于电催化反应。

② 阳极电流密度的影响。基于前面的试验结果，将溶液的 pH 值固定在 8.5，反应时间固定在 4h，通过改变阳极电流密度（$1A/dm^2$、$2A/dm^2$、$4A/dm^2$），考察阳极电流密度对电催化降解废乳化液中溶解性 COD 的影响。试验结果如图 20-13 所示。

从图 20-13 可以看出，随着阳极电流密度的增大，COD 的去除率依次增加。当电流密度为 $1A/dm^2$ 时，反应 4h 后 COD 的去除率为 81.7%；当电流密度为 $2A/dm^2$ 时，4h 后 COD 去除率约 100%；当电流密度为 $4\ A/dm^2$ 时，反应 2 h 即可将 COD 质量浓度降至 173mg/L，达到 97.7%的 COD 去除率。很显然，电流密度的增加有利于在阳极产生更高浓度的羟基自由基，因而对 COD 具有更高的降解速率。这虽然有利于减小设备投入，但是电流密度的增加必然伴随着槽电压的升高，一方面增加能耗，另一方面使得析氧反应加剧，导致电流效率降低。此外，电流密度过高会显著降低阳极材料的使用寿命。因此，选择适当的阳极电流密度对于降低设备的投资费用和运行成本是非常重要的。试验表明，2～4 A/dm^2 的阳极电流密度是较为合理的。

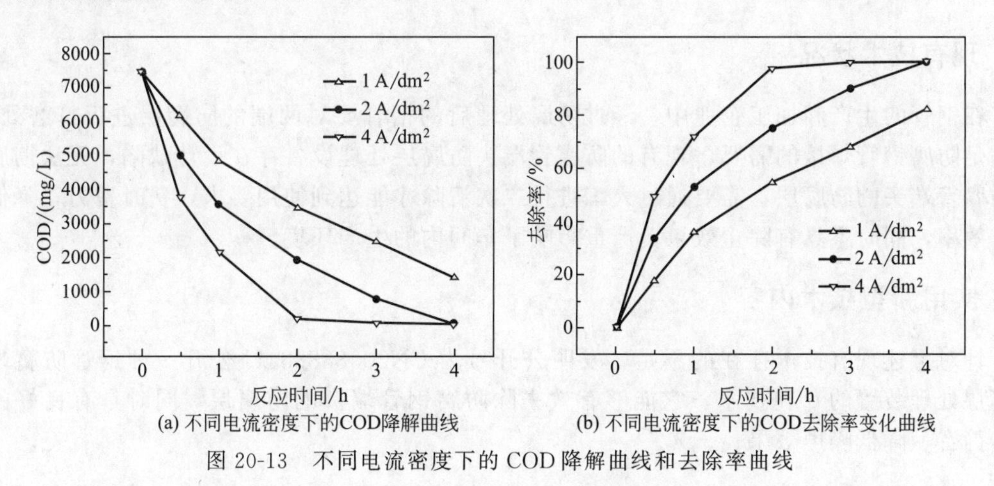

(a) 不同电流密度下的COD降解曲线　(b) 不同电流密度下的COD去除率变化曲线

图 20-13　不同电流密度下的 COD 降解曲线和去除率曲线

三、生产线应用效果

国内某钢管制造公司目前采用上述吸附除油＋电催化氧化工艺和设备进行处理。工艺流程如图 20-14 所示。

与现有的破乳方法相比（如盐析法、混凝法等），本工艺采用的吸附除油材料具有除油彻底、滤饼成型好、易固液分离等优点，处理工艺如图 20-14 所示，可以将废乳化液中的油性物质近 100%去除。废乳化液除油处理后，采用电催化装置进行深度处理，可在几乎不添加药剂、不产生固废的条件下，实现了难降解 COD 的持续高效去除。

试验中采用吸附除油＋电催化氧化工艺对钢丝生产废乳化液进行处理，取得了良好的效

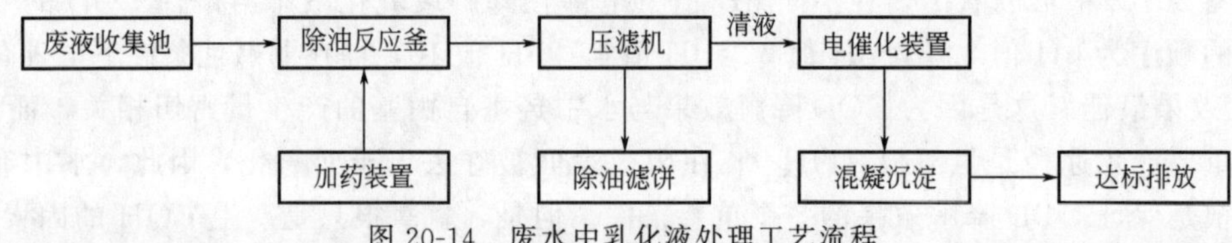

图 20-14 废水中乳化液处理工艺流程

果。试验结果表明：废乳化液吸附除油时，吸油材料的最佳用量为 15g/L，最佳 pH 值为 5，反应可在 10min 左右达到平衡，在该条件下，水中的油性物质几乎可以全部去除，其中浊度去除率约 99.9%以上，COD 质量浓度从 54000mg/L 下降至 7650mg/L，去除率约 86%。利用复合氧化物涂层钛网电极对除油后的废乳化液进行电催化氧化处理，可将 COD 质量浓度从 7500mg/L 降低至 500mg/L 以下，直至无法检出。该工序的最佳 pH 值为 8.5 左右，电流密度一般控制在 2～4A/dm^2 范围内，反应时间为 2～3h 之间。

采用上述组合工艺，可使废乳化液的 COD 质量浓度稳定降低至 300mg/L 以下，低于国家污水综合排放标准中的三级标准要求（质量浓度为 500mg/L），且总色度、浊度等各项指标也均可达标，该吸附除油＋电催化氧化工艺用于废乳化液处理时，具有水质适应性强、性能稳定可靠、投资运行费用合理等优势，设备状况良好，出水长期稳定达标，完全符合废水中含有废乳化液处理达标技术要求。

第六节 焊管端头防腐层处理装置

一、现有技术状况

在钢管的生产和加工企业中，经过防腐处理后的钢管要对两端的防腐层进行打磨处理，以满足防腐钢管焊接的需要，现有的防腐管端头防腐层处理设备存在设计缺陷，无法彻底清除防腐管端头的防腐层，需要通过人工进行二次清除才能达到使用要求，费时费力，降低了生产效率，同时不具有除尘效果，严重影响了车间内的生产环境。

二、实用新型技术内容

针对上述现有技术存在的不足，发明公开号为 CN205888834U 公开一种钢管防腐端头防腐层处理装置的专利技术，它能够有效去除防腐钢管端头的防腐层，同时具有良好的除尘、静音、降低噪声效果。

三、具体操作方式与过程

图 20-15 中的（a）为主视图，图（b）为侧视图。

如图 20-15 所示，本实用新型包括底座和打磨箱 2，打磨箱 2 位于底座顶面，该打磨箱 2 一侧下部开有钢管进料口，在打磨箱 2 内壁与钢管进料口相对的位置处设置有限位（钢管）挡板 3，钢管在进料口处、打磨箱 2 外壁表面上设置有三爪卡盘 4，三爪卡盘 4 与钢管进料口同轴设置，该打磨箱 2 内上部设置有打磨轮 5，在打磨轮 5 一侧接有转轴 6，而转轴 6 外套设置有轴筒 7，转轴 6 的一端与打磨轮 5 连接，另一端接有驱动电机 8，轴筒 7 底部接有支承杆 9，在支承杆 9 底部接有滑块 10，底座 1 上、打磨箱一侧还设置有滑轨 11，滑块 10 与滑轨 11 滑动配合，打磨箱 2 下部开有吸尘口 12，吸尘口 12 外罩有吸尘罩 13，吸尘罩

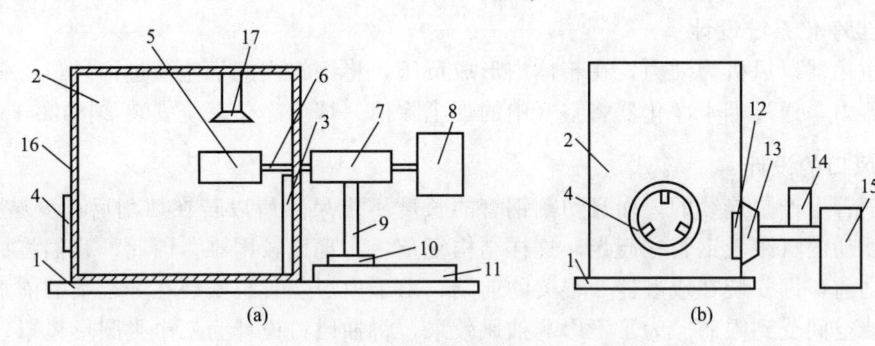

图 20-15 钢管端部打磨结构示意图

1—底座；2—打磨箱；3—限位挡板；4—三爪卡盘；5—打磨轮；6—转轴；7—轴筒；8—驱动电机；9—支承杆；10—滑块；11—滑轨；12—吸尘口；13—吸尘罩；14—吸风机；15—废料箱；16—隔音棉；17—冷却液喷头

13 外通过吸尘管接有吸风机 14 和废料箱 15，打磨箱 2 的箱壁为夹层结构，箱壁内填充有隔音棉 16，打磨箱 2 内顶部下方还设有冷却液喷头 17，冷却液喷头 17 朝向打磨轮 5。

其中打磨箱 2 内底部设有倾斜的排液槽。且在打磨箱 2 内还设有照明装置。

在打磨工作中，先将钢管的端头通过三爪卡盘 4 和钢管进料口伸入打磨箱 2 内，通过限位挡板 3 限制后，钢管伸入一定的长度后，三爪卡盘 4 能使钢管固定，避免钢管在打磨时发生位移，打磨轮 5 还可以通过滑动滑块 10 来调整其对钢管打磨的位置，在打磨过程中，通过冷却液喷头 17 对打磨轮 5 进行降温，有效延长其使用寿命，打磨掉落的废料，通过吸尘口 12 被吸出，吸出的废料被集中在废料箱 15 中进行集中处理：打磨箱 2 的箱壁夹层内设有隔声棉 16，大大降低了打磨过程中产生的噪声，保证了操作人员的身体健康。

四、使用效果结论

本实用新型的有益效果在于：本实用新型结构简单、设计合理，能有效对防腐钢管端头的防腐层进行处理，大大提高了处理的效率及处理的质量，同时具有良好的除尘、降噪功能。

第七节 螺旋焊管等离子切割烟尘净化设计

针对螺旋焊管生产中空气等离子烟尘环境差的问题，设了一种稳定可靠的烟尘净化系统。该系统抽风口采用 3 个固定在或型器辊梁上的半圆形风罩，有效地将切割产生的烟尘吸收干净，同时采用滤芯过滤空气中的烟尘，达到净化空气的目的。

一、烟尘净化系统设计要点

空气等离子切割机是螺旋焊管机组的重要设备，由于等离子切割具有使用方便、能耗低、切口窄而光洁、切口变形小、不改变切口化学成分等优点，被广泛应用在螺旋焊管机组钢管切断工位上。但是空气等离子切割机切割钢管时产生的大量烟尘严重污染环境，危害职工健康。近年来，我国焊管工业向高钢级、厚壁大直径管线钢管发展而空气等离子切割产生的烟尘对环境影响越来越严重，因此，设计开发了空气等离子切割烟尘净化系统，使用效果良好。

1. 烟尘净化系统设计

烟尘净化器以风机为动力，在箱体内形成负压，将钢管内的烟尘通过抽风口、管道吸进烟尘净化器内，通过烟尘净化器将空气中的烟尘除掉。烟尘净化系统安装如图 20-16 所示。

2. 抽风口的设计

由于钢管生产是连续的，而且切割钢管的长度不定尺，所以若在切割后面安装抽风口，则必须是浮动的（跟着钢管一起走）这样结构复杂，实现比较困难。因此，我们将抽风口安装在切割之前，即安装在成型器 2 辊梁的前端，由于内焊装置也安装在 2 辊梁的前端，所以抽风口安装空间受到限制。为了不影响抽风效果，将抽风口设计为三个半圆形风罩，分别固定在 2 辊梁的左边、右边和上边。这样就可以将钢管里面 95% 的烟尘抽进烟尘净化器中。为了不影响内焊装置的调整，在抽风口设计一个把手，取拿方便。在 2# 梁上找个合适的位置，将固定支架固定，然后将抽风口卡嵌在固定支架上面，这样设计之后就不会因为抽风口妨碍内焊设备的调整。抽风口的安装与拆卸如图 20-17 所示。

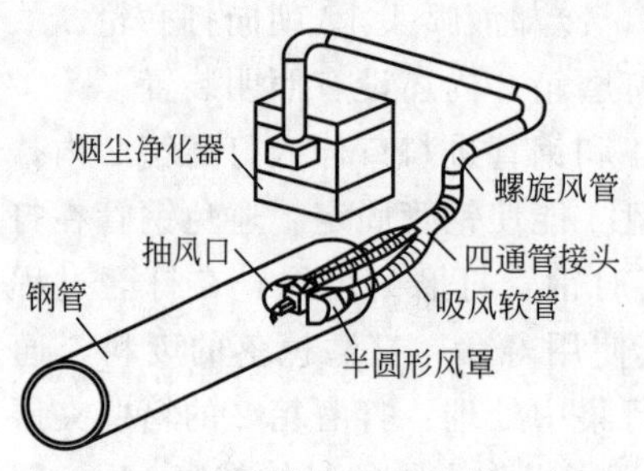

图 20-16 烟尘净化系统安装示意图

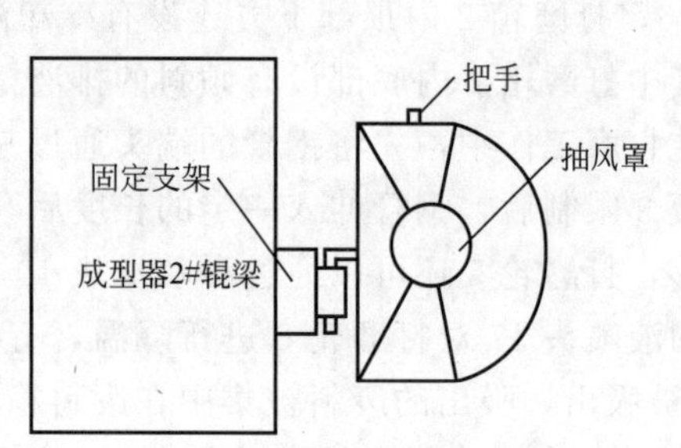

图 20-17 抽风口安装示意图

3. 抽风管道的设计

抽风管道的设计与抽风口的设计必须匹配，如图 20-17 所示，吸风软管选用 ϕ200mm 的耐高温软管，然后通过四通管接头，将三个软管汇集到 ϕ350mm 的软管（因为在生产过程中，2# 辊梁及钢管输出大桥经常小范围调整，所以不适合刚性连接），然后 ϕ350mm 软管与螺旋风管连接，通过螺旋风管与烟尘净化器空气入口相连。在布置管道时要保证管道内气流通畅，减少阻力。

二、烟尘净化器工作过程重点

图 20-18 为中央式烟尘净化器的工作原理图，这种中央式净化器具有结构紧凑、占用空间小、操作方便、性能优越等特点。烟尘净化器在风机的作用下，将含烟尘的脏空气吸入箱体内，脏空气通过滤筒时，烟尘等固体颗粒被挡在滤筒外面，通过反吹清灰装置再将烟尘从滤筒上面吹落进灰桶，这样排出的空气就达到了净化的目的。

该系统最关键的是抽风口的设计以及风机风量的选择，如果抽风口设计不合理，风量再大也不能将绝大部分烟尘抽走，效果自然不好。同样风机风量的选择如果太小，也不能达到很好的效果。

国内某公司在生产中 ϕ1016mm×17.5mm 焊管时使用了所设计的净化器，风量为 6000m^3/h，三个抽风口均采用喇叭口，三根抽风软管直径为 ϕ200mm，主管道直径 ϕ350mm，这样一来，钢管两端无明显的烟尘溢出现象，净化效果显著，较好地解决了螺旋焊管机组等离子切割烟尘对车间环境的污染问题，改善了员工工作环境。

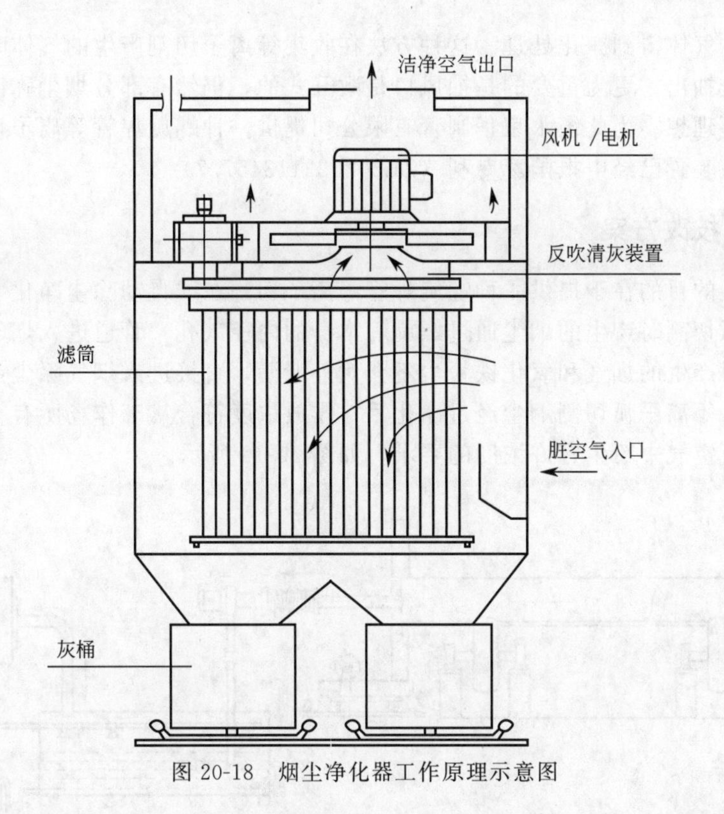

图 20-18　烟尘净化器工作原理示意图

第八节　螺旋焊管等离子切割自动除尘净化装置

一、现有切割技术状态

1. 等离子切割优势

目前螺旋焊管在线生产时，要根据用户的需要，同时便于运输和安装，需将螺旋焊管切割成定尺长度。因为等离子切割能量集中、效率高、切口齐整，不仅切割速度快、切缝狭窄、切口平整、热影响区小、螺旋焊管变形程度低，所以等离子切割技术在螺旋焊管定尺切割中得到广泛的应用。

在等离子切割时采用压缩空气作为气流，利用高温等离子电弧的热量使螺旋管切口处的钢铁部分或局部熔化（和蒸发），借助高速等离子的动量排除熔融的钢铁，同时用压缩空气形成的高速气流将已熔化的钢铁吹走以形成切口，从而保证将螺旋钢管切断为所需的定尺长度。

2. 等离子切割存在缺陷

在等离子切割中作业中产生的高温空气和氧化铁粉粒会混合在一起形成烟尘，漂浮在作业现场，造成环境污染，这个问题一直是螺旋焊管生产企业迫切需要解决的环保问题。

针对上述用等离子弧对螺旋焊管切割时产生的高温、且含有氧化铁粉尘的烟气的治理，使工作现场达到环保净化的要求，现有国内“等离子弧切割烟尘治理技术”采用的是在切割部位的上方简单用一个敞开式罩子，把烟尘自下向上用引风机抽出，再用净化气体的常规方法使含有烟尘的气体得到净化处理。这种方法在收集等离子切割产生的气体时，不能将含有颗粒的烟气完全抽出，更为重要的是抽风口是敞开式的，仍然有部分烟尘弥散在切割工作现场，除尘效果不理想。为此衡水京华制管有限公司提供一种螺旋焊管等离子切割在线自动除尘净化装置，该装置已经申报国家专利（ZL202022113457.7）。

二、除尘净化技改方案

该实用新型的目的在于提供一种螺旋焊管等离子切割在线自动除尘净化装置，采用自动控制将等离子弧切割时产生的烟尘通过螺旋管本身的内径（孔）管道进入烟气除尘系统，使等离子弧切割时产生的烟气和氧化铁粉尘不会对外泄漏，直接进入烟气除尘系统，使烟尘捕捉率≥99.8%。等离子弧切割烟尘经过净化后，排放浓度符合《工作场所有害因素职业接触限值》工作场所空气中粉尘容许浓度的要求，如图 20-19 所示。

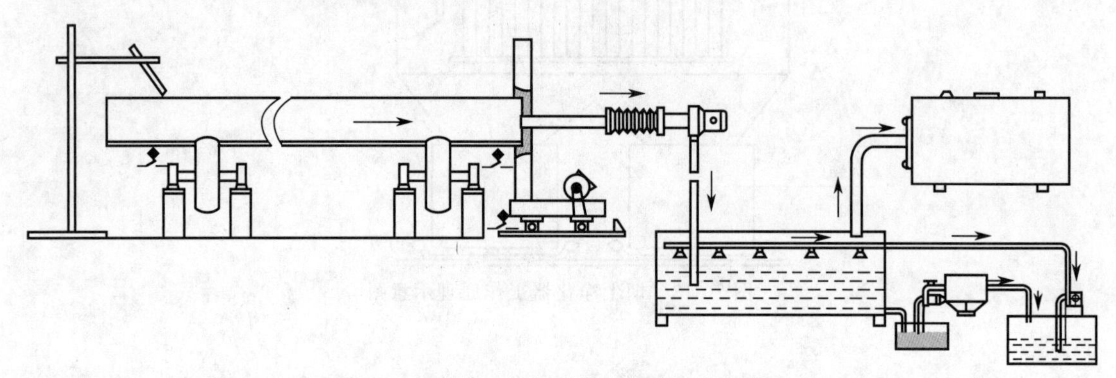

图 20-19　等离子切割在线自动除尘净化装置

等离子切割在线自动除尘净化装置具体解决的技术方案如下。

① 通过一个高压离心风机的进风口端连接一个吸气管，该吸气管装置在活动支架上；在线生产的螺旋焊管在其下部 2 个转动的托支辊支承作用下边旋转边缓慢前进，把吸气管套入螺旋焊管端口内，并靠紧在吸气管活动支架圆形坡口内如图 20-20 所示。

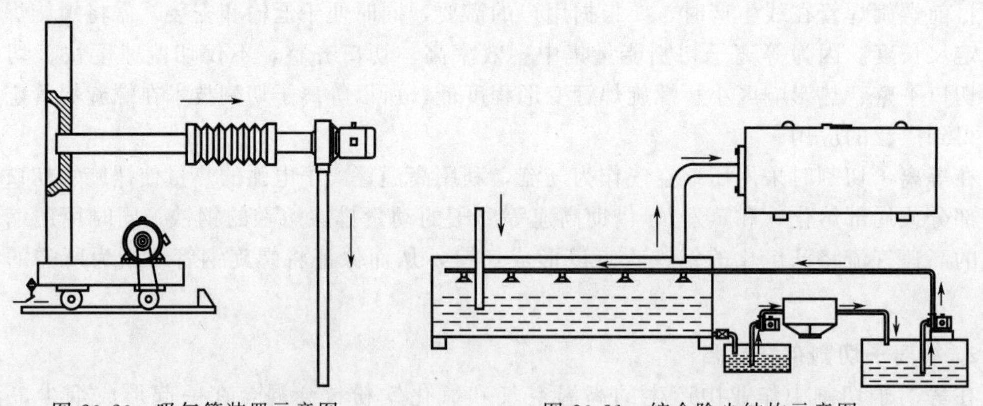

图 20-20　吸气管装置示意图　　　图 20-21　综合除尘结构示意图

② 利用 PLC 控制技术，在控制系统中采用光电感应的作用，自动跟踪捕捉到螺旋焊管头和尾部的位置信号以后，发出系列指令，即：a. 高压离心风机启动开始抽取烟尘；b. 高压水泵亦同时开始泵水，将水压进喷淋管通过喷淋头喷水；喷淋出来的水漂洗、净化烟尘后进入水箱；c. 等离子切割机开始切割；d. 经过水喷淋净化后的气体进入卧式布袋除尘器进

一步除去微尘，完成等离子切割螺旋管时产生烟尘的净化全部过程，见图20-21；e. 水箱中的含有氧化铁粉尘的污水排放到储集水池后，采用板框式压滤机抽出进行过滤，过滤出的干净清水进入清水池，供应给高压水泵向除尘水箱喷淋水，实现闭路水循环使用，达到废水无排放之要求。

三、除尘器的结构

① 在螺旋焊管生产线上，当螺旋焊管头部运行到高压离心风机吸气口支架时，此时螺旋焊管中部亦进入到等离子切割工序位置，光电感应器发出信号传递给PLC控制系统，PLC系统发出指令，顺序启动高压水泵和高压离心风机开始工作。此时高压水泵开始供水，通过水管进入水箱除尘器内多组喷淋雾化器，喷淋雾化器开始喷淋。离心风机吸气口支架与螺旋焊管头部接触的部位呈45°斜角坡形，目的是减少螺旋焊管头部与支架口的缝隙。高压离心风机启动后，离心机的吸气口开始对螺旋焊管内孔抽气，延时启动的等离子切割机对螺旋焊管开始切割。

② 等离子切割机在对螺旋焊管切割时，等离子弧切割喷嘴固定不动，而螺旋焊管因焊管体围绕管体中心在旋转，从而完成对螺旋焊管圆周切割工序。高压离心风机的吸气支架为移动式，进气支架底部为小车体，小车体设置有4个滚轮，小车前后移动起到吸气支架连同进气管靠近、离开螺旋焊管的头部的作用，移动小车体上的滚轮安装在轴上，轴中间设置一个齿轮，齿轮通过链条与另一个齿轮连接，该齿轮安装在驱动电机的驱动轴上。小车体连同吸气支架的前后移动是通过光电感应器发出的指令完成的，当等离子切割机的切割嘴停止切割，光电感应器捕捉到火焰停止熄灭信号后，通过PLC系统发出指令：a. 离心风机停止运转；b. 高压水泵停止抽水；c. 移动小车连同吸气支架向右移动离开螺旋焊管头部。当移动小车向右移动到滑道一端的挡板后，光电感应器发出信号，移动小车停止移动。与此同时，螺旋焊管在其他机构的作用下翻转离开两对托辊，完成螺旋焊管自动定尺切割工序，进入下一个切割程序。

③ 本实用新型在实现等离子弧自动切割螺旋焊管的同时，在自动完成对切割时所产生的烟气和氧化铁粉尘的过滤过程中，高压离心风机进气口与吸气支架5之间连接有进气塑料软管；进气塑料软管中间设置有一段波纹套管，波纹套管材质为弹性丁二烯橡胶(BR)，便于进风支架的前后移动时起到伸缩作用，起到使进气塑料软管不与吸气支架脱落的作用。

④ 等离子弧切割螺旋管时所产生的高温气体和混合有氧化铁的烟尘气体，顺着螺旋焊管内孔进入进气塑料管后，由离心风机抽出，经离心风机的出口管进入水箱除尘器内；水箱除尘器内上部安装多组水喷淋雾化器，喷淋水将抽进的有害气体和金属粉尘进行降解除尘。离心风机输出风压为0.3～0.4MPa，驱动电机功率为4kW。

⑤ 高压离心风机出口气管进入水箱除尘器中水液面以下3～5cm的水中，有利于烟尘和有害气体的在水中充分降解和吸收；水箱除尘器中的水是由功率为3kW的高压水泵注入水箱除尘器内。

⑥ 本实用新型的水箱除尘器外壁下部安装一个排污阀，将含有铁离子污泥和污水外排进污水沉淀储集池；污水沉淀储集池中的污水由离心水泵抽出后，进入板框式压滤机进行过滤处理，过滤出来的清水流进清水池中，供给抽水泵做为喷淋水使用，形成一个闭路循环水，达到节约水资源的目的。

在本实用新型中，经过水箱除尘器对烟尘和氧化铁粉尘的净化吸收以后，从水中逸出气体通过在水箱除尘器上部的出口，通过管道进入布袋除尘箱体内，布袋除尘箱体内设置多个细长布袋，布袋有 100 目微孔，布袋用固定箍与排气管道紧定连接。根据过滤微尘风量的计算，布袋口的直径是高压离心风机出口直径的 1.5～3.0 倍，便于形成正压空间，有利于提高水箱喷淋、布袋除尘净化的效果。优选的布袋口的总直径设计为高压离心风机出口直径的 2.6 倍。

⑦ 所述的布袋除尘箱体为卧式，直接放在车间地面上，节约空间，不影响生产车间的天车调运工件；布袋除尘箱体上设置有把手、便于取出箱体内的布袋进行清理。

四、除尘器的有益效果

这种对螺旋焊管等离子切割时产生的烟尘收集的烟尘捕捉率≥99.8%，等离子切割螺旋焊管所产生烟尘经过净化后，排放浓度符合 GBZ 2.1—2019《工作场所有害因素职业接触限值：化学有害因素》标准中的规定。

第九节　防止钢管端头铣削机夹持体下落安全装置

一、问题的提出

钢管锯切后对端面的铣平作业，是钢管制造过程中保证钢管质量的一个重要工序。对于钢管端面的铣平，是利用钢管端面铣平机的上、下两个半圆形，内表面为沟槽形的一组夹持体装置，将钢管端部外圆表面夹持紧之后，铣平机的圆盘铣削头开始缓慢地向钢管端部进刀进行铣削，铣削掉钢管端部因锯切后留下的不平整的表面和部分残留的铁屑，达到钢管端头所要求的平整光滑的技术标准。

钢管端面铣平机的铣削头所用的合金钢刀头，经过一段时间使用后，因铣削刀刃不锋利，需要更换新的铣削刀具，此时需要将夹持钢管的夹持体的上半圆形夹持体提升起来，上半圆形夹持体约为 20kg，上半圆形夹持体的提升是依靠钢管端面铣平机上部的活塞气缸活塞杆的运动来实现。当上半圆形夹持体提升起来之后，维修工方可在此位置更换铣削刀具。

某些时候，空气压缩机停止供气后，钢管端面铣平机上的活塞气缸则失去了高压空气的供应，或者是由于员工操作配合不当后，致使电动、气动元件出现故障造成钢管铣削夹持体的坠落，或因活塞气缸供气管道出现故障，使活塞气缸失灵等因素的出现，亦使夹持体的上半圆形夹持体突然落下，易造成工伤事故。为了彻底消除这一不安全事故的隐患，需研制一种防止钢管端头铣平机铣削上夹持体自由下落的装置。

二、解决安全问题的技术方案

为解决目前钢管端头铣平机铣削上夹持体自由下落所存在的事故隐患，设计了一种结构合理的防止钢管端头铣平机铣削上夹持体自由下落的装置，并已获得国家专利（ZL202123185309.7）。

1. 技术方案

防止钢管端头铣平机铣削上夹持体自由下落的装置，安装在钢管铣平机体的中上部，具体实施为在现有的钢管端头铣平机的中上部位置设置 1 个活塞式气缸，并固定在一个长方形的连接板上，这个连接板的两端与铣平机体固定连接。

在活塞式气缸的活塞杆端部与一个钢质推板连接，连接方式采用轴销式活动连接，在钢推板上面安装 2 个圆形钢支承棒。这 2 个钢支承棒为对称固定，用圆形紧定螺母连接在钢棒推板上，且个圆形钢支承棒水平间隔是与钢管端头铣平机上的 2 个钢管上夹持体连接的气缸活塞杆的间隔相等。2 个圆形钢支承棒伸出后能够稳定地托着 2 个钢管上夹持体中间，达到上夹持体不下落的目的。具体设置如图 20-22 和图 20-23 所示。

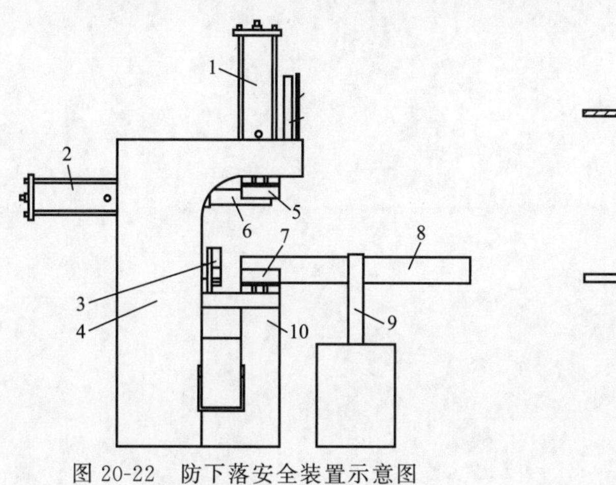

图 20-22　防下落安全装置示意图

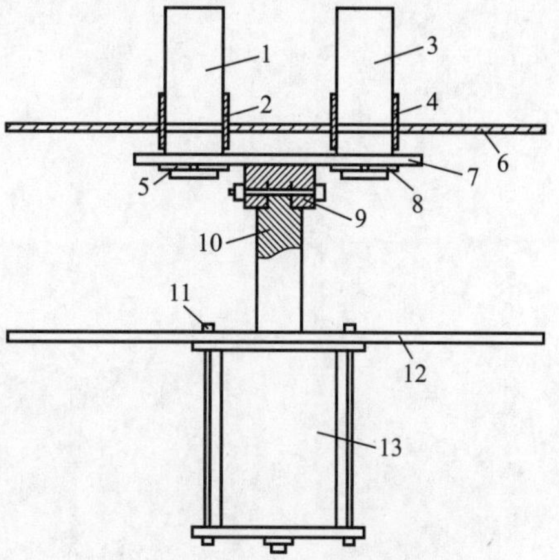

1
3
2
4
6
7
5
8
9
10
11
12
13

图 20-23　支承系统结构图

2. 具体实施步骤

图 20-22 中：1—钢管压紧气缸；2—支承钢棒气缸；3—铣削刀盘；4—铣削机床；5—钢管上压体；6—支承钢棒；7—钢管下压体；8—钢管；9—钢管支承托架；10—钢管下压体支座。

图 20-23 中：1、3—支承钢棒；2、4—支承钢棒轴套；5、8—钢棒紧定螺母；6—钢棒滑套支承板；7—钢棒推板；9—活塞杆连接支座；10—气缸活塞杆；11—活塞气缸连接螺栓、螺母；12—活塞气缸固定支架；13—活塞气缸。

① 具体的部件装置和作用。结合图 20-22 和图 20-23 进行说明，钢质支承棒相对于钢管上夹持体位置可实现水平方向平稳的伸缩，这是依靠钢管端头铣平机的中间滑套支承板上的 2 个圆孔作为支承依托，在 2 个圆孔内圆各镶嵌 1 个耐磨轴套，支承钢棒和耐磨轴套的间隙为间隙配合，达到钢质支承棒平稳伸进钢管上夹持体的目的，当 2 个钢管上夹持体意外出现下落时，可以起到托着钢管上夹持体使之不能下落的作用。2 个支承钢棒分别固定在钢棒推板上，钢棒推板通过活塞杆连接支座和气缸活塞杆连在一起，通过活塞杆的伸长运动可以把 2 个钢棒伸进钢管上夹持体内。圆形钢质支承棒往复伸缩动作，是依靠本发明中设置的活塞式气缸，而活塞式气缸活塞的伸缩运动是依靠 3 路 2 位直动式电磁阀（常断型）。

② 本技术革新利用了人脸识别技术。电磁阀控制活塞式气缸的活塞杆的伸缩（推拉）动作，而电磁阀的功能动作是依靠人脸识别系统来实现的。

③ 安全防控操作步骤。a. 当维修工需要对钢管端头铣削机的铣削刀盘进行更换刀具维修之前，先启动人脸识别器的电源，维修工要进行人脸识别，识别成功之后，维修工方可进入钢管铣削区域进行操作，预先将钢管端头铣削机的钢管端头上夹持体升起，处于待机状

态。b. 人脸识别成功后，人脸识别系统发出信号给中间继电器，通过中间继电器接通 220V 电源联通 3 路 2 位直动式电磁阀，电磁阀内线圈通电后，静铁芯产生电磁力，阀芯受到电磁力作用后，开通活塞气缸的进气管路，随即推动活塞杆伸长推动轴销连接的钢棒推板，钢棒连接板上的 2 个圆形钢支承棒进入 2 个钢管上夹持体内，圆形钢支承棒插入钢管上夹持体内圆后，向上牢靠地托起钢管上夹持体，从而避免了因各种因素造成铣平机上夹持体自由下落的现象。

第二十一章

钢管生产现场管理

第一节 钢管生产质量管理体系介绍

一、ISO9000 质量体系

ISO9000 指由国际标准化组织（ISO）所属的质量管理和质量保证技术委员会（ISO/TC176 工作委员会）制定并颁布的关于质量管理体系的族标准的统称。

质量管理体系（quality management system，QMS）标准定义为“在质量方面指挥和控制组织的管理体系”，通常包括制定质量方针、质量目标及质量策划、质量控制、质量保证和质量改进等活动。实现质量管理的方针目标：有效地开展各项质量管理活动，必须建立相应的管理体系，这个体系就叫质量管理体系。质量管理体系是企业内部建立的、为保证产品质量或质量目标所必需系统的质量活动。它根据企业特点选用若干体系要素加以组合，加强从设计研制、生产、检验、销售、使用过程的质量管理活动，并予以制度化、标准化，成为企业内部质量工作的要求和活动程序。

在现代企业管理中，质量管理体系最新版本的标准是 ISO9001：2008，是企业普遍采用的质量管理体系，质量管理体系的八项原则，八项原则主要是指 ISO9001：2008 所涉及的①以顾客为关注焦点；②领导作用；③全员参与；④过程方法；⑤管理的系统方法；⑥持续改进；⑦基于事实的决策方法；⑧与供方互利的关系。

二、特种设备质量保证体系

特种设备质量保证体系基本要求，明确了特种设备制造、安装、改造、维修质量保证体系的基本要素和内容，建立规范、科学的具有特种设备制造、安装、改造、维修特点的质量保证体系。

1. 保证体系的基本要素

特种设备制造、安装、改造、维修质量保证体系的基本要素里对各个要素提出具体要求如下：

① 管理职责；

② 质量保证体系文件；

③ 文件和记录控制；

④ 合同控制；

⑤ 设计控制；

⑥ 材料、零部件控制；
⑦ 作业（工艺）控制；
⑧ 焊接控制；
⑨ 热处理控制；
⑩ 无损检测控制；
⑪ 理化检验控制；
⑫ 检验与试验控制；
⑬ 设备和检验与试验装置控制；
⑭ 不合格品（项）控制；
⑮ 质量改进与服务；
⑯ 人员培训、考核及其管理；
⑰ 其他过程控制；
⑱ 执行特种设备许可制度。

2. 质量方针、质量目标

（1）质量方针（quality policy）

由组织的最高管理者正式发布的该组织总的质量宗旨和方向。质量方针是企业经营方针的组成部分，企业管理者对质量的指导思想和承诺。企业最高管理者应确定质量方针并形成文件。不同的企业可以有不同的质量方针，但都必须具有明确的号召力。质量方针的基本要求应包括供方的组织目标和顾客的期望和需求，也是供方质量行为的准则。一般包括产品设计质量、同供应厂商关系、质量活动的要求、售后服务、制造质量、经济效益和质量检验的要求、关于质量管理教育培训等。

（2）质量目标

要求最高管理者组织的相关职能和各层次上建立质量目标，并确保以下几点：

① 质量目标是可以测量的。质量目标是质量方针的展开和落实，尤其在作业层次上质量目标必须是定量的。不然，目标的实施就不能检查、不能评价，实施就容易流于形式。

② 质量目标在相关的职能和各层次上必须展开可按“目标管理”系统图法，由上而下逐级展开，以达到由下而上的逐级保证。

③ 质量目标的内容，应与质量方针提供的框架相一致，且包括持续改进的承诺和满足要求的所有内容。

“以顾客为中心”的管理原则，这是在质量目标中的具体体现，也是实现“顾客满意”的重要手段。因此，标准提出了满足“要求”的内容要求。

第二节 HSE 管理体系

一、 HSE 管理体系介绍

1. HSE 管理体系的定义

HSE（健康、安全、环境）管理体系是一种事前进行风险分析、确定其自身活动可能发生的危害及后果，从而采取有效的防范手段和控制措施防止其发生，以便减少可能引起的人员伤害、财产损失和环境污染的有效管理方式。

2. HSE 管理体系的目的

满足政府对健康、安全和环境的法律、法规要求。

① 为企业提出的总方针、总目标以及各方面具体目标的实现提供保证；

② 减少事故发生，保证员工的健康与安全，保护企业的财产不受损失；

③ 保护环境，满足可持续发展的要求；

④ 提高原材料和能源利用率，保护自然资源，增加经济效益；

⑤ 减少医疗、赔偿、财产损失费用，降低保险费用；

⑥ 满足公众的期望，保持良好的公共和社会关系；

⑦ 维护企业的名誉，增强市场竞争能力。

二、 HSE 管理体系中主要影响因素

1. 影响各岗位的主要环境因素

① 焊接产生的废渣、冷却废水。

② 水压后污水。

③ 补焊后的废焊条头、碳棒、焊渣。

④ 生活污水。

⑤ 切管时的烟尘、粉尘。

⑥ 铣边机、倒棱机产生的噪声。

2. 钢管企业常见的危险因素

① 物体打击：物体落下、抛出、破裂等造成人员伤害。

② 灼烫：指火焰烧伤、高温物体烫伤、化学灼伤、物理灼伤等。

③ 高处坠落：2m 以上施工未系安全带。

④ 触电：包括触击带电体和受放电冲击。

⑤ 机械伤害：机械运动设备的部件、工具、加工件与人体接触造成的夹击、绞、割、刺等伤害。

3. 钢管企业常见有害因素

① 物理性有害物：员工在高温、低温、噪声、振动等环境中作业，如中暑，接触火焰、弧光等，低温环境中的冻伤，因射线、放射源造成的伤害。

② 化学性有害物：指通过呼吸、皮肤吸入或接触的有害物，如氯气、硫化氢、一氧化碳、粉尘等。

③ 生物性有害物：如野外施工作业中，容易引发疾病的动物，如血吸虫、黑线鼠。

4. 车间常见危险因素

① 设备伤害：钢管输送过程中，钢管撞伤行人。

② 起重伤害：起重物滑落、挤压造成的伤害。

③ 机械伤害：使用砂轮机不戴防护用具，造成人员受伤。

④ 交通事故：上下班途中骑摩托车、驾驶汽车等造成人员伤亡。

⑤ 火灾：易燃易爆液体、气体或气割火焰伤害。

⑥ 爆炸：可燃气体受限空间着火。

⑦ 中毒窒息：受限空间缺氧。

三、 HSE 对岗位员工的基本要求

1. 对车间设备的要求

车间应采用防爆电气设备和低压照明线路，安装应急灯，人员能安全逃生。特种设备定期检验，天车设备、钢丝绳、吊钩、吊具定期检测，电气控制开关使用漏电保护器、安全取暖器等。

2. 对员工的要求

① 加强教育培训，提高员工的安全意识和安全技能。安全意识指危害识别、风险评估的意识，即员工能认知本岗位、操作的设备设施、使用的工具和物料、所处的作业环境在发生偏差时所带来的危害和风险；安全技能指削减和控制风险的能力，即员工所掌握的操作规程、岗位作业指导书、紧急或异常情况的处置能力，如触电急救、火场逃生、有毒有害场所的防护知识等。

② 岗位员工应熟知本岗位操作环节、设备、设施、使用物料、作业环境的风险，并掌握操作规程、作业指导书要求，以及紧急情况下的应急方法。

③ 事故预防知识的学习

a. 基本概念达到应知应会。

事故：造成人员死亡、伤害、职业病和财产损失的事件。

安全：指将风险控制在可接受的范围。

安全生产：防范各类事故、保障员工生命和企业财产安全。

b. 事故产生的原因。

人的不安全行为——违章指挥、违章操作、违反劳动纪律。

物的不安全状态——使用设备、工具、物料所存在的隐患和危害。

不良环境——作业环境不符合人的生理、心理需求，如高温、低温、噪声等。

管理缺陷——管理制度、操作规程针对性、操作性不强。

c. 进行危害识别。

危险因素：指能对人造成伤亡或物造成突发性损害的因素。有害因素指能影响人的身体健康、导致疾病，或对物造成慢性损害的因素。

危害识别的对象：设备设施、工器具、物料等（静态）以及员工施工作业过程中的高风险作业，如用火、登高、起重、设备的拆装等（动态）。

3. 消防重点知识

（1）油、气防火、防爆基础知识。

在生产中，常见的引起火灾爆炸的点火源有以下八种情况：①明火；②高热物及高温表面；③电火花；④静电、雷电；⑤摩擦与撞击；⑥易燃物自行发热；⑦绝热压缩；⑧化学反应热及光线和射线。

（2）爆炸及其特征。

物质由某种状态迅速地转变为另一种状态，并瞬间以机械功的形式放出大虽能量的现象，称为爆炸。爆炸现象一般具有如下一些特征：

① 爆炸过程进行得很快，爆炸点附近瞬间压力急剧上升，发出巨大的声响。

② 周围介质发生震动或邻近物质遭到严重的破坏。

（3）可燃液体和气体的燃烧形式。

可燃液体在火源或热源的作用下，首先蒸发，然后蒸气氧化、分解进行燃烧。

可燃液体的燃烧，实质上是燃烧可燃液体蒸发出来的蒸气，所以叫蒸发燃烧。对于难挥发的可燃液体，其受热后分解出可燃性气体，然后这些可燃性气体进行燃烧，这种燃烧形式称为分解燃烧。

当可燃气体流入大气中时，在可燃性气体与助燃性气体的接触面上所发生的燃烧叫扩散燃烧。

当可燃性气体和助燃性气体预先混合成一定浓度范围内的混合气体，然后遇到点火源而产生的燃烧叫预混燃烧（动力燃烧）。

(4) 防火、防爆具体措施。

根据物质燃烧的原理，防止发生火灾爆炸事故的基本原则是：

① 控制可燃物和助燃物的浓度、温度、压力及混触条件，避免物料处于燃爆的危险状态。

② 消除一切足以导致起火爆炸的点火源。

③ 采取各种阻隔手段，阻止火灾爆炸事故灾害的扩大。

控制可燃物的具体措施如下。

① 控制可燃物，就是使可燃物达不到燃爆所需要的数量、浓度，或者使可燃物难燃化或用不燃材料取而代之，从而消除发生燃爆的物质基础。

② 控制气态可燃物、控制液态可燃物、控制固态可燃物。

(5) 常用消防器材的正确使用。

常用消防器材配备有二氧化碳灭火器、干粉灭火器两种。

① 手提式二氧化碳灭火器。适用的范围：适用于扑救600V以下的带电电器、贵重设备、图书资料、仪器仪表等场所的初起火灾，以及一般可燃液体的火灾。

② 手提式干粉灭火器。适用的范围：干粉灭火器适用于扑救石油及其制品、可燃液体、可燃气体及带电设备的初起火灾。

四、“两表一卡”制度的管理和实施

“两表一卡”即是指：《工作危害分析表》《安全检查分析表》《隐患报告卡》。

对“两表一卡”的主要内容和作用说明如下：

①《工作危害分析表》。岗位操作人员在进行有较高风险的非常规作业前，由施工负责人组织员工以讨论的方式将施工作业分解成若干步骤，对每一个步骤进行危害的有关分析，并认真填写《工作危害分析表》。

对于有较高风险的非常规作业包括临时的检修、登高、临时用电、用火、进入受限空间等。

②《安全检查分析表》。《安全检查分析表》由技术、安全、业务骨干等专业人员进行编制，列出每个岗位设备、设施、场所等物体的不安全状态，并依据相关的标准和岗位安全操作指南制订出安全检查内容及标准，供岗位操作员工检查识别。

③《隐患报告卡》。《隐患报告卡》是由员工随时发现隐患随时填写并及时上交班组长。在班组长分析之后，对能及时整改的立即组织整改，对无力整改的需制定出可行的风险控制措施。班组长负责将《隐患报告卡》投入投卡箱。

第三节　TPM及6S现场管理

一、TPM及6S介绍

1. TPM简介

TPM（total productive mantenance）即“全员生产保全”的简称，是维护、创新生产系统的一种体制。从生产部门扩展到开发、营业、管理等所有部门，从经营阶层（TOP）到一线员工全员参与，以生产现场所有现物的寿命周期为对象，通过职务性小组活动，持续提高生产效率和保全能力，力求达到零灾害、零不良、零故障的目标。

2. TPM对岗位员工的相关要求

（1）TPM自主保全小组的职责

① 登记疑问点，并利用班前、班后会发布One Point Lesson要点培训，用于自我学习和经验交流，培养自主管理班组文化。

② 利用停机时间进行初期清扫，发现不合理，消除微缺陷，防止劣质化。

③ 制定、执行并持续修正点检标准，及时测定劣质化。

④ 制定、执行比持续修正清扫、润滑、紧固、调整、防腐等定期自主保全标准，提高保全效率。制定并执行自主保全计划，改善不合理处，降低保全费用。

（2）TPM专业保全小组的职责

① 登记疑问点，并利用班前、班后会发布One Point Lesson要点培训，用于自我学习和经验交流，培养自主管理班组文化。

② 支援自主保全小组，消除微缺陷，防止劣化。

③ 制定、执行并持续修正巡检标准，采用状态监测与诊断技术，及时预测故障。

④ 制定、执行并持续修正针对周期性故障的定期专业保全标准，提高保全效率。

⑤ 统计并分析故障，制定并执行专业保全计划，改善故障频发部位，降低保全费用。

（3）焦点课题小组的职责

① 根据企业经营的方针目标，针对关键问题，开展现状调查和市场调查，提出改善目标和焦点课题。

② 成立焦点课题小组，可跨部门择优选取人才。

③ 登记疑问点，并利用小组会议发布One Point Lesson要点培训，用于自我学习和经验交流，培养自主管理班组文化。

④ 制定、执行并持续修正课题计划。

⑤ 分解改善目标，自主核算并评价课题效果。

二、TPM的6S活动要领

所谓6S，是指对生产现场各生产要素不断进行整理、整顿、清洁、清扫、安全、素养的活动。由于整理（seiri）、整顿（seiton）、清扫（seiso）、清洁（seiketsu）、安全（safety）和素养（shitsuke）这6个日语词对应的罗马拼音的第一个字母都是“S”，所以简称6S，6个S以素养为中心，前4个S均靠素养而形成。

1. 整理（要与不要，一留一弃）

① 作台上的消耗品、工具等无用或暂无用物品须取走。

② 生产线上不应放置多余物品及无掉落的零件，地面不能直接放置成品、零件以及掉有零部件。

③ 不良品放置在不良品区内，工区内物品放置应有整体感。

④ 私人物品不应在工区出现，电源线应管理好，不应杂乱无章或抛落在地上。

⑤ 标志胶带的颜色要明确（绿色为固定，黄色为移动，红色为不良）。

2. 整顿（科学布局，取用快捷）

① 消耗品、工具等应在指定标志场所按水平直角放置。

② 台车、棚车、推车、铲车应在指定标志场所水平直角放置。

③ 零件、零件箱应在指定标志场所水平直角整齐放置，成品、成品箱应在指定标志场所整齐放置。

④ 零件应与编码相对应，编码不能被遮住。

3. 规范（规范管理，提高品质）

① 将工作场所内的物品按要求放置。

② 按企业标准要求进行规范化管理。

4. 清洁（清除垃圾，美好环境）

① 地面应保持无灰尘、无碎屑、纸屑等杂物，墙角、底板、设备下应为重点清扫区域。

② 地面上浸染的油污应清洗。

5. 素养（形成制度，养成习惯）

① 按规定穿工作鞋、工作服，佩戴工作证。

② 吸烟应到规定场所，不得在作业区吸烟。

③ 工作前，用餐前应洗手，打卡、吃饭应自觉排队，不插队；不随地吐痰，不随便乱抛垃圾，看见垃圾立即拾起放好。

6. 安全（预防为主，防治结合）

① 对危险品应有明显的标识，各安全出口的前面不能有物品堆积。

② 灭火器应在指定位置放置及处于可使用状态。

③ 易燃品的持有量应在允许范围以内，所有消防设施应处于正常动作状态。

三、岗位员工在6S活动中的责任

在钢管生产中，车间共分为三个区域，即上料区、成型区和下料区。检查、落实6S的岗位分为：地面、设备、原料区、岗位看板、操作台、桌面、生活用品和护栏设施。

① 自己的工作环境须不断的整理、整顿，物品，材料及资料不可乱放。

② 不用的东西要立即处理，不可使其占用作业空间。

③ 通路必须经常维持清洁和畅通。物品、工具及文件、记录本等要放置于规定场所。灭火器、配电盘、开关箱、电动机、冷气机等周围要保持清洁。

④ 物品、设备要仔细、正确、安全堆放，较大较重的堆在下层。

⑤ 保管的工具、设备及所负责的责任区要整理。

⑥ 纸屑、抹布、材料屑等要集中于规定场所，所在的岗位要不断清扫，保持清洁。

⑦ 注意上级的指示，并加以配合。

第四节　螺旋焊管生产线各岗位操作规程

一、带钢拆卷对接头工序操作规程

1. 岗位职责

① 严格执行本岗位范围内设备操作规程的要求，按操作规程要求正确操作设备。依据生产工艺卡参数调整相应生产设备运行参数。

② 严格执行本岗位范围内一体化管理运行体系的要求。

③ 负责检查、维护操作设备，确保正常、安全运行。

④ 整理本岗位范围内卫生及使用工器具，保持作业现场清洁、顺畅。

⑤ 负责对进入本岗位范围内的来访者进行安全告知，告知本岗位范围内风险及防范措施。

2. 操作规程

（1）运行前准备工作

① 检查液压站，观察油标（油位高于油箱 3/4 处），油温不高于 60℃。检查阀站、油缸、油管是否漏油，检查挡管器。

② 检查各辊、轴、轴承、轴承座是否完好，各个螺栓、螺母是否有松动。

③ 检查各电机、操作柜、各电路控制件是否完好。

（2）设备试运行

① 启动电气控制柜，检查电流、电压是否正常。

② 检查各电机以及散热风扇是否正常运转，运转时声音是否正常；各液控阀是否正常；各工序动作是否正常；各限位开关是否能正常工作（剪切机限位、立辊限位）。

③ 检查系统油压（8～10MPa），各油缸运动时是否有油溢出，管路及阀站是否漏油。

（3）正式生产

① 上卷前测量锥头直径与钢卷内径，钢卷内径大于锥头直径方可上料。将钢卷吊至上卷小车托辊中心位置上，注意钢卷头部方向。调整开卷机自由边位置及两锥头之间距离，大于钢卷宽度 50～100mm。小车将钢卷送至开卷机锥头中心位置。锥头升降，锥头中心和钢卷内孔中心一致，误差不超过±10mm，锥头送入钢卷内孔，锥头压紧钢卷内径。托辊电机启动，配合拆头机铲头进行开卷，将带钢头部拆开。压紧辊和铲刀要紧靠钢卷外径。铲刀头部一定要对准带钢头部缝隙中。铲头铲开头部到一定长度后铲刀和压紧辊才能离开钢卷。铲头和压辊离开到 113mm 左右，将带钢头部在支承辊上压紧。带钢头部经过三辊直头后送入引料矫平机时铲头和 2＃压辊才能松开。铲刀不要压过头。当钢卷快拆完时，压辊和铲头要压紧带钢尾部，随着尾部摆动，否则尾部打坏铲刀。

② 使用矫平机时，调整夹送辊上下辊面在同一个平面。调整上下矫平辊面，必须在一个平面，上下辊接触时，辊缝间隙误差不超过±0.05mm。调整上下支承辊斜块，必须保证支承辊与工作辊面接触良好，工作平稳。调整平衡装置，弹簧使不工作时的摆动架保持平衡位置。

③ 通过后部夹送辊，前一卷带钢尾部进入剪切机剪切位置，剪切压紧油缸动作，压板压紧带钢尾部。剪切油缸工作，上刀片剪切板尾，切完油缸返回，上刀架上升返回。压紧油缸返回，压板松开，夹送辊工作，将板尾送至焊接台。后卷带钢头部送入剪切机剪切部位，压紧油缸工作，压紧板头。剪切油缸工作，将板头剪切，剪切完油缸返回。板头送至铣坡口位置，油缸压紧板头，铣刀盘电机工作进行铣板头V形坡口，铣完刀盘返回原位置。机架移动油缸工作，剪切机移动到对焊机位置。对焊机上压紧油缸工作压紧板尾。铣刀盘再次工作，对板尾铣削V（Y）形坡口，铣完返回原位。调整板头板尾焊接位置以及焊缝间隙。调整合适后，油缸工作压紧板头、板尾，焊垫油缸上升，压紧焊缝中心使焊垫板对准焊缝。调整完后焊接机（自动埋弧焊机）开始工作，焊接完成后焊机自动返回原位置。板头板尾压紧油缸及焊垫油缸退回，压板松开机架，移动油缸工作，机架返回原始位置。

3. 安全警示

① 工作时必须穿戴工作服、安全帽、手套等劳保用品，任何情况下都要首先保证人员的安全。

② 生产中禁止触及滚动的钢管和穿越传动线，防止造成机械损伤。

③ 非电工不得触碰电气柜以及排线区域，防止触电。

④ 不得在设备运转时修理、清理。

⑤ 发生事故及时汇报，紧急情况拨打“120”。

二、带钢铣边工序操作规程

1. 岗位职责

① 严格执行本岗位范围内设备操作规程的要求，按操作规程要求正确操作设备。依据生产工艺卡参数调整相应生产设备运行参数。

② 严格执行本岗位范围内一体化管理运行体系的要求。

③ 负责检查、维护操作设备，确保正常、安全运行。

④ 整理本岗位范围内卫生及使用工器具，保持作业现场清洁、顺畅。

⑤ 负责对进入本岗位范围内的来访者进行安全告知，告知本岗位范围内风险及防范措施。

2. 操作规程

（1）运行前准备工作

① 检查液压站，观察油标（油位高于油箱3/4处），油温不高于60℃。

② 检查阀站、油缸、油管是否漏油。检查铣边机各部件是否无损坏；各个螺栓、螺母是否有松动；刀块是否需要更换，刀盘是否装卡牢固。

（2）设备试运行

① 检查各电机以及散热风扇是否正常运转，运转时声音是否正常；各液控阀是否正常；各工序动作是否正常；各限位开关是否能正常工作。

② 检查系统油压（8～10MPa），各油缸运动时是否有油溢出，管路及阀站是否漏油。

（3）正式生产

① 根据钢板宽度来调整刀盘位置，刀盘位置通过左右两套调整装置达到尺寸要求。

② 铣削时上辊必须压紧钢板边，同时中间托辊必须托平钢板。铣削时，钢板不能上下

左右窜动，保证钢板平稳运行。

③ 工作时注意铣削铁屑顺利落到排屑装置上顺利运送到机外。铣削过程中要注意刀片磨损情况，及时更换刀片。

④ 机器工作前必须先启动动力装置中齿轮润滑油泵，检查润滑是否正常。

三、螺旋成型工序操作规程

1. 岗位职责

① 严格执行本岗位范围内设备操作规程的要求，按操作规程要求正确操作设备。依据生产工艺卡参数调整相应生产设备运行参数。

② 严格执行本岗位范围内一体化管理运行体系的要求。

③ 负责检查、维护操作设备，确保正常、安全运行。

④ 整理本岗位范围内卫生及使用工器具，保持作业现场清洁、顺畅。

⑤ 负责对进入本岗位范围内的来访者进行安全告知，告知本岗位范围内风险及防范措施。

2. 操作规程

（1）运行前准备工作

① 检查递送机液压站，观察油标（油位高于油箱 3/4 处），油温不高于 60℃。检查阀站、油缸、油管是否漏油。

② 检查各辊是否能转动，各丝杠润滑情况，各个螺栓、螺母是否有松动。检查各电机、操作柜、各电路控制件是否完好。检查成型各参数是否与工艺卡一致。

（2）设备试运行

① 启动电气控制柜，检查电流、电压是否正常。

② 检查各电机以及散热风扇是否正常运转，运转时声音是否正常；各液控阀是否正常；各工序动作是否正常。

③ 检查递送机液压站系统油压（2～4MPa），各油缸运动时是否有油溢出，管路及阀站是否漏油。

（3）正式生产

① 严格控制钢管管径、错边量合缝状况，注意接板引起管径的变动。发现带钢有板浪立即处理，调节递送机压力。

② 注意由于板的几何尺寸变化、毛刺，引起焊缝间隙变化而影响焊缝质量。

③ 成型时适当调整焊垫辊高度，防止将钢管顶出凹坑。

四、埋弧焊工序操作规程

1. 岗位职责

① 严格执行本岗位范围内设备操作规程的要求，按操作规程要求正确操作设备。依据生产工艺卡参数调整相应生产设备运行参数。

② 严格执行本岗位范围内一体化管理运行体系的要求。

③ 负责检查、维护操作设备，确保正常、安全运行。

④ 整理本岗位范围内卫生及使用工器具，保持作业现场清洁、顺畅。

⑤ 负责对进入本岗位范围内的来访者进行安全告知，告知本岗位范围内风险及防范措施。

2. 操作规程

(1) 运行前准备工作

① 检查焊机是否完好。检查内外焊装置是否正常、无损坏，各个螺栓、螺母是否有松动。

② 检查内外焊焊点位置是否正确。检查各电机、操作柜、各电路控制件是否完好。

(2) 设备试运行

① 启动电气控制柜，检查电流、电压是否正常，启动焊机，检查焊机是否正常运行。

② 检查内外焊送丝机、移动装置是否运转正常，外焊升降电机是否正常。检查焊接参数是否与工艺卡一致。

(3) 正式生产

① 内焊认真观察红线，及时调整焊点跟踪焊缝。外焊及时画偏正符号，观察焊道位置，调整焊点。

② 内焊发现钢管有错边，及时通知成型人员或班长；发现成型焊缝不良内焊将要烧穿，要及时减小电流，待成型焊缝合缝良好时及时调回电流。

③ 外焊需有人看护，发现钢管出现烧穿，立即通知外焊人员减小电流。内外焊人员观察焊缝形状，及时调节焊接位置。

五、飞切工序操作规程

1. 岗位职责

① 严格执行本岗位范围内设备操作规程的要求，按操作规程要求正确操作设备。依据生产工艺卡参数调整相应生产设备运行参数。

② 严格执行本岗位范围内一体化管理运行体系的要求。

③ 负责检查、维护操作设备，确保正常、安全运行。

④ 整理本岗位范围内卫生及使用工器具，保持作业现场清洁、顺畅。

⑤ 负责对进入本岗位范围内的来访者进行安全告知，告知本岗位范围内风险及防范措施。

2. 操作规程

(1) 运行前准备工作

① 检查液压站，观察油标（油位高于油箱3/4处），油温不高于60℃。检查阀站、挡管器、拨管器油缸、油管是否漏油，检查挡管器、拨管器油缸是否可以自由摆动。

② 检查等离子切割机进水、出水、水电接头密封圈，当密封圈损坏后，要及时更换，以免漏水，检查割炬中的喷嘴、电极、喷嘴罩消耗程度，及时更换。

③ 检查各电机、操作柜、各电路控制件是否完好。

(2) 设备试运行

① 启动电气控制柜，检查电流、电压是否正常。

② 检查各电机以及散热风扇是否正常运转，运转时声音是否正常；各液控阀是否正常；各工序动作是否正常；各限位开关是否能正常工作（运管小车行走限位）。

③ 检查系统油压（8～10MPa），各油缸运动时是否有油溢出，管路及阀站是否漏油。

④ 启动空气压缩机，观察空压机的启动压力，当压力升至 0.8MPa 以上时，打开空气压缩机出气门，把切割机的电源开关旋至所选档位并把试气开关拨至“试气”位置，此时有气体从割炬喷出，观察空气过滤减压阀压力是否在 0.5MPa 左右。

(3) 正式生产

① 当钢管快到达定尺长度，报警声响的时候，操作人员确保飞切小车停靠在导轨端部。当钢管到达定尺长度时，飞切小车顶轮自动顶起，操作人员将割炬压到钢管上，按动切割开关，开始切割，切割结束后及时关闭割炬开关。

② 开启输送辊道，待钢管前进至出管限位时停止输送，运管小车托爪缓慢升起，使钢管滚到相对侧托爪上，运管小车前进到限位位置，托爪降落，使钢管落到辊道上，运管小车返回（注意：返回时没有限位，避免运管小车与后桥相撞）。

③ 开启辊道，将钢管运至下一道工序。

六、管端环切工序操作规程

1. 岗位职责

① 严格执行本岗位范围内设备操作规程的要求，按操作规程要求正确操作设备。依据生产工艺卡参数调整相应生产设备运行参数。

② 严格执行本岗位范围内一体化管理运行体系的要求。

③ 负责检查、维护操作设备，确保正常、安全运行。

④ 整理本岗位范围内卫生及使用工器具，保持作业现场清洁、顺畅。

⑤ 负责对进入本岗位范围内的来访者进行安全告知，告知本岗位范围内风险及防范措施。

2. 操作规程

(1) 运行前准备工作

① 检查齿轮副上是否有异物，各联动螺栓是否紧固。检查链条等关联运动部位的磨损情况。

② 检查各电机、操作柜、各电路控制件是否完好。

(2) 设备试运行

① 启动电气控制柜，检查电流、电压是否正常。检查各电机以及散热风扇是否正常运转，运转时声音是否正常。

② 检查齿轮副、链条等关联运动部位的磨损情况。检查旋转是否平稳，换向开关工作是否正常。检查润滑泵及润滑管路是否正常。

3. 正式生产

① 利用辊道将钢管运至管端切割机内。开启开关，选择手动控制，调节切割高度。

② 在文本显示器上设定切割速度，手动旋转切割环，将切割环旋转至切割初始位置；打开切割电源，分别动作各个气体的电气开关，打开电磁阀，配合枪头的手动气体流量阀进行三种切割气体流量的调节；调节完切割气体流量参数后将控制方式选至自动，设置文本显示自动切割参数；启动切割开始按钮，切割按照程序设置开始，直至到达极限换向开关，切割自动停止。

③ 利用辊道将钢管运至下一道工序。

七、内、外焊缝修磨工序操作规程

1. 岗位职责

① 严格执行本岗位范围内设备操作规程的要求，按操作规程要求正确操作设备。依据生产工艺卡参数调整相应生产设备运行参数。

② 严格执行本岗位范围内一体化管理运行体系的要求。负责检查、维护操作设备，确保正常、安全运行。

③ 整理本岗位范围内卫生及使用工器具，保持作业现场清洁、顺畅。

④ 负责对进入本岗位范围内的来访者进行安全告知，告知本岗位范围内风险及防范措施。

2. 操作规程

(1) 运行前准备工作

① 检查角磨机上的角磨片是否牢固、无裂纹，角磨机是否正常。

② 在安装角磨片时必须拔掉电源插头，关上电源开关，仔细检查角磨片有无裂纹、破损、凹孔，表面是否光洁，有无划伤等，并用声响法进行检查，安装上的新角磨片，应打开角磨机空转数秒，确认无误后方可使用。

(2) 正式生产

① 按工艺文件确定的规范和相应的产品标准要求对钢管内、外焊缝进行修磨，修磨时避免伤及钢管母材。

② 将修磨的钢管运至下一道工序。

八、焊缝修补工序操作规程

1. 岗位职责

① 严格执行本岗位范围内设备操作规程的要求，按操作规程要求正确操作设备。依据生产工艺卡参数调整相应生产设备运行参数。

② 严格执行本岗位范围内一体化管理运行体系的要求。负责检查、维护操作设备，确保正常、安全运行。

③ 整理本岗位范围内卫生及使用工器具，保持作业现场清洁、顺畅。

④ 负责对进入本岗位范围内的来访者进行安全告知，告知本岗位范围内风险及防范措施。

2. 操作规程

(1) 运行前准备工作

① 焊机输出接线规范、牢固，出线方向向下接近垂直，与水平夹角必须大于70°。

② 电缆连接处必须紧固，无生锈氧化等不良现象，接线处电缆裸露长度小于10mm；焊机机壳接地牢固；电源线、焊接电缆与焊机的接线处护罩应完好。

③ 检查升降辊油缸是否完好。

(2) 设备试运行

① 检查焊机冷却风扇转动是否灵活、正常。

② 检查电源开关、电源指示灯及调节手柄旋钮是否保持完好，电流表、电压表指针是否灵活、准确，表面清楚无裂纹，表盖完好且开关自如。

（3）正式生产

① 按工艺文件确定的规范和相应的产品标准要求对钢管缺陷处进行修补和修磨，对带有钢带对头焊缝的钢管，要钻管检查内表面和内焊缝，有缺陷时进行修补。

② 施焊前，应采用碳弧气刨将缺陷完全清除，并将刨渣清理干净方可施焊。焊接应在平焊位置进行。补焊时应先补内焊缝，后补外焊缝。施焊后应将药皮和飞溅清理干净，不规则的焊缝要用角磨修整。

③ 将修补后的钢管运至下一道工序。

九、扩径工序操作规程

1. 岗位职责

① 严格执行本岗位范围内设备操作规程的要求，按操作规程要求正确操作设备。依据生产工艺卡参数调整相应生产设备运行参数。

② 严格执行本岗位范围内一体化管理运行体系的要求。负责检查、维护操作设备，确保正常、安全运行。

③ 整理本岗位范围内卫生及使用工器具，保持作业现场清洁、顺畅。

④ 负责对进入本岗位范围内的来访者进行安全告知，告知本岗位范围内风险及防范措施。

2. 操作规程

（1）运行前准备工作

① 检查液压站，观察油标（油位高于油箱 3/4 处），油温不高于 60℃，各种仪表、仪器是否损坏。

② 检查阀站、油缸、油管是否漏油，检查挡管器、配电柜、操作台、电源柜、电缆表面及工作场所是否清洁。

③ 检查各辊、轴、丝杠是否完好，各个螺栓、螺母是否有松动。检查各电机、操作柜、各电路控制件是否完好。

（2）设备试运行

① 启动电气控制柜，检查电流、电压是否正常。检查各电机以及散热风扇是否正常运转，运转时声音是否正常，各液控阀是否正常。

② 检查系统油压（8～9MPa），各油缸运动时是否有油溢出，管路及阀站是否漏油。

③ 检查润滑泵及润滑管路是否正常，各工序动作是否正常，各限位开关是否能正常工作（快进机限位、正常扩限位、慢扩限位）。

（3）正式生产

① 利用挡管器、拨管器、运管小车将入料台架上的钢管运至辊道上。将扩径头升/降到工艺卡给定参数的位置。

② 开动辊道，待钢管离扩径头 200mm 距离时停止辊道，点动辊道前进使扩径头缓慢进入钢管。

③ 启动扩径快进，待限位铁块到达第一个限位装置时快进停止，正常扩径，待限位铁块到达第二个限位装置时停止正常扩径，慢扩径同时测量管径，待限位铁块到达第三个限位装置时慢扩径停止，按照工艺卡参数进行保压，待保压结束后，泄压，扩径头快退。

④ 开动辊道，使钢管后退到台架中心位置，将管运至出料台架上，将钢管运至下一道工序。

十、水压工序操作规程

1. 岗位职责

① 严格执行本岗位范围内设备操作规程的要求，按操作规程要求正确操作设备。依据生产工艺卡参数调整相应生产设备运行参数。

② 严格执行本岗位范围内一体化管理运行体系的要求。

③ 负责检查、维护操作设备，确保正常、安全运行。

④ 整理本岗位范围内卫生及使用工器具，保持作业现场清洁、顺畅。

⑤ 负责对进入本岗位范围内的来访者进行安全告知，告知本岗位范围内风险及防范措施。

2. 操作规程

（1）运行前准备工作

① 检查液压站、观察油标（油位高于油箱3/4处），油温不高于60℃，以及胶圈是否完好，各种仪表、仪器是否损坏，各种开关及阀门是否处于正确位置，水罐的气压是否正常（0.3MPa左右），高压水箱的水位是否正常（上限位浮球控制器位置）。

② 检查阀站、挡管器、拨管器、油缸、油管是否漏油，检查挡管器、拨管器油缸是否可以自由摆动。

③ 检查后梁移动齿轮位置是否正常、无损坏，各个螺栓、螺母是否有松动，装卡件是否装卡牢固。

④ 检查各电机、操作柜、各电路控制件是否完好。

（2）设备试运行

① 启动电气控制柜，检查电流、电压是否正常。检查各电机以及散热风扇是否正常运转，运转时声音是否正常；各液控阀是否正常；各工序动作是否正常；各限位开关是否能正常工作（插销限位、侧缸行走限位）。

② 检查系统油压（8～10MPa），各油缸运动时是否有油溢出，管路及阀站是否漏油。

③ 检查高压水泵、增压器是否增压正常，低压水泵是否能正常抽水（短时间无法抽水，需要引水）。

④ 检查Wincc水压试验系统是否正常；水压试验系统参数是否按工艺卡正确设置。

（3）正式生产

① 利用挡管器、拨管器将钢管运至冲洗工位。启动冲洗泵/开启启动阀，将钢管内杂物冲洗干净，不要将水冲到钢管外表面，冲洗后的钢管通过拨管器运至试压工位。

② 钢管进入试压工位后，挡料装置挡料缸复位，挡料装置接料缸到位，试压工位升降缸上升（移动升降缸和固定升降缸），前进液压马达启动，关闭主缸冲阀，侧缸前进，打开低压水封闭阀和排气阀，关闭高压水卸荷阀，启动低压冲水泵电机，待钢管冲水已满，关闭排气阀和关闭低压水封闭阀，启动高压水泵电机（增压器），水压达到设定值自动停止增压，保压时间到指示灯亮，打开高压水卸荷阀，待水压低于1MPa时打开排气阀，打开主缸冲液阀，侧缸后退，侧缸后退到位，关闭主缸冲液阀，固定挡料装置液压马达后退，试压工位升降缸下降到位，拨料装置将钢管运至控水工位。

③ 在控水工位升起油缸，将钢管里的水控干净，利用拨管器将钢管运至出料台架。

④ 位于出料台架上的钢管在管端装卡管端保护器，将钢管运至下一道工序。

十一、平头倒棱工序操作规程

1. 岗位职责

① 严格执行本岗位范围内设备操作规程的要求，按操作规程要求正确操作设备。依据生产工艺卡参数调整相应生产设备运行参数。

② 严格执行本岗位范围内一体化管理运行体系的要求。

③ 负责检查、维护操作设备，确保正常、安全运行。

④ 整理本岗位范围内卫生及使用工器具，保持作业现场清洁、顺畅。

⑤ 负责对进入本岗位范围内的来访者进行安全告知，告知本岗位范围内风险及防范措施。

2. 操作规程

(1) 运行前准备工作

① 检查液压站，观察油标（油位高于油箱3/4处），油温不高于60℃。

② 检查阀站、挡管器、拨管器油缸、油管是否漏油，检查挡管器、拨管器油缸是否可以自由摆动。

③ 检查床头箱、减速机是否需要加油；轴承、轴、齿轮是否灵活完好；各个螺栓、螺母是否有松动；装卡件是否装卡牢固。

④ 检查各电机、操作柜、各电路控制件是否完好。

(2) 设备试运行

① 启动电气控制柜，检查电流、电压是否正常。

② 检查各电机以及散热风扇是否正常运转，运转时声音是否正常；各工序动作是否正常；各限位开关是否能正常工作（倒棱机前后移动限位、床头箱前后移动限位、夹紧装置限位）。

③ 检查系统油压（8～10MPa），各油缸运动时是否有油溢出，管路及阀站是否漏油。

④ 检查刀盘转动是否稳定；床头箱快进、工进是否速稳定；两托辊上升、下降速度是否一致。

(3) 正式生产

① 用运管小车将钢管送入倒棱机，在钢管横移通过平头区时，必须后退倒棱机，确保与夹紧装置最少300mm的安全距离。

② 托辊装置将钢管升到距离下模具50mm左右。

③ 倒棱机前进靠近钢管，管端距离导向辊20～30mm停止前进。

④ 托辊装置下降，夹紧装置夹紧钢管。床头箱快进，管端最外点距离斜刀5mm左右停止快进。主轴转动，调节转速，进给装置调整为工进，调整进给量。

⑤ 加工坡口加工结束后，停止工进，床头箱快退，主轴停止转动。打开夹紧装置，托辊装置将钢管升到距离下模具50mm左右。

⑥ 倒棱机后退，管端距离夹紧装置300mm停止后退。随后用运管小车将钢管运至出料台架，在管端装卡管端保护器，将钢管运至下一道工序。

十二、称重测长喷标工序操作规程

1. 岗位职责

① 严格执行本岗位范围内设备操作规程的要求，依据生产工艺卡参数调整相应生产设备运行参数。

② 严格执行本岗位范围内一体化管理运行体系的要求。

③ 负责检查、维护操作设备，确保正常、安全运行。

④ 整理本岗位范围内卫生及使用工器具，保持作业现场清洁、顺畅。

⑤ 负责对进入本岗位范围内的来访者进行安全告知，告知本岗位范围内风险及防范措施。

2. 操作规程

（1）运行前准备工

① 检查递送机液压站，观察油标（油位高于油箱 3/4 处），油温不高于 60℃。

② 检查阀站、油缸、油管是否漏油。检查各辊是否能转动，各丝杠润滑情况，各个螺栓、螺母是否有松动。检查各电机、操作柜、各电路控制件是否完好。

③ 检查称重测长喷标各参数是否与工艺卡一致。

（2）设备试运行

① 启动电气控制柜，检查电流、电压是否正常。

② 检查各电机以及散热风扇是否正常运转，运转时声音是否正常；液控阀是否正常；各工序动作是否正常。

③ 检查液压站系统各油缸运动时是否有油溢出，管路及阀站是否漏油。检查接近开关、光电开关的运行状态。

（3）正式生产

① 输送过程中严禁撞伤钢管，上料对齐工位：对齐工位是否有钢管由传感器检测，当对齐工位有钢管时，对齐电机转动，在同一点停止，起到对齐目的。

② 测长工位：测长工位是否有钢管由传感器检测到，当测长工位有钢管时，测长油缸推动管子正向运动。管子通过光电开关和测长编码器来测量管子的长度，上位机接收到测长完成信号后，根据光电管状态和编码器值计算出管子的长度。

③ 称重工位：称重工位是否有管子由传感器检测。上位机等管子在称重梁上停稳后，读出管子的重量值。若称本身有漂移系统报警，需在称重控制器面板上清零，重新自动运行。

④ 按工艺卡要求精度测量称重钢管长度和重量，及时保存。发现设备运转不正常，立即停车检查，不能自行排除时立即通知车间领导协调有关人员处理。

十三、清渣工序操作规程

1. 岗位职责

① 严格执行本岗位范围内设备操作规程的要求，依据生产工艺卡参数调整相应生产设备运行参数。

② 严格执行本岗位范围内一体化管理运行体系的要求。负责检查、维护操作设备，确保正常、安全运行。

③ 整理本岗位范围内卫生及使用工器具，保持作业现场清洁、顺畅。负责对进入本岗

位范围内的来访者进行安全告知，告知本岗位范围内风险及防范措施。

2. 操作规程

(1) 运行前准备工作

① 检查液压站，观察油标（油位高于油箱 3/4 处），油温不高于 60℃。

② 检查阀站、油缸、油管是否漏油。检查各辊是否能转动，机械各部螺栓、螺母是否有松动。

③ 检查各电机、操作柜、各电路控制件是否完好。

(2) 设备试运行

① 启动电气控制柜，检查电流、电压是否正常。检查各电机以及风机是否正常运转，运转时声音是否正常；各液控阀是否正常；各工序动作是否正常。

② 检查液压站系统各油缸运动时是否有油溢出，管路及阀站是否漏油。

(3) 正式生产

① 输送过程中严禁撞伤钢管。钢管送至悬臂吸附管端调整好吸头位置后，输送辊道正向启动，从头至尾吸附钢管内焊渣。吸头露出钢管尾部后，输送辊道停止传动，然后反向启动输送辊道，钢管后退出清渣工位。

② 经常查看吸附管路是否堵塞，内清渣设备是否有泄漏现象。

③ 发现设备运转不正常，立即停车检查，不能自行排除时立即通知车间领导协调有关人员处理。

十四、焊剂供给和回收工序操作规程

1. 岗位职责

① 严格执行本岗位范围内设备操作规程的要求，依据生产工艺卡参数调整相应生产设备运行参数。

② 严格执行本岗位范围内一体化管理运行体系的要求。负责检查、维护操作设备，确保正常、安全运行。

③ 整理本岗位范围内卫生及使用工器具，保持作业现场清洁、顺畅。负责对进入本岗位范围内的来访者进行安全告知，告知本岗位范围内风险及防范措施。

2. 操作规程

(1) 运行前准备工作

① 检查烘干温度计、压缩空气压力表是否正常。将待烘干焊剂拆除包装，倒入上料斗，装入烘干炉前料斗备用。将从机组内外焊回收的焊剂装入回收焊剂储料斗。

② 焊剂投入使用前必须在焊剂烘干机内烘干，温度控制在 350℃左右，保温 2h，并在烘干机内冷却到室温后取出。焊剂烘干应有记录，记录上应有型号、牌号、批号、温度和时间等内容。

③ 检查焊剂烘干和筛选设备、焊剂供给及回收装置各进出口门是否严密。检查机械设备各部螺栓、螺母是否有松动。检查各电机、操作柜、各电路控制件是否完好。

(2) 设备试运行

① 启动电气控制柜，检查电流、电压是否正常。检查各电机以及风机是否运转正常，运转时声音是否正常；各工序动作是否正常。

② 检查空压机运行状况。检查焊剂输送管道是否破损渗漏。

(3) 正式生产

① 内焊使用新焊剂。经内、外焊后回收的焊剂，经磁选机进行磁性分离，并由焊剂分粒机（振动筛）筛选后，与新焊剂按 4∶1 的混合比混合均匀，方可重新投入使用，且这种混合焊剂只能用于外焊。

② 经常查看焊剂输送管路是否堵塞，焊剂筛选烘干设备和焊剂供给及回收装置是否有泄漏现象。

③ 焊剂烘干工作先启动送料电机使炉筒转动，然后加热。工作结束时关断电炉主回路，炉丝停止工作，炉筒停止转动，将炉筒内物料排空。

④ 发现设备运转不正常，立即停车检查，不能自行排除时立即通知车间领导协调有关人员处理。

附 录

附录一　输油管道及配套工程螺旋焊管用卷板

1　总则

1.1　本技术条件适用于某原油管道及配套工程螺旋埋弧焊管用卷板的订货。

1.2　本技术条件适用于制造 GB/T 9711.1 标准中的 L450 强度等级的螺旋焊管用卷板。

2　引用标准和规范

GB/T 223《钢铁及合金化学分析方法》

GB/T 247《卷板和钢带验收、包装、标志及质量证明书的一般规定》

GB/T 709《热轧钢板和钢带的尺寸、外形、重量及允许偏差》

GB/T 9711.1《石油天然气工业输送钢管交货技术条件　第 1 部分：A 级钢管》

ASTM E45《钢中夹杂物的测定》

ASTM E112《金属平均晶粒度的测定》

3　钢带 R 寸规格（表 1）

表 1　钢带尺寸规格

钢级	公称厚度/mm	公称宽度/mm	钢带内径/mm	用于制做钢管规格/mm
L450	12.7	1550	760	ϕ914×12.7

4　钢材的技术条件

4.1　钢材

4.1.1　钢材必须为吹氧转炉或电炉冶炼的细晶粒（ASTM E112 No9 级或更细）纯净的镇静钢，须为热机械控制轧制工艺（TMCP）生产。

4.1.2　钢中非金属 A、B、C、D 类夹杂物均不得大于 2.0 级（ASTM E45 法）并应球化，无明显带状组织。

4.2　化学成分

4.2.1　每炉应进行一次产品分析。产品分析的结果应符合表 2 的规定。

表 2　产品分析化学成分

钢级	C	Mn	Si	S	P	Nb	V	Ti
L450/%	≤0.10	≤1.65	≤0.35	≤0.01	≤0.02	≤0.06	≤0.06	≤0.04

注：1. Cr+Ni+Cu≤0.5%，Nb+V+Ti ≤0.15%。

2. 不得有意加入硼和稀土元素，N≤0.011%。

3. 其他任何有意加入的其他元素以及出现与本规范规定不符时应向用户报告，并应得到用户的批准。

4.2.2　碳当量

CEV=C+Mn/6+(Cr+Mo+V)/5+(Cu+Ni)/15≤0.43。

4.3　力学性能

4.3.1　拉伸性能应满足表 3 的要求。

表 3　拉伸性能

钢级	$R_{P0.5}$/MPa		R_m/MPa	屈强比	伸长率 A/%	试验方向
	min	max	min			
L450	480	600	535	≤0.90	≥17	45°方向

注：本条中规定的屈服强度下限值是按包辛格效应统计值 30MPa 而确定的，钢厂须保证制成钢管的最小屈服强度为 450MPa，最大屈服强度为 590MPa。

4.3.2　板卷的硬度

硬度≤240HV10。

4.3.3　弯曲试验

保证横向试样、弯轴半径 $R=1.0t$（t 为卷板厚度），180°弯曲，弯曲外侧不出现裂纹。

4.3.4　断裂韧性

在板卷横向取样进行夏比冲击试验（试验温度为−20℃），试验结果保证符合表 4 的要求。

表 4　夏比冲击韧性

钢级	夏比冲击剪切面积 S_A/%		夏比冲击功/J(10mm×10mm×55mm)	
	单个最小	平均	单个最小	平均
L450	≥80	≥90	≥90	≥120

注：1. 若夏比冲击试样不是标准尺寸时，所要求的冲击功应根据 GB/T 9711.1 折算。

2. 如果在断裂口上发现分离，则夏比冲击功的值是表 4 中规定值的 150%，断裂韧性试验才算合格。

5　工艺质量

5.1　表面质量

表面应完好清洁。不允许有裂纹、压坑及其他影响产品质量的表面缺陷存在。

5.2　平度

当制管厂在钢管成型中因板卷不平度过大，制管生产出现麻烦时，板卷制造厂应负责与制管厂合作，找出问题的原因并加以克服，若因平度原因无法生产时，供方应承担责任。

5.3　直度

直度最大不超过 15mm/5m，板卷塔形高不超过 50mm。

5.4　板边质量

板卷边为轧制边，板边及铣边后不允许有如分层、裂纹、收缩孔及疏松之类的缺陷。

5.5 分层

在距板边 30mm 的范围内不允许有分层存在，其余部位上允许分层的限定值为：任何方向不允许存在长度超过 50mm 的分层；长度在 30～50mm 的分层相互间距应大于 500mm；长度小于 30mm、相互间距小于板厚的分层长度总和不得大于 80mm。

5.6 钢带厚度允许偏差

钢带厚度允许偏差为－0.3～＋0.4mm，所有批的平均厚度值不应小于规定的壁厚。

5.7 带钢宽度允许偏差

带钢宽度允许偏差为 0～＋20mm。

5.8 板卷内径：760mm±20mm。

5.9 鱼尾和舌头：头尾不规则部分相加长度不超过 1000mm。

5.10 卷重：每卷重量 26～28.5t。

6 检验和试验

6.1 化学成分检验

6.1.1 熔炼分析

制造商应对每一熔炼炉次的钢材进行一次熔炼分析，试验方法和步骤按 GB/T 223《钢铁及合金化学分析方法》进行。

6.1.2 产品分析

按本技术条件生产的钢带，每熔炼批应取一个试样进行产品分析，试验方法和步骤按 GB/T 223《钢铁及合金化学分析方法》进行。若钢厂能保证产品分析结果符合第 4.2 条款的要求，则可不进行产品分析。

6.1.3 复验

按照 CB/T 9711.1—1997 的规定进行。

6.2 力学性能试验

6.2.1 试验频度

同一熔炼炉次、同一生产工艺生产的同一规格的带钢为一批，每批进行一次试验。

6.2.2 复验

如果代表一批带钢的某项试验结果不合格，制造商可以选择从同批带钢中另抽两卷，每卷分别进行不合格项目的复验。如果复验结果均合格，则除首次试验不合格的带钢外，该批带钢可以验收。如果复验中有任何一卷的试验结果不合格，则制造商可以选择整批判废，或对该批未检验的带钢逐卷检验，重新组批。

7 其他

7.1 带钢的验收、包装、标志和质量证明书等应符合 GB/T 247《钢板和带钢验收、包装、标志及质量证明书的一般规定》的规定。

7.2 其他的带钢尺寸、外形、重量及允许偏差应符合 GB/T 709—2006《热轧钢板和带钢的尺寸、外形、质量及允许偏差》的规定。

附录二 GB/T 14164—2013 标准牌号与相关标准牌号对照表

在 GB/T 14164—2013 附录 A 中的表 A.1 介绍了标准牌号与国内外相关钢带、钢管标准规定牌号，为了便于查找学习现摘录如下。

表 A.1　本标准牌号与相关标准牌号对照表

本标准牌号		GB/T 14164—2005	API Spec 5L(第 44 版)、ISO 3183:2007
质量等级为PSL1	L175/A25	S175I	L175/A25
	L175P/A25P	S175II	L175P/A25P
	L210/A	S210	L210/A
	L245/B	S245	L245/B
	L290/X42	S290	L290/X42
	L320/X46	S320	L320/X46
	L360/X52	S360	L360/X52
	L390/X56	S390	L390/X56
	L415/X60	S415	L415/X60
	L450/X65	S450	L450/X65
	L480/X70	S485	L480/X70
质量等级为PSL2	L245R/BR、L245N/BN、L245M/BM	S245	L245R/BR、L245N/BN、L245M/BM
	L290R/X42R、L290N/X42N、L290M/X42M	S290	L290R/X42、L290N/X42N、L290M/X42M
	L320N/X46N、L320M/X46M	S320	L320N/X46N、L320M/X46M
	L360N/X52N、L360M/X52M	S360	L360N/X52N、L360M/X52M
	L390N/X56N、L390M/X56M	S390	L390N/X56N、L390M/X56M
	L415N/X60N、L415M/X60M	S415	L415N/X60N、L415M/X60M
	L450M/X65M	S450	L450M/X65M
	L485M/X70M	S485	L485M/X70M
	L555M/X80M	S555	L555M/X80M
	L625M/X90M	—	L625M/X90M
	L690M/X100M	—	L690M/X100M
	L830M/X120M	—	L830M/X120M

附录三　石油用钢管的钢带和钢板的力学和工艺性能（摘录）

(GB/T 14164—2013)

6.5　力学和工艺性能

6.5.1　对介于两个联系牌号之间的且规定总延伸强度高于 L290/X42 的中间牌号，其力学和工艺性能由供需双方协商确定。

6.5.2　PSL1 钢带和钢板的力学和工艺性能应符合表 4 的规定。

6.5.3　PSL2 钢带和钢板的力学和工艺性能应符合表 5 的规定。

表 4 钢带和钢板的力学和工艺性能

牌号	拉伸实验				180°,冷弯试验(a—试样厚度, d—弯心直径)
	规定总延伸强度 $R_{t0.5}$/MPa ≥	抗拉强度 R_m/MPa ≥	断后延伸率/% ≥		
			A	A_{50mm}	
L175/A25	175	310	27	见 6.5.4	d=2a
L175/A25P	175	310	27		
L210/A	210	335	25		
L245/B	245	415	21		
L290/X42	290	415	21		
L320/X46	320	435	20		
L360/X52	360	460	19		
L390/X56	390	490	18		
L415/X60	415	520	17		
L450/X65	450	535	17		
L485/X70	485	570	16		

注：1. 需方在选用表中牌号时，由供需双方协商确定合适的拉伸性能范围，以保证钢管成品拉伸性能符合相应标准要求。

2. 表中所列拉伸试样由需方确定试样方向，并应在合同中注明。一般情况下拉伸试样方向为对应钢管横向。

3. 在供需双方未规定采用何种标距时，按照定标距检验。当发生争议时，以标距为 50mm、宽度为 38mm 的试样进行仲裁。

6.5.4 拉伸试验

6.5.4.1 表 4 和表 5 中，标距为 50mm 时断后伸长率最小值按式(3) 计算：

$$A_{50mm}=1940\times\frac{S_0^{0.2}}{R_m^{0.9}} \tag{3}$$

式中 A_{50mm}——断后伸长率最小值，%；

S_0——拉伸试样原始横截面积，mm^2；

R_m——规定的最小抗拉强度，MPa。

对于圆棒试样，直径为 12.7mm 和 8.9mm 的试样的 S_0 为 $130mm^2$；直径为 6.4mm 的试样 S_0 为 $65mm^2$。

对于全厚度矩形试样，取 $485mm^2$ 和试样横截面积（公称厚度×试样宽度）者中的较小者，修约到最接近的 $10mm^2$。

6.5.4.2 对于 L485/X70 及以下级别的钢带和钢板，拉伸试验应采用全厚度矩形试样。对于 L555/X80 及以上级别钢带和钢板，拉伸试验可采用全厚度矩形试样或圆棒试验测定。当采用圆棒试样时，标距长度内的直径可为 12.7mm、8.9mm、6.4mm，根据钢带或钢板厚度尽量选取较大尺寸的试样进行试验。

表 5　PSL2 钢带和钢板的力学和工艺性能

牌　号	拉伸试验[a]					冷弯试验 180°,横向 (d—弯心直径, a—试样厚度)
	规定总延伸强度[b] $R_{t0.5}$/MPa	抗拉强度 R_m/MPa	屈强比 ≤	断后伸长率[c]/% ≥		
				A	$A_{50\ mm}$	
L245R/BR、L245N/BN、L245M/BM	245～450	415～760	0.91	21	见 6.5.4	$d=2a$
L290R/X42R、L290N/X42N、L290M/X42M	290～495	415～760		21		$d=2a$
L320N/X46N、L320M/X46M	320～525	435～760		20		$d=2a$
L360N/X52N、L360M/X52M	360～530	460～760	0.93	19		$d=2a$
L390N/X56N、L390M/X56M	390～545	490～760		18		$d=2a$
L415N/X60N、L415M/X60M	415～565	520～760		17		$d=2a$
L450M/X65M	450～600	535～760		17		$d=2a$
L485M/X70M	485～635	570～760		16		$d=2a$
L555M/X80M	555～705	625～825		15		$d=2a$
L625M/X90M	625～775	695～915	0.95[d]	协商		协商
L690M/X100M	690～840	760～990	0.97[d]			
L830M/X120M	830～1050	915～1145	0.99[d]			

注：表中所列拉伸，由需方确定试样方向，并应在合同中注明。一般情况下试样方向为对应钢管横向。

a. 需方在选用表中牌号时，由供需双方确定合适的拉伸性能范围和屈强比要求，以保证钢管成品拉伸性能符合相应标准要求。

b. 对于 L625/X90 及以上级别钢带和钢板，$R_{p0.2}$ 适用。

c. 在供需双方未规定采用何种标距时，生产方按照定标距检验。以标距为 50mm、宽度 38mm 的试样仲裁。

d. 经需方要求，供需双方可协商规定钢带的屈强比。

附录四　直缝焊管车间主要设备清单

(年产 60 万吨)

机组名称	设备名称	规格型号	数量/台、套	单台功率/kW	布置工段
ϕ325mm 机组	液压开卷机	非标	1	13	开卷
	自动剪切对焊机	非标	1	6	剪切对焊
	螺旋活套	非标	1	55	卧式螺旋活套
	拖动电机	Z4-280-42	2	250	粗、精成型
	固态高频	GGP-400-0.3H	1	400	感应焊接
	锯车	CD 系列智能飞锯	1	132	切割
	双工位平头机	自制	1	11	平头倒棱
ϕ165mm 机组	液压开卷机	非标	2	13	开卷
	自动剪切对焊机	非标	2	6	剪切对焊
	螺旋活套	非标	2	55	卧式螺旋活套
	拖动电机	Z4-280-42	4	200	粗、精成型

续表

机组名称	设备名称	规格型号	数量/台、套	单台功率/kW	布置工段
ϕ165mm 机组	固态高频	GGP-400-0.3H	2	400	感应焊接
	锯车	CD 系列智能飞锯	2	55	切割
	双工位平头机	自制	2	11	平头倒棱
ϕ114mm 机组	液压开卷机	非标	2	13	开卷
	液压剪切机	Q43Y-120	2	22	剪切
	电焊机	NB-500IGBT	2	12	焊接
	螺旋活套	非标	2	55	卧式螺旋活套
	拖动电机	Z4-280-42	4	200	粗、精成型
	固态高频	GGP-400-0.3H	2	400	感应焊接
	锯车	CD 系列智能飞锯	2	37	切割
	双工位平头机	自制	2	11	平头倒棱
ϕ76mm 机组	液压开卷机	非标	2	11	开卷
	液压剪切机	Q43Y-100	2	15	剪切
	电焊机	NB-500IGBT	2	12	焊接
	笼式活套	自制	2	22	活套
	拖动电机	Z4-250-41	2	160	粗、精成型
	固态高频	GGP-300-0.3H	2	300	感应焊接
	锯车	CD 系列智能飞锯	2	30	切割
	双工位平头机	自制	2	11	平头倒棱
ϕ60mm 机组	液压开卷机	非标	2	11	开卷
	液压剪切机	Q43Y-60	2	11	剪切
	电焊机	NB-500IGBT	2	12	焊接
	笼式活套	自制	2	22	活套
	拖动电机	Z4-225-31	2	132	粗、精成型
	固态高频	GGP-300-0.3H	2	300	感应焊接
	锯车	CD 系列智能飞锯	2	15	切割
	双工位平头机	自制	2	11	平头倒棱
其他	拉剪机	450	3		
	拉剪机	750	2		
	液压轴剪	2 米	1		
	吊机	10 吨	24		
	吊机	32 吨	1		
	水压试验机	非标	1	水压试验	
	空压机	DA-25A	1	水压试验	

附录五　直缝钢管主要原辅助材料及能源消耗用量表

（年产 60 万吨）

名称		年耗量	来源	备注
原料	带钢	965482.425t	外购	普碳钢，成分：Fe、C、Si、Mn、P、S
辅助原料	焊条	18t		C、S、Mn、Si、P、Cr、Ni、Mo、V
	焊丝	10t		C、S、Mn、Si、P、Cr、Ni、Mo、V、Al、Ti、Zr、Cu
	机油	2.5t		—
	二氧化碳	192 瓶/a	外购	CO_2 气体，钢制气瓶/(40L/瓶)
能源	水	20805t	城区供水	—
	电	19000000kW	城区网电	—

附录六　焊管用焊条、焊丝主要化学成分表

项目	焊条		焊丝	
	实测值	标准	实测值	标准
C	0.072	≤0.200	0.015	≤0.025
S	0.023	≤0.035	1.57	1.4～1.6
Mn	0.31	≤1.20	0.94	0.8～1.0
Si	0.17	≤1.00	0.014	≤0.025
P	0.021	≤0.040	0.022	≤0.150
Cr	0.039	≤0.200	0.016	≤0.150
Ni	0.018	≤0.300	0.002	≤0.150
Mo	0.006	≤0.300	0.001	≤0.030
V	0.008	≤0.080	0.001	≤0.030
Al	—	—	0.008	≤0.020
Ti、Zr	—	—	0.003	≤0.150
Cu	—	—	0.132	≤0.350

注：1. 焊条质量应符合 GB/T 5117—2012 的要求。

2. 焊丝质量应符合 GB/T 8110—2008 的要求。

附录七 部分国外无缝钢管成品化学成分分析抽样方法

根据客户要求，要对成品进行化学成分分析，并且客户有权知道分析结果，如果分析结构不符合标准的规定值，双方协议处理。(该抽样法为主要抽样方法，不同标准，细则不同)。

一、ASTM A 106 成品化学成分分析抽样方法

① 从每批约 400 根，外径尺寸小于 6in 的管子中抽选 2 根进行分析，在每批约 200 根，外径尺寸在 6in 以上的管子中抽取 1 根，从上面截取试样进行分析。

② 如果按照上述方式进行成品的化学成分分析，有一根不符合该标准规定值，要重新在同一批次当中抽取，抽取数目为上述规定的 2 倍。每批次所有管子外径壁厚均相同并且为同一炉号。

二、ASTM A 335 成品化学成分分析抽样方法

① 从每批次管子当中抽取 2 根，从上面截取试样进行分析。每批次所含钢管根数：外径小于 2in 约 400 根为一批次；外径在 2in 到 5in 之间约 200 根为一批次；外径大于 6in，含 6in，每批次约 100 根。

② 如果按照上述方式分析，如有一根不符合该标准规定值，要对同一批次的每根管子进行分析，只有符合标准中规定值的产品才为合格品。每批次所有管子外径壁厚均相同并且为同一炉号。

三、ASTM A 333 成品化学成分分析抽样方法

① 从同一批次中抽取两根，从上面截取试样进行分析。每批次所含根数：外径小于 2in 约 400 根为一批次；外径在 2in 到 6in 之间，约 200 根为一批次；外径大于 6in，每批次约 100 根。

② 如有一根不符合该标准规定值，要对同一批次的每根管子进行分析。每批次所有管子外径壁厚均相同并且为同一炉号。

四、EN 10216 成品化学分析抽样方法

① 主要方法为：抽取试样所在批次的所有钢管应该使用相同钢级，生产及熔炼过程，壁厚和外径，从同一热处理炉内处理过的钢管。每一批次钢管数量：外径小于等于 114.3 mm 时，最多 200 根为一个批次；当外径在 114.3～323.3mm 时，100 根为一批次；当外径大于 323.3 mm，不含 323.3mm，50 根为一批次。

② 根据测试分类不同，抽取一根或两根，截取试样后进行分析。

③ 进行分析的试样最好使用在实施力学性能测试后的试样。

五、EN 10297 成品化学分析抽样方法

① 抽取的式样所在批次的所有钢管应该是相同的钢级，规格，交货状态，熔炼及生产过程。

② 抽取一根，截取试样后进行分析。每一批次钢管数目如下：外径小于等于 114.3 mm 时，最多 400 根为一个批次；当外径在 114.3～323.3mm 时，200 根为一批次；当外径大于

323.3 mm，不含 323.3mm，100 根为一批次。

六、EN 10210 成品化学分析抽样方法

① 抽取到的试样所在批次的所有钢管要为同一个熔炼与生产过程，钢级，尺寸，热处理状态尽可能相同，同一时间提交。

② 从一批次中抽选一根截取试样进行分析。

每一批次钢管数目外径小于等于 114.3 mm 时，最多 40 根为一个批次；当外径在 114.3～323.3mm 时，50 根为一批次；当外径大于 323.3 mm，不含 323.3mm，75 根为一批次。

参考文献

[1] 苗立贤，苗瀛．实用热镀锌技术［M］．北京：化学工业出版社，2014.

[2] 苗立贤，王立宏．钢管热镀锌技术［M］．北京：化学工业出版社，2015.

[3] 苗立贤，肖亚平，苗瀛．钢丝热镀锌技术［M］．北京：化学工业出版社，2021.

[4] 庄钢，王旭，迟京东，等．中国钢管70年［M］．北京：冶金工业出版社，2019.

[5] 温朝福，朱彦斌，苗立贤，等．钢管端部自动铣削技术：ZL201520260529.7［P］．2015-05-17.

[6] 温朝福，郭建竹，苗立贤，等．螺旋管等离子切割自动除尘设备：ZL2020221134577［P］．2019-08-10.

[7] 温朝福，郭建竹，苗立贤，等．螺旋管自动切割装置：ZL2014206247605［P］．2014-10-27.

[8] 苗立贤，杜安，李世杰．钢材热镀锌技术问答［M］．北京：化学工业出版社，2013.

[9] 杜维臣．高频直缝电焊管生产［M］．北京：冶金工业出版社，1985.

[10] 吴风悟．国外高频直缝焊管生产［M］，北京：冶金工业出版社，1985.

[11] 黄继伟．螺旋钢管制造工［M］．北京：中国石化出版社，2014.

[12] 刘庚申，樊启发．直缝焊钢管用带钢宽度的计算及相关的问题［J］．焊管，1998，28（03）：46.

[13] 姚晓军．带钢纵剪出现缺陷的分析［J］，焊管，2002，25（05）：56.

[14] 介升旗，吕宏伟，刘丽．圆盘剪纵剪钢带边缘质量影响因素［J］．焊管，2010，33（05）：60-63.

[15] 翟惠．钢带纵剪生产线使用技巧［J］．焊管，2004，27（03）：64.

[16] 朱良军，朱帅．浅谈纵剪机的改进设计与创新效用［J］．价值工程，2018，30：30.

[17] 刘向群，徐济声，刘斌．纵剪机常见问题及其解决对策［J］．锻压装备与制造技术，2005，5：31.

[18] 郭学华．完善纵剪设备提高纵剪带钢质量［J］．山西冶金，2004，93（01）：16-17.

[19] 陈昂．薄钢带精密纵剪方法探讨［J］．钢铁研究，2005，6：3-4.

[20] 张庆跃．钢带废边卷取与自卸装置［J］．焊管，2010，12（10）：7-8.

[21] 李友竹，王丽．关于如何解决带钢散卷问题［J］．焊管，1992，6（6）：2.

[22] 吴国庆，李文杰．改进纵剪设备工艺条件，提高焊管纵剪带钢质量［J］．焊管，2004，93（01）：16-17.

[23] 尤敬城．钢管定径和无张力减径中轧辊工作直径和转速计算［J］．江苏冶金，1988，12（03）：17-19.

[24] 中华人民共和国国家质量监督检验检疫总局，中国国家标准化管理委员会．无缝和焊接（埋弧焊除外）钢管缺的自动涡流检测：GB/T 7735—2016［S］．北京：中国标准出版社，2017：1.

[25] 仉新钢，张涛，贾长有，等．钢管定径装置：ZL201720867548.5［P］．2017-07-17.

[26] 李东，刘宏伟，张培兰，等．钢管冷定径工艺：CN101085452A［P］．2007-12-12.

[27] 于 泳．钢管涡流探伤装置的性能评定方法［J］．焊管，1993，12（6）：12.

[28] 罗勇．焊管生产中常见问题及预防措施［J］．焊管，2018，41（02）：53-56.

[29] 曹国富．焊接钢管管坯成型过程中鼓包的预防［J］．焊管，1999，28（1）：36-37.

[30] 赵坤．浅谈ERW钢管错边缺陷［J］，焊管，2008，31（2）：67-68.

[31] 介升旗．焊管表面划伤的消除［J］．焊管，2004，27（5）：68-69.

[32] 张春，李超，吴风春．钢管飞锯锯车润滑不足的改进［J］．新技术新工艺，2018，6（6）：16.

[33] 谢韦，朱劲．焊管生产线优化锯切算法研究［J］．钢铁研究，2006，4：45-46.

[34] 董福如．焊管和冷弯型钢生产中飞锯无毛刺锯切［J］．焊管，2000，6：14.

[35] 吴元峰，赵国群，曹善国，等．一种HFW焊管定径装置：CN201720757385.5［P］．2017-06-27.

[36] 贺幼良，乔进先，贾春德．焊管整圆工艺研究［J］，焊管，1998，21（3）：5-8.

[37] 董兴辉，唐传平．高精度焊管定径孔型设计［J］，焊管，2006，3：14-15.

[38] 贺森栓，王大齐．精密焊管的制造技术与应用［J］．焊管，2006，12（4）：16-17.

[39] 孙季平．高频直缝焊管机组调整及常见生产故障分析［J］．焊管，2003，26（5）：15.

[40] 翁鸿钟．一种钢管矫直工艺：CN201510048677.7［P］．2015-01-30.

[41] 贾金凤．矫直机调整工艺分析［J］．应用技术，2013，6：2-4.

[42] 陈峰，黄维勇，姚赟，等．斜辊矫直机矫直辊身中心调整技术［J］．山西冶金，2010，1：49-50.

[43] 周淑军，王晓颖，骆传教，等．HFW508直缝焊管机组的技术先进性分析［J］，焊管，2010，39（3）：30-32.

[44] 王正寅，苗立贤，苗瀛，等．钢制件热镀锌优化工艺［J］．电镀与涂饰，2006，25（11）：20-23.

[45] 王宗南，马彦东．宝钢UOE机组的装备水平与工艺技术［J］．宝钢技术，2007，2：52-54.

[46] 毛周团，尹志远，王少华，等．螺旋埋弧焊管预精焊生产工艺 [J]．焊管，2010，33 (3)：52-55.
[47] 唐子金．螺旋埋弧焊管预精焊质量控制方法探讨 [J]，焊管，2011，33 (2)：27-28.
[48] 李延丰，孙奇．JCOE 直缝埋弧焊钢管生产线的研制 [J]，焊管，2004，27 (6)：48-50.
[49] 白忠泉．螺旋焊管的成型技术 [J]，焊管，2004，27 (3)：48-52.
[50] 李宏．直缝埋弧焊钢管生产线预弯工艺 [J]，焊管，2006，29 (1)：55-57.
[51] 杨晓明，李玉贵，毕友明．焊管定尺飞锯直流驱动控制系统 [J]．焊管，2002，25 (5)：32-33.
[52] 张朋年，尹志远，雷琼，等．直流消磁装置在螺旋焊管生产中的应用 [J]．焊管，2018，41 (12)：33-36.
[53] 周文泳．螺旋缝焊接钢管焊接中的磁化和整管消磁 [J]．港工技术与管理，2007，6：45-47.
[54] 毕宗岳．螺旋埋弧焊管剩磁产生及其消除 [J]．钢管，2003，1：25-27.
[55] 张学平，杨伟方．钢管生产场所噪声产生原因分析及防治 [J]．科技创新导报，2011，9：7-8.
[56] 吴刚，张利民，卢文清，等．钢管移运撞击噪声治理方案 [J]．技术研究，2018，11：101-102.
[57] 岳福．螺旋钢管焊接缺陷的原因分析及处理 [J]．电力设备，2018，17：5-6.
[58] 张文斌．海底输油直缝管焊接气孔成因分析及控制措施 [J]．焊接，2003，10：29-32.
[59] 杨青建，游军利．螺旋焊管机组等离子切割烟尘净化系统的设计 [J]．焊管，2009，32 (2)：49-50.
[60] 王晋升，陈丽中，郑春刚．焊管 CO_2 气体保护焊单面焊双面成形焊接工艺 [J]．焊管，2005，28 (3)：47.
[61] 周善征，杨青建，李国松．螺旋焊管生产递送机打滑原因及解决措施 [J]．钢管，2015，44 (6)：72-73.
[62] 剧树生，刘海鹏，刘利利，等．螺旋缝埋弧焊预精焊机组先进控制技术 [J]．钢管，2014，43 (2)：73.
[63] 程绍忠，陈其卫，陈英莲．螺旋缝埋弧焊管两步法生产工艺技术的应用探讨 [J]．钢管，2007，23 (5)：27.
[64] 宋志强．X70 钢级 HFW 钢管感应热处理工艺 [J]．钢管，2018，7：48-49.
[65] 孟德强，宁月，徐辉，螺旋埋弧焊管常见焊接裂纹的分析 [J]．钢管，2009，32 (7)：58-60.
[66] 刘成坤，陈铭，螺旋预精焊机组钢管切断装置的改进 [J]．焊管，2015，43 (3)：43.
[67] 谭心，黄虎，陈琳．圆锯片锯切 H 型钢过程分析及工艺参数优化 [J]．制造业自动化，2014，36 (5)：75.
[68] 马银鹏，段志超，苗立贤，等．钢管冷却输送装置：ZL201820591779 [P]．2018-04-24.
[69] 苗立贤，温朝福，刘国勇，等．钢管多工位连续加工装置：ZL201820065025 [P]．2018-01-16.
[70] 马银鹏，段志超，韦俊峰，等．防止铣削机夹持体下落的安全装置：ZL202123185309.7 [P]．2019-12-18.
[71] 马银鹏，段志超，苗立贤，等．人脸识别技术在端头铣平机上的应用：ZL202111550623.1 [P]．2021-12-18.
[72] 段志超，王雷雷，苗立贤，等．防止焊管压槽开裂装置与工艺：ZL202210411126.2 [P]．2022-4-19.
[73] 韩显柱，张善保，杨战利，等．螺旋埋弧焊管预焊焊接设备与工艺 [J]．焊管，2010，33 (11)：47-48.
[74] 周淑军，王晓颖，张运河，等．色玛图尔固态高频电源在 HFW 钢管生产中的应用 [J]．焊管，2010，33 (3)：38-40.
[75] 张庆安，章振芳．高频焊管热处理工艺研究 [J]．焊管，1997，20 (3)：12-13.
[76] 玉向宁，魏东峰．螺旋缝埋弧焊管成型工艺参数的优化 [J]．钢管，2018，4：61-62.
[77] 王爵光，葛伟极．焊管的焊接电流的控制装置：CN101109940 [P]．2008-01-29.
[78] 张涛，单增瑞，张春雷．一种高频焊管飞锯智能控制：CN208132108 U [P]．2018-11-23.
[79] 李东，黄克坚，董春明．厚壁钢管五丝埋弧焊工艺 [J]．焊管，2007，30 (3)：34-35.
[80] 蓝清国．螺旋焊管的弹复量控制研究 [J]．钢管，1981，4：2-3.
[81] 肖凡，吴选歧．螺旋埋弧焊钢管咬边缺陷的预防 [J]．钢管，2007，30 (6)：72-73.
[82] 何刚．螺旋焊管焊接裂纹防控措施 [J]．现代焊接，2013，2：49-50.
[83] 刘云．钢管水压试验机充水阀密封失效的解决措施 [J]．钢管，2006，29 (4)：69-71.